혼자 연구하는

C/C++ II

김 상 형 저

와우북스

혼자 연구하는 C/C++ [II]

초판 3쇄 2018년 9월 5일

저자 김상형
발행 강유진
출판 와우북스
본문디자인 포인
표지디자인 포인

등록 2008년 3월 4일 제313-2008-000043호
주소 서울 마포구 연남동 223-102호 유일빌딩 3층
전화 02)334-3693, 팩스 02)334-3694
e-mail mumongin@wowbooks.kr
홈페이지 www.wowbooks.co.kr
ISBN 978-89-961038-9-9 (14560)
가격 29,000원

총판 서울북 전화 031)955-9771, 팩스 031)955-9770

머리말

이 책은 C/C++ 언어에 대한 자습서이며 이 책이 의도하는 바는 "혼자 연구하는 C/C++"이라는 책 제목에 잘 나타나 있습니다. 혼자 공부하는 독학생도 충분히 읽을 수 있도록 쉬운 순서대로 내용을 배치하고 기본 문법에 대해 강의하듯이 상세하게 설명하므로 자습서로 충분히 활용할 수 있습니다. 단, 읽기만 한다고 해서 모든 것을 다 알 수는 없습니다. 스스로 예제를 실행해 보고 과제를 풀어 보면서 적극적으로 연구를 해야만 문법과 함께 실전 능력을 키울 수 있습니다. 그래서 "공부하는"이 아닌 "연구하는"입니다.

이 책의 주제는 가장 대중적인 언어인 C/C++입니다. 현대적인 프로그래밍 환경은 C/C++외에도 자바나 C#, 비주얼 베이직 같은 배우기 쉽고도 편리한 언어나 개발툴들이 존재하므로 C/C++이 아니더라도 얼마든지 개발을 할 수 있습니다. 그러나 C/C++은 가장 많은 개발자를 보유하고 있으며 넓은 범위를 포괄하므로 프로그래밍에 입문하는 사람의 기초 필수 과목으로서 여전히 중요합니다. 이 책은 가장 범용적이고 실용성이 높은 언어인 C/C++로 프로그래밍 입문을 유도하여 차후 어떤 개발툴에도 쉽게 적응할 수 있도록 했습니다.

혼자 연구하는 C/C++은 총 4부로 구성되어 있으며 전권인 1권에서 1, 2부를 다루고 이 책은 3, 4부를 다룹니다. 1, 2부는 C의 기본 문법과 실습을 다루며 3, 4부는 C++의 문법과 표준 라이브러리를 다룹니다. 각 권은 C/C++이라는 언어와 고급 문법, 실습을 총체적으로 다루되 절차적 기법과 객체 지향 기법으로 나누어져 있어 순서대로 읽기 쉽도록 구성했습니다. 또한 초급 개발자가 익혀야 할 실전 프로그래밍과 기본적인 자료구조, 알고리즘 등을 포함하여 윈도우즈 등의 상위 환경 개발을 위한 모든 이론과 실습을 총망라하고 있습니다. 이 책의 문법은 1998년에 제정된 C++ 국제 표준인 ISO 14882를 기준으로 하므로 표준을 준수하는 어떤 컴파일러로도 실습을 진행할 수 있습니다. 본문에서는 주로 비주얼 C++ 컴파일러로 콘솔 환경에서 실습을 진행합니다.

이 책은 자습서 형식으로 되어 있기 때문에 보통의 능력을 가진 사람이 보통의 노력만 하면 읽을 수 있도록 쓰여졌습니다. 그러나 C/C++ 언어의 깊은 부분까지 포괄적으로 다루기 때문에 특정 부분에서는 쉽게 이해되지 않는 경우도 종종 있습니다. 이 책은 기본적으로 두 번 이상 읽는다는 가정 하에 쓰여졌습니다. 처음 읽을 때는 문법의 큰 줄기를 파악하는데 주력하고 두 번째 읽을 때부터 세부 문법과 고급 기법들을 터득하시고 개발 중에는 문법 레퍼런스로 활용하십시오. 이 책으로 인해 단 한 명이라도 프로그래밍이라는 흥미진진한 세계에 들어오기를 바라며 대한민국의 IT 발전에 미력이나마 이바지하기를 바랍니다.

2009년 6월

김 상형

차 례

제3부 C++ 문법

제28장 연산자 오버로딩

제29장 상속

제30장 다형성

제31장 템플릿

제32장 예외 처리

제35장 C++ 실습

제4부 표준 라이브러리

제36장 표준 라이브러리

제37장 STL 개요

제38장 함수 객체

제39장 반복자

제40장 시퀀스 컨테이너

제41장 연관 컨테이너

제1부 C 기본 문법

제2부 C 고급 문법

일러두기

대상 독자

이 책은 프로그래밍을 전혀 해 본 적이 없는 사람들도 읽을 수 있는 초중급 입문서입니다. 따라서 C/C++은 물론 여타의 다른 언어에 대한 경험이 전혀 없어도 이 책을 읽을 수 있습니다. 단, 이 책에서 사용하는 주 컴파일러인 비주얼 C++은 윈도우즈 환경에서 실행되므로 윈도우즈를 써 본 경험이 있어야 합니다. 일반적인 윈도우즈 응용 프로그램에 익숙해야 하며 컴파일러나 유틸리티 프로그램을 설치 및 사용할 수 있어야 합니다. 또한 프로젝트 제작 실습 과정에서 여러 가지 소스 파일이 생성되는데 이 파일들을 관리할 수 있어야 원활한 실습을 진행할 수 있습니다.

예제 설치

이 책은 예제를 위한 별도의 CD-ROM을 제공하지 않습니다. 본문의 모든 예제들은 인터넷에 압축 파일로 제공되며 다음 사이트에서 언제든지 다운로드 받을 수 있습니다.

http://www.WinApi.co.kr/clec/CExam.zip

압축파일을 다운로드받은 후 본문의 지시에 따라 적당한 디렉토리에 설치하십시오. 압축 파일에는 예제를 컴파일하기 위해 필요한 Turboc.h 헤더 파일과 설치 프로그램이 포함되어 있으며 모든 예제는 HycExam 유틸리티에서 검색 및 복사할 수 있습니다. 이 헤더파일이 필요한 이유와 설치 방법, HycExam 유틸리티 사용 방법에 대해서는 1장에 상세하게 설명되어 있습니다. HycExam에는 본문 전체를 검색할 수 있는 기능도 통합되어 있으므로 모르는 내용을 검색할 때는 이 유틸리티를 활용하십시오.

웹 지원

이 책의 모든 내용은 WinApi에 C/C++ 강좌의 형태로도 제공됩니다. 책을 소지하지 않은 상태에서 문법 레퍼런스가 필요할 때는 언제든지 이 사이트를 방문하십시오. 또한 WinApi에는 출판 후에 발견된 오타나 추가된 원고도 같이 제공되므로 수시로 방문하셔서 최신 내용을 확인하시기 바랍니다. WinApi는 C/C++외에도 일반적인 윈도우즈 프로그래밍에 대한 강좌와 질문 답변, 자료실 등의 프로그래머 지원 컨텐트를 지속적으로 제공합니다.

이 책을 읽고 난 후에

이 책을 읽고 난 후에는 다른 C/C++ 문법서를 한 권 정도 더 읽으십시오. 책 한권으로 모든 것을 공부할 수 있는 시대는 한참 전에 지났으므로 이 책만으로 C/C++을 마스터하기는 어렵습니다. 이는 이 책이 잘못 쓰여졌다는 뜻이 아니라 자습서를 지향하므로 문법의 아주 깊은 부분까지는 건드리지 않기 때문입니다. 자습서는 너무 어려워서는 안되므로 처음 읽는 사람이 받아들일 수 있는 수준까지 만을 목표로 합니다.

자습서로는 문법의 개념과 큰 틀, 전체적인 순서를 잡는데 주력하고 각 부분의 세부적인 문법과 활용예를 다루는 실용서들을 참고하십시오. C/C++은 깊이가 있는 언어이기 때문에 수많은 함정과 특수한 트릭, 고급 기법들이 존재하며 실무에서 C/C++을 제대로 활용하기 위해서는 이런 기법들에 익숙해져야 합니다. C/C++의 기법들은 너무 특수해서 문법서에서 다루기는 부적합하여 이 책에서는 기본 문법에만 치중하고 있으므로 문법을 익힌 후에 보시기 바랍니다.

또한 원활한 학습을 위해서는 문법과 함수에 대한 레퍼런스도 필요합니다. 각 책에서 설명하는 각도와 예제들이 달라지면 자습서에서는 보여주지 못하는 상세한 것들을 설명할 수 있고 더 고급스런 문법도 구경할 수 있습니다. 최소한 세 권 이상의 C/C++ 책을 통독해 볼 필요가 있습니다. 이미 읽어 보고 손에 익은 책은 실무에서 C/C++로 프로그래밍할 때 늘 참고하게 되는 좋은 레퍼런스가 됩니다.

25
클래스

25장부터는 3부이며 여기서부터 객체 지향 프로그래밍 방법을 연구한다. 2부까지는 C/C++ 언어의 문법과 절차적 프로그래밍 방법에 대해 논했었는데 이번 장부터는 클래스를 통해 객체를 프로그래밍하는 방법에 대해 다룬다. 객체지향이란 단순한 언어의 기능적인 확장이 아니라 완전히 새로운 프로그래밍 방법이며 절차적인 방법과는 근본적으로 다르다.

그래서 구조적 프로그래밍 기법에 이미 익숙해져 있는 사람은 습관을 완전히 바꿀 필요가 있다고 하는데 이는 어느 정도 사실이다. 그렇다고 해서 이미 배워 놓은 구조적 프로그래밍 기법이 완전히 쓸모없어지는 것은 아니다. 클래스의 멤버 함수 안에서는 여전히 구조적 기법이 필요하기 때문이다. C를 공부할 때와 마찬가지로 C++도 콘솔 환경에서 실습을 진행한다. 그래픽 환경에서 멋진 예제들을 만들어 보면 좋겠지만 문법을 배울 때는 문법만 살펴볼 수 있는 단순한 환경이 훨씬 더 효율적이다.

25.1 OOP

25.1.1 소프트웨어 위기

초기의 컴퓨터는 과학 기술용 연구 도구로 개발되었으며 극히 제한된 분야에서 복잡한 공학적 계산에만 활용되었다. 가격도 비쌌기 때문에 일반 사무용은 물론이고 개인적인 용도로 사용하는 것은 엄두도 내지 못했다. 그러나 하드웨어의 발전에 힘입어 가격이 저렴해지고 활발하게 보급됨에 따라 컴퓨터의 활용 분야가 점점 넓어졌다. 일반 사무용이나 개인 업무는 물론이고 심지어 게임이나 멀티미디어 등의 놀이에도 활용되었으며 요즘은 컴퓨터가 없는 생활을 상상하기 힘든 정도가 되었다.

컴퓨터가 업무와 생활 곳곳에 활용됨에 따라 특수한 용도에 맞는 다양한 소프트웨어가 필요해졌다. 또한 하드웨어가 빨라지고 대용량화됨으로써 컴퓨터로 할 수 있는 일들이 많아져 소프트웨어의 기능도 과거보다 훨씬 더 복잡해지고 만들기도 어려워졌다. 사람들은 고성능 컴퓨터의 기능을 십분 활용하여 강력하고 편리하면서 또한 예쁜 프로그램을 쓰고 싶어한다. 즉 양적으로나 질적으로나 소프트웨어에 대한 요구가 대폭적으로 증대된 것이다.

그러나 시간과 개발 인력의 부족으로 인해 소프트웨어 공급은 수요의 증가를 따르지 못했다. 뿐만 아니라 생산된 소프트웨어도 규모가 커지고 구조가 복잡해짐에 따라 질적인 결함이 많아 신뢰성이 떨어졌다. 한두 개의 버그는 당연히 존재하는 것으로 인식될 정도였으며 때로는 이런 버그들이 심각한 문제가 되어 어렵게 만든 소프트웨어가 폐기처분되기도 했다. 소프트웨어가 하드웨어의 발전을 따라가지 못하는 이런 현상을 소프트웨어 위기(Software Crisis)라고 한다.

잘 알려진 무어의 법칙에 의할 것 같으면 매 18개월마다 반도체의 트랜지스터 집적도는 2배씩 높아지고 속도도 2배씩 빨라진다고 한다. 이 계산대로라면 10년 동안 중앙 처리 장치(CPU)는 대략 100배 정도 더 빨라지는데 이 법칙은 수십년간 기가 막히게 들어맞았고 하드웨어의 성능은 그야말로 기하급수적으로 향상되어 왔으며 앞으로도 더 발전할 것이다. 그러나 이런 하드웨어의 눈부신 발전에 비해 소프트웨어의 발전은 더디기 그지없었다.

소프트웨어 위기의 주요 원인 중 하나는 기존 절차식 프로그래밍 방법의 낮은 생산성이었다. 절차식 프로그래밍은 간결하고 빠른 실행 파일을 만들기는 하지만 규모가 커지면 개발뿐만 아니라 유지 보수에 한계를 드러냈다. 절차식이란 문제를 해결하는 절차가 중심인데 현실의 문제는 아주 특수하기 때문에 해결 방법도 특수할 수밖에 없다. 코드의 일반성이 없으므로 한 번 만든 코드가 수정없이 재사용되는 경우가 드물며 매번 현실의 문제에 맞게 처음부터 다시 개발해야 한다. 설사 재사용된다 하더라도 기존 코드를 그대로 쓰기 보다는 필요에 따라 조금씩은 수정해야만 했다.

그러다 보니 대규모의 소프트웨어를 만드는데 수년의 개발 기간과 과다한 인력을 소모하게 되었다. 고급 인력의 부족은 소프트웨어의 공급 부족을 초래했고 시간의 부족은 소프트웨어의 질을 저하시켰다. 하드웨어는 이미 만들어져 있는 트랜지스터나 IC 등을 조립하는 방식으로 개발할 수 있으며 부품의 신뢰성이 높으므로 완제품의 질도 좋을 수밖에 없다. 이에 비해 소프트웨어는 항상 처음부터 다시 개발해야 하므로 시간이 걸리고 신뢰성이 떨어진다.

하드웨어의 생산

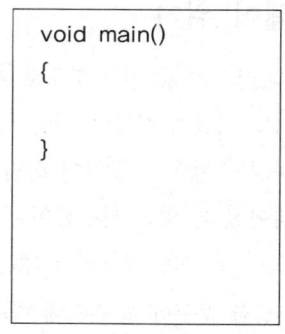

소프트웨어의 생산

그래서 대안으로 여러 가지 개발 기법들이 제시되었는데 그 중에서 가장 탁월한 기법으로 인정받은 것이 바로 절차가 아닌 데이터를 중심으로 개발을 진행하는 객체 지향적 프로그래밍(Object Oriented Programming) 방식이다. 문제의 핵심인 데이터를 정의하고 데이터에 절차를 결합하여 현실의 사물을 표현할 수 있는 객체를 만든다. 그리고 이런 독립적인 객체를 조립하여 프로그램을 완성해 나가는 방식이다.

객체는 재활용성이 아주 높아서 한 번 잘 만들어 놓으면 수정없이 다른 프로젝트에도 사용할 수 있다. 심지어 직접 만든 것이 아니더라도 약간의 약속만 준수하면 어렵지 않게 가져다 쓸 수도 있고 내가 만든 객체를 다른 사람에게 제공하거나 품질만 보장된다면 팔 수도 있다. 하드웨어 부품을 조립하듯이 객체를 조립하여 대규모의 소프트웨어를 단기간에 제작할 수 있게 된 것이다. 객체가 모든 프로젝트와 다양한 환경에서 동작할 수 있는 범용성을 갖추기는 쉽지 않지만 일단 만들기만 하면 얼마든지 재사용할 수 있고 신뢰성도 확보된다.

객체는 완전한 부품이 되기 위해 스스로 에러를 처리하고 자신의 무결성을 지키는 기능을 가지며 객체를 사용하기 위해 꼭 알아야 하는 것만 외부로 공개한다. 그래서 개발자가 객체의 내부 구조나 동작 원리를 잘 몰라도 이 객체들을 조립하여 고기능의 소프트웨어를 신속하게 만들 수 있다. 설사 개발자가 사소한 실수를 한다 하더라도 객체는 이런 실수로부터 스스로를 보호하기도 한다. 그래서 꼭 고급 인력이 아니더라도 조립 정도만 할 수 있는 초급 개발자도 소프트웨어를 만들 수 있게 되었다.

전자상가에 가면 하드웨어 부품들과 설명서가 포함되어 있는 라디오 조립 키트 같은 실습용 제품들이 많이 있다. 중학생 정도만 되면 이런 조립 키트를 사서 설명서대로 기판에 트랜지스터, 저항, 다이오드 같은 부품을 조립하고 납땜하여 라디오 정도는 얼마든지 손쉽게 만들 수 있다. 하드웨어에 대한 지식이 거의 없어도, 각 부품이 정확하게 어떤 동작을 하는지 몰라도 되므로 이 얼마나 생산적인가? 소프트웨어도 이런 식으로 상세한 것을 잘 몰라도 뚝딱 뚝딱 금방 만들 수 있다면 얼마나 좋겠는가? 이것이 바로 OOP가 필요해진 이유이다.

객체 지향 방식은 조립식이기 때문에 결과물의 성능(속도와 크기)이 맞춤형의 절차식에 비해 조금 떨어지는 단점이 있다. 그러나 하드웨어의 발전에 힘입어 그 정도의 차이는 큰 문제가 되지 않아 무시할 만하다. 현대의 개발 관건은 프로그램의 성능보다 오히려 개발 용이성과 유지, 보수 편의성, 신뢰성이다. 인건비가 하드웨어보다 훨씬 더 비싸고 개발 기간이 곧 비용과 직결되기 때문에 얼마나 빨리 정확한 소프트웨어를 생산하는가가 관건이며 그 해답이 바로 객체 지향 프로그래밍이다.

25.1.2 OOP의 특징

본격적인 학습에 들어가기 전에 객체 지향 프로그래밍의 일반적인 특징들에 대해 먼저 정리해 보도록 하자. 학자에 따라 이 특징들 외에 몇 가지를 더 추가하기도 하며 각 특징의 범주가 조금씩 달라지는 경우도 있다. 심지어 객체 지향에 대한 정확한 정의와 범위마저도 완벽하게 합의되어 있지 않은 상태이다 보니 각 특징에 대한 정의도 조금씩 견해가 다를 수 있다.

□ 캡슐화(Encapsulation) : 표현하고자 하는 자료(Data)와 동작(Function)을 하나의 단위로 묶는 것이며 이렇게 묶어 놓은 것을 객체(Object)라고 한다. 대상의 특징을 나타내는 데이터와 이 데이터를 관리하는 함수가 항상 하나의 묶음으로 사용되므로 객체는 스스로 독립적이며 프로그램의 부품으로 활용될 수 있다. 그래서 객체를 소프트웨어 IC라고 부르기도 한다.

□ 정보 은폐(Information Hiding) : 객체는 자신의 상태를 기억하기 위한 속성과 속성을 관리하는 동작을 정의한다. 이중 외부에서 사용하는 기능만 공개하고 나머지는 숨길 수 있는데 이를 정보 은폐라고 한다. 외부에서 객체의 상태를 마음대로 바꾸거나 허가되지 않은 동작을 요청하지 못하도록 함으로써 스스로의 안전성을 확보하는 수단 이며 정보 은폐에 의해 객체는 더욱 견고하게 캡슐화된다.

□ 추상화(Abstraction) : 현실의 사물을 객체로 표현하기 위해서는 이 사물이 어떤 특징을 가지며 어떤 동작이 가능한지를 조사해야 하는데 이를 데이터 모델링이라고 한다. 모델링의 결과 필요한 자료와 동작의 목록이 작성 되면 이들을 캡슐화하여 객체로 정의한다. 그리고 외부에서 사용해야 하는 기능은 공개하고 제한해야 하는 기능 은 숨긴다. 추상화란 객체의 효율적이고도 안전한 사용을 위해 인터페이스를 설계하는 것이며 캡슐화와 정보 은폐에 의해 구현된다. 추상화에 의해 외부에서는 객체의 인터페이스만 볼 수 있으며 내부 구현은 볼 수 없다. 그래서 사용 방법이 간단 명료하고 외부의 조작에 대해 안전해지며 객체는 추상적인 인터페이스를 유지하는 한도 내에서 숨겨진 내부 구현을 마음대로 수정할 수 있어 기능 개선이 쉬워진다. 개념화라고도 한다.

□ 상속(Inheritance) : 상속은 이미 만들어진 클래스를 파생시켜 새로운 클래스를 정의하는 기법이다. 파생된 클래 스는 기존 클래스의 모든 속성과 동작을 물려받으며 여기에 더 필요한 기능을 추가하거나 필요없는 기능을 제거 또는 변경할 수 있다. 객체를 아무리 추상적으로 잘 정의해 놓았다 하더라도 현실의 문제는 특수하기 때문에 모든 경우에 일반적으로 적용되지는 않는다. 이럴 때는 객체를 상속받아 원하는 부분만 수정할 수 있으며 기존 객체를 최대한 재활용함으로써 시간과 노력을 절약할 수 있다.

□ 다형성(Polymorphism) : 똑같은 호출이라도 상황에 따라, 호출하는 객체에 따라 다른 동작을 할 수 있는 능력을 다형성이라고 한다. 실제 내부 구현은 다르더라도 개념적으로 동일한 동작을 하는 함수를 하나의 인터페이스로 호출할 수 있으므로 객체들을 사용하는 코드를 일관되게 유지할 수 있다. 다형성은 동적 바인딩을 하는 가상 함수에 의해 구현된다.

　　OOP의 특성에 대해 요약적으로 설명했는데 이 설명을 읽고 당장 OOP의 본질을 파악하는 것은 쉽지 않을 것이다. OOP의 이런 주요 특성들은 객체 지향을 논할 때 으레히 첫 부분에 나오는 설명들이다. 그러나 이 특징들을 다 이해하고 느끼려면 객체 지향 전체를 다 경험해 봐야 할 정도로 어려운 내용이기도 하다. 앞으로 구체적인 예제를 곁들인 설명을 읽고 또 직접 실습을 진행하다 보면 차츰 의미를 이해하게 될 것이다.

　　이 책은 OOP의 여러 특징들을 설명하기 위해 각 특징에 대해 1~2개의 장을 할애하고 있다. 한 개념을 설명하고 이해하는데 수십 페이지를 읽고 실습해 봐야 할 정도로 어려운 개념이라는 뜻이다. 이 특징들을 간단하게 한국말로 번역해 보면 다음과 같이 정리할 수 있다.

특징	간단한 설명
캡슐화	묶는다.
정보 은폐	숨긴다.
추상화	표현한다.
상속	재사용한다.
다형성	상황에 따라 달라진다.

물론 빠른 이해를 위한 간략한 비유일 뿐이므로 정확한 정의는 아니며 핵심적인 내용만 간추려 정리한 것이다. 특히 다형성은 한 단어로 설명하기 참 어려운 개념이다.

25.1.3 OOP 맛보기

절차식(Procedural) 프로그래밍이란 문제를 푸는 절차가 중심인 개발 방법이다. 문제를 먼저 분석한 후 문제 해결에 필요한 명령들을 선정하고 연산문, 조건문, 반복문 등의 언어적 장치를 사용하여 명령을 표현한다. 이렇게 구현된 명령들을 순서에 맞게 배치하여 원하는 동작을 하도록 프로그램을 완성해 나가는 방식을 절차식이라고 한다. 구조가 간결하고 결과 프로그램의 성능이 좋지만 규모가 커지면 복잡해져서 유지, 보수, 확장이 어려워지는 곤란함이 있다.

절차식 개발의 첫 단계는 풀고자 하는 문제를 면밀히 분석하여 정확하게 정의하는 것이다. 문제가 파악되면 문제를 해결하기 위한 작업 단위를 나누는데 이 작업 단위는 구체적으로 함수이며 더 이상 나눌 수 없을 때까지 잘게 쪼개서 함수 하나가 하나의 동작만 할 때까지 작업을 분할한다. 분할된 함수들은 애초의 큰 문제를 풀기 위한 작은 문제들이며 함수를 작성할 때도 문제를 푸는 절차가 중심이다. 그리고 함수의 동작 구현을 위한 명령을 작성하며 명령은 언어의 구문들로 구체화된다.

예를 들어 성적 처리 프로그램을 작성한다면 사용자로부터 입력을 받는 부분, 입력받은 성적을 계산하여 처리하는 부분, 계산 결과를 출력하는 부분으로 크게 분할할 수 있다. 이중 계산하는 과정은 다시 총점을 구하는 함수와 평균, 석차를 내는 함수 등으로 더 잘게 분할되고 각 함수는 최종적으로 구체적인 C 코드로 구현된다. 문제라는 큰 개념에서부터 함수, 명령, 구문의 작은 단위로 이동해 가면서 개발이 진행되기 때문에 이 방식을 하향식(Top Down)이라고 한다.

이 책에서 지금까지 작성한 예제들은 모두 절차식으로 작성되어 있다. 예를 들어 2장에서 만들어 본 RandNum 예제를 보자. 이 프로그램은 컴퓨터가 무작위로 생성한 난수를 사용자가 질문을 통해 맞추는 게임이다. 게임 진행을 위해 난수 생성 → 사용자로부터 입력 → 비교 후 메시지 출력이라는 과정을 맞출 때까지 반복한다. 프로그램이 실행되는 절차가 중심인 것이다. 소코반이나 테트리스, 주소록 등의 예제들도 마찬가지 방법으로 개발되었다.

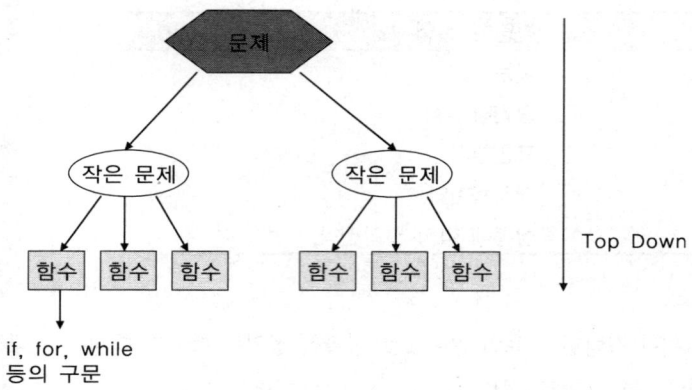

이에 비해 객체 지향적 프로그래밍은 객체에 초점을 두고 문제를 해결해 나가는 방식이다. 프로그램의 세계는 현실 세계의 모방이므로 코드에서 다루는 대부분의 사물들은 추상적인 객체로 모델링될 수 있다. RandNum 예제의 경우 핵심이 되는 사물은 바로 컴퓨터가 난수로 생성해낸 숫자이다. 이 숫자는 값이라는 속성과 난수를 생성하는 동작, 사용자의 입력값과 비교하는 동작으로 구성된다. 객체를 구성하는 속성과 동작을 하나로 묶고 필요한 인터페이스를 외부로 공개하면 객체가 정의된다.

사용자가 입력하는 숫자도 물론 객체로 정의될 수 있는데 입력값을 속성으로 가지며 질문하기, 입력받기 등의 동작을 가진다. 부품이 되는 객체를 완성한 후 이 부품들을 조립하고 객체끼리 상호 동작하도록 연결하면 프로그램이 완성된다. 기초 부품을 먼저 완성하고 이 부품들을 모아 상위의 프로그램을 완성시켜 나가는 이러한 방식을 상향식(Bottom Up)이라고 한다.

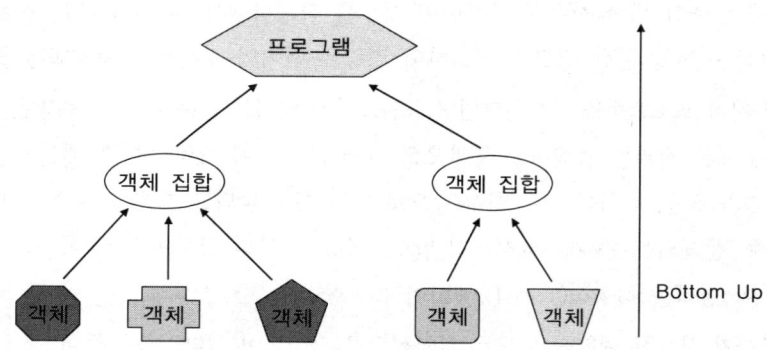

절차식으로 작성되어 있는 RandNum 예제를 객체 지향적인 버전으로 다시 작성해 보고 두 방식을 비교해 보자. 두 예제는 제작 방식만 다를 뿐 실행 결과는 완전히 동일하다. 물론 이 비교 결과를 이해하려면 절차식으로 만들어진 RandNum 예제의 전체적인 구조에 대해서는 먼저 파악하고 있어야 할 것이다.

예 제 RandNumOop

```
#include <Turboc.h>

class RandNum
{
private:
    int num;

public:
    RandNum() { randomize(); }
    void Generate() { num=random(100)+1; }
    BOOL Compare(int input) {
        if (input==num) {
            printf("맞췄습니다.\n");
            return TRUE;
        } else if (input>num) {
            printf("입력한 숫자보다 더 작습니다.\n");
        } else {
            printf("입력한 숫자보다 더 큽니다.\n");
        }
    return FALSE;
    }
};

class Ask
{
private:
    int input;

public:
    void Prompt() { printf("\n제가 만든 숫자를 맞춰 보세요.\n"); }
    BOOL AskUser() {
        printf("숫자를 입력하세요(끝낼 때는 999) : ");
        scanf("%d",&input);
        if (input==999) {
         return TRUE;
        }
        return FALSE;
    }
```

```
    int GetInput() { return input; }
};

void main()
{
    RandNum R;
    Ask A;

    for (;;) {
        R.Generate();
        A.Prompt();
        for (;;) {
            if (A.AskUser()) {
                exit(0);
            }
            if (R.Compare(A.GetInput())) {
                break;
            }
        }
    }
}
```

아직 class니 private니 하는 것들은 잘 모르겠지만 이 소스의 RandNum, Ask 등이 클래스이고 이 클래스로부터 만들어지는 A와 R이 바로 객체이다. RandNum은 생성된 난수를 기억하는 num 멤버와 난수를 생성하는 Generate, 입력값과 비교하는 Compare 등의 멤버 함수를 포함(캡슐화)하고 있다. Ask는 사용자에게 값을 입력받는 클래스인데 입력값을 기억하는 input 변수, 사용자에게 값을 입력하라고 징징거리는 Prompt 함수, 사용자로부터 값을 입력받는 AskUser 함수, 입력값을 조사하는 GetInput 함수 등으로 구성되어 있다.

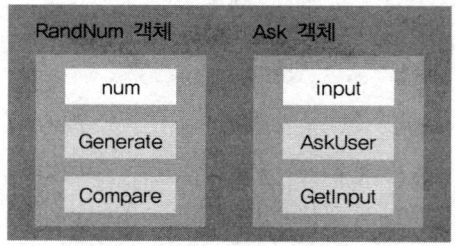

RandNumOop 프로그램

객체가 완성되면 main에서는 부품을 조립하여 객체들끼리 서로 연결되어 동작하도록 한다. RandNum 객체 R과 Ask 객체 A를 생성하고 게임 진행에 필요한 핵심 작업은 객체가 처리하도록 한다. main은 그저 999가 입력될 때까지 게임을 계속 반복하는 일만 할 뿐 난수를 만들거나 입력을 받거나 하는 일은 신경쓰지 않는다. 절차식으로 만든 RandNum 예제보다 소스는 더 길어졌지만 구조는 훨씬 더 좋아졌다. 이 예제의 객체는 개념 설명을 위해 만든 것이라 C++의 고급 문법을 충분히 활용하지 않았지만 객체를 사용하면 다음과 같은 이점이 생긴다는 것을 직감적으로 느낄 수 있을 것이다.

① 만들어진 객체는 재사용 가능하다. RandNum, Ask 객체를 다른 프로젝트에 다시 사용하고 싶다면 클래스 정의 부만 가져가면 된다. 왜냐하면 클래스는 필요한 속성과 동작을 모두 캡슐화해서 포함하고 있으며 외부와는 추상 적인 인터페이스로만 통신하기 때문이다. RandNum 객체는 어떤 프로젝트에 포함되더라도 항상 Generate만 호출하면 난수를 생성하여 그 결과를 num에 기억하고 Compare를 호출하면 인수로 전달된 값과 num을 비교할 것이다.

② 부품의 안전성이 높아진다. RandNum의 num 멤버는 공개되어 있지 않으므로 외부에서 함부로 이 값을 읽거나 변경할 수 없다. R.num = 123; 대입문은 컴파일러에 의해 에러로 처리되며 이런 보호 장치로 인해 R은 부주의한 사용자나 오동작으로부터 스스로를 방어할 수 있다. 외부에서는 오로지 공개된 인터페이스로 허가된 동작만 할 수 있다.

③ 확장성이 더 좋아졌다. Ask 클래스에 입력받은 값의 범위를 점검하는 기능을 넣고 싶다면 AskUser 함수에 if 조건문을 넣어 input이 원하는 범위에 있는지 점검하는 코드를 작성하면 된다. 이때 main은 Ask 클래스의 내부가 어떻게 바뀌더라도 전혀 영향을 받지 않는다. 왜냐하면 Ask는 내부 구현만 바뀌었을 뿐 외부에서 바라보 는 추상적인 인터페이스는 전혀 변함이 없기 때문이다. 사용자에게 입력을 요구하는 문구나 방법을 바꾸고 싶다 면 Prompt 함수를 수정한다. 확장에 유리하다는 것은 곧 유지, 보수가 편리하다는 뜻이다.

④ 개발 속도가 빨라진다. 부품은 직접 만들지 않아도 남이 만든 것을 가져다 쓰거나 사서 쓸 수도 있다. 위 예제의 RandNum, Ask 클래스가 이미 만들어져 있는 상황이라면 main에서 이 객체들만 조립하면 프로그램을 완성할 수 있다. 조립식이므로 개발 기간이 단축되고 인건비가 적게 들어가므로 전체적인 비용이 절감된다.

객체 지향 프로그래밍을 좀 쉽게 표현하자면 부품 조립식 개발 방법이며 부품이 되는 객체를 얼마나 잘 만드는가가 관건이다. 재사용할 수 있어야 하고 어떤 상황에서라도 제 기능을 발휘할 수 있는 범용성 이 있어야 하며 부주의한 사용으로부터 자신을 지키는 안전성이 확보되어야 하고 확장 가능해야 한다. 객체 지향 프로그래밍을 공부한다는 것은 부품으로서의 객체를 잘 만드는 방법을 익히는 것이며 C++의 클래스 관련 문법들은 모두 이런 조건을 만족하는 객체 제작을 위해 존재한다.

물론 안정적이면서도 작고 빠른, 그러면서도 어떤 프로젝트에나 재사용할 수 있는 그런 범용적인 객체 를 만든다는 것은 아주 어려운 일이다. 그러나 일단 한 번만 잘 만들어 놓으면 재사용성이 탁월해서 수천, 수만명의 개발자들이 이 객체를 활용할 수 있다. OOP의 기본 철학이 바로 이것인데 매번 비슷비슷 한 코드를 대충 만들어 쓰지 말고 좀 어렵고 힘들더라도 딱 한 번만 고생해서 제대로 만들어 놓고 다음부 터는 재활용만 하자는 것이다.

이때 객체를 만드는 제작자는 굉장히 많은 것을 알아야 하며 불특정 다수의 사용자와 다양한 환경을 고려하여 섬세하게 작성해야 한다. 또한 이 객체가 모든 경우에 문제가 없는지 정밀하게 테스트해야 하고 에러 처리까지 완벽해야 하므로 제대로 만들기는 아주 어렵다. 그러나 일단 만들어지면 객체를 쓰는 수많은 개발자들은 공개된 기능만 대충 파악해도 이 객체를 쉽게 활용할 수 있다. 이렇게 되면 소프트웨어를 만드는데 최상급의 고급 인력이 필요치 않으므로 대량의 소프트웨어를 신속하게 만들 수 있다. 결국 OOP는 소프트웨어 제작에 필요한 개발자의 요구 수준을 떨어뜨려 소프트웨어 위기의 주요 원인인 인력 부족 문제를 멋지게 해결하는 것이다.

객체 작성자　　　　　객체 사용자　　　　　최종 사용자
최상급의 개발자　　　초중급 개발자　　　　일반 유저

객체 지향에 대한 가장 흔한 오해는 OOP가 특정 언어의 기능이라 생각하는 것이다. 객체 지향은 언어나 개발툴의 기능이 아니라 프로그래머가 문제를 푸는 사고방식이다. 그래서 객체 지향적 개념만 가지고 있다면 C언어나 베이직으로도 객체 지향 프로그래밍이 가능하다. C에는 클래스의 개념이 없지만 구조체나 모듈 등의 장치로 얼마든지 흉내는 낼 수 있다. 하지만 아무래도 언어 차원에서 클래스를 지원하는 C++이 객체 지향적 개발에는 더 효율적이다.

C로 객체 지향 프로그래밍이 가능한 것과 마찬가지로 C++로도 절차적 프로그래밍이 가능하다. 그래서 C++을 완전한 객체 지향 언어가 아닌 혼합형 언어라고 하기도 한다. 비록 클래스를 쓰더라도 이 클래스가 캡슐화, 추상화를 제대로 하지 못한다면 부품으로서의 가치가 없고 재활용성이나 안전성이 떨어질 것이다. 클래스만 쓴다고 해서 무조건 객체 지향이라고 볼 수는 없다. 중요한 것은 항상 객체를 중심으로 문제를 분석하는 사고방식의 변화인데 이는 많은 연습과 모방을 필요로 하며 때로는 기존 습관에서 과감히 벗어날 필요도 있다.

기존의 절차식으로도 충분히 원하는 프로그램을 다 작성할 수 있는데 왜 골치 아프게 OOP라는 것을 배워야 하는가라고 생각하는 사람도 있다. 이런 주장의 근거는 OOP가 크고 느리다는 것인데 사실이기는 하지만 요즘의 컴퓨터 환경에서는 작고 빠른 것보다 신속한 개발과 안정된 동작이 더 중요하다. 따라서 언제까지고 절차식을 고수하는 것은 새로운 것에 대해 거부감을 느껴 과거의 습관을 버리지 못하는 보수적인 태도에 불과하다.

이런 사람에 비해 OOP가 최신식의 개발 방법이고 모든 면에서 우수하므로 모든 프로젝트는 무조건 OOP로 작성해야 한다고 생각하는 사람도 있는데 이 또한 바람직한 태도는 아니다. 절차식이 객체 지향 방식보다 작고 빠른 것은 부정할 수 없는 사실이며 아직도 C의 절차적 방법이 어울리는 프로젝트도 많이 존재한다. 객체 지향은 무조건 훌륭하고 절차식은 고리타분한 개발 방법이라는 이분법적 사고는 곤란하다. 결론은 중용이 가장 좋다는 것인데 목적에 맞게 개발 방법을 선택해야 한다. 두 개발 방법이 배타적이지 않으므로 적당히 혼합해서 쓰는 것도 가능하다.

개발자 이야기 격세지감

초창기의 컴퓨터는 오로지 이진수로만 입출력을 수행할 수 있었다. 지금의 컴퓨터도 물론 이진수만 알아듣지만 중간에 변환 프로그램이 말로된 명령을 이진수로 바꿔 컴퓨터로 보내고 연산 결과도 사람이 읽을 수 있도록 문자열 형태로 출력하므로 사람이 직접 이진수를 쓸 필요는 없다. 하지만 초창기에는 이런 번역 프로그램이 없었기 때문에 명령을 내릴 때 일일이 스위치를 올렸다 내렸다 하면서 1 1 0 1 같은 이진수를 입력해야만 했고 연산 결과도 이진수로 출력된 걸 사람이 직접 읽어야 했다.

그러다 보니 프로그래밍의 생산성은 지극히 떨어질 수밖에 없었을 것이다. 폰 노이만의 제자 중 한명이 이런 불편함을 해소하기 위해 add, mov 같은 말로된 명령어를 입력하면 이를 대응되는 기계어 코드로 바꿔 주는 프로그램을 만들었다. 요즘의 용어로 컴파일러 이전 단계인 원시적인 어셈블러를 만든 것이라고 할 수 있다. 그는 자신의 프로그램이 대단히 훌륭하다고 생각했으며 스승에게 이 프로그램을 보여주며 은근히 칭찬을 기대했다.

그러나 예상과는 달리 폰 노이만은 이 프로그램을 보자마자 제자를 호되게 꾸짖었다고 한다. 이유인즉, 기계어 코드를 외워서 입력하면 될 것을 그딴 사무적인 일에 이렇게 비싼 컴퓨터를 사용하려 드느냐는 것이었다. 지금 생각해 보면 너무 심했다는 생각이 들지 모르겠지만 당시에는 그만큼 컴퓨터의 사용 용도가 제한되어 있었고 워낙 고가의 장비라 컴퓨터가 사람을 위해 일을 해주는 것이 아니라 상대적으로 값이 싼 사람이 컴퓨터를 위해 일을 하는 것이 당연했던 것이다.

당시의 컴퓨터는 개인이나 회사가 소유할 수 있는 물건이 아니었고 국가적인 차원에서 그것도 미국같은 강대국에서나 한두 대 보유할 수 있는 정도였다. 이에 비해 인건비는 컴퓨터 부품 하나의 가격보다도 더 싼 정도였으니 프로그래머에게 컴퓨터는 우러러보기도 힘든 상전이었으며 이런 높은 상전에게 그깟 기계어 코드 변환 따위를 시켰으니 폰 노이만이 격노한 것은 당연하다 하겠다. 만약 폰 노이만이 다시 살아나 현대의 컴퓨터 사용 실태를 보면 아마 기절초풍을 하지 않을까? 그 비싼 기계로 음악을 듣질 않나, 심심함을 달래기 위해 게임을 하지 않나, 극장에 가면 될 것을 컴퓨터로 영화도 보고 있으니 말이다.

현대의 컴퓨터 환경은 폰 노이만이 활동할 때와는 완전히 다르다. 개발자 1달 월급이면 최고급 PC 두 대를 사고도 남으며 최고성능의 서버급이라고 해 봐야 왠만한 개발자 연봉도 안 된다. 그래서 요즘은 기계가 가급적이면 많은 일을 하고 사람이 편한 쪽으로 개발을 진행하는 것이 상식적이며 앞으로는 더해질 것이다. 그러다 보니 조립식의 OOP가 더욱 설득력 있는 개발 방법으로 자리를 굳힐 수 있는 것이다. 하드웨어가 발전했으니 소프트웨어가 이를 따라잡기 위해서는 약간의 효율 희생은 감수해도 무관하다는 취지이다.

요즘 SI 업체의 개발 전략을 보면 이런 현상을 분명히 확인할 수 있다. 프로그램의 성능이나 크기 따위는 거의 고려하지 않으며 가급적 빠른 시일 내로 안정적으로 동작하는 소프트웨어를 생산하는데 온 힘을 쏟는다. 이렇게 만든 프로그램이 느려서 문제가 된다면 해답은 의외로 간단하다. 개발 인력을 두 배로 늘리고 개발 기간을 더 길게 잡는 게 아니라 두 배 더 빠른 하드웨어를 투입하는 것이다. CPU 두 장짜리 서버에 CPU 두 장 더 꽂아 주고 메모리 2G 서버를 4G로 늘리고 네트워크도 최신형으로 교체하면 프로그램은 간단하게 두 배 더 빨라진다. 중간 라이브러리도 최상의 것으로 업그레이드하면 결과 프로그램도 같이 빨라진다. 이 편이 개발자를 늘리는 것보다 훨씬 더 싸고 확실하다.

25.2 C++로의 확장

25.2.1 개선 사항

C++은 C언어에 여러 가지 기능을 추가하거나 개선하여 만들어진 C의 상위 버전이다. 하위 호환성이 있으므로 대부분의 C코드는 C++ 컴파일러에서도 별다른 수정없이 그대로 컴파일된다. C++이 C와 달라진 가장 큰 차이점을 꼽는다면 역시 클래스를 지원한다는 점이다. C++ 언어의 초기 이름이 C with class였는데 이 이름은 C에 클래스 기능을 추가하여 C++을 만들었다는 것을 상징적으로 나타낸다.

C와 C++의 문법은 비슷하거나 약간 확장된 정도의 차이밖에 없어 소스 코드만으로는 잘 구분되지 않을 정도로 흡사하다. 그래서 C++을 배우기 전에 C에 익숙해 있으면 C++ 구문을 쉽게 받아들일 수 있다. C++은 제어문이나 함수 포인터, 연산자 등의 주요 문법을 C의 것을 그대로 계승받았기 때문이다. 그러나 개발방법은 완전히 다른데 C는 구조적 프로그래밍 방식을 사용하고 C++은 객체 지향적인 방식을 사용한다. 그래서 두 언어를 완전히 다른 언어라고 주장하는 사람도 있다.

C에 익숙한 사람은 습관 때문에 C++의 객체 지향적인 방식에 익숙해지기 더 어렵다고도 하는데 실제로 이는 사실이다. 수년동안 구조적 기법으로 원하는 프로그램을 자유롭게 작성해 왔는데 갑자기 객체 지향 방식을 강요하게 되면 이 변화를 쉽게 받아들이지 못한다. 그래서 요즘은 프로그래밍을 처음 배울 때 아예 C를 건너뛰고 C++부터 배움으로써 애초에 객체 지향적인 방식에 익숙해지도록 하는 방법이 시도되고 있다. 그러나 객체라는 개념이 쉽게 이해하기 어려운 주제이므로 아직까지는 전통적인 순서대로 C를 먼저 공부하는 방식(溫故知新)이 더 효율적인 것으로 여겨지고 있다.

C++에 새로 추가된 클래스와 관련 이론은 3부 전체의 주제이므로 천천히 연구해 보기로 하고 여기서는 조그마한 개선 사항부터 정리해 보자. C와 C++이 10년 정도의 시차를 두고 개발되었기 때문에 많은 변화가 있었다. 이 책은 이런 변화들 중 클래스와 직접적인 상관이 없는 것들은 1, 2부의 관련 부분에서 이미 설명해 왔다. 2부 이전과 3부 이후는 C와 C++로 구분된 것이 아니라 구조적 프로그래밍과 객체 지향적 프로그래밍으로 구분되어 있기 때문이다. 어떤 기능들이 C++에서 새로 추가된 것인지 도표로 정리해 보자.

내용	위치	간단한 설명
범위 연산자	7.3.1	지역변수에 의해 가려진 전역변수를 참조한다.
명시적 캐스팅	5.3.4	(int)var형식이 아닌 int(var) 형식으로 캐스팅한다.
인라인 함수	16.3	본체가 호출부에 삽입되는 함수
디폴트 인수	16.4	실인수가 생략될 때 형식 인수에 적용되는 기본값
함수 오버로딩	16.5	같은 이름의 함수를 여러 개 정의하는 기능
태그가 타입으로 승격됨	13.1.2	구조체 태그로부터 변수를 바로 선언할 수 있다.
이름없는 공용체	13.5.2	공용체 이름없이 멤버들이 기억 장소를 공유한다.

내용	위치	간단한 설명
한줄 주석	2.4.1	//로 줄 끝까지 주석을 단다.
레퍼런스	15.4	변수에 대한 별명을 붙인다.
bool 타입	3.7.5	1바이트의 진위형 타입

이 기능들은 모두 C++의 클래스를 제대로 지원하기 위해 추가된 것들이지만 클래스와 상관없는 부분에도 사용할 수 있다. 각 기능들을 학습했던 위치를 밝혀 두었으므로 생각이 잘 나지 않으면 앞부분으로 돌아가 복습을 하고 오기 바란다. 특히 레퍼런스와 16장의 함수 관련 토픽은 앞으로 클래스를 학습하는데 꼭 필요한 선행 지식으로서 중요하다.

현대의 C 컴파일러들은 모두 C++도 지원하기 때문에 이런 기능들이 원래 C에 있던 것인지 C++에서 새로 추가된 것인지를 아는 것은 중요하지 않다. 다만 교양적으로 알아 두면 언어의 역사를 이해하는데 도움이 되는 내용일 뿐이다. 지금은 C/C++이라는 통합된 언어로 지칭되고 있어 표준을 따르는 모든 컴파일러에서 이런 기능을 자유롭게 사용할 수 있다. 이외에 C++에서 달라진 점이라면 함수의 중간에서도 변수를 선언할 수 있다는 것 정도이다. C언어는 모든 변수들이 함수의 선두에 선언되어야 하지만 C++은 필요할 때 언제든지 변수를 추가로 선언할 수 있다.

```
void func()
{
    int i;
    double d;

    i=1;
    d=12.34;
}
```
C의 변수 선언문

```
void func()
{
    int i;
    i=1;

    double d;
    d=12.34;
}
```
C++의 변수 선언문

C 형식으로 함수의 선두에 변수를 한꺼번에 선언하면 지역변수의 목록을 한눈에 파악할 수 있어 훨씬 더 깔끔하다는 장점이 있다. 그래서 C++에서도 가급적이면 지역변수들을 선두에 모아서 선언하는 것이 관례이다. 하지만 함수의 내용이 아주 길어질 때는 변수가 사용되는 곳과 가급적 가까운 곳에 선언을 두는 것이 더 편리하다. 취향에 따라 선택하되 나는 함수가 지나치게 길지 않는 한 선두에 지역변수를 모아서 선언하는 것을 좋아하는 편이다.

25.2.2 IOStream

어떤 언어를 배울 때 가장 먼저 배우는 것은 입출력 명령이다. 베이직을 배울 때는 PRINT 명령부터 시작하며 C언어에 입문할 때도 printf를 가장 먼저 배웠고 윈도우즈 API에서는 TextOut이 제일 기초적이다. 심지어 도스나 유닉스 같은 운영체제를 배울 때도 파일 목록을 확인하는 dir이나 ls 명령을 최우선 적으로 학습한다. 일단 입출력이 가능해야 언어의 동작을 확인할 수 있기 때문인데 C++에서 이런 기본 적인 입출력 수단은 바로 입출력 스트림이며 cin, cout이 입출력 객체이다.

C++에서는 모든 것을 객체로 표현하기 때문에 입출력을 담당하는 것도 함수가 아니라 객체다. cout 은 C++의 가장 기본적인 출력 객체이고 cin은 입력 객체이다. 다음 예제는 cout 객체를 사용하여 문자열 을 화면으로 출력하는데 이 책에서 제일 처음으로 만들었던 First 예제의 C++ 버전이라고 생각하면 된다.

예 제 cout

```
#include <iostream>
using namespace std;

void main()
{
    cout << "Welcome C++" << endl;
}
```

실행해 보면 "Welcome C++"이라는 문자열이 화면으로 출력될 것이다. 첫 줄에서 iostream을 포함 시키고 있는데 이 파일은 C의 stdio.h 쯤에 해당하는 기본 헤더 파일이다. cout 출력 객체가 이 헤더 파일에 정의되어 있으므로 이 객체를 사용하려면 반드시 iostream을 포함시켜야 한다. 두 번째 줄은 네임 스페이스 std를 사용하겠다는 선언인데 cout 객체를 사용하기 위해서는 이 선언이 있어야 한다.

네임 스페이스는 명칭을 저장하는 기억 영역으로서 C++에 새로 추가된 기능이다. C++ 표준 라이브 러리는 std라는 네임 스페이스에 모두 정의되어 있으므로 std를 사용하겠다는 선언을 해야 한다. 네임 스페이스에 대해서는 다음에 따로 연구해 볼 것이다. C프로그램이 대부분 #include <stdio.h>로 시작하 는 것처럼 C++ 프로그램은 거의 항상 이 두 줄로 시작된다. cout의 기본 형식은 다음과 같다.

cout << 데이터 << 데이터 ....;

<< 연산자(Insertion:삽입 연산자) 다음에 출력할 데이터를 적는데 데이터의 타입은 객체가 알아서 판단한다. 그래서 printf처럼 %d, %f 같은 서식을 지정할 필요가 없어서 편리하며 서식이 불일치하여

생기는 문제점도 없다. endl은 개행 코드를 의미하며 확장열 '\n'과 기능적으로 동일하다. main 함수에서 cout 객체로 문자열을 출력하고 개행했다. 만약 실습용으로 사용하고 있는 컴파일러에서 이 예제가 컴파일되지 않는다면 다음과 같이 수정해야 한다.

예제 coutold

```
#include <iostream.h>

void main()
{
    cout << "Welcome C++" << endl;
}
```

헤더 파일 이름이 iostream.h로 바뀌었고 네임 스페이스 지정문이 사라졌다. 이 방식은 C++ 표준이 정해지기 전의 방식이고 cout 예제가 현재의 표준대로 작성한 것이다. C++ 표준 위원회는 새로운 표준을 정하면서 구식 C++ 문법과 새로 정한 표준 문법과의 차이점 때문에 헤더 파일 이름을 일괄적으로 바꾸기로 했는데 확장자 .h를 없애기로 결정했다. 헤더 파일은 통상 하드 디스크에 저장되는 물리적인 파일이지만 컴파일러에 따라서는 파일이 아닌 메모리나 미리 컴파일된 정보들을 참조할 수도 있으므로 파일 냄새를 풍기는 .h 확장자를 없애 버린 것이다. 물론 아직까지 최신 컴파일러에서도 헤더는 물리적인 파일이지만 앞으로는 아닐 수도 있으며 #include는 포함할 정보의 명칭을 지정할 뿐이다.

그래서 최신 컴파일러들은 iostream.h 대신 iostream 만을 가지고 있는데 오랫동안 C 코딩을 해온 사람들에게는 좀 어색한 변화라고 할 수 있다. 비주얼 C++ 6.0은 표준이 한창 제정되던 시기의 과도기적 컴파일러이기 때문에 둘 다 지원하며 7.0 이상은 표준대로 cout 예제만 컴파일할 수 있다. Dev-C++은 두 방식을 모두 지원한다. 좀 더 오래된 컴파일러는 반대로 coutold는 컴파일하지만 cout 은 컴파일하지 못할 것이다. 앞으로는 표준이 정한 바대로 cout 방식으로 코드를 작성해야 하며 앞으로 이 책의 예제들은 표준에 맞게 작성할 것이다.

여러 개의 데이터를 이어서 출력할 때는 << 연산자를 계속해서 사용한다. 다음 예제는 다양한 타입의 변수를 cout 객체로 한꺼번에 출력한다.

예제 coutmulti

```
#include <iostream>
using namespace std;

void main()
```

```
{
    int i=123;
    char ch='A';
    double d=3.14;
    char str[]="문자열";

    cout << i << ch << d << str << endl;
}
```

출력 결과는 "123A3.14문자열" 이렇다. 변수나 상수들을 연쇄적으로 출력할 수 있으며 정수형이든 실수형이든 문자열이든 무조건 << 연산자로 보내기만 하면 된다. 다음은 cin 연산자로 입력을 받아 보자. cin 다음에 >> 연산자(Extraction:추출 연산자)를 쓰고 입력한 값을 대입받는 변수를 적되 마찬가지로 변수의 타입은 구분하지 않아도 된다.

예제 cin

```
#include <iostream>
using namespace std;

void main()
{
    int i;
    cout << "정수를 입력하십시오 : ";
    cin >> i;
    cout << "입력한 값은 " << i << "입니다." << endl;
}
```

정수 하나를 키보드로부터 입력받아 i에 대입하고 그 결과를 cout으로 다시 출력해 보았다. 실행 결과는 다음과 같다.

```
정수를 입력하십시오 : 25
입력한 값은 25입니다.
```

언뜻 보기에도 cin이 scanf보다는 훨씬 더 좋아 보인다. 입출력 객체는 C 표준 라이브러리의 printf, scanf 함수에 비해 많은 장점을 가지고 있다.

① 사용 방법이 훨씬 더 직관적이다. 출력할 때는 《 연산자로 데이터를 출력 객체에게 보내고 입력 객체는 》 연산자로 입력받은 값을 변수로 보내는 모양을 하고 있어 사용하기 쉽다. 《, 》 연산자의 머리 부분이 입출력 방향을 명시하므로 모양대로 사용하면 된다.

② 입출력 객체가 데이터의 타입을 자동으로 판별하기 때문에 서식을 일일이 기억할 필요도 없고 서식을 잘못 적는 실수를 할 리도 없으니 안전하다. printf는 서식과 인수의 개수가 맞지 않거나 타입이 틀릴 경우 컴파일 에러는 발생하지 않지만 실행 중에 프로그램이 다운될 수 있다. scanf는 입력받을 데이터가 문자열이 아닌 경우 반드시 &연산자로 주소를 넘겨야 하는데 이를 깜박 잊으면 마찬가지로 프로그램이 먹통이 되어 버린다. 입출력 객체는 자신이 처리하지 못하는 타입에 대해 컴파일 에러를 발생시키므로 훨씬 더 안전하다.

③ 입출력 객체의 《, 》 연산자는 여러 가지 기본 타입에 대해 중복 정의되어 있는데 필요할 경우 사용자 정의 타입을 인식하도록 확장할 수 있다. 이때 사용되는 기술이 연산자 오버로딩이다. 이 기술을 사용하면 날짜, 시간, 신상 명세 등의 복잡한 정보도 표준 객체로 입출력할 수 있다. printf, scanf는 라이브러리가 제공하는 서식만 다룰 수 있는 것과 비교된다.

입출력 객체가 여러 가지 면에서 printf, scanf보다는 장점이 많은 것이 사실이지만 이 책에서는 앞으로도 printf를 계속 애용할 것이다. 어차피 printf나 cout이나 예제 동작 확인용으로만 사용하는 것이므로 익숙한 방법을 계속 쓰는 것이 좋으며 가독성도 printf가 cout보다 오히려 더 좋다. 또한 C++ 표준이 적용되고 있는 중이라 컴파일러마다 cout을 쓰는 방법이 조금씩 달라 실습에 방해가 되는 점도 고려했다.

물론 실제 프로젝트를 한다면 printf보다는 cout을 쓰는 것이 더 안전하고 좋다. 하지만 요즘같은 그래픽 세상에 콘솔에 문자열을 출력하는 프로그램을 만들 일이 흔하지 않기 때문에 실제로 cout을 써 볼 기회는 별로 많지 않을 것이다. printf나 cout이나 현재는 실습을 위한 확인 기능 정도밖에 없다고 할 수 있다. C++에서는 반드시 cout으로 출력해야 한다는 것은 일종의 고정 관념일 뿐이다. 입출력 객체에 대한 상세한 설명은 이 책 끝에서 따로 다루기로 한다.

C 문법 학습을 위해 사용했던 Turboc.h 헤더 파일도 당분간 계속 사용하기로 한다. 콘솔에서 원활하고 흥미있는 실습을 하기 위해서는 아직까지도 gotoxy, clrscr, delay 같은 함수가 여전히 필요하다. iostream은 필요할 경우에만 포함할 것이다. C 문법을 잘 아는 사람들은 이 책을 25장부터 읽는 경우도 있을 텐데 이런 사람은 1장의 실습 준비편이 지시하는 대로 Turboc.h 헤더 파일을 설치하기 바란다. 이 파일이 설치되어 있지 않으면 이 책의 예제들은 대부분 컴파일되지 않는다.

25.2.3 new

new, delete는 C의 malloc, free에 대응되는 C++의 메모리 할당 연산자이며 실행 중에 메모리를 할당한다는 점에서 용도가 비슷하다. 할당 연산자인 new의 기본 형식은 다음과 같다.

포인터 = new 타입[(초기값)];

new 다음에 할당 대상 타입을 밝히면 sizeof(타입)만큼의 메모리가 할당되고 할당된 포인터가 리턴된다. new가 리턴하는 번지는 같은 타입의 포인터 변수로 대입받는다. 할당과 동시에 메모리를 초기화하고 싶으면 타입 다음의 괄호에 원하는 초기값을 적되 초기화를 할 필요가 없으면 생략할 수 있다. 초기화하지 않은 메모리는 물론 쓰레기값을 가진다. 메모리 부족 등의 이유로 할당에 실패하면 NULL을 리턴하는데 원칙적으로 이 리턴값을 점검해 보아야 하지만 32비트 환경에서는 실패할 확률이 거의 없어 점검을 생략하는 경우도 많다.

이렇게 할당된 메모리를 해제할 때는 delete 연산자를 사용하는데 해제할 포인터를 delete 다음에 지정한다. 만약 할당만 하고 해제를 하지 않으면 메모리 일부를 사용할 수 없게 되는 메모리 누수(Memory Leak)가 발생하므로 동적 할당한 메모리는 반드시 delete해야 한다. 한 포인터에 대해 delete를 두 번 하는 것은 안되지만 NULL 포인터를 삭제하는 것은 가능하다. 즉 다음과 같이 할 필요가 없다.

```
if (pi != NULL) {
    delete pi;
}
```

delete는 NULL 포인터에 대해서는 아무런 동작도 하지 않도록 정의되어 있으므로 안전하다. 위 코드에서 if문으로 점검할 필요없이 무조건 pi를 해제해도 상관없다. 다음은 new, delete로 정수형 변수 하나를 동적으로 생성해 본 것이다.

예제 newdelete

```
#include <Turboc.h>

void main()
{
    int *pi=new int;
    *pi=123;
    printf("*pi=%d\n",*pi);
    delete pi;
}
```

new 연산자에 의해 정수형 하나를 저장할 만큼의 공간(4바이트)이 할당되는데 할당된 포인터를 정수형 포인터 변수 pi로 대입받았다. 힙에 할당된 4바이트를 pi가 가리키고 있으며 이후 *pi는 동적 할당된 정수형 변수가 되며 정수값 하나를 기억할 수 있다. 예제에서는 *pi에 123이라는 정수값을 대입하고 확인을 위해 출력만 해 보았다. 다 사용하고 난 다음에는 delete pi로 해제한다. 다음은 new 연산자로 실수형과 문자형 변수를 할당하는 예이다.

```
double *pd=new double;
char *pc=new char;
```

pd에는 8바이트가 할당되고 pc에는 1바이트가 할당될 것이다. 잘 사용되지는 않지만 new int; 라고 쓰는 대신 괄호를 써서 new(int)라고 쓰는 방법도 있으며 이때도 new(int)(123) 형식으로 초기값을 지정할 수 있다. new/delete 연산자는 malloc/free와 기능적으로 동일하기 때문에 위 예제를 다음과 같이 고쳐 써도 똑같이 동작한다.

```
int *pi=(int *)malloc(sizeof(int));
*pi=123;
printf("*pi=%d\n",*pi);
free(pi);
```

new 대신 malloc을 사용했고 delete 대신 free를 사용했다. 메모리 할당의 면에서만 본다면 new/delete는 malloc/free와 동일하지만 차이점도 많이 있다. new/delete는 malloc/free보다 메모리를 관리하는 방식이 훨씬 더 진보적이며 속도도 빠르고 OOP에 적합한 특징들을 많이 가지고 있다. 어떤 점이 다른지 보자.

① malloc/free는 라이브러리가 제공하는 함수인데 비해 new/delete는 언어가 제공하는 연산자이다. 그래서 별도의 헤더 파일을 포함할 필요없이 언제든지 사용할 수 있으며 이 연산자를 쓴다고 해서 프로그램이 커지는 것도 아니다. 연산자이기 때문에 사용자 정의 타입에 대해 오버로딩할 수도 있다.

② malloc 함수는 필요한 메모리양을 바이트 단위로 지정하고 void *를 리턴하므로 sizeof 연산자와 캐스트 연산자의 도움을 받아야 한다. 이에 비해 new는 할당할 타입을 지정하고 해당 타입의 포인터를 리턴하므로 sizeof 연산자와 캐스트 연산자를 쓸 필요가 없다. 할당한 타입과 같은 타입의 포인터 변수로 대입만 받으면 된다.

③ malloc은 메모리를 할당하는 것만이 목적이므로 초기값을 줄 수 없지만 new 연산자는 동적으로 생성한 변수의 초기값을 지정할 수 있다. 즉 할당과 동시에 초기화를 할 수 있는데 할당 타입 다음의 괄호에 초기값을 적어주면 된다. int *pi=new int; *pi=123; 두 문장은 int *pi=new int(123); 하나로 합칠 수 있다.

④ new 연산자로 객체를 할당할 때 생성자가 자동으로 호출된다. 생성자란 객체를 자동으로 초기화하는 특별한 함수인데 다음 장에서 배우게 될 것이다. 생성자는 생성과 동시에 객체를 초기화할 수 있도록 함으로써 클래스가 기존 타입과 동등한 자격을 가지도록 하는 중요한 역할을 한다. 생성자를 호출한다는 점이 malloc과 new의 가장 큰 차이점이며 C++에서 별도의 할당 연산자가 추가된 이유이다. 마찬가지로 delete로 객체를 삭제할 때는 파괴자라는 특별한 함수가 자동으로 호출된다.

new 연산자는 기본 타입뿐만 아니라 구조체나 배열, 사용자 정의형 타입도 할당할 수 있다. 다음은 new 연산자로 구조체를 할당하는 예제이다.

예 제 **newstruct**

```c
#include <Turboc.h>

struct tag_Friend {
    char Name[10];
    int Age;
    double Height;
};

void main()
{
    tag_Friend *pF=new tag_Friend;
    strcpy(pF->Name,"아무개");
    pF->Age=22;
    pF->Height=177.7;
    printf("이름=%s, 나이=%d, 키=%.1f\n",pF->Name,pF->Age,pF->Height);
    delete pF;
}
```

new 연산자에 의해 sizeof(tag_Friend) 만큼의 메모리가 할당되고 tag_Friend * 타입이 리턴된다. 구조체를 할당과 동시에 초기화하려면 다음 장에서 배울 생성자 함수라는 것을 만들어야 한다. 배열을 할당하는 방법은 조금 특수하다. 할당 타입 다음의 [ ] 안에 배열의 크기를 지정하는데 다음은 정수형 배열을 할당하는 예이다.

예 제 **newarray**

```c
#include <Turboc.h>

void main()
{
    int *ar=new int[5];
    int i;
    for (i=0;i<5;i++) {
```

```
        ar[i]=i;
    }
    for (i=0;i<5;i++) {
        printf("%d번째 = %d\n",i,ar[i]);
    }
    delete [] ar;
}
```

new int[5];에 의해 정수형 변수 5개를 저장할 수 있는 메모리가 할당되며 int * 타입이 리턴된다. 리턴값을 int *형의 ar로 대입받으면 ar은 정수형 배열과 동등하며 배열처럼 사용할 수 있다. 배열을 할당할 때는 new 연산자로도 초기값을 지정할 수 없다. 동적으로 할당하는 것이므로 할당할 배열의 크기를 지정하는 값이 꼭 상수여야 할 필요는 없으며 변수로도 크기를 지정할 수 있다. 즉 다음과 같은 코드도 가능하다.

```
int n;
printf("도대체 몇 개나 필요하니? : ");
scanf("%d",&n);
int *ar=new int[n];
```

동적으로 할당한 배열을 삭제할 때는 delete 대신 반드시 delete [ ] 문을 사용해야 한다. 그렇지 않았을 때 그러니까 할당은 new [ ]로 해 놓고 해제는 delete로 했을 때의 동작은 정의되어 있지 않으며 (Undefined) 상황에 따라 다르다. 일반적으로 배열의 첫 번째 요소에 대해서만 파괴자가 호출되고 나머지는 파괴자가 호출되지 않으므로 메모리 누수가 발생할 것이다. 또는 할당 헤더의 구조가 달라 첫 번째 요소가 제대로 파괴되기 전에 다운될 수도 있는데 정의되지 않은 동작의 결과는 컴파일러에 따라 달라진다. 흔히 많이 실수하는 부분이므로 동적 할당한 배열은 delete [ ]로 해제한다는 것을 꼭 기억해 놓도록 하자. 중요한 내용이므로 한 번 더 반복한다. new는 delete와 짝이고 new [ ]는 delete [ ]와 짝이다.

new/delete의 가장 큰 장점은 객체가 생성, 파괴될 때 생성자와 파괴자가 호출된다는 점인데 이에 대해서는 다음에 따로 연구해 볼 것이다. 이 점만 제외하면 malloc/free와 큰 차이점은 없다. C++에서는 가급적이면 malloc/free 대신 new/delete를 사용할 것을 권장하지만 반드시 그래야 하는 것은 아니다. 단순히 메모리 할당만 한다면 malloc/free도 아직까지 쓸 만하며 오히려 더 편리한 면도 있다.

예를 들어 malloc으로 할당한 메모리는 realloc으로 크기를 바꿔 재할당할 수 있지만 new에는 이에 대응하는 기능이 없어 새로 할당하여 복사하고 원래 메모리를 해제하는 과정을 직접 해야 한다. 그래서 재할당할 때마다 매번 번지가 바뀌며 심지어 축소할 때도 번지가 바뀐다. 또한 실행 중에 할당 블록의 크기를 조사하는 _msize에 해당하는 기능도 없다. 할당 대상이 객체가 아니고 재할당을 빈번하게 한다면

malloc/free를 사용할 수도 있고 객체를 할당할 때는 반드시 new/delete를 써야 한다. 단, 할당, 해제 함수는 반드시 짝을 맞추어야 하며 섞어서 쓸 수는 없다. new로 할당한 메모리는 반드시 delete로 해제 해야 하고 malloc으로 할당한 메모리는 free로 해제한다.

25.3 구조체의 확장

25.3.1 멤버 함수

앞 두 절에서 비록 대충이기는 하지만 OOP 개론에 대해 소개했고 C언어에 대한 C++의 개선점과 추가된 기능들에 대해서 연구해 보았다. 이른바 준비 운동이 끝난 셈인데 이 절부터 본격적으로 C++과 객체 지향 프로그래밍에 대해 연구해 본다. C++의 대표적인 간판스타 클래스의 정의에 대해 연구해 보는 것으로 짜릿한 OOP 여행을 시작하자.

구조체는 타입이 서로 다른 이형 변수의 집합이다. 화면상의 한 좌표와 그 위치에 출력될 문자에 대한 정보를 저장하고 싶다면 다음과 같은 구조체를 선언해야 한다. 좌표값 (x, y)는 정수형이고 문자 ch는 문자형이므로 서로 타입이 다르고 그래서 이형 타입 변수의 집합인 구조체로 이 변수들을 묶어 정의한다.

```
struct Position
{
    int x;
    int y;
    char ch;
};
```

타입의 이름은 Position이고 이 구조체 안에 x, y, ch 멤버가 포함되어 있다. 다음 예제는 이 구조체를 사용하여 화면에 한 문자를 출력한다. 눈으로 죽 읽기만 해도 이해될 정도로 쉽다.

예제 **Pos1**

```
#include 〈Turboc.h〉

struct Position
{
    int x;
```

```
    int y;
    char ch;
};

void OutPosition(Position Pos)
{
    gotoxy(Pos.x, Pos.y);
    putch(Pos.ch);
}

void main()
{
    Position Here;
    Here.x=30;
    Here.y=10;
    Here.ch='A';
    OutPosition(Here);
}
```

실행해 보면 화면의 (30,10) 위치에 문자 'A'가 출력될 것이다. 문자를 출력하는 작업은 OutPosition 함수가 처리하는데 인수로 전달받은 구조체 Pos의 정보대로 지정한 위치에 문자를 출력했다. main 함수 는 Position형의 구조체 변수 Here를 선언하고 이 구조체의 멤버에 각각 30, 10, 'A'를 대입했으며 OutPosition 함수를 호출하여 (30,10)위치에 'A'를 출력했다. C수준에서 아주 쉽게 이해되는 간단한 예제이다.

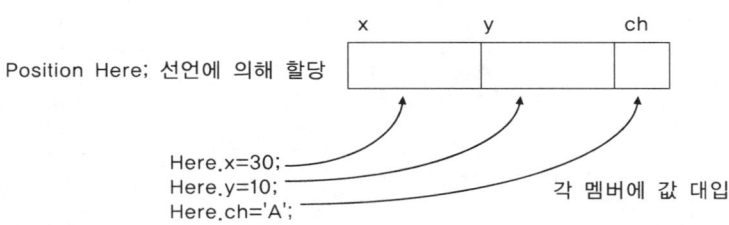

이 예제에서 Position 구조체와 OutPosition 함수는 상호 의존적인 관계에 있다. Position 구조체가 없으 면 OutPosition은 인수를 받아들일 수 없으므로 컴파일되지 않으며 동작할 수도 없다. 또한 OutPosition 함수가 없으면 Position 구조체는 화면에 출력되지 못하므로 자신의 존재를 나타낼 방법이 없다.

Position은 정보를 가지고 OutPosition은 동작을 정의하는데 정보를 보여주기 위해서는 동작이 필요하고 동작이 수행되려면 정보가 필요한 것이다.

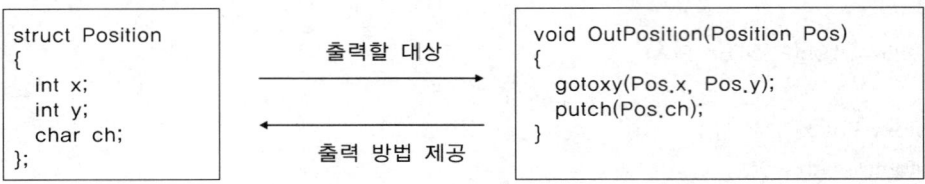

만약 이 구조체를 다른 프로그램에서 재사용하고자 한다면 구조체와 함수를 같이 가지고 가야하며 둘 중 하나만 가지고 가면 아무 짝에도 쓸모가 없다. 이렇게 밀접한 구조체와 함수는 한 쌍으로 볼 수 있는데 C++은 연관된 코드와 데이터를 하나의 범위에 포함시킬 수 있는 방법을 제공한다. 이 개념이 바로 캡슐화이다. 구조체가 다양한 타입의 멤버 변수를 포함하듯이 함수도 포함할 수 있다. 다음은 Position 구조체와 OutPosition 함수를 하나로 합친 것이다.

예제 Pos2

```
#include <Turboc.h>

struct Position
{
    int x;
    int y;
    char ch;
    void OutPosition() {
        gotoxy(x, y);
        putch(ch);
    }
};

void main()
{
    Position Here;
    Here.x=30;
    Here.y=10;
    Here.ch='A';
    Here.OutPosition();
}
```

실행해 보면 결과는 앞의 예제와 동일하다. 소스의 구조는 다소 변경되었는데 OutPosition 함수가 구조체 선언 안에 포함되었다. 구조체와 관련된 함수를 따로 정의할 필요없이 아예 구조체에 포함시켜 버린 것이다. 이렇게 구조체에 포함된 함수를 멤버 함수라고 부르며 구조체에 포함된 변수는 멤버 변수라고 부른다.

즉, C++에서 구조체는 멤버 변수와 멤버 함수로 구성된다. C의 구조체는 이형 변수의 집합, 즉 타입이 다른 변수들의 집합이다. 변수만 포함될 수 있었으므로 단순히 멤버라는 용어를 사용했지만 C++의 구조체에는 함수도 같이 포함될 수 있으므로 두 종류의 멤버를 구분할 수 있는 별도의 이름이 필요해진 것이다. 다른 언어에서는 멤버 변수를 필드(Field), 멤버 함수를 메소드(Method)라고 부르기도 하는데 같은 뜻이다.

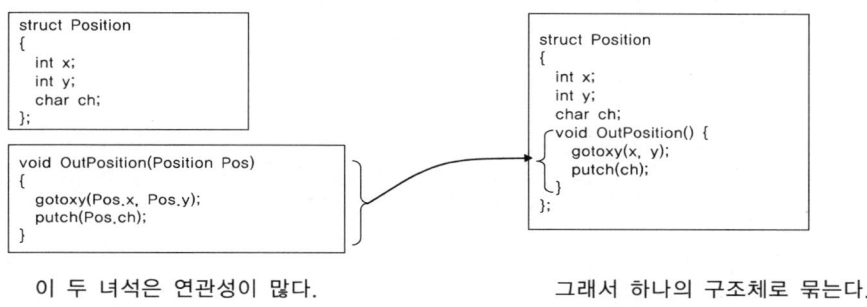

이 두 녀석은 연관성이 많다.　　　　　그래서 하나의 구조체로 묶는다.

OutPosition 함수가 구조체에 포함됨으로써 소스의 다른 부분들도 많이 달라졌다. 어떻게 달라졌는지 정리해 보자.

① OutPosition 함수가 인수를 받아들일 필요가 없다. 일반 함수일 때는 어떤 구조체의 정보를 사용할 것인지를 인수로 전달받아야 했지만 구조체에 소속되었기 때문에 소속된 구조체의 정보를 사용하면 된다.

② OutPosition 함수 내부에서 x, y 멤버 변수를 참조할 때 소속 구조체를 밝힐 필요가 없어졌다. 구조체 밖에 있을 때는 어떤 구조체에 속한 멤버 변수인지를 밝혀야 하지만 멤버 함수는 별도의 지정없이 자신이 속해 있는 구조체의 멤버 변수를 이름만으로 액세스할 수 있다.

③ main에서 OutPosition 함수를 호출할 때 함수가 소속된 구조체 변수 Here를 앞에 적어주었다. OutPosition 함수는 독립된 함수가 아니라 구조체에 속한 멤버이므로 어떤 구조체의 정보를 대상으로 동작할 것인지를 밝혀야 한다. 멤버 함수를 호출하는 방법은 멤버 변수를 참조하는 것과 동일하다. 점 연산자를 사용하여 구조체.함수() 식으로 호출하며 구조체 포인터라면 구조체 -> 함수() 식으로 호출한다.

구조체가 멤버 함수를 포함하면 스스로 동작할 수 있는 독립성이 부여된다. 멤버 변수로 정보를 기억할 수 있고 이 정보들을 바탕으로 직접 동작도 할 수 있다. 독립성이 생기면 재사용성이 확보된다. 내부에 정보와 함수를 모두 포함하고 있으므로 이 구조체만 다른 프로젝트로 가져가면 쉽게 재사용할 수 있다.

Pos2 예제가 보여주는 구조체와 함수의 통합, 이것이 바로 OOP 캡슐화의 기본적인 개념이다. 변수든 함수든 논리적으로 관련된 것을 한 곳에 모아 묶어 놓음으로써 구조체가 프로그램의 부품 역할을 할 수 있게 된 것이다.

25.3.2 멤버 함수 작성법

Pos2 예제는 구조체에 멤버 함수가 포함되는 모습을 적나라하게 보이기 위해 구조체 선언문에 함수의 본체 코드를 직접 작성했다. OutPosition 함수는 길이가 짧아서 이렇게 해도 상관없지만 함수의 코드가 길고 또 이런 멤버 함수가 수십개라면 구조체 선언문이 너무 길어져 보기에도 좋지 않고 코드를 관리하기도 어려워질 것이다. 그래서 C++은 구조체 선언문에 함수의 원형만 선언하고 본체는 구조체 바깥에 따로 작성하는 방법을 지원한다. 다음 예제는 Pos2와 똑같은 동작을 하되 OutPosition 함수의 본체를 외부에 따로 작성한 것이다.

예제 **Pos3**

```
#include <Turboc.h>

struct Position
{
    int x;
    int y;
    char ch;
    void OutPosition();
};

void Position::OutPosition()
{
    gotoxy(x, y);
    putch(ch);
}

void main()
{
    Position Here;
    Here.x=30;
    Here.y=10;
    Here.ch='A';
    Here.ch='A';
    Here.OutPosition();
}
```

구조체 선언문 안에는 함수의 원형만 밝혀 이 함수가 Position 소속임만을 알린다. 함수의 본체는 구조체 선언문 다음에 별도로 작성하되 함수 정의문에 이 함수가 어떤 구조체의 멤버 함수인지를 밝혀야 한다. 함수 이름 앞에 소속 구조체를 쓰고 그 사이에 범위 연산자 ::을 넣어 구분한다. 멤버 함수를 정의하는 기본 문법은 다음과 같다.

리턴타입 소속구조체::멤버함수(인수)
{
    본체
}

일반 함수 선언문과 비슷하되 함수명 앞에 "소속구조체::"이 추가된다는 점만 다르다. void Position:: OutPosition()은 Position 구조체에 속한 OutPosition 멤버 함수라는 뜻이다. 함수의 본체가 구조체 선언 내부에 있건 외부에 있건 이 함수가 구조체에 포함된다는 사실에는 변함이 없다. 다만 본체 정의 위치에 따라 멤버 함수가 호출되는 방법상의 차이가 발생한다.

- 내부 정의 : 인라인 속성을 가진다. 실제로 함수가 호출되는 것이 아니라 멤버 함수를 호출하는 코드가 함수의 본체 코드로 대체된다.
- 외부 정의 : 일반적인 함수 호출과 마찬가지 방법으로 멤버 함수를 호출한다. 스택을 경유하여 인수를 넘기고 제어의 분기가 발생한다.

인라인 함수는 호출 부담이 없기 때문에 속도가 빠르지만 여러 번 호출할 경우 실행 파일의 크기를 증가시키는 단점이 있다. 멤버 함수의 코드가 아주 짧을 때, 예를 들어 멤버 변수의 값을 읽기만 한다거나 단순한 연산문일 때는 내부 정의를 하고 그렇지 않을 때는 외부 정의하는 것이 좋다. 절대적인 기준은 없지만 보통 3줄 이하일 때만 내부 정의하는 것이 보통이다. 멤버 함수를 외부에 정의하면서도 인라인으로 만들고 싶다면 inline 키워드를 함수 원형 앞이나 정의부 앞에 밝히면 된다. 물론 둘 다 써 줘도 상관없다.

```
struct Position                          inline void Position::OutPosition()
{                                        {
    int x;                                   gotoxy(x, y);
    int y;                                   putch(ch);
    char ch;                             }
    inline void OutPosition();
};
```

멤버 함수를 클래스 내부에 정의하면 이 함수는 무조건 인라인 속성을 가진다. 외부 정의하면서 인라인으로 지정하는 문법은 존재하지만 반대로 내부 정의하면서 일반 함수로 만드는 문법은 없다. 클래스 선언은 어디까지나 클래스의 모양을 알리는 것뿐이므로 실제 코드가 생성되지 않는다. 컴파일러가 선언문만 읽고 마음대로 함수의 본체 코드를 생성할 수는 없는데 만약 이렇게 된다면 헤더 파일에 정의된 클래스 선언문을 읽을 때마다 함수가 중복 생성될 것이다. 컴파일러는 선언문을 기억해 두었다가 함수가 호출될 때 클래스 내부에 선언된 함수 본체 코드를 호출부에 기록할 수밖에 없으며 따라서 내부 정의는 무조건 인라인이다.

구조체가 멤버 함수를 포함하는 예를 보였는데 구조체의 친척뻘인 공용체도 멤버 함수를 가질 수 있다. 그러나 공용체는 기억 장소만 공유할 뿐 어떤 멤버가 저장되어 있는지를 알지 못하므로 정적 멤버를 가질 수 없으며 멤버가 생성자, 파괴자를 정의할 수 없는 등 여러 가지 복잡한 제약이 있다. 멤버 함수를 가지는 공용체는 무척 드물며 일부러 예를 만들지 않는 한 실용성이 별로 없는 셈이다.

| 참 | 고 |

실전에서 클래스를 만들 때 멤버 함수는 통상 클래스 선언 외부에 작성하는데 함수란 아무리 간단해도 10여 줄은 되고 보통 2~30 줄은 되므로 인라인으로 선언하기는 부담스럽기 때문이다. 그러나 이 책에서 작성하는 클래스의 멤버 함수는 가급적 클래스 선언부에서 내부 정의할 것이다. 이렇게 하면 클래스의 전체 모양을 한눈에 파악할 수 있어 내용 파악을 신속하게 할 수 있고 가독성이 높아지면 학습 효율이 좋아진다. 안그래도 복잡한데 멤버 함수가 클래스 선언부 바깥에 있으면 더 혼잡해 보일 것이다.

25.3.3 액세스 지정

구조체의 멤버는 외부에서 언제든지 참조할 수 있다. 앞 예제에서 보았다시피 main에서 Here.x를 읽을 수도 있고 새로운 값을 대입할 수도 있으며 Here의 멤버 함수 OutPosition을 호출하여 어떤 동작을 할 수도 있다.

```
Position Here;
Here.x=20;              // 구조체의 멤버에 값 대입
Here.OutPosition();     // 구조체의 멤버 함수 호출
```

비단 구조체의 멤버뿐만 아니라 선언되어 있는 변수를 참조하거나 작성되어 있는 함수를 호출할 수 있는 것은 C 수준에서는 당연한 얘기다. 그러나 구조체 내부의 멤버를 외부에서 마음대로 건드리도록 내버려두면 부주의한 사용으로 인해 버그가 발생할 수 있어 위험할 뿐만 아니라 객체의 독립성도 떨어진다. 그래서 C++에서는 구조체(또는 클래스)의 멤버에 대한 외부의 참조를 허가할 것인지 금지할 것인지를 지정할 수 있다. 이를 액세스 지정이라고 하는데 다음 세 가지 종류가 있다.

□ private : 이 속성을 가지는 멤버는 외부에서 액세스할 수 없으며 구조체의 멤버 함수만 액세스할 수 있다. 외부에서는 프라이비트 멤버를 읽을 수 없음은 물론이고 존재 자체도 알려지지 않는다.

□ public : 이 속성을 가지는 멤버는 외부로 공개되어 누구나 읽고 쓸 수 있고 함수의 경우는 호출할 수 있다. 구조체가 자신의 속성이나 동작을 외부로 공개하는 수단이 되며 퍼블릭 멤버를 소위 인터페이스라고 한다.

□ protected : private와 마찬가지로 외부에서는 액세스할 수 없으나 단, 상속된 파생 클래스는 이 멤버를 액세스할 수 있다. 프라이비트 멤버는 파생 클래스에서조차도 참조할 수 없으며 오로지 자신만이 이 멤버를 참조할 수 있다는 점이 다르다.

액세스 지정자는 구조체 선언문 내에서만 사용되는데 다른 액세스 지정자가 나올 때까지 계속 이 속성이 적용된다. 액세스 지정자 사이가 한 블록이 되어 이 블록에 선언된 멤버들의 액세스 속성을 지정한다. 다음 예를 보자.

예제 BaboAccess

```
#include 〈Turboc.h〉

struct Babo
{
private:
    int a;
    double b;
    char ch;
    void Initialize();
public:
    int x;
    int y;
    void func(int i);
protected:
    float k;
};

void main()
{
    Babo Kim;
    Kim.a=1;              // 에러
    Kim.x=10;             // 대입 가능
    Kim.func(3);          // 호출 가능
    Kim.Initialize();     // 에러
}
```

Babo 구조체 안에 여러 가지 멤버 변수와 멤버 함수가 선언되어 있는데 각각 선언된 영역이 다르다. a, b, ch 멤버는 비공개 영역에 있으므로 외부에서 이 멤버를 읽을 수 없으며 initialize 함수도 외부에서 호출할 수 없다. 반면 x, y는 공개된 영역에 선언되어 있으므로 외부에서 마음대로 액세스할 수 있고 func 함수도 외부에서 호출할 수 있다. 보호 영역에 있는 k는 외부에서는 액세스할 수 없으며 클래스 내부나 상속된 파생 클래스만 액세스할 수 있다. 만약 비공개 또는 보호된 멤버를 액세스하면 컴파일러는 이런 시도를 에러로 처리한다.

```
struct BABO
{
private:
        int a;
        double b;                    } 비공개 영역
        char ch;
        void Initialize();

public:
        int x;
        int y;                       } 공개 영역
        void func(int i);

protected:
        float k;                     } 보호 영역
};
```

액세스 지정자의 순서에 대한 제약은 없으며 필요에 따라 여러 번 중복될 수도 있다. private: 가 먼저 나오고 public: 이 나온 후 다시 private: 가 나와도 상관없다. 그러나 가급적 같은 액세스 속성을 가지는 멤버는 한 곳에 모으는 곳이 보기에 좋다. 통상 private, protected, public 순으로 선언한다.

액세스 지정자를 사용하여 특정 멤버를 숨길 수 있는 OOP의 기능을 정보 은폐라고 한다. 그렇다면 선언된 멤버를 외부에서 액세스하지 못하도록 숨겨야 하는 이유는 무엇이며 숨기면 어떤 이점이 있을까? 정보 은폐는 객체의 안전성을 확보하고 독립성을 높이는데 이는 무척 큰 주제이므로 27장에서 따로 상세하게 다룰 것이다. 여기서는 액세스 지정자의 개념만 파악하도록 하자.

25.4 클래스

25.4.1 class

C++의 구조체는 멤버 함수를 포함할 수 있다는 면에서 C의 구조체에 비해 의미가 확장되었다. 이형 타입 변수의 집합인 구조체가 스스로의 동작을 정의할 수 있다는 것은 아주 중요한 의미가 있으며 객체 지향 구현을 위한 첫 걸음이라 할 수 있다. C++의 창시자인 스트로스트룹은 확장된 의미의 구조체에

뭔가 멋있고 새로운 이름을 붙여 주었는데 그것이 바로 클래스이다. 구조체라는 용어를 그냥 사용해도 별 문제는 없겠지만 C의 전통적인 구조체와 C++에서 확장된 구조체의 차이를 명확하게 구분하고 싶었고 그래서 이름을 바꾼 것이다.

별도의 이름을 붙였다는 것은 언어 창시자가 일종의 애정 표현을 한 것이다. 결국 OOP의 핵심이라고 할 수 있는 클래스는 "확장된 구조체"로 간단하게 정의할 수 있다. C의 전통적인 구조체는 타입이 다른 변수의 집합이며 C++의 확장된 구조체, 즉 클래스는 여기에 함수를 더 추가한 것이다. 구조체 선언문에서 struct 키워드를 class라는 새로운 키워드로 바꾸기만 하면 클래스가 된다. 앞 절에서 만들었던 확장된 구조체 Position을 클래스로 다시 선언해 보자. struct 키워드를 class로 바꾸고 선언문 선두에 public: 액세스 지정자만 추가하면 된다.

```
class Position
{
public:
    int x;
    int y;
    char ch;
    void OutPosition();
};
```

Pos2, Pos3의 예제를 이렇게 수정해도 잘 실행된다. 확장된 구조체와 클래스의 유일한 차이점은 멤버에 대한 디폴트 액세스 지정뿐이다. 구조체는 멤버 함수를 가질 수 없는 것으로 잘못 아는 사람들이 있는데 그렇지 않다. 구조체도 멤버 함수, 생성자, 파괴자를 가질 수 있고 상속도 가능하며 클래스가 쓰이는 모든 곳에 쓸 수 있다. 단지 아무런 액세스 지정없이 멤버를 선언할 때 이 멤버에 어떤 액세스 지정이 적용되는지만 다를 뿐이다. 다음 코드를 보자.

```
struct S                          class C
{                                 {
    int x;                            int x;
    ....                              ....
};                                };
S s;                              C c;
s.x=1234;        // 가능          c.x=1234;        // 에러
```

아무런 액세스 지정없이 멤버 변수 x를 선언했다. 이 경우 구조체의 멤버 s.x는 public 속성을 가지며 외부에 공개되는데 비해 클래스의 멤버 c.x는 private 속성을 가져 외부로부터 숨겨진다. 구조체의 디폴트 액세스 지정은 public이고 클래스의 디폴트 액세스 지정은 private이다. 클래스는 객체의 안전성을

위해 외부에서 함부로 값을 건드리지 못하도록 멤버를 숨기는 경향이 있는데 비해 구조체는 가급적이면 멤버를 공개하는 경향이 있다. 구조체의 디폴트 액세스 지정이 public일 수밖에 없는 이유는 C언어와의 호환성을 유지해야 하기 때문이다. C에서 구조체의 멤버는 외부에서 자유롭게 액세스할 수 있으므로 C++의 구조체도 당연히 그렇게 해야 한다.

물론 디폴트가 그렇다뿐이지 양쪽 모두 명시적인 액세스 지정자로 멤버의 공개 여부를 변경할 수 있다. 다음 두 쌍의 선언문이 완전히 동일하다는 것을 확인하도록 하자. 디폴트 액세스 지정을 private로 바꾼 구조체는 클래스와 동일하며 반대로 디폴트 액세스 지정을 public으로 바꾼 클래스는 구조체와 동일하다. 이 외에 구조체와 클래스는 어떠한 차이점도 없다.

```
struct Some          class Some          struct Some          class Some
{                    {                   {                    {
private:                 ....                  ....            public:
    ....             };                  };                        ....
};                                                            };
```

전통적인 구조체의 의미를 확장하면서 자연스럽게 클래스라는 새로운 개념을 소개하는데 이는 이미 알고 있는 구조체의 지식을 기반으로 클래스에 좀 더 쉽게 다가가도록 하기 위한 의도이다. 두 용어가 비록 의미는 같지만 지금부터는 멤버 함수를 가지는 확장된 구조체를 클래스로 부르기로 한다. 이미 습득한 구조체에 대한 문법, 예를 들어 . 연산자, -> 연산자, 구조체 대입, 중첩 구조체 등도 클래스에 그대로 적용되며 이후 배우게 될 상속, 다형성, 연산자 오버로딩 등 클래스에 적용되는 모든 이론과 문법은 구조체에도 동일하게 적용된다.

클래스를 선언하는 문법은 다음과 같다. 구조체 선언문과 비슷하되 struct 키워드 대신 class 키워드를 사용하고 멤버 선언문 중간 중간에 액세스 지정이 온다는 것만 다르다. 구조체와 마찬가지로 선언문의 제일 끝에 세미콜론이 반드시 있어야 한다는 점을 주의하자. 문장 끝이 세미콜론으로 끝난다는 것은 C문법의 가장 기초에 해당하지만 숙련된 프로그래머도 실수하는 경우가 많다.

```
class 이름
{
액세스 지정:
    멤버 변수;
    멤버 함수;
    ....
};                  // 여기 세미콜론을 빼 먹지 말자!
```

구조체와 마찬가지로 멤버 개수에는 제한이 없으며 필요한 만큼 얼마든지 많은 변수와 함수를 멤버로 포함할 수 있다. 멤버의 타입에도 물론 제한이 없다. int, long, double 등의 기본형 변수는 물론이고 배열, 구조체 등의 유도형과 다른 클래스형의 변수까지도 멤버로 포함될 수 있다. 구조체끼리 중첩이 가능하듯이 클래스끼리도 중첩 가능하고 열거형, typedef 등의 타입 정의도 포함될 수 있다. 확장된 구조체와 클래스는 사실상 같지만 관행상 멤버 함수를 가지는 경우는 클래스로 선언하는 것이 일반적이다.

25.4.2 클래스는 타입이다

C++에서는 구조체의 태그가 타입으로 승격되어 태그로부터 바로 구조체 변수를 선언할 수 있다. 구조체가 하나의 타입으로 인정되는 것과 마찬가지로 클래스도 하나의 타입으로 취급된다. 클래스의 이름은 int, double, char 같은 기본형 타입과 동등한 자격을 가지며 사용 방법도 똑같다. C++은 클래스가 완전한 타입이 되기 위한 여러 가지 언어적 장치(생성자, 연산자 오버로딩 등)를 제공하는데 다음에 도표로 간략하게 정리해 보았다.

정수형	Complex 클래스	C++의 관련 문법
int i;	Complex C;	클래스의 이름이 타입과 같은 자격을 가진다.
int i=3;	Complex C(1.0, 2.0);	생성자, 선언과 동시에 초기화할 수 있다.
int i=j;	Complex D=C;	복사 생성자. 같은 타입의 다른 객체로부터 생성된다.
i=j;	D=C;	대입 연산자
i+j;	D+C;	연산자 오버로딩
i=3.14	Complex C(1.2);	변환 생성자, 변환 함수
3+i	1.0+C;	전역 연산자 함수와 프렌드

이런 여러 가지 문법에 의해 복소수 클래스인 Complex가 int와 완전히 똑같은 자격을 가질 수 있다. 세부적인 문법은 차차 구경하게 될 것이고 우선은 직관적으로 이해하기 쉬운 클래스를 예로 들어 보자.

```
class Complex
{
private:
    double real;
    double image;

public:
    멤버 함수들;
};
```

Complex 클래스는 제곱했을 때 음수가 되는 복소수를 표현한다. 복소수는 자연에 실제로 존재하지 않는 허수이지만 과학 계산에는 중간 과정 계산을 위해 꼭 필요하다. 수학에서 복소수는 보통 a+bi로 표현되는데 a를 실수부라 하고 bi를 허수부라 한다. Complex 클래스는 실수부의 값을 가지는 real과 허수부의 값을 가지는 image를 멤버로 가짐으로써 실세계의 복소수를 모델링하며 이 두 멤버의 조합으로 필요한 모든 복소수를 다 표현한다. Complex 클래스의 멤버 함수들은 초기화, 대입, 연산, 출력 등의 동작을 할 것이다.

C/C++은 언어 차원에서 복소수 타입을 지원하지 않지만 필요하다면 이런 타입을 클래스로 만들어 사용할 수 있다. Complex 클래스는 int, double과 마찬가지로 변수를 생성할 수 있으며 함수의 인수나 리턴값으로도 사용할 수 있다. 뿐만 아니라 연산자 함수를 작성하면 복소수끼리 더하고 빼고 곱하는 연산도 가능하다. int, double이 올 수 있는 위치이면 Complex도 언제나 올 수 있으며 그래서 클래스는 모든 면에서 타입이라고 할 수 있다.

C/C++이 클래스를 완전한 타입으로 인정하므로 클래스로부터 유도형 타입을 만들 수도 있다. T형이 있을 때 T형 포인터와 T형 배열이 항상 가능하므로 클래스의 배열이나 클래스형 변수를 가리키는 포인터 도 만들 수 있다. 다음 예제는 Position 클래스의 배열을 선언하고 Position형 변수에 대한 포인터로 이 배열을 관리한다.

예제 **PositionClass**

```
#include <Turboc.h>

class Position
{
private:
    int x;
    int y;
    char ch;

public:
    void InitRand() {
        x=random(80);
        y=random(24);
        ch=random('Z'-'A'+1)+'A';
    }
    void OutPosition() {
        gotoxy(x, y);
        putch(ch);
    }
    void ErasePosition() {
        gotoxy(x, y);
        putch(' ');
```

```
        }
};

void main()
{
    Position arPos[50];
    Position *pPos;
    int i;

    randomize();
    for (i=0;i<sizeof(arPos)/sizeof(arPos[0]);i++) {
        arPos[i].InitRand();
        arPos[i].OutPosition();
        delay(50);
    }

    delay(1000);
    pPos=arPos;
    for (i=0;i<sizeof(arPos)/sizeof(arPos[0]);i++) {
        pPos->ErasePosition();
        pPos++;
        delay(50);
    }
}
```

기존의 Position 클래스에 두 개의 멤버 함수가 추가되었다. InitRand 함수는 출력할 위치와 문자를
난수로 초기화하고 ErasePosition 함수는 이미 출력되어 있는 문자를 삭제한다. Position 클래스에 난
수로 자신을 초기화하는 기능과 이미 출력한 문자를 지우는 기능이 추가되었다. main 함수의 코드를
분석해 보자. arPos는 Position형의 변수 50개를 담을 수 있는 클래스의 배열로 선언되었다. arPos가
메모리에 구현된 모양을 그려 보자면 다음과 같다.

개념적으로 구조체 배열과 동일하다. 첫 번째 i루프는 0~49까지 반복하면서 arPos[i]를 난수로 초기화하고 초기화된 arPos[i]의 OutPosition 함수를 호출하여 난수 위치에 문자를 출력한다. 여기까지 실행하면 화면에 50개의 문자들이 무작위 위치에 출력되어 있을 것이다.

두 번째 i루프는 ErasePosition 함수를 호출하여 이미 출력된 문자들을 삭제하는데 이때는 Position형의 포인터 변수 pPos를 사용했다. pPos=arPos 대입문은 pPos에 arPos 배열의 선두 번지인 &arPos[0]를 대입하며 pPos++은 pPos의 번지를 sizeof(Position)만큼 증가시켜 arPos 배열의 다음 요소로 이동한다. arPos[0]~arPos[49]까지 루프를 돌면서 ErasePosition 멤버 함수를 호출했으므로 출력된 문자들이 차례대로 사라진다.

보다시피 arPos 배열이나 pPos 포인터 변수가 동작하는 방식은 int형 배열이나 int *형 변수가 동작하는 방식과 완전히 동일하다. 필요하다면 Position형 포인터 배열이나 Position형 이차 배열, Position형 이중 포인터 등도 만들 수 있으며 이때 기존의 C 문법이 클래스에 대해서도 일관되게 적용된다. 클래스가 완전한 타입이기 때문이다.

클래스의 이름은 일종의 명칭이기 때문에 모델링한 대상을 잘 표현할 수 있는 이름을 자유롭게 붙일 수 있다. 이때 이 명칭이 클래스임을 명확하게 나타내기 위해 일종의 접두어를 붙이는 것이 관행이다. 마이크로소프트는 CString, CObject, CArray처럼 클래스 이름 앞에 C를 붙이는데 여기서 C는 class의 첫 글자이다. 볼랜드는 주로 T를 붙여 TWindow, TPen과 같이 클래스의 이름을 작성하는데 이때 T는 Type의 첫 글자이며 클래스가 타입이라고 보는 관점을 잘 드러내고 있다. 이런 클래스 이름 작성법은 어디까지나 관행일 뿐이므로 꼭 지킬 필요는 없다.

25.4.3 인스턴스

클래스는 어디까지나 타입일 뿐이지 그 자체가 정보를 저장하는 변수는 아니다. 구조체를 선언한다고 해서 구조체 변수가 생기는 것이 아닌 것처럼 클래스를 선언한다고 해서 실제로 값을 기억할 수 있는 메모리가 할당되지는 않는다. 클래스 선언은 어떤 타입의 어떤 멤버들이 포함되어 있는지를 컴파일러에게 알리는 역할만 할 뿐이며 클래스형의 변수를 선언해야 실제 메모리가 할당된다.

```
Position Here;
Complex C;
```

Position Here; 선언에 의해 Position 타입의 변수 Here가 메모리에 생성되며 이후 Here는 특정 위치를 가지는 문자 하나에 대한 정보를 기억할 수 있다. Complex C; 선언문은 복소수를 기억하는 변수 C를 생성한다. int i; 선언에 의해 정수형 변수 i가 생성되고 double d;에 의해 실수형 변수 d가 생성되는 것과 마찬가지이다. int i; 선언문에서 4바이트가 할당되는 대상은 i이지 int가 아니다. Position, Complex는 int, double과 같은 자격의 타입 이름이고 Here, C가 i, d 같은 변수인 것이다.

선언문에 의해 생성된 클래스형의 변수를 인스턴스(Instance)라고 한다. 인스턴스는 클래스가 메모리에 구현된 실체이며 우리가 지금까지 변수라고 불러왔던 개념과 동일하다. Here는 Position형의 인스턴스이며 C는 Complex형의 인스턴스이다. 기본형에 대해서도 똑같은 용어를 적용할 수 있는데 i는 int형의 인스턴스, d는 double형의 인스턴스라고 할 수 있다. 클래스가 표현하는 정보를 실제로 기억하고 관리하는 주체가 바로 인스턴스이며 프로그래밍 대상은 클래스가 아니라 인스턴스이다. 한 클래스에 대해 여러 개의 인스턴스를 동시에 생성할 수 있다.

Position A,B,C;

이 선언에 의해 Position형의 인스턴스 A, B, C가 메모리에 각각 생성된다. int i,j,k; 선언에 의해 세 개의 정수형 변수가 동시에 생성되는 것과 같다.

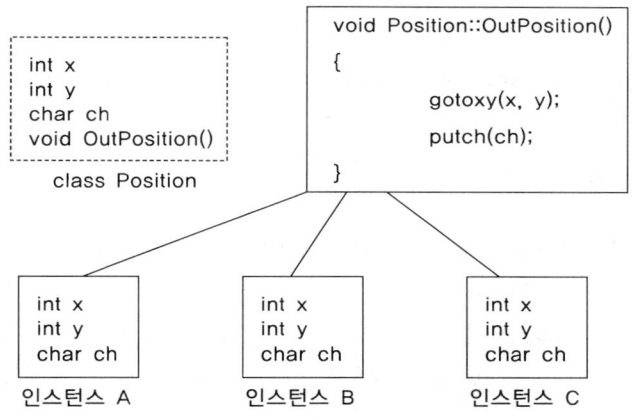

이때 각 인스턴스들은 클래스에 선언된 멤버 변수를 각각 따로 가진다. 그래야 개별 인스턴스가 독립적인 정보를 저장할 수 있는데 A의 x, y, ch와 B의 x, y, ch가 다른 값을 가질 수 있어야 두 인스턴스가 각각 다른 화면 위치의 문자 정보를 가질 수 있을 것이다. 그래서 인스턴스의 실제 크기는 클래스에 선언된 모든 멤버 변수의 총 크기와 일치한다. Position 클래스에 포함된 x, y, ch의 크기 총합은 9바이트(sizeof(Position))이므로 A, B, C 인스턴스들도 모두 9바이트(=sizeof(A))씩 차지할 것이다(실제로는 컴파일러의 정렬 기능에 의해 12바이트를 차지한다).

독립된 정보 저장을 위해 멤버 변수는 각 인스턴스들이 따로 가지지만 멤버 함수는 클래스에 속한 모든 인스턴스들이 공유한다. 인스턴스의 상태는 달라질 수 있지만 동작은 모두 동일하기 때문에 함수를 인스턴스별로 따로 가질 필요는 없다. A, B, C 인스턴스들이 기억하는 좌표와 문자는 달라지더라도 문자를 출력하는 코드는 항상 gotoxy(x,y); putch(ch); 이면 된다.

인스턴스의 다른 표현이 바로 오브젝트(Object)이다. 두 용어는 클래스형의 변수라는 같은 대상을 가리키지만 사용되는 문맥이 조금 다르다. 인스턴스는 클래스가 메모리상에 구현된 실체라는 뜻으로 사용되며 오브젝트는 프로그램을 구성하는 독립적인 부품이라는 뜻으로 사용된다. 똑같은 여자를 칭하는 말로 여성, 숙녀, 아줌마, 소녀 등등 여러 가지가 있는데 경우에 따라 쓰는 단어가 다른 것처럼 어감이 조금 틀린 같은 뜻의 단어일 뿐이다.

오브젝트를 우리말로 번역할 때는 객체(客體)라고 하는데 이 용어는 다소 직역한 느낌이 들어 부자연스럽다. 독립성을 강조하여 개체(個體)라고 번역하는 경우도 있는데 이 번역이 훨씬 더 자연스럽다. 그러나 객체라는 번역이 워낙 우세하기 때문에 이 책에서도 우세한 번역을 따르기 위해 객체라는 용어를 쓰기로 한다. 같은 대상을 칭하는 용어가 많아 조금 혼란스러운데 도표로 정리해 보면 다음과 같다.

영어	번역	의미
인스턴스(Instance)	실체	메모리에 구현되었다.
오브젝트(Object)	객체	독립성을 가진 부품이다.

결국 이 4가지 용어를 일반화해서 가장 알아듣기 쉽게 표현하면 변수라고 할 수 있다.

25.4.4 클래스의 예

클래스의 정의에 대해 알아보았는데 이제 클래스를 어디다 써 먹을 수 있을지 몇 가지 간단한 예를 구경해 보자. 실세계의 모든 사물들은 자신만의 독특한 속성을 가지고 있고 고유의 동작을 한다. 사람은 나이, 키, 피부색, 성별 등의 속성을 가지며 말한다, 걷는다, 먹는다 등의 동작을 할 수 있다. 노트북이나 자동차, 전화기 따위의 물건들도 마찬가지로 고유의 속성과 동작을 추출할 수 있을 것이다. 세상의 모든 사물은 속성과 동작 두 가지 특징으로 설명 가능하다.

그래서 속성은 멤버 변수로 나타내고 동작은 멤버 함수로 나타내는 식으로 클래스를 사용하여 실세계의 사물들을 정확하게 모델링할 수 있다. 학생, 고객, 여자, 괴물, 책, 집, 나무, 태양 등의 눈에 보이는 물건들은 물론이고 예금, 권한, 감정, 건강 등 보이지 않는 개념적인 사물까지도 클래스로 나타낼 수 있다. 현실 세계 사물의 특성을 추출하여 속성과 동작으로 표현하는 것을 추상화라고 한다.

앞에서 우리는 위치를 가지는 문자 클래스 Position과 복소수 클래스 Complex를 만들어 봤는데 이외에 필요한 모든 것들을 클래스로 선언하고 그 클래스의 객체를 만들 수 있다. 실세계의 사물들이 어떻게 클래스로 모델링되는지 여기서는 몇 가지 예를 더 들어 보도록 하자. 이 클래스들은 이 책에서 앞으로 객체 지향 프로그래밍을 연구하는 도구 및 예제 클래스로 종종 사용되므로 모양을 잘 기억해 두면 실습이 편해진다. 다음 클래스는 시간을 표현한다.

```
#include 〈Turboc.h〉

class Time
{
private:
    int hour,min,sec;

public:
    void SetTime(int h,int m,int s) {
        hour=h;
        min=m;
        sec=s;
    }
    void OutTime() {
        printf("현재 시간은 %d:%d:%d입니다.\n",hour,min,sec);
    }
};

void main()
{
    Time Now;

    Now.SetTime(12,30,40);
    Now.OutTime();
}
```

　시간이란 시, 분, 초로 구성되어 있는데 Time 클래스는 이 속성들을 hour, min, sec 멤버 변수로 기억한다. 시간을 설정하는 기능과 현재 저장된 시간을 문자열로 출력하는 두 가지 동작을 SetTime, OutTime 멤버 함수로 표현한다. 시간을 구성하는 요소가 세 개나 되기 때문에 단순한 정수에 비해서는 훨씬 더 다루기 까다로운데 이렇게 클래스로 정의해 놓으면 간편하게 사용할 수 있다.

　Time형의 객체 Now를 선언하고 SetTime 멤버 함수를 호출하여 시간을 설정하였다. 이 시간을 출력할 필요가 있으면 OutTime 함수만 호출하면 된다. 필요하다면 시간값을 증가, 감소시키는 EllapseTime 함수와 시간끼리 비교하는 CompareTime 함수도 작성할 수 있다. 시간이라는 개념적인 대상을 하나의 객체로 다룰 수 있으므로 시간을 함수의 인수로 전달하거나 다른 구조체의 멤버로 포함시키는 것도 가능하다.

　비슷한 방법으로 날짜를 다루는 Date형 클래스도 만들 수 있을 것이다. 날짜는 년, 월, 일의 요소로 구성되는데 월마다 일수가 다르고 2월의 경우 윤년의 영향을 받으므로 윤년을 계산하는 좀 더 복잡한 처리가 필요하다. 꼭 사물만 표현할 수 있는 것은 아니고 개념적인 것들도 모델링할 수 있다. 다음 클래스는 인치와 밀리미터 단위로 길이를 표현한다.

예제 Length

```
#include <Turboc.h>

class Length
{
private:
    double mili;

public:
    void SetMili(double m) { mili=m; }
    double GetMili() { return mili; }
    void OutMili() { printf("길이 = %fmili\n",GetMili()); }
    void SetInch(double i) { mili=i*25.4; }
    double GetInch() { return mili/25.4; }
    void OutInch() { printf("길이 = %finch\n",GetInch()); }
};

void main()
{
    Length m;

    m.SetInch(3);
    m.OutMili();
}
```

인치나 밀리미터나 둘 다 길이라는 면에서는 동일하고 명확한 변환 공식이 존재하므로 두 속성을 모두 멤버로 포함할 필요는 없다. Length 클래스는 길이값 저장을 위해 밀리미터 단위를 기억하는 mili 멤버 변수만 가지며 인치는 mili에 25.4라는 상수를 곱하거나 나누어서 입출력한다. 멤버 함수들은 설정, 조사, 출력을 하되 인치 단위와 밀리미터 단위를 각각 다룰 수 있다. 그래서 설정할 때는 인치 단위를 쓰고 출력할 때는 밀리미터 단위를 쓰면 두 단위가 자동으로 변환된다. 예제의 코드는 3인치가 몇 밀리미터인지 조사하여 출력한다.

길이 = 76.200000mili

SetInch 함수는 인수 3에 25.4를 곱하여 3인치에 대한 밀리미터 값을 mili에 대입해 놓으며 이렇게 대입된 값을 OutMili로 출력하면 3인치가 몇 밀리미터인지 알 수 있다. 밀리미터로 넣고 인치를 구하는 반대의 변환도 물론 가능하다. 클래스가 인치와 밀리미터의 관계를 정확하게 알고 있고 멤버 함수들이 두 단위 사이를 자동으로 변환하므로 사용하는 측에서는 세부 구현에 신경쓸 필요없이 멤버 함수로 원하는 단위의 값을 넣고 빼기만 하면 된다.

클래스가 변환 공식을 내부에 포함하고 있으므로 1인치가 25.4밀리미터라는 것을 몰라도 이 클래스를 사용할 수 있다. 여기에 기능을 더 추가한다면 포인트, 트윕스, 마일 등의 단위도 같이 다룰 수 있도록 확장 가능하다. Length 클래스는 길이나 거리를 표현하는 여러 가지 단위와 복잡한 변환 공식을 멋지게 캡슐화하고 있는 것이다. 많은 단위를 다루려면 만들기는 번거롭겠지만 일단 완성되면 사용하기는 굉장히 편리하다.

이번에는 좀 더 실질적인 클래스 사용예를 들어 보되 실제 코드를 보이기는 어려우므로 가상의 코드만 보인다. 철수의 모험이라는 게임을 만들고 있는데 주인공 철수가 사이버 세계를 돌아다니며 흉칙한 적을 무찌르는 어드벤처 게임이다. 주인공 철수는 게임 속에서 많은 속성을 가지며 다양한 동작을 할 수 있는데 이런 것들을 묶어서 다음과 같은 클래스로 표현한다.

```
class chulsoo
{
private:
    int x,y;                    // 현재 위치
    int hp;                     // 체력
    int shield;                 // 보호막
    int level;                  // 레벨
    double exp;                 // 경험치
    item items[MAXITEM];        // 보유한 무기들

public:
    void walk();                // 걷는다.
    void jump(short height);    // 점프한다.
    void turn(int dir);         // 방향을 바꾼다.
    BOOL attack(int what);      // 적을 신나게 공격한다.
    void defence();             // 방어한다.
    BOOL hurt(int fromwhom);    // 공격을 당한다.
    BOOL die();                 // 너무 많이 맞아서 죽는다.
};
```

멤버 변수들은 어드벤처 게임의 캐릭터가 보편적으로 가져야 하는 상태값들을 저장한다. 체력이나 경험치 같은 단순 타입의 멤버도 있고 item 같은 다른 클래스의 객체에 대한 배열이 포함될 수도 있다. 멤버 함수들은 게임 속에서 철수의 동작을 표현하는데 철수를 화면에 그리고 상태를 변경하는 코드가 작성될 것이다. walk는 걸어다니는 철수를 보여주고 위치를 옮기며 attack은 적을 공격하도록 하고 공격 결과에 따라 경험치와 레벨을 올린다. hurt는 맞아서 아파하는 철수를 그리고 보호막과 체력을 감소시키며 체력이 0이 되면 die 함수를 호출하여 철수를 죽게 만든다.

게임의 주인공인 철수에 대한 모든 것들을 chulsoo 클래스로 표현했는데 게임을 완성하려면 이 외에도 적이나 지도 등의 클래스들이 더 필요할 것이다. 이런 클래스를 완벽하게 만드는 데는 시간과 노력이 많이 필요하다. 하지만 일단 만들어지면 chulsoo CS; 선언문 하나로 철수 객체를 만들 수 있으며 main 에서는 철수에 대한 세부 구현은 더 이상 신경쓸 필요없이 다른 객체와 철수와의 관계만 관리하면 된다. CS는 자신의 상태를 스스로 기억하고 관리하며 동작까지 할 수 있는 독립된 객체이다.

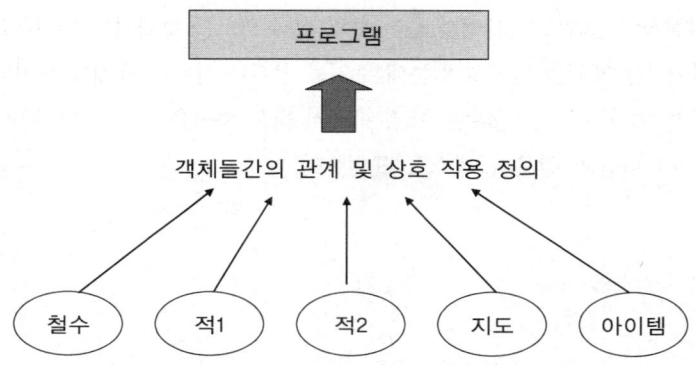

클래스는 게임의 부품인 객체들을 표현하며 main에서 객체끼리의 상호작용 방식을 어떻게 정의하는 가에 따라 게임의 내용이 달라진다. 철수가 적 1을 공격하면 체력이 감소할 것이고 일정 이하로 체력이 떨어지면 철수가 사망할 것이다. 적들은 철수를 지능적으로 공격하며 아이템은 철수에 의해 소유되고 소비된다. 이런 식으로 개발된 전형적인 프로그램이 바로 스타크래프트라는 게임인데 마린은 공격하고 메딕은 치료하는 등 서로간의 관계에 의해 게임이 실행된다.

객체들을 먼저 만들고 객체들을 조립하여 프로그램을 완성하므로 상향식 개발이라고 한다. 각 클래스 를 여러 개발자가 분담해서 개발할 수도 있고 만들어진 객체는 재사용도 가능하다. 클래스를 작성할 때는 보통 헤더 파일에 클래스의 선언을 작성하고 같은 이름의 구현 파일에 멤버 함수의 본체를 작성한 다. 클래스를 정의하는 모듈은 클래스 이름과 같은 파일명을 쓰는 것이 편리하다. 예를 들어 Time 클래스를 작성한다면 다음과 같이 Time.h에 클래스를 선언하고 Time.cpp에 멤버 함수의 본체를 정의 한다.

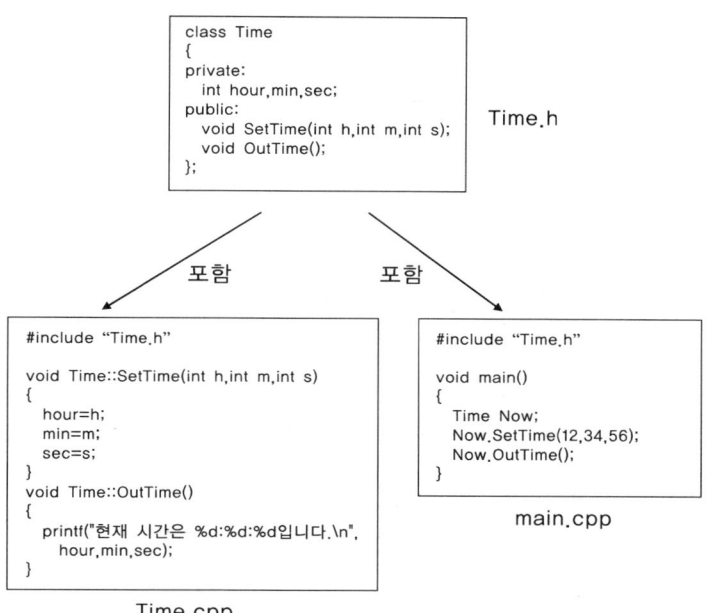

```
class Time
{
private:
  int hour,min,sec;
public:
  void SetTime(int h,int m,int s);
  void OutTime();
};
```
Time.h

포함   포함

```
#include "Time.h"

void Time::SetTime(int h,int m,int s)
{
  hour=h;
  min=m;
  sec=s;
}
void Time::OutTime()
{
  printf("현재 시간은 %d:%d:%d입니다.\n",
    hour,min,sec);
}
```
Time.cpp

```
#include "Time.h"

void main()
{
  Time Now;
  Now.SetTime(12,34,56);
  Now.OutTime();
}
```
main.cpp

이렇게 헤더 파일과 구현 파일에 클래스의 선언과 정의를 나누어 놓으면 클래스를 사용하는 모듈에서 헤더 파일만 인클루드하면 되므로 재사용하기 편리하다. 이 클래스가 아주 유용해서 다른 프로젝트에서 쓰고 싶다면 헤더 파일, 구현 파일 한 쌍만 복사하면 된다. 이런 클래스 정의 관행은 너무 일반적인 것이기 때문에 가급적이면 이 관행을 따르는 것이 좋다. 위 프로젝트는 한 번씩 만드는 실습을 해 보는 것이 좋은데 조금이라도 규모가 있는 프로그램을 작성하려면 이 관행을 따라야 하므로 미리 익숙해질 필요가 있다.

단, 이 책에서는 매 실습마다 클래스를 위해 별도의 모듈을 새로 만드는 것이 번거로와 편의상 메인 파일에서 선언, 구현을 다 하고 있다. 어디까지나 실습의 편의를 위해서 한 파일에 통합하는 것뿐이므로 실제 프로젝트를 할 때는 클래스별로 헤더 파일과 구현 파일을 만들기 바란다.

과제 모델링 실습

일상생활에서 만날 수 있는 여러 가지 사물들을 클래스로 정의해 보자. 고유한 속성과 동작을 추출하여 클래스의 멤버 변수와 멤버 함수로 표현하면 된다. 어떠한 대상이든지 클래스로 표현할 수 있는데 일단 강아지(Puppy)와 엘리베이터(Elevator)를 연습삼아 모델링해 보도록 하자. 이 외에도 세상의 모든 사물들을 클래스로 표현할 수 있다. 코드로 표현할 필요는 없고 연습장에 사물의 속성과 동작을 나열해 보는 정도까지만 해 보자.

26
생성자

26.1 생성자

26.1.1 생성자

:: 객체 초기화

클래스의 객체를 선언하면 메모리에 이 객체가 즉시 생성된다. 그러나 메모리만 할당 될 뿐이지 초기화는 되지 않으므로 객체 내의 멤버 변수들은 모두 쓰레기값을 가지고 있을 것이다. 쓰레기값을 가지고 있는 객체는 쓸모가 없으며 그래서 객체 선언문 다음에는 통상 객체를 원하는 상태로 초기화하는 대입문이 따라 온다. 초기화를 해야만 비로소 유용한 정보를 가지는 객체가 된다.

```
Position Here;          // 객체 선언
Here.x=30;              // 멤버에 값 대입
Here.y=10;
Here.ch='A';
```

Position Here; 선언문에 의해 메모리에 Here객체가 할당되지만 이 객체의 x, y, ch 멤버는 초기화되지 않은 쓰레기값을 가지고 있다. Here가 위치를 가지는 문자라는 실세계의 대상을 표현하려면 (x, y)가 화면내의 유효한 좌표값을 가져야 하며 ch가 인쇄 가능한 문자 코드를 가져야 한다. 그래서 Position Here; 선언문 다음에 x, y, ch 멤버에 적당한 초기값을 대입하였다. 이 대입문은 Here가 유효한 객체가 되기 위해 반드시 필요하며 생략할 수 없다.

대입 연산으로 원하는 값을 직접 지정함으로써 쓰레기를 제거하는 것은 아주 원론적인 방법이기는 하지만 여러 줄의 코드가 필요해 효율적이지는 않다. 멤버가 많아지면 초기화 문장도 그만큼 늘어나야 한다. 객체 선언 후 반드시 초기화를 해야 한다면 선언문이 초기화를 겸할 수 있도록 하면 훨씬 더 간결해

질 것이다. 정수형 변수를 선언할 때 int i=5; 문장으로 초기값을 줄 수 있는 것처럼 객체의 경우도 선언 시점에서 초기화할 수 있어야 클래스가 int와 대등한 타입이 될 수 있다.

그러나 C++은 객체에 대해 단순 타입에 적용되는 선언 및 초기화 문법을 제공하지 않는다. Position Here=30,10,'A' 따위의 문법은 불가능하다. 왜냐하면 클래스가 몇 개의 멤버를 가질지도 모르고 각 멤버의 타입도 각각 다르므로 모든 클래스에 적용되는 일반적인 문법을 정의할 수 없기 때문이다. 멤버의 수와 타입이 가변적이므로 단순한 대입 형태의 초기화는 불가능하며 초기화를 전담하는 별도의 함수가 필요하다.

객체를 초기화하는 이 특별한 함수를 생성자(Constructor)라고 부른다. 생성자는 클래스 스스로 자신을 초기화하는 방법을 정의하며 클래스를 기본 타입과 동등하게 만드는 언어적 장치이다. 생성자는 객체 초기화라는 한 가지 일만 하며 컴파일러에 의해 호출되므로 이름이 고정적으로 정해져 있다. 생성자의 이름은 항상 클래스의 이름과 동일하며 필요할 경우 초기화에 사용할 인수를 받아들일 수는 있지만 리턴 값은 가질 수 없다. Position 클래스에 생성자를 추가해 보자.

예제 **Constructor**

```
#include <Turboc.h>

class Position
{
private:
    int x;
    int y;
    char ch;

public:
    Position(int ax, int ay, char ach) {        // 생성자
        x=ax;
        y=ay;
        ch=ach;
    }
    void OutPosition() {
        gotoxy(x, y);
        putch(ch);
    }
};

void main()
```

```
{
    Position Here(30,10,'A');
    Here.OutPosition();
}
```

클래스 이름이 Position이므로 생성자 함수의 이름도 똑같이 Position이다. Position 생성자는 세 개의 인수를 전달받아 대응되는 멤버 변수에 대입함으로써 객체를 초기화한다. 멤버에 값을 대입하는 것이 본연의 임무이므로 생성자의 본체는 통상 단순한 대입문으로 구성된다.

Position 클래스가 생성자를 정의하고 있으므로 main 함수의 코드는 단 두 줄만 있으면 된다. Here 객체 선언문 뒤의 괄호 안에 멤버의 초기값들이 나열되어 있는데 이 값들이 생성자의 형식 인수로 전달된다. 생성자에 의해 Here의 (x, y)는 (30,10)으로 초기화되고 ch는 'A' 문자로 초기화된다. OutPosition 함수를 호출하면 초기화된 대로 (30,10) 좌표에 'A' 문자가 출력될 것이다.

:: 생성자 호출

생성자는 객체가 생성될 때 컴파일러에 의해 자동으로 호출된다. 사용자는 객체 선언문의 뒤쪽에 생성자로 전달될 인수를 명시함으로써 생성자를 호출하는데 두 가지 방법이 있다.

① 암시적인 방법 : Position Here(30,10,'A');
② 명시적인 방법 : Position Here=Position(30,10,'A');

컴파일러에 따라 이 두 문장을 처리하는 내부적인 동작은 조금 달라질 수 있지만 객체를 초기화하는 효과는 동일하다. 암시적 방법의 경우 객체를 위한 메모리를 할당하고 생성자를 호출하여 할당된 메모리를 초기화한다. 명시적인 방법은 두 가지 형태로 처리되는데 암시적 방법과 같은 식으로 초기화하는 컴파일러도 있고 이름없는 임시 객체를 먼저 생성한 후 대입하는 컴파일러도 있다. 어쨌든 객체가 초기화되는 것은 마찬가지이므로 간단하고 직관적인 ①번 형식을 더 많이 사용한다.

:: 생성자의 인수

생성자가 객체를 초기화하기 위해서는 멤버의 모든 초기값을 인수로 전달받아야 한다. 그래서 생성자의 형식 인수 목록은 보통 멤버 목록과 일치하는 경우가 많은데 이때 형식 인수 이름이 멤버 이름과 같아서는 곤란하다. 다음 생성자 코드를 보자.

```
Position(int x, int y, char ch) {
```

```
        x=x;
        y=y;
        ch=ch;
    }
```

   형식 인수의 이름이 멤버의 이름과 똑같이 되어 있는데 지역변수가 전역이나 멤버보다 더 우선인 범위
규칙에 의해 에러는 발생하지 않는다. 하지만 이 경우 함수 본체에서 참조하는 x, y, ch는 객체의 멤버
변수가 아니라 형식 인수이며 자신에게 자신의 값을 대입하는 아무 의미없는 코드가 된다. 생성자 본체에
서 전달받은 인수와 초기화할 멤버의 이름을 구분해야 하는데 다음과 같은 여러 가지 방법을 쓸 수 있다.

   ① 형식 인수에 일정한 접두를 붙여 멤버 이름과 구분되도록 한다. 예제의 경우 ax, ay, ach로 접두 a를 붙였는데
      여기서 a는 Argument의 머리글자이다. 접두를 붙이든 접미를 붙이든 아무튼 멤버 변수의 이름과 구분되어야
      한다. 완전히 다른 이름을 붙이면 문법적으로는 문제가 없지만 인수와 멤버의 대응 관계를 파악하기 어려우므로
      접두를 붙여 짝을 쉽게 찾을 수 있도록 하는 작전이다.

   ② 멤버 이름을 작성하는 특별한 규칙을 정하고 이 규칙대로 멤버의 이름을 짓는다. MFC의 경우 m_라는 접두를
      클래스의 멤버에 일일이 붙이는데 이 방식대로 Position 클래스를 작성한다면 멤버의 이름은 m_x, m_y, m_ch가
      된다. 멤버 이름에 특별한 규칙이 적용되므로 생성자에서는 m_을 뺀 x, y, ch를 형식 인수로 사용할 수 있다.
      멤버마다 m_를 일일이 붙이는 것이 조금 귀찮기는 하지만 명칭만으로 멤버임을 구분할 수 있어 가독성에는
      굉장히 유리한 방법이다.

   ③ 형식 인수 이름과 멤버 이름을 같이 쓰되 함수의 본체에서 멤버 변수를 참조할 때 범위 연산자를 사용한다.
      범위 연산자는 지역변수와 클래스의 멤버를 구분할 때도 사용할 수 있다.

```
Position(int x, int y, char ch) {
        Position::x=x;
        Position::y=y;
        Position::ch=ch;
    }
```

   그냥 x는 인수 x를 의미하는 것이고 Position::x는 Position 클래스에 소속된 멤버 x를 의미한다.
어쨌든 중요한 것은 생성자의 형식 인수와 멤버 변수의 이름이 구분되도록 하는 것이다. 이 외에 this라는
특별한 포인터를 사용하는 방법도 있는데 this에 대해서는 다음에 배우게 될 것이다. 자신이 편하다고
생각하는 방법을 사용하되 일관성 있게 적용하는 것이 좋다. 이 책은 주로 첫 번째 방법을 애용한다.

:: 생성자 오버로딩

   좀 특수한 면이 있기는 하지만 생성자도 분명히 함수의 일종이다. 그러므로 오버로딩이 가능하며 디폴
트 인수를 사용할 수도 있고 인라인으로 선언할 수도 있다. 객체를 초기화하는 방법이 여러 가지 존재할

경우 원하는 만큼 생성자를 복수 개 정의할 수 있으며 객체를 선언할 때 초기화 방법을 선택할 수 있다. 물론 이 경우 인수의 개수나 타입이 달라야 한다는 오버로딩 규칙을 만족해야 한다.

예제 ConstructOverload

```
#include <Turboc.h>

class Position
{
private:
    int x;
    int y;
    char ch;

public:
    Position(char ach) {
        x=random(80);
        y=random(24);
        ch=ach;
    }
    Position(int ax, int ay, char ach='S') {
        x=ax;
        y=ay;
        ch=ach;
    }
    void OutPosition() {
        gotoxy(x, y);
        putch(ch);
    }
};

void main()
{
    randomize();
    Position Here(30,10,'A');
    Position There(40,5);
    Position Where('K');

    Here.OutPosition();
```

```
    There.OutPosition();
    Where.OutPosition();
}
```

이 예제의 Position 클래스는 두 개의 생성자를 정의하고 있다. Position(char) 생성자는 ch에 대한 초기값만 전달받으며 좌표는 난수로 선택하도록 하고 Position(int,int,char) 생성자는 세 개의 인수를 전달받아 모든 멤버를 초기화하되 마지막 인수에는 디폴트 값 'S'를 적용한다.

오버로딩된 함수는 호출부의 인수 목록으로 호출할 함수가 선택되는데 생성자도 마찬가지이다. 객체를 선언할 때 어떤 인수가 전달되었는가에 따라 적절한 생성자가 선택된다. main에서 세 개의 Position 객체를 생성하는데 각각 어떤 생성자에 의해 초기화되는지 보자. Here 객체는 모든 인수가 전달되었으므로 Position(int,int,char) 생성자에 의해 인수값 대로 초기화된다. There 객체도 같은 생성자로 초기화하되 마지막 인수가 생략되었으므로 디폴트값 'S'가 적용될 것이다. Where는 char형 인수 하나만 전달되었으므로 Position(char) 생성자가 호출되며 x, y 멤버는 난수에 의해 무작위로 초기화될 것이다.

컴파일러는 객체 선언문의 인수 목록을 보고 호출할 생성자를 결정하는데 만약 해당되는 생성자가 없을 경우는 에러로 처리된다. Position A 선언문의 경우 인수를 취하지 않는 Position() 생성자를 호출하는데 이런 원형을 가지는 생성자가 정의되어 있지 않으므로 컴파일러는 A 객체를 생성할 수 없다. Position B("아무데나"); 선언문도 문자열을 받아들이는 생성자가 없으므로 마찬가지로 에러이다. 그러나 Position C(12.34, 22.5); 호출문은 산술 변환 규칙에 의해 Position(int,int,char); 와 호환되므로 가능하다.

객체가 모델링하는 실세계의 사물들은 int나 double 같은 기존 타입보다 훨씬 더 복잡하기 때문에 초기화 방법이 복수 개 존재하는 경우가 많다. 예를 들어 원을 표현하는 방법만 해도 중심점과 반지름을 지정하는 방법과 외접 사각형의 좌표로 지정하는 방법 등 최소한 두 가지가 존재한다.

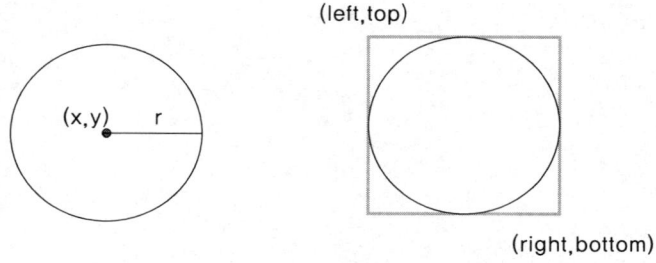

색상의 경우도 모델에 따라 RGB로 표현할 수 있고 CMYK나 HSB 방식으로 표현할 수도 있다. 그래서 C++은 생성자의 오버로딩을 지원하며 선언 단계에서 원하는 방법대로 초기화하도록 허락한다.

26.1.2 파괴자

생성자는 주로 멤버 변수의 값을 원하는 값으로 대입하는 작업을 하지만 그 외 객체가 동작하는데 필요한 모든 초기화 처리를 담당하기도 한다. 예를 들어 네트워크 통신을 하는 객체의 경우 이 객체가 동작하려면 네트워크 연결을 먼저 해야 하며 데이터베이스를 액세스하는 객체라면 서버와 연결해야 하는데 이런 동작 환경 초기화도 생성자의 임무에 속한다. 생성자를 이런 용도로 사용하는 예는 이미 앞에서 본 적이 있는데 RandNumOop 예제의 RandNum 생성자의 코드를 보자.

```
class RandNum
{
public:
    RandNum() { randomize(); }
```

RandNum 객체는 난수를 캡슐화하는데 난수가 무작위로 생성되려면 randomize 함수로 난수 발생기를 먼저 초기화해야 한다. 이 작업을 생성자가 담당함으로써 객체를 생성하는 즉시 난수 발생기가 초기화된다. 이외에 필요한 버퍼를 동적으로 할당하거나 객체가 사용하는 파일을 오픈하는 일도 생성자의 몫이다. 요컨데 생성자는 객체가 제대로 동작하기 위한 모든 처리를 담당하는 함수이다.

생성자가 객체 자체의 초기화외에 외부 환경까지 초기화하기 때문에 객체가 사라질 때 반대의 처리를 할 함수도 필요하다. 객체나 메모리 또는 프로그램 등 컴퓨터 안에서 움직이는 모든 것들은 항상 자신이 생성되기 전의 상태로 환경을 돌려놓을 의무가 있다. 객체가 통신을 위해 네트워크 연결을 했다면 자신이 사라질 때 이 연결을 끊어야 하며 할당된 메모리는 해제해야 한다.

이러한 뒷처리를 하는 특별한 멤버 함수를 파괴자(Destructor)라고 하며 객체가 소멸될 때 컴파일러에 의해 자동으로 호출된다. 파괴자의 이름은 클래스 이름 앞에 ~를(tilde라고 읽는다) 붙인 것으로 고정되어 있으며 인수와 리턴값은 가지지 않는다. 다음 예제는 파괴자의 예를 보여 준다.

예제 **Person1**

```
#include <Turboc.h>

class Person
{
private:
    char *Name;
    int Age;

public:
```

```
    Person(const char *aName, int aAge) {
        Name=new char[strlen(aName)+1];
        strcpy(Name,aName);
        Age=aAge;
    }
    ~Person() {
        delete [] Name;
    }
    void OutPerson() {
        printf("이름 : %s 나이 : %d\n",Name,Age);
    }
};

void main()
{
    Person Boy("을지문덕",25);
    Boy.OutPerson();
}
```

Person 클래스는 사람을 표현하는데 이름과 나이를 멤버 변수로 가진다. 나이는 정수값이므로 int형 이면 충분하지만 이름의 경우는 문자열이므로 그 길이를 예측할 수 없다. 대한민국의 사람 이름은 기껏해 야 4자이므로 char Name[9]; 정도면 일단 충분하겠지만 외국인이나 별나게 긴 이름을 좋아하는 사람의 경우는 4자 이상의 이름을 가지는 경우도 있다.

그래서 고정된 길이의 버퍼를 사용하는 것은 위험하며 입력되는 이름의 길이만큼 버퍼를 동적으로 할당해야 한다. 생성자는 인수로 전달된 이름의 길이만큼 Name 버퍼를 동적으로 할당하여 이 버퍼에 이름을 저장하는데 이런 식이면 "아리따운 박미영"이나 "레오나르도 디카프리오" 같은 긴 이름도 얼마든 지 표현할 수 있다. 생성자에서 별도의 버퍼를 직접 할당했으므로 Name이 가리키는 버퍼는 객체 내부에 있지 않고 외부의 힙에 따로 존재한다. 객체는 Name 멤버를 통해 이름이 저장되어 있는 메모리 주소를 가리키고 있을 뿐이다.

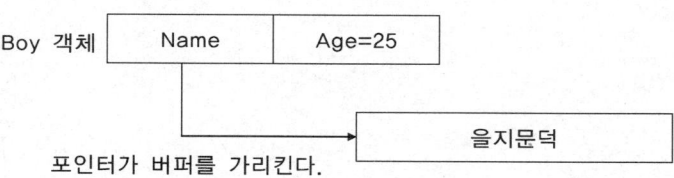

이 상태에서 객체가 파괴되면 객체가 점유하고 있던 모든 메모리는 자동으로 해제된다. Boy 객체는 main 함수의 지역변수이므로 main이 종료될 때 파괴되는데 이때 Name 멤버와 Age 멤버가 차지하고 있는 8바이트가 해제될 것이다. Name 멤버 자체는 해제되지만 Name이 가리키고 있는 힙의 메모리는 동적으로 할당된 것이므로 자동으로 해제되지 않는다. 그래서 객체가 파괴될 때 반드시 직접 해제해야 하며 이런 처리를 하는 함수가 바로 파괴자이다. 예제의 ~Person 파괴자는 Name 멤버가 차지하고 있는 메모리를 해제한다. Name이 new [ ]로 할당되었으므로 해제할 때는 delete [ ]를 쓴다.

파괴자는 객체가 사라질 때 컴파일러에 의해 자동으로 호출되는데 객체가 바꿔 놓은 환경을 원래대로 돌려놓거나 할당한 자원을 회수하는 역할을 한다. Position 클래스는 파괴될 때 특별히 할 일이 없으므로 파괴자가 불필요하지만 Person 클래스는 생성자에서 메모리를 동적으로 할당하므로 이 메모리를 해제할 파괴자가 반드시 필요하다. 만약 파괴자가 정의되어 있지 않다면 할당된 메모리를 아무도 해제하지 않으므로 메모리 누수가 발생할 것이다.

26.1.3 생성자, 파괴자의 특징

클래스는 단순 타입보다 훨씬 더 복잡한 정보를 다룰 수 있기 때문에 대입문 같은 간단한 형식으로는 초기화할 수 없다. 그래서 생성자라는 특별한 멤버 함수가 고유한 초기화를 수행하는데 초기화가 워낙 특수하기 때문에 그 뒤치닥거리를 하는 파괴자라는 것도 필요한 것이다. 생성자와 파괴자는 컴파일러에 의해 자동으로 호출되며 임무 자체가 특수해서 일반 함수와는 다른 점도 있고 주의 사항도 많다. 다음은 생성자와 파괴자의 특징들인데 다소 복잡해 보이지만 생성자와 파괴자의 개념을 알고 있다면 지극히 당연한 것으로 이해될 것이다. 죽 읽어보고 고개 한 번 끄덕이고 지나가면 된다.

① 이름이 정해져 있다. 생성자의 이름은 클래스의 이름과 같고 파괴자의 이름은 클래스 이름 앞에 ~를 붙인다. 클래스 이름이 Position일 때 생성자의 이름은 자동으로 Position()이며 파괴자의 이름은 예외없이 ~Position() 이다. 일반 함수처럼 사용자가 마음대로 이름을 정할 수 없는 이유는 이 함수들은 사용자가 직접 호출하는 것이 아니라 객체가 생성, 파괴될 때 컴파일러에 의해 자동으로 호출되기 때문이다. 사용자가 마음대로 이름을 붙인다면 컴파일러가 이 함수들을 찾을 수 없을 것이다. 그래서 멍청한 컴파일러를 위해 클래스의 이름으로부터 생성자와 파괴자의 이름을 유추할 수 있도록 미리 정해 놓은 것이다.

② 리턴값이 없다. 생성자와 파괴자의 임무는 초기화 및 정리를 하는 것이지 어떤 값을 조사하거나 계산하는 것이 아니므로 리턴할 대상이 없다. 설사 리턴할 값이 있다 치더라도 이 두 함수는 자동으로 호출되기 때문에 리턴을 받아줄 주체가 없다. 굳이 일반 함수에 비유하자면 void형 함수에 해당하겠지만 void형이라는 것조차도 밝힐 필요가 없는데 void라고 쓰면 에러로 처리된다. 그래서 생성자와 파괴자의 원형은 타입없이 바로 함수의 이름을 쓴다. 생성자와 파괴자에게는 리턴이라는 개념 자체가 없다.

③ 반드시 public 액세스 속성을 가져야 한다. 객체를 생성하고 사용하고 파괴하는 주체는 객체 자신이 아니기 때문에 외부에서 생성자, 파괴자를 호출할 수 있어야 한다. 생성자, 파괴자가 숨겨져 있는 클래스를 선언하는 것 자체는 가능하지만 이렇게 선언된 클래스는 인스턴스를 만들 수 없으며 특수한 목적에만 사용된다. 만약 생성자가 숨겨진 클래스의 객체를 선언하면 컴파일 에러로 처리된다.

④ 생성자는 인수가 있지만 파괴자는 인수가 없다. 생성자는 객체의 멤버를 초기화하는데 어떤 값으로 초기화할 것인지를 지정해야 하며 그래서 인수가 필요하다. 인수를 가지기 때문에 오버로딩이 가능하며 인수의 개수와 타입이 다른 여러 벌의 생성자를 동시에 정의할 수 있다. 객체를 초기화하는 방법의 개수만큼 생성자를 제공할 수 있으며 흔히 그렇게 한다. 반면 객체를 파괴할 때는 객체가 할당한 메모리, 열어놓은 파일 등을 무조건 다 정리해야 하며 파괴에 대한 선택 사항이 있을 수 없다. 파괴자가 해야 할 일은 클래스를 만들 때 이미 정해진 것이므로 별도의 인수를 전달받을 필요가 없는 것이다. 인수가 없으므로 오버로딩도 할 수 없으며 클래스당 파괴자는 하나만 존재한다. Position 클래스의 파괴자는 무조건 ~Position() 하나뿐이다. 설사 파괴자가 인수를 받아들인다 하더라도 객체가 파괴될 때 자동으로 호출되는 파괴자에게 인수를 전달할 기회도 없지 않은가?

⑤ friend도 static도 될 수 없다. 생성자, 파괴자는 둘 다 클래스 내부의 함수이므로 friend 지정이 없어도 멤버를 마음대로 액세스할 수 있다. 또한 초기화와 정리의 대상이 클래스가 아니라 개별 객체이므로 static일 필요도 없다. 다음 장에서 friend와 static을 공부해 보면 알겠지만 그럴 필요가 전혀 없다.

⑥ 파괴자는 가상 함수로 정의될 수 있지만 생성자는 가상 함수로 정의될 수 없다. 상속의 이점을 충분히 활용하기 위해서 파괴자는 가상 함수로 선언하는 것이 좋다. 그러나 아직 만들어지지도 않은 객체에 대해 다형적인 특성을 사용할 수는 없으므로 생성자는 가상 함수가 될 수 없다. 이 부분에 대해서도 가상 함수를 공부할 때 상세하게 연구해 보기로 한다.

⑦ 둘 다 디폴트가 있다. 디폴트 생성자는 인수를 취하지 않고 아무런 동작도 하지 않으며 디폴트 파괴자 역시 아무 동작도 하지 않는다. 디폴트가 있기 때문에 특별히 초기화할 내용이 없거나 정리할 필요가 없다면 생성자, 파괴자를 일부러 만들지 않아도 상관없다.

국내서에서 생성자, 파괴자는 여러 가지 용어로 번역되는데 초기자, 구성자, 건설자, 소멸자라고 부르기도 한다. 또 영문으로 간단하게 표기할 때는 ctor, dtor라는 약어를 쓰는 경우도 있는데 모두 같은 뜻이므로 다른 자료나 원서, 도움말을 읽을 때 참고하기 바란다.

| 참 | 고 | Destructor

국내서에서 Constructor에 대한 번역은 생성자로 거의 통일되어 있지만 Destructor에 대한 번역은 크게 파괴자와 소멸자 두 가지로 나누어져 있다. 과거에는 파괴자라는 번역이 우세했지만 요즘은 소멸자라는 번역을 더 많이 사용하는 것 같다. 나는 파괴자라는 용어로 번역하는데 내가 처음 공부할 때 봤던 책의 영향을 암암리에 받기도 했을 것이고 이 책의 원판이 파괴자라는 용어를 썼으므로 원래 쓰던 대로 쓰고자 한다. 또한 생성의 반대는 아무래도 소멸보다 파괴가 더 가깝고 쉬우며 둘 다 한자말이라 친숙도를 따지기도 힘들다. 하지만 소멸자라는 말에 이미 익숙해져 버린 사람들에게 파괴자라는 새로운 번역은 무척 어색하게 들린다고 한다. 번역이야 어차피 정확할 수 없으므로 맞고 틀림을 논할 수 없는 문제라 서로가 약간의 불편을 감수할 수밖에 없다.

그런데 이 문제는 애초에 원어부터가 잘못되었기 때문에 번역을 아무리 잘해도 틀릴 수밖에 없다고 생각된다. 사실 생성자, 파괴자가 객체를 만들거나 없애는 역할을 하는 것이 아니다. 정적으로 선언되는 객체는 선언문에 의해 스택에 만들어지고 동적으로 할당되는 객체는 new 연산자에 의해 힙에 자리를 잡는다. 생성자는 이렇게 만들어진 객체를 원하는 바대로 초기화하고 파괴자는 그 뒷처리를 하는 역할을 하므로 Initializer, Cleaner 정도로 이름을 붙여야 정확하다. 원어가 좀 더 정확했다면 번역도 초기자, 정리자 정도로 깔끔해질 수 있겠지만 애초에 미국애들이 잘못했기 때문에 한국말에도 혼란이 있을 수밖에 없다.

26.1.4 객체의 동적 생성

실행 중에 객체를 동적으로 생성할 때는 new 연산자를 사용한다. new 연산자는 객체를 위한 메모리를 할당한 후 생성자를 호출하므로 동적 할당문에 생성자가 요구하는 인수를 전달해야 한다. 앞의 Person1 예제의 main 함수에 다음 코드를 추가해 보자.

```
void main()
{
    Person Boy("을지문덕",25);
    Boy.OutPerson();

    Person *pGirl;
    pGirl=new Person("신사임당",19);
    pGirl->OutPerson();
    delete pGirl;
}
```

new 연산자로 Person형의 객체를 동적 생성하되 생성자로 ("신사임당", 19)의 인수를 전달했다. new 연산자는 Person 클래스의 크기만큼 메모리를 할당하고 Person(char *,int) 생성자를 호출하여 이 객체를 초기화할 것이다. 생성자의 new 연산자는 인수로 전달받은 문자열을 저장할 만큼 메모리를 동적 할당하여 Name 멤버에 대입한다. 초기화가 완료된 후 새로 생성된 객체의 포인터가 리턴되는데 이 포인터를 Person *형의 pGirl이라는 변수에 대입했다. 다소 생소해 보일지 모르겠지만 복잡하게 생각할 필요없다. 다음 코드와 개념적으로 똑같다.

```
int *pi;
pi=new int(1234);
cout << *pi;
delete pi;
```

타입이 int가 아닌 사용자 정의형이라는 것 외에는 똑같은 문장이다. pGirl 포인터가 동적으로 생성된 Person 객체를 가리키고 있으므로 이 포인터를 사용하여 객체를 프로그래밍할 수 있다. pGirl-> OutPerson()은 pGirl이 가리키는 객체의 정보를 화면으로 출력할 것이다. 다 사용한 객체는 delete 연산자로 파괴하는데 이 연산자는 먼저 파괴자를 호출한다. 파괴자는 생성자가 할당해 놓은 메모리를 해제하며 delete 연산자는 객체 그 자체를 메모리에서 해제한다. pGirl 객체의 일생을 그림으로 그려 보면 다음과 같다.

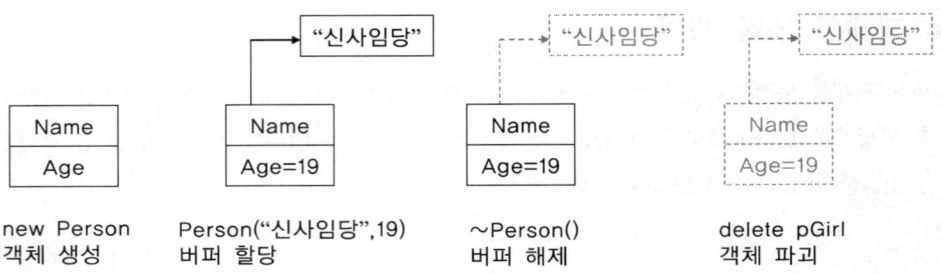

new Person	Person("신사임당",19)	~Person()	delete pGirl
객체 생성	버퍼 할당	버퍼 해제	객체 파괴

객체 그 자체도 힙에 생성되지만 객체가 사용하는 메모리도 힙에 생성된다. 동적 할당의 대상이 객체일 때는 반드시 생성자를 호출하는 new 연산자를 사용해야 한다. 객체가 생성 및 파괴될 때 어떤 일들이 일어나는지 확인해 보기 위해 생성자와 파괴자에 printf로 간단한 메시지를 출력해 보자.

```
Person(const char *aName, int aAge) {
     Name=new char[strlen(aName)+1];
     strcpy(Name,aName);
     Age=aAge;
     printf("%s 객체의 생성자가 호출되었습니다.\n",Name);
}
~Person() {
     printf("%s 객체가 파괴되었습니다.\n",Name);
     delete [] Name;
}
```

실행 결과는 다음과 같다.

```
을지문덕 객체의 생성자가 호출되었습니다.
이름 : 을지문덕 나이 : 25
신사임당 객체의 생성자가 호출되었습니다.
이름 : 신사임당 나이 : 19
신사임당 객체가 파괴되었습니다.
을지문덕 객체가 파괴되었습니다.
```

정적으로 생성되는 객체이든, 동적으로 생성되는 객체이든 생성자와 파괴자가 모두 호출된다는 것을 확인할 수 있다. 어떤 함수가 언제 호출되는지 정확한 시점과 회수를 알고 싶으면 이런 식으로 문자열을 출력해 보면 된다. 이 코드를 수정하여 malloc으로 객체를 생성해 보자.

```
Person *pGirl;
pGirl=(Person *)malloc(sizeof(Person));
pGirl->OutPerson();
free(pGirl);
```

이렇게 되면 객체를 위한 메모리만 할당될 뿐 객체가 사용하는 메모리는 할당되지 않는다. malloc은 단순한 메모리 할당 함수일 뿐이므로 지정한 바이트수 만큼 메모리만 할당하며 생성자를 호출하거나 하지는 않는다. pGirl이 가리키는 곳에는 Person 클래스의 크기만큼 메모리가 할당되어 있기는 하지만 Name이나 Age는 쓰레기값을 가지고 있을 것이다. OutPerson은 이 두 값을 화면으로 출력하는데 Name이 가리키는 메모리 영역이 어디인지 알 수 없으므로 다운될 확률이 아주 높다.

malloc이 생성자를 호출하지 않는 것과 마찬가지로 free는 파괴자를 호출하지 않는다. 객체를 동적 할당할 때는 반드시 new/delete 연산자를 사용하여 생성자와 파괴자를 적절하게 호출하도록 해야 한다. malloc/free는 단순 메모리를 할당할 때만 쓸 수 있는데 Person 생성자에서 Name을 위한 메모리를 할당할 때는 이 함수들을 사용할 수 있다. 이름 문자열 저장을 위한 버퍼를 malloc으로 할당하도록 수정해 보자.

예제 **Personmalloc**

```
#include <Turboc.h>

class Person
{
private:
    char *Name;
    int Age;

public:
    Person(const char *aName, int aAge) {
        Name=(char *)malloc(strlen(aName)+1);
        strcpy(Name,aName);
        Age=aAge;
    }
    ~Person() {
        free(Name);
    }
    void OutPerson() {
        printf("이름 : %s 나이 : %d\n",Name,Age);
```

```
        }
};

void main()
{
    Person Boy("을지문덕",25);
    Boy.OutPerson();

    Person *pGirl;
    pGirl=new Person("신사임당",19);
    pGirl->OutPerson();
    delete pGirl;
}
```

Name 버퍼는 단순한 문자열에 불과하므로 이 배열을 할당할 때는 굳이 new, delete를 사용하지 않아도 무관하며 별 문제가 없다. 그러나 두 방법을 섞어서 쓰다 보면 실수할 가능성이 있으므로 객체를 프로그래밍할 때는 가급적이면 new, delete로 할당 함수를 통일하는 것이 좋다.

여기까지의 코드만으로 보면 이 예제는 완벽하다. 그러나 Person 클래스는 아직 불완전하며 완전한 타입이 되기 위해서는 복사 생성자와 대입 연산자까지 재정의해야 한다. 이런 주제에 대해서는 다음에 자세하게 다루게 될 것이며 새로운 문법을 배울 때마다 이 예제를 계속 확장해 볼 것이다. 따라서 이후의 원활한 학습을 위해 Person 클래스를 잘 기억해 두어야 한다.

과제 RotateScrollOop

12장에서 풀어본 RotateScroll 과제의 스크롤되는 문자열을 객체로 작성하라. 스크롤 범위, 문자열, 방향 등은 멤버 변수로 포함시키고 생성자에서 이 값들을 초기화하며 스크롤 동작은 멤버 함수가 처리한다. 기존의 코드를 클래스로 캡슐화하고 여기에 각각 다른 속도로 스크롤할 수 있는 속성을 추가해 보자. 다음은 완성된 클래스의 테스트 코드이다.

```
void main()
{
    RotateScroll R1("Scroll Object",30,50,12,2,true);
    RotateScroll R2("Object Oriented Programming",10,60,8,3,false);
    RotateScroll R3("The C++ Programming Language",5,70,18,8,false);
    RotateScroll R4("--------->",40,75,3,0,true);
    RotateScroll R5("<=======::==",20,75,4,0,false);
```

```
  for (clrscr();!kbhit();) {
      R1.Rotate();
      R2.Rotate();
      R3.Rotate();
      R4.Rotate();
      R5.Rotate();
      delay(20);
  }
}
```

main에서는 객체를 생성한 후 주기적으로 Rotate 멤버 함수만 호출하면 모든 처리는 객체가 알아서 처리해야 한다. 이 코드가 무난히 동작할 수 있는 RotateScroll 클래스를 작성해 보아라.

26.2 여러 가지 생성자

26.2.1 디폴트 생성자

디폴트 생성자(또는 기본 생성자라고도 한다)란 인수를 가지지 않는 생성자이다. 생성자는 오버로딩이 가능하므로 여러 개를 둘 수 있는데 그 중 인수가 없는 생성자를 디폴트 생성자라고 부른다. 즉 인수 목록이 void인 생성자인데 Position 클래스의 경우 디폴트 생성자의 원형은 Position()이 된다. 다음 예제의 Position 클래스는 디폴트 생성자 하나만 정의하고 있다.

예제 **DefConstructor**

```
#include <Turboc.h>

class Position
{
private:
    int x;
    int y;
    char ch;


public:
```

```
        Position() {
                x=0;
                y=0;
                ch=' ';
        }
        void OutPosition() {
                if (ch != ' ') {
                        gotoxy(x, y);
                        putch(ch);
                }
        }
};

void main()
{
    Position Here;

    Here.OutPosition();
}
```

디폴트 생성자는 호출부에서 어떤 값으로 초기화하고 싶은지를 전달하는 수단인 인수가 없다. 인수를 받아들이지 않기 때문에 객체의 멤버에 의미있는 어떤 값을 대입하지는 못하며 주로 모든 멤버를 0이나 -1 또는 NULL이나 빈 문자열로 초기화한다. 여기서 0이라는 값은 실용적인 의미를 가지는 값이라기보다는 단순히 아직 초기화되지 않았음을 분명히 표시하는 역할을 한다. 어떤 값인지 알지도 못하는 쓰레기 값보다는 그래도 0이라도 대입해 놓는 것이 더 나은데 이렇게 하면 멤버 함수에서 이 값을 사용하기 전에 초기화되어 있는지를 점검할 수 있기 때문이다.

```
if (ptr == NULL) { ... }
if (value == 0) { ... }
```

디폴트 생성자가 포인터 변수를 NULL로 초기화해 놓으면 멤버 함수가 이 변수를 사용하기 전에 NULL인지 조사해 보고 NULL이면 그때 초기화를 할 수 있다. 즉 디폴트 생성자의 임무는 쓰레기를 치우는 것이며 멤버의 초기화는 이 멤버를 사용하는 멤버 함수가 호출될 때까지 연기된다. 위 예제의 Position() 디폴트 생성자는 x, y는 0으로 초기화하고 ch에는 공백 문자를 대입하며 OutPosition 함수는 ch가 공백 문자를 가질 때 이 객체가 아직 초기화되지 않은 것으로 판단하고 문자 출력을 하지 않는다. 디폴트 생성자가 있는 객체를 선언할 때는 다음과 같은 여러 가지 방법을 사용할 수 있다.

① Position Here;

② Position Here=Position();

③ Position *pPos=new Position;

④ Position *pPos=new Position();

⑤ Position Here();

①번 형식이 가장 간단하며 예제에서 사용한 방법이다. 생성자에게 전달할 인수가 없으므로 타입 다음에 객체 이름만 밝히면 된다. 기본 타입의 int i; 선언문과 형식이 동일하다. ②번 형식은 디폴트 생성자를 명시적으로 호출하는 구문인데 효과는 동일하다. ③, ④번은 객체를 동적으로 생성할 때 new 연산자와 함께 사용하는 방법인데 ③번이 더 일반적이다.

그러나 ⑤번 형식은 허용되지 않는다. 왜냐하면 이 선언문은 Position 객체를 리턴하고 인수를 가지지 않는 Here 함수의 원형을 선언하는 것이지 객체 선언문이 아니기 때문이다. 생성자로 전달할 인수가 없으면 아예 괄호도 없어야 한다. 일반 함수는 인수가 없을 때 빈 괄호를 써 함수임을 분명히 표시하지만 객체 선언문의 경우는 반대로 생성자의 인수가 없을 때 괄호를 생략해 함수가 아님을 분명히 해야 한다. 잘 이해가 안되고 순간적으로 헷갈린다면 정수형으로 바꿔 생각해 보자.

```
int func;        // 이건 변수
int func();      // 요건 함수
```

만약 클래스가 생성자를 전혀 정의하지 않으면 어떻게 될까? 이 경우 컴파일러가 자동으로 디폴트 디폴트 생성자(그러니까 컴파일러가 기본적으로 정의하는 디폴트 생성자)를 만든다. 컴파일러가 만들어주는 디폴트 생성자는 아무 것도 하지 않는 빈 함수이다. 이 때 객체의 초기화 방식은 일반 변수와 같은 규칙이 적용되는데 전역이나 정적 객체라면 모든 멤버가 0으로 초기화되고 지역 객체라면 초기화되지 않는 쓰레기값을 가진다.

생성자가 없을 경우 컴파일러가 디폴트 생성자를 만들기 때문에 생성자를 전혀 정의하지 않아도 객체를 선언할 수 있는 것이다. 위 예제에서 Position() 디폴트 생성자를 삭제하면 컴파일러가 내부적으로 다음과 같은 디폴트 생성자를 만들 것이다.

```
Position()
{
}
```

비록 아무 것도 하지는 않지만 생성자가 있으므로 Position Here; 선언문으로 Here 객체를 선언할 수 있다. 그러나 이 객체는 쓰레기값을 가지고 있기 때문에 OutPosition이 어떤 동작을 할 것인지는 예측할 수 없다. 일반적으로 예측할 수 없는 동작은 항상 말썽의 소지가 되며 이런 잠재적인 말썽의 소지를 없애기 위해 디폴트 생성자를 직접 정의하고 모든 멤버의 쓰레기를 치우는 것이다.

컴파일러가 디폴트 생성자를 만드는 경우는 클래스가 생성자를 전혀 정의하지 않을 때뿐이다. 다른 생성자가 하나라도 정의되어 있으면 컴파일러는 디폴트 생성자를 만들지 않는다. 다음 코드를 보자.

```
class Position
{
public:
    int x;
    int y;
    char ch;

    Position(int ax) { x=ax; }
    void OutPosition() { ... }
};
```

정수 하나를 인수로 취하는 생성자가 정의되어 있으므로 이 클래스는 디폴트 생성자를 가지지 않는다. 이 경우 Position Here; 선언문은 적절한 생성자를 찾을 수 없으므로 에러로 처리될 것이다. 별도의 생성자를 제공했다는 것은 클래스를 만든 사람이 이 객체는 이런 식으로 초기화해야 한다는 것을 분명히 명시한 것이므로 컴파일러는 이 규칙을 어긴 코드에 대해 사정없이 에러로 처리한다. 이 객체는 개발자의 의도에 따라 반드시 Position Here(12); 형식으로 생성해야 한다.

만약 Position Here; 형태로 꼭 객체를 선언하고 싶다면 Position(int) 생성자를 없애 컴파일러가 디폴트 생성자를 만들도록 내버려두든가 아니면 Position() 디폴트 생성자를 오버로딩해야 한다. 생성자가 인수를 가지고 있더라도 디폴트 인수 기능에 의해 디폴트 생성자가 되는 경우도 있다. 다음과 같은 원형을 가지는 생성자는 인수없이도 호출할 수 있으므로 디폴트 생성자를 겸한다.

```
Position(int ax=0, int ay=0, char ach=' ')
```

디폴트 생성자가 없는 클래스는 객체 배열을 선언할 수 없다. 왜 그런지 다음 예제로 이유를 알아보자.

예제 NoDefCon

```
#include 〈Turboc.h〉

class Position
{
```

```
public:
    int x;
    int y;
    char ch;

    Position(int ax, int ay, char ach) {
        x=ax;
        y=ay;
        ch=ach;
    }
    void OutPosition() {
        gotoxy(x, y);
        putch(ch);
    }
};

void main()
{
    Position There[3];
}
```

이 예제의 Position 클래스는 디폴트 생성자를 정의하지 않으며 세 개의 인수를 취하는 생성자만 정의되어 있다. 개발자가 별도의 생성자를 정의했으므로 컴파일러는 디폴트 생성자를 만들지 않는다. 따라서 Position형의 객체를 만들려면 Position A(1,2,'A'); 식으로 생성자에게 세 개의 인수를 전달해야 한다. 그렇다면 main의 Position There[3]; 선언문은 어떻게 처리될까?

Position형의 객체 3개를 배열로 생성하되 이때 각 객체의 생성자가 호출될 것이다. 그러나 선언문에 인수가 없기 때문에 호출할만한 생성자를 찾을 수 없으며 에러로 처리된다. Position There[3]; 선언문이 처리되려면 인수를 취하지 않는 디폴트 생성자(컴파일러가 만든 것이든 개발자가 직접 정의한 것이든)가 반드시 있어야 하는 것이다. 다음과 같은 선언문이 가능하리라 생각해 볼 수도 있다.

Position There[3]={{1,2,'x'},{3,4,'y'},{5,6,'z'}};

구조체 배열처럼 ={ } 다음에 각 배열 요소의 초기값을 나열하는 형식이다. {1,2,'x'} 초기식에 있는 값을 클래스 선언문에 나타나는 멤버의 순서대로 대입하면 될 것처럼 보인다. 객체 배열을 초기화할 때도 이런 문법이 지원된다면 좋겠지만 이 문장은 에러로 처리된다. 왜 컴파일러가 객체 배열에 대한 이런 편리한 초기식을 지원하지 못하는지 생각해 보자.

객체는 단순히 정보의 집합인 구조체보다는 훨씬 더 복잡하기 때문에 단순한 대입만으로는 초기화할 수 없다. 생성 단계에서 둘 이상의 입력값을 계산한 결과가 초기값이 될 수도 있고 Person 예제처럼 인수의 길이만큼 메모리를 동적으로 할당해야 하는 경우도 있다. 또한 멤버가 프라이비트 영역에 있을 경우 외부 선언문에서 함부로 멤버값을 변경하는 것도 허락되지 않는다. 이런 능동적인 동작을 하려면 결국 객체 초기화를 위해 생성자가 호출되어야 하는 것이다.

그렇다면 초기식의 값을 그대로 생성자의 인수로 전달하면 되지 않을까? 초기식에 {1,2,'x'}라고 되어 있으니 Position(1,2,'x') 생성자를 호출하면 일단 될 것처럼 보이지만 이것도 불가능하다. 왜냐하면 생성자가 반드시 모든 멤버를 선언된 순서대로 다 받아들여야 한다는 제약이 없기 때문이다. Position(char ach, int ax, int ay) 요런 식으로 생성자가 정의되어 있다면 컴파일러가 초기식의 값과 생성자 인수와의 대응관계를 잘못 판단하게 될 것이고 객체는 제대로 초기화되지 않는다.

그래서 컴파일러는 애매한 초기식으로부터 대충 비슷해 보이는 생성자를 호출하는 쓸데없는 서비스를 하기보다는 차라리 에러로 처리하는 것이 더 깔끔하다고 생각하는 것이다. 만약 객체의 배열을 선언하면서 각 객체를 꼭 초기화하려면 다음과 같이 ={ }괄호 안에서 생성자를 일일이 호출해야 한다.

```
void main()
{
    int i;
    Position There[3]={Position(1,2,'x'),Position(3,4,'y'),Position(5,6,'z')};
    for (i=0;i<3;i++) {
            There[i].OutPosition();
    }
}
```

이 선언문은 초기식에서 명시적으로 생성자를 호출했고 생성자로 전달되는 인수의 순서를 컴파일러가 분명하게 알 수 있으므로 문법적으로 문제도 없고 애매하지도 않다. 객체 배열을 선언하면서 초기화할 때는 이 방법이 정석이며 초기식없이 선언만 하려면 반드시 디폴트 생성자가 정의되어 있어야 한다.

생성자가 없을 때 컴파일러가 디폴트를 만드는 것처럼 파괴자의 경우도 디폴트가 있다. 컴파일러가 만드는 디폴트 파괴자도 생성자의 경우와 마찬가지로 아무 일도 하지 않는 빈 함수이다. 그래서 뒷정리를 할 필요가 없는 클래스라면 디폴트 파괴자를 그냥 사용하는 것도 가능하다. 즉, 파괴자가 없어도 된다는 얘기인데 사실 파괴자는 필요없는 경우가 훨씬 더 많다. 생성자가 특별한 처리를 하지 않고 단순히 멤버 변수에 값만 대입한다면 뒷정리를 할 필요가 없다. Position은 파괴자가 전혀 불필요한 클래스이다.

26.2.2 복사 생성자

복사 생성자는 지금까지의 평이한 내용에 비해 약간 난이도가 있는 내용이므로 정신을 집중해서 읽을 필요가 있다. 변수를 선언할 때 = 구분자 다음에 상수로 초기값을 지정할 수 있으며 이미 생성되어 있는 같은 타입의 다른 변수로도 초기화할 수 있다. 다음은 가장 간단한 타입인 정수형의 예이다.

```
int a=3;
int b=a;
```

정수형 변수 a는 선언됨과 동시에 3으로 초기화되었다. 그리고 동일한 타입의 정수형 변수 b는 선언과 동시에 a로 초기화되었다. 결국 두 변수는 모두 3의 값을 가지게 될 것이다. 너무너무 상식적인 코드이며 이런 초기화는 실수형이나 문자형, 구조체 등에 대해서도 똑같이 허용된다. 클래스가 int와 동일한 자격을 가지는 타입이 되기 위해서는 이미 생성되어 있는 같은 타입의 객체로부터 초기화될 수 있어야 한다. 객체에 대해서도 과연 이런 초기화가 성립할 수 있는지 Position 객체로 테스트해 보기 위해 Constructor 예제에 다음 코드를 작성해 보자.

```
Position Here(30,10,'A');
Position There=Here;
There.OutPosition();
```

Here 객체가 먼저 (30,10) 위치의 문자 'A'를 가리키도록 초기화되었으며 이어서 There 객체는 선언과 동시에 Here 객체로 초기화되었다. 이때 멤버별 복사에 의해 There는 Here의 모든 멤버값을 그대로 복사받으며 두 객체는 완전히 동일한 값을 가지게 된다. Position 객체가 내부에 모든 정보를 포함하고 있기 때문에 이런 초기화는 전혀 문제가 없다. 그렇다면 모든 객체에 대해 이런 초기화가 가능한지 Person 객체로도 테스트해 보자. Person1 예제의 main 함수에 다음 테스트 코드를 작성한다.

```
void main()
{
    Person Boy("강감찬",22);
    Person Young=Boy;
    Young.OutPerson();
}
```

이 코드는 정상적으로 컴파일되며 실행도 되지만 종료할 때 파괴자에서 실행 중 에러가 발생하는데 왜 그런지 보자. Young 객체가 Boy 객체로 초기화될 때 멤버별 복사가 발생하며 Young의 Name 멤버가 Boy의 Name과 동일한 번지를 가리키고 있다. 정수형인 Age끼리 값이 복사되는 것은 아무 문제가 없지만 포인터끼리의 복사는 문제가 된다. Young이 초기화된 직후의 메모리 상황을 그림으로 그려보면 다음과 같으며 두 객체가 힙에 동적 할당된 메모리를 공유하고 있는 모양이다.

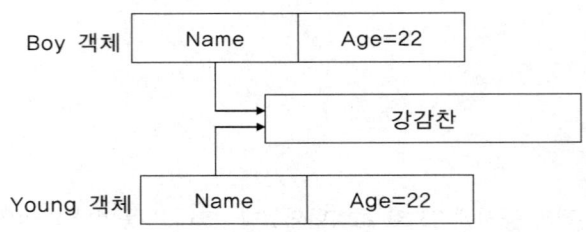

이런 상태에서 Young.OutPerson이나 Boy.OutPerson 함수 호출은 아주 정상적으로 실행된다. 그러나 두 객체가 같은 메모리를 공유하고 있기 때문에 한쪽에서 Name을 변경하면 다른 쪽도 영향을 받게 되어 서로 독립적이지 못하다. 이 객체들이 파괴될 때 문제가 발생하는데 각 객체의 파괴자가 Name 번지를 따로 해제하기 때문이다. new는 Boy의 생성자에서 한 번만 했고 delete는 각 객체의 파괴자에서 두 번 실행하기 때문에 이미 해제된 메모리를 다시 해제하려고 시도하므로 실행 중 에러가 된다. 정수형은 어떤지 보자.

```
int a=3;
int b=a;
b=5;
```

b가 생성될 때 a의 값으로 초기화되어 a와 b는 같은 값을 가진다. 그러나 이는 어디까지나 초기화될 때 잠시만 같을 뿐이지 두 변수는 이후 완전히 독립적으로 동작한다. b에 5를 대입한다고 해서 a가 이 대입의 영향을 받지 않으며 a에 무슨 짓을 하더라도 b를 어찌할 수는 없다. 정수형의 복사 생성이 이처럼 독립적이므로 사용자 정의형도 이와 똑같이 복사 생성을 할 수 있어야 한다.

Person Young=Boy; 선언문에 의해 Young은 Boy의 멤버값을 복사받지만 이때의 복사는 포인터를 그대로 복사하는 얕은 복사이다. 따라서 Young은 일시적으로 Boy와 같은 값을 가지지만 Boy의 Name을 빌려서 정보를 표현하는 불완전한 객체이며 독립적이지 못하다. 이 문제를 해결하려면 초기화할 때 얕은 복사를 해서는 안 되며 깊은 복사를 해야 하는데 이때 복사 생성자가 필요하다. 얕은 복사가 문제의 원인이었으므로 깊은 복사를 하는 복사 생성자를 만들어 해결할 수 있다. 다음 예제는 Person1 예제를 수정하여 Person 클래스에 복사 생성자를 추가한 것이다.

```
#include 〈Turboc.h〉

class Person
{
private:
    char *Name;
    int Age;

public:
    Person(const char *aName, int aAge) {
        Name=new char[strlen(aName)+1];
        strcpy(Name,aName);
        Age=aAge;
    }
    Person(const Person &Other) {
        Name=new char[strlen(Other.Name)+1];
        strcpy(Name,Other.Name);
        Age=Other.Age;
    }
    ~Person() {
        delete [] Name;
    }
    void OutPerson() {
        printf("이름 : %s 나이 : %d\n",Name,Age);
    }
};

void main()
{
    Person Boy("강감찬",22);
    Person Young=Boy;
    Young.OutPerson();
}
```

 복사 생성자는 자신과 같은 타입의 다른 객체에 대한 레퍼런스를 전달받아 이 레퍼런스로부터 자신을 초기화한다. Person 복사 생성자는 동일한 타입의 Other를 인수로 전달받아 자신의 Name에 Other.Name 의 길이만큼 버퍼를 새로 할당하여 복사한다. 새로 메모리를 할당해서 내용을 복사했으므로 이 메모리는 완전한 자기 것이며 안전하게 따로 관리할 수 있다. Age는 물론 단순 변수이므로 값만 대입받으면 된다.

컴파일러는 Person Young=Boy; 구문을 Person Young=Person(Boy);로 해석하는데 이 원형에 맞는 생성자인 복사 생성자를 호출한다. 실인수 Boy가 Person 객체이므로 Person을 인수로 받아들이는 생성자 함수를 호출할 것이다. 복사 생성자에 의해 Young은 깊은 복사를 하며 메모리에 다음과 같이 완전한 사본을 작성한다.

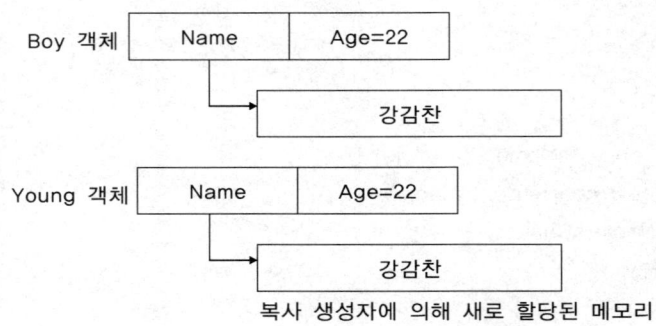

복사 생성자에 의해 새로 할당된 메모리

이제 Young과 Boy는 타입만 같을 뿐 완전히 다른 객체이고 메모리도 따로 소유하므로 각자의 Name을 마음대로 바꿀 수 있고 파괴자에서 메모리를 해제해도 문제가 없다. 복사 생성자에 의해 두 객체가 완전한 독립성을 얻은 것이다.

복사 생성자의 임무는 새로 생성되는 객체가 원본과 똑같으면서 완전한 독립성을 가지도록 하는 것이다. 만약 객체가 데이터베이스를 사용한다면 이 클래스의 복사 생성자는 새 객체를 위한 별도의 데이터베이스 연결을 해야 하며 독점적인 자원을 필요로 한다면 마찬가지로 별도의 자원을 할당해야 한다. 그래야 Class A=B; 선언문에 의해 A가 B에 대해 독립적으로 초기화된다.

∷ 객체가 인수로 전달될 때

같은 종류의 다른 객체로 새 객체를 선언하는 경우는 그리 흔하지 않다. 그러나 다음과 같이 함수의 인수로 객체를 넘기는 경우는 아주 흔한데 이때도 복사 생성자가 호출된다.

```
void PrintAbout(Person AnyBody)
{
    AnyBody.OutPerson();
}

void main()
{
    Person Boy("강감찬",22);
```

```
        PrintAbout(Boy);
    }
```

　함수 호출 과정에서 형식 인수가 실인수로 전달되는 것은 일종의 복사생성이다. 함수 내부에서 새로 생성되는 형식인수 AnyBody가 실인수 Boy를 대입받으면서 초기화되는데 이때 복사 생성자가 없다면 AnyBody가 Boy를 얕은 복사하며 두 객체가 동적 버퍼를 공유하는 상황이 된다. AnyBody는 지역변수이므로 PrintAbout 함수가 리턴될 때 AnyBody의 파괴자가 호출되고 이때 동적 할당된 메모리가 해제된다. 이후 Boy가 메모리를 정리할 때는 이미 해제된 메모리를 참조하고 있으므로 에러가 발생할 것이다.

　복사 생성자가 정의되어 있으면 AnyBody가 Boy를 깊은 복사하므로 아무런 문제가 없다. 객체가 인수로 전달될 때뿐만 아니라 리턴값으로 돌려질 때도 복사 생성자가 호출된다. 위 테스트 코드를 Person2 예제에 작성해 놓고 실행하면 정상적으로 실행된다. 그러나 복사 생성자를 주석으로 묶어 버리면 다운된다. 함수의 인수로 사용되거나 리턴값으로 사용되는 객체는 반드시 복사 생성자를 제대로 정의해야 한다.

:: 복사 생성자의 인수

　복사 생성자의 인수는 반드시 객체의 레퍼런스여야 하며 객체를 인수로 취할 수는 없다. 만약 다음과 같이 Person형의 객체를 인수로 받아들인다고 해 보자.

```
Person(const Person Other)
{
    Name=new char[strlen(Other.Name)+1];
    strcpy(Name,Other.Name);
    Age=Other.Age;
}
```

　복사 생성자 자신도 함수이므로 실인수를 전달할 때 값의 복사가 발생할 것이다. 객체 자체를 인수로 전달하면 복사 생성자로 인수를 넘기는 과정에서 다시 복사 생성자가 호출될 것이고 이 복사 생성자는 인수를 받기 위해 또 다시 복사 생성자를 호출한다. 결국 자기가 자신을 종료조건없이 호출해대는 무한 재귀 호출이 발생할 것이며 컴파일러는 이런 상황을 방관하지 않고 에러로 처리한다.

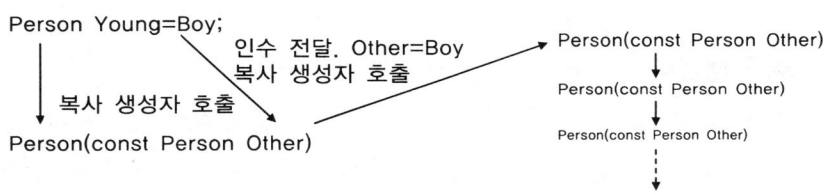

이런 이유로 복사 생성자의 인수로 객체를 전달할 수는 없다. 그렇다면 포인터의 경우는 어떨까? 포인터는 어디까지나 객체를 가리키는 번지값이므로 한 번만 복사되며 무한 호출되지 않는다. 또한 객체가 아무리 거대해도 단 4바이트만 전달되므로 속도도 빠르다. 복사 생성자가 객체의 포인터를 전달받도록 다음과 같이 수정해 보자.

```
Person(const Person *Other)     {
    Name=new char[strlen(Other->Name)+1];
    strcpy(Name,Other->Name);
    Age=Other->Age;
}
```

Other의 타입이 Person *로 바뀌었고 본체에서 Other의 멤버를 참조할 때 . 연산자 대신 -> 연산자를 사용하면 된다. 그러나 이렇게 하면 Person Young=Boy; 선언문이 암시적으로 호출하는 생성자인 Person(Boy)와 원형이 맞지 않다. 사실 포인터를 취하는 생성자는 복사 생성자로 인정되지도 않는다. 꼭 포인터로 객체를 복사하려면 main의 객체 선언문이 Person Young=&Boy; 가 되어야 하는데 그래야 Person 복사 생성자로 Boy의 번지가 전달된다. main 함수까지 같이 수정하면 정상적으로 잘 동작한다.

그러나 이는 일반적인 변수 선언문과 형식이 일치하지 않는다. 기본 타입의 복사 생성문을 보면 int i=j; 라고 하지 int i=&j; 라고 선언하지는 않는다. 즉 포인터를 통한 객체 복사 구문은 C 프로그래머가 알고 있는 상식적인 변수 선언문과는 틀리다. 클래스가 기본형과 완전히 같은 자격의 타입이 되려면 int i=j; 식으로 선언할 수 있어야 한다.

그래서 객체 이름에 대해 자동으로 &를 붙이고 함수 내부에서는 전달받은 포인터에 암시적으로 *연산자를 적용하는 레퍼런스라는 것이 필요해졌다. 복사 생성자가 객체의 레퍼런스를 받으면 Young=Boy라고 써도 실제로는 포인터인 &Boy가 전달되어 속도 저하나 무한 호출없이 기본 타입과 똑같은 형식의 선언이 가능하다. 이후 공부하게 될 연산자 오버로딩에도 똑같은 이유로 레퍼런스가 활용된다. C에서는 꼭 필요치 않았던 레퍼런스라는 개념이 C++에서는 필요해진 이유가 객체의 선언문, 연산문을 기본 타입과 완전히 일치시키기 위해서이다.

복사 생성자로 전달되는 인수는 상수일 수도 있고 아닐 수도 있는데 내부에서 읽기만 하므로 개념적으로 상수 속성을 주는 것이 옳다. int i=j; 연산 후 j의 값이 그대로 유지되어야 한다. 결론만 요약하자면 Class 클래스의 복사 생성자 원형은 Class(const Class &)여야 한다.

:: 디폴트 복사 생성자

클래스가 복사 생성자를 정의하지 않으면 컴파일러가 디폴트 복사 생성자를 만든다. 컴파일러가 만드는 디폴트 복사 생성자는 멤버끼리 1:1로 복사함으로써 원본과 완전히 같은 사본을 만들기만 할 뿐 깊은 복사를 하지는 않는다. 만약 디폴트 복사 생성자만으로 충분하다면(Position 클래스의 경우) 굳이 복사 생성자를 따로 정의할 필요는 없다. 이때 만들어지는 디폴트 복사 생성자는 다음과 같을 것이다.

```
Position(const Position &Other) {
    x=Other.x;
    y=Other.y;
    ch=Other.ch;
}
```

대응되는 멤버끼리 그대로 대입하는데 전부 단순 타입이라 대입만 하면 잘 복사된다. 이런 디폴트 복사 생성자가 있기 때문에 별도의 조치가 없어도 Position There=Here가 잘 동작하는 것이다.

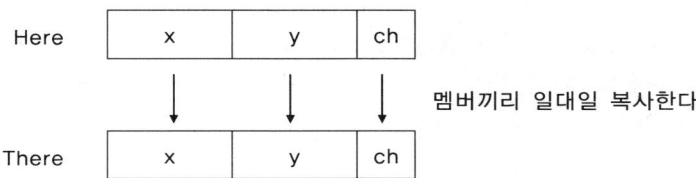

멤버끼리 일대일 복사한다.

또한 Class A=B; 식의 선언을 하지 않거나 객체를 함수의 인수로 사용할 일이 전혀 없다는 것이 확실하다면 이때도 복사 생성자가 필요없다. 그러나 이런 가정은 무척 위험할 수 있다. 왜냐하면 클래스의 사용자는 클래스가 일반 타입과 동등하므로 int, double에서 가능한 일들은 클래스에 대해서도 모두 가능하다고 기대하며 실제로 그런 코드를 작성하기 때문이다. 이 기대에 부응하기 위해 클래스는 모든 면에서 기본 타입과 완전히 같아야 한다.

Person2 예제에서 복사 생성자를 정의함으로써 Person 클래스는 이미 생성된 객체로부터 새로운 객체를 선언할 수 있게 되었다. Person 클래스가 점점 기본 타입과 같아지고 있지만 이 클래스는 아직까지도 불완전하다. Person 클래스가 완전한 타입이 되려면 대입 연산자를 재정의해야 하는데 이 실습은 다음에 다시 해 보도록 하자.

26.2.3 멤버 초기화 리스트

클래스가 타입이라면 int, double 같은 기본 타입도 클래스인가 하는 질문을 할 수 있다. 이 질문에 대한 대답은 그렇다이다. C++은 일반적인 타입도 클래스와 동등하게 취급하며 클래스에 적용되는 문법이 일반 타입에 대해서도 적용된다. 그 예로 정수형 변수를 선언하면서 초기화하는 두 문장을 보자.

```
int a=3;
int a(3);
```

전자는 C에서 사용하던 전통적인 문법이고 후자는 C++의 객체를 초기화하는 문법이다. C컴파일러는 전자만 인정하지만 C++ 컴파일러는 일관성을 위해 후자도 인정한다. int a(3); 이라는 선언문은 int 클래스 타입의 객체 a를 선언하되 생성자 int(int aa)를 호출하는 문장으로 해석할 수 있다. 실제로 이 문장이 int 클래스의 생성자를 호출하는가 아니면 C 방식대로 변수의 값만 초기화하는가는 컴파일러에 따라 다르겠지만 적어도 이론상으로는 생성자를 호출한다고 해도 전혀 억지가 아니다.

객체 초기화의 임무를 띤 생성자가 하는 주된 일은 멤버 변수의 값을 초기화하는 것이다. 그래서 생성자의 본체는 보통 전달받은 인수를 멤버 변수에 대입하는 대입문으로 구성된다. 멤버에 단순히 값을 대입하기만 하는 경우 본체에서 = 연산자를 쓰는 대신 초기화 리스트(Member Initialization List)라는 것을 사용할 수 있다. 초기화 리스트는 함수 선두와 본체 사이에 : 을 찍고 멤버와 초기값의 대응 관계를 나열하는 것이다. Position 생성자를 초기화 리스트로 작성하면 다음과 같다.

```
Position(int ax, int ay, char ach) : x(ax),y(ay),ch(ach)
{
    // 더 하고 싶은 일
}
```

초기화 리스트의 항목은 "멤버(인수)"의 형태를 띠며 멤버=인수 대입 동작을 한다. 단순한 대입만 가능하며 복잡한 계산을 한다거나 함수를 호출하는 것은 불가능하다. 위의 Position 생성자는 초기화 리스트의 지시대로 x는 ax로, y는 ay로, ch는 ach로 초기화한다. 초기화 리스트에서 모든 멤버에 값을 대입했으므로 본체는 아무 것도 할 일이 없어졌는데 물론 더 필요한 초기화가 있다면 본체에 추가 코드를 작성할 수 있다.

생성자 본체에서 값을 직접 대입하는 것과 초기화 리스트의 효과는 동일하므로 둘 중 편한 방법을 사용하면 된다. 그러나 다음 몇 가지 경우에는 본체에 대입문을 쓸 수 없으므로 반드시 초기화 리스트로 멤버를 초기화해야 한다. 주로 대입 연산을 쓸 수 없는 특수한 멤버의 경우이다.

:: 상수 멤버 초기화

상수는 선언할 때 반드시 초기화해야 한다. const int year=365; 의 형식으로 상수를 선언하는데 여기서 =365를 빼 버리면 다시는 이 상수값을 정의할 수 없으므로 에러로 처리된다. 단, 클래스의 멤버일 때는 객체가 만들어질 때까지 초기화를 연기할 수 있으며 생성자의 초기화 리스트에서만 초기화가 가능하다.

```
#include <Turboc.h>

class Some
{
public:
    const int Value;
    Some(int i) : Value(i) { }
    void OutValue() { printf("%d\n",Value); }
};

void main()
{
    Some S(5);
    S.OutValue();
}
```

　Some 클래스는 정수형의 상수 Value를 멤버로 가지고 있는데 상수에 대해서는 대입 연산자를 사용할 수 없다. 상수의 정의에 의해 다음 코드는 당연히 불법이다.

```
Some(int i) { Value=i; }
```

　Value 멤버는 상수이므로 값을 변경할 수 없으며 대입 연산 자체가 인정되지 않는다. 그래서 초기화 리스트라는 특별한 문법이 필요하다. 초기화 리스트는 본체 이전의 특별한 영역이며 생성자에서만 이 문법이 적용된다. 상수는 원래 선언할 때 초기값을 주어야 하나 클래스 정의문에 다음과 같이 초기값을 주는 것은 불가능하다.

```
class Some
{
public:
    const int Value=5;
```

　클래스 선언문은 컴파일러에게 클래스가 어떤 모양을 하고 있다는 것을 알릴 뿐이지 실제 메모리를 할당하지는 않는다. 그러므로 Value 멤버는 아직 메모리에 실존하지 않으며 존재하지도 않는 대상의 값을 초기화할 수는 없다. 상수는 객체가 생성될 때 반드시 초기화되어야 하며 상수 멤버 초기화의 책임은 생성자에게 있다. 따라서 상수멤버를 가지는 클래스의 모든 생성자들은 상수 멤버에 대한 초기화 리스트를 가져야 한다. 만약 이를 위반할 경우 에러로 처리된다.

이외에 상수 멤버값을 정적으로 선언하는 방법과 열거 멤버를 상수 대신 사용하는 방법이 있는데 다음에 상세히 알아보도록 하자. 여기서는 상수 멤버의 초기값을 주기 위해 초기화 리스트를 사용한다는 것만 알아 두자.

:: 레퍼런스 멤버 초기화

레퍼런스는 변수에 대한 별명이며 선언할 때 반드시 누구에 대한 별명인지를 밝혀야 한다. 단, 예외적으로 함수의 형식 인수, 클래스의 멤버, extern 선언시는 대상체를 지정하지 않을 수 있는데 이때는 함수 호출시나 객체 생성시로 초기화가 연기된다. 레퍼런스 멤버를 가지는 클래스는 생성자에서 이 멤버를 초기화해야 하는데 다음 예제처럼 초기화 리스트를 사용한다.

예제 InitRefMember

```
#include <Turboc.h>

class Some
{
public:
    int &ri;
    Some(int &i) : ri(i) { }
    void OutValue() { printf("%d\n",ri); }
};

void main()
{
    int i=5;
    Some S(i);
    S.OutValue();
}
```

Some 클래스는 정수형 레퍼런스 변수 ri를 멤버로 가지고 있으며 생성자는 ri가 참조할 실제 변수를 인수로 전달받아 ri가 이 변수의 별명이 되도록 한다. 레퍼런스 멤버는 다음과 같이 대입 연산자로 초기화할 수 없다.

```
Some(int &i) { ri=i; }
```

왜냐하면 레퍼런스에 대한 대입 연산은 레퍼런스 그 자체의 대상체를 지정하는 것이 아니라 레퍼런스가 참조하고 있는 변수에 값을 대입하는 것으로 정의되어 있기 때문이다. 레퍼런스 멤버는 대입 연산자로 초기화할 수 없으며 반드시 초기화 리스트에서 대상체를 지정해야 한다. 레퍼런스 멤버 초기화 문법은 사실 앞의 상수 멤버 초기화 규칙과 동일한 것이라고 볼 수 있다. 왜냐하면 레퍼런스는 일종의 상수 포인터이기 때문이다.

레퍼런스는 생성 직후부터 별명으로 동작해야 하므로 선언할 때 짝이 될 변수를 반드시 지정해야 한다. 그러나 레퍼런스를 초기식없이 선언할 수 있는 세 가지 예외적인 경우가 있는데(15.4.1 참조) 그 중 한 가지가 바로 클래스의 멤버로 선언될 때이다. 이 경우 생성자는 레퍼런스의 짝을 찾아 주어야 할 막중한 임무를 띠며 만약 이 임무를 소홀히 할 경우 컴파일러로부터 섭섭하다는 에러 메시지를 받게 된다. 짝이 없는 레퍼런스는 절대로 존재할 수 없다.

:: 포함된 객체 초기화

구조체끼리 중첩할 수 있듯이 클래스도 다른 클래스의 객체를 멤버로 가질 수 있다. 포함된 객체를 초기화할 때도 초기화 리스트를 사용한다.

예제 InitEmbeded

```
#include <Turboc.h>

class Position
{
public:
    int x,y;
    Position(int ax, int ay) { x=ax; y=ay; }
};

class Some
{
public:
    Position Pos;
    Some(int x, int y) : Pos(x,y) { }
    void OutValue() { printf("%d,%d\n",Pos.x, Pos.y); }
};

void main()
{
    Some S(3,4);
    S.OutValue();
}
```

Some 클래스가 Position 클래스의 객체 Pos를 포함하고 있는데 포함된 Pos 객체를 초기화하기 위해 생성자를 다음과 같이 작성할 수는 없다.

```
Some(int x, int y) { Pos(x,y); }
```

왜냐하면 생성자는 객체를 생성할 때만 호출할 수 있으며 외부에서 명시적으로 호출할 수 없기 때문이다. 그래서 멤버로 포함된 객체를 초기화할 때도 초기화 리스트를 사용해야 한다. 그렇다면 다음 코드는 어떨까?

```
Some(int x, int y) { Position Pos(x,y); }
```

생성자를 호출하는 문장처럼 보이지만 Pos는 생성자 함수 내에서 임시적으로 만들어지는 지역 객체일 뿐이며 포함된 객체 Pos와는 이름만 같을 뿐 아무런 상관이 없다. 이 코드는 포함 객체 Pos를 초기화하는 것이 아니라 쓰지도 않는 지역 객체를 멤버와 같은 이름으로 하나 만들 뿐이며 이 객체는 생성자가 종료될 때 자동으로 파괴된다. 기본 타입의 멤버 변수도 일종의 포함된 객체로 볼 수 있으므로 x(ax), y(ay)식으로 초기화 리스트에서 초기화할 수 있다. 물론 기본 타입은 대입 연산에 의해 값을 대입할 수도 있으므로 생성자 본체에서 초기화하는 것도 가능하다.

만약 포함된 객체가 디폴트 생성자를 정의한다면 초기화 리스트에서 초기화하지 않아도 컴파일러가 디폴트 생성자를 호출하며 에러는 발생하지 않는다. 그러나 디폴트 생성자는 쓰레기를 치우는 정도 밖에 할 수 없으므로 원하는 초기화는 아닐 확률이 높다. 그렇지 않은 경우에는 반드시 초기화 리스트에서 적절한 생성자를 호출하여 포함된 객체를 초기화해야 한다.

이 외에 상속받은 멤버를 초기화할 때도 초기화 리스트를 사용하는데 이에 대해서는 상속을 배운 후에 다시 연구해 보도록 하자. 초기화 리스트를 반드시 사용해야 하는 경우는 상속받은 멤버까지 포함해서 총 4가지 경우가 있다고 정리해 두자.

26.3 타입 변환

26.3.1 변환 생성자

일반 타입의 변수끼리 값을 대입할 때는 산술 변환 규칙에 따라 암시적으로 상호 변환된다. 물론 모든 타입들이 다 상호 변환되는 것은 아니며 호환되는 타입들끼리만 그렇다. 다음의 코드를 보자.

```
int i='C';
double d=12;
```

'C'는 문자형 상수지만 정수형 변수 i에 대입할 수 있으며 12는 정수형 상수지만 실수형 변수 d에 대입할 수 있다. 문자형이 정수형의 큰 타입으로 변환될 때는 암시적으로 상승 변환되며 반대의 경우는 하강 변환이 발생한다. 변수끼리 대입할 때나 함수의 인수로 전달될 때도 별다른 거부없이 암시적 변환이 적용된다. 물론 정수형 변수에 실수값을 대입하는 식의 하강 변환의 경우 약간의 정확도 손실이 발생할 수 있으므로 경고로 처리된다.

클래스의 객체들도 일반 타입과 마찬가지로 암시적 변환이 가능할 수 있는데 클래스가 일반 타입과 완전히 동등해지려면 타입을 변환할 수 있는 문법적 장치가 있어야 한다. 그 첫 번째 장치가 바로 변환 생성자(Conversion Constructor)이다. 변환 생성자는 기본 타입으로부터 객체를 만드는 생성자이며 인수를 하나만 취한다. 인수가 둘 이상이면 변환 생성자가 아니다. 다음 예제의 Time 생성자는 정수값으로부터 Time 객체를 만든다.

예제 **Convert1**

```cpp
#include <Turboc.h>

class Time
{
private:
    int hour,min,sec;
public:
    Time() { }
    Time(int abssec) {
        hour=abssec/3600;
        min=(abssec/60)%60;
        sec=abssec%60;
    }
    void OutTime() {
        printf("현재 시간은 %d:%d:%d입니다.\n",hour,min,sec);
    }
};

void main()
{
    Time Now(3723);
```

```
    Now.OutTime();
}
```

Time 클래스는 시간을 표현하며 시, 분, 초의 요소들을 멤버 변수로 가진다. 두 개의 생성자가 정의되어 있는데 디폴트 생성자와 변환 생성자이다. 시간이라는 값은 시, 분, 초의 3차원으로 표현하지만 자정 이후 경과한 시간을 절대초로 정의하고 절대초로 표현할 수도 있다. 가령 정오는 43200 절대초이며 절대초 33956은 오전 9시 25분 56초가 된다. 절대초는 시간끼리의 계산에 유리한 표현법이며 실용적인 가치가 있다.

Time(int) 생성자는 정수형의 abssec 인수 하나만을 취하는데 절대초 abssec으로부터 시, 분, 초를 구해 객체를 초기화한다. 절대초로부터 시, 분, 초의 요소를 분리해내는 수식은 아주 간단한데 시간은 3600으로 나누면 되고 초는 60으로 나눈 나머지를 구하면 된다. 정수값 하나를 변환하여 객체를 생성하므로 이런 생성자를 변환 생성자라고 한다. main 함수의 첫 번째 문장 Time Now(3723); 은 정수 상수 3723이라는 값으로부터 1:2:3초라는 Time형의 객체를 생성한다. 이 문장은 객체 선언 문법으로 변환 생성자를 직접적으로 호출하는 것이고 다음과 같이 간접적으로 호출할 수도 있다.

```
    Time Now=3723;
```

int와 Time은 원래 호환되지 않지만 변환 생성자가 정의되어 있으면 컴파일러에 의해 자동 변환된다. 초기식의 우변이 정수이므로 컴파일러는 정수를 Time 객체로 변환할 수 있는 변환 생성자를 찾아 호출한다. 변환 생성자가 정의되어 있으면 초기화할 때뿐만 아니라 언제든지 정수값을 Time 객체에 대입할 수도 있다. Now=1000 대입문은 정수값 1000을 Time형 객체로 만들기 위해 Time(int) 생성자를 호출하여 임시 객체를 만들고 이 객체를 Now에 대입한다.

Time 클래스가 절대초라는 정수형의 개념을 지원하므로 정수를 암시적으로 변환하여 Time 객체를 만들 수 있는 기능은 무척 편리하다. 그러나 이런 기능이 예상치 못한 부작용의 원인이 될 수도 있는데 다음 코드를 보자.

```
void func(Time When)
{
    When.OutTime();
}

void main()
{
```

```
    Time  Now(3723);
    func(Now);
    func(1234);
}
```

func 함수는 Time형의 객체를 인수로 전달받아 그 시간을 출력하는데 정수값을 전달해도 잘 동작한다. 실인수가 형식인수로 전달되는 과정은 일종의 대입 연산이며 이 과정에서 변환 생성자가 작동하여 정수값을 Time형의 임시 객체로 변환하기 때문이다. main에서 func(1234)를 호출했는데 1234가 절대초의 의미를 가지는 값이라면 아무런 문제가 없다.

그러나 만약 이것이 의도된 호출이 아니라 단순한 실수였다면 대단히 잡기 힘든 버그의 원인이 될수 있다. Time형의 객체를 전달해야 하는데 정수값을 잘못 전달해도 컴파일러가 아무런 군말없이 변환을해 버리니 디버깅을 해 보기 전에는 잘못을 알기 어렵다. 뿐만 아니라 func('S');나 func(123.456); 같은호출문조차도 에러로 처리되지 않는다. 문자형이나 실수형은 정수형으로 암시적 변환이 가능하고 이렇게변환된 정수형은 다시 변환 생성자에 의해 Time형 객체로 변환 가능하기 때문이다.

변환 생성자는 편리하기도 하지만 클래스와 일반 타입간의 구분을 모호하게 만들어 버리는 맹점이있다. 변환 생성자의 존재는 컴파일러에게 더 많은 암시적 변환 수단을 제공하여 엄격한 타입 체크를방해하며 이는 버그의 원인이 되기에 충분하다. 이런 부작용이 우려되면 explicit 키워드를 변환 생성자앞에 붙인다.

```
class  Time
{
private:
    int  hour,min,sec;
public:
    explicit  Time(int  abssec)
    ....
```

explicit로 지정된 생성자는 암시적인 형 변환에 사용할 수 없도록 금지된다. 즉, 컴파일러가 임의적인판단을 하지 못하도록 한다. 그러나 명시적인 형 변환이나 캐스트 연산자를 쓰는 것은 여전히 가능하다.

```
Time  Now=3723;            // 불가능
Time  Now(3723);           // 가능
Time  Now=(Time)3723;      // 가능
```

명시적인 생성자 호출이나 캐스트 연산자는 사용자가 변환하라는 의사를 분명히 밝힌 것이므로 explicit

키워드와는 상관없이 허용된다. 사용자가 책임을 지겠다고 변환을 지시했으므로 컴파일러는 이 지시를 거부할 필요도 명분도 없는 것이다. 하지만 대입이나 함수 호출에 의한 암시적인 변환은 컴파일 에러로 처리된다.

변환 생성자는 필요한 만큼 정의할 수 있다. 만약 실수값으로부터 Time 객체를 생성하도록 하고 싶다면 실수 하나를 인수로 취하는 생성자를 정의하면 된다. 다음 생성자를 Time 클래스에 추가해 보자.

```
Time(double d) {
    hour=int(d)%24;
    min=int((d-int(d))*100)%60;
    sec=0;
}
```

실수를 어떻게 Time 객체로 바꿀 것인가에 대한 명확한 변환 규칙이 필요한데 Time(double) 생성자의 경우 정수부를 시간으로, 소수부를 분으로 하고 초를 상수 0으로 고정시키는 규칙을 적용했다. 변환 규칙이 좀 억지스럽기는 하지만 이런 식으로 필요한 변환 생성자를 정의하면 된다. 이후 Time 객체는 Time A(12.34) 등의 선언문에 의해 실수값으로부터 변환 생성될 수 있다. 실제로 파스칼 언어는 실수 하나로 날짜와 시간을 표현하기도 한다.

변환 생성자는 반드시 인수를 하나만 취해야 하며 둘 이상을 취할 경우 변환 생성자가 아니다. 왜냐하면 변환이란 원칙적으로 일대일의 연산이며 Time A(1234); 선언문이나 A=1234; 대입문에서 보다시피 객체 초기화에 필요한 피연산자가 하나밖에 없다. 변환 생성자가 적용되는 초기화, 대입연산은 이항 연산을 하는데 좌변은 객체 자신으로 정해져 있으므로 나머지 우변이 되는 변환 대상에 대해서만 인수를 전달받아야 한다. 단, 복사 생성자는 인수를 하나만 취하지만 동일 타입으로부터 사본을 생성하므로 변환 생성자라고는 할 수 없다.

26.3.2 변환 함수

변환 생성자를 정의하면 정수값으로부터 Time형 객체를 만들 수 있고 Time형 객체에 정수값을 대입할 수도 있다. 이것이 가능하다면 반대의 변환, 즉 Time형 객체로부터 정수값을 만들어내는 것도 가능할 것이다. 정수가 Time이 될 수 있다면 Time도 정수가 될 수 있어야 비로소 두 타입이 완전히 호환된다고 표현할 수 있다. 다음 코드가 제대로 동작해야 한다.

```
Time Now(18,25,12);
int i=Now;
printf("i=%d\n",i);
```

18:25:12초라는 시간이 절대초로 얼마인가를 계산한 후 정수값으로 출력해 보는 코드이다. 그러나 이 코드는 아직 동작하지 않는다. 왜냐하면 Time 클래스는 정수를 Time으로 바꾸는 변환 생성자만 제공할 뿐 자신을 정수로 바꾸는 방법은 제공하지 않기 때문이다. 객체를 일반타입으로 역변환하려면 변환 함수(Conversion Function)를 정의해야 한다. 변환 함수의 형식은 다음과 같다. 다음에 상세하게 알아보겠지만 변환 함수는 캐스트 연산자에 대한 오버로딩의 한 예이다.

```
operator 변환타입()
{
    본체
}
```

키워드 operator 다음에 변환하고자 하는 타입의 이름을 밝히고 본체에는 변환 방법을 작성한다. 변환 함수는 인수를 취하지 않으며 리턴 타입도 지정하지 않는다. 왜냐하면 연산 대상은 자기 자신으로 고정되어 있고 변환 결과는 지정한 타입임을 이미 알고 있기 때문이다. 객체 자신을 다른 타입으로 변환하는 동작을 하므로 작업거리와 결과가 이미 정해져있는 것이다. Convert1 예제의 Time 클래스에 시분초를 전달받는 생성자와 변환 함수를 추가해 보자.

예제 **Convert2**

```
#include <Turboc.h>

class Time
{
private:
    int hour,min,sec;
public:
    Time() { }
    Time(int abssec) {
        hour=abssec/3600;
        min=(abssec/60)%60;
        sec=abssec%60;
    }
    Time(int h, int m, int s) {hour=h; min=m; sec=s; }
    operator int() {
        return hour*3600+min*60+sec;
    }
```

```
    void OutTime() {
        printf("현재 시간은 %d:%d:%d입니다.\n",hour,min,sec);
    }
};

void main()
{
    Time Now(18,25,12);
    int i=Now;
    printf("i=%d\n",i);
}
```

operator int() 변환 함수가 Time 클래스의 멤버 함수로 작성되어 있다. 변환 함수의 본체는 아주 단순한데 시간에 3600을 곱한 값, 분에 60을 곱한 값, 그리고 초를 모두 더하면 절대초를 쉽게 계산할 수 있으며 이렇게 구한 정수값을 리턴한다. 변환 함수의 원형에 리턴 타입이 없지만 어디까지나 생략된 것일 뿐이므로 본체에서는 return 문을 사용할 수 있다. 변환 함수에 의해 객체를 int로 변환할 수 있는 방법이 정의되었으므로 이제 Time형 객체는 정수형 변수에 대입될 수 있다.

main에서 Time형 객체 Now를 18:25:12초로 초기화하고 정수형 변수 i를 Now로 초기화했다. 이때 변환 함수가 호출되어 Now 객체의 멤버값으로부터 절대초를 계산하여 리턴할 것이며 i는 그 결과값을 가진다. 출력되는 결과는 18:25:12초의 절대초인 66312가 된다. int와 호환된다는 것은 사실상 모든 수치형과 호환될 수 있다는 뜻이며 Time형 객체는 char, double, float, long 등의 타입과도 상호 변환 가능하다.

변환 함수와 변환 생성자는 하는 일이 비슷하기 때문에 닮은 점이 많다. 우선 변환 생성자와 마찬가지로 변환 함수도 필요한 만큼 얼마든지 정의할 수 있다. Time 객체를 실수나 문자형으로도 변환하도록 하고 싶다면 operator double(), operator char() 함수를 더 정의하면 된다. 또한 변환 함수도 변환 생성자와 똑같은 이유로 다소 위험한 면이 있다.

```
void func(int i)
{
    ....
}
```

func 함수는 정수형 인수 하나를 받아들이는데 이 함수에 대해 func(Now)로 호출할 수도 있다. 왜냐하면 변환 함수에 의해 Time형 객체가 정수로 변환될 수 있기 때문이다. 의도적인 호출이라면 물론 변환 함수의 서비스를 기분좋게 받겠지만 단순한 실수일 경우는 문제가 커진다. 다음 예를 자세히 살펴보자.

```
int Nox,Noy;
Time Now;
gotoxy(Nox,Now);
```

gotoxy의 두 번째 인수는 필시 Noy를 잘못 적은 것이겠지만 문법적으로 적법하며 컴파일러는 이
문장이 뭐가 문제인지 알 리가 없다. Now가 정수가 될 수 있으므로 gotoxy의 y좌표로 사용한다 하더라
도 뭐 이상할게 없는 것이다. 심지어 ar[Now]=0; 같이 배열의 첨자에도 Time형 객체를 쓸 수 있으며
ptr+Now 같이 포인터에 Time형 객체를 더하는 것도 허용된다. 변환 함수가 있으니 컴파일러는 이런
심히 수상해 보이는 코드에 대해서 경고 하나도 발생하지 않을 것이다.

게다가 변환 함수는 변환 생성자처럼 explicit로 암시적 변환을 금지하는 장치도 없어 주의 깊게 사용
하는 수밖에 없다. 암시적 변환이 정 문제가 된다면 아예 변환 생성자나 변환 함수를 만들지 말고
TimeToInt, IntToTime 같은 명시적인 함수를 만들어 꼭 필요할 때만 사용하는 편이 더 안전하다.

예제 Convert3

```
#include <Turboc.h>

class Time
{
private:
    int hour,min,sec;
public:
    Time() { }
    Time(int h, int m, int s) { hour=h; min=m; sec=s; }
    void OutTime() {
        printf("현재 시간은 %d:%d:%d입니다.\n",hour,min,sec);
    }
    int TimeToInt() {
        return hour*3600+min*60+sec;
    }
    void IntToTime(int abssec) {
        hour=abssec/3600;
        min=(abssec/60)%60;
        sec=abssec%60;
    }
};

void main()
```

```
{
    Time Now(18,25,12);
    int i=Now.TimeToInt();
    printf("i=%d\n",i);

    Time Now2;
    Now2.IntToTime(i);
    Now2.OutTime();
}
```

이렇게 되면 변환이 필요할 때 사용자가 멤버 함수를 명시적으로 호출해야만 하며 컴파일러가 어떠한 변환 서비스도 하지 않으므로 좀 불편하기는 하지만 최소한 위험하지는 않다.

26.3.3 클래스간의 변환

앞 두 항에서 클래스와 기본 타입간의 변환에 대해 연구해 보았는데 이런 변환 장치들은 클래스에게 가급적 기본 타입과 동등한 자격을 주기 위해 마련된 것들이다. 이번에는 클래스끼리의 변환에 대해 알아보되 클래스가 타입이므로 사실 이는 클래스와 기본 타입간의 변환과 전혀 틀리지 않다. 간단한 예제 하나로 클래스간의 변환을 연구해 보자. 다음 예제는 섭씨 클래스와 화씨 클래스간을 변환한다.

예제 CelFah

```
#include <Turboc.h>

class Fahrenheit;
class Celsius
{
public:
    double Tem;
    Celsius() { }
    Celsius(double aTem) : Tem(aTem) { }
    operator Fahrenheit();
    void OutTem() { printf("섭씨=%f\n",Tem); }
};

class Fahrenheit
{
```

```
public:
    double Tem;
    Fahrenheit() { }
    Fahrenheit(double aTem) : Tem(aTem) { }
    operator Celsius();
    void OutTem() { printf("화씨=%f\n",Tem); }
};

Celsius::operator Fahrenheit()
{
    Fahrenheit F;
    F.Tem=Tem*1.8+32;
    return F;
}

Fahrenheit::operator Celsius()
{
    Celsius C;
    C.Tem=(Tem−32)/1.8;
    return C;
}

void main()
{
    Celsius C(100);
    Fahrenheit F=C;
    C.OutTem();
    F.OutTem();

    printf("\n");
    Fahrenheit F2=120;
    Celsius C2=F2;
    F2.OutTem();
    C2.OutTem();
}
```

두 클래스가 서로를 상호 참조하므로 순서를 정할 수 없으며 나중에 선언되는 클래스에 대한 전방 선언이 필요하다. class Fahrenheit; 선언문은 이 명칭이 클래스의 일종이라는 것을 미리 알리며 변환 함수의 원형 선언을 위해 전방 선언이 먼저 되어 있어야 한다. 각 클래스의 멤버 함수들은 상대방 클래스의 모양을 정확하게 알아야 하므로 외부 정의만 가능하다.

섭씨, 화씨는 둘 다 온도를 나타내는 단위인데 섭씨는 물의 어는점을 0도, 끓는 점을 100도로 정하고 그 사이의 온도를 100등분한 것이며 화씨는 어는점, 끓는 점을 각각 32도, 212도로 정하고 그 사이의 온도를 180등분한 것이다. 두 온도는 다음과 같은 공식으로 변환 가능한데 더 자세한 내용은 네이버 지식인을 참조하기 바란다.

```
C=(F-32)/1.8
F=C*1.8+32
```

예제는 이 공식에 따라 Celsius 클래스에 화씨로 바꾸는 변환 함수를 정의하고 Fahrenheit 클래스에 섭씨로 바꾸는 변환 함수를 제공한다. 각 변환 함수는 상대편의 임시 객체를 만든 후 변환 공식대로 초기화하여 리턴한다. 지역변수를 리턴하는 코드가 상당히 어색해 보이겠지만 변환할 때만 잠시 사용하고 호출 객체에 대입되면 사라져도 상관없으므로 별 문제가 되지는 않는다.

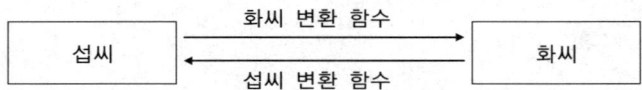

두 클래스의 객체끼리는 암시적인 변환이 가능하여 상호 초기식에 사용할 수 있고 언제든지 상대편의 객체를 대입할 수 있다. 대입이 가능하므로 서로의 인수를 요구하는 함수로도 전달할 수 있다. 실행 결과는 다음과 같다.

```
섭씨=100.000000
화씨=212.000000

화씨=120.000000
섭씨=48.888889
```

두 클래스가 상호의 타입으로 변환하는 함수를 제공하는 대신 한쪽 클래스가 변환 생성자와 변환 함수를 동시에 제공하는 방식도 가능하다. Celcius::operator Farenheit() 변환 함수를 제거하고 Farenheit 에 Celsius 타입으로부터 자신을 생성하는 변환 생성자를 정의해 보자.

```
class Fahrenheit
{
```

```
public:
    double Tem;
    Fahrenheit() { }
    Fahrenheit(double aTem) : Tem(aTem) { }
    Fahrenheit(Celsius C) {
        Tem=C.Tem*1.8+32;
    }
    operator Celsius();
    void OutTem() { printf("화씨=%f\n",Tem); }
};
```

이렇게 해도 결과는 동일하다. Celsius가 자신을 Farenheit로 변환하나 Farenheit가 Celsius로부터 자신을 생성하나 결국은 같은 변환인 것이다. 변환 생성자와 변환 함수는 상호 대체성이 있다고 할 수 있다. 어쨌든 양방향으로 두 개의 함수가 있으면 된다.

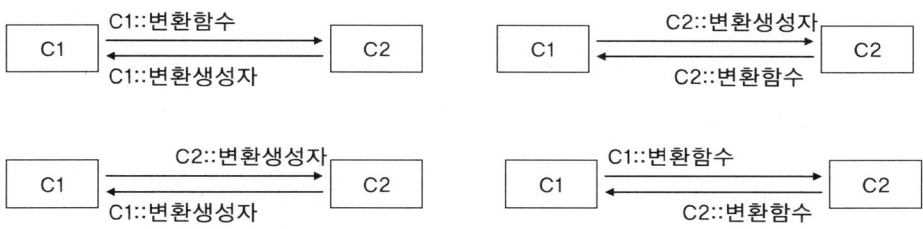

그렇다면 변환 함수만으로 필요한 변환을 다 할 수 있는데 변환 생성자는 굳이 왜 만들어 놓은 것일까? 그 이유는 기본 타입은 컴파일러에 내장되어 있어 마음대로 수정할 수 있는 대상이 아니며 변환 함수를 정의할 수 없기 때문이다. 예를 들어 섭씨, 화씨 모두 실수형으로 변환 가능한데 double이 클래스형으로 변환하지 못하므로 클래스가 double로부터 자신을 생성해야 하며 이때는 변환 생성자가 꼭 필요하다.

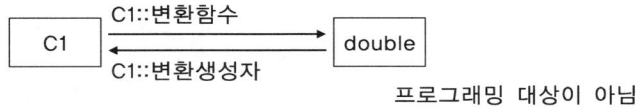

int, double 같은 기본 타입뿐만 아니라 사용자 정의 타입도 때로는 수정할 수 없는 경우가 있다. 예를 들어 상용 클래스 라이브러리를 구입해서 사용하고 있다면 십중팔구 소스는 없으므로 이때도 라이브러리 내의 클래스는 수정 대상이 아니다. 그러므로 쓰는 쪽에서 변환 생성자와 변환 함수를 모두 제공할 수밖에 없다.

이상으로 클래스와 기본 타입, 클래스간의 변환에 대해 연구해 봤는데 함수에 의해 변환이 이루어지므로 사실상 원하는 어떤 방식으로도 변환 가능하다. 그러나 타입간의 변환이란 서로 조금이라도 논리적인 호환성이 있을 때만 의미가 있다는 점을 명심하자. 섭씨와 화씨는 둘 다 온도라는 물리량을 표현한다는 점에서 공통적이고 범위만 다르기 때문에 간단한 수식으로 변환 가능하다. Time은 절대초라는 개념을 도입했기 때문에 정수형과 호환될 수 있었다.

그러나 Person과 Time처럼 논리적으로 전혀 호환되지 않는 타입끼리 변환 함수를 제공하는 것은 얼토당토 않은 일이다. C++은 임의의 타입끼리 원하는 방법으로 변환할 수 있는 문법을 제공하기는 하지만 절대로 이런 기능을 남용해서는 안 된다. 꼭 필요할 때만 주의해서 사용하되 자신없으면 당분간 이런 기능은 아예 없다고 생각하는 것이 더 좋다. 변환 함수는 나름대로 흥미는 있지만 솔직히 실용성은 별로 없는 편이다. 잘못 사용하면 심각한 부작용이 나타날 수도 있고 예측하기 힘든 함정도 존재한다.

27
캡슐화

27.1 정보 은폐

27.1.1 프로그램의 부품

   C에서, 좀 더 정확하게 표현하자면 구조적 프로그래밍 기법에서는 함수가 프로그램을 구성하는 기초적인 부품의 역할을 한다. 이 책에서 지금까지 만들어 왔던 몇 가지 예제를 보면 과연 그렇다는 것을 확인할 수 있다. Couple 게임은 DrawScreen, InitGame 함수가 게임의 핵심 동작을 처리하며 main에서는 이 함수들을 조립하여 게임을 진행한다. Sokoban 게임도 초기화, 이동, 화면 그림, 조건 판단 등의 주요 동작이 모두 함수에게 위임되어 있고 main은 키 입력 정도만 담당하고 있다.

   그 외 인터넷이나 대중 통신망을 통해 구할 수 있는 잘 짜여진 C소스를 분석해 보면 모두 함수 위주의 구조를 가지고 있을 것이다. 필요한 모든 기능들이 함수로 작성되어 있으며 main은 필요할 때 적절한 함수를 골라 호출하는 총사령관 역할만 할 뿐이다. 어떤 예제는 모든 동작이 함수로만 정의되어 있어 main이 텅텅 비어 있기도 하다. 이런 경우 main은 진입점의 역할만 할 뿐이며 프로그램의 논리에는 거의 관여하지 않는다.

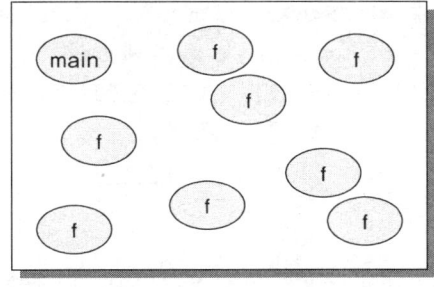

구조적

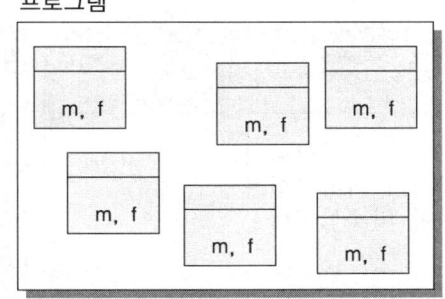

객제 지향적

C++ (객체 지향 프로그래밍)에서는 기존의 함수가 맡고 있던 역할을 객체가 대신한다. 객체 안에는 속성과 동작이 캡슐화되어 있으며 이런 객체들이 모이고 서로 상호 작용하면서 프로그램을 구동시키는 것이다. 함수는 단순히 동작을 정의할 뿐이지만 객체는 스스로 상태를 관리하고 동작까지 가능한 훨씬 더 우월한 존재이다. C의 함수가 차지하고 있던 자리를 C++에서는 객체가 대신 차지하고 함수는 객체를 구성하는 단위로 격하되었다. 다음은 현대적 프로그램의 한 예인 파워포인트 프로그램이다.

강력하고 편리한 기능만큼 화면도 화려하다. 툴바 안에는 다양한 명령을 처리할 수 있는 버튼들이 있으며 메뉴, 대화상자, 각양각색의 편리한 컨트롤들이 화면을 차지하고 있다. 이런 것들이 모두 객체이며 파워포인트는 이런 객체들을 모아서 만들어진 프로그램이다. 뿐만 아니라 슬라이드에 놓여지는 원, 사각형, 도형, 선, 글자 등도 모두 객체들이며 객체들이 슬라이드를 구성하고 슬라이드가 모여 프리젠테이션이 된다.

이런 대형 프로그램을 구조적 프로그래밍 방식으로 작성하려면 규모가 너무 커서 효율적이지 못하며 유지 보수 비용도 많이 든다. 객체라는 부품을 먼저 만들고 이런 부품을 조립하는 방식이 대형 프로젝트에는 훨씬 더 효율적이다. 물론 객체를 만드는 것도 굉장한 시간과 노력을 필요로 하지만 일단 만들어지면 얼마든지 재사용할 수 있다. 같은 회사에서 만든 워드, 엑셀 프로그램을 보면 파워포인트와 똑같은 종류의 컨트롤들이 재사용되는 것을 확인할 수 있다.

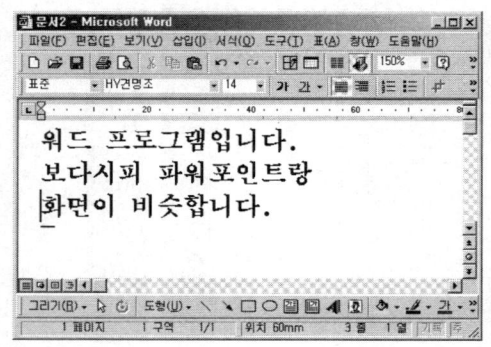
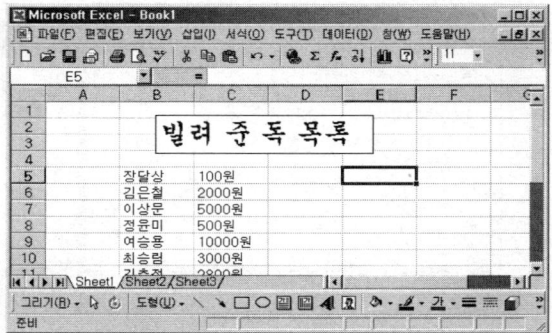

객체의 재사용성은 소프트웨어 제작사의 입장에서도 이익이 되지만 사용자도 한 번 배워서 여러 개의 비슷한 프로그램을 익숙하게 사용할 수 있는 이점이 있다. 프로그램 하나에 익숙해지면 유사한 다른 프로그램은 금방 배울 수 있거나 심지어 배우지 않아도(Look & Feel) 바로 사용할 수 있다.

객체 조립식의 장점에 대해서는 직관적으로 이해가 될 것이다. 이런 프로그래밍 방식의 이점을 최대한 활용하려면 그 주체가 되는 객체를 제대로 만들어야 한다. 부품이 제 기능을 발휘하고 고도의 신뢰성이 있어야 조립도 쉬워지고 완제품의 품질도 좋아지는 법이다. 객체가 소프트웨어의 부품 역할을 충실히 수행하려면 여러 가지 조건을 만족해야 한다. 우선 관련된 속성과 동작을 한 곳에 모아 스스로 동작할 수 있도록 하는 캡슐화가 가장 기본적인 조건이다.

그리고 꼭 필요한 인터페이스만 외부로 노출하고 세부 구현은 숨기는 추상성의 조건도 만족해야 한다. 그래야 최소한의 정보만으로 객체를 쉽게 사용할 수 있으며 부주의한 사용자로부터 자신을 방어할 수도 있다. 캡슐화를 완성하고 추상성의 조건을 만족하여 완벽한 부품이 되기 위해 자신의 정보를 적당히 숨겨야 하며 이것이 정보 은폐의 개념이다. 정보 은폐는 캡슐화의 범주에 속하면서 동시에 추상화를 위한 필요조건이기도 하다.

객체 지향 프로그램의 동작 방식은 흔히 클라이언트/서버 모델에 비유되곤 하는데 서버는 중앙에서 기억, 연산, 제어, 입출력 등의 핵심 처리를 담당하며 클라이언트는 사용자와 서버 사이를 중계하기만 하는 방식이다. 클라이언트는 서버의 내부적인 동작 방식을 구체적으로 모르지만 사용자의 지시를 수행하기 위해 서버에게 무엇을 어떻게 요청해야 하는가를 알고 있으며 서버는 클라이언트의 합당한 요청에 약속대로 응답하도록 되어 있다.

서버는 작업 규칙을 잘 캡슐화하고 있으며 꼭 필요한 기능만 클라이언트에게 공개하여 클라이언트의 잘못된 작업 지시로부터 자신을 보호하기도 한다. 이 모델에서 객체가 서버에 비유되며 객체를 사용하는 프로그램이 클라이언트에 비유된다. 프로그램은 객체에게 모든 작업을 요청하며 객체는 프로그램의 요구에 응답하는 식이다.

27.1.2 몰라도 된다

정보 은폐의 개념을 가장 쉽게 단 한마디로 표현하면 "몰라도 된다"는 것이다. 부품을 쓰는 사용자가 알아야 하는 것은 부품을 사용하는 방법뿐이지 부품의 내부 동작이나 상세 구조가 아니다. 사용자가 굳이 알 필요가 없는 불필요한 정보는 숨김으로써 사용자는 최소한의 정보만으로 부품을 쉽게 사용할 수 있다.

실세계의 물건인 자동차를 예로 들어 보자. 자동차는 엔진, 바퀴, 브레이크, 핸들, 발전기, 냉각기, 배터리, 기름통, 문짝 등 수많은 부품으로 구성되어 있는데 사용자들은 이 모든 부품들이 정확하게 무엇을 하는지 잘 모르며 내부적인 동작 원리나 방식에 대해서는 더 모른다. 심지어는 그런 부품이 있는지 존재 자체를 모르는 경우도 많다. 사용자가 알고 있는 정보란 액셀을 밟으면 전진하고 브레이크를 밟으면 멈추고 핸들을 비틀면 방향이 바뀐다는 것 정도에 불과하다. 이 정도만 알아도 운전을 할 수 있는데 이는 자동차가 정보 은폐를 잘 하고 있기 때문이다.

이번에는 좀 더 좁은 범위에서 엔진이라는 부품을 보자. 시동이 어떻게 걸리며 어떤 방식으로 연료를 태워 회전력을 얻는지 상세하게 아는 사람은 드물다. 하지만 그래도 운전을 할 수 있으며 심지어 엔진의 존재 자체를 몰라도 상관없다. 사용자는 엔진과 관련하여 공개된 정보를 가지고 있는데 바로 액셀과 브레이크이며 이 두 가지만 잘 조작해도 숨겨진 엔진을 얼마든지 통제할 수 있다. 엔진이 사용자에 대해 추상화되어 있으며 액셀과 브레이크는 사용자에 대한 인터페이스가 되는 것이다.

만약 자동차의 내부 구조나 동작 방식을 다 알아야 운전을 할 수 있다면 운전은 너무 너무 어려운 기술이 될 것이며 운전 면허증을 따기 위해 운전학과를 졸업해야 할 것이다. 다행히도 현실은 그렇지 않아 자동차의 공개된 조작법(전문 용어로 인터페이스라고 한다) 정도만 익히면 면허증을 딸 수 있는데 이것이 정보 은폐에 의한 혜택이다. 이외에 우리가 일상생활에서 늘상 사용하는 TV, 비디오, 노트북, 전화기 등의 사용법도 지극히 간단하다. 리모콘의 버튼을 누르는 최소한의 의사표현만으로 사용할 수 있도록 제조사들이 정보 은폐, 추상화를 해서 판매하기 때문이다.

프로그래밍의 객체들도 쓰기 쉬운 부품이 되기 위해서는 꼭 필요한 기능만 공개하고 사용자가 몰라도 되는 부분은 숨겨야 한다. 실제 클래스를 예로 들어 보자. JpegImage 클래스는 Jpeg 이미지 파일을 관리하는 클래스이며 이미지를 관리하고 출력할 수 있는 기능들이 캡슐화되어 있다.

```
class JpegImage
{
private:
    BYTE *RawData;
    JPEGHEADER Header;
    void DeComp();
    void EnComp();

public:
    Jpeg();
    ~Jpeg();
    BOOL Load(char *FileName);
    BOOL Save(char *FileName);
    void Draw(int x, int y);
};
```

손실 압축을 사용하는 Jpeg 파일의 내부는 무척 복잡해서 직접 Jpeg 파일로부터 이미지를 읽으려면 압축 해제 방법, 헤더의 구조, 버전별 차이 등 많은 것을 알아야 하고 압축을 풀기 위해 비트를 직접 다루는 어렵고도 골치아픈 작업을 해야 한다. 그러나 사용자들이 원하는 것은 Jpeg의 구조나 압축 원리가 아니라 Jpeg 파일을 출력하는 것뿐이다. 이 클래스를 쓰면 몇 줄의 코드로 간단하게 이미지 파일을 읽어 출력할 수 있다.

```
JpegImage J;
J.Load("c:\\Image\\PrettyGirl.jpg");
J.Draw(10,10);
```

JpegImage 객체를 하나 만들고 Load 함수로 원하는 파일을 읽어 Draw로 화면에 출력하기만 하면 된다. 객체가 내부에서 압축을 해제하는 알고리즘이 어떻게 동작하는지, 해제된 비트를 어떻게 조립해서 눈에 보이는 이미지를 만들어 내는지, 화면에 출력하는 방법은 어떤지 이런 것들에 대해서는 전혀 알 필요가 없다. 그래서 JpegImage 클래스는 RawData, Header 등의 멤버 변수를 숨겨 밖으로 공개하지 않으며 압축을 해제하는 멤버 함수 DeComp도 은폐한다.

사용자가 이 클래스를 쓰기 위해 알아야 하는 것은 오로지 Load, Save, Draw 등 공개된 멤버 함수뿐이다. 이 함수들이 바로 인터페이스이며 최소한의 인터페이스만 공개하는 것이 추상화의 정의이다. JpegImage 클래스가 더 많은 기능, 예를 들어 확대, 반전, 다른 포맷으로 변환 등을 제공하더라도 공개된 관련 멤버 함수를 호출하는 방법만 알면 된다. 다음은 어떤 초급 개발자가 만든 웹 브라우저 프로그램이다.

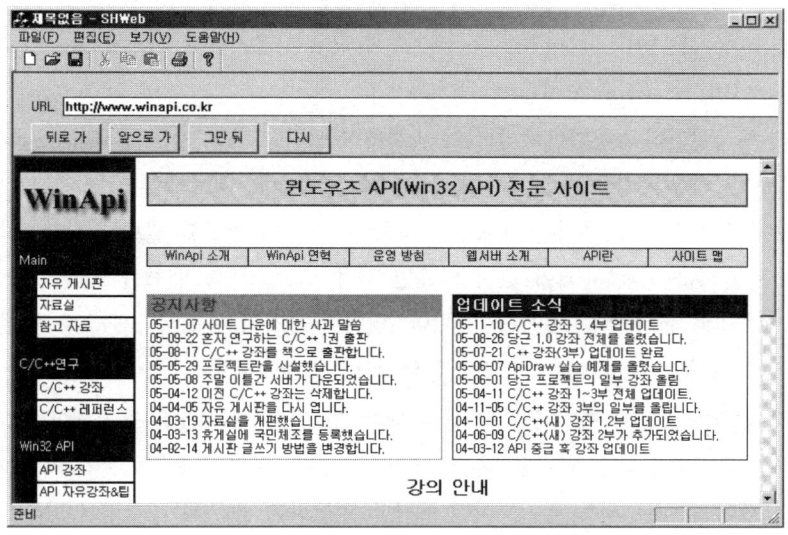

이 개발자는 WebBrowser라는 이미 만들어진 객체를 재사용했다. 이 객체는 네트워크를 통해 지정한 URL의 웹 페이지를 읽고 이미지를 출력하고 마우스 입력을 받아 연결된 링크로 이동하는 복잡한 기능을 가지고 있다. 내부적으로는 HTML 문서를 해석하고 캐시를 관리하며 보안 점검을 하고 스크립트를 해석하여 실행하는 더 복잡한 처리를 하고 있을 것이다. 하지만 개발자가 이런 것들까지 신경쓸 필요없이 이동하고 싶은 URL만 알려 주면 나머지는 내부에서 알아서 처리하도록 추상화되어 있다. 만약 이 컨트롤이 정보 은폐와 추상화를 적절히 하고 있지 않다면 초급 개발자가 이런 고성능 프로그램을 이토록 쉽게 만들 수는 없을 것이다.

이 외에도 객체를 활용하여 만들어진 프로그램들을 많이 구경할 수 있는데 동영상 재생 프로그램이나 MP3 플레이어, 그래픽 뷰어, 압축 유틸리티 등의 고성능 프로그램들도 개발자가 모든 것을 혼자 만든 것이 아니라 기존의 발표된 객체들을 재활용하여 만들어진 것이다. 동영상 뷰어는 ActiveMovie 같은 좋은 컨트롤들이 많이 공개되어 있어 동영상 재생 자체는 컨트롤이 처리하며 프로그램은 자막 처리나 볼륨 조정 등의 인터페이스만 관리하면 된다.

C++은 클래스의 정보 은폐 기능을 지원하기 위해 private, public, protected 등의 액세스 지정자를 제공하며 액세스 지정자로 숨길 멤버와 공개할 멤버의 블록을 구성하도록 한다. 공개된 멤버는 외부에서 자유롭게 읽을 수 있지만 숨겨진 멤버를 참조하려고 시도하면 컴파일 과정에서 접근할 수 없다는 에러로 처리된다.

27.1.3 몰라야 한다

정보 은폐의 목적이 사용자가 신경쓰지 않아도 되는 것은 "몰라도 되도록" 하는 것뿐이라면 굳이 액세스 지정자로 블록을 나누고 숨겨진 멤버를 건드리지 못하도록 금지까지 할 필요가 있을까? 멤버를 숨기는 언어적 장치까지 도입할 필요없이 사용자들이 관심없는 동작에 대해서는 알아서 신경쓰지 않으면 될 것 아닌가? 과연 그렇기는 하다. JpegImage 클래스의 경우 사용자는 Load, Save, Draw 등 관심있는 함수만 사용하고 나머지는 그냥 무시하면 된다.

그러나 이렇게 형식성없이 사용자에게 알아서 조심조심 쓰라고 하는 것은 무책임한 것이다. 다시 자동차의 예를 들어 보자. 액셀을 밟으면 연료의 양을 조절하는 스로틀 밸브가 열리고 엔진으로 연료가 많이 유입되어 회전수가 빨라진다. 사용자는 액셀만 조작할 수 있으며 스로틀 밸브는 직접 조작할 수 없도록 숨겨져 있다. 스로틀 밸브가 은폐되어 있지 않으면 사용자가 스로틀 밸브를 직접 조작하여 엔진으로 보낼 연료량을 마음대로 결정할 수 있게 될 것이다. 만약 사용자가 부주의하게 스로틀 밸브를 조작해서 초당 1리터씩 연료를 쏟아 부었다면 엔진은 곧 터져 버릴 것이다.

이것은 바람직한 기능 공개가 아니다. 허가된 이상의 연료를 보내는 것은 금지해야 한다. 기능을 은폐하지 않을 때 발생하는 문제점의 예는 얼마든지 찾을 수 있다. 신나게 전진하는 차에 갑자기 후진 기어 넣기, 전진 기어 들어간 채로 시동 걸기, 이런 조작은 위험하기 때문에 금지되어 있다. 하지만 누구도 이런 금지에 대해 자유를 구속한다는 불평을 하지 않는다. 조금이라도 생각이 있는 사람이 자동차를 만들었다면 응당 이렇게 만들어야 한다.

JpegImage 클래스의 경우도 마찬가지이다. RawData 멤버에 압축을 풀기 전의 이미지 정보가 저장되어 있는데 이 값을 사용자가 직접 조작하도록 내버려 두면 이미지가 손상될 위험이 있다. 압축을 해제하는 DeComp 함수는 이미지 데이터의 구조 판별과 헤더 분석이 끝나야만 호출할 수 있는데 사용자가 이런 주의 사항을 모르고 아무렇게나 DeComp를 호출하도록 허락해서는 안 된다. 사용자는 공개된 멤버를 통해 의사 표현만 하고 객체는 지시대로 서비스하는 것이 합리적이다.

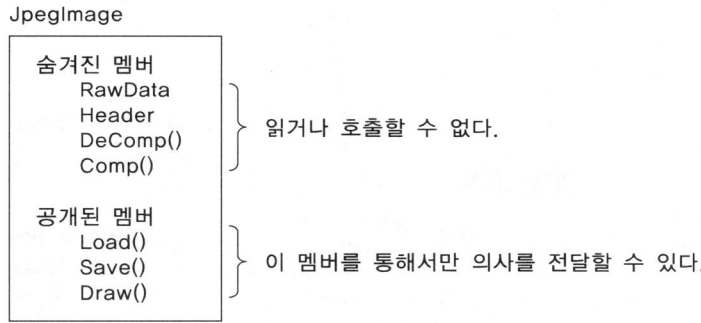

사용자들은 기능이 복잡한 객체의 내부까지 속속들이 알기 어려우며 그러다 보면 부주의한 사용으로 인해 프로그램이 오동작하는 일이 빈번하다. 하드웨어의 경우에도 초보자들은 트랜지스터의 다리를 거꾸로 조립하거나 IC를 반대 방향으로 꽂아 부품이 터져 버리는 경우가 있다. 하드웨어 부품 설계자들은 이런 실수를 고려하여 혹시 잘못된 조작을 하더라도 최악의 상황은 방지할 수 있도록 신경을 쓰는데 예를 들어 CPU는 반대 방향으로 꽂지 못하도록 핀을 비대칭적으로 설계한다. 또한 사용자들이 굳이 몰라도 되는 내부 부품은 케이스 안쪽에 꼭꼭 숨겨 놓아 함부로 분해하지 못하도록 한다.

소프트웨어의 부품인 객체도 마찬가지로 부주의한 사용으로부터 스스로를 방어해야 한다. 일반적으로 객체를 만드는 사람은 객체의 사용자보다 숙련도가 훨씬 더 높으므로 객체 작성자가 이를 미리 예상하여 방어적인 설계를 할 수 있다. 소프트웨어 위기의 주원인은 고급 인력의 부족인데 OOP는 객체 사용자의 요구 숙련도를 떨어뜨려 고급 인력이 아니더라도 개발을 할 수 있도록 한다. 그 주요한 핵심 중 하나가 객체 사용자가 불필요한 것을 신경쓰지 않도록 하고 관심을 가질 수 없도록 정보를 은폐하여 객체의 안전성을 높이는 것이다.

이쯤 되면 정보 은폐는 "몰라도 된다" 정도가 아니라 "몰라야 한다"로 정의할 수 있다. 클래스를 디자인한 사람이 정보를 숨기는 이유는 사용자들이 이 정보를 신경쓰지 않도록 하려는 배려임과 동시에 함부로 건드릴 경우 객체가 위험해지는 상황을 원천적으로 방지하기 위해서이다. 그래서 숨겨 놓은 정보를 참조하려는 시도는 강제로 막아야 하며 사용자는 객체 제작자가 숨겨놓은 정보를 몰라도 되는 권리와 함께 마땅히 몰라야 하는 의무를 가진다.

비공개 멤버에 대해 사용자가 몰라야 하는 또 다른 이유는 클래스의 안정적인 기능 개선을 위해서이다. 비공개 영역은 사용자가 몰라도 됨과 동시에 알고 싶어도 알 수 없는 영역이다. 그래서 이 부분은 기존 사용자의 허가없이 마음대로 뜯어 고치거나 기능을 개선할 수 있으며 이렇게 수정하더라도 공개 영역만 알고 있는 사용자들은 이 객체를 원래 쓰던 방법 그대로 사용할 수 있다. 예를 들어 JpegImage 클래스의 제작자가 더 좋은 압축 해제 알고리즘을 개발했다면 DeComp 함수를 즉시 수정할 수 있으며 이때 이미 이 클래스를 사용하는 코드는 DeComp를 직접 사용하지 않았으므로 별다른 영향을 받지 않는다. 그러면서도 개선된 알고리즘의 혜택을 받을 수는 있다.

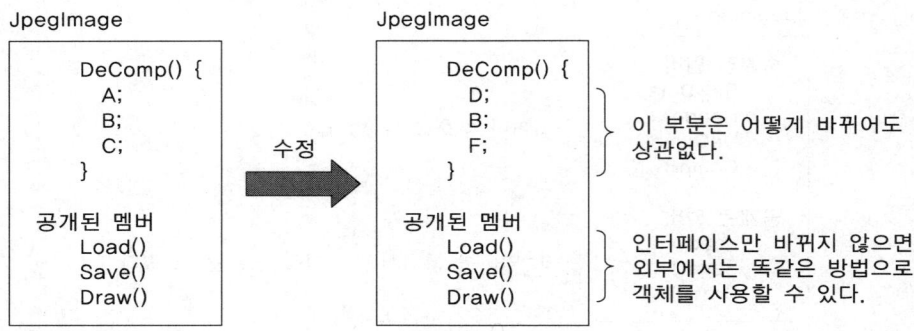

반면 공개된 영역을 수정할 필요가 있다면 이때는 기존 객체와 호환성을 잃게 된다. 공개 영역은 이미 사용자들이 알고 있는 영역이며 많은 사람들이 사용하고 있기 때문에 함부로 수정할 수 없다. 만약 불가피하게 수정하게 되면 기존 사용자들이 이 객체에 대해 습득한 지식은 무효가 되며 추상화의 조건을 어기게 되는 것이다. 그래서 애초에 사용자들과 직접적인 인터페이스를 이루지 않는 부분은 최대한 숨기는 것이 유리하다.

실생활에 쓰이는 물건들도 이 원칙대로 만들어져 있다. 핸드폰은 버튼을 누르면 번호가 찍히고 통화 버튼을 누르면 상대방과 연결되는데 사용자가 알고 있는 지식은 이 정도뿐이다. 버튼을 고무로 만들건 플라스틱으로 만들건, 기지국과 어떤 주파수로 통신하건 그런건 몰라도 핸드폰을 쓰는 데는 아무 지장이 없다. 주요 정보와 동작들이 숨겨져 있기 때문에 제작사들은 사용자와의 약속을 지키는 범위 내에서 플립형이니 폴더형이니 슬라이더형이니 모델을 매번 바꿀 수 있는 것이다. 모델이 아무리 바뀌어도 핸드폰으로 통화하는 방법이 바뀌는 경우는 없다.

비공개 멤버를 은폐하고 은폐된 멤버는 강제로 쓰지 못하도록 막는 것은 사용자의 자유를 구속하는 것이 아니다. 오히려 사용자가 알아야 할 정보를 최소화하여 쓰기 쉽도록 하며 부주의한 사용으로부터 스스로를 보호하여 신뢰성을 높이고 호환성을 유지한 채로 업그레이드할 수 있도록 한다. 객체가 진정한 부품이 되기 위해서 숨길 것은 적극적으로 숨겨야 하며 C++은 객체가 정보를 숨길 수 있는 언어적 장치를 훌륭하게 제공한다.

정보 은폐의 개념이 굉장히 생소해 보이겠지만 사실 객체 지향 이전의 C언어에서도 정보 은폐 개념이 존재했으며 알게 모르게 우리는 정보 은폐의 혜택을 받아왔다. printf의 내부 구현을 전혀 모르고도 서식만 외워서 잘만 써 먹고 있으며 심지어 이 함수 내부가 어떻게 작성되어 있는지 관심조차 가지지 않는다. 내부를 모르고 내부 기능에 의존하지 않기 때문에 컴파일러마다 printf의 실제 코드가 달라도 사용자 코드가 영향을 받지 않는 것이다. 내부 코드가 어떻게 바뀌든 사용 방법(%d, %s 등의 서식)만 바뀌지 않으면 그만이다.

```
int printf(const char *format, ...)
{
            // 이 내부는 알 필요가 없다.
}
```

> 던지기만 해!
> 뭐든지 찍어 주마.

정보 은폐에 의해 객체는 완전한 부품이 되고 우리는 이런 부품들을 조립하여 손쉽게 프로그램을 만들 수 있다. 일부 시스템 프로그래머를 제외하고 대부분의 응용 프로그램 개발자들은 직간접적으로 남이 만든 객체를 재활용하여 프로그램을 작성하며 이것이 요즘의 대세다. 남의 코드를 쓰는데 대해 거부감을 느낄 필요는 전혀 없다. 내가 직접 만들지 않은 객체라도 잘 조립해서 좋은 프로그램을 만들 수 있다면 훌륭한 개발자가 될 수 있다.

앞 장에서 예를 든 라디오 조립키트를 생각해 보자. 설령 이 키트를 사용해서 설명서대로 납땜만 했다 하더라도 그 라디오는 분명히 내가 만든 것이라고 할 수 있으며 어느 누구도 나의 작품임을 부정하지 않는다. 만약 하드웨어를 매번 처음부터 만들어야 한다면 라디오 하나 만들기 위해 배낭 메고 산으로 바다로 구리와 실리콘을 추출하기 위해 다녀야 할 것이다. 요즘 세상에 이런 식으로 하드웨어를 만드는 사람은 아무도 없다.

소프트웨어도 마찬가지로 처음부터 모든 것을 다 만들어야 하는 시절은 한참 전에 지났다. 그러나 가져 다 쓰더라도 내부 구조를 알고 쓰는 것과 무조건 얻어서 쓰기만 하는 것은 분명히 다르다. 그래서 객체를 쓰는 방법뿐만 아니라 객체를 만드는 방법도 배워야 하는 것이다. 객체를 잘 만드는 사람이 남이 만든 것도 잘 활용하기 마련이다. 맨날 남이 만든 것만 쓸 수는 없고 나도 남을 위해, 그리고 미래의 나 자신을 위해 객체를 만들기도 해야 한다. 그래서 지금 여러분들이 힘들게 C++ 문법을 배우고 있는 것이다.

27.1.4 캡슐화 방법

객체의 정보 중 사용자가 관심을 가지지 않는 정보를 왜 숨겨야 하는지, 정보를 숨길 때 어떤 이점이 있는지를 연구해 보았다. 그렇다면 어떤 정보를 숨겨야 하고 공개해야 할 정보는 어떤 것일까? 이 질문에 대한 답은 아주 원론적인데 숨길만한 건 숨기고 공개할 필요가 있는 것은 공개해야 한다. 즉 정보 은폐에 대한 절대적인 공식은 없으며 객체의 상황에 따라 자유롭게 선택할 수 있다.

모든 객체에 적합한 정보 은폐 공식은 없지만 대충의 가이드라인을 제시해 보면 이렇다. 멤버변수는 객체의 상태를 저장하는 중요한 정보들이므로 외부에서 함부로 변경하지 못하도록 숨기고 멤버 함수는 외부와 인터페이스를 이루는 수단이므로 공개한다. 숨겨진 멤버 변수는 공개된 멤버 함수를 통해 정해진 방법으로만 액세스하도록 하는 것이 보통이다. 물론 항상 그렇지는 않아서 어떤 멤버 변수는 공개하는 것이 더 편리한 경우도 있고 내부적인 동작에만 사용되는 멤버 함수는 숨길 수도 있다.

다음 예제의 Student 클래스는 학생 한 명의 학번, 이름, 점수를 저장하는데 정보를 은폐하는 여러 가지 기법들을 보여준다.

```
#include <Turboc.h>

class Student
{
private:
    int StNum;
    char Name[16];
    unsigned Score;
    BOOL TestScore(int aScore) {
        return (aScore >= 0 && aScore <= 100);
    }

public:
    Student(int aStNum) { StNum=aStNum;Name[0]=0;Score=0; }
    int GetStNum() { return StNum; }
    const char *GetName() { return Name; }
    void SetName(char *aName) { strncpy(Name,aName,15); }
    unsigned GetScore() { return Score; }
    void SetScore(int aScore) {
        if (TestScore(aScore))
            Score=aScore;
    }
};

void main()
{
    Student Kim(8906123);
    Kim.SetName("김천재");
    Kim.SetScore(99);
    printf("학번=%d, 이름:%s, 점수:%d\n",
        Kim.GetStNum(),Kim.GetName(),Kim.GetScore());
}
```

이 클래스는 학번을 저장하는 StNum, 이름을 저장하는 Name과 점수를 저장하는 Score 등 세 개의 멤버 변수를 가지고 있다. 멤버 변수는 모두 private 영역에 선언되어 있으므로 외부에서 이 값을 읽을 수 없으며 변경할 수도 없다. 대신 이 멤버 변수들의 값을 읽고 쓰는 Get, Set 등의 액세스 함수들이 공개되어 있어 클라이언트는 액세스 함수를 통해 객체의 값을 조사하거나 변경할 수 있다.

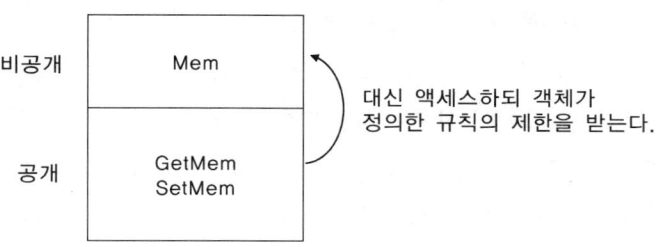

값을 조사하는 Get 함수들은 대응되는 멤버 변수의 값을 읽는데 이 예제의 Get 함수들은 모두 단순한 return문만 가진다. 필요할 경우 둘 이상의 값을 계산한 결과나 실시간으로 조사된 값을 돌려줄 수도 있다. Set 함수들은 대응되는 멤버 변수의 값을 변경한다. 별다른 규칙이 없다면 단순한 대입문만 가지겠지만 통상 전달된 인수가 규칙에 맞는지 조건을 따져 보고 합리적인 값만 받아들인다.

이름을 변경하는 SetName 함수는 인수로 전달된 aName을 Name 멤버 변수에 복사하되 strncpy 함수를 사용하여 문자열이 15자를 넘지 않도록 함으로써 스스로의 무결성을 지킨다. 만약 Name이 공개된 멤버라면 외부에서 strcpy(Kim.Name,"예쁘고 사랑스러운 김공주"); 따위의 명령으로 이 객체를 한방에 엉망으로 만들어 버릴 수 있다. 사용자의 실수에 대해서도 꿋꿋하게 버티기 위해 Name은 숨기고 버퍼 길이만큼만 복사하는 안전한 SetName만 공개한 것이다.

Name 멤버의 값을 조사하는 GetName 함수도 상수 지시 포인터를 리턴함으로써 Name을 읽을 수만 있게 하며 쓰지는 못하도록 금지한다. 만약 이 함수가 const가 아닌 포인터를 리턴할 경우 다음과 같은 코드가 가능해지며 이렇게 되면 객체는 또 다시 위험한 상황에 노출될 것이다.

strcpy(Kim.GetName(),"멋지고 용감하고 씩씩한 김왕자");

일단 포인터를 얻기만 하면 가리키는 대상체뿐만 아니라 그 주변까지도 마음대로 읽고 쓸 수 있으므로 부주의한 사용으로부터 방어할 방법이 없다. 그래서 Name 멤버 변수는 철저하게 숨겨 외부로부터 보호하고 이 멤버를 읽고 쓸 때는 Get/Set 액세스 함수를 경유하여 클래스 작성자가 미리 정해 놓은 규칙을 따라야 한다.

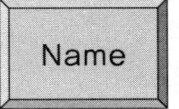

SetName : 15자 이하의 길이만 입력 가능

GetName : 읽기 전용 포인터 리턴

보호되어 있다.

SetScore 함수는 점수를 저장하는 Score 멤버 변수의 값을 변경하는데 점수의 가능한 범위는 0~100 까지로 제한된다. 인수로 전달된 aScore가 이 범위에 있는지 먼저 점검해 보고 유효한 점수일 때만 값을 대입하며 그렇지 않으면 무시한다. 점수의 범위를 점검하는 TestScore 함수는 외부에서 직접 호출하지 않으므로 프라이비트 영역에 두었다. 만약 점수의 범위를 점검하는 획기적인 알고리즘이 새로 개발되었다면(별로 그럴 것 같지는 않지만) 이 함수는 사용자의 동의없이 언제든지 수정할 수 있다.

학번을 저장하는 StNum 멤버 변수는 생성자에서 초기화되며 Get 함수만 있고 Set 함수가 없다. 그러므로 외부에서 학번을 읽을 수는 있지만 어떤 수를 쓰더라도 학번을 변경하지는 못한다. 즉, 이 멤버는 자연스럽게 읽기 전용의 정보가 되는데 학번이 읽기 전용인 것은 논리적으로 합당하다. 별로 실용성은 없지만 필요하다면 Get 함수는 빼고 Set 함수만 제공하는 방법으로 쓰기 전용의 정보를 만드는 것도 문법적으로 가능하다. 만약 Kim.StNum=1234; 따위의 코드로 숨겨진 멤버를 읽거나 쓰려고 시도하면 컴파일 에러로 처리된다. 컴파일 에러는 개발 중에 즉시 알 수 있으므로 수정하기 쉽다.

Student 클래스의 예에서는 볼 수 없지만 protected라는 액세스 속성을 사용하면 외부에서는 읽을 수 없고 상속된 클래스의 객체에서는 읽을 수 있는 멤버를 선언할 수도 있다. protected는 private와 public의 중간 정도되는 은폐 수준인데 다음에 상속을 공부할 때 다시 알아보도록 하자. 상속을 하지 않을 경우 protected는 private와 동일하다.

27.1.5 자동차 클래스

OOP의 정보 은폐 기능을 설명하기 위해 단골로 등장하는 사물이 바로 자동차이며 이 책도 앞에서 자동차를 예로 들어 설명했다. 자동차의 기능들은 대부분의 사람들이 잘 알고 있으며 내부의 복잡한 구조에 비해 공개된 인터페이스가 적어 정보 은폐 기능을 설명하기에 적절하기 때문이다. C++의 클래스는 실세계의 모든 사물을 다 표현할 수 있는데 과연 자동차를 어떻게 표현하는지 예제를 만들어 보자.

표현력이 섬세하고 용량에 상관없이 추상화를 한다면 실제 자동차와 거의 똑같은 자동차 클래스를 만들어 사실적으로 묘사할 수도 있다. 그러나 이렇게 하자면 예제가 너무 커지고 콘솔 환경의 표현력도 충분하지 않으므로 개념적인 자동차만 만들어 보도록 하자. 자동차 문 열기, 시동 걸기, 깜박이 넣기 따위는 무시하고 주행 기능만 표현하기로 한다.

예제 **CarObject**

```
#include 〈Turboc.h〉

class Car
{
private:
    int Gear;
    int Angle;
    int Rpm;
```

```cpp
public:
    Car() { Gear=0; Angle=0; Rpm=0; }
    void ChangeGear(int aGear) {
        if (aGear >= 0 && aGear <= 6) {
            Gear=aGear;
        }
    }
    void RotateWheel(int Delta) {
        int tAngle=Angle+Delta;
        if (tAngle >= -45 && tAngle <= 45) {
            Angle=tAngle;
        }
    }
    void Accel() {
        Rpm=min(Rpm+100,3000);
    }
    void Break() {
        Rpm=max(Rpm-500,0);
    }
    void Run() {
        int Speed;
        char Mes[128];
        gotoxy(10,12);
        if (Gear == 0) {
            puts("먼저 1~6키를 눌러 기어를 넣으시오             ");
            return;
        }
        if (Gear == 6) {
            Speed=Rpm/100;
        } else {
            Speed=Gear*Rpm/100;
        }
        sprintf(Mes,"%d의 속도로 %s쪽 %d도 방향으로 %s진중       ",
            abs(Speed),(Angle >= 0 ? "오른":"왼"),abs(Angle),
            (Gear==6 ? "후":"전"));
        puts(Mes);
    }
};
```

```
void  main()
{
    Car  C;
    int  ch;

    for(;;) {
        gotoxy(10,10);
        printf("1～5:기어 변속, 6:후진 기어, 0:기어 중립");
        gotoxy(10,11);
        printf("위:액셀, 아래:브레이크, 좌우:핸들, Q:종료");
        if (kbhit()) ch=getch();
        if (ch == 0xE0 || ch == 0) {
            ch=getch();
            switch (ch) {
            case 75:
                C.RotateWheel(-5);
                break;
            case 77:
                C.RotateWheel(5);
                break;
            case 72:
                C.Accel();
                break;
            case 80:
                C.Break();
                break;
            }
        } else {
            if (ch >= '0' && ch <= '6') {
                C.ChangeGear(ch-'0');
            } else if (ch == 'Q' || ch == 'q') {
                exit(0);
            }
        }
        C.Run();
        delay(10);
    }
}
```

속성으로 Gear, 앞 바퀴의 각도인 Angle, 엔진의 회전수인 Rpm만 포함했으며 이 속성들은 클래스의 멤버 변수로 선언된다. 생성자에서 모든 멤버는 0으로 초기화했다. 사용자는 먼저 기어를 넣고 액셀을 밟음으로써 엔진을 회전시키며 핸들을 좌우로 비틀어서 차를 운전한다. 속도를 더 내고 싶으면 기어를 바꾸고 주행 중인 차를 멈추고 싶을 때는 브레이크를 밟으면 된다. 자동차의 현재 상태를 나타내는 세 가지 주요 멤버는 private로 숨겨져 있어 외부에서 함부로 조작할 수 없도록 보호된다.

운전자는 기어 스틱, 액셀, 브레이크, 핸들 등의 외부로 공개된 장치로만 자동차를 제어할 수 있는데 Car 클래스는 외부 인터페이스를 public 멤버 함수로 제공한다. 기어를 변경할 때는 ChangeGear 함수를 호출하는데 유효한 기어는 0~6까지 뿐이며 이 외의 값이 들어오면 무시한다. 존재하지도 않는 8단, 9단 기어를 넣지는 않는다. 자동차의 방향을 변경하고 싶을 때는 RotateWheel 함수를 호출하는데 좌우로 45도까지만 각도를 변경할 수 있어 바퀴가 뒤로 휙 돌아간다거나 하는 일은 절대로 없다.

Accel과 Break는 엔진 회전수인 Rpm을 조정하되 0~3000까지의 범위 내에서만 Rpm을 조작한다. 액셀을 밟을 때는 회전수가 천천히 올라가고 브레이크를 밟을 때는 급격하게 떨어지도록 하여 조금이나마 사실감 있게 표현했다. 실제 회전수인 Rpm은 외부로부터 철저하게 차단되어 있으며 Accel과 Break 함수는 공개되어 있지만 자체적인 에러 처리로 무효한 값을 방지한다. 외부에서 아무리 액셀을 오랫동안 밟고 있어도 엔진 허용치 이상은 더 올라가지 않으며 브레이크를 아무리 세게 밟아도 Rpm이 음수가 되지는 않는다.

Run 함수는 기어와 바퀴의 각도, 엔진 회전수 정보를 종합적으로 판단하여 자동차를 운행한다. 기어가 중립이면 엔진과 바퀴가 연결되지 않은 것이므로 차는 운행할 수 없으며 전진 기어의 단수에 따라 Rpm에 곱해지는 값이 틀려진다. 후진 기어일 경우는 천천히 뒤로 후진하도록 했으며 핸들의 현재 상태에 따라 좌우로 방향을 틀기도 한다. 콘솔 환경에서 이동 중인 차를 그릴 수 없어 텍스트 출력으로 대신했지만 그래픽 환경이라면 이동하는 차를 얼마든지 그릴 수 있다.

main에서 Car 클래스의 객체 C를 선언하고 키 입력을 받아 자동차를 조작하는데 클래스의 외부에서는 공개된 멤버 함수만 호출할 수 있으며 자동차의 주요 부품을 직접 조작할 수는 없다. 자동차가 스스로를 보호하고 있으므로 핸들을 과하게 비틀거나 액셀을 계속 밟고 있어도 별 문제가 되지 않는다. 이 예제에서는 자동차 객체 하나밖에 없지만 길, 장애물, 여러 개의 자동차를 만들어 서로간의 관계를 정의하면 멋진 자동차 경주 게임이 만들어질 것이다.

이 예제의 자동차는 아주 단순하게 모델링되었지만 프로그램의 필요에 따라 클래스는 얼마든지 실세계의 사물과 똑같아질 수 있다. 차 문짝도 달 수 있고 백미러, 타이어 등도 부착할 수 있으며 전진할 때 뒤로 뿜어져 나오는 배기가스도 표현할 수 있다. 사실 이런 식이라면 항공모함이나 우주선, 로보트 태권 V도 얼마든지 만들 수 있는 셈이다.

27.2 프렌드

27.2.1 프렌드 함수

정보를 은폐하면 객체의 신뢰성이 높아지고 기능 개선도 용이한 것은 분명하다. 그러나 솔직히 불편한 면이 있다. C++의 액세스 지정자는 너무 엄격해서 일단 숨기면 정상적인 문법으로는 외부에서 이 멤버를 참조할 수 없다. 물론 캐스트 연산자와 포인터를 사용하는 비정상적인 문법을 동원하면 가능할 수도 있지만 이렇게 하면 이식성과 확장성은 포기해야 한다. 어떤 경우에는 이런 정보 은폐 기능이 방해가 될 수도 있기 때문에 예외적으로 지정한 대상에 대해서는 모든 멤버를 공개할 수 있는데 이를 프렌드 지정이라고 한다.

프렌드는 전역 함수, 클래스, 멤버 함수의 세 가지 수준에서 지정할 수 있다. 상대적으로 가장 간단한 프렌드 함수부터 알아보자. 프렌드로 지정하고 싶은 함수의 원형을 클래스 선언문에 적되 원형 앞에 friend라는 키워드를 붙인다. friend 선언의 위치는 아무래도 상관없으며 어떤 영역에 있더라도 차이가 없지만 클래스 선언부의 선두에 두어 눈에 잘 띄도록 하는 것이 좋다. 다음은 func 함수를 Some 클래스의 프렌드로 지정한 것이다.

```
class Some
{
    friend void func();
    ....
};
```

func 함수는 클래스 선언부에 원형이 포함되어 있지만 Some 클래스의 멤버는 아니며 본체는 외부에 따로 존재하므로 단순한 전역 함수이다. 하지만 Some 클래스 선언부에서 func 함수를 프렌드로 지정했으므로 마치 클래스 소속의 멤버 함수인 것처럼 이 클래스의 모든 멤버를 자유롭게 액세스할 수 있는 특권이 부여된다. private 영역에 있건 public 영역에 있건 어떤 멤버 변수든지 읽고 쓸 수 있으며 모든 멤버 함수를 자유롭게 호출할 수 있다. 프렌드 함수가 실용적으로 사용되는 예를 보자.

예제 FriendFunc

```
#include <Turboc.h>

class Date;
class Time
```

```
{
    friend void OutToday(Date &,Time &);
private:
    int hour,min,sec;
public:
    Time(int h,int m,int s) { hour=h;min=m;sec=s; }
};

class Date
{
    friend void OutToday(Date &,Time &);
private:
    int year,month,day;
public:
    Date(int y,int m,int d) { year=y;month=m;day=d; }
};

void OutToday(Date &d, Time &t)
{
    printf("오늘은 %d년 %d월 %d일이며 지금 시간은%d:%d:%d입니다.\n",
        d.year,d.month,d.day,t.hour,t.min,t.sec);
}

void main()
{
    Date D(2005,01,02);
    Time T(12,34,56);
    OutToday(D,T);
}
```

Date는 날짜를 표현하는 클래스이며 Time은 시간을 표현하는 클래스이다. 정보를 기억하는 주요 변수들은 모두 private 영역에 선언되어 있어 외부에서 함부로 액세스하지 못하도록 하였다. OutToday 함수는 이 두 클래스의 객체를 인수로 전달받아 날짜와 시간을 동시에 출력한다. 그러기 위해서 OutToday는 양쪽 클래스의 모든 멤버를 읽을 수 있어야 하는데 Date나 Time의 멤버 함수로 포함되면 한쪽밖에 읽을 수 없을 것이다. 한 함수가 동시에 두 클래스의 멤버 함수가 될 수는 없기 때문이다.

```
class Time
{

private:
    int hour,min,sec;
        ◄──────────────────── 여기에 두면 Date의 멤버를 못 읽음

}

class Date
{
pirvate:
    int year,month,day;
        ◄──────────────────── 여기에 두면 Time의 멤버를 못 읽음

}
```

이럴 때 OutToday를 멤버 함수가 아닌 전역 함수로 정의하고 양쪽 클래스에서 이 함수를 프렌드로
지정하면 된다. 이렇게 되면 OutToday는 Date의 year, month, day와 Time의 hour, min, sec을
모두 읽을 수 있다. 마치 양쪽 클래스의 멤버 함수인 것처럼 숨겨진 멤버를 자유롭게 액세스한다. 클래스
선언문의 프렌드 지정을 주석으로 처리한 후 컴파일하면 숨겨진 멤버를 액세스할 수 없다는 에러 메시지
가 잔뜩 출력될 것이다.

OutToday 함수는 Time, Date 타입의 인수를 동시에 취하는데 이 함수의 원형을 사용하기 전에 두
명칭이 클래스라는 것을 선언해야 한다. 양쪽 클래스 선언문에 프렌드 지정이 동시에 들어가야 하므로
먼저 선언하는 쪽을 위해 나중에 선언되는 클래스에 대한 전방 선언이 필요하다. Time 클래스 선언
이전에 Date가 클래스라는 것을 먼저 알려야 컴파일러가 OutToday의 원형을 해석할 수 있으며 그래서
class Date; 라는 전방 선언이 선두에 포함되었다.

이 예제의 경우 프렌드만이 문제를 해결하는 유일한 방법은 아니다. 외부에서 액세스할 필요가 있는
멤버를 공개하는 극약 처방을 쓸 수도 있지만 이렇게 하면 정보 은폐의 원칙이 무너진다. 또한 프렌드
지정을 하는 대신 각 클래스에 숨겨진 멤버를 대신 읽어주는 Get, Set 액세스 함수를 공개 영역에 작성하
고 OutToday는 액세스 함수들로 값을 읽을 수도 있다. 하지만 이런 방법이 번거롭고 귀찮기 때문에
프렌드 지정이라는 좀 더 간편한 방법을 사용하는 것이다. 이 예제는 설명을 위한 개념적인 예에 불과하
며 프렌드가 꼭 필요한 경우는 다음 장의 연산자 오버로딩에서 보게 될 것이다.

27.2.2 프렌드 클래스

두 클래스가 아주 밀접한 관련이 있고 서로 숨겨진 멤버를 자유롭게 읽어야 하는 상황이라면 클래스를
통째로 프렌드로 지정할 수 있다. 클래스 선언문 내에 프렌드로 지정하고 싶은 클래스의 이름을 밝히면

된다. 다음 예는 Any 클래스를 Some 클래스의 프렌드로 지정하는 것이다.

```
class Some
{
    friend class Any;
    ....
};
```

Any가 Some의 프렌드로 지정되었으므로 Any의 모든 멤버 함수들은 Some의 모든 멤버를 마음대로 액세스할 수 있다. 두 클래스가 협조적으로 동작해야 한다거나 상호 종속적인 관계에 있을 때 프렌드로 지정하면 편리하다. 앞 예제의 OutToday 함수를 Date 클래스의 멤버 함수로 선언하되 Date를 Time의 프렌드 클래스로 지정해 보자.

예제 FriendClass

```
#include 〈Turboc.h〉

class Time
{
    friend class Date;
private:
    int hour,min,sec;
public:
    Time(int h,int m,int s) { hour=h;min=m;sec=s; }
};

class Date
{
private:
    int year,month,day;
public:
    Date(int y,int m,int d) { year=y;month=m;day=d; }
    void OutToday(Time &t) {
        printf("오늘은 %d년 %d월 %d일이며 지금 시간은 %d:%d:%d입니다.\n",
            year,month,day,t.hour,t.min,t.sec);
    }
};
```

```
void main()
{
    Date  D(2005,01,02);
    Time  T(12,34,56);
    D.OutToday(T);
}
```

OutToday 함수는 Date 클래스의 멤버 함수로 선언되었지만 Date가 Time의 프렌드 클래스로 지정되어 있으므로 OutToday는 Time 객체의 모든 멤버를 읽을 수 있다. 실행 결과는 앞의 예제와 동일하다. 개념적으로 이해하기 쉬운 간단한 예제를 보였는데 실제로 프렌드 클래스 지정이 꼭 필요한 예는 다소 크고 복잡하다. MFC 라이브러리의 경우 다음과 같은 프렌드 클래스의 예가 많이 존재한다.

  □ CDocument가 CView의 프렌드
  □ CTime이 CTimeSpan의 프렌드
  □ CToolBar가 CToolTipCtrl의 프렌드
  □ CPropertySheet가 CPropertyPage의 프렌드

모두 아주 밀접한 관계에 있는 클래스들인데 MFC의 구조를 공부해 보면 이 클래스들이 왜 프렌드여야 하는지 알게 될 것이다. CView와 CDocument는 하나의 실체에 대해 각각 외부와 내부를 다루는 관련있는 클래스이다. CView는 자신이 화면에 출력할 데이터를 읽기 위해 CDocument의 멤버를 마음대로 읽을 수 있어야 하며 CToolTipCtrl 클래스는 툴팁을 보여줄 버튼이나 영역을 구하기 위해 CToolBar의 멤버를 액세스해야 한다.

27.2.3 프렌드 멤버 함수

프렌드 클래스 지정은 특정 클래스의 모든 멤버 함수들이 자신의 숨겨진 멤버를 마음대로 읽도록 허락하는 것이다. 멤버 함수의 수가 많을 경우 모든 멤버 함수들이 대상 클래스의 멤버를 액세스할 필요가 없음에도 불구하고 허용의 범위가 너무 넓어져 위험해진다. 프렌드 멤버함수는 특정 클래스의 특정 멤버 함수만 프렌드로 지정하는 것이며 꼭 필요한 함수에 대해서만 숨겨진 멤버를 액세스하도록 범위를 좁게 설정할 수 있는 장점이 있다.

개념은 프렌드 함수와 동일하되 다른 클래스에 속한 멤버 함수라는 것만 다르다. 클래스 선언부에 프렌드로 지정하고자 하는 멤버 함수의 원형을 friend 키워드와 함께 적어주면 된다. 다음 예는 Any::func 멤버 함수를 Some 클래스의 프렌드로 지정한다.

```
class Some
{
    ....
    friend void Any::func(Some &S);
};
```

이렇게 선언하면 Any 클래스의 func 멤버 함수는 Some 클래스의 모든 멤버를 액세스할 수 있다. 그러나 Any 클래스의 다른 멤버 함수에게는 이런 특권이 부여되지 않는다. 오로지 Any::func에 대해서만 프렌드 지정을 한 것이다. 다음 예제는 Date::OutToday 멤버만 프렌드로 지정한다.

예제 FriendMem

```
#include <Turboc.h>

class Time;
class Date
{
private:
    int year,month,day;
public:
    Date(int y,int m,int d) { year=y;month=m;day=d; }
    void OutToday(Time &t);
};

class Time
{
    friend void Date::OutToday(Time &t);
private:
    int hour,min,sec;
public:
    Time(int h,int m,int s) { hour=h;min=m;sec=s; }
};

void Date::OutToday(Time &t)
{
    printf("오늘은 %d년 %d월 %d일이며 지금 시간은 %d:%d:%d입니다.\n",
        year,month,day,t.hour,t.min,t.sec);
}
```

```
void main()
{
    Date D(2005,01,02);
    Time T(12,34,56);
    D.OutToday(T);
}
```

실행 결과는 물론 앞의 두 예제와 동일하다. OutToday 멤버 함수가 Time의 프렌드로 지정되어 있으므로 Time의 멤버들을 자유롭게 액세스할 수 있다. 오로지 이 멤버 함수만 프렌드로 지정되었으므로 다른 멤버 함수들은 여전히 Time 클래스를 액세스할 수 없다. 멤버 함수를 프렌드로 지정할 때는 선언 순서에 약간 신경을 써야 한다. 프렌드 멤버 함수는 프렌드로 지정되는 클래스 소속이며 통상 대상 클래스를 인수로 전달받기 때문에 프렌드 지정을 포함하는 클래스를 먼저 선언하고 프렌드 멤버 함수를 포함한 클래스를 전방 선언해야 한다.

Time에서 Date::OutToday를 프렌드로 지정하기 위해서는 이 함수의 원형을 먼저 알려야 하므로 Date 클래스가 앞쪽에 선언되어야 한다. 또한 OutToday에서 Time형 객체를 인수로 전달받으므로 Date 클래스 선언문 이전에 Time이 클래스라는 전방 선언이 필요하다. 순서가 바뀌면 안 된다. 그리고 OutToday의 본체에서 Time 객체의 멤버를 참조하므로 이 함수의 본체는 클래스 선언부에 둘 수 없으며 Time 클래스 정의 후에 따로 본체를 정의해야 한다. 만약 OutToday를 인라인으로 만들고 싶다면 본체 정의부에 inline 키워드를 쓰면 된다.

두 클래스가 서로를 참조하고 있는 상황이라 선언 순서가 조금 난잡스럽다. 말로 설명을 하자니 괜히 복잡해 보이지만 직접 코드를 작성해 보면 별 것도 아닌 규칙들이다. 간단히 요약하자면 서로 알 수 있도록 소개해 주는 것뿐이다. 위 예제의 선언 순서를 바꿔 보고 에러 메시지를 읽어 보면 어떤 선언 순서가 좋은지 직감적으로 이해할 수 있을 것이다. 에러 메시지가 지적하는 대로 순서를 바꾸고 전방 선언을 조금만 활용하면 된다.

27.2.4 프렌드의 특성

프렌드 지정은 몇 가지 특성을 가지고 있는데 가급적이면 명시적으로 선언되지 않은 대상에 대해서는 특권을 주지 않는 성질이 있다. 코드 작성의 편의를 위해 예외적으로 프렌드라는 것을 도입했지만 그 부작용을 최소화하기 위해 마련된 규칙들이며 생각해 보면 아주 상식적인 것들이다.

❶ 프렌드 지정은 단방향이며 명시적으로 지정한 대상만 프렌드가 된다. A가 B를 프렌드로 선언했다고 하더라도 B가 A를 프렌드로 선언하지 않으면 A는 B의 프렌드가 아니다. 그래서 B는 A의 모든 멤버를 읽을 수 있지만 A는 그렇지 못하다.

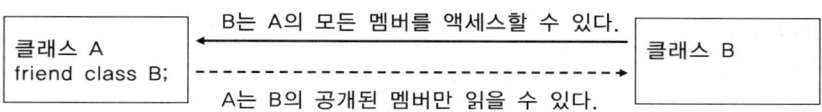

다소 야박해 보이지만 사실 인간관계에도 이런 예는 있다. 표준 위원들 사이에 friend라는 키워드가 실제 뜻인 "친구"와 정확하게 같지 않으므로 직관적이지 못하고 부적절하다는 지적이 있었다는 것은 참 재미있는 얘기다. 만약 A와 B가 서로 프렌드가 되려면 양쪽 모두 상대방을 프렌드로 지정해야 하며 이런 관계를 상호 프렌드라고 한다.

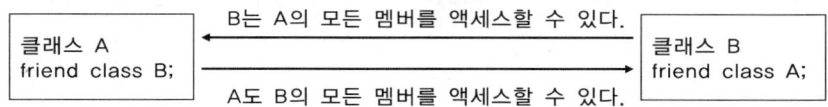

양쪽이 서로를 프렌드로 등록했으므로 A와 B는 서로의 멤버를 자유롭게 읽을 수 있다.

❷ 프렌드 지정은 전이되지 않으며 친구의 친구 관계는 인정하지 않는다. A, B, C 세 개의 클래스가 있을 때 이 관계를 그림으로 나타내 보면 다음과 같다.

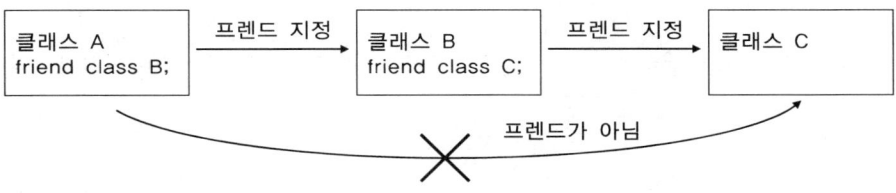

A는 B를 프렌드 선언했고 B는 C를 프렌드 선언했다. 그래서 B는 A를 마음대로 액세스할 수 있으며 C도 B를 마음대로 액세스할 수 있다. 그러나 C는 A의 숨겨진 멤버를 액세스할 수 없다. C가 A의 프렌드가 되려면 A가 C를 프렌드로 지정해야 한다. 프렌드 함수의 경우도 마찬가지 규칙이 적용된다. func 함수가 A의 프렌드이고 B가 A를 프렌드로 지정한다고 해서 func 함수가 B를 액세스할 수 있는 것은 아니다. 프렌드 지정은 항상 허가하는 쪽에서 명시적으로 해야 한다.

❸ 복수의 대상에 대해 동시에 프렌드 지정을 할 수 있지만 한 번에 하나씩만 가능하다. A가 B, C를 동시에 프렌드로 지정하고 싶을 때 다음처럼 해야 한다.

```
class A
{
```

```
friend class B;
firend class C;
....
```

friend class B, C; 이런 문법은 허용되지 않는다는 간단한 얘기다. 프렌드 지정은 흔하지 않기 때문에 한 번에 하나씩 해도 별로 불편하지 않다.

❹ 프렌드 관계는 상속되지 않는다. A가 B를 프렌드로 지정하면 B는 A를 액세스할 수 있다. 그러나 B로부터 파생된 D는 A의 프렌드가 아니므로 A를 마음대로 액세스할 수 없다. 친구의 자식은 친구가 아니다.

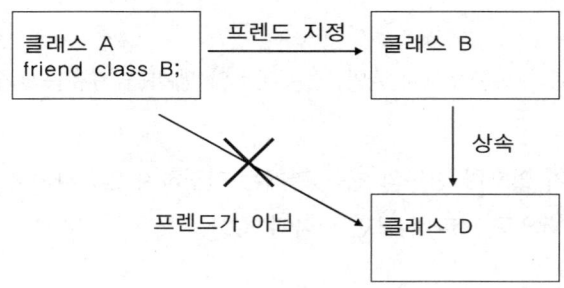

그러나 D가 상속받은 B의 멤버 함수는 B 클래스의 소속이라고 볼 수 있으므로 여전히 A를 액세스할 수 있다.

프렌드는 OOP의 정보 은폐 원칙에 대한 일종의 예외이다. 숨겨 놓은 정보를 읽기 위해 일일이 액세스 함수를 경유하는 것이 너무 불편하고 때로는 외부 함수가 내부 멤버를 액세스해야 하는 불가피한 경우가 있어 프렌드가 반드시 필요하지만 너무 빈번하게 사용하는 것은 좋지 않다. 프렌드가 아니면 문제를 해결할 수 없는 경우에 한해서 조심조심 사용해야 한다.

어떻게 생각하면 프렌드는 은폐된 정보의 기밀성을 완전히 무시해 버리므로 무척 위험한 장치처럼 생각될 수도 있다. 그러나 개발자의 명시적인 지정에 의해서만 예외를 인정하며 그것도 클래스의 선언부에서만 지정할 수 있고 클래스 외부에서는 지정할 수 없으므로 위험하지는 않다. 외부의 클래스나 함수가 임의로 프렌드 선언을 하고 마음대로 읽고 쓸 수는 없다는 얘기다. 프렌드 지정에 의해 공개되는 범위는 지정한 클래스나 함수에 국한되므로 전면적인 공개와는 성질이 다르다.

27.3 정적 멤버

27.3.1 this

멤버 변수는 객체별로 따로 가지며 멤버 함수는 클래스에 속한 모든 객체들이 공유하는데 이 점에 대해서는 앞 장의 Position 클래스에서 이미 확인해 본 바 있다. 멤버 변수는 개별 객체의 상태를 저장하므로 객체별로 유지되는 것이 옳고 멤버 함수가 정의하는 동작은 모든 객체에 공통적으로 적용되므로 공유하는 것이 합당하다. 앞에서 이미 배웠고 상식적이므로 쉽게 수긍이 갈 것이다. 이 사실을 확인하기 위해 아주 간단한 클래스를 하나 만들어 보자.

예제 this

```
#include 〈Turboc.h〉

class Simple
{
private:
    int value;

public:
    Simple(int avalue) : value(avalue) { }
    void OutValue() {
            printf("value=%d\n",value);
    }
};

void main()
{
    Simple A(1), B(2);
    A.OutValue();
    B.OutValue();
}
```

클래스 구조가 간단하기 때문에 이름은 Simple이라고 붙였다. Simple 클래스는 정수형의 멤버 변수 value를 가지며 생성자는 전달받은 인수로 value를 초기화한다. 유일한 멤버 함수인 OutValue는 value의 값을 확인하기 위해 단순히 화면에 출력하기만 한다. 변수와 함수를 각각 하나씩만 가지는 초간단 클래스인데 이 클래스로 멤버 함수의 동작에 대해 고찰해 보자. main에서는 Simple 클래스의 객체 A와

B를 생성했는데 이때 메모리에 두 인스턴스가 생성된 모양을 그려 보면 다음과 같을 것이다.

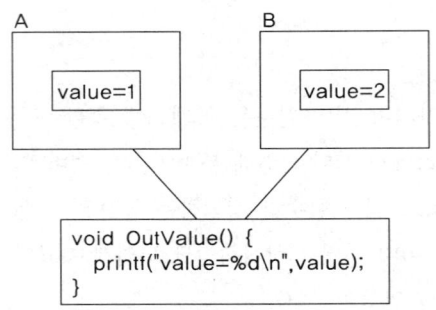

value 멤버는 고유의 값을 저장해야 하므로 A, B 객체별로 하나씩 할당되어 있고 OutValue는 두 객체가 공유하고 있는 상황이다. 이 상태에서 sizeof(A)를 출력해 보면 결과는 4로 출력된다. main에서 두 인스턴스를 생성한 후 A, B에 대해 OutValue 함수를 호출했는데 출력 결과는 다음과 같다.

```
value=1
value=2
```

A의 value는 1로 초기화되었고 B의 value는 2로 초기화되었으므로 OutValue는 1과 2라는 결과값을 순서대로 출력할 것이다. A, B 객체에 대해 각각 OutValue를 호출했으므로 이 결과는 너무 너무 당연하고 더 이상 분석해 볼 가치가 없어 보인다. 지금까지 배웠던 문법으로 이 결과를 충분히 설명할 수 있을 것이다. 그러나 과연 그런지 좀 더 깊이 들어가 보자.

문제는 OutValue 함수가 자신을 호출한 객체를 어떻게 아는가 하는 점이다. 이 함수의 본체 코드에서 value라는 멤버를 이름만으로 참조하고 있는데 이 멤버가 과연 누구의 value인지 어떻게 판단하는가? 함수는 호출원으로부터 정보를 전달받을 때 인수를 사용하는데 OutValue 함수의 원형을 보면 어떠한 인수도 받아들이지 않는다. 입력값인 인수가 없으면 함수의 동작은 항상 같을 수밖에 없음에도 불구하고 OutValue는 호출한 객체에 따라 다른 동작을 할 수 있다.

그 이유를 설명하자면 main에서 OutValue를 호출할 때 어떤 객체 소속의 멤버 함수를 호출할 것인지 소속 객체를 함수 이름 앞에 밝혔기 때문이다. 코드를 보면 A.OutValue();B.OutValue(); 식으로 작성되어 있어 사람이 눈으로 보기에도 두 호출문은 구분된다. 그러나 함수의 입장에서는 자신을 호출한 문장 앞에 붙어 있는 A. , B. 따위의 객체 이름을 읽을 수 없으며 인수로 전달되는 값만이 의미가 있다.

호출한 객체에 대한 정보가 함수의 인수로 전달되지 않으면 본체는 여전히 호출한 객체를 알 방법이 없다. 난수나 시간을 참조하는 특수한 함수를 제외하고 입력값이 일정하면 출력값이 달라질 수 없는 것은 함수의 본질적인 특성이다. 그래서 멤버 함수가 호출한 객체를 구분하기 위해서는 결국 객체에 대한 정보가 함수의 인수로 전달되어야 하며 C++ 컴파일러는 호출문의 객체를 함수의 인수로 몰래 전달한다. A.OutValue() 호출문은 컴파일러에 의해 다음과 같이 재해석된다.

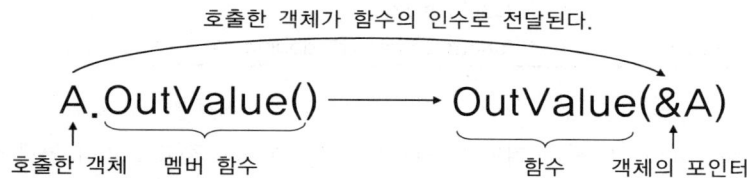

호출한 객체를 멤버 함수로 전달하는 방법은 컴파일러마다 조금씩 다르다. CX 레지스터를 사용하는 경우도 있고 첫 번째 인수로 전달하는 컴파일러도 있다. 어쨌든 중요한 것은 멤버 함수를 호출할 때 호출한 객체의 정보가 함수에게 암시적으로 전달된다는 것이다. 그래서 멤버 함수는 호출한 객체별로 다른 동작을 할 수 있고 복수 개의 객체가 멤버 함수를 공유할 수도 있게 된다.

우리 눈에 명시적으로 보이지는 않지만 OutValue 함수는 자신을 호출한 객체의 번지를 인수로 전달받는다. 이때 전달받은 숨겨진 인수를 this라고 하는데 호출한 객체의 번지를 가리키는 포인터 상수이다. 일반적으로 Class형의 멤버 함수들은 Class * const this를 받아들이며 this로부터 객체의 고유한 멤버를 액세스할 수 있다. 위 예제의 OutValue 함수는 컴파일러에 의해 다음과 같이 재해석된다.

```
void OutValue(Simple * const this) {
    printf("value=%d\n",this->value);
}
```

멤버 함수의 본체에서 멤버를 참조하는 모든 문장 앞에는 this->가 암시적으로 적용된다. 그래서 멤버 변수 mem에 대한 참조문은 this->mem으로 해석되고 멤버 함수 func() 호출문은 this->func()를 호출하며 실제로 이렇게 써도 똑같이 동작한다. A.OutValue() 문에 의해 호출된 OutValue 함수에서 this는 &A의 값을 가지며 따라서 this->value는 A 객체의 value 멤버가 된다. 마찬가지로 B.OutValue() 호출 시 this는 &B가 되며 this->value는 B 객체의 value 멤버를 의미한다.

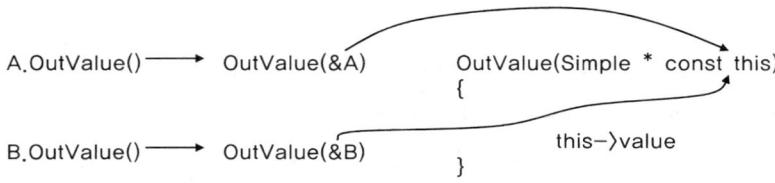

멤버 함수의 인수가 n개이면 실제로 이 함수가 호출될 때는 this가 하나 더 전달되므로 항상 n+1개의 인수가 전달되는 셈이다.

멤버 함수	실제 모양
func()	func(this)
func(int a)	func(this,int a)
func(char *p, double d)	func(this,char *p, double d)

멤버 함수가 객체들에 의해 공유되려면 호출한 객체를 구분해야 하고 그러기 위해서는 호출 객체의 정보를 함수의 인수로 전달해야 하는데 이 처리를 개발자가 직접 해야 한다면 무척 귀찮을 것이다. 만약 이런 식이라면 구조체와 함수를 따로 만들고 함수를 호출할 때마다 구조체를 인수로 넘기는 것과 같으므로 캡슐화해 놓은 의미가 없어지는 셈이다. 이 작업은 모든 멤버 함수에 공통적으로 필요한 조치이며 획일적이기 때문에 개발자가 별도로 명시하지 않아도 컴파일러가 알아서 자동으로 하도록 되어 있다.

예외가 없으므로 개발자가 개입할 필요가 없으며 기계가 이 작업을 대신 할 수 있는 것이다. 이처럼 멤버 함수 호출시에 this를 암시적으로 전달하는 호출 규약을 thiscall이라고 하는데 모든 멤버 함수에 자동으로 적용된다. 단, 가변 인수를 취하는 멤버 함수는 cdecl 호출 규약을 사용한다. C++ 컴파일러가 멤버 함수를 처리하는 방식을 C언어에서 그대로 따르면 C로도 객체를 흉내낼 수 있을 것이다.

this에 대한 모든 관리는 컴파일러가 알아서 처리한다. 멤버 함수를 호출할 때마다 this를 전달하고 본체의 모든 멤버 참조문 앞에 this->를 일일이 붙인다. 그렇다면 개발자가 this의 존재를 굳이 알아야 하는 이유는 뭘까? 멤버 함수의 본체에서 this 키워드는 지금 이 함수를 실행하고 있는 객체 그 자체를 표현하는 1인칭 대명사이다. 멤버 함수가 객체를 칭할 필요가 있을 때는 this를 직접 사용해야 한다. 다음 함수를 Simple 클래스에 추가해 보자.

```
Simple *FindBig(Simple *Other) {
    if (Other->value > value) {
        return Other;
    } else {
        return this;
    }
}
```

이 함수는 인수로 전달된 Other 객체와 자신을 비교하여 더 큰 값을 가진 객체의 포인터를 리턴한다. 객체의 대소비교 기준은 클래스마다 다르겠지만 Simple 클래스는 value라는 정수값을 가지고 있으므로 이 값을 비교하면 될 것이다. value가 비공개 영역에 선언되어 있으므로 객체끼리의 비교는 외부에서 할 수 없으며 클래스의 멤버 함수가 직접 해야 한다. Other->value와 value(this->value의 간략한 표현)를 비교해 보고 Other->value의 값이 더 크면 비교 결과로 Other를 리턴한다.

만약 그렇지 않다면 Other보다 자신이 더 크므로 자신을 리턴해야 하는데 이때 this 키워드가 필요하다. this가 자신을 가리키는 포인터 상수이므로 this를 리턴하면 된다. this가 없다면 이 멤버 함수를 호출한 객체를 칭할 방법이 없다. 다음 코드는 두 객체 중 큰 값을 가진 객체를 찾아 이 객체의 value를 출력하는데 두 코드 모두 결과는 같다. A가 B와 비교하나 B가 A와 비교하나 마찬가지다.

```
A.FindBig(&B)->OutValue();
B.FindBig(&A)->OutValue();
```

객체는 보통 단순 타입보다는 크기 때문에 함수의 인수로 전달할 때는 포인터나 레퍼런스를 사용하는 것이 유리하다. FindBig 함수를 다음과 같이 수정해도 동일하게 동작한다.

```
Simple &FindBig(Simple &Other) {
    if (Other.value > value) {
        return Other;
    } else {
        return *this;
    }
}
```

자기 자신에 대한 레퍼런스를 리턴할 때는 *this 표현식을 사용한다. 함수를 이렇게 수정한 후 호출부에서 비교 대상을 포인터가 아닌 객체로 전달하면 된다. 비교 결과 리턴되는 값도 레퍼런스이므로 -> 연산자 대신 . 연산자로 OutValue를 호출하면 될 것이다. 호출부를 A.FindBig(B).OutValue();로 수정하면 동일하게 동작한다. 꼭 원한다면 포인터나 레퍼런스가 아닌 객체 자체를 인수로 넘기고 리턴을 받을 때도 객체를 돌려받을 수 있는데 FindBig 함수의 원형을 Simple FindBig(Simple Other)로 고치기만 하면 된다. 이 방법은 속도에도 불리하고 인수 전달 과정에서 여러 가지 부작용이 발생할 수도 있으므로 권장되지 않는다.

객체가 자신을 스스로 삭제하고자 할 때도 this 키워드를 쓴다. 치명적인 에러나 프로그램 종료시 스스로 자살하고자 할 때 delete this; 한 줄이면 가볍게 생을 마감할 수 있다. 물론 이 객체는 동적으로 할당된 객체여야만 한다. delete this;를 말로 해석해 보면 "나 좀 죽여줘"가 되는데 여기서 '나'라는 1인칭을 칭하기 위해 this가 필요한 것이다. 자신을 스스로 삭제하는 delete this; 문장은 자동화된 객체 관리를 위해 종종 사용된다.

객체의 멤버 함수에서 자신을 칭할 필요는 늘상 있다. memset(this, 0, sizeof(*this))는 자신의 모든 멤버를 0으로 리셋하며 func(this)는 func 전역 함수로 자신을 전달한다. 자바나 비주얼 베이직 등의 다른 언어에서는 객체가 자신을 칭할 때 self, me 등의 키워드를 사용하는데 이 키워드는 C++의 this와 용도가 같다. 다른 언어의 키워드를 보면 this의 의미를 좀 더 분명히 알 수 있다. 멤버 함수의 지역변수와 멤버 변수와의 이름 충돌이 발생했을 때도 this를 사용한다. 예를 들어 다음 클래스 선언을 보자.

```
class Some
{
private:
    int i;

public:
    void func() {
            int i;
            i=3;
    }
};
```

　멤버 함수 func에서 3을 대입하는 i는 멤버 변수 i가 아니라 지역변수 i이다. 멤버 변수와 같은 이름을 가진 지역변수가 선언되어 있을 때 지역변수 대신 멤버 변수를 액세스하고 싶다면 Some::i 또는 this->i 로 소속을 명확하게 밝혀야 한다. 물론 불가피하게 충돌이 발생할 때 이렇게 해결할 수 있다는 것이지 이 경우는 지역변수의 이름을 멤버 변수와 다른 것으로 바꾸는 것이 더 바람직하다.

27.3.2 정적 멤버 변수

　정적 멤버 변수는 클래스의 바깥에 선언되어 있지만 클래스에 속하며 객체별로 할당되지 않고 모든 객체가 공유하는 멤버이다. 개별 객체와는 직접적인 상관이 없고 객체 전체를 대표하는 클래스와 관련된 정보를 저장하는 좀 특수한 멤버이다. 정의가 좀 복잡해 보이는데 이런 멤버 변수가 왜 필요한지 문제 하나를 풀어 보면서 차근차근히 생각해 보자.

　다음 예제는 정적 멤버 변수의 필요성과 동작을 설명하기 위한 가장 전형적인 예제이다. Count라는 이름의 클래스를 선언하여 사용하는데 main에서 Count형 객체가 몇 개나 생성되었는지 그 개수를 관리 하고자 한다. 첫 번째 예제는 다음과 같다.

예제 **ObjCount**

```
#include <Turboc.h>

int Num=0;
class Count
{
private:
    int Value;
```

```
public:
    Count() { Num++; }
    ~Count() { Num--; }
    void OutNum() {
            printf("현재 객체 개수 = %d\n",Num);
    }
};

void main()
{
    Count C,*pC;
    C.OutNum();
    pC=new Count;
    pC->OutNum();
    delete pC;
    C.OutNum();
    printf("크기 = %d\n",sizeof(C));
}
```

    Count 클래스에는 객체의 고유한 정보를 저장하기 위해 Value라는 멤버 변수가 선언되어 있다. 이 예제에서는 Value를 사용하지 않지만 나중에 객체 크기를 점검해 보기 위한 용도로 포함된 것이다. 생성된 객체의 개수를 저장하기 위해 프로그램 선두에 전역변수 Num을 선언하고 0으로 초기화했다. Count 클래스의 생성자에서 Num을 1 증가시키고 파괴자에서 Num을 1 감소시킴으로써 이 변수는 생성된 객체의 수를 정확하게 기억한다.

    OutNum 멤버 함수는 단순히 Num 전역변수의 값을 화면으로 출력하여 현재 몇 개의 객체가 만들어져 있는지를 확인시켜 준다. main에서 Count 클래스의 객체를 정적으로 선언하기도 하고 동적으로 생성하기도 하면서 OutNum을 호출했다. 실행 결과는 다음과 같다.

```
현재 객체 개수 = 1
현재 객체 개수 = 2
현재 객체 개수 = 1
크기 = 4
```

    프로그램이 실행된 직후에 전역변수 Num은 0으로 초기화될 것이다. main 함수가 시작되기 전에 지역 객체 C가 생성되며 이때 C의 생성자에서 Num을 1 증가시키므로 Num은 1이 된다. new 연산자로 Count 클래스의 객체를 동적으로 생성하면 이때도 생성자가 호출되어 Num은 2가 되며 delete 연산자로 이 객체를 파괴하면 파괴자가 호출되어 Num은 다시 1이 될 것이다. main 함수가 종료되면 지역 객체 C가 파괴되므로 Num은 최초의 상태인 0으로 돌아간다.

정적이든 동적이든 객체가 생성, 파괴될 때는 생성자와 파괴자가 호출되며 이 함수들이 Num을 관리하고 있으므로 Num은 항상 생성된 객체의 개수를 정확하게 유지한다. 디버거로 한 줄씩 실행해 가면서 Num 변수의 값을 관찰해 보면 이 변수가 생성된 객체수를 정확하게 세고 있음을 확인할 수 있다. 애초에 원하는 목적은 달성했지만 이 예제는 전혀 객체 지향적이지 못하다. 전역변수는 세 가지 면에서 문제가 있다.

① 클래스와 관련된 중요한 정보를 왜 클래스 바깥의 전역변수로 선언하는가가 일단 불만이다. 자신의 정보를 완전히 캡슐화하지 못했으므로 이 클래스는 독립적인 부품으로 동작할 수 없다.

② 전역변수가 있어야만 동작할 수 있으므로 재사용하고자 할 경우 항상 전역변수와 함께 배포해야 한다. 클래스만 배포해서는 제대로 동작하지 않는다.

③ 전역변수는 은폐할 방법이 없기 때문에 외부에서 누구나 마음대로 집적거릴 수 있다. 어떤 코드에서 고의든 실수든 Num=1234; 라고 대입해 버리면 생성된 객체수가 1234개라고 오판하게 될 것이다.

객체가 외부의 전역변수와 연관되는 것은 캡슐화, 정보 은폐, 추상성 등 모든 OOP 원칙에 맞지 않다. 전역변수는 심지어 구조적 프로그래밍 기법에서도 사용을 꺼리는 대상인데 하물며 객체 지향 프로그래밍 기법에서야 오죽하겠는가? 일단 문제는 해결했지만 객체 지향적인 요건에 맞추려면 무슨 수를 쓰든지 Num을 Count 클래스 안에 캡슐화해야 한다. 다음과 같이 Count 클래스를 수정해 보자.

```
class Count
{
private:
    int Value;
    int Num;

public:
    Count() { Num++; }
    ~Count() { Num--; }
    void OutNum() {
        printf("현재 객체 개수 = %d\n",Num);
    }
};
```

Num을 Count 클래스의 멤버 변수로 포함시켰으며 생성자에서 증가, 파괴자에서 감소시키고 있다. 일단 클래스의 멤버로 포함시키는 데는 성공했지만 막상 실행해 보면 이 예제는 제대로 동작하지 않으며 문제가 아주 많다. 적어도 다음 두 가지 큰 문제가 있다.

우선 Num은 전혀 초기화되지 않으므로 쓰레기값을 가지게 되며 어느 누구도 Num을 초기화할 수 없다. Num이 개수를 저장하려면 최초 0으로 초기화되어야 하는데 초기화할 주체가 없는 것이다. 언뜻 생성자에서 Num을 초기화할 수 있을 것 같지만 이건 말도 안 된다. 객체의 개수를 헤아리는 Num을 객체가 생성될 때마다 0으로 만들어 버린다면 이 값은 결코 0보다 커질 수 없다. 누군가가 0으로 초기화해 놓고 생성자는 증가, 파괴자는 감소만 해야 개수가 제대로 유지되는데 초기화해 줄 적절한 "누구"를 도저히 찾을 수 없는 것이다.

또 다른 문제는 Num을 객체마다 개별적으로 가진다는 점이다. C나 pC 객체는 모두 각각의 Num을 가져 필요없는 메모리를 낭비할 뿐만 아니라 자신과 똑같은 타입의 객체가 몇 개나 있는지를 자신이 가진다는 것도 논리적으로 합당하지 않다. 도대체 어떤 객체가 가진 Num이 진짜 개수인지 판단하기도 어렵다. Num은 객체 자체의 정보가 아니라 객체들을 관리하는 값이며 따라서 객체보다는 더 상위의 개념인 클래스에 포함되어야 한다. 그래야 Num이 오직 하나만 존재하게 된다.

이 문제를 풀려면 Num은 클래스의 멤버이면서 클래스로부터 생성되는 모든 객체가 공유하는 변수여야 한다. 이것이 바로 정적 멤버 변수의 정의이며 이 문제를 풀 수 있는 유일한 해결책이다. Count 클래스를 다음과 같이 한 번 더 수정해 보자.

```
class Count
{
private:
    int Value;
    static int Num;

public:
    Count() { Num++; }
    ~Count() { Num--; }
    void OutNum() {
        printf("현재 객체 개수 = %d\n",Num);
    }
};
int Count::Num=0;
```

Num은 여전히 Count 클래스 내부에 선언되어 있되 static 키워드를 붙여 정적 멤버임을 명시했다. 클래스 선언문에 있는 int Num; 선언은 어디까지나 이 멤버가 Count의 멤버라는 것을 알릴 뿐이지 메모리를 할당하지는 않는다. 그래서 정적 멤버 변수는 외부에서 별도로 선언 및 초기화해야 한다. Count 클래스 선언문 뒤에 Num 변수를 다시 정의했는데 이때 반드시 어떤 클래스 소속인지 :: 연산자와 함께 소속을 밝혀야 한다.

클래스 내부의 선언은 Num이 Count 클래스 소속이며 정수형의 정적 멤버 변수라는 것을 밝히고 외부의 정의는 Count에 속한 정적 멤버 Num을 생성하고 0으로 초기화한다는 뜻이다. 외부 정의에 의해 메모리가 할당되며 이때 초기값을 줄 수 있다. 관습에 따라 클래스를 헤더 파일에 선언하고 멤버 함수를 구현 파일에 작성할 때 정적 멤버에 대한 외부 정의는 통상 클래스 구현 파일(*.cpp)에 작성한다. Class에 속한 Type 타입의 정적 멤버 smem를 선언하는 일반적인 방법은 다음과 같다.

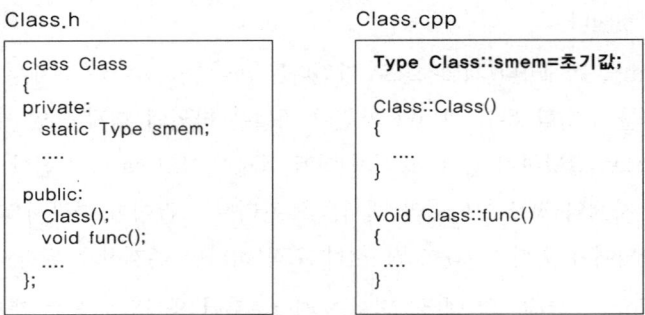

헤더 파일의 클래스 선언부에 정적 멤버 변수에 대한 내부 선언이 있고 구현 파일에 정적 멤버 변수에 대한 외부 정의 및 초기값 지정문이 온다. 헤더 파일에 외부 정의를 둔다면 헤더 파일이 두 번 인클루드될 때 이중 정의되므로 에러로 처리될 것이다. 이 예제는 단일 모듈이기 때문에 편의상 클래스 선언 바로 다음에 정적 멤버의 외부 정의를 했다.

이렇게 선언하면 Num은 Count 클래스에 소속되며 외부 정의에서 지정한 초기값으로 딱 한 번만 초기화된다. Count형의 객체 A,B,C가 생성되었다면 각 객체는 자신의 고유한 멤버 Value를 개별적으로 가지며 정적 멤버 변수 Num은 모든 객체가 공유한다. 그래서 각 객체의 생성자에서 증가, 파괴자에서 감소하는 대상은 공유된 변수 Num이며 한 변수값을 모든 객체가 같이 관리하므로 Num은 생성된 객체의 정확한 개수를 유지할 수 있다.

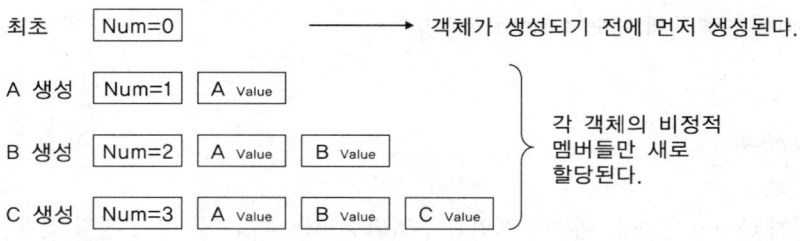

정적 멤버 변수는 객체와 논리적으로 연결되어 있지만 객체 내부에 있지는 않다. 정적 멤버 변수를 소유하는 주체는 객체가 아니라 클래스이다. 그래서 객체 크기에 정적 멤버의 크기는 포함되지 않으며 sizeof(C)=sizeof(Count)는 객체의 고유 멤버 Value의 크기값인 4가 된다.

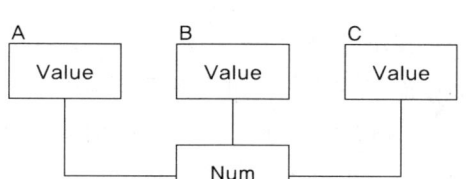

정적 멤버의 액세스 지정은 일반 멤버와 똑같은 방식으로 적용된다. 위 예제의 경우 Num은 private 영역에 선언되었으므로 외부에서 액세스할 수 없다. main에서 이 값을 함부로 변경할 수 없으며 오로지 Count 클래스의 멤버 함수(이 예제의 경우 생성자와 파괴자, OutNum)에서만 Num값을 액세스할 수 있다. 정적 멤버도 분명히 클래스 소속이므로 클래스에 속한 멤버 함수들은 액세스 속성에 상관없이 이름만으로 이 멤버를 참조할 수 있다.

단 외부에서 정적 멤버 변수를 정의할 때는 예외적으로 액세스 속성에 상관없이 초기값을 줄 수 있다. 초기식은 대입과는 다르므로 액세스 속성의 영향을 받지 않는다. 정적 멤버 변수를 외부에서도 참조할 수 있도록 공개하려면 클래스 선언부의 public 영역에 선언해야 한다. 외부에서 정적 멤버를 액세스할 때는 반드시 소속을 밝혀야 하는데 두 가지 방법으로 소속을 밝힐 수 있다.

```
Count C;
Count::Num=3;        // 클래스 소속
C.Num++;             // 객체 소속
```

객체의 멤버들은 통상 객체.멤버 식으로 소속을 밝히지만 정적 멤버 변수는 객체와 직접적인 연관이 없기 때문에 보통 클래스의 이름과 범위 연산자로 소속을 밝힌다. Count::Num이라는 표현은 Count 클래스에 속한 정적 멤버 변수 Num이라는 뜻이다. 그래서 객체가 전혀 생성되지 않은 상태에서도 클래스의 이름만으로 정적 멤버를 참조할 수 있다. 만약 main에서 최초 Num을 10으로 대입하고 싶다면 객체가 생성되기 전에 Class::Num=10; 으로 대입하면 된다.

원한다면 C.Num처럼 객체.멤버 식으로 객체의 소속인 것처럼 표현할 수도 있다. 이때 C 객체의 이름은 별다른 의미는 없으며 C 객체가 소속된 클래스를 밝히는 역할만 한다. 정적 멤버에 대해 객체의 소속으로 액세스하는 것은 일단 가능하지만 일반적이지 않으며 바람직하지도 않다. 정적 멤버는 논리적으로 클래스 소속이므로 가급적이면 클래스::멤버 식으로 액세스하는 것이 합당하다. 단, 어디까지나 논리적으로 소속되는 것뿐이지 클래스는 실체가 아니므로 클래스 안에 정적 멤버가 배치되는 것은 아니다.

27.3.3 정적 멤버 함수

정적 멤버 함수의 개념도 정적 멤버 변수의 경우와 비슷하다. 객체와 직접적으로 연관된다기보다는 클래스와 연관되며 생성된 객체가 하나도 없더라도 클래스의 이름만으로 호출할 수 있다. 일반 멤버

함수는 객체를 먼저 생성한 후 obj.func() 형식으로 호출한 객체에 대해 어떤 작업을 한다. 이에 비해 정적 멤버 함수는 Class::func() 형식으로 호출하며 클래스 전체에 대한 전반적인 작업을 한다. 주로 정적 멤버 변수를 조작하거나 이 클래스에 속한 모든 객체를 위한 어떤 처리를 한다.

정적 멤버 함수를 선언하는 방법은 정적 멤버 변수와 동일하다. 클래스 선언부의 함수 원형 앞에 static 이라는 키워드만 붙이면 된다. 정적 멤버 함수의 본체는 클래스 선언부에 인라인 형식으로 작성할 수도 있고 아니면 외부에 따로 정의할 수도 있는데 외부에 작성할 때 static 키워드는 생략한다. 다음 예제는 앞에서 만든 객체 개수를 세는 예제를 조금 수정해 본 것이다.

예제 ObjCount2

```
#include <Turboc.h>

class Count
{
private:
    int Value;
    static int Num;

public:
    Count() { Num++; }
    ~Count() { Num--; }
    static void InitNum() {
        Num=0;
    }
    static void OutNum() {
        printf("현재 객체 개수 = %d\n",Num);
    }
};
int Count::Num;

void main()
{
    Count::InitNum();
    Count::OutNum();
    Count C,*pC;
    C.OutNum();
    pC=new Count;
    pC->OutNum();
```

```
    delete pC;
    pC->OutNum();
    printf("크기=%d\n",sizeof(C));
}
```

정적 멤버 변수 Num을 정의할 때 0으로 초기화하지 않았으며 이 작업은 새로 추가된 정적 멤버 함수 InitNum이 담당한다. InitNum은 정적 멤버 함수이므로 Count 클래스의 객체가 전혀 없는 상태에서도 호출될 수 있다. main에서 Count::InitNum()을 먼저 호출하여 Num을 0으로 초기화하였다. 변수를 초기화하는 별도의 함수를 만들었으므로 원한다면 실행 중에 언제든지 이 함수를 호출하여 Num을 0으로 리셋할 수도 있다.

객체의 개수를 출력하는 OutNum 함수도 개별 객체에 대한 함수가 아니기 때문에 정적 멤버 함수로 수정할 수 있다. OutNum 함수가 객체로부터 호출되지 않으므로 이제 객체가 전혀 생성되지 않은 상태, 즉 Num이 0인 상태에 대한 출력도 가능하다. 정적 멤버 함수가 아니면 이런 호출은 불가능하다. main에서 지역 객체 C를 생성하기 전에 Count::OutNum()을 호출했는데 이 호출문은 0을 출력하며 아직 생성된 객체가 없다는 것을 보여 준다.

C 객체를 생성한 후 C.OutNum()을 호출하면 1이 출력되고 pC 객체를 동적 생성한 후 pC->OutNum()을 호출하면 2가 출력된다. 이 두 호출의 예처럼 정적 멤버 함수를 객체의 이름으로 호출할 수도 있지만 이때 객체의 이름은 아무런 의미가 없으며 컴파일러는 객체가 소속된 클래스의 정보만 사용한다. 편의상 C.OutNum(), pC->OutNum(); 이라는 표현을 허용할 뿐이지 이 호출은 실제로 Count::OutNum()으로 컴파일된다는 얘기다.

그래서 delete pC;로 pC 객체를 해제한 후에도 pC->OutNum()이라는 호출이 정상적으로 동작한다. 컴파일러는 pC에 실제로 객체가 생성되어 있는지를 볼 필요도 없으며 pC가 Count *형이라는 것만 참조할 뿐이다. 심지어 main의 4번째 줄에 pC가 할당되기도 전인 C.OutNum()을 pC->OutNum()으로 바꿔도 잘 동작한다. 이걸 보면 컴파일러가 포인터의 타입만으로 호출할 함수를 결정한다는 것을 알 수 있다.

```
    Count *pC;
    pC->OutNum();           // 생성 전에도 호출 가능
    pC=new Count;
    pC->OutNum();           // 생성 후에도 호출 가능
    delete pC;
    pC->OutNum();           // 파괴된 후에도 호출 가능
```

정적 멤버 함수는 특정한 객체에 의해 호출되는 것이 아니므로 숨겨진 인수 this가 전달되지 않는다. 클래스에 대한 작업을 하기 때문에 어떤 객체가 자신을 호출했는지 구분할 필요가 없으며 따라서 호출한 객체에 대한 정보도 필요없다. 그래서 정적 멤버 함수는 정적 멤버만 액세스할 수 있으며 일반 멤버(비정적 멤버)는 참조할 수 없다. 왜냐하면 일반 멤버 앞에는 암시적으로 this->가 붙는데 정적 멤버 함수는 this를 전달받지 않기 때문이다. 정적 멤버 함수인 InitNum에서 비정적 멤버인 Value를 참조하는 것은 불가능하다.

```
static void InitNum() {
    Num=0;
    Value=5;
}
```

이 코드를 컴파일하면 정적 멤버 함수에서 Value를 불법으로 참조했다는 에러 메시지가 출력된다. InitNum의 본체에서 Value를 칭하면 누구의 Value인지를 판단할 수 없다. 또한 정적 멤버 함수는 생성된 객체가 전혀 없어도 호출할 수 있는데 이때 Value는 아예 존재하지도 않는다. 비정적 멤버 함수도 호출할 수 없으며 오로지 정적 멤버만 참조할 수 있다.

27.3.4 정적 멤버의 활용

정적 멤버는 필요한 모든 것을 객체 내에 둔다는 캡슐화 원칙에 위배되는 것처럼 보이기도 하고 정적 멤버 변수의 경우 선언과 정의가 두 번 나타나기 때문에 문법적으로도 조금 어색해 보인다. 그러나 물리적으로는 객체 바깥에 선언되어 있지만 논리적으로 클래스에 속해 있고 액세스 지정에 의해 정보 은폐도 가능하므로 캡슐화 위반은 아니다. 정적 멤버의 개념이 꼭 필요한 이유는 여러 가지 경우에 이것이 굉장히 유용하기 때문이다. 정적 멤버를 훌륭하게 활용하는 몇 가지 예를 보도록 하자.

❶ 단 한 번만 해야 하는 전역 자원의 초기화

데이터베이스 연결이나 네트워크 연결, 윈도우 클래스 등록 등과 같이 단 한 번만 하면 되는 초기화는 정적 멤버 함수에서 하고 그 결과를 정적 멤버 변수에 저장한다. 이런 전역 초기화는 일반적으로 두 번 할 필요도 없고 두 번 초기화하는 것이 허용되지도 않는다. 그래서 객체별로 초기화해서는 안 되며 클래스 수준에서 딱 한 번만 초기화하고 그 결과는 모든 객체가 공유한다.

데이터베이스에서 질의를 하는 클래스를 예로 들어 보자. 질의를 하기 위해서는 먼저 정보가 저장되어 있는 DB 서버에 연결하는 인증 절차를 거쳐야 한다. 연결이나 인증이나 두 번 한다는 것은 의미가 없으므로 한 번만 연결하고 이후부터는 모든 질의 객체가 이 연결을 공유하면 될 것이다. 다음은 질의 클래스의 가상 코드이다. 실제 DB 접속을 하려면 복잡하기 때문에 가상 코드를 예로 들었다.

```
#include <Turboc.h>

class DBQuery
{
private:
    static HANDLE hCon;
    int nResult;

public:
    DBQuery() { };
    static void DBConnect(char *Server, char *ID, char *Pass);
    static void DBDisConnect();
    BOOL RunQuery(char *SQL);
    // ....
};
HANDLE DBQuery::hCon;

void DBQuery::DBConnect(char *Server, char *ID, char *Pass)
{
    // 여기서 DB 서버에 접속한다.
    // hCon = 접속 핸들
}

void DBQuery::DBDisConnect()
{
    // 접속을 해제한다.
    // hCon=NULL;
}

BOOL DBQuery::RunQuery(char *SQL)
{
    // Query(hCon,SQL);
    return TRUE;
}

void main()
{
    DBQuery::DBConnect("Secret","Adult","doemfdmsrkfk");
    DBQuery Q1,Q2,Q3;
```

```
    // 필요한 DB 질의를 한다.
    // Q1.RunQuery("select * from tblBuja where 나랑 친한 사람");

    DBQuery::DBDisConnect();
}
```

DB 서버와의 연결은 DBConnect 정적 멤버 함수가 처리한다. 이 함수는 서버 이름, ID, 비밀 번호를 인수로 전달받아 DB 서버와 연결 및 인증을 하고 연결 결과는 정적 멤버 변수 hCon에 저장한다. 정적 멤버 함수는 정적 멤버 변수를 액세스할 수 있으므로 DBConnect에서는 hCon을 당연히 액세스할 수 있다. 연결을 해제하는 작업도 역시 정적 멤버 함수인 DBDisConnect에서 처리한다.

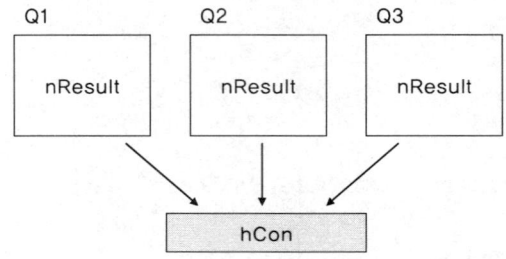

main 함수에서는 DBQuery 객체를 생성하기 전에 DBConnect 함수를 호출해서 DB 서버에 연결하며 이로서 DBQuery 객체가 질의를 할 수 있는 환경을 만들어 놓는다. 이후 생성되는 DBQuery 객체 Q1, Q2, Q3의 RunQuery 함수는 정적 멤버 hCon에 저장된 연결 핸들로 원하는 질의를 처리할 것이다. RunQuery 함수는 정적 멤버는 아니지만 공유된 연결 핸들 hCon은 얼마든지 액세스할 수 있다. 질의를 마치고 프로그램을 종료하기 전에 DBDisConnect 정적 멤버 함수를 호출하여 DB 서버와의 연결을 끊고 필요한 뒷처리를 한다. DB 서버에 연결하는 과정은 굉장히 느리고 리소스를 많이 차지하기 때문에 객체별로 따로 연결하지 않고 딱 한 번만 연결해야 한다. 이럴 때 사용하는 것이 바로 정적 멤버이다. 물론 각 객체별로 따로 연결 핸들을 가지고 생성자에서 접속, 파괴자에서 해제하는 것도 가능하다.

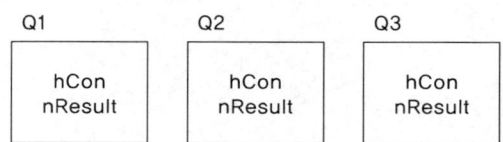

그러나 이렇게 되면 매 객체가 생성될 때마다 접속해야 하므로 느리고 용량 낭비가 심하다. 뿐만 아니

라 어떤 서버는 클라이언트당 하나의 접속만 인정하기도 하고 접속수별로 라이센스 비용을 지불해야 하는 경우도 있다. SQL 서버나 오라클 같은 대형 RDB 시스템은 최대 동시 접속수에 따라 가격 차이가 무척 심하다.

❷ 읽기 전용 자원의 초기화

객체는 스스로 동작할 수 있지만 때로는 외부의 환경이나 자원에 대한 정보를 필요로 한다. 예를 들어 정확한 출력을 위해 화면 크기를 알아야 할 경우도 있고 장식을 위해 외부에 정의된 예쁜 비트맵 리소스를 읽어야 하는 경우도 있다. 이런 정보들은 일반적으로 한 번 읽어서 여러 번 사용할 수 있는 읽기 전용이기 때문에 객체별로 이 값을 일일이 조사하고 따로 유지할 필요가 없다. 다음 예제는 화면 크기에 대한 정보를 정적 멤버로 가진다.

예제 **ReadOnlyInit**

```
#include <Turboc.h>

class Shape
{
private:
    int ShapeType;
    RECT ShapeArea;
    COLORREF Color;

public:
    static int scrx,scry;
    static void GetScreenSize();
};

int Shape::scrx;
int Shape::scry;

void Shape::GetScreenSize()
{
    scrx=GetSystemMetrics(SM_CXSCREEN);
    scry=GetSystemMetrics(SM_CYSCREEN);
}

void main()
```

```
{
    Shape::GetScreenSize();
    Shape  C,E,R;
    printf("화면 크기 = (%d,%d)\n",Shape::scrx,Shape::scry);
}
```

Shape 클래스는 화면에 도형을 그리는 클래스인데 이 클래스의 객체들은 공통적으로 현재 화면 크기에 대한 정보를 필요로 한다고 하자. 각 객체별로 scrx, scry를 가지고 생성자에서 일일이 조사할 수도 있지만 이렇게 하면 기억 공간이 낭비되며 실행 시간도 느려진다. 각 객체들은 동일한 화면에서 실행되며 각자가 조사하는 화면 크기가 다르지 않으므로 여러 번 조사할 필요가 전혀 없다.

정적 멤버 변수 scrx, scry를 만들고 이 변수의 값을 초기화하는 정적 멤버 함수 GetScreenSize() 함수를 정의한 후 main에서 객체를 생성하기 전에 딱 한 번만 이 함수를 호출하면 된다. 정적 멤버 함수이므로 생성된 객체가 없어도 호출할 수 있다. 이후 생성되는 모든 Shape 객체는 별도의 조사 과정을 거치지 않고 공유된 scrx, scry 멤버 변수를 읽는 것으로 언제든지 화면 크기를 참조할 수 있다.

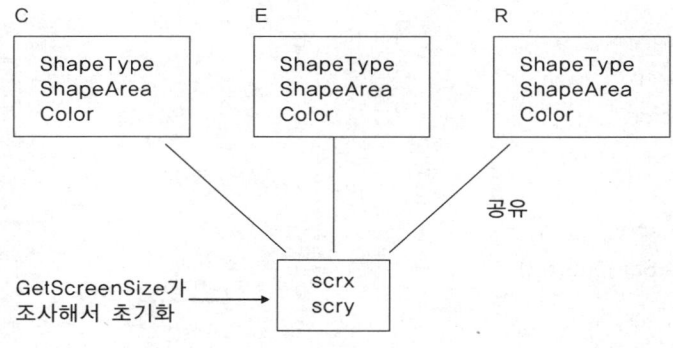

이 예제에서는 간략함을 위해 조사하기 쉬운 화면 크기 정보를 사용했는데 때로는 공유 정보가 비트맵이나 멀티미디어 파일, 대화상자 같은 덩치가 큰 자원일 수도 있다. 각 정보가 읽기 전용이 아니라 객체별로 다른 값을 가져야 하는 경우라면 얘기가 달라지겠지만 일반적으로 장식이나 정보 취득에 사용되는 자원들은 읽기 전용이며 실행 중에 값이 변하지 않는다. 이런 자원들은 반드시 정적 멤버로 관리해야 하며 그렇지 않을 경우 속도나 크기면에서 아주 불리해진다.

❸ 모든 객체가 공유해야 하는 정보 관리
중요한 계산을 하는 객체의 경우 계산에 필요한 기준값이 있을 수 있다. 예를 들어 환율이나 이자율

따위는 금융, 재무 처리에 상당히 중요한 기준값으로 작용하며 기준값에 따라 계산 결과가 달라진다. 이런 값들은 프로그램이 동작중일 때도 수시로 변할 수 있지만 일단 정해지면 모든 객체에 일관되게 적용된다. 그래서 개별 객체들이 각자 멤버로 가질 필요가 없으며 정적 멤버로 선언해 두고 공유하면 항상 최신의 기준값을 제공받게 된다. 다음은 환율을 계산하는 Exchange 클래스의 예이다.

예제 ShareInfo

```
#include <Turboc.h>

class Exchange
{
private:
    static double Rate;

public:
    static double GetRate() { return Rate; }
    static void SetRate(double aRate) { Rate=aRate; }
    double DollarToWon(double d) { return d*Rate; }
    double WonToDollar(double w) { return w/Rate; }
};
double Exchange::Rate;

void main()
{
    Exchange::SetRate(1200);
    Exchange A,B;
    printf("1달러는 %.0f원이다.\n",A.DollarToWon(1.0));
    Exchange::SetRate(1150);
    printf("1달러는 %.0f원이다.\n",B.DollarToWon(1.0));
}
```

정적 멤버 변수 Rate는 Exchange 클래스에 속해 있고 이 클래스의 모든 객체가 같이 참조한다. 누구든지 환율이 필요하면 이 값을 읽을 수 있고 또한 변경할 수 있어 관리하기가 편리하다. 만약 객체별로 환율을 따로 가지면 객체를 초기화할 때마다 현재의 기준 환율을 전달해야 하며 환율이 변했을 때 생성되어 있는 모든 객체에게 이 사실을 알려야 할 것이다. 현재 생성된 모든 객체의 목록을 유지하는 것은 생각보다 훨씬 어려운 일이다. 하나의 값은 하나의 기억 장소에 두는 것이 가장 바람직하다.

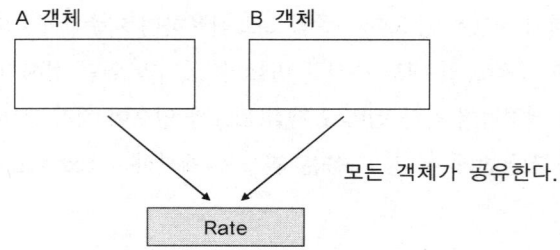

A 객체   B 객체

모든 객체가 공유한다.

Rate

   정적 멤버를 쓰는 대신 기준값을 필요로 하는 모든 멤버 함수들이 기준값을 인수로 전달받는 방법도 생각해 볼 수 있다. 하지만 이렇게 되면 클래스 외부에서 별도의 전역변수로 기준값을 저장 및 관리해야 하며 이는 캡슐화에 위배된다. 함수가 호출될 때 최신값을 인수로 제공받으므로 결과는 가장 정확하겠지만 호출할 때마다 인수를 일일이 전달하는 것은 아주 비효율적이다. 예제의 실행 결과는 다음과 같다.

```
1달러는 1200원이다.
1달러는 1150원이다.
```

   main에서 최초 정적 멤버 함수 SetRate를 호출하여 환율을 1200으로 설정했다. 이 값은 정적 멤버 변수 Rate에 저장되며 이후 생성되는 모든 Exchange 객체는 이 값을 공유한다. 중간에 환율이 변경되었다면 Exchange::SetRate() 함수로 새 기준값을 Rate에 설정하여 모든 객체들이 다음 계산에 이 값을 사용하도록 한다.

27.4 상수 멤버

27.4.1 상수 멤버

   상수 멤버는 한 번 값이 정해지면 변경될 수 없는 멤버이다. 클래스 전체에서 참조하는 중요한 상수가 있다면 이를 상수 멤버로 정의하여 클래스에 포함시킬 수 있다. 예를 들어 수학 계산을 하는 클래스에서 원주율을 자주 사용한다면 다음과 같이 상수 멤버를 정의한다.

예제 ConstMember

```
#include <Turboc.h>

class MathCalc
```

```
{
private:
    const double pie;

public:
    MathCalc(double apie) : pie(apie) { }
    void DoCalc(double r) {
        printf("반지름 %.2f인 원의 둘레 = %.2f\n",r,r*2*pie);
    }
};

void main()
{
    MathCalc M(3.1416);
    M.DoCalc(5);
}
```

원주율을 정의하는 값을 pie라는 상수 멤버로 포함시켰다. 3.1416이라는 값을 바로 쓰지 않고 상수
멤버를 사용할 때의 장점은 매크로 상수의 경우와 마찬가지로 값의 의미 파악이 쉽고 수정하기 쉽다는
점이다. 상수는 대입을 받을 수 없기 때문에 반드시 생성자의 초기화 리스트에서 초기화해야 하는데
이는 앞에서 이미 알아본 내용이다. 상수 멤버가 모든 객체에 대해 항상 같은 값을 가진다면 객체를
생성할 때마다 매번 초기화할 필요없이 정적 멤버로 선언한 후 딱 한 번만 초기화할 수도 있다.

```
class MathCalc
{
private:
    static const double pie;

public:
    MathCalc() { }
    void DoCalc(double r) {
        printf("반지름 %.2f인 원의 둘레 = %.2f\n",r,r*2*pie);
    }
};
const double MathCalc::pie=3.1416;

void main()
```

```
{
    MathCalc M;
    M.DoCalc(5);
}
```

pie 멤버 선언문 앞에 static을 붙이면 이 멤버는 클래스내의 모든 멤버가 공유하는 정적 멤버가 된다. 정적 멤버는 클래스 외부에서 다시 한 번 더 정의해야 하며 이때 초기값을 주는데 일반 정적 멤버와는 달리 상수 멤버는 선언할 때 초기값을 반드시 지정해야 한다. pie는 정적이면서도 상수라는 성질이 있어 정의할 때 초기화하지 않으면 다시는 초기화할 기회가 없다. 초기식이 외부 정의로 이동되었으므로 생성자는 더 이상 이 멤버를 초기화하지 않아도 된다.

단 이렇게 정적 상수 멤버로 선언하면 클래스 전체를 통틀어 pie가 하나만 존재하므로 각각의 MathCalc 객체는 모두 같은 상수를 공유하며 객체별로 다른 값을 가질 수 없다. 정적 상수가 아닐 때는 다음과 같이 객체별로 필요한 정밀도에 따라 다른 원주율 값을 가질 수도 있다.

```
MathCalc M1(3.14);
MathCalc M1(3.1416);
MathCalc M1(3.14159265358979);
```

상수 멤버를 초기화하는 세 번째 방법은 두 번째 방법에 초기식을 같이 지정하는 방법이다. 클래스 선언문내의 멤버 선언문에 아예 초기식을 같이 주는 것이다. 정적 상수 멤버 선언 및 정의 코드는 다음과 같이 좀 더 짧고 간단하게 수정할 수 있다.

```
class MathCalc
{
private:
    static const double pie=3.1416;

    ....
```

정적 멤버는 객체에 소속되지 않고 클래스에 소속되므로 클래스를 선언할 때 초기화할 수 있다. 이 방법은 최근에 C++ 표준에 추가된 것이어서 모든 컴파일러가 지원하지는 않는다. gcc는 이 방법을 잘 지원하며 비주얼 C++의 경우 6.0은 이 방법을 지원하지 않고 7.0 이후는 지원하되 단, 정수 멤버에 대해서만 초기값을 지정할 수 있다. 비록 최신 C++ 표준에서 허용하기는 하지만 아직까지는 호환성에 불리하므로 외부 정의를 따로 두는 것이 더 바람직하다.

사용하고자 하는 상수가 정수 타입인 경우는 상수 멤버 대신 열거 멤버를 사용할 수도 있다. 열거형 정의 문법에 따라 열거 멤버 다음에 =초기값을 줄 수 있는데 이를 이용하는 것이다. 열거 멤버의 값만 사용하는 것이므로 열거형 타입의 이름은 줄 필요가 없다. 다음의 Some 클래스는 123으로 정의된 Value 라는 열거 멤버를 가진다.

```
class Some
{
public:
    enum { Value=123 };
    ....
```

열거 멤버는 컴파일러가 컴파일 중에만 사용하며 실제로 메모리를 차지하지 않으므로 선언문 내에서도 값을 정의할 수 있다. 또는 조금 어울리지 않지만 클래스 선언문 내에 #define Value 123 같은 매크로 상수 정의문을 두는 것도 가능하다. 열거 멤버나 매크로 상수는 조금 구식이기는 하지만 정적 상수 멤버니 초기화 리스트니 하는 거창한 문법보다 솔직히 제일 속편한 방법이다. 단 열거 멤버는 정수형 상수만 표현할 수 있고 매크로 상수는 프로젝트 전체에 걸쳐 유일한 이름을 주어야 한다는 제약이 있다. 또한 매크로끼리 참조될 때 괄호를 잘 싸야 한다는 것도 항상 주의해야 한다.

정적 상수 멤버는 클래스가 소유하기 때문에 객체별로 값을 따로 가질 수는 없다. 열거형이나 매크로 상수도 마찬가지로 한 번 값이 정해지면 생성되는 모든 객체가 같은 값을 사용하는 수밖에 없다. 상수가 객체별로 다른 값을 가져야 한다면 이때 쓸 수 있는 유일한 방법은 생성자의 초기화 리스트뿐이다.

예제 ConstMemberInit

```
#include <Turboc.h>

class Enemy
{
private:
    const int Speed;

public:
    Enemy(int aSpeed) : Speed(aSpeed) { }
    void Move() {
        printf("%d의 속도로 움직인다.\n",Speed);
    }
};

void main()
{
```

```
    Enemy E1(10), E2(20);
    E1.Move();
    E2.Move();
}
```

Enemy 클래스는 게임의 적군을 표현하는 클래스인데 각 객체별로 고유한 속도를 가지되 한 번 정해진 속도가 객체 내에서 불변이라면 Speed라는 상수 멤버를 선언한다. 그리고 객체가 생성될 때 생성자를 통해 딱 한 번만 초기화한다.

27.4.2 상수 멤버 함수

상수 멤버 함수는 멤버값을 변경할 수 없는 함수이다. 멤버값을 단순히 읽기만 한다면 이 함수는 객체의 상태를 바꾸지 않는다는 의미로 상수 멤버 함수로 지정하는 것이 좋다. 클래스 선언문의 함수 원형 뒤쪽에 const 키워드를 붙이면 상수 멤버 함수가 된다. 함수의 앞쪽에서는 리턴값의 타입을 지정하기 때문에 const를 함수 뒤에 붙이는 좀 별난 표기법을 사용한다.

```
class Some
{
private:
    int Value;

public:
    int SetValue(int aValue);       // 비상수 멤버 함수
    int GetValue() const;           // 상수 멤버 함수
};
```

정수형의 Value 변수가 비공개 영역에 선언되어 있고 이 멤버값을 읽고 쓰는 Get/Set 액세스 함수들은 공개 영역에 선언되어 있다. Value를 외부에서 변경하고 싶다면 SetValue 함수를 호출하고 Value를 읽고 싶을 때는 GetValue 함수를 호출한다. 이때 GetValue는 객체의 어떠한 멤버값도 변경하지 않으므로 상수 멤버 함수이며 이 함수 원형 뒤에 const를 붙여 GetValue는 값을 읽기만 한다는 것을 컴파일러에게 확실하게 알려 준다.

상수로 선언된 객체에 대해서는 상수 멤버 함수만 호출할 수 있으며 비상수 멤버 함수는 호출할 수 없다. 왜냐하면 상수 객체는 읽기 전용이므로 어떤 멤버의 값도 변경되어서는 안되기 때문이다. 다음 예제를 보자.

```
#include <Turboc.h>

class Position
{
private:
    int x,y;
    char ch;

public:
    Position(int ax, int ay, char ach) { x=ax;y=ay;ch=ach; }
    void OutPosition() const { gotoxy(x, y);putch(ch); }
    void MoveTo(int ax, int ay) { x=ax; y=ay; }
};

void main()
{
    Position Here(1,2,'A');
    Here.MoveTo(20,5);
    Here.OutPosition();

    const Position There(3,4,'B');
    There.MoveTo(40,10);          // 에러 발생
    There.OutPosition();
}
```

　문자를 출력하는 OutPosition 함수는 값을 읽기만 하므로 const로 선언되어 있고 MoveTo 함수는 위치를 옮기기 위해 x, y 멤버의 값을 변경하므로 const가 아니다. 만약 MoveTo를 const로 지정하면 상수를 변경할 수 없다는 에러로 처리된다. 객체의 값을 조금이라도 변경하는 함수는 상수 멤버 함수로 지정하지 말아야 한다. const로 선언된 OutPosition에 x++ 따위의 코드를 작성하면 상수 멤버 함수가 객체의 상태를 변경하려고 했으므로 역시 에러로 처리될 것이다. 단, 상수 멤버 함수라도 정적 멤버 변수의 값은 변경할 수 있는데 정적 멤버는 객체의 소속이 아니며 객체의 상태를 나타내지도 않기 때문이다.

　main의 테스트 코드를 보자. Here는 비상수 객체로 선언되었으므로 OutPosition으로 문자를 출력함은 물론 MoveTo로 위치를 옮길 수도 있다. 그러나 There는 상수 객체로 선언되었으므로 상수 멤버 함수인 OutPosition만 호출할 수 있으며 MoveTo 호출문은 에러로 처리된다. 이 문장이 에러로 처리되는 이유는 다음 문장이 에러로 처리되는 이유와 동일하다.

```
const int i=5;
i=8;                    // 에러
```

상수에 어떤 값을 대입하여 변경할 수 없는 것과 마찬가지로 상수 객체의 상태를 변경하는 함수를 호출하는 것도 불가능하다. 비상수 멤버 함수가 받는 객체 포인터 this는 Position * const형이며 this 자체는 상수이지만 this가 가리키는 대상은 상수가 아니다. 반면 상수 멤버 함수가 받는 객체 포인터 this는 const Position * const형이며 this도 상수이고 this가 가리키는 대상도 상수이다. 결국 상수 멤버 함수의 제일 끝에 붙는 const는 이 함수로 전달되는 숨겨진 인수 this의 상수성을 지정한다.

컴파일러는 멤버 함수의 코드를 읽어보고 멤버값을 변경하는지 아닌지를 정확하게 판단할 수 없다. 멤버의 값을 변경하는 방법에는 직접적인 대입만 있는 것이 아니라 포인터를 통한 간접 변경, 함수 호출을 통한 변경 등 여러 가지 변칙적인 방법들이 많기 때문에 함수의 내용만으로 상수성을 정확하게 판단하는 것은 불가능하다. 그래서 상수 멤버 함수인지 아닌지는 개발자가 판단해서 지정해야 한다. 만약 OutPosition의 원형에 const를 빼 버리면 There.OutPosition() 호출조차도 에러로 처리된다. 왜냐하면 컴파일러는 OutPosition 함수가 멤버값을 변경할 수도 있다고 생각하기 때문이다.

어떤 멤버 함수가 값을 읽기만 하고 바꾸지는 않는다면 const를 붙이는 것이 원칙이며 이 원칙대로 클래스를 작성해야 한다. 그러나 이 책의 예제들은 예제로서의 간략함을 위해 종종 이 원칙을 무시하고 있는데 절대로 본받지 말아야 한다. 예제는 다루고 있는 주제의 핵심을 보여야 하기 때문에 불가피하게 모든 원칙을 준수하기 어렵다. 만약 원칙을 어기면 상수 객체에 대해서 비상수 멤버 함수를 호출할 수 없게 된다. 다음과 같은 함수의 경우를 보자.

```
void func(const Position *Pos);
```

이 함수로 전달되는 Pos는 상수 지시 포인터이므로 *Pos는 func 함수 안에서 상수 객체이다. 따라서 Pos 객체에 대해서는 상수 멤버 함수만 호출할 수 있다. MoveTo로 위치를 옮길 수 없으며 OutPosition 이 상수 멤버 함수로 지정되어 있지 않다면 문자를 출력하는 것도 불가능해진다. 이런 경우에도 잘 동작하려면 원칙대로 멤버값을 바꾸지 않는 함수는 상수 멤버 함수로 지정해야 한다.

함수의 상수성은 함수 원형의 일부로 포함된다. 그래서 이름과 인수 목록이 같더라도 const가 있는 함수와 그렇지 않은 함수를 오버로딩할 수 있다. 즉, 다음 두 함수는 이름과 취하는 인수가 같더라도 다른 함수로 인식된다.

```
void func(int a, double b, char c) const;
void func(int a, double b, char c);
```

사실 이는 지극히 당연한 규칙인데 인수의 상수성이 오버로딩 조건이 되므로 const인 this와 그렇지 않은 this를 받는 함수도 당연히 중복 정의할 수 있다. 다음 두 함수가 중복 정의 가능한 것과 같은 이유라고 이해하면 된다.

```
void func(const char *p);
void func(char *p);
```

컴파일러는 상수 객체에 대해서는 위쪽의 상수 멤버 함수를 호출할 것이고 그렇지 않은 경우는 아래쪽의 비상수 멤버 함수를 호출할 것이다. 객체가 상수일 때와 그렇지 않을 때의 처리를 다르게 하고 싶다면 두 타입의 함수를 따로 제공하는 것도 가능하다. const와 비슷한 지정자인 volatile도 마찬가지로 함수 원형의 일부이다.

27.4.3 mutable

mutable은 C++에 새로 추가된 키워드인데 영어 뜻 그대로 번역하면 변덕스럽다는 뜻이다. 상수의 반대 의미로 사용되며 "수정 가능" 정도로 이해하면 된다. mutable로 지정된 멤버는 상수 함수나 상수 객체에 대해서도 값을 변경할 수 있다. 객체의 상태를 표현하는 중요한 멤버가 아닐 때 이 속성을 사용한다. 잘 쓰이지 않으므로 간단한 예제 하나만 만들어 보자.

예제 **mutable**

```
#include <Turboc.h>

class Some
{
private:
    mutable int v;

public:
    Some() { }
    void func() const { v=0; }
};

void main()
{
    Some S;
    S.func();
```

```
    const Some T;
    T.func();
}
```

func 함수는 상수 멤버 함수로 선언되었지만 멤버 변수 v의 값을 변경할 수 있다. v가 상수 멤버 함수에서도 값을 변경할 수 있는 mutable로 선언되었기 때문이다. 만약 mutable을 빼 버리면 상수 함수에서는 멤버값을 변경할 수 없다는 에러로 처리된다. T는 상수 객체로 선언되었지만 마찬가지로 v를 변경할 수 있다.

mutable은 상수 멤버 함수나 상수 객체의 상수성을 완전히 무시해 버린다. 변수는 본질적으로 값을 마음대로 바꿀 수 있지만 const에 의해 값 변경이 금지된다. mutable은 이런 const의 값 변경 금지 기능을 금지하여 값 변경을 다시 허용하는 복잡한 지정을 한다. 도대체 이런 지정이 왜 필요할까?

객체에 상수성을 주는 이유는 객체의 상태가 우발적으로 변경되는 것을 금지하여 안정성을 높이자는 취지이다. 그런데 때로는 객체의 멤버이면서도 객체의 상태에 포함되지 않는 멤버가 존재하기도 하는데 예를 들어 값 교환을 위한 임시 변수가 이에 해당한다. 또는 i, j 같은 통상적인 루프 제어 변수도 객체의 상태라고 볼 수 없으며 디버깅을 위해 임시적으로 추가된 멤버도 mutable이어야 한다. 예를 들어 객체 상태를 출력해 보기 위한 문자열 버퍼를 멤버로 잠시 선언했다면 이 버퍼는 객체의 주요 멤버 변수에 포함되지 않는다. 다음 예제를 보자.

예제   **mutableinfo**

```
#include 〈Turboc.h〉

class Position
{
private:
    int x,y;
    char ch;
    mutable char info[256];

public:
    Position(int ax, int ay, char ach) { x=ax;y=ay;ch=ach; }
    void OutPosition() const { gotoxy(x, y);putch(ch); }
    void MoveTo(int ax, int ay) { x=ax; y=ay; }
    void MakeInfo() const { sprintf(info,"x=%d, y=%d, ch=%c",x,y,ch); }
    void OutInfo() const { puts(info); }
```

```
};

void main()
{
    const Position Here(11,22,'Z');
    Here.MakeInfo();
    Here.OutInfo();
}
```

객체의 현재 상태를 문자열로 출력하기 위해 info라는 문자열 버퍼를 멤버 변수로 선언했으며 이 버퍼에 상태를 조립하는 MakeInfo와 OutInfo 함수를 선언했다. Position 클래스는 워낙 간단해서 상태를 조사하는 것이 아주 쉽지만 복잡한 클래스는 상태가 수시로 변하며 특정 시점의 상태를 즉시 조사하기 힘든 경우도 있어 미리 조사해 두어야 한다. 이때 info는 객체 자체의 상태가 아니라 속도 향상을 위한 임시적인 캐시 정보일 뿐이며 원한다면 언제든지 다시 조사할 수 있다. 객체의 속성이 아닌 멤버에 대해 예외적으로 아무나 값을 변경할 수 있도록 하는 장치가 바로 mutable이다. 위 예제에서 info가 mutable이 아니라면 MakeInfo는 상수 멤버 함수가 될 수 없으며 상수 객체에 대해서는 정보를 조사하거나 출력하는 것이 불가능해질 것이다.

이상으로 상수 멤버에 대해 연구해 보았다. 상수의 개념이 도입된 이유는 변경하지 말아야 할 값을 잘못 변경하는 우발적인 사고를 방지하여 골치아픈 버그의 원인을 원천적으로 차단하기 위해서이다. const 키워드는 컴파일러가 컴파일을 할 때만 참조하므로 결과 프로그램의 크기나 성능에는 아무런 영향을 주지 않는다. 컴파일러에게 가급적 상세한 정보를 제공하면 실행 중에 우연히 발생할 수 있는 에러를 컴파일할 때 미리 알 수 있게 된다. 컴파일 에러는 발견 즉시 원인을 파악하고 수정할 수 있으므로 실행 중의 에러보다 훨씬 더 수정하기 쉽고 말썽을 부릴 여지도 낮다.

값을 변경하지 않는 멤버 함수나 함수 내부에서 변경되지 않는 인수에 대해 일일이 const를 붙이는 것은 무척이나 번거로운 일이다. 일단 상수를 사용하면 프로젝트내의 모든 함수들이 상수 규칙을 지키도록 수정되어야 한다. 가령 func(int a) 함수가 a를 변경하지 않는다 하여 func(const int a)로 원형을 바꾸면 func 함수가 a와 함께 호출하는 함수들도 상수를 받아들이도록 수정되어야 한다. 그 외에 상수를 사용하면 귀찮아지는 점들도 많이 있다.

하지만 분명한 것은 처음부터 원칙대로 상수 지정을 제대로 하게 되면 확실히 프로그램의 안전성이 높아진다는 것이다. 바꿀 수 없는 값 또는 상황에 대해 const를 붙여 미리 신고해 두면 개발자의 실수나 논리적인 설계 오류에 의한 사고 발생시 컴파일러가 적극적으로 신속하게 잘못을 알려 준다.

27.5 클래스 실습

27.5.1 DArray 클래스

19장에서 가장 기초적인 자료 구조의 하나인 동적 배열을 작성해 보았다. 몇 개의 전역변수와 배열 관리 함수들만 작성해 놓으면 실행 중에 크기를 원하는 만큼 늘릴 수 있으며 배열 중간에도 삽입, 삭제가 가능해서 여러 모로 유용하다. 그런데 전역변수와 관리 함수들이 흩어져 있어서 재사용하기가 조금 번거로운 면이 있었다.

여기서는 동적 배열을 하나의 클래스 안에 캡슐화해 보기로 하자. 구조적 프로그래밍 기법으로 작성한 동적 배열이 어떻게 클래스로 변환되는지 볼 수 있을 것이다. 별다른 기능 추가는 없이 19장에서 만들었던 동적 배열을 그대로 C++로 옮기기만 한다. 다음이 결과 코드이다.

예제 DArray

```
#include <Turboc.h>
#include <iostream>
using namespace std;

#define ELETYPE int
class DArray
{
protected:
    ELETYPE *ar;
    unsigned size;
    unsigned num;
    unsigned growby;

public:
    DArray(unsigned asize=100, unsigned agrowby=10);
    ~DArray();
    void Insert(int idx, ELETYPE value);
    void Delete(int idx);
    void Append(ELETYPE value);

    ELETYPE GetAt(int idx) { return ar[idx]; }
    unsigned GetSize() { return size; }
    unsigned GetNum() { return num; }
    void SetAt(int idx, ELETYPE value) { ar[idx]=value; }
```

```cpp
    void Dump(char *sMark);
};

DArray::DArray(unsigned asize, unsigned agrowby)
{
    size=asize;
    growby=agrowby;
    num=0;
    ar=(ELETYPE *)malloc(size*sizeof(ELETYPE));
}

DArray::~DArray()
{
    free(ar);
}

void DArray::Insert(int idx, ELETYPE value)
{
    unsigned need;

    need=num+1;
    if (need > size) {
        size=need+growby;
        ar=(ELETYPE *)realloc(ar,size*sizeof(ELETYPE));
    }
    memmove(ar+idx+1,ar+idx,(num-idx)*sizeof(ELETYPE));
    ar[idx]=value;
    num++;
}

void DArray::Delete(int idx)
{
    memmove(ar+idx,ar+idx+1,(num-idx-1)*sizeof(ELETYPE));
    num--;
}

void DArray::Append(ELETYPE value)
{
    Insert(num,value);
}
```

```
void DArray::Dump(char *sMark)
{
    unsigned i;
    cout << sMark << " => 크기=" << size << ",개수=" << num << " : ";
    for (i=0;i<num;i++) {
        cout << GetAt(i) << ' ';
    }
    cout << endl;
}

void main()
{
    DArray ar;
    int i;

    for (i=1;i<=8;i++) ar.Append(i);ar.Dump("8개 추가");
    ar.Insert(3,10);ar.Dump("10 삽입");
    ar.Insert(3,11);ar.Dump("11 삽입");
    ar.Insert(3,12);ar.Dump("12 삽입");
    ar.Delete(7);ar.Dump("요소 7 삭제");
}
```

클래스 이름은 동적 배열을 의미하는 DArray로 붙였다. 전역변수로 존재하던 ar, size, num, growby 등 배열의 주요 속성값들을 DArray 클래스의 멤버 변수로 포함(캡슐화)하되 보호 영역에 배치하여 외부에서 이 값을 함부로 건드리지 못하도록(정보 은폐) 했다. 비공개 영역(private)이 아닌 보호영역 (protected)에 이 멤버를 선언한 것은 상속을 고려해서이다.

구조체를 초기화하던 InitArray 함수의 기능은 생성자로 옮겨졌으며 사용자가 깜박 잊고 배열을 초기화하지 않는 실수를 원천적으로 차단했다. DArray 객체를 만들 때 반드시 배열의 최초 할당 크기와 여유분을 지정해야 하며 만약 생략할 경우 디폴트 인수에 따라 100, 10이 강제로 적용된다. 배열을 해제하는 기능은 파괴자로 옮겨졌으며 사용자가 혹시라도 UnInitArray 호출을 까먹더라도 메모리 누수는 발생하지 않는다.

나머지 Insert, Delete, Append 함수의 코드는 19장의 예제와 완전히 동일하며 배열의 내용을 출력하는 Dump 함수만 약간 수정했다. printf로는 임의의 타입을 출력할 수 없으며 타입에 따라 %d, %f 등 서식을 바꿔야 하는 불편함이 있으므로 좀 더 범용적이고 객체 지향적인 cout으로 출력 방법을 바꾸었다. 참조하는 대상이 전역변수가 아니라 객체의 멤버 변수이므로 이제 여러 개의 동적 배열을 동시에 사용할 수 있게 되었다. main에서는 DArray 객체 ar을 선언하고 이 배열에 값을 추가, 삽입, 삭제해 보았다. 실행결과는 다음과 같다.

```
   8개 추가 => 크기=100,개수=08 :  1  2  3  4  5  6  7  8
   10 삽입 => 크기=100,개수=09 :  1  2  3 10  4  5  6  7  8
   11 삽입 => 크기=100,개수=10 :  1  2  3 11 10  4  5  6  7  8
   12 삽입 => 크기=100,개수=11 :  1  2  3 12 11 10  4  5  6  7  8
요소 7 삭제 => 크기=100,개수=10 :  1  2  3 12 11 10  4  6  7  8
```

객체를 쓰지 않았을 때와 결과는 동일하다. 하지만 코드를 비교해 보면 객체 버전이 훨씬 더 사용하기 쉽고 안정적이라는 것을 알 수 있다. 적절하게 정보를 은폐하고 있고 객체를 생성하는 것만으로 동적 배열이 초기화되며 멤버 함수도 훨씬 더 직관적이다. 또한 DArray.h 헤더 파일에 클래스를 선언하고 DArray.cpp 구현 파일에 멤버 함수를 작성해 놓으면 이 두 파일만 복사함으로써 임의의 프로젝트에서 DArray를 재사용할 수 있다. 또한 각 객체가 ar, size, num 따위의 동적 배열 관리에 필요한 모든 멤버를 가지고 있으므로 두 개 이상의 동적 배열을 동시에 사용할 수도 있다. 이 변수들이 전역이었을 때는 단 하나의 동적 배열만 사용할 수 있었다.

물론 여기서 만든 DArray는 기능적으로 완벽하지는 않아서 실용적으로 쓰기에는 아직도 부족한 점이 많다. 우선 아직도 요소의 타입을 지정하기 위해 ELETYPE이라는 매크로를 사용한다는 점이 조금 못마 땅한데 이 매크로의 역할은 차후 템플릿으로 대체할 수 있다. 배열끼리 복사, 연결하는 기능, 검색, 정렬 등의 다양한 기능들도 더 요구되는데 멤버 함수를 늘리기만 하면 이런 기능은 쉽게 확장할 수 있다.

또한 아직 malloc, free 함수를 사용하기 때문에 단순 타입의 배열을 다룰 수는 있지만 객체의 배열을 다루기에는 부적절하다. 객체의 배열을 다룰 수 있도록 하려면 new/delete 연산자로 할당 및 해제해야 하며 삽입할 때 생성자를 호출하고 삭제할 때 파괴자를 호출해야 한다.

과제 DArrayCopy

DArray 예제의 main 함수 끝에 다음 두 줄을 삽입해 보아라.

```
void main()
{
    ....
    DArray ar2=ar;
    ar2.Dump("복사해서 만든 ar2 객체");
}
```

ar 객체로부터 ar2를 만든 후 출력해 보았다. 출력은 제대로 되지만 프로그램이 종료할 때 다운되는데 문제의 원인을 설명하고 다운되지 않도록 해결해 보아라.

27.5.2 지구와 태양

9장에서 배열을 공부할 때 미리 계산된 값을 배열에 저장하는 예를 보이기 위해 지구가 태양 주위를 공전하는 예제를 만들어 본 적이 있다. 이 예제에서 지구와 태양은 고유의 속성과 동작을 가지는 객체로 표현할 수 있다. 똑같은 동작을 하는 예제를 다음과 같이 객체 지향적으로 다시 작성해 보자.

예제 **EarthObject**

```
#include <Turboc.h>
#include <math.h>

class Sun
{
private:
    int x,y;
    char ch;

public:
    Sun(int ax,int ay,char ach) : x(ax),y(ay),ch(ach) {;}
    void Show() {
        gotoxy(x,y);putch(ch);
    }
    void Hide() {
        gotoxy(x,y);putch(' ');
    }
    int GetX() const { return x; }
    int GetY() const { return y; }
};

class Earth
{
private:
    int r;
    int x,y;
    char ch;
    const Sun *pSun;

public:
    Earth(int ar,char ach,Sun *apSun) : r(ar),ch(ach),pSun(apSun) {;}
```

```
        void Revolve(double angle) {
             Hide();
             x=int(cos(angle*3.1416/180)*r*2);
             y=int(sin(angle*3.1416/180)*r);
             Show();
        }
        void Show() {
             gotoxy(pSun->GetX()+x,pSun->GetY()+y);putch(ch);
        }
        void Hide() {
             gotoxy(pSun->GetX()+x,pSun->GetY()+y);putch(' ');
        }
};

void main()
{
    Sun S(40,12,'S');
    Earth E(10,'E',&S);

    clrscr();
    S.Show();
    for (double angle=0;!kbhit();angle+=10) {
         E.Revolve(angle);
         delay(100);
    }
}
```

Sun 클래스가 태양을 표현하는데 속성으로 좌표와 문자를 가진다. 텍스트 환경에서 태양을 표현하려다 보니 하나의 단일 문자로 출력할 수밖에 없는데 그래픽 환경이라면 이글이글 불타는 태양 모양을 그릴 수도 있고 흑점이나 폭발하는 코로나 따위를 그려 넣을 수도 있을 것이다. 이상의 속성들은 외부에서는 마음대로 건드릴 수 없도록 숨겨져 있다.

생성자는 인수로 전달받은 정보대로 이 속성들을 초기화하는데 초기화 리스트를 사용한 단순한 대입문들 뿐이다. Show, Hide 멤버 함수는 스스로를 보이거나 숨기는데 객체가 가진 좌표로 이동한 후 태양을 상징하는 문자 또는 공백을 출력한다. 이 외에 태양의 숨겨진 좌표 멤버를 조사하는 GetX, GetY 액세스 함수를 제공하는데 이 함수들은 값을 조사하기만 할 뿐 변경하지는 않으므로 상수 함수로 선언되었다. 태양은 위치가 한 번 정해지면 이동할 수 없으므로 값을 변경하는 함수는 제공되지 않으며 좌표는 읽기 전용이다. 물론 이 프로그램이 은하계를 표현한다면 문제가 달라지겠지만 말이다.

Show, Hide 멤버 함수도 구문상 객체의 상태를 변경하지는 않으므로 상수 함수로 만들 수 있지만 의미상으로는 보이기 상태를 변경하므로 상수 함수로 보지 않는 것이 타당하다. 만약 현재 태양의 보기 상태를 기억하는 bVisible 따위의 멤버 변수가 새로 추가된다면 Show, Hide가 이 변수의 상태를 변경하므로 이때는 상수 함수가 될 수 없다.

Earth 클래스는 지구를 표현하는데 좌표, 문자 외에도 공전 궤도의 반지름 그리고 자신이 공전해야할 중심 좌표를 얻기 위해 태양 객체의 포인터를 멤버 변수로 가진다. 지구는 태양으로부터 중심 좌표만을 얻으며 태양을 직접 조작하지는 않으므로 pSun은 상수 지시 포인터로 선언되었다. 지구의 입장에서 볼 때 태양은 주어진 환경일 뿐이지 조작 대상은 아니다. 지구가 태어날 때부터 누구 주위를 돌 지 숙명적으로 결정되는 것이지 잘 돌다가 태양이 마음에 들지 않는다고 직녀성이나 북극성으로 이사를 갈 수는 없다. 아마 이사가는 도중에 다 얼어 죽어 버릴 것이다. 상수 멤버인 pSun은 반드시 초기화 리스트에서 초기화해야 하며 실행 중에 변경할 수 없다.

멤버 함수로는 생성자, Show, Hide 그리고 주어진 각도의 공전 위치로 이동하는 Revolve 함수가 정의되어 있다. Revolve 함수가 각도와 공전 반지름을 수학식에 대입하여 현재 공전 위치 x, y를 구하는 방법을 구현하고 있으므로 객체를 쓰는 쪽에서는 이 공식에 대해서 몰라도 상관없다. Show, Hide 멤버 함수는 태양의 좌표에 현재 공전 위치를 더해 지구 좌표를 구하는데 이때 pSun->GetX(Y) 함수를 자유롭게 호출할 수 있는 이유는 이 함수들이 상수 함수이기 때문이다. 만약 GetX(Y) 함수가 상수성을 가지지 않는다면 pSun 상수 지시 포인터로부터 이 함수들을 호출할 수 없다.

이렇게 객체를 만들어 놓으면 클라이언트 코드에서 태양과 지구를 표현하는 것은 아주 쉽다. 적당한 좌표에 적당한 문자로 태양 S와 지구 E를 만들고 루프를 돌리면서 지구를 계속 공전시키기만 하면 된다. 만약 지구의 자전도 표현하고 싶다면 Rotate 멤버 함수를 만들고 자전과 공전을 동시에 하는 좀 더 사실적인 지구 클래스를 만들 수도 있지만 안타깝게도 콘솔 환경의 표현력이 섬세하지 못해 그렇게까지는 하지 못했다.

이 예제는 구조적으로 작성된 원본 예제 Revolution1보다 길이가 훨씬 더 길어졌지만 main 함수의 코드는 훨씬 더 짧다. 한 번 만들어 놓은 객체가 재사용될 수 있다는 점을 감안하면 개발 속도는 이 예제가 더 빠르다고 할 수 있다. 왜냐하면 Sun, Earth를 반드시 직접 만들어야 하는 것이 아니라 이미 만들어진 것을 가져와 재사용할 수도 있기 때문이다.

과 제 MoonObject

> 태양과 지구를 객체로 표현할 수 있다면 똑같은 방법으로 지구 주위를 공전하는 달도 만들 수 있을 것이다. 달을 객체로 만들어 지구 주위를 공전하도록 해 보아라.

27.5.3 MatrixOop

다음은 14장에서 만들었던 Matrix 예제를 객체 지향 버전으로 바꿔 보자. 많은 신호들이 동시에 각각 다른 속도로 움직이는데 이 신호들을 클래스로 정의한 후 클래스의 배열을 만듦으로써 똑같은 프로그램을 만들 수 있다. 생성 빈도와 속도를 조절하는 기능은 빼고 신호를 움직이는 코드만 다시 작성해 보자.

예제 **MatrixOop**

```
#include <Turboc.h>
#define MAX 1024

class Signal
{
private:
    bool exist;          // 신호의 존재 여부
    char ch;             // 출력할 문자
    int x,y;             // 현재 좌표
    int distance;        // 이동할 거리
    int nFrame;          // 속도
    int nStay;           // 속도에 대한 카운트
    void Hide() { gotoxy(x,y);putch(' '); }
    void Show() { gotoxy(x,y);putch(ch); }

public:
    Signal() { exist=false; }
    bool IsExist() const { return exist; }
    void Generate(char ach=' ',int adistance=0,int anFrame=0);
    void Move();
};

void Signal::Generate(char ach/*=' '*/,int adistance/*=0*/,int anFrame/*=0*/) {
    exist=true;
    if (ach == ' ') {
        ch=random('Z'-'A'+1)+'A';
    } else {
        ch=ach;
    }
    x=random(80);
    y=0;
```

```
        if (adistance == 0) {
                distance=random(14)+9;
        } else {
                distance = adistance;
        }
        if (anFrame == 0) {
                nFrame=nStay=random(15)+5;
        } else {
                nFrame=nStay=anFrame;
        }
        Show();
}

void Signal::Move() {
    if (--nStay == 0) {
            nStay=nFrame;
            Hide();
            if (++y < distance) {
                    Show();
            } else {
                    exist=false;
            }
    }
}

void main()
{
    Signal S[MAX];
    int i;

    for (clrscr(),randomize();!kbhit();delay(5)) {
            // 새로운 신호 생성
            if (random(15) == 0) {
                    for (i=0;i<MAX;i++) {
                            if (!S[i].IsExist()) {
                                    S[i].Generate();
                                    break;
                            }
                    }
            }
```

```
    // 주기가 다 된 신호 이동 및 제거 처리
    for (i=0;i<MAX;i++) {
        if (S[i].IsExist()) {
            S[i].Move();
        }
    }
}
```

Signal 클래스가 바로 신호를 표현하는 클래스인데 원본 구조체와 거의 비슷하다. 모든 멤버를 그대로 가지되 단 BOOL 타입은 C++에 새로 추가된 bool 타입으로 바꾸었다. C++스럽게 작성하기 위해 C++의 고유 타입으로 바꾸었을 뿐이며 굳이 바꾸지 않아도 잘 동작한다. 생성자에서는 exist를 false로 초기화하여 최초 존재하지 않는 상태로 생성된다. IsExist 함수는 이 객체가 존재하는지 아닌지 만을 조사한다.

Generate 멤버 함수는 신호를 새로 만드는데 모든 속성을 무조건 난수로 고르지 않고 호출측에서 값을 지정하지 않을 경우에만 난수를 쓰도록 했다. 이를 위해 디폴트 인수로 특이값을 전달하도록 했는데 특이값인 경우는 난수로 적당한 값을 알아서 선택하고 그렇지 않을 경우는 객체를 사용하는 쪽이 지정한 값을 사용하도록 했다. 이때 특이값은 정상적인 조건에서는 선택될 수 없는 값이어야 한다. 예를 들어 문자는 공백인 경우를 특이값으로 사용하고 프레임 수는 0일 때를 특이값으로 사용한다.

Move 멤버 함수는 nStay를 감소시키면서 적당한 때가 되면 신호를 이동시키고 끝까지 이동했을 때 신호를 소멸시키는 역할을 한다. 신호를 이동시킬 때는 Hide 함수로 숨기고 Show 함수로 다시 보이도록 하는데 이 두 함수는 Generate와 Move에서만 호출하므로 외부로는 공개하지 않았으며 프라이비트 영역에 두었다. 그래서 외부에서 이 객체를 볼 때는 생성, 이동, 존재 여부에만 관심을 가지면 된다.

main에서는 키를 누를 때까지 적당한 속도로 무한 루프를 돌면서 존재하지 않는 신호를 주기에 맞게 만들고 존재하는 신호를 이동시키기만 하면 된다. 그것도 직접 할 필요없이 Signal 객체의 멤버 함수만 호출하면 객체가 알아서 동작한다. 코드의 많은 부분이 클래스로 이동되었으므로 main은 Signal 객체들만 잘 관리하면 된다. 만약 이조차도 클라이언트에게 부담을 지우고 싶지 않다면 Signal 객체의 집합을 관리하는 별도의 클래스를 하나 더 만들면 된다.

예제 SignalManager

```
===================== Signal 클래스는 앞 예제와 같음 =====================

class SignalManager
{
```

```cpp
private:
    Signal *S;
    const int Max;
    int Freq;
    mutable int i;

public:
    SignalManager(int aMax,int aFreq) : Max(aMax),Freq(aFreq) {
        randomize();
        S=new Signal[Max];
    }
    ~SignalManager() { delete [] S; }
    void Generate(char ach=' ',int adistance=0,int anFrame=0) {
        if (random(Freq) == 0) {
            for (i=0;i<Max;i++) {
                if (!S[i].IsExist()) {
                    S[i].Generate(ach,adistance,anFrame);
                    break;
                }
            }
        }
    }
    void Move() {
        for (i=0;i<MAX;i++) {
            if (S[i].IsExist()) {
                S[i].Move();
            }
        }
    }
};

void main()
{
    SignalManager SM(MAX,15);

    for (clrscr();!kbhit();delay(5)) {
        SM.Generate();
        SM.Move();
    }
}
```

SignalManager 클래스는 Signal 객체 배열을 관리하는 클래스이다. 객체의 최대 개수는 상수 멤버 Max로 지정하며 발생 빈도는 Freq 멤버로 기억한다. 최대 개수는 잘 변하지 않으므로 상수로 선언했고 빈도는 실행 중에라도 바꿀 수 있으므로 일반 멤버로 선언했는데 정책에 따라 멤버의 상수성은 얼마든지 변경할 수 있다. 클라이언트가 원하는 최대 신호 개수만큼의 배열을 관리해야 하므로 Signal의 정적 배열을 선언하지 않고 포인터를 선언한 후 동적으로 할당한다.

생성자는 최대 개수와 발생 빈도를 인수로 전달받아 멤버 변수를 초기화하고 Max개수만큼 Signal 객체의 배열을 할당하여 초기화했다. 이 과정에서 Signal 객체의 디폴트 생성자가 호출되어 exist는 false로 초기화될 것이다. 만약 Signal 클래스가 디폴트 생성자를 제공하지 않는다면 이런 배열 선언문은 성립되지 않는다. SignalManager의 생성자는 또한 난수 발생기도 초기화하여 클라이언트의 부담을 조금이라도 덜어주고 있다.

Generate 멤버 함수는 Freq가 지정하는 확률로 배열상의 빈 칸을 찾아 신호를 새로 생성하며 Move는 존재하는 모든 신호를 찾아 이동시킨다. 이 두 함수는 루프를 돌리기 위해 제어 변수가 하나 필요한데 이 변수를 클래스의 멤버로 포함시켜 두었다. 이 함수들 외에도 배열을 순회하는 다른 함수들도 많이 필요할 것이므로 매 함수마다 지역변수를 선언하는 것보다 객체에 딱 하나의 제어 변수만 두기로 한 것이다. 단, 이 변수는 객체 상태와는 거리가 먼 임시 변수에 불과하므로 mutable 지정하여 상수 함수도 이 값을 바꾸는 것을 허락한다.

관리 객체가 이런 잡스러운 일들을 다 하므로 main 함수는 이제 루프를 돌며 관리 객체에게 일을 시키기만 하면 된다. 이 클래스를 사용하는 클라이언트는 최대 개수와 발생 빈도를 지정하고 루프만 돌리면 되므로 불과 몇 줄만 작성해도 쉽게 프로그램을 완성할 수 있다. 콘솔 프로젝트를 가정하고 만든 클래스이다 보니 루프를 돌리는 처리는 제어권을 가지고 있는 main에서 직접 해야 하는데 멀티태스킹 환경에서는 제어권 조차도 클래스에 캡슐화할 수 있다. 예를 들어 윈도우즈 환경이라면 객체가 직접 타이머를 설치하거나 스레드를 생성하고 일정한 주기로 알아서 동작하는 것이 가능하며 이렇게 되면 SM 객체를 생성하는 것만으로 모든 처리가 완료된다. 과연 재사용 가능한지 이 클래스를 사용하는 다른 예제를 하나 더 만들어 보자.

예제 **InsertCoin**

```
================= SignalManager 클래스까지 앞 예제와 같음 =================

class BlinkMessage
{
private:
    bool bShow;
    int x,y;
    char *Mes;
```

```cpp
        int nFrame,Freq;

public:
    BlinkMessage(int ax,int ay,char *aMes,int anFrame) : x(ax),y(ay),nFrame(anFrame) {
        bShow=false;
        Freq=anFrame;
        Mes=(char *)malloc(strlen(aMes)+1);
        strcpy(Mes,aMes);
    }
    ~BlinkMessage() {
        free(Mes);
    }
    void Blink();
};

void BlinkMessage::Blink() {
    int i;
    Freq--;
    if (Freq == 0) {
        Freq=nFrame;
        if (bShow) {
            gotoxy(x,y);
            for (i=0;i<(int)strlen(Mes);i++) {
                putch(' ');
            }
        } else {
            gotoxy(x,y);puts(Mes);
        }
        bShow=!bShow;
    }
}

void main()
{
    SignalManager SM(MAX,15);
    BlinkMessage M(28,10,"I N S E R T    C O I N",20);

    for (clrscr();!kbhit();delay(5)) {
        SM.Generate('.',23,15);
        SM.Move();
```

```
        M.Blink();
    }
}
```

이 예제는 게임의 시작 화면을 흉내낸다. 게임을 하고 싶으면 동전을 넣으라는 메시지를 출력하는데 배경에 별들이 이동하는 듯한 스크롤 화면을 그려 넣었다. 실행 중의 모습은 다음과 같다.

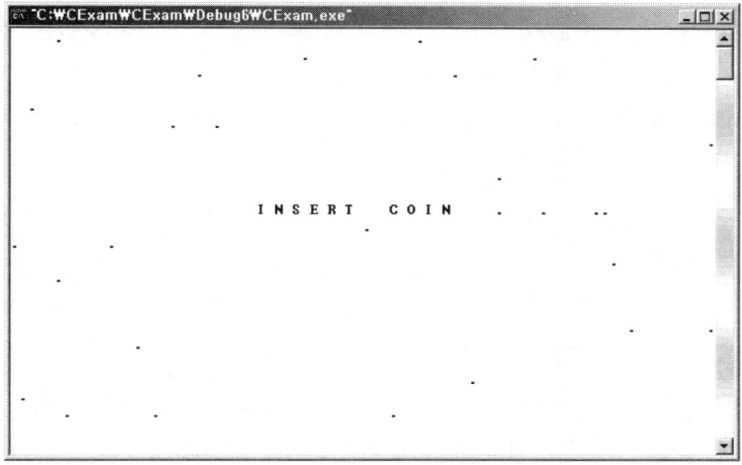

이런 화면을 만들고 싶을 때 SignalManager 클래스를 재사용할 수 있는데 이 클래스와 포함된 객체인 Signal 클래스의 소스는 단 한 줄도 고치지 않고 그대로 가져와 재사용했다. 이 예제는 또한 깜박이는 문자 표현을 위해 BlinkingMessage라는 클래스를 정의하는데 일정한 주기가 되면 나타났다 사라졌다를 반복하는 클래스이다. 메시지의 내용과 좌표, 깜박임 주기는 객체를 생성하는 곳에서 선택할 수 있도록 하여 활용성을 높였다.

이 예제를 보면 클래스의 재사용성이 얼마나 우수한가를 직감적으로 느낄 수 있다. 더 다양한 곳에 이 클래스들을 두루 활용하고 싶다면 좀 더 치밀한 일반화가 필요한데 예를 들면 신호의 이동 방향이나 속도까지도 클라이언트가 결정할 수 있도록 한다면 더 좋을 것이다. 모든 경우를 고려한 일반화는 쉽지 않은 작업이지만 일단 만들어 놓기만 하면 쓰는 사람들은 편해지고 개발 기간은 놀라울 정도로 단축된다.

클래스의 활용예 여러 가지를 보였는데 이 외에도 C로 만들었던 많은 프로그램을 클래스를 활용하여 C++로 옮길 수 있다. SokobanOop 예제는 9장에서 만들었던 소코반을 OOP 버전으로 바꿔 본 것인데 완성도가 그리 높지 않으므로 소스는 생략하고 구조에 대해서만 간략하게 설명하기로 한다. 실행은 물론 잘 되지만 객체간의 관계 설정이 다소 부자연스러운데 일정 규모가 안 되는 게임은 구조적으로 작성하는 것이 오히려 더 간단한 것 같다.

이 예제는 Stage와 Man을 클래스로 정의한다. 이 둘의 관계는 다소 특이한데 Stage가 Man을 포함하고 Man은 Stage를 참조한다. Stage에는 Man의 객체 M이 멤버로 포함되어 있고 Man은 Stage의 포인터 pStage를 멤버로 가진다. 또한 양쪽에서 서로를 자유롭게 액세스해야 하므로 상호 프렌드이다. Man은 생성과 동시에 자신이 참조하는 Stage를 알아야 하므로 생성자로 Stage의 포인터를 전달받아 가진다.

Stage의 생성자에서 포함객체 M을 위해 this를 넘기는데 이 문장은 경고로 처리된다. 왜냐하면 this는 비정적 멤버 함수에서만 참조할 수 있는데 초기화 리스트에서는 아직 this가 완전하지 않으므로 이 포인터를 가지고 지금 생성되는 불완전한 객체를 참조할 경우 어떤 부작용이 있을지 모르기 때문이다. 경고가 발생하는 이유는 합당하지만 이 예제의 경우 Man이 생성 단계에서 this를 참조하는 것이 아니라 단순히 포인터만 대입받으므로 별 문제는 없다.

Man은 자신의 위치를 옮기는 Move 함수만 정의하는데 상하좌우 커서 이동키가 아닌 경우는 단순히 리턴하여 main에서 임의의 키를 전달해도 상관없도록 하고 있다. 이동하는 방식은 기존 C 예제와 완전히 동일하며 pStage 포인터를 참조한다는 점만 다르다. pStage->라고 쓰면 되지만 소스가 너무 길어질 것 같아 레퍼런스를 선언하여 원본 C 소스를 변형없이 그대로 쓸 수 있도록 꼼수를 좀 썼다.

Stage는 게임판의 현재 상태와 현재 스테이지 번호를 멤버로 가지고 초기화, 화면 그리기, 게임 끝 판별, 스테이지 이동 등을 처리한다. 내부에 Man 객체 M을 포함하고 있으므로 각 처리 과정에서 M도 같이 관리한다. 게임을 운영하는 대부분의 기능이 객체들로 옮겨갔으므로 main은 키 입력을 받아 처리하는 일만 하면 된다. 키입력 처리가 다소 길어서 그렇지 실제로 main에는 복잡한 코드가 거의 없는 셈이다.

과제 RotateInsertCoin

> InsertCoin 예제는 동전을 넣어라는 메시지가 주기적으로 깜박거리는데 이 메시지가 왼쪽에서 오른쪽으로 스크롤되도록 해 보자. 이미 앞 장에서 만들어 놓은 RotateScroll 클래스가 있으므로 이 클래스를 가져와 재사용하기만 하면 된다. 스크롤 범위는 10~70까지로 하고 속도는 적당한 수준에서 결정하기로 한다.

가장 좋은 참고 자료

프로그래밍을 하기 위해서는 굉장히 많은 자료들이 필요하다. 개발자가 모든 것을 다 외울 수는 없으므로 대충의 개념만 파악해 두고 필요할 때마다 레퍼런스나 참고 서적을 보면서 개발을 진행하는 것이 보통이다. 뿐만 아니라 코드도 직접 타이프를 치는 것보다 레퍼런스에 있는 예제나 웹 사이트에 공개된 팁에서 일단 긁어온 후 조금씩 수정해 사용하는 경우가 허다하며 심지어는 프로젝트의 전체 구조나 UI까지도 복사의 대상이 되기도 한다.

특히 웹 개발의 경우 이런 현상이 더욱 심한데 비슷비슷한 코드들이 계속 반복되고 사용하는 기법들이 뻔하기 때문에 처음부터 맨땅에 헤딩을 하는 사람은 거의 없고 그럴 필요도 없다. 오죽하면 베껴 쓰는 코드들만 모아 놓은 사이트들이 성행하고 팁 모음집이 불티나게 팔릴까? 이런 상황에서 개발자는 도대체 개발을 하고 있는 건지 코드 조각을 모아 짜집기를 하고 있는 건지 잘 구분되지 않으며 자신의 정체성을 의심하기도 한다. 하지만 꼭 그렇게 비관적으로 생각할 필요는 없는데 베껴 쓰는 것도 뭘 좀 알아야 제대로 베끼지 아무나 할 수 있는 일이 아닌 것이다. 즉, 적재적소에 꼭 맞는 소스를 찾아 끼워 넣는 것도 기술이다.

현대의 개발자들은 모든 것을 다 아는 것보다 어떤 코드 조각이 어디에 있는지를 잘 파악해 두는 능력 (Know Where)이 아주 중요하다. 그리고 이왕이면 베껴 쓰는 코드라도 의미와 구조를 잘 파악하고 있어야 하며 필요할 경우 직접 작성할 수도 있어야 한다. 그래야 복사한 소스를 입맛에 맞게 뜯어 고쳐서 사용할 수 있는 응용력을 발휘할 수 있다. 이런 능력을 보유하려면 아무래도 문법 전반에 대한 대충의 이해가 필요하며 그래서 여러분들이 지금 C++을 배우고 있는 것이다.

그렇다면 개발 중에 참고할만한 정보 중 가장 좋은 정보들은 과연 어디에 있을까? 이런 정보들은 서적과 인터넷 도처에 광범위하게 흩어져 있는데 너무 많다 보니 정보로서의 가치가 떨어지는 경향이 있다. 그래서 가장 좋은 참고 정보는 자신이 한번이라도 사용해 본 적이 있는, 즉 스스로 검증을 마친 소스라고 할 수 있으며 그 중 가장 훌륭한 소스는 이미 프로젝트에 한번 사용해 본 적이 있는 것이다. 과거 프로젝트에서 써 본적이 있고 훌륭하게 잘 동작했다는 것을 확신할 수 있다면 안심하고 가져올 수 있으며 자신이 직접 만들었거나 아니면 복사한 것이라도 자신이 수정을 가해 사용했다면 더욱 믿을 수 있다.

개발자에게 분석해 본 소스나 자신이 직접 만든 소스는 무엇과도 바꿀 수 없는 큰 재산이다. 나는 지금까지 수십 개의 프로젝트를 해 본 경험이 있고 만든 예제, 습작들만 해도 수천 개가 넘는다. 이 소스들은 물론 나의 하드 디스크에 고스란히 그것도 아주 신속하게 검색할 수 있도록 정리되어 있다. 새로운 프로젝트를 할 때면 가장 비슷한 프로젝트의 골격을 일단 가져오고 필요한 함수나 객체들을 여기저기서 긁어모은 후 대충 짜집기를 하면 프로젝트가 그럭저럭 완성된다. 물론 그 후 리팩토링과 디버깅 작업은 별도로 거쳐야 하지만 늘상 하는 작업 때문에 시간을 낭비하지는 않는다.

이런 개발 관행은 아마 나만의 노하우는 아닐 것이고 대부분의 개발자들이 비슷한 방식을 사용할 것이다. 개발자가 보유한 자신의 프로젝트는 그 자체로 재산이며 경험의 보고이다. 따라서 가급적 많은 다양한 예제들을 만들어 보고 재사용 가능한 소스를 확보해 놓는 것이 좋다. 다량의 소스를 그냥 모아 놓기만 할 것이 아니라 이왕이면 최대한 재사용하기 쉽도록 질까지 관리해야 한다. 어떤 프로젝트에 갔다 붙이더라도 잘 융화될 수 있는 일반성과 어떤 상황에서라도 견고할 수 있는 에러 처리 능력, 별다른 설명이 없어도 사용 방법을 바로 알 수 있는 직관적인 구조를 유지해야 한다.

28
연산자 오버로딩

28.1 연산자 함수

28.1.1 기본형의 연산자

연자자를 오버로딩할 수 있다는 것은 C++ 언어의 큰 특징이며 클래스가 타입임을 보여주는 단적인 예라고 할 수 있다. 조금 어렵기는 하지만 문법이 체계적이어서 이해하고 나면 언어의 질서를 느낄 수 있으며 오히려 재미있기도 하다. 좀 세삼스럽기는 하지만 C/C++ 언어가 제공하는 기본형의 연산문을 한 번 살펴보자. 대표적으로 덧셈 연산문을 보면 다음과 같은 구문이 가능하다.

```
int i1=1,i2=2;
double d1=3.3,d2=4.4;

int i=i1+i2;        // 정수 덧셈
double d=d1+d2;     // 실수 덧셈
```

하나는 정수끼리 더해 정수형 변수에 대입하고 하나는 실수끼리 더해 실수형 변수에 대입하는데 둘다 잘 동작한다. 연산 결과 i는 3이 되고 d는 7.7이 될 것이다. 덧셈 연산자인 +는 피연산자의 타입이 달라도 문제없이 정확하게 연산을 해 낸다. 너무 상식적이어서 당연한 것처럼 생각되겠지만 이 연산이 성립하는 이유도 알고보면 나름대로 복잡하다. 정수형과 실수형은 길이도 다르고 비트 구조도 상이해서 각 타입을 더하는 알고리즘이 분명히 다르겠지만 똑같은 연산자로 두 타입의 덧셈이 가능한 것이다.

부호	절대값

정수의 비트 구조

부호	지수	가수

실수의 비트 구조

이렇게 되는 이유는 덧셈 연산자가 피연산자의 타입에 따라 오버로딩되어 있기 때문이다. 즉, 정수 덧셈을 하는 코드와 실수 덧셈을 하는 코드가 각각 따로 작성되어 있으며 컴파일러는 덧셈 연산자의 양변에 있는 피연산자의 타입을 점검한 후 둘 다 정수일 경우 정수끼리 더하는 코드를 호출하고 둘 다 실수일 경우 실수끼리 더하는 코드를 호출한다. 정수의 경우 부호가 같으면 절대값을 더하고 부호가 다르면 절대값끼리 빼고 부호는 큰 쪽을 따를 것이며 실수의 경우 지수를 일치시킨 후 덧셈을 할 것이다. 인수의 타입이 다르면 같은 이름으로 함수를 중복 정의할 수 있는 것처럼 연산자도 피연산자의 타입에 따라 중복 정의할 수 있다. + 기호를 덧셈을 하는 함수의 이름이라고 했을 때 이 함수의 원형은 아마도 다음과 같이 오버로딩되어 있을 것이다.

```
int +(int, int);
double +(double, double);
```

위쪽 함수는 정수끼리 더한 후 정수를 리턴하고 아래쪽 함수는 실수끼리 더한 후 실수를 리턴한다. i1+d1 같이 정수와 실수를 섞어서 더할 경우는 컴파일러의 형변환 기능에 의해 i1이 실수로 상승 변환된 후 실수끼리 덧셈을 하게 될 것이다. 또 포인터와 정수의 덧셈도 산술적인 덧셈과 다르게 정의되어 있는 데 이 연산도 일종의 오버로딩된 예라고 할 수 있다. 이에 비해 char * +(char *, char *) 따위의 원형은 정의되어 있지 않으므로 문자열이나 포인터끼리는 더할 수 없다. 마찬가지로 포인터에 실수를 더할 수도 없는데 이런 동작을 처리할 수 있는 연산자가 존재하지 않기 때문이다.

기본형에 대해 연산자가 중복 정의되어 있는 것은 정말 다행스러운 일이다. 피연산자의 타입에 따라 사용해야 하는 연산자가 달라진다면 얼마나 피곤하겠는가? 피연산자의 타입이 달라도 +라는 똑같은 모양의 연산자로 일관되게 덧셈 연산을 할 수 있는 것은 다형성의 예이다. 정수든 실수든 더하고 싶으면 + 연산자를 쓰기만 하면 된다. 그러나 연산자의 이런 중복 정의는 어디까지나 컴파일러가 기본적으로 제공하는 타입에 대해서만 적용되며 사용자가 직접 정의하는 타입인 클래스에 대해서는 이런 규칙이 적용되지 않는다. 다음 예제는 복소수를 표현하는 Complex 클래스의 객체끼리 + 연산자로 더한다.

예제 **ComplexAdd**

```
#include <Turboc.h>

class Complex
{
private:
    double real;
    double image;
```

```
public:
    Complex() { }
    Complex(double r, double i) : real(r), image(i) { }
    void OutComplex() const { printf("%.2f+%.2fi\n",real,image); }
};

void main()
{
    Complex C1(1.1,2.2);
    Complex C2(3.3,4.4);
    C1.OutComplex();
    C2.OutComplex();

    Complex C3;
    C3=C1+C2;
    C3.OutComplex();
}
```

이 상태로 컴파일해 보면 C3=C1+C2; 연산문에서 "Complex 클래스는 + 연산을 정의하지 않았다"는 에러가 발생한다. C++은 언어 차원에서 복소수를 지원하지 않기 때문에 Complex가 어떤 타입인지 알지 못하며 따라서 두 객체를 어떻게 더해야 하는지도 모르는 것이다. 복소수끼리 더하는 방법을 모르니 + 연산을 처리할 수가 없다. 사용자 정의 타입인 클래스의 객체끼리 더하는 방법은 클래스별로 고유하기 때문에 클래스를 만든 사람이 덧셈 연산을 직접 정의할 필요가 있다.

C3=C1+C2; 연산문이 제대로 컴파일되려면 복소수에 대한 덧셈 연산자를 중복 정의해야 한다. 고등 수학을 배운 사람이라면 복소수끼리 더할 때 실수부는 실수부끼리 허수부는 허수부끼리 더한다는 것을 잘 알고 있겠지만 컴파일러는 이런 방법을 모르는 것이다. 따라서 똑똑한 개발자가 멍청한 컴파일러에게 복소수끼리 더하는 방법을 알려 줘야 하는데 이것을 연산자 오버로딩이라고 한다. 새로 만들어지는 + 연산자는 아마도 다음과 같은 원형을 가질 것이다.

```
Complex +(Complex, Complex);
```

두 개의 Complex 객체를 인수로 취하고 그 합을 구해 Complex형으로 리턴한다. 정수끼리 더할 때나 실수끼리 더할 때 사용하는 똑같은 + 연산자로 복소수끼리도 덧셈을 할 수 있도록 중복 정의하는 것이 바로 연산자 오버로딩이다. 고정된 타입만 제공되는 C에서는 이런 기능이 그다지 필요하지 않았다. 그러나 C++은 사용자가 타입을 정의할 수 있게 되었고 사용자가 만든 타입도 기본 타입과 똑같은 자격을 주기 위해 연산 방법을 정의할 필요가 생겼다. 그래야 사용자가 정의한 타입이 컴파일러가 제공하는 기본 타입과 대등한 자격을 가지며 일관된 방법으로 사용할 수 있기 때문이다.

클래스가 완전한 타입이 되려면 int가 할 수 있는 모든 일을 할 수 있어야 한다. 이 절의 주제가 바로 객체의 연산 방법을 정의하는 것이며 더 직관적으로 얘기 하자면 임의의 객체에 대해 A=B+C; 가 가능하도록 하는 것이다. 물론 + 뿐만 아니라 *나 ==, % 등 대부분의 연산자도 오버로딩할 수 있다. 개념은 무척이나 간단하지만 복잡한 규칙이 존재하며 또한 많은 함정들이 도사리고 있다.

28.1.2 연산자 함수

포인터끼리 더하는 것이 의미가 없는 것처럼 하루 중의 한 시점을 가리키는 시각을 더하는 것은 사실 별 의미가 없다. 아침이 9:00이고 점심이 12:30일 때 이 둘을 더한 21:30은 어떤 의미도 부여할 수 없다. 그러나 경과 시간끼리 더하는 것은 분명히 의미가 있는데 밥먹는데 40분, 커피 마시는데 25분이 걸린다면 이 둘을 더한 1:5분은 밥먹고 커피 마시는데 필요한 시간이라고 할 수 있다.

시간을 표현하는 Time이라는 클래스를 정의했다면 시간끼리 더할 수 있는 방법도 제공할 필요가 있는데 시간이란 과연 어떻게 더할 수 있을까? 시간이라는 타입은 시, 분, 초의 세 가지 요소로 구성되며 적어도 int나 double 같은 기본 타입보다는 훨씬 더 복잡한 처리가 필요하다. 초는 초끼리 더하고 분은 분끼리 더해야 하며 시는 시끼리 각각 더하되 각 자리에서 60이 넘는 결과가 나오면 자리 올림 처리를 해야 한다. 예를 들어 1:26:42초라는 시간과 2:38:55초라는 시간을 더하면 3:64:97초가 되는 것이 아니라 4:5:37초가 되어야 한다.

사람은 시간이라는 포맷에 아주 익숙하고 일상생활에서 늘상 사용하므로 쉽게 연산할 수 있지만 컴퓨터는 이런 복잡한 타입의 연산 방법을 모른다. Time 클래스에 대해 덧셈을 하는 멤버 함수를 정의해 보자. 다음 예제의 AddTime 멤버 함수는 또 다른 Time 객체 T를 인수로 전달받아 자기 자신과 더한 결과를 리턴한다. 시간끼리 덧셈 연산을 하므로 이 동작을 잘 설명할 수 있는 AddTime이라는 이름을 주었다.

예제 **TimeAdd**

```
#include 〈Turboc.h〉

class Time
{
private:
    int hour,min,sec;

public:
```

```
    Time() { }
    Time(int h, int m, int s) { hour=h; min=m; sec=s; }
    void OutTime() {
        printf("%d:%d:%d\n",hour,min,sec);
    }
    const Time AddTime(const Time &T) const {
        Time R;

        R.sec=sec + T.sec;
        R.min=min + T.min;
        R.hour=hour + T.hour;

        R.min += R.sec/60;
        R.sec %= 60;
        R.hour += R.min/60;
        R.min %= 60;
        return R;
    }
};

void main()
{
    Time A(1,1,1);
    Time B(2,2,2);
    Time C;

    A.OutTime();
    B.OutTime();
    C=A.AddTime(B);
    C.OutTime();
}
```

　　더하는 방법은 비교적 간단한데 임시 객체 R을 선언한 후 자기 자신과 T의 시, 분, 초를 각각 더해 R의 대응되는 멤버에 대입하고 자리 올림을 한다. 자리 올림은 나누기 연산자와 나머지 연산자를 적절히 활용하면 간단하게 처리할 수 있다. main 함수의 테스트 코드는 A와 B를 더해 C에 대입한 후 C를 출력해 본다. 실행 결과는 다음과 같다.

```
1:1:1
2:2:2
3:3:3
```

아주 간단한 연산을 해 보았는데 1:36:42와 5:42:29처럼 조금 복잡해 보이는 시간끼리 더해도 자리올림까지 고려하여 7:19:11라는 정확한 연산을 한다. Time 클래스가 시간 포맷에 대해 캡슐화를 잘 하고 있으며 AddTime이라는 이름의 멤버 함수를 정의함으로써 시간 객체끼리 더하는 방법을 컴파일러에게 알려 주었으므로 main에서는 AddTime 함수를 호출하여 A와 B를 더하기만 하면 된다. 동작상의 문제는 전혀 없지만 연산을 위해 함수를 호출하는 방식이 연산자를 쓰는 방법에 비해 직관적이지 못하며 기본형의 연산문과 모양이 다르다는 것도 불만이다. 그래서 이런 동작을 하는 연산자 함수를 정의할 수 있다.

사실 연산자는 모양이 좀 특이한 함수라고 볼 수 있는데 인수를 취한다는 것과 연산 결과를 리턴한다는 점에서 함수와 공통적이다. 연산자 함수의 이름은 키워드 operator 다음에 연산자 기호를 써서 작성하는데 연산자 기호를 명칭으로 쓸 수 없으므로 operator라는 키워드를 앞에 두는 것이다. 덧셈 연산자 함수의 이름은 operator +가 되는데 중간의 공백은 무시되므로 operator+라고 붙여 써도 상관없다. 함수명은 명칭이므로 영문자, 숫자, _만 쓸 수 있지만 연산자 함수의 이름은 예외적으로 기호를 사용할 수 있다. 연산자 자체가 기호로 되어 있으므로 여기에는 예외를 적용할 수밖에 없다. 위 예제에서 AddTime이라는 함수의 이름을 operator +로 바꿔 보자.

```
class Time
{
    ....
    const Time operator +(const Time &T) const {
        ....
    }
};
```

리턴값, 인수, 본체는 그대로 두고 AddTime이라는 이름만 operator +로 바꾼 것뿐이다. 이렇게 연산자 함수를 정의하면 이 클래스 타입의 객체를 좌변으로 가지는 + 연산자를 쓸 수 있다. main 함수의 AddTime 호출문도 다음과 같이 수정한다.

```
void main()
{
    Time A(1,1,1);
    Time B(2,2,2);
    Time C;
```

```
        A.OutTime();
        B.OutTime();
        C=A+B;
        C.OutTime();
    }
```

C=A.AddTime(B)가 C=A+B로 바뀌었는데 함수의 본체 코드가 똑같으므로 동작도 완전히 동일하다. AddTime이라는 함수의 이름이 operator +로 바뀌었고 함수를 호출하는 방법이 연산문으로 바뀌었을 뿐이다. C=A+B를 다음과 같이 작성해도 똑같이 동작한다.

```
    C=A.operator +(B);              // C=A+B; 와 같다.
```

C=A+B는 연산문이고 C=A.operator +(B)는 함수 호출문의 형태를 띠고 있을 뿐 실행되는 코드는 둘 다 동일하다. 표현만 다른 같은 구문이다. A+B 연산문에 중단점을 설정하고 디버거로 실행하여 함수 안쪽으로 파고 들어가 보면 이 연산문에 의해 operator + 함수가 호출된다는 것을 확인할 수 있다. 그렇다면 AddTime 일반 함수와 operator +연산자 함수는 과연 어떤 차이점이 있을까 비교해 보자.

첫 번째로 연산자 형태의 호출 방식이 길이가 짧아 타이핑하기 편리하며 오타가 발생할 가능성도 극히 낮다. 몇 자 되지는 않지만 자주 사용하는 연산이라면 이 차이도 결코 무시할 수 없다.

두 번째로 연산자 함수는 호출 형식이 연산문 형태로 작성되기 때문에 훨씬 더 직관적이고 기본형의 연산 방법과 일치하므로 사용하기 쉽다. A+B라는 표현식 자체가 A와 B를 더한다는 것을 잘 표현한다. 물론 Add라는 영어 단어도 뭔가를 더한다는 것을 의미하기는 하지만 + 연산자보다 쉽지는 않다. Add는 영어지만 +는 초등학생들도 아는 기호가 아닌가?

세 번째로 연산자는 함수와는 달리 우선 순위와 결합 방향의 개념이 있어 괄호를 쓰지 않아도 연산 순서가 자동으로 적용되어 편리하다. 어떤 객체 A와 B의 곱과 C와 D의 곱을 더해 E에 대입한다고 해보자.

```
    일반 함수 : E=(A.Multi(B)).Add(C.Multi(D));
    연산자 함수 : E=A*B+C*D;
```

어느 쪽이 더 보기 좋고 읽기 좋은지는 굳이 강조하지 않더라도 쉽게 판단될 것이다. 일반 함수는 호출 순서를 괄호로 분명히 명시해야 하므로 식을 작성하는 프로그래머도 골치 아프고 이 식을 읽는 사람은 더 골치 아프다. 자연어로 표현하면 "A와 B를 곱하고 C와 D를 곱하고 두 곱셈 결과를 더해 E에 대입한다"가 되어 훨씬 더 복잡해진다. 이런 복잡한 동작을 E=A*B+C*D로 간략하게 표기할 수 있으므로 한마디로 가독성의 차이가 엄청나며 이 차이로 인해 유지 보수 비용의 규모가 달라진다. 그래서

C++은 문법이 복잡해지는 대가를 치르더라도 객체에 대한 연산자 오버로딩을 지원하는 것이며 우리는 이것을 애써 배우고 적극적으로 활용해야 한다.

물론 이런 연산자 함수를 일일이 정의한다는 것은 상당히 번거로운 일이며 또 정확하게 작성하기 위해 알아야 할 것도 많다. 하지만 OOP의 철학은 소수의 객체 작성자에게 편리함을 주는 것보다 무수히 많은 사용자들을 편하게 하는 쪽에 치중되어 있음을 생각해 본다면 연산자 오버로딩은 진정으로 사용자를 위한 기능임이 분명하다.

28.1.3 연산자 함수의 형식

클래스의 연산자 함수를 정의하는 방법은 다음 두 가지가 있다.

① 클래스의 멤버 함수로 작성한다.
② 전역 함수로 작성한다.

우선 상대적으로 좀 더 간단한 멤버 연산자 함수를 작성하는 형식부터 알아보자. 전역 함수로 작성하는 방법에 대해서는 다음 절에서 상세하게 알아볼 것이다. 멤버 연산자 함수의 기본 형식은 다음과 같다.

리턴타입 Class::operator 연산자(인수 목록)
{
    함수 본체;
}

일반적인 멤버 함수 선언문과 동일하되 함수 이름이 키워드 operator와 연산자로 구성되어 있다는 점만 다르다. 연산자 자리에는 +, -, *, /, 〈〈, != 등 대부분의 연산자 기호가 올 수 있다. 이 형식대로 앞 항에서 작성한 ComplexAdd 예제의 Complex 클래스에 덧셈 연산자를 추가해 보자.

```
class Complex
{
private:
    double real;
    double image;

public:
    Complex() { }
    Complex(double r, double i) : real(r), image(i) { }
```

```
    void OutComplex() const { printf("%.2f+%.2fi\n",real,image); }
    const Complex operator +(const Complex &T) const {
        Complex R;
        R.image = image + T.image;
        R.real = real + T.real;
        return R;
    }
};
```

임시 객체 R을 선언하고 R에 덧셈 결과를 작성하되 허수부와 실수부를 각각 따로 더했다. 이 연산자가 정의되면 이제 Complex 객체에 대해 + 연산자로 간편하게 덧셈을 할 수 있으며 Complex가 기본형과 비슷한 자격을 가지게 된다. 실행 결과는 다음과 같다.

```
1.10+2.20i
3.30+4.40i
4.40+6.60i
```

C3=C1+C2 연산문에 의해 두 복소수가 제대로 더해졌다. 멤버 연산자 함수의 원형이 다소 복잡한데 이 원형을 간략하게 분석해 보면 다음과 같다.

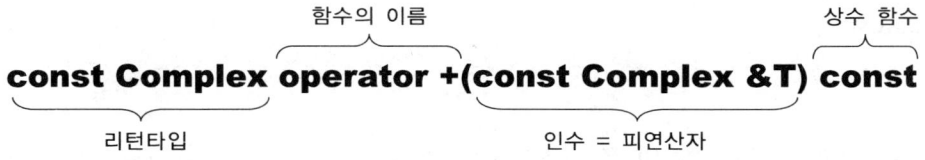

클래스 선언문 내부의 인라인 함수로 정의했기 때문에 함수명 앞에 소속 클래스에 대한 표기(Complex::)는 빠져 있는데 외부에서 정의한다면 Complex::operator + 등으로 소속 클래스 이름도 밝혀야 한다. 이 예를 통해 멤버 연산자 함수의 각 요소에 대해 상세하게 연구해 보자. 각각의 const 키워드가 가지는 의미, 레퍼런스를 넘기는 이유, 값을 리턴하는 이유 등이 나름대로 복잡하다.

:: 인수의 타입

연산자 함수의 인수란 피연산자를 의미하는데 함수를 호출하는 자기 자신(this)과 함수로 전달되는 인수가 연산 대상이다. 이항 연산자의 경우 멤버 연산자 함수를 호출하는 객체가 좌변이 되고 인수로 전달되는 대상이 우변이 된다.

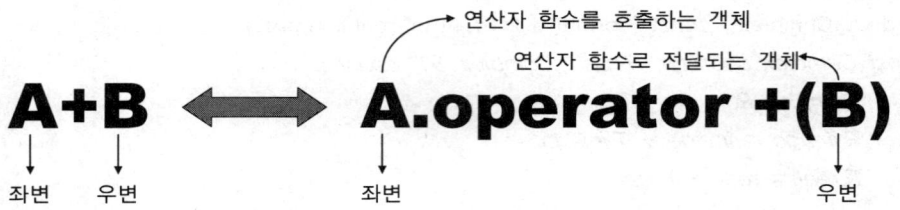

연산자 함수를 호출하는 객체

연산자 함수로 전달되는 객체

A+B ⟺ A.operator +(B)

좌변 우변 좌변 우변

원칙적으로 연산자 함수의 인수는 임의의 타입을 모두 받아들일 수 있지만 논리적으로 객체와 연산 가능한 대상이어야 한다. Complex 객체의 경우 다른 Complex 객체나 실수 또는 정수형이 피연산 대상이 될 수 있다. 복소수를 복소수와 덧셈하는 것은 논리적으로 합당하지만 복소수에 시간을 더하거나 Person, Position 따위의 전혀 관련없는 객체를 더하는 것은 별 의미가 없다. 자신과 같은 타입의 다른 객체인 경우가 가장 보편적이고 가끔 호환되는 타입과 연산하기도 한다.

객체는 값으로 넘길 수도 있지만 아무래도 기본형보다는 덩치가 크기 때문에 값으로 넘기면 비효율적이므로 레퍼런스로 넘기는 것이 유리하다. 인수 T 앞에 &기호를 빼고 값으로 넘겨도 동작에는 별 이상은 없지만 객체가 커지면 다소 느릴 것이다. 포인터를 넘기는 것도 연산자 함수가 피연산 대상을 읽을 수 있으므로 일단 가능은 하다. 위 예제의 + 연산자를 다음과 같이 Complex *를 받도록 수정해 보자.

```
Complex operator +(const Complex *T) const {
    Complex R;
    R.image = image + T->image;
    R.real = real + T->real;
    return R;
}
```

포인터로 넘겨진 피연산자의 멤버를 참조하려면 . 연산자 대신 ->연산자를 사용하기만 하면 된다. 그러나 연산자 함수가 포인터를 받아들이면 이 함수를 호출할 때 피연산자의 주소를 넘겨야 하므로 호출부의 모양이 C3=C1.operator +(&C2);가 될 것이고 이를 연산식으로 표현하면 C3=C1+&C2;가 되는데 이런 형식은 연산문의 일반적인 표기법에 어긋나며 전혀 직관적이지 못하다. 정수형의 경우 i=j+&k;로 연산하지 않는 것과 마찬가지이다.

연산자 오버로딩의 목적은 객체의 연산문을 기본형과 같은 방법으로 표현함으로써 가독성을 높이고 클래스의 직관적인 활용성을 향상시키는 것인데 이런 식으로 매번 &연산자를 사용해야 한다면 차라리 AddComplex 따위의 일반 함수를 쓰는 편이 더 나을 것이다. 연산자 함수로 피연산자를 넘기는 방법은 사실 세 가지 모두 가능하다. 값으로 넘기는 방법은 객체가 커지면 효율이 좋지 못하다는 문제가 있고 포인터로 넘기는 방법은 효율은 좋지만 호출 구문이 요상해진다. 레퍼런스로 넘기면 효율과 직관적인 표기라는 두 마리 토끼를 다 잡을 수 있다. C++이 레퍼런스 타입을 지원하는 주된 이유 중의 하나가 바로 객체 연산식의 직관적인 표현을 위해서이다.

:: 인수의 상수성

피연산자로 전달된 인수는 보통 읽기만 한다. a+b, a*b, a>>b, a[b], a->b 등 우리가 알고 있는 모든 이항 연산자를 관찰해 보면 인수로 전달되는 우변의 값을 변경하는 경우는 전혀 없으며 단지 연산할 값을 얻기 위해 읽기만 한다. 그래서 연산자 함수로 전달되는 인수는 읽기 전용의 const로 받는 것이 좋다. 연산자 함수로 객체의 레퍼런스를 전달할 때 이 함수가 객체의 상태를 함부로 변경하지 못하도록 하기 위해 const 지정자를 붙이는 것이 안전하다.

만약 레퍼런스로 전달되는 T가 const가 아니라면 operator + 함수 내부에서 T.real=12.34; 로 실인수를 마음대로 바꿔 버릴 수도 있다. 이항 연산자의 피연산자는 연산의 재료일 뿐이지 연산 대상이 아니므로 이는 분명히 잘못된 연산이다. 또한 다음과 같은 연산문도 불가능해진다.

```
const Complex C2(1.0, 2.0);
C3=C1+C2;
```

상수 객체도 피연산자로 사용할 수 있어야 하는데 인수가 상수가 아니라면 에러로 처리될 것이다. 정수연산에서 a=b+3;이 허용되므로 복소수 연산에서도 상수 객체를 피연산자로 쓸 수 있어야 한다. 물론 강제 사항은 아니므로 필요에 따라 인수의 상수성을 선택할 수 있겠지만 제대로 된 연산자라면 피연산자를 변경하지 말아야 한다. 직관적인 연산식 표현을 위해 포인터는 안 된다고 했으므로 Complex 객체를 인수로 전달받는 operator +의 경우 다음 4가지 형식의 인수를 받아들일 수 있다.

① Complex
② Complex &
③ const Complex
④ const Complex &

이 중 ④번 형식이 가장 바람직하다. 레퍼런스를 넘기므로 빠르고 const 지정을 했으므로 안전하기도 하다. 객체의 크기가 아주 작아 굳이 레퍼런스를 쓸 필요가 없다면 ①번 형식이 가장 간단하다. 값으로 넘길 경우는 어차피 사본이 전달되므로 ③번 형식처럼 값에 대해 const 지정자를 붙이는 것은 사실 별 실용성이 없다.

:: 함수의 상수성

Complex의 operator + 연산자가 const 함수로 지정되어 있는데 멤버 연산자 함수가 호출 객체의 상태를 바꾸지 않을 경우는 원칙에 따라 const 함수로 지정하는 것이 좋다. 그래야 함수 내부에서 부주의하게 호출 객체를 변경하는 사고를 방지할 수 있다. 덧셈, 뺄셈, 곱셈 등의 통상적인 이항 연산자들은 객체의 값을 읽기만 할 뿐 객체를 변경하지 않는다. 만약 연산자 함수가 상수성을 가지지 않으면 상수 객체에 대해서는 연산을 할 수 없을 것이다. 다음 코드를 보자.

```
const int i=4;
int j=3,k;
k=i+j;
```

이 연산이 가능하기 위해서는 +연산자가 상수 i의 값을 바꾸지 않는다는 보장이 있어야 한다. 반면 객체의 값을 직접 변경하는 연산자는 const로 지정해서는 안 된다. 이런 연산자에는 대표적으로 대입 연산자가 있고 증감 연산자, 복합 대입 연산자도 const가 될 수 없는 연산자이다. 같은 타입의 다른 객체를 대입받아 객체의 값을 변경하는 = 연산자가 const라면 말이 안 된다.

:: 임시 객체의 사용

위 예제의 operator + 연산자 본체를 보면 Complex형의 임시 객체 R을 선언하고 호출 객체와 피연산자 T를 더한 결과를 R에 작성한 후 임시 객체 R을 리턴하고 있다. 이 연산에 사용된 임시 객체 R은 호출 객체와 피연산자의 값을 변경하지 않고 연산 결과를 잠시 저장하기 위한 용도로 사용되는 것이다. 만약 임시 객체를 쓰지 않고 다음과 같이 이 함수를 작성했다고 해 보자.

```
const Complex operator +(const Complex &T) {
    image = image + T.image;
    real = real + T.real;
    return *this;
}
```

호출 객체인 this의 멤버를 직접 변경하고 *this 자체를 리턴했다. 이렇게 수정한 후 컴파일해 보면 별 이상없이 잘 동작하는 것처럼 보인다. 그러나 테스트 코드의 끝에 C1.OutComplex();로 C1값을 확인해 보면 원래 값인 1.1+2.2i를 그대로 가지고 있지 않으며 C3과 같은 값이 되어 있을 것이다. + 연산자의 좌변 객체가 변경되어 버리므로 자세히 따져 보면 본래의 + 연산과는 다른 연산(+=)이 되어 버린다. 이 상황을 좀 더 이해하기 쉬운 정수형 연산을 예로 설명해 보자.

```
int a=1,b=2,c;
c=a+b;
```

이 코드의 결과 c에는 3이 대입될 것이고 a와 b는 원래의 값을 그대로 유지해야 하므로 a는 1, b는 2가 되는 것이 옳다. a가 b의 값을 더한 값으로 변경된 후 그 결과가 c에 대입되는 것이 아니라 두 피연산자의 값만 읽어 덧셈을 한 후 그 결과값을 c로 대입해야 한다. 이때의 결과값을 잠시 가지기 위해 정수형 임시 변수가 필요하다.

그래서 Complex의 operator +도 이 요구에 맞추기 위해 호출 객체를 건드리지 말아야 하며 따라서 이 함수는 const가 되어야 하는 것이다. 그러다 보니 연산 결과를 저장할 임시 객체가 필요하며 이 함수는 임시 객체에 연산을 한 후 그 객체를 리턴하는 형식으로 작성해야 한다. 호출 측에서는 연산 결과 리턴되는 값을 같은 타입의 다른 객체에 즉시 대입해야 한다. 대입되지 않으면 이 값은 버려진다.

:: 리턴 타입

연산의 결과로 어떤 타입을 리턴할 것인가는 연산자별로 다르다. 정수끼리 더하면 정수가 되고 실수끼리 곱하면 실수가 되는 것처럼 객체에 대한 연산 결과는 보통 객체와 같은 타입이 되지만 반드시 그런 것은 아니다. 논리 연산자의 경우는 BOOL(또는 bool)형이나 int형이 리턴될 수도 있고 첨자 연산자 [ ]의 경우처럼 특수한 연산자는 멤버 중의 하나를 리턴하는 경우도 있다.

앞에서 예를 든 Time의 +, Complex의 +는 둘 다 클래스형의 객체를 리턴했는데 그래야 연산 결과를 제3의 객체에게 대입할 수 있다. 만약 + 연산자가 덧셈만 하고 결과를 리턴하지 않는다면 A=B+C 같은 대입은 불가능할 것이며 A=B+C+D 같은 연쇄적 연산도 할 수 없을 것이다. 임의의 타입 T에 대한 덧셈 결과는 역시 T형이 되는 것이 합리적이다.

연산자 함수가 객체를 리턴할 때 레퍼런스를 리턴할 것인가, 값을 리턴할 것인가는 연산자에 따라 다르다. operator +의 경우 임시 객체로 연산 결과를 리턴하기 때문에 레퍼런스형은 안 된다. 임시 객체는 함수 호출이 종료되면 사라지며 함수 리턴 직후에 다른 객체로 대입할 수 있는 값을 넘겨야 한다. 임시 객체에 대한 레퍼런스도 물론 곧바로 대입한다면 별 문제는 없다. Complex의 + 연산자를 레퍼런스를 리턴하도록 수정해 보자.

```
Complex &operator +(const Complex &T) const {
...
```

이렇게 수정한 후 컴파일하면 경고가 발생하기는 하지만 C3=C1+C2; 연산문이 정상적으로 실행된다. 왜냐하면 + 연산 바로 다음 연산이 대입 연산이고 대입 연산은 함수 호출이 아닌 멤버별 복사 코드의 실행이기 때문에 스택에 있는 임시 변수가 대입되는 시점까지 값을 계속 유지하기 때문이다. 그러나 다음 테스트 코드를 작성해 보면 제대로 동작하지 않음을 확인할 수 있다.

```
void main()
{
    Complex C1(1.1,2.2);
    Complex C2(3.3,4.4);
```

```
    Complex C3(5.5,6.6);

    Complex C4;
    C4=C1+C2+C3;
    C1.OutComplex();
    C2.OutComplex();
    C3.OutComplex();
    C4.OutComplex();
}
```

연산 순위에 따라 C1+C2가 먼저 호출되고 이 연산의 결과 지역변수 R의 레퍼런스가 리턴되며 다음으로 연산결과 R+C3가 호출되는데 이 시점에서 스택에 있는 호출 객체인 R이 깨지기 때문이다. 그러므로 C4는 제대로 된 값을 대입받을 수 없다. 연쇄적인 연산이 아닌 C3=C1+C2 같은 대입문도 = 연산자가 별도의 함수로 오버로딩된 된 경우 마찬가지 현상이 발생한다. 바로 직전의 함수가 만든 지역변수는 다음 함수가 호출되면 완전히 사라진다. 스택은 매 함수 호출마다 새로 재구성되는 임시 기억 장소이기 때문이다.

반면 값으로 리턴할 경우는 아무런 문제가 없다. 값은 리턴될 때 새로 만들어지는 사본이기 때문에 다른 함수 호출에 대해 침범당하지 않기 때문이다. 그래서 Complex의 + 연산자는 Complex의 레퍼런스가 아닌 Complex의 값을 리턴하는 것이 정확하다.

:: 리턴 타입의 상수성

리턴 타입의 상수성도 경우에 따라 다른데 객체 타입을 리턴하는 함수는 보통 상수 객체를 리턴해야 한다. Time이나 Complex는 연산을 위해 임시 객체를 생성하고 연산 결과인 임시 객체를 리턴한다. 이 임시 객체는 값을 리턴하기 위해 잠시 생성되는 것이므로 상수성을 가지는 것이 옳다. 잘 이해가 되지 않으면 정수 연산을 예로 들어 보자.

```
int  i=3,j=4,k;
k=i+j;
```

이 연산에서 i+j의 결과로 리턴되는 값은 7이라는 정수상수이지 정수형 변수가 아니다. 즉 우변값이어야지 좌변값이어서는 안 된다. 만약 i+j가 값을 변경할 수 있는 정수형 변수를 리턴한다면 i+j=5;라는 연산식도 허용되어야 할 것이다. Complex의 경우 C1+C2는 덧셈을 한 복소수 객체일 뿐 여기에 어떤 변경을 가할 수는 없어야 하며 만약 이를 허용하면 잠시 후면 사라질 임시 객체를 변경하는 쓸데없는 짓을 하게 된다. 이 함수의 원형을 보면 const가 세 번 사용되는데 각각의 의미는 다르다.

피연산자, 즉 우변이 상수라는 뜻

const Complex operator +(const Complex &T) const

호출 객체, 즉 좌변이 상수라는 뜻

리턴되는 값도 읽기 전용이다.

읽기 전용 피연산자를 받고 객체를 변경하지 않으며 리턴되는 객체도 읽기만 할 수 있다. 덧셈 연산은 모든 대상을 상수로만 취급한다.

:: 생성자의 활용

Complex 클래스는 실수부 r과 허수부 i를 인수로 전달받는 생성자가 정의되어 있으므로 이를 활용하여 생성자로부터 임시 객체를 쉽게 만들 수 있다. operator + 연산자의 본체를 다음과 같이 수정해 보자.

```
const Complex operator +(const Complex &T) const {
    Complex R(real+T.real, image+T.image);
    return R;
}
```

임시 객체 R을 만들 때 생성자로 실수부와 허수부의 연산식을 넘기면 된다. 생성자의 인수로 전달되기 전에 대응되는 멤버끼리 연산이 수행되고 그 결과가 새로 생성되는 객체의 멤버로 대입된다. 또는 아예 임시 객체를 만들지 않고 생성자가 리턴하는 이름없는 임시 객체를 곧바로 리턴할 수도 있다.

```
const Complex operator +(const Complex &T) const {
    return Complex(real+T.real, image+T.image);
}
```

이 코드는 앞서 만든 코드보다 훨씬 더 짧고 간략해 보일 뿐만 아니라 컴파일러의 리턴값 최적화 (RVO : Return Value Optimization) 기능의 도움도 받을 수 있어 훨씬 더 유리하다. 제대로 만든 컴파일러는 호출원의 대입되는 좌변에 대해 곧바로 생성자를 호출하며 불필요한 임시 객체를 만들지 않음으로써 훨씬 더 작고 빠른 코드를 생성한다.

임시 객체를 명시적으로 선언하든 아니면 생성자가 리턴하는 임시 객체를 리턴하든 어쨌든 리턴되는 결과는 임시적인 객체이므로 함수 호출이 완료되면 사라진다. 그래서 호출원에서는 C3=C1+C2;처럼 리턴되는 임시 객체를 곧바로 다른 객체에 대입해야 한다. 만약 C1+C2; 연산문으로 더하기만 하고 대입을 받지 않으면 리턴되는 임시 객체는 버려진다. 이 점도 정수형의 연산과 동일하다.

:: 본체

연산자 함수의 본체에는 연산자에 요구되는 논리적인 연산 코드를 작성한다. 실제 연산 코드는 클래스마다, 연산자마다 천차만별로 달라질 것이다. 복소수 연산의 경우 실수부와 허수부를 따로 연산하며 시간은 시분초 요소끼리 연산하되 자리 올림이나 내림을 처리해야 한다. 문자열끼리 더할 때는 버퍼를 재할당하여 연결해야 할 것이며 행렬의 경우 수학적 정의에 따라 행렬 연산을 해야 할 것이다.

이처럼 클래스가 표현하는 대상에 따라 연산하는 방법이 고유하고 특수하기 때문에 클래스를 만든 사람이 연산 방법 자체를 정의할 수 있어야 하며 이런 정의를 가능하도록 하는 C++의 문법적인 장치가 바로 연산자 오버로딩인 것이다. 모든 클래스에 대해, 모든 연산자에 대해 절대적으로 적용되는 법칙 같은 건 없으며 클래스별로 연산자별로 규칙이 달라진다.

이상으로 멤버 연산자 함수를 구성하는 여러 가지 요소에 대해 상세하게 연구해 봤는데 나름대로 합리적인 규칙들이기는 하지만 별로 쉽지는 않을 것이다. 이런 여러 가지 복잡한 규칙들을 골고루 적용하여 제대로 만든 덧셈 연산자 함수의 아름다운 모습을 다시 한 번 더 감상해 보자.

```
const Complex operator +(const Complex &T) const {
    Complex R;
    R.image = image + T.image;
    R.real = real + T.real;
    return R;
}
```

28.2 전역 연산자 함수

28.2.1 전역 연산자 함수

연산자를 오버로딩하는 방법에는 멤버 함수로 만드는 방법과 전역 함수로 만드는 방법 두 가지가 있다고 했다. 멤버 연산자 함수로 만드는 방법에 대해서는 앞 절에서 충분히 연구해 보았으므로 이번에는 전역 함수로 만드는 방법에 대해 연구해 보자. 전역 연산자 함수는 클래스 외부에 존재하되 인수로 클래스의 객체를 받아들인다.

클래스의 객체가 인수가 된다는 것은 곧 피연산자 중의 하나가 객체가 된다는 뜻이므로 클래스 외부의 전역 함수로도 클래스의 고유한 연산 방법을 정의할 수 있다. 함수란 인수로 전달된 대상을 액세스할 수 있으므로 당연한 얘기다. 다음 예제는 앞에서 만들었던 Time 클래스의 + 연산자를 전역 함수로 새로 작성해 본 것이다.

```
#include <Turboc.h>

class Time
{
    friend const Time operator+(const Time &T1,const Time &T2);
private:
    int hour,min,sec;

public:
    Time() { }
    Time(int h, int m, int s) { hour=h; min=m; sec=s; }
    void OutTime() {
        printf("%d:%d:%d\n",hour,min,sec);
    }
};

const Time operator+(const Time &T1,const Time &T2)
{
    Time R;

    R.sec=T1.sec + T2.sec;
    R.min=T1.min + T2.min;
    R.hour=T1.hour + T2.hour;

    R.min += R.sec/60;
    R.sec %= 60;
    R.hour += R.min/60;
    R.min %= 60;
    return R;
}

void main()
{
    Time A(1,1,1);
    Time B(2,2,2);
    Time C;

    A.OutTime();
```

```
    C=A+B;
    C.OutTime();
}
```

operator + 라는 이름의 전역 함수가 정의되어 있으며 이 함수는 Time형의 레퍼런스 T1, T2를 인수로 전달받아 임시 객체 R에 두 객체의 합을 더해 리턴한다. 시간끼리의 합을 구하는 논리는 멤버 연산자 함수의 경우와 완전히 동일하되 전역 함수라는 점만 다를 뿐이다. 실행 결과는 멤버 연산자 함수의 경우와 완전히 동일하다.

1:1:1
2:2:2
3:3:3

Time 클래스에는 시간끼리 더하는 멤버 연산자 함수가 정의되어 있지 않지만 main 함수는 operator +전역 함수의 도움으로 시간 객체끼리 덧셈을 훌륭하게 수행하고 있다. Time 클래스는 연산자 함수를 멤버로 정의하지 않는 대신 operator + 전역 함수를 friend로 지정하여 자신의 모든 멤버를 자유롭게 액세스할 수 있도록 허락한다.

만약 Time 클래스 선언부의 선두에 있는 friend 선언을 생략해 버리면 수많은 에러 메시지가 출력될 것이다. Time의 주요 멤버인 hour, min, sec은 모두 프라이비트 액세스 속성을 가지고 있으므로 클래스 외부의 전역 함수에서 이 멤버를 참조할 수 없다. 전역 operator + 함수는 시각 객체끼리 덧셈을 하기 위해 이 멤버들을 자유롭게 읽을 수 있어야 하는데 이럴 때 사용하는 것이 바로 프렌드 선언이다.

C=A+B; 연산문은 C=operator +(A,B);의 함수 호출문 형식으로 바꿀 수 있다. 만약 이 함수의 동작이나 호출 방법이 잘 이해되지 않는다면 operator + 함수의 이름을 AddTime이라는 좀 더 친숙한 이름으로 잠시 바꿔 보자. 물론 함수의 본체는 전혀 건드릴 필요가 없다.

```
const Time AddTime(const Time &T1,const Time &T2)
{
    ....
}
```

그리고 main 함수에 있는 C=A+B; 호출문을 C=AddTime(A,B); 로 바꿔 보면 똑같이 동작할 것이다. AddTime은 Time형의 객체를 인수로 취할 뿐이지 단순한 함수에 불과하며 이 함수의 이름만 C++이 정의하는 연산자 함수의 이름 규칙대로 바꾸면 바로 전역 operator + 연산자 함수가 되는 것이다. 결국 전역 연산자 함수란 이름이 조금 특이할 뿐이지 일반적인 함수로 이해하면 쉽다.

객체를 위한 연산자를 오버로딩하는 두 가지 방법, 즉 멤버로 만드는 방법과 전역으로 만드는 방법을 모두 실습해 봤다. 두 함수는 클래스의 내부에 있는가 아니면 외부에 있되 프렌드로 지정되어 있는가만 다를 뿐이며 연산을 하는 논리나 호출하는 방법은 동일하다. 두 형식의 연산자 함수의 차이점은 바로 함수의 원형에 있다.

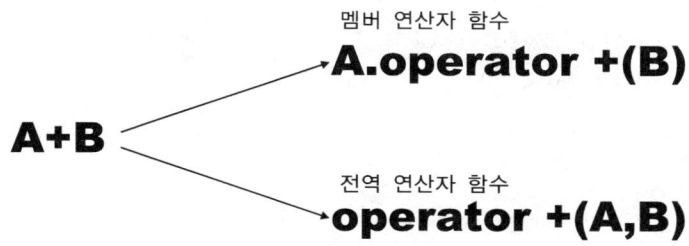

원형 중 가장 다른 부분은 인수의 개수이다. 멤버 연산자 함수의 경우는 원래의 피연산자보다 인수의 개수가 항상 하나 더 적은데 +는 이항 연산자이므로 두 개의 피연산자를 취하지만 멤버 연산자 함수의 인수는 하나만 있으면 된다. 이 함수를 호출하는 객체인 *this가 암시적인 좌변이 되며 나머지 우변이 될 대상만 인수로 전달받는다. 나 자신(this)과 연산될 대상이 누구인가만 알면 되는 것이다. 만약 ++ 단항 연산자를 멤버 연산자 함수로 오버로딩한다면 호출하는 객체 자체가 피연산자가 되므로 인수는 필요없을 것이다.

이에 비해 전역 연산자 함수는 원래의 피연산자와 같은 수의 인수를 가진다. + 연산자가 이항 연산자이므로 operator + 전역 연산자 함수는 두 개의 인수를 취하고 ++ 연산자는 단항 연산자이므로 operator ++ 전역 연산자 함수는 증가시킬 대상 하나만 인수로 전달받으면 된다. 암시적으로 전달되는 this가 없으므로 좌우변 모두 인수로 전달받아야 한다.

그렇다면 연산자 오버로딩이 필요할 때 두 가지 형식 중 어떤 함수를 정의하는 것이 좋을까? 두 형식의 연산자 함수는 정의하는 위치만 다를 뿐 큰 차이점은 없으므로 대개의 경우 둘 중 어떤 형식을 쓰더라도 큰 상관은 없다. 클래스의 객체를 다루는 연산이라면 가급적이면 클래스에 소속되는 것이 캡슐화의 원칙에 부합되므로 멤버 연산자 함수로 만드는 것이 더 깔끔하다. 다만 불가피하게 전역으로만 만들어야 하는 경우도 있고 =, ( ), [ ], -> 연산자들은 반드시 멤버 연산자 함수로만 만들어야 한다. 이런 특수한 경우들에 대해서는 뒤에서 개별 연산자를 다룰 때 상세하게 알아보도록 하자.

결국 두 가지 형식이 모두 다 필요하다. 그럴 필요는 없지만 만약 똑같은 연산자 함수를 멤버로도 정의하고 전역으로도 정의한다면 어떻게 될까? 이 경우 정의 자체는 가능하지만 호출할 때 모호하다는 에러 메시지가 출력되므로 양쪽 형식의 연산자를 모두 정의해서는 안 되며 그럴 필요도 없다. 컴파일러는 모호한 것을 가장 싫어한다.

참고로 전역 연산자 함수를 사용하면 열거형에 대한 연산도 정의할 수 있다. 열거형도 하나의 타입이며 오버로딩의 재료로 사용할 수 있으므로 열거형을 피연산자로 가지는 연산자도 중복 정의 가능하다. 단,

열거형은 멤버 함수를 가지지 못하므로 전역 연산자 함수로만 정의할 수 있다.

예제 EnumOperator

```
#include 〈Turboc.h〉

enum origin { EAST, WEST, SOUTH, NORTH };
origin &operator++(origin &o)
{
    if (o == NORTH) {
            o = EAST;
    } else {
            o=origin(o+1);
    }
    return o;
}

void main()
{
    origin mark=WEST;
    int i;

    for (i=0;i〈7;i++) {
            printf("%d\n",++mark);
    }
}
```

예제의 ++ 연산자는 origin형의 열거 변수를 다음 값으로 증가시키되 마지막 열거값 다음을 선두의 열거값과 연결하여 순환하도록 한다. 이 연산자가 정의되어 있지 않으면 열거형에 대해서는 ++연산을 적용할 수 없다. 루프를 7번 실행했는데 NORTH 다음 값이 EAST가 될 것이다.

28.2.2 객체와 기본형의 연산

연산자를 오버로딩하면 연산문으로 객체끼리 연산할 수 있는 것과 마찬가지로 객체를 정수나 실수형 같은 기본형이나 다른 객체와도 연산할 수 있다. 복소수에 실수를 더하거나 뺄 수 있고 시간에 정수형의 초를 연산할 수 있다. 사실 클래스가 타입이므로 굳이 객체와 기본형을 구분할 필요가 없으며 논리적으로 의미만 있다면 오버로딩하기에 따라서 임의 타입의 객체끼리 연산 가능하다.

다음 예제는 시간 객체에 정수형으로 된 초를 더한다. 연산자 함수는 멤버로 되어 있든 전역으로 되어 있든 어쨌든 함수이므로 취할 수 있는 인수의 타입에 근본적인 제약이 없으며 원하는 타입의 인수를 취하기만 하면 임의의 피연산자를 받아들일 수 있다. 물론 시간과 정수처럼 연산이 실질적인 의미가 있어야 한다.

예 제 **TimePlusInt**

```c
#include <Turboc.h>

class Time
{
private:
    int hour,min,sec;

public:
    Time() { }
    Time(int h, int m, int s) { hour=h; min=m; sec=s; }
    void OutTime() {
            printf("%d:%d:%d\n",hour,min,sec);
    }
    const Time operator +(int s) const {
            Time R=*this;

            R.sec += s;
            R.min += R.sec/60;
            R.sec %= 60;
            R.hour += R.min/60;
            R.min %= 60;
            return R;
    }
};

void main()
{
    Time A(1,2,3);

    A.OutTime();
    A=A+5;
    A.OutTime();
}
```

operator + 멤버 연산자 함수가 int형의 s를 인수로 받아들여 이 값을 임시 객체 R의 sec에 더한 후 자리 올림 처리하고 R을 리턴했다. 객체끼리 더할 때는 시분초를 모두 더하지만 정수형의 초와 더할 때는 sec만 더하는 정도의 차이밖에는 없다. 단 1초라도 더하면 분, 시도 영향을 받을 수 있으므로 자리 올림 처리는 생략할 수 없다. 이 예제는 아주 정상적으로 잘 동작한다.

```
1:2:3
1:2:8
```

1:2:3에 5초를 더하면 1:2:8초가 된다. A=A+5; 연산문이 시간 객체와 정수와의 덧셈을 훌륭하게 연산한 것이다. 그렇다면 A=5+A;의 경우는 어떨까? 덧셈은 교환법칙이 성립하는 연산이므로 A+5가 가능하다면 당연히 5+A도 가능해야 한다. main의 A=A+5; 연산문을 A=5+A;로 바꿔 놓고 컴파일해 보자. Time형을 인수로 취하는 + 연산자는 정의되어 있지 않다는 에러가 발생할 것이다. 컴파일러는 5+A라는 연산문을 만났을 때 다음 두 함수 중 하나를 찾는다.

```
const Time int::operator +(Time);
const Time operator +(int, Time);
```

위쪽 함수는 멤버 연산자 함수인데 좌변이 5라는 int형 상수이므로 int 클래스에 정의된 멤버 함수이며 Time형 객체를 인수로 취한다. 이런 함수는 int형에 정의되어 있지 않으며 직접 만드는 것도 불가능하다. int형은 시스템 내장 타입이기 때문에 사용자가 이 클래스를 마음대로 확장할 수 없다. 아래쪽 함수는 전역 연산자 함수인데 int와 Time형 객체를 인수로 취한다. 이 함수도 아직 만들어져 있지는 않지만 원한다면 직접 만들 수는 있다. 문제를 해결하기 위해 다음 함수를 추가해 보자.

```
const Time operator +(int s, const Time &T)
{
    Time R=T;

    R.sec=T.sec + s;
    R.min += R.sec/60;
    R.sec %= 60;
    R.hour += R.min/60;
    R.min %= 60;
    return R;
}
```

정수형 변수 s와 Time형 객체 T를 인수로 전달받아 두 객체를 더한다. 이 함수가 정의되어 있으면 컴파일러는 5+A 연산문을 처리할 수 있지만 컴파일해 보면 더 많은 에러가 발생할 것이다. 왜냐하면 전역 함수에서 Time 클래스의 프라이비트 멤버를 액세스하고 있기 때문이다. 이 상황을 해결하는 여러 가지 방법들을 생각해 볼 수 있다.

① 전역 연산자 함수를 아예 삭제해 버리고 클래스 설명서나 소스상의 주석에 A+5 형태로만 호출할 수 있으며 5+A 따위로 호출하지 말라고 분명히 써 놓는다. 만약 5+A 같은 건방진 연산문을 쓸 경우 에러를 잔뜩 토해 버리겠다고 협박할 수도 있다. 어쨌든 객체와 정수의 덧셈 방법은 제공하는 셈이지만 사용자들은 A+5가 되면 5+A도 당연히 될 것이라고 생각하기 때문에 일반적인 기대에 부응하지 못하는 방법이다.

② 전역 연산자 함수가 Time의 멤버를 자유롭게 읽을 수 있도록 프라이비트 멤버를 모두 공개한다. 이렇게 되면 일단 잘 동작하기는 하겠지만 연산자를 오버로딩하기 위해 정보 은폐를 포기하는 꼴이 되므로 OOP의 설계 원칙에 한참 어긋나게 된다. 결코 좋은 방법이 아니다.

③ 프라이비트 멤버는 비공개로 계속 유지하되 이 멤버들을 읽고 쓰는 공개 함수를 모두 작성하고 전역 연산자 함수는 이 액세스 함수들을 통해 멤버를 액세스하도록 한다. 액세스할 필요가 있는 멤버들에 대해 일일이 Get, Set 함수를 만들어야 하므로 무척 번거롭다.

이상의 세 가지 방법은 일단 문제를 해결하기는 하겠지만 모두 다 제대로 된 방법이라 할 수 없다. 이런 어줍잖은 방법보다 훨씬 더 상식적이고 안전하고 편리한 방법이 있으니 이것이 바로 C++ 문법이 제공하는 프렌드 지정이다. 프렌드는 보호가 필요한 멤버를 비공개인 채로 유지하면서 특정한 함수나 클래스에 대해서만 예외를 지정할 수 있는 문법적인 장치인데 바로 이럴 때 쓰기 위해 만들어 놓은 것이다. 프렌드의 가장 실용적인 활용예가 바로 전역 연산자 함수이다. 전역 operator + 연산자를 Time 클래스의 프렌드 함수로 지정해 보자.

```
class Time
{
    friend const Time operator +(int s, const Time &T);
    ....
```

이 선언을 추가하면 제대로 컴파일되며 A+5나 5+A 모두 잘 실행된다. 양쪽의 요구를 처리하는 함수가 모두 작성되어 있기 때문에 컴파일러가 요구 조건에 맞는 함수를 적절하게 찾아 호출할 것이다. 그런데 아직까지도 불만이 조금 있는데 거의 똑같은 동작을 하는 함수가 두 번 반복된다는 점이다. 두 함수는 인수의 순서만 다를 뿐 코드는 거의 동일하므로 함수 자체는 필요하지만 똑같은 코드를 불필요하게 반복할 필요는 없다. 전역 연산자 함수를 다음과 같이 수정해 보자.

```
const Time operator +(int s, const Time &T)
{
```

```
        return T+s;
    }
```

인수로 전달받은 s, T의 순서를 바꿔 T+s 연산문을 리턴하면 멤버 연산자 함수가 이 연산을 대신 처리할 것이다. 이 경우 전역 연산자 함수는 인수의 순서를 바꿔 멤버 연산자 함수를 호출하는 중계 역할만 하며 아주 정상적으로 잘 실행된다. 이렇게 되면 전역 연산자 함수가 Time의 멤버를 직접 액세스 하지 않으므로 이 함수에 대한 프렌드 지정은 생략할 수 있다. 하지만 이 함수는 여전히 Time과 관련된 함수이므로 프렌드 지정을 유지하는 것도 별 문제는 없다.

전역 연산자 함수가 중계를 하는 방법 대신 멤버 연산자 함수가 중계를 할 수도 있다. 전역 연산자 함수의 본체를 그대로 유지한 채로 멤버 연산자 함수만 다음과 같이 수정해 보자.

```
class Time
{
    ....
    const Time operator +(int s) const {
        return s+*this;
    }
};
```

이번에는 멤버 연산자 함수가 중계를 하는 셈인데 이렇게 해도 역시 잘 동작할 것이다. 실제 연산을 하는 코드는 한쪽에만 있으면 되고 불필요하게 중복시키지 않는 것이 관리하기에 유리하다. 요약하자면 타입이 다른 객체끼리 연산할 때는 교환 법칙이 성립할 수 있도록 전역 연산자 함수를 제공해야 하며 이 함수가 객체 내부의 멤버를 읽을 수 있도록 프렌드 선언을 적절히 활용해야 한다.

28.2.3 오버로딩 규칙

여기까지 객체의 연산을 위해 연산자를 오버로딩하는 두 가지 방법에 대해 연구해 보았는데 지금까지의 내용만 해도 그다지 쉽지는 않았을 것이다. 연산자 오버로딩은 아주 멋진 기능임에 틀림없지만 아주 많은 규칙과 제약이 존재한다. 이 규칙들은 연산자 오버로딩에 따른 부작용을 해소하고 안전하게 연산자를 사용할 수 있도록 마련된 것들이다. 내용이 좀 많기는 하지만 상식 범위를 크게 벗어나는 것은 없으므로 쉽게 익숙해질 수 있을 것이다.

❶ 연산자 오버로딩은 이미 존재하는 연산자의 기능을 조금 바꾸는 것이지 아예 새로운 연산자를 만드는 것은 아니다. 원래 C++ 언어가 제공하는 기존 연산자만 오버로딩의 대상이며 C++이 제공하지 않는 연산자를 임의로 만들 수는 없다. 예를 들어 C++은 누승 연산자를 제공하지 않는데(대신 pow라는

표준 함수를 제공한다.) 이런 목적으로 **라는 완전히 새로운 연산자를 정의하고 싶으며 C++이 이를 허용한다고 해 보자. 그렇다면 c=a**b; 라는 연산식이 가능해지는데 컴파일러가 이 식을 해석할 때 두 가지 모호한 상황이 발생한다.

우선 이 연산식을 a를 b만큼 누승하라는 것인지 아니면 a와 포인터 b가 가리키는 곳의 내용을 읽어 곱하라는 것인지를 판별할 수 없다. a**b는 a 누승 b로 볼 수도 있고 a*(*b)로 볼 수도 있어 구문 분석 단계에서 모호함이 발생한다. 그리고 새로 만들어진 연산자의 우선 순위와 결합 순서를 어떻게 정할 것인지도 문제가 된다. c=a**b+d라는 식이 있을 때 누승이 먼저인지 덧셈이 먼저인지를 컴파일 러가 임의로 결정할 수 없다. 만약 이것을 정 가능하게 하자면 사용자가 새로 만든 연산자의 우선 순위를 지정할 수 있는 문법을 만들어야 하는데 연산자 하나를 쓰기 위해 이런 복잡한 지정까지 해야 한다면 차라리 안 쓰는 것이 더 나을 것이다.

C++이 사용하지 않는 문자인 $, @ 같은 기호를 새로운 연산자로 정의할 수 있다면 나름대로 편리하 겠지만 오버로딩이란 이미 존재하는 것을 중복 정의하는 것이지 없는 걸 아예 새로 만드는 것이 아니 므로 이 경우도 부적당하다. 사용자가 임의로 연산자를 만들 수 있도록 하는 것은 이론상 분명히 가능하지만 이런 기능을 지원하기 위해 대폭적인 문법의 확장이 필요하며 예기치 못한 부작용이 생길 수 있다. 득보다 실이 더 많기 때문에 C++은 아예 새로운 연산자를 만드는 문법은 제공하지 않는다.

❷ 이미 존재하는 연산자 중에도 오버로딩의 대상이 아닌 것들이 있다. 다음 연산자들은 기능을 변경할 수 없다. 즉, 오버로딩의 대상이 아니다.

.(구조체 멤버연산자)	::(범위 연산자)	?:(삼항 조건 연산자)
.*(멤버 포인터 연산자)	sizeof	typeid
static_cast	dynamic_cast	const_cast
reinterpret_cast	new	delete

이 연산자들은 C++의 클래스와 관련된 중요한 동작을 하기 때문에 클래스를 기반으로 하는 연산자 오버로딩의 재료로 쓰기에는 무리가 있다. 클래스의 멤버를 지정하는 . 연산자의 동작을 바꿔 버리면 어떤 혼란이 올지 가히 상상이 갈 것이다. 삼항 조건 연산자는 피연산자가 셋이나 되기 때문에 오버로 딩을 하더라도 다른 연산자에 비해 더 복잡한 규칙이 필요할 것이므로 아예 오버로딩하지 못하도록 되어 있다. 이런 몇 가지 특수한 연산자만 빼고 나머지 42개나 되는 연산자들은 모두 오버로딩할 수 있으므로 연산자가 부족한 상황은 발생하지 않을 것이다.

오버로딩 가능한 연산자 중에도 가급적 오버로딩을 삼가해야 하는 것도 있다. 언어가 제공하는 연산자 는 우선 순위 규칙이 명확하게 정의되어 있어 좌우의 피연산자 중 어떤 것이 먼저 평가될지 예측 가능하다. 그러나 함수로 오버로딩되면 인수의 평가 순서가 정의되지 않으므로 원치 않는 부작용이 발생할 수도 있다. 예를 들어 콤마 연산자의 경우 좌에서 우로 순서대로 평가하지만 함수로 오버로딩되면 이런 우선 순위가 더 이상 적용되지 않는다. 함수의 인수는 보통 우에서 좌로 평가되어 연산자의 평가 순서와는 반대로 되어 있는데 순서가 의미가 있을 때는 문제가 될 수도 있다.

&&, || 논리 연산자의 경우 쇼트 서키트 기능이 동작하도록 설계되어 있지만 오버로딩되면 쇼트 서키트는 더 이상 동작하지 않는다. 문법적으로는 허용된다 하더라도 그 효과를 예측하기 어려우므로 가급적이면 이 연산자들은 오버로딩하지 말아야 한다. 사실 이 연산자들이 오버로딩되어야 하는 경우도 거의 없는 편이다.

❸ 기존 연산자의 기능을 바꾸더라도 연산자의 본래 형태는 변경할 수 없다. 여기서 본래 형태라고 하는 것은 피연산자의 개수와 우선 순위를 말한다. + 연산자는 원래 피연산자를 두 개 취하는 이항 연산자이므로 오버로딩된 후에도 이항 연산자여야 하며 반드시 피연산자 두 개를 가져야 한다. operator +가 멤버 연산자 함수일 때는 하나의 인수를 가져야 하며 전역 연산자 함수일 때는 두 개의 인수가 필요하다.

```
const Time Time::operator +(Time &T)              // 가능
const Time Time::operator +(int i)                // 가능
const Time operator +(Time &T,int i)              // 가능
const Time Time::operator +(Time &T1,Time &T2)    // 불가능
const Time operator +(Time &T)                    // 불가능
const Time operator +(void)                       // 불가능
```

우선 순위나 결합 순서도 변경할 수 없다. + 연산자의 기능을 바꾸어 곱셈이나 누승을 하도록 오버로딩했다 하더라도 이 연산자의 우선 순위는 원래의 + 연산자의 것과 동일하다. 컴파일러는 연산자가 논리적으로 어떤 연산을 하는지 다른 연산과의 관계가 어떠한지까지는 판단할 수 없다. 따라서 완전히 새로운 연산을 정의하고자 할 때 적당한 우선 순위를 가지는 연산자를 골라 오버로딩해야 한다.

다른 언어는 누승 연산을 위해 ^ 기호를 사용한다. 그래서 ^ 연산자를 누승 연산자로 재정의한다면 베이직 언어처럼 편리하게 누승 연산을 할 수 있을 것이다. 그러나 C++에서 원래의 ^ 연산자는 곱셈보다 우선 순위가 늦고 심지어 덧셈이나 뺄셈보다도 우선 순위가 늦어 모양이 직관적이더라도 누승 연산자로 재정의하기에는 어울리지 않는다. 2^3+4는 12여야 상식적이지만 +의 순위가 높아 128이 되어 버린다.

❹ 아주 당연한 얘기가 되겠지만 한 클래스가 하나의 연산자를 여러 가지 피연산자 타입에 대해 오버로딩할 수 있다. 오버로딩이란 인수의 개수나 타입이 다르면 항상 성립하므로 여러 개의 피연산자에 대한 연산자를 제공할 수 있다는 얘기다. Time 클래스에 다음 두 덧셈 연산자가 동시에 정의되어도 아무런 문제가 없다.

```
const Time operator+(const Time &T) const { .... }
const Time operator +(int s) const { .... }
```

위쪽 함수는 시간에 시간을 더하는 것이고 아래쪽 함수는 시간에 정수를 더하는 것이다. 호출부에서 피연산자 타입을 보고 어떤 덧셈을 원하는지 알 수 있으므로 모호하지 않으며 실용성도 있다. 원한다면 시간에 실수나 Date를 더하는 + 연산자도 얼마든지 중복 정의할 수 있다.

⑤ 오버로딩된 연산자의 피연산자 중 적어도 하나는 사용자 정의형이어야 한다. 연산자의 기능을 바꾸는 목적은 객체에 대한 고유한 연산 방법을 정의하기 위한 것이므로 반드시 객체와 관련있는 연산자만 중복 정의할 수 있다. C++이 기본적으로 제공하는 타입에 대해서는 연산자를 오버로딩할 수 없다. 만약 다음과 같은 연산자 함수를 만들 수 있다고 해 보자.

```
int operator +(int a, int b)
{
    ....
}
```

이 함수는 정수형의 덧셈 연산을 완전히 새로 정의하는데 정수형의 덧셈은 언어의 가장 기본적인 동작이고 CPU의 원자적인 연산이기 때문에 이 동작이 바뀌게 되면 파급효과가 너무 엄청날 것이다. 그래서 컴파일러는 기본형에 대한 연산자 오버로딩은 거부하며 "최소한 하나의 피연산자는 클래스 타입이어야 한다"는 에러 메시지를 출력한다.

사실 위에서 보인 두 개의 정수를 더하는 연산자는 시스템에 이미 존재한다. 오버로딩이란 인수의 개수나 타입이 달라야 하므로 위 연산자는 오버로딩의 대상이 될 수도 없다. 오버로딩이란 이미 존재하는 함수의 기능을 바꾸는 것이 아니라 타입에 따라 다르게 동작하는 함수를 중복 정의하는 것이므로 기본 타입에 대한 연산자는 만들 수 없는 것이다.

⑥ 강제적인 규칙은 아니지만 연산자의 논리적 의미는 가급적 유지하는 것이 바람직하다. + 연산자를 오버로딩한다면 어떤 클래스에 대해서라도 덧셈의 의미를 가지는 연산을 하는 것이 좋다. 그래야 연산자에 대한 사용자들의 기존 상식을 보호할 수 있다. + 연산자를 더하기와는 전혀 상관없는 다른 연산으로 오버로딩해 버리면 이 객체를 사용하는 사람은 혼란스러워할 것이다. 그러나 이 규칙은 어디까지나 권장 사항일 뿐이므로 불가피할 경우는 지키지 않아도 상관없다.

예를 들어 표준 입출력 스트림인 cout은 쉬프트 연산자인 ≪를 모양이 마음에 든다는 이유로 출력 연산자로 재정의하는 만행을 저지르기도 한다. 기본 문법에는 제공되지 않는 완전히 새로운 연산을 정의할 경우는 적당한 우선 순위를 가지고 모양이 좀 그럴싸해 보이는 연산자 하나를 선택할 수밖에 없을 것이다.

연산자를 적절하게 오버로딩하면 복잡한 것을 간결하게 논리적으로 표기할 수 있고 어떤 동작을 한다는 것을 명확하게 표현할 수 있어 가독성에 유리하다. 또한 이미 익숙해진 연산자를 직관적인 방법으로 활용할 수 있으므로 생산성 향상에도 큰 기여를 한다. 그러나 연산자 오버로딩에는 여러 가지 부작용도 있음을 알아야 한다. 모든 문법이 마찬가지겠지만 연산자 오버로딩은 꼭 필요할 때, 그리고 논리적으로 무리가 없을 때에 한해 규칙에 맞게 안전하게 사용해야 한다.

C++의 철학은 작성하는 사람을 편리하게 하는 것보다는 만들어진 객체를 사용하는 사람을 편하게 하자는 데 있다. 보다시피 연산자 오버로딩이란 복잡한 규칙이 존재하고 섣불리 잘못 만들 경우 오동작을 할 위험이 도처에 도사리고 있지만 한 번만 잘 만들어 놓으면 여러 사람이 편리하게 사용할 수 있는 그런 장치이다. 예를 들어 str이라는 문자열에 주어진 문자열 s1, s2, s3를 차례대로 앞쪽에 삽입하고 싶다고 하자. 가령 str이 "aaa", s1이 "111", s2가 "222", s3가 "333"이라고 할 때 str을 "333222111aaa"로 만들고 싶은 것이다. 문자열을 뒤쪽에 연결하는 것은 strcat로 간단하게 해결할 수 있지만 앞쪽 연결은 표준 함수의 지원이 없어 직접 해야 한다. C의 해결 방법은 다음과 같다.

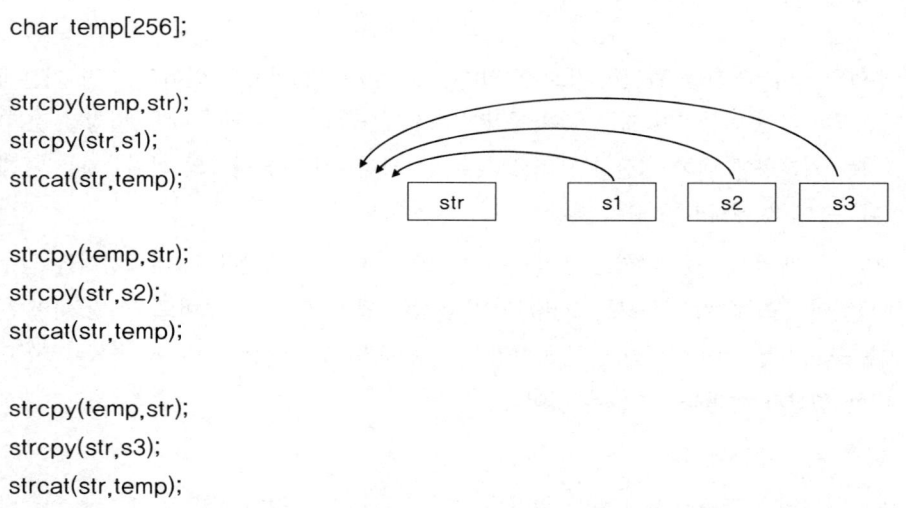

```
char temp[256];

strcpy(temp,str);
strcpy(str,s1);
strcat(str,temp);

strcpy(temp,str);
strcpy(str,s2);
strcat(str,temp);

strcpy(temp,str);
strcpy(str,s3);
strcat(str,temp);
```

앞쪽에 삽입해야 하므로 temp라는 임시 버퍼도 필요하고 복사 및 연결을 여러 번 반복적으로 수행해야 한다. strcat 표준 함수는 뒤쪽에 덧붙이기만 할 뿐 앞쪽에 삽입하지는 못하기 때문이다. 뿐만 아니라 str이 나머지 문자열을 모두 포함할 수 있는 충분한 길이를 가지는가도 항상 신경써야 하며 그렇지 못할 경우 위험해지기까지 한다. 물론 sprintf라는 좀 더 간단한 방법도 있고 앞쪽에 삽입하는 함수를 따로 만들 수도 있지만 비효율적이고 불편하기는 마찬가지다. 그러나 이 문제를 C++ 객체와 연산자 오버로딩을 사용하면 정말 간단해진다.

```
str=s3+s2+s1+str;
```

단, 한 줄로 끝난다. 단순히 코드의 길이만 짧아지는 것이 아니라 문제를 푸는 과정이 단순해지는 것이다. 물론 이 코드의 내부에서는 C의 코드와 똑같은 동작을 하겠지만 사용자에게는 이런 상세한 과정이 숨겨지므로 몰라도 상관없다. 이 연산이 제대로 수행되기 위해서는 operator +가 연쇄적인 연산을 잘 지원할 수 있도록 해야 하며 교환 법칙도 만족해야 하고 객체가 버퍼를 지능적으로 관리할 필요도 있다. 물론 이렇게 만들기 위해서는 덧셈 연산자뿐만 아니라 생성자, 파괴자, 대입 연산자 등도 규칙에 맞게 잘 작성해야 한다. 하지만 객체를 작성하는 개발자 혼자서 한 번만 이런 모든 부담을 감수하면 이 객체를 사용하는 수천, 수만명의 사용자는 아주 행복하게 이 객체를 잘 활용할 수 있을 것이다.

28.3 오버로딩의 예

여기까지 주로 + 연산자만을 대상으로 연산자를 오버로딩하는 기본적인 방법에 대해 알아보았다. 덧셈 연산자가 가장 기본적이고 연산자의 일반적인 특징을 대변하는 대표적 연산자이기 때문이다. 이 절에서는 개별 연산자별로 오버로딩 실습을 해 볼 것이되 기본 규칙 외에도 각 연산자별로 고유하게 적용되는 규칙과 주의 사항들이 많이 존재한다.

모든 연산자에 일관되게 적용되는 규칙은 없고 연산자의 동작과 의미에 따라 오버로딩하는 방법이 다르다. 대개의 경우 상식과 일치하므로 어렵지는 않지만 연산자의 수가 많기 때문에 한꺼번에 다 공부하기는 쉽지 않다. 이 절의 내용은 처음부터 다 이해하려고 하는 것보다는 대충 통독만 해 두고 해당 연산자를 오버로딩할 필요가 있을 때 다시 상세하게 공부하는 것이 더 좋다.

28.3.1 관계 연산자

관계 연산자는 동일한 타입의 두 객체에 대해 상등 및 대소를 비교한다. 클래스별로 비교 방법이 틀리므로 편리한 비교를 위해서는 관계 연산자를 오버로딩하는 것이 좋다. 다음 예제는 Time 객체의 관계 연산자를 오버로딩한 것이되 특별한 주의 사항이나 새로운 규칙은 없다. 같은 타입의 객체끼리 비교하는 것이므로 모두 멤버 연산자 함수로 정의했다. 물론 전역 함수로도 얼마든지 만들 수 있다.

예제 **TimeRelation**

```
#include <Turboc.h>

class Time
{
```

```cpp
private:
    int hour,min,sec;

public:
    Time() { }
    Time(int h, int m, int s) { hour=h; min=m; sec=s; }
    void OutTime() {
            printf("%d:%d:%d\n",hour,min,sec);
    }
    bool operator ==(const Time &T) const {
            return (hour == T.hour && min == T.min && sec == T.sec);
    }
    bool operator !=(const Time &T) const {
            return !(*this == T);
    }
    bool operator >(const Time &T) const {
            if (hour > T.hour) return 1;
            if (hour < T.hour) return 0;
            if (min > T.min) return 1;
            if (min < T.min) return 0;
            if (sec > T.sec) return 1;
            return 0;
    }
    bool operator >=(const Time &T) const {
            return (*this == T || *this > T);
    }
    bool operator <(const Time &T) const {
            return !(*this >= T);
    }
    bool operator <=(const Time &T) const {
            return !(*this > T);
    }
};

void main()
{
    Time A(1,1,1);
    Time B(1,1,1);

    if (A == B) {
```

```
        puts("A와 B는 같다.");
    } else {
        puts("A와 B는 다르다.");
    }
}
```

먼저 두 객체가 같은지를 점검하는 == 연산자를 보자. 두 객체가 완전히 같으려면 시분초의 요소가 모두 일치해야 한다. 그래서 좌우변 객체의 hour, min, sec 멤버를 모두 비교한 결과를 &&로 묶어 세 요소가 모두 일치하면 같은 것으로 판단하고 셋 중 하나라도 틀리면 다른 것으로 판단하도록 했다. 이 연산자가 정의되면 if (A == B)라는 연산식으로 두 객체의 상등 비교를 할 수 있다.

관계 연산자는 진위적인 연산을 하므로 리턴 타입은 bool형이 가장 적합하다. 그러나 반드시 bool만 가능한 것은 아니다. BOOL형일 수도 있고 int형도 얼마든지 가능한데 문자열 관련 타입의 경우 strcmp 같은 표준 함수와 보조를 맞추고 싶다면 int형을 리턴하는 것이 오히려 더 편리할 수도 있다. 연산자 하나만 놓고 본다면 당연히 bool형이어야겠지만 크다, 작다, 같다의 세 가지 상태 중 하나를 리턴하려면 int 타입이 더 어울린다.

두 객체가 다른지를 점검하는 != 연산자는 직접 코드를 작성할 필요없이 == 연산자를 호출한 결과를 반대로 뒤집어서 다시 리턴하면 된다. 다르다는 상태는 같지 않다는 상태와 의미가 동일하기 때문에 두 함수의 본체를 각각 따로 만들 필요가 없다. 호출 객체인 *this와 우변 객체인 T에 대해 ==로 연산하면 이미 재정의된 operator ==이 호출될 것이고 그 결과에 ! 연산을 적용하여 리턴했다.

좌변이 우변보다 더 큰지를 점검하는 > 연산은 나름대로 조금 복잡하다. 시분초로 구성되는 Time 객체에서 무엇보다 가장 큰 단위인 시간이 우선적으로 비교되어야 한다. 시간이 더 크면 분초의 대소에는 상관없이 이 객체가 더 큰 것으로 쉽게 판단할 수 있다. 그래서 일단 hour 멤버를 비교해 보고 대소를 판단한다. 만약 두 조건(hour > T.hour, hour < T.hour)이 모두 만족하지 않을 경우는 다음 차례로 분을 비교하고 분까지 일치한다면 초를 비교하여 대소를 판가름한다. 최종적으로 초까지 비교해 보고 호출객체의 초가 우변 객체보다 크지 않다면 이 경우는 작거나 같은 경우이므로 전체 연산의 결과는 거짓이 될 것이다. if문이 너무 많아 보기 싫다면 다음과 같이 짧게 쓸 수도 있다.

```
int operator >(const Time &T) const {
    return (hour*3600+min*60+sec > T.hour*3600+T.min*60+T.sec);
}
```

호출 객체와 우변 객체의 시간을 절대초로 바꾼 후 비교 결과를 바로 리턴하면 된다. 3차원의 값을 1차원으로 바꾼 후 비교하는 것이다. 생성되는 기계어 코드나 속도는 비슷하지만 사람이 생각하기에는 이 방법이 더 쉬워 보인다. 같다와 크다를 비교하는 연산자가 완성되면 나머지 부등 비교 연산자들은 따로 코드를 작성할 필요가 없으며 이미 만들어진 연산자를 호출한 결과만 조합하면 된다. 남은 세 부등 연산은 논리적으로 다음처럼 같다와 크다, 그리고 아니다의 조합으로 바꿀 수 있다.

연산	대체 연산
크거나 같다	같다 또는 크다
작다	크거나 같다가 아니다
작거나 같다	크다가 아니다

이렇게 바뀐 조합을 적절한 조건문의 코드로 옮기기만 하면 된다. 주의할 것은 작다의 반대 조건이 크다가 아니라 크거나 같다라는 점이다. 엄밀하게 논리를 따지지 않는 자연어에서와 수학에서의 대소 반대 조건이 다르므로 헷갈리지 말자.

과제 PositionRelation

> Position 객체끼리 비교하는 연산자를 작성하라. 객체의 연산 방법은 클래스 작성자가 선택할 수 있는데 Position 클래스는 y 좌표를 최우선 비교하고 y가 같을 경우는 x 좌표로 비교하되 ch는 출력할 문자이므로 비교 대상에서 제외하는 것으로 정의한다.

28.3.2 증감 연산자

++연산자는 피연산자를 1증가시키는 단항 연산자이다. 비슷한 종류의 -- 감소 연산자도 있는데 두 연산자는 증감 방향만 다를 뿐 오버로딩하는 방법은 동일하므로 ++ 연산자에 대해서만 예제를 만들어 보도록 하자. 다음 예제는 Time 객체에 ++ 연산자를 중복 정의한다.

예제 TimePlusPlus

```
#include ⟨Turboc.h⟩

class Time
{
private:
    int hour,min,sec;

public:
```

```
    Time() { }
    Time(int h, int m, int s) { hour=h; min=m; sec=s; }
    void OutTime() {
            printf("%d:%d:%d\n",hour,min,sec);
    }
    Time &operator ++() {
            sec++;
            min += sec/60;
            sec %= 60;
            hour += min/60;
            min %= 60;
            return *this;
    }
    const Time operator ++(int dummy) {
            Time R = *this;
            ++*this;
            return R;
    }
};

void main()
{
    Time A(1,1,1);
    Time B;

    B=++A;
    A.OutTime();
    B.OutTime();
    B=A++;
    A.OutTime();
    B.OutTime();
}
```

 증가 연산자는 값을 1 증가시키는데 구체적인 의미는 객체에 따라 조금씩 다르게 정의될 것이다. 복소수 객체는 실수부만 1.0 증가시키는 것이 합리적이고 Position 객체는 (x,y) 좌표를 오른쪽 아래로 한 칸 이동시킬 수도 있고 x만 증가시키는 것으로 정의할 수도 있다. Person 객체의 경우는 적절한 증가 대상이 없어 ++ 연산자와는 잘 어울리지 않는데 굳이 하자면 나이 정도를 증가시킬 수는 있다.

 시간인 경우는 초를 증가시키는 것으로 정의하는 것이 가장 합리적이며 그래서 예제의 operator ++

연산자는 sec 멤버만 1 증가시키는 형식으로 시간 객체에 대해 ++ 연산을 정의했다. 필요하다면 분이나 시를 증가시킬 수도 있다. ++ 연산자는 피연산자를 하나만 취하는 단항 연산자이며 예제의 operator ++ 은 멤버 연산자 함수로 정의되었으므로 이 함수를 호출하는 객체 자신이 피연산자가 된다. 따라서 이 함수는 별도의 인수를 가질 필요가 없다. 만약 ++ 연산자를 전역 함수로 정의한다면 변경할 대상 객체 하나만을 인수로 전달받으면 된다. 물론 객체의 멤버를 자유롭게 읽기 위해서는 프렌드 지정을 해야 한다.

```
Time &operator ++(Time &T) {
    T.sec++;
    T.min += T.sec/60;
    T.sec %= 60;
    T.hour += T.min/60;
    T.min %= 60;
    return T;
}
```

 ++ 연산자는 호출한 객체(전역 함수인 경우 인수로 전달된 객체, 어쨌든 피연산자)를 직접 변경하기 때문에 상수성을 가지지 않는다. 그래서 operator ++() 함수 다음에 const라는 지정이 없으며 전역 함수로 정의할 경우도 인수의 타입은 Time &여야지 const Time &가 되어서는 안 된다. 이항 연산자들은 보통 피연산자를 읽기만 하는데 비해 ++, -- 단항 연산자는 피연산자를 직접 변경하는 점이 조금 다르다.
 연산자 함수의 리턴 타입은 Time &로 되어 있는데 ++ 연산자가 단순히 객체를 1 증가시키기만 한다면 리턴값이 없는 void형으로 정의할 수도 있다. 그러나 이렇게 되면 ++A로 A를 1 증가시킬 수는 있지만 B=++A 연산문으로 증가된 결과를 다른 객체에 대입할 수는 없다. C의 모든 연산문은 리턴값을 가지며 그래서 수식 내에서 연산문을 사용할 수 있다. 이 요구 조건을 만족시키기 위해 ++ 연산자도 값을 증가시킨 후 증가된 객체 그 자체(*this)를 리턴해야 한다.
 잘 알고 있겠지만 증감 연산자는 다른 연산자와는 달리 전위형(prefix)과 후위형(postfix) 두 가지 형식으로 쓸 수 있으며 수식 내에서 사용될 때는 ++연산자의 위치에 따라 효과가 조금 다르다. 객체에 대해서도 마찬가지 규칙이 적용되어야 하는데 문제는 전위형이나 후위형이나 둘 다 사용되는 위치만 다를 뿐이지 연산자 함수의 이름은 operator ++로 동일하다는 것이다. 게다가 취하는 인수의 개수까지 같으므로 전위형의 ++ 연산자와 후위형의 ++ 연산자를 이름이나 인수 목록으로 구분할 수 없다.

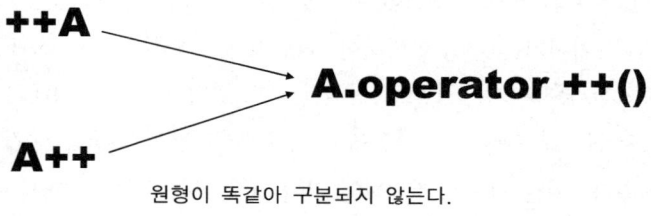

원형이 똑같아 구분되지 않는다.

그래서 C++ 표준위원들은 이 두 형식의 증가 연산자를 구분하기 위해 좀 어색하기는 하지만 더미 인수를 쓰는 방법을 쓰기로 결정했다. 전위형의 ++ 연산자 함수는 증가되는 객체 외에는 인수를 취하지 않으며 후위형의 ++ 연산자는 연산 대상인 객체 외에도 정수형의 더미 인수를 하나 더 취하기로 결정한 것이다. 당장 사용하지 않는 인수이지만 이 인수가 있음으로써 오버로딩이 성립되고 두 형식의 ++연산자 함수를 컴파일러가 구분할 수 있다.

컴파일러는 표준위원들이 정한 규칙대로 ++A 형태의 식을 컴파일할 때는 operator ++() 멤버 함수를 호출하고 A++ 형태의 식을 컴파일할 때는 operator ++(int) 멤버 함수를 찾는다. 아무리 표준이라 하더라도 이 부분은 다소 깔끔하지 못해 보이는데 이는 일종의 약속이기 때문에 우리는 이대로 외우고 규칙대로 ++ 연산자를 오버로딩해야 한다. 그래서 예제에서는 operator ++() 전위형 증가 멤버 연산자 함수와 operator ++(int dummy) 후위형 증가 멤버 연산자 함수를 같이 정의하고 있다. 후위형의 인수 목록에서 dummy는 어차피 자리만 차지하고 사용되지 않는 인수이므로 이름은 생략해도 상관없으며 int 타입만 남겨 둬도 된다.

전위형과 후위형은 효과가 다르기 때문에 본체와 리턴 타입에 있어 차이가 있다. 전위형의 증가 연산자는 객체의 sec을 1증가시키고 올림처리한 후 증가된 객체의 레퍼런스(Time &)를 리턴한다. 후위형인 경우는 일단 값을 먼저 평가한 후 증가시켜야 하므로 증가시키기 전의 객체를 지역변수 R에 백업해 놓고 값을 증가시킨 후 R을 리턴한다. 지역변수의 레퍼런스를 리턴할 수는 없으므로 후위형의 리턴타입은 Time이다. 값을 증가시키는 코드는 전위형의 ++ 연산자에 이미 작성되어 있으므로 ++*this를 호출하면 된다. 실행 결과는 다음과 같다.

```
1:1:2
1:1:2
1:1:3
1:1:2
```

전위형일 때 (B=++A)는 증가된 값이 리턴되므로 A와 B가 모두 증가된 값을 가지지만 후위형으로 사용할 때 (B=A++)는 증가되기 전의 A값이 리턴되므로 A만 1증가하고 B는 증가하기 전의 값을 대입받는다. 정수형의 후위 증감식과 효과가 동일하다. 만약 후위형의 증가 연산자를 정의하지 않고 A++ 후위 증가식을 사용하면 전위형을 대신 사용한다는 경고가 발생한다. 반대의 경우도 마찬가지인데 수식 내에서 증가 연산자를 사용한다면 이 경고는 절대 무시할 수 없다. 사용자가 기대하는 효과가 다르기 때문이다. 전위형을 정의했으면 후위형도 반드시 정의해야 한다.

다음은 두 형식의 리턴 타입에 대해 생각해 보자. 전위형은 Time &를 리턴하고 후위형은 const Time을 리턴하는데 전위형이 레퍼런스를 리턴해야 하는 이유는 ++++A 같은 식이 가능해야 하기 때문이다. ++A가 먼저 평가되어 A가 1증가하고 다시 ++A가 실행되어 A를 한 번 더 증가시키기 위해 이 연산자의 리턴 타입이 레퍼런스여야 한다. 만약 전위형의 operator ++이 Time을 리턴한다면 ++++A 연산식이 어떻게 평가될 것인가 생각해 보자. 첫 번째 호출은 A에 대한 호출이므로 A가 1증가하지만 두 번째 이후부터는 리턴된 *this의 사본에 대한 호출이기 때문에 A는 한 번밖에 증가하지 않을 것이다.

후위형의 경우는 값을 먼저 평가한 후 증가해야 하므로 객체 자체를 리턴할 수 없으며 값만 리턴할 수 있다. 따라서 Time &를 리턴해서는 안 되며 이렇게 할 경우 지역변수의 레퍼런스를 리턴한다는 경고가 발생할 것이다. 뿐만 아니라 리턴된 임시 객체를 변경하는 것은 의미가 없으며 A++++은 금지되어야 한다. 만약 후위형의 ++이 상수가 아닌 Time을 리턴할 경우 A++++은 적법한 문장이 되지만 실제로는 1밖에 증가하지 않아 오동작을 하는 것처럼 보일 것이다. 그러므로 아예 애초부터 꿈도 꾸지 못하도록 상수 객체를 리턴해야 한다.

전위형은 단순한 산술식 뿐인데 비해 후위형은 임시 객체 생성, 초기화, 전위형 ++ 호출 등 여러 가지 추가 처리가 필요하다. 그래서 증가시키는 동작만으로 본다면 전위형이 더 빠르고 효율적이며 객체를 단독으로 증가시킬 때는 가급적이면 전위형의 ++연산자를 쓰는 것이 유리하다. 수식 내에서라면 물론 두 형태의 효과가 다르므로 적합한 형식을 사용해야 한다. 기본형의 경우도 물론 전위형이 더 유리하나 컴파일러는 단독으로 사용되는 증가 연산자는 전위형으로 바꿔서 호출하므로 i++이나 ++i나 동일하다. 단 기본형이라 하더라도 수식 내에서 사용될 때는 이런 최적화를 하지 않는다.

증가 연산자는 두 가지 형식이 있어 오버로딩하기가 조금 까다로운데 다음 도표의 지침대로만 원형을 작성하면 된다. T형 클래스에 대해 멤버, 전역인 경우와 전위, 후위형인 경우 각각에 대해 ++ 연산자의 원형을 정리하였다. 외울 필요는 없고(사실 잘 외워지지도 않는다) 필요할 때마다 이 도표를 참조하도록 하자.

	멤버 연산자 함수	전역 연산자 함수
전위형	T &T::operator ++()	T &operator ++(T &t)
후위형	T T::operator ++(int)	T operator ++(T &t, int)

과제 ComplexPlusPlus

> Complex 클래스에 ++ 연산자를 전위, 후위형으로 모두 추가해 보자. 객체 자체에 대한 연산이므로 멤버 연산자 함수로 만드는 것이 편리하다. 복소수에 대한 증가 연산은 실수부만 1 증가하는 것으로 정의한다.

28.3.3 대입 연산자

대입 연산자는 자신과 같은 타입의 다른 객체를 대입받을 때 사용하는 연산자이다. 객체 자체와 직접적인 연관이 있기 때문에 클래스의 멤버 함수로만 정의할 수 있으며 전역 함수로는 정의할 수 없다. 정적 함수로도 만들 수 없고 반드시 일반 멤버 함수로 만들어야 한다. 다음 예제는 앞 장에서 만들었던

Person2 예제에 디폴트 생성자를 추가하고 main 함수의 테스트 코드를 약간 수정한 것이다. Person 클래스는 생성자에서 동적으로 버퍼를 할당한다는 점에서 Time이나 Complex 클래스와는 다르며 이 버퍼를 주의깊게 다루어야 할 필요가 있다.

예제 Person3

```
#include <Turboc.h>

class Person
{
private:
    char *Name;
    int Age;

public:
    Person() {
        Name=new char[1];
        Name[0]=NULL;
        Age=0;
    }
    Person(const char *aName, int aAge) {
        Name=new char[strlen(aName)+1];
        strcpy(Name,aName);
        Age=aAge;
    }
    Person(const Person &Other) {
        Name=new char[strlen(Other.Name)+1];
        strcpy(Name,Other.Name);
        Age=Other.Age;
    }
    ~Person() {
        delete [] Name;
    }
    void OutPerson() {
        printf("이름 : %s 나이 : %d\n",Name,Age);
    }
};

void main()
```

```
{
    Person Boy("강감찬",22);
    Person Young("을지문덕",25);
    Young=Boy;
    Young.OutPerson();
}
```

Person2 예제에서는 Young 객체를 선언할 때 Person Young=Boy; 형식으로 선언하면서 동시에 초기화를 했었다. 이때는 복사 생성자가 호출되는데 Person2예제에 복사 생성자가 작성되어 있으므로 이 코드는 이상없이 잘 동작한다. 그러나 일단 선언한 후 대입을 받게 되면 문제가 달라진다. 이 예제를 실행해 보면 프로그램이 종료될 때 다운되는 것을 확인할 수 있다.

선언과 동시에 다른 객체로 초기화하면 이때 복사 생성자가 호출되고 복사 생성자는 새로 생성되는 객체를 위해 별도의 버퍼를 준비하므로 두 객체가 버퍼를 따로 가져 아무런 문제가 없다. 그러나 실행 중에 이미 사용 중인 객체를 다른 객체로 대입할 때는 초기화 단계가 아니므로 복사 생성자는 호출되지 않는다. 다음 두 경우를 잘 구분하자.

Person A=B; ────▶ 복사 생성자 호출

Person A,B;
A=B; ────▶ 대입 연산자 호출

대입은 ① 이미 생성된 객체에 적용된다. ② 실행 중에 언제든지 여러 번 대입될 수 있다는 점에서 초기화와는 다르다. 실행 중에 객체끼리 대입 연산을 하면 어떤 일이 벌어지는지 보자.

:: 깊은 복사를 하는 대입

대입 연산자를 별도로 정의하지 않을 경우 컴파일러는 디폴트 대입 연산자를 만드는데 이 연산자는 디폴트 복사 생성자와 마찬가지로 단순한 멤버별 대입만 한다. 우변 객체의 모든 멤버 내용을 좌변 객체의 대응되는 멤버로 그대로 대입함으로써 얕은 복사만 하는 셈이다. 결국 Young의 Name 멤버는 Boy의 Name 멤버가 가리키는 버퍼의 주소를 그대로 가지게 될 것이다. 이때의 메모리 상황을 그림으로 그려보자.

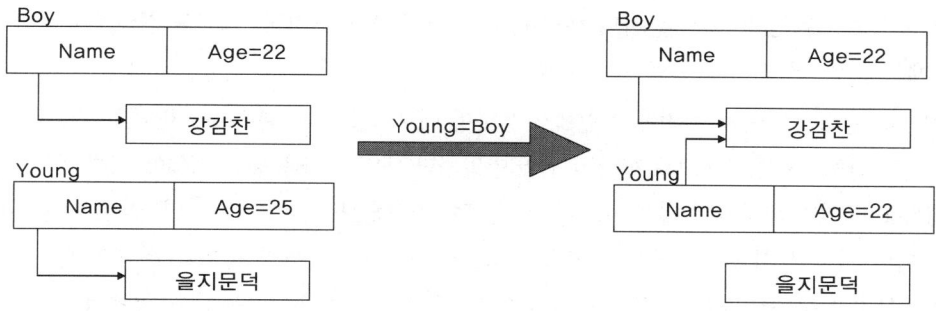

두 객체 모두 "강감찬"을 가리키고 있으며 main 함수가 종료될 때 각각의 파괴자가 호출되는데 먼저 파괴되는 객체가 Name 버퍼를 정리할 것이고 나중에 파괴되는 객체가 이 버퍼를 이중으로 정리하려고 하므로 무효해진 메모리를 해제하는 오류를 범하는 것이다. 결국 이 문제는 복사 생성자를 정의하지 않았을 때의 문제와 동일하며 생성과 동시에 초기화할 때처럼 대입을 받을 때도 깊은 복사를 하도록 해야 한다.

뿐만 아니라 생성할 때와는 달리 대입 연산은 실행 중에 언제든지 여러 번 일어날 수 있기 때문에 객체가 사용 중이던 메모리를 해제하지 않으면 다시는 이 메모리에 접근할 수 없는 문제도 있다. 위 그림에서 Young이 Boy를 대입받은 후 "을지문덕"은 더 이상 읽지도 쓰지도 못하며 해제할 방법조차 없다. 동적으로 할당한 메모리는 포인터가 진입점인데 이 진입점을 잃어버린 것이다. 이런 문제들을 해결 하려면 = 연산자를 오버로딩하여 대입할 때도 깊은 복사를 하도록 해야 한다. Person 클래스에 다음 멤버 연산자 함수를 추가해 보자.

```
class Person
{
    ....
    Person &operator =(const Person &Other) {
        if (this != &Other) {
            delete [] Name;
            Name=new char[strlen(Other.Name)+1];
            strcpy(Name,Other.Name);
            Age=Other.Age;
        }
        return *this;
    }
};
```

복사 생성자의 코드와 유사한 코드가 반복되는데 대입되는 Other의 Name 길이+1 만큼 버퍼를 새로 할당한 후 내용을 복사했다. Age는 단순한 정수형 변수이므로 그냥 대입하기만 하면 된다. 복사 생성자와 마찬가지 방법으로 깊은 복사를 하되 대입 동작은 실행 중에 여러 번 그것도 임의의 순간에 발생할 수 있기 때문에 좀 더 신경써야 할 것들이 많다.

우선 Name 멤버를 할당하기 전에 이전에 사용하던 메모리를 먼저 해제해야 한다. 복사 생성의 경우 Name은 새로 만들어지는 중이므로 할당되어 있지 않지만 대입은 사용 중인 객체에 대해 일어나는 연산이므로 Name이 이미 할당되어 있을 것이다. 다른 객체를 대입받는다는 것은 이전의 내용을 버린다는 뜻이므로 이미 할당된 메모리를 해제할 필요가 있는데 이 처리를 하지 않으면 대입할 때마다 이전에 사용하던 메모리가 누수될 것이다. 그래서 new 연산자로 Name을 할당하는 코드 앞에 delete [] Name 이 필요하다. 이때 Name이 이미 할당되어 있는지는 점검할 필요가 없는데 디폴트 생성자가 1바이트를 할당하고 있으므로 Name은 항상 동적으로 할당되어 있기 때문이다.

그리고 대입 요청을 받았을 때 대입 대상이 자기 자신이 아닌지도 꼭 점검해야 하는데 A=A 같은 대입문도 일단은 가능해야 하기 때문이다. 이 문장은 자기가 자신의 값을 대입받는 사실상의 NULL 문장이지만 고의든 실수든 아니면 코드의 일관성을 위해서건 틀린 문법은 아니므로 지원하는 것이 옳다. 자기 자신이 대입될 때는 아무 것도 하지 않고 자신을 리턴하기만 하면 된다. 만약 이 조건문을 빼 버리면 delete [] Name에 의해 자신의 버퍼를 먼저 정리해 버리고 정리된 버퍼의 내용을 다시 복사하려고 들기 때문에 객체의 내용이 제대로 유지되지 않을 것이다.

∷ 대입 후 리턴되는 값

대입 연산자의 리턴 타입이 Person &인 이유는 A=B=C 식의 연쇄적 대입이 가능해야 하기 때문이다. 대입만이 목적이라면 void형으로 선언해도 상관없겠지만 기본 타입에서 가능한 모든 연산이 객체에서도 가능해야 하므로 가급적 똑같이 동작하도록 만들어야 한다. 대입 연산자가 대입된 결과값을 리턴하기 때문에 연쇄적인 대입이 가능하다.

이때 리턴되는 객체가 상수일 필요는 없는데 대입 후 리턴되는 객체를 바로 사용할 수도 있고 변경할 수도 있다. (Young=Boy).OutPerson(); 식으로 대입받은 좌변 객체에 대해 멤버 함수를 호출할 수 있다. 설사 이 멤버 함수가 객체의 상태를 변경하는 비상수 함수라도 말이다. 기본 타입도 대입 연산자에 의해 리턴되는 것은 좌변값인데 다음 테스트 코드를 통해 확인해 보자.

```
int  i=1,j=2;
(i=j)=3;
printf("%d,%d\n",i,j);
```

i=j 대입문에 의해 i에 2가 대입되고 i 자체가 리턴된다. 이때 리턴되는 레퍼런스는 좌변값이므로 바로 3을 대입할 수 있다. 출력되는 결과는 3,2가 된다. 실제로 이런 식은 잘 쓰이지도 않고 실용성도 없지만 어쨌든 클래스는 기본 타입과 같아야 하므로 기본 타입들이 하는 짓은 다 할 수 있어야 한다.

∷ 올바른 디폴트 생성자

Person3 예제는 디폴트 생성자를 정의하고 있으므로 Person Young; 선언문으로 일단 객체를 먼저 만들어 놓고 다른 객체의 값을 대입받아도 상관없다. 디폴트 생성자는 받아들이는 인수가 없으므로 멤버들을 NULL, 0, FALSE로 초기화하여 쓰레기를 치우는 것이 통상적인 임무이지만 동적 할당을 하는 클래스의 경우 포인터를 NULL로 초기화해서는 안 된다. 왜 그런지 다음 테스트 코드를 실행해 보자.

```
Person() { Name=NULL;Age=0; }

Person Boy;
Person Young=Boy;
```

디폴트 생성자가 쓰레기를 치우고 있으므로 인수없이 객체를 생성할 수 있다. 그러나 이렇게 만들어진 객체를 사용할 때 여기저기서 문제가 생긴다. 위 테스트 코드는 복사 생성자를 호출하는데 복사 생성자의 본체에서 strlen 함수로 Other.Name의 길이를 구하고 있다. 0번지는 허가되지 않은 영역이므로 이 번지를 읽기만 해도 당장 다운되어 버린다. 복사 생성자가 쓰레기만 치운 객체를 전달받아도 죽지 않으려면 예외 처리 코드가 더 작성되어야 한다.

```
Person(const Person &Other) {
    if (Other.Name == NULL) {
        Name=NULL;
    } else {
        Name=new char[strlen(Other.Name)+1];
        strcpy(Name,Other.Name);
    }
    Age=Other.Age;
}
```

초기식의 객체가 NULL 포인터를 가리키면 새로 선언되는 객체도 같이 NULL 포인터를 가지도록 해야 한다. 복사 생성자뿐만 아니라 대입 연산자, Name을 참조하는 모든 멤버 함수에서 Name이 NULL 인 경우를 일일이 예외 처리해야 하는 것이다. 이렇게 하는 것이 귀찮고 비효율적이기 때문에 디폴트 생성자가 포인터를 초기화할 때는 비록 1바이트라도 할당하여 Name이 NULL이 되지 않도록 하는 것이 좋다. 비록 1바이트에 빈 문자열밖에 들어 있지 않지만 이 메모리도 동적으로 할당한 것이므로 읽을 수 있다.

Person3의 디폴트 생성자가 할당하는 1바이트는 자리만 지키는 플레이스 홀더(PlaceHolder) 역할을 한다. 아무 짝에도 쓸모없는 것 같지만 Name이 반드시 동적 할당된 메모리임을 보장하여 이 버퍼를 참조하는 모든 코드를 정규화시키는 효과가 있다. 모든 멤버 함수는 Name의 길이가 얼마이든지 무조건 할당되어 있다는 가정 하에 Name을 안심하고 액세스할 수 있다.

:: 동적 할당 클래스의 조건

이 예제에서 보다시피 초기화와 대입은 여러 모로 다르다는 것을 알 수 있다. 초기화는 객체를 위한 메모리를 할당할 때 이 공간을 어떻게 채울 것인가를 지정하며 일회적인데 비해 대입은 실행 중에 같은 타입인 다른 객체의 사본을 작성하며 회수에 제한이 없다. 대입이 초기화보다는 훨씬 더 복잡하고 비용도 많이 든다. 그래서 컴파일러는 복사 생성자와 대입 연산자를 구분해서 호출하며 따라서 우리는 둘 다 만들어야 한다. class A=B; 선언문을 디폴트 생성자로 A를 먼저 만든 후 B를 대입하는 것으로 처리할 경우 속도가 훨씬 더 늦어질 것이다. 실제로 구형 컴파일러는 이런 식으로 초기화를 구현했었다.

Time이나 Complex 클래스는 복사 생성자가 없어도 선언할 때 다른 객체로 초기화할 수 있으며 대입 연산자를 굳이 정의하지 않아도 객체끼리 안심하고 대입할 수 있다. 왜냐하면 값만을 가지는 클래스는 컴파일러가 만들어 주는 디폴트 복사 생성자, 디폴트 대입 연산자만으로도 충분히 잘 동작하기 때문이다. 이에 비해 Person 클래스는 동적으로 할당하는 메모리가 있기 때문에 여러 모로 관리해야 할 것들이 많은데 최소한 다음과 같은 함수들이 있어야 한다.

함수	설명
생성자	생성될 때 메모리를 할당한다.
파괴자	사용하던 메모리를 반납한다.
복사 생성자	초기화될 때 별도의 메모리를 할당한다.
대입 연산자	사용하던 메모리를 해제하고 대입받는 객체에 맞게 다시 할당한다.

이 중 하나라도 빠지거나 생략되면 Person 클래스는 제대로 동작하지 않는다. 생성자는 초기화라는 중요한 임무를 가지므로 꼭 동적 할당을 하지 않더라도 대부분의 클래스에 필수적이다. 나머지 셋은 생성자에서 동적 할당이나 그와 유사한 효과의 동작을 할 때 꼭 필요한데 셋 중 하나가 필요하다면 나머지 둘도 마찬가지로 필요하다. 그래서 이 셋은 같이 뭉쳐서 다니는 특징이 있으며 흔히 삼총사라고 부른다.

Person3 예제의 Person 클래스는 비로소 완벽해졌으며 선언과 동시에 초기화, 실행 중 대입 등이 가능해져 기본 타입과 동등한 자격을 가지게 되었다. 그러나 상속을 하지 않을 경우에만 완벽하며 상속할 경우 파괴자가 가상 함수여야 한다는 조건이 하나 더 추가된다. 이 예에서 동적으로 할당되는 메모리란 클래스 동작에 꼭 필요한 어떤 자원의 비유에 해당한다. 예를 들어 하드웨어 장치를 열어야 하거나 네트워크 접속, DB 연결, 권한 획득 등이 필요한 클래스는 모두 비슷한 법칙이 적용된다. 아무튼 멤버를 그대로 복사해서는 똑같은 객체를 만들 수 없는 모든 클래스에는 이런 함수들이 필요하다.

:: 복합 대입 연산자

이번에는 대입 연산자와 유사한 복합 대입 연산자를 오버로딩해 보자. 복합 대입 연산자는 대입과 비슷한 동작을 하기는 하지만 아예 다른 연산자이므로 필요할 경우 따로 정의해야 한다. 예를 들어 Time 클래스에 operator + 연산자를 오버로딩했다고해서 operator += 까지 같이 정의되는 것은 아니다. 다음은 += 복합 대입 연산자의 오버로딩 예이다.

예제 OpPlusEqual

```c
#include <Turboc.h>

class Time
{
private:
    int hour,min,sec;

public:
    Time() { }
    Time(int h, int m, int s) { hour=h; min=m; sec=s; }
    void OutTime() {
        printf("%d:%d:%d\n",hour,min,sec);
    }
    Time &operator +=(int s) {
        sec += s;
        min += sec/60;
        sec %= 60;
        hour += min/60;
        min %= 60;
        return *this;
    }
};

void main()
{
    Time A(1,1,1);

    A+=62;
    A.OutTime();
}
```

+ 연산자와 다른 점은 호출한 객체를 직접 변경시키기 때문에 const가 아니라는 점, 그리고 자기 자신이 피연산자이므로 임시 객체를 필요로 하지 않는다는 점 정도이다. A+=62 연산문에 의해 A가 가진 시간에 62초를 더한 값이 A에 다시 대입된다. 사용자는 + 연산이 가능하면 +=연산도 가능하다고 기대하므로 가급적이면 두 연산자를 같이 제공하는 것이 좋다. 이 경우 +=을 먼저 정의해 놓고 + 연산자는 이 함수를 호출하는 것이 효율적이다.

```
Time operator +(int s) {
    Time R=*this;
    R+=s;
    return R;
}
```

+=에 정수를 더하는 연산이 먼저 정의되어 있으므로 +는 임시 객체에 += 연산한 결과를 값으로 리턴하기만 하면 된다. 뿐만 아니라 덧셈의 규칙이 변경되더라도 +=의 코드만 수정하면 되므로 코드를 유지하기도 훨씬 더 쉽다.

:: **복사 생성 및 대입 금지**

클래스는 일종의 타입이므로 기본 타입과 완전히 동일해질 수 있는 모든 문법이 제공된다. 선언, 초기화, 복사, 대입, 연산 등등 int가 할 수 있는 모든 동작을 다 할 수 있다. 그러나 경우에 따라서는 이런 것이 어울리지 않거나 그래서는 안 되는 클래스들도 있다. 예를 들자면 하드웨어를 직접적으로 제어하거나 유일한 자원을 관리하는 객체를 들 수 있는데 하나만 가지고도 충분히 원하는 동작을 모두 할 수 있으므로 굳이 둘을 만들 필요가 없다.

이런 예는 멀리서 찾을 것도 없이 표준 입출력 스트림 객체인 cin, cout을 보면 된다. 이 객체 한 쌍으로 화면에 원하는 모든 출력을 할 수 있고 키보드로 입력을 받을 수 있는데 cin, cout이 두 개씩 있을 필요가 없지 않은가? 어떤 경우에는 동일한 타입의 객체가 두 개 있을 경우 혼선이 빚어지기도 하고 서로 간섭하여 오동작하거나 데드락에 걸리는 부작용도 있다. 이런 클래스들은 허가되지 않는 연산을 적절히 막아야 하는데 금지할 필요가 있는 대표적인 연산이 복사 생성과 대입이다.

복사 생성과 대입을 못하는 클래스를 만드는 방법은 생각보다 쉽다. 복사 생성자와 대입 연산자를 선언하되 둘 다 private 영역에 두는 것이다. 아예 정의하지 않으면 컴파일러가 디폴트를 만드므로 반드시 private 영역에 직접 선언해야 한다. 어차피 호출되지 않을 함수들이므로 본체의 내용은 작성하지 않아도 상관없다. Person 클래스는 복사, 대입이 모두 가능한 경우이긴 하지만 금지해야 한다고 가정하고 위 예제를 대상으로 이 동작들을 금지시켜 보자.

```
class Person
{
private:
    char *Name;
    int Age;
    Person(const Person &Other);
    Person &operator =(const Person &Other);
    ....
```

이렇게 해 놓으면 Person Young=Boy; 같은 선언문이나 Girl=Boy; 같은 대입문이 실행될 때 컴파일러가 복사 생성자나 대입 연산자를 호출하려고 할 것이다. 객체를 선언하는 곳은 객체의 외부이므로 private 멤버를 호출할 수 없으며 컴파일 중에 이 동작이 허가되지 않는다는 것을 알 수 있다. 실행 중에 문제를 일으키는 것보다 컴파일할 때 이 동작은 금지되었음을 확실히 알리는 것이 바람직하다. 좀 더 적극적으로 에러 내용을 상세하게 알리고 싶을 때는 이 둘을 public 영역에 두되 assert문을 작성해 놓는 방법을 쓸 수 있다.

두 함수를 private 영역에 둘 때 본체 내용은 아예 작성하지 않는 것이 좋다. 왜냐하면 외부에서 이 함수를 호출하는 것은 컴파일러가 컴파일 중에 막아 주지만 클래스 내부의 멤버 함수나 프렌드 함수에서는 여전히 이 함수를 호출할 수 있기 때문이다. 함수를 선언만 해 놓고 본체를 정의하지 않더라도 이 함수가 호출되기 전에는 링커가 본체를 찾지 않으므로 아무 이상이 없다. 만약 정의되지도 않는 함수를 호출하려고 하면 컴파일은 무사히 되지만 링크할 때 에러로 처리되므로 이 동작이 불가능하다는 것을 알 수 있다. 외부에서 불가능한 동작을 시도하면 컴파일러가 막아주고 내부에서 엉뚱한 짓을 하려면 링커가 막아준다. C++의 객체는 이런 식으로 실수든 고의든 허가되지 않는 위험한 연산을 스스로 방어하도록 작성되어야 한다.

복사 생성자, 대입 연산자 작성 규칙은 나름대로 복잡해서 이해는 되더라도 실무에서 직접 작성하기는 쉽지가 않다. 개념적인 이해는 꼭 해 두고 실제 코드를 작성할 때는 Person3 예제에서 코드를 복사한 후 원하는 부분만 수정하는 것이 편리하다. Person3 예제의 복사 생성자, 대입 연산자는 모든 상황에 대해 잘 작동하도록 만든 모범 답안이다.

28.3.4 ⟨⟨ 연산자

C++의 표준 스트림 출력 객체인 cout은 ⟨⟨ 연산자를 오버로딩하여 이 연산자의 우변을 표준 출력(모니터)으로 내보내는 기능을 제공한다. ⟨⟨ 연산자 다음의 피연산자가 정수든 실수든 포인터든 거의 가리지 않고 출력되는데 이렇게 되는 이유는 cout 객체의 소속 클래스인 ostream에 다음과 같은 여러 원형의 ⟨⟨ 멤버 연산자 함수가 오버로딩되어 있기 때문이다.

```
ostream& operator<<(const char *);
ostream& operator<<(char);
ostream& operator<<(short);
ostream& operator<<(int);
ostream& operator<<(long);
ostream& operator<<(float);
ostream& operator<<(double);
....
```

C++ 컴파일러는 << 다음의 피연산자 타입을 보고 적절한 << 멤버 연산자 함수를 호출하므로 거의 대부분의 기본 타입을 문제없이 출력할 수 있는 것이다. char *는 그대로 화면으로 전송할 것이고 int나 double은 문자열로 바꾼 후 전송할 것이다. 그렇다면 다음 문장은 과연 어떻게 처리될까?

```
Time A(1,2,3);
cout << A;
```

Time형의 객체 A를 << 연산자를 사용하여 cout객체로 보내면 A의 내용이 제대로 출력될까? 이것은 불가능하다. 왜냐하면 cout은 Time 클래스에 대해서 아는 바가 없으며 operator <<(Time) 함수는 정의되어 있지 않기 때문이다. 그렇다면 cout으로 Time 객체를 출력하려면 Time을 피연산자로 받아들이는 연산자 함수를 하나 더 오버로딩하면 될 것이다. 이미 오버로딩되어 있는 << 연산자를 cout이 Time 객체를 인식하도록 추가로 오버로딩하는 것이다.

이 경우 operator << 연산자 함수를 cout의 소속 클래스인 ostream의 멤버 함수로 추가하거나 아니면 전역 함수로 만들어야 하는데 멤버로 정의하는 것은 불가능하다. 왜냐하면 ostream은 C++ 표준 라이브러리에 이미 컴파일되어 있어 int나 double 같은 기본형 클래스와 거의 같은 수준의 타입이기 때문이다. 표준 라이브러리 함수를 뜯어 고칠 수는 없고 그래서 이 경우는 반드시 프렌드 전역 연산자 함수로 정의해야 한다.

예제 **coutTime**

```
#include <Turboc.h>
//#include <iostream.h>
#include <iostream>
using namespace std;

class Time
{
    friend ostream &operator <<(ostream &c, const Time &T);
```

```
        friend ostream &operator <<(ostream &c, const Time *pT);
private:
    int hour,min,sec;

public:
    Time() { }
    Time(int h, int m, int s) { hour=h; min=m; sec=s; }
    void OutTime() {
            printf("%d:%d:%d\n",hour,min,sec);
    }
};

ostream &operator <<(ostream &c, const Time &T)
{
    c << T.hour << "시" << T.min << "분" << T.sec << "초";
    return c;
}

ostream &operator <<(ostream &c, const Time *pT)
{
    c << *pT;
    return c;
}

void main()
{
    Time A(1,1,1);
    Time *p;

    p=new Time(2,2,2);
    cout << "현재 시간은 " << A << "입니다." << endl;
    cout << "현재 시간은 " << p << "입니다." << endl;
    delete p;
}
```

만약 사용하고 있는 컴파일러에서 이 소스가 컴파일되지 않는다면 iostream 대신 iostream.h 헤더 파일을 인클루드하고 네임 스페이스 선언을 삭제하면 된다. VC60 이상의 최신 컴파일러에서는 별 무리없이 컴파일되는데 단, Visual C++ 6.0의 경우 서비스팩을 설치하지 않으면 이 예제가 제대로 컴파일되지 않는 버그가 있으므로 반드시 최신 서비스팩을 설치한 후 컴파일하도록 하자. 실행 결과는 다음과 같다.

현재 시간은 1시1분1초입니다
현재 시간은 2시2분2초입니다

ostream 객체와 Time형 객체 또는 포인터를 인수로 취하는 ostream 《《 전역 연산자를 두 벌 정의하고 이 연산자 함수를 Time의 프렌드로 지정했다. 출력을 위해 자신의 모든 멤버를 읽을 수 있도록 권한을 주어야 한다. 컴파일러는 cout 《《 A 연산문을 만났을 때 ostream 클래스의 멤버 연산자 함수 《《를 검색해 보고 Time을 인수로 취하는 함수가 있는지 조사한 후 멤버 중에 그런 함수가 없으면 전역 함수를 찾는다. 결국 cout 《《 A 연산문은 operator 《《(cout, A) 전역 연산자 함수 호출문으로 해석되어 cout으로 Time 객체의 시분초 멤버를 순서대로 출력할 것이다.

Time형 포인터도 별도의 타입이므로 이 타입에 대해서도 《《 연산자를 따로 정의해야 한다. 물론 본체는 직접 작성할 필요없이 operator 《《(Time)의 것을 잠시 빌리기만 하면 된다. ostream 클래스의 모든 《《 연산자와 마찬가지로 사용자가 직접 만든 《《 연산자 함수도 반드시 ostream형의 레퍼런스를 리턴해야 cout 《《 A 《《 p 《《 endl; 같은 연쇄적 출력이 가능하다.

과 제 coutPerson

> Person 객체를 cout으로 출력하는 《《 연산자 함수를 정의하라. 복사 생성자, 대입 연산자 등은 당장 필요치 않으므로 26장에 있는 가장 간단한 Person1 예제를 확장하도록 한다. Person 클래스의 멤버들을 화면으로 출력하기만 하면 된다.

28.3.5 [ ] 연산자

[ ] 연산자는 배열에서 첨자 번호로부터 요소를 찾는다. 반드시 멤버 함수로만 정의할 수 있으며 전역 함수로는 정의할 수 없다. 여러 가지 자료의 집합을 다루는 클래스에서 이 연산자를 오버로딩하여 원하는 대로 기능을 부여할 수 있다. 앞 장에서 만들었던 동적 배열 클래스인 DArray 클래스에 [ ] 연산자 함수를 추가해 보자. DArray 예제에 다음 멤버 연산자 함수만 추가하면 된다.

```
class DArray
{
    ....
    ELETYPE &operator [](int idx) {
        return ar[idx];
    }
};
```

배열 첨자를 인수로 전달하면 인수가 지정하는 순서의 배열 요소에 대한 레퍼런스를 리턴하도록 했다. 이 연산자가 정의되면 배열 요소를 간편하게 읽고 쓸 수 있다.

```
printf("%d\n",ar[3]);;
ar[3]=100;
```

ar[3]으로 네 번째 요소를 읽을 수 있을 뿐만 아니라 레퍼런스를 리턴하므로 ar[3]을 대입식의 좌변에 놓는 것도 가능하다. 이 연산자에 의해 첨자로부터 배열 요소를 읽고 쓸 수 있으므로 GetAt, SetAt 멤버 함수는 이제 삭제해도 상관없다. 이름을 가지는 멤버 함수보다 [ ] 연산자가 훨씬 더 직관적이다. [ ] 연산자가 다른 연산자들과 다른 특이한 점이라면 대입식의 좌변과 우변에 모두 쓸 수 있다는 점이다. 그래서 상수 객체에 대해서도 쓸 수 있는 const 버전의 [ ] 연산자도 중복 정의해야 한다. 상수 [ ] 연산자를 만들지 않았을 때 어떻게 되는지 테스트해 보자.

```
const DArray car;
car[0]=3;                 // 에러
printf("%d\0",car[0]);    // 이것도 에러
```

car는 상수 객체로 선언되었으므로 값을 변경할 수 없다. 그러므로 car[0]에 어떤 값을 대입하는 문장은 당연히 에러이며 컴파일되지 않는다. 그러나 마지막 문장은 car[0]를 읽기만 했는데도 불구하고 역시 에러로 처리되는데 이는 합리적이지 못하다. [ ] 연산자가 좌변에 쓰일 때는 값을 변경하지 못하므로 당연히 에러이지만 우변에 쓰일 때는 읽기만 하므로 허용되어야 한다. 그러나 컴파일러는 함수의 선언문에 const 지정이 없으면 객체의 내용을 바꿀 수도 있다고 생각하기 때문에 사용되는 위치에 상관없이 상수 객체에 대해서는 이 연산자를 사용 금지시킨다. 만약 상수 객체에 대해 읽기만 하는 [ ] 연산자를 따로 정의하고 싶다면 다음 연산자 함수를 하나 더 오버로딩해야 한다.

```
const ELETYPE &operator [](int idx) const {
    return ar[idx];
}
```

상수 함수와 비상수 함수를 각각 제공하면 컴파일러는 객체의 상수성을 보고 적당한 함수를 호출할 것이다. 그런데 위 예의 car 객체는 아무 짝에도 쓸모없는 객체처럼 보인다. 동적 배열이란 값을 저장하는 것이 본연의 임무인데 이 객체를 상수로 선언하면 요소를 추가하거나 삭제할 수 없으며 오로지 읽을 수만 있다. 추가가 안 되는데 읽는 기능이 가능한 것은 아무 의미가 없지 않은가? 과연 그렇기는 하다. 그러나 그래도 상수 객체는 여전히 필요한데 함수의 인수로 전달받을 때 형식 인수가 상수성을 가져야 할 필요가 있기 때문이다.

```
func(const DArray *pAr) { ... }
```

이런 함수 내부에서 pAr이 가리키는 대상체를 상수 취급하고 싶을 때 상수 객체가 사용되며 이 객체의 값을 읽기 위해 상수성을 가지는 [ ] 연산자도 필요한 것이다.

만약 [ ] 연산자를 오버로딩하는 객체의 배열을 만든다면 이 배열에서 객체를 선택하는 [ ] 연산자와 오버로딩된 [ ] 연산자는 어떻게 구분할 수 있을까? 예를 들어 동적 배열 객체의 배열을 크기 3으로 선언하는 다음 코드를 보자.

```
DArray ar[3];
ar[2][1]=5;
```

이 경우 ar[2][1]의 앞쪽 [2]와 뒤쪽의 [1]은 각각 어떤 의미를 가질까? 언뜻 보기에는 컴파일러가 무척 헷갈려할 것 같지만 차근히 생각해 보면 대상 타입으로부터 정확한 연산자의 의미를 어렵지 않게 구분할 수 있다. 앞쪽의 [2]는 전체 배열 ar에 대해 쓰여졌으므로 이 연산자는 본래의 배열 첨자 연산자이며 ar배열에서 2번째 요소를 선택한다. 뒤쪽의 [1]은 ar[2]에 대해 쓰여졌으며 ar[2]는 DArray 타입의 객체이므로 이 연산자는 오버로딩된 연산자이다.

[ ] 연산자는 원래 배열 요소 중 하나를 구하는 동작을 하지만 오버로딩되면 완전히 다른 의미를 부여할 수도 있으며 배열과 상관없는 클래스에도 적용할 수 있다. 어쨌든 입력값으로부터 객체의 정보 중 하나를 리턴하는 형태의 동작은 모두 정의할 수 있다. 예를 들어 Time 객체의 각 요소를 구하는 용도로도 쓸 수 있는데 다음이 그 예이다.

예제 **TimeIndex**

```
#include <Turboc.h>

class Time
{
private:
    int hour,min,sec;

public:
    Time() { }
    Time(int h, int m, int s) { hour=h; min=m; sec=s; }
    void OutTime() {
        printf("%d:%d:%d\n",hour,min,sec);
    }
```

```
    int &operator [](int what) {
        switch (what) {
        case 0:
            return hour;
        case 1:
            return min;
        default:
        case 2:
            return sec;
        }
    }
    const int &operator [](int what) const {
        switch (what) {
        case 0:
            return hour;
        case 1:
            return min;
        default:
        case 2:
            return sec;
        }
    }
};

void main()
{
    Time A(1,1,1);
    const Time B(7,7,7);

    A[0]=12;
    printf("현재 %d시입니다.\n",A[0]);
    //B[0]=8;
    printf("현재 %d시입니다.\n",B[0]);
}
```

    Time 객체를 구성하는 hour, min, sec 멤버는 배열이 아니지만 [ ] 연산자를 오버로딩하여 [0]이면 시, [1]이면 분, [2]면 초를 리턴하도록 했다. 외부에서는 마치 이 객체를 구성하는 시분초 멤버가 배열에 속한 요소인 것처럼 사용하는 것이 가능하다.

똑같은 [ ] 연산자가 두 벌 정의되어 있는데 하나는 비상수 버전이고 하나는 상수 버전이다. [ ] 연산자가 레퍼런스를 리턴하므로 이 연산자로 객체의 값을 읽을 수 있을 뿐만 아니라 A[0]=12처럼 첨자 연산자로 객체 내용을 변경할 수 있다. 그래서 이 연산자는 const가 아니어야 하는데 이렇게 될 경우 상수 객체에 대해서는 [ ] 연산자를 사용할 수 없다는 제약이 생긴다. 설사 상수 객체에 대해 [ ] 연산자로 읽기만 한다 하더라도 컴파일러는 [ ] 연산자 함수가 const 속성을 가지고 있지 않으므로 호출을 허가하지 않을 것이다. 그래서 [ ] 연산자는 항상 상수 버전, 비상수 버전 두 벌이 필요하다.

C/C++ 언어의 [ ] 연산자는 포인터 연산을 하도록 정의되어 있으므로 피연산자 중 하나는 반드시 포인터이고 나머지 하나는 반드시 정수여야 한다. 그러나 오버로딩되면 어디까지나 함수에 불과하므로 임의의 타입을 인수로 전달받을 수 있다. 예를 학생들의 목록을 가지는 StuList 클래스가 있을 때 [ ] 연산자의 인수로 학생의 이름(const char *)을 주면 학번(int)을 리턴하는 int StuList::operator[](const char *) 함수를 정의할 수도 있다.

예제 StuList

```
#include <Turboc.h>

class StuList
{
private:
    struct Student {
        char Name[10];
        int StNum;
    } S[30];

public:
    StuList() {
        strcpy(S[0].Name,"이승만");S[0].StNum=1;
        strcpy(S[1].Name,"박정희");S[1].StNum=3;
        strcpy(S[2].Name,"전두환");S[2].StNum=6;
        strcpy(S[3].Name,"노태우");S[3].StNum=9;
        strcpy(S[4].Name,"김영삼");S[4].StNum=15;
        strcpy(S[5].Name,"김대중");S[5].StNum=17;
        strcpy(S[6].Name,"노무현");S[6].StNum=20;
        strcpy(S[7].Name,"??????");S[7].StNum=100;
    }
    int operator[](const char *Name) {
        for (int i=0;;i++) {
```

```
                if (strcmp(S[i].Name,Name)==0) return S[i].StNum;
                if (S[i].Name[0]=='?') return -1;
            }
        }
};

void main()
{
    StuList SL;

    printf("김영삼 학생의 학번은 %d번입니다.\n",SL["김영삼"]);
}
```

　편의상 생성자에서 학생 목록을 작성했는데 실제 예에서는 데이터베이스에서 학생 목록을 대량으로 읽어들일 것이다. 이 클래스가 가진 정보 중 문자열을 인수로 주고 원하는 정수를 찾는 용도로 [ ] 연산자를 활용했다. [ ] 연산자를 일종의 검색 연산자로 의미를 변경하여 활용하는 것이다.

28.3.6 멤버 참조 연산자

　클래스나 구조체의 멤버를 참조하는 연산자에는 . 과 -> 두 가지가 있다. 이중 . 연산자는 클래스를 프로그래밍하는 너무 기본적인 연산자이므로 오버로딩할 수 없으며 객체의 포인터로부터 멤버를 읽는 -> 연산자는 오버로딩 대상이다. 이 연산자는 다른 연산자와는 다른 독특한 오버로딩 규칙이 적용되는데 원래 이항 연산자이지만 오버로딩하면 단항 연산자가 되며 전역 함수로는 정의할 수 없고 클래스의 멤버 함수로만 정의할 수 있다. 멤버 함수이면서 단항이므로 결국 인수를 취하지 않는다.

　이 연산자의 리턴 타입은 클래스나 구조체의 포인터로 고정되어 있다. 보통 클래스에 포함된 다른 클래스 객체나 구조체의 번지를 리턴하여 포함된 객체의 멤버를 읽는 용도로 사용된다. 이 연산자를 오버로딩하면 포함 객체의 멤버를 마치 자신의 멤버처럼 액세스할 수 있다. 다음은 간단한 예제이다.

예제 **MemberAccessOp**

```
#include <Turboc.h>

struct Author {
    char Name[32];
    char Tel[24];
```

```
        int Age;
};

class Book
{
private:
    char Title[32];
    Author Writer;

public:
    Book(const char *aTitle,const char *aName,int aAge) {
        strcpy(Title,aTitle);
        strcpy(Writer.Name,aName);
        Writer.Age=aAge;
    }
    Author *operator-〉() { return &Writer; }
    const char *GetTitle() { return Title; }
};

void main()
{
    Book Hyc("혼자 연구하는 C/C++","김상형",25);
    printf("제목:%s, 저자:%s, 저자 나이:%d세\n",Hyc.GetTitle(),Hyc-〉Name,Hyc-〉Age);
}
```

Book 클래스 안에 저자의 신상을 표현하는 Author 객체 Writer가 멤버로 포함되어 있고 이 멤버의 번지를 리턴하는 -〉 연산자가 정의되어 있다. 외부에서 Book 객체의 Writer 멤버에 접근하려면 . 연산자를 두 번 연거푸 사용해야 하지만 -〉를 쓰면 Writer의 멤버를 마치 Book 객체의 멤버인 것처럼 바로 액세스할 수 있다. 실행 결과는 다음과 같다.

제목:혼자 연구하는 C/C++, 저자:김상형, 저자 나이:25세

Hyc-〉Name으로 Writer 포함 객체의 멤버를 읽었는데 보다시피 Name이 Hyc 객체의 멤버인 것처럼 사용되고 있다. 원래 -〉 연산자의 좌변에는 포인터만 올 수 있지만 오버로딩되면 객체가 와도 상관없다. 어차피 오버로딩된 -〉 연산자가 포인터를 리턴한다. 이 표현식은 컴파일러에 의해 다음과 같이 해석된다.

Hyc.operator-〉()-〉Name

—〉 연산자가 &Writer를 리턴하므로 이 포인터로부터 Writer의 멤버를 바로 액세스할 수 있다. 포함 객체의 멤버를 읽기 위해 Hyc.Writer.Name 이런 식으로 . 연산자를 두 번 사용하는 것은 허가되지 않는데 Writer가 프라이비트 액세스 속성을 가지고 있기 때문이다. —〉 연산자는 숨겨진 멤버의 포인터를 읽어 줌과 동시에 이 멤버에 속한 멤버를 바로 액세스할 수 있도록 중계하는 역할을 한다.

—〉 연산자는 보통 스마트 포인터라 불리는 포인터를 흉내내는 클래스를 만들기 위해 사용되며 포인터의 유효성 점검이나 사용 카운트 유지 기능을 구현한다. 어떤 객체를 래핑하는 클래스를 만들 때 래핑한 객체가 래핑된 객체인 것처럼 동작해야 하므로 —〉 연산자로 래핑된 객체의 멤버를 바로 액세스할 수 있어야 하는 것이다.

28.3.7 () 연산자

()도 함수를 호출하는 일종의 연산자이다. 다른 연산자와는 달리 항의 개수가 정해져 있지 않다는 것이 특징인데 호출하는 함수에 따라 이항일 수도 있고 단항일 수도 있고 세 개 이상의 인수를 취할 수도 있다. 그래서 오버로딩할 때도 인수의 개수를 원하는 대로 취할 수 있고 인수의 개수나 타입이 다르면 얼마든지 오버로딩 가능하며 인수에 디폴트값을 지정할 수도 있다. 다음 클래스는 전달된 인수들의 합을 구하는 () 연산자를 두 개 정의한다.

예 제 FunCallOp

```
#include 〈Turboc.h〉

class Sum
{
public:
    int operator()(int a,int b,int c,int d) {
        return a+b+c+d;
    }
    double operator()(double a,double b) {
        return a+b;
    }
};

void main()
{
    Sum S;
    printf("1+2+3+4=%d\n",S(1,2,3,4));
    printf("1.2+3.4=%f\n",S(1.2,3.4));
}
```

멤버 변수는 가지지 않으며 정수 4개의 합을 구하는 (), 실수 2개의 합을 구하는 () 연산자를 정의했다. main에서 Sum 타입의 객체 S를 선언하고 이 객체로부터 ()연산자를 호출한다. S(...) 문장은 생성자를 호출하는 것이 아니라 이미 만들어진 객체에 대해 호출하는 것이므로 연산자 함수 호출문이다. ()연산자는 객체와 직접적인 연관이 없을 수도 있으므로 만들어진 객체가 없어도 임시 객체로부터 호출하기도 한다. 다음과 같이 수정해도 잘 동작한다.

```
printf("1+2+3+4=%d\n",Sum()(1,2,3,4));
printf("1.2+3.4=%f\n",Sum()(1.2,3.4));
```

Sum()는 Sum 클래스의 디폴트 생성자를 호출하는 문장이며 이 호출로부터 이름이 없는 임시 객체가 하나 생성되고 이 객체의 멤버 함수 ()를 호출했다. 물론 이 임시 객체는 함수가 종료될 때 자동으로 파괴될 것이다. () 괄호가 두 개나 있어 다소 헷갈린다. 이 연산자의 좌변은 항상 호출 객체이므로 전역 함수로는 정의할 수 없으며 반드시 멤버 함수로만 정의해야 한다.

다음은 좀 더 실용적인 예제를 보자. ()연산자는 피연산자를 원하는 만큼 줄 수 있다는 것이 장점인데 원하는 값을 찾기 위해 여러 개의 입력이 필요한 경우에 유용하다. 다음 예제는 성적을 관리하는 클래스를 정의하는데 성적값 하나를 알기 위해서는 학년, 학급, 학생, 과목 4가지나 되는 인수가 필요하다. C언어에 4항 연산자는 없으므로 이런 동작은 괄호 연산자로만 정의할 수 있다.

예제 ScoreManager

```
#include <Turboc.h>

class ScoreManager
{
private:
    // 성적을 저장하는 여러 가지 멤버 변수들
    int ar[3][5][10][4];
public:
    ScoreManager() { memset(ar,0,sizeof(ar)); }
    int &operator()(int Grade,int Class,int StNum,const char *Subj) {
        return ar[Grade][Class][StNum][0];
    }
    const int &operator()(int Grade,int Class,int StNum,const char *Subj) const {
        return ar[Grade][Class][StNum][0];
    }
};
```

```
void main()
{
    ScoreManager SM;

    printf("1학년 2반 3번 학생의 국어 성적 = %d\n",SM(1,2,3,"국어"));
    SM(2,3,4,"산수")=99;
}
```

　ScoreManager 클래스에는 실제 성적을 저장하는 자료 구조와 이 성적을 처리하는 수많은 멤버 함수들이 정의되어 있을 것이다. () 연산자는 정수형의 학년, 학급, 출석 번호와 문자열로 된 과목 이름을 인수로 전달받아 내부 자료로부터 원하는 성적을 조사해서 출력한다. 예제는 간결성을 위해 실제 성적을 관리하지도 않고 과목 문자열로부터 첨자를 찾지도 않았지만 () 연산자의 동작을 살펴보기에는 충분할 것이다. 성적은 좌우변에 모두 사용할 수 있으므로 상수 버전과 비상수 버전이 모두 필요하다.

　클래스는 정보와 동작을 동시에 가질 수 있으므로 세상의 모든 사물을 다 흉내낼 수 있다. 포인터를 래핑할 수도 있고 함수를 래핑할 수도 있는데 함수를 그대로 흉내내는 클래스를 정의하고 싶을 때 이 연산자를 재정의한다. () 연산자를 정의하는 클래스를 함수 객체(Functor)라고 하는데 C++ 표준 라이브러리에서 일반화된 알고리즘의 동작에 변화를 주기 위해 흔히 사용된다.

28.3.8 new, delete

　메모리를 동적으로 할당하고 객체를 초기화하는 new, delete도 연산자의 일종이므로 오버로딩할 수 있다. 객체를 힙에 할당하는 new 연산자는 두 가지 동작을 하는데 우선 운영체제의 힙 관리 함수를 호출하여 요청한 만큼 메모리를 할당하고 이 할당된 메모리에 대해 객체의 생성자를 호출하여 초기화한다. new가 생성자를 호출하는 것은 언어의 고유한 기능이므로 사용자가 생성자 호출을 금지한다거나 할 수 없지만 객체를 위한 메모리를 할당하는 방식은 원하는 대로 변경할 수 있다. 즉 new 연산자 자체는 오버로딩 대상이 아니지만 이 함수가 내부적으로 호출하는 operator new는 오버로딩 대상이다.

　new 연산자는 메모리 할당을 위해 operator new를 호출하는데 이 연산자를 오버로딩하면 객체를 위한 메모리를 직접 할당 또는 지정할 수 있다. new와 마찬가지로 delete 함수도 두 가지 동작을 하는데 파괴자를 먼저 호출하여 객체를 정리하고 다음으로 operator delete를 호출하여 객체가 사용하던 메모리를 해제한다. operator new를 오버로딩해서 할당 방식을 바꾸었다면 당연히 operator delete도 오버로딩해서 해제하는 방식도 할당 동작에 맞게 바꿔야 한다. 예를 들어 대량의 메모리를 효율적으로 관리하기 위해 가상 메모리를 직접 다루고 싶다거나 미리 할당해 놓은 메모리 풀을 조금씩 돌려가며 사용하고 싶을 때가 이런 경우에 해당한다.

Win32의 가상 메모리는 예약과 확정이라는 두 단계의 메모리 할당 방식이 있고 각각의 메모리 페이지에 대해 읽기, 쓰기 권한을 지정할 수 있어 할당 속도가 빠르고 안전성이 높아 직접 관리할 경우 힙을 쓰는 것보다 더 효율적이다. 특히 객체의 크기가 클 때 효과적이다. 또한 할당, 해제가 아주 빈번하다면 충분한 크기의 메모리 큐를 만들고 응용 프로그램이 메모리를 회전시키는 방법도 쓸 수 있다. 힙 할당은 매 할당분마다 얼마만큼의 메모리가 할당되었는지를 기억하는 헤더를 작성하는데 이 헤더에 의한 메모리 낭비가 심하며 또한 잦은 할당 해제에 의해 단편화 문제가 발생하는데 할당 방식을 바꿈으로써 이런 문제들을 적극적으로 해결할 수 있다.

물론 이런 경우는 어디까지나 예에 불과하며 현실적인 실용성은 그리 높지 않은 편인데 물리적인 메모리양이 충분해졌을 뿐만 아니라 운영체제의 메모리 관리 능력이 뛰어나기 때문에 이렇게까지 메모리를 직접 관리해야 할 필요는 많이 감소되었다. 하지만 메모리란 아무리 많아도 아껴 써야 하는 것이므로 아직도 대용량의 많은 메모리를 다루는 프로그램은 이 기법이 꼭 필요하다. 다음 예제를 통해 전역 new, delete 연산자를 오버로딩해 보자.

예제 **newOverload**

```
#include <Turboc.h>

void *operator new(size_t t)
{
    return malloc(t);
}

void operator delete(void *p)
{
    free(p);
}

void main()
{
    int *pi=new int;
    *pi=1234;
    printf("%d\n",*pi);
    delete pi;
}
```

operator new는 size_t형 인수와 그 외 할당에 필요한 인수를 전달받아 메모리를 할당하며 그 결과 새로 할당한 메모리의 번지를 void *타입으로 리턴한다. 단순히 메모리만 할당할 뿐이므로 아직 이 메모리의 타입은 알 수 없으며 그래서 void *를 리턴할 수밖에 없다. 할당의 방식은 마음대로 선택할 수 있고 할당 방식을 지정하는 추가 인수도 얼마든지 받을 수 있되 단 첫 번째 인수는 반드시 할당 크기를 지정하는 size_t여야 한다. operator delete는 void *를 인수로 받아 이 메모리를 해제하며 리턴값은 없다.

예제에서는 new, delete를 각각 오버로딩해 놓고 main에서 정수형 변수 하나를 저장할 만큼인 4바이트를 할당해 보았다. 오버로딩 가능하다는 것만 확인하기 위해 malloc, free를 사용했는데 미리 할당한 메모리의 조각을 떼 주거나 다른 메모리 할당 함수를 사용하는 것도 가능하다. new, delete 함수에 중단점을 설정해 놓고 테스트해보면 할당, 해제할 때 이 함수가 호출되는 것을 확인할 수 있다. 이 예제는 VC 6.0에서는 컴파일되지 않으며 VC 7.0 이상, Dev-C++에서는 잘 컴파일된다.

객체의 배열을 할당 및 해제하는 new [], delete []도 물론 오버로딩할 수 있다. 이 예제처럼 new, delete를 전역 연산자로 오버로딩할 수도 있고 특정 클래스의 멤버 함수로 오버로딩하여 특정 클래스에 대해서만 할당 방식을 변경할 수도 있다. 문법의 복잡성에 비해 실용성은 다소 떨어지므로 이 방법에 대한 상세한 설명은 생략하기로 한다. 이런 메모리 할당 기법을 정확하게 구사하기 위해서는 연산자 오버로딩 자체에 대한 이해보다는 메모리 구조나 관리 기법에 대한 이해가 더 많이 필요하다.

28.4 문자열 클래스

28.4.1 Str 클래스

연산자 오버로딩의 종합 실습편으로 문자열을 관리하는 Str 클래스를 작성해 보자. C는 문자열을 기본 타입으로 제공하지 않고 문자형 배열로 표현하기 때문에 대입, 연결, 비교, 추가 등의 모든 연산을 함수로만 해야 한다. 기본 타입과 논리적으로 같은 연산을 하는데도 불구하고 연산자를 쓸 수 없어 무척 불편할 뿐만 아니라 배열의 경계를 넘어서는 위험성을 항상 가지고 있다.

그래서 C++에서는 보통 문자열을 클래스로 작성하는데 이 클래스는 문자열 표현에 필요한 모든 멤버를 포함하고 있으며 문자열의 길이에 따라 배열을 자동으로 늘리는 편리한 기능까지 가지고 있다. 또한 다양한 연산자를 문자열에 대해 직접 사용할 수 있도록 하여 기본 타입과 똑같은 방법으로 문자열을 다룰 수 있다.

여기서 만들어 볼 문자열 클래스는 어디까지나 실습용으로서 의미가 있을 뿐이지 실제 사용을 목적으로 하기에는 성능상으로 보나 제공하는 기능으로 보나 많이 부족하다. 우리가 직접 이런 클래스를 만들지 않더라도 더 잘 만들어진 문자열 클래스들이 얼마든지 있는데 STL은 string을, MFC는 CString을 각각 제공하고 있다. 실무에서는 이런 잘 만들어진 검증된 클래스를 쓰되 이런 클래스들의 내부가 어떠할지를 이 실습을 통해 연구해 보도록 하자.

실습용으로 만들 클래스의 이름은 Str이라는 짧은 이름으로 정했다. 다음 소스에는 Str 클래스의 선언과 멤버 함수, 연산자 함수의 모든 코드가 포함되어 있으며 main에는 이 클래스가 잘 동작하는지를 테스트하는 코드도 포함되어 있다. 원칙대로 하자면 헤더 파일과 구현 파일을 나누어야 하지만 실습의 편의성을 위해 한 모듈에 모든 소스를 작성했다.

예제 Str

```cpp
#include <Turboc.h>
#include <iostream>
using namespace std;

class Str
{
    friend ostream &operator <<(ostream &c, const Str &S);
    friend const Str operator +(const char *ptr,Str &s);
    friend bool operator ==(const char *ptr,Str &s);
    friend bool operator !=(const char *ptr,Str &s);
    friend bool operator >(const char *ptr,Str &s);
    friend bool operator <(const char *ptr,Str &s);
    friend bool operator >=(const char *ptr,Str &s);
    friend bool operator <=(const char *ptr,Str &s);
protected:
    char *buf;
    int size;

public:
    Str();
    Str(const char *ptr);
    Str(const Str &Other);
    explicit Str(int num);
    virtual ~Str();

    int length() const { return strlen(buf); }
    Str &operator =(const Str &Other);
    Str &operator +=(Str &Other);
    Str &operator +=(const char *ptr);
    char &operator [](int idx) { return buf[idx]; }
    const char &operator [](int idx) const { return buf[idx]; }
    operator const char *() { return (const char *)buf; }
```

```cpp
        operator int() { return atoi(buf); }
        const Str operator +(Str &Other) const;
        const Str operator +(const char *ptr) const { return *this+Str(ptr); }
        bool operator ==(Str &Other) { return strcmp(buf,Other.buf)==0; }
        bool operator ==(const char *ptr) { return strcmp(buf,ptr)==0; }
        bool operator !=(Str &Other) { return strcmp(buf,Other.buf)!=0; }
        bool operator !=(const char *ptr) { return strcmp(buf,ptr)!=0; }
        bool operator >(Str &Other) { return strcmp(buf,Other.buf)>0; }
        bool operator >(const char *ptr) { return strcmp(buf,ptr)>0; }
        bool operator <(Str &Other) { return strcmp(buf,Other.buf)<0; }
        bool operator <(const char *ptr) { return strcmp(buf,ptr)<0; }
        bool operator >=(Str &Other) { return strcmp(buf,Other.buf)>=0; }
        bool operator >=(const char *ptr) { return strcmp(buf,ptr)>=0; }
        bool operator <=(Str &Other) { return strcmp(buf,Other.buf)<=0; }
        bool operator <=(const char *ptr) { return strcmp(buf,ptr)<=0; }
        void Format(const char *fmt,...);
};

// 디폴트 생성자
Str::Str()
{
    size=1;
    buf=new char[size];
    buf[0]=0;
}

// 문자열로부터 생성하기
Str::Str(const char *ptr)
{
    size=strlen(ptr)+1;
    buf=new char[size];
    strcpy(buf,ptr);
}

// 복사 생성자
Str::Str(const Str &Other)
{
    size=Other.length()+1;
    buf=new char[size];
    strcpy(buf,Other.buf);
```

```
}

// 정수형 변환 생성자
Str::Str(int num)
{
    char temp[128];

    itoa(num,temp,10);
    size=strlen(temp)+1;
    buf=new char[size];
    strcpy(buf,temp);
}

// 파괴자
Str::~Str()
{
    delete [] buf;
}

// 대입 연산자
Str &Str::operator =(const Str &Other)
{
    if (this != &Other) {
        size=Other.length()+1;
        delete [] buf;
        buf=new char[size];
        strcpy(buf,Other.buf);
    }
    return *this;
}

// 복합 연결 연산자
Str &Str::operator +=(Str &Other)
{
    char *old;
    old=buf;
    size+=Other.length();
    buf=new char[size];
    strcpy(buf,old);
    strcat(buf,Other.buf);
```

```
        delete [] old;
        return *this;
}


Str &Str::operator +=(const char *ptr)
{
        return *this+=Str(ptr);
}


// 연결 연산자
const Str Str::operator +(Str &Other) const
{
        Str  T;

        delete [] T.buf;
        T.size=length()+Other.length()+1;
        T.buf=new char[T.size];
        strcpy(T.buf,buf);
        strcat(T.buf,(const char *)Other);
        return  T;
}


// 출력 연산자
ostream &operator <<(ostream &c, const Str &S)
{
        c << S.buf;
        return  c;
}


// 더하기 및 관계 연산자
const Str operator +(const char *ptr,Str &s) { return Str(ptr)+s;}
bool operator ==(const char *ptr,Str &s) { return strcmp(ptr,s.buf)==0;}
bool operator !=(const char *ptr,Str &s) { return strcmp(ptr,s.buf)!=0;}
bool operator >(const char *ptr,Str &s) { return strcmp(ptr,s.buf)>0;}
bool operator <(const char *ptr,Str &s) { return strcmp(ptr,s.buf)<0;}
bool operator >=(const char *ptr,Str &s) { return strcmp(ptr,s.buf)>=0;}
bool operator <=(const char *ptr,Str &s) { return strcmp(ptr,s.buf)<=0;}


// 서식 조립 함수
void Str::Format(const char *fmt,...)
```

```cpp
{
    char temp[1024];
    va_list marker;

    va_start(marker, fmt);
    vsprintf(temp,fmt,marker);
    *this=Str(temp);
}

void main()
{
    Str s="125";
    int k;
    k=(int)s+123;

    Str s1("문자열");          // 문자열로 생성자
    Str s2(s1);              // 복사 생성자
    Str s3;                  // 디폴트 생성자
    s3=s1;                   // 대입 연산자

    // 출력 연산자
    cout << "s1=" << s1 << ",s2=" << s2 << ",s3=" << s3 << endl;
    cout << "길이=" << s1 << endl;

    // 정수형 변환 생성자와 변환 연산자
    Str s4(1234);
    cout << "s4=" << s4 << endl;
    int num=int(s4)+1;
    cout << "num=" << num << endl;

    // 문자열 연결 테스트
    Str s5="First";
    Str s6="Second";
    cout << s5+s6 << endl;
    cout << s6+"Third" << endl;
    cout << "Zero"+s5 << endl;
    cout << "s1은 "+s1+"이고 s5는 "+s5+"이다." << endl;
    s5+=s6;
    cout << "s5와 s6을 연결하면 " << s5 << "이다." << endl;
    s5+="Concatination";
```

```
        cout << "s5에 문자열을 덧붙이면 " << s5 << "이다." << endl;

        // 비교 연산자 테스트
        if (s1 == s2) {
                cout << "두 문자열은 같다." << endl;
        } else {
                cout << "두 문자열은 다르다." << endl;
        }

        // char *형과의 연산 테스트
        Str s7;
        s7="상수 문자열";
        cout << s7 << endl;
        char str[128];
        strcpy(str,s7);
        cout << str << endl;

        // 첨자 연산자 테스트
        Str s8("Index");
        cout << "s8[2]=" << s8[2] << endl;
        s8[2]='k';
        cout << "s8[2]=" << s8[2] << endl;

        // 서식 조립 테스트
        Str sf;
        int i=9876;
        double d=1.234567;
        sf.Format("서식 조립 가능하다. 정수=%d, 실수=%.2f",i,d);
        cout << sf << endl;
}
```

    실행 결과는 다음과 같다. 나름대로 기능이 많기 때문에 이것저것 테스트해 볼 게 많은 편인데 모두 정확하게 잘 동작한다.

```
s1=문자열,s2=문자열,s3=문자열
길이=문자열
s4=1234
num=1235
```

FirstSecond

SecondThird

ZeroFirst

s1은 문자열이고 s5는 First이다.

s5와 s6을 연결하면 FirstSecond이다.

s5에 문자열을 덧붙이면 FirstSecondConcatination이다.

두 문자열은 같다.

상수 문자열

상수 문자열

s8[2]=d

s8[2]=k

서식 조립 가능하다. 정수=9876, 실수=1.23

main 함수의 주석에 적힌 대로 Str 클래스가 가진(얼마 되진 않지만) 모든 기능을 순서대로 불러보고 제대로 동작하는지 테스트해 보았다.

28.4.2 메모리 관리

Str 클래스의 멤버 변수는 단 두 개밖에 없다. 동적인 길이를 가지는 문자열을 표현해야 하므로 일단 문자형 포인터가 필요한데 buf 멤버가 이런 역할을 한다. 생성자에서 문자열의 길이만큼 메모리를 동적으로 할당해서 buf에 그 번지를 대입할 것이며 추가, 연결할 때는 버퍼를 자동으로 늘린다. size는 할당된 메모리양을 기억하되 사실 이 변수는 꼭 필요하지 않다. 문자열의 길이에 널 종료 문자분을 더하면 버퍼 길이는 언제나 구할 수 있되 여유분을 더 할당한다거나 할 때는 길이에 대한 정보가 필요해지므로 미리 포함시켜 둔 것이다.

혹시라도 이 클래스로부터 상속을 받고자 할 때를 대비해서 이 두 변수는 protected 액세스 속성으로 지정했다. 외부에서는 이 멤버 변수를 직접 조작할 수 없도록 숨겨지지만 상속된 클래스에서는 이 두 변수를 자유롭게 액세스할 수 있다. 두 변수는 물론 생성자에서 초기화되는데 Str은 초기화 방법에 따라 다양한 생성자를 제공한다.

인수를 취하지 않는 디폴트 생성자는 1바이트만 할당하고 빈 문자열로 초기화한다. 객체를 만든 후 곧바로 출력할 수도 있기 때문에 buf를 NULL로 초기화한다거나 해서는 안 되며 빈 문자열이라도 가지고 있어야 한다. 빈 문자열이라도 있지 않으면 출력할 때마다 메모리가 할당되어 있는지 점검해야 하므로 불편해진다. 가장 자주 사용하는 생성자는 const char *형 인수를 받아들여 문자열 상수로부터 객체를 초기화하는 생성자이다. 이 생성자는 문자열의 길이에 널 종료 문자만큼 더해 buf를 할당하고 ptr의 문자열을 buf에 복사한다.

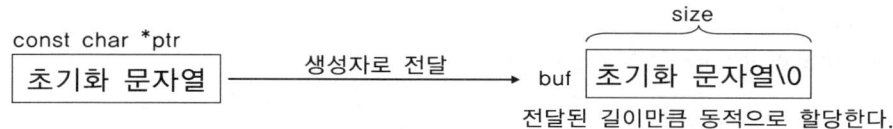

동적으로 할당되는 버퍼를 사용하므로 복사 생성자를 반드시 정의해야 한다. 그렇지 않으면 객체끼리 대입할 때 디폴트 복사 생성자가 얕은 복사를 하므로 같은 버퍼를 두 객체가 가리키게 될 것이다. 복사 생성자는 인수로 전달된 Other 객체와 같은 길이의 메모리를 할당하고 그 내용을 자신에게 복사한다. 이 외에 정수형 변환 생성자가 정의되어 있는데 충분한 길이의 임시 버퍼에 정수를 문자열로 변환해 넣은 다음에 이 문자열로부터 객체를 생성했다.

모든 생성자가 초기 문자열의 길이만큼 동적 할당을 하므로 파괴자는 반드시 이 메모리를 해제해야 한다. 또한 대입 연산자도 정의해야 하는데 대입은 실행 중에 언제든지 일어날 수 있으므로 메모리를 무조건 할당하는 것이 아니라 쓰던 메모리를 먼저 반납하고 새로 할당해야 한다. 생성자 외에 문자열의 길이를 변경하는 =, +=, Format 함수에서도 버퍼의 길이를 동적으로 관리한다.

28.4.3 타입 변환

cout으로 문자열을 출력하기 위해 << 연산자를 정의하여 프렌드로 등록했다. buf 문자열을 cout으로 보내고 연쇄적으로 출력할 수 있도록 지침대로 스트림 객체의 레퍼런스를 리턴한다. 문자열의 길이를 조사하는 length 함수는 간단하므로 인라인으로 정의했는데 strlen 함수로 buf의 길이만 조사하면 된다. 이 클래스의 경우 return size-1로 더 간단하게 길이를 조사할 수 있는 방법이 있기는 하지만 차후의 확장성을 고려하여 직접 길이를 조사하도록 했다. size 멤버는 할당된 메모리의 양을 기억하는 역할을 하므로 차후에는 문자열 길이와 상관없는 값을 가질 수도 있다.

Str 클래스는 문자열이나 정수로부터 객체를 생성하는 생성자를 제공하므로 char *나 int 타입으로부터 초기화할 수 있다. 그렇다면 반대로 Str 객체를 문자형 포인터나 정수형으로 변환하는 변환 함수도 당연히 제공해야 할 것이다. 특히 Str을 문자형 포인터로 변환하는 기능은 꼭 필요한데 지금까지 만들어진 많은 함수들이 문자형 포인터를 요구하고 있기 때문이다. Str이 가진 문자열로부터 이런 함수를 호출하려면 Str을 문자형 포인터로 바꾸는 변환 함수가 있어야 한다.

Str 객체는 const char *와 int 두 개의 변환 함수를 제공하는데 이 두 연산자에 의해 Str이 잠시 정수형이 되거나 문자형 포인터가 될 수 있다. 그래서 다음 코드는 모두 정상적으로 컴파일되고 잘 실행된다.

```
Str s="125";
int k;
k=(int)s+123;
```

```
Str t="String";
char *p=strchr((const char *)t,'r');
```

 Str 객체에 정수 형태의 문자열이 들어 있다면 (int) 캐스트 연산자로 정수를 추출할 수 있다. 이 변환 연산자는 atoi 함수로 문자열을 정수로 바꿔서 리턴한다. const char * 연산자는 Str 객체의 buf 멤버 주소를 리턴하는데 여기에는 객체가 표현하는 문자열이 들어 있으므로 이 포인터만 알면 문자열을 바로 사용할 수 있다. 단, 객체 외부에서 이 버퍼를 함부로 조작해서는 안 되므로 반드시 상수 지시 포인터를 리턴해야 하며 타입이 맞는 위치에만 쓸 수 있다.

 [ ] 연산자는 배열상의 한 요소에 대한 레퍼런스를 리턴하는데 Str 객체를 마치 문자형 배열과 같은 방법으로 사용할 수 있다. 레퍼런스를 리턴하므로 이 연산자로 요소를 읽는 것은 물론이고 직접 변경하는 것도 가능하다. 단, 상수 객체일 경우는 상수 버전의 [ ] 연산자 함수로 읽는 것만 가능하며 요소값을 변경하지는 못한다. [ ] 연산자의 본체는 buf에 첨자 연산을 한 결과를 바로 리턴하도록 되어 있다. 그래서 문자형 배열에서와 마찬가지로 첨자 범위를 점검하지 못하는 한계를 가지고 있는데 이 문제를 해결하려면 if문으로 배열의 범위를 점검하기만 하면 된다.

28.4.4 연결 및 비교 연산자

 문자열을 연결할 때는 +=과 + 연산자를 사용한다. +=은 호출하는 객체 자신에게 문자열을 연결하고 +는 피연산자를 변경하지 않고 임시 객체에 두 문자열을 연결하여 리턴한다는 점이 조금 다르다. += 연산자는 Str 객체에 대해 그리고 const char * 타입에 대해 오버로딩되어 있는데 Str 객체를 인수로 취하는 버전을 먼저 분석해 보자.

 문자열을 연결하려면 객체 자신의 문자열과 인수로 전달된 객체의 문자열이 모두 필요하고 두 문자열을 합쳤을 때 버퍼 길이가 늘어나므로 재할당해야 한다. 그래서 원래 버퍼의 포인터를 old에 잠시 대피해 놓고 합친 길이만큼 buf를 재할당한 후 원본 문자열 복사, 인수 문자열 연결을 한다. 물론 작업을 마친 후 원본 문자열은 더 이상 필요가 없으므로 삭제해야 한다. const char *를 피연산자로 취하는 +=연산 자는 ptr로부터 임시 객체를 만든 후 Str을 인수로 받는 함수를 호출한다.

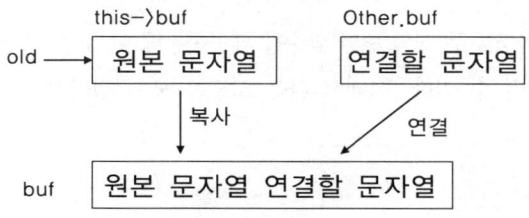

 + 연산자는 문자열끼리 연결하여 임시 객체를 만드는데 피연산자를 변경시키지는 않는다. k=i+j;

연산문이 i와 j값을 변경하지 않고 덧셈 결과만 리턴하는 것과 마찬가지이다. 이 함수는 피 연산자의 타입과 순서에 따라 다음 세 가지 버전이 모두 필요하다. 이 세 함수가 모두 정의되어 있어야 순서에 상관없이 문자열을 더할 수 있다.

□ Str + Str : 문자열 객체끼리 더하는 멤버 함수로 정의한다.

□ Str + ptr : 문자열 객체에 const char *형의 문자열을 더하는 멤버 함수로 정의한다.

□ ptr + Str : const char *형의 문자열에 문자열 객체를 더하는 프렌드 함수로 정의한다.

세 함수를 각각 따로 만들 필요는 없고 하나만 만든 후 나머지는 타입을 변환해서 넘기기만 하면 된다. 대표적으로 Str을 인수로 취하는 멤버 함수만 작성했다. 이 함수는 임시 객체 T를 생성한 후 합칠 문자열의 길이만큼 T의 버퍼를 재할당한다. 이때 T의 생성자가 할당해 놓은 1바이트는 먼저 해제해야 한다. 그리고 두 문자열을 순서대로 복사 및 연결한 후 임시 객체 T를 리턴한다.

이때 T의 타입은 반드시 const Str이어야 하는데 연결한 결과 문자열 자체는 어딘가에 대입될 것이므로 읽기 전용이어도 상관없다. 만약 여기에 const가 빠지면 다음과 같은 엉뚱한 코드도 정상적으로 동작하는 것처럼 보이는 맹점이 있다.

```
Str s1="Left";
Str s2="Right";
(s1+s2)+="Center";
```

s1+s2의 결과도 Str이므로 이 객체에 어떤 문자열을 더 연결하는 것이 가능하다. 그러나 Str은 계산 후에 나온 임시 객체일 뿐이므로 여기에 어떤 조작을 가하는 것은 아무 의미가 없다. "Center"라는 문자열이 연결되기는 하겠지만 이 임시 객체는 잠시 후면 사라질 것이므로 아무 효과가 없는 연산문인 것이다. 비교 연산자도 + 연산자와 마찬가지로 세 가지 버전이 필요하며 Str 객체끼리, Str과 문자형 배열을 자유롭게 비교할 수 있다. 비교문 자체가 워낙 간단하므로 인라인 또는 한 줄로 간단하게 작성했다.

마지막으로 Format 함수는 서식 조립을 하는데 printf 함수처럼 %로 시작되는 서식을 사용하여 정수, 실수, 다른 문자열 등을 합친다. 이 함수는 가변 인수를 다룬다는 점에서 다른 함수들과는 조금 다른데 멤버 함수의 고유한 호출 규약인 thiscall을 사용하지 않고 cdecl을 사용한다. 여러 가지 값을 조립하여 문자열 하나를 만들고 싶을 때는 사실 이만큼 편리한 함수도 드물다.

이상으로 간단한 Str 클래스 제작 실습을 마친다. 어디까지나 실습용으로 작성한 클래스이므로 많은 기능을 구현하지는 않았다. 좀 더 활용성을 높이고 싶다면 대소문자 변환, 문자열 중간에 삽입, 일부 문자열 삭제, 검색 등의 여러 가지 멤버 함수들을 더 작성할 수 있을 것이다.

지금 여러분들은 C/C++을 열심히 공부하고 있지만 분명히 C/C++만을 위해서 공부를 하고 있지는 않다. 문법을 배운 후에는 뭔가 멋진 프로그램도 만들어 보고 싶고 신기하고 재미있는 최신 기술 한 두 개 정도에도 지대한 관심을 가지고 있을 것이다. 현실 세계는 문법 이후의 고급 기술들을 많이 요구하므로 이런 기술에 관심이 가는 것이 당연하며 몸은 문법을 배우고 있지만 마음은 벌써 저만큼 앞서 나가 있을 것이다. 사실 C언어 외에도 훌륭한 언어는 많고 이 지루한 것보다 더 재미있는 것들도 얼마든지 있는데 말이다. 그렇다면 지금 C/C++을 공부하는 것은 무슨 의미가 있을까?

입문자에게 C/C++ 언어를 추천하는 이유는 이 언어를 통해 문법을 확실히 정리해 놓으면 덩달아 실력이 늘어나거나 쉽게 공부할 수 있는 과목들이 아주 많기 때문이다. 자바나 C# 같은 최신 언어들은 같은 계열이므로 문법과 개념이 거의 동일하다. 뿐만 아니라 PHP, ASP 같은 웹 스크립트 언어나 파이썬, 플래시, 저작툴처럼 별 상관이 없어 보이는 것들도 C++을 잘 하면 훨씬 더 쉽게 그리고 확실하게 공부할 수 있다. 물론 HTML이나 SQL처럼 별 연관이 없는 과목도 존재하지만 대부분의 개발 언어들에 필요한 간접적인 논리력과 사고력을 키우는데 C++만큼 좋은 언어가 없다.

한때 웹 개발자에게도 C/C++이 과연 필요한지, 웹 개발을 하기 위해 C++을 먼저 공부해야 할 필요가 있는지에 대한 논쟁이 있었다. 웹 개발에 C++이 직접적으로 사용되지는 않으므로 필요없다는 주장과 스크립트나 ActiveX를 이해하기 위해서는 어차피 알아야 한다는 주장이 팽팽히 맞섰지만 결론은 나지 않았다. 양측 주장 모두 설득력이 있으므로 어느 쪽이 맞다고 단정하기 어려운 토론이었는데 당장 필요는 없지만 알아 두면 좋다는 정도가 잠정적인 결론으로 내려졌다. 웹 페이지만 만든다면 필요없지만 어느 수준에 이르면 C 유사 언어를 피할 수 없으므로 결국은 먼저 공부하는 것이 유리하다.

C/C++ 언어만이 개발자의 기본 과목으로서 가치가 있는 것은 분명히 아니다. 자바나 C#, 펄 같은 언어도 얼마든지 재미있고 효율적인 언어로 평가되고 있다. 중요한 것은 어떤 언어를 선택하느냐가 아니라 얼마나 꾸준히 깊이있게 연구하느냐이다. 어떤 언어가 좋다는 소문이 돌면 이쪽으로 방향을 틀었다가 또 새로 나온 개발툴이 끝내준다는 소리를 들으면 금방 언어를 바꾸는 사람도 있는데 이쪽저쪽 왔다 갔다 하면 많이 배울 수는 있겠지만 깊이가 없어진다. 선택한 언어나 개발툴이 무엇이든지 끈기있게 물고 늘어져 봐야 프로그래밍의 오묘한 맛을 알 수 있다.

고등학교 때 영어를 잘하는 친구와 열심히 해도 잘 안 되는 친구들을 잘 관찰해 보면 두 부류의 차이점을 어느 정도 파악할 수 있다. 공부를 못하는 친구는 오만가지 책을 다 구해 열심히도 읽지만 실력이 잘 늘지 않는데 비해 영어를 잘하는 친구는 처음 정한 책 한권을 열 번이고 스무 번이고 계속 읽는다. 이것저것 많이 집적거려 봐야 넓게만 볼 뿐이지 한 번도 깊게 보지 못하므로 실력이 늘지 않으며 늘어나도 한계가 있는 것이다. 언어도 마찬가지인데 한 언어의 이모저모를 다 파헤쳐 보고 개념을 확실히 익힌 다음에 유사한 언어를 공부하면 그렇게 쉬울 수가 없다.

그렇다면 그 하나의 언어를 무엇으로 선택할 것인가를 결정해야 하는데 여기에는 딱히 정답이 없다. 무슨 언어든지 하나를 정해 충분한 기간을 두고 학습, 실습을 반복하면 된다. 여러분들은 이미 C/C++을 선택했으므로 앞으로도 당분간 이 언어에 모든 것을 투자해야 한다. 다른 언어에 비해 C/C++은 실용성이 높아 연구의 가치가 충분하고 자료가 많아 깊이 있는 연구를 하기에도 적합하다. 물론 역사가 깊다 보니 여러 가지 불순물들이 많이 끼어 있고 최신 언어에 비한 문법적 열세는 어찌보면 당연하다. 지금 C/C++을 공부하고 있는 중이라면 당분간은 다른 언어에 현혹되지 말고 당장 하고 있는 공부에 매진하는 것이 좋다. C/C++은 1년 이상의 시간을 들일만큼 충분히 가치가 있는 언어이다.

29

상속

29.1 상속

29.1.1 클래스 확장

상속은 캡슐화, 추상화와 함께 객체 지향 프로그래밍의 중요한 특징 중 하나이다. 캡슐화와 추상화는 객체가 온전한 부품이 될 수 있는 방법을 제공하는데 비해 상속은 클래스를 좀 더 쉽게 만들 수 있는 고수준의 재사용성을 확보하고 클래스간의 계층적인 관계를 구성함으로써 객체 지향의 또 다른 큰 특징인 다형성의 문법적 토대가 된다. 다형성은 다음 장의 주제이므로 이번 장에서는 상속에 관련된 것만 연구해 보자.

상속(Inheritance)의 사전적 의미는 자식이 부모가 가진 모든 것을 물려받는 것을 의미하는데 OOP의 상속도 기본적인 의미는 동일하다. 이미 정의되어 있는 클래스의 모든 특성을 물려받아 새로운 클래스를 작성하는 기법을 상속이라고 한다. 흔히 상속은 이미 만들어진 클래스를 재활용하기 위한 기법으로 소개되며 재활용이 상속의 가장 큰 장점이기는 하지만 상속에 의해 부차적으로 발생하는 효과도 있다. 상속을 하는 목적 또는 상속에 의한 효과는 다음 세 가지로 간략하게 요약할 수 있다.

① 기존의 클래스를 재활용한다. 가장 기본적인 효과이다.
② 공통되는 부분을 상위 클래스에 통합하여 반복을 제거하고 유지, 보수를 편리하게 한다.
③ 공동의 조상을 가지는 계층을 만듦으로써 객체의 집합에 다형성을 부여한다.

상속의 이런 세 가지 목적을 모두 이해하고 100% 활용할 수 있다면 상속을 모두 정복했다고 할 수 있다. 두 번째, 세 번째 효과는 조금 어려우므로 우선 상대적으로 쉬운 재활용에 대한 문제부터 고찰해 보자.

앞 장에서 살펴보았다시피 클래스는 필요한 멤버를 모두 포함하고 적절히 멤버를 숨겨 자신을 방어함으로써 프로그램의 부품으로 사용된다. 그러나 한 번 만들어진 클래스가 언제까지고 어느 곳에서나 그대로 계속 사용될 수 있는 것은 아니다. 외부 세계의 요구가 끊임없이 변화하고 객체가 동작하는 환경이 각기 다르기 때문에 완성된 클래스에 기능을 추가하거나 변경해야 하는 경우는 아주 빈번하다.

클래스를 처음 디자인할 때부터 범용성과 이식성을 확보하기 위해 굉장히 많은 노력을 한다. 경험이 많은 개발자일수록 초기에 다양한 상황을 충분히 고려하여 클래스를 디자인할 것이며 이런 노력들이 확실히 효과가 있어서 잘 설계된 클래스는 훨씬 안정적이고 재사용될 수 있는 범위도 넓다. 그러나 아무리 경험이 많고 모든 것을 고려한다하더라도 미래의 일까지 예측하는 것은 불가능하기 때문에 재사용을 위해 클래스를 수정해야 하는 상황을 근본적으로 피할 수는 없다.

사람의 이름과 나이를 표현할 수 있는 Person 클래스에 약간의 멤버를 더 추가하면 좀 더 기능이 복잡한 대상을 표현할 수 있다. Person 클래스에 월급, 근무 시간이라는 속성과 출근한다, 일한다 등의 동작을 추가하면 직원(Staff) 클래스가 될 것이고 계급, 보직 등의 속성과 훈련한다, 전투한다 등의 동작이 추가되면 군인(Soldier) 클래스가 될 것이다. 표현하고자 하는 대상이 복잡하고 구체적일수록 추가되어야 하는 속성과 동작의 개수는 많아질 것이다.

Person 클래스에 학번(StNum)이라는 속성과 공부한다(Study)는 동작을 추가해서 학생(Student)이라는 대상을 표현해야 한다고 해 보자. 물론 완전한 학생이 되기 위해서는 이 외에도 전공, 학년, 성적 등의 속성들과 수업을 듣는다, 시험친다, 미팅한다, 땡땡이 친다 등의 다양한 동작들이 더 필요하겠지만 간단한 예를 위해 학번과 공부한다만 필요하다고 하자. 학생의 본분은 누가 뭐라고 해도 공부하는 것이다.

일단 기존 클래스를 원하는 대로 마음대로 뜯어 고치는 방법을 생각할 수 있다. Person이라는 이름을 Student로 바꾸고 int StNum; 이라는 멤버 변수와 Study라는 멤버 함수를 추가한다. 물론 클래스의 이름이 바뀌었으므로 클래스와 같은 이름을 사용하는 생성자, 파괴자의 이름은 반드시 바꿔야 한다. OutPerson도 OutStudent로 바꾸는 것이 좋겠지만 일단 이름은 그대로 두고 학번을 출력하는 코드만 추가하자.

이렇게 되면 과연 Person이 Student가 되며 새로 만든 Student로 학생이라는 실제 대상을 잘 표현할 수 있다. 그러나 Person을 Student로 바꿔 버렸기 때문에 기존에 존재하던 Person 클래스는 사라져 버리며 이미 이 클래스를 사용하고 있는 중이라면 이것은 확실히 문제가 된다. Student를 만드는 데는 성공했지만 기존의 클래스가 파괴되어 버렸으므로 이것은 변경일 뿐이지 재활용이라고 볼 수는 없다. 원본을 유지한 채로 새로운 클래스를 만들려면 기존 클래스를 복사하여 사본을 만든 후에 사본을 뜯어 고쳐야 한다.

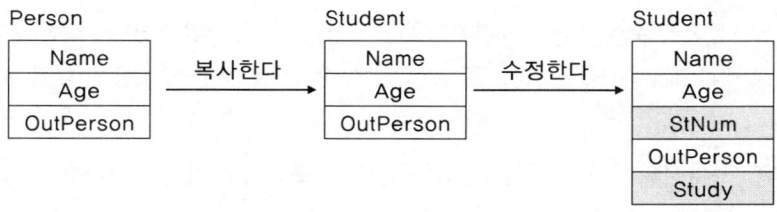

이렇게 하면 새로운 클래스가 만들어지면서 기존 클래스도 온전히 유지된다. 이 방법이 객체 지향 이전의 전통적인 재활용 방법(Copy & Paste & Edit)이다. 사실 이 방법은 코드를 짤 때나 문서 작업을 할 때와 같은 일상생활에서도 여러 가지 용도로 익숙하게 활용되어온 방법이다. 특히 친구 숙제를 베껴 쓸 때 많이 활용되는데 일단 그대로 가져온 후 안 베낀 것처럼 어투나 순서만 조금 바꾸는 수법을 많이 쓴다. 이때 특히 이름과 학번을 고치는 걸 잊어서는 안 된다.

이미 익숙한 방법이고 방법상으로 문제는 없지만 새로 만든 Student에 기존의 Person에 있던 멤버의 선언문이 그대로 반복되어야 한다는 점이 낭비이다. 만약 100개의 멤버를 가진 클래스에 2개의 멤버를 더 추가해야 한다면 코드의 반복이 심해질 것이고 전체적으로 좋은 구조를 만들 수 없다. 이럴 때 상속을 사용한다.

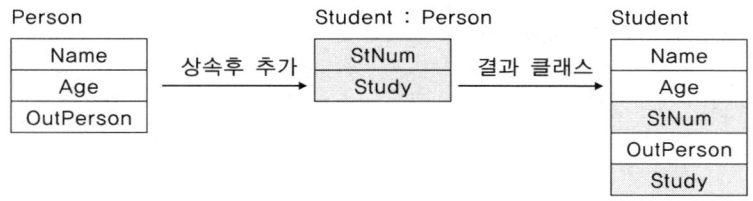

상속을 할 때 원본 클래스가 어떤 것이라는 것을 밝히고 이 외에 더 필요한 멤버를 추가로 선언한다. 그러면 컴파일러는 원본 클래스의 모든 멤버에 대한 선언문을 가져오고 추가로 선언한 멤버도 클래스 안에 같이 포함시킨다. 전통적인 방법에 비해 복사해서 붙여 넣고 기존 멤버에 대한 선언문을 가져오는 동작을 컴파일러가 대신한다는 점이 다르다. 물론 컴파일러가 진짜 소스를 뜯어 고치는 것은 아니고 컴파일 중의 중간 단계에서 이 작업을 할 것이다. 개발자는 상속된 클래스에 원하는 추가 멤버만 더 선언하면 된다.

기존 클래스의 재활용만을 목적으로 한다면 사실 복사한 후 뜯어 고치는 전통적인 방법과 상속을 하는 방법과 근본적인 차이점이 없다. 그러나 코드의 유지, 보수 측면에서는 엄청난 차이가 있는데 원본을 변경해야 할 때 복사한 경우는 양쪽을 다 직접 고쳐야 하지만 상속의 경우는 원본 클래스만 고치면 상속 받은 클래스까지 한꺼번에 같이 수정되어 편리하며 불일치의 위험도 없다. 예를 들어 멤버 변수의 이름을 바꾼다거나 멤버 함수의 원형을 바꾼다고 할 때 원본의 멤버만 수정하면 된다. 다음 그림을 보자.

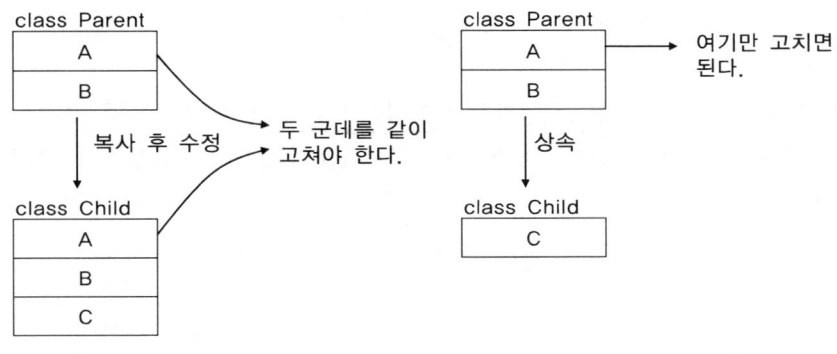

A, B 멤버를 가진 Parent 클래스로부터 C 멤버를 추가하여 Child 클래스를 만들었다고 해 보자. 이 상태에서 A 멤버의 이름을 Alpha로 변경하고 싶을 때 복사해서 수정한 경우는 원본과 사본 두 군데를 고쳐야 하지만 상속을 받은 경우는 Parent의 A만 고치면 상속받는 Child는 더 이상 손 데지 않아도 된다. 여러 단계로 재사용될 경우 이런 장점이 더욱 부각되는데 상속 단계가 5단계만 넘어도 엄청난 차이가 발생한다.

상속이라는 개념은 사실 어려운 것도 아니고 이미 우리는 알게 모르게 상속이라는 개념을 많이 활용해 왔다. C에서 기능의 단위는 함수인데 필요한 모든 함수들이 다 제공되는 것은 아니므로 원하는 기능을 추가하여 새로운 함수를 만들어 사용해야 한다. 예를 들어 문자열을 출력한 후 1초간 대기하는 함수가 필요하다면 다음과 같이 작성한다.

```
void putsdelay(const char *message)
{
    puts(message);
    delay(1000);
}
```

putsdelay 함수는 인수로 전달된 message 문자열을 puts 함수로 출력한 후 delay를 호출하여 1초간 시간을 지연시키는데 원래 puts 함수의 기능을 상속받아 대기하는 기능을 추가했다고 볼 수 있다. 원본 함수인 puts를 뜯어 고친 것이 아니라 이 함수의 기능을 빌려 좀 더 구체적인 동작을 하는 특수한 함수를 정의한 것이다. malloc은 할당 후 초기화를 하지 않는데 원한다면 상속받아서 memset을 추가하면 할당 직후에 원하는 값으로 초기화하는 allocandinit 따위의 함수를 만들 수도 있다.

이런 것이 개념적인 함수의 상속이며 기존 함수를 호출함으로써 간단하게 구현한다. 이런 식으로 기존 함수를 한 번 감싸서 원래 동작에 약간의 처리를 추가하는 함수를 래퍼(Wrapper) 함수라고 하는데 원본 함수의 기능이 바뀌면 래퍼 함수의 기능도 덩달아 바뀐다. 클래스의 상속도 이와 비슷하다고 생각하면 C++의 상속 개념을 대충 이해할 수 있을 것이다. 물론 어디까지나 비유이므로 정확하게 같다고는 할 수 없겠지만 말이다.

29.1.2 상속의 예

상속에 대한 문법적인 이론만 계속 나열해서는 이해하기 쉽지 않으므로 일단은 구체적인 실제 예를 보도록 하자. 다음 예제는 비록 극단적으로 간단하기는 하지만 상속을 통해 클래스를 재활용하는 기본적인 방법을 보여 준다.

```
#include <Turboc.h>

class Coord
{
protected:
    int x,y;
public:
    Coord(int ax, int ay) { x=ax;y=ay; }
    void GetXY(int &rx, int &ry) const { rx=x;ry=y; }
    void SetXY(int ax, int ay) { x=ax;y=ay; }
};

class Point : public Coord
{
protected:
    char ch;
public:
    Point(int ax, int ay, char ach) : Coord(ax,ay) { ch=ach; }
    void Show() {
            gotoxy(x,y);putch(ch);
    }
    void Hide() {
            gotoxy(x,y);putch(' ');
    }
};

void main()
{
    Point P(10,10,'@');
    P.Show();
}
```

두 개의 클래스를 정의하고 있는데 Coord 클래스는 화면상의 좌표 하나를 표현한다. 좌표는 위치만을 가지며 보이는 실체가 아니므로 크기나 모양, 색상 따위의 개념이 없다. 그래서 Coord 클래스에는 순수하게 위치만 표현할 수 있는 x, y만 멤버 변수로 선언되어 있다. 그리고 x, y를 액세스하는 Get(Set)XY 멤버 함수와 생성자가 정의되어 있다.

두 번째 클래스인 Point는 점을 표현하는데 눈에 보이는 점을 그리기 위해서는 좌표 외에도 실제로 화면에 출력할 때 어떤 문자로 출력할 것인지에 대한 정보가 필요하다. 그래픽 환경이라면 점의 색상이 필요하겠지만 실습 환경이 콘솔이므로 특정 문자를 출력함으로써 점을 대신 표현하기로 한다. 이 특정 문자를 ch 멤버로 지정한다. 이 외에 점을 관리하는 Show, Hide 멤버 함수가 정의되어 있는데 점은 화면에 보일 수도 있고 숨을 수도 있으므로 이 두 동작을 처리하는 멤버 함수가 필요하다. 만약 이런 특성을 가지는 Point 클래스를 단독으로 정의한다면 아마도 다음과 같은 모양이 될 것이다. 지금까지 실습용으로 사용해왔던 Position과도 비슷하다.

```
class Point
{
protected:
    int x,y;
    char ch;
public:
    Point(int ax, int ay, char ach) { x=ax;y=ay;ch=ach; }
    void GetXY(int &rx, int &ry) const { rx=x;ry=y; }
    void SetXY(int ax, int ay) { x=ax;y=ay; }
    void Show() {
            gotoxy(x,y);putch(ch);
    }
    void Hide() {
            gotoxy(x,y);putch(' ');
    }
};
```

이 선언문에서 보다시피 x, y와 Get(Set)XY 멤버 함수는 좌표를 표현하는 Coord 클래스에 이미 정의 되어 있는 것들이다. 따라서 멤버를 새로 정의할 필요없이 Coord 클래스로부터 상속받으면 된다. 예제의 Point 클래스 선언문 뒤에 있는 : public Coord라는 선언이 바로 Coord로부터 상속을 받으라는 뜻이며 컴파일러는 이 선언에 의해 Point 클래스에 Coord가 가진 모든 멤버를 물려준다. Point는 Coord가 가진 좌표와 관련된 멤버는 그대로 사용하면서 여기에 점을 표시할 문자 ch 멤버와 자신을 보이거나 숨길 수 있는 Show, Hide 멤버 그리고 생성자만 추가하면 된다.

Point 클래스가 Coord 클래스로부터 상속을 받은 것이다. 클래스끼리 상속될 때 상위의 클래스를 기반 클래스(Base Class)라고 하며 상속을 받는 클래스를 파생 클래스(Derived Class)라고 한다. 이 경우 Coord 기반 클래스로부터 Point 클래스가 파생되었다고 표현한다. 기반, 파생이라는 용어 대신 부모, 자식이라는 용어를 대신 사용하기도 하고 상위 클래스(Super Class), 하위 클래스(Sub Class)라 는 용어를 쓰기도 하는데 언어에 따라 사용하는 용어가 조금씩 다르다.

생성자, 파괴자 등의 특수한 몇 가지를 제외하고 파생 클래스는 기반 클래스의 모든 멤버를 상속받는다. Point는 좌표에 대한 정보인 x, y 멤버 변수와 이 멤버에 대한 액세스 함수인 Get(Set)XY 멤버 함수를 정의하고 있지 않지만 기반 클래스인 Coord로부터 상속받았으며 그래서 Point에는 x, y 멤버가 정의되어 있는 것과 마찬가지이다. Point의 멤버 함수인 Show, Hide에서 x, y 좌표를 참조하여 점을 찍거나 숨길 위치를 결정하는데 아무런 문제가 없는 것이다.

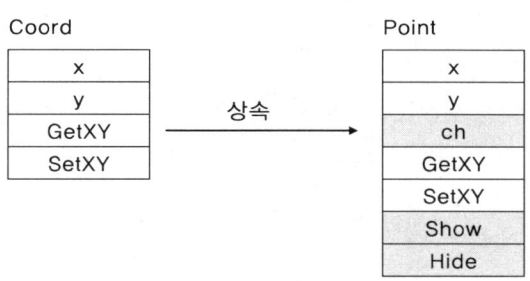

main에서는 Point형의 객체 P를 선언하되 (10,10) 좌표에 문자 '@'으로 점을 표현하도록 했다. P.Show 함수를 호출하면 (10,10) 좌표에 @ 문자 하나가 출력될 것이다. P는 상속에 의해 좌표에 대한 정보를 가질 수 있으며 이 좌표에 지정된 문자를 출력함으로써 자신의 존재를 나타낼 수 있는 완전한 객체인 것이다.

29.1.3 상속과 정보 은폐

클래스가 상속될 때 기반 클래스의 멤버에 대한 액세스 속성이 파생 클래스에게 어떻게 상속되는지 다음 예제를 통해 테스트해 보자. 이 예제를 컴파일하면 두 개의 에러 메시지가 출력될 것이다.

예제 **InheritAccess**

```
#include <Turboc.h>

class B
{
private:
    int b_pri;
    void b_fpri() { puts("기반 클래스의 private 함수"); }
protected:
    int b_pro;
    void b_fpro() { puts("기반 클래스의 protected 함수"); }
```

```
public:
    int b_pub;
    void b_fpub() { puts("기반 클래스의 public 함수"); }
};

class D : public B
{
private:
    int d_pri;
    void d_fpri() { puts("파생 클래스의 private 함수"); }
public:
    void d_fpub() {
            d_pri=0;            // 자신의 모든 멤버 액세스 가능
            d_fpri();

            b_pri=1;            // 에러 : 부모의 private 멤버는 액세스할 수 없음
            b_fpri();

            b_pro=2;            // 부모의 protected 멤버는 액세스 가능
            b_fpro();

            b_pub=3;            // 부모의 public 멤버는 액세스 가능
            b_fpub();
    }
};


void main()
{
    D d;

    d.d_fpub();                 // 자신의 멤버 함수 호출
    d.b_fpub();                 // 부모의 public 멤버 함수 호출
}
```

　기반 클래스인 B에는 private, protected, public 각각의 액세스 속성으로 멤버 변수와 멤버 함수를 모두 정의해 두었다. 테스트 예제이므로 멤버 이름은 소속과 액세스 지정을 포함하여 쉽게 구분할 수 있는 형식으로 작성했다. 예를 들어 b_pub는 기반 클래스의 퍼블릭 멤버 변수이고 b_fpri는 기반 클래스의 프라이비트 함수이다. B에서 D를 파생했을 때 파생 클래스인 D에서 기반 클래스의 각 멤버들을 액세

스하면 어떻게 될까?

기반 클래스의 public 멤버는 공개되어 있으므로 파생 클래스뿐만 아니라 이 클래스의 외부에서도 얼마든지 액세스할 수 있다. D의 멤버 함수 d_fpub에서 b_pub와 b_fpub는 얼마든지 액세스할 수 있으며 main 함수에서도 이 멤버들은 참조 가능하다. 그러나 기반 클래스의 private 멤버는 숨겨져 있으므로 외부에서와 마찬가지로 파생 클래스에서 직접 액세스할 수 없다. 아무리 자식이라 하더라도 부모의 숨겨진 멤버를 건드리는 것은 허용되지 않는다. 그래서 D::d_fpub에서 B::b_pri를 참조한다거나 B::b_fpri 멤버 함수를 호출하는 문장은 에러로 처리된다. 이 두 줄을 주석으로 처리해야 예제가 컴파일될 것이다.

상속 관계에 있어서도 파생 클래스는 기반 클래스의 외부로 간주되어 엄격한 액세스 제한이 적용된다. 그런데 파생 클래스는 기반 클래스와 어느 정도 관련이 있기 때문에 때로는 파생 클래스에게 숨겨진 멤버에 대한 액세스를 허용해야 할 경우도 있다. 클래스 외부와는 달리 쌩판 남은 아닌 것이다. 이럴 때 사용하는 액세스 지정이 바로 protected이며 public과 private의 중간 정도에 해당한다. protected로 지정된 멤버는 클래스 외부에서는 참조할 수 없지만 파생 클래스에서는 참조할 수 있는 액세스 속성이다.

위 예제의 D::d_fpub에서 부모의 protected 멤버인 b_pro, b_fpro는 액세스 가능하다. 그러나 main에서 이 값을 참조하면 에러다. main에 d.b_pro=1234; 대입문을 작성해 보면 에러로 처리되는데 main은 명백한 클래스 외부이며 파생 클래스도 아니므로 이 멤버를 액세스할 수 없다. 액세스 지정자의 기능을 도표로 정리해 보면 다음과 같다.

액세스 지정자	클래스 외부	파생 클래스	설명
private	액세스 금지	액세스 금지	무조건 금지
protected	액세스 금지	액세스 허용	파생 클래스만 허용
public	액세스 허용	액세스 허용	무조건 허용

protected 액세스 속성은 상속 관계에 있지 않은 클래스나 외부에 대해 private와 같으며 파생 클래스에 대해서는 public과 같다. 외부에 대해서는 숨겨야 하지만 파생 클래스에서 액세스할 필요가 있는 멤버는 protected 액세스 속성을 지정한다. InheritPoint 예제에서 Coord의 x, y 멤버가 protected 액세스 속성으로 지정되어 있는데 외부에서 이 값을 함부로 건드리지 못하도록 보호해야 하지만 파생 클래스인 Point의 Show, Hide에서는 이 멤버들을 읽을 수 있어야 한다. 만약 Coord의 x, y를 private로 선언하여 파생 클래스에 대해서도 숨겨 버리면 이 예제는 컴파일되지 않을 것이다.

파생 클래스는 기반 클래스와 아주 밀접한 관계에 있음에도 불구하고 기반 클래스의 private 멤버를 참조하지 못한다는 것은 선뜻 이해하기 어려울 수도 있다. 쓰지도 못할 멤버를 왜 상속받아야 하는지 직관적으로 이해되지 않는다. 그러나 부모 클래스가 스스로의 정보 은폐를 위해 자식에게조차 멤버를 숨겨야 할 필요는 분명히 있으며 이렇게 해야 파생 클래스가 영향을 받지 않는다.

만약 부모의 private 멤버를 자식이 읽을 수 있다면 이는 정보 은폐를 완전히 포기하는 것과 마찬가지이다. 왜냐하면 클래스가 아무리 정보를 꼭꼭 감춰 놓아도 외부에서 상속만 받으면 모든 멤버를 마음대로 건드릴 수 있기 때문이다. private는 자식이 몰라도 되는 부분이며 마땅히 몰라야 하는 부분이다. 파생 클래스는 기반 클래스의 private 멤버를 직접 읽지는 못하지만 기반 클래스의 public, protected 함수를 통해 이 멤버를 여전히 사용할 수는 있다. 다음 예를 보자.

```
class B
{
private:
    int b;
public:          // 또는 protected
    int Getb() { return b; }
    void Setb(int ab) { b=ab; }
};

class D : public B
{
public:
    void func() {
        printf("기반 클래스의 b = %d\n", Getb());
    }
};
```

D는 B의 private 멤버인 b를 직접 참조할 수는 없지만 상속받은 Get(Set)b 멤버 함수를 통해 이 멤버값을 간접적으로 읽고 쓸 수는 있다. 클래스 외부에서 적용되는 규칙이 파생 클래스에 대해서도 그대로 적용됨을 알 수 있다. 단, 외부와는 달리 파생 클래스를 위해 protected라는 액세스 속성이 별도로 준비되어 있다는 점만 다르다. 일단 숨기되 차후에 상속될 가능성이 조금이라도 있다면 protected 액세스 속성을 지정하는 것이 좋다. 앞 장에서 만든 Str 클래스의 buf 멤버가 바로 이 속성으로 선언되어 있는데 이는 상속을 고려했기 때문이다.

29.1.4 상속 액세스 지정

파생 클래스를 정의하는 일반적인 문법, 즉 C++의 상속 구문은 다음과 같다.

```
class 파생클래스 : { public
                    protected } 기반클래스
                    private
{
        추가 멤버 선언
};
```

클래스 선언문 다음에 : 이 오고 상속받을 기반 클래스의 이름이 온다. 그리고 : 과 기반 클래스 이름 사이에 상속 액세스 지정자라는 것이 위치하는데 이 지정자는 기반 클래스의 멤버들이 파생 클래스로 상속 될 때 액세스 속성이 어떻게 변할 것인가를 지정한다. 멤버의 액세스 속성을 지정하는 public, protected, private와 똑같은 키워드를 사용하지만 의미는 다르다. 이 지정자에 따라 파생 클래스가 상속받는 멤버 의 액세스 지정이 어떻게 변경되는지 도표로 정리해 보면 다음과 같다.

상속 액세스 지정자	기반 클래스의 액세스 속성	파생 클래스의 액세스 속성
public	public	public
	private	액세스 불가능
	protected	protected
private	public	private
	private	액세스 불가능
	protected	private
protected	public	protected
	private	액세스 불가능
	protected	protected

먼저 기반 클래스의 private 멤버는 어떤 경우라도 파생 클래스에서 읽을 수 없다. 따라서 private 멤버는 상속은 되지만 파생 클래스에서는 직접 참조할 수 없으므로 액세스 속성이 아예 없다고 할 수 있다. 자신도 못 읽는 멤버에 대해 외부에서 이 멤버를 읽도록 허가하거나 금지하는 속성을 지정할 수는 없는 노릇이다. 기반 클래스의 public, protected 멤버는 상속 액세스 지정자에 따라 액세스 속성이 변경된다.

상속 액세스 지정자가 public이면 기반 클래스의 액세스 속성이 그대로 유지된다. 즉 부모의 protected 멤버는 상속된 후의 자식 클래스에서도 여전히 protected이며 부모의 public 멤버는 자식 클래스에서도 외부로 공개된다. public 상속은 부모로부터 상속받은 멤버의 액세스 속성에 아무런 변화도 없는 상속 이다. 상속 액세스 지정자가 private, protected인 경우는 부모의 모든 멤버가 상속되면서 private, protected로 변경된다. 상속 액세스 지정자가 생략되면 디폴트인 private가 적용된다. 즉 다음 두 구문 은 동일한 문장이다.

```
class D : B
class D : private B
```

클래스는 가급적이면 정보를 숨기려는 경향이 있기 때문인데 구조체의 경우는 생략시 public이 적용된 다. 통상 상속이라 하면 public 상속을 의미하며 나머지 두 가지 상속 액세스 지정자는 아주 특수한 목적에 사용된다. 이 두 가지 경우에 대해서는 후술하므로 당분간은 public 상속에 대해서만 고려하도록 하자. 상속에 대한 구문을 정리했으므로 이제 InheritPoint 예제에 사용된 실제 상속 구문을 분석해보자.

파생 클래스와 기반 클래스를 구분

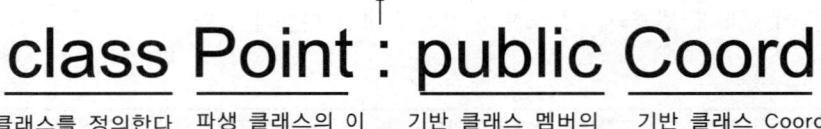

class Point : public Coord

클래스를 정의한다. 파생 클래스의 이   기반 클래스 멤버의   기반 클래스 Coord
            름은 Point이다.   액세스 지정을 그대로   로부터 파생된다.
                                      상속받는다.

    Point는 Coord의 모든 멤버를 상속받되 상속받은 멤버의 액세스 속성은 그대로 유지하도록 했다. 그래서 Coord의 x, y는 Point에서도 protected이며 Get(Set)XY는 Point에서도 public이다.

29.2 상속의 특성

29.2.1 C++ 상속의 특성

    객체 지향이라는 똑같은 이론에 기반하더라도 각 언어별로 상속을 구현하는 방법과 수준에는 다소 차이가 있다. C++ 언어의 상속은 대체로 세 가지 정도로 특징을 요약할 수 있다.

❶ 하나의 기반 클래스로부터 여러 개의 클래스를 파생시킬 수 있다. 세포라는 기본적인 속성과 호흡한다, 번식한다 등의 동작을 가지는 생물로부터 동물을 파생시켜 움직인다는 동작을 추가할 수 있다. 동물은 생물의 모든 특성을 가지기 때문에 이런 파생이 가능하다. 마찬가지로 생물로부터 식물이나 미생물도 파생 가능한데 둘 다 생물의 일종이 틀림없기 때문이다.

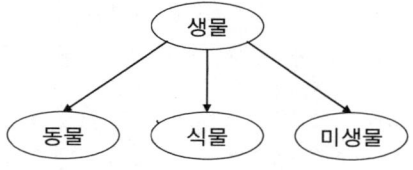

이렇게 되면 동물, 식물, 미생물은 공동의 조상인 생물로부터 물려받은 속성과 동작을 공유하게 된다. 물론 각 파생 클래스는 기반 클래스로부터 물려받은 속성 외에 각기 다른 속성들을 추가로 정의할

수 있다. 예를 들어 동물은 척추 유무, 심장의 구조, 이동한다, 먹는다가 추가될 것이고 식물은 떡잎의 개수, 광합성한다 등의 속성과 동작이 추가될 것이다.

❷ 하나의 클래스로부터 파생될 수 있는 클래스의 개수에 제한이 없을 뿐만 아니라 파생의 깊이에도 제한이 없다. 파생된 클래스로부터 새로운 클래스를 얼마든지 파생시킬 수 있다. 생물로부터 상속받은 동물은 포유류라는 새로운 클래스를 파생시킬 수 있으며 포유류는 또한 영장류의 부모가 될 수 있다.

각 파생 관계의 아래쪽으로 내려올수록 더 많은 속성과 동작이 정의될 것이다. 파생관계의 위쪽에 있는 클래스는 속성을 몇 개 가지지 않는 일반적인 사물을 표현하며 포괄하는 범위가 넓은 반면 아래쪽에 있는 클래스일수록 점점 더 특수하고 구체적인 사물을 표현한다. 파생을 많이 할수록 더 많은 속성과 동작이 정의되므로 점점 특수해진다.

기반, 파생 클래스 또는 부모, 자식이라는 용어는 상대적인 개념이다. 한 클래스가 상속 관계의 중간에 있다면 이 클래스는 부모에 대해서는 자식이지만 또한 자신의 자식에 대해서는 부모가 된다. 위 예에서 포유류는 동물에 대해서는 자식이지만 영장류에 대해서는 부모라고 할 수 있다. 상속 관계의 위쪽에 있는 클래스를 선조 또는 조상이라고 하며 아래쪽에 있는 클래스를 후손이라고 표현하기도 한다. 또한 최상위의 클래스를 루트라고 한다.

부모와 자식 클래스의 관계를 IS A 관계라고 하는데 이는 자식 클래스가 일종의 부모 클래스라는 뜻이다. 예를 들어 동물은 생물의 일종이며 포유류는 또한 동물의 일종이라고 할 수 있다. IS A라는 용어는 영문의 is a를 의미하는데 "동물은 일종의 생물이다."를 영어로 animal is a creature라고 표현하기 때문이다. 그러나 역관계는 성립하지 않는데 동물은 생물이지만 생물이라고 해서 다 동물이라고 할 수는 없다.

❸ 비록 자주 사용되지는 않지만 C++은 두 개 이상의 클래스로부터 새로운 클래스를 파생시킬 수 있는데 이를 다중 상속이라고 한다. 이때 파생되는 클래스는 기반 클래스들의 모든 속성을 물려받는다. 사람이 엄마와 아빠의 속성을 동시에 물려받는 것과 마찬가지이다. 다중 상속에 의해 여러 개의 클래스가 복잡한 상속 관계를 구성하는 그래프가 만들어지는데 이렇게 되면 상속 계층이 너무 복잡해져서 잘 사용되지 않는다.

이 외에도 상속에 대한 또 다른 제약으로 기본 타입으로부터의 상속은 허가되지 않는다는 규칙이 있다. 즉, class MyInt : public int { } 식으로 기본 타입인 int를 상속받아 새로운 클래스를 만들수는 없다는 너무 너무 상식적인 얘기이다. int 같은 시스템 내장 타입은 클래스와 똑같이 취급되기는 하지만 실제로 클래스 선언문이 존재하는 것은 아니므로 기반 클래스로 사용할 수 없다. 다중 상속을 제외할 경우 클래스간의 계층 관계는 보통 트리 형태로 그릴 수 있다.

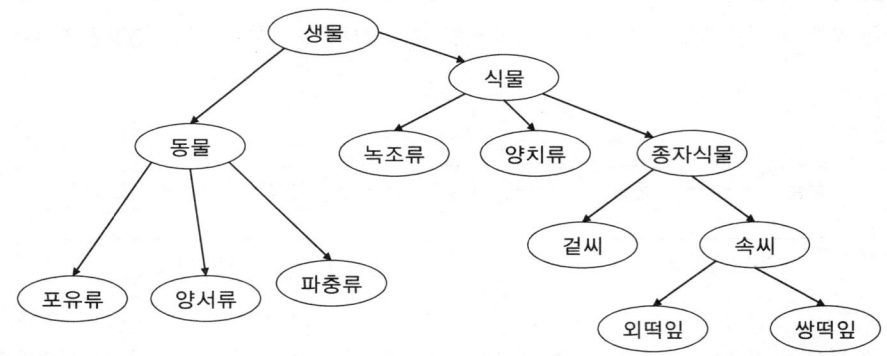

이렇게 그려진 클래스간의 관계 일람표를 클래스 계층도(Class Hierarchy Chart)라고 하는데 상용 라이브러리의 클래스 계층도는 이보다 훨씬 더 복잡하다. MFC의 클래스 계층도에는 수백 개의 클래스들이 그려져 있다. 여러분들도 다음에 MFC를 공부하게 되면 원하든 원치않든 클래스 계층도를 외우게 될 것이다.

29.2.2 이차 상속

상속의 깊이에 제한이 없어 파생된 클래스로부터 또 다른 클래스를 파생시킬 수 있다고 했다. 다음 예제는 Coord로부터 파생된 Point를 기반 클래스로 하여 원을 표현할 수 있는 Circle 클래스를 파생시킨다. 이름을 붙이자면 이차 상속이라고 할 수 있다.

예 제 InheritCircle

```
#include 〈Turboc.h〉
#include 〈math.h〉

class Coord
{
protected:
    int x,y;
public:
    Coord(int ax, int ay) { x=ax;y=ay; }
```

```cpp
    void GetXY(int &rx, int &ry) const { rx=x;ry=y; }
    void SetXY(int ax, int ay) { x=ax;y=ay; }
};

class Point : public Coord
{
protected:
    char ch;
public:
    Point(int ax, int ay, char ach) : Coord(ax,ay) { ch=ach; }
    void Show() {
        gotoxy(x,y);putch(ch);
    }
    void Hide() {
        gotoxy(x,y);putch(' ');
    }
};

class Circle : public Point
{
protected:
    int Rad;
public:
    Circle(int ax, int ay, char ach, int aRad) : Point(ax,ay,ach) { Rad=aRad; }
    void Show() {
        for (double a=0;a<360;a+=15) {
            gotoxy(int(x+sin(a*3.14/180)*Rad),int(y-cos(a*3.14/180)*Rad));
            putch(ch);
        }
    }
    void Hide() {
        for (double a=0;a<360;a+=15) {
            gotoxy(int(x+sin(a*3.14/180)*Rad),int(y-cos(a*3.14/180)*Rad));
            putch(' ');
        }
    }
};

void main()
{
```

```
    Point P(10,10,'@');
    P.Show();
    Circle C(40,10,'*',8);
    C.Show();
}
```

Circle은 Point에 정의되어 있는 x, y, ch 멤버 변수와 Get(Set)XY, Show, Hide 멤버 함수를 상속받으며 여기에 원의 반지름을 지정하기 위한 Rad 멤버 변수를 추가했다. 상속받은 멤버 중 Show, Hide는 다시 재정의하는데 점을 그리는 방법과 원을 그리는 방법이 다르기 때문에 코드를 다시 작성해야 한다. 상속받은 함수의 본체를 수정하는 것을 오버라이딩이라고 하는데 다음 항에서 따로 상세히 알아보도록 하자. Circle 클래스의 멤버 구성은 다음과 같다.

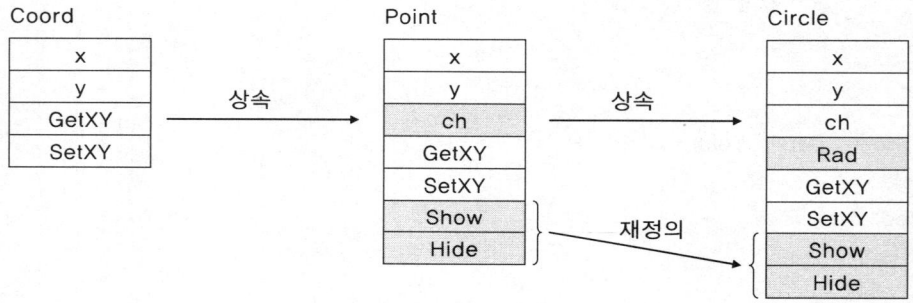

Point는 Coord로부터 x, y, Get(Set)XY 멤버를 상속받고 여기에 ch, Show, Hide 멤버를 추가했으며 Circle은 Point의 모든 멤버를 상속받은 후 Rad 멤버를 추가했다. 결국 Circle이 가진 x, y, Get(Set)XY 는 애초의 기반 클래스인 Coord로 물려받은 것이다. 이때 Coord는 Circle의 부모의 부모인 셈인데 인간 관계로 표현하자면 할아버지라고 할 수 있겠다.

파생 클래스로부터 상속을 계속 해 나가면 최종 클래스는 모든 기반 클래스(선조)의 멤버를 한꺼번에 상속받는다. 이 상태에서 Circle로부터 또 다른 클래스를 파생시킬 수도 있는데 이 클래스도 Circle을 통해 Point와 Coord를 간접적으로 상속받는 셈이다. Circle 클래스는 중심점 (x, y)와 원호를 그릴 문자, 그리고 반지름 Rad를 속성으로 가지며 그리기, 숨기기 동작을 할 수 있으므로 원 객체를 표현할 수 있다. main에서는 (10,10) 위치에 @ 점을 찍고 (40, 10) 위치에 * 문자로 반지름 8의 원을 그렸다. 실행 결과는 다음과 같다.

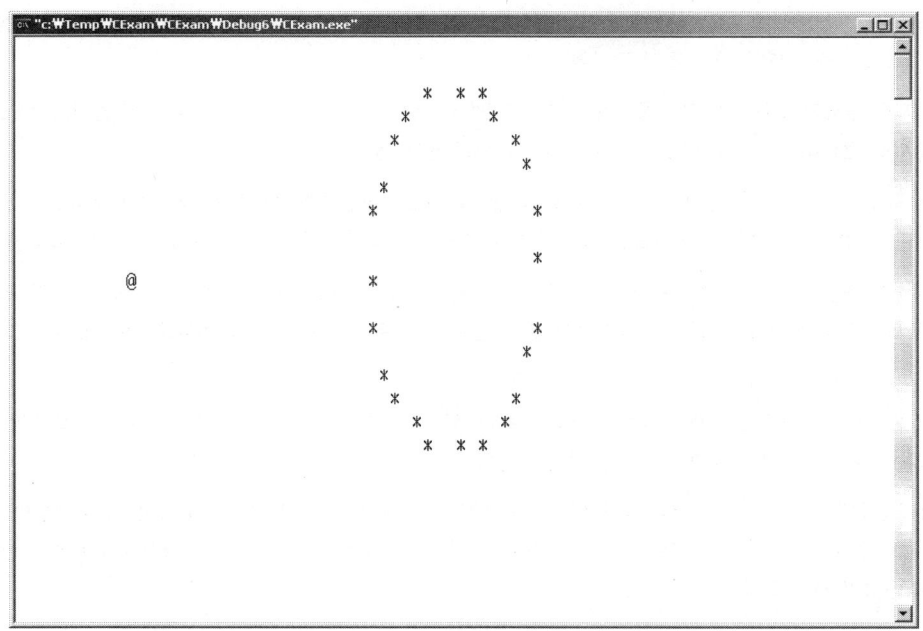

왼쪽의 @ 문자가 점이고 오른쪽에는 별로 예쁘지는 않지만 원이 그려져 있다. 점, 원은 그래픽 객체인데 콘솔창에서 억지로 표현을 하다 보니 모양이 좋지 않고 원도 세로로 길쭉한 타원이다. Circle의 Show 함수에는 원을 그리는 코드가 작성되어 있는데 원을 그리는 알고리즘은 그다지 복잡하지는 않지만 지금 다루는 주제가 아니므로 일단 무시하도록 하자. 이왕이면 그래픽 환경에서 예쁘게 출력해 보고 싶으나 그래픽 환경은 문법을 배우기에는 적합하지 않으므로 부득이하게 이런 방법을 쓸 수밖에 없다.

29.2.3 객체의 생성 및 파괴

상속받은 멤버는 파생 클래스에서 직접 초기화할 수 없으며 기반 클래스에게 초기화를 부탁해야 한다. 파생 클래스는 기반 클래스의 모든 멤버를 상속받기는 하지만 이 멤버를 어떻게 초기화해야 하는지는 정확하게 알지 못한다. 또한 상속받은 멤버 중 일부는 private 액세스 속성을 가질 수도 있으므로 파생 클래스가 이 멤버를 초기화할 권한이 없다. 자식에게조차 공개하지 않겠다고 숨겨놓은 것이므로 파생 클래스는 부모의 private 멤버에 대해서는 관심을 가질 필요도 없고 건드릴 수도 없다. 대신 기반 클래스의 public 생성자를 호출하여 상속받은 멤버를 초기화해야 한다. 생성자는 항상 public이므로 누구나 호출할 수 있다.

상속받은 멤버의 의미와 초기화 방법에 대해서 가장 정확하게 알고 있는 주체는 이 멤버를 정의한 클래스이므로 기반 클래스의 생성자를 이용하는 것이 합리적이다. 파생 클래스가 기반 클래스의 생성자를 호출할 때는 초기화 리스트를 사용해야 한다. InheritCircle 예제의 main 함수에 있는 Circle C(40,10,'*',8); 선언문이 어떤 순서로 이 객체를 초기화하는지 순서대로 따라가 보자.

① main에서 Circle 객체 C를 생성할 때 Circle의 생성자가 호출된다. Circle(40,10,'*',8)이 호출되며 생성자로 원 객체 생성에 필요한 인수들이 전달될 것이다.

② 생성자의 본체가 실행되기 전에 초기화 리스트가 먼저 실행된다. 초기화 리스트에서 기반 클래스인 Point의 생성자를 호출하며 이 생성자로 ax, ay, ach 인수를 전달한다.

③ Point의 생성자는 다시 자신의 초기화 리스트에 있는 Coord의 생성자를 호출하며 이 생성자로 ax, ay 인수를 전달한다. 이런 식으로 파생 클래스는 항상 기반 클래스의 생성자를 통해 상속받은 멤버를 초기화해야 한다.

④ Coord의 생성자에서 x, y 멤버를 인수로 전달된 ax, ay로 초기화한다. 이때는 단순타입이므로 초기화 리스트를 쓰지 않아도 상관없다. ax, ay는 40, 10으로 전달되었으므로 x, y는 (40, 10) 좌표를 가리키도록 초기화될 것이다.

⑤ Coord의 생성자가 리턴되면 Point의 생성자 본체에서 ch 멤버에 인수로 전달된 ach의 값 '*'를 대입한다. Point는 자신의 고유 멤버를 초기화한 후 리턴한다.

⑥ Circle 생성자는 초기화 리스트를 통해 상속받은 멤버의 초기화를 마치고 본체에서 자신의 고유 멤버인 Rad을 aRad 인수로 초기화한다. Rad는 8이 될 것이다. Circle 생성자가 자신의 모든 멤버를 초기화하고 main으로 리턴하면 객체 C의 초기화가 완료된다.

초기화가 완료된 후 main에서는 C.Show()를 호출하는데 이 함수는 C의 멤버값이 지정하는 대로 (40, 10) 좌표에 * 문자로 반지름 8의 원을 출력할 것이다. 파생 클래스의 초기화 과정이 다소 복잡한데 파생의 단계가 깊을수록 더 많은 과정을 거쳐야 할 것이다. 그림으로 이 과정을 그려 보면 다음과 같다.

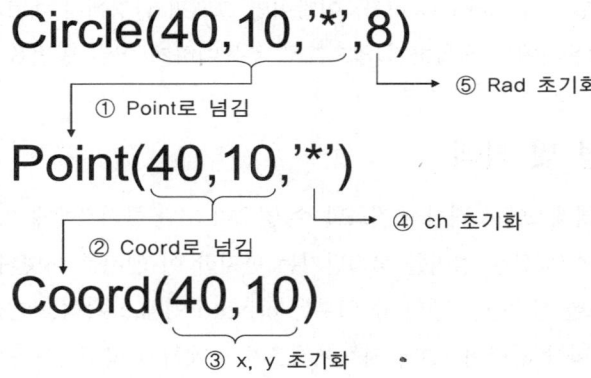

과연 이대로 생성자가 호출되는지 확인해 보려면 각 생성자에 중단점을 설정해 놓고 디버거를 돌려보면 알 수 있다. 또는 더 간단하게 시각적으로 확인해 보려면 각 생성자에 puts 호출문을 삽입해 놓고 출력 결과를 보면 된다. 예제 곳곳에 puts 호출을 삽입해 보자.

```
Coord(int ax, int ay) { puts("Coord 생성자");x=ax;y=ay; }
Point(int ax, int ay, char ach) : Coord(ax,ay) { puts("Point 생성자");ch=ach; }
```

```
    Circle(int ax, int ay, char ach, int aRad) : Point(ax,ay,ach) { puts("Circle 생성자");Rad=aRad; }

void main()
{
    puts("==== Point 생성전 ====");
    Point P(10,10,'@');
    puts("==== Circle 생성전 ====");
    Circle C(40,10,'*',8);
    P.Show();
    C.Show();
}
```

각 클래스의 생성자와 main 함수에 실행 순서 확인을 위한 문자열 메시지 출력문을 삽입해 놓았다. 실행결과는 다음과 같은데 각 객체 선언시마다 선조 클래스의 생성자들이 순서대로 호출된다는 것을 분명히 확인해 볼 수 있다.

```
==== Point 생성전 ====
Coord 생성자
Point 생성자
==== Circle 생성전 ====
Coord 생성자
Point 생성자
Circle 생성자
```

객체 하나를 생성하는데 조상 클래스의 생성자들을 일일이 호출해야 하므로 객체 생성 속도가 굉장히 느릴 것처럼 보인다. 복잡한 계층에서는 선조 클래스가 수십 개나 될 수도 있으므로 이런 걱정이 되는 것도 무리는 아니다. 그러나 생성자들은 그 특성상 길이가 짧고 내부 정의하는 것이 보통이므로 대부분이 인라인이며 함수 호출 부담이 없어 속도를 염려할 정도는 아니다. 위 예제의 Circle C 선언문은 결국 x=ax; y=ay; ch=ach; Rad=aRad; 4개의 대입문만 실행할 뿐이며 이 정도 대입문은 순식간에 처리할 수 있다.

초기화 리스트를 통해 기반 클래스의 생성자를 연쇄적으로 호출하며 상속받지 않은 멤버는 자신이 직접 초기화한다. 일반적으로 기반 클래스는 파생 클래스가 동작하기 위한 전제 조건이 되기 때문에 파생 클래스의 멤버보다 상속받은 멤버가 먼저 초기화되어야 한다. 가령 파생 클래스의 생성자 본체에서부터 상속받은 멤버를 당장 참조할 수도 있으므로 생성자 본체보다도 기반 클래스의 초기화가 더 우선이다.

그래서 생성자 본체가 실행되기 전에 상속받은 멤버는 초기화되어야 하며 그러기 위해서는 초기화 리스트를 사용하는 방법밖에 없다. 파생 클래스의 생성자 본체에서 기반 클래스의 생성자를 직접적으로 호출할 수는 없는데 가령 다음 코드를 보자.

```
Circle(int ax, int ay, char ach, int aRad) {
    Point(ax,ay,ach);
    Rad=aRad;
}
```

여기서 생성자 본체에 있는 Point(ax,ay,ach); 호출문은 상속받은 멤버를 초기화하는 문장이 아니라 Point 클래스의 생성자를 호출하여 이름도 없는 임시 Point 객체를 생성하는 문장이 되어 버린다. 사실 이 코드는 Point, Coord가 디폴트 생성자를 정의하지 않아 컴파일되지도 않는데 컴파일되게 만든다 하더라도 Circle이 상속받은 x, y, ch 멤버는 전혀 초기화되지 않고 쓰레기값을 가지며 원은 제대로 그려지지 않을 것이다. 생성자 본체에서 상속받은 멤버를 직접 초기화하는 다음 코드를 보자.

```
Circle(int ax, int ay, char ach, int aRad) {
    x=ax;y=ay;ch=ach;
    Rad=aRad;
}
```

이렇게 하면 컴파일도 잘되고 원이 제대로 그려지기도 하지만 이 코드는 전혀 일반적이지 않다. 왜냐하면 대입은 초기화와 여러 가지 면에서 다르며 상속받은 멤버를 파생 클래스가 항상 마음대로 액세스할 수 있는 것도 아니기 때문이다. 만약 Coord나 Point가 x, y, ch를 protected가 아닌 private로 정의하고 있다면 이 코드는 컴파일되지 않는다. 부모의 입장에서 자식이 몰라도 되는 멤버가 존재할 수 있으며 이런 멤버는 상속은 되지만 자식이 초기화할 권한이 없고 그럴 필요도 없다.

파생 클래스의 초기화 리스트에서 기반 클래스의 생성자를 호출하지 않으면 이때는 기반 클래스의 디폴트 생성자가 호출되는데 만약 기반 클래스가 디폴트 생성자를 정의하지 않는다면 에러로 처리된다. 디폴트 생성자는 보통 아무 것도 하지 않거나 무난한 값으로 멤버를 초기화하므로 이렇게 되면 상속받은 멤버는 원하는 대로 초기화되지 않을 것이다. 그래서 파생 클래스 생성자의 초기화 리스트에는 거의 예외없이 기반 클래스의 생성자 호출문이 오며 자신이 전달받은 인수의 일부를 기반 클래스의 생성자에게 전달한다.

```
Derived(인수들) : Base(상속받은 인수들) {
    본체 - 여기서 자신의 고유 멤버 초기화
}
```

만약 기반 클래스에 여러 개의 생성자가 오버로딩되어 있다면 초기화 리스트의 인수 목록에 따라 호출될 생성자가 결정된다. 상속받은 멤버를 어떤 식으로 초기화할지를 파생 클래스의 초기화 리스트에서 선택할 수 있다. 파생 클래스가 이차 상속된 경우라면 바로 위의 부모가 할아버지 생성자를 알아서 호출할 것이다. 자신이 직접 할아버지 생성자를 호출할 수는 없으며 그럴 필요도 없다. Circle은 Point의 생성자만 호출하면 좌표와 문자를 초기화할 수 있다. Point가 Coord의 생성자를 호출하는가 아닌가는 Circle의 입장에서는 관심 대상이 아니다. 어쨌든 바로 위의 부모를 호출하여 x, y, ch만 제대로 초기화하면 그만이다.

파생 클래스의 객체가 파괴될 때는 생성자가 호출된 역순으로 파괴자가 호출된다. 먼저 자신의 파괴자가 호출되어 스스로의 멤버를 정리하며 상속 계층을 따라 부모의 파괴자가 연쇄적으로 호출되어 상속된 모든 멤버에 대한 정리 작업을 한다. 자식이 파괴되는 동안에도 부모의 멤버를 참조할 수 있어야 하므로 자식이 완전히 파괴될 때까지 부모는 온전히 살아 있어야 한다. 그러나 부모가 파괴될 때 자식의 멤버를 참조할 일은 전혀 없다. 즉 자식은 부모에 종속적이지만 그 역은 성립하지 않으므로 자식이 먼저 파괴되는 것이 순서상 옳다. 위 예제의 경우 파괴자가 없고 파괴할 내용도 없으므로 이런 동작을 확인할 수는 없다.

29.2.4 멤버 함수 재정의

클래스가 파생될 때 기반 클래스로부터 대부분의 멤버를 상속받지만 일부 상속에서 제외되는 것들도 있다. 상속되지 않는 멤버는 다음과 같다.

생성자와 파괴자
대입 연산자
정적 멤버 변수와 정적 멤버 함수
프렌드 관계 지정

이 멤버들이 상속에서 제외되는 이유는 기반 클래스만의 고유한 처리를 담당하기 때문이다. 생성자와 파괴자, 대입 연산자는 특정 클래스에 완전히 종속적이며 해당 클래스의 멤버에 대해서만 동작하기 때문에 파생 클래스는 이 함수들을 직접 사용할 필요가 없다. 대신 초기화 리스트에서 호출할 수는 있다. 생성될 때 자동으로 호출되어 상속된 멤버를 대신 초기화하며 객체가 일단 생성 완료되면 다시 호출할 필요가 없으므로 파생 클래스가 이 함수들을 가지고 있어야 할 이유가 전혀 없다.

이런 특수한 몇 가지 멤버를 제외하고는 기반 클래스의 모든 멤버가 파생 클래스로 무조건 상속된다. 원하는 멤버만 선택적으로 상속한다거나 특정 멤버를 상속받지 않는 방법은 없다. 부모가 가진 모든 속성과 동작을 상속받아야만 제대로 된 자식이라고 할 수 있다. 만약 파생 클래스에서 특정 멤버를 전혀 사용하지 않는다면 일단 상속받은 후 사용하지 않고 무시해 버리면 된다.

파생 클래스는 기반 클래스의 모든 멤버 변수와 멤버 함수를 상속받으므로 기반 클래스의 속성과 동작을 그대로 물려받는다. 그런데 만약 상속 받은 멤버와 똑같은 이름으로 똑같은 멤버를 다시 선언하면 어떻게 될까? 어떤 현상이 일어나는지 다음 예제로 테스트해보자.

```
#include <Turboc.h>

class B
{
public:
    int m;
    B(int am) { m=am; }
    void f() { puts("Base function"); }
};

class D : public B
{
public:
    int m;
    D(int dm,int bm) : B(bm) { m=dm; }
    void f() { puts("Derived function"); }
};

void main()
{
    D d(1,2);
    printf("d.m = %d\n",d.m);
    d.f();
}
```

기반 클래스 B에는 정수형 멤버 m과 함수 f가 정의되어 있다. B로부터 새로운 클래스 D를 파생시키면 m과 f는 파생 클래스로 상속될 것이다. 그런데 D에서 똑같은 이름과 원형으로 m과 f를 다시 정의했다. 이 상태에서 D 클래스의 객체 d를 선언하고 d.m을 읽어보고 d.f를 호출하면 과연 어떤 멤버가 참조될까? 직접 실행해 보자.

```
d.m = 1
Derived function
```

이 결과에서 알 수 있듯이 상속받은 멤버와 새로 정의한 멤버의 이름이 중복될 경우 자신의 멤버가 우선적으로 참조된다는 것을 알 수 있다. B로부터 상속받은 D는 부모의 모든 멤버를 그대로 물려받으며 또 자신의 멤버를 추가로 정의했으므로 다음과 같은 모양을 가질 것이다.

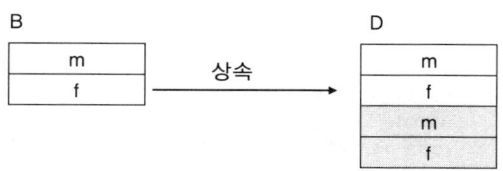

d 객체에는 이름이 같은 m과 f가 각각 두 개씩 존재하는 셈인데 이 상태에서 m과 f를 참조하면 이는 객체 자신의 멤버를 의미한다. 이 상황은 전역변수와 지역변수의 이름이 중복되었을 때와 유사하며 규칙에 따라 지역변수가 우선권을 가지듯이 객체에서는 상속받은 멤버보다 자신의 멤버가 우선권을 가진다. 그래서 이름이 중복된 상속받은 멤버는 자식이 새로 정의한 멤버에 의해 가려진다. 만약 부모의 멤버를 참조하고 싶다면 멤버 이름 앞에 범위 연산자와 부모 클래스의 이름을 적는다. main 함수의 테스트 코드를 다음과 같이 수정해 보자.

```
void main()
{
    D d(1,2);
    printf("d.m = %d\n",d.B::m);
    d.B::f();
}
```

d.B::m이라는 표현은 d 객체의 멤버 중 B로부터 상속받은 멤버 m을 의미한다. B::d.m이 아님을 주의하도록 하자. 멤버 변수의 경우는 굳이 부모의 멤버와 같은 이름을 사용할 필요가 없으며 바람직하지도 않다. 비록 컴파일러는 자식의 멤버에 우선권을 주고 원할 경우 범위 연산자로 부모의 멤버를 액세스할 수 있도록 함으로써 모호함을 해결하고 있지만 사람이 보기에는 여전히 혼란스럽다. 부모의 멤버를 쓰고 싶지 않다면 단순히 무시해 버리면 그만이지 굳이 같은 이름의 멤버를 선언해서 가릴 필요까지는 없는 것이다.

그러나 멤버 함수의 경우는 부모의 멤버 함수가 제공하는 동작이 파생 클래스와 맞지 않을 때 재정의할 필요가 있으며 이런 경우는 아주 빈번하다. 그 예는 멀리서 찾을 것도 없이 바로 앞에서 만들었던 InheritCircle 예제에서 볼 수 있다. 점과 원은 기하학적인 정의가 다르므로 그리는 방법도 완전히 다르다. 점을 그리는 Show 함수의 코드를 원을 그릴 때 재사용할 수 없으며 그래서 Circle 클래스는 Point 클래스로부터 상속받은 Show, Hide 함수를 원 객체에 맞게 완전히 다시 작성한 것이다. 부모로부터 상속받은 멤버 함수를 다시 작성하는 것을 재정의라고 하는데 원어로는 오버라이딩(Overriding)이라고 한다.

파생 클래스는 기반 클래스의 모든 멤버를 반드시 그대로 사용해야 할 의무가 없다. 자신의 목적에 맞지 않으면 언제든지 같은 이름으로 재정의할 수 있다. Circle 클래스의 Show, Hide 함수처럼 완전히 다시 작성할 수도 있고 상속 받은 함수에 원하는 동작을 약간 더 추가하거나 변경하는 것도 가능하다. 원을 그리는 Show 함수에 중심점도 같이 출력하도록 하고 싶다면 다음과 같이 Show 함수를 재정의한다.

```
    void Show() {
        Point::Show();
        for (double a=0;a<360;a+=15) {
            gotoxy(int(x+sin(a*3.14/180)*Rad),int(y-cos(a*3.14/180)*Rad));
            putch(ch);
        }
    }
```

Circle::Show 함수의 본체에서 상속받은 Point::Show 함수를 먼저 호출하여 중심점을 찍고 여기에 추가로 원주까지 그린 것이다. 함수를 재정의한다고 해서 부모의 함수가 상속되지 않는 것은 아니므로 범위 연산자만 사용하면 가려진 부모의 함수를 언제든지 호출할 수 있다. 그래서 부모의 함수를 먼저 부른 후 추가 동작을 하거나 아니면 내가 하고 싶은 일은 먼저 한 후에 부모의 함수를 부를 수도 있다.

```
void D::func() {                          void D::func() {
    B::func();                                // 하고 싶은 일
    // 하고 싶은 일                            B::func();
}                                         }
```

또는 하고 싶은 일을 하는 중간에라도 부모의 함수를 언제든지 호출할 수 있고 완전히 동작이 다르다면 호출하지 않을 수도 있다. 재정의된 함수의 본체에서 상속받은 함수를 언제 호출할 것인가는 경우에 따라 다른데 Circle::Show의 경우는 언제 호출하든지 상관없지만 어떤 경우는 순서를 잘 결정해야 원하는 결과가 나오기도 한다. 다음 예제는 기반 클래스의 멤버를 재정의하는 간단한 예이다.

예제 **InheritStudent**

```
#include <Turboc.h>

class Human
{
protected:
    char Name[16];
public:
    Human(char *aName) { strcpy(Name,aName); }
    void Intro() { printf("이름:%s",Name); }
    void Think() { puts("오늘 점심은 뭘 먹을까?"); }
};
```

```
class Student : public Human
{
private:
    int StNum;
public:
    Student(char *aName,int aStNum) : Human(aName) { StNum=aStNum; }
    void Intro() { Human::Intro();printf(",학번:%d",StNum); }
    void Think() { puts("이번 기말 고사 잘 쳐야 할텐데 ^_^"); }
    void Study() { puts("하늘 천 따지 검을 현 누를 황..."); }
};

void main()
{
    Student K("김상형",9506299);
    K.Intro();puts("");
    K.Think();
    K.Study();
}
```

이름이라는 속성과 소개한다, 생각한다는 동작을 가지는 Human이라는 클래스에 학번과 공부한다는 동작을 추가하여 Student라는 클래스를 파생시켰다. 학생은 일종의 사람이므로 전형적인 IS A 관계라고 할 수 있다. 사람은 자기소개를 할 수 있는데 이 예제의 Intro 멤버 함수는 자신의 이름을 화면으로 출력한다. 또한 사람은 생각하는 동물이므로 Think라는 동작을 할 수 있으며 누구나 오늘 점심꺼리를 걱정한다.

학생이라는 존재는 사람의 모든 특성을 상속받으므로 사람이 하는 짓은 모두 할 수 있다. 그러나 학생은 역시 단순한 사람보다는 좀 더 기능이 많고 구체적이다. 자기소개를 할 때 이름뿐만 아니라 자신의 학번도 소개할 수 있으므로 Student는 Human으로부터 상속받은 Intro 함수를 그대로 사용하지 않으며 재정의한다. 부모 클래스에 있는 Intro 함수를 활용하기 위해 부모의 Intro를 먼저 호출하여 이름을 출력하고 다음으로 자신의 학번을 출력한다. 재정의한 함수가 부모의 가려진 함수를 호출한 것인데 코드의 재사용과 반복 제거의 의미가 있다. 여기서 Human::을 빼 먹으면 무한 재귀 호출이 되어 버리므로 주의하자.

학생은 생각하는 동작도 좀 더 고차원적이므로 Human의 Think를 완전히 재정의하였다. 이렇게 되면 Human의 Think는 재정의된 Think에 의해 가려진다. Intro, Think외에 Study라는 멤버 함수도 추가로 선언했다. main 함수에서는 Student 객체 K를 선언 및 초기화하고 이 객체의 멤버 함수들을 모두 호출해 보았다.

이름:김상형,학번:9506299
이번 기말 고사 잘 쳐야 할텐데 ^_^
하늘 천 따지 검을 현 누를 황...

보다시피 Human의 멤버 함수가 아닌 재정의된 멤버 함수들이 호출된다. 이상으로 파생 클래스에서 멤버를 재정의할 수 있다는 것을 살펴봤는데 상기 예제들은 아직 완전하지 않다. 이 예제들이 부모의 멤버 함수를 안전하게 재정의하려면 가상 함수의 개념이 필요한데 이 주제에 대해서는 다음 장에서 상세하게 알아보도록 하자.

과제 LengthPoint

> 25장에서 밀리미터와 인치 단위의 길이를 변환하고 출력하는 Length 클래스를 만들어 본 적이 있다. 이 클래스를 확장하여 포인트 단위를 추가로 변환할 수 있는 LengthPoint 클래스를 작성하라. 기존의 Length 는 그대로 두고 상속받아 확장하면 된다. 참고로 1포인트는 1/72인치이며 주로 출판 분야에서 글꼴의 크기를 지정할 때 많이 사용하는 단위이다.

29.3 다중 상속

29.3.1 두 개의 기반 클래스

다중 상속(Multiple Inheritance)이란 두 개 이상의 기반 클래스로부터 새로운 클래스를 상속하는 것이다. 복잡도에 비해 실용성이 떨어지는 문법이므로 처음부터 너무 깊이 공부할 필요는 없는 주제이다. 실제 사물의 예를 들자면 다음과 같은 것들이 다중 상속된 좋은 예이다.

□ 핸드폰, 카메라 : 카메라 폰

□ 프린터, 스캐너, 팩스 : 복합기

핸드폰은 들고 다니며 전화를 걸거나 받는 기계이며 버튼, 안테나, 액정, 배터리 등을 가지고 통화하는 것이 기본적인 기능이다. 카메라는 사진을 찍는 기계이며 렌즈, 메모리 등의 부품을 가진다. 이 둘의 특성과 기능을 결합하면 카메라 폰이라는 새로운 기계가 만들어진다. 이때 카메라 폰은 핸드폰과 카메라의 모든 속성과 동작을 상속받으므로 통화하는 기능과 사진을 찍는 기능을 동시에 가진다. 여기에 MP3 기능까지 더하면 MP3 카메라 폰이 될 수도 있고 TV 기능까지 겸할 수도 있다.

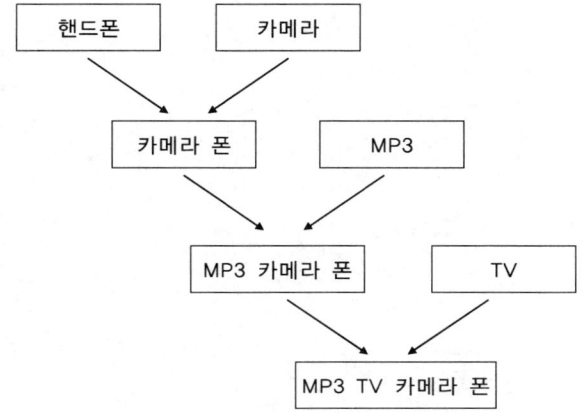

복합기의 경우 세 개의 사물을 결합하는 예인데 프린터와 스캐너 그리고 팩스의 기능을 하나로 통합해서 만든 물건이다. 이런 다중 상속의 예는 실생활에서도 흔히 발견할 수 있으며 비용 절감과 편의성 향상 면에서 아주 긍정적이라 할 수 있다. 소프트웨어의 세계에서도 실생활의 통합과 유사한 일들이 벌어지는데 이것이 바로 다중 상속이다.

이미 만들어진 복수 개의 클래스들을 다중 상속하여 두 클래스의 기능을 모두 가지는 새로운 클래스를 쉽게 만들 수 있으며 게다가 더 필요한 기능을 추가하는 것도 가능하다. 다음 예는 다중 상속의 가장 직관적인 예제로 날짜를 표현하는 Date와 시간을 표현하는 Time 클래스를 다중 상속하여 한 시점을 표현할 수 있는 Now라는 클래스를 파생시키는 것이다.

예제 **MultiInherit**

```
#include <Turboc.h>

class Date
{
protected:
    int year,month,day;
public:
    Date(int y,int m,int d) { year=y;month=m;day=d; }
    void OutDate() { printf("%d/%d/%d",year,month,day); }
};

class Time
{
protected:
    int hour,min,sec;
```

```cpp
public:
    Time(int h,int m,int s) { hour=h;min=m;sec=s; }
    void OutTime() { printf("%d:%d:%d",hour,min,sec); }
};

class Now : public Date, public Time
{
private:
    bool bEngMessage;
    int milisec;
public:
    Now(int y,int m,int d,int h,int min,int s,int ms,bool b=FALSE)
            : Date(y,m,d), Time(h,min,s) { milisec=ms; bEngMessage=b; }
    void OutNow() {
        printf(bEngMessage ? "Now is ":"지금은 ");
        OutDate();
        putch(' ');
        OutTime();
        printf(".%d",milisec);
        puts(bEngMessage ? ".":" 입니다.");
    }
};

void main()
{
    Now N(2005,1,2,12,30,58,99);
    N.OutNow();
}
```

실행 결과는 다음과 같다.

지금은 2005/1/2 12:30:58.99 입니다.

Date에는 날짜와 관련된 속성과 멤버 함수들이 이미 정의되어 있고 이 정보를 관리하는 다양한 멤버 함수들도 작성되어 있을 것이다(비록 이 예제의 Date는 그렇지 않지만). 마찬가지로 Time에는 시간과 관련된 모든 정보와 기능이 캡슐화되어 있을 것이다. 정확한 한 시점을 표현하는 Now 클래스는 처음부터 다시 만들 필요없이 이미 만들어져 있는 두 클래스의 기능을 상속받기만 하면 된다.

게다가 더 필요한 멤버를 추가로 정의할 수도 있는데 위 예제의 Now에는 메시지를 출력할 언어를 지정하는 bEngMessage와 1/100초 단위의 좀 더 정밀한 시간까지 표현하기 위한 milisec 멤버를 더 정의하고 있다. 그리고 자신이 표현하는 정보를 출력하기 위해 OutNow라는 멤버 함수를 제공하며 이 함수에서 상속받은 OutDate, OutTime을 적절하게 잘 부려먹기도 한다. Now가 상속되는 모양을 그림으로 그려보면 다음과 같다.

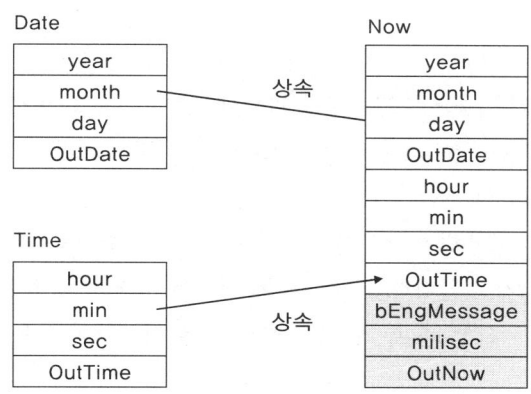

다중 상속을 받을 때는 클래스 선언문의 : 다음에 기반 클래스의 목록을 콤마로 구분하여 적는다. 이때 각 기반 클래스의 상속 액세스 지정은 서로 다를 수 있으므로 개별적으로 지정해야 하며 만약 한쪽을 생략하여 class Now : public Date, Time으로 적으면 디폴트 상속 액세스 지정자인 private가 적용된다.

단일 상속의 경우와 마찬가지로 상속받은 멤버의 초기화는 기반 클래스의 생성자가 대신 하는데 클래스 선언문에 나타난 기반 클래스 순서대로 생성자가 호출된다. Now 클래스의 경우 Date, Time 순으로 다중 상속되었으므로 Date의 생성자가 먼저 호출되고 다음으로 Time의 생성자가 호출될 것이다. 생성자의 초기화 리스트에 나타난 순서대로가 아니라 클래스 선언문의 기반 클래스 지정 순서대로임을 유의하자.

29.3.2 다중 상속의 문제점

앞 항의 Time과 Date로부터 Now를 다중 상속하는 예제는 Time과 Date가 완전히 독립된 클래스이기 때문에 아무런 문제가 없으며 이렇게 만들어진 Now 클래스도 아주 정상적으로 잘 동작한다. 그러나 다중 상속은 상속 경로가 여럿이기 때문에 복잡한 문제를 야기하는 경우가 많다. 일단 다음 선언문을 보자.

```
class B : public A, public A
{
    ....
};
```

A라는 하나의 클래스로부터 다중 상속받아 B를 파생시키는데 이 코드는 에러로 처리된다. 한 클래스로부터 두 번 상속을 받는 것은 금지되어 있는데 왜냐하면 이렇게 파생된 클래스에는 똑같은 이름의 멤버들이 두 개씩 존재하게 되므로 멤버 이름 간에 충돌이 생기기 때문이다. A에 m이라는 멤버가 있을 때 b.m이 어느 쪽의 A로부터 물려받은 m인지 애매하며 b.A::m 식으로 범위 연산자를 써도 별 도움이 안 된다. 문법적인 이유를 따지지 않더라도 이런 중복 상속이 문제가 될 것임은 직감적으로 이해할 수 있다. 그러나 간접적으로 한 클래스를 두 번 상속하는 것은 가능한데 다음 예제를 보자.

예제 **VirtualBase1**

```
#include <Turboc.h>

class A
{
protected:
    int a;
public:
    A(int aa) { a=aa; }
};

class B : public A
{
protected:
    int b;
public:
    B(int aa, int ab) : A(aa) { b=ab; }
};

class C : public A
{
```

```
protected:
    int c;
public:
    C(int aa,int ac) : A(aa) { c=ac; }
};

class D : public B, public C
{
protected:
    int d;
public:
    D(int aa, int ab, int ac, int ad) : B(aa,ab), C(aa,ac) { d=ad; }
    void fD() {
            b=1;
            c=2;
            a=3;            // 여기서 문제 발생
    }
};

void main()
{
    D d(1,2,3,4);
}
```

4개의 클래스가 계층을 구성하고 있는데 클래스간의 상속 관계를 그림으로 그려 보면 다음과 같다. 여러 가지 복잡한 문제를 일으키기 때문에 이런 클래스 계층도를 공포의 다이아몬드(또는 마름모) 계층도 라고 부른다.

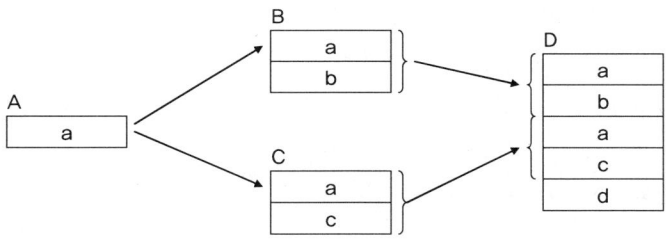

D의 부모인 B, C는 모두 A를 공동의 조상으로 가지고 있으며 그래서 D는 간접적으로 A를 두 번 상속받는다. B와 C가 모두 A로부터 상속받은 멤버 변수 a를 가지고 있고 D는 B와 C로부터 상속을

받았으므로 결국 D에는 a라는 이름의 멤버 변수가 두 개 존재하는 것이다. 이 두 변수가 똑같은 의미를 가진다면 나머지 하나는 불필요하므로 기억 장소가 쓸데없이 낭비되고 객체가 비대해지는 문제가 있다. 카메라 폰은 카메라의 기능과 핸드폰의 기능을 모두 상속받아야 하되 그렇다고 해서 배터리를 두 개나 가질 필요는 없지 않은가?

그 보다 심각한 문제는 D의 객체에서 a 멤버를 칭할 때 어떤 멤버를 칭하는지 알 수 없는 모호함이 발생한다는 것이다. 상속받은 수준이 같기 때문에 지역, 전역처럼 우선 순위를 매길 수도 없다. 위 예제를 컴파일해 보면 fD 멤버 함수의 세 번째 줄의 a=3; 문장에서 a가 모호하다는 에러 메시지가 출력될 것이다. 똑같은 이름의 멤버가 둘씩이나 있으니 컴파일러가 헷갈려하는 것이 당연하다. 이점은 멤버 함수에 대해서도 마찬가지이다. B에 f 함수가 있고 C에 같은 이름의 f 함수가 있을 때 D의 객체에서 f를 호출하면 도대체 어느 쪽을 호출하라는 것인지 애매해진다.

만약 각 경로를 통해 상속받은 똑같은 이름의 a가 비록 이름은 같더라도 서로 다른 의미를 가진다면 D에서 B::a, C::a 식으로 소속 기반 클래스를 명시함으로써 두 변수를 구분할 수는 있다. 일일이 누구로부터 상속받은 멤버인지를 밝혀야 한다는 점이 무척 번거롭기는 하지만 어쨌든 모호함을 피할 방법은 있는 셈이다.

다중 상속받은 중복된 멤버가 같은 이름으로 각기 다른 의미를 가지는 경우는 그리 흔하지 않지만 어쨌든 가능은 하다. 다음 예는 좀 더 복잡한 다중 상속의 예로 중복된 멤버가 서로 다른 의미로 사용되는 경우를 억지로 만들어 본 것이다. 최대한 간단하게 만들려고 했지만 다중 상속이라는 상황 자체가 복잡하기 때문에 길이가 좀 길다.

예제 VirtualBase2

```
#include <Turboc.h>
#include <math.h>


class Coord
{
protected:
    int x,y;
public:
    Coord(int ax, int ay) { x=ax;y=ay; }
    void GetXY(int &rx, int &ry) const { rx=x;ry=y; }
    void SetXY(int ax, int ay) { x=ax;y=ay; }
};

class Point : public Coord
{
```

```cpp
protected:
    char ch;
public:
    Point(int ax, int ay, char ach) : Coord(ax,ay) { ch=ach; }
    void Show() {
        gotoxy(x,y);putch(ch);
    }
    void Hide() {
        gotoxy(x,y);putch(' ');
    }
};

class Circle : public Point
{
protected:
    int Rad;
public:
    Circle(int ax, int ay, char ach, int aRad) : Point(ax,ay,ach) { Rad=aRad; }
    void Show() {
        for (double a=0;a<360;a+=15) {
            gotoxy(int(x+sin(a*3.14/180)*Rad),int(y-cos(a*3.14/180)*Rad));
            putch(ch);
        }
    }
    void Hide() {
        for (double a=0;a<360;a+=15) {
            gotoxy(int(x+sin(a*3.14/180)*Rad),int(y-cos(a*3.14/180)*Rad));
            putch(' ');
        }
    }
};

class Message : public Coord
{
private:
    char Mes[128];
public:
    Message(int ax, int ay, char *M) : Coord(ax,ay) {
        strcpy(Mes,M);
    }
```

```
    void Show() {
        gotoxy(x-strlen(Mes)/2,y);
        puts(Mes);
    }
};

class CirMessage : public Circle, public Message
{
public:
    CirMessage(int ax, int ay, char ach, int aRad, int mx, int my, char *M)
        : Circle(ax,ay,ach,aRad), Message(mx,my,M) { }
public:
    void Show() {
        Circle::Show();
        Message::Show();
    }
};

void main()
{
    CirMessage CM(10,10,'.',8,40,15,"테스트");

    CM.Show();
}
```

Coord, Point, Circle은 지금까지의 예제에서 계속 사용해왔던 것들이며 Coord로부터 파생된 Message 클래스가 추가되었는데 x, y 위치에 문자열을 중앙 정렬하여 출력하는 기능을 가진다. 이 상태에서 원과 메시지를 동시에 표현하는 CirMessage 클래스를 정의하고자 한다면 이미 만들어진 Circle과 Message 클래스로부터 다중 상속을 받으면 된다. 전체 클래스 계층도는 다음과 같다.

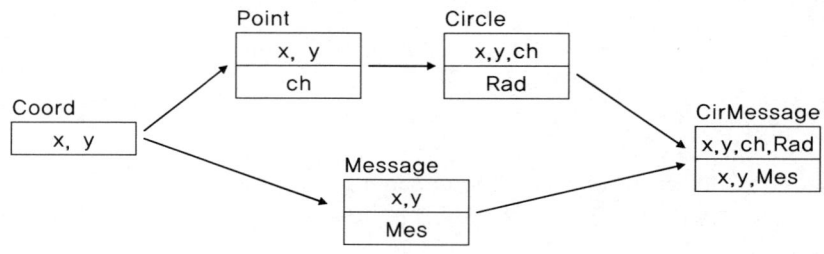

Circle과 Message는 공동의 조상 Coord로부터 파생되었으므로 이 두 클래스를 다중 상속받는 CirMessage에는 x, y 멤버가 두 개씩 존재하게 된다. 하지만 이 예제의 경우는 비록 멤버가 중복되기는 했지만 CirMessage에서 이 멤버들을 직접 사용하지는 않으므로 문법적으로 별 문제가 없으며 또한 중복된 멤버의 의미도 다르다. 실행결과는 다음과 같다.

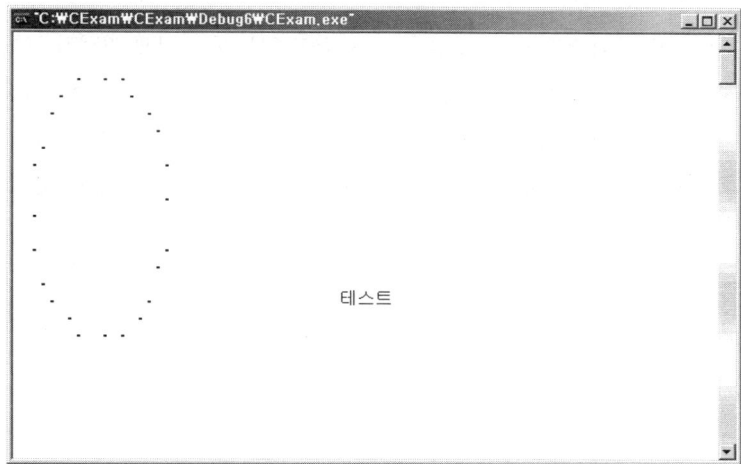

main에서 생성한 CM 객체의 초기값에 따라 원은 (10,10) 중심에 반지름 8로 그려졌고 메시지는 (40,15)에 출력되었다. CirMessage의 두 좌표 (x, y) 중 Circle로부터 상속받은 좌표는 원의 중심점을 지정하며 Message로부터 상속받은 좌표는 메시지를 출력할 좌표를 지정한다. 중복된 멤버의 의미가 확실히 다르며 원과 메시지가 각각 다른 위치에 출력될 수 있다.

그렇다면 이것이 과연 CirMessage 클래스를 만든 개발자의 의도와 일치하는 것일까 생각해 보자. 아마 그렇지 않을 것이다. 이 클래스는 메시지를 출력하고 그 주변에 적당한 크기의 원을 그림으로써 장식하는 기능을 가지는 것으로 작성되었을 것이다. 메시지와 원이 따로 놀아야 한다면 통합의 의미가 없는 셈이며 애초에 이런 걸 원했다면 다중 상속 같은 복잡한 문법을 쓸 필요없이 두 개의 객체를 따로 만들면 된다. 물론 객체의 초기값에서 원의 좌표와 메시지의 좌표를 일치시키면 이런 객체를 그릴 수는 있다.

```
CirMessage CM(40,10,'.',8,40,10,"테스트");
```

main의 코드를 이렇게 수정하면 (40,10)에 메시지가 출력되고 그 주변에 원이 예쁘게 그려질 것이다. 하지만 이런 초기화 방법은 중복된 초기값을 주어야 한다는 것과 사용자에게 똑같은 값을 두 번 지정하도록 강요한다는 점에서 "최소 의사 표시" 원칙에 어긋난다. 두 멤버의 의미가 같다면 초기값을 한 번만 지정하는 것이 마땅하다.

29.3.3 가상 기반 클래스

앞 항에서 다중 상속으로 인한 문제점들에 대해 알아 봤는데 요약하자면 한 클래스를 간접적으로 두 번 상속받을 경우 이 클래스의 멤버가 중복되어 메모리가 낭비되고 어떤 멤버를 칭하는지 알 수 없는 모호함이 발생한다는 것이다. 이 문제를 해결하려면 한 클래스를 두 번 상속받더라도 이 클래스의 멤버들은 한 번만 상속하도록 하면 된다.

이런 클래스를 가상 기반 클래스(Virtual Base Class)라고 하는데 이렇게 지정된 클래스는 간접적으로 두 번 상속되더라도 결과 클래스에는 자신의 멤버를 한 번만 상속시킨다. 가상 기반 클래스를 지정할 때는 상속문의 기반 클래스 앞에 virtual이라는 키워드를 쓴다. virtual 키워드와 상속 액세스 지정자의 순서는 무관하되 virtual을 먼저 지정하는 것이 보통이다. VirtualBase1 예제를 다음과 같이 수정해 보자.

```
class B : virtual public A
....

class C : virtual public A
....

class D : public B, public C
{
protected:
    int d;
public:
    D(int aa, int ab, int ac, int ad) : A(aa), B(aa,ab), C(aa,ac) { d=ad; }
```

B와 C를 A로부터 파생시킬 때 A를 가상 기반 클래스로 지정했다. 양쪽 다 virtual 상속을 해야 하며 한쪽만 virtual 상속하면 효과가 없다. 이 상태에서 B와 C로부터 다중 상속을 받으면 A의 멤버가 한 번만 나타나며 결과 클래스인 D에 a 멤버는 하나만 존재한다. 이렇게 수정한 후 컴파일하면 모호함이 제거되었으므로 D의 멤버 함수에서 a를 바로 참조해도 아무런 문제가 없다.

가상 기반 클래스로부터 상속받는 중간 단계 클래스의 생성자가 자식의 생성자로부터 호출될 때는 가상 기반 클래스의 생성자를 호출하지 않는다. 위 예에서 D 생성자의 초기화 리스트에서 B(aa,ab)를 부르는데 이때 B의 생성자가 A의 생성자를 호출하지 않는다는 얘기다. 왜냐하면 중간 클래스는 가상 기반 클래스의 멤버를 직접 소유하지 않으며 최종 클래스가 이 멤버를 어떤 용도로 사용하는지도 알 수 없기 때문이다.

또한 두 경로를 통해 가상 기반 클래스의 생성자가 각각 호출되면 서로 값을 덮어쓰는 충돌도 발생한다. D의 생성자 초기화 리스트에서 B(aa,ab)와 C(aa,ab)를 각각 호출하는데 이 두 생성자가 서로 A의 생성자를 호출한다고 해 보자. B(1,2), C(3,4)로 호출했다면 이 경우 a는 과연 어떤 값으로 초기화되어야 하는지 아주 애매해진다. 그래서 중간 단계의 클래스들은 가상 기반 클래스의 멤버에 대한 초기화를 최종 클래스에게 맡기는 것이다.

가상 기반 클래스로부터 상속받은 멤버는 최종 클래스가 직접 초기화해야 한다. 그래서 D의 생성자에서 A(aa) 호출문이 필요한 것이다. a 멤버는 B와 C를 통해 상속받기는 했지만 최종 클래스인 D의 것이므로 자신이 직접 초기화해야 한다. 만약 D의 생성자가 A의 생성자를 호출하지 않으면 이때는 A의 디폴트 생성자가 호출되며 A가 디폴트 생성자를 정의하지 않는다면 에러로 처리된다.

파생 클래스는 바로 위의 기반 클래스 생성자만 호출할 수 있으며 할아버지 생성자를 호출할 수 없다는 규칙이 있다. 그러나 다중 상속의 경우는 이 규칙의 예외가 인정되어 D가 A의 생성자를 바로 호출할 수 있다. 보다시피 다중 상속은 정교한 문법에 예외를 두어야 할 정도로 복잡한 문제를 야기시킨다.

다음은 VirtualBase2 예제를 수정해 보자. CirMessage 클래스가 상속받는 x, y를 하나로 통합하여 이 객체를 생성할 때 하나의 좌표로 원의 중심과 메시지의 출력 위치를 같이 지정하도록 해 보자. 다음과 같이 생성자만 수정해도 일단 목적을 이룰 수는 있다.

```
CirMessage(int ax, int ay, char ach, int aRad, char *M)
    : Circle(ax,ay,ach,aRad), Message(ax,ay,M) { }
```

생성자로 ax, ay 인수를 하나만 전달받아 Circle의 생성자와 Message의 생성자에 똑같은 값을 전달하면 중복된 멤버가 같은 값을 가지므로 원의 중심점과 메시지의 출력 위치가 같아질 것이다. 그러나 아직 x, y 멤버는 여전히 두 벌이 있고 이 중복된 멤버가 메모리를 차지하며 언젠가는 잠재적인 문제를 일으킬 것이다. CirMessage가 Coord를 한 번만 상속받기 위해 Coord가 가상 기반 클래스가 되어야 한다. 소스를 다음과 같이 수정해 보자.

```
class Point : virtual public Coord
....
class Circle : public Point
{
protected:
    int Rad;
public:
    Circle(int ax, int ay, char ach, int aRad) : Coord(ax,ay),Point(ax,ay,ach) { Rad=aRad; }
....
class Message : virtual public Coord
....
class CirMessage : public Circle, public Message
{
public:
```

```
CirMessage(int ax, int ay, char ach, int aRad, char *M)
        : Coord(ax,ay),Circle(ax,ay,ach,aRad), Message(ax,ay,M) { }
```

Coord를 직접 상속받는 Point, Message 클래스의 선언문에 virtual 키워드를 삽입하고 간접적으로 상속받는 Circle, CirMessage 클래스의 생성자에서는 Coord의 생성자를 명시적으로 호출해야 한다. 이렇게 하면 CirMessage는 Coord를 한 번만 상속받게 되며 이 클래스의 멤버 함수는 별다른 지정없이 x, y 멤버를 바로 액세스할 수 있다.

가상 상속을 받으면 중복된 멤버가 한 번밖에 나타나지 않으므로 객체의 크기는 줄어들어야 한다. 하지만 실제로는 중복된 멤버의 관리를 위해 숨겨진 포인터가 추가되기 때문에 반드시 그렇다고 할 수는 없다. 중복 멤버의 관리 방법은 컴파일러마다 다른데 비주얼 C++의 경우 가상 기반 클래스 하나에 대해 4바이트씩 더 추가되며 중복된 멤버의 크기가 4바이트 이상일 때만 객체 크기가 줄어든다. 가상 기반 클래스가 문자열이나 대규모 배열을 가질 경우 객체 크기는 극적으로 작아질 것이다.

29.3.4 다중 상속의 효용성

다중 상속은 여러 개의 기반 클래스가 가진 속성들을 모두 상속받는다는 점에서 굉장히 강력하고 편리한 상속 방법이다. 이미 잘 동작하는 클래스들을 다중 상속해서 원하는 새로운 클래스를 만들어 낼 수 있다는 것은 참으로 멋지고 환상적인 기능이다. 다중 상속을 사용하면 복잡한 문제를 아주 쉽게 풀 수 있는 경우도 있고 객체의 재활용성도 높아진다.

그러나 모든 기능에는 역기능이 있는데 다중 상속의 경우는 부작용이 상당히 많다. 앞에서 이미 살펴봤다시피 한 클래스를 간접적으로 두 번 상속할 수 있어 멤버가 중복될 수도 있으며 이런 문제를 해결하기 위해 별도의 예외 문법을 만들 필요도 있다. 또한 가상 기반 클래스가 아닌 부모로부터 다중 상속할 경우 부모 클래스 타입의 포인터가 자식 객체를 가리킬 수 없어 다형성에 방해가 되는 문제도 있는데 이 문제에 대해서는 다음에 연구해 보도록 하자.

삼중, 사중의 다중 상속도 얼마든지 가능한데 이렇게 여러 개의 클래스를 동시에 사용하면 클래스 계층이 너무 복잡해지며 코드를 이해하고 관리하기도 어려워질 것이다. ATL이라는 COM 라이브러리는 20중 다중 상속을 하기도 하는데 이 경우는 인터페이스 상속이라 별다른 부작용은 없지만 초보자가 이 코드를 이해하는 것은 거의 불가능에 가까울 정도다. 게다가 가상 기반 클래스에 사용되는 virtual이라는 키워드도 심히 부적절하게 선택되어 있는데 차라리 unique나 onlyone 등의 키워드를 썼더라면 더 이해하기 쉬웠을 것이다.

이런 복잡성과 부작용에 비해 다중 상속의 실용성은 그다지 높지 않다. 다중 상속이 아니더라도 둘 이상의 클래스를 재활용할 수 있는 다른 문법들이 존재하며 다중 상속이 아니면 문제를 풀 수 없는 경우는 거의 없다. 그래서 자바 같은 최신의 언어는 다중 상속을 아예 지원하지도 않으며 그러면서도 필요한 모든 코드는 다 작성할 수 있다. 심지어 MFC 같은 C++ 라이브러리조차도 다중 상속을 아예 사용하지 않으며 구조 자체가 다중 상속을 허용하지 않는다.

어떤 사람은 다중 상속이 너무 복잡하고 C++ 문법을 난잡하게 만드는데 비해 효용성은 크게 떨어지므로 아예 C++ 표준에서 빼 버려야 한다고 주장하기도 한다. 이 주장은 과연 설득력이 있기는 하지만 이미 다중 상속을 잘 사용하고 있는 프로젝트들이 있고 인터페이스 다중 상속 같은 어려운 기법도 나름대로 실용성이 있으므로 현실적으로 이렇게 될 확률은 거의 없다. 아무튼 이런 과격한 주장이 제기될 정도로 다중 상속의 효용성은 형편없다.

C++이 만들어지던 시기는 언어들이 경쟁적으로 기능을 늘려가던 때였으므로 스트로스트룹은 다른 언어들보다 더 기능이 많은 언어를 디자인하고자 했을 것이며 이런 과욕의 결과로 만들어진 것이 바로 다중 상속이다. 자바나 C# 같은 최신 언어들은 다중 상속을 지원하지 않으며 이 점이 광고 문구로 활용될 정도로 다중 상속은 효용에 비해 골치가 아프다. 결론적으로 다중 상속은 지원은 되지만 대부분의 사람들이 쓰기를 꺼려하는 문법의 사생아라고 할 수 있다.

C++이 언어 차원에서 다중 상속을 지원하기 때문에 이 책에서도 다중 상속을 다루고는 있는데 만약 이 절의 내용이 잘 이해가 가지 않는다면 일단은 무시해 버리는 방법도 나쁘지 않다. 다중 상속의 정의를 대충 알아 두고 아무튼 복잡하고 말썽이 많은 놈이라는 것 정도만 알고 넘어가도 될 것 같다. 설사 다중 상속을 잘 이해했더라도 가급적이면 프로젝트에서 사용하지 않는 것이 현명하다. 만약 상사가 "너 다중 상속 좀 할 줄 아니?" 라고 물으면 "그딴걸 왜 써요?"하고 자신있게 얘기하면 별 말하지 않을 것이다.

29.4 클래스 재활용

29.4.1 포함

상속은 이미 만들어진 클래스를 재활용하는 객체 지향적인 기법의 하나이다. 상속을 받으면 기반 클래스에 이미 정의된 속성과 동작을 그대로 재사용할 수 있어 클래스를 만드는 시간과 노력을 절감할 수 있다. 이전의 절차식 프로그래밍 기법에서는 찾아볼 수 없는 기발하고 멋진 방법이기는 하다. 그러나 상속만이 클래스를 재활용하는 유일한 기법은 아니다.

상속 외에도 전통적인 포함 방법을 사용할 수 있다. 포함(Containment)이란 재활용하고 싶은 클래스의 객체를 멤버 변수로 선언하는 방법이다. 클래스에 포함되는 멤버의 타입에는 제한이 없으므로 다른 클래스의 객체도 당연히 멤버가 될 수 있다. C에서 구조체가 다른 구조체를 포함할 수 있는 것과 개념적으로 동일하며 사실 별로 특별한 기법도 아니다. 다음 예제는 포함 기법으로 Date 클래스를 재활용하는 것을 보여 준다.

```
#include <Turboc.h>

class Date
{
protected:
    int year,month,day;
public:
    Date(int y,int m,int d) { year=y;month=m;day=d; }
    void OutDate() { printf("%d/%d/%d",year,month,day); }
};

class Product
{
private:
    char Name[64];
    char Company[32];
    Date ValidTo;
    int Price;
public:
    Product(char *aN, char *aC, int y,int m,int d, int aP) : ValidTo(y,m,d) {
        strcpy(Name,aN);
        strcpy(Company,aC);
        Price=aP;
    }
    void OutProduct() {
        printf("이름:%s\n",Name);
        printf("제조사:%s\n",Company);
        printf("유효기간:");
        ValidTo.OutDate();
        puts("");
        printf("가격:%d\n",Price);
    }
};

void main()
{
    Product S("새우깡","농심",2009,8,15,900);
    S.OutProduct();
}
```

두 개의 클래스가 선언되어 있는데 Date는 지금까지 계속 봐 왔던 친숙한 날짜 클래스이다. Product는 제품 하나에 대한 정보를 표현하는데 제품의 이름, 제조사, 유통기한, 가격 등을 멤버로 가지고 있다. 이름과 제조사는 문자열이고 가격은 정수이므로 이미 익숙한 char [ ]이나 int형으로 선언할 수 있지만 날짜는 년, 월, 일의 요소로 구성되는 다소 복잡한 정보이므로 단순 타입으로는 선언할 수 없다. 그렇다고 해서 Product가 year, month, day 멤버를 직접 선언하고 관리하는 것도 무척 번거롭다.

그래서 이미 만들어져 있는 Date 클래스를 재활용하기 위해 Date의 객체 ValidTo를 멤버로 선언했다. Date안에는 날짜와 관련된 모든 속성과 기능이 캡슐화되어 있으므로 Date 타입의 객체를 멤버로 선언하기만 하면 이 객체를 사용해 손쉽게 유효기간을 표현 및 관리할 수 있다. Product의 멤버 함수 OutProduct는 ValidTo 객체의 OutDate 멤버 함수를 호출하여 유효기간을 출력한다. 실행 결과는 다음과 같다.

이름:새우깡
제조사:농심
유효기간:2009/8/15
가격:900

객체는 생성자 본체가 실행되기 전에 상속받은 모든 멤버와 포함된 객체를 완전히 초기화해야 한다. 그래서 포함된 객체는 반드시 초기화 리스트에서, 즉 생성자 본체 이전에 초기화해야 한다. 이때 초기화 리스트에는 클래스 이름이 아닌 초기화하고자 하는 객체의 멤버 이름을 사용한다. 위 예제에서는 Product 생성자의 초기화 리스트에서 ValidTo(y,m,d)를 호출하여 ValidTo 멤버 객체를 초기화하고 있다. Date 클래스를 초기화하는 것이 아니라 Product에 포함된 ValidTo 객체를 초기화하는 것이므로 Date(y,m,d)로 적어서는 안 된다.

만약 포함된 객체에 대한 초기식이 초기화 리스트에서 발견되지 않으면 이때는 디폴트 생성자가 호출된다. Product 생성자의 초기화 리스트에서 ValidTo 초기식을 빼 버리면 Date의 디폴트 생성자가 호출되는데 이 클래스는 디폴트 생성자를 정의하고 있지 않으므로 에러로 처리될 것이다. 포함된 객체를 어떻게 초기화할지 결정할 수 없기 때문이다. Date에 빈 디폴트 생성자를 추가하고 Product의 생성자를 다음과 같이 수정하면 어떻게 될까?

```
Product(char *aN, char *aC, int y,int m,int d, int aP) {
    ValidTo=Date(y,m,d);
    strcpy(Name,aN);
    strcpy(Company,aC);
    Price=aP;
}
```

초기화 리스트에 ValidTo 초기식을 빼고 대신 생성자 본체에 대입문을 작성했다. 이렇게 하면 에러없이 컴파일되고 Product 객체가 정상적으로 초기화되기는 하지만 초기화 과정은 상당히 달라진다. Date의 디폴트 생성자에 의해 ValidTo가 일단 쓰레기값으로 초기화된 후 Product의 생성자 본체에서 다시 Date(int, int, int) 생성자를 호출하여 임시 객체를 생성하고 이 임시 객체가 ValidTo 객체로 대입되며 이 과정에서 대입 연산자가 실행될 것이다.

두 개의 생성자가 차례대로 호출되는 이중 생성 과정을 거치며 대입 연산자까지 호출된다. Date는 아주 작은 클래스라 별 부담이 없지만 대형 클래스는 이 차이를 무시할 수 없다. 디폴트 초기화, 임시 객체 생성, 대입 연산 중의 깊은 복사, 임시 객체 파괴까지 엄청나게 긴 과정을 거쳐야 초기화가 완료된다. 이런 복잡한 과정이 싫으면 문법의 정상적인 권고대로 초기화 리스트에서 포함 객체를 초기화하는 것이 좋다.

Product가 Date를 포함하고 있는 이런 관계를 HAS A 관계라고 하는데 일종의 소유 관계이며 상속 관계를 표현하는 IS A와는 의미가 다르다. 제품이 유효기간 표현을 위해 날짜를 소유(Product has a Date)하는 것이지 제품이 일종의 날짜(Product is a Date)인 것은 아니다. 두 클래스의 관계가 IS A 관계일 때는 주로 public 상속을 사용하고 HAS A 관계일 때는 포함 기법이 적합하다. 그러나 모든 클래스의 관계가 이처럼 명확하게 구분되는 것은 아니므로 절대적인 재활용 법칙이라고 하기는 어렵다.

29.4.2 private 상속

Product가 Date 타입의 객체 ValidTo를 포함할 때 액세스 속성은 마음대로 지정할 수 있다. ValidTo를 외부에 공개하고 싶으면 public으로 선언하고 숨기고 싶다면 private로 선언하면 된다. MemObject 예제의 경우 ValidTo는 private 속성을 가지므로 Product의 외부에서는 이 멤버를 참조할 수 없다. main 함수에서 S.ValidTo.OutDate()를 호출할 수 없도록 정보가 은폐되어 있으며 유효기간은 제품의 고유 정보이므로 숨기는 것이 논리상 합당하다.

물론 공개하고자 한다면 언제든지 public으로 액세스 지정만 바꾸면 된다. 또한 외부에 대해서는 숨기되 파생 클래스는 직접 참조할 수 있도록 허가하고 싶다면 private와 public의 중간쯤 되는 protected라는 액세스 속성을 줄 수도 있다. 이처럼 포함 관계에서는 포함하는 클래스가 포함되는 객체의 액세스 속성을 임의로 결정한다. 단, 포함되는 객체가 private로 선언해 놓은 멤버는 원칙적으로 자신 외에는 누구도 읽을 수 없다.

그렇다면 상속의 경우는 어떨까? 상속받은 멤버에 대해서도 클래스가 임의로 액세스 지정을 변경할 수 있을까? 파생 클래스는 자신이 직접 정의한 것이든 상속받은 것이든 결과적으로 자신의 소유가 된 멤버에 대해 원하는 대로 정보 은폐를 할 수 있어야 하며 C++은 이런 방법을 제공하는데 이것이 바로 상속 액세스 지정자이다. 클래스 선언문의 기반 클래스 앞에 붙는 public, private, protected가 바로 이것들이며 상속된 멤버의 액세스 속성에 영향을 미친다.

지금까지 연구해 본 상속은 public 상속이었으며 public 상속은 기반 클래스의 액세스 속성이 파생 클래스에서 그대로 유지되는 상속이다. 즉, 기반 클래스가 public으로 공개해 놓은 멤버는 상속된 후에도 여전히 public이다. 여기서 나머지 두 상속에 대해 연구해 보자. private 상속은 부모의 public, protected 멤버를 private로 바꾸어 버리며 그래서 파생 클래스에서는 이 멤버를 액세스할 수 있지만 외부에서는 상속받은 멤버를 참조할 수 없다. 심지어 이 클래스로부터 이차 파생되는 자식에게도 공개되지 않는다. private 상속은 포함과 유사한 효과가 있으며 HAS A 관계를 구현하는 또 다른 방법이다. 앞 항에서 포함 기법으로 만들었던 MemObject 예제를 private 상속으로 다시 만들어 보자.

예제 **PrivateInherit**

```
#include <Turboc.h>

class Date
{
protected:
    int year,month,day;
public:
    Date(int y,int m,int d) { year=y;month=m;day=d; }
    void OutDate() { printf("%d/%d/%d",year,month,day); }
};

class Product : private Date
{
private:
    char Name[64];
    char Company[32];
    int Price;
public:
    Product(char *aN, char *aC, int y,int m,int d, int aP) : Date(y,m,d) {
        strcpy(Name,aN);
        strcpy(Company,aC);
        Price=aP;
    }
    void OutProduct() {
        printf("이름:%s\n",Name);
        printf("제조사:%s\n",Company);
        printf("유효기간:");
        OutDate();
        puts("");
        printf("가격:%d\n",Price);
```

```
        }
};

void main()
{
    Product S("새우깡","농심",2009,8,15,900);
    S.OutProduct();
}
```

ValidTo 멤버를 빼고 Date로부터 private 상속했으며 초기화 리스트에서는 Date 클래스의 생성자를
호출하여 상속받은 멤버를 초기화했다. 이렇게 되면 Product는 Date의 모든 멤버를 상속받으며 상속받은
멤버로 제품의 유효기간을 표현할 수 있다. 포함은 클래스 타입의 객체를 멤버로 선언하는데 비해 private
상속은 기반 클래스로부터 필요한 멤버를 상속받는 기법이다. 실행 결과는 MemObject 예제와 동일하다.

::포함과 private 상속

포함과 private 상속은 둘 다 기존의 클래스를 재활용하는 기법이라는 면에서는 공통적이고 HAS A
관계를 표현하는 목적도 동일하지만 차이점도 상당히 많다. 가장 큰 차이점은 한 클래스에서 같은 타입의
객체 복수 개를 동시에 재활용할 수 있는가 하는 점이다. Product 클래스에 유효기간뿐만 아니라 제조일
자나 입고날짜까지 포함시키고 싶다면 Date 타입의 객체를 각각 다른 이름으로 원하는 만큼 포함하기만
하면 된다.

```
Date ManuFact;        // 이건 제조 일자
Date ValidTo;         // 요건 유효기간
```

멤버의 개수에 제한이 없으므로 얼마든지 많은 Date 객체를 포함할 수 있다. 그렇다면 private 상속의
경우는 어떨까? 같은 기반 클래스를 두 번 상속할 수 없다는 규칙이 있으므로 이 방법으로는 복수 개의
정보를 한 클래스에 포함할 수 없다. 즉 다음과 같은 다중 상속문은 냉정하게 에러로 처리된다.

```
class Product : private Date, private Date    // 앞은 제조일자, 뒤는 유효기간. 그러나 에러
```

만약 이런 문장을 허용한다면 Product에는 year, month, day가 두 벌씩 존재하며 어떤 멤버가 유효
기간을 표현하고 어떤 멤버가 제조일자를 표현하는지 구분되지 않는 모호함이 있다. 반면 포함되는 객체
에는 분명한 이름이 지정되므로 모호함이 없으며 따라서 동시에 여러 개의 객체를 원하는 만큼 포함시킬
수 있다. 다중 상속을 사용하면 다른 타입의 객체를 동시에 재활용할 수는 있지만 같은 타입의 객체를

동시에 재활용할 수는 없다. 설사 다중 상속으로 다른 타입의 객체들을 동시에 재활용할 수 있다고는 해도 앞에서 봤다시피 다중 상속은 여러 가지로 골치아픈 부작용이 많다.

포함된 객체에 이름이 있어 모호함이 없다는 것은 포함된 객체의 기능을 필요로 할 때 반드시 객체 이름과 함께 멤버를 사용해야 한다는 뜻이기도 하다. 같은 타입의 객체를 두 개 이상 포함할 수 있기 때문에 누구의 어떤 기능을 원하는지 항상 밝혀야 하는 것이다. Product에 유효기간과 제조일자가 모두 필요하다면 다음과 같이 선언한다.

```
class Product
{
private:
        char Name[64];
        char Company[32];
        Date ManuFact;
        Date ValidTo;
        int Price;

....
```

Name		
Company		
ManuFact	year	
	month	
	day	
ValidTo	year	
	month	
	day	
Price		

Product 객체 안에 두 개의 Date 객체가 각각의 이름으로 포함되어 있다. 유효기간을 출력하고 싶으면 ValidTo.OutDate() 함수를 호출해야 하고 제조일자를 출력하고 싶다면 ManuFact.OutDate()를 호출한다. 이 외에도 얼마든지 많은 Date 객체를 포함할 수 있으며 다른 Date 객체의 날짜를 출력하고 싶으면 해당 객체의 이름으로부터 OutDate()를 호출하면 된다.

포함과 private 상속의 또 다른 차이점은 protected 멤버에 대한 액세스 허가 여부이다. 포함의 경우 포함된 객체의 public 액세스 속성을 가지는 것만 직접 참조할 수 있다. Product가 아무리 Date의 객체를 포함한다 하더라도 Product는 분명히 Date의 외부이기 때문이다. 포함된 객체의 private 멤버는 물론 액세스할 수 없으며 protected 멤버도 액세스할 수 없다. 반면 private 상속의 경우는 protected 멤버를 파생 클래스가 액세스할 수 있으므로 포함보다는 좀 더 긴밀한 관계라고 할 수 있다.

:: 인터페이스 상속과 구현 상속

이번에는 포함 또는 private 상속과 public 상속은 어떤 점이 다른지 연구해 보자. 포함이나 private 상속은 둘 다 객체의 구현만 재사용할 뿐이며 인터페이스는 상속받지 않는데 비해 public 상속은 구현뿐만 아니라 인터페이스까지도 같이 상속한다는 점이 다르다. 구현 상속이란 객체의 구체적인 동작만 재사용할 수 있고 인터페이스는 물려받지 않는 상속이며 좀 더 구체적으로 얘기하자면 멤버 함수를 호출할 수는 있지만 스스로 멤버 함수를 가지지는 않는 상속이다.

MemObject 예제의 Product는 포함한 객체 ValidTo의 OutDate를 호출하여 날짜를 출력하는 기능을 재사용할 수는 있지만 Product 클래스가 OutDate를 멤버로 가지는 것은 아니다. 그래서 외부에서 OutDate()를 호출할 수는 없는데 MemObject의 끝에 S.OutDate(); 호출문을 넣어 보면 이를 확인할 수 있다. 대신 S.ValidTo.OutDate(); 로 호출할 수는 있는데 이렇게 되려면 S 객체가 ValidTo를 public 으로 선언해야 하고 Date의 OutDate도 public이어야 한다. 어쨌든 S가 OutDate 인터페이스 함수를 가지는 것은 아니다.

private 상속이 포함과 유사하다고 하는 가장 큰 이유는 구현만 상속할 뿐 인터페이스를 상속하지 않기 때문이다. private 상속은 기반 클래스의 모든 멤버를 상속과 동시에 private 속성으로 바꾸어 버린다. 그래서 Product의 내부에서는 상속받은 멤버 함수 OutDate를 호출할 수 있지만 외부에 대해서는 이 멤버 함수가 숨겨지므로 Product는 이 인터페이스를 가지지 않는 것과 같아진다. 외부뿐만 아니라 Product로부터 파생되는 클래스에 대해서도 마찬가지로 OutDate는 알려지지 않는다. PrivateInherit 예제의 main에서 S.OutDate()를 호출하면 역시 에러 처리될 것이다.

Date 객체를 포함하는 Product 자체에는 OutDate라는 인터페이스가 존재하지 않는다. Date 클래스 로부터 private 상속받은 Product에는 OutDate라는 함수가 존재하기는 하지만 외부에서 호출할 수 없도록 숨겨지므로 공개된 인터페이스는 없는 셈이다. 인터페이스란 클래스의 공개된 기능을 의미하는데 private 상속은 부모의 공개된 기능을 상속과 동시에 안으로 숨겨 버리므로 인터페이스를 상속하지 않는 것과 같다. 두 경우 모두 포함 또는 상속을 통해 날짜를 출력하는 기능만 사용할 수 있을 뿐이다. 함수는 물려받지 않고 코드만 물려받는 이런 상속을 구현 상속이라고 한다.

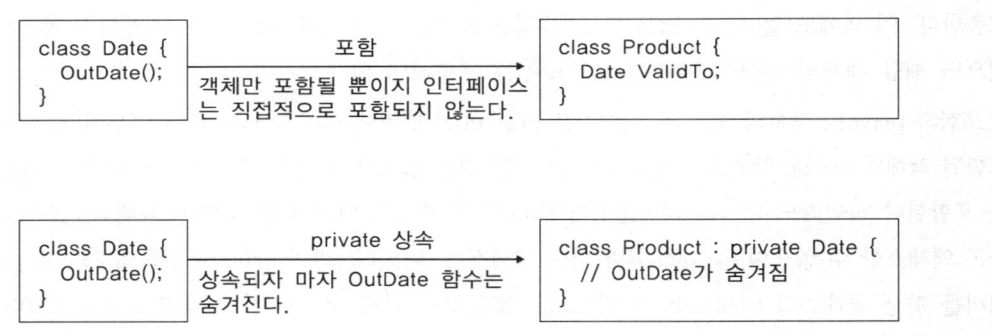

반면 public 상속의 경우는 기반 클래스의 멤버를 물려받아 완전한 자기 것으로 만드는 것이므로 기반 클래스에 정의되어 있는 멤버 함수를 직접 호출할 수 있다. Coord를 상속받은 Point에는 GetXY 인터페이스가 존재하며 Human을 상속받은 Student는 Think, Intro 인터페이스를 가진다. 파생 클래스는 기반 클래스의 인터페이스를 그대로 물려받아 외부로 공개하며 후손 클래스에게 물려줄 수도 있다. public 상속은 포함과 달리 구현과 인터페이스를 동시에 물려받는 것이다. PrivateInherit 예제에서 상속 액세스 지정을 public으로 바꾸고 main의 끝에서 S.OutDate()를 호출하면 별 문제가 없다. 기반 클래스의 public 멤버가 상속된 후에도 여전히 public이기 때문이다.

이것이 HAS A와 IS A를 구분하는 중요한 기준이다. 그래서 클래스를 재활용해야 할 때 두 클래스의 관계를 잘 판단해 보고 IS A 관계에 가까우면 public 상속을 하는 것이 좋고 HAS A 관계이면 포함시키거나 private 상속하는 것이 더 좋다. 물론 어디까지나 권장 사항일 뿐 절대적인 규칙은 아니다. 사실 Coord와 Point 그리고 Point와 Circle의 관계도 HAS A 관계로 표현할 수 있다. 점은 좌표를 가지고 원은 점을 가진다고도 표현할 수 있기 때문이다. 그러나 여러 모로 따져 볼 때 Coord – Point – Circle 관계는 IS A쪽에 더 가깝고 다형성을 필요로 하므로 public 상속을 하는 것이 합리적이다.

정리하자면 private 상속과 public 상속은 상속받은 인터페이스가 외부로 공개되는가 아닌가의 차이점이 있다. 만약 PrivateInherit 예제의 클래스 선언문에서 상속 액세스 지정을 public으로 바꾸면 Product는 Date의 구현뿐만 아니라 인터페이스까지 상속받아 외부로 공개되는 OutDate 인터페이스를 가지게 되며 이렇게 되면 Product와 Date는 IS A관계가 된다. 하지만 제품이 일종의 날짜인 것은 아니므로 자연스럽지 못하다. 포함과 두 가지 상속 유형을 그림으로 비교해 보자.

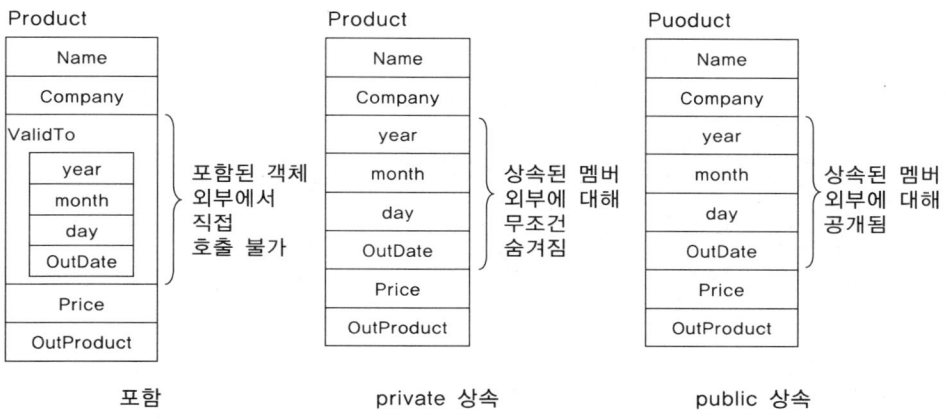

세 경우 모두 결과적으로 캡슐화되는 정보의 목록은 동일하지만 이 멤버들이 어디서 왔는지와 외부에 대한 인터페이스 공개 여부가 다르다. 클래스의 단순한 재사용만을 목적으로 한다면 포함이나 private 상속 중 하나를 쓸 수 있되 일반적으로 private 상속보다는 포함이 훨씬 더 쉽고 직관적이며 이미 익숙한 방법이기도 하다. 여러 가지 C++ 기법에 따른 상속의 종류를 도표로 요약해 보면 다음과 같다.

기법	private 상속, 포함	public 상속	순수 가상 함수
인터페이스 상속	X	O	O
구현 상속	O	O	X

private 상속은 기반 클래스의 구현만을 상속받으며 public 상속은 인터페이스와 구현을 동시에 상속받는다. 구현 상속은 단순히 어떤 객체를 재사용하기 위한 기법에 불과하다. 그러나 인터페이스 상속은 클래

스간의 계층 관계를 이룸으로써 다형성을 구현할 수 있다는 점에서 단순한 재활용 이상의 의미를 가진다. 일단 상속받은 후 일부 함수의 동작을 재정의할 수도 있고 객체 타입에 따라 다른 동작을 하도록 만들 수도 있다. 객체 지향의 진정한 매력은 바로 다형성인데 이를 위한 전제 조건이 바로 public 상속이다.

또한 인터페이스, 즉 멤버 함수의 목록만 상속받고 구현은 전혀 상속받지 않는 순수 가상 함수라는 방법도 있다. 구현을 상속받지 않으면 언어에 상관없이 객체의 기능을 구현할 수 있다는 이점이 생기는데 이런 이론에 의해 만들어진 기술이 바로 COM이며 COM 기반 위에 ActiveX, DirectX 같은 기술이 성립된다. 다형성과 순수 가상 함수, 추상 클래스 등은 다음 장에서 상세하게 연구해 볼 것이다.

∷ protected 상속

protected 상속은 public 상속과 private 상속의 중간쯤 되는 기법인데 파생 클래스를 다시 파생시킬 때 독특한 특징을 보인다. 2차 파생된 클래스가 애초의 기반 클래스에 접근할 수 있다는 점에서 private 상속과는 다르며 기반 클래스의 멤버들을 외부에서 접근할 수 없다는 점에서 public 상속과도 다르다.

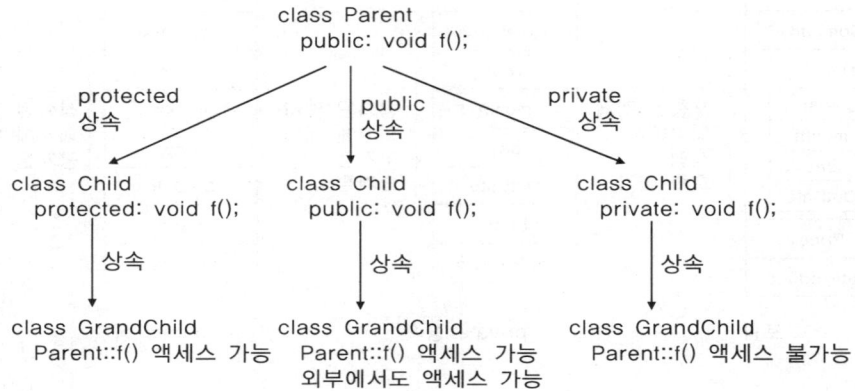

기반 클래스의 멤버에 대한 액세스 권한을 직계 후손들에게만 주고 싶을 때 protected 상속을 사용하는데 현실적인 실용성은 높지 않다.

과제 MultiContain

MultiInherit 예제는 날짜와 시간을 동시에 표현하는 클래스 Now를 만들기 위해 Date와 Time을 다중 상속받았는데 포함 기법을 사용하면 훨씬 더 쉽게 Now 클래스를 만들 수 있다. 포함 기법으로 Now 클래스를 재작성해 보아라.

29.4.3 중첩 클래스

중첩 클래스란 클래스 선언문 안에 다른 클래스가 선언되는 형태이다. 특정 클래스를 구현하기 위한 보조 클래스가 필요한데 보조 클래스는 오직 이 클래스 내부에서만 사용하며 외부에는 전혀 알릴 필요가 없다면 이때 클래스를 중첩시킨다. 클래스에 캡슐화되는 것은 흔히 멤버 변수, 멤버 함수 정도이지만 타입도 포함될 수 있다. 클래스가 타입이므로 다른 클래스에 포함될 수 있는 것은 당연하며 열거형이나 typedef로 정의한 타입도 물론 가능하다. 다음 예제를 보자.

예제 NestClass

```
#include <Turboc.h>

class Outer
{
private:
    class Inner
    {
    private:
        int memA;
    public:
        Inner(int a) : memA(a) { }
        int GetA() { return memA; }
    } obj;
public:
    Outer(int a) : obj(a) { }
    void OutOuter() { printf("멤버값 = %d\n",obj.GetA()); }
};

void main()
{
    Outer O(345);
//  Inner I(678);              // 에러

    O.OutOuter();
}
```

Outer 클래스 선언문 안에 Inner 클래스 선언문이 있고 Inner 클래스형의 객체 obj를 멤버로 포함하고 있다. Inner 클래스는 Outer 클래스 내부에서만 사용하므로 외부로는 전혀 알려지지 않는다. 그래서

main에서는 Inner 타입의 객체를 선언할 수 없다. 즉 Inner는 Outer 클래스에 대해 지역적인 클래스라고 할 수 있다. 만약 Inner를 외부에도 알리고 싶다면 public: 영역에서 선언하면 된다. 이 경우 외부에서는 Outer::Inner I(1234); 식으로 이 타입이 소속되어 있는 클래스를 지정해야 한다.

클래스가 하는 일이 굉장히 복잡해서 도우미 클래스를 만들어야 할 필요가 있다거나 내부적으로만 사용해야 하는 타입이 있다면 이런 식으로 클래스 선언을 중첩시킨다. 다음 클래스는 이중 연결 리스트를 표현하는데 연결 리스트는 저장되는 데이터와 양방향의 링크로 구성된 노드의 집합이다. 노드들은 클래스 내부에서 완벽하게 관리할 수 있으므로 외부에서 굳이 알 필요가 없으므로 LinkedList 클래스 안에 선언했다.

```
class LinkedList
{
private:
    struct Node {
          int data;
          Node *prev,*next;
    };
    Node *head,*tail;

public:
    LinkedList();
    ~LinkedList();
    Insert(Node *p,int a);
    Delete(Node *p);
    int GetData(Node *p);
};
```

외부에서는 Insert, Delete 등의 공개된 인터페이스 함수로 정수값을 넣거나 빼기만 할 뿐이고 모든 내부적인 자료 관리는 클래스에 완벽하게 캡슐화되어 있다. 물론 외부에서도 Node를 꼭 알아야 할 필요가 있다면 이 클래스를 퍼블릭 영역에 선언할 수도 있다. Node는 LinkedList에서만 필요하며 외부에 따로 정의해 봐야 아무 짝에도 쓸모가 없으므로 지역 타입이 되는 것이 옳다. LinkedList가 Node를 완전히 포함하고 있으면 이 클래스는 자체적으로 동작할 수 있는 모든 것을 가지므로 재사용성과 범용성이 증가한다.

클래스 선언 자체가 지역적이라는 것과 클래스가 멤버 함수를 포함할 수 있다는 점을 활용하면 C/C++ 언어가 지원하지 않는 지역 함수를 만드는 것도 가능하다. 원래 C의 함수는 상호 평등한 관계에 있어 함수끼리 종속되지 않는다. 그러나 클래스가 개입되면 함수끼리 종속시킬 수도 있고 파스칼처럼 지역 함수를 사용할 수도 있다. C++이 언어 차원에서 지역 함수를 지원하는 것은 아니지만 지역 타입을 허용하며 클래스라는 타입이 함수를 가질 수 있으므로 지역 함수가 가능해진 것이다. 다음 예제를 보자.

```
#include <Turboc.h>

void func()
{
    struct dummy {
        static void localfunc() {
            puts("저는 func 안에서만 정의됩니다.");
        }
    };

    dummy::localfunc();
}

void main()
{
    func();
    // localfunc();          // 에러
}
```

func 함수 내부에서 dummy라는 이름으로 지역 클래스를 선언하고 이 클래스의 정적 함수 localfunc를 인라인으로 정의하고 있다. dummy를 struct로 선언했는데 class로 선언하고 public:을 붙이는 것과 같다. 정적으로 선언했으므로 호출할 때는 반드시 클래스 이름과 함께 사용해야 한다. 지역 클래스의 함수는 static이어야 하는데 그래야 객체없이 클래스명으로 바로 호출 가능하다. 만약 정적이 아니라면 이 함수를 호출하기 위해 dummy형 객체를 하나 선언해야 하므로 불편해진다.

localfunc는 func 함수 내부에서 정의한 지역 클래스 소속의 정적 멤버 함수이므로 이 함수는 func 외부로는 알려지지 않는다. 따라서 main 함수에서는 이 함수를 호출할 수 없다. 사실 main에게는 localfunc 뿐만 아니라 dummy라는 지역 클래스 자체가 알려지지 않는다.

이 예제는 C/C++로도 지역 함수를 만들 수 있다는 것을 보여줄 뿐 실용적 가치는 별로 없다. 게다가 이렇게 만든 함수는 인라인만 가능하다는 점에서 복잡한 동작을 처리하기에는 한계가 있다. 아주 긴 함수가 쓰는 작은 유틸리티 함수 집합을 이런 식으로 정의해 놓으면 배포하기 편리하다는 정도의 활용 방안이 있지만 문법을 변칙적으로 쓰면 이런 것도 가능하다는 흥미꺼리 정도밖에 안 되는 것 같다.

29.4.4 상속의 방향성

클래스 간의 상속 방향은 당연히 부모로부터 자식으로 내려가는 것이다. 부모가 자식에게 멤버를 상속

시켜주는 것이므로 당연하다고 생각되겠지만 실제로 프로그램을 작성할 때는 부모보다 자식이 먼저 만들어지는 경우가 더 많다. 처음부터 부모의 멤버 목록을 완벽하게 작성해 놓고 자식 클래스를 파생시켜가면서 클래스 계층을 만드는 경우보다 자식들을 만들다보니 공통의 부모가 필요해진다는 것이다. 즉 상향식(Bottom Up)인데 사람의 사고는 특수한 것을 만들고 이 특수한 것으로부터 일반성을 추출해 내는 쪽에 더 익숙해 있다.

실제 프로젝트 예를 통해 이런 통합의 과정을 설명해 보자. 문방구 관리 프로그램을 작성하고 있는데 이 프로그램은 문방구에서 파는 모든 제품을 객체로 표현하고자 한다. 그러자면 문방구에서 판매하는 상품의 특성을 파악하여 추상화해야 하는데 이 과정을 업무 분석이라고 한다. 분석 결과 다음과 같은 각종 클래스를 만들었다고 하자. 각 클래스에는 표현하고자 하는 제품에 대한 상세한 정보와 동작들이 정의되어 있을 텐데 여기서는 속성만 살펴보자.

연필	볼펜	공책	배터리
모델명	모델명	모델명	모델명
제조사	제조사	제조사	제조사
가격	가격	가격	가격
길이	길이	페이지 수	볼트
진한 정도	색상	종이 색상	수명
지우개 포함	선 굵기		

이렇게 클래스들을 만들어 놓고 보니 제품마다 중복되는 멤버들이 많다는 것을 알 수 있다. 모든 제품에 모델명과 제조사, 가격에 대한 정보가 필요하므로 이 멤버들을 개별 클래스에 일일이 두는 것보다는 이 멤버들만 가지는 부모 클래스를 만들고 이 부모로부터 상속을 받도록 한다. 이 공통의 부모는 문방구에서 파는 제품의 일반적인 특성을 표현하므로 "문구류"라는 이름을 붙이는 것이 적절할 것 같다.

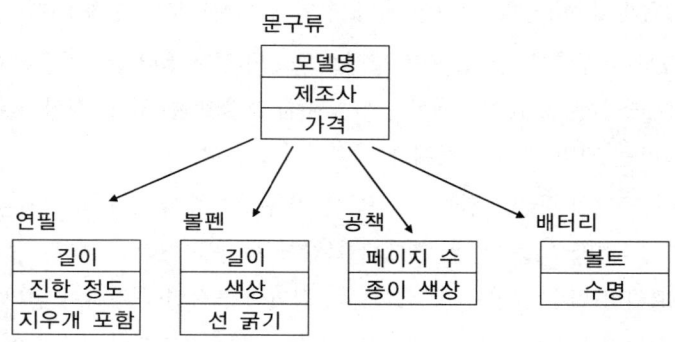

또한 연필과 볼펜은 길이라는 공통 속성이 있으므로 이 속성을 가지는 "필기구"라는 부모 클래스를 만들고 이로부터 파생시켜 연필과 볼펜을 정의하면 된다. 이런 통폐합에 의해 완성된 클래스 계층도는 다음과 같은 모양을 가질 것이다.

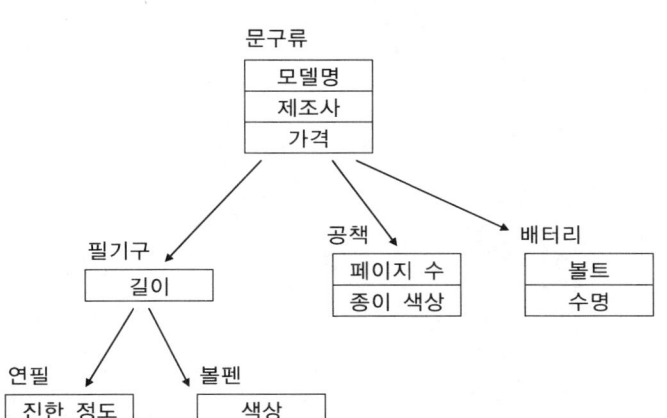

처음 그림보다 좀 복잡해 보이기는 하지만 이렇게 상속 계층을 만들어 두면 코드를 관리하기가 훨씬 더 쉬워진다. 문방구의 판매 정책에 변화가 생긴다면 제품을 관리하는 방법이 변경될 것이며 이 변경에 의해 모든 제품이 영향을 받게 된다. 예를 들어 불황으로 인해 가격 파괴 대잔치를 해야 한다면 모든 제품에 할인율이라는 새로운 속성이 추가되어야 할 것이다.

클래스가 계층을 이루지 않고 개별적으로 존재할 때 이 작업은 무척 힘든, 그러면서도 엄청난 시간을 소모하는 잡일이 될 것이다. 하지만 클래스 계층이 잘 만들어져 있으면 루트 클래스인 문구류에만 할인율 멤버를 추가하면 된다. 모든 제품은 문구류로부터 파생되므로 문구류가 바뀌면 모든 클래스들이 이 변경의 영향을 받는 것이다. 볼펜과 연필만 할인한다면 필기구에만 할인율을 추가하면 될 것이다. 새로운 멤버의 추가, 삭제뿐만 아니라 동작이 변경될 때도 변경 대상이 되는 가장 위의 부모만 수정하면 된다. 또한 계층이 생기면 다형성의 혜택도 받을 수 있다.

상속이란 기반 클래스로부터 파생 클래스를 정의하는 기술이지만 현실의 개발 절차는 거꾸로인 경우가 많고 그것이 사람의 생리에 훨씬 더 가깝다. 개별 클래스를 만들다 보면 공통 속성이 발견되고 이 속성들을 가지는 별도의 클래스를 만든 후 파생시키는 것이다. 시행 착오없이 처음부터 한 번에 완벽한 클래스 계층도를 디자인할 수 있다면 좋을 것이고 실제로 이런 설계 작업을 도와주는 툴들도 있지만 이것은 무척 어려운 일이다. 필요한 클래스를 만들어 가면서 통폐합을 반복하다 보면 점점 좋은 모양이 나오게 된다. 업무 분석이 잘 되어 있고 경험이 풍부하면 디자인 작업이 빠르고 정확해지며 디자인이 깔끔하면 개발도 효율적으로 진행된다.

30
다형성

30.1 가상 함수

30.1.1 객체와 포인터

가상 함수란 클래스 타입의 포인터로 멤버 함수를 호출할 때 동작하는 특별한 함수이다. 객체 지향의 중요한 특징인 다형성을 구현하는 문법적 기반이 바로 가상 함수인데 나름대로 난이도가 있어서 무척 어렵다. 특히 C++을 처음 공부하는 사람에게 있어서는 C의 포인터만큼이나 어려운 고비로 여겨진다. 한마디로 간결하게 정의하기에는 부피가 너무 큰 개념이므로 이 장에서는 가상 함수와 다형성을 아주 점진적인 방법으로 천천히 연구해 보기로 한다.

다소 복잡하고 컴파일러의 내부 동작까지 이해해야 하므로 솔직히 혼자 공부하기는 어려운 주제이다. 처음 읽을 때는 개념 파악에 치중하고 예제를 주의깊게 관찰해 보도록 하자. 다형성은 어려운 만큼 실용적인 문법이며 MFC 프레임워크의 토대가 되고 상속에 단순한 재활용 이상의 의미를 부여하는 수단이다. 한마디로 OOP의 꽃이라고 할 수 있을 정도로 중요한 기능이다.

본격적으로 가상 함수를 논하기 전에 상대적으로 쉬운 클래스 타입의 포인터와 객체와의 관계에 대해 먼저 연구해 보도록 하자. 이 연구를 위해 앞 장에서 만들었던 InheritStudent 예제의 Human, Student 클래스를 사용하도록 하자. Human형의 객체 H가 있고 Student 형의 객체 S가 있을 때 다음 두 대입문을 보자.

```
Human H("이놈");
Student S("저놈",9900990);

H=S;          // 가능
S=H;          // 에러
```

부모 클래스의 객체인 H가 자식 클래스의 객체인 S를 대입받는 것은 논리적으로 가능하다. 왜냐하면 H가 대입받을 모든 멤버가 S에도 있기 때문이다. 좀 유식하게 표현하면 학생은 일종의 사람이며 IS A관계가 성립하므로 학생이 사람이 될 수 있다. S와 H에 동시에 존재하는 모든 멤버가 H로 대입되며 S에는 있지만 H에는 없는 멤버는 대입에서 제외된다.

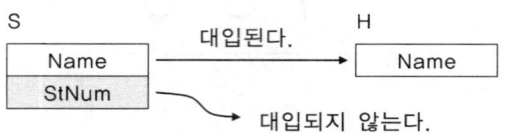

S 객체의 이름 정보인 Name은 H 객체에 그대로 대입되지만 StNum은 대입할 수 없는데 왜냐하면 H 객체에는 이 값에 대응되는 멤버가 없기 때문이다. H 객체에게 StNum은 필수 정보가 아니며 학번이 없어도 얼마든지 사람이 될 수 있다. H=S 대입에 의해 H는 S가 가지고 있는 이름 정보를 가지게 될 것이다. 그러나 대입은 가능하지만 우변의 정보 중 일부가 좌변에 대입되면서 사라지는 슬라이스(Slice) 문제가 발생하는 부작용이 있다.

반대로의 대입인 S=H 대입은 명백한 에러로 처리된다. 물론 이 경우도 둘 사이에 공통으로 존재하는 멤버만 대입하는 방법을 쓸 수 있겠지만 이렇게 되면 S가 온전한 객체가 되지 못할 확률이 크다. 일반적으로 자식 객체는 부모보다 더 많은 멤버를 가지며 이 멤버들은 서로 긴밀하게 연관되어 있을 것이다. 그런데 부모로부터 전달받은 멤버만 대입받고 이 멤버에 종속적인 다른 멤버는 바뀌지 않는다면 온전한 상태의 객체가 될 수 없다.

예를 들어 어떤 학생의 정보를 표현하고 있는 객체에 이름만 변경하면 이 학생의 이름과 학번은 불일치의 상태가 될 것이며 논리적으로 의미없는 불완전한 객체가 되어 버린다. Human과 Student는 워낙 간단한 클래스라 이 정도 문제밖에 없지만 좀 더 복잡한 클래스 계층에서는 이런 문제가 치명적인 에러의 원인이 될 수도 있다. 가령 부모가 정의하는 버퍼의 한 지점을 가리키는 포인터 멤버 변수를 자식이 추가로 정의할 때 이 포인터가 엉뚱한 곳을 가리킨다면 어떻게 되겠는가? 이렇게 위험하기 때문에 컴파일러는 이런 대입을 허용하지 않는 것이다.

만약 Student 클래스에 Human형의 객체를 대입받는 별도의 대입 연산자가 정의되어 있고 이 함수가 Human에 없는 멤버에 대해 무난한 디폴트를 취한다면 역방향의 대입이 문법적으로 가능해진다. 그러나 이런 경우는 자식과 부모의 멤버가 일치하거나 아니면 부모의 정보만으로 자식 객체를 완전히 재생성 가능한 특별한 경우이므로 일반적이라고 할 수 없다. 요약하자면 부모 객체는 자식 객체를 대입받을 수 있지만 그 반대는 안 된다.

클래스 타입의 포인터끼리도 객체간의 관계와 동일한 규칙이 그대로 적용된다. 클래스는 타입이므로 클래스형 객체를 가리킬 수 있는 포인터를 선언할 수 있다. 부모 타입의 포인터와 자식 타입의 포인터가 있을 때 이 포인터가 어떤 객체의 번지를 안전하게 대입받을 수 있는지 다음 예제를 보자.

```
#include <Turboc.h>

class Human
{
protected:
    char Name[16];
public:
    Human(char *aName) { strcpy(Name,aName); }
    void Intro() { printf("이름:%s",Name); }
    void Think() { puts("오늘 점심은 뭘 먹을까?"); }
};

class Student : public Human
{
private:
    int StNum;
public:
    Student(char *aName,int aStNum) : Human(aName) { StNum=aStNum; }
    void Intro() { Human::Intro();printf(",학번:%d",StNum); }
    void Think() { puts("이번 기말 고사 잘 쳐야 할텐데 ^_^"); }
    void Study() { puts("하늘 천 따지 검을 현 누를 황..."); }
};

void main()
{
    Human H("김사람");
    Student S("이학생",1234567);
    Human *pH;
    Student *pS;

    pH=&H;             // 당연히 가능
    pS=&S;             // 당연히 가능
    pH=&S;             // 가능
//  pS=&H;             // 에러

    pS=(Student *)&H;
    pS->Intro();
}
```

앞의 두 대입문은 좌우변이 완전히 같은 타입이므로 지극히 당연한 대입문이다. Human을 가리키는 포인터 pH가 Human형 객체 H의 번지를 대입받는 것은 하나도 이상할 것이 없다. 이렇게 대입된 pH로부터 pH->Intro(), pH->Think() 함수를 호출할 수 있다. 물론 pH를 통한 참조는 클래스 외부에서 이루어지므로 public 멤버에 대해서만 참조 가능하다. 마찬가지로 Student 타입의 포인터 pS가 S의 번지를 가질 수 있는 것도 지극히 자연스럽다.

그렇다면 세 번째 대입문 pH=&S의 경우는 어떨까? 일단 대입 연산자 양변의 타입이 불일치해서 문제가 될 것 같지만 컴파일해 보면 아무런 문제가 없다. 부모 타입의 포인터가 자식 객체의 번지를 대입받았는데 컴파일러가 이를 허용하는 이유는 이 대입이 논리적으로 아무런 문제가 없기 때문이다. 이렇게 대입된 포인터 pH로는 Human에 있는 멤버만 참조할 수 있으며 Human의 모든 멤버를 Student 객체인 S도 가지고 있다. 그러므로 pH->Think()를 호출하든 pH->Intro()를 호출하든 전혀 이상이 없는 것이다. 학생은 사람이므로(Student is a Human) 사람의 모든 속성을 가지며 사람이 할 수 있는 모든 행동을 할 수 있다.

그러나 그 반대는 성립하지 않는다. 모든 사람은 학생이 아니므로 학생이 할 수 있는 행동 중에 사람이 할 수 없는 행동도 있다. 공부한다, 시험친다는 행동은 사람 중에서도 학생만이 할 수 있는 행동이다. 그래서 학생 타입의 포인터 pS에 부모 객체 H의 번지를 대입하는 것은 허락되지 않는다. 물론 맞는 타입으로 캐스팅해서 강제로 대입할 수는 있지만 논리적으로 틀린 대입이기 때문에 오동작할 위험이 높으며 그 결과는 예측할 수 없다. 예제의 끝에서 &H를 Student *로 강제 캐스팅해서 억지로 pS에 대입해 보았다. 바람직한 대입이 아니지만 캐스팅을 했기 때문에 컴파일러가 별 이의를 제기하지 않는다.

pS가 Human형 객체를 가리키고 있는 상태에서 Intro 함수를 호출하면 이때 호출되는 Intro는 Student::Intro가 된다. 왜냐하면 pS가 Student * 타입이기 때문이다. 호출 포인터와 함수의 쌍이 맞기는 하므로 컴파일 에러는 아니다. 또한 구조체 멤버 참조문은 멤버의 이름으로 오프셋만 취하므로 Intro에서 StNum을 읽는다 해도 문법적으로 문제가 없다. 이 함수는 이름과 학번을 출력하는데 pS가 가리키고 있는 H 객체는 이름은 가지고 있지만 학번은 가지고 있지 않으므로 엉뚱한 쓰레기값이 출력될 것이다. 이런 대입이 때로는 아주 위험한 결과를 초래할 수도 있으므로 컴파일러는 자식 포인터 타입이 상위 클래스의 객체를 가리키지 못하도록 금지하는 것이다.

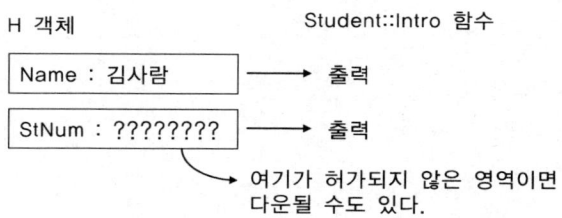

포인터는 두 가지 종류의 타입을 가진다. 정적 타입(Static Type)이란 포인터가 선언될 때의 타입, 즉 포인터 자체의 타입을 의미하며 동적 타입(Dynamic Type)이란 포인터가 실행 중에 가리키고 있는

대상체의 타입, 즉 대상체의 타입을 의미한다. 대개의 경우 정적, 동적 타입이 일치하지만 위 예의 pH=&S 대입처럼 두 타입이 틀려지는 경우도 있다. pH의 정적 타입은 Human *형이지만 Student형 객체의 번지를 가리키고 있으므로 동적 타입은 Student *형이다.

C에서 포인터끼리는 타입이 완전히 일치할 때만 대입이 허용된다. 그러나 C++에서는 상속 관계에 있는 클래스끼리 대입할 때 좌변이 더 상위의 클래스 타입이면 캐스팅을 하지 않고도 직접 대입할 수 있도록 허용한다. 이렇게 해야만 다형성을 구현할 수 있기 때문이다. 단, 가상 기반 클래스가 아닌 부모로부터 다중 상속된 관계라면 간접적인 중복 상속에 의해 애매함이 발생할 소지가 있으므로 이런 대입이 허용되지 않는다. 다중상속은 이래저래 복잡하다.

정리하자면 포인터로 객체를 가리킬 때 부모 클래스 타입의 포인터로 후손 객체를 가리킬 수 있지만 그 반대는 성립하지 않는다. 이런 규칙은 레퍼런스에 대해서도 그대로 적용되는데 레퍼런스도 어차피 포인터이므로 결국 같은 규칙이라 할 수 있다. 정의가 좀 길어서 외우기는 어려운데 좀 간단하게 정리해 보면 "부모는 자식을 가리킬 수 있다"가 된다. 다형성과 객체 지향을 이해하는 아주 핵심적인 문구이므로 헷갈리지 않게 꼭 외워 두도록 하자. 중요한 내용이므로 한 번 더 크게 반복한다.

부모는 자식을 가리킬 수 있다.

"클래스는 타입이다"라는 정의와 함께 OOP를 이해하는 가장 핵심적인 문구이므로 반드시 기억하자. 저 간단한 문장을 왜 저렇게 엽기적으로 크게 외쳐 대는지 잘 이해가 안가겠지만 이 간단한 문장이 나중에 공부하다 보면 또 그렇게 헷갈릴 수가 없다. 포인터와 객체와의 관계를 머리 속에 잘 정리해 놓고 가상 함수에 대한 개념을 공부해 보자.

30.1.2 가상 함수의 개념

다음 예제는 가상 함수의 필요성을 설명하기 위한 잘못된 예제이다. 이 예제가 어떤 문제점을 가지고 있는지 분석해 보고 해결 방법을 생각해 보자. 설명을 위한 예제이므로 실용성은 전혀 없다.

```
#include 〈Turboc.h〉

class Base
{
public:
    void OutMessage() { printf("Base Class\n"); }
};

class Derived : public Base
{
public:
    void OutMessage() { printf("Derived Class\n"); }
};

void main()
{
    Base B,*pB;
    Derived D;

    pB=&B;
    pB->OutMessage();
    pB=&D;
    pB->OutMessage();
}
```

Base 클래스에 OutMessage라는 멤버 함수가 작성되어 있으며 이 함수는 자신의 소속을 화면으로 출력하기만 한다. Base로부터 파생된 Derived는 OutMessage 멤버 함수를 재정의하여 원래의 함수와 다른 문자열을 출력하도록 했다. main에서는 Base형의 B와 Derived형의 D를 선언하고 Base형의 포인터 pB로 이 두 객체의 번지를 차례대로 대입받은 후 포인터로 OutMessage를 호출했다.

pB가 B를 가리키는 상황에서 pB->OutMessage는 Base의 OutMessage를 호출할 것이다. 그렇다면 pB가 D를 가리킬 때는 Derived의 OutMessage를 호출할 것처럼 보인다. 이 예제를 만든 사람의 의도는 바로 이런 동작이었다. 그러나 실행해 보면 예상과는 다른 결과가 나온다.

```
Base Class
Base Class
```

앞 항에서 알아 봤다시피 부모 클래스 타입의 포인터 pB가 자식 객체 D를 가리키는 것은 문법적으로 합당하다. 그런데 pB가 D를 가리키는 상황에서 멤버 함수 호출은 왜 Base의 것이 호출되는가? 그 이유는 컴파일러가 포인터의 정적 타입을 보고 이 타입에 맞는 멤버 함수를 호출하기 때문이다. pB가 Base * 타입으로 선언되어 있으므로 Base의 멤버 함수를 호출하는 것이다.

이것은 원하는 결과가 아니다. 이 예제가 의도하는 바는 pB가 선언된 포인터 타입(정적 타입)에 따라 멤버 함수를 선택하는 것이 아니라 pB가 가리키고 있는 객체의 타입(동적 타입)에 따라 멤버 함수가 선택되도록 하는 것이다. pB가 Base *로 선언되었지만 Derived의 객체를 가리키고 있을 때는 Derived의 멤버 함수가 호출되도록 하고 싶다. 이렇게 하고 싶다면 원하는 함수의 선언문에 virtual 키워드를 붙여 이 함수를 가상 함수로 선언한다. 예제를 다음과 같이 수정해 보자.

```
class Base
{
public:
    virtual void OutMessage() { printf("Base Class\n"); }
};

class Derived : public Base
{
public:
    virtual void OutMessage() { printf("Derived Class\n"); }
};
```

부모의 멤버 함수가 가상 함수이면 자식의 멤버 함수도 자동으로 가상 함수가 되므로 Derived의 OutMessage에는 굳이 virtual 키워드를 쓰지 않아도 되지만 이 함수가 가상 함수라는 것을 분명히 표시하기 위해 양쪽에 모두 붙이는 것이 더 좋다. virtual 키워드는 클래스 선언문 내에서만 쓸 수 있으며 함수 정의부에서는 쓸 수 없다. 정의부에 virtual을 쓰면 에러 처리되므로 함수를 외부 정의할 때는 virtual 키워드없이 함수의 본체만 기술해야 한다.

이렇게 가상 함수로 선언하면 포인터의 타입이 아닌 포인터가 가리키는 객체의 타입에 따라 멤버 함수를 선택하므로 원하는 결과가 나온다. 즉, 가상 함수란 포인터의 정적 타입이 아닌 동적 타입을 따르는 함수이다. 수정 후의 출력 결과는 다음과 같다.

```
Base Class
Derived Class
```

OutMessage 함수가 가상으로 선언되었으므로 pB가 가리키는 객체의 타입에 따라 누구의 멤버 함수를 호출할 것인가가 결정된다. 이 예제의 경우 객체를 가지고 있는 상황에서 포인터로 간접 호출할 필요는 사실 없다. D.OutMessage()라고 호출하면 되는 것이다. 그러나 객체를 함수의 인수로 전달하거나 객체의 배열을 작성할 때는 사정이 다르다. 객체는 덩치가 커서 통상 포인터로 전달하므로 객체 포인터로 멤버 함수를 호출하는 경우가 오히려 더 흔하다고 할 수 있다. 다음은 예제의 모양을 조금 변경하여 클래스 타입의 포인터를 받아들이는 함수를 작성해 보자.

예제 VirtFunc2

```
#include <Turboc.h>

class Base
{
public:
    virtual void OutMessage() { printf("Base Class\n"); }
};

class Derived : public Base
{
public:
    virtual void OutMessage() { printf("Derived Class\n"); }
};

void Message(Base *pB)
{
    pB->OutMessage();
}

void main()
{
    Base B;
    Derived D;

    Message(&B);
    Message(&D);
}
```

  Message 함수는 Base *형의 포인터 pB를 받아들여 이 포인터가 가리키는 객체의 OutMessage 함수를 호출한다. main에서 &B에 대해 그리고 &D에 대해 Message 함수를 두 번 호출했는데 전달되는 객체 타입에 따라 실제 호출될 OutMessage 함수가 달라진다. 만약 OutMessage가 가상 함수가 아니라면 Message 함수는 Base의 멤버 함수만 호출하므로 결과는 항상 "Base Class"가 될 것이다.

OutMessage 함수가 가상으로 선언되어 있으므로 형식 인수 pB가 전달받는 객체의 타입에 따라 호출될 함수가 결정된다. Message 함수의 본체 코드는 완전히 똑같은데 전달되는 객체에 따라 실제 동작은 달라진다. pB->OutMessage()라는 코드가 경우에 따라 다른 동작을 할 수 있는 능력, 이것이 바로 다형성의 개념이다.

부모 클래스형의 포인터로부터 멤버 함수를 호출할 때 비가상 함수는 포인터가 어떤 객체를 가리키는가에 상관없이 항상 포인터 타입 클래스의 멤버 함수를 호출한다. 반면 가상 함수는 포인터가 가리키는 실제 객체의 함수를 호출한다는 점이 다르다. 그래서 파생 클래스에서 재정의하는 멤버 함수 또는 앞으로라도 재정의할 가능성이 있는 멤버 함수는 가상으로 선언하는 것이 좋다. 그래야 부모 클래스의 포인터 타입으로 자식 객체의 멤버 함수를 호출해도 정확하게 호출된다.

30.1.3 동적 결합

가상 함수는 자신을 호출하는 객체의 타입, 즉 동적 타입에 따라 실제 호출될 함수가 결정된다. 이해하기 어려운 동작은 아니지만 컴파일러가 가상 함수 호출문을 어떻게 번역하는가를 생각해 보면 다소 이상한 점을 발견할 수 있다. 다음의 일반적인 함수 호출문을 보자.

```
gotoxy(...);
printf(...);
```

컴파일러는 gotoxy 함수가 어떤 주소에 있는지 알고 있으며 그래서 gotoxy 호출문을 이 함수의 주소로 점프하는 코드로 번역할 것이다. 컴파일하는 시점(정확하게는 링크 시점)에 이미 어디로 갈 것인가가 결정되는 이런 결합 방법을 정적 결합(Static Binding) 또는 이른 결합(Early Binding)이라고 한다. 결합(Binding)이란 함수 호출문에 대해 실제 호출될 함수의 번지를 결정하는 것을 말하는데 지금까지 작성하고 사용했던 일반적인 함수들은 모두 정적 결합에 의해 번역된다.

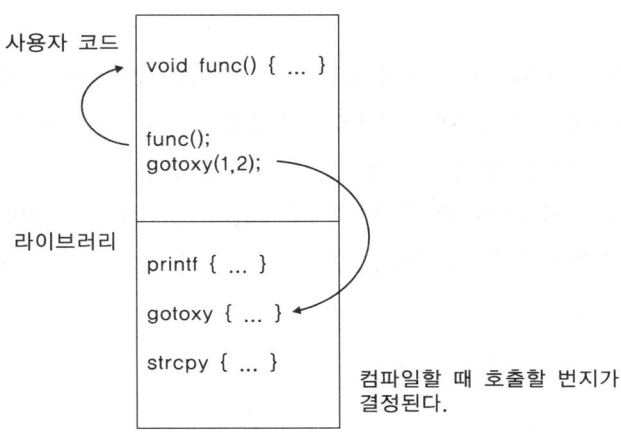

그런데 가상 함수는 포인터가 가리키는 객체의 타입에 따라 호출될 실제 함수가 달라지므로 컴파일시에 호출할 주소가 결정되는 정적 결합으로는 정확하게 호출할 수 없다. 왜냐하면 포인터가 실행 중에 어떤 타입의 객체를 가리킬지 컴파일 중에는 알 수 없기 때문이다. 대입은 실행 중에 회수에 상관없이 얼마든지 할 수 있는 연산이고 포인터는 타입만 일치하면 얼마든지 다른 대상을 가리킬 수 있다. 컴파일러는 앞 예제의 Message 함수의 본체를 특정 번지로의 점프문으로 번역할 수 없으며 조건에 따라 호출할 함수를 결정하는 문장으로 번역해야 한다.

```
void Message(Base *pB)
{
    if pB가 Base 객체를 가리키면 Base::OutMessage 호출
    if pB가 Derived 객체를 가리키면 Derived::OutMessage 호출
}
```

실행 중에 호출할 함수를 결정하는 이런 결합 방법을 동적 결합(Dynamic Binding) 또는 늦은 결합(Late Binding)이라고 한다. pB->OutMessage 호출문을 미리 고정된 번지로의 점프문으로 번역하는 것이 아니라 pB가 가리키는 객체의 타입에 따라 적절한 함수를 선택해서 점프하는 코드로 번역해야 하는 것이다. 이렇게 해야 전달된 객체에 따라 각기 다른 동작을 할 수 있는 다형성을 구현할 수 있다.

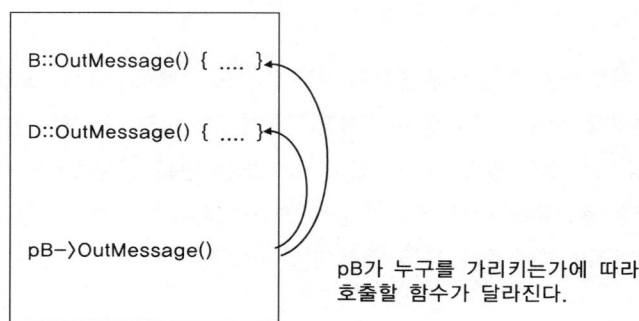

pB가 누구를 가리키는가에 따라
호출할 함수가 달라진다.

동적 결합은 멤버 함수를 포인터(또는 레퍼런스)로 호출할 때만 동작한다. 객체로부터 함수를 호출할 때는 설사 그 함수가 가상 함수라 할지라도 컴파일 시에 호출할 함수를 정확하게 결정할 수 있다. 왜냐하면 객체는 자신이 소속된 클래스 타입일 뿐이지 다른 타입이 될 수 없기 때문이다. 포인터는 부모 타입의 포인터가 자식을 가리킬 수 있기 때문에 정확한 함수를 호출하기 위해 동적 결합을 해야 하지만 객체로 직접 호출할 때는 호출 객체의 타입을 분명히 알 수 있으므로 그럴 필요가 없다. 다음 코드는 어떤 함수를 호출할지 분명히 알 수 있다.

```
B.OutMessage();
D.OutMessage();
```

만약 누군가가 여러분에게 가상 함수란 무엇인가라는 질문을 한다면 어떻게 대답할 수 있겠는가? 이 질문에 대한 가장 짧고도 정확한 대답은 "동적결합을 하는 함수"일 것이다. 사실 가상 함수를 칭하는 vitrual이라는 키워드는 상당히 잘못 선택되었으며 이 말을 한국어로 번역한 결과인 "가상"이라는 말도 마찬가지이다. 가상이라는 말은 "~이 아니다"라는 뜻이므로 이 말을 처음 들었을 때 누구나 함수가 아닌 것처럼 오해할 소지가 있으며 독자의 직관력을 전혀 쓸모없게 만들어 버린다. virtual이라는 용어에 뜻이 분명히 표현되지 않음으로써 안그래도 어려운 개념을 더 어렵게 만든다. "가상"이라는 단어에서 의미를 찾으려고 하면 헷갈리기만 할 뿐이다.

차라리 애초부터 "동적 결합 함수"라고 칭하고 runbinding이나 dynamic 또는 overridable 같은 키워드를 사용했더라면 훨씬 이해하기 쉬웠을 것이다. 이 함수에 virtual이라는 용어를 쓴 이유는 전통적인 함수처럼 정적 결합을 하지 않으며 파생 클래스가 재정의해도 안전하다는 뜻이다. virtual이라는 용어의 또 다른 잘못된 사용예는 가상 기반 클래스를 지정할 때 사용되는 virtual 키워드이다. 이때 사용된 virtual과 가상 함수로 지정할 때 사용되는 virtual은 아무런 연관이 없고 비슷하지도 않다. 그래서 더 혼란스럽다. 이 문제는 여러 번 지적되었지만 표준 위원회는 새로운 키워드 도입에 대해 사용자의 명칭 선택권을 제한할 수도 있다는 이유로 부정적인 입장이다. C언어에도 이런 예가 있는데 정적변수와 외부 정적변수를 선언할 때 사용하는 키워드 static도 사실은 키워드를 중복해서 사용하는 것이다.

30.1.4 가상 함수 테이블

정적 결합은 컴파일러가 호출될 함수의 주소를 분명히 알 때 사용하는데 비해 동적 결합은 호출될 함수를 컴파일 중에 결정할 수 없을 때 사용한다. 실행 중에 호출 함수를 결정해야 한다면 동적 결합에 의해 생성되는 코드는 객체의 타입을 판별해서 이 타입에 맞는 함수를 선택하는 동작으로 번역되어야할 것이다. 뭔가를 판별하는 동작이 필요하다면 가상 함수 호출문은 if 문과 비교 연산문 또는 switch문 등으로 번역되는 것일까? 동적 결합은 과연 어떤 식으로 구현될지 궁금할 것이다.

C++ 언어는 가상 함수의 정의와 동작 방식에 대해서는 분명하게 규정하고 있지만 이 함수 호출문을 어떤 식으로 구현해야 한다고 구체적으로 명시하고 있지는 않으며 어떠한 강제도 없다. 그래서 동적 결합을 구현하는 방식은 컴파일러마다 다를 수 있으며 컴파일러 개발자가 C++의 요구에 맞게 작성하기만 하면 된다. 앞에서 예를 든 if문으로 만든 코드도 물론 가능하다. 동적 결합을 구현하는 방법에는 여러 가지가 있겠지만 대부분의 컴파일러는 vtable이라는 가상 함수 목록을 작성하고 각 객체에 vtable을 가리키는 숨겨진 멤버 vptr을 추가하는 방식을 사용한다.

vtable(가상 함수 테이블)이란 가상 함수의 번지 목록을 가지는 일종의 함수 포인터 배열이다. 즉, 이 클래스에 소속된 가상 함수들이 어떤 번지에 저장되어 있는지를 표 형태로 저장해 놓은 목록이다. 물론 vtable을 어떻게 구현할 것인가는 컴파일러 제작자의 자유인데 연결 리스트를 사용하는 컴파일러도 있다고 한다. 컴파일러는 가상 함수를 단 한 개라도 가진 클래스에 대해 vtable을 작성하는데 이 테이블에는 클래스에 소속된 가상 함수들의 실제 번지들이 선언된 순서대로 기록되어 있다. 그리고 이 클래스 타입의 객체가 생성될 때 각 객체의 선두에 vtable의 번지인 vptr을 기록한다. vptr이 항상 객체의 선두에 오고 다음으로 이 객체의 멤버들이 순서대로 온다. 다음 예제를 통해 vtable의 실체를 구경해 보도록 하자.

예제 vtable

```
#include 〈Turboc.h〉

class B {
private:
    int memB;
public:
    B() : memB(0x11111111) { }
    virtual void f1() { puts("B::f1"); }
    virtual void f2() { puts("B::f2"); }
    virtual void f3() { puts("B::f3"); }
    void normal() { puts("non virtual"); }
};

class D : public B
{
private:
    int memD;
public:
    D() : memD(0x22222222) { }
    virtual void f1() { puts("D::f1"); }
    virtual void f2() { puts("D::f2"); }
};

void main()
{
    B *pB;
    B b;
    D d;

    pB=&b;
    pB->f2();
    pB=&d;
    pB->f2();
    pB->f3();
}
```

실행 결과는 다음과 같다.

B::f2
D::f2
B::f3

B가 세 개의 가상 함수와 하나의 비가상 함수를 정의하고 있으며 이를 상속받은 D는 그 중 f1, f2를 재정의하고 있다. 테스트의 편의를 위해 멤버 변수도 하나씩 선언했다. B와 D의 객체 b와 d가 생성되었을 때 이 객체들이 메모리에 구현된 모양을 그려 보면 다음과 같다.

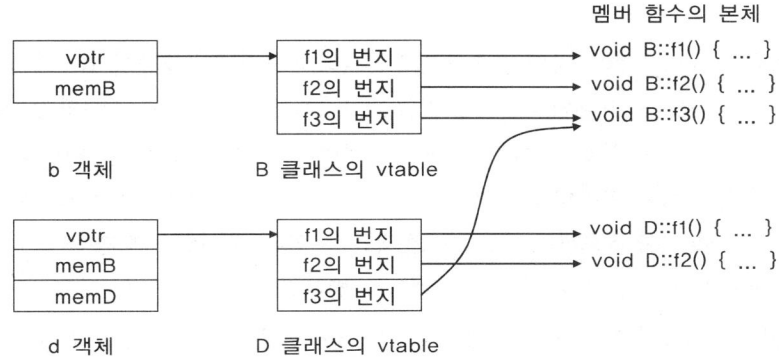

컴파일러는 B 클래스를 위해 B 클래스에 속한 가상 함수의 번지를 vtable로 작성한다. vtable은 가상 함수들의 포인터 배열이라고 할 수 있는데 비가상 함수의 번지는 목록에서 제외된다. 그래서 vtable에 normal 함수의 번지는 없는데 이 함수는 정적으로 결합되므로 테이블에 있을 필요가 없다. B 타입의 b 객체에는 자신의 멤버 변수 memB 앞에 B 클래스의 vtable에 대한 포인터 vptr이 먼저 배치되고 이 포인터가 가리키는 vtable에는 자신이 호출할 수 있는 가상 함수들에 대한 실제 번지들이 기록되어 있다. B 클래스는 모든 가상 함수의 코드를 정의하고 있으므로 vtable에는 자신의 멤버 함수들에 대한 번지만 있다.

D 클래스도 가상 함수를 가지고 있으므로 컴파일러는 D에 대해서도 vtable을 작성한다. 이 테이블의 f1, f2는 D가 재정의한 함수를 가리키고 있으며 f3는 B로부터 상속받은 B::f3를 가리키고 있다. 이 표에 의해 D 타입의 객체가 f1, f2를 호출하면 D::f1, D::f2가 호출되지만 f3에 대해서는 상속받은 B::f3가 호출되어야 한다는 것을 알 수 있다. D 타입의 객체 d에는 상속받은 memB와 memD 앞에 D 클래스의 vtable을 가리키는 포인터 vptr이 배치되어 있다.

이 상태에서 pB->f2() 호출문이 처리되는 과정을 상상해 보자. pB가 b 객체 그러니까 B 타입의 객체를 가리키고 있다면 b 객체의 vptr이 가리키는 vtable에서 호출할 함수의 번지를 결정한다. vtable에는 가상 함수들의 번지가 선언된 순서대로 작성되어 있고 컴파일러는 pB->f2가 두 번째 가상 함수라는 것을 알 수 있으므로 vtable의 두 번째 주소를 호출하면 된다. 만약 pB가 D 타입의 객체인 d를 가리키고 있다면 d 객체의 vptr이 가리키는 vtable에서 호출할 함수의 번지를 찾는다. 결국 어떤 타입의 객체가 전달되는가에 따라 참조하는 vtable이 바뀌고 따라서 실제 호출될 함수도 달라지는 것이다.

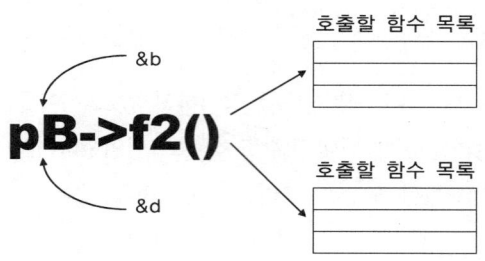

vtable을 사용하는 방법은 실행 중에 호출할 함수를 결정한다기보다 호출할 함수의 목록을 vtable에 미리 작성해 놓고 실행 중에는 객체의 vtable을 찾고 vtable에서 다시 호출할 함수의 번지를 찾는 방법이다. 즉, 실행 중에 호출할 함수를 신속하게 결정하기 위해 컴파일할 때 모든 예비 동작을 미리 취해 놓는다고 할 수 있다. 이렇게 만반의 준비가 되어 있으면 가상 함수 호출문은 객체에서 vtable을 찾고 vtable에서 함수 번지를 찾아 점프하는 문장으로 번역할 수 있다. 컴파일 속도가 좀 느려지고 실행 파일이 약간 커지겠지만 가상 함수 호출 속도는 극적으로 빨라진다.

vtable의 장점은 미래에 추가될 자식 클래스에 대해서도 아주 잘 동작한다는 점이다. D를 파생시켜 G 클래스를 만들었고 G는 f1 가상 함수를 재정의한다고 해 보자. 이 클래스를 컴파일할 때 G에 대한 vtable이 작성될 것이고 이 테이블에는 G::f1, D::f2, B::f3의 주소가 작성될 것이다. 그래서 B *형의 pB가 G형의 객체 g를 가리키는 상황이 되더라도 pB->f1() 호출문은 새로 추가된 G의 f1을 잘 찾아간다. pB->f1() 호출문이 이미 컴파일되어 있더라도 g의 vtable이 이 호출문의 요구에 맞게 작성되기 때문이다.

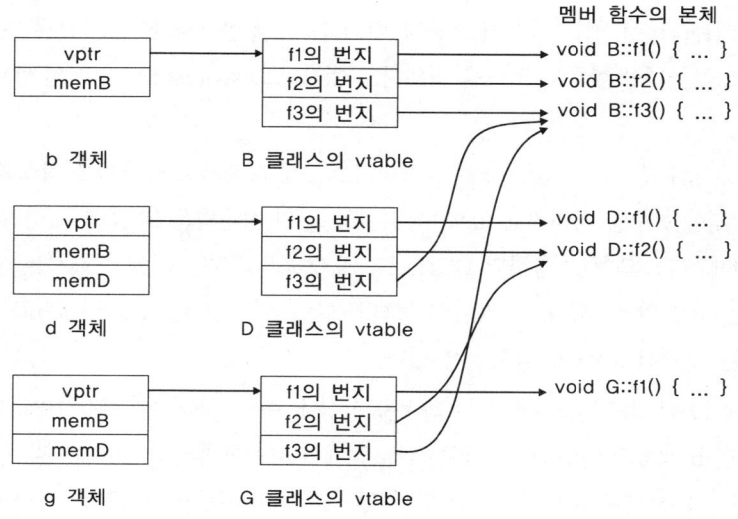

G 다음에 X, Y, Z가 계속 파생되어도 pB는 이 객체들을 가리킬 수 있고 각 클래스는 자신이 호출할 가상 함수 목록의 vtable을 가지므로 항상 정확하게 동적 결합된다. 계층이 복잡해지면 vtable도 무척 복잡해지겠지만 컴파일러가 이 테이블을 알아서 잘 관리할 것이고 테이블을 뒤져 함수를 호출하는 일은 CPU의 몫이므로 우리는 클래스 계층만 잘 디자인하면 된다.

클래스 타입의 포인터(p)에 의한 가상 함수 호출문의 번역 결과를 말로 표현해 보면 다음과 같다. 호출할 함수가 해당 클래스의 몇 번째 가상 함수인지를 먼저 조사(n)하고 포인터가 가리키는 곳의 첫 번째 숨겨진 멤버에 있는 vptr이 가리키는 곳의 vtable의 n번째 주소가 가리키는 함수를 호출하는 것이다. 식으로 표현해 보면 p->vptr->vtable[n]을 호출한다고 할 수 있다. 가상 함수는 vtable을 통해 호출되고 그러기 위해서는 번지를 가져야 하므로 아무리 코드가 짧아도 인라인이 될 수는 없다.

가상 함수를 호출하는 과정이 이렇게 복잡하기 때문에 동적 결합은 정적 결합보다 호출 속도가 느리다. 뿐만 아니라 가상 함수를 가진 클래스별로 vtable이라는 여분의 메모리를 더 소모하며 객체들도 vptr을 위해 4바이트씩 더 커진다. 그래서 멤버 함수에 대한 결합 방법의 디폴트가 정적으로 되어 있으며 virtual 키워드를 쓸 때만 동적 결합을 하는 것이다. 참고로 자바의 메소드는 모두 가상이다.

만약 vtable의 실체를 반드시 눈으로 확인하고야 말겠다면 위 예제의 pB=&b 다음에 중단점을 설정한 후 *pB가 가리키는 곳의 메모리 내용을 들여다보면 된다. 예제의 memB, memD는 메모리 덤프에서 객체의 위치를 쉽게 찾도록 도와주기 위해 일부러 알아보기 쉬운 값으로 초기화해 놓았다. 포인터를 따라 몇 번 이동해 보면 가상 함수의 본체가 있는 번지를 찾을 수 있을 것이다.

개발자 이야기 온고지신

가상 함수 테이블의 구조를 공부해 보면 그 동작 원리가 참으로 신기하고 이런 구조를 어떻게 생각해 냈는지 언어 창시자와 컴파일러 제작자들에 대한 감탄을 금할 수 없을 것이다. 작은 크기에 빠른 속도, 그러면서도 미래에 추가되는 클래스까지 고려하고 있으니 과연 걸작이라는 찬사가 아깝지 않다. 물론 아직 이해되지 않는다면 뭐 저딴 복잡한 걸 만들어서 나를 이렇게 힘들게 만드는지 푸념밖에 안 나오겠지만 말이다. 동적 결합을 하는 가상 함수와 이를 구현하는 가상 함수 테이블은 보면 볼수록 멋진 기능이다.

그러나 이런 기능이 언어 창시자에 의해 어느 날 뚝딱 만들어진 것은 아니다. 동적 결합의 필요성은 C++ 언어가 생기기 전부터 많은 사람이 느끼고 있었으며 필요한 것은 무슨 수를 쓰더라도 만들어 쓰기 마련이다. 가상 함수 테이블이라는 구조는 C++이전에도 개발자들이 직접 만들어 널리 사용했으며 여러 번의 시행착오를 거쳐 안정적이고 효율적인 구조가 이미 완성되었다. C++은 단지 이를 컴파일러가 직접 지원하도록 언어 차원의 스펙으로 포함시켰을 뿐이다. 직접 만드는 것보다 컴파일러가 저수준에서 작성하는 테이블이 훨씬 더 효율적이고 편리함은 두 말하면 잔소리다.

IT 세계에 회자되는 기술들을 살펴보면 어느 날 문득 생겨난 것은 아무 것도 없다. 모든 이론과 새로운 시도, 멋져 보이는 솔루션들은 수십 년에 걸친 많은 사람들의 피와 땀의 결실들이다. 세상에 똑똑한 사람들이 얼마나 많은지는 역사를 공부해 보면 알 수 있다. 바이러스라는 못된 프로그램이 세상에 알려진 것은 1980년대 말의 일인데 어느 날 갑자기 퍼지기 시작하여 세상 사람들을 놀라게 했다. 그러나 컴퓨터도 만들어지기 전에 폰 노이만이라는 사람은 자기 복제가 가능한 코드가 이론적으로 가능하다는 논문을 통해 바이러스의 등장을 일찌기 예고했었다. 데이터 크기를 절반 또는 수십분의 일로 줄이는 압축이라는 기술도 실용화된 것은 1970년 대의 일이지만 1940년대에 이미 수학적인 이론이 정립되었다.

프로그래밍 구문의 가장 기본이라 할 수 있는 조건문과 루프, 함수는 고급 언어에서나 정형화되어 사용되는 것이다. 늘상 이것들을 사용하는 우리들로서는 별 대단한 것이 아닌 것 같지만 이런 구조는 19세기를 살다간 에이다라는 여성의 논문에 모두 다 정리되어 있다. 이 시절은 컴퓨터는 고사하고 프로그래밍 언어의 개념조차 도 없던 시절이었다는 것을 생각해 본다면 에이다가 얼마나 똑똑한 사람인가를 짐작할 수 있다. 신문 지상에 대단한 것처럼 발표되던 플랫폼 독립 언어, 가상현실, XML, 분산 처리, 하이퍼스레딩 이런 기술들도 마찬가지 로 최소한 10년 이상의 연구 끝에 발표되는 것들이다.

자고 일어나면 새로운 기술이 쏟아져 나온다고 하며 우리는 늘상 새로운 기술을 접하고 배워야 하는 입장이다. 이는 사실이기는 하지만 새로운 기술이 그야말로 어제 없던 완전히 새로운 것일 수는 없으므로 어떤 놀라운 기술이라도 세상을 일거에 완전히 바꿀 수는 없다. 기술의 발전 속도가 빠르다는 것을 표현하기는 하지만 다소 과장된 표현이라고 할 수 있다. 매일 발표되는 신기술을 따라잡지 못하면 낙오하는 듯한 느낌이 들고 항상 최신을 쫓느라 늘 피곤하게 살아야 할 것 같다. 그러나 최신 기술도 항상 과거와 연결되어 있다는 것을 안다면 힘겹게 유행을 따르려 할 필요가 없다.

그보다 어떤 기술이 연구되고 있는지 현재 나와 있는 기술의 유래는 어떠한지 과거에도 관심을 가져 보자. 과거를 알면 신기술이 어떤 원리를 바탕으로 만들어진 것인지를 잘 알 수 있으며 발표된 기술도 쉽게 이해할 수 있다. 심지어 앞으로 어떤 기술이 나올 것인지 예측할 수 있으며 스스로 세상을 주도하는 기술을 만들 수도 있다. 온고지신이라는 말은 첨단 IT 산업에서도 여전히 진리이다. 과거를 모르는 자 현재를 이해할 수 없으며 절대로 미래를 정복할 수 없다.

30.2 가상 함수의 활용

30.2.1 객체의 집합 관리

가상 함수의 정의와 동작 그리고 내부적인 구현 방법까지 알아봤는데 이런 가상 함수를 어떻게 잘 활용할 수 있을지 연구해 보자. 가상 함수를 꼭 사용해야 하는 경우와 그렇지 않은 경우가 있는데 결론만 얘기하자면 동적 결합이 필요할 때 가상 함수를 사용하고 그렇지 않을 경우는 비가상 함수를 사용하면 된다. 그러나 이런 지침만으로 가상 함수를 사용해야 할 시점을 정확하게 선정하기란 쉽지 않으므로 가상 함수를 제대로 활용하는 몇 가지 예들을 구경해 보도록 하자.

예를 구경해 보면 가상 함수의 정의와 필요성, 그리고 장점에 대해 확실하게 느낄 수 있다. 다음 예제는 여러 가지 도형을 그리고 관리하는 그래픽 편집 프로그램의 구현 예이다. 각각의 그래픽 객체들은 Graphic 클래스로부터 파생되는 클래스의 객체로 표현하며 모두 Draw라는 멤버 함수를 가지고 있어 스스로 자신을 그릴 수 있다. 물론 콘솔 환경에서 진짜 그래픽을 그릴 수는 없으므로 문자열을 출력하는 것으로 그래픽 출력 흉내만 낸다.

예제 GraphicObject

```
#include <Turboc.h>

class Graphic
{
public:
    void Draw() { puts("그래픽 오브젝트입니다."); }
};

class Line : public Graphic
{
public:
    void Draw() { puts("선을 긋습니다."); }
};

class Circle : public Graphic
{
public:
    void Draw() { puts("동그라미 그렸다 치고."); }
};

class Rect : public Graphic
{
public:
    void Draw() { puts("요건 사각형입니다."); }
};

void main()
{
    Graphic *ar[10]={
        new Graphic(),new Rect(),new Circle(),new Rect(),new Line(),
        new Line(),new Rect(),new Line(),new Graphic(),new Circle() };
    int i;

    for (i=0;i<10;i++) {
```

```
            ar[i]->Draw();
    }
    for (i=0;i<10;i++) {
            delete ar[i];
    }
}
```

4개의 클래스가 정의되어 있는데 그래픽 클래스의 계층은 다음과 같다.

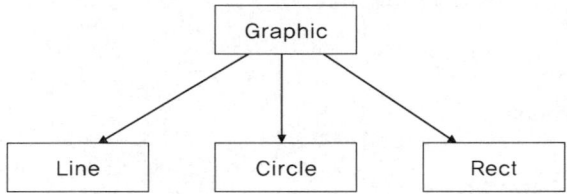

사용자는 마우스를 사용하여 그래픽 객체들을 그리고 이동시키고 편집할 것이며 프로그램은 사용자에 의해 생성되는 그래픽 객체의 집합을 관리하기 위해 동적 배열이나 연결 리스트를 사용해야 한다. 이 예제는 객체의 집합을 관리하기 위해 크기 10의 Graphic *형 배열을 선언하고 이 배열에 Graphic 파생 클래스의 객체 포인터를 저장했다. 부모형의 포인터가 자식 객체를 가리킬 수 있으므로 최상위 클래스인 Graphic의 포인터 배열을 선언하면 모든 그래픽 객체의 집합을 관리할 수 있다.

이때 Graphic *는 모든 자식 클래스를 대표하는 대표 타입이며 이 타입의 배열은 모든 자식 객체들의 번지를 저장할 수 있다. 실제 프로그램이라면 이 배열의 크기는 동적으로 관리될 것이고 배열 내의 객체들을 편집하는 기능을 제공해야 할 것이다. 예제의 ar 배열 초기식은 사용자가 이런 객체들을 만들어 놓은 상황을 가정하기 위한 것이다.

| ar 배열 | G | R | C | R | L | L | R | L | G | C |

이렇게 만들어진 객체의 집합을 화면으로 출력하고자 한다면 루프를 돌며 배열에 저장된 객체의 포인터를 꺼내 각 객체의 Draw 멤버 함수를 호출하면 된다. 모든 객체들은 스스로를 그릴 수 있는 Draw 멤버 함수를 가지고 있다. 그러나 실행해 보면 원하는 결과는 나오지 않을 것이며 "그래픽 오브젝트입니다"만 10번 출력된다.

왜 이렇게 출력되는가 하면 ar 배열이 Graphic * 타입을 요소로 가지므로 ar[i]에 의해 호출되는 Draw는 항상 Graphic::Draw로 정적 결합되기 때문이다. 이 문제를 해결하려면 앞에서 배운대로 Draw

멤버 함수를 가상 함수로 선언하면 된다. Graphic::Draw 앞에만 virtual을 붙이면 파생 클래스도 자동으로 가상이 된다. 물론 원칙대로 하자면 모든 파생 클래스의 Draw에도 virtual을 붙이는 것이 좋다.

```
class Graphic
{
public:
    virtual void Draw() { puts("그래픽 오브젝트입니다."); }
};
```

이렇게 하면 컴파일러가 각 클래스의 Draw 함수 번지를 vtable에 작성하고 생성되는 모든 객체에 vptr을 붙여 동적 결합을 위한 준비를 한다. Draw 함수는 자신을 호출하는 객체의 타입에 맞는 버전으로 선택(동적 결합)될 것이고 배열에 저장된 객체들이 제대로 그려진다.

```
그래픽 오브젝트입니다.
요건 사각형입니다.
동그라미 그렸다 치고.
요건 사각형입니다.
선을 긋습니다.
선을 긋습니다.
요건 사각형입니다.
선을 긋습니다.
그래픽 오브젝트입니다.
동그라미 그렸다 치고.
```

똑같은 ar[i]->Draw() 호출임에도 ar[i]가 가리키는 동적 타입에 따라 실제로 그려지는 모양은 달라지는데 그래서 가상 함수의 동작이 다형적이라고 하는 것이다.

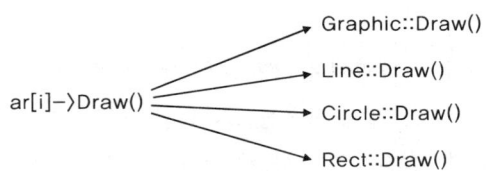

만약 동적 결합을 하는 가상 함수라는 장치가 없다면 똑같은 호출로 다양한 도형을 그릴 수가 없다. 각 객체에 스스로의 타입을 판별할 수 있는 별도의 열거형 멤버를 추가하고 이 멤버로부터 타입을 판별하여 자신을 그릴 멤버 함수를 결정하는 다중 분기를 해야 할 것이다.

```
for (i=0;i<10;i++) {
    switch (ar[i].Type) {
    case GR_GRAPHIC:
            ((Graphic *)ar[i])->Draw();
            break;
    case GR_LINE:
            ((Line *)ar[i])->Draw();
            break;
    case GR_CIRCLE:
            ((Circle *)ar[i])->Draw();
            break;
    case GR_RECT:
            ((Rect *)ar[i])->Draw();
            break;
    }
}
```

뿐만 아니라 이후 도형의 종류가 늘어나면 이 분기문의 case도 같이 늘어나야 하므로 코드를 관리하기도 아주 어려워진다. 이에 비해 가상 함수는 호출 객체에 따라 선택되는 동적 결합 능력이 있으므로 ar[i]->Draw() 호출만 하면 Graphic 파생 클래스에 대해서는 모두 정확하게 동작할 뿐만 아니라 미래에 새로운 클래스가 추가되더라도 이 코드는 더 이상 고칠 필요가 없어진다. 과연 그런지 삼각형 도형을 추가해 보자.

```
class Triangle : public Graphic
{
public:
    void Draw() { puts("나는 새로 추가된 삼각형이다."); }
};
```

이 클래스를 추가하고 main의 ar 배열에 삼각형 도형 생성문을 하나 작성한 후 실행해 보면 삼각형 도형도 잘 그려짐을 확인할 수 있다. 실제 도형을 그리는 코드인 ar[i]->Draw()는 그대로 사용할 수 있으며 전혀 편집할 필요가 없다. 심지어 이 코드가 이미 컴파일되어 있어도 확장성에는 아무 문제가 없다. vptr로부터 vtable을 찾고 vtable에서 호출할 함수를 찾는 논리는 동일하므로 참조하는 vtable만 새로 추가된 도형의 것으로 바뀌면 된다. 프로그램을 확장하려면 클래스는 계속 늘려야겠지만 객체들을 관리하는 코드는 더 이상 수정하지 않아도 되는 것이다.

처음부터 클래스 계층을 조직적으로 설계하고 가상 함수를 잘 작성해 놓으면 코드 관리의 유연성이 극적으로 향상된다. 실제로 이런 그래픽을 그리고 관리하는 대표적인 프로그램인 파워포인트의 경우를 보자. 이 프로그램은 다양한 각양각색의 도형들을 그리고 관리할 수 있다.

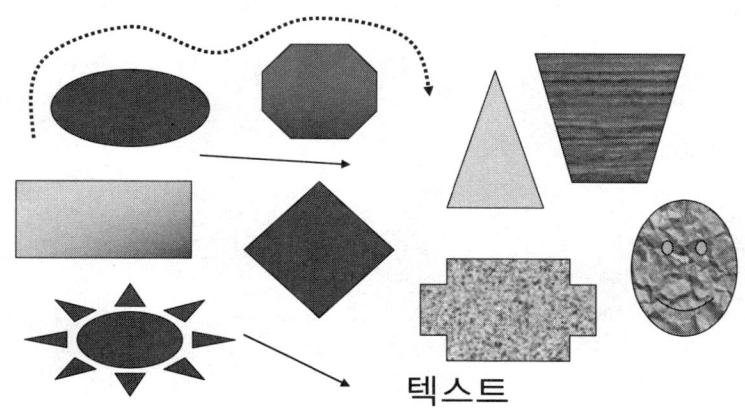

이 프로그램의 내부에는 모든 도형들을 대표할 수 있는 클래스 타입(예를 들면 Graphic이나 Shape 등)이 선언되어 있을 것이고 각 도형들은 이 클래스의 파생 클래스로 표현될 것이다. 파생 클래스들은 도형 관리에 필요한 모든 멤버 함수를 도형에 맞는 가상 함수로 정의하고 있다. 그래서 똑같은 방법으로 가상 함수만 호출하면 모든 도형을 일관된 방법으로 관리할 수 있는 것이다. 그리기뿐만 아니라 도형을 편집하는 코드들도 모두 마찬가지이다.

마우스 드래그 시 : Move 가상 함수 호출
트래커 드래그 시 : Resize 가상 함수 호출
더블클릭시 : SetProperty 가상함수 호출

만약 이런 식으로 가상 함수를 사용하지 않는다면 수많은 도형에 대해 또한 각 동작에 대해 if else if나 switch case로 관리해야 하는데 이는 너무 너무 비효율적이고 복잡하다. 클래스 계층을 잘 만들어 놓고 파생 클래스가 적절히 가상 함수를 재정의하면 도형의 종류에 상관없이 필요한 가상 함수만 호출하여 도형에 따라 다형적으로 동작할 수 있다. 가상 함수를 만들어 놓으면 이후 추가되는 도형도 Graphic 으로부터 상속받고 가상 함수만 재정의하면 된다. 관리 코드를 완벽하게 작성해 놓고 클래스만 늘려가면 대규모의 프로그램을 쉽게 만들 수 있다.

구현이 조금씩 다른 객체의 집합을 관리할 때는 가상 함수를 꼭 사용해야 한다. 객체에 따라 달라지는 동작을 결정하는 작업은 개발자가 직접 할 필요가 없으며 컴파일러가 동적 결합을 위한 모든 준비를 하고 실행 중에 적합한 함수를 호출할 것이다. 가상 함수를 쓰기 위해서는 클래스 계층이 있어야 한다. 그래서 다형성의 전제 조건이 바로 상속인 것이다.

30.2.2 멤버 함수가 호출하는 함수

다음 예제는 앞 장에서 구경해 본 적이 있는 이차 상속 예제를 약간 변형한 것인데 가상 함수의 또 다른 활용예를 보여 준다.

예 제 **MemCallMem**

```cpp
#include <Turboc.h>
#include <math.h>

class Point
{
protected:
    int x,y;
    char ch;

public:
    Point(int ax, int ay, char ach) { x=ax;y=ay;ch=ach; }
    virtual void Show() {
            gotoxy(x,y);putch(ch);
    }
    virtual void Hide() {
            gotoxy(x,y);putch(' ');
    }
    void Move(int nx,int ny) {
            Hide();
            x=nx;
            y=ny;
            Show();
    }
};

class Circle : public Point
{
protected:
    int Rad;

public:
    Circle(int ax, int ay, char ach, int aRad) : Point(ax,ay,ach) {   Rad=aRad; }
    virtual void Show() {
```

```
            for (double a=0;a<360;a+=15) {
                    gotoxy(int(x+sin(a*3.14/180)*Rad),int(y-cos(a*3.14/180)*Rad));
                    putch(ch);
            }
    }
    virtual void Hide() {
            for (double a=0;a<360;a+=15) {
                    gotoxy(int(x+sin(a*3.14/180)*Rad),int(y-cos(a*3.14/180)*Rad));
                    putch(' ');
            }
    }
};

void main()
{
    Point P(1,1,'P');
    Circle C(10,10,'C',5);

    P.Show();
    C.Show();

    getch();
    P.Move(40,1);
    getch();
    C.Move(40,10);
    getch();
}
```

   점을 표현하는 Point 클래스로부터 Circle 클래스를 파생시켰으며 Point 클래스에 점을 이동시키는 Move 함수가 정의되어 있다. 예제를 실행하면 (1,1)에 점이 찍히고(10,10)에 반지름 5의 원이 그려지며 키보드를 누르면 점과 원이 각각 오른쪽으로 이동할 것이다. Circle 클래스는 Move를 재정의하지 않고 그대로 상속했음에도 불구하고 잘 이동된다.

   도형을 움직이는 Move 함수의 원리는 어떤 도형에서나 원칙적으로 동일하다. 원래 자리에 그려져 있던 도형을 지우고 위치를 옮긴 후 다시 그리면 되는데 Point::Move는 이 원칙대로 멤버 함수를 호출하고 있다. Hide를 호출하여 점을 숨기고 인수로 전달된 nx, ny로 좌표를 옮긴 후 Show 함수를 호출하여 새로 이동한 좌표에 점을 다시 그린다. 원을 이동시키는 방법도 이와 전혀 틀리지 않기 때문에 Circle 클래스가 Move 함수를 별도로 다시 정의할 필요가 없는 것이다.

그러나 아무리 코드가 같더라도 Move 함수가 완전히 같을 수는 없다. 원을 옮기는 절차와 점을 옮기는 절차는 같지만 Move 함수 내부에서 호출하는 Show, Hide는 도형마다 달라야 한다. 즉, 이 두 함수가 객체의 타입에 따라 동적 결합을 하지 않으면 이 예제는 제대로 동작하지 않는다. 과연 그런지 Show, Hide의 virtual 선언을 삭제한 후 테스트해 보자. 점은 제대로 이동하지만 원은 이동하지 않을 것이다. 왜냐하면 Circle이 상속받은 Move에서 호출하는 Show, Hide가 Point의 것이기 때문이다. 그래서 원을 다시 그릴 때 중심점만 그려진다. 이 상태에서 문제를 해결하려면 Circle 클래스에도 Point와 똑같은 코드를 가지는 Move 함수를 작성해야 한다.

```
class Circle : public Point
{
    ....
    void Move(int nx,int ny) {
        Hide();
        x=nx;
        y=ny;
        Show();
    }
};
```

이렇게 하면 Circle::Move에서 호출하는 Hide, Show는 Circle의 멤버 함수가 되므로 원도 제대로 이동할 것이다. 그러나 보다시피 단 한 글자도 틀리지 않는 코드를 상속받지 않고 재정의한다는 것은 분명히 낭비이며 똑같은 코드가 두 군데 있다는 것은 어느 모로 보나 좋지 않다. 그래서 Move는 그대로 상속받고 이 함수 내부에서 호출하는 Show, Hide를 가상으로 선언하여 호출된 객체의 타입에 따라 적합한 Show, Hide가 호출되도록 하는 것이다. 이렇게 하면 Show, Hide가 호출된 객체의 타입에 따라 다형적으로 동작한다.

앞에서 동적 결합은 클래스 타입의 포인터로부터 호출할 때만 동작한다고 했었다. 이 경우 Move에서 호출하는 Show, Hide는 포인터와 상관없이 그냥 단순히 멤버 함수를 호출하는 것처럼 보인다. 이런 의심이 가는 사람은 잠시 깜박한 것이 있는데 모든 멤버 함수들에게 숨겨진 this가 전달되고 멤버 함수 내에서 멤버의 참조문 앞에는 암시적으로 this->가 숨겨져 있다는 것을 상기해 보자. this는 분명히 호출 객체의 포인터이므로 이 포인터로부터 호출되는 Show, Hide 가상 함수는 동적 결합되어야 마땅하다.

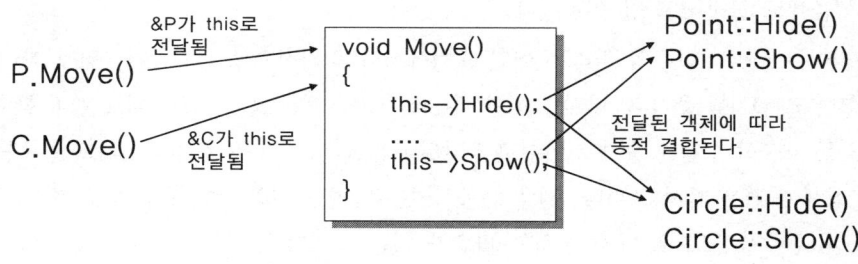

그렇다면 Move 함수를 가상으로 선언하는 것은 어떤 효과가 있을까? 직접 테스트해 보면 알겠지만 Move가 가상인 것은 문제 해결에 아무런 도움이 되지 않는다. Move의 코드는 어차피 같으므로 어떤 클래스의 멤버 함수가 결합되나 전혀 다르지 않다. 중요한 것은 객체별로 달라야 하는 동작인 Show, Hide가 동적 결합을 하느냐 아니냐이다.

멤버 함수 내에서 세부 구현을 위해 호출되어야 하는 또 다른 멤버 함수가 클래스별로 다르게 정의되어 있다면 이 함수도 가상 함수가 되어야 한다. 그래야 암시적으로 전달되는 this객체의 타입에 따라 정확한 함수가 호출된다.

30.2.3 재정의 가능한 함수

클래스는 스스로의 상태를 저장하고 동작에 필요한 모든 것들을 다 가질 수 있기 때문에 재활용성이 아주 높으며 사용하기도 쉽고 안전하다. 이런 클래스들을 자신이 일일이 만들지 않더라도 실력있는 개발자가 미리 완성해 놓은 클래스를 구할 수만 있다면 자신의 프로젝트에 조립해 넣을 수도 있다. 철수가 만들었건 영희가 만들었건 바다 건너 마이클이나 캐빈이 만들었건 그런건 몰라도 인터페이스대로 사용하기만 하면 필요한 기능을 공짜로 쓸 수 있다.

이런 면에서 볼 때 클래스라는 것은 확실히 편리하고 우수한 개발 방법임이 분명하다. 그러나 클래스를 아무리 범용적으로 작성한다 하더라도 세상의 모든 문제들에 다 적용될 수 있을 만큼 일반적일 수는 없다. 개발 중에 실제로 만나는 문제는 너무 너무 특수해서 남이 만든 클래스를 약간씩은 수정해 가며 써야 할 경우가 많다. 이런 경우 클래스 개발자는 수정이 예상되는 기능에 대해서는 가상 함수로 선언해 둔다. 사용자는 수정이 필요없을 때는 이 클래스를 그냥 쓰고 수정할 필요가 있으면 상속받은 후 가상 함수를 재정의하면 된다.

앞 장에서 동적 배열을 관리하는 DArray라는 클래스를 만들어 본 바 있다. 이 클래스에는 동적 배열을 관리하는 모든 속성과 동작들이 정의되어 있어 DArray 객체를 선언하고 Insert, Delete 따위의 멤버 함수만 호출하면 신축성있는 배열을 쉽게 활용할 수 있다. 그런데 이 클래스의 Dump 기능이 다소 마음에 안든다거나 자신의 목적에 맞지 않다면 DArray를 상속받은 후 Dump 함수를 재정의할 수 있다. 다음 예제는 상속 후 재정의하는 기본적인 방법을 보여준다.

예제 **Overridable**

```
========== DArray 클래스 정의는 생략 ==========

class MyDArray : public DArray
{
public:
    MyDArray(unsigned asize=100, unsigned agrowby=10) : DArray(asize,agrowby) { }
```

```
    void Dump(char *sMark);
};

void MyDArray::Dump(char *sMark)
{
    printf("%16s : 개수가 %d개다. 나머진 몰라도 돼!\n",sMark,num);
}

void main()
{
    MyDArray ar(10,5);
    int i;

    for (i=1;i<=8;i++) ar.Append(i);ar.Dump("8개 추가");
    ar.Insert(3,10);ar.Dump("10 삽입");
}
```

앞 부분의 DArray 클래스 정의문은 DArray 예제와 동일하므로 소스 리스트를 생략했다. DArray 클래스로부터 새로운 클래스 MyDArray를 파생시킨 후 Dump 멤버 함수만 재정의했다. 생성자는 원래 상속되지 않으므로 파생 클래스마다 따로 만들어야 한다. 실행 결과는 다음과 같다.

```
8개 추가 : 개수가 8개다. 나머진 몰라도 돼!
10 삽입 : 개수가 9개다. 나머진 몰라도 돼!
```

삽입이나 삭제, 동적 메모리 관리 등의 모든 기능은 기반 클래스인 DArray의 것을 그대로 사용하므로 MyDArray는 동적 배열의 모든 기능을 상속받는다. 다만 Dump 함수만 재정의하여 배열을 출력하는 방식만 다를 뿐이다. 이런 식으로 재정의가 필요한 함수는 일단 상속받은 후 원하는 대로 뜯어 고칠 수 있다.

그러나 이 예제는 아직 문제가 있다. MyDArray 객체를 생성한 후 이 객체로부터 Dump를 호출할 때는 재정의된 Dump 함수가 호출되지만 DArray 타입의 포인터로부터 호출할 때는 비록 호출한 객체는 MyDArray 타입의 객체이더라도 DArray의 Dump 함수가 호출된다. main 함수의 테스트 코드를 다음과 같이 수정해 보자.

```
void main()
{
    MyDArray ar(10,5);
    int i;
```

```
        DArray *p=&ar;
        for (i=1;i<=8;i++) p->Append(i);p->Dump("8개 추가");
        p->Insert(3,10);p->Dump("10 삽입");
}
```

DArray * 타입의 p를 선언한 후 이 포인터 변수에 ar 객체의 번지를 대입했다. 이 상태에서 p로부터 Dump를 호출하면 포인터의 타입에 따라 DArray::Dump가 호출된다. 왜냐하면 Dump 함수가 정적 결합을 하기 때문이다. p를 MyDArray * 타입으로 바꾸면 일단은 잘 실행되나 이렇게 선언된 p는 MyDArray 객체만 가리킬 수 있어 정확한 해결책이 아니다. 포인터는 이것저것 바꿔 가며 가리키는 것이 본래의 기능이므로 가급적 많은 객체를 가리키도록 상위의 타입을 선택하는 것이 좋다. 이 문제를 해결하려면 Dump 함수가 동적 결합을 하도록 가상 함수로 선언해야 한다. DArray 클래스 선언문의 Dump 함수를 virtual로 선언하면 문제가 해결된다.

```
class DArray
{
    ....
    virtual void Dump(char *sMark);
};
```

꼭 필요한 것은 아니지만 MyDArray의 Dump 함수 앞에도 virtual 키워드를 붙이는 것이 코드를 읽는 사람을 위해 좋다. 이제 MyDArray는 Dump 함수만 제외하고 DArray의 모든 기능을 완전히 상속 받았으며 객체로부터 호출하나 포인터로부터 호출하나 항상 정확한 함수가 선택된다. Dump 함수뿐만 아니라 Insert, Delete, Append 등도 모두 재정의될 가능성이 있으므로 가상 함수여야 한다. 이런 예는 앞의 예제에서도 찾을 수 있는데 InheritStudet 예제에 다음 테스트 코드를 작성해 보자.

```
void main()
{
    Student K("김상형",9506299);
    Human H("김기문");

    K.Intro();puts("");
    H.Intro();puts("");
}
```

이 예제는 Human으로부터 Student를 파생시키고 Intro 함수를 재정의하는 기법을 설명하는데 이렇게 객체로 호출할 때는 재정의된 함수가 정확하게 호출된다.

이름:김상형,학번:9506299
이름:김기문

Student 객체에 대해서는 이름과 학번이 출력되고 Human 객체에 대해서는 이름만 출력된다. 그러나 다음과 같이 포인터로 호출하면 그렇지 않다는 것을 확인할 수 있다.

```
void main()
{
    Student K("김상형",9506299);
    Human H("김기문");
    Human *p;

    p=&K;p->Intro();puts("");
    p=&H;p->Intro();puts("");
}
```

둘 다 학번이 출력되지 않고 이름만 출력될 것이다. Human 타입의 포인터 p는 자식 객체인 K를 가리킬 수 있다. 그러나 p로부터 호출되는 함수는 p의 정적타입을 따라 가므로 p->Intro()는 항상 Human::Intro()이다. Student가 Intro와 Think를 안전하게 재정의하려면 Human이 이 두 함수를 virtual로 선언해야 한다. 그래야 포인터로부터 이 함수들을 호출하더라도 항상 정확하게 동작할 것이다. 수정한 후 테스트해 보면 p가 Student형 객체를 가리킬 때는 학번도 같이 출력된다.

남을 위해서 또는 미래의 나를 위해서 재활용성이 높은 클래스를 만들 일은 많다. 이때 재활용성을 더욱 높이려면 파생 클래스에서 재정의할 함수는 가상 함수로 선언해야 한다. 그래야 상속받은 후 이 함수를 재정의하더라도 아무런 문제가 없다. 이렇게 되면 이 클래스를 사용하는 사람은 대부분의 기능을 공짜로 쓸 수 있어서 좋고 수정이 꼭 필요한 부분은 상속받은 후 재정의할 수 있어서 더 좋다. 또한 기반 클래스로 사용되는 클래스는 자식에게 물려주고 싶은 멤버에 대해 private보다는 protected로 선언해야 한다. 그렇지 않으면 파생 클래스가 부모의 주요 멤버를 읽지 못한다.

가상 함수의 이런 장점을 적극적으로 활용한 라이브러리가 바로 MFC이다. MFC에는 윈도우 프로그래밍에 필요한 대부분의 코드들이 클래스로 작성되어 있으며 위저드라는 툴을 사용하면 사용자가 요구하는 조건에 맞는 클래스를 조립하여 완성된 프로그램이 만들어진다. 사용자는 위저드가 만들어 준 대부분의 코드를 그대로 사용함으로써 복잡한 프로그램을 쉽게 만들 수 있으며 변경이 필요한 부분은 가상 함수를 재정의함으로써 원하는 대로 작성할 수 있다.

MFC 라이브러리는 초보 개발자들도 조립식으로 쉽게 프로그램을 작성할 수 있도록 마이크로소프트의 노련한 프로그래머들이 모든 세부 코드를 미리 작성해 놓은 것이다. 그래서 이 라이브러리의 클래스를 쓰기만 하면 원하는 기능들을 쉽게 추가할 수 있다. 단, 프로그램별로 고유한 동작이 필요한 부분은 가상 함수로 선언하여 적절한 가상 함수를 찾아 재정의할 수 있도록 해 놓았다. 예를 들어 그리기 코드는 OnDraw 가상 함수에 작성하며 문서의 내용을 비우는 코드는 DeleteContents 가상 함수에 작성하면 된다. 프레임워크의 기본 동작에 변화를 주고 싶은 부분에 대해 가상 함수를 재정의하고 여기에 원하는 코드를 작성하는 식이다.

그래서 MFC를 사용한 개발 방법은 생산성이 대단히 높다. 복잡해 보이는 프로그램도 몇 번의 클릭과 가상 함수 재정의만으로 쉽게 만들 수 있다. 단, 이 라이브러리를 제대로 사용하기 위해서는 코드를 어떻게 작성하는가 뿐만 아니라 클래스의 계층 각각이 어떤 역할을 하며 추가하고 싶은 기능을 위해 어떤 함수를 재정의해야 하는가를 잘 알아야 한다. 작성하는 코드의 내용보다도 최적의 위치를 선정하는 능력이 필요한데 그러기 위해서는 클래스 계층과 프레임워크의 구조를 파악하고 있어야 한다.

30.2.4 가상 파괴자

기반 클래스의 파괴자는 반드시 가상으로 선언해야 한다. 왜 파괴자는 가상 함수여야 하는지 아주 간단한 예제를 만들어 보고 파괴자가 가상이 아닐 때 어떤 문제가 발생하는지 보자.

예제 VirtDestructor

```
#include <Turboc.h>

class Base
{
private:
    char *B_buf;
public:
    Base() { B_buf=new char[10];puts("Base 생성"); }
    ~Base() { delete [] B_buf;puts("Base 파괴"); }
};

class Derived : public Base
{
private:
    int *D_buf;
public:
    Derived() { D_buf=new int[32];puts("Derived 생성"); }
    ~Derived() { delete [] D_buf;puts("Derived 파괴"); }
};
```

```
void main()
{
// Derived D;
    Base *pB;

    pB=new Derived;
    delete pB;
}
```

Base의 생성자는 크기 10의 문자형 배열을 동적으로 할당하며 파괴자에서 이 배열을 해제한다. Base 로부터 상속받은 Derived는 생성자에서 크기 32의 정수형 배열을 할당하며 마찬가지로 파괴자에서 해제 한다. 각 클래스가 동적 할당을 하고 있지만 파괴자에서 할당된 배열을 제대로 해제하고 있으므로 메모리 누수는 없을 것 같다.

과연 그런지 main에 Derived D; 선언문만 남겨 놓고 실행해 보자. 각 클래스의 생성자와 파괴자는 자신이 호출되었음을 알리기 위해 문자열을 출력한다. D 객체가 생성될 때는 부모의 생성자가 먼저 호출 되고 자신의 생성자가 실행되며 파괴될 때는 반대 순서로 파괴자가 호출된다. 실행 결과는 다음과 같다.

```
Base 생성
Derived 생성
Derived 파괴
Base 파괴
```

생성자와 파괴자의 호출이 아주 정상적이다. D 객체가 완전히 생성되었을 때 이 객체는 크기 10의 char 배열과 크기 32의 int 배열을 소유할 것이며 이 배열들은 생성된 역순으로 파괴자에서 차례대로 해제된 다. 그러나 여기에 포인터가 개입되면 문제가 달라진다. new 연산자로 Derived의 객체를 만들고 그 포인 터를 Base * 타입의 pB에 대입하면 Derived가 생성될 때 부모와 자신의 생성자가 차례대로 호출되어 두 개의 버퍼를 동적으로 할당할 것이다.

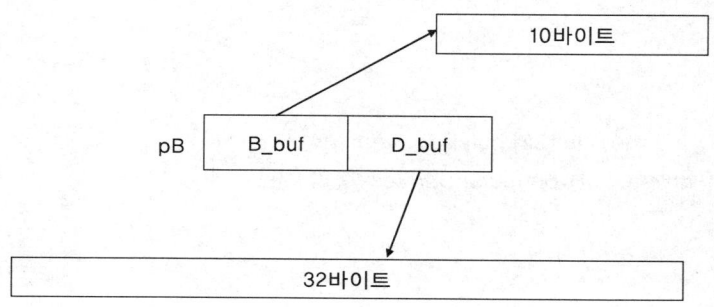

그러나 delete pB로 이 객체를 해제할 때는 부모의 파괴자만 호출되는데 왜냐하면 pB가 Base * 타입이기 때문이다. 포인터의 타입에 따라 파괴자가 정적으로 결합되다 보니 실제로 파괴되는 객체는 Derived 타입이지만 Derived의 파괴자가 호출되지 못하는 것이다. 이렇게 되면 부모가 할당한 char 배열은 잘 해제되지만 Derived가 할당한 int 배열은 해제되지 못하는 메모리 누수가 발생한다. 실행해 보면 Derived의 파괴자가 호출되지 않는다는 것을 확인할 수 있다.

```
Base 생성
Derived 생성
Base 파괴
```

이렇게 되면 Derived가 할당한 32바이트는 회수 불가능하다. 메모리만 조금 잃어버린다면야 심각한 정도는 아니지만 하드웨어 환경 변경, 네트워크 연결, 스레드 생성 등의 더 중요한 일을 했다면 치명적인 결과를 초래할 수도 있다. 문제가 무엇인지를 알았으므로 해결하는 것은 아주 간단하다. 파괴자가 동적 결합을 하도록 가상 함수로 만들면 된다. Base에만 virtual을 붙여도 되지만 가급적이면 둘 다 붙이는 것이 좋다.

```
virtual ~Base() { delete [] B_buf;puts("Base 파괴"); }
....
virtual ~Derived() { delete [] D_buf;puts("Derived 파괴"); }
```

이런 이유로 기반 클래스로 사용될 가능성이 있는 클래스의 파괴자는 항상 가상 함수로 선언하는 것이 좋다. 물론 파괴자에서 특별한 정리 작업을 할 필요가 없다거나 파생되지 않는 클래스라면 굳이 느린 가상 파괴자를 쓰지 않아도 상관없다. 하지만 당장은 필요치 않다 하더라도 클래스란 언제든지 확장될 수 있고 누가 언제 이 클래스로부터 상속받을지 알 수 없기 때문에 가급적이면 파괴자는 가상으로 선언해 두는 것이 안전하다. 그래야 포인터로부터 삭제해도 깨끗하게 삭제되며 언제든지 클래스를 안심하고 확장할 수 있다.

앞 장에서 만들었던 Person 클래스도 동적 할당을 사용하므로 이 클래스의 파괴자도 당연히 가상이어야 하며 상속을 고려하여 private는 protected로 바꾸는 것이 좋다. 당장은 Person이 홀로 쓰이더라도 언제 이 클래스로부터 Boy, Girl 따위의 클래스가 파생될지 알 수 없기 때문이다. 파괴자에 비해 생성자는 가상이 아니어도 상관없으며 가상으로 선언할 수도 없다. 왜냐하면 객체를 생성할 때는 객체의 타입을 분명히 명시하므로 어떤 생성자가 호출될지 정확하게 결정할 수 있기 때문이다. Person3 예제의 파괴자를 가상으로 선언하도록 하자.

```
virtual ~Person() {
    delete [] Name;
}
```

그리고 파생 클래스에서 Name, Age를 읽을 수 있도록 protected로 액세스 지정을 변경한다. 이제 드디어 Person 클래스가 완벽해졌다. 생성자, 파괴자에서 동적 버퍼를 잘 관리하고 있으며 복사 생성, 대입 연산에 대해서도 안전하게 사본을 작성하며 상속 관계에서 사용될 수도 있다. Person 클래스를 제대로 만들기 위해 굉장히 긴 실습 과정을 거쳤는데 이 클래스 확장 과정은 C++ 필수 문법을 모두 포함하므로 한 번쯤 총 정리를 해 두는 것이 좋다.

30.2.5 함수의 가상성

가상 함수는 객체 타입에 따라 정확한 버전이 호출된다는 장점이 있기는 하지만 비가상 함수에 비해 느리고 더 많은 메모리를 소모한다. 용량상으로 볼 때 각 클래스별로 가상 함수의 개수*4만큼의 vtable이 필요하고 각 객체별로 4바이트의 vptr이 필요하다. 또한 런타임에 간접적으로 함수를 호출하므로 함수를 고르는 시간만큼 호출 오버헤드도 있는 셈이다. 그러나 우려할 정도로 오버헤드가 큰 것은 아니다.

가상 함수로 만들어야 할 함수를 비가상으로 선언할 경우는 엉뚱한 함수가 호출되어 오동작할 위험이 있다. 반대로 비가상이어도 되는 함수를 가상으로 선언할 경우 약간의 오버헤드만 있을 뿐 논리상의 문제는 없다. 그래서 자신 없으면 생성자만 제외하고 죄다 가상으로 선언해 버려도 무관하다. 하지만 절대로 가상으로 만들 필요가 없는 함수들도 분명히 존재하는데 무조건 가상으로 만들어 버리면 바람직 하지 않을 것이다. 그래서 C++은 멤버 함수의 디폴트 속성이 비가상이고 virtual을 명시적으로 붙일 때만 가상 함수로 만든다.

이 절의 예제를 통해 가상 함수가 어떤 경우에 사용되는지를 살펴보았다. 그렇다면 과연 가상 함수는 언제 사용하는 것이 좋을까? 멤버함수를 정의할 때 이 함수를 가상 함수로 만드는 것이 좋은지, 아니면 비가상 함수로 만들어도 되는지는 어떻게 판단할 수 있을까? 이 질문에 대해서는 다음과 같은 분명한 지침을 제공할 수 있는데 이 세 가지 조건이 모두 만족되면 이 함수는 가상으로 선언해야 한다.

① 이 클래스로부터 자식 클래스가 파생될 가능성이 조금이라도 있어야 한다. 더 이상 확장할 필요가 없을 정도로 기능이 완벽하거나 아니면 유사한 클래스를 정의할 경우가 전혀 없을 정도로 단순한 클래스라면 이 클래스의 멤버 함수들은 가상으로 선언할 필요가 없다. 가상 함수의 동적 결합 능력은 클래스 계층이 형성될 때만 의미가 있으므로 홀로 있는 클래스의 멤버 함수가 가상이어야 할 이유는 전혀 없는 것이다.

② 파생 클래스에서 함수의 동작을 재정의할 가능성이 조금이라도 있어야 한다. 최상위의 부모 클래스가 기능을 정의하고 아래의 모든 파생 클래스는 부모가 정의한 기능을 사용하기만 한다면 이 함수는 전체 클래스 계층에서 단 하나만 존재하므로 어떤 함수를 선택할 것인가가 문제되지 않으며 사실 선택이라는 동작 자체가 불필요하다. 그러므로 정적 결합해도 아무런 문제가 없는 것이다. 이런 함수의 좋은 예는 멤버 액세스 함수인데 부모의 보호된 멤버 변수 x를 읽어 주는 int GetX() { return x; } 따위의 함수는 파생 클래스가 재정의할 이유가 없으므로 가상 함수가 될 필요가 없다.

③ 부모 클래스 타입의 포인터로부터 호출할 가능성이 조금이라도 있어야 한다. 가상 함수는 포인터로부터 호출될 때만 동작하므로 항상 객체로부터 호출되기만 한다면 파생 클래스에서 재정의한 함수라도 비가상일 수 있다. 그러나 포인터로 호출하지 못한다는 문법적 제약은 없으며 사용자들이 객체 포인터를 사용할 가능성은 항상

있으므로 이 가정은 일반적으로 위험하다고 할 수 있다. 객체는 덩치가 크기 때문에 함수로 전달하거나 다른 클래스의 멤버로 포함될 때 객체를 바로 쓰는 경우보다 포인터나 레퍼런스를 쓰는 경우가 압도적으로 많다. 특정 함수 블록에서 국지적으로 잠시 사용되는 클래스의 경우 가끔 이런 예가 있을 뿐이다.

이 세 가지 조건을 모두 만족하는 함수는 많지 않을 것 같지만 생각보다 훨씬 더 많다. 첫 번째, 세 번째 조건은 당장은 그렇지 않다 하더라도 언제 클래스의 기능이 확장될 지 알 수 없기 때문에 일반적인 지침이라고 보기는 어렵다. 이 지침을 좀 더 쉽게 이해하려면 파생 클래스가 재정의할 가능성이 있는 함수는 반드시 가상이어야 한다고 이해하는 것이 좋을 것 같다.

개발자 이야기 ## 일상생활의 모델링

프로그램이란 사람들의 작업 절차를 코드로 표현하여 컴퓨터가 대신 실행하도록 하는 명령의 집합이다. 그러다 보니 코드는 사람들의 행동을 그대로 흉내내는 경우가 많고 대부분의 프로그래밍 이론들도 일상생활에서 늘상 볼 수 있는 현상에 비유할 수 있다. 코드가 사람의 동작과 작업 절차를 가급적 비슷하게 흉내내도록 하는 것을 모델링이라고 표현한다. C++의 다형성이라는 것도 선뜻 이해하기 어려운 개념인 것 같지만 사실 우리들이 늘상 사용하는 쉬운 개념이다. 일상생활에서 늘상 만날 수 있는 다형성의 예를 들어 보자.

신혼 시절 예쁜 아내에게 도로 연수를 시켜준 적이 있는데 잔뜩 긴장한 채로 운전대를 잡고 앞을 뚫어져라 쳐다보며 긴장된 자세로 운전을 배우고 있었다. 초보자들은 늘 앞 차와 충분한 거리를 유지하기 마련인데 그 틈을 비집고 다른 차들이 슬슬 끼어든다. 공손한 운전자들은 깜박이를 켜거나 때로는 손을 차창 밖으로 내밀어 양보해 달라는 신호를 하는데 끼어든 후에는 으례 비상 깜박이를 두 번 정도 넣어 인사를 하는 것이 관례이다.

"으잉. 오빠. 저건 무슨 뜻이야?"
"저건 양보해 줘서 감사하다는 뜻이야."

아하 그렇구나! 고개를 끄덕이며 뭔가 대단한 철학적 진리를 깨우친 듯한 심오한 표정을 짓는다. 어떤 차는 간격이 좁아도 막무가내로 끼어들기도 하는데 초보자는 갑자기 끼어든 차 때문에 깜짝 놀라 급브레이크를 밟는 경우가 허다하다. 이럴 때도 앞차는 비상 깜박이를 두 세번 정도 넣는다.

"아니! 내가 자기 때문에 얼마나 놀랐는데 뭐가 감사하다는거야?"
"저건 감사하다는 뜻이 아니라 갑자기 끼어들어 너를 놀라게 해서 죄송하다는 뜻이야."
"무슨 소리야? 저건 감사하다는 뜻이라고 했잖아?"
"그게 그러니까, ..."

이때부터 헷갈리기 시작한다. 한참 주행을 하던 중에 또 이런 광경이 목격되었다. 도로변을 달리던 차가 갓길에 잠시 주차를 하면서 비상 깜박이를 넣는 것이다. 저건 끼어 든 것도 아닌데 도대체 무슨 뜻이냐고 묻길래 급한 일이 있어 잠시 주차를 하겠다는 뜻이라고 알려 줬다. 그랬더니 "아니. 저 신호는 도대체 언제 고맙다가 되고, 언제 죄송하다가 되는 거야?" 라며 혼란스러워했다. 이 질문에 대해 나름대로 논리 정연하게 설명을 해 주었다.

저 신호의 의미는 상황에 따라 다른데 보통 '감사합니다'나 '죄송합니다'라는 뜻이지만 때로는 '나 지금 급해요', '잠시만 실례할께요'가 될 수도 있고 '조심하세요'라는 뜻도 있어. 또 어떤 경우는 '약오르지롱'이나 '엿 먹어라'가 될 수도 있지. 충분히 상세하게 설명하려고 노력했는데 아무래도 제일 마지막 비유는 하지 않았어야 옳았던 것 같다. 그 다음부터 누가 비상 깜박이만 넣으면 "오빠 저거 혹시 나보고 엿 먹어라는 거 아니야?"하며 긴장을 하는 것이다.

운전을 조금이라도 해 본 사람이라면 비상 깜박이의 의미를 그때그때 다르게 해석할 수 있고 누가 가르쳐 주지 않아도 잘 알 것이다. 자동차에는 신호 장치가 많지 않기 때문에 하나의 신호로 여러 가지 의미를 전달할 수 있는데 이것이 바로 다형성의 예이다. 여러 가지 의미를 가지고 있고 상황에 따라 해석하는 방법이 다양하지만 그렇다고 해서 문제가 되지는 않는다.

30.3 순수 가상 함수

30.3.1 정의

가상 함수는 파생 클래스가 안전하게 재정의할 수 있는 함수이다. 만약 상속 관계가 아니라면 가상 함수를 선언할 필요가 없으므로 가상 함수는 상속 계층 내에서만 의미가 있으며 파생 클래스에게 재정의 기회를 주기 위해 존재하는 것이라고 할 수 있다. 그러나 가상 함수를 반드시 재정의해야만 하는 것은 아니다. 기반 클래스의 동작을 그대로 쓰고 싶으면 단순히 상속만 받고 변경할 필요가 있을 때만 재정의하면 된다. 기반 클래스가 가상 함수를 만드는 이유는 혹시라도 재정의하고 포인터로 호출할 때를 대비한 것이다. 가상 함수는 재정의해도 되는 함수이지 반드시 재정의해야 하는 함수는 아니다.

이에 비해 순수 가상 함수(Pure Virtual Function)는 파생 클래스에서 반드시 재정의해야 하는 함수이다. 순수 가상 함수는 일반적으로 함수의 동작을 정의하는 본체를 가지지 않으며 따라서 이 상태에서는 호출할 수 없다. 본체가 없다는 뜻으로 함수 선언부의 끝에 =0이라는 표기를 하는데 이는 함수만 있고 코드는 비어 있다는 뜻이다. 다음 예제를 통해 순수 가상 함수의 정의를 연구해 보자.

예제 **PureVirt**

```
#include <Turboc.h>

class Graphic
{
public:
```

```cpp
        virtual void Draw()=0;
};

class Line : public Graphic
{
public:
    virtual void Draw() { puts("선을 긋습니다."); }
};

class Circle : public Graphic
{
public:
    virtual void Draw() { puts("동그라미 그렸다 치고."); }
};

class Rect : public Graphic
{
public:
    virtual void Draw() { puts("요건 사각형입니다."); }
};

void main()
{
    Graphic *pG[3];
    int i;

// Graphic G;
    pG[0]=new Line;
    pG[1]=new Circle;
    pG[2]=new Rect;

    for (i=0;i<3;i++) {
        pG[i]->Draw();
    }

    for (i=0;i<3;i++) {
        delete pG[i];
    }
}
```

앞 절에서 만들었던 도형 편집 프로그램의 코드인데 Graphic 클래스의 Draw 함수가 순수 가상 함수로 선언되어 있다. 이처럼 하나 이상의 순수 가상 함수를 가지는 클래스를 추상 클래스(Abstract Class)라고 한다. 추상 클래스는 동작이 정의되지 않은 멤버 함수를 가지고 있기 때문에 이 상태로는 인스턴스를 생성할 수 없다. 위 예제에서 Graphic G 선언문의 주석을 풀어 보면 순수 가상 함수가 있어 인스턴스를 만들 수 없다는 에러가 발생할 것이다.

추상 클래스의 반대 개념은 구체 클래스(Concrete Class)인데 위 예제의 Line, Circle, Rect 등이 구체 클래스의 예이며 지금까지 작성했던 일반적인 클래스들은 모두 구체 클래스이다. 이런 클래스들은 현실 세계의 선, 원, 사각형이라는 구체적인 대상을 표현하고 있으며 대상 표현을 위한 모든 속성과 동작을 포함하고 있다. 예제에서는 편의상 문자열 출력으로 그리기를 대신하는 사기 행각을 벌이고 있지만 제대로 만든다면 이 클래스들에 시작점, 끝점, 반지름, 선굵기 따위의 정보들이 포함될 것이다. 그러나 추상 클래스인 Graphic은 도형이라는 너무 일반적인 대상을 표현하기 때문에 그리기와 관련된 어떠한 정보도 가질 수 없으며 따라서 동작도 정의할 수 없다. 그러다보니 이런 타입의 객체를 생성하는 것은 아무 의미가 없는 것이다. 그렇다면 객체를 만들지도 못하는 추상 클래스는 도대체 왜 정의하는 것일까? 추상 클래스는 Line, Circle, Rect 구체 클래스의 공동의 조상이 되어 이 객체들의 집합을 관리하기 위해 필요하다.

추상 클래스의 객체를 생성할 수는 없지만 추상 클래스 타입의 포인터를 선언할 수는 있다. 그래서 Graphic *의 배열을 선언하면 이 배열로 Graphic 파생 클래스의 객체 집합을 관리할 수 있다. 만약 Graphic이라는 추상 클래스가 없다면 Line, Circle, Rect라는 도형의 집합을 어떻게 관리할 수 있을 것인가 생각해 보라. Line을 파생해서 Circle을 만들거나 Line으로부터 Rect를 정의할 수는 없는데 왜냐하면 이 도형들은 IS A 관계가 성립하지 않기 때문이다. 이들은 형제 관계라고는 할지언정 부모 자식 관계가 될 수는 없다. 그래서 비록 객체를 생성할 수 없는 추상 클래스라도 상징적인 공동의 조상이 필요한 것이다.

추상 클래스의 또 다른 중요한 역할은 다형적인 함수의 집합을 정의하는 것이다. 예를 들어 도형이라 한다면 당연히 자신을 그릴 수 있는 기능(Draw)이 필요하고 이동(Move)할 수 있어야 하며 크기를 변경(Resize)할 수도 있을 것이다. 도형이 되기 위해 꼭 필요한 함수의 집합을 추상 클래스에 순수 가상 함수로 선언해 두면 이 클래스로부터 파생되는 도형 클래스는 이 가상 함수를 반드시 재정의해야 한다는 의무가 생긴다. 물론 그 외에 더 필요한 멤버들을 추가할 수 있음은 물론이다.

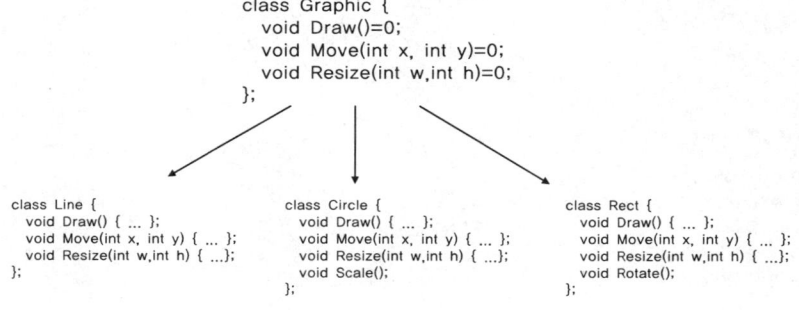

만약 파생 클래스가 추상 클래스의 순수 가상 함수를 재정의하지 않는다면 이 클래스도 여전히 추상 클래스이므로 인스턴스를 생성할 수 없다. 즉 Draw, Resize, Move 중 하나라도 할 수 없다면 이는 실세계에 존재하는 도형이 아닌 것이다. 추상 클래스는 도형이 되기 위해 필요한 기능의 목록과 원형만 정의하고 실제 구현은 파생 클래스가 재정의해야 한다. 이때 추상 클래스가 정의하는 기능 목록을 인터페이스라고 한다. 위 예제의 Graphic 추상 클래스는 개발자에게 "도형이 되기 위해서는 적어도 이 정도의 기능은 꼭 필요하다"라는 것을 강제하고 있는 것이다.

순수 가상 함수는 이러 이러한 동작이 필요하다는 것만 표현할 뿐이므로 통상 =0로 표기하고 구체적인 동작을 기술하는 본체를 가지지 않는다. 그러나 원한다면 그리고 필요하다면 순수 가상 함수도 본체를 가질 수는 있다. 후손들이 동작하는데 공통적으로 필요한 구현이 있다면 추상 클래스의 순수 가상 함수에 이 코드를 미리 작성해 넣을 수 있다. 예를 들어 도형을 그리기 전에 화면을 먼저 지우는 준비 동작이 필요하다면 파생 클래스의 Draw가 일일이 이 작업을 하지 않도록 추상 클래스의 순수 가상 함수가 이 코드를 구현한다.

```cpp
class Graphic
{
public:
    virtual void Draw()=0 { clrscr(); }
};
```

함수 선언문에 =0 가 있으면서도 본체가 정의되어 있다. 이럴 경우 파생 클래스의 Draw 함수들은 Graphic::Draw를 먼저 호출하여 화면을 지우는 동작을 추상 클래스의 Draw 함수에게 부탁할 수 있다. 그리고 깨끗해진 화면에서 자기가 하고 싶은 일을 하는 것이다.

```cpp
class Line : public Graphic
{
public:
    virtual void Draw() { Graphic::Draw();puts("선을 긋습니다."); }
};
```

Graphic::Draw 함수가 화면을 지우는 준비 동작을 대신 하므로 이 함수를 먼저 호출한 후 선을 그으면 깨끗한 화면에 선이 출력될 것이다. 물론 이 예제의 경우 Graphic::Draw()보다 clrscr() 호출이 더 짧아 굳이 기반 클래스를 호출할 필요없이 파생 클래스가 직접 clrscr()을 호출하는 것이 더 편리할 것이다. 그러나 이 예의 clrscr()은 그리기에 필요한 준비 동작에 대한 비유일 뿐이며 얼마든지 복잡하고 길어질 수 있다. 그리기 준비 과정이 이보다 훨씬 더 복잡하다면 Line, Circle, Rect의 Draw들 각자가 매번 이 작업을 하는 것보다 상위 클래스인 Draw에서 딱 한 번만 하고 파생 클래스는 이 코드들을 호출하는 것이 더 효율적이고 반복을 최소화한다는 기본적인 원칙에도 부합된다.

순수 가상 함수가 본체를 가지더라도 =0로 선언되어 있기 때문에 Graphic 클래스는 여전히 추상 클래스이며 Graphic 타입의 인스턴스를 생성할 수는 없다. 화면을 지우는 것은 실제로 도형을 그리는 것이 아니라 단순히 도형을 그리기 위한 준비 동작일 뿐이므로 화면만 지워서는 제대로 된 도형이라 할 수 없기 때문이다. 순수 가상 함수가 본체를 가지는 경우는 일반적이지 않지만 파생된 구체 클래스들에게 어떤 공동의 동작을 물려주고 싶을 때 이런 식으로 본체를 정의할 수도 있다. 순수 가상 함수의 본체는 추상 클래스 자신을 위한 것이 아니라 후손들이 공통적으로 쓸 수 있는 서브루틴을 제공하는 의미밖에 없다.

30.3.2 추상 클래스의 예

추상 클래스를 사용하는 실제 프로젝트의 예를 들어 보자. 워드 프로세서의 문서를 분석하는 기능을 캡슐화하여 클래스로 만들고자 한다. 이 클래스는 문서를 순서대로 읽으면서 문서에 속한 문단, 도표, 그림 등의 요소를 추출해 내며 이렇게 분석한 결과는 출력, 인쇄, 다른 문서 형식으로의 변환, 검색 등에 사용될 것이다. 많이 사용되는 아래한글과 워드 문서에 대한 분석 클래스를 작성한다면 아마도 다음과 같은 멤버 함수의 목록이 만들어질 것이다.

ParseHwp
Prepare
ReadPara
ReadTable
ReadPicture
CleanUp
ReadMapsi
기타 등등

ParseDoc
Prepare
ReadPara
ReadTable
ReadPicture
CleanUp
ReadHyLink
기타 등등

문서라는 복잡한 대상을 분석하기 위해서는 메모리도 필요할 것이고 때로는 외부 라이브러리(XML 파서 등)의 도움이 필요하기도 하므로 분석 준비 과정이 필요하며 준비를 했으면 해제하는 과정도 당연히 필요하다. 그래서 Prepare, CleanUp 따위의 멤버 함수가 선언되어 있다. 또한 어떤 워드 프로세서 문서든지 문단으로 구성되어 있고 문단 안에 도표와 그림이 있는 기본적인 구조는 동일하므로 ReadPara, ReadTable, ReadPicture 등의 함수들도 필요하다.

이 함수들의 내부 구현은 분석 대상 문서별로 상당히 다르겠지만 함수의 원형은 동일하다. 이외에 문서 타입별로 고유한 데이터도 있을 수 있으므로 이런 데이터를 읽는 멤버 함수들도 필요할 것이다. 예를 들어 아래한글은 글맵시라는 문자 장식이 있고 워드에는 하이퍼링크라는 것이 있다. 보다시피 두 클래스에는 중복되는 기능들이 아주 많이 있어 상위 클래스를 정의한 후 파생시킬 수 있다. Parser라는 이름으로 일반적인 분석기 클래스를 정의한다면 아마 다음과 같은 상속 계층이 만들어질 것이다.

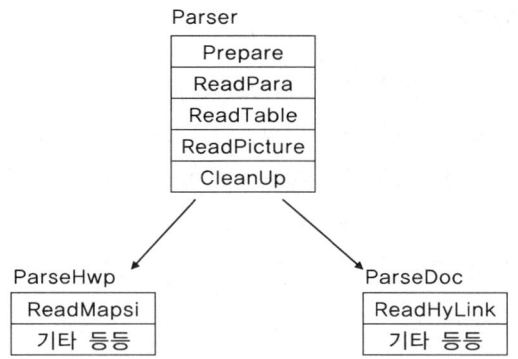

공통되는 기능을 상위 클래스로 정의하는 것은 아주 일반적인 상속 기법이다. 자, 그럼 이때 만들어진 Parser 클래스는 과연 어떤 문서를 분석하는 클래스라고 할 수 있겠는가? 이 클래스는 단지 문서 분석기 클래스들의 공통된 부모일 뿐 실제로 세상에 존재하는 문서를 분석하는 기능을 가지지는 못한다. 왜냐하면 "문서"라는 추상적인 대상을 분석하는데 필요한 기능의 목록을 정의할 뿐이므로 구체적인 구현을 가질 수 없는 것이다.

ParseHwp나 ParseDoc 클래스는 구체적인 문서에 대한 분석 동작을 하지만 Parser는 기능이 너무 일반적이어서 이런 동작을 정의할 수 없다. 그래서 Parser의 멤버 함수들은 순수 가상 함수로 선언되어야 하며 따라서 Parser는 추상 클래스가 되는 것이다. 이 클래스의 역할은 문서 분석기가 가져야 할 필수 인터페이스의 목록을 정의한다. 만약 이후 훈민정음이나 HTML 문서에 대한 분석기를 추가해야 한다면 Parser로부터 상속받은 후 Parser가 선언한 순수 가상 함수를 반드시 재정의해야 한다.

Parser는 인터페이스 목록만 정의하고 파생 클래스는 상속 받은 가상 함수가 요구하는 구체적인 동작을 재정의할 의무를 가진다. 그래야 최소한의 요구 사항을 만족하는 문서 분석기가 될 수 있다. 이렇게 되면 Parser로부터 파생된 클래스를 사용하는 방법에 일관성이 생겨 어떤 종류의 문서 분석기든지 획일된 방법으로 사용할 수 있게 된다. 추상 클래스가 정의하는 인터페이스에 의해 복잡한 클래스 계층에 어떤 질서가 부여되는 것이다. 모든 분석기들은 공통의 조상을 가지므로 Parser * 타입으로 모든 분석기의 집합을 관리할 수 있으며 Parser * 타입의 인수를 받아들이는 함수는 임의의 분석기에 대한 다형적인 동작을 처리할 수 있다.

시간이 지난 후 이 프로젝트를 다시 분석할 때는 추상 클래스의 순수 가상 함수 목록만 봐도 프로젝트의 전체 구조를 한눈에 파악할 수 있다. 후임자에게 프로젝트를 인수하거나 팀작업을 할 때도 추상 클래스 자체가 워낙 설명적이어서 별다른 해설이 필요치 않다. 물론 그렇게 되려면 후임자나 팀원이 C++에 대한 기본 개념이 확립된 사람이어야 한다.

아주 다음에 배우게 되겠지만 COM의 인터페이스는 모든 멤버 함수들이 순수 가상 함수인 완전 추상 클래스로 정의되어 있다. COM은 재사용 가능한 컴포넌트를 정의하고 컴포넌트끼리 통신할 수 있는 방법이며 ActiveX, DirectX 등 최신 기술의 기반 문법이다.

30.3.3 유닛 추상 클래스

스타크래프트(StarCraft)라는 시뮬레이션 게임을 보면 아주 많은 유닛들이 등장한다. 갑자기 특정 게임 얘기를 꺼내 이 게임을 모르는 사람들은 당황스러울지도 모르겠지만 믿을만한 통계에 의하면 이 책을 읽는 사람의 96%는 스타크래프트를 해본 적이 있고 나머지 3.8%는 해 보지는 않아도 게임을 알고는 있다고 하니 예를 들어도 무난할 것 같다. 게임에 등장하는 유닛들을 특성별로 클래스화한다면 아마 다음과 같은 계층이 만들어질 것이다. 실제로는 더 많은 중간 계층이 존재하겠지만 간단하게 개념적인 계층을 만들어 보자.

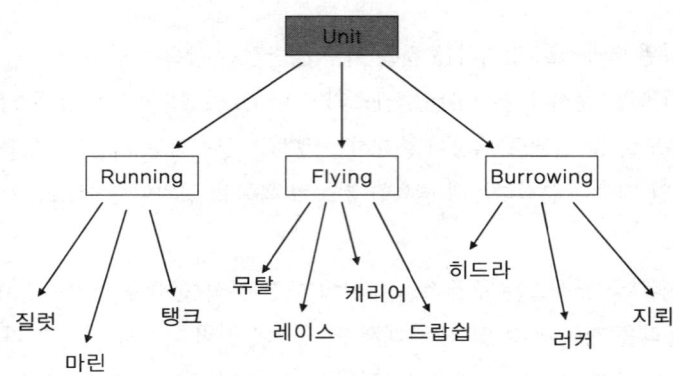

모든 유닛들은 특징별로 뛰어 다니는 것들, 날아다니는 것들, 땅속으로 숨을 수 있는 것들로 일차 분류할 수 있다. Running 클래스에 속한 마린과 탱크는 땅 위를 아장아장 걸어다니고 날 수 없다는 공통점을 가지고 있으면서 또한 스팀팩, 시지 모드 같은 고유의 동작을 가지기도 한다. 뮤탈, 레이스, 캐리어 등은 날아다닌다는 면에서는 공통적이므로 Flying으로부터 상속을 받으며 마찬가지로 클로킹, 쓰리쿠션, 인터셉터 발사 등등 각각의 특성들을 추가로 가질 것이다.

이런 모든 유닛들은 공통적으로 좌표와 에너지 상태라는 속성을 가지며 이동할 수 있고(Move), 공격도 하고(Attack), 에너지가 떨어지면 죽기도(Die)한다. 이 외에도 스스로를 그리기도 하고 사라지기도 하며 가끔 말을 하는 경우도 있어 더 많은 공통 속성을 추출할 수 있다. 그래서 모든 유닛의 공동 조상으로 Unit 클래스를 루트로 선언했는데 이 클래스는 아마도 다음과 같은 모양을 가지고 있을 것이다. 모든 유닛의 가장 기본적인 동작을 순수 가상 함수로 포함하고 있다.

```
class Unit
{
protected:
    int x,y;
    int energy;
public:
```

```
    virtual void Move(int x, int y)=0;
    virtual void Attack(int x, int y)=0;
    virtual void Die()=0;
};
```

Unit 클래스는 너무 일반적인 유닛을 표현하기 때문에 이 클래스의 인스턴스를 실제로 만들 수는 없다. 즉 Unit은 게임 유닛이 되기 위한 최소한의 요구 조건만을 명시하는 추상 클래스이다. 여기에 어떤 식으로 이동하고 어떤 식으로 공격하는지 좀 더 구체적인 특성이 정의되어야 게임에 등장하는 실제 유닛이 될 수 있다. 모든 유닛은 Unit으로부터 상속을 받아야 하며 Unit에 선언되어 있는 순수 가상 함수를 자신의 특성에 맞게 반드시 재정의해야 한다. 그래야 구체 클래스가 되어 객체를 만들 수 있다.

Unit 클래스와 실제 유닛들의 중간 계층인 Running, Flying 등은 뛰어다니고 날아다니는 유닛의 공통적인 특성을 표현할 뿐 실제로 구체적인 동작을 묘사할 수는 없으므로 역시 추상 클래스이다. 이 클래스들은 또 나름대로의 순수 가상 함수들을 선언하고 있을 것이다. 예를 들어 Flying은 이동시 목적지까지 바로 날아갈 수 있지만 Running은 장애물을 피해 최단 거리를 찾아 이동해야 하므로 FindShortestPath 따위의 동작을 필요로 한다.

이런 계층 구조에서 최상위의 루트 클래스인 Unit은 실제 객체를 만들지는 못하지만 모든 유닛의 대표 타입으로 사용된다. Unit * 타입의 변수를 선언하면 이 변수로 존재하는 모든 유닛을 다 가리킬 수 있다. 스타크래프트는 한 번에 12개의 유닛을 선택하여 동시에 명령을 내릴 수 있는데 이때 선택된 유닛들의 목록은 Unit *pSel[12] 배열로 간단하게 기억할 수 있다. 최상위 루트 클래스를 가리키는 포인터 타입이면 못 가리킬 유닛이 없지 않은가? 12개가 선택된 상태에서 사용자가 이동 명령을 내렸다면 이때 다음 코드로 선택된 모든 유닛에게 명령을 내릴 수 있다.

```
for (i=0;i<12;i++) pSel[i]->Move(x,y);
```

각각의 유닛이 목표 지점까지 이동하는 방식은 서로 다르다. 질럿은 뒤뚱 뒤뚱 걸어갈 것이고 뮤탈은 가로 질러 날아가고 캐리어는 아주 여유 부리면서 천천히 기는 듯 날아간다. 하지만 Move 함수 자체가 다형적으로 동작하기 때문에 선택된 유닛의 종류를 판단할 필요없이 Move라는 함수만 호출하면 선택 객체의 실제 Move 함수가 호출되어 정의된 특성대로 정확하게 동작할 것이다. 공격이나 사망 처리도 마찬가지로 다형적으로 동작하는 가상 함수이므로 해당 유닛의 타입을 일일이 구분할 필요없이 가상 함수만 호출하면 모든 처리는 동적으로 결합되는 가상 함수가 알아서 처리한다. 핵폭탄이 터졌을 때의 처리는 다음 루프면 된다.

```
for (pUnit=첫 유닛 ~ 생성된 모든 유닛까지) {
    if (pUnit->x, y 좌표가 핵폭탄 범위 안이면) {
        pUnit->Die();
```

```
        }
    }
```

생성되어 있는 모든 유닛을 순회하면서 좌표를 점검하여 핵폭탄 사정 거리안일 때 Die만 호출하면 다들 각자의 방법으로 알아서 사망하시므로 더 이상 신경쓸 게 없다. 게다가 스타크래프트가 확장되어 새로운 유닛이 추가되었다 하더라도 Unit 추상 클래스의 기본 요건을 반드시 만족해야 하므로 게임 운영 코드는 크게 수정할 필요없이 그대로 적용되는 이점도 있다.

실제로 스타크래프트라는 게임이 C++로 만들어졌는지, 다형성을 사용하는지는 확인해 본 바 없다. 그러나 분명한 것은 C++로 다형적인 코드를 작성하면 이런 게임을 쉽게 만들고 관리할 수 있다는 것이다. 그래픽 환경이라면 그럴싸한 예제를 한 번 만들어 볼 수도 있겠지만 콘솔 환경에서 Z, M, C 따위의 문자로 유닛을 표현하는 데는 한계가 있어 지금은 하지 않기로 한다. 다음에 여러분들이 그래픽 환경을 배우게 되면 미니 스타크래프트를 한 번 만들어 보기 바란다.

여기까지 C++의 가장 기본적인 문법들에 대해 모두 연구해 보았다. 이 시점에서 25장에 있는 OOP의 특징들인 캡슐화, 추상화, 정보 은폐, 상속, 다형성의 개념들을 다시 한 번 읽어 보자. 처음에는 무슨 말인지 도통 이해가 가지 않았겠지만 이제 어렴풋이나마 이해가 될 것이다. 공부해 봐서 알겠지만 짧은 정의로 간단하게 설명하기는 참 어려운 개념들이다.

아직도 이해가 잘 가지 않는다면 예제를 통해 좀 더 연구해 보고 그럭저럭 이해가 된다면 C++을 잘 모르는 친구를 앞에 앉혀 놓고 설명을 해보자. 그 친구가 알아듣든 고개만 갸웃거리고 있든 객체 지향이란 바로 이런 것이야 라는 설명을 자신있게 할 수 있다면 현재 단계에서는 충분하다. 객체 지향 프로그래밍이 확실히 몸에 배려면 역시 좀 더 많은 실습이 필요하다.

31

템플릿

31.1 함수 템플릿

31.1.1 타입만 다른 함수들

　C++은 여러 가지 개발 방법을 지원하는 멀티 패러다임 언어라고 하는데 적어도 다음 세 가지 방법으로 개발을 할 수 있다.

> ① 구조적 프로그래밍 : C언어에서와 마찬가지로 함수 위주로 프로그램을 작성할 수 있다. C++이 C언어의 계승자이므로 C언어의 개발 방법을 지원하는 것은 당연하다.
> ② 객체 지향 프로그래밍 : 캡슐화, 추상화를 통해 현실 세계의 사물을 모델링할 수 있으며 상속과 다형성을 지원하기 위한 여러 가지 언어적 장치를 제공한다.
> ③ 일반화 프로그래밍 : 임의 타입에 대해 동작하는 함수나 클래스를 작성할 수 있다. 객체 지향보다 재사용성과 편의성이 더 우수하다.

　일반화 프로그래밍은 주로 C++ 템플릿에 의해 지원되며 C++ 표준 라이브러리가 일반화의 좋은 예이다. 템플릿은 C++이 일반화를 위해 제공하는 가장 기본적인 문법이므로 템플릿에 대한 이해는 C++ 표준 라이브러리인 STL을 이해하기 위한 문법적 토대가 된다. 개념은 간단하지만 실제 적용될 때는 굉장히 복잡한 형태를 띄기 때문에 원리를 이해하는 것이 중요하다.

　템플릿(Template)이란 무엇인가를 만들기 위한 형틀이라는 뜻이다. 플라스틱 모형을 만들기 위한 금형이라든가 주물을 만들기 위한 모래틀이 형틀의 예이며 좀 더 이해하기 쉬운 예를 들자면 붕어빵을 만드는 빵틀을 들 수 있다. 템플릿은 모양에 대한 본을 떠 놓은 것이며 한 번만 잘 만들어 놓으면 이후부터 재료만 집어넣어서 똑같은 모양을 손쉽게 여러 번 찍어 낼 수 있다. 길거리의 붕어빵 장사들을 보면 빵틀에 밀가루와 팥만 집어넣어서 똑같이 생긴 붕어빵을 얼마든지 찍어 내고 있지 않은가?

　템플릿의 또 다른 특징은 집어넣는 재료에 따라 결과물들이 조금씩 달라진다는 것이다. 금형에 플라스틱을 집어넣으면 플라스틱 제품이 나오고 고무를 집어넣으면 고무로 된 제품을 만들 수 있다. 방틀에도 밀가루를 넣으면 붕어빵이 나오지만 찹쌀가루를 넣으면 잉어빵이라는 좀 더 부가가치가 높은 상품이 만들어진다. 제품의 모양만 같을 뿐이지 내용물은 조금씩 달라지는 것이다.

함수 템플릿은 함수를 만들기 위한 형틀이라고 생각하면 된다. 비슷한 모양의 함수들을 여러 개 만들어야 한다면 각 함수들을 매번 직접 정의할 필요없이 함수 템플릿을 한 번만 만들어 놓고 이 템플릿으로부터 일련의 함수들을 찍어낼 수 있다. 다음 예제는 일정한 타입의 변수 두 개의 값을 교환하는 Swap 함수를 만든다.

예제 SwapFunc

```
#include <Turboc.h>

void Swap(int &a, int &b)
{
    int t;
    t=a;a=b;b=t;
}

void Swap(double &a, double &b)
{
    double t;
    t=a;a=b;b=t;
}

void main()
{
    int a=3,b=4;
    double c=1.2,d=3.4;
    Swap(a,b);
    Swap(c,d);
    printf("a=%d,b=%d\n",a,b);
    printf("c=%f,d=%f\n",c,d);
}
```

main에서 변수 여러 개를 선언한 후 Swap 함수로 값을 교환하고 확인을 위해 출력했다. 정수형, 실수형 변수들이 애초에 선언된 값과 반대로 바뀌어 있음을 확인할 수 있다.

```
a=4,b=3
c=3.400000,d=1.200000
```

두 값을 교환하는 알고리즘은 무척 간단해서 두 변수의 값을 서로 대입하기만 하면 된다. 단, 먼저 대입받는 변수의 값을 잠시 저장해 놓기 위한 임시 변수 하나가 필요하며 실인수의 값을 바꿔야 하므로 포인터나 레퍼런스를 이용한 참조 호출을 해야 한다. 음료수 잔의 콜라, 사이다를 교환하고 싶다면 빈 컵 하나가 반드시 필요하며 교환 대상에 따라 빈 컵의 모양과 크기도 달라야 한다. 음료수를 교환하기 위한 빈 컵으로 소주잔은 적당하지 못하다. 예제에는 정수에 대한 Swap, 실수에 대한 Swap 함수가 작성되어 있는데 교환 대상의 타입이 달라지더라도 알고리즘은 동일하며 본체 내용 중 달라지는 부분은 인수와 임수 변수의 타입뿐이다.

```
void Swap(int &a, int &b)          void Swap(double &a, double &b)
{                                  {
    int t;                             double t;
    t=a;a=b;b=t;                        t=a;a=b;b=t;
}                                  }
```

int와 double외에 char, long, 사용자 정의 구조체 등의 변수들도 교환해야 한다면 각 타입에 대해서도 Swap 함수를 일일이 만들어야 할 것이다. 알고리즘은 같지만 인수와 임시 변수의 타입이 다르므로 한 함수로 임의 타입의 변수를 교환할 수는 없다. 그나마 C++은 오버로딩을 지원하므로 함수의 이름이라도 똑같이 작성할 수 있지만 C에서는 함수의 이름마저도 SwapInt, SwapDouble 등으로 달라야 한다. 이런 비슷한 함수들을 일일이 만들어야 한다는 것은 무척 짜증나는 일이며 만든 후에 수정하기도 번거롭다. 그래서 이 함수들을 통합할 수 있는 여러 가지 방법들을 생각해 볼 수 있다.

➊ 우선 인수의 타입을 #define이나 typedef로 정의한 후 본체에서는 이 매크로를 참조하는 방법을 생각할 수 있다. 교환 대상에 대한 중간 타입을 정의하고 함수에서는 중간 타입을 사용하는 것이다. 필요할 때마다 매크로의 타입 정의를 바꾸면 임의의 타입에 대해 교환하는 함수를 만들 수 있다. 다음이 그 예이다.

```
#define SWAPTYPE int
void Swap(SWAPTYPE &a, SWAPTYPE &b)
{
    SWAPTYPE t;
    t=a;a=b;b=t;
}
```

SWAPTYPE이 int로 정의되어 있으므로 현재 Swap 함수는 int형 변수값을 교환하지만 SWAPTYPE을 double로 바꾸면 실수를 교환하는 함수로 탈바꿈할 것이다. 그러나 이 방법은 컴파일할 때마다 필요한 타입으로 바꿔야 한다는 점이 불편하다. 쉽게 말해서 자동이 아니라 수동이다. 또한 이 방법은 하나의 매크로가 두 개의 값을 가질 수 없으므로 각 타입을 교환하는 함수가 동시에 두 개 이상 존재할 수 없다는 점이 문제다.

❷ 두 번째로 다음과 같은 매크로 함수를 쓰는 방법도 가능하다. 중간 타입을 쓰는 것이 아니라 아예 함수 자체를 매크로로 만들어서 필요할 때마다 전개하는 방식이다.

```
#define SWAP(T,a,b) { T t;t=a;a=b;b=t; }
```

이 매크로 함수는 잘 동작하기는 하지만 매크로 내에서 임시 블록 변수 t를 선언해서 사용하므로 교환 대상의 타입을 일일이 가르쳐 줘야 한다. 그래야 임시 변수 t의 타입을 결정할 수 있다. 정수값 a와 b를 바꾸려면 SWAP(int, a, b)로 호출해야 하는데 첫 번째 인수로 전달되는 int라는 타입이 왠지 불편해 보이고 최소 의사 표시 원칙에도 맞지 않다. 군더더기 없이 교환하고자 하는 대상만 지정할 수 있어야 한다.

또한 매크로 함수는 치환될 때마다 코드가 반복되므로 프로그램이 커지는 고질적인 문제가 있다. 그래서 복잡한 동작을 하는 함수에는 부적합하며 값을 교환하는 SWAP 정도의 초간단 함수에만 적용할 수 있다. 게다가 매크로 함수는 여러 가지 부작용도 많아 일반적인 용도로 쓰기에는 한계가 있다.

❸ 이외에 void *라는 일반적인 포인터 타입을 쓰는 방법도 있다. void *는 임의의 타입을 가리킬 수 있으므로 교환 대상 변수의 번지를 전달하여 메모리 복사하는 방식으로 두 값을 교환할 수 있다. 실제로 이런 방식이 가능한지 예제를 만들어 보자.

예제 SwapVoid

```
#include <Turboc.h>

void Swap(void *a,void *b,size_t len)
{
    void *t;
    t=malloc(len);
    memcpy(t,a,len);
    memcpy(a,b,len);
    memcpy(b,t,len);
```

```
        free(t);
}

void main()
{
    int a=3,b=4;
    double c=1.2,d=3.4;
    Swap(&a,&b,sizeof(int));
    Swap(&c,&d,sizeof(double));
    printf("a=%d,b=%d\n",a,b);
    printf("c=%f,d=%f\n",c,d);
}
```

실행 결과는 앞의 예제와 완전히 동일한데 두 개의 함수를 만들지 않아도 한 함수로 정수형과 실수형을 모두 교환할 수 있다. 함수가 포인터를 요구하므로 호출 측에서는 교환대상에 일일이 &를 붙여 번지를 넘기고 또한 길이도 같이 전달해야 한다. void &라는 것은 없으므로 임의 타입을 전달할 때는 레퍼런스를 쓸 수 없고 포인터만 가능하다. void *는 임의의 변수가 있는 번지를 가리킬 수 있어 타입에 대한 정보는 불필요하지만 대신 길이에 대한 정보가 없으므로 길이도 같이 전달하는 수밖에 없다.

Swap 함수 내부도 다소 복잡한데 임의의 타입을 교환해야 하므로 단순한 대입으로는 값을 교환할 수 없으며 변수가 차지하고 있는 영역끼리 메모리 복사를 통해 교환해야 한다. 이때 교환을 위한 임시 변수도 반드시 동적으로 할당해야 하는 부담이 있는데 교환 대상의 길이를 전혀 예측할 수 없으므로 충분한 길이의 임시 버퍼로는 안전하지 않다. 16바이트 정도면 웬만한 기본 타입은 다 교환할 수 있겠지만 1000바이트짜리 구조체가 전달될지도 모르기 때문에 동적으로 할당해야 한다. 이 방법대로라면 아주 큰 배열까지도 교환할 수 있다.

void *를 이용한 교환 함수는 나름대로 실용성도 있고 그야말로 임의의 타입을 다룰 수 있다는 점에서 훌륭하다. 실제로 이런 함수는 종종 사용되며 템플릿보다 더 우월한 면도 있다. 하지만 일일이 &를 붙여 번지를 전달해야 하고 길이까지 가르쳐 주어야 한다는 점에서 불편하기는 마찬가지이다.

여러 가지 대안들이 있지만 신통하게 마음에 드는 방법은 딱히 없다. 지금까지 이 문제에 대한 전통적인 해결방법은 복사한 후 원하는 부분을 수정하는 이른바 몸으로 떼우기 작전밖에 없었다. 약간의 수고만 감수하면 Swap(int, int)를 복사한 후 Swap(double, double)이나 Swap(unsigned, unsigned)를 얼마든지 만들 수 있다. 복사된 수만큼 함수가 늘어나기는 하지만 적어도 호출할 때마다 함수의 본체가 반복되지는 않으며 완전한 함수이므로 지역변수를 자유롭게 쓸 수 있고 복잡한 동작도 얼마든지 가능하다. & 연산자가 없어도 되며 길이 정보도 전달할 필요가 없다.

```
void Swap(int &a, int &b)          void Swap(int &a, int &b)          void Swap(int &a, int &b)
{                                  {                                  {
        int t;                             int t;                             int t;
        t=a;a=b;b=t;                       t=a;a=b;b=t;                       t=a;a=b;b=t;
}                                  }                                  }


                                   void Swap(int &a, int &b)          void Swap(double &a, double &b)
                                   {                                  {
     복사한다.                              int t;                             double t;
                                           t=a;a=b;b=t;                       t=a;a=b;b=t;
                                   }                                  }

                        붙여 넣는다.                        뜯어 고친다.
```

그러나 이런 전통적인 방법은 필요한 타입이 늘어날 때마다 사람의 작업을 필요로 하므로 생산성이 떨어지며 또한 일부를 수정하지 않는 실수의 가능성이 있어 위험하기도 하다. 이런 복사 후 수정 작업을 컴파일러가 대신 하는 문법적 장치가 바로 함수 템플릿이다. 원하는 함수의 모양을 템플릿으로 등록해 두면 함수를 만드는 나머지 작업은 컴파일러가 알아서 한다. 다음 예제는 Swap 함수를 템플릿으로 정의한 것이다.

예제 **SwapTemp**

```cpp
#include <Turboc.h>

template <typename T>
void Swap(T &a, T &b)
{
    T t;
    t=a;a=b;b=t;
}

struct tag_st {int i; double d; };
void main()
{
    int a=3,b=4;
    double c=1.2,d=3.4;
    char e='e',f='f';
    tag_st g={1,2.3},h={4,5.6};

    printf("before a=%d, b=%d\n",a,b);
    Swap(a,b);
    printf("after a=%d, b=%d\n",a,b);
    Swap(c,d);
    Swap(e,f);
    Swap(g,h);
}
```

Swap 함수 템플릿을 정의한 후 정수, 실수, 문자열, 구조체 등에 대해 Swap 함수를 호출해 보았다. 임의의 타입에 대해 Swap 함수를 사용할 수 있되 단 함수 내에서 지역적으로 선언된 타입은 사용할 수 없다. 지역 타입은 함수 내부에서만 쓰는 것이므로 함수간의 통신에는 사용할 수 없기 때문이다. 그래서 tag_st 구조체를 전역으로 선언했는데 이 구조체 선언문이 main 함수 안에 포함되면 에러로 처리된다. 모든 타입에 대해서 제대로 동작하는데 정수형의 a, b에 대해서만 결과를 확인해 보았다. 실행 결과는 다음과 같다. 나머지 타입들도 출력해 보면 잘 교환될 것이다.

```
before a=3, b=4
after a=4, b=3
```

함수 템플릿을 정의할 때는 키워드 template 다음에 ◇ 괄호를 쓰고 괄호 안에 템플릿으로 전달될 인수 목록을 나열한다. 템플릿 인수 목록에는 키워드 typename 다음에 함수의 본체에서 사용할 타입의 이름이 오는데 함수의 형식 인수와 비슷한 기능을 한다고 생각하면 된다. 이 이름은 명칭 규칙에만 맞으면 마음대로 작성할 수 있으나 일반적으로 T나 Type이라는 짧은 이름을 많이 사용한다. 이어지는 함수의 본체에서 템플릿 인수를 참조하여 구체적인 코드를 작성한다.

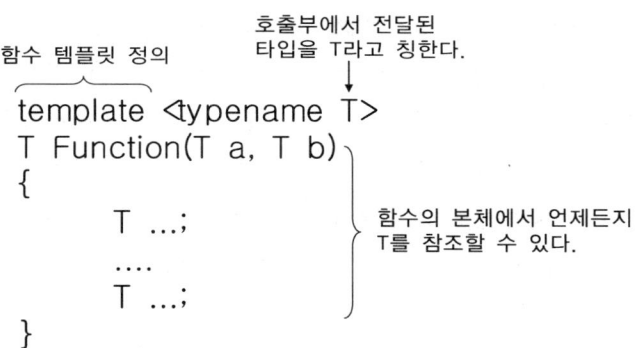

함수 호출부에서 int 타입을 사용했으면 T는 int가 되며 함수 본체에서 참조하는 T는 모두 int가 될 것이다. 마찬가지로 double이 전달되면 T는 double이 되고 char가 전달되면 T는 char가 된다. 호출부에서 전달되는 실제 타입을 템플릿 정의에서 표기하기 위한 임시적인 이름이 바로 typename T인 것이다. 템플릿이 빵틀이라면 T는 빵틀에 집어넣는 재료에 비유될 수 있다.

템플릿 인수 목록에는 키워드 typename 대신 class를 쓸 수도 있으며 구형 컴파일러들은 이 자리에 class를 사용했다. template 〈typename T〉와 template 〈class T〉는 같은 표현이다. 어차피 클래스도 타입이고 int, double 등도 일종의 클래스이므로 의미상 틀리지는 않지만 이렇게 되면 반드시 클래스 타입만 가능한 것처럼 보여 오해의 소지가 있다. 그래서 새로 개정된 표준에는 좀 더 일반적인 의미를 가지는 typename이라는 키워드가 새로 도입되었으며 가급적이면 class 대신 typename을 사용하는 것이 좋다. 현재 class라는 키워드는 클래스를 정의할 때만 쓰도록 권장된다.

템플릿이란 컴파일러가 미리 등록된 함수의 형틀을 기억해 두었다가 함수가 호출될 때 실제 함수를 만드는 장치이다. 그렇다면 다음과 같이 함수를 만드는 매크로 함수를 정의하는 것과는 어떤 점이 다를까?

```
#define MakeSwap(T) \
void Swap(T &a, T &b)\
{\
    T t;\
    t=a;a=b;b=t;\
}

struct tag_st {int i; double d; };
MakeSwap(int)
MakeSwap(double)
MakeSwap(char)
MakeSwap(tag_st)
```

MakeSwap 매크로 함수로 타입 T를 전달하면 T 값 두 개를 교환하는 함수 Swap이 만들어진다. 문법적으로는 분명히 가능한 방법이며 템플릿과 개념상 비슷하지만 두 방법은 지원 주체의 레벨이 다르다. 매크로 함수는 전처리기가 처리하지만 템플릿은 컴파일러가 직접 처리한다. 전처리기는 지시대로 소스를 재구성할 뿐이므로 개발자가 필요한 타입에 대해 일일이 매크로를 전개해야 하므로 수동이지만 템플릿은 호출만 하면 컴파일러가 알아서 함수를 만드는 자동식이므로 매크로 함수보다는 역시 한수 위이다.

그래도 MakeSwap 매크로 함수는 그럴 듯해 보이기는 하는데 함수는 궁한 대로 이 방법을 쓸 수도 있다. 그러나 같은 방법으로 클래스를 정의하는 매크로 함수는 만들 수 없다. 왜냐하면 함수는 이름이 같아도 타입이 다르면 오버로딩할 수 있지만 클래스는 오버로딩이 안되기 때문이다. ## 연산자를 쓰면 가능은 하겠지만 타입에 따라 클래스의 이름이 매번 달라지므로 쓰기에 불편하다.

흔하지는 않지만 템플릿 인수 목록에서 두 개 이상의 타입을 전달받을 수도 있다. 함수의 형식 인수 개수에 제한이 없듯이 함수 본체에서 변화가 생길만한 타입이 둘 이상이라면 함수 템플릿도 여러 개의 인수를 가질 수 있다. 이때는 원하는 만큼 typename을 반복하되 각 타입의 이름은 구분할 수 있도록 다르게 작성해야 한다.

```
template <typename T1, typename T2>
```

당연한 얘기가 되겠지만 함수 템플릿 정의는 함수 호출부보다 먼저 와야 한다. 함수 템플릿 정의문에 의해 컴파일러는 임의의 타입 T의 값을 교환하는 함수의 모양을 Swap이라는 이름으로 기억할 것이다. 만약 main을 더 앞쪽에 두고 싶다면 순서를 바꿀 수 있되 템플릿에 대한 원형을 호출부의 앞쪽에 미리 선언해야 한다. 템플릿 함수의 원형은 template 키워드부터 시작해서 템플릿 함수의 선두를 그대로 가져간 후 세미콜론만 붙이면 만들 수 있다.

```
template 〈typename T〉
void Swap(T &a, T &b);
```

일반 함수와 원형을 만드는 방법은 동일한데 원형 선언이 두 줄에 걸친다는 점에서 다소 어색해 보이기는 한다. 물론 한 줄에 붙여 써도 별 이상은 없다. 이 함수 템플릿으로부터 실제 함수가 어떻게 만들어지는지는 다음 항에서 연구해 보자.

31.1.2 구체화

함수 템플릿은 어디까지나 함수를 만들기 위한 형틀에 지나지 않으며 그 자체가 함수인 것은 아니다. 컴파일러는 함수 템플릿 정의문으로부터 앞으로 만들어질 함수의 모양만 기억하며 실제 함수가 호출될 때 타입에 맞는 함수를 작성한다. 함수 템플릿으로부터 함수를 만드는 과정을 구체화 또는 인스턴스화 (Instantiation)라고 하는데 호출에 의해 구체화되어야만 실제 함수가 만들어진다. 존재하는 모든 타입에 대해 함수를 미리 만들어 놓는 것이 아니다.

이때 함수 템플릿으로부터 만들어지는 함수를 템플릿 함수라고 한다. 용어가 비슷해서 다소 헷갈리는데 둘 다 뒤쪽에 강세를 두고 읽으면 실체 파악이 쉽다. 함수 템플릿은 함수를 만들기 위한 템플릿이고 템플릿 함수는 템플릿으로부터 만들어지는 함수이다. 배열 포인터, 포인터 배열 등의 용어도 마찬가지인데 한국말은 대체로 뒤쪽 단어에 진짜 뜻이 있으며 끝까지 들어 봐야 무슨 말인지 알 수 있다. 용어 중간에 서술어를 넣어서 이해하면 잘 외워진다.

를 만드는   으로부터 만들어지는

함수 템플릿   템플릿 함수

컴파일러가 템플릿으로부터 함수를 구체화를 하는 방법은 사람의 몸으로 때우기 작전과 사실상 동일하다. 소스를 분석하는 중간 단계에서 템플릿의 정의를 잘 기억해 두었다가 호출되는 함수들을 템플릿으로부터 일일이 생성해 낸다. 호출부의 인수를 보고 주인님이 뭘 원하는지 알아내며 템플릿에 이 재료를 집어넣어 함수를 찍어내는 것이다. 사람이 해야 할 잡다한 작업을 컴파일러가 대신하는 것뿐이다.

만약 템플릿만 정의하고 함수를 호출하지 않으면 아무런 일도 일어나지 않으며 템플릿 자체는 메모리를 소모하지 않는다. 마치 붕어빵틀이 붕어빵이 아니어서 먹을 수도 없고 재료를 소모하지 않는 것과 마찬가지이다. 호출에 의해 템플릿이 구체화되어 실제 함수가 될 때만 프로그램의 크기가 늘어난다. 호출되지도 않는 함수를 만들 필요는 전혀 없는 것이다. 템플릿만 선언해 놓고 비주얼 C++로 맵 파일을 만들어서 확인해 보면 과연 그렇다는 것을 확인할 수 있다.

SwapTemp 예제를 통해 템플릿 함수가 구체화되는 것을 확인해 보자. main에서 정수, 실수, 문자, 구조체 등 각각의 타입으로 Swap 함수를 호출하는데 이때마다 컴파일러는 Swap 함수 템플릿을 참조하여 실인수의 타입에 맞는 실제 Swap 함수를 구체화한다. 이 예제의 경우 네 가지 버전의 함수가 구체화될 것이다.

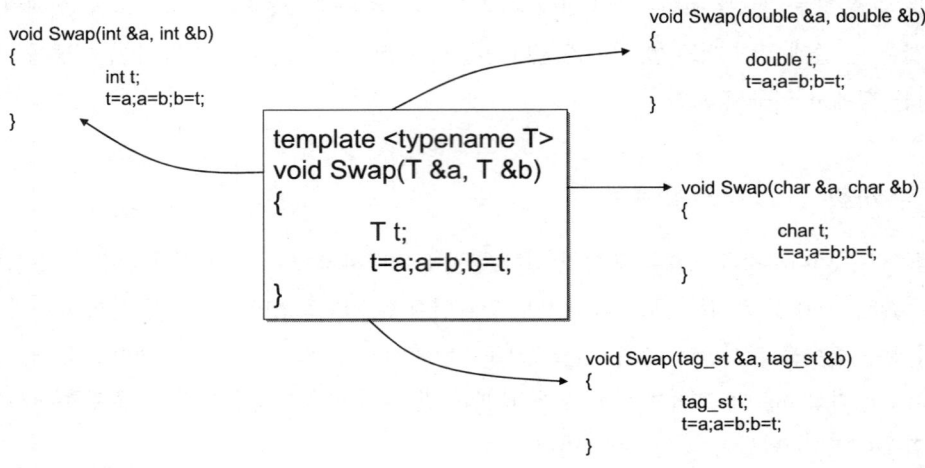

맵 파일을 만들어 확인해 보면 과연 4개의 Swap 함수가 작성되어 있음을 눈으로 직접 확인할 수 있다. 맵 파일(Map File)은 함수나 변수가 어느 주소에 배치되었는지에 대한 일종의 컴파일 결과 보고서인데 프로젝트 설정 페이지의 링크 탭에서 옵션을 선택하면 Debug 디렉토리에 *.map 파일로 생성된다. 물론 long, short, char *, float 등등 다양한 타입에 대해 Swap 함수를 호출하면 더 많은 Swap 함수들이 생성될 것이다.

```
0001:000001b0        ?Swap@@YAXAAH0@Z              004011b0  f i SwapTemp.obj
0001:00000200        ?Swap@@YAXAAN0@Z              00401200  f i SwapTemp.obj
0001:00000260        ?Swap@@YAXAAD0@Z              00401260  f i SwapTemp.obj
0001:000002b0        ?Swap@@YAXAAUtag_st@@0@Z      004012b0  f i SwapTemp.obj
```

컴파일러에 의해 구체화된 함수는 실행 파일에 실제로 존재하며 컴파일 단계에서 미리 만들어지므로 실행시의 부담은 전혀 없다. 함수가 호출될 때 만들어지는 것이 아니다. 대신 매 타입마다 함수들이 새로 만들어지므로 구체화되는 수만큼 실행 파일의 용량이 늘어난다. 템플릿은 크기를 포기하는 대신 속도를 얻는 방식인데 크기와 속도는 항상 반비례 관계에 있다.

타입만 다른 함수들을 직접 복사해서 정의하는 방법과 함수 템플릿을 정의한 후 컴파일러가 구체화하도록 하는 것과는 어떤 차이점이 있을까? 일단은 반복되는 부분이 통합되므로 소스 길이가 짧아지고 수정할 필요가 있을 때 템플릿만 수정하면 된다. 따라서 관리하기 편리해진다는 이점이 있으며 이후 임의의 타입에 대한 함수를 새로 구체화하는 것도 컴파일러가 알아서 하므로 확장성도 훨씬 더 좋다.

더 이상 사용하지 않는 함수를 삭제하는 것도 컴파일러의 몫이다. Swap(c, d) 호출문을 삭제하고 재컴파일해 보면 Swap(double, double) 함수는 다시 생성되지 않음을 확인할 수 있다. 그러나 함수 템플릿을 쓴다고 해서 실행 파일의 크기가 작아지는 것은 아님을 유의하자. 구체화되는 함수들은 각자가 메모리를 따로 차지하므로 실행 파일의 크기면에서는 별다른 이점이 없다. 복사해서 수정하는 방법과 똑같이 메모리를 차지한다. 이런 면에서 볼 때 템플릿보다는 오히려 SwapVoid 예제의 방식이 메모리 절약 면에서는 유리한데 SwapVoid는 어떤 타입에 대해서건 함수는 딱 하나밖에 생성되지 않는다.

∷ 명시적 인수 지정

컴파일러는 호출부의 실인수 타입을 판별하여 필요한 함수를 구체화하는데 예를 들어 Swap(a, b) 는 a, b가 정수이므로 Swap(int, int) 함수를 구체화할 것이고 Swap(c, d)는 c, d가 실수형이므로 Swap(double, double) 함수를 구체화할 것이다. 템플릿 타입 정의에 의해 두 인수의 타입은 같아야 하므로 SwapTemp 예제에서 Swap(a, c)는 두 인수의 타입이 int, double로 달라 에러로 처리된다. Swap(a, c) 호출에 대해 Swap(double, double) 함수를 구체화하고 a를 double로 암시적 변환해서 호출할 수도 있을 것 같지만 템플릿은 타입이 정확해야 하므로 암시적 변환까지는 고려하지 않는다.

상수는 변수와 달리 그 형태만으로 타입을 정확하게 판단하기 힘든 경우가 있다. 그래서 템플릿 함수를 호출할 때 실인수와는 다른 타입을 강제로 지정할 수 있는데 이때는 함수명 다음의 〈 〉 괄호 안에 원하는 타입을 밝힌다. 다음 템플릿 함수는 큰 값을 조사한다.

```
template 〈typename T〉
T Max(T a, T b)
{
    return (a 〉 b) ? a:b;
}
```

Max(3, 4)는 두 인수가 정수형이므로 Max(int, int) 함수를 구체화하여 호출할 것이다. 그러나 Max〈double〉(3, 4)로 호출하면 실인수 3, 4가 정수형 상수지만 산술 변환되어 Max(double, double) 함수가 호출된다. 물론 Max(3.0, 4.0)이라고 호출해도 마찬가지이다. 정수형 변수 둘에 대해 실수형 Max를 호출하고 싶으면 Max((double)a, (double)b)로 캐스트 연산자를 사용할 수도 있다.

리턴 타입이나 인수로 직접 사용되지 않는 타입을 가지는 함수를 호출하기 위해서는 명시적으로 템플릿의 인수 타입을 지정해야 한다. 리턴 타입은 호출할 함수를 결정할 때는 사용되지 않으며 또한 인수로 전달되지 않고 함수 내부에서만 사용하는 타입도 함수 호출문에는 나타나지 않는다. 이럴 때는 컴파일러가 함수 호출문만으로 구체화할 함수를 결정할 수 없으므로 어떤 타입의 템플릿 함수를 원하는지를 분명히 지정해야 한다.

TempReturn

```
#include 〈Turboc.h〉
#include 〈iostream〉
using namespace std;

template 〈typename T〉
T cast(int s)
{
    return (T)s;
}

template 〈typename T〉
void func(void)
{
    T v;

    cin 〉〉 v;
    cout 〈〈 v;
}

void main()
{
    unsigned i=cast〈unsigned〉(1234);
    double d=cast〈double〉(5678);

    printf("i=%d, d=%f\n",i,d);
    func〈int〉();
}
```

cast는 인수로 전달된 s를 템플릿 인수가 지정하는 타입으로 캐스팅하는 함수이다. cast(1234) 호출문 만으로는 어떤 버전의 함수를 만들지 결정할 수 없으므로 명시적으로 인수를 밝혀서 호출해야 한다. 1234 라는 상수는 cast의 정수형 인수로 고정되어 있을 뿐이지 T를 결정하는 데는 사용할 수 없다. 이 예제의 경우 unsigned cast(int), double cast(int) 두 버전의 함수가 구체화되는데 이 두 함수는 이름이 동일하고 인수 목록까지 같으므로 오버로딩 조건을 만족하지 못한다. 이처럼 리턴 타입만 다른 경우라도 템플릿에 의해 각각 따로 구체화될 수는 있지만 호출할 때 어떤 함수를 호출하는지를 반드시 밝혀야 한다.

그냥 cast(1) 이라고 호출해 버리면 어떤 함수를 원하는지 결정할 수 없어 모호하므로 에러로 처리된다. 1234라는 정수 상수를 unsigned형으로 캐스트하고 싶다면 cast⟨unsigned⟩(1234)로 호출하고 5678이라는 정수 상수를 double 타입으로 캐스트하려면 cast⟨double⟩(5678)로 호출한다. cast라는 템플릿 이름만으로는 정보가 부족하다.

func 함수는 내부적인 처리를 위해 T형의 지역변수 v를 선언하여 사용한다. 물론 T가 가변적인 타입이므로 본체는 전달된 모든 타입에 대해 가능한 코드만 사용해야 한다. func는 인수도 리턴값도 없으므로 호출부만 봐서는 도대체 어떤 함수를 구체화할 지 전혀 결정할 수 없다. 따라서 func()라고 호출하면 컴파일러는 뭘 원하는지 어리둥절해 할 것이다. 이때도 func⟨int⟩() 처럼 지역변수 v의 타입을 명시적으로 전달해야 한다.

리턴 타입만 다른 템플릿이나 알지도 못하는 타입의 지역변수를 선언하는 함수는 그다지 실용성이 없어 보이고 저런 걸 어디다 쓸까 싶지만 호환되는 여러 가지 타입의 객체 중 원하는 것을 선택해서 대신 생성해 주는 래퍼 함수를 만들고 싶을 때 이런 기법이 가끔 사용되기도 한다. STL을 연구하다 보면 이런 함수를 실제로 볼 수 있는데 그때를 위해 이런 문법도 있다는 것은 기억해 두도록 하자.

명시적 인수 지정 기법은 비슷비슷한 함수를 여러 번 만들지 않고 특정한 한 타입에 대해서만 함수를 구체화하고 싶을 때도 아주 실용적이다. 다음 예제를 보자.

예제 **ExplicitPara**

```
#include ⟨Turboc.h⟩

template ⟨typename T⟩
void LongFunc(T a)
{
    // 아주 긴 함수의 본체
}

void main()
{
    int i=1;
    unsigned u=2;
    long l=3;

    LongFunc(i);
    LongFunc(u);
    LongFunc(l);
}
```

LongFunc은 본체가 굉장히 큰 함수이고 길이가 길다고 할 때 int, unsigned, long 각각에 대해 이 함수를 일일이 구체화하면 실행 파일의 용량이 무시못할 정도로 커질 것이다. 이 외에도 int와 호환되는 타입은 char, short, 열거형 등 아주 많은 타입이 있는데 사실 이 타입들은 int와 거의 똑같은 방법으로 처리할 수 있으므로 굳이 본체를 따로 만들 필요까지는 없을 것이다. 이럴 때는 호출문을 다음과 같이 작성하여 구체화되는 함수의 수를 줄일 수 있다.

```
LongFunc〈int〉(i);
LongFunc〈int〉(u);
LongFunc〈int〉(l);
```

실인수의 타입에 상관없이 LongFunc(int) 함수만 구체화되며 실인수가 정수로 산술 변환되어 전달된다. 물론 이 경우 정수로 산술 변환되어도 상관없는 실인수만 사용해야 한다.

:: **명시적 구체화**

함수의 호출부를 보고 컴파일러가 템플릿 함수를 알아서 만드는 것을 암시적 구체화라고 한다. 개발자가 원하는 타입으로 함수를 호출하기만 하면 나머지는 컴파일러가 다 알아서 하며 호출하지 않는 타입에 대해서는 구체화하지 않는다. 만약 특정 타입에 대한 템플릿 함수를 강제로 만들고 싶다면 이때는 명시적 구체화(Explicit Instantiation)를 하는데 이는 지정한 타입에 대해 함수를 생성하도록 컴파일러에게 지시하는 것이다. 예를 들어 float 타입을 교환하는 함수를 생성하고 싶다면 다음 명령을 사용한다.

```
template void Swap〈float〉(float, float);
```

명시적 구체화 명령의 표기는 일단 키워드 template가 앞에 오고 함수 이름 다음에 생성하고 싶은 타입을 〈 〉 괄호 안에 적는다. 이 선언에 의해 float형을 인수로 취하는 Swap(float, float) 함수가 만들어진다. 당연한 얘기겠지만 템플릿이 어떤 모양인지를 알아야 컴파일러가 이런 함수를 만들 수 있으므로 명시적 구체화 명령은 템플릿 선언보다 뒤에 와야 한다.

이 함수가 당장 필요치 않더라도 일단 만들어 놓고 싶다면 명시적 구체화로 강제 생성을 지시할 수 있다. 예를 들어 지금 작성하는 소스에서는 이 함수가 필요치 않지만 컴파일된 라이브러리로 배포하고 싶다면 명시적 구체화를 할 필요가 있다. 그러나 실제 상황에서 이런 경우는 거의 발생하지 않는데 왜냐하면 함수 템플릿 정의문은 보통 헤더 파일에 작성하며 헤더 파일을 배포하기 때문이다. 라이브러리를 사용하는 측에서 헤더 파일을 인클루드하고 Swap(float, float)를 호출하면 그때 컴파일러가 이 함수를 구체화할 것이므로 문제가 되지 않을 것이다.

다만 함수의 내용을 숨기고 싶을 때는 함수 템플릿을 공개할 수 없으므로 이럴 때는 명시적 구체화로 자주 사용할만한 타입에 대해 일련의 함수 집합을 미리 생성해 놓는다. 이 라이브러리의 사용자는 개발자가 명시적으로 구체화해 놓은 함수만 사용할 수 있을 것이다. 명시적 구체화는 컴파일 속도에도 긍정적인 효과가 있는데 미리 필요한 함수를 생성해 놓으면 컴파일러가 어떤 함수를 생성할 것인지를 판단하는 시간을 조금 절약할 수 있다.

31.1.3 동일한 알고리즘 조건

함수 템플릿은 코드는 동일하고 타입만 다른 함수의 집합을 정의한다. 즉, 템플릿으로 정의할 수 있는 함수들은 문제를 푸는 알고리즘이 동일해야 하며 알고리즘이 다른 함수는 템플릿의 일원이 될 수 없다. 이런 함수들의 집합을 몇 개 더 구경해 보도록 하자.

예제 TemplateFunc

```
#include <Turboc.h>

template <typename T>
T Max(T a, T b)
{
    return (a > b) ? a:b;
}

template <typename T>
T Add(T a, T b)
{
    return a+b;
}

template <typename T>
T Abs(T a, T b)
{
    return (a > 0) ? a:-a;
}

void main()
{
    int a=1,b=2;
    double c=3.4,d=5.6;
    printf("더 큰 정수 = %d\n",Max(a,b));
    printf("더 큰 실수 = %f\n",Max(c,d));
}
```

두 값 중 큰 값을 찾는 Max, 두 값의 합을 구하는 Add, 절대값을 찾는 Abs 함수들이 템플릿으로 정의되어 있다. 이 함수들은 인수로 전달된 임의의 타입에 대해 동작할 수 있으며 호출부에서는 실인수의 타입을 보고 적절한 함수를 구체화하여 호출한다.

예제의 세 함수 템플릿들을 보면 값을 비교, 연산하고 선택하는 알고리즘이 타입과 상관없이 항상 동일하다는 것을 알 수 있다. 달라질 수 있는 것은 오로지 타입뿐이므로 이런 함수들이 템플릿으로 통합될 수 있는 것이다. 만약 알고리즘이 동일하지 않다면, 즉 함수의 본체가 완전히 달라야 한다면 이 함수들은 같은 템플릿으로 통합될 수 없다. 예를 들어 두 값을 교환하는 Swap 함수 템플릿의 경우 임의의 타입에 대해 잘 동작하지만 배열에 대해서는 동작하지 않는다. 만약 다음과 같이 배열을 가리키는 포인터를 두 개 선언하고 이 포인터를 Swap 함수로 전달했다고 해 보자.

```
int a[]={1,2,3},b[]={4,5,6};
int *pa=a,*pb=b;
Swap(pa, pb);
// Swap(a, b);
```

Swap(pa, pb)는 일단 정상적으로 동작하는 것처럼 보인다. 그러나 이는 배열을 가리키는 포인터만 교환한 것이지 배열 자체가 교환된 것은 아니다. Swap(a, b) 호출로 배열 자체를 교환하려고 시도하면 포인터 상수인 배열명을 변경할 수 없다는 에러로 처리된다. 두 배열의 타입과 크기가 일치하더라도 배열을 교환하는 알고리즘은 단순 타입이나 구조체를 교환하는 것과는 다르다. 배열끼리는 대입되지 않으므로 배열의 요소들을 일대일로 교환해야 하며 배열의 크기가 가변적이므로 길이에 대한 별도의 정보를 더 전달해야 한다.

두 배열의 내용을 통째로 교환하려면 별도의 함수를 만들어야 하는데 다양한 배열 요소에 대해 동작하려면 요소의 타입별로 일련의 함수를 만들어야 할 것이다. 이때도 요소의 타입만 달라지므로 템플릿을 사용할 수 있다. 다음 예제는 배열을 교환하는 함수 템플릿을 정의하는데 임의의 T형을 요소로 가지는 num길이의 두 배열을 메모리 복사를 통해 교환한다.

예제 SwapArray

```
#include 〈Turboc.h〉

template 〈class T〉
void SwapArray(T *a, T *b,int num)
{
    void *t;
```

```
        t=malloc(num*sizeof(T));
        memcpy(t,a,num*sizeof(T));
        memcpy(a,b,num*sizeof(T));
        memcpy(b,t,num*sizeof(T));
        free(t);
    }

    void main()
    {
        int a[]={1,2,3},b[]={4,5,6};
        char c[]="문자열",d[]="string";
        SwapArray(a,b,sizeof(a)/sizeof(a[0]));
        printf("before c=%s,d=%s\n",c,d);
        SwapArray(c,d,sizeof(c)/sizeof(c[0]));
        printf("after c=%s,d=%s\n",c,d);
    }
```

앞에서 만들었던 SwapVoid와 상당히 유사한데 메모리의 길이를 인수로 전달받는 것이 아니라 요소의 개수를 전달받는다는 점이 다르다. main에서 크기 3의 정수형 배열과 크기 7의 문자형 배열에 대해 교환을 했으므로 SwapArray는 두 가지 버전으로 구체화될 것이다. 실행 결과는 다음과 같다.

```
before c=문자열,d=string
after c=string,d=문자열
```

보다시피 배열을 교환하는 알고리즘은 단순 타입을 교환하는 알고리즘과 완전히 틀리고 필요한 인수 목록도 다르기 때문에 하나의 함수 템플릿으로 통합될 수 없으며 따로 템플릿을 구성해야 한다. 이 예제에서는 배열을 교환하는 함수 템플릿에 SwapArray라는 이름을 사용했는데 인수 목록이 달라 오버로딩이 가능하므로 Swap이라는 이름을 같이 써도 상관없다. 즉 템플릿끼리도 오버로딩은 가능하다.

31.1.4 임의 타입 지원 조건

함수 템플릿의 본체 코드는 임의의 타입에 대해서도 동일하게 동작해야 하므로 타입에 종속적인 코드는 사용할 수 없다. 기본 타입에 대해 이미 오버로딩되어 있는 +, - 등의 연산자를 사용하거나 cout과 같이 피연산자의 타입을 스스로 판별할 수 있는 코드만 사용해야 한다. printf 함수처럼 타입에 따라 서식을 미리 결정해야 하는 함수는 함수 템플릿에서 쓰지 않는 것이 바람직하다. 다음 함수를 보자.

```
template <typename T>
void PrintValue(T value)
{
    printf("value is %d\n",value);
}
```

템플릿으로 되어 있어서 임의의 타입을 받을 수는 있지만 출력 코드에서 %d 서식을 사용하고 있으므로 사실상 정수 호환 타입만 출력할 수 있다. 정수 이외의 타입을 %d 서식으로 출력하면 어떤 값이 출력될지 알 수 없다. 좀 더 범용성을 높이려면 cout으로 출력하는 것이 유리한데 cout은 임의 타입을 출력할 수 있고 사용자 정의 타입도 << 연산자만 적절하게 오버로딩되어 있으면 똑같은 방법으로 출력할 수 있다.

앞 예제의 Add 함수 템플릿은 + 연산자로 피연산자를 더하는데 + 는 대부분의 기본 타입에 대해 오버로딩되어 있으므로 아무 타입이나 잘 더할 수 있을 것 같다. 그러나 이 연산자를 쓸 수 있는 정수, 실수, 문자형 등의 수치형에 대해서만 사용할 수 있을 뿐이다. 문자열(char *)을 더할 때는 포인터끼리 더할 수 없으므로 strcat 함수를 사용해야 한다. 더하는 알고리즘이 완전히 다르므로 Add 함수를 사용할 수 없다. 물론 + 연산자를 오버로딩하고 있는 문자열 객체라면 이 함수로 연결할 수 있을 것이다.

템플릿 본체에 사용된 모든 코드와 호환되는 타입에 대해서만 구체화할 수 있다. 두 값 중 큰 값을 찾는 Max 템플릿은 단순히 > 연산자와 삼항 조건 연산자만으로 값의 대소를 판단할 뿐이다. 지극히 간단해서 별다른 제약이 없을 것 같지만 이 간단한 템플릿도 안 통하는 경우가 있다. 다음 예제를 보자.

예제 MaxObject

```
#include <Turboc.h>

template <typename T>
T Max(T a, T b)
{
    return (a > b) ? a:b;
}

struct S {
    int i;
    S(int ai) : i(ai) { }
    //operator >(S &Other) { return i > Other.i; }
};

void main()
```

```
{
    int i1=3,i2=4;
    double d1=1.2,d2=3.4;
    S  s1(1),s2(2);

    Max(i1,i2);
    Max(d1,d2);
    Max(s1,s2);
}
```

Max는 두 값 중 큰 값을 리턴하는데 정수나 실수에 대해서는 잘 동작한다. 그러나 구조체 S에 대해서는 동작하지 않는데 구조체끼리는 〉 연산자로 비교할 수 없기 때문이다. 구조체에 〉 연산자를 오버로딩해 놓으면 이때는 S 객체끼리 대소 비교가 가능해 지므로 Max(s1, s2) 호출도 잘 컴파일된다. S가 〉 연산자를 오버로딩하지 않더라도 이 호출을 주석으로 처리하면 Max(S, S)가 구체화되지 않으므로 아무 일 없다는 듯 잘 컴파일된다.

컴파일러는 구체화된 템플릿 함수에 대해서만 에러 체크를 할 뿐이지 템플릿 자체에 대해서는 상세한 점검을 할 수 없다. 템플릿을 정의할 때는 어떤 타입이 전달될지 모르므로 컴파일러는 템플릿의 모양만 기억해 둘 뿐 구문상의 에러 체크를 하지 않는다. 심지어 다음과 같은 템플릿도 아무 문제없이 컴파일된다.

```
template 〈typename T〉
void Some(T arg)
{
    arg.ar[34]=arg.next;
    arg.next-〉value=1234;
}
```

이 템플릿은 인수로 전달받은 arg가 구조체이고 이 구조체 안에 크기가 최소한 35이상인 ar 배열이 멤버로 포함되어 있으며 next는 다른 구조체를 가리키는 포인터이고 next가 가리키는 구조체의 value 멤버는 정수형 변수라는 것을 가정하고 있다. 이 가정이 맞는지 아닌지는 실제로 전달되는 T가 어떤 타입인가에 따라 달라지는 것이므로 컴파일러는 구체화될 때까지는 에러 체크를 보류할 수밖에 없는 것이다. 오타가 있거나 if = for + while; 같은 말도 안 되는 구문까지도 일단은 컴파일된다.

템플릿은 인수로 전달된 임의의 타입에 대해 동작할 수 있는 함수의 형틀이지만 그 본체에서는 전달될 만한 타입을 모두 지원하는 범용적인 코드만 작성해야 한다. 또는 템플릿으로 전달된 타입이 해당 템플릿의 본체 코드의 요구 조건을 모두 만족해야 한다. 그렇지 않을 경우 잘 사용하던 템플릿도 특정 타입에 대해 구체화했을 때 갑자기 에러가 발생할 수도 있다. 다음 예제로 테스트해 보자.

```
#include <Turboc.h>

template <typename T>
void Swap(T &a, T &b)
{
    T t;
    t=a;a=b;b=t;
}

class Person
{
private:
    char *Name;
    int Age;

public:
    Person() {
            Name=new char[1];
            Name[0]=NULL;
            Age=0;
    }
    Person(const char *aName, int aAge) {
            Name=new char[strlen(aName)+1];
            strcpy(Name,aName);
            Age=aAge;
    }
    Person(const Person &Other) {
            Name=new char[strlen(Other.Name)+1];
            strcpy(Name,Other.Name);
            Age=Other.Age;
    }
/*
    Person &operator =(const Person &Other)        {
            if (this != &Other) {
                    delete [] Name;
                    Name=new char[strlen(Other.Name)+1];
                    strcpy(Name,Other.Name);
                    Age=Other.Age;
            }
            return *this;
    }
```

```
//*/
    virtual ~Person() {
        delete [] Name;
    }
    virtual void OutPerson() {
        printf("이름 : %s 나이 : %d\n",Name,Age);
    }
};

void main()
{
    Person A("이승만",10);
    Person B("박정희",20);
    A.OutPerson();B.OutPerson();
    Swap(A,B);
    A.OutPerson();B.OutPerson();
}
```

예제의 선두에는 앞에서 만들어서 이미 테스트가 완료된 Swap 템플릿이 정의되어 있다. 변수 교환 알고리즘이 워낙 간단해서 별 문제가 없을 것 같지만 Person 객체에 대해서는 제대로 동작하지 않으며 끝낼 때 다운된다. Swap 템플릿은 변수값 교환을 위해 세 번 대입을 하므로 이 코드가 이상없이 동작하려면 대입이 가능해야 하고 대입에 의해 별다른 문제가 없어야 한다. 그러나 예제의 Person 클래스는 대입 연산자를 제대로 정의하지 않아 템플릿의 코드와는 맞지 않다.

Person 객체 A와 B에 대해 Swap(A,B)를 호출했을 때 어떤 일들이 벌어지는지 상상해 보자. 컴파일러는 함수 호출부의 타입을 보고 Swap(Person, Person) 함수를 구체화하여 형식 인수 a, b로 실인수 A, B를 전달한다. Person에는 복사 생성자가 정의되어 있으므로 여기까지는 아주 정상적이다. 그러나 교환을 위해 a를 t에 대입하는 순간 t는 얕은 복사에 의해 a와 버퍼를 공유하게 되며 이 상태에서 t의 값을 b가 대입받았다. Swap 함수가 종료될 때 a는 b의 값을 무사히 대입받았지만 b와 t가 버퍼를 공유하며 지역 객체 t가 파괴되면서 b의 버퍼를 정리해 버린다. main으로 돌아 왔을 때 실인수 B의 버퍼가 이중 해제되므로 다운되는 것이다.

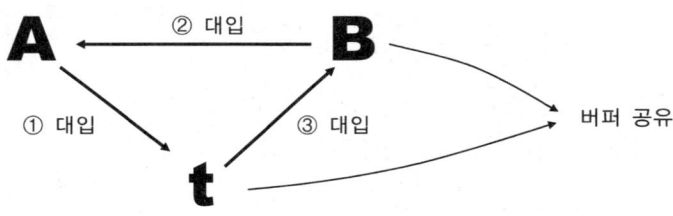

틀린 코드임에도 불구하고 컴파일 에러가 발생하지 않는 이유는 대입 연산자는 디폴트가 있으므로 일단 대입은 가능하기 때문이다. 디폴트 대입 연산자에 의한 얕은 복사가 문제의 원인이었으므로 깊은 복사를 하는 대입 연산자를 정의하면 문제가 해결된다. 예제의 주석으로 묶여있는 대입 연산자를 풀어 보면 아무 이상없이 잘 동작할 것이다.

템플릿은 지금 당장 잘 컴파일되고 이상없이 동작하는 것처럼 보이더라도 타입이 바뀌면 어떻게 될지 장담할 수 없다. 완벽할 수는 없겠지만 템플릿은 가급적이면 많은 타입을 지원할 수 있도록 범용적인 코드를 작성해야 하며 템플릿의 인수로 사용될 클래스는 템플릿 본체가 요구하는 모든 기능을 지원해야 한다. 가장 이상적인 타입은 기본 타입인 int이므로 int와 똑같은 방식으로 동작하는 클래스를 만든다면 거의 안전하다. 왜 클래스가 완전한 타입 흉내를 내려고 그토록 몸부림을 치는지 이해할 수 있겠는가?

31.1.5 특수화

같은 템플릿으로부터 만들어진 함수는 타입만 제외하고 동일한 본체를 가지므로 동작도 동일하다. 만약 특정 타입에 대해서만 다르게 동작하도록 하고 싶다면 이때는 특수화(Specialization)라는 기법을 사용한다. 예를 들어 Swap 함수를 실수에 대해 적용할 때는 값을 전부 교환하지 말고 정수부만 교환하고 싶다고 하자. 이럴 때는 double 형에 대해서 특수한 함수를 하나 만들면 된다.

예 제 **Specialization**

```
#include <Turboc.h>

template <class T>
void Swap(T &a, T &b)
{
    T t;
    t=a;a=b;b=t;
}

template <> void Swap<double>(double &a, double &b)
{
    int i,j;

    i=(int)a;
    j=(int)b;
    a=a-i+j;
    b=b-j+i;
}
```

```
void main()
{
    double a=1.2,b=3.4;
    printf("before a=%g, b=%g\n",a,b);
    Swap(a,b);
    printf("after a=%g, b=%g\n",a,b);
}
```

Swap 함수 템플릿을 정의해 두고 double형에 대해서 특별한 Swap 함수를 따로 정의했다. double에 대해 특수화된 Swap 함수의 본체는 정수부만 교환하는 고유한 코드를 가진다. main에서는 두 개의 실수를 Swap 함수로 교환했는데 실행 결과는 다음과 같다.

```
before a=1.2, b=3.4
after a=3.2, b=1.4
```

만약 double에 대한 특수화를 하지 않으면 일반적인 Swap 함수가 호출되어 소수부, 실수부가 같이 바뀔 것이다. 컴파일러는 템플릿 함수 호출 구문이 있을 때 항상 템플릿의 정의보다 특수화된 정의에 우선권을 주므로 동일한 이름의 템플릿과 특수화 함수가 존재하면 특수화된 함수가 호출된다. 특수화 함수를 표기하는 방법은 여러 가지가 있다.

① template 〈〉 void Swap〈double〉(double &a, double &b)

② template 〈〉 void Swap〈〉(double &a, double &b)

③ template 〈〉 void Swap(double &a, double &b)

④ void Swap〈double〉(double &a, double &b)

⑤ void Swap〈〉(double &a, double &b)

⑥ void Swap(double &a, double &b)

특수화된 함수라는 것을 표시하기 위해 template ◇로 시작하는데 ◇가 없으면 명시적 구체화 구문이 되므로 잘 구분해야 한다. 함수 이름 뒤에는 어떤 타입에 대한 특수화 함수인지 ◇ 괄호와 특수화된 타입 이름을 밝힌다. ①번 표기법이 가장 완전한 형태이되 좀 더 간략한 표기법도 쓸 수 있다. 어떤 타입에 대해 특수화되었는지는 어차피 인수의 타입으로도 알 수 있으므로 함수명 다음의 ◇ 괄호는 생략 가능하며 ◇만 남겨 두고 타입만 생략하는 것도 가능하다. 단, 템플릿 인수가 리턴 타입이나 내부 지역변수로 사용될 때는 ①번 타입만 가능하다.

또한 ④번처럼 함수명 다음에 ◇ 괄호가 있다면 이 표기로부터 함수 템플릿에 대한 특수화 함수라는 것을 알 수 있으므로 앞쪽의 template ◇도 생략 가능하다. 이 표기법은 구형 컴파일러들이 주로 사용하던 방법이며 ⑤번처럼 ◇ 괄호 안에 타입 명을 생략해도 상관없다. 대부분의 컴파일러가 아직까지도 이 표기법을 지원하고는 있지만 최신 표준에는 이 표기법이 인정되지 않으므로 가급적 사용을 자제해야 한다.

특수화 함수를 표기하는 방법이 왜 이렇게 많은가 하면 템플릿이라는 기능이 처음부터 표준에 의해 정립된 것이 아니라 각 컴파일러 제작사들에 의해 비공식적으로 발전해 오다가 비교적 최근에 표준으로 채택되었기 때문이다. 표준이 제정되었다고 해서 이전에 사용하던 형식을 무시할 수는 없기 때문에 이런 많은 표기법들이 난무하는 상황이 되었는데 이런 면을 보면 표준이 얼마나 중요한가를 알 수 있다. 표준 제정이 늦어지면 변종들이 생겨 여러 사람들이 피곤해진다.

마지막 ⑥번 형식은 특수화 함수가 아니라 그냥 일반 함수 Swap을 정의하는 것이다. 이렇게 일반 함수를 정의해도 일단은 목적을 이룰 수 있지만 우선 순위의 문제가 있어 바람직하지 않다. 함수 템플릿과 특수화된 함수, 그리고 일반 함수가 동시에 존재할 경우 어떤 함수를 우선적으로 선택할 것인가는 컴파일러마다 다르다. 만약 일반 함수가 템플릿 함수보다 우선 순위가 늦다면 지정한 타입에 대해 특수한 처리를 할 수 없을 것이다.

과 제 AddTemp

> 임의 타입의 두 인수 a, b를 더한 값을 리턴하는 Add 함수 템플릿을 작성하되 char *에 대해서는 문자열을 연결하도록 특수화하라.

31.2 클래스 템플릿

31.2.1 타입만 다른 클래스들

클래스 템플릿은 함수 템플릿과 비슷하되 찍어내는 대상이 클래스라는 것만 다르다. 구조나 구현 알고리즘은 동일하되 멤버들의 타입만 다를 경우 클래스를 일일이 따로 만드는 대신 템플릿을 정의한 후 템플릿으로부터 클래스를 만들 수 있다. 실용적 가치는 별로 없지만 화면상의 특정 좌표에 출력될 값에 대한 정보를 표현하는 클래스를 만들어 보자. 정보의 타입에 따라 값을 표현하는 멤버의 타입이 달라지므로 타입에 따라 클래스를 일일이 만들어야 한다.

```
class PosValueInt
{
```

```
private:
    int x,y;
    int value;
public:
    PosValue(int ax, int ay, int av) : x(ax),y(ay),value(av) { }
    void OutValue();
};

class PosValueChar
{
private:
    int x,y;
    char value;
public:
    PosValue(int ax, int ay, char av) : x(ax),y(ay),value(av) { }
    void OutValue();
};

class PosValueDouble
{
private:
    int x,y;
    double value;
public:
    PosValue(int ax, int ay, double av) : x(ax),y(ay),value(av) { }
    void OutValue();
};
```

좌표값 x, y는 모든 클래스에서 int형이며 값을 표현하는 value 멤버의 타입만 달라진다. 클래스는 함수에서와 같은 오버로딩이 지원되지 않으므로 이름을 모두 다르게 작성해야 하며 value의 타입에 따라 생성자의 원형도 각기 다르다. 결국 실제로 다른 부분은 value의 타입뿐이며 나머지는 모두 동일하므로 이 클래스들을 하나의 템플릿으로 통합할 수 있다.

예제 PosValueTemp

```
#include <Turboc.h>
#include <iostream>
using namespace std;
```

```
template 〈typename T〉
class PosValue
{
private:
    int x,y;
    T value;
public:
    PosValue(int ax, int ay, T av) : x(ax),y(ay),value(av) { }
    void OutValue();
};

template 〈typename T〉
void PosValue〈T〉::OutValue()
{
    gotoxy(x,y);
    cout 〈〈 value 〈〈 endl;
}

void main()
{
    PosValue〈int〉 iv(1,1,2);
    PosValue〈char〉 cv(5,1,'C');
    PosValue〈double〉 dv(30,2,3.14);
    iv.OutValue();
    cv.OutValue();
    dv.OutValue();
}
```

클래스 선언문 앞에 template 〈typename T〉를 붙이고 타입에 종속적인 부분에만 T를 사용하면
된다. 예제의 PosValue 클래스는 템플릿 인수로 전달받은 타입 T를 value의 타입으로 선언하였고 생성
자의 세 번째 인수도 T형이 된다. 이렇게 정의된 클래스 타입의 객체를 생성할 때 클래스 이름 다음의
〈 〉 괄호 안에 원하는 타입을 밝혀야 한다. 클래스 템플릿으로부터 만들어지는 클래스를 템플릿 클래스라
고 하는데 템플릿 클래스의 타입 명에는 〈 〉 괄호가 항상 따라 다닌다. value가 int형인 클래스의 이름은
PosValue〈int〉이고 value가 char형인 클래스의 이름은 PosValue〈char〉이다.

단 예외적으로 생성자의 이름은 클래스의 이름을 따라가지만 클래스 템플릿의 경우 템플릿 이름을 사용
해도 상관없다. 〈T〉 괄호가 있거나 없거나 상관없다는 얘기인데 위 예제의 PosValue 생성자를 PosValue
〈T〉(int ax, int ay, T av)로 정의할 수도 있다. 보통은 생성자에 대해서는 〈T〉를 붙이지 않는다.

클래스 템플릿

클래스 템플릿의 멤버 함수를 선언문 외부에서 작성할 때는 템플릿에 속한 멤버 함수임을 밝히기 위해 소속 클래스의 이름에도 〈T〉를 붙여야 하며 T가 템플릿 인수임을 명시하기 위해 template 〈typename T〉가 먼저 와야 한다. OutValue 멤버 함수는 PosValue〈T〉 클래스 소속이며 이때 T는 템플릿 인수 목록으로 전달된 타입의 이름이다. 함수 본체 내에서는 T를 언제든지 참조할 수 있다. 클래스 선언문 내부에서 인라인으로 함수를 선언할 때는 클래스 선언문 앞에 T에 대한 설명이 있으므로 이렇게 하지 않아도 상관없다.

```
template 〈typename T〉
class PosValue
{
    ....
    void OutValue() {
        gotoxy(x,y);
        cout 〈〈 value 〈〈 endl;
    }
};
```

템플릿 클래스로부터 객체를 선언할 때는 템플릿 이름 다음에 〈 〉괄호를 쓰고 괄호 안에 T로 전달될 타입의 이름을 명시해야 한다. PosValue〈int〉는 int 타입의 value를 멤버로 가지는 PosValue 템플릿 클래스를 의미하며 PosValue〈double〉 클래스의 value는 double 타입이 된다. 템플릿 클래스의 이름에는 타입이 분명히 명시되어야 한다. PosValue라는 명칭은 어디까지나 템플릿의 이름일 뿐이므로 이 이름으로부터 객체를 생성할 수는 없다.

컴파일러는 객체 선언문에 있는 초기값의 타입으로부터 어떤 타입에 대한 클래스를 원하는지 알 수 있을 것도 같다. 예를 들어 PosValue iv(1,1,2)라고 쓰면 제일 마지막 인수가 int형 상수이므로 PosValue〈int〉 타입이라고 유추 가능할 것이다. 그러나 생성자가 오버로딩되어 있을 경우 이 정보만으로는 원하는 타입을 정확하게 판단하기 어렵다. 또한 생성자를 호출하기 전에 객체를 위한 메모리를 할당해야 하는데 이 시점에서 생성할 객체의 크기를 먼저 계산할 수 있어야 하므로 클래스 이름에 타입이 명시되어야한다.

함수에서와 마찬가지로 클래스 템플릿도 단순한 선언에 불과하며 컴파일러는 이 템플릿의 모양을 기억해 두었다가 객체가 생성될 때 전달된 타입에 맞는 클래스 정의를 구체화한다. 만약 클래스 템플릿 선언만 있고 객체를 생성하지 않는다면 템플릿은 무시된다. main에서 int, char, double 타입의 PosValue 객체를 각각 선언했는데 이 선언문에 의해 세 개의 클래스가 구체화될 것이다. 확인을 위해 세 개의 객체를 만든 후 OutValue 함수를 호출하여 각 좌표에 값을 출력해 보았다.

템플릿으로부터 만들어지는 클래스도 분명히 클래스이며 일반적인 클래스와 전혀 다를 바가 없다. 템플릿 클래스로부터 상속하는 것도 가능하며 문법도 동일하되 기반 클래스의 이름에 〈 〉 괄호가 사용되는 차이밖에 없다. 다음 클래스는 PosValue〈int〉로부터 새로운 클래스를 파생한다.

```
class PosValue2 : public PosValue〈int〉 { ... }
```

템플릿 클래스가 다른 클래스의 기반 클래스로 사용되면 컴파일러는 클래스를 즉시 구체화한다. 설사 이 클래스의 인스턴스 선언문이 없더라도 말이다. 템플릿으로부터 만들어지지 않은 일반 클래스의 특정 멤버 함수만 템플릿으로 선언하는 것도 가능하다. 멤버 함수도 분명히 함수이므로 타입에 따라 여러 벌이 필요하다면 원하는 함수 하나만 함수 템플릿으로 만들면 된다. 다음 예제는 그 예를 보여 준다.

예제 **TempMember**

```
#include 〈Turboc.h〉
#include 〈iostream〉
using namespace std;

class Some
{
private:
    int mem;

public:
    Some(int m) : mem(m) { }
    template 〈typename T〉
    void memfunc(T a) {
        cout << "템플릿 인수 = " << a << ", mem = " << mem << endl;
    }
};
```

```
void main()
{
    Some s(9999);

    s.memfunc(1234);
    s.memfunc(1.2345);
    s.memfunc("string");
}
```

Some 클래스에는 함수 템플릿이 하나 포함되어 있으며 이 함수는 임의 타입 T형의 변수 a를 인수로 전달받아 그 값을 화면으로 출력한다. 실제 어떤 멤버 함수가 호출되는가에 따라 클래스 Some의 멤버 함수 개수가 결정될 것이다.

31.2.2 템플릿의 위치

클래스 템플릿 선언문은 반드시 사용하기 전에 와야 한다. PosValueTemp 예제에서 보다시피 main 함수보다 템플릿 선언이 더 앞에 있는데 이 순서가 바뀌면 main에서 참조하는 PosValue〈int〉, PosValue 〈char〉가 무엇을 의미하는지 모르므로 에러로 처리될 것이다. 단, 템플릿 클래스의 멤버 함수 본체 정의 문은 앞쪽에 이미 소속과 원형이 선언되어 있으므로 main 함수보다 뒤에 있어도 상관없다.

예제 수준에서는 한 파일 안에 클래스 선언과 멤버 함수의 정의, 그리고 이 클래스를 사용하는 테스트 코드까지 모두 같이 작성하는 것이 편리하지만 실제 프로젝트에서는 클래스별로 모듈을 구성하는 것이 일반적이다. 클래스 템플릿의 경우도 마찬가지로 별도의 모듈을 작성할 수 있는데 이때 템플릿 선언문과 멤버 함수의 정의까지 모두 헤더 파일에 작성되어야 한다.

멤버 함수를 정의하는 함수 템플릿은 실제로 함수의 본체를 만드는 것이 아니므로 구현 파일에 작성해서는 안 된다. 만약 PosValue 클래스 템플릿은 PosValue.h에서 선언하고 이 클래스에 속한 멤버 함수에 대한 정의는 PosValue.cpp에 다음과 같이 따로 작성한다고 해 보자.

```
#include "PosValue.h"

template 〈typename T〉
void PosValue〈T〉::OutValue()
{
    gotoxy(x,y);
    cout << value << endl;
}
```

이렇게 되면 OutValue 함수는 PosValue.cpp 안에서만 알려지므로 다른 모듈에 있는 main 함수에서는 OutValue가 정의되지 않은 것으로 인식되어 에러로 처리된다. 일반 함수는 컴파일시에 원형만 선언하면 컴파일 가능하고 링크할 때 바인딩되는데 비해 템플릿은 컴파일할 때 완벽하게 구체화되어야 하므로 같은 번역 단위 안에 선언이 있어야 한다. C/C++ 컴파일러의 번역 단위는 Cpp 파일 + 포함된 헤더 – 조건부 컴파일로 제외된 부분이다.

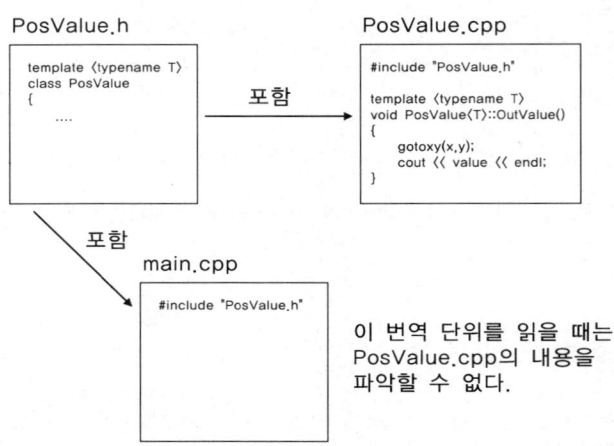

템플릿은 만들고자 하는 클래스와 멤버 함수의 모양을 컴파일러에게 알리기만 할 뿐이지 그 자체가 코드를 생성하는 것은 아니며 따라서 외부로 알려지지 않는다. 클래스 템플릿은 헤더 파일에 작성하는 것이 원칙적이며 실제 코드를 생성하는 것이 아니므로 설사 이 헤더 파일을 여러 모듈에서 인클루드하더라도 중복 정의되었다는 에러가 발생하지는 않는다. 한 모듈에서 같은 이름에 대해 #define을 두 번 하면 안되지만 #define 문이 있는 헤더를 각 모듈에서 인클루드해도 문제가 안 되는 것과 같다.

그러나 헤더 파일에 클래스 템플릿을 두게 되면 최종 사용자에게 이 클래스의 코드를 숨길 수 없다는 단점이 있다. 기술적으로 중요한 사항을 담고 있는 클래스의 소스가 누출될 수 있는 보안상의 문제가 있는 것이다. 그래서 최신 C++ 표준은 cpp 파일에 클래스 템플릿의 멤버 함수를 정의할 수 있는 export 키워드를 도입하고 이 키워드를 사용하면 구현 파일에 정의된 멤버 함수가 외부로도 알려지도록 한다. 템플릿 선언 앞에 export를 붙이면 된다.

```
export template 〈typename T〉
void PosValue〈T〉::OutValue() { ... }
```

그러나 이 키워드는 몇몇 시험적인 컴파일러들만 지원하고 있을 뿐이며 비주얼 C++, gcc를 포함한 대부분의 컴파일러에서 아직 지원하지 않는다. 표준으로 채택되었음에도 불구하고 지원하지 못하는 컴파일러가 많은 이유는 이 키워드가 전통적인 모듈 분할 방식의 컴파일러와는 잘 맞지 않기 때문이다.

C/C++ 컴파일러는 번역 단위별로 컴파일하여 링크할 때 합치는 방식을 사용하는데 export로 지정된 함수에 대해서는 모든 번역 단위에 대해서도 그 정의를 알려야 하므로 근본적인 컴파일 방식을 바꾸기 전에는 지원하기가 대단히 어렵다. 안타깝게도 이 키워드는 당분간은 쓸 수 없으며 그래서 템플릿 라이브 러리들은 거의 대부분 소스가 공개되어 있다.

31.2.3 비타입 인수

템플릿의 인수 목록에 전달되는 것은 통상 타입이다. 알고리즘은 같되 타입만 다른 함수나 클래스를 작성하고 싶을 때 템플릿을 사용한다. 그러나 타입이 아닌 상수를 템플릿 인수로 전달할 수 있는데 이를 비타입 인수(Nontype Argument)라고 한다. 다음 예제의 Array 클래스는 임의의 타입에 대한 배열을 정의하고 배열 요소의 값을 변경하거나 읽는 기능을 제공한다. 임의의 타입에 대한 배열을 만들기 위해 타입 이름을 템플릿 인수로 전달받으며 배열의 크기 지정을 위해 정수 상수를 전달받는다.

예제 NonTypeArgument

```
#include <Turboc.h>

template <typename T, int N>
class Array
{
private:
    T ar[N];
public:
    void SetAt(int n,T v) { if (n < N && n >=0) ar[n]=v; }
    T GetAt(int n) { return (n < N && n >=0 ? ar[n]:0); }
};

void main()
{
    Array<int,5> ari;
    ari.SetAt(1,1234);
    ari.SetAt(1000,5678);
    printf("%d\n",ari.GetAt(1));
    printf("%d\n",ari.GetAt(5));
}
```

기능상 단순 배열과 유사하지만 좀 더 안전한 액세스를 지원하는데 요소값을 읽거나 쓰는 Get(Set)At 함수가 전달된 첨자의 범위를 점검하므로 실수로 범위 바깥을 액세스해도 치명적인 에러를 발생시키지 않는다. 이외에 확장하기에 따라서는 얼마든지 다양한 기능을 더 넣을 수 있을 것이다. main에서는 크기 5의 정수형 배열 ari를 선언하고 배열에 값이 잘 기억되는지 확인해 보았으며 엉뚱한 첨자에 대해 방어를 제대로 하는지도 테스트해 보았다. 1234와 0이라는 값이 출력되면 정상적으로 동작하는 것이다.

Array 클래스의 T형 배열 멤버 ar은 크기 N을 가지는데 이 크기는 객체를 선언할 때 인수로 주어지는 정수 상수이다. 템플릿으로 전달되는 인수가 타입이 아니므로 비타입 인수라고 한다. 컴파일러는 ari 선언문에 명시되어 있는 타입 Array〈int,5〉로부터 다음과 같은 클래스를 구체화할 것이다.

```
class Array
{
private:
    int ar[5];
public:
    void SetAt(int n,int v) { if (n < 5 && n >=0) ar[n]=v; }
    int GetAt(int n) { return (n < 5 && n >=0 ? ar[n]:0); }
};
```

임의 타입에 대해 임의 크기까지를 지원하는 안전 배열 클래스를 만들고 싶다면 이런 비타입 인수를 사용할 수 있다. 물론 임의 크기를 지원하는 더 좋은 방법은 생성자의 인수로 전달되는 값으로 동적 할당을 하는 것이다. 포인터형 멤버 변수를 선언하면 필요한 만큼 할당할 수 있으며 원할 경우 실행 중에라도 크기를 마음대로 바꿀 수도 있어 굉장히 신축적이다.

그러나 알다시피 동적 할당은 생성자와 파괴자를 요구하고 정확하게 동작하기 위해서는 복사 생성자, 대입 연산자가 반드시 적절하게 정의되어야 하며 상속 관계를 고려하면 대부분의 멤버 함수들은 가상 함수가 되어야 한다. 좋기는 하지만 코드가 져야 할 부담이 너무 많은 것이다. 이럴 때 동적 할당 대신 필요한 크기만큼의 요소를 정적으로 가지는 클래스를 만들어 쓰면 속도도 빠르고 위험하지도 않으며 무엇보다 단순해서 좋다. 예제의 Array 템플릿은 생성자, 파괴자, 복사 생성자, 대입 연산자 중 어떤 것도 필요없다. 아니, 필요는 하지만 컴파일러가 디폴트로 만드는 것만으로도 충분하고 안전하다.

실행 중에 크기를 결정하기 힘든 중요한 상수에 대해서는 이런 식으로 템플릿과 비타입 인수를 사용할 수 있다. 크기가 다른 객체를 선언할 때마다 클래스가 구체화된다는 점에서 낭비가 조금 있기는 하지만 말이다. 클래스 선언문의 템플릿 인수가 다르면 객체의 타입도 달라진다. 컴파일러는 완전히 같지 않은 템플릿 인수에 대해서는 개별적으로 구체화를 하기 때문이다. 심지어 멤버 함수들도 전부 따로 만들어진다. 다음 코드를 보자.

```
Array<int,5> ari;
Array<int,5> ari2;
Array<int,6> ari3;

ari=ari2;
ari=ari3;          // 에러
```

ari와 ari2는 같은 타입이므로 서로 대입 가능하지만 ari3를 ari에 대입하는 것은 에러이다. 왜냐하면 ari는 Array<int,5> 타입이고 ari3는 Array<int,6> 타입이기 때문이다. 물론 Array<double,5> 타입도 Array<int,5>와 호환되지 않는 다른 타입이다. Array<int,6>은 다음과 같이 구체화되며 Array<int,5>와는 크기도 다르고 동작도 다르다.

```
class Array
{
private:
    int ar[6];
public:
    void SetAt(int n,int v) { if (n < 6 && n >=0) ar[n]=v; }
    int GetAt(int n) { return (n < 6 && n >=0 ? ar[n]:0); }
};
```

클래스 선언문의 비타입 인수는 반드시 상수여야 하며 실행 중에 값이 결정되는 변수는 인수로 사용할 수 없다. 다음 선언문은 에러로 처리된다.

```
int size=5;
Array<int,size> ari;
```

size는 변수이며 이 값은 실행 중에 수시로 변할 수 있으므로 템플릿의 인수로 사용할 수 없다. 템플릿이란 컴파일러가 인수를 적용하여 컴파일 중에 클래스를 만들어 내는 형틀이므로 모든 정보를 컴파일 중에 알 수 있어야 한다. 실행 중에 없던 클래스를 만들어내는 기능이 아니라 컴파일 중에 구체화해야 하므로 변수는 쓸 수 없다. 물론 const int size=5; 로 상수 선언했다면 가능하다.

함수로도 비타입 인수를 전달할 수 있다. 단, 함수의 형식 인수 목록에 어떤 상수가 올 수는 없으므로 비타입 인수는 함수의 본체에서만 사용해야 하며 함수 호출문에 템플릿 인수를 명시적으로 지정해야 한다. 다음 예제는 비타입 인수 N이 지정하는 크기만큼의 지역 배열을 선언하는 함수 템플릿이다.

```
#include <Turboc.h>

template <int N>
void func(void)
{
    int ar[N];

    printf("배열 크기=%d\n",N);
}

void main()
{
    func<5>();
    func<8>();
}
```

main에서 func 함수를 두 번 호출했는데 비타입 인수 N으로 5와 8을 전달했다. 이 두 함수는 지역변수의 선언문이 다르므로 각각 따로 구체화되어야 한다. 비타입 인수는 함수의 인수와는 용도가 다른데 함수의 형식 인수는 실행 시간에 전달되는 변수이므로 배열 선언문 등 상수가 필요한 곳에 사용할 수 없지만 비타입 인수는 구체화될 때 함수 본체에 직접 기입되므로 상수일 수 있다.

func 템플릿은 비타입 인수 N을 요구하므로 func()라고만 호출해서는 지역 배열의 크기를 결정할 수 없으므로 함수를 구체화할 수 없다. 반드시 명시적인 템플릿 인수를 전달해야 한다. 이 예제는 gcc, 비주얼 C++ 7.0 이상의 최신 컴파일러에서는 잘 실행되지만 비주얼 C++ 6.0에서는 컴파일되지 않는다. 비주얼 C++ 6.0은 클래스의 비타입 인수는 지원하지만 함수의 비타입 인수는 아직 지원하지 못한다.

31.2.4 디폴트 템플릿 인수

함수의 디폴트 인수는 함수를 호출할 때 생략된 인수에 대해 기본적으로 적용되는 값이다. 클래스 템플릿에도 이와 비슷한 개념인 디폴트 템플릿 인수가 있는데 객체 선언문에서 인수를 생략할 경우 템플릿 선언문에서 지정한 디폴트가 적용된다. 사용하는 표기법이나 주의 사항도 대체로 함수의 경우와 동일하다. 예를 들어 PosValue 클래스 템플릿의 T에 int라는 디폴트 타입을 지정하고 싶다면 다음과 같이 템플릿을 작성한다.

```
template 〈typename T=int〉
class PosValue
{
    ....
```

〈 〉괄호 안의 타입 이름 다음에 = 구분자를 쓰고 디폴트로 적용될 타입을 지정한다. 이제 별다른 지정이 없으면 T는 디폴트 타입인 int가 된다. 정수형의 PosValue 객체를 선언할 때 다음과 같이 간단하게 클래스 타입을 지정할 수 있다. 타입 지정없이 빈 〈 〉괄호만 쓰면 된다.

```
PosValue〈〉 iv(1,1,2);
```

물론 PosValue〈double〉과 같이 타입을 분명히 밝히면 디폴트는 무시될 것이다. 디폴트를 그대로 받아들일 경우는 타입 지정을 하지 않으면 되는데 그렇더라도 빈 괄호 〈 〉는 꼭 있어야 한다. 타입을 여러 개 가지는 클래스의 경우 오른쪽 인수부터 차례대로 디폴트를 지정할 수 있으며 객체를 선언할 때는 오른쪽부터 순서대로 생략 가능하다. 이 점도 함수의 디폴트 인수와 같다.

클래스 템플릿에는 디폴트 인수를 줄 수 있지만 함수 템플릿에는 디폴트를 정의할 수 없다. 클래스는 객체를 선언할 때 클래스 타입을 지정하므로 생략 가능하지만 함수는 호출할 때 실인수의 타입을 보고 구체화할 함수를 결정한다. 실인수가 생략되어 버리면 도대체 어떤 타입의 함수를 원하는지 컴파일러가 알 방법이 없기 때문이다.

31.2.5 특수화

클래스 템플릿도 함수 템플릿과 마찬가지로 실제 클래스 타입이 사용될 때만 구체화된다. 만약 특정 타입에 대해 미리 클래스 선언을 만들어 놓을 필요가 있다면 명시적 구체화를 할 수 있다. 예를 들어 float 타입의 PosValue 클래스를 미리 정의해 두고 싶다면 다음과 같이 한다.

```
template class PosValue〈float〉;
```

이 선언에 의해 컴파일러는 PosValue〈float〉 클래스를 미리 생성한다. 설사 이런 타입의 객체를 당장 선언하지 않는다 하더라도 컴파일러는 클래스 선언과 클래스 소속의 멤버 함수들을 모두 구체화해 둘 것이다. 특정 타입에 대한 클래스를 따로 생성하는 특수화도 물론 지원된다. 다음 예제는 tag_Friend 타입에 대해 PosValue 클래스를 특수화한다.

```cpp
#include <Turboc.h>
#include <iostream>
using namespace std;

template <typename T>
class PosValue
{
private:
    int x,y;
    T value;
public:
    PosValue(int ax, int ay, T av) : x(ax),y(ay),value(av) { }
    void OutValue();
};

template <typename T>
void PosValue<T>::OutValue()
{
    gotoxy(x,y);
    cout << value << endl;
}

struct tag_Friend {
    char Name[10];
    int Age;
    double Height;
};

template <> class PosValue<tag_Friend>
{
private:
    int x,y;
    tag_Friend value;
public:
    PosValue(int ax, int ay, tag_Friend av) : x(ax),y(ay),value(av) { }
    void OutValue();
};
```

```
void PosValue<tag_Friend>::OutValue()
{
    gotoxy(x,y);
    cout << "이름:" << value.Name << ", 나이:" << value.Age
        << ", 키:" << value.Height << endl;
}

void main()
{
    PosValue<int> iv(1,1,2);
    tag_Friend F={"아무개",25,177.7};
    PosValue<tag_Friend> fv(2,2,F);
    iv.OutValue();
    fv.OutValue();
}
```

PosValue 클래스는 위치를 가지는 임의 타입의 값을 표현하는데 임의 타입이라고 했으므로 int, char, double 등의 표준 타입은 물론이고 구조체나 클래스 타입에 대해서도 동작해야 한다. 그러나 OutValue 멤버 함수가 값 출력을 위해 cout 표준 출력 객체를 사용하기 때문에 사실상 cout이 인식하는 타입에 대해서만 지원하는 셈이다. tag_Friend 구조체 타입에 대한 PosValue 클래스를 작성하려면 이 타입에 대한 특수화된 버전을 만들고 OutValue 함수의 코드를 조금 다르게 작성할 필요가 있다. 특수화를 할 때는 다음 형식으로 클래스를 정의한다.

template<> class 클래스명<특수타입>

이렇게 정의하면 지정한 타입에 대해 특수화된 클래스를 생성한다. 인수의 타입이 이미 결정되어 있으므로 특수화된 클래스의 멤버 함수를 외부에서 정의할 때는 template < >를 붙이지 않아도 상관없다. OutValue 함수는 tag_Friend 구조체의 각 멤버를 순서대로 출력하도록 수정했는데 원래의 PosValue 템플릿에 있는 OutValue와는 코드가 다르다. 실행해 보면(2,2) 위치에 구조체 F의 내용이 출력될 것이다.

특수화를 하면 특수화된 클래스는 객체를 선언하지 않더라도 자동으로 구체화된다. 즉, 클래스 정의가 만들어지고 멤버 함수들은 컴파일되어 실행 파일에 포함된다. 따라서 특수화된 클래스에 대한 정의는 일반적인 템플릿 클래스와는 달리 헤더 파일에 작성해서는 안 되며 구현 파일에 작성해야 한다. 예제에서는 구조체에 대해서도 PosValue 템플릿을 쓰기 위해 특수화를 사용했는데 사실 이보다 더 간단한 방법은 tag_Friend 구조체가 << 연산자를 오버로딩해서 기존 템플릿의 본체 코드를 지원하는 것이다.

부분 특수화(Partial Specialization)란 템플릿 인수가 여러 개 있을 때 그 중 하나에 대해서만 특수화를 하는 기법이다. 다음 템플릿을 보자.

```
template <typename T1, typename T2> class SomeClass { ... }
```

SomeClass 클래스 템플릿은 두 개의 인수를 가지므로 <int, int>, <int, double>, <short, unsigned> 등 두 타입의 조합을 마음대로 선택할 수 있다. 부분 특수화는 이 중 하나의 타입은 마음대로 선택하도록 그대로 두고 나머지 하나에 대해서만 타입을 강제로 지정하는 것이다. T2가 double인 경우에 대해서만 특수화를 하고 싶다면 다음과 같이 한다.

```
template <typename T1> class SomeClass<T1, double> { ... }
```

이 상태에서 SomeClass<int, unsigned>나 SomeClass<float, short>는 특수화되지 않은 버전의 템플릿으로부터 생성되지만 SomeClass<int, double>이나 SomeClass<char, double>은 부분 특수화된 템플릿으로부터 생성될 것이다. 두 번째 인수가 double인 클래스에 대해서만 부분적으로 특수화를 했기 때문이다. gcc는 부분 특수화를 지원하지만 비주얼 C++ 6.0에서는 지원되지 않는다.

31.3 컨테이너

31.3.1 TDArray

C++이 지원하는 템플릿 개념은 사실 그다지 어렵지 않다. 하지만 여기에 구체화, 특수화, 템플릿 중첩, 프렌드와의 관계, 정적 멤버 등이 개입되면 상당히 복잡한 문법이 만들어지며 표기법도 생소해서 쉽게 익숙해지기 어렵다. 또한 잘 만들어 놓았더라도 템플릿 클래스의 타입이 길고 복잡해서 코드의 의미를 얼른 파악하기도 무척 어렵다. 이런 복잡성에도 불구하고 C++이 템플릿을 지원하는 이유는 컨테이너를 만들기 위해서라고 해도 과언이 아니다.

컨테이너(Container)란 객체의 집합을 다룰 수 있는 객체이다. 쉽게 말해서 배열이나 연결 리스트 같은 것들을 컨테이너라고 하는데 동일한 타입(또는 호환되는 타입)의 객체들을 저장하며 이런 객체들을 관리할 수 있는 기능을 가지는 또 다른 객체이다. 2부에서 우리는 동적으로 크기를 변경할 수 있는 동적 배열을 만들어 본 바 있으며 또한 앞 장에서 동적 배열의 기능을 캡슐화한 DArray라는 클래스도 작성해 보았다.

이 클래스가 무척 실용적이라는 것은 경험해 보아서 알 것이고 클래스로 캡슐화하면 사용하기도 무척 편리하다. 이렇게 만들어진 DArray가 바로 컨테이너이다. 그러나 아직 아쉬움이 있는데 바로 ELETYPE 이라는 매크로로 배열 요소의 타입을 결정해야 한다는 점이다. DArray 클래스를 사용하기 전에 ELETYPE 을 원하는 타입으로 바꿔야 하고 int 배열과 double 배열을 동시에 사용할 수도 없어서 활용성이 크게 떨어진다.

이런 문제를 해결하기 위해 만들어진 문법이 바로 템플릿이다. 요소의 타입은 객체를 선언하는 시점으로 연기해 두고 일단 필요한 알고리즘만 템플릿에 작성한다. 이후 타입만 바꾸면 이 타입을 요소로 가지는 동적 배열 클래스를 만드는 작업은 컴파일러가 알아서 할 것이다. 다음 소스는 DArray 클래스의 템플릿 버전인 TDArray이며 원칙에 따라 TDArray.h라는 헤더파일에 작성했다.

예제 TDArray.h

```
template ⟨typename T⟩
class TDArray
{
protected:
    T *ar;
    unsigned size;
    unsigned num;
    unsigned growby;

public:
    TDArray(unsigned asize=100, unsigned agrowby=10);
    virtual ~TDArray();
    virtual void Insert(int idx, T value);
    virtual void Delete(int idx);
    virtual void Append(T value);

    T GetAt(int idx) { return ar[idx]; }
    unsigned GetSize() { return size; }
    unsigned GetNum() { return num; }
    void SetAt(int idx, T value) { ar[idx]=value; }
    void Dump(char *sMark);
};

template ⟨typename T⟩
TDArray⟨T⟩::TDArray(unsigned asize, unsigned agrowby)
{
```

```cpp
        size=asize;
        growby=agrowby;
        num=0;
        ar=(T *)malloc(size*sizeof(T));
}

template <typename T>
TDArray<T>::~TDArray()
{
        free(ar);
}

template <typename T>
void TDArray<T>::Insert(int idx, T value)
{
        unsigned need;

        need=num+1;
        if (need > size) {
                size=need+growby;
                ar=(T *)realloc(ar,size*sizeof(T));
        }
        memmove(ar+idx+1,ar+idx,(num-idx)*sizeof(T));
        ar[idx]=value;
        num++;
}

template <typename T>
void TDArray<T>::Delete(int idx)
{
        memmove(ar+idx,ar+idx+1,(num-idx-1)*sizeof(T));
        num--;
}

template <typename T>
void TDArray<T>::Append(T value)
{
        Insert(num,value);
}
```

```
template <typename T>
void TDArray<T>::Dump(char *sMark)
{
    unsigned i;
    cout << sMark << " => 크기=" << size << ",개수=" << num << " : ";
    for (i=0;i<num;i++) {
        cout << GetAt(i) << ' ';
    }
    cout << endl;
}
```

DArray에 비해 어떤 점이 바뀌었는지 보자. 일단 이름이 바뀌었는데 굳이 이름을 바꿀 필요는 없지만 템플릿 버전이라는 것을 분명히 표시하기 위해 앞에 T자를 하나 더 붙였다. ELETYPE 매크로는 사라졌으며 클래스 정의문 앞에 template <typename T>가 추가되었고 소스내의 모든 ELETYPE은 T로 대체했다. 이제 배열 요소의 타입은 매크로가 아닌 템플릿 인수에 의해 결정되며 객체를 선언할 때마다 원하는 타입을 지정할 수 있다.

멤버 함수의 소속은 모두 TDArray<T> 클래스가 되며 함수 본체의 ELETYPE은 T로 바뀐다. 멤버 함수의 코드는 원칙적으로 변경할 필요가 없다. 기존 클래스가 템플릿화되면서 꼭 바뀌어야 하는 부분은 사실상 없는 셈이며 만약 있다면 이는 그 클래스가 템플릿화를 할 만큼 충분히 일반화되지 못한 것이다.

이제 TDArray는 임의의 타입에 대한 동적 배열을 만들 수 있는 클래스 템플릿이 되었으며 이 안에는 동적 배열을 관리하는 모든 알고리즘이 포함되어 있다. 어디까지나 템플릿일 뿐이므로 아직 클래스는 아니지만 원하는 타입과 함께 객체를 선언하면 컴파일러에 의해 구체화된다. 제대로 동작하는지 예제를 작성해 보자.

예제 TDArrayTest

```
#include <Turboc.h>
#include <iostream>
using namespace std;
#include "TDArray.h"

void main()
{
    TDArray<int> ari;
    TDArray<double> ard;
    int i;
```

```
    for (i=1;i<=5;i++) ari.Append(i);
    ari.Dump("5개 추가");
    for (i=1;i<=3;i++) ard.Append((double)i*1.23);
    ard.Dump("3개 추가");
}
```

TDArray.h 헤더 파일만 포함하면 템플릿이 정의된다. main에서는 정수형 동적 배열 TDArray〈int〉 타입의 객체 ari와 실수형 동적 배열 TDArray〈double〉 타입의 ard 객체를 선언했으며 잘 동작하는지 확인해 보기 위해 값을 추가한 후 Dump만 해 보았다.

```
5개 추가 => 크기:100,개수:5 값 : 1 2 3 4 5
3개 추가 => 크기:100,개수:3 값 : 1.23 2.46 3.69
```

정수에 대해서나 실수에 대해서나 TDArray는 잘 작동함을 확인할 수 있다. TDArray.h 헤더 파일만 포함시키고 객체를 선언할 때 원하는 타입만 밝히면 임의 타입에 대해 동작하는 동적 배열을 쉽게 사용할 수 있다. TDArray는 임의 타입에 대해서 잘 동작하는 배열이기는 하지만 모든 경우에 두루 쓸 수 있는 일반성을 갖추지는 못했다. 내부에서 동적 할당을 하므로 복사 생성자와 대입 연산자를 원칙대로 적절히 정의해야 한다.

또한 동적 할당되는 포인터에 대한 배열이나 클래스에 대한 배열로 쓰기에는 조금 불편한 점이 있다. 포인터의 경우 삭제할 때 포인터가 가리키는 곳도 해제하는 것이 좋을 것이고 객체의 경우 생성자와 파괴자도 호출해 주면 편리하다. 물론 그렇다고 해서 TDArray를 포인터나 객체의 배열로 쓸 수 없다는 얘기는 아니며 외부에서 관리해야 한다는 점이 불편할 뿐이다. TDArray는 어디까지나 예제일 뿐이고 훨씬 더 잘 만들어진 동적 배열 템플릿(예 : vector, CTypedPtrArray) 들이 많이 공개되어 있으므로 실무를 할 때는 이런 것들을 쓰기 바란다.

31.3.2 TStack

다음 예제는 19장에서 작성했던 정수형 스택을 클래스로 만든 것이다. 스택을 표현하는데 필요한 정수형 배열과 배열 크기, 스택 포인터 등을 멤버 변수로 포함시키고 Push, Pop 등의 기본 동작은 멤버 함수로 구현했다. 스택을 초기화하는 기능은 생성자에 작성하고 해제하는 코드는 파괴자에 두면 된다.

```
#include <Turboc.h>

class iStack
{
private:
    int *Stack;
    int Size;
    int Top;

public:
    iStack(int aSize) {
        Size=aSize;
        Stack=(int *)malloc(Size*sizeof(int));
        Top=-1;
    }
    virtual ~iStack() {
        free(Stack);
    }
    virtual BOOL Push(int data) {
        if (Top < Size-1) {
            Top++;
            Stack[Top]=data;
            return TRUE;
        } else {
            return FALSE;
        }
    }
    virtual int Pop() {
        if (Top >= 0) {
            return Stack[Top--];
        } else {
            return -1;
        }
    }
};

void main()
{
```

```
    iStack iS(256);
    iS.Push(7);
    iS.Push(0);
    iS.Push(6);
    iS.Push(2);
    iS.Push(9);
    printf("%d\n",iS.Pop());
    printf("%d\n",iS.Pop());
    printf("%d\n",iS.Pop());
    printf("%d\n",iS.Pop());
    printf("%d\n",iS.Pop());
}
```

스택이 필요할 때는 iStack 클래스의 인스턴스를 생성하는데 인수로 스택의 크기만 밝히면 나머지 필요한 초기화는 생성자에서 한다. 그리고 Push, Pop 등의 멤버 함수를 호출하여 스택을 편리하게 사용할 수 있다. 다 사용한 스택은 파괴자에서 정리하므로 별도의 해제를 할 필요가 없다.

동작에 필요한 필수 멤버들이 한 클래스에 캡슐화되어 있으므로 확실히 사용하기에는 편리하다. 그러나 아직 타입에 대한 종속성을 해결하지는 못했는데 iStack은 정수형 값만 저장할 수 있을 뿐이며 double이나 char형을 저장할 수는 없다. 다른 타입에 대한 스택을 만들려면 iStack의 일부를 수정해야 하는데 Stack 멤버의 타입, Push의 인수, Pop의 리턴 타입 정도만 바꾸면 된다. 타입만 변경될 뿐 알고리즘은 동일하므로 템플릿을 사용하면 임의 타입을 지원할 수 있다.

19장에서 실수형 스택과 문자형 스택을 사용하여 수식을 계산하는 TextCalc 예제를 만들어 본 적이 있는데 잘 동작하기는 하지만 똑같은 논리를 사용하는 스택이 두 카피 존재한다는 점이 무척 불합리해 보인다. 단지 타입만 다를 뿐인데 이것들을 하나로 합칠 수가 없는 것이다. 이렇게 되면 코드의 양이 많아지는 것은 물론이고 기능을 확장할 때도 일일이 두 군데를 고쳐야 하므로 유지하기가 아주 어려워진다. 템플릿을 사용하여 스택 하나로 두 가지 타입을 지원하도록 수정해 보자. 먼저 스택 클래스 템플릿을 헤더 파일에 작성한다.

예제 TStack.h

```
template<typename T>
class TStack
{
protected:
    T *Stack;
```

```
        int Size;
        int Top;

public:
    TStack(int aSize) {
            Size=aSize;
            Stack=(T *)malloc(Size*sizeof(T));
            Top=-1;
    }
    virtual ~TStack() {
            free(Stack);
    }
    virtual BOOL Push(T data) {
            if (Top < Size-1) {
                    Top++;
                    Stack[Top]=data;
                    return TRUE;
            } else {
                    return FALSE;
            }
    }
    virtual T Pop() {
            return Stack[Top--];
    }
    virtual int GetTop() { return Top; }
    virtual T GetValue(int n) { return Stack[n]; }
};
```

    템플릿 기반으로 수정했으므로 이름을 TStack이라고 지었으며 스택에 저장할 타입을 인수열로 전달받는다. 멤버 함수의 논리는 앞의 iStack 예제와 동일하며 int가 들어가야 할 위치에 T가 대신 들어갔을 뿐이다. 몇 가지 차이점도 있는데 우선 에러 처리를 위해 Top 위치를 조사하는 GetTop 멤버 함수와 우선 순위 조사를 위해 지정한 위치의 값을 삭제하지는 않고 읽기만 하는 GetValue 함수가 추가되었다.

    그리고 Pop 함수의 에러 처리 코드가 삭제되었는데 임의의 타입에 대해 동작하기 위해서는 -1을 리턴하는 단순한 방법을 쓸 수 없기 때문이다. -1이라는 특이값은 수치형에만 존재하므로 스택에 객체를 저장할 때는 에러를 처리하는 다른 방법이 필요하다. 스택에 아무 것도 없는 상태에서 pop을 호출하는 것은 분명한 논리적 에러이므로 assert를 쓰는 것이 가장 합리적이다. 이 템플릿이 제대로 동작하는지 계산기 예제를 만들어 보자.

```
#include <Turboc.h>
#include <math.h>
#include "TStack.h"

int GetPriority(int op)
{
    switch (op) {
    case '(':
        return 0;
    case '+':
    case '-':
        return 1;
    case '*':
    case '/':
        return 2;
    case '^':
        return 3;
    }
    return 100;
}

void MakePostfix(char *Post, const char *Mid)
{
    const char *m=Mid;
    char *p=Post,c;
    TStack<char> cS(256);

    while (*m) {
        // 숫자 - 그대로 출력하고 뒤에 공백 하나를 출력한다.
        if (isdigit(*m)) {
            while (isdigit(*m) || *m=='.') *p++=*m++;
            *p++=' ';
        } else
        // 연산자 - 스택에 있는 자기보다 높은 연산자를 모두 꺼내 출력하고 자신은 푸시한다.
        if (strchr("^*/+-",*m)) {
            while (cS.GetTop()!=-1 && GetPriority(cS.GetValue(cS.GetTop())) >=
                GetPriority(*m)) {
                *p++=cS.Pop();
```

```
                    }
                    cS.Push(*m++);
            } else
            // 여는 괄호 - 푸시한다.
            if (*m=='(') {
                    cS.Push(*m++);
            } else
            // 닫는 괄호 - 여는 괄호가 나올 때까지 팝해서 출력하고 여는 괄호는 버린다.
            if (*m==')') {
                    for (;;) {
                            c=cS.Pop();
                            if (c=='(') break;
                            *p++=c;
                    }
                    m++;
            } else {
                    m++;
            }
    }
    // 스택에 남은 연산자들 모두 꺼낸다.
    while (cS.GetTop() != -1) {
            *p++=cS.Pop();
    }
    *p=0;
}

double CalcPostfix(const char *Post)
{
    const char *p=Post;
    double num;
    double left,right;
    TStack<double> dS(256);

    while (*p) {
            // 숫자는 스택에 넣는다.
            if (isdigit(*p)) {
                    num=atof(p);
                    dS.Push(num);
                    for(;isdigit(*p) || *p=='.';p++) {;}
            } else {
```

```
                         // 연산자는 스택에서 두 수를 꺼내 연산하고 다시 푸시한다.
                         if (strchr("^*/+-",*p)) {
                              right=dS.Pop();
                              left=dS.Pop();
                              switch (*p) {
                              case '+':
                                   dS.Push(left+right);
                                   break;
                              case '-':
                                   dS.Push(left-right);
                                   break;
                              case '*':
                                   dS.Push(left*right);
                                   break;
                              case '/':
                                   if (right == 0.0) {
                                        dS.Push(0.0);
                                   } else {
                                        dS.Push(left/right);
                                   }
                                   break;
                              case '^':
                                   dS.Push(pow(left,right));
                                   break;
                              }
                         }
                         // 연산 후 또는 연산자가 아닌 경우 다음 문자로
                         p++;
                    }
               }
          if (dS.GetTop() != -1) {
               num=dS.Pop();
          } else {
               num=0.0;
          }
          return num;
     }


     double CalcExp(const char *exp,BOOL *bError=NULL)
```

```
{
    char Post[256];
    const char *p;
    int count;

    if (bError!=NULL) {
        for (p=exp,count=0;*p;p++) {
            if (*p=='(') count++;
            if (*p==')') count--;
        }
        *bError=(count != 0);
    }

    MakePostfix(Post,exp);
    return CalcPostfix(Post);
}

void main()
{
    char exp[256];
    BOOL bError;
    double result;

    char *p=strchr("^*/+-",NULL);
    strcpy(exp,"2.2+3.5*4.1");printf("%s = %.2f\n",exp,CalcExp(exp));
    strcpy(exp,"(34+93)*2-(43/2)");printf("%s = %.2f\n",exp,CalcExp(exp));
    strcpy(exp,"1+(2+3)/4*5+2^10+(6/7)*8");printf("%s = %.2f\n",exp,CalcExp(exp));

    for (;;) {
        printf("수식을 입력하세요(끝낼 때 0) : ");
        gets(exp);
        if (strcmp(exp,"0")==0) break;
        result=CalcExp(exp,&bError);
        if (bError) {
            puts("수식의 팔호짝이 틀립니다.");
        } else {
            printf("%s = %.2f\n",exp,result);
        }
    }
}
```

실행해 보면 잘 계산된다.

```
2.2+3.5*4.1 = 16.55
(34+93)*2−(43/2) = 232.50
1+(2+3)/4*5+2^10+(6/7)*8 = 1038.11
수식을 입력하세요(끝낼 때 0) : (1+2+3)*4
(1+2+3)*4 = 24.00
```

중위식을 후위식으로 변환하는 MakePostfix 함수는 문자형의 스택이 필요하므로 TStack〈char〉 타입의 cS를 256 크기로 선언해서 사용한다. 이 선언문에 의해 컴파일러는 char 타입에 대한 스택 클래스를 구체화할 것이다. cS가 지역변수이므로 함수가 종료될 때 자동으로 파괴되며 따라서 별도의 정리 코드를 작성할 필요가 없다.

후위식을 연산하는 CalcPostfix 함수는 연산 과정의 중간값 저장을 위해 실수형 스택이 필요하다. 그래서 TStack〈double〉 타입의 dS를 선언해서 사용하고 있다. 두 함수가 각각 타입이 다른 스택을 만들어 사용하지만 클래스가 템플릿으로 선언되어 있으므로 아무 문제가 없다. 필요하다면 얼마든지 많은 타입에 대해 스택을 만들어 쓸 수 있을 것이다.

31.3.3 템플릿 중첩

템플릿의 인수열에 들어갈 수 있는 타입에는 특별한 제한이 없다. 기본 타입은 물론이고 클래스 타입도 템플릿의 인수열에 넣을 수 있다. 그렇다면 템플릿으로 만든 클래스도 분명히 타입의 일종이므로 다른 템플릿의 인수가 될 수 있다는 얘기인데 즉, 템플릿끼리 중첩될 수 있다. 다음 예제는 PosValue 템플릿 클래스를 요소로 가지는 스택을 정의한다.

예 제 **NestTemplate**

```cpp
#include 〈Turboc.h〉
#include 〈iostream〉
using namespace std;
#include "TStack.h"

template 〈typename T〉
class PosValue
{
private:
    int x,y;
```

```
        T value;
public:
    PosValue() : x(0),y(0),value(0) { }
    PosValue(int ax, int ay, T av) : x(ax),y(ay),value(av) { }
    void OutValue() {
            gotoxy(x,y);
            cout << value << endl;
    }
};

void main()
{
    TStack<PosValue<int> > sPos(10);

    PosValue<int> p1(5,5,123);
    PosValue<int> p2;
    sPos.Push(p1);
    p2=sPos.Pop();
    p2.OutValue();
}
```

선두에는 TStack 클래스 템플릿과 PosValue 클래스 템플릿이 선언되어 있으며 이 두 템플릿으로 임의의 타입에 대한 스택과 PosValue 객체를 만들 수 있다. 초기화되지 않은 객체를 만들 수 있도록 하기 위해 PosValue에 디폴트 생성자를 추가로 정의했다. main에서는 다소 복잡한 형식을 가지는 sPos 라는 객체를 선언하고 있는데 이 객체는 TStack으로부터 만들어졌으므로 일단은 스택이다. 스택에 들어가는 요소는 인수열에 있는 PosValue<int> 타입이므로 이런 객체들의 임시 저장소가 된다.

main의 나머지 코드는 PosValue<int>형의 객체 p1, p2 둘을 선언하고 p1을 스택에 푸시한 후 p2로 팝해 보았다. 푸시한 값을 그대로 빼내 대입했으므로 p2가 p1과 같아질 것이다. p2의 값을 출력해 보면 p1의 생성자에서 초기화한 위치에 123이라는 값이 출력될 것이다. 컴파일러는 중첩된 선언문에서 안쪽 클래스부터 차례대로 구체화한다. 템플릿끼리 중첩되어 있을 뿐이지 별다른 사항은 없다. 단, 이런 중첩 템플릿 선언문을 작성할 때 다음과 같이 작성해서는 안 된다.

```
TStack<PosValue<int>> sPos(10);
```

템플릿 인수열안에 인수열이 있으므로 닫는 괄호 >가 두 번 연거푸 나오는데 이렇게 되면 컴파일러는 >>를 오른쪽 쉬프트 연산자로 해석하게 된다. 선언문에 연산자가 올 수 없으므로 이 문장은 에러로 처리될 것이다. 그래서 템플릿끼리 중첩될 때 인수열의 닫는 괄호 사이에는 반드시 공백을 하나 넣어 쉬프트 연산자와 구분되도록 해야 한다.

C++은 템플릿의 중첩을 문법적으로 허가하므로 이중 삼중으로 템플릿을 중첩할 수도 있다. 그러나 문법과는 별개로 템플릿끼리 중첩되려면 두 클래스가 임의의 타입에 대해서도 잘 동작할 수 있도록 충분히 일반화되어 있어야 한다. 대상 타입을 수치형으로 가정하여 -1 같은 특이값을 사용해서는 안 되며 대입 연산을 하는 요소는 대입 연산자를 적절하게 오버로딩해야 한다. 출력문으로 cout을 사용한다면 대상 타입은 << 연산자도 정의해야 한다.

템플릿끼리 중첩 가능하므로 자신이 자신을 포함하는 템플릿을 만들 수 있다. TDArray 클래스 템플릿은 임의의 타입을 배열 요소로 가질 수 있는데 그 타입을 TDArray로 준다면 동적 배열의 동적 배열을 만드는 것도 가능하다는 얘기이다. TDArray〈TDArray〈int〉 〉 ara;는 정수형을 요소로 가지는 동적 배열을 요소로 가지는 동적 배열 ara를 선언한 것이다.

31.3.4 템플릿 클래스 인수

템플릿 클래스의 타입 명에는 항상 인수열이 같이 따라 다녀야 한다. 템플릿은 클래스를 만드는 선언문일 뿐이므로 그 자체가 타입이 될 수는 없으며 인수를 밝혀야만 타입이 될 수 있다. 다음 코드를 보자.

```
TStack〈int〉 iS(10);
TStack〈int〉 *piS;
TStack〈char〉 *pcS;
piS=&iS;
pcS=&iS;              // 에러
```

iS는 크기 10의 정수형 스택이다. 이런 정수형 스택을 가리키는 포인터 타입을 만들 때는 공식에 따라 타입 명 다음에 *기호만 붙이면 된다. iS의 타입이 TStack〈int〉이므로 이런 스택을 가리킬 수 있는 포인터 타입은 TStack〈int〉 *가 된다. piS가 같은 타입의 &iS를 대입받을 수 있는 것은 당연하다. pcS는 문자형 스택을 가리키는 포인터 변수인데 이 변수로는 정수형 스택 iS의 번지를 대입받을 수 없다. 타입이 다르기 때문인데 만약 억지로라도 대입하려면 캐스트 연산자를 사용한다.

```
pcS=(TStack〈char〉 *)&iS;
```

이 연산문에서 보다시피 TStack〈char〉라는 표현식이 하나의 타입으로 인정되며 따라서 그 유도형도 타입으로 인정되어 캐스트 연산자가 될 수 있다. 템플릿 클래스를 함수로 넘길 때도 인수열과 함께 형식 인수의 타입을 밝힌다. 다음 예제의 DumpStack 함수는 정수형 스택을 인수로 전달받아 그 내용을 덤프한다.

```
#include <Turboc.h>
#include <iostream>
using namespace std;
#include "TStack.h"

void DumpStack(TStack<int> &S)
{
    int i;

    for (i=S.GetTop();i>=0;i--) {
        cout << i << "번째 = " << S.GetValue(i) << endl;
    }
}

void main()
{
    TStack<int> iS(10);

    iS.Push(1);
    iS.Push(2);
    iS.Push(3);
    iS.Push(4);
    DumpStack(iS);
}
```

형식 인수열의 S에 대한 타입을 TStack<int> &로 밝히기만 하면 된다. 템플릿 클래스 타입을 인수로 받아들이는 함수는 사실 별 실용성이 없으며 이런 함수는 클래스의 멤버 함수가 되는 편이 훨씬 더 깔끔하다.

템플릿은 하나의 알고리즘을 여러 타입에 두루 사용할 수 있는 문법적인 장치이며 템플릿을 사용하면 한 번 만들어 놓은 코드를 타입에 상관없이 사용할 수 있는 이점이 있다. 그래서 템플릿은 코드의 재사용성을 극대화하는 도구로 사용되며 표준 템플릿 라이브러리의 문법적 기반이 된다. 템플릿을 사용하는 이런 프로그래밍 방법을 일반화(Generic) 프로그래밍이라고 하며 객체 지향의 다음 세대로 지칭되기도 한다.

C와 C++의 난이도

C와 C++은 일단은 같은 범주에 속하지만 통상 다른 언어로 구분하며 또는 적어도 다른 레벨로 취급한다. 시중의 서적들도 C, C++을 따로 출판하거나 합본 출판하는 경우라도 C를 먼저 다루고 C++을 다루는 경우가 많으며 학생들도 C와 C++을 따로 공부한다. 이런 학생들에게 흔하게 받는 질문 중 하나가 두 언어 중 과연 어떤 언어가 더 어려운가라는 것인데 이 질문에는 어떤 언어가 더 중요한가라는 의미도 내포되어 있다.

두 언어의 난이도에 대해서는 사람마다 개인차가 있어서 평가 방법이 각각 다르다. 어떤 사람은 C는 간단하지만 C++은 복잡한 언어라고 평가하기도 하고 반대로 C가 C++보다 더 어렵다고 느끼는 사람도 있다. 난이도란 주관적인 것이므로 절대적인 평가를 하기는 어렵겠지만 나는 개인적으로 C가 훨씬 더 어렵다고 평가하며 또한 C가 훨씬 더 중요하다고 생각한다. 난이도에 대해 이렇게 다른 평가가 내려지는 가장 큰 요인은 두 언어의 경계를 어디로 볼 것인가에 대한 시각차일 것이다.

C++이 더 어렵다고 생각하는 사람은 구조체까지를 C의 끝으로 보는데 이런 시각으로 본다면 과연 C는 무척 간단한 언어라고 할 수 있다. 그러나 문법만 배웠다고 해서 C를 다 이해했다고 인정할 수는 없기 때문에 포인터나 구조체를 이해했다고 해서 C를 마스터했다고 볼 수는 없다. C를 제대로 활용하려면 문법뿐만 아니라 자료구조와 알고리즘까지도 이해해야 하며 이렇게 본다면 C가 훨씬 더 부피가 크고 어려워진다. 잘 알다시피 자료구조, 알고리즘은 끝이 없지 않은가?

사실 모든 언어나 개발툴 중에 C가 가장 어렵고 익숙해지는데 시간이 오래 걸린다. C 이후에 C++이나 윈도우즈 프로그래밍, MFC, COM, 네트워크, DB 등을 공부하는 사람들의 문제점들을 분석해 보면 해당 주제를 몰라서 고생을 하는 경우보다 C를 잘 몰라서 어려워하는 경우들을 더 많이 볼 수 있다. 그 간단해 보이는 루프에 익숙하지 못하다 보니 제어 구조가 엉망이고 그러다 보니 프로그램이 원하는 대로 동작하지 않는 것이다. C++까지 공부를 마쳤다는 사람도 조건문이나 연산자 따위에 뒤통수를 얻어맞기도 하며 간단한 배열 하나면 해결될 문제를 거창한 클래스 계층을 만드는 사람도 있다.

C++은 C에 비해 상대적으로 무척 간단한 언어이다. 물론 문법의 부피만으로 따진다면 C++ 문법도 작은 분량은 아니다. 그러나 잘 관찰해 보면 C++ 문법은 처음부터 끝까지 일관되게 적용되는 큰 규칙이 있으며 이 몇 가지 규칙만 이해하면 쉽게 정복할 수 있다. C++ 문법의 대부분은 클래스를 완전한 타입으로 만드는 장치들이며 이 원칙을 구현하기 위해 존재한다. C의 포인터처럼 알듯 모를 듯 아리송한 주제도 없으며 표준 라이브러리도 거의 공짜로 쓸 수 있을 정도로 쉽다. 객체 지향적 사고에 익숙해지는데도 시간이 오래 걸리지만 C에 비할 바는 아니다.

C를 제대로 공부하지 못한 사람은 이후의 어떤 과목을 공부해도 어렵다. 반면 C를 능수능란하게 다룰 수 있는 능력을 보유한 사람은 아무리 어려운 과목이라도 수월하게 기술을 습득할 수 있다. 어떤 업체는 면접을 볼 때 아무 것도 묻지 않고 C를 얼마나 잘 하는가만 본다고 하는데 이는 당장의 능력보다 미래의 발전 가능성을 본다는 면에서 합리적인 면접 방법이다. 앞으로 여러분들이 어떤 공부를 하더라도 항상 C언어에 대한 관심을 버려서는 안 되며 시간이 허락할 때마다 자료구조와 알고리즘에 아낌없이 투자하기 바란다.

32
예외 처리

32.1 예외

32.1.1 전통적인 예외 처리

    예외(Exception)란 프로그램의 정상적인 실행을 방해하는 조건이나 상태를 의미하는데 프로그램을 잘못 작성해서 오동작하거나 다운되게 만드는 에러(Error)와는 다르다. 원칙적으로 에러는 개발 중에 모두 수정해야 하는데 모르고 들어가는 것은 할 수 없지만 일단 에러가 있다는 것을 알았으면 그냥 남겨 두지 않을 것이다. 최종 릴리즈할 때까지 미처 발견하지 못하면 이것을 버그라고 부르며 그 중에서도 아주 악질적인 에러를 뼈~그라고 부른다. 예외란 버그와는 달리 제대로 만들었지만 원하는 대로 동작하지 못하게 방해하는 외부의 불가항력적인 상황을 말한다.

    프로그램을 아무리 치밀하게 논리적으로 잘 작성하더라도 예외는 항상 발생할 수 있는데 왜냐하면 작성 시점에서 실행 시의 모든 상황을 정확하게 예측할 수 없기 때문이다. 예외가 발생하는 가장 큰 이유는 프로그램을 사용하는 사람이라는 존재가 워낙 불확실하기 때문이다. 항상 정해진 절차대로 프로그램을 동작시키고 정확한 값만 입력한다면 문제가 없겠지만 실수투성이인 사람은 그렇지 못하다.

    프로그램이 실행되는 환경 또한 불확실하기는 마찬가지이다. 하드 디스크가 언제 가득찰지 예측할 수 없으며 프린터의 종이가 언제 떨어질 지도 알 수 없다. 또한 컴퓨터 외부의 환경인 네트워크도 불안정해서 언제든지 끊어질 수 있고 알 수 없는 이유로 데이터가 중간에서 사라지기도 한다. 잘 짜여진 프로그램은 이런 여러 가지 예외 상황에도 잘 대처해야 하는데 잘못된 입력이 왜 잘못되었는지 사용자에게 알리고 다시 입력하도록 해야 하며 실패한 동작은 재시도해야 한다. 어떤 경우라도 최소한 프로그램이 다운되지는 않도록 해야 한다. 예외를 잘 처리하지 못하면 이것도 일종의 버그가 된다.

    프로그램은 사용자와 상호 작용하거나 외부의 환경과 통신할 때 항상 방어적인 코드로 발생 가능한 모든 예외를 적절하게 처리해야 한다. 다음 코드는 사용자로부터 두 개의 정수값을 입력받아 두 값을 나눈 결과를 출력한다.

```
    int a,b;

    printf("나누어질 수를 입력하시오 : ");
    scanf("%d",&a);
    printf("나누는 수를 입력하시오 : ");
    scanf("%d",&b);
    printf("나누기 결과는 %d입니다.\n",a/b);
```

사용자가 정상적인 값만 입력한다면 이 프로그램은 아무 문제가 없다. printf가 출력하다 실패할리 없고 scanf가 입력을 못 받을 리도 없다. 그렇다고 그 정확한 CPU가 그까짓 나눗셈을 틀릴 리도 만무하다. a에 6, b에 3을 입력하면 그 결과로 2가 정확하게 출력될 것이다. 그러나 나누어지는 수로 0을 입력하면 이 프로그램은 나눗셈 연산을 하던 중에 예외를 일으키고 다운되어 버린다. 수학적으로 불가능한 연산이므로 b에 절대로 0이 입력되어서는 안 된다. 또 a와 b가 좌표값이나 배열의 첨자라고 가정할 때 두 값 모두 음수여서는 안 된다는 규칙이 적용된다. 이런 잘못된 입력에 대해 프로그램은 예외를 처리해야 하는데 전통적인 방법은 값을 사용하기 전에 if문으로 입력된 값을 점검하는 것이다.

예제 **TraditionalError**

```
#include <Turboc.h>

void main()
{
    int a,b;

    printf("나누어질 수를 입력하시오 : ");
    scanf("%d",&a);
    if (a < 0) {
        printf("%d는 음수이므로 나누기 거부\n",a);
    } else {
        printf("나누는 수를 입력하시오 : ");
        scanf("%d",&b);
        if (b == 0) {
            puts("0으로는 나눌 수 없습니다.");
        } else if (b < 0) {
            printf("%d는 음수이므로 나누기 거부\n",b);
        } else {
            printf("나누기 결과는 %d입니다.\n",a/b);
        }
    }
}
```

a를 입력받은 후 if문으로 이 값이 음수인지 점검한다. 만약 음수라면 에러 메시지를 출력하여 잘못된 값임을 알린다. 그렇지 않다면 b를 입력받고 이 값이 0인지, 음수인지를 점검한다. 이 모든 조건이 만족할 때만 a/b 연산 결과를 출력하고 그렇지 않다면 연산을 거부한다. 틀린 값을 입력했을 때 다시 입력받으려면 전체 코드를 while 등의 무한 루프로 감싸고 성공했을 때만 break로 빠져 나오도록 하면 된다.

if문으로 조건을 점검하여 예외를 일으킬만한 상황을 피해가는 이런 전통적인 방법은 지금까지 많이 사용해왔고 또 지극히 상식적인 방법이다. 하지만 점검할 예외가 많아지면 여러 가지로 코드의 품질이 떨어진다. 다음 예는 메모리를 할당하고 값을 입력받아 계산하고 그 결과를 파일로 출력하는 코드인데 발생 가능한 예외가 무척 많다.

```
size=필요한 메모리 양 조사
if (size < 100M || size > 0) {
    ptr=malloc(size);
    if (ptr) {
        if (InputData(ptr) == TRUE) {
            if (CalcData(ptr) == TRUE) {
                File=파일 열기();
                if (File) {
                    if (파일 쓰기()) {
                        에러 출력("파일 쓰기 실패");
                    }
                    파일 닫기();
                } else {
                    에러 출력("파일을 열 수 없음");
                }
            } else {
                에러 출력("계산중 에러 발생");
            }
        } else {
            에러 출력("입력중 에러 발생");
        }
        free(ptr);
    } else {
        에러 출력("메모리 할당 실패");
    }
} else {
    에러 출력("요구하는 메모리 크기가 너무 크거나 황당하게 작음");
}
```

너무 많은 메모리를 요구하거나 메모리 할당에 실패할 수도 있고 입력 중에 에러가 발생할 수도 있으며 계산 중에 오동작할 수도 있다. 또한 파일을 열거나 쓸 때도 여전히 실패할 가능성이 있다. 이 모든 예외 상황에 대해 일일이 if문으로 조건을 점검해야 하며 그러다 보니 실제로 작업을 하는 코드보다 예외를 판단 및 처리하는 코드가 훨씬 더 많다. 예를 위해 일부러 꼬아 놓은 코드가 아니며 실제 상황은 이보다 훨씬 더 복잡해질 수도 있는데 그만큼 예외는 자주 발생한다.

이런 처리를 하려면 모든 함수는 성공 여부를 리턴해야 하며 함수를 호출하는 곳에서는 리턴값을 일일이 점검해야 하므로 무척 번거롭다. 실제 작업을 하는 코드와 예외를 처리하는 코드가 중간 중간에 섞여 있어 관리하기도 어렵고 코드의 핵심을 파악하기도 쉽지 않다. 에러를 점검하는 if문과 에러 메시지 출력문이 너무 떨어져서 대응되는 코드를 한눈에 알아보기도 어렵다. 게다가 잦은 if문으로 인해 들여쓰기가 지나치게 깊어져 코드의 모양이 꼴사납다. 이순신 장군의 학익진과 유사한 모양인데 싸울 때는 좋을지 몰라도 코드를 관리할 때는 별로 좋지 않다.

이런 코드를 분석할 때는 잘 발생하지 않는 예외 코드는 일단 무시하고 읽어야 하는데 무질서하게 섞여 있다 보니 어디가 예외 처리 코드인지 어디가 진짜 코드인지 잘 분간되지도 않는다. 안정적인 프로그램을 만들기 위해서는 발생 가능한 모든 예외를 처리할 필요가 분명히 있다. 그러나 전통적인 방법은 여러 가지로 좋지 않은 효과가 있어 질적으로 다른 방법이 필요해졌다.

32.1.2 C++의 예외 처리

예외 처리는 튼튼한 프로그램을 만들기 위해 어차피 필요하되 형식성을 좀 갖출 필요가 있다. 이런 필요성은 아주 오래 전부터 인식되어 왔고 그동안 많은 예외 처리 방법들이 개발되었다. 전통적인 C 라이브러리도 setjmp, longjmp라는 함수가 있고 윈도우즈는 운영체제 차원에서 구조적인 예외 처리 기법(SEH)을 제공하며 이 기법은 비주얼 C++ 컴파일러에 의해 구현되었다. 또한 MFC 라이브러리는 예외를 처리하는 CException과 파생 클래스를 제공하기도 한다.

C++은 함수나 컴파일러, 라이브러리 수준이 아닌 언어 차원에서 새로운 예외 처리 문법을 제공한다. 언어가 제공하는 기능이기 때문에 기존 방법에 비해 좀 더 유연하고 클래스를 인식하므로 적절한 시점에 파괴자를 호출하여 깔끔하게 예외를 처리할 수 있다. C++의 예외 처리 문법은 다음 세 키워드로 지원된다.

□ try : 예외가 발생할만한 코드 블록을 지정하는데 try 다음의 { } 괄호 안에 예외 처리 대상 코드를 작성한다. 이 블록 안에서 예외가 발생했을 때 throw 명령으로 예외를 던진다.

□ throw : 프로그램이 정상적으로 실행될 수 없는 상황일 때 이 명령으로 예외를 던진다. throw 다음에 던지고자 하는 예외를 적는다. 예외를 던진다는 것은 예외가 발생되었다는 것을 알리며 이 예외를 처리하는 catch문으로 점프하도록 한다. throw 명령 아래쪽의 코드들은 모두 무시되며 곧바로 예외 처리 구문으로 이동한다.

□ catch : try 블록 다음에 이어지며 던져진 예외를 받아서 처리한다. 그래서 catch 블록을 예외 핸들러라고 부른다. catch 다음에는 받고자 하는 예외의 타입을 적는데 이 객체는 throw에 의해 던져진다. catch 블록에는 예외를 처리하는 코드가 작성된다.

가장 간단한 예외 처리 구문의 예는 다음과 같다.

```
try {
    if (예외 조건) throw 예외 객체;
}
catch (예외 객체) {
    예외 처리
}
```

try 블록 안에서 어떤 연산을 하는데 연산중에 에러가 발생하면 throw로 예외를 던지며 catch가 이 예외를 받아 처리한다. try 블록과 catch는 한 쌍이므로 반드시 연속적으로 배치되어야 하며 중간에 다른 문장이 끼어들어서는 안 된다. 다음 예제는 좌표와 숫자를 입력받아 지정한 좌표에 숫자의 제곱근을 출력하는데 전통적인 방법으로 예외를 처리했다.

예제 **ifexcept**

```
#include 〈Turboc.h〉
#include 〈math.h〉

void main()
{
    int x,y,r;

    printf("x 좌표 입력 : ")scanf("%d",&x);
    if (x 〈 0) {
        printf("%d는 음수이므로 잘못된 값입니다.\n",x);
        exit(-1);
    }
    printf("y 좌표 입력 : ");scanf("%d",&y);
    if (y 〈 0) {
        printf("%d는 음수이므로 잘못된 값입니다.\n",y);
        exit(-1);
    }
    printf("숫자 입력 : ");scanf("%d",&r);
    if (r 〈 0) {
        printf("%d는 음수이므로 잘못된 값입니다.\n",r);
        exit(-1);
    }
```

```
    gotoxy(x,y);
    printf("%d의 제곱근은 %.4f입니다\n",r,sqrt(r));
}
```

화면상의 좌표는 당연히 양수여야 한다. 그리고 음수의 제곱근은 존재하지 않으므로 반드시 양수값만
입력받아야 한다. 이런 규칙을 점검하기 위해 매 값을 입력받을 때마다 if문으로 값의 부호를 점검하고
음수가 입력되었을 때는 에러 메시지를 출력한 후 프로그램을 종료하도록 했다. 프로그램의 안전성을
위해 꼭 필요한 에러 처리이기는 하지만 똑같은 코드가 계속 반복되어 용량을 낭비하고 있다. 또한 프로
그램의 고유 코드보다 에러를 처리하는 코드가 더 길어 보기에도 좋지 않다. 이 프로그램을 C++의 예외
처리 구문으로 바꾸면 다음과 같이 정리할 수 있다.

예제 **trycatch**

```
#include 〈Turboc.h〉
#include 〈math.h〉

void main()
{
    int x,y,r;

    try {
            printf("x 좌표 입력 : ");scanf("%d",&x);
            if (x 〈 0) throw x;
            printf("y 좌표 입력 : ");scanf("%d",&y);
            if (y 〈 0) throw y;
            printf("숫자 입력 : ");scanf("%d",&r);
            if (r 〈 0) throw r;
    }
    catch(int a) {
            printf("%d는 음수이므로 잘못된 값입니다.\n",a);
            exit(-1);
    }

    gotoxy(x,y);
    printf("%d의 제곱근은 %.4f입니다\n",r,sqrt(r));
}
```

예외가 발생할 가능성이 있는 입력문들을 모두 try로 둘러싸고 try 블록 안에서 잘못된 값이 입력될 때마다 throw로 입력된 정수값을 던지기만 했다. throw가 에러를 유발시킨 정수를 던지면 try 블록 다음의 catch에서 이 정수를 받아 에러 메시지를 출력하고 exit(-1)로(또는 return으로) 프로그램을 종료한다. 이때 try 블록의 throw 아래에 있는 코드는 무시되는데 한 값이 잘못 입력되었으면 다음 값은 입력받을 필요가 없기 때문이다. 순차적으로 실행되는 코드 흐름에서 앞부분이 잘못되면 일반적으로 뒷부분의 코드도 제대로 동작하지 않는다.

만약 예외가 발생하지 않으면 catch 블록에 있는 예외 처리 코드는 실행되지 않고 무시된다. 모든 값이 다 양수로 입력되었다면 예외가 발생하지 않으며 이때는 (x, y) 위치에 sqrt(r) 값을 정상적으로 출력할 수 있다. 똑같이 반복되는 에러 처리 코드를 한 곳에 모을 수 있어 코드가 짧아지며 에러 처리 구문과 고유의 처리 코드가 분리되어서 읽기에도 좋다.

catch 블록 안의 코드는 예외가 발생할 때만 실행되며 오로지 throw에 의해서만 이동 가능하다. 아무리 잘못된 문장이라도 예외가 자동으로 발생하는 법은 없으므로 throw로 던질 때만 예외가 발생하며 catch 블록은 예외가 발생할 때만 호출된다. goto나 return 기타 제어를 옮기는 명령으로는 catch 안으로 이동하지 못하며 반드시 throw로만 제어를 옮길 수 있다. 반면 catch문 안에서는 goto, return, break, continue 등의 명령들로 블록 밖으로 이동할 수 있다.

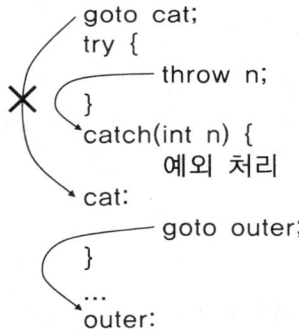

```
goto cat;
try {
        throw n;
}
catch(int n) {
        예외 처리
cat:
        goto outer;
}
...
outer:
```

catch의 코드는 잘 발생하지 않는 비정상적인 상황을 처리하는 것이므로 프로그램의 논리와는 큰 상관이 없다. 예를 들어 하드 디스크가 가득 찼다거나 네트워크 카드가 갑작스럽게 고장난 상황을 들수 있는데 발생 빈도가 지극히 낮기는 하지만 그렇다고 처리하지 않을 수는 없다. catch가 처리하는 예외는 극단적인 상황에 대한 대책이므로 이런 코드를 분석할 때는 무시하고 읽어도 상관없다. 오히려 그러는 편이 코드를 빨리 읽는 방법이며 이를 위해 예외 처리 코드를 분리하는 문법이 제공되는 것이다.

하나의 try 블록에서 타입이 다른 여러 개의 예외를 발생시킬 수도 있는데 이때는 예외의 타입수 만큼의 catch를 try 블록 다음에 나열하면 된다. 각 catch문들은 모두 try와 한 덩어리이므로 catch문 사이에도 다른 문장이 끼어들어서는 안 된다. 다음 예제는 두 정수를 입력받아 나누기 연산을 하는데 피젯수는 반드시 양수여야 한다고 가정하도록 하자.

multicatch

```
#include 〈Turboc.h〉

void main()
{
    int a,b;

    try {
        printf("나누어질 수를 입력하시오 : ");
        scanf("%d",&a);
        if (a 〈 0) throw a;
        printf("나누는 수를 입력하시오 : ");
        scanf("%d",&b);
        if (b == 0) throw "0으로는 나눌 수 없습니다.";
        printf("나누기 결과는 %d입니다.\n",a/b);
    }
    catch(int a) {
        printf("%d는 음수이므로 나누기 거부\n",a);
    }
    catch(const char *message) {
        puts(message);
    }
}
```

try 블록에서 a를 먼저 입력받고 이 값이 음수일 경우 정수값 a를 던진다. 이때 throw는 정수값을 받는 catch를 찾아 점프하며 catch는 이 값이 음수이므로 연산을 할 수 없다는 에러 메시지를 출력한다. a가 양수일 경우 다음 문장에서 b를 입력받는데 b가 0일 경우 나눗셈을 할 수 없다는 문자열 예외를 던진다. 이때는 char *를 받는 catch문으로 점프하여 문자열을 메시지로 출력한다.

a와 b가 모두 정상적으로 입력되면 a/b 연산 결과를 출력하고 뒤쪽의 catch문은 무시된다. throw가 던지고 catch가 받는 것을 예외 객체라고 하는데 throw가 던지는 실인수가 catch의 형식 인수로 대입된 다고 생각하면 된다. catch는 전달된 예외 객체를 통해 에러의 내용을 파악하고 에러를 어떻게 처리할 것인지를 결정한다.

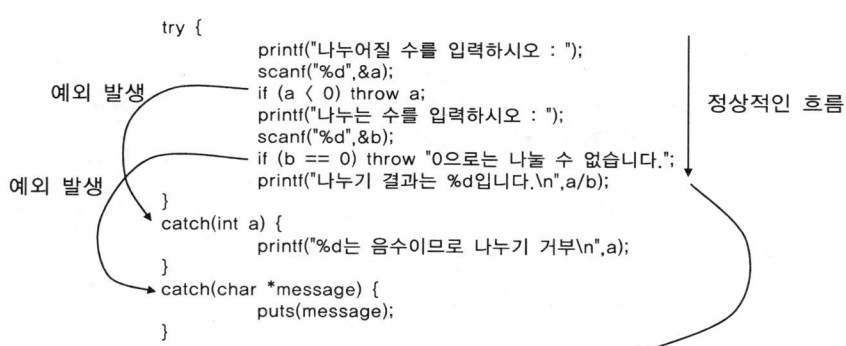

```
             try {
                        printf("나누어질 수를 입력하시오 : ");
                        scanf("%d",&a);
     예외 발생        if (a < 0) throw a;                                        정상적인 흐름
                        printf("나누는 수를 입력하시오 : ");
                        scanf("%d",&b);
     예외 발생        if (b == 0) throw "0으로는 나눌 수 없습니다.";
                        printf("나누기 결과는 %d입니다.\n",a/b);
             }
             catch(int a) {
                        printf("%d는 음수이므로 나누기 거부\n",a);
             }
             catch(char *message) {
                        puts(message);
             }
```

catch는 마치 throw에 의해 호출되는 함수에 비유될 수 있으며 함수가 오버로딩될 수 있듯이 catch도 여러 가지 예외 타입에 따라 오버로딩될 수 있다. throw가 던지는 예외의 타입과 일치하는 catch가 호출되는 것이다. 필요하다면 catch 내에서 지역변수를 선언해서 사용할 수도 있다. 물론 이는 어디까지나 비유일 뿐 catch가 진짜 함수라는 얘기는 아니다. catch로 이동하면 다시 리턴하지 않으므로 throw에 의해 점프되는 레이블이라고 보는 편이 더 타당하다. throw는 호출(call)이 아니라 무조건 분기문인 goto와 더 가깝다.

32.1.3 함수와 예외 처리

예외를 던지는 throw는 보통 try 블록 내부에 있어야 한다. 그러나 함수 안에서는 try 블록없이 throw만 있을 수도 있다. 이때는 함수를 호출하는 호출원이 try 블록을 가져야 한다. 다음 예제는 0으로 나누는 함수 divide를 작성하고 이 함수에서 인수로 전달된 d가 0일 때 throw로 예외를 던진다. main에서 4번 throw를 호출하는데 각 경우에 어떻게 처리되는지 보자.

예제 **throwfunc**

```c
#include <Turboc.h>

void divide(int a, int d)
{
    if (d == 0) throw "0으로는 나눌 수 없습니다.";
    printf("나누기 결과 = %d입니다.\n",a/d);
}

void main()
{
    try {
```

```
        divide(10,0);
    }
    catch(const char *message) {
        puts(message);
    }
    divide(10,5);
//  divide(2,0);
/*
    try {
        divide(20,0);
    }
    catch(int code) {
        printf("%d번 에러가 발생했습니다.\n",code);
    }
//*/
}
```

함수 실행 중에 throw를 만나면 대응되는 catch를 찾기 위해 자신을 호출한 호출원을 거슬러 올라가야 한다. 첫 번째 divide 호출문에서 예외가 발생하면 divide 함수는 자신을 호출한 main으로 돌아와서 대응되는 catch문을 찾아 이 코드를 실행한다. catch는 throw가 던진 에러 메시지 문자열을 화면으로 그대로 출력할 것이다. 만약 main과 divide 사이에 다른 함수들이 있더라도 마찬가지로 main까지 복귀한 후 예외가 처리된다.

함수가 호출될 때는 스택에 각 함수의 스택 프레임이 생성되며 스택 프레임에는 함수 실행에 필요한 여러 가지 정보들이 저장된다. 함수가 리턴할 때 스택 프레임은 정확하게 호출 전의 상태로 돌아가도록 되어 있다. 예외가 발생했을 때 호출원의 catch로 곧바로 점프해 버리면 스택이 항상성을 잃어버리므로 이후 프로그램이 제대로 실행될 수 없을 것이다. 그래서 throw는 호출원으로 돌아가기 전에 자신과 자신을 호출한 함수의 스택을 모두 정리하고 돌아가는데 이를 스택 되감기(Stack Unwinding)라고 한다.

첫 번째 divide 호출문이 예외를 던질 때 main의 catch가 이 예외를 처리한 후 그 다음 문장을 아무 이상없이 실행할 수 있는 이유는 throw가 스택 되감기를 하여 main의 스택 프레임을 divide 호출 전의 상태로 복구하기 때문이다. 두 번째 divide(10,5)는 올바른 인수를 전달했으므로 예외가 발생되지 않으며 호출 후 정상적인 절차대로 리턴한다.

세 번째 divide(2,0) 호출은 두 번째 인수가 0이므로 예외가 발생하는데 이때 이 예외를 받아줄 catch 문이 없다. 함수 호출부가 try 블록에 있지 않기 때문인데 이때는 예외를 처리할 수 없으므로 디폴트 처리되어 프로그램이 강제로 종료된다. 설사 try안에 있더라도 예외를 받아줄 catch가 없으면 이때도 처리되지 않는데 네 번째 호출문 divide(20,0)의 경우 try안에 있고 catch도 있지만 divide가 던지는

char * 타입의 catch는 없으므로 역시 처리되지 않고 프로그램은 종료된다.

throw는 대응되는 try 블록의 catch를 찾기 위해 스택에서 위쪽 함수를 찾아 올라가면서 호출 스택을 차례대로 정리하는데 이때 각 함수들이 지역적으로 선언한 객체들도 정상적으로 파괴된다. 다음 예제를 통해 스택을 되감는 절차를 연구해 보자.

예제 stackunwinding

```
#include <Turboc.h>

class C
{
    int a;
public:
    C() { puts("생성자 호출"); }
    ~C() { puts("파괴자 호출"); }
};

void divide(int a, int d)
{
    if (d == 0) throw "0으로는 나눌 수 없습니다.";
    printf("나누기 결과 = %d입니다.\n",a/d);
}

void calc(int t,const char *m)
{
    C c;
    divide(10,0);
}

void main()
{
    try {
        calc(1,"계산");
    }
    catch(const char *message) {
        puts(message);
    }
    puts("프로그램이 종료됩니다.");
}
```

main의 try 블록에서 calc를 부르고 calc는 지역 객체 C를 선언한다. 그리고 예외를 일으키는 divide(10,0)을 호출하는데 이 함수에서 throw에 의해 문자열 예외가 던져진다. 이때의 스택 상황은 다음과 같을 것이다.

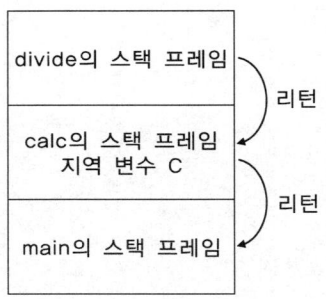

divide에서 예외가 발생했으므로 이 함수는 더 이상 실행할 수 없다. 그래서 이 예외를 처리할 catch문을 찾는데 함수 내부에서는 catch가 없으므로 일단 자신을 호출한 calc 함수로 돌아간다. 이 과정에서 자신의 스택 프레임은 정리하는데 이렇게 하지 않으면 호출원이 예외를 처리하더라도 제대로 실행될 수 없기 때문이다.

calc에서 다시 catch를 찾는데 이 함수도 catch를 가지고 있지 않으므로 같은 방식으로 스택을 정리한다. 이때 calc의 인수 t와 m, 지역변수 C가 파괴되는데 C는 객체이므로 정상적인 파괴를 위해 파괴자가 호출된다. calc가 main으로 리턴하면 main의 catch(char *)로 점프하여 예외를 처리한다. 스택 되감기를 하면서 리턴되는 함수의 모든 지역 객체를 파괴하는데 만약 파괴자를 호출하지 않는다면 예외만 처리될 뿐 생성된 객체들이 제대로 해제되지 않아 프로그램의 상태는 여전히 불안해질 것이다. 파괴자는 단순히 메모리만 정리하는 것이 아니라 때로는 DB 연결 해제, 프로그램 상태 변경 등의 중요한 일을 할 수도 있으므로 반드시 호출해야 한다.

throw가 대응되는 catch를 찾기 위해 스택 되감기를 해야 하는 이유는 아주 명백하다. throw는 catch로의 점프 동작을 하는데 함수 간에 아무렇게나 점프를 해 버리면 스택의 호출 정보는 엉망이 되어 버린다. 호출원으로 돌아갈 때는 스택도 호출원의 것으로 정확하게 복구해야 하며 그러기 위해서는 자신을 호출한 모든 함수의 스택을 일일이 정리해야 하는 것이다. 위 예에서 main의 마지막에 있는 puts가 제대로 실행되려면 catch가 예외를 처리한 후 스택의 최상단에는 main의 스택 프레임이 있어야 하며 그러기 위해서는 divide의 throw가 divide와 calc의 스택을 정리해야 하는 것이다.

32.1.4 중첩 예외 처리

예외 처리 구문은 중첩 가능하다. 즉 try 블록 안에 또 다른 try 블록이 있을 수 있으며 중첩 단계에는 별다른 제약이 없다. 다음 예제는 학번, 이름, 나이를 입력받아 그대로 출력하는데 학번과 나이는 반드시 양수여야 하며 이름은 최소한 4자 이상이어야 한다. 한국사람 이름은 최소한 2글자 이상이므로 아무리 짧아도 4바이트 이상이어야 한다는 규칙은 아주 자연스럽다.

예제 nesttry

```
#include <Turboc.h>

void main()
{
    int Num;
    int Age;
    char Name[128];

    try {
        printf("학번을 입력하시오 : ");
        scanf("%d",&Num);
        fflush(stdin);
        if (Num <= 0) throw Num;
        try {
            printf("이름을 입력하시오 : ");
            gets(Name);
            if (strlen(Name) < 4) throw "이름이 너무 짧습니다";
            printf("나이를 입력하시오 : ");
            scanf("%d",&Age);
            if (Age <= 0) throw Age;
            printf("입력한 정보 => 학번:%d, 이름:%s, 나이:%d\n",Num,Name,Age);
        }
        catch(const char *Message) {
            puts(Message);
        }
        catch(int) {
            throw;
        }
    }
    catch(int n) {
        printf("%d는 음수이므로 적합하지 않습니다.\n",n);
    }
}
```

최초 바깥쪽의 try 블록에서 학번 Num을 입력받는데 이 값이 음수(0도 포함)일 경우 잘못된 값이므로 Num을 예외로 던진다. 이 예외는 바깥쪽의 catch(int n)이 받아 처리할 것이다. 학번이 제대로 입력되었을 경우 이름과 나이를 입력받는데 이름 길이가 4보다 작을 경우 문자열로 된 예외를 던진다. 이 예외는 안쪽의 catch(const char *)가 받아서 처리한다.

나이가 음수일 경우는 안쪽의 catch(int)로 예외를 던진다. 이때 안쪽에서 정수형 예외를 처리하기에 부적당하다거나 아니면 이미 바깥쪽에서 같은 종류의 예외를 처리하고 있다면 안쪽의 catch에서는 이 예외를 직접 처리하지 않고 바깥쪽의 예외 처리기에게 넘기는 것이 더 편리하다. catch 블록에서 예외를 다시 던질 때는 예외 객체를 지정할 필요없이 throw 명령만 단독으로 사용한다. 받은 객체를 그대로 다시 넘기는 것이므로 예외 객체를 명시할 필요가 없으며 직접 처리하지 않으므로 catch의 괄호 안에 예외 객체의 이름을 줄 필요도 없다.

catch에서 바깥쪽 catch로 점프할 때는 throw 명령만 단독으로 사용하는데 만약 바깥쪽에 적절한 catch가 없으면 이 예외는 디폴트 처리되어 프로그램이 강제 종료된다. 이 예제는 한 함수 안에서 try를 중첩시켜 다소 억지스러운 면이 있는데 예외를 던지는 함수끼리 서로 호출하다 보면 예외 처리 블록을 중첩해야 하는 경우가 있다.

32.2 예외 객체

32.2.1 예외를 전달하는 방법

함수가 어떤 연산을 하던 중에 프로그램을 정상적으로 실행할 수 없는 에러가 발생했을 때 함수는 에러가 발생했다는 사실 뿐만 아니라 어떤 종류의 에러가 왜 발생했는지 상세한 정보를 전달해야 한다. 그래야 호출원에서 에러의 종류에 따라 다음 동작을 결정할 수 있을 것이다. 전통적인 방법은 에러를 의미하는 정수값을 리턴하는 것이다. 다음 예제의 Calc 함수는 어떤 유용한 계산을 하는 함수인데 실행 중에 에러가 발생했다고 가정하자.

예제 **ExceptionReturn**

```
#include <Turboc.h>

int Calc()
{
    // 메모리 할당 후 연산해서 파일로 출력하는 동작을 한다고 하자.
```

```
    if (TRUE/*예외 발생*/) return 1;

    // 여기까지 왔으면 무사히 작업 완료했음
    return 0;
}

void main()
{
    int e;

    e=Calc();
    switch (e) {
    case 1:
        puts("메모리가 부족합니다.");
        break;
    case 2:
        puts("연산 범위를 초과했습니다.");
        break;
    case 3:
        puts("하드 디스크가 가득 찼습니다.");
        break;
    default:
        puts("작업을 완료했습니다.");
        break;
    }
}
```

Calc는 정상적으로 계산이 완료되었을 때 0을 리턴하며 에러가 발생했을 때 1~3사이의 에러 코드를 리턴한다. Calc를 호출하는 호출원에서는 이 함수의 리턴값을 점검하여 0인지 아닌지를 반드시 살펴보고 에러가 발생했을 때 이를 적극적으로 처리해야 한다. 가령 입력값이 잘못되었다면 다시 입력받아야 하고 계산에 필요한 데이터가 없다면 이 데이터를 준비한 후 Calc를 다시 불러야 할 것이다.

정수형의 특정한 에러 코드를 넘기는 방식은 지금까지 많이 사용해 왔던 방식이기는 하나 에러 코드가 정상적인 리턴값과 반드시 구분되어야 하는 조건이 있다. 함수가 양수만 리턴할 수 있다면 −1 등의 특이 값을 에러 표식으로 사용할 수 있지만 그렇지 않은 경우는 마땅히 에러로 넘길만한 특이값을 선정하기가 무척 어렵다. 이런 경우는 참조 호출로 별도의 BOOL형 변수를 넘겨 에러 여부를 리턴하는 불편한 방법 을 사용해야 했었다.

이 함수의 에러 처리 방식을 C++의 예외 처리 구문으로 바꿔 보자. 에러를 리턴값으로 넘기지 않으므

로 함수는 void형이어도 상관없으며 리턴값을 다른 용도로 사용할 수도 있다. Calc는 실행 중에 에러가
발생하면 throw로 예외를 던지기만 한다. throw 자체가 함수를 종료하므로 별도의 return문을 사용할
필요는 없다. 예외의 타입으로 정수를 쓸 수도 있지만 사람이 에러 코드를 일일이 기억해야 한다는 면에
서 불편하다. 그래서 정수형의 예외를 던지는 것보다는 열거형의 예외를 던지는 편이 더 편리하다.

예제 **ExceptionEnum**

```c
#include <Turboc.h>

enum E_Error { OUTOFMEMORY, OVERRANGE, HARDFULL };
void Calc()throw(E_Error)
{
    // 메모리 할당 후 연산해서 파일로 출력하는 동작을 한다고 하자.

    if (TRUE/*예외 발생*/) throw OVERRANGE;

    // 여기까지 왔으면 무사히 작업 완료했음
}

void main()
{
    try {
        Calc();
        puts("작업을 완료했습니다.");
    }
    catch(E_Error e) {
        switch (e) {
        case OUTOFMEMORY:
            puts("메모리가 부족합니다.");
            break;
        case OVERRANGE:
            puts("연산 범위를 초과했습니다.");
            break;
        case HARDFULL:
            puts("하드 디스크가 가득 찼습니다.");
            break;
        }
    }
}
```

Calc 함수가 예외를 던지므로 main은 이 함수를 호출하는 문장을 반드시 try 블록에 작성하고 try 블록 다음에는 Calc가 던지는 예외를 처리하는 catch 블록이 이어진다. catch는 Calc가 던진 열거형의 에러 코드를 e로 받아 e값에 따라 다양한 방식으로 에러를 처리할 수 있다. 이 예제는 단순히 문자열만 출력해서 에러 발생 사실만 알린다.

열거형의 에러 값은 정수형보다 의미가 좀 더 분명하다는 면에서 사용하기 쉽다. 그러나 호출원에서 에러의 의미를 일일이 기억하고 해석해야 한다는 점에 있어서는 여전히 불편하다. 아예 예외를 일으키는 쪽에서 예외의 의미까지도 전달하도록 바꿔 보자. throw로 던질 수 있는 예외 객체의 타입에는 제한이 없으므로 문자열을 포함하는 구조체를 던진다면 에러 메시지를 구조체에 포함시킬 수 있을 것이다.

구조체보다 더 좋은 방법은 예외와 관련된 동작까지도 처리할 수 있도록 예외를 클래스로 정의하는 것이다. throw는 예외 클래스의 임시 객체를 만들어서 던질 수 있으며 catch는 이 예외 객체로부터 예외에 대한 상세한 정보는 물론이고 예외 객체가 스스로 예외를 처리하도록 할 수 있다. 다음과 같이 수정해 보자.

예제 ExceptionObject

```
#include 〈Turboc.h〉

class Exception
{
private:
    int ErrorCode;

public:
    Exception(int ae) : ErrorCode(ae) { }
    int GetErrorCode() { return ErrorCode; }
    void ReportError() {
        switch (ErrorCode) {
        case 1:
            puts("메모리가 부족합니다.");
            break;
        case 2:
            puts("연산 범위를 초과했습니다.");
            break;
        case 3:
            puts("하드 디스크가 가득 찼습니다.");
            break;
        }
```

```
    }
};

void Calc()
{
    // 메모리 할당 후 연산해서 파일로 출력하는 동작을 한다고 하자.

    if (TRUE/*에러 발생*/) throw Exception(1);

    // 여기까지 왔으면 무사히 작업 완료했음
}


void main()
{
    try {
        Calc();
        puts("작업을 완료했습니다.");
    }
    catch(Exception &e) {
        printf("에러 코드 = %d => ",e.GetErrorCode());
        e.ReportError();
    }
}
```

Exception이라는 예외 클래스를 먼저 정의하는데 이 클래스 안에는 에러 코드값을 가지는 멤버와 생성자, 에러 코드를 조사하는 함수, 에러 메시지를 출력하는 함수가 포함되어 있다. 에러에 대한 모든 처리를 클래스 하나에 작성해 놓는 것이다.

Calc 함수는 에러가 발생했을 때 에러에 대응되는 예외 객체를 생성하여 이 객체를 throw로 던지고 catch는 예외 객체의 레퍼런스를 받아 예외 객체로부터 에러 코드를 얻고 에러 메시지 출력을 예외 객체에게 시킨다. 예외 클래스는 필요한 정보는 물론이고 동작까지 완벽하게 정의할 수 있으므로 한 번 잘 만들어 놓으면 사용하기 무척 쉽고 원한다면 재사용도 가능하다. 그래서 throw가 던지는 예외에 대한 정보를 예외 객체라고 부르는 것이다. 정수형이나 문자열 등의 단순한 값을 던질 수도 있지만 어차피 정수나 문자열도 객체이므로 예외 객체라는 표현은 전혀 틀리지 않다.

throw는 던지는 예외 객체의 복사본을 생성하고 이 복사본을 던진다. 이때 throw가 던지는 객체는 임시 객체일 뿐이므로 new Exception으로 동적 생성할 필요가 없다. catch에서 이 객체를 잡을 때는 가급적이면 레퍼런스로 잡는 것이 좋다. 물론 레퍼런스가 아닌 객체 자체를 값으로 받거나 포인터로 받아도 잘 동작한다. 그러나 알다시피 객체는 크기 때문에 값으로 받으면 전달 속도가 느리다는 단점이 있다. 포인터를 쓰면 . 연산자 대신 −>를 사용해야 하므로 쓰는 쪽에서 불편할 뿐만 아니라 예외를 던질 때도 throw &Exception(1); 과 같이 & 연산자를 사용해야 하므로 직관적이지 못하다. 여러모로 포인터는 표현식이 복잡하기 때문에 레퍼런스를 대신 쓰는 경우가 많다.

32.2.2 예외 클래스 계층

예외 클래스도 클래스이므로 상속할 수 있고 다형성도 성립한다. 비슷한 종류의 예외라면 예외 클래스의 계층을 구성하여 반복되는 코드를 줄일 수 있고 가상 함수에 의해 예외 처리에도 다형성을 적용할 수 있다. 다음 예제는 숫자를 입력받되 100 이하의 양의 짝수만 입력받으며 나머지 숫자는 모두 예외로 처리한다.

예제 InheritException

```
#include 〈Turboc.h〉

class ExNegative
{
protected:
    int Number;

public:
    ExNegative(int n) : Number(n) { }
    virtual void PrintError() {
        printf("%d는 음수이므로 잘못된 값입니다.\n",Number);
    }
};

class ExTooBig : public ExNegative
{
public:
    ExTooBig(int n) : ExNegative(n) { }
    virtual void PrintError() {
        printf("%d는 너무 큽니다. 100보다 작아야 합니다.\n",Number);
    }
};

class ExOdd : public ExTooBig
```

```
{
public:
    ExOdd(int n) : ExTooBig(n) { }
    virtual void PrintError() {
        printf("%d는 홀수입니다. 짝수여야 합니다.\n",Number);
    }
};

void main()
{
    int n;

    for (;;) {
        try {
            printf("숫자를 입력하세요(끝낼 때 0) : ");
            scanf("%d",&n);
            if (n == 0) break;
            if (n < 0) throw ExNegative(n);
            if (n > 100) throw ExTooBig(n);
            if (n % 2 != 0) throw ExOdd(n);

            printf("%d 숫자는 규칙에 맞는 숫자입니다.\n",n);
        }
        catch (ExNegative &e) {
            e.PrintError();
        }
    }
}
```

음수에 대한 예외를 처리하는 ExNegative를 가장 최상위 클래스로 두고 음수에 대한 에러 메시지를 출력하는 PrintError를 가상 함수로 정의했다. 그리고 이 클래스를 상속하여 ExTooBig이라는 클래스를 정의하여 100을 초과하는 큰 수에 대한 예외를 처리하도록 했으며 ExTooBig으로부터 홀수 예외를 처리하는 ExOdd라는 클래스를 정의했다. 루트 예외 클래스인 ExNegative가 PrintError를 가상 함수로 정의했으므로 파생 클래스의 PrintError도 모두 동적으로 결합되는 가상 함수이다.

main에서 비슷한 예외들을 처리할 때는 에러 내용에 맞는 예외 객체를 생성하여 던지기만 하면 된다. catch는 각 예외 객체를 따로 처리할 필요없이 루트 예외 객체인 ExNegative에 대해서만 처리하면 되는데 왜냐하면 이 클래스로부터 파생된 클래스들은 모두 ExNegative와 IS A 관계에 있기 때문이다. catch에는 전달받은 예외 객체 e로부터 PrintError 함수만 호출하면 e의 타입에 맞는 가상 함수를 호출할 수 있어 예외의 종류를 판별하는 일은 신경쓰지 않아도 된다. e.PrintError가 다형적으로 에러를 처리한다.

32.2.3 예외와 클래스

클래스의 멤버 함수가 특정한 종류의 예외를 발생시킬 수 있다면 이 예외에 대한 모든 처리를 클래스 안에 완벽하게 통합해 넣을 수 있다. 클래스 내부에 예외 클래스를 지역적으로 선언하면 이 클래스는 스스로 예외를 처리할 수 있으며 예외 처리 코드까지 포함하고 있으므로 어떤 상황에서도 예외를 처리할 수 있게 된다. 클래스를 설계할 때부터 예외 처리를 포함하는 것이 좋다. 다음 예제의 MyClass는 완전한 예외 처리 능력을 가지고 있다.

예제 ExceptionClass

```
#include <Turboc.h>

class MyClass
{
public:
    class Exception
    {
    private:
        int ErrorCode;

    public:
        Exception(int ae) : ErrorCode(ae) { }
        int GetErrorCode() { return ErrorCode; }
        void ReportError() {
            switch (ErrorCode) {
            case 1:
                puts("메모리가 부족합니다.");
                break;
            case 2:
                puts("연산 범위를 초과했습니다.");
                break;
            case 3:
                puts("하드 디스크가 가득 찼습니다.");
                break;
            }
```

```
            }
        };
        void Calc() {
            try {
                if (TRUE/*에러 발생*/) throw Exception(1);
            }
            catch(Exception &e) {
                printf("에러 코드 = %d => ",e.GetErrorCode());
                e.ReportError();
            }
        }
        void Calc2() throw(Exception) {
            if (TRUE/*에러 발생*/) throw Exception(2);
        }
    };


    void main()
    {
        MyClass M;
        M.Calc();
        try {
            M.Calc2();
        }
        catch(MyClass::Exception &e) {
            printf("에러 코드 = %d => ",e.GetErrorCode());
            e.ReportError();
        }
    }
```

    MyClass는 예외를 처리하는 Exception 클래스를 내부에서 선언하고 있으며 이 클래스의 멤버 함수 Calc의 내부는 Exception 지역 클래스를 사용하여 예외를 처리하고 있다. 계산중에 에러가 발생하면 적절한 Exception 예외 객체를 생성하여 던지며 Calc 함수 내에서 이 객체를 받아서 처리한다. 예외 처리에 대한 모든 코드가 클래스에 캡슐화되어 있으므로 외부에서는 예외 처리에 대해 더 이상 신경쓰지 않아도 된다. main에서는 M.Calc()를 부르기만 하면 된다.

    클래스에 포함된 예외 객체를 외부에서도 참조하려면 반드시 public 액세스 속성을 가져야 한다. 클래스 내부의 멤버 함수만 이 객체를 사용한다면 private이어도 상관없겠지만 모든 멤버 함수가 예외를 직접 처리할 수 없다면 호출부에서도 예외 객체를 잡을 수 있어야 하기 때문이다. 예제의 Calc2 함수는 예외를 던지기만 하고 직접 처리하지 않는다. 이럴 경우 호출부인 main에서 Calc2를 호출하는 문장을 try 블록에 작성해야 하며 catch문에서 MyClass::Exception을 잡을 수 있어야 한다. 그러기 위해서 Exception은 외부에서 참조할 수 있는 public이어야 하는 것이다.

예외를 처리하는데 클래스 계층을 구성하고 가상 함수를 이용한 다형성까지 활용하고 있으며 통합성을 높이기 위해 잘 사용하지 않는 지역 클래스까지도 선언한다. 여기에 추상 클래스와 순수 가상 함수까지 동원하면 훨씬 더 복잡해질 수도 있다. 잘 발생하지도 않는 예외 처리를 위해 이런 거창한 문법까지 동원하는 것은 왠지 격이 어울리지 않는 것 같아 보이기도 한다.

물론 응용 프로그램 수준에서 이런 예외 계층까지 구성하는 경우는 그리 흔하지 않다. 그러나 불특정 다수가 사용하는 라이브러리의 경우 숙련된 사용자를 가정할 수 없으므로 라이브러리가 견고해지려면 스스로 정교한 예외 처리를 할 수밖에 없다. 이런 라이브러리를 만들 때는 예외 처리에도 많은 신경을 쓸 수밖에 없고 신경 쓴 만큼 품질은 확실히 좋아진다. 그래서 C++은 튼튼하고 안정적인 객체를 만들기 위한 문법을 제공하는 것이다.

이때 라이브러리가 예외를 반드시 직접 처리할 필요는 없으며 때로는 직접 처리하기에 부적당한 경우도 많다. 예외 발생시 어떻게 대처할 것인가는 응용 프로그램에 따라 달라지는데 가벼운 예외라면 무시하고 지나갈 수도 있고 사용자에게 알릴 수도 있고 실행을 계속할 수 없을 정도로 치명적이라면 적극적으로 해결해야 하는 경우도 있다. 라이브러리는 예외 발생 사실과 원인 등 상세한 정보를 호출측에 전달하기만 하면 된다.

32.2.4 생성자와 연산자의 예외

C++의 예외 처리 기능은 생성자와 연산자에도 쓸 수 있다. 생성자의 경우는 리턴값이 없기 때문에 통상적인 방법으로는 예외를 처리하기가 무척 어렵고 연산자는 리턴값은 있지만 모든 리턴값이 의미가 있기 때문에 에러로 쓸만한 특이값을 선정할 수 없다. + 연산자의 리턴값이 −1이면 에러를 의미하는 것으로 약속하는 것은 불가능한데 연산 결과가 진짜로 −1인 것과 구분되지 않기 때문이다. 예외 처리 구문은 리턴값에 의존하지 않고 특정 조건이 되었을 때 원하는 곳으로 제어를 옮길 수 있으므로 생성자와 연산자의 에러 처리에도 사용할 수 있다.

예제   CtorException

```
#include <Turboc.h>

class Int100
{
private:
    int num;
```

```
public:
    Int100(int a) {
        if (a <= 100) {
            num=a;
        } else {
            throw a;
        }
    }
    Int100 &operator+=(int b) {
        if (num + b <= 100) {
            num+=b;
        } else {
            throw num+b;
        }
        return *this;
    }
    void OutValue() {
        printf("%d\n",num);
    }
};

void main()
{
    try {
        Int100 i(85);
        i+=12;
        i.OutValue();
    }
    catch(int n) {
        printf("%d는 100보다 큰 정수이므로 다룰 수 없습니다.\n",n);
    }
}
```

Int100 클래스는 100 이하의 정수만 다룰 수 있는 클래스로 설계되었다. 생성자와 += 연산자 그리고 OutValue 함수를 정의하고 있는데 모두 적절한 예외 처리를 하고 있다. 생성자로 전달된 인수가 100보다 더 클 경우 초기값을 그대로 예외로 던짐으로써 객체 생성을 중지한다. 이 객체를 생성하는 함수는 안전한 객체 생성을 위해 try 블록 안에서 객체를 선언하고 catch(int)에서 에러 메시지를 출력하면 된다.

예외 처리 구문없이 생성자의 에러를 처리하려면 디폴트 생성자를 따로 두고 생성을 대신하는 Init

따위의 함수에서 에러 처리를 할 수도 있을 것이다. 이 경우 사용자는 객체 생성 후 반드시 Init를 호출해야 하는 부담이 있다. 또는 호출원에서 객체를 생성하기 전에 전달할 인수값을 점검하는 방법을 생각해볼 수도 있을 것 같지만 이런 방법은 객체를 동적으로 생성할 때만 사용할 수 있어 일반성이 없다.

+= 연산자는 값을 증가시키는데 초기화할 때는 100 이하였더라도 증가 연산에 의해 100보다 큰 값이 될 수 있으므로 역시 예외를 던진다. 만약 예외 처리 구문을 쓰지 않는다면 틀린 값을 무시해 버리거나 아니면 틀린 값을 그대로 가질 수밖에 없을 것이다. += 연산자는 연쇄적인 연산을 위해 클래스형의 레퍼런스를 리턴하므로 에러를 의미하는 특이값을 리턴하는 것도 불가능하다.

이 예에서 연산자의 예외를 처리하는 것은 별 문제가 없지만 생성자의 예외를 처리하는 코드는 약간의 제약이 있다. 객체를 try 블록 안에서 선언하면 이 객체는 블록 지역변수가 되어 버리므로 블록 바깥에서는 존재하지 않는다. main의 제일 끝에서는 i 객체가 존재하지 않기 때문에 여기서 i를 참조할 수는 없다. 그래서 try 블록 안에 객체 선언문이 있을 경우 try 블록은 이 객체를 완전히 사용하는 코드를 전부 포괄해야 한다. 다음 코드는 당연히 에러이다.

```
void main()
{
    try {
        Int100 i(85);
    }
    catch(int n) {
        printf("%d는 100보다 큰 정수이므로 다룰 수 없습니다.\n",n);
    }
    i+=12;
    i.OutValue();
}
```

객체 선언문만 try 블록으로 감싸 예외를 처리할 수는 없다는 얘기다. 이런 것들이 번거롭기 때문에 생성자는 예외 처리 구문을 쓰는 대신 성공적인 생성 여부를 표시하는 별도의 멤버를 두고 객체 생성 후에 이 멤버의 값을 평가하는 방법을 더 많이 사용한다. 생성자는 객체 생성에 실패할 경우 성공 여부 플래그에 에러 코드를 대입해 놓고 객체를 쓰는 쪽에서 이 플래그를 점검한다.

32.2.5 try 블록 함수

어떤 함수의 본체 어느 곳에서나 예외가 발생할 수 있다면 이 함수의 본체를 try 블록으로 완전히 묶어야 한다. 다음 예제의 divide 함수는 길이가 무척 짧기는 하지만 연산 중에 예외가 발생할 소지가 있으므로 본체 전체가 try 블록에 싸여져 있다.

```
#include <Turboc.h>

void divide(int a, int d)
{
    try {
            if (d == 0) throw "0으로는 나눌 수 없습니다.";
            printf("나누기 결과 = %d입니다.\n",a/d);
    }
    catch(const char *message) {
            puts(message);
    }
}

void main()
{
    divide(10,0);
}
```

이런 경우 함수의 실질적인 코드가 try 블록 안에 모두 작성되어 있으므로 try 블록 자체를 함수의
본체로 만드는 것이 가능하다. 함수의 시작과 끝을 표시하는 { } 괄호를 없애 버리고 try와 catch를
함수의 본체인 것처럼 만들어 버리면 된다. 예제를 다음과 같이 수정해도 잘 컴파일될 것이다. 단, 비주얼
C++ 6.0은 아직 이런 형식을 지원하지 않으며 7.0 이상과 gcc는 잘 지원한다.

```
void divide(int a, int d)
try {
    if (d == 0) throw "0으로는 나눌 수 없습니다.";
    printf("나누기 결과 = %d입니다.\n",a/d);
}
catch(const char *message) {
    puts(message);
}
```

이렇게 되면 try 블록과 이어지는 catch까지가 함수의 본체가 되며 인수의 사용 범위는 catch까지
유효하므로 catch에서도 함수의 인수를 참조할 수 있다. 지금까지 익숙하게 봐왔던 함수와는 모양이
달라 생소해 보이는데 정 어색하면 기존 방식대로 { } 괄호를 싸는 표기법을 계속 사용하면 될 것이다.

그러나 생성자의 경우는 이런 표기법이 반드시 필요하다. 다음은 지금까지 실습을 위해 자주 사용했던 Position 클래스의 생성자인데 x, y 멤버에 대한 초기식을 초기화 리스트에 작성했다.

```
Position(int ax, int ay, char ach) : x(ax),y(ay) {
    ch=ach;
}
```

이 생성자에 약간의 에러 처리 기능을 더해 x가 음수일 때의 예외 처리 기능을 try 블록으로 작성해 보자. 결과는 다음과 같은데 모양이 상당히 희한하다.

예제 **tryctor**

```
#include 〈Turboc.h〉

class Position
{
private:
    int x,y;
    char ch;

public:
    Position(int ax, int ay, char ach)
    try    : x(ax),y(ay) {
            if (ax 〈 0) throw ax;
            ch=ach;
    }
    catch (int a) {
            printf("%d는 음수 좌표라 객체가 보이지 않습니다.\n",a);
    }
    void OutPosition() {
            gotoxy(x, y);
            putch(ch);
    }
};

void main()
{
    try {
```

```
        Position Here(-1,10,'X');
        Here.OutPosition();
    }
    catch (int) {
        puts("무효한 객체임");
    }
}
```

생성자 본체가 시작되자마자 try가 먼저 나오고 try와 시작 괄호 사이에 초기화 리스트가 배치된다. 이 표기법이 꼭 필요한 이유는 초기화 리스트 실행 중에 발생할 수 있는 예외까지도 처리할 필요가 있기 때문이다. 기존의 일부 코드만 감싸는 try 블록 표기법으로는 본체 코드 전체를 감쌀 수는 있어도 초기화 리스트까지 예외 처리 블록에 포함시킬 수는 없다.

이 예제에서는 사실 초기화 리스트에서 특별히 발생할 예외가 없는 셈이다. 그러나 기반 클래스로부터 상속받은 멤버를 초기화한다거나 포함된 객체를 초기화하는 중에 예외가 발생할 가능성은 아주 많다. try 블록 함수 형태로 생성자를 작성하면 초기화 리스트의 코드도 try 블록에 포함되므로 좀 더 광범위한 예외 처리를 할 수 있다.

생성자에서 객체 생성 조건이 맞지 않을 경우의 예외를 처리하더라도 이 예외는 자동으로 다시 던져지도록 되어 있다. 왜냐하면 객체 생성 단계의 예외는 객체 혼자만의 문제가 아니라 이 객체를 선언한 곳과도 관련이 있으므로 객체를 쓰는 주체에게도 예외 사실을 반드시 알려야 하기 때문이다. 그래서 main에서 Here 객체를 선언하는 문장을 다시 try로 감싸고 있다. 만약 이 처리를 생략하면 생성자에서 발생한 예외는 미처리 예외가 되어 프로그램이 다운된다.

32.2.6 표준 예외

표준 C++ 라이브러리는 모든 예외의 루트로 사용할 수 있는 exception이라는 클래스를 정의한다. 이 클래스는 별다른 기능을 가지지 않으며 문자열 포인터를 리턴하는 what이라는 가상 함수를 제공한다. exception의 what은 별다른 출력이 없지만 파생 클래스는 원하는 문자열을 출력하도록 재정의할 수 있다. 표준 C++ 라이브러리는 exception으로부터 표준 예외 클래스들을 파생해 놓았다. 표준 예외는 크게 논리 에러와 런타임 에러로 나누어지며 exception에서 직접 파생되는 것들도 있다.

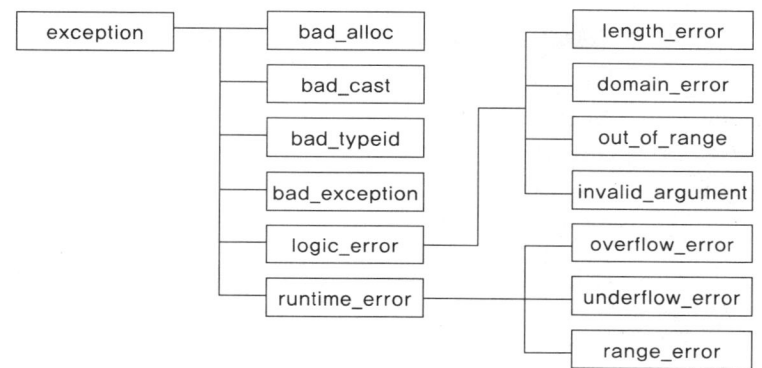

이 표준 예외들은 C++의 연산자들이 던지는데 나머지는 관련 부분에서 알아보기로 하고 여기서는 bad_alloc 예외에 대해서만 알아보자. 표준 이전의 C++ 컴파일러는 new 연산자가 할당에 실패할 때 NULL을 리턴하도록 되어 있지만 최신 컴파일러들은 bad_alloc 예외를 던지도록 되어 있으므로 예외 처리 구문으로 할당 실패를 처리할 수 있다. 다음 예제는 bad_alloc 예외를 발생시켜 보고 처리하는 예를 보여주는데 다소 위험한 예제이므로 함부로 실행하지 말고 구경만 하도록 하자. 기어이 테스트 해 보고 싶다면 작업하던 모든 문서와 프로젝트를 저장하고 다운이 되도 상관없는 상태에서 실행해 보아라.

예제 **bad_alloc**

```
#include <Turboc.h>
#include <new>

void main()
{
    int *pi[1000]={NULL,};
    int i;

    try {
        for (i=0;;i++) {
            pi[i]=new int[10000000];
            if (pi[i]) {
                printf("%d번째 할당 성공\n",i);
            } else {
                printf("%d번째 할당 실패\n",i);
            }
            Sleep(1000);
```

```
            }
        }
    catch(std::bad_alloc &b) {
            puts("에러 발생");
            b.what();
    }
    for (i=0;;i++) {
            delete [] pi[i];
    }
}
```

main에서 무한 루프를 돌며 40M씩 끊임없이 메모리를 할당하고 있는데 시스템의 메모리가 무한하지 않으므로 언젠가는 이 할당이 실패할 것이다. 이때 bad_alloc 예외가 발생하는데 catch에서는 에러가 발생했다는 사실을 문자열로 출력하기만 했다. 실제 예에서는 할당 실패시의 처리가 catch 블록에 작성되어야 할 것이다.

이 예제가 할당에 실패하는 시점은 시스템에 따라 다른데 512M 메모리를 실장한 시스템에서 테스트해 본 결과는 다음과 같다. 초반에는 어느 정도 빠른 속도로 할당이 진행되다가 10번을 넘기면 페이징 파일을 스왑하는 시간이 필요하므로 할당 시간이 점점 느려지기 시작한다. 40번을 넘을 때쯤에는 약 1.8G 정도의 메모리를 할당하며 47번째에서 실패한다. 실패하는 시점에서 메모리 총 용량은 2G를 조금 넘는데 이는 메모리가 부족해서 실패하는 것이 아니라 응용 프로그램에 주어진 주소 공간이 고갈되었기 때문이다. 주소 공간이 더 넓은(3G) 윈도우즈 2003에서는 결과가 좀 다를 것이다.

프로그램을 강제로 종료하면 할당한 메모리는 모두 회수된다. 그러나 할당 과정에서 시스템은 무리하게 페이징 파일을 늘리기 때문에 늘어난 페이징 파일을 다시 원래대로 돌리기 위해 수 분 정도의 시간이 걸린다. 테스트 중에 메모리가 완전히 고갈되면 시스템이 다운될 위험도 있다. new 연산자가 bad_alloc 예외를 던지는 규정은 비교적 최신 기능이기 때문에 구형 컴파일러들은 이 예외를 지원하지 않는데 비주얼 C++ 6.0이 그렇다. 비주얼 C++ 7.0은 이 예외를 지원한다.

C++ 스펙은 new 연산자의 실패도 새로운 C++의 예외 처리 메커니즘에 통합시키기 위해 bad_alloc 예외를 도입했는데 이 예외는 사실 별다른 실용성을 느끼기 어렵다. 요즘같은 고성능 PC 환경에서 new 는 좀처럼 실패하지 않는데다 실패할 때까지 반복하는 것이 오히려 더 위험하다. 설사 메모리가 부족한 환경이라도 과거처럼 NULL을 리턴하고 if문으로 점검하는 방법으로 충분히 점검할 수 있으므로 굳이 메모리 할당 실패 점검을 위해 예외 처리 구문까지 동원할 필요는 없다.

32.3 예외 지정

32.3.1 미처리 예외

throw가 예외를 던졌는데 이 예외를 받아줄 catch가 없는 경우는 아무도 이 예외를 처리하지 않는다. 설사 try 블록에 throw가 포함되어 있고 catch 블록이 있더라도 던진 예외와 타입이 맞는 catch가 없다면 이 예외도 미처리 예외가 된다. 미처리 예외는 terminate라는 함수가 처리하는데 이 함수는 기본적으로 abort를 호출하여 프로그램을 강제로 종료한다. 나중에 말썽을 부릴 바에야 개발 중에 종료되어 예외를 분명히 알리는 것이 더 좋다는 식인데 고객 앞에서 죽을 바에야 지금 당장 죽어라는 뜻이다. 그래서 예외 처리를 잘못하면 프로그램은 정리 작업도 하지 못하고 강제 종료된다.

만약 미처리 예외를 특별한 방식으로 처리하고 싶다면 미처리 예외의 핸들러를 따로 등록할 수 있다. 이때는 exception 헤더 파일에 선언되어 있는 다음 함수를 사용하는데 인수로 void func(void) 타입 (terminate_handler)의 함수 포인터를 전달한다. 이후 미처리 예외가 발생할 경우 지정한 핸들러 함수가 호출된다.

terminate_handler set_terminate(terminate_handler ph)

미처리 예외 핸들러는 아무도 처리하지 않는 예외가 발생했을 때의 극단적인 예외를 처리할 수 있다. 다음 예제는 myterm이라는 함수를 미처리 예외 핸들러로 등록하여 메시지를 화면에 출력한 후 종료한다.

예제 **terminate**

```
#include <Turboc.h>
#include <exception>
using namespace std;

void myterm()
{
    puts("처리되지 않은 예외 발생");
    exit(-1);
}

void main()
{
    set_terminate(myterm);
    try {
```

```
    try {
        throw 1;
    }
    catch(char *m) {
    }
}
```

main에서 정수형의 예외를 던졌는데 뒤쪽의 catch에는 정수형을 받는 부분이 없으므로 이 예외는 미처리 예외이다. 따라서 미리 지정한 myterm 함수가 호출된다. 이때 예외를 발생시킨 함수의 스택을 정리할 것인가 아닌가는 컴파일러에 따라 다르다.

임의의 객체를 받으려면 catch (...)을 사용하는데 이때 ...은 앞부분의 catch에서 처리되지 않은 모든 예외를 의미한다. catch (...)은 예외가 발생했다는 것만 알 수 있으며 어떤 예외가 왜 발생했는지는 알지 못하는 한계가 있다. 그래서 이 구문은 잘 사용되지 않는다. 개발 중에 예외 사실을 단순히 알고만 싶을 때, 예외 발생 사실만 중요하고 정보는 필요없을 때 catch (...)을 사용한다. terminate는 전역적인 미처리 핸들러인데 비해 catch (...)은 국지적인 미처리 예외 핸들러라고 할 수 있다.

```
catch (...) {
    puts("뭔지 모르겠는데 하옇든 잘못되었습니다.");
}
```

throw에 의해 예외가 던져질 때 컴파일러는 try 블록 바로 밑의 catch를 등장하는 순서대로 점검하여 예외의 타입과 일치하는 catch를 찾는다. 그런데 catch (...)은 임의의 예외 타입을 모두 받을 수 있으므로 이 구문이 제일 앞에 있다면 뒤쪽의 catch는 절대로 호출되지 않을 것이다. 그래서 catch (...)은 반드시 모든 catch의 끝에 와야 한다. 여러 개의 catch가 있을 경우 올바른 배치는 왼쪽이다.

```
try { }                          try { }
catch (int)                      catch (...)
catch (char *)                   catch (int)
catch (exception)                catch (char *)
catch (...)                      catch (exception)
```

오른쪽과 같이 catch (...)이 제일 앞에 있으면 모든 예외를 이 catch가 받아서 처리할 것이므로 아래 쪽의 catch는 있으나 마나한 존재가 된다. 순서대로 점검하기 때문에 포괄적인 범위의 예외 객체 핸들러가 가급적이면 뒤에 있어야 한다. 부모 클래스 타입, 자식 클래스 타입을 받는 핸들러가 둘 있다면 자식을 처리하는 핸들러가 먼저 나오고 부모를 처리하는 핸들러가 뒤에 나와야 한다.

컴파일러가 던져진 예외 객체로부터 핸들러를 찾을 때 예외 객체의 타입 점검은 지나칠 정도로 엄격하다. 컴파일러의 암시적인 타입 변환은 동작하지 않으므로 반드시 정확한 타입의 catch만 선택된다. 다음 코드를 보면 예외 처리가 잘 될 것 같지만 실제로 실행해 보면 미처리 예외가 된다.

```
try {
    if (TRUE) throw 1234;
}
catch(unsigned a) {
    printf("%d에 대한 예외 발생\n",a);
}
```

왜냐하면 1234는 int형 상수인데 catch는 unsigned만 받으므로 예외 객체의 타입이 맞지 않은 것이다. throw 1234u라고 표기하여 타입을 맞추면 catch(unsigned)와 정확하게 대응될 것이다. 대입이나 함수 호출 같은 경우라면 컴파일러가 적당히 타입을 변환하지만 예외 객체는 정확한 타입만 찾는다.

심지어 int와 short 같이 길이만 다른 타입이나 int와 long처럼 잠재적으로는 다를 수 있더라도 실제로는 같은 타입조차도 다른 예외 객체로 인식된다. 단, 예외적으로 void * 타입을 받는 핸들러는 임의의 포인터 타입 객체를 받을 수 있고 부모 포인터 타입을 받는 핸들러는 자식 객체를 받을 수 있다.

32.3.2 예외 지정

함수를 작성할 때 함수의 원형 뒤쪽에 이 함수 실행 중에 발생할 수 있는 예외의 종류를 지정할 수 있다. 인수 목록 다음에 throw 키워드와 괄호 안에 예외의 타입을 지정하면 된다. 예를 들어 문자열 타입의 예외를 던지는 함수라면 다음과 같이 쓴다.

```
void func(int a, int d) throw(char *)
```

이 선언에 의해 func 함수는 char *형의 예외를 던진다는 것을 알 수 있다. 가능한 예외의 종류가 두 가지 이상일 경우 괄호 안에 예외의 타입들을 콤마로 구분해서 나열한다. 다음 예는 문자열 예외와 정수형 예외를 던지는 함수 func의 원형이다.

```
void func(int a, int d) throw(char *, int)
```

예외를 던지지 않는 함수는 throw()만 적고 괄호 안을 비워 둔다. 함수 원형 뒤에 아무것도 적지 않으면 임의의 예외를 던질 수 있다는 뜻이다. 그래서 다음 두 함수의 뜻은 완전히 다르다.

```
void func(int a, int d) throw()
void func(int a, int d)
```

전자는 예외를 던지지 않으며 후자는 임의의 예외를 던질 수도 있고 아닐 수도 있다. 함수 원형에 던질 수 있는 예외의 종류를 지정하는 것은 문서화의 의미가 있는데 일종의 주석이라고 보면 된다. 이 함수를 사용하는 사람에게 어떤 종류의 예외가 발생할 수 있는지를 알려 주며 개발자는 원형 뒤쪽의 타입에 대해 적절한 catch문을 작성할 수 있다.

예외 지정은 함수 실행 중에 발생할 수 있는 모든 예외에 대한 정보를 제공해야 하므로 함수 자신이 던지는 예외뿐만 아니라 이 함수가 호출하는 함수에서 발생할 수 있는 예외까지도 지정해야 한다. 그러나 만약 지정된 예외가 아닌 예외를 던지는 함수라 하더라도 이 호출이 금지되지는 않는다.

```
void fA() throw(int, double)
{
}

void fB() throw(char)
{
    fA();
}
```

fA가 int, double 예외를 던질 수 있으므로 이 함수를 호출하는 fB는 char 뿐만 아니라 int, double도 명시해야 하는 것이 원칙이다. 자신이 호출하는 함수의 예외를 직접 처리하지 않는다면 예외는 계속 호출 스택의 아래쪽으로 다시 던져지기 때문이다. 그러나 이미 오래 전에 개발된 라이브러리들은 예외 지정이 제대로 되어 있지 않기 때문에 이 지정이 틀렸다고 해서 fB가 fA를 호출하는 것을 금지하는 것은 이치에 맞지 않다. 또한 자신이 호출하는 함수가 내부적으로 호출하는 함수 목록을 정확히 파악한다는 것도 현실적으로 무척 어렵다.

만약 지정하지 않은 예외가 발생한다면 이때는 unexpected라는 함수가 호출되어 미지정 예외를 처리한다. unexcepted는 디폴트로 terminate를 호출하여 프로그램을 강제로 종료하는데 다음 함수를 사용하면 미처리 예외 핸들러를 변경할 수 있다.

unexpected_handler set_unexpected(unexpected_handler ph)

unexpeted_handler 타입은 인수도 리턴값도 없는 함수 포인터 타입이다. void func(void) 타입의 함수를 작성해 놓고 미지정 예외 핸들러로 지정하면 된다. 다음 예제를 보자.

예제 unexpect

```
#include <Turboc.h>
#include <exception>
using namespace std;

void myunex()
{
    puts("발생해서는 안되는 에러 발생");
    exit(-2);
}

void calc() throw(int)
{
    throw "string";
}

void main()
{
    set_unexpected(myunex);
    try {
        calc();
    }
    catch(int) {
        puts("정수형 예외 발생");
    }
    puts("프로그램 종료");
}
```

calc에서 문자열 예외를 던지는데 대응되는 catch는 정수를 받는 것밖에 정의되어 있지 않다. 이때는 미리 지정한 myunex 함수가 호출되어 미지정 예외를 처리한다. 이 예제에서는 미지정 예외가 발생했음을 문자열로 알리기만 하고 exit로 프로그램을 종료했다. 또는 exit(-2) 대신에 throw 1 등으로 지정된 예외로 바꿔 다시 던질 수도 있다. 이렇게 되면 지정된 타입의 예외 핸들러로 제어를 옮긴다.

비주얼 C++은 미지정 예외 핸들러를 지원하지 않으므로 위 예제는 제대로 컴파일되지 않는다. gcc는 이 예제를 제대로 컴파일한다.

32.3.3 예외의 비용

이상으로 C++의 예외 처리 기능에 대해 연구해 봤는데 언어 차원에서 예외 처리 구문을 지원한다는 데서 큰 의미를 찾을 수 있다. 언어의 표준이므로 적어도 이식성을 걱정할 필요는 없다. 이에 비해 구조적 예외 처리 기법인 SEH는 윈도우즈 운영체제가 정의하고 비주얼 C++ 컴파일러가 지원하므로 이 조합이 아니면 동작하지 않는다. 반면 예외 처리 구문은 표준을 준주하는 컴파일러에서는 항상 잘 동작한다.

그러나 고도로 정교한 프로젝트가 아닌 한 실무에서 이 기능을 전면적으로 사용하는 데 대해서는 다소 회의적으로 평가하는 사람도 있다. 왜냐하면 C++의 예외 처리 기능을 사용하면 프로그램의 성능이 눈에 띌 정도로 느려지기 때문이다. 프로그램의 안정성과 유지, 보수의 편의성은 증가하지만 프로그램이 비대해지고 느려지는 반대 급부를 쉽사리 무시할 수는 없다.

예외 처리 구문에 의한 성능 저하는 상당한 정도인데 특히 스택 되감기 기능은 호출한 모든 스택을 정리하는 대공사를 한다는 점만 봐도 얼마나 성능에 취약할지 상상이 간다. stackunwinding 예제의 divide 안에 있는 throw가 어떤 코드를 생성할지 상상해 보라. 물론 예외가 발생하지 않는다면 이런 속도상의 성능 저하는 거의 없으며 실제로 예외 발생 확률은 무척 낮다. 어쩌다가 극단적인 상황에서만 실행되는 코드이므로 정상적인 프로그램의 실행 속도를 떨어뜨리지는 않는다.

그러나 try, catch라는 키워드를 쓰는 것만으로도 프로그램의 용량은 무시못할 정도로 비대해지는 또 다른 문제가 있다. 왜냐하면 발생 빈도가 아무리 희박하다 하더라도 예외가 발생했을 때의 코드를 모조리 작성해 넣어야 하기 때문이다. 그래서 성능이 아주 중요하다면 C++의 예외 처리 기능을 사용하지 말아야 하며 전통적인 if문을 사용하는 것이 더 바람직할지도 모른다.

C++의 예외 처리 기능은 모든 면에서 완벽하다고 할 수 없고 컴파일러의 지원도 아직 미완성 단계이다. 아무리 좋아 보여도 전통적인 if문을 모조리 예외 처리 구문으로 바꿀 수는 없다. 상황에 따라 예외를 처리하는 방법은 특수하기 때문에 모든 if문이 무난하게 예외 처리 구문으로 잘 변환되는 것은 아니다. 함수 내부에서 예외가 발생했을 때 호출원을 거꾸로 거슬러 올라가면서 스택을 정리하고 모든 객체를 파괴하는 것은 멋진 기능이기는 하다. 아무리 깊은 함수에서 예외가 발생했더라도 이를 잡아낼 수 있으니 말이다. 그러나 동적으로 할당된 메모리는 그렇지 못한데 다음 예제를 보자.

예제 **exdynamic**

```
#include <Turboc.h>

class SomeClass { };

void calc() throw(int)
{
    SomeClass obj;
```

```
    char *p=(char *)malloc(1000);

    if (TRUE/*예외 발생*/) throw 1;
    free(p);
}

void main()
{
    try {
        calc();
    }
    catch(int) {
        puts("정수형 예외 발생");
    }
}
```

calc가 예외를 일으킬 때 지역 객체 obj의 파괴자가 호출되어 필요한 정리를 한다. obj가 아무리 많은 메모리를 쓰더라도 문제되지 않는다. 그러나 예외 발생 전에 malloc이나 new로 할당한 메모리는 해제될 기회가 없어 메모리 누수가 발생할 것이다. 메모리 할당 원칙에 의해 일단 할당한 메모리는 명시적으로 해제하지 않는 한 임의로 회수할 수 없다. throw는 남은 뒷부분의 코드를 무시하고 무조건 예외 핸들러로 점프해 버리기 때문이다. 이 문제를 해결하려면 포인터처럼 동작하며 스스로 할당된 메모리를 해제하는 스마트 포인터(auto_ptr)를 사용할 수 있다. 그러나 아무래도 스마트 포인터와 단순 포인터는 성능이나 사용 편의성 면에서 비교가 되지 않는다.

C++의 예외 처리 구문은 클래스 템플릿에는 쓸 수 없는데 왜냐하면 템플릿으로 전달되는 인수의 타입에 따라 발생할 수 있는 예외가 너무 다양해 언제 어떤 예외가 발생할 것인지를 도저히 예측할 수 없기 때문이다. 또한 예외 처리 구문은 멀티 스레드 환경에서 여러 가지로 문제가 있는데 안 그래도 복잡한 멀티 스레드의 동기화 문제를 더 복잡하게 만든다. C++의 예외 처리 기능 자체는 멀티 스레드를 고려하여 동기적으로 설계되어 있지만 실제 적용시에는 여러 가지 복잡한 규칙을 따라야 하고 주의 사항도 많아 생각처럼 매끈하게 예외를 처리하기가 무척 어렵다. 간단히 말해 예외 처리는 템플릿과 멀티 스레드와는 궁합이 맞지 않다.

예외 처리 기능은 기본적으로 예외가 발생했을 때 적당한 핸들러를 찾아 점프하는 기능이다. 제어를 옮길 뿐이지 그 자체로 예외를 복구하지는 못한다. catch에서 어떤 조치를 취한 다음에 try 블록 안으로 다시 리턴할 수는 없다. 다음 예제를 보자.

```
#include <Turboc.h>

void main()
{
    int i;

    try {
        printf("1~100사이의 정수를 입력하시오 : ");
        scanf("%d",&i);
        if (i < 1 || i > 100) throw i;
        printf("입력한 수 = %d\n",i);
    }
    catch(int i) {
        printf("%d는 1~100 사이의 정수가 아닙니다.\n",i);
    }
}
```

1~100사이의 정수만 입력받기 위해 규칙에 어긋난 변수가 입력되면 예외 처리하도록 했다. 잘 동작하지만 틀린 입력을 적발할 수 있을 뿐이지 다시 입력하도록 하지는 못한다. 그렇게 하려면 while이나 for 등의 루프로 감싸 정확한 값이 입력될 때까지 반복하는 수밖에 없다. 그렇다면 다음과 같이 하는 것과는 무엇이 다른가?

```
for (;;) {
    printf("1~100사이의 정수를 입력하시오 : ");
    scanf("%d",&i);
    if (i >= 1 && i <= 100) break;
    printf("%d는 1~100 사이의 정수가 아닙니다.\n",i);
}
printf("입력한 수 = %d\n",i);
```

전통적인 루프로 성공할 때까지 반복하도록 했다. 어차피 루프가 필요하다면 그냥 if문으로 점검하는 것이 훨씬 더 편리하다. 깊은 호출 단계의 함수라면 예외 처리 구문의 장점이 드러나지만 적어도 단일 함수 내에서는 if문이 훨씬 더 읽기 쉽고 성능도 좋다. 이 외에도 예외 처리는 스택 되감기 중 파괴자에서 예외 발생시의 애매함, 예외 핸들러에서 예외가 발생한 지점을 알 수 없다는 한계들이 존재한다. 그리고 견고한 프로그램을 만드는 것도 중요하지만 발생가능한 모든 예외를 일일이 다 처리한다는 것도 사실

비현실적이다.

　아무리 좋은 기능이라도 남발하면 좋지 않으므로 꼭 필요한 곳에 잘 조절해서 쓰도록 하자. 비주얼 C++의 경우 예외 처리 구문을 사용할 것인지 아닌지를 프로젝트 옵션으로 선택할 수 있도록 되어 있는데 이 옵션을 끄면 스택을 되감는 코드는 생성하지 않는다. 컴파일러가 이런 옵션을 제공한다는 것은 무조건적인 사용이 좋기만 한 것이 아니라는 반증이기도 하다.

33
타입 정보

33.1 RTTI

33.1.1 실시간 타입 정보

　RTTI는 RunTime Type Information의 약자이며 번역하자면 실시간 타입 정보라는 뜻이다. 일반적으로 변수의 이름이나 구조체, 클래스의 타입은 컴파일러가 컴파일을 하는 동안에만 필요할 뿐이며 이진 파일로 번역되고 나면 이 정보들은 필요가 없다. 변수는 언제나 번지로만 참조될 뿐이지 예쁜 이름을 붙여 봐야 그 이름이 실행 파일에 남을 필요가 없고 구조체의 멤버들도 오프셋으로만 참조된다. 변수의 타입은 읽어들일 길이와 비트를 해석하는 정보로만 사용되며 기계어 수준에서는 길이와 비트해석 방법에 따라 생성되는 기계어 코드가 달라진다.

　클래스도 마찬가지로 기계어로 바뀌면 구조체와 똑같되 다만 가상 함수가 있을 때 vtable을 가리키는 포인터를 하나 더 가진다는 정도만 다르다. 멤버 함수는 일반 함수와 동일하되 다만 첫 번째 인수가 this로 고정되어 있는 호출 규약을 사용하므로 이 함수를 호출할 때는 항상 호출 객체의 포인터가 같이 전달되도록 컴파일될 뿐이다.

　기계(CPU)는 어차피 타입이라는 것을 인식하지 않으며 메모리에 있는 값을 지정한 길이만큼 읽고 쓰고 할 뿐이다. 그러나 상속된 클래스의 계층을 다루는 C++에서는 가끔 이런 타입에 대한 정보가 실행 중에 필요한 경우가 흔하지는 않지만 가끔 있다. 어떤 경우에 타입에 대한 정보가 필요한지 예제를 만들어 보자. 이 장 전반에 걸쳐 사용할 클래스 구조이므로 잘 봐 두도록 하자. 예제 클래스가 눈에 익숙해야 이론 파악이 쉬워진다.

```
#include 〈Turboc.h〉

class Parent
{
public:
    virtual void PrintMe() { printf("I am Parent\n"); }
};

class Child : public Parent
{
private:
    int num;

public:
    Child(int anum=1234) : num(anum) { }
    virtual void PrintMe() { printf("I am Child\n"); }
    void PrintNum() { printf("Hello Child=%d\n",num); }
};

void func(Parent *p)
{
    p->PrintMe();
    ((Child *)p)->PrintNum();
}

void main()
{
    Parent p;
    Child c(5);

    func(&c);
    func(&p);
}
```

두 개의 클래스가 정의되어 있는데 Parent는 PrintMe라는 가상 함수만을 가진다. Parent로부터 파생된 Child는 정수형의 num 멤버 변수와 이 멤버를 초기화하는 생성자 그리고 PrintNum이라는 비가상 멤버 함수를 가지며 상속받은 PrintMe 가상 함수는 다른 문자열을 출력하도록 재정의했다. 두 개의 클래스로 구성된 아주 간단한 계층이다. func 함수는 Parent 또는 그 파생 객체의 포인터를 인수로 전달받아 PrintMe 가상 함수를 호출한다. 그리고 객체가 Child 타입일 때 이 객체의 PrintNum이라는 비가상 함수도 호출한다.

　Parent 객체뿐만 아니라 그 파생 객체도 전달받아야 하기 때문에 최상위 클래스인 Parent 타입의 포인터를 전달받을 수밖에 없다. PrintNum이라는 함수는 Child에만 있으므로 이 함수를 호출하려면 Parent *타입의 인수 p를 Child * 타입으로 강제 캐스팅해야 한다. main에서는 각 클래스의 객체 p와 c를 선언하되 c.num은 5로 초기화했다. 그리고 func 함수로 이 두 객체를 차례대로 전달해 보았다. 실행 결과는 다음과 같다.

```
I am Child
Hello Child=5
I am Parent
Hello Child=1245120
```

　func(&c) 호출로 차일드의 번지를 전달할 때는 PrintMe나 PrintNum 두 호출이 모두 성공적이다. PrintMe는 가상 함수이므로 객체의 타입에 맞는 함수가 호출될 것이고 PrintNum은 비가상 함수지만 Child의 멤버 함수인 것은 분명하므로 p를 Child * 타입으로 캐스팅하면 호출할 수 있고 동작도 제대로 한다. PrintNum에서 참조하는 this->num이 존재한다.

　반면 func(&p)로 p의 번지를 전달할 때는 그렇지 않다. 가상 함수인 PrintMe는 vtable에서 실제 번지를 찾으므로 제대로 동작하지만 비가상 함수인 PrintNum 호출은 엉뚱하게 동작한다. 왜냐하면 실 인수 p가 가리키는 객체는 num이라는 멤버를 가지고 있지 않은데 이 객체를 강제로 Child *로 캐스팅했기 때문이다. 캐스팅을 했으므로 일단 컴파일은 되지만 이때 PrintNum이 읽는 num 멤버는 p 객체에 존재하지 않는다. p의 타입인 Child 클래스의 num 멤버에 대한 오프셋 위치(this->num)를 무조건 읽는 것이며 이 번지에 제대로 된 값이 있을 리가 없으므로 엉뚱한 쓰레기값이 출력되는 것이다.

　그렇다면 PrintNum을 가상 함수로 바꾸면 어떻게 될까? Child 클래스의 PrintNum 함수 앞에 키워드 virtual을 넣고 컴파일해 보자. 깔끔하게 잘 컴파일되는 걸로 봐서 무난히 동작할 것 같지만 실제로 실행해 보면 즉사할 것이다. 왜냐하면 객체 p가 가리키는 vtable(곧 Parent 클래스의 vtable)에는 PrintNum이라는 함수의 번지가 없기 때문이다. 메모리 내부를 좀 들여다보면 다음과 같다.

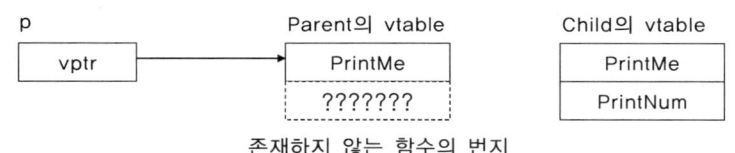

존재하지 않는 함수의 번지

　Parent 클래스의 vtable에는 자신의 가상 함수 PrintMe에 대한 정보만 들어 있고 Child 클래스의 vtable에는 PrintMe와 PrintNum의 번지가 들어 있다. 객체 p는 생성될 때 Parent 타입으로 생성되었으므로 p의 선두에는 Parent의 vtable을 가리키는 vptr이 있을 것이다. 물론 이 vtable에는 PrintNum 이라는 함수의 번지가 들어 있지 않다. 그런데 func 함수에서는 p를 Child *로 캐스팅했으므로 컴파일러 는 이 번지에 PrintNum이 있을 것으로 판단하고 아무 에러를 내지 않는다. 그러나 실행해 보면 p가 가리키는 vtable의 두 번째 항목에는 함수의 번지가 아닌 쓰레기값이 들어 있고 이 번지로 점프해 버리면 다음부터 프로그램이 어찌될지는 아무도 장담하지 못하는 것이다. 변수는 잘못 읽어봐야 쓰레기가 출력 되고 말지만 함수는 잘못 호출되면 어디로 튈지 예측할 수 없기 때문에 다운될 확률이 아주 높다.

이 예제의 func 함수가 원래 의도했던 바는 Parent 파생 객체를 받아 이 객체로 어떤 일을 하되 객체가 Child 타입인 경우만 PrintNum이라는 함수를 추가로 호출하고 싶었던 것이다. 이 의도대로라면 func 함수는 다음과 같이 작성하는 것이 옳다.

```
void func(Parent *p)
{
    p->PrintMe();
    if (p가 Child 객체를 가리키면) {
        ((Child *)p)->PrintNum();
    }
}
```

파생 객체를 모두 처리할 수 있어야 하므로 어쩔 수 없이 Parent * 타입의 인수를 받되 이 객체가 Child 타입인 조건이 만족될 때만 p를 강제 캐스팅해서 PrintNum을 부르도록 하고 싶다. 이렇게 조건문 을 작성하여 p가 Child 타입의 객체를 가리킬 때만 PrintNum을 호출하면 확실히 안전하다. 그런데 포인 터만 가지고 있는 상황에서 이 포인터가 Parent 객체를 가리키는지 Child 객체를 가리키는지를 어떻게 알 수 있겠는가? 위 코드에서 말로 된 가상의 코드를 어떻게 구체적인 실제 코드를 바꿀 수 있을까?

이것은 일반적으로 불가능하다. 포인터는 객체의 번지를 가리키고 있을 뿐이며 이 번지에는 객체의 실제 데이터가 들어 있을 뿐 내가 누구라는 정보는 없다. 왜 이런 코드가 불가능한지 좀 더 단순한 타입인 정수형으로 생각해 보자. 다음 예제 코드를 통해 직관적으로 이해할 수 있을 것이다.

```
void func(int *pi)
{
    // pi가 누구를 가리키는가?
}

int i,j;
unsigned k;
func(&i);
func(&j);
func((int *)&k);
```

func는 인수로 전달받은 pi가 i의 번지인지 j의 번지인지 또는 정수형 배열의 한 요소인지, 구조체에 속한 정수형 멤버의 번지인지를 알 수가 없다. 심지어 unsigned형의 변수 번지를 int *로 캐스팅해서 전달하면 이 번지 안에 있는 값이 부호가 있다고 믿어버리기도 한다. func가 아는 것은 정수형의 포인터를 전달받았다는 것과 이 포인터가 가리키는 곳에 정수형의 값이 있다는 것밖에 없으며 func는 *연산자를 사용하여 이 번지에 들어있는 값을 읽거나 변경할 수 있을 뿐이다.

그래서 실행 중에 타입을 판별할 수 있는 기능이 필요해진 것이다. 사실 이 기능은 아주 오래 전부터 필요성이 제기되어 왔지만 C++의 초기 스펙에는 포함되지 않았다. 그래서 컴파일러 제작사나 라이브러리 제작사들은 나름대로 실행 중에 객체의 타입을 판별할 수 있는 기능을 작성해서 이미 사용했다. MFC의 경우 루트 클래스인 CObject에 객체의 타입을 저장하는 멤버와 타입을 판별하는 IsKindOf, IsDerivedFrom 함수들이 포함되어 있다.

그러나 이렇게 각자가 만든 방법은 당연히 서로 호환되지 않으며 호환성이 결여된 기능은 아무리 좋아도 마음놓고 사용할 수가 없다. 그래서 최신 C++ 표준은 언어 차원에서 이 기능을 포함시켰으며 이것이 바로 RTTI이다. 언어가 제공하는 표준이므로 호환성, 이식성이 당연히 확보된다. RTTI는 가상 함수가 있는 클래스에 대해서만 동작하는데 그 이유는 클래스의 타입 관련 정보가 vtable에 같이 저장되기 때문이다. 사실 가상 함수가 없는 클래스는 단독 클래스이거나 정적으로만 호출되므로 실행 중에 타입 정보를 알아야 할 필요가 전혀 없다고 할 수 있다.

RTTI가 제대로 동작하려면 모든 클래스에 타입과 관련된 정보를 작성해야 하며 그러자면 필시 프로그램이 느려지고 용량이 커지는 반대 급부가 있다. 그래서 대부분의 컴파일러들은 RTTI 기능을 사용할 것인지 아닌지를 옵션으로 조정할 수 있도록 되어 있다. 비주얼 C++의 경우도 마찬가지인데 프로젝트 설정 대화상자의 C/C++/C++ Language 페이지에서 이 옵션을 변경한다. 디폴트로 이 옵션은 꺼져 있으므로 RTTI 기능을 사용하려면 프로젝트 설정을 조정할 필요가 있다.

컴파일러가 디폴트로 이 옵션을 선택하지 않았다는 것은 잘 사용되지 않는 기능이라는 뜻이다. RTTI가 아니더라도 이 문제를 풀 수 있는 여러 가지 대체 방법들이 있는데 예를 들어 가상 함수로도 문제를 풀 수 있고 대개의 경우 가상 함수가 훨씬 더 합리적인 선택이다. 위 예제의 경우 아무 것도 하지 않는 PrintNum을 Parent에도 작성해 놓고 가상으로 선언해 두면 일단은 문제가 해결된다. 그러나 기반클래스를 건드려야 한다는 면에서 일반적인 해결책이라고 보기는 어렵다. 왜냐하면 기반 클래스는 함부로 수정할 수 있는 대상이 아닌 경우도 많기 때문이다.

33.1.2 typeid 연산자

RTTI 기능은 typeid 연산자로 사용한다. 이 연산자는 클래스의 이름이나 객체 또는 객체를 가리키는 포인터를 피연산자로 취하며 피연산자의 타입을 조사한다. typeid 연산자의 리턴 타입은 const type_info &이며 type_info는 클래스의 타입에 대한 정보를 가지는 또 다른 클래스이다. 이 클래스는 컴파일러 제작사마다 조금씩 다르게 정의하는데 비주얼 C++의 경우 typeinfo 헤더 파일에 다음과 같이 선언되어 있다.

```
class type_info {
public:
    virtual ~type_info();
    int operator==(const type_info& rhs) const;
    int operator!=(const type_info& rhs) const;
    int before(const type_info& rhs) const;
    const char* name() const;
    const char* raw_name() const;
private:
    void *_m_data;
    char _m_d_name[1];
    type_info(const type_info& rhs);
    type_info& operator=(const type_info& rhs);
};
```

name 멤버 함수는 문자열로 된 타입의 이름을 조사하는데 클래스 이름이라고 보면 된다. raw_name은 장식명을 조사하는데 사람이 읽을 수 없는 문자열이므로 비교에만 사용할 수 있다. 이 외에도 type_info 객체가 같은지, 다른지를 조사하는 ==, != 연산자가 오버로딩되어 있는데 통상 == 연산자만 사용해도 원하는 타입인지 아닌지를 알 수 있다.

만약 typeid의 피연산자가 NULL 포인터로부터 읽은 값일 경우 bad_typeid 예외를 발생시킨다. 예를 들어 p가 NULL일 때 typeid(*p) 연산식은 예외로 처리된다. 연산자의 리턴값에는 특이값이 없으므로 예외를 발생할 수밖에 없다. 다음 예제로 이 연산자의 동작을 잘 관찰해 보자. typeid 연산자를 사용하려 면 typeinfo 헤더 파일을 포함해야 하며 또한 프로젝트 설정 대화상자에서 RTTI 옵션도 선택해야 한다.

예제 typeid

```
#include <Turboc.h>
#include <typeinfo>

class Parent
{
public:
    virtual void PrintMe() { printf("I am Parent\n"); }
};

class Child : public Parent
{
private:
```

```
    int num;

public:
    Child(int anum=1234) : num(anum) { }
    virtual void PrintMe() { printf("I am Child\n"); }
    void PrintNum() { printf("Hello Child=%d\n",num); }
};

void main()
{
    Parent P,*pP;
    Child C,*pC;
    pP=&P;
    pC=&C;

    printf("P=%s, pP=%s, *pP=%s\n",
           typeid(P).name(),typeid(pP).name(),typeid(*pP).name());
    printf("C=%s, pC=%s, *pC=%s\n",
           typeid(C).name(),typeid(pC).name(),typeid(*pC).name());

    pP=&C;
    printf("pP=%s, *pP=%s\n",
           typeid(pP).name(),typeid(*pP).name());
}
```

main에서 객체 P와 C 그리고 각 타입의 포인터 pP와 pC를 선언하여 포인터가 객체를 가리키도록
했다. 포인터와 객체의 참조 관계를 그림으로 그려 보면 다음과 같다.

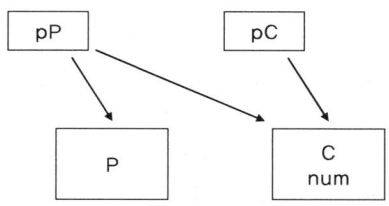

이 상태에서 typeid로 객체, 포인터, 그리고 포인터가 가리키는 대상체의 타입을 조사하여 이름을
출력했다. 다음은 비주얼 C++의 실행 결과이다.

```
P=class Parent, pP=class Parent *, *pP=class Parent
C=class Child, pC=class Child *, *pC=class Child
pP=class Parent *, *pP=class Child
```

클래스의 이름을 표현하는 방식도 컴파일러마다 다를 수 있는데 비주얼 C++은 클래스일 때 class라는 단어와 클래스 이름으로 표시하고 포인터는 뒤에 *를 더 붙인다. 다음은 gcc의 실행 결과인데 비주얼 C++과는 다른 이름을 사용한다.

```
P=6Parent, pP=P6Parent, *pP=6Parent
C=5Child, pC=P5Child, *pC=5Child
pP=P6Parent, *pP=5Child
```

앞 두 줄의 결과는 아주 당연하고 상식적이다. Parent 타입의 P나 포인터 타입의 pP나 pP가 가리키는 대상체는 모두 Parent 클래스 타입이며 Child의 경우도 마찬가지다. 그러나 마지막 줄의 결과는 조금 다르다. Parent 타입의 포인터 pP는 파생 객체인 C의 번지를 대입받을 수 있는데 이 상태에서 pP의 타입과 *pP의 타입이 각각 다르게 나타난다. pP는 포인터 자체의 타입을 물은 것이므로 Parent *라는 결과가 나오고 pP가 현재 Child 타입을 가리키고 있으므로 *pP는 Child라는 결과가 나온다. 부모 타입의 포인터가 자식 객체를 가리키고 있음을 인식한다는 얘기이다.

각 객체와 클래스에 타입에 대한 정보가 없다면 pP가 정확하게 누구를 가리키는지를 아는 것은 불가능하며 RTTI에 의해 이런 정보가 유지되고 조사되는 것이다. 실행 중에 포인터가 누구를 가리키는지를 정확하게 알 수 있게 되었으므로 앞의 예제에서 func 함수를 RTTI를 사용해 수정해 보자. 이 예제도 제대로 컴파일하려면 typeinfo 헤더를 포함하고 RTTI 옵션을 켜야 한다.

```
#include <typeinfo>
....
void func(Parent *p)
{
    p->PrintMe();
    if (strcmp(typeid(*p).name(),"class Child")==0) {
        ((Child *)p)->PrintNum();
    } else {
        puts("이 객체는 num을 가지고 있지 않습니다.");
    }
}
```

typeid 연산자로 p가 가리키는 대상체, 그러니까 func 함수로 전달된 실인수의 타입을 조사했다. name 함수를 호출하면 클래스 이름이 리턴되는데 이 문자열이 "class Child"라면 이때는 p를 안전하게 Child *로 캐스팅해서 PrintNum을 호출할 수 있다. 만약 Child 객체가 아니라면 에러 메시지를 출력하거나 아니면 PrintNum 호출을 생략할 수 있다. 실행 결과는 다음과 같다.

```
I am Child
Hello Child=5
I am Parent
이 객체는 num을 가지고 있지 않습니다.
```

Parent형 객체를 넘기면 이를 판별해 낸다는 것을 확인할 수 있다. type_info 클래스의 name 멤버로 클래스 이름을 조사하여 문자열을 비교했는데 이 방법은 직관적이기는 하지만 이식성에 불리하다. 왜냐하면 RTTI는 C++ 언어의 표준 기능이지만 클래스 이름을 표시하는 방법은 컴파일러마다 다를 수 있기 때문이다. gcc만 해도 벌써 이름을 붙이는 방법이 다르므로 위 코드를 그대로 컴파일하면 비주얼 C++에서는 제대로 실행되지만 gcc에서는 틀린 비교를 할 것이다.

그래서 이름을 직접 비교하는 것보다는 type_info 클래스의 == 연산자로 원하는 클래스의 타입 정보와 같은지 비교하는 것이 훨씬 더 좋다. == 연산자는 이름을 붙이는 방법과는 무관하게 두 대상의 타입이 같은지 다른지를 비교하므로 우리는 이 연산자의 비교 결과만을 사용하면 된다. 다음과 같이 수정해 보자.

```
void func(Parent *p)
{
    p->PrintMe();
    if (typeid(*p)==typeid(Child)) {
        ((Child *)p)->PrintNum();
    } else {
        puts("이 객체는 num을 가지고 있지 않습니다.");
    }
}
```

*p의 타입 정보와 Child 클래스의 타입 정보를 비교하여 같으면 p가 Child형의 객체를 가리키는 것으로 판단했다. typeid 연산자는 객체나 객체의 포인터뿐만 아니라 클래스 타입도 인수로 받을 수 있으므로 원하는 클래스 이름을 바로 쓸 수 있다. 이 외에 RTTI와 관련된 기능으로 다음 절의 dynamic_cast 연산자가 있다.

33.1.3 RTTI의 내부

RTTI는 C++ 표준 중 비교적 최근에 채택된 것이라 아직까지도 이를 지원하지 않는 컴파일러들이 많이 있으며 컴파일러뿐만 아니라 라이브러리들도 효율이나 기타 여러 가지 이유로 본격적으로 RTTI를 활용하지 않는 경우가 허다하다. 컴파일러가 클래스의 타입 정보를 어떤 식으로 저장하는지를 안다면 이 방식을 유사하게 흉내냄으로써 실행 중에 타입 정보를 조사할 수 있는 클래스를 만들 수도 있다. 다음 예제를 통해 타입 정보를 직접 만들어 보자.

예제 CStyleRTTI

```cpp
#include <Turboc.h>

class Parent
{
protected:
    const char *Name;

public:
    virtual void PrintMe() { Name="Parent";printf("I am Parent\n"); }
    virtual const char *GetName() { return Name; }
};

class Child : public Parent
{
private:
    int num;

public:
    Child(int anum=1234) : num(anum) { Name="Child"; }
    virtual void PrintMe() { printf("I am Child\n"); }
    void PrintNum() { printf("Hello Child=%d\n",num); }
};

void func(Parent *p)
{
    p->PrintMe();
    if (strcmp(p->GetName(),"Child")==0) {
        ((Child *)p)->PrintNum();
    } else {
```

```
            puts("이 객체는 num을 가지고 있지 않습니다.");
        }
    }

    void main()
    {
        Parent p;
        Child c(5);

        func(&c);
        func(&p);
    }
```

최상위 클래스인 Parent는 타입의 이름을 저장할 상수 포인터 Name을 멤버로 가지며 생성자에서 자신의 타입 이름으로 초기화한다. 한 번 정해진 타입 정보는 읽기만 해야 하므로 상수로 선언했으며 이 이름을 조사하는 GetName 퍼블릭 함수도 정의했다. Parent로부터 파생되는 모든 클래스는 Name과 GetName을 상속받으며 각자의 생성자에서 자신의 클래스 이름으로 초기화한다. 이렇게 되면 생성되는 모든 객체는 자신의 타입 이름을 멤버로 가지며 GetName 함수로 이 정보를 읽어 동적 타입을 조사할 수 있다. 실행 중에 타입 정보를 조사해야 하므로 GetName은 당연히 동적 타입을 참조하는 가상 함수여야 한다.

main에서는 Parent, Child 타입의 객체를 각각 선언한 후 이 객체의 포인터를 func 함수의 인수로 전달했다. func 함수는 Parent * 타입으로 실인수를 전달받아 GetName 가상 함수로 동적 타입을 판별하는데 타입 정보가 문자열이므로 문자열로 비교한다. Name이 단순한 포인터가 아니라 타입 정보를 표현하는 좀 더 큰 객체라면 == 등의 연산자를 오버로딩할 수도 있고 부모 클래스에 대한 정보나 특정 클래스로부터 파생되었는지 조사하는 기능도 넣을 수 있다. MFC 라이브러리가 이런 식으로 RTTI를 직접 구현해서 사용하는데 왜냐하면 MFC는 RTTI가 표준으로 채택되기 전에 만들어졌기 때문이다. 실행 결과는 다음과 같다.

```
I am Child
Hello Child=5
I am Parent
이 객체는 num을 가지고 있지 않습니다.
```

Child 객체만 num과 PrintNum을 가지는데 func 함수는 실인수의 타입을 잘 판별하여 Child가 아닌 객체에 대해서는 에러 처리를 정확하게 한다. 타입 정보가 없다면 형식 인수의 정적 타입만으로는 이런 에러 처리를 할 수 없을 것이다.

이 예제에서 보다시피 RTTI는 그리 어려운 개념이 아니다. 그러나 이 예제가 작성하는 타입 정보는 컴파일러가 직접 생성하는 type_info 클래스보다 효율적이지 못하며 빠르지도 않다. type_info는 vtable을 통해 각 클래스마다 하나씩 생성되는데 비해 이 예제의 타입 정보는 객체마다 하나씩 생성되기 때문에 용량상의 낭비가 심한 편이다. 정적 멤버를 사용하면 클래스마다 하나씩의 타입 정보를 생성할 수 있지만 정적 멤버는 상속되지 않기 때문에 각 파생 클래스마다 고유의 멤버를 따로따로 만들어야 하는 번거로움이 있다. 아무렴 직접 만든 코드가 컴파일러가 만든 것보다 효율이 좋을 수 있겠는가?

33.2 C++의 캐스트 연산자

33.2.1 C의 캐스트 연산자

C의 캐스트 연산자는 변수의 타입을 마음대로 바꿀 수 있다는 면에서 무척 편리하고 유연한 코드 작성을 도와준다. 가급적이면 타입을 맞추어 쓰고 캐스트 연산자를 피하는 것이 좋지만 void *의 경우처럼 반드시 캐스트 연산자가 있어야만 하는 경우도 있다. 임의의 타입을 전달해야 하는 qsort 같은 함수는 void *가 아니면 정렬을 할 수 없으며 그렇더라도 이 함수를 호출하는 쪽에서 타입을 정확하게 알고 있으므로 별 문제가 없다. 그러나 너무 관대해서 사용자의 요구대로 무조건 타입을 바꾼다는 점에 있어서 부작용이 많은데 다음 예제를 보자.

예 제 **ccast1**

```
#include <Turboc.h>

void main()
{
    char *str="korea";
    int *pi;

    pi=(int *)str;
    printf("%d %x\n",*pi,*pi);
}
```

문자형 포인터가 가리키는 번지를 int *로 캐스트한 후 이 번지의 내용을 읽어 보았다. 포인터의 타입은 *연산자로 대상체를 읽을 때 얼마만큼 읽어서 어떻게 해석할 것인가를 지정하는데 이 정보가 바뀌면 바뀐 타입대로 읽어 버린다. pi가 가리키는 번지에는 문자열이 들어 있지만 이 값을 강제로 정수 형태로 읽어내는 것이다. 실행 결과는 다음과 같다.

1701998443 65726f6b

10진수로 출력한 결과는 도대체 무슨 의미인지를 짐작하기 어렵다. 그나마 16진수로 출력한 결과는 앞쪽부터 차례대로 erok 4바이트의 문자 코드라는 것을 어렴풋이 짐작할 수 있다. pi가 가리키는 번지로 부터 4바이트를 읽되 리틀 엔디안은 뒤쪽 번지에 높은 값이 있으므로 4문자가 거꾸로 읽혀져 정수형이 되는 것이다.

이 값을 정수로 해석한다.

이렇게 읽은 정수값과 str이 가리키는 번지에 들어 있는 "korea"라는 문자열과는 별다른 논리적인 연관성을 찾기 힘들다. "korea"와 17억이라는 숫자는 도대체 아무런 연관이 없는 것이다. 문자열은 문자열로 읽을 때만 의미가 있으며 정수로 읽어서는 이 값의 실용성을 찾기 어렵다. C의 캐스트 연산자는 이런 의미없는 타입 변환까지도 허용하여 실수를 했을 때 엉뚱한 결과가 나오도록 방치한다. 때로는 캐스트 연산자로 인한 강제 타입 변환으로 프로그램의 안정성이 위협받기도 한다.

예제 ccast2

```
#include <Turboc.h>

void main()
{
    char *str="korea";
    int *pi;
    char *pc;

    pi=(int *)str;
    pc=(char *)*pi;
    printf("%s\n",pc);
}
```

str 번지를 int *로 캐스팅하여 pi에 대입하고 *pi에서 정수값을 읽어 내고 그 정수값을 다시 char *로 캐스팅해서 출력했다. 이렇게 하면 0x65726f6b번지의 내용을 문자열로 해석해서 읽을 것이다. 다행히 이 번지가 읽을 수 있는 메모리라면 쓰레기 문자열이라도 나오겠지만 그렇지 않다면 프로그램은 당장 다운되어 버린다. 허가되지 않은 메모리 영역을 마음대로 읽었기 때문이다. 위 코드는 문자열을 정수형으로 해석하고 정수형을 번지로 강제로 바꿔 그 번지를 읽는 연산을 하는데 이는 논리적으로 어떤 의미도 없고 말도 안 되는 코드다.

문제는 이런 터무니없는 코드도 냉큼 컴파일된다는 점인데 컴파일러는 개발자가 지시했으므로 아무 군말없이 연산자의 지시대로 타입을 바꿀 뿐이다. 설사 그것이 개발자의 황당한 실수이더라도 말이다. 이 실수가 지금처럼 당장 실행 중 에러로 나타나면 그래도 다행이지만 어떤 경우는 별 이상없이 실행되는 경우도 있어 언제 터질지 모르는 시한폭탄 같은 프로그램이 만들어지기도 한다.

C언어의 캐스트 연산자는 확실히 너무 무책임하고 개발자에게 모든 것을 떠넘긴다. 원하는 대로 바꿔 줄테니 결과가 어찌 되든 개발자가 책임을 지라는 식이다. 그래서 C++에서는 좀 더 안전하고 변환 목적에 맞게 골라 쓸 수 있는 4개의 새로운 캐스트 연산자를 제공한다. 이 연산자들은 C의 캐스트 연산자에 비해 규칙이 다소 엄격해 실수를 줄일 뿐만 아니라 어떤 의도의 타입 변환인지를 좀 더 분명히 표시하는 장점이 있다.

33.2.2 static_cast

static_cast 연산자는 지정한 타입으로 변경하는데 무조건 변경하는 것이 아니라 논리적으로 변환 가능한 타입만 변환한다. 기본 문법은 다음과 같다.

static_cast〈타입〉(대상)

〈 〉 팔호 안에 원하는 타입을 적고( ) 팔호 안에 캐스팅할 대상을 적는다. 즉 (대상) 변수를 〈타입〉형으로 강제로 바꾸는 동작을 한다. 나머지 C++ 캐스트 연산자도 기본 형식은 이와 동일하다. 간단한 예제를 만들어 보자.

예제 **static_cast**

```
#include 〈Turboc.h〉

void main()
{
    char *str="korea";
```

```
    int *pi;
    double d=123.456;
    int i;

    i=static_cast<int>(d);          // 가능
    pi=static_cast<int *>(str);     // 에러
    pi=(int *)str;                  // 가능
}
```

실수형의 d를 정수형으로 캐스팅하거나 반대로 실수형 변수를 정수형으로 캐스팅하는 것은 허용된다. 또한 상호 호환되는 열거형과 정수형과의 변환, double과 float의 변환 등도 허용된다. 그러나 포인터의 타입을 다른 것으로 변환하는 것은 허용되지 않으며 컴파일 에러로 처리된다. 위험한 캐스트 연산을 컴파일 중에 알려 줌으로써 실수를 방지할 수 있다. 이에 비해 C의 캐스트 연산자는 너무 너무 친절해서 언제나 OK이고 그러다 보니 프로그램이 언제 KO당할지 모른다. 포인터끼리 타입을 변환할 때는 상속 관계에 있는 포인터끼리만 변환이 허용되며 상속 관계가 아닌 포인터끼리는 변환을 거부한다.

예제 **static_cast2**

```
#include <Turboc.h>

class Parent { };
class Child : public Parent { };

void main()
{
    Parent P,*pP;
    Child C,*pC;
    int i=1;

    pP=static_cast<Parent *>(&C);        // 가능
    pC=static_cast<Child *>(&P);         // 가능하지만 위험
    pP=static_cast<Parent *>(&i);        // 에러
    pC=static_cast<Child *>(&i);         // 에러
}
```

Parent와 Child는 상속 관계에 있는 클래스이다. 먼저 제일 아래쪽의 변환을 보자. 정수형 포인터 상수 &i를 Parent * 타입으로 변환하거나 Child * 타입으로 변환하는 것은 금지된다. int는 Child,

Parent와 상속 관계에 있지 않기 때문이다. 만약 이 변환을 허가하면 pP로 Parent의 멤버 함수를 호출할 수도 있을 텐데 정수형 변수가 이런 멤버 함수를 가지지 않으므로 이상 동작할 것이다.

상속 관계에 있는 클래스 포인터끼리는 상호 타입 변환할 수 있다. 첫 번째 줄은 자식 객체의 번지를 부모형의 포인터로 업 캐스팅(UpCasting)한다. 상속 계층의 위쪽으로 이동하는 변환을 업 캐스팅이라고 한다. 사실 이 변환은 캐스트 연산자를 사용하지 않아도 항상 가능한 대입이며 언제나 안전하다. 왜냐하면 pP로 가리킬 수 있는 멤버 변수나 멤버 함수는 항상 C에 포함되어 있기 때문이다. 캐스트 연산자없이 pP=&C;라고 고쳐도 잘 컴파일된다.

두 번째 줄은 부모 객체의 번지를 자식 객체의 포인터로 다운 캐스팅(DownCasting)한다. 상속 계층의 아래쪽으로 이동하기 때문에 다운 캐스팅이라고 하는데 이는 캐스트 연산자의 도움 없이는 허가되지 않는다. 부모 객체가 자식 클래스의 모든 멤버를 가지고 있지 않으므로 이는 무척 위험한 변환이다. static_cast는 실행 중에 타입 체크를 하지 않으므로 이 변환이 위험하다는 것까지는 모르므로 일단은 허용한다.

이 변환은 아주 위험해질 수 있는데 pC로 부모에게 없는 멤버 함수를 호출할 경우 어떻게 될지 예측할 수 없기 때문이다. 물론 PC로 상속받은 멤버만 참조한다면 안전하겠지만 포인터를 가진 이상 어떤 멤버를 참조할지 알 수 없다. 반면 다음에 알아볼 dynamic_cast 연산자는 RTTI 정보를 사용하여 위험한 변환을 막아 준다.

33.2.3 dynamic_cast

이 캐스트 연산자는 포인터끼리 또는 레퍼런스끼리 변환하는데 반드시 포인터는 포인터로 변환해야 하고 레퍼런스는 레퍼런스로 변환해야 한다. 포인터를 레퍼런스로 바꾸거나 레퍼런스를 포인터로 변환하는 것은 상식적으로 필요하지도 않고 가능하지도 않다. 포인터끼리 변환할 때도 반드시 상속 계층에 속한 클래스끼리만 변환할 수 있다. int *를 char *로 변환하거나 Parent *를 int *로 변환하는 것은 안 된다.

부모 자식 간을 변환할 때 업 캐스팅은 원래부터 허용되는 것이므로 이 캐스트 연산자가 있으나 없으나 당연히 가능하다. 문제는 부모 타입의 포인터를 자식 타입의 포인터로 다운 캐스팅할 때인데 이때는 무조건 변환을 허용하지 않고 안전하다고 판단될 때만 허용한다. 안전한 경우란 변환 대상 포인터가 부모 클래스형 포인터 타입이되 실제로 자식 객체를 가리키고 있을 때 자식 클래스형 포인터로 다운 캐스팅할 때이다. 말이 좀 복잡한데 실제로 가리키고 있는 객체의 타입대로 캐스팅했으므로 이 포인터로 임의의 멤버를 참조해도 항상 안전하다.

반대로 부모 클래스형 포인터가 부모 객체를 가리키고 있는 상황일 때 자식 클래스형으로의 다운 캐스팅은 안전하지 않은 변환이다. 왜냐하면 부모 객체를 다운 캐스팅해서 자식 객체를 가리키는 포인터에 대입한 후 이 포인터로 자식에게만 있는 멤버를 참조할 수도 있기 때문이다. dynamic_cast 연산자는 이럴 경우 캐스팅을 허용하지 않고 NULL을 리턴하여 위험한 변환을 허가하지 않는다. 구체적인 예를 들어 보자.

```
#include 〈Turboc.h〉

class Parent
{
public:
    virtual void PrintMe() { printf("I am Parent\n"); }
};

class Child : public Parent
{
private:
    int num;

public:
    Child(int anum=1234) : num(anum) { }
    virtual void PrintMe() { printf("I am Child\n"); }
    void PrintNum() { printf("Hello Child=%d\n",num); }
};

void main()
{
    Parent P,*pP,*pP2;
    Child C,*pC,*pC2;
    pP=&P;
    pC=&C;

    pP2=dynamic_cast〈Parent *〉(pC);        // 업 캐스팅-항상 안전하다.
    pC2=dynamic_cast〈Child *〉(pP2);        // 다운 캐스팅-경우에 따라 다르다.
    printf("pC2 = %p\n",pC2);
    pC2=dynamic_cast〈Child *〉(pP);     // 캐스팅 불가능
    printf("pC2 = %p\n",pC2);
}
```

앞 절의 RTTI 예제에서 사용했던 클래스 계층을 그대로 사용하기로 한다. pP가 P 객체를 가리키고 pC가 C 객체를 가리키고 있는 상황이다. 이 상태에서 pC를 업 캐스팅하여 부모 포인터 타입으로 바꾸는 연산은 항상 안전한데 pP2로 부모에 속한 임의의 멤버 함수를 불러도 이 멤버는 pC가 가리키는 C 객체에 소속되어 있기 때문이다. 따라서 이 대입의 경우 캐스트 연산자를 쓸 필요도 없이 pP2=pC로 바로 대입해

도 된다.

다운 캐스팅의 경우는 대상 변수가 실제로 어떤 객체를 가리키는가에 따라 가능할 수도 있고 그렇지 않을 수도 있다. pP2를 pC2로 다운 캐스팅하는 경우를 보자. 이때 메모리의 상황은 다음과 같을 것이다. P 객체를 pP가 가리키고 C 객체를 pC가 가리키는 상황에서 pP2가 PC를 업캐스팅했으므로 pP2도 C를 같이 가리키고 있다. 이 상태에서 pC2는 pP2가 가리키고 있는 객체의 번지를 대입받고 싶다고 하자.

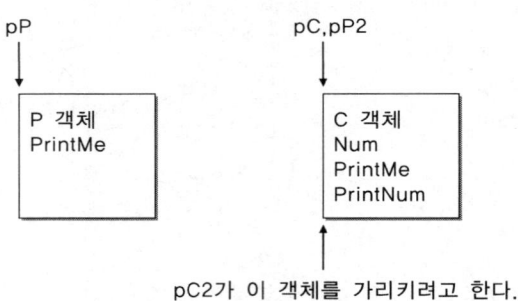

pP2는 Parent * 타입이므로 바로 대입할 수는 없고 Child *로 다운 캐스팅해서 대입해야 한다. 이때 pP2가 가리키는 실제 대상은 C객체이므로 캐스팅하고자 하는 타입과 일치하며 캐스팅은 성공하여 pC2 가 C 객체의 번지를 가리킬 수 있을 것이다. Child 타입의 객체를 Child *타입의 포인터가 가리키고 있으니 당연히 안전하다.

그러나 두 번째 경우는 다르다. pP가 가리키고 있는 객체를 pC2에 대입하려고 한다. 이때도타입이 일치 하지 않으므로 다운 캐스팅이 필요하다. pP가 가리키는 실제 대상은 Child 객체가 아니라 Parent 객체이 므로 이때는 다운 캐스팅을 허가할 수 없다. 만약 허가한다면 pC2 포인터로 PrintNum 함수를 부를 경우 제대로 된 값을 출력하지 못할 것이며 이는 앞의 예제에서도 확인해 본 바 있다. 이렇게 안전하지 않을 경우 dynamic_cast 연산자는 NULL을 리턴하여 잘못된 캐스팅임을 알린다. 실행결과는 다음과 같다.

```
pC2 = 0012FF6C
pC2 = 00000000
```

안전한 객체의 번지에 대해서는 제대로 다운 캐스팅을 하고 그렇지 않을 경우에는 캐스팅을 거부한다. static_cast 연산자와 dynamic_cast 연산자는 상속 관계에 있는 클래스들을 캐스팅한다는 점에 있어서 기능상 동일하다. 그러나 다운 캐스팅을 할 때 static_cast는 무조건 변환을 허가하지만 dynamic_cast 는 실행 중에 타입을 점검하여 안전한 캐스팅만 허가한다는 점이 다르다.

이 연산자가 변환 가능성을 판단하기 위해서는 실행 중에 객체의 실제 타입을 판별할 수 있어야 한다. 그래서 이 연산자를 사용하려면 RTTI 옵션이 켜져 있어야 하며 변환 대상 타입들끼리는 상속 관계에 있어야 하고 최소한 하나 이상의 가상 함수를 가져야 한다. 만약 가상 함수가 없는 클래스 계층이라면 부모 타입의 포인터에 자식 객체의 번지를 대입할 일이 없을 것이고 캐스팅도 불필요할 것이다.

dynamic_cast 연산자는 포인터가 가리키는 대상이 캐스팅하고자 하는 타입을 가리키고 있을 때만 변환을 허용하므로 이 연산자로 변환한 포인터는 안전하게 사용할 수 있다. 앞의 RTTI 예제에서 실행 중 타입을 판별하기 위해 typeid 연산자를 사용했는데 이 연산자 대신 dynamic_cast 연산자를 사용할 수도 있다. 예제의 func 함수를 다음과 같이 수정해 보자.

```
void func(Parent *p)
{
    p->PrintMe();
    Child *c=dynamic_cast<Child *>(p);
    if (c) {
        c->PrintNum();
    } else {
        puts("이 객체는 num을 가지고 있지 않습니다.");
    }
}
```

인수로 전달된 p를 Child *로 캐스팅하되 p가 가리키는 객체가 Child 타입일 때만 제대로 변환되고 그렇지 않을 때는 NULL이 리턴된다. dynamic_cast가 이 변환을 무사히 했다면 p의 대상체가 Child 타입임을 확실히 알 수 있고 따라서 이 객체로부터 PrintNum을 불러도 안전하다. 이 연산자를 사용하면 실행 중에 포인터의 타입 점검을 할 수 있을 뿐만 아니라 캐스팅까지 할 수 있으므로 typeid 연산자보다 훨씬 더 편리하다.

이 연산자는 주로 상속 관계에 있는 포인터를 캐스팅할 때 사용하는데 레퍼런스에 대해서도 캐스팅할 수 있다. 단 레퍼런스는 에러에 해당하는 NULL을 리턴할 수 없으므로 대신 bad_cast 예외를 던진다. 따라서 레퍼런스를 변환할 때는 반드시 캐스팅 코드를 try 블록에 작성하고 bad_cast 예외를 잡아서 처리해야 한다.

다중 상속 계층에서 업, 다운 캐스팅을 할 때는 모호한 상황이 종종 벌어지기 때문에 좀 더 복잡한 캐스팅 규칙이 적용되며 가상 기반 클래스가 있을 때도 특별한 규칙이 적용된다. 또한 다중 상속된 한 객체를 가리키는 부모 포인터를 또 다른 부모 포인터 타입으로 변환하는 교차 캐스팅(cross cast)도 가능하다. 이런 규칙에 대해 관심있으면 따로 연구해 보되 어차피 다중 상속이 권장되지 않는 문법이므로 애써 배울 가치는 없다고 하겠다.

33.2.4 const_cast

이 캐스트 연산자는 포인터의 상수성만 변경하고 싶을 때 사용한다. 상수 지시 포인터를 비상수 지시 포인터로 잠시 바꾸고 싶을 때 const_cast 연산자를 쓴다. 반대의 경우도 물론 이 연산자를 사용할 수 있겠지만 비상수 지시 포인터는 상수 지시 포인터로 항상 변환 가능하므로 캐스트 연산자를 쓸 필요가 없다. 그냥 대입만 하면 된다.

이 연산자는 포인터의 const 속성을 넣거나 빼거나 할 수 있으며 잘 사용되지는 않지만 비슷한 성격의 지정자인 volatile 속성과 __unaligned 속성에 대해서도 변경할 수 있다. 이 캐스트 연산자 외의 다른 캐스트 연산자는 포인터의 상수성을 변경할 수 없다. 물론 C의 캐스트 연산자로는 마음대로 할 수 있지만 말이다. 다음 예를 보자.

예제 const_cast

```
#include 〈Turboc.h〉

void main()
{
    char str[]="string";
    const char *c1=str;
    char *c2;

    c2=const_cast〈char *〉(c1);
    c2[0]='a';
    printf("%s\n",c2);
}
```

상수 지시 포인터 c1은 비상수 지시 포인터 str을 별다른 제약없이 대입받을 수 있다. 이렇게 대입받은 포인터를 다른 비상수 지시 포인터 c2에 대입하고자 할 때는 c2=c1으로 바로 대입할 수 없다. 두 포인터의 상수성이 다르며 c1이 가리키는 읽기 전용 값을 c2로 부주의하게 바꿔 버릴 위험이 있기 때문이다. 그러나 이 경우 c1이 가리키는 대상(최초 대입받은 str)이 변경 가능한 대상이라는 것을 확실히 알고 있으므로 c1의 상수성만 잠시 무시하면 대입 가능하다. 이때 const_cast 연산자로 c1을 char *로 캐스팅할 수 있다.

만약 str이 char *로 선언되어 있다면 이때 str은 실행 파일의 일부분을 가리키고 있으므로 변경할 수 없다. 이 경우 포인터의 상수성을 함부로 변경하면 위험해진다. 이 연산자는 변수의 상수성만 변경할 수 있을 뿐이며 그 외의 타입 변환은 허용하지 않는다. 포인터의 대상체 타입을 바꾼다거나 기본 타입을 다른 타입으로 바꾸는 것도 허용되지 않는다. 그래서 다음 코드는 모두 에러로 처리된다.

```
int *pi=const_cast〈int *〉(c1);
d=const_cast〈double〉(i);
```

정수를 실수형 타입으로 변환하는 것은 상승 변환이므로 당연히 가능하지만 const_cast는 이것조차도 허용하지 않는다. 그냥 d=i; 라고 대입하면 묵시적 상승 변환에 의해 대입 가능한데도 말이다. 이처럼 const_cast는 오로지 포인터의 상수성만을 변경할 수 있다. 그래서 상수성을 변경할 때 이 캐스트 연산자를 사용하면 다른 엉뚱한 변환을 피할 수 있어 더 안전하며 코드를 읽는 사람도 어떤 의도로 이 캐스트 연산자를 사용했는지 쉽게 파악할 수 있다.

캐스트 연산자의 기능을 특정한 변환으로만 제한해 두면 무분별한 사용으로 인한 사고를 예방할 수 있는데 전통적인 C 캐스트 연산자를 사용한 다음 코드를 보자.

```
const char *c1;
char *c2;
c2=(char *)c1;
```

c1의 상수성을 잠시 없애 c2에 대입하기 위해 (char *) 캐스트 연산자를 사용했다. 이 상태에서 어떤 이유로 c1을 const double *로 변경했다고 하자. 변수의 타입을 바꾸어야 하는 경우는 개발 중에 종종 있는 일인데 c1이 가리키는 대상이 char에서 double로 바뀐 것이다. 그러면 애초에 상수성을 없애기 위해 (char *) 연산자를 사용했는데 의미가 완전히 바뀌어 버려 타입을 변경하라는 명령이 되어 버린다. 하지만 컴파일러는 여전히 아무런 지적없이 만사 OK이다.

c1이 const double *로 바뀌었다면 c2로 당연히 double *로 바뀌어야 하는데 컴파일러가 아무런 불평이 없으므로 개발자가 이를 알지 못하고 넘어갈 수 있는 것이다. 설사 개발자가 문제가 있을 것이라는 추측을 할 수 있다 하더라도 소스를 일일이 다 뒤져 타입 변경에 대한 뒤처리를 하는 것은 무척 귀찮고 일부를 수정하지 않는 누락의 위험도 있다. 그러나 다음과 같이 캐스팅을 했다고 해 보자.

```
c2=const_cast<char *>(c1);
```

이렇게 하면 상수성 변경만을 원한다는 것을 분명히 표시하는 것이며 c1의 타입이 완전히 바뀌어 버리면 당장 에러로 처리된다. 따라서 개발자는 타입 변경에 대해 추가로 더 어떤 작업을 해야 하는지를 즉시 알게 되고 사고를 미연에 방지할 수 있다. C의 캐스트 연산자는 변환의 범위가 너무 넓은데 비해 C++의 캐스트 연산자는 기능이 제한적이다.

33.2.5 reinterpret_cast

이 캐스트 연산자는 임의의 포인터 타입끼리 변환을 허용하는 상당히 위험한 캐스트 연산자이다. 심지어 정수형과 포인터간의 변환도 허용한다. 정수형 값을 포인터 타입으로 바꾸어 절대 번지를 가리키도록 한다거나 할 때 이 연산자를 사용한다.

```
int *pi;
char *pc;
pi=reinterpret_cast<int *>(12345678);
pc=reinterpret_cast<char *>(pi);
```

12345678이라는 정수값을 정수형 포인터로 바꾸어 pi에 대입할 수 있고 이 값을 다시 문자형 포인터로 바꾸어 pc에 대입할 수 있다. 상속 관계에 있지 않은 포인터끼리도 변환 가능하다. 대입을 허가하기는 하지만 이렇게 대입한 후 pi, pc 포인터를 사용해서 발생하는 문제는 전적으로 개발자가 책임을 져야 한다. 일종의 강제 변환이므로 안전하지 않고 이식성도 없다.

이 연산자는 포인터 타입간의 변환이나 포인터와 수치형 데이터의 변환에만 사용하며 기본 타입들끼리의 변환에는 사용할 수 없다. 예를 들어 정수형을 실수형으로 바꾸거나 실수형을 정수형으로 바꾸는 것은 허락되지 않는다. 이럴 때는 static_cast 연산자를 사용해야 한다. 이상으로 C++의 캐스트 연산자 4가지를 연구해 봤는데 가능한 변환 타입에 대해 정리해 보면 다음과 같다.

캐스트 연산자	변환 형태
static_cast	상속 관계의 클래스 포인터 및 레퍼런스. 기본 타입. 타입 체크 안함
dynamic_cast	상속 관계의 클래스 포인터 및 레퍼런스. 타입 체크. RTTI 기능 필요
const_cast	const, volatile 등의 속성 변경
reinterpret_cast	포인터끼리, 포인터와 수치형간의 변환

연산자별로 가능한 연산이 있고 그렇지 않은 연산이 있으므로 목적에 맞게 골라서 사용해야 하며 부주의한 캐스팅을 조금이라도 방지하는 효과가 있다. 컴파일러는 캐스트 연산자의 목적에 맞게 제대로 캐스팅을 했는지 컴파일 중에 미리 에러를 발견할 수 있을 것이다. 그리고 모양이 아주 특이하기 때문에 캐스트 연산자인지를 금방 알아볼 수 있다는 점도 또 다른 이점이기도 하다.

변수의 타입을 변경하는 캐스트 연산은 어떤 경우라도 항상 주의해서 사용해야 한다. 아무 타입이나 마음대로 바꿀 수 있는 것도 아니고 바꾼 후의 효과에 대해서는 개발자가 책임을 져야 한다. 예를 들어 정수형과 구조체는 어떤 캐스트 연산자를 사용해도 상호 변환할 수 없다. 심지어 C의 캐스트 연산자도 이런 캐스팅은 허용하지 않는다. 어느모로 보나 정수와 구조체는 호환되지 않는 타입이며 변환할 필요성도 거의 없다. C++의 캐스트 연산자도 정도가 다르기는 하지만 위험하기는 역시 마찬가지이다.

33.3 멤버 포인터 연산자

33.3.1 멤버 포인터 변수

멤버 포인터 변수란 특정 클래스(구조체도 물론 포함된다.)에 속한 멤버만을 가리키는 포인터이다. 일반 포인터가 메모리상의 임의 지점을 가리킬 수 있는데 비해 객체 내의 한 지점만을 가리킨다는 점에서 독특하다. 선언 형식은 다음과 같다.

타입 클래스::*이름;

포인터 변수이므로 당연히 대상체의 타입이 필요하다. 그리고 특정 클래스 소속의 변수만을 가리킬 수 있으므로 어떤 클래스의 멤버들을 가리킬 것인지도 밝혀야 하며 클래스 소속 뒤에 포인터임을 나타내는 구두점 *와 변수의 이름을 적는다. 선언 형식이 다소 생소하므로 간단한 예제를 보고 사용예를 익혀 보자.

예제 MemberPointer

```
#include <Turboc.h>

class MyClass
{
public:
    int i,j;
    double d;
};

void main()
{
    MyClass C;
    int MyClass::*pi;
    double MyClass::*pd;
    int num;

    pi=&MyClass::i;
    pi=&MyClass::j;
    pd=&MyClass::d;
    //pd=&MyClass::i;
    //pi=&MyClass::d;
    //pi=&num;
}
```

MyClass에는 정수형 멤버 변수 i, j와 실수형 멤버 변수 d가 포함되어 있다. main에서 멤버 포인터 변수 pi와 pd를 선언하는데 pi는 MyClass에 속한 정수형 변수를 가리키도록 선언했으며 pd는 MyClass에 속한 실수형 변수를 가리키도록 선언했다. pi가 가리킬 수 있는 변수는 반드시 MyClass에 속한 멤버여야 하며 또한 정수형이어야 한다. 따라서 pi는 MyClass::i 또는 MyClass::j의 번지를 대입받을 수 있으며 타입이 다르거나 소속이 다른 변수는 가리킬 수 없다. MyClass::d는 MyClass 소속이기는 하지만 정수형이 아니므로 pi에 그 번지를 대입할 수 없으며 main의 지역변수 num은 정수형이기는 하지만 MyClass 소속이 아니므로 역시 pi에 대입할 수 없다.

같은 원리로 pd는 MyClass에 속한 실수형 변수의 번지만 가리킬 수 있으므로 오로지 d의 번지만 가리킬 수 있다. pd에 i나 j의 번지를 대입하거나 클래스 외부의 실수형 변수의 번지를 대입하면 컴파일 에러로 처리된다. 당연한 얘기겠지만 pi, pd는 MyClass 외부에 있는 변수이므로 이 변수가 클래스 내부의 변수를 가리키려면 대상체 멤버는 public으로 선언되어야 한다. 위 예제에서 i나 j를 private로 선언하면 컴파일 에러이다.

멤버 포인터 변수를 초기화할 때는 어떤 클래스에 속한 어떤 변수의 번지를 가리킬 것인지 &Class::Member 식으로 대입한다. 이 대입식은 특정 변수의 번지를 가리키도록 하는 것이 아니라 클래스의 어떤 멤버를 가리킬 것인가만 초기화하는 것이므로 이 상태에서 멤버 포인터 변수에 대입되는 번지가 결정되는 것은 아니다. 다만 가리키는 멤버가 클래스의 어디쯤에 있는지 위치에 대한 정보만을 가질 뿐이다. 클래스 전체를 하나의 작은 주소 공간으로 보고 클래스내의 멤버 위치를 기억하는 것이다. 멤버 포인터 변수로 객체의 실제 멤버를 액세스할 때는 멤버 포인터 연산자라는 특수한 연산자가 필요하다.

```
Obj.*mp
pObj->*mp
```

.* 연산자는 좌변의 객체에서 멤버 포인터 변수 mp가 가리키는 멤버를 읽는다. Obj가 상수 객체가 아니고 mp가 상수가 아닌 데이터 멤버를 가리킨다면 Obj.*mp 자체는 좌변값이므로 이 식을 좌변에 놓아 멤버 값을 변경하는 것도 물론 가능하다. ->* 연산자는 좌변의 포인터가 가리키는 객체에서 mp가 가리키는 멤버를 읽는다. 두 연산자는 첫 번째 피 연산자가 객체인가 객체를 가리키는 포인터인가만 다를 뿐이며 기능적으로 거의 동일하다.

멤버 포인터 변수가 실제로 어떻게 초기화되고 .* 연산자가 객체의 멤버를 어떻게 읽을 것인가는 컴파일러에 따라 구현 방식이 다를 것이다. 주로 클래스 내의 멤버 위치인 오프셋을 기억해 두었다가 .*연산자가 적용될 때 객체의 오프셋을 대상체 타입만큼 읽는 방법을 쓴다. 이 두 연산자를 사용하여 객체의 멤버를 액세스하는 간단한 예제를 만들어 보자.

```
#include <Turboc.h>

class Position
{
public:
    int x,y;
    char ch;

    Position() {x=0;y=0;ch='A';}
    void OutPosition() {
        gotoxy(x, y);putch(ch);
    }
};

void main()
{
    Position Here;
    Position *pPos=&Here;
    int Position::*pi;

    pi=&Position::x;
    Here.*pi=30;
    pi=&Position::y;
    pPos->*pi=5;
    Here.OutPosition();
}
```

Position 클래스는 화면상의 위치와 이 위치에 출력할 문자에 대한 정보를 가지는 간단한 클래스이다. main에서는 Position 객체 Here와 Here를 가리키는 포인터 변수 pPos를 선언해 두었다. 그리고 Position 클래스에 속한 정수형 멤버의 번지를 가리킬 수 있는 멤버 포인터 변수 pi를 선언하고 pi로부터 x와 y의 값을 간접적으로 액세스한다. pi가 Position::x를 가리키도록 초기화한 후 .* 연산자로 Here 객체의 x를 30으로 변경했다. 그리고 pi가 Position::y를 가리키도록 한 후 ->*연산자로 pPos 포인터가 가리키는 객체의 y를 5로 변경해 보았다.

pi가 Position 클래스의 정수형 멤버를 가리키도록 선언했으므로 Position의 정수형 멤버를 액세스할 수 있는 것은 당연하다. 일반 포인터는 메모리 내의 임의 위치에 있는 지정한 타입의 변수를 가리킬 수 있지만 멤버 포인터는 지정한 타입의 변수를 가리킬 수 있되 그 범위가 클래스 내로만 국한된다는 점이 다르다. 멤버 포인터 변수는 멤버에 대한 위치를 가리키므로 *pi식은 이 포인터가 가리키는 멤버의 역할을 대신하는 셈이다. 일반 포인터의 경우와 멤버 포인터의 경우 똑같은 원리가 적용된다.

```
int *pi=&i;
*pi=30;
```

pi가 i의 번지를 가리키고 있을 때 *pi는 곧 i와 같은 표현식이며 *pi에 30을 대입하면 i값이 변경된다. *pi=30 대입문은 i=30 대입문과 같다. 멤버 포인터의 경우도 마찬가지이다.

```
int Position::*pi=&Position::x;
Here.*pi=30;
```

pi가 Position의 x를 가리키고 있을 때 Here.*pi는 Here.x와 같은 표현식이며 Here.*pi에 값을 대입하면 Here의 정수형 멤버 x가 변경된다. 가리킬 수 있는 범위가 객체 내부의 멤버일 뿐이지 일반 포인터에 비해 대상체를 간접적으로 액세스한다는 면에서 동일하다.

일반 포인터와 마찬가지로 멤버 포인터도 타입이 맞는 대상체만 가리킬 수 있다. ch는 Position 소속이기는 하지만 정수형이 아니므로 pi로 값을 변경할 수 없다. 결국 이 예제의 .* 연산문과 −>* 연산문은 둘 다 Here의 x, y 멤버값을 간접적으로 변경하는 것이다. 멤버값을 변경한 후 OutPosition으로 그 결과를 출력해 보았는데 (30,5)에 'A'가 출력될 것이다.

33.3.2 멤버 포인터 연산자의 활용

그렇다면 멤버 포인터 변수로 간접적으로 멤버를 액세스하는 것은 무슨 의미가 있을까? 지금까지 경험해 봐서 알겠지만 무엇인가 한 단계를 더 거치면 중간 단계에서 많은 조작이 가능해진다. 가령 예를 들어 클래스 X가 수 많은 정수형 멤버 변수들을 가지고 있는데 이 중 어떤 멤버가 조작 대상인지를 기억하는 포인터 변수를 선언하고 조작 대상을 미리 선정해 놓을 수 있다.

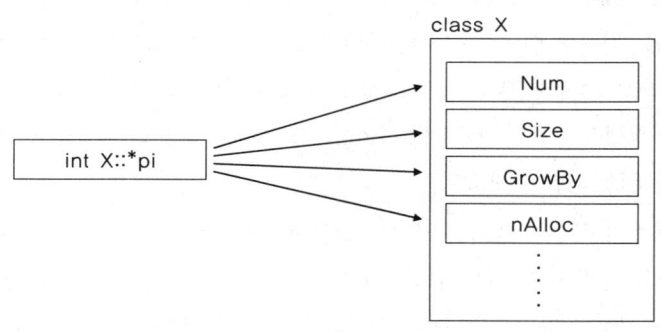

pi가 액세스할 대상을 가리키고 있으므로 .*pi로 선정된 대상을 빠르게 액세스할 수 있을 것이다. 그러나 사실 이런 활용예는 다소 억지스러운데 왜냐하면 정수형 변수가 그토록 많이 필요하다면 당연히 배열을 구성할 것이고 배열상의 한 요소를 가리키는 데는 첨자라는 더 편리한 방법이 있기 때문이다. 사실 멤버 변수를 이렇게 간접적으로 액세스하는 것은 큰 의미가 없으며 주로 멤버 함수를 간접적으로 호출할 수 있다는 면에서 실용성이 있다. 멤버 포인터 연산자의 실용적인 활용예를 든다면 조건에 따라 적절한 멤버 함수를 선택하여 호출하는 기법을 들 수 있을 것이다. 다음 예제를 보자.

예제 MemPtr1

```
#include <Turboc.h>

class Test
{
public:
    void Op1(int a,int b) { printf("%d\n",a+b); }
    void Op2(int a,int b) { printf("%d\n",a-b); }
    void Op3(int a,int b) { printf("%d\n",a*b); }
};

void main()
{
    int ch;
    Test t;
    int a=3,b=4;

    printf("연산 방법을 선택하시오. 0=더하기, 1=빼기, 2=곱하기 : ");
    scanf("%d",&ch);

    switch (ch) {
    case 0:
        t.Op1(a,b);
        break;
    case 1:
        t.Op2(a,b);
        break;
    case 2:
        t.Op3(a,b);
        break;
    }
}
```

이 예제의 Test 클래스는 동일한 원형을 가지는 세 개의 멤버 함수를 가지고 있으며 각 멤버 함수는 덧셈, 뺄셈, 곱셈의 상이한 동작을 한다. main에서는 사용자에게 어떤 연산을 할 것인지를 입력받고 사용자가 원하는 동작을 하기 위해 switch문으로 다중 분기를 하고 있다. 예제에서는 비슷한 동작을 하는 함수가 세 개밖에 없으므로 단순한 switch문으로 분기를 했는데 만약 이런 함수가 수십 개나 있다거나 한 번 결정된 함수를 여러 번 반복적으로 호출해야 한다면 무척 번거로울 것이다.

이런 경우, 그러니까 호출할 함수가 아주 많은데 그 중 하나를 미리 결정해 놓고 싶을 때 쓸 수 있는 문법적 장치는 함수 포인터이다. 함수 포인터에 미리 어떤 함수를 부를 것인가를 결정해 놓고 필요할 때 함수 포인터로부터 원하는 함수를 빠르게 호출할 수 있다. 예제의 경우 함수 포인터 배열을 만들어 놓고 입력된 첨자로부터 어떤 함수를 호출할 것인가를 결정하면 된다. 이 정도는 C언어를 공부한 사람이면 누구나 아는 문법이다. 그렇다면 다음과 같이 함수 포인터 변수를 선언하고 멤버 함수를 대입할 수 있을까?

```
void (*pf)(int,int);
pf=t.Op1;
```

Op1, Op2, Op3은 모두 두 개의 정수형 인수를 취하고 리턴값이 없는 void (*)(int,int) 함수 타입이므로 이런 함수를 가리키는 포인터 변수 pf를 선언하고 pf가 함수를 가리키도록 하면 될 것 같기도 하다. 그러나 이 코드를 컴파일해 보면 에러로 처리되는데 왜냐하면 클래스에 속한 멤버 함수는 일반 함수와는 달리 호출하는 방법이 다르며 따라서 이런 함수를 가리키는 포인터를 선언하는 문법도 달라야 하기 때문이다. 멤버 함수는 반드시 호출하는 객체에 대한 정보를 가지는 this라는 암시적인 인수를 전달받아야 한다. 그래서 클래스의 멤버를 가리키는 멤버 포인터 변수와 멤버 포인터 연산자가 필요한 것이다. 다음과 같이 예제를 수정해 보자.

예제 MemPtr2

```
#include <Turboc.h>

class Test;
typedef void (Test::*fpop)(int,int);
class Test
{
public:
    void Op1(int a,int b) { printf("%d\n",a+b); }
    void Op2(int a,int b) { printf("%d\n",a-b); }
    void Op3(int a,int b) { printf("%d\n",a*b); }
};
```

```
void main()
{
    int ch;
    Test t;
    int a=3,b=4;
    static fpop arop[3]={&Test::Op1,&Test::Op2,&Test::Op3};

    printf("연산 방법을 선택하시오. 0=더하기, 1=빼기, 2=곱하기 : ");
    scanf("%d",&ch);

    if (ch )= 0 && ch <= 2) {
        (t.*arop[ch])(3,4);
    }
}
```

    Test 클래스 선언문 앞에 fpop라는 타입을 정의하는데 fpop는 int형 둘을 인수로 취하고 리턴값이 없는 Test 클래스의 멤버 함수에 대한 포인터 타입이다. main에서는 이런 타입의 arop 배열을 선언하고 각 요소를 Op1, Op2, Op3로 초기화해 두었다. arop 배열에 멤버 함수에 대한 목록이 작성되어 있으므로 첨자만 선택하면 이 배열을 통해 원하는 멤버 함수를 바로 호출할 수 있다.

    main에서 사용자에게 입력받은 연산 방법을 ch 변수에 대입하고 이 변수를 arop의 첨자로 사용하여 t 객체의 멤버 함수를 호출한다. 단, 이 경우 배열 첨자를 넘지 않는지 반드시 점검해야 안전한 호출을 할 수 있다. ch에 입력되는 첨자로 호출할 함수를 결정하므로 이런 함수가 아무리 많더라도 arop 배열만 늘리면 되고 한 번 결정된 값으로 여러 번 호출할 수도 있다. switch 같은 단순한 방법에 비해서는 훨씬 더 우월한 방법이라고 할 수 있다.

    함수 포인터의 장점 중 하나는 함수를 다른 함수의 인수로 전달할 수 있다는 점이다. 예를 들어 qsort 함수는 정렬은 직접 하되 자료의 대소 비교는 사용자가 제공한 함수를 호출하여 결정한다. 멤버 포인터 변수와 연산자를 사용하면 마찬가지로 멤버 함수를 다른 멤버 함수의 인수로 전달할 수도 있다. 다음 예제는 이런 방법을 보여 준다.

예제 MemFuncArgument

```
#include <Turboc.h>

class Test;
typedef void (Test::*fpop)(int,int);
```

```
class Test
{
public:
    void DoCalc(fpop fp,int a,int b) {
            puts("지금부터 연산 결과를 발표하겠습니다.");
            printf("%d와 %d의 연산 결과 : ",a,b);
            (this->*fp)(a,b);
            puts("이상입니다.");
    }
    void Op1(int a,int b) { printf("%d\n",a+b); }
    void Op2(int a,int b) { printf("%d\n",a-b); }
    void Op3(int a,int b) { printf("%d\n",a*b); }
};

void main()
{
    int ch;
    Test t;
    int a=3,b=4;
    static fpop arop[3]={&Test::Op1,&Test::Op2,&Test::Op3};

    printf("연산 방법을 선택하시오. 0=더하기, 1=빼기, 2=곱하기 : ");
    scanf("%d",&ch);

    t.DoCalc(arop[ch],3,4);
}
```

예제의 DoCalc 함수는 Op1, Op2, Op3를 대신 호출하는 역할을 하는데 연산뿐만 아니라 앞뒤로 친절한 몇 가지 메시지를 같이 출력한다. main에서는 연산 방법과 피연산자만 DoCalc로 전달하면 된다. Op* 함수는 꼭 필요한 연산만 하고 메시지를 출력하는 일은 DoCalc가 대신하는데 만약 Op*가 메시지를 일일이 출력한다면 중복되는 코드가 아주 많아질 것이다.

이해를 위해 간단한 예를 들다보니 실용적이지 못한 것 같은데 좀 더 실용적인 예를 들어 본다면 트리의 순회 문제를 들 수 있다. 트리를 순회하면서 어떤 동작을 하는 함수를 작성하고 싶은데 이 함수로 트리를 순회하는 방법을 전달하고 싶다고 하자. 이럴 경우 전위, 중위, 후위, 층별 순회 함수를 각각 만들어 두고 이 멤버 함수의 번지를 인수로 전달하는 방법을 사용할 수 있다. 만약 멤버 함수를 인수로 전달할 수 없다면 매 순회 방법별로 개별 함수를 일일이 만들어야 할 것이다.

33.3.3 멤버 포인터의 특징

멤버 포인터 변수는 클래스 내의 변수를 가리킨다는 면에서 일반 포인터와는 다른 면이 많은데 여기서는 멤버 포인터 변수의 몇 가지 특징에 대해 정리해 보자. 지극히 상식적인 규칙들인데 우선 상속 관계에 있는 클래스의 멤버를 가리킬 때의 특징을 설명하는 다음 예제를 보자.

예제 MemPtrInherit

```
#include <Turboc.h>

class A
{
public:
    int a;
};

class B : public A
{
public:
    int b;
};

void main()
{
    int A::*pa;
    int B::*pb;

    pa=&A::a;
    pb=&B::b;
    pb=&A::a;
    pb=&B::a;
    //pa=&B::b;
}
```

A에 정수형 멤버 변수 a가 선언되어 있고 A로부터 파생된 B에 또 다른 정수형 멤버 변수 b가 선언되어 있다. 결국 B는 상속 받은 a와 자신이 선언한 b 두 개의 정수형 멤버를 가지는 것이다. main에서 A 클래스의 정수형 멤버를 가리키는 pa와 B 클래스의 정수형 멤버를 가리키는 pb를 선언하고 두 변수에 각 클래스의 멤버를 대입해 보았다.

pa가 &A::a를 대입받거나 pb가 &B::b를 대입받는 것은 타입이 완전히 일치하므로 너무 너무 당연한 일이다. pb가 &A::a를 대입받는 식은 타입이 다르기는 하지만 아주 정상적인 대입식이다. 왜냐하면 B는 A로부터 파생되었으므로 A에 속한 모든 멤버를 가지고 있으며 따라서 pb가 부모 클래스인 A의 멤버를 가리킬 수 있는 것이다. a는 A의 멤버이지만 상속에 의해 B에도 존재하므로 pb=&B::a라고 써도 동일하다. 그러나 pa=&B::b는 에러로 처리되는데 A 클래스는 자식의 멤버를 가지지 않기 때문이다. 요약하자면 멤버 포인터 변수는 타입만 일치한다면 기반 클래스로부터 상속받은 멤버도 가리킬 수 있다. 단, 다중 상속에 의해 한 멤버가 두 번 상속되었을 경우는 실제 어떤 멤버를 가리켜야 할 지 모호하므로 에러로 처리될 것이다.

멤버 포인터 변수는 정적 멤버 변수를 가리킬 수 없으며 레퍼런스 멤버를 가리킬 수도 없다. 다음 예제를 보자.

예제 **MemPtrToStatic**

```
#include <Turboc.h>

class A
{
public:
    int &ri;
    static int a;
    A(int &i) : ri(i) { }
};
int A::a=4;

void main()
{
    int A::*pa;
    int *pi;

    pa=&A::ri;
    pa=&A::a;
    pi=&A::a;
}
```

A에 정수형 정적변수 a가 선언되어 있는데 이 변수의 번지를 int A::*pa에 대입하면 에러로 처리된다. 왜냐하면 정적 멤버 변수는 클래스 소속일 뿐 객체와는 상관없는 별개의 변수이며 객체 내에서 위치를 가지지도 않으므로 멤버 포인터 변수에 위치를 대입할 수 없기 때문이다. A::a는 A 클래스에 소속되

어 있을 뿐이지 단순한 정수형 변수이므로 이 변수의 위치를 가리키려면 일반 포인터 변수를 사용해야 한다. 레퍼런스 멤버의 번지도 대입할 수 없는데 C++은 멤버에 대한 레퍼런스라는 개념은 제공하지 않는다.

멤버 포인터의 연산 규칙도 일반 포인터에 비해 조금 다르다. 가장 쉬운 차이점을 예로 든다면 증감 연산자를 쓸 수 없다는 정도인데 이는 함수 포인터를 증감할 수 없는 것과 같다. 같은 타입의 멤버들이 클래스 내에 무리지어 있을 리가 없으므로 멤버 포인터를 증가시킨다고 해서 다음 멤버로 이동할 리도 없고 그렇게 해야 할 실용적인 이유도 없는 셈이다. 멤버 포인터 변수는 대입에 의해 특정 멤버를 가리키기만 할 뿐이다.

34
네임 스페이스

34.1 네임 스페이스

34.1.1 명칭의 충돌

C/C++ 소스를 구성하는 7가지 요소 중의 하나인 명칭(Identifier)은 변수, 함수, 타입 등 다양한 요소를 정의할 때 사용한다. 몇 가지 간단한 규칙만 지키면 자유롭게 정의할 수 있으며 그래서 가급적이면 기억하기 쉽고 대상을 명확하게 표현할 수 있는 이름을 붙인다. 명칭 작성 규칙 중 가장 당연하면서도 자연스러운 것은 같은 범위의 명칭끼리 중복되면 안 된다는 것이다. some이라는 이름으로 변수를 선언했으면 같은 이름으로 다른 변수를 선언할 수 없음은 물론이고 함수나 타입의 이름으로도 사용할 수 없다.

짧고 간단한 프로그램에서 명칭을 작성하는 것은 그리 어려운 일이 아니다. 명칭이 그다지 많이 필요하지도 않아서 충돌이 발생할 확률이 거의 없으며 설사 우연히 충돌했다 하더라도 수정하기 어렵지도 않다. 소스 편집툴이 워낙 편리한 기능들을 많이 제공하므로 소스의 특정 문자열을 모두 다 뒤져 원하는 다른 문자열로 일괄 대체할 수도 있다.

그러나 프로그램이 복잡해지고 규모가 커질수록 더 많은 명칭이 필요해져서 고유한 이름을 붙이는 일이 점점 더 어려워지고 있다. 게다가 팀 단위로 작업할 때는 혼자서 명칭을 다 만드는 것이 아니며 외부 라이브러리를 가져다 쓰는 일도 흔해져서 우연히 명칭이 충돌하는 일이 잦아졌다. 예를 들어 Count라는 변수를 쓰고 싶은데 팀의 다른 개발자가 이미 이 명칭을 전역변수로 쓰고 있다거나 외부 라이브러리에서 다른 의미로 사용 중이라면 이 이름을 쓸 수 없다. 개발자에게 명칭 작성의 자유가 부여되어 있고 중앙 통제 센터가 없으므로 명칭끼리 충돌할 가능성은 항상 존재한다. 이런 경우는 명칭에 일종의 접두를 다는 방식이 사용되기도 하나 완벽하지도 못했고 불편하기도 하다.

예를 들어 철수와 영희가 어떤 프로그램을 공동으로 개발한다고 해 보자. 이 두 사람은 각자 맡은 모듈을 개발하기 위해 전역변수, 함수 등을 따로따로 만들 것이다. 그런데 우연히 같은 명칭을 사용하게 되면 두 명칭이 충돌하므로 전체 프로젝트가 제대로 컴파일되지 않는다. 이런 문제를 방지하기 위해 철수는 자신이 만드는 모든 명칭 앞에 cs_를 붙이고 영희는 yh_를 붙이기로 했다.

```
cs_func()          yh_proc()
cs_init()          yh_printf()
cs_Count           yh_Count
cs_Total           yh_Tool
cs_Screen          yh_Remain
cs_Value           yh_Score
```

철수의 모듈   영희의 모듈

둘 다 Count라는 전역변수를 쓰고 있지만 한쪽은 cs_Count이고 한쪽은 yh_Count이므로 명칭이
좀 길어지기는 하지만 적어도 충돌은 방지할 수 있다. 이 상태로 개발을 잘 진행하다가 외부 그래픽
라이브러리가 필요해져서 창수가 만든 그래픽 라이브러리를 사용했다고 해 보자. 창수가 만든 라이브러
리에 우연히 cs_Count라는 변수가 또 있을 수도 있는데 이렇게 되면 철수가 이 변수의 이름을 바꾸는
식으로 문제를 해결해야 한다. 또 이번에는 칠성이가 만든 라이브러리를 포함했는데 여기에도 cs_Count
가 존재할 수 있다. 외부 라이브러리끼리 명칭이 충돌하면 수정할 수도 없어 한쪽 라이브러리의 사용을
포기해야 하는 곤란한 상태가 되기도 한다. 물론 이렇게까지 접두어가 충돌하는 경우는 그리 흔하지
않지만 그렇다고 이런 상황이 발생하지 않는다는 보장도 없다. 프로젝트가 커지면 명칭 충돌은 불가피하
게 발생할 수밖에 없다. 그래서 명칭 충돌 문제를 언어 차원에서 좀 더 근본적으로 해결할 수 있는 방법이
필요해졌고 이것이 바로 네임 스페이스가 필요해진 이유이다. 네임 스페이스는 비교적 최근에 C/C++
언어에 추가된 기능이므로 아직까지 완벽하게 지원하지 못하는 컴파일러도 많이 있다.

네임 스페이스(Name Space)는 말 뜻 그대로 명칭들이 기억되는 영역이며 명칭의 소속 공간이다.
이름을 담는 통이라고 생각하면 이해하기 쉽다. 일정한 선언 영역을 만들고 이 영역 안에 명칭을 그룹화
하여 넣어 두면 충돌 가능성이 대폭 감소된다. 예를 들어 한 학급에 김철수가 두 명이면 이름이 같기
때문에 서로 구분되지 않는다. 그러나 1반, 2반에 각각 김철수가 있다면 두 학생은 소속이 다르기 때문에
1반의 철수, 2반의 철수로 각각 호칭을 붙일 수 있어 별 문제가 되지 않을 것이다.

명칭도 마찬가지로 소속 네임 스페이스가 다르면 이름이 중복되어도 상관없다. 충돌할 가능성이 조금
이라도 있는 명칭이라면 아예 처음부터 네임 스페이스 안에 선언하는 것이 좋다. 네임 스페이스를 정의하
는 기본 형식은 다음과 같다.

namespace 이름
{
    여기에 변수나 함수를 선언한다.
}

키워드 namespace 다음에 네임 스페이스의 이름을 지정하고 { } 괄호 안에 변수, 함수, 타입 등의

명칭을 선언한다. 네임 스페이스의 이름도 일종의 명칭이므로 명칭 작성 규칙에 맞게 만들어야 한다. 명칭 충돌의 예와 네임 스페이스로 충돌을 해결하는 간단한 코드를 살펴보자.

예제 **namespace1**

```
#include <Turboc.h>

int i;
double i;
void func()
{
    i=123;
}

void main()
{
    func();
}
```

i라는 명칭으로 두 개의 변수를 선언했는데 하나는 int 타입이고 하나는 double 타입이다. 이 코드가 에러임은 직관적으로 알 수 있으므로 논리적인 설명을 할 필요도 없을 것이다. 두 변수가 같은 이름을 쓰고 있으므로 func 함수에서 칭하는 i는 어떤 i인지 애매해진다. 컴파일러는 애매한 상황을 처리할 수 없기 때문에 double i; 선언문에서 명칭이 중복되었다고 투덜거릴 것이다. 그러나 다음과 같은 중복은 가능하다.

```
double i;
void func()
{
    int i;
    i=123;
}
```

전역변수 i와 지역변수 i가 서로 다른 영역에 선언되어 있는데 지역, 전역의 명칭이 충돌할 경우는 지역변수가 우선권을 가진다. 그래서 func 함수 내에서 i 명칭을 참조하면 이는 지역변수 i를 의미하며 모호하지 않다. 이 상태에서 만약 전역변수 i를 참조하고 싶다면 :: 연산자를 사용하여 ::i=1.2;라고 쓰면 된다. 지역변수는 사용 범위가 좁고 언제든지 이름을 바꿀 수 있기 때문에 명칭 충돌이 별 문제가 되지 않으며 주로 전역 명칭끼리의 충돌이 문제가 된다. 전역 명칭이 충돌할 경우 네임 스페이스를 각각 만들고 각 영역 안에 명칭을 선언하면 된다.

예제 namespace2

```
#include <Turboc.h>

namespace A {
    double i;
}
namespace B {
    int i;
}

void func()
{
    A::i=12.345;
    B::i=123;
}

void main()
{
    func();
}
```

A안에 double i가 선언되어 있고 B안에 int i가 같은 이름으로 선언되어 있다. 두 명칭은 이름이 같지만 소속이 다르므로 서로 구분 가능하다. 소속이 달라 구분된다는 얘기는 참조할 때 소속을 밝혀야 함을 의미하기도 한다. 네임 스페이스에 속한 명칭을 참조할 때는 :: 연산자 앞에 네임 스페이스 이름을 붙여 어디에 속해 있는지를 밝힌다. A::i는 네임 스페이스 A에 소속된 명칭 i를 의미한다.

네임 스페이스를 별도로 정의하지 않아도 항상 존재하는 네임 스페이스가 있는데 이를 전역 네임 스페이스라고 한다. 이른바 디폴트 네임 스페이스라고 볼 수 있는데 흔히 전역변수를 선언하는 영역, 그러니까 함수의 바깥쪽이 바로 이 영역이다. 원래부터 존재하므로 별도의 이름은 없다. 다음 코드는 똑같은 이름으로 세 개의 변수를 선언하고 있다.

```
#include <Turboc.h>

int i;                      // 전역 네임 스페이스 소속
namespace A {
    int i;                  // A 소속
}

void func()
{
    int i;

    i=1;            // 지역변수 i
    ::i=2;                  // 전역 네임 스페이스의 i
    A::i=3;                 // A 네임 스페이스의 i
}

void main()
{
    func();
}
```

첫 줄의 i가 선언된 영역이 바로 전역 네임 스페이스 영역이며 이 변수는 소위 말하는 전역변수이다. A 네임 스페이스 안에 i 변수가 같은 이름으로 선언되어 있으며 func 함수 내에 지역변수 i가 또 선언되어 있다. 이 때 func 내에서 세 변수를 모두 참조할 수 있는데 소속없이 그냥 i라고 하면 지역변수이고 네임 스페이스를 밝히면 해당 소속의 변수를 의미한다. 전역 네임 스페이스는 별도의 이름이 없으므로 :: 연산자만 사용한다.

짧은 소스에서 일부러 명칭이 충돌하는 상황을 만들고 네임 스페이스로 이 문제를 해결해 보았는데 이는 어디까지나 이해를 위한 예시 코드일 뿐이다. 한 모듈 안에서 명칭이 충돌하는 경우는 무척 드물며 설사 실수로 충돌했다 하더라도 한쪽의 명칭을 바로 수정할 수 있으므로 문제가 되지 않는다. 예를 들어 int Time이라는 변수를 선언해 놓은 상태에서 SYSTEMTIME Time이라는 변수를 또 선언했다면 에러가 발생할 것이고 둘 중 하나의 이름을 바꾸면 된다.

명칭 충돌이 문제가 될 때는 외부 라이브러리를 쓰거나 직접 라이브러리를 작성할 때이다. 내가 만든 라이브러리에서 Count, Time, Status 같은 변수나 CStack, CArray 같은 타입을 정의한다고 해 보자. 이런 이름은 너무 일반적이기 때문에 이 라이브러리를 사용하는 클라이언트 모듈과 충돌할 확률이 아주

높다. 이럴 때 handsome_sanghyung 같은 긴 이름의 네임 스페이스 안에 명칭을 선언하면 충돌을 걱정할 필요가 없다.

네임 스페이스의 기본적인 기능은 명칭이 작성되는 공간을 분리함으로써 명칭끼리 충돌하지 않도록 하는 것이다. 이 외에도 네임 스페이스는 명칭들의 논리적인 그룹을 만들어 소스 관리에도 상당한 도움을 준다. 예를 들어 그래픽과 관련된 명칭은 GR에 넣고 유저 인터페이스에 관련된 명칭은 UI에 넣어 놓으면 소속으로 두 그룹의 함수군을 나눌 수 있다. 팀별로, 개발자 개인별로 네임 스페이스를 정의하면 누가 만든 명칭인지도 쉽게 파악된다.

34.1.2 네임 스페이스 작성 규칙

다음은 네임 스페이스와 네임 스페이스 내부에 명칭을 작성하는 규칙에 대해 알아보자. 지극히 상식적인 내용들이므로 한 번씩 읽어 보기만 하면 된다.

❶ 네임 스페이스의 이름도 일종의 명칭이므로 다른 명칭과 중복되어서는 안 된다. 다른 네임 스페이스와 구분되는 이름을 가져야 함은 물론이고 변수나 함수와도 같은 이름을 쓸 수 없다. 네임 스페이스가 명칭 충돌 문제를 해결하기 위한 장치인데 스스로의 이름이 중복될 수 있다는 재귀적인 문제가 있는 셈이다. 그러나 네임 스페이스는 한 프로그램에 많아야 한두 개밖에 없으므로 다른 명칭보다는 충돌 가능성이 훨씬 더 작고 수정하기도 쉬운 편이다.

만약 외부 라이브러리와 네임 스페이스 이름이 중복된다면 변수나 타입이 중복되는 것과 같은 곤란한 상황이 될 것이다. 그래서 네임 스페이스의 이름은 가급적이면 길게 쓰고 또한 중복되지 않는 고유한 이름으로 작성해야 한다. 회사의 이름이나 홈페이지 주소, 개인 이메일 주소 등을 응용하여 네임 스페이스명을 작성하면 99.9999% 안전하다.

❷ 네임 스페이스는 반드시 전역 영역에 선언해야 한다. 함수 안에 선언할 수 없다는 뜻이며 다음과 같은 지역 네임 스페이스는 허가되지 않는다.

```
void func()
{
    namespace C {
        int z;
    }
    ....
```

불가능한 것은 아니겠지만 이런 문법을 제공할 필요가 없다고 해야 할 것이다. 지역변수는 함수 내부에만 알려지고 그 생명도 함수 내부로 국한되며 많아 봐야 몇 십개를 넘지 않으므로 이 함수 내에서만 고유한 이름을 가지면 된다. 게다가 함수 하나를 둘이서 만들지는 않으므로 충돌해 봤자 혼자 고치면 된다. 그래서 지역변수는 네임 스페이스 안에 넣을 필요도 없고 그런 문법도 허락되지 않는 것이다. 만약 지역변수간의 충돌이 너무 심해 함수를 유지하기 어려울 지경이라면 이 함수를 잘못 만든 것이다. 함수는 너무 커서는 안 되며 더 작은 기능 단위로 분할해야 한다.

네임 스페이스가 전역 영역에만 존재하기 때문에 네임 스페이스 내부에 선언되는 명칭들은 본질적으로 전역적이다. 주로 타입이나 함수 등 프로젝트 전반에 걸쳐 참조되어야 할 명칭들이 네임 스페이스에 선언된다.

❸ 네임 스페이스끼리 중첩 가능하다. 즉, 네임 스페이스 안에 또 다른 네임 스페이스를 선언할 수 있다는 얘기인데 중첩의 단계에 대한 제한은 없다. 네임 스페이스는 명칭들을 논리적으로 그룹화하는 역할을 하는데 그룹을 나누는 세부 단계가 필요하다면 여러 단계로 중첩할 수 있다.

```
namespace Game {
    namespace Graphic {
        struct Screen { };
    }
    namespace Sound {
        struct Sori { };
    }
}
```

Game 네임 스페이스 안에 Graphic, Sound 네임 스페이스가 있고 각 중첩 네임 스페이스 안에 함수, 타입 등 필요한 명칭을 선언한 예이다. 이 상태에서 중첩된 명칭을 참조하려면 :: 연산자를 중첩 회수만큼 사용하여 Game::Graphic::Screen 식으로 쓴다. 중간 규모 정도의 프로젝트에서는 네임 스페이스를 중첩 시킬 경우가 별로 없으며 초거대 규모의 프로젝트에서나 드물게 사용된다. 수백명이 한 프로젝트를 개발한다면 팀별로, 개인별로 네임 스페이스를 만들어야 할 것이다.

❹ 네임 스페이스는 항상 개방되어 있다. 그래서 같은 네임 스페이스를 여러 번 나누어 명칭을 선언할 수 있다. 꼭 한꺼번에 몰아서 네임 스페이스내의 모든 명칭을 일괄 선언해야 하는 것은 아니다.

```
namespace A {
    double i;
}
namespace B {
    int i;
```

```
    }
    namespace A {
         char name[32];
    }
```

네임 스페이스 A가 두 번 선언되어 있는데 두 번째 선언에 의해 새로운 네임 스페이스 A가 만들어지는 것이 아니라 기존 A 영역에 새로운 명칭이 추가된다. 그래서 변수 i와 name은 둘 다 네임 스페이스 A의 소속으로 병합된다. 네임 스페이스가 개방되어 있기 때문에 여러 모듈에서 한 네임 스페이스에 필요한 명칭을 언제든지 선언할 수 있으며 여러 사람이 같은 네임 스페이스를 쓰는 것도 가능하다. 이런 개방성의 예는 앞서 클래스의 액세스 지정에서도 본 바 있다.

⑤ 네임 스페이스가 이름을 가지지 않을 수 있다. 키워드 namespace 다음에 { } 괄호를 바로 쓰고 괄호 안에 명칭만 선언하면 된다.

```
    namespace {
         int internal;
    }
```

이렇게 되면 internal은 사실상 일반적인 전역변수와 동일하다고 볼 수 있으며 소속을 밝히 필요없이 internal이라는 명칭만으로 참조할 수 있다. 다만 이 선언이 있는 파일 내에서만 사용 가능하며 외부로 알려지지 않는다는 점만 다르다. 7.2.1절에서 논한 외부 정적변수와 성격이 동일하다고 할 수 있는데 static은 C의 방식이고 익명 네임 스페이스는 C++의 방식이다.

⑥ 단일 모듈 프로젝트에서는 별 상관이 없지만 다중 모듈 프로젝트에서는 함수의 본체를 어디에 작성할 것인가 주의해야 한다. 여러 개의 모듈로 나누어진 프로젝트를 개발할 때는 보통 헤더 파일과 구현 파일을 따로 작성한다. 네임 스페이스 안에 함수를 정의할 때 헤더 파일에 원형만 선언하고 구현 파일에 함수의 본체를 작성한다.

NsTest 프로젝트에 NsTest 메인 모듈과 이 모듈에 어떤 기능을 제공하는 Util 모듈이 있다고 하자. Util 모듈은 명칭 충돌 방지를 위해 네임 스페이스 안에 함수를 작성하고자 한다. 이때 함수의 원형 선언과 본체 정의는 다음과 같이 나누어져야 한다.

NsTest.cpp

```
#include <stdio.h>
#include "Util.h"

void main()
{
        A::func();
}
```

Util.h

```
namespace A {
        void func();
}
```

Util.cpp

```
#include <stdio.h>
#include "Util.h"

void A::func()
{
        printf("I am func\n");
}
```

Util.h에는 네임 스페이스 A안에 func 함수의 원형이 기록되어 있다. 이 함수의 본체는 Util.cpp에 작성하되 본체 정의부의 함수명 앞에 소속 네임 스페이스인 A::을 반드시 적어야 한다. 아니면 네임 스페이스의 개방성을 활용하여 다음과 같이 할 수도 있다.

```
namespace A {
    void func()
    {
        printf("I am func\n");
    }
}
```

네임 스페이스가 반복되면 병합되므로 함수 선언과 본체 정의가 네임 스페이스 A에 합쳐질 것이다. 구현 파일을 따로 만들지 않고 헤더 파일에 함수의 본체를 바로 정의하는 것은 안 된다. Util.cpp를 프로젝트에서 빼고 다음과 같이 코드를 수정해 보자.

NsTest.cpp

```
#include <stdio.h>
#include "Util.h"

void main()
{
        A::func();
}
```

Util.h

```
namespace A {
        void func() {
                printf("I am func\n");
        }
}
```

일단은 컴파일되고 실행도 된다. 그러나 만약 제 3의 모듈에서 Util의 함수를 필요로 한다면 Util.h를 인클루드할 때마다 func 함수의 본체가 따로 생성되므로 함수가 중복 정의되는 문제가 있다. 일반적으로 선언은 여러 번 반복할 수 있지만 정의는 단 한 번만 해야 한다.

이 점은 변수에 대해서도 마찬가지이다. 헤더 파일의 네임 스페이스 안에 변수를 선언하면 이 헤더 파일을 인클루드하는 모든 모듈에 동일한 이름의 변수가 중복 생성될 것이다. 앞부분에서 개념적인 이해 의 편의를 위해 네임 스페이스에 포함되는 명칭으로 변수를 사용했지만 일반적으로 네임 스페이스에 변수나 함수 정의를 직접 하는 경우는 거의 없다. 주로 클래스나 구조체 같은 타입 선언이 네임 스페이스 에 배치된다. C++에서는 주로 클래스 간의 충돌이 문제가 되며 변수나 함수는 클래스 안에서 지역적이 므로 문제가 되는 경우가 드물다.

34.1.3 네임 스페이스 사용

네임 스페이스는 명칭의 선언 영역을 분리하여 충돌을 방지한다. 그래서 네임 스페이스 안에 명칭을 선언하면 이름을 붙일 때 충돌을 걱정하지 않고 자유롭게 이름을 붙일 수 있다. 그러나 이렇게 작성된 명칭을 사용하려면 매번 소속을 밝히고 참조해야 하므로 무척 번거롭다. 다음과 같이 선언된 네임 스페이 스가 있다고 하자.

```
namespace MYNS {
    int value;
    double score;
    void func() { printf("I am func\n"); }
}
```

MYNS 네임 스페이스 안에 변수 둘, 함수 하나가 포함되어 있는데 이 명칭들을 사용하려면 항상 앞에 MYNS::을 붙여야 한다.

```
void main()
{
    MYNS::value=3;
    MYNS::score=1.2345;
    MYNS::func();
}
```

네임 스페이스의 이름이 길어지면 타이프하는 것도 힘들고 소스의 가독성도 떨어져 여러 모로 좋지 않다. 그래서 이런 불편함을 해소할 수 있는 세 가지 방법이 제공된다.

:: using 지시자(Directive)

using namespace 다음에 네임 스페이스를 지정하는 방식이다. 지정한 네임 스페이스의 모든 명칭을 이 선언이 있는 영역으로 가져와 소속 지정없이 명칭을 바로 사용할 수 있도록 한다.

예제 usingdirective

```
#include <Turboc.h>

namespace MYNS {
    int value;
    double score;
    void func() { printf("I am func\n"); }
}

using namespace MYNS;
void main()
{
    value=3;
    score=1.2345;
    func();
}
```

전역 영역에 using 지시자가 있고 MYNS를 이 영역에서 사용하겠다고 지시했다. 이후 전역 영역에서 MYNS에 속한 명칭은 MYNS::이 없어도 바로 사용할 수 있다. 컴파일러는 value, score 등의 명칭이 전역 네임 스페이스에 없을 경우 using 지시자에 의해 지정된 MYNS 네임 스페이스도 검색해 보고 여기서 명칭이 발견되면 이 네임 스페이스의 명칭을 참조하도록 코드를 컴파일할 것이다. using 지시자는 컴파일러가 일일이 MYNS::을 명칭 앞에 붙이도록 한다.

using 지시자가 영향을 미치는 범위는 이 지시자가 있는 영역에 국한된다. 특정 함수나 블록 안에 using 지시자를 사용하면 이 블록에서만 지정한 명칭을 바로 사용할 수 있으며 그 외의 영역에서는 여전히 소속 지정이 필요하다. 다음 코드를 보자.

```
void main()
{
    using namespace MYNS;

    value=5;
```

```
}

void subfunc()
{
    MYNS::score=1.2;
}
```

using 지시자가 main 함수 내부에 있으므로 이 영역에 대해서만 MYNS의 명칭을 바로 사용할 수 있다. subfunc에서는 MYNS::을 꼭 붙여야 한다.

∷ using 선언(Declaration)

using 지시자는 지정한 네임 스페이스의 모든 명칭을 가져 오지만 using 선언은 하나의 명칭만을 가져온다. 키워드 using 다음에 가져오고 싶은 명칭의 소속과 이름을 밝히면 이후 이 명칭은 소속을 다시 밝힐 필요없이 바로 사용할 수 있다.

예제 **usingdecl**

```
#include 〈Turboc.h〉

namespace MYNS {
    int value;
    double score;
    void func() { printf("I am func\n"); }
}

void main()
{
    using MYNS::value;

    value=3;
    MYNS::score=1.2345;
    MYNS::func();
}

void subfunc()
{
    MYNS::value=3;
}
```

main 함수의 선두에서 MYNS::value에 대해서만 using 선언을 했다. 이후 main 함수에서 value를 참조할 때 MYNS::을 붙이지 않아도 된다. score나 func는 별도의 선언이 없으므로 여전히 MYNS::을 명칭 앞에 붙여 정확한 소속을 밝혀야 한다.

using 선언도 using 지시자와 마찬가지로 이 선언이 있는 블록에 대해서만 영향을 미친다. MYNS:: value에 대한 using 선언이 main 함수 내부에 있으므로 이 선언은 main 함수 내에서만 유효하며 subfunc 에서 value를 참조할 때는 MYNS::을 붙여야 한다. using 선언을 main 함수 이전의 전역 영역으로 옮기면 subfunc에서도 value를 바로 참조할 수 있을 것이다.

∷ using에 의한 충돌

using 지시자와 using 선언은 지정한 네임 스페이스 전체 또는 특정 명칭을 이 선언이 있는 영역으로 가져와 소속 지정없이 명칭을 바로 쓸 수 있도록 해 준다. 이 방법이 편리하기는 하지만 소속을 밝히지 않고 사용하다 보니 이 영역에 이미 존재하는 명칭과 충돌하는 경우가 있을 수 있다. 이 경우 컴파일러가 충돌을 어떻게 처리하는지 연구해 보자. 먼저 using 선언의 경우를 보자.

예제 **usingdeclconflict**

```
#include <Turboc.h>

namespace MYNS {
    int value;
    double score;
    void func() { printf("I am func\n"); }
}

int value;
void main()
{
    using MYNS::value;
    int value=3;            // 에러

    value=1;                // MYNS의 value
    ::value=2;              // 전역변수 value
}
```

세 개의 value가 선언되어 있는데 이들은 모두 소속이 다르므로 일단 선언은 가능하다. value에 대한 using 선언이 main 함수의 선두에 있으며 MYNS::value가 main 함수의 지역 영역에 들어온다. 이렇게 되면 MYNS::value를 value라는 이름으로 참조할 수 있으므로 같은 이름의 지역변수를 선언할 수 없다. value라는 명칭이 main에서 선언한 지역변수인지 MYNS의 변수인지 구분되지 않으며 그래서 이 상황은 에러로 처리된다. 같은 이름의 전역변수가 있다면 이는 별 문제가 되지 않는데 전역 명칭은 지역 명칭에 의해 가려지며 :: 연산자로 전역 명칭을 참조할 수 있는 별도의 문법이 제공되기 때문이다.

using 선언에 의해 지정한 명칭을 이 영역에서 사용할 수 있게 되었으므로 같은 이름의 명칭을 사용할 수 없다. 이 문제를 해결하려면 지역변수 value의 이름을 바꾸든가 아니면 using 선언을 취소하고 MYNS::value로 써야 한다. 다음은 동일한 코드로 using 지시자의 경우를 보자.

예제 **usingdireconflict**

```
#include 〈Turboc.h〉

namespace MYNS {
    int value;
    double score;
    void func() { printf("I am func\n"); }
}

int value;
void main()
{
    using namespace MYNS;
    int value=3;              // 지역변수 선언

    value=1;                  // 지역변수 value
    ::value=2;                // 전역변수 value
    MYNS::value=3;                  //
}
```

using 지시자의 경우 MYNS의 명칭 전체를 main 블록에서 참조할 수 있도록 한다. using 선언과 다른 점은 지정한 네임 스페이스 소속의 명칭과 같은 이름의 지역변수를 선언할 수 있다는 점이다. 이 경우 main의 지역변수 value에 의해 MYNS::value가 가려지며 main 내에서 value를 단독으로 사용하면 지역변수 value를 의미한다. 지역변수에 의해 같은 이름의 전역변수가 가려지는 것과 동일하다. 물론 MYNS의 value를 꼭 참조하려면 MYNS::value 형식으로 계속 참조할 수 있다.

요약하자면 using 선언은 명칭이 충돌할 경우 에러로 처리하는데 비해 using 지시자는 네임 스페이스의 명칭에 대한 가시성이 제한될 뿐 에러나 경고를 내지 않는다. 언뜻 생각하기에 using 지시자가 더

관대한 것 같지만 사실 이런 상황이 골치 아픈 에러의 원인이 될 수도 있다. 개발자는 자신이 어떤 명칭을 액세스하는지 정확히 모르는 상태에서 위험한 코드를 계속 작성하게 될 것이다. 일반적으로 애매한 상황보다는 명확하게 에러 처리를 하는 것이 훨씬 더 바람직하다. 그래서 가급적이면 using 지시자로 네임 스페이스의 전체 명칭을 가져 오는 것보다 using 선언으로 꼭 필요한 것만 선별적으로 가져오는 것이 더 좋다.

:: 모호한 상황

using 지시자에 의해 코드가 모호해지는 다른 경우를 보도록 하자. 다음 코드는 명백한 에러로 처리된다.

```
namespace A {
    double i;
}
namespace B {
    int i;
}

void main()
{
    using namespace A;
    using namespace B;

    i=3;              // 모호하다는 에러 발생
}
```

i라는 명칭을 두 네임 스페이스에 동시에 선언하는 것은 분명히 가능하다. main에서 using 지시자로 A, B의 네임 스페이스 명칭을 가져오도록 했는데 이렇게 될 경우 main에서 참조하는 i가 어떤 네임 스페이스의 i인지가 모호해진다. A, B의 수준이 같아서 지역, 전역의 경우처럼 한쪽의 가시성을 제한하는 것도 불가능하다. A::i, B::i로 소속을 명확하게 밝히든지 아니면 한쪽의 using 지시자를 제거해야 한다. 다음은 using 선언에 의해 모호해지는 상황을 보자.

```
void main()
{
    using A::i;
    using B::i;        // 중복된 선언이라는 에러 발생

    i=3;
}
```

using 선언은 지정한 명칭을 블록으로 가져 오는데 A::i를 가져오는 것은 성공하지만 B::i는 실패한다. 왜냐하면 A::i가 이미 main 함수 영역에 들어와 있기 때문에 같은 이름의 i를 또 가져올 수 없는 것이다. 두 선언 중 하나를 취소하고 한쪽은 :: 연산자로 소속을 밝히는 수밖에 없다.

네임 스페이스에 속한 명칭을 참조할 때는 소속을 밝히는 것이 원칙적이며 이렇게 하면 아무런 문제가 없을 것이다. 그러나 매번 그렇게 하기에는 너무 번거롭기 때문에 using 선언이나 using 지시자를 사용하는데 이 두 방법은 어디까지나 명칭의 소속을 찾는 임시방편일 뿐 완벽할 수가 없다. 조금 편해 보고자 이런 애매한 방법을 쓰는 것보다는 차라리 일일이 소속을 밝히고 쓰는 것이 가장 완벽한 방법이다.

네임 스페이스는 이름 충돌을 제거하기 위해 도입된 것인데 충돌을 해결하는 목적은 달성할 수 있지만 쓰기에 너무 불편하다. 그래서 using 지시자나 선언으로 네임 스페이스의 명칭을 참조하는 조금 편리한 방법이 제공되는데 이들은 구분해 놓은 소속을 다시 합치는 반대 동작을 하기 때문에 다소 부작용이 있다. 대개의 경우 별 문제가 없지만 가끔 말썽을 부리는 경우가 있다. 그래서 using 선언은 큰 부작용없이 불편하지 않는 정도의 적당한 수준에서만 사용해야 한다.

:: 별명

네임 스페이스는 우연한 충돌을 방지하기 위해 보통 긴 이름을 주는데 이름이 너무 길면 입력하기에 번거롭고 코드도 지저분해진다. 이럴 경우 namespace 키워드 다음에 A=B; 형태로 긴 이름 대신 짧은 별명을 정의할 수 있다. 별명은 동일한 대상에 대한 다른 이름이므로 이후 B라는 이름 대신 A를 사용하면 된다. 다음 예를 보자.

```
namespace VeryVeryLongNameSpaceName {
    struct Person { };
}

void main()
{
    namespace A=VeryVeryLongNameSpaceName;
    A::Person P;
}
```

아주 긴 이름의 네임 스페이스 이름을 A라는 짧은 별명으로 정의했다. 이후 이 네임 스페이스에 속한 명칭을 참조할 때 A::을 대신 붙이면 된다. 이런 용도라면 #define 매크로로 상수를 사용할 수도 있는데 매크로는 전역적이라는 점이 불편하다. 별명 선언문은 이 선언문이 있는 블록에서만 효력을 발휘한다. 여러 단계로 중첩된 네임 스페이스를 사용할 때는 별명이 특히 유용하다.

```
namespace MRG=MyCompany::Research::GameEngine;
```

이상으로 C/C++에 최근 추가된 네임 스페이스에 대해 알아보았다. 명칭 충돌을 해결하기 위한 근본적인 방법으로서 제시된 것이기는 하지만 문법의 복잡성에 비해 실용성이 높다고 보기는 어렵다. 범용 라이브러리를 작성할 때나 한 번 써 볼만하며 또 남이 만들어 놓은 라이브러리를 활용할 때도 네임 스페이스에 대한 사용법을 알고 있어야 한다. C++ 표준 라이브러리는 모두 std 네임 스페이스에 선언되어 있다. 그래서 C++ 프로그램은 통상 using namespace std;로 시작한다.

34.2 그 외의 문법

네임 스페이스까지 공부했으면 이제 C++의 기본 문법을 모두 마쳤다. 그러나 여기까지 공부를 했다고 해서 C++ 문법을 모두 다 살펴본 것은 아니며 아직까지도 일부 빠진 문법들이 있다. 이 책은 자습서이며 학습의 순서를 중요시하다보니 중간 중간에 일부 고급 문법들을 의도적으로 누락했다. 이 문법은 어렵기도 하거니와 난이도에 비해 실용성이 높지 않아 처음 공부하는 사람에게는 오히려 혼란만 가중시키며 흥미를 떨어뜨리고 체력을 소진케하여 전투력에 큰 방해가 된다. 독자들이 이런 내용을 알아서 선별할 수 있다면 좋겠지만 처음 배우는 사람이 문법의 중요성을 판단하기 어려우므로 기본 문법을 익힌 후에 심화 학습 단계에서 볼 수 있도록 뒷부분에 따로 정리했다.

잘 사용되지 않는 문법들이기는 하지만 그렇다고 해서 전혀 쓸 데가 없는 문법은 아니다. 때로는 이런 문법들이 요긴하게 활용되는 곳도 있고 알아 두면 C++ 언어와 객체 지향에 대해 더 깊게 이해할 수 있는 재미있는 내용들도 많다. 다만 사용 빈도가 낮아 C++을 처음부터 순서대로 공부하는 사람에게는 어려워 보이고 필요성을 느끼지 못하므로 학습의 흐름을 방해하지 않도록 별도로 정리해 놓은 것뿐이다. C++에 대한 개념을 익힐 때는 이런 고급 문법을 무시하는 것이 좋으며 어느 정도 경험이 쌓이면 그때 내공 향상을 위해 읽어 보도록 하자.

34.2.1 객체의 자기 방어

실제 세상에 존재하는 모든 사물들은 자신이 가질 수 있는 적법한 속성 범위를 가지고 있으며 범위를 지나치게 벗어나는 사물은 제대로 된 사물이 아니다. 예를 들어 사람의 나이가 2000살일 수는 없고 모니터의 크기가 380인치라거나 −17인치가 될 수는 없다. 실세계의 사물을 모델링하는 객체도 마찬가지로 적절한 값을 가질 때만 의미있는 객체가 될 수 있으며 값이 틀리면 객체는 무효해진다. 예를 들어 다음과 같은 선언문으로 객체를 생성했다고 해 보자.

```
Position Where(120,-100,'Z');
Person Grand(NULL,4900);
```

콘솔 화면은 가로로 80, 세로로 25의 범위를 가지며 (120, -100)이라는 좌표는 존재하지 않으므로 이런 좌표를 나타내는 Position 클래스의 객체 Where는 무효하다. 또한 사람을 표현하는 Person 클래스의 Grand 객체는 이름이 없으며 나이가 무려 4900살이므로 실제로 존재하는 사람일 수 없다. 마찬가지로 날짜 객체가 13월 38일로 초기화된다거나 마우스 객체의 버튼 수가 101개가 된다면 이 역시 무효한 객체들이다.

무효한 객체는 논리적으로 잘못되었을 뿐만 아니라 치명적인 에러의 원인이 되기도 한다. 위 예의 Grand 객체의 경우 이름이 NULL인데 이 객체의 이름을 출력한다거나 길이를 조사한다거나 또는 이름 버퍼를 변경하고자 한다면 어떻게 되겠는가? 프로그램의 모든 논리가 정확하다면 이런 말도 안 되는 객체들이 만들어질 리가 없겠지만 현실적으로 실수나 또는 불가피한 예외로 이런 객체가 만들어질 가능성은 항상 있다.

따라서 클래스는 이런 잘못된 상태의 객체가 만들어지지 않도록 스스로 방어해야 할 필요가 있다. 객체가 초기화되는 시점은 생성자가 호출될 때이므로 생성자에서 인수의 값을 보고 과연 규칙에 맞는 객체인지 아닌지를 점검할 수 있다. 구조체는 외부에서 주는 값을 선택의 여지없이 저장하기만 하는데 비해 객체는 생성자가 직접 초기화하므로 스스로의 무결성을 지킬 수 있다. 객체를 무효하게 만들 가능성이 있는 인수가 전달되었을 때 생성자는 여러 가지 조치를 취할 수 있는데 어떤 식으로 자신을 방어할 수 있는지 가능한 방법들을 열거해 보자. 아래의 코드들은 selfdefence 예제로 작성되어 있으므로 하나씩 주석을 풀어가며 테스트해 보아라.

① 가장 쉬운 방법은 시키는 대로 하고 별도의 조치를 취하지 않는 것이다. 좀 이상하게 들리겠지만 때로는 이런 방법이 가장 현명할 수도 있다. 왜냐하면 이런 객체를 만든 곳에서 잠시 후 객체의 이상 동작을 확인하고 틀렸다는 것을 알 수 있으며 따라서 곧 모종의 조치를 취할 수 있기 때문이다. 이런 원칙을 GIGO(Garbage In Garbage Out : 굳이 번역하자면 "니가 잘못했잖아")라 하는데 입력이 틀렸으니 틀린 대로 동작하도록 내버려둔다는 뜻이다.

② 조건이 만족되지 않을 경우 초기화를 거부하고 쓰레기값을 가지도록 내 버려둔다. Position 객체의 경우 세 입력값 중 문자는 아무 값이나 허용하고 좌표값은 콘솔 화면 안에 있는지를 점검할 수 있다. 생성자의 코드를 수정한다면 다음과 같아질 것이다.

```
Position(int ax, int ay, char ach) {
    if (ax >=0 && ax < 80 && ay >=0 && ay < 25) {
        x=ax; y=ay; ch=ach;
    }
}
```

이렇게 되면 값이 유효할 때만 초기화되며 그렇지 않을 경우는 무슨 값일지도 모르는 쓰레기값을 가지게 된다. 이 방법은 첫 번째 방법보다 오히려 더 무책임한 방법이다. 쓰레기값보다는 차라리 입력된 틀린값을 가지도록 하는 것이 더 낫다.

③ 틀린 값이 입력되었을 때 무난한 값으로 바꿔서 초기화한다. 좌표의 경우 원점인(0,0)이 가장 무난하며 글자는 공백으로 초기화하면 될 것이다.

```
Position(int ax, int ay, char ach) {
        if (ax >=0 && ax < 80 && ay >=0 && ay < 25) {
                x=ax; y=ay; ch=ach;
        } else {
                x=y=0;
                ch=' ';
        }
}
```

이렇게 되면 일단 객체 자체는 유효해지므로 이상 동작을 할 위험은 없어진다. 그러나 이 객체를 만든 사람은 자신이 객체를 잘못 만들었다는 것을 확인하기 어려우며 틀린지도 모르고 실행될 것이다. GIGO의 원칙에 어긋 나므로 바람직하지는 않지만 정말로 무난한 값이 존재하는 클래스라면 이 방법을 쓸 수도 있다.

④ 틀린 입력에 대해 적극적인 에러 처리를 한다. 이 방법이 가장 좋아 보이겠지만 안타깝게도 생성자에서 할 수 있는 에러 처리에는 한계가 있다. 생성을 거부한다거나 스스로를 파괴하는 것은 불가능한데 왜냐하면 컴파일러가 생성자를 호출했다는 것은 생성된다는 신호를 보낸 것이지 생성해도 되느냐는 질문을 한 것이 아니기 때문이다. 게다가 생성자는 리턴값이 없기 때문에 에러를 보고할 방법도 없고 설사 있다 하더라도 생성한 곳에서 이 값을 점검하기도 어렵다. 기껏해야 오류가 있다는 메시지를 출력하는 정도만 할 수 있다.

```
Position(int ax, int ay, char ach) {
        if (ax >=0 && ax < 80 && ay >=0 && ay < 25) {
                x=ax; y=ay; ch=ach;
        } else {
                puts("야! 값이 틀렸잖아. 니 코드를 점검해 봐.");
        }
}
```

실행 중에 갑자기 이런 에러 메시지가 출력되면 사용자는 당황스러워하겠지만 생성자가 에러에 대해 취할 수 있는 가장 좋은 대책이 바로 에러를 냉큼 알리는 것이다. 개발자가 이 메시지를 본다면 자신의 실수를 즉시 수정할 수 있을 것이다. 어차피 개발자에게 버그는 피할 수 없는 숙명이라면 그 버그를 가급적이면 빨리, 정확하게 알 수 있도록 하는 것이 최선의 해결책이다. 실행 중에 에러를 보고하는 좀 더 공식적이고 권장되는 방법이 바로 assert 함수이다.

```
Position(int ax, int ay, char ach) {
        assert(ax >=0 && ax < 80 && ay >=0 && ay < 25);
        x=ax; y=ay; ch=ach;
}
```

assert 함수는 괄호 안의 조건이 만족되지 않을 경우 프로그램을 즉시 종료하고 어디가 어떻게 왜 틀렸다는 것을 출력한다. 그래서 개발자에게 실수를 확실하게 알려 최대한 신속하게 버그를 고칠 수 있도록 한다. 틀린 코드를 가지고 나중에 말썽을 부릴 바에야 차라리 지금 죽어 버리라는 지시인 것이다. 잘 만들어진 클래스의 내부를 들여다보면 여기저기에 assert(또는 ASSERT)문이 있는 것을 볼 수 있는데 이는 클래스 개발자가 스스로를 방어하기 위해 쳐 놓은 일종의 버그 트랩이다. 여러분들도 실제 프로젝트를 한다면 assert를 가급적 많이 활용해야 한다. 그러나 이 책의 예제들은 assert를 사용하지 않으며 틀린 입력에 대해 아무런 조치도 취하지 않는데 이는 예제로서의 본분을 충실히 수행하기 위해서일 뿐이다. 원론적인 예제에 발생 빈도가 희박한 에러 처리문을 여기저기 삽입하는 것은 설명하고자 하는 논리에 집중하는데 방해가 된다. 그러나 실전에서는 assert를 꼭, 그것도 가급적이면 많이 써야 한다는 것을 명심하도록 하자. 흔히 하는 말로 assert로 도배를 해 놔야 하며 이 도배짓이 위기의 순간에 정말 큰 힘이 된다.

⑤ C++이 언어 차원에서 가장 권장하는 방법은 예외를 던지는 것이다. 생성자는 리턴을 할 수 없지만 예외를 던질 수는 있다.

```
        Position(int ax, int ay, char ach) {
            if (ax < 0 || ax >= 80) {
                throw ax;
            }
            if (ay < 0 || ay >= 25) {
                throw ay;
            }
            x=ax; y=ay; ch=ach;
        }


    void main()
    {
        try {
            Position Where(120,-100,'Z');
            Where.OutPosition();
        } catch(int a) {
            printf("%d는 화면 바깥의 좌표입니다.\n",a);
        }
    }
```

좌표가 원하는 범위 바깥일 경우 이 값을 예외로 던졌다. 좀 더 상세한 예외 정보를 전달하고 싶으면 내부에 예외 클래스를 정의하고 이 클래스의 객체를 던지면 된다. 예외를 일으킬 수 있는 객체 생성문은 try catch 블록으로 감싸야 하므로 다소 번거로운 면이 있기는 하다.

생성자에서 자신을 초기화할 때뿐만 아니라 실행 중에 객체의 상태를 변경하는 멤버 함수들도 잘못된 값으로부터 자신을 방어할 수 있다. 사용자들이 정확한 사용방법을 숙지하지 못한 상태로 객체를 부주의하게 다룰 수도 있기 때문에 안전성을 높이기 위해 객체는 섬세한 에러 처리를 해야 한다. 멤버 함수는 값을 리턴할 수도 있고 객체를 파괴할 수도 있으므로 생성자보다 훨씬 더 다양한 방법으로 에러에 대처할 수 있다.

34.2.2 생성자의 활용

생성자와 파괴자는 함수이면서도 자동으로 호출된다는 점에 있어서 일반 함수와는 좀 다르게 취급된다. 맡은 일이 특수하다 보니 적용되는 문법도 일반 함수와 다른 면이 많고 그래서 독특한 활용처가 있다. 객체를 만들거나 파괴하기만 하면 컴파일러가 알아서 호출하도록 되어 있어 객체 선언문이 어떤 동작을 하도록 할 수 있다. 이 점을 잘 활용하면 생성자와 파괴자를 아주 특수한 용도로 활용할 수 있는데 프로그램 전역적인 초기화와 종료 처리에 아주 유용하다.

다음 클래스는 객체 자체가 별다른 기능을 가지지는 않지만 생성자에 난수 발생기를 초기화하는 코드가 작성되어 있다. 따라서 이 클래스형의 객체를 하나라도 생성하기만 하면 srand 함수가 자동으로 호출되어 난수 발생기가 초기화될 것이다.

예제 **RandInit**

```
#include <Turboc.h>

class RandomInitializer
{
public:
    RandomInitializer() { srand(GetTickCount()); }
};
RandomInitializer R;

void main()
{
    int i;
    for (i=0;i<10;i++) {
        printf("%d\n",random(100));
    }
}
```

더 재미있는 것은 이 객체가 전역일 경우 프로그램과 함께 생성되므로 생성자가 main 함수보다도 더 빨리 호출된다는 점이다. 그래서 main의 선두에 있는 어떤 코드보다도 실행 우선 순위가 높아 전역적인 초기화에 적합하다. R 객체 선언문이 있기만 하면 프로그램 시작 직후부터 난수 발생기는 벌써 초기화되며 main에서 곧바로 rand를 호출해도 이 함수가 리턴하는 값은 완전한 난수이다. 예제를 실행할 때마다 전혀 다른 난수들이 생성될 것이다.

생성자와 파괴자는 프로그램이 동작하는 특수한 환경을 설정하고 프로그램이 종료될 때 원래대로 돌려 놓는 데도 아주 유용하다. 가령 어떤 프로그램은 특정한 해상도에서만 실행되는 제약이 있다고 하자. CD-ROM 타이틀이나 게임 같은 경우 디자인적인 조화나 게임의 속도를 위해 최적의 해상도를 가지는 경우가 많다. 이럴 때 응용 프로그램이 실행될 때마다 일일이 해상도를 맞추는 것보다 해상도를 변경하는 객체를 만드는 것이 편리하다. 다음 가상의 클래스는 해상도를 원하는 상태로 변경할 뿐만 아니라 원래대로 복구하는 기능까지 가진다.

```
class ScreenRes
{
private:
    int oldwidth,oldheight;

public:
    BOOL bSuccess;
    ScreenRes(int w,int h) {
        // 이전 해상도를 조사해 놓는다.
        oldwidth=640;
        oldheight=480;
        // 화면 해상도를 w, h로 변경하는 가상의 코드
        // bSuccess=SetHwaMyunHaeSangDo(w, h);
    }
    ~ScreenRes() {
        if (bSuccess) {
            // 원래 해상도대로 돌려 놓는다.
            // SetHwaMyunHaeSangDo(oldwidth,oldheight);
        }
    }
};
ScreenRes SR(1024,768);
```

생성자에서 인수로 전달받은 w, h로 화면 해상도를 변경하되 복구를 위해 기존 해상도를 자신의 프라이비트 멤버 변수에 미리 조사해 놓는다. 생성자에서 필요한 처리를 하므로 클라이언트 프로그램은 이 클래스형의 객체를 생성하면서 원하는 해상도를 생성자로 전달하기만 하면 된다. 예제 코드에서는 SR 객체를 선언하면서 1024, 768을 생성자로 전달했으므로 화면 해상도가 이 크기로 바뀔 것이다.

SR 객체가 전역으로 선언되었으므로 이 프로그램이 실행 중인 동안에는 계속 존재하며 프로그램이 종료되기 직전에 파괴될 것이다. 또는 main 함수의 지역 객체로 선언해도 마찬가지이다. 파괴자는 저장해 놓았던 원래 크기대로 화면 해상도를 다시 돌려놓는다. exit 등의 함수로 프로그램이 강제 종료되는 특수한 상황을 제외하고는 파괴자가 항상 정확하게 호출된다. 따라서 이 객체가 존재하는 동안 화면 해상도는 계속 1024*768이라는 것을 보장할 수 있다.

생성자와 파괴자는 실패를 리턴할 수 없으므로 해상도 변경 성공 여부를 bSuccess라는 별도의 멤버 변수에 저장하도록 했다. 클라이언트는 필요할 경우 이 멤버를 읽어 해상도가 제대로 변경되었는지 살펴보고 실행 계속 여부를 결정할 수 있다. 외부에서 이 값을 읽을 수 있어야 하므로 bSuccess는 public 액세스 속성을 가진다. 파괴자도 이 값을 참조하는데 생성자가 해상도 변경에 실패했다면 원래 해상도로 되돌릴 필요가 없다.

이 기법은 여러 가지 상황에 이용 가능한데 특정한 라이브러리가 실행되어 있어야 한다거나 하드웨어가 원하는 상태여야만 하는 조건이 있다면 생성자와 파괴자가 프로그램 실행을 위한 환경을 만들고 종료될 때 알아서 정리하도록 한다. 재활용성도 뛰어난데 이 클래스를 복사해 붙여 넣고 원하는 해상도를 밝히는 것만으로 화면의 초기 상태를 지정할 수 있다.

앞의 두 예는 전역 객체를 활용하여 프로그램 전역적인 초기화를 하는 예인데 이보다 더 좁은 범위에서도 이런 기법이 유용한 경우가 많다. 특정 함수가 실행 중인 동안만 프로그램의 상태를 잠시 변경하고 싶다면 상태를 변경하는 지역 객체를 선언하기만 하면 된다. 다음 예제의 WaitCursor 클래스는 윈도우즈 환경에서 시간이 오래 걸리는 작업을 할 때 모래시계 커서를 표시한다. LongCalc 함수가 복잡한 연산을 하는데 최소 2초가 걸린다고 가정하는 것이다. 이 예제는 콘솔 프로젝트가 아니라 Win32 응용 프로그램이므로 프로젝트를 만들 때 Win32 옵션을 선택해야 한다.

예제 **WaitCursor**

```cpp
class WaitCursor
{
public:
    WaitCursor() { SetCursor(LoadCursor(NULL,IDC_WAIT)); }
    ~WaitCursor() { SetCursor(LoadCursor(NULL,IDC_ARROW)); }
};

void LongCalc()
{
    WaitCursor C;
    Sleep(2000);
}
```

```
LRESULT CALLBACK WndProc(HWND hWnd,UINT iMessage,WPARAM wParam,LPARAM lParam)
{
    switch(iMessage) {
    case WM_LBUTTONDOWN:
        LongCalc();
        return 0;
    case WM_DESTROY:
        PostQuitMessage(0);
        return 0;
    }
    return(DefWindowProc(hWnd,iMessage,wParam,lParam));
}
```

WaitCursor의 생성자에서 커서를 IDC_WAIT, 즉 모래시계 모양으로 바꾸는데 이 객체를 생성하는 시점에서 커서가 모래시계로 바뀐다. 그리고 파괴자에서 IDC_ARROW 커서로 다시 바꾸는데 함수가 끝날 때 객체가 사라지면서 원래 커서로 돌려놓는다. 예제의 편의상 가장 흔하게 사용하는 커서를 디폴트로 가정했는데 사실 원래 커서 모양이 반드시 IDC_ARROW라는 법은 없으므로 좀 더 정교하게 조사할 필요가 있다.

긴 작업을 요하는 함수로 들어왔을 때 모래시계 커서가 필요하다면 언제든지 WaitCursor C; 식으로 변수만 선언하면 된다. 다시 원래대로 커서를 복구하는 작업은 함수가 끝나는 시점에서 자동으로 수행되므로 별도의 코드를 작성할 필요도 없고 신경쓸 필요도 없다. 함수가 작업을 마칠 때 지역 객체의 파괴자가 자동으로 호출된다는 점을 이용하는 것이다. 객체를 사용하지 않는다면 다음과 같이 작성해야 한다.

```
void LongCalc()
{
    SetCursor(LoadCursor(NULL,IDC_WAIT));
    Sleep(2000);
    SetCursor(LoadCursor(NULL,IDC_ARROW));
}
```

일단 길어서 보기 좋지 않고 종료될 때 원래대로 돌려 놓는 것도 수동이라 불편하다. 이 기법은 굉장히 유용해서 MFC 같은 고수준 라이브러리에도 그대로 사용된다. MFC에 CWaitCursor라는 클래스가 정의되어 있는데 이 클래스가 위 예제의 WaitCursor와 거의 같으며 사용 방법도 동일하다. 다만 좀 더 고수준이고 라이브러리의 부속 클래스이다 보니 응용 프로그램 객체 등과 더 긴밀한 연관을 맺고 있다는 정도만 다르다.

C에서는 진입점인 main 함수가 항상 제일 먼저 실행되지만 C++에서는 그렇지 않을 수도 있다. 위에서 봤다시피 전역 객체의 생성자가 더 우선적으로 실행되는데 이런 식으로 프로그램 시작 후에 초기화되는 것을 동적 초기화(runtime initialize)라고 한다. 동적 초기화는 클래스에만 국한되지 않고 일반 변수에도 사용할 수 있다.

C에서는 int i=3; 식으로 전역변수를 상수로만 초기화할 수 있었지만 C++에서는 수식이나 함수 호출로도 전역변수를 초기화할 수 있다. 전역변수 초기식에 함수 호출이 있다면 컴파일러는 main을 실행하기 전에 이 전역변수를 초기화하기 위해 초기식의 함수를 먼저 호출한다. 이 점을 이용하면 전역변수 초기화 함수에서 원하는 전역 초기화를 할 수 있다. 다음 예제를 보자.

예제 **runtimeinit**

```
#include <Turboc.h>

int randinit()
{
    randomize();
    // 기타 하고 싶은 초기화 처리
    return random(100);
}

int g_r=randinit();

void main()
{
    int r=random(100);
    printf("g_r=%d,r=%d\n",g_r,r);
}
```

전역변수 g_r의 초기화식에서 randinit 함수를 호출하는데 여기서 원하는 초기화를 하면 된다. randinit가 일단 제어를 받으면 main에 앞서 원하는 초기화를 할 수 있는데 예제에서는 난수 발생기만 초기화했다. g_r도 물론이고 main에서 만드는 난수는 완전 무작위로 생성될 것이며 실행할 때마다 결과는 달라진다.

별도의 초기화 함수를 만드는 것이 번거롭다면 다음과 같이 콤마 연산자를 활용할 수도 있다.

```
int g_r=(randomize(),random(100));
```

전역변수의 동적 초기식을 활용하는 방법은 초기화만 할 수 있을 뿐이지 종료 처리는 할 수 없다는 한계가 있다. 이에 비해 객체는 자동으로 호출되는 파괴자를 가지므로 종료 처리까지도 깔끔하게 처리할 수 있어 역시 생성자, 파괴자가 한 수 위이다. 참고로 위 예제는 동적 초기화를 지원하지 않는 C 컴파일러에서는 컴파일되지 않는다.

34.2.3 초기화 순서

초기화 리스트의 초기식들은 리스트에 나타난 순서가 아니라 멤버의 선언 순서대로 실행된다. 대개의 경우 어떤 멤버가 먼저 초기화되든지 상관없지만 멤버끼리 종속적인 관계에 있을 때는 초기화 순서가 중요한 의미를 가질 수도 있다. 다음 예제를 실행해 보자.

예제　**InitOrder**

```
#include <Turboc.h>

class Test
{
private:
    int First;
    int Second;

public:
    Test(int a) : First(a),Second(First*2) { }
    void OutMember() {
        printf("First=%d, Second=%d\n",First,Second);
    }
};

void main()
{
    Test t(4);

    t.OutMember();
}
```

Test 클래스는 두 개의 정수형 멤버를 가지고 있으며 생성자에서 인수 a를 받아 First를 초기화하고 Second는 먼저 초기화된 First의 2배 값으로 초기화한다. main에서 Test형의 객체를 선언하면서 생성자로 4를 전달했으므로 First는 4가 되고 Second는 8이 될 것이다.

First=4, Second=8

너무 너무 당연한 결과처럼 보이지만 선언 순서가 바뀌면 다른 결과가 나올 수도 있다. Test 클래스의 멤버 선언 순서를 다음과 같이 바꿔 보자.

```
class Test
{
private:
    int Second;
    int First;
    ....
```

이렇게 바꾼 후 다시 테스트해 보면 First는 4가 되지만 Second는 쓰레기값을 가질 것이다. 실행 결과는 "First=4, Second=-1717986920" 이렇다. 왜 이렇게 되는가 하면 초기화 리스트의 순서에 상관없이 앞쪽에 선언되어 있는 Second가 먼저 초기화되고 다음으로 First가 초기화되는데 Second가 초기화될 때 First는 아직 초기화되지 않아 쓰레기값을 가지고 있었기 때문이다. 문제를 해결하려면 먼저 초기화되어야 하는 First를 앞쪽에 선언해야 한다.

이런 순서가 일반 단순 멤버에서는 그리 중요하지 않을 수도 있다. 그러나 포인터가 개입되거나 중요한 크기 정보 등을 초기화할 때는 꽝장히 민감한 문제를 일으킨다. 의도적으로 만들기는 했지만 다음 예제는 초기화 순서의 중요함을 단적으로 보여준다.

예제 InitOrder2

```
#include <Turboc.h>

class Test
{
private:
    int *pi;
    int *pi2;

public:
```

```
    Test(int *p) : pi(p),pi2(pi) { }
    void OutMember() {
        printf("*pi=%d, *pi2=%d\n",*pi,*pi2);
    }
};

int g=1234;;
void main()
{
    Test t(&g);

    t.OutMember();
}
```

생성자가 정수 번지 하나를 받으면 pi에 이 번지를 대입하고 pi2도 똑같은 번지로 초기화했다. 아주 정상적인 프로그램이다. 그러나 pi와 pi2의 선언 순서를 바꾸면 십중팔구 실행되자마자 사망하는 문제 프로그램이 되고 만다. 이럴 경우 클래스 선언문의 멤버 순서를 주의깊게 작성할 필요가 있다. 멤버 순서만 제대로 되어 있다면 Test(int *p) : pi2(pi), pi(p) { } 처럼 초기화 리스트는 아무렇게나 순서를 정해도 상관없다.

언뜻 보기에는 초기화 리스트에 선언되어 있는 순서대로 멤버를 초기화하는 것이 상식적이고 개발자가 초기화 순서를 필요에 따라 통제할 수 있으므로 더 쉬워 보인다. 그리고 리스트의 순서대로 초기화하는 것은 그리 어려운 부탁도 아니다. 그러나 컴파일러 구현상 그렇게 할 수가 없는데 왜냐하면 생성자는 여러 개 존재할 수 있는데 비해 파괴자가 하나밖에 없기 때문이다. 다음과 같이 초기화 순서가 다른 생성자가 두 개 존재한다고 해 보자. 복잡한 클래스의 경우는 10개가 넘을 수도 있다.

```
Test(int a) : First(a),Second(First*2) { }
Test(int af,as) : Second(as), First(af) { }
```

리스트의 순서대로 초기화한다면 첫 번째 버전은 First, Second 순으로 초기화하고 두 번째 버전은 Second, First 순으로 초기화를 해야 할 것이다. 이 경우 파괴자는 생성된 역순으로 멤버들을 파괴해야 논리상 합당하다. 생성 순서가 중요한 것처럼 파괴 순서도 마찬가지로 중요하다. 그러자면 객체 스스로 어떤 생성자가 자신을 초기화했는지, 각 멤버들이 어떤 순서대로 초기화되었는지를 기억해야 한다는 얘기인데 이것은 일반적으로 불가능하다.

그래서 파괴자는 무조건 선언된 역순으로 멤버를 파괴하며 이 순서에 맞추기 위해 생성자는 무조건 선언된 순서대로 초기화할 수밖에 없는 것이다. 생성자와 파괴자가 초기화 및 파괴하는 순서를 정하는 가장 쉽고도 명백한 기준은 선언된 순서이며 따라서 초기화 리스트의 초기식 순서는 아무 고려 대상이 되지 못한다. 마찬가지 이유로 다중 상속의 선언문에 나타난 기반 클래스 순으로 초기화된다. 29장의 MultiInherit 예제의 상속문을 보자.

```
class Now : public Date, public Time
{
    Now(int y,int m,int d,int h,int min,int s,int ms,bool b=FALSE)
        : Date(y,m,d), Time(h,min,s) { milisec=ms; bEngMessage=b; }
```

Date, Time순으로 상속을 받았고 초기화 리스트에도 이 순서대로 기반 클래스를 초기화했다. 기반 클래스의 생성자 호출 순서는 상속문의 순서인 Date 먼저, 그리고 Time이다. 초기화 리스트도 우연히 이 순서로 되어 있지만 이 순서는 초기화 순서에는 아무 영향을 미치지 못한다.

Now 클래스의 경우 초기화 순서는 별 의미가 없고 어떤 식으로 초기화되든지 문제가 없지만 기반 클래스의 초기화 순서가 중요할 경우는 클래스 선언문을 주의깊게 작성해야 한다. 먼저 초기화되어야 하는 기반 클래스를 앞에 적고 나중에 초기화될 기반 클래스를 뒤쪽에 적어야 한다. 파괴자는 생성자의 역순으로 호출된다.

34.2.4 비트맵 클래스

Win32 환경의 기본 그래픽 포맷인 비트맵은 내부 구조가 복잡해서 직접 다루기는 무척 어렵고 신경써야 할 것들이 많다. 이런 것들도 클래스로 잘 포장해 놓으면 쓰기 쉽고 재사용하기도 무척 편해진다. Win32의 비트맵을 표현하는 Bitmap 클래스를 만들어 보도록 하자. 비트맵의 보편적인 속성과 일반적인 동작을 추출하여 추상화된 클래스를 디자인하고 한 클래스에 캡슐화하면 된다. 다음은 이 클래스를 선언하는 헤더 파일이다. 이 프로젝트는 비트맵을 출력해야 하므로 콘솔 환경에서는 실행할 수 없으며 Win32 프로젝트로 만들어야 한다.

예제 Bitmap.h

```
class Bitmap
{
private:
    HBITMAP hBit;
    int width,height;
    void PrepareSize();

public:
```

```
    Bitmap() { hBit=NULL; }
    Bitmap(int ID) { Load(ID); }
    Bitmap(TCHAR *Path) { Load(Path); }
    Bitmap(int width,int height);
    ~Bitmap() { UnLoad(); }
    void Load(int ID);
    void Load(TCHAR *Path);
    void UnLoad() { if (hBit) DeleteObject(hBit); }
    void Save(TCHAR *Path);
    void Draw(HDC hdc,int x,int y);
    void Draw(HDC hdc,int x,int y,int w,int h,int sx=0,int sy=0);
    void Draw(HDC hdc,int x,int y,COLORREF Mask);
    void Stretch(HDC hdc,int x,int y,int w,int h,int sx,int sy,
        int sw=-1,int sh=-1);
    int GetWidth() { return width; }
    int GetHeight() { return height; }
    HBITMAP GetBitmap() { return hBit; }
};
```

비트맵은 폭과 높이를 가지고 핸들로 표현되므로 이런 값들이 속성으로 선언되어 있다. 비트맵을 표현하는 멤버의 타입이 HBITMAP이므로 이 클래스로 다룰 수 있는 비트맵은 일단은 DDB로 국한된다. 그러나 생성자에서 DIB를 DDB로 변환하는 서비스를 하고 있으므로 비트맵 파일로부터 DDB를 만들어 출력하는 것도 가능하다.

생성자는 모두 4개가 준비되어 있는데 일단 비트맵 객체를 만들 수 있어야 하므로 디폴트 생성자가 있고 리소스로부터 읽을 때, 파일로부터 읽을 때의 생성자가 각각 준비되어 있다. 또한 메모리 DC와 함께 백그라운드 화면으로 사용되는 비트맵을 위해 래스터 데이터없이 크기만을 가지는 비트맵도 만들 수 있다. 리소스와 파일로부터 비트맵을 읽는 생성자들은 직접 작업을 하지 않고 Load 함수를 호출하여 필요한 변환을 수행하도록 한다.

이 함수들이 별도로 분리되어 있는 이유는 디폴트 생성자로 만든 객체로 실행 중에 비트맵을 읽을 수도 있어야 하기 때문이다. 파괴자는 비트맵을 파괴하는데 직접 파괴하지 않고 UnLoad 함수를 호출한다. 이것도 마찬가지 이유인데 비트맵 객체를 쓰다가 다른 파일을 로드하면 이전에 사용하던 비트맵을 해제해야 하기 때문이다. 따라서 객체 파괴없이 비트맵만 삭제하는 멤버 함수가 필요하다. Save 함수는 비트맵을 파일로 저장하는데 이때 내부적으로 유지하고 있는 DDB를 DIB로 변환한 후 파일로 저장할 것이다.

제일 중요한 Draw 함수는 모두 4개 정의되어 있다. 지정한 위치에 출력만 하는 함수, 비트맵의 일부를 원하는 부분에 출력하는 함수, 그리고 투명 출력하는 함수들이 Draw라는 같은 이름으로 오버로딩되어 있으며 확대 출력하는 Stretch 함수도 마련되어 있다. 이 외에 비트맵의 크기를 구하는 함수와 비트맵의 핸들을 구하는 함수들이 선언되어 있다.

이 함수들의 구현 코드는 Bitmap.cpp에 작성되어 있는데 소스 리스트는 생략하기로 한다. 이 코드들을 이해하려면 Win32 비트맵에 대해 상당히 많은 공부를 해야 하는데 사용만을 목적으로 한다면 굳이 이 코드를 지금 분석할 필요는 없다. 비트맵을 공부한 후 따로 분석해 보기 바라되 어려운 코드라기보다는 매번 다시 짜기 귀찮은 코드일 뿐이다. Bitmap 클래스가 완성되었으면 이제 이 객체를 사용하여 비트맵을 자유자재로 다룰 수 있다. 다음이 테스트 코드이다.

예제 **BitmapClass**

```
void MakeEllipseBitmap()
{
    Bitmap Bit(640,480);
    HBITMAP OldBitmap;
    HDC hdc,MemDC;
    int i;

    hdc=GetDC(NULL);
    MemDC=CreateCompatibleDC(hdc);
    ReleaseDC(NULL,hdc);
    OldBitmap=(HBITMAP)SelectObject(MemDC,Bit.GetBitmap());

    PatBlt(MemDC,0,0,640,480,WHITENESS);
    SelectObject(MemDC,GetStockObject(NULL_BRUSH));
    for (i=0;i<240;i+=10) {
        Ellipse(MemDC,320-i,240-i,320+i,240+i);
    }

    Bit.Save("c:\\ellipse.bmp");
    SelectObject(MemDC,OldBitmap);
    DeleteDC(MemDC);
}

LRESULT CALLBACK WndProc(HWND hWnd,UINT iMessage,WPARAM wParam,LPARAM lParam)
{
    HDC hdc;
    PAINTSTRUCT ps;
```

```
static Bitmap Bit;
Bitmap tBit;
TCHAR *Mes="A:파일에서 비트맵 읽기, B:비트맵 저장, C:동심원 비트맵 생성";

switch(iMessage) {
case WM_CREATE:
     Bit.Load(IDB_BITMAP1);
     return 0;
case WM_KEYDOWN:
     switch (wParam) {
     case 'A':
          hdc=GetDC(hWnd);
          if (tBit.Load("test.bmp")) {
                tBit.Draw(hdc,10,260);
          } else {
                MessageBox(hWnd,"test.bmp 파일이 없습니다.","알림",MB_OK);
          }
          ReleaseDC(hWnd,hdc);
          break;
     case 'B':
          Bit.Save("c:\\save.bmp");
          MessageBox(hWnd,"c:\\save.bmp 파일로 저장했습니다","알림",MB_OK);
          break;
     case 'C':
          MakeEllipseBitmap();
          MessageBox(hWnd,"c:\\ellipse.bmp 파일로 저장했습니다","알림",MB_OK);
          break;
     }
     return 0;
case WM_PAINT:
     hdc=BeginPaint(hWnd, &ps);
     TextOut(hdc,10,10,Mes,lstrlen(Mes));
     Bit.Draw(hdc,10,50);
     Bit.Draw(hdc,210,50,50,50,25,25);
     Bit.Stretch(hdc,410,50,Bit.GetWidth()*2,Bit.GetHeight()*2,0,0);
     Bit.Draw(hdc,210,150,RGB(0,255,0));
     EndPaint(hWnd, &ps);
     return 0;
case WM_DESTROY:
     PostQuitMessage(0);
```

```
        return 0;
    }
    return(DefWindowProc(hWnd,iMessage,wParam,lParam));
}
```

　리소스에 작성되어 있는 비트맵을 읽어와 전체 출력, 일부 출력, 투명 출력, 확대 출력을 하며 비트맵 파일로부터 그림을 읽어들이기도 하고 리소스의 비트맵을 파일로 저장하기도 한다. 또한 메모리 DC를 사용하여 백그라운드에서 그림을 그린 후 파일로 출력하는 테스트도 해 보는데 실행 후에 C 드라이브의 루트 디렉토리를 보면 save.bmp, ellipse.bmp라는 파일이 생성되어 있을 것이다.

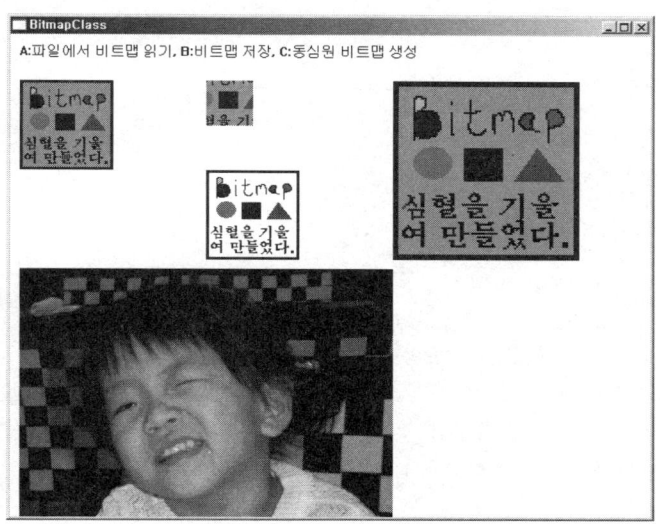

　Bitmap 클래스를 범용성있고 안정적으로 만드는 데는 꽤 많은 노력과 시간이 든다. 그러나 이 클래스를 사용하는 사용자는 공개된 멤버 함수들의 목록과 짧은 도움말 정도만 있으면 얼마든지 비트맵을 자신의 프로그램에 활용할 수 있다. 이런 식이라면 비트맵뿐만 아니라 훨씬 더 복잡한 구조를 가지는 Jpg나 Png, Mpg 같은 파일들도 어렵지 않게 다룰 수 있을 것이다. 이것이 바로 객체 지향의 혜택이다.

34.2.5 멤버별 복사

　클래스가 복사 생성자나 대입 연산자를 정의하지 않을 경우 컴파일러가 디폴트를 만들어 주는데 이 함수들은 멤버별 복사를 수행하여 우변 객체의 멤버를 순서대로 좌변 객체에 대입한다. 그래서 Time이나 Position같이 기본 타입의 멤버만 가진 객체는 컴파일러가 만드는 디폴트 대입 연산자만으로도 충분하다. 그렇다면 디폴트 복사 생성자, 디폴트 대입 연산자가 하는 멤버별 복사라는 것은 어떤 동작인지 연구해 보자.

　멤버별로 대입한다는 것은 메모리끼리 복사한다는 것과는 다른데 말 뜻 그대로 클래스의 멤버를 1:1로 서로 대입하는 것이다. int나 double, char 배열처럼 기본 타입은 별도의 처리없이 대입 가능하므로 비트 단위로 메모리 복사되지만 객체는 대입을 위해 대입 연산자가 호출된다. 다음 예제는 멤버별 복사가 단순한 메모리 복사와 어떻게 다른지 보여 준다.

예제 **DefAssign**

```
#include 〈Turboc.h〉

===================== Person 클래스의 정의는 생략 =====================

class Book
{
private:
    char Title[32];
    Person Author;

public:
    Book() { strcpy(Title,"제목 미정"); }
    Book(const char *aName,int aAge,const char *aTitle) :
      Author(aName,aAge) { strcpy(Title,aTitle); }
     void OutBook() {
            printf("책 제목 : %s\n",Title);
            printf("저자 정보 => ");Author.OutPerson();
     }
};

void main()
{
    Book Hyc("김상형",29,"혼자 연구하는 C/C++");
    Hyc.OutBook();
    Book CPrg;
    CPrg=Hyc;
    CPrg.OutBook();
}
```

　Book 클래스는 책을 표현하는데 책 제목과 저자에 대한 정보를 가진다. 저자 정보는 Person 클래스로 표현할 수 있으므로 Book은 Person 타입의 객체 Author를 멤버로 가지며 Book의 생성자에서 Author의 이름과 나이를 초기화한다. main에서는 Book 객체 Hyc를 선언하여 출력해 보았다. 그리고 CPrg라는 다른 객체를 선언한 후 Hyc를 대입하여 출력해 보았는데 결과는 아주 정상적이며 별다른 이상은 없다.

```
책 제목 : 혼자 연구하는 C/C++
저자 정보 => 이름 : 김상형 나이 : 29
책 제목 : 혼자 연구하는 C/C++
저자 정보 => 이름 : 김상형 나이 : 29
```

Book은 별도의 대입 연산자를 정의하지 않으므로 컴파일러가 디폴트 대입 연산자를 만들 것이며 이 대입 연산자는 Book의 멤버를 1:1로 대입한다. Title은 단순 타입이므로 메모리 복사되며 Author는 Author의 대입 연산자를 호출하여 깊은 복사를 하도록 할 것이다. 멤버별 복사는 멤버가 대입 연산자를 정의할 때 이 연산자를 통해 대입한다는 면에서 단순한 메모리 복사와는 다르다. 포함된 객체가 대입 연산자를 잘 정의하고 있으므로 Book은 별도의 대입 연산자를 정의할 필요가 없다.

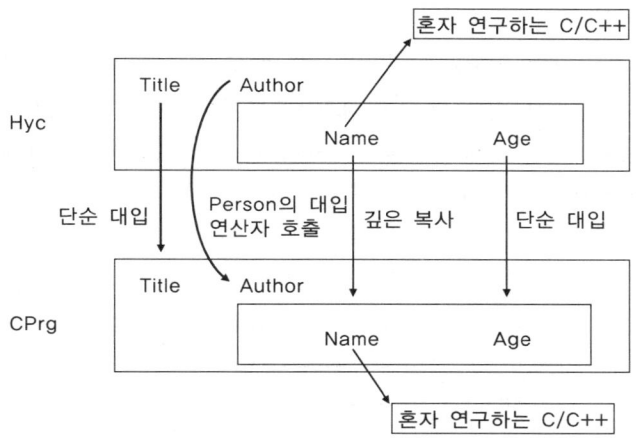

Person이 대입 연산자를 정의하지 않으면 이 객체는 디폴트 대입 연산자에 의해 얕은 복사를 하게 되므로 다운될 것이다. 별도의 대입 연산자를 정의하지 않으면 컴파일러가 알아서 만들되 단 예외가 있다. 멤버 중에 값을 변경할 수 없는 레퍼런스나 상수가 포함되어 있다면 이때는 멤버별 대입을 할 수 없으므로 컴파일러는 대입 연산자를 정의하지 않는다. 다음 예제를 보자.

예제 ConstRef

```
#include <Turboc.h>

class ConstRef
```

```
{
public:
    int value;
    int &ri;
    const int ci;
    ConstRef(int av,int &ari,const int aci) : value(av),ri(ari),ci(aci) { }
};

void main()
{
    int i,j;
    ConstRef t1(1,i,2);
    ConstRef t2(3,j,4);
    t2=t1;
}
```

ConstRef 클래스는 일반 멤버 value와 레퍼런스 멤버 ri, 상수 멤버 ci를 가지고 있다. 레퍼런스와 상수 멤버는 생성자가 인수로 전달받아 초기화 리스트에서 초기화한다. main의 테스트 코드에서는 두 개의 객체 t1, t2를 생성하고 t2를 t1에 대입했다. ConstRef가 별도의 대입 연산자를 정의하지 않으므로 t1의 모든 멤버가 t2로 대입될 것이다.

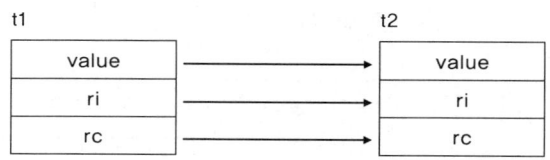

그러나 이런 대입은 허가될 수 없다. 왜냐하면 레퍼런스는 대상체가 한 번 정해지면 변경할 수 없기 때문이다. t2.ri는 생성될 때부터 j에 대한 별명으로 정의되었으므로 죽을 때까지 j만 가리켜야 한다. 그런데 객체끼리의 대입에 의해 t1.ri인 i를 새로운 대상체로 지정하려고 했으므로 이는 레퍼런스의 정의에 맞지 않다. 상수 멤버도 마찬가지 규칙이 적용된다. t2.ci는 생성할 때 4로 초기화되었으므로 언제까지고 4의 값만 가져야 하는데 멤버 대입에 의해 갑자기 2의 값으로 변경되어야 하므로 이 또한 상수의 정의에 어긋난다.

그래서 컴파일러는 레퍼런스 멤버나 상수 멤버를 가진 클래스에 대해서는 설사 대입 연산자가 없다 하더라도 디폴트 대입 연산자를 정의하지 않는다. 이런 클래스는 사실상 대입을 할 수 없으므로 대입 연산자를 숨겨 대입을 금지하든가 아니면 대입 가능한 멤버만 선별적으로 대입하도록 별도의 대입 연산자를 정의해야 한다. 다음 코드를 추가하면 컴파일된다.

```
ConstRef &operator=(const ConstRef &Other) {
    if (this != &Other) {
        value=Other.value;
    }
    return *this;
}
```

상수와 레퍼런스는 그대로 두고 변경할 수 있는 value의 값만 Other로부터 대입받았다. 이 연산자 본체에 ri=Other.ri를 쓰면 좌변 객체의 ri 대상체 값으로 우변 객체의 ri 대상체의 값을 대입받는 코드가 된다. rc=Other.rc 대입문을 작성하면 당연히 에러로 처리될 것이다.

34.2.6 오버로딩과 오버라이딩

상속받은 멤버 함수를 재정의하는 기법을 오버라이딩(Overriding)이라고 하는데 인수 목록이 다른 함수를 같은 이름으로 중복 정의하는 오버로딩(Overloading)과는 용어가 비슷하므로 잘 구분하도록 하자. 둘 다 함수의 이름을 동일하게 작성한다는 점에서는 비슷하지만 오버로딩은 이미 있는 함수에 하나를 더 추가하는 것이고 오버라이딩은 이미 있는 함수를 무시하고 새로 만드는 것이다. 오버로딩은 한국말로 중복 정의이고 오버라이딩은 한국말로 재정의이다.

이 두 용어는 발음과 뜻이 비슷해서 혼란스럽기도 하지만 상속 계층에서 동시에 적용될 때의 효과가 다소 비상식적이어서 헷갈리기도 한다. 오버로딩이란 클래스와는 직접적인 상관이 없어서 전역 함수끼리도 오버로딩될 수 있다. 이에 비해 오버라이딩은 클래스간의 관계, 그 중에서도 상속된 부모와 자식 관계에서만 적용되며 전역 함수에 대해서는 적용되지 않는다.

클래스에서는 오버로딩과 오버라이딩이 동시에 일어날 수 있다. 클래스의 멤버 함수들끼리 중복 정의가 가능하고 또 파생 클래스에서 상속받은 멤버를 재정의하는 것도 가능하다. 그런데 파생 클래스에서 상속된 멤버 함수와 인수 목록이 다른 함수를 같은 이름으로 재정의하면 이때는 오버로딩이 적용되지 않는다. 즉, 인수 목록이 아무리 달라도 파생 클래스가 같은 이름으로 함수를 재정의하면 동일한 이름을 가지는 부모의 모든 함수들이 가려진다. 다음 예제로 이를 테스트해 보자.

예제 InheritOverload

```
#include <Turboc.h>

class B
{
public:
    void f(int a) { puts("B::f(int)"); }
```

```
    void f(double a) { puts("B::f(int)"); }
};

class D : public B
{
public:
    void f(char *a) { puts("D::f(char *)"); }
};

void main()
{
    D d;
    d.f("");            // 가능
    d.f(1);             // 에러
    d.f(2.3);           // 에러
}
```

B::f(int), B::f(double) 함수가 있는데 파생 클래스인 D에서 D::f(char *)를 재정의했다. 이 함수들은 모두 인수 목록이 다르므로 같은 이름으로 중복 정의될 수 있지만 상속 관계에서는 이것이 허용되지 않는다. D에서 f(char *)를 재정의하는 순간 기반 클래스의 f(int), f(double)은 모두 가려진다. D의 객체에서 f 함수를 호출하면 이는 자신의 멤버 함수 f(char *)를 의미하며 설사 d.f(1)로 정수 인수를 주어도 상속받은 f(int)가 호출되지 않는다. 그러나 가려질 뿐이지 상속은 되므로 범위 연산자를 사용하여 d.B::f(1), d.B::f(2.3)으로 호출하면 재정의된 f에 의해 가려진 부모의 멤버 함수를 호출할 수도 있다.

오버로딩과 오버라이딩이 양립할 수 없기 때문에 상속받은 멤버 함수를 재정의할 때는 부모의 멤버 함수와 완전히 같은 원형으로 재정의해야 한다. 부모의 f(int)를 그대로 상속받으면서 여기에 추가로 f(char *)를 오버로딩할 수는 없다는 얘기이다. 만약 원형이 다르다면 아예 함수 이름을 다르게 작성하는 것이 바람직하다. 또한 기반 클래스에 여러 개의 함수가 중복 정의되어 있다면 이 함수들을 모두 재정의하거나 아니면 아예 재정의하지 말아야 한다. 하나만 재정의하면 이 함수에 의해 원형이 다른 함수들은 모두 가려질 것이다.

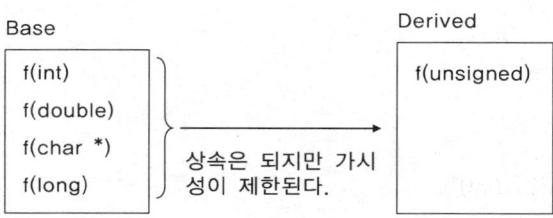

이렇게 된 이유는 다소 복잡한 사정이 있다. 만약 오버로딩된 함수들의 일부를 상속받으면서 그 중 원하는 것만 재정의할 수 있도록 한다면 오버로딩된 함수를 결정하는 메커니즘이 과다하게 정교해져야 한다. 또한 부모 클래스가 오버로딩된 함수의 원형을 하나 더 추가할 때 자식 클래스가 호출하는 함수가 뜻하지 않게 다른 함수로 바뀌어 버릴 위험도 있다. 다음 예제를 보자.

예 제 OverrideOverload

```
#include <Turboc.h>

class Base
{
public:
    void f(char *) { puts("B::f(char *)"); }
    void f(long) { puts("B::f(long)"); }
};

class Derived : public Base
{
public:
    void f(double) { puts("D::f(double)"); }
};

void main()
{
    Derived d;
    d.f(1234);
}
```

Base가 f(long), f(char *)를 중복 정의해 놓았고 이를 상속한 Derived가 f(double)을 재정의하고 있다. 오버로딩된 멤버 함수의 일부만 재정의했으므로 부모의 f 함수는 모두 가려진다. main에서 d 객체의 f(1234) 함수를 호출했는데 실행해 보면 D::f(double) 함수가 호출될 것이다. 알다시피 1234는 정수 상수이지 실수 상수가 아니므로 f(long)이 더 가깝지만 이 함수가 가려지기 때문에 가장 가까운 함수가 호출되는 것이다. 만약 Derived가 부모의 오버로딩된 함수들을 전부 상속받는다면 f(1234)는 f(long)이 호출되는 것이 옳다. D::f(double) 함수를 잠시 주석 처리해 버리면 전부 상속받으므로 이때는 B::f(long)이 호출될 것이다.

클래스 계층은 반드시 한 사람이 다 개발하지 않으며 팀을 이루어 계층을 만드는 경우가 많다. 핵심 기반 클래스는 연구소나 공통 라이브러리 개발 부서에서 만들고 응용 프로그램 제작팀에서 이 클래스를 상속받아 재사용하는 것이 일반적인 개발 형태이다. Base를 만든 개발자가 어느 날 자신의 필요에 의해 다음 함수를 추가했다고 해 보자.

```
class Base
{
public:
    void f(int) { puts("B::f(int)"); }
};
```

f(1234)의 1234는 double보다 long에 가깝고 long보다 int와 더 일치하므로 d.f(1234)가 어느 날 갑자기 부모의 새로 생긴 함수를 호출하게 될 것이다. 오버로딩된 함수들은 비슷한 동작을 하는 것이 원칙적이지만 때로는 내부 구현이 완전히 다를 수도 있다. Derived 개발자는 잘 동작하던 클래스가 갑자기 영문도 모른 채 엉뚱한 함수를 호출해 대는 테러를 당하게 될 것이다.

오버로딩된 함수가 하나 더 늘어나는 것은 클래스의 인터페이스가 바뀌는 것이 아니기 때문에 컴파일 에러가 발생하지 않는다. 클래스 계층이 깊다면 부모 클래스의 함수 목록 변화가 어디까지 영향을 미칠지 그 파급 효과를 예측하기가 어렵다.

컴파일러는 오버로딩된 함수를 결정하기 위해 인수의 타입을 검사하는데 이 과정에서 완전히 일치하는 함수가 없을 경우 암시적인 타입 변환을 통해 최대한 일치하는 함수를 찾는다. 이런 복잡하고 직관적이지 못한 변환에 의해 호출될 함수가 결정되는데 여기에 상속 계층까지 추가되면 더욱 혼란스러워질 것이다. 그래서 C++은 오버로딩된 함수들 중 하나를 재정의할 경우 나머지 함수들을 아예 숨겨 버림으로써 이런 사고를 미연에 방지한다.

다소 복잡한데 결론을 내려보면 이렇다. 오버로딩된 멤버 함수들은 특정 동작을 다양한 방식으로 처리할 수 있는 함수의 묶음이다. 그래서 파생 클래스는 이 함수들을 전부 재정의하든지 아니면 부모의 함수들을 고스란히 상속받아 그대로 쓰든지 둘 중 하나를 선택해야 한다. 실제로 오버로딩과 오버라이딩이 충돌하는 경우는 발생 빈도가 극히 희박하다.

34.2.7 문법의 예외

부모와 자식 간의 포인터 관계에 대한 아주 특수한 예외 하나를 연구해 보자. 앞에서 알아 봤다시피 부모 포인터가 자식 객체를 가리키는 것은 항상 안전하다. 그러나 이 당연한 법칙에도 예외가 존재하는데 문법적으로는 가능하지만 실질적으로는 문제가 있는 경우도 있다. 언제인가 하면 부모 타입의 포인터가 자식 타입 객체의 배열을 가리킬 때이다. 다음 예제를 보자.

```
예제  ObjArrayPtr
```

```cpp
#include <Turboc.h>

class Base
{
private:
    int bnum;
public:
    virtual void OutMessage() { printf("Base Class\n"); }
};

class Derived : public Base
{
private:
    int dnum;
public:
    virtual void OutMessage() { printf("Derived Class\n"); }
};

void main()
{
    Base arB[5];
    Derived arD[5];
    int i;

    Base *pB=arD;
    for (i=0;i<5;i++) {
        pB->OutMessage();
        pB++;
    }
}
```

Base 타입의 포인터 pB가 자식 타입의 배열 arD의 번지를 대입받았는데 이 문장은 적법하다. pB로부터 참조되는 모든 멤버 변수와 멤버 함수가 존재하기 때문이다. 그러나 pB++로 다음 객체로 이동할 때는 정확한 위치를 찾지 못한다. 왜냐하면 포인터에 대한 ++ 연산은 sizeof(대상체) 만큼의 이동인데 Base와 Derived의 크기가 다르기 때문이다.

컴파일러는 pB가 가리키는 대상체의 크기가 멤버 변수와 vptr의 크기를 더한 8바이트라고 생각하는데 arD의 요소들은 12바이트의 크기를 가진다. ++연산으로 증가한 곳에 있는 객체에는 반드시 vptr이 있어야 하는데 그렇지 못한 상황이 벌어지게 되고 엉뚱한 가상 함수 테이블을 찾아 그 내용대로 점프해 버리므로 다운되는 것이다.

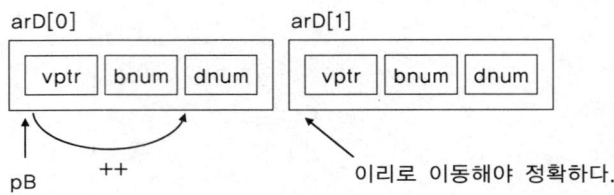

다음은 또 하나의 예외인데 부모 타입의 포인터가 자식을 가리킬 수 있지만 private 상속한 경우는 정확한 부모 자식 관계라고 보기 어려우므로 이 정의가 성립되지 않는다. 앞 장에서 만들었던 PrivateInherit 예제의 끝에 다음 테스트 코드를 작성해 보자.

```
class Product : private Date
{
....
void main()
{
    Product S("새우깡","농심",2009,8,15,900);
    S.OutProduct();
    Date *pD;
    pD=&S;            // 에러
}
```

Date를 private 상속하여 Product를 파생시켰다. 이 상태에서 Date 타입의 포인터 pD가 Product 객체 S의 번지를 대입받았는데 이 대입문은 에러로 처리된다. 왜냐하면 private 상속은 인터페이스를 상속받지 않으므로 S에는 OutDate라는 인터페이스가 존재하지 않기 때문이다. pD에 &S를 대입하는 것을 허락하면 pD->OutDate()도 가능해야 하는데 S 객체에 OutDate는 숨겨져 있으므로 외부에서 이 함수를 호출할 수 없다. 사실 private 상속은 구현만 상속하므로 기반 클래스와 파생 클래스는 부모 자식 간이라고 보지 않는 것이 타당하다. 물론 public 상속으로 바꾸면 위 코드는 잘 동작한다.

34.2.8 C언어에서의 다형성

다형성은 객체 지향 개발 방식의 큰 특징이자 꽃이라고 할 만큼 훌륭한 기능이다. 객체 지향이란 특정 언어의 고유 기능이 아니라 프로그래머가 문제를 푸는 사고방식이므로 C++ 언어로만 다형성을 구현할 수 있는 것은 아니다. C나 파스칼 같은 구조적인 언어는 물론이고 어셈블리 같은 저급 언어에서도 다형성을 얼마든지 구현할 수 있다. C++ 컴파일러가 함수를 동적으로 결합하는 방식을 그대로 흉내내기만 한다면 말이다.

　C에서는 객체의 종류를 나타내는 타입 필드를 작성하고 공용체로 이들 객체를 묶어 다형성을 구현할 수 있다. 다형성이 C++의 고유 기능이 아니라는 것을 증명해 보기 위해 30장에서 만들었던 GraphicObject 예제를 C언어로 다시 작성해 보자. 물론 고기능의 객체 지향 언어가 넘쳐나는 요즘 세상에 C언어로 다형성을 구현해야 할 실용적 이유는 없지만 기존의 C언어에 대한 지식을 바탕으로 다형성의 기본 원리 를 이해하는데 도움이 될 것이다. 다음 예제는 터보C 2.0으로도 잘 컴파일되고 다형적으로도 동작한다.

예제 **CPolymorphism**

```c
#include <Turboc.h>

typedef enum { LINE,CIRCLE,RECTANGLE } Shape;

typedef struct {
    int x1,y1,x2,y2;
} Line;

typedef struct {
    int x,y,r;
} Circle;

typedef struct {
    int left,top,right,bottom;
} Rect;

typedef struct {
    Shape Type;
    union {
        Line L;
        Circle C;
        Rect R;
    } Data;
} Graphic;

void Draw(Graphic *p)
{
    switch (p->Type) {
    case LINE:
```

```
                puts("선을 긋습니다.");
                break;
        case CIRCLE:
                puts("동그라미 그렸다 치고.");
                break;
        case RECTANGLE:
                puts("요건 사각형입니다.");
                break;
        }
}

void main()
{
        Graphic ar[5]={
                {LINE,1,2,3,4},
                {CIRCLE,5,6,7,0},
                {RECTANGLE,8,9,10,11},
                {LINE,12,13,14,15},
                {CIRCLE,16,17,18,0},
        };

        int i;
        for (i=0;i<5;i++) {
                Draw(&ar[i]);
        }
}
```

실행 결과는 다음과 같다. C++로 만든 예제와 동일하다.

선을 긋습니다.
동그라미 그렸다 치고.
요건 사각형입니다.
선을 긋습니다.
동그라미 그렸다 치고.

각 도형에 대한 정보를 가지는 Line, Circle, Rect 등의 구조체들을 먼저 선언한다. 이 구조체에는 직선, 원, 사각형에 대한 좌표 정보가 멤버로 포함되어 있다. 그리고 이 모든 도형을 포괄할 수 있는 Graphic이라는 구조체를 선언하는데 이 구조체에는 도형의 종류를 표현하는 Type 필드와 각 도형의 정보가 공용체 멤버로 포함되어 있다. 도형의 종류가 제한적이므로 Type은 열거형으로 선언했다.

　Graphic 타입의 변수 하나는 하나의 도형을 표현하는데 한 도형이 원이면서 동시에 사각형일 수는 없으므로 도형에 대한 정보들을 공용체로 선언하는 것이 메모리 관리 측면에서 유리하다. 단, 이렇게 할 경우 이 변수가 어떤 도형을 표현하는지를 알 수 없으므로 별도의 Type 필드가 필요하다. 공용체는 기억 장소를 공유하도록 할 뿐이므로 어떤 정보를 가지고 있는지 스스로 기억해야 한다. 일련의 구조체 선언문에 의해 다음과 같은 개념적인 계층이 형성된다.

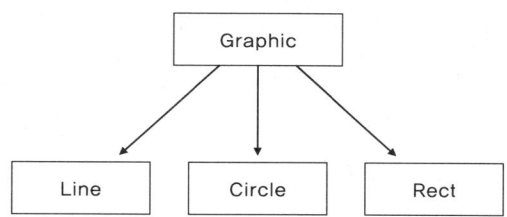

　Draw 함수는 도형들을 대표하는 Graphic 타입의 포인터를 받아 이 구조체의 정보대로 도형을 그린다. 캡슐화 기능이 없으므로 Draw 함수는 외부의 전역 함수로 존재할 수밖에 없으며 그리고자 하는 도형의 정보를 인수로 전달받아야 한다. 이때 인수로 전달되는 Graphic *타입은 모든 도형의 대표 타입이 되는데 상속의 개념이 없으므로 공용체로 모든 정보를 포함하는 구조체를 만들어 대표 타입으로 사용할 수밖에 없다. Draw 함수는 Graphic 타입의 인수로부터 Type 멤버를 읽어 도형을 어떤 식으로 그릴지를 결정한다. Type 멤버는 모든 도형에 반드시 존재해야 하며 자주 사용하는 정보이므로 가급적 첫 번째 멤버로 배치하는 것이 유리하다. Type은 도형을 그릴 방법을 실행 중에 결정하는 정보이므로 C++의 vptr에 비유할 수 있다. Draw 함수는 switch문으로 실행시에 호출할 함수를 선택하므로 실제 도형을 그리는 함수가 동적으로 결합되는 것과 효과가 동일하다.

　main에서는 크기 5의 Graphic 배열을 선언하는데 공용체는 첫 번째 멤버에 대해서만 초기값을 줄 수 있으므로 Type 다음의 초기값들은 모두 Line의 멤버들과 대응된다. 이 예제의 경우 Circle, Rect의 멤버와 Line의 멤버가 타입, 개수가 거의 일치해서 별 문제가 없지만 Line에 없는 멤버는 초기식에 쓸 수 없고 초기화 후 직접 대입해야 한다. 실제 예에서는 사용자가 도형을 그릴 때 이 정보들이 채워질 것이다. ar 구조체 배열의 모양은 다음과 같다.

ar

LINE 1,2,3,4	CIRCLE 5,6,7	RECTANGLE 8,9,10,11	LINE 12,13,14,15	CIRCLE 16,17,18

　도형의 집합을 표현하는 배열에 대해 루프를 돌며 Draw(&ar[i])를 반복적으로 호출하면 배열 내의 모든 도형을 그릴 수 있다. 이 문장이 바로 다형적으로 동작하는데 똑같은 코드이지만 ar[i]에 저장된

정보에 따라 직선을 긋기도 하고 원을 그리기도 한다. Draw안에서 무슨 동작을 하든 밖에서 보기에는 Graphic 객체의 포인터와 함께 이 함수를 부르기만 하면 도형이 제대로 그려지는 것이다.

C언어로도 다형성을 구현할 수 있다는 것을 증명했는데 C++에 비해서는 여러 모로 불편한 점이 많다. 도형들 간의 관계를 한 눈에 파악하기도 어렵고 새로운 도형이 늘어날 때마다 Draw와 관련 함수들을 매번 수정해야 한다는 점에서 코드를 유지하기도 아주 어렵다. 역시 C의 다형성은 C++의 다형성에 비해서는 한 수 아래이다.

다형성은 C++ 언어의 창시자가 독자적으로 만든 기법이 아니라 객체 지향 개념이 소개되기 훨씬 전부터 이미 사용되어 왔던 기술이다. 프로그램의 규모가 커지면 누구나 이런 기법의 필요성을 느끼게 되며 필요한 기법들은 누군가에 의해 만들어지고 다듬어지기 마련이다. C++은 이를 좀 더 쓰기 쉽고 안전하도록 언어 차원에서 다형성을 지원할 뿐이다. 정보를 포괄하는 공용체는 상속이라는 기법이 되고 Type 필드는 vptr을 통한 동적 결합으로 구체화되었다.

34.2.9 using 선언

using 선언은 다른 네임 스페이스의 명칭을 이 선언이 있는 곳으로 가져 오는 문장인데 클래스 계층 사이에서도 사용할 수 있다. 클래스 자체도 일종의 국지적인 네임 스페이스로 볼 수 있으므로 using 선언으로 원하는 명칭을 가져올 수 있다. 클래스에서 using 선언을 사용하면 기반 클래스 멤버의 액세스 속성을 원하는 대로 변경하는 역할을 한다. 다음 예제를 보자.

예제 classusing1

```
#include <Turboc.h>

class B
{
private:
    void p() { puts("Base private function"); };
protected:
    void f() { puts("Base protected function"); }
public:
    void u() { puts("Base public function"); }
};

class D : public B
{
protected:
```

```
//  using B::u;
public:
//  using B::f;
    void f() { B::f(); }
};

void main()
{
    D d;
    d.f();
    d.u();
}
```

기반 클래스 B에 액세스 속성별로 세 개의 멤버 함수가 선언되어 있다. D는 이 클래스를 public 상속 받았으므로 f 함수가 protected 속성으로 상속되며 u는 public 속성으로 상속된다. u는 외부에서도 호출 가능하지만 protected 속성을 가지는 f는 D에서는 호출할 수 있지만 외부에서는 호출할 수 없다. 만약 f를 외부에서 호출할 수 있도록 하고 싶다면 두 가지 방법을 사용할 수 있다.

우선 이 함수를 public 영역에 같은 이름으로 재정의하는 방법을 쓸 수 있는데 이렇게 되면 B::f는 가려진다. 재정의된 f가 B::f를 대리 호출하면 외부에서도 이 함수를 호출할 수 있다. protected 액세스 속성을 가지는 멤버 함수가 재정의에 의해 public으로 이동한 것이다. 위 예제를 실행하면 main에서 d.f를 호출하는 것이 허가된다. D의 f 함수를 주석 처리하면 물론 호출할 수 없다.

두 번째 방법으로 using 선언을 사용하여 protected 영역에 있는 f 함수를 public 영역으로 명칭을 가져올 수 있다. 이렇게 되면 상속받은 f가 public 영역에 선언된 것과 같아져 외부에서도 이 함수를 호출할 수 있다. 재정의된 f 함수를 주석 처리하고 using 선언만 남겨 두어도 이 예제는 잘 실행된다. 둘 다 주석 처리하면 외부에서 f를 호출할 수 없다. using 선언은 public 영역에 있는 명칭을 protected 로 숨길 수도 있다. B::u는 그대로 두면 public이지만 protected나 private로 옮겨 버리면 외부에서 호출할 수 없다.

using 선언은 접근 가능한 멤버의 액세스 속성을 변경하는 역할을 한다. 어디까지나 접근 가능한 멤버 에 대해서만 이 지정을 사용할 수 있을 뿐인데 예제에서 B의 private 영역에 있는 p 함수를 public 영역에 두고 싶다고 해서 using B::p; 선언을 사용할 수는 없다. 자신도 접근하지 못하는 멤버에 대한 액세스 지정을 변경한다는 것 자체가 말이 되지 않는 것이다. 오로지 기반 클래스의 허가된 멤버(protected, public)만 using 선언을 사용할 수 있다.

다음 예제는 private 상속시 외부로 공개되지 않는 인터페이스를 공개하기 위해 using 선언을 사용 한다.

```
#include 〈Turboc.h〉

class B
{
protected:
    void f() { puts("Base protected function"); }
public:
    int m;
};

class D : private B
{
protected:
    using B::m;
public:
    using B::f;
};

class G : public D
{
public:
    void gf() {
            m=1234;
    }
};

void main()
{
    D d;
    d.f();
//  d.m=1234;
}
```

D는 B를 private 상속받았으므로 B의 f, m 멤버는 모두 private가 될 것이다. 이 상태에서는 D 외부나 파생 클래스에서 상속받은 멤버를 액세스할 수 없는 것이 정상이다. 하지만 D가 using 선언으로 이 멤버들의 액세스 속성을 변경하였으므로 변경된 속성대로 액세스가 허가된다. f의 경우 public 영역에 using 선언했으므로 클래스 외부인 main에서 이 함수를 호출할 수 있다. m의 경우 protected 영역에 using 선언했으므로 이차 파생 클래스인 G가 이 멤버를 참조할 수 있다. 하지만 main에는 m을 읽을 수 없다.

35

C++ 실습

35.1 고스톱

35.1.1 게임 소개

여기까지 C++의 여러 가지 문법들을 열심히 배워 왔는데 이쯤에서 C++의 기능들을 골고루 활용한 예제를 하나 작성해 보자. 문법이란 약속에 불과하기 때문에 설명을 읽고 예제를 실행해 보면 대체로 이해하기 어렵지 않다. 그러나 인간의 뇌는 일부라도 사용해 보지 않으면 금방 잊어 먹게 되어 있으므로 단편적인 예제보다는 완성된 프로그램 하나를 만들어 보는 실습이 꼭 필요하다. 시간이 좀 걸리더라도 실습을 직접 해 보기를 강력히 추천한다.

예제란 아무래도 짧아야 하고 너무 상세하고 거추장스러운 기능은 빼야 도움이 되는 법이다. 그러면서 문법 요소들을 골고루 사용해 보고 객체 지향과 잘 어울리는 예제를 선정해야 하는데 고민 끝에 고스톱 게임을 만들어 보기로 했다. 이 게임을 실습 주제로 선택한 이유는 게임판에 객체들이 많이 등장해서 캡슐화, 추상화의 좋은 실습이 되기 때문이다. 이른바 도박 게임으로 분류되어 약간의 거부감이 들기도 하지만 한편에서는 전통 민속놀이라는 주장이 있어 친근하기도 하다.

고스톱 외에도 몇 가지 보드 게임을 실습 주제로 선정해서 만들어 보았지만 고스톱이 가장 적합한 예제로 선정되었다. 왜냐하면 워낙 대중적이라 게임의 규칙을 설명할 필요가 없고 로직 파악 단계가 생략되기 때문이다. 복잡한 게임의 경우 규칙을 익히는 데만도 상당한 시간이 드는데 비해 고스톱은 그럴 필요가 없어 설계와 구현에만 치중할 수 있다. 아주 드문 경우겠지만 고스톱을 한 번도 해 본적이 없는 간첩이나 탈북자는 친구들에게 부탁해서 게임 규칙부터 익히고 오도록 하자. 그까짓 돈 몇 푼만 잃어주면 친절하게 가르쳐 줄 좋은 친구들은 얼마든지 있다. 여기서는 게임 규칙에 대해서는 잘 알고 있다고 가정한다.

고스톱은 여러 가지 방법으로 개발 가능하다. 구조적인 C로 짤 수도 있고 객체 지향적인 특성을 충분히 활용하여 C++로도 짤 수 있고 검색 알고리즘이 자주 사용되므로 STL도 적합하다. 논리가 확실히 만들어졌으면 화려한 그래픽 환경에서 예쁜 화투패들이 돌아다니도록 할 수도 있고 네트워크 기능을 붙이면 여러 명이서 게임을 할 수도 있다. 여기서는 C 버전은 생략하고 C++ 버전을 만들어 보도록 하되 이 단계에서는 그래픽 프로그래밍을 모르는 경우가 대다수이므로 콘솔환경에서 작성하기로 한다. 그래픽 환경은 메시지 드리븐과 멀티태스킹을 고려해야 하므로 게임 논리에만 치중할 수 없어 학습 효율이 떨어진다.

콘솔은 표현력이 너무 약해 게임 규칙은 가급적 간단하게 하고 대화상자나 마우스를 사용할 수 없으므로 사용자와 복잡한 대화가 필요한 기능은 제외하기로 한다. 두 명이서 게임을 진행하는 맞고 형식이되 한 컴퓨터에서 서로의 패를 숨길 수는 없으므로 아래, 위에 모두 펼쳐 놓고 게임을 진행한다. 어차피 학습을 위한 게임이므로 패를 다 보이도록 하는 것이 더 편리하다. 사실 두 명이서 한 컴퓨터로 카드 게임을 할 수는 없으므로 이 게임은 왕따가 혼자 시간 떼우기용이라고 봐야 할 것이다. 네트워크가 붙어야 제대로 된 2인용 게임이 된다. 고스톱의 게임 규칙은 다른 어떤 게임보다 복잡한 편인데 실습의 편의상 다음 기능은 일단 제외한다.

① 같은 카드 세 장이 들어오면 흔들 수 있고 중간에 세 장을 한꺼번에 내면 폭탄이라 하여 점수를 곱절로 올릴 수 있다. 이 기능은 사용자가 선택할 수 있어 대화가 필요하며 점수를 계산하는 것은 게임 운영 규칙이 아니므로 무시하기로 한다. 또한 한꺼번에 4장이 들어오면 총통이라고 해서 기본 점수를 얻으며 담요에 4장이 깔리면 1등이 이 패를 모두 먹는데 이 규칙은 일종의 비정상적인 예외 상황일 뿐이므로 처리하지 않는다.

② 점수 계산 규칙을 단순화한다. 어떤 카드는 쌍피로 취급하고 9 십 짜리 카드는 피가 되거나 십이 될 수 있는데 이 옵션도 제거한다. 보너스 카드 같은 것은 취급하지 않는다. 첫 설사시 일정액의 돈을 상대편이 물어야 하는 규칙도 있고 세 번씩이나 설사를 하는 불쌍한 사람을 위해 기본 점수를 부여하기도 하는데 이런 규칙도 구현하지 않는다.

③ 점수 계산은 하되 피박, 광박 등 점수를 2배하는 규칙은 적용하지 않으므로 상대방 패를 보고 알아서 계산하도록 하자. 오고 가는 현금 속에 싹트는 우리 우정이라는 고스톱의 절대 규칙이 있기는 하지만 이 게임에서는 어차피 현금이 오고 갈 수 없으므로 중요한 규칙이 아니다.

이것저것 따 빼 버리고 나면 남은 규칙이 별로 없을 것 같지만 이렇게 해도 고스톱은 충분히 복잡한 게임이다. 이나마도 2인용 맞고라 이 정도인데 3~4인용으로 만들면 광팔기, 독박, 쇼당 같은 규칙이 더 추가되어야 한다. 쇼당은 다자간의 대화와 타협이 필요한 워낙 복잡한 기능이라 상용 고스톱 게임도 구현하는 예가 거의 없을 정도다.

빠진 규칙들도 꼭 만들고자 한다면 그리 어려울 것도 없다. 이 예제를 이해하고 난 다음에 제외된 규칙 중 한 두 가지를 선정하여 직접 만들어 보아라. 후반부의 개작 예에서는 이 중 몇 가지를 선정하여 실습해 볼 것이다. 설사, 싹쓸이, 쪽, 따닥 같은 기능은 게임의 핵심이라 구현하며 상대방의 피를 뺏들어 오기도 한다. 구현된 실행 파일의 모습은 다음과 같다.

```
"C:\IKSHDATA\프로젝트\GoStop\Debug\GoStop.exe"                           _ □ ×

5십 6십 7피 7피 J피

                              1광                      점수:2점, 0고
                              2십
                              1오 2오 5오
                              1피 1피 2피 2피 3피 3피 5피 B피 B피
                              D피 D피
              ???

6오 9피

                              7십 8십 9십              점수:0점, 0고
                              4오 7오
                              4피 6피 6피 8피 9피


5피 8광 J피 B광 D피
[1] [2] [3] [4] [5]

내고 싶은 화투를 선택하세요<1~5,0:종료>
```

아래쪽에 남군, 위쪽에 북군 패를 표시하고 오른쪽에 각각이 먹은 카드와 점수, 고 회수를 출력해 놓았다. 플레이어의 이름을 청군, 백군 따위로 붙이려고 했는데 위치로 이름을 짓는 것이 분석에는 가장 편리할 것 같아 남북으로 이름을 지었다. 중간에는 담요가 펼쳐져 있는데 이 위에 몇 개의 카드가 펼쳐져 있고 뒤집을 카드 목록인 데크가 ???로 표시되어 있다. 담요는 실제 고스톱의 용어를 빌려온 것인데 코드에서도 담요라고 칭한다. 물론 실제 게임에서는 신문지일 수도 있지만 으레 국방색 담요인 경우가 가장 많아 실제 사물대로 추상화했다.

그래픽이 아니라 무척 썰렁해 보이고 마우스를 쓸 수 없으므로 키보드의 숫자키로 패를 선택해야 한다. 그래서 플레이어의 패 아래쪽에 일련번호를 출력해 놓았다. 그래픽이나 네트워크 기능은 이 예제를 분석한 후 직접 구현해 보기 바란다. 콘솔 환경이지만 이 게임의 자료 구조와 알고리즘은 그래픽 버전, 네트워크 버전에서 그대로 재사용될 수 있다.

솔직히 이 게임은 혼자서 하는 게임이라 별로 재미가 없다. 하지만 분석을 위해서는 일단 게임을 여러 번 해 봐야 한다. 어떻게 동작하는지 규칙을 좀 파악해야 클래스 계층도 쉽게 파악되고 프로그램과 친해져야 분석해 볼 마음이 생기는 것이다. 한 10 분 정도 게임을 실행해 보고 나 같으면 저런 프로그램을 어떻게 만들지 대충 머리 속으로라도 디자인해 본 후 분석 결과를 읽어 보자.

35.1.2 카드 설계

고스톱 게임은 여러 가지 객체들이 상호 작용하면서 운영되는 게임이다. 그래서 화투판의 각 실체들을 모델링하여 클래스로 표현하는 추상화 작업을 먼저 해야 한다. 이 작업을 하려면 실제로 담요 위에 화투를 펼쳐 놓고 게임을 하면서 각 사물이 어떤 특성을 가지며 어떤 행동을 하는지를 잘 분석해야 한다. 사람이 패를 섞어서 돌리고 플레이어가 카드를 내고 일치하는 카드를 먹으면서 게임을 진행하는 것을 코드로 흉내내기만 하면 게임이 완성되는 것이다. 그렇다면 실제 고스톱 게임판이 어떻게 생겼는지 생각해 보자. 추상화를 할 때는 사물의 특성을 잘 상상해 봐도 되지만 그보다는 실제 사물을 직접 보고 만지면서 가지고 놀아 봐야 한다.

이 사진 속에 등장하는 모든 물체들이 프로그램에서는 다 객체가 된다. 실제 화투판이라면 여기에 재떨이, 맥주, 음료수 등도 필요하겠지만 게임과는 직접적인 상관이 없으므로 제외하도록 하자. 여담이지만 새벽에 혼자서 이 사진을 찍다가 아내에게 들켜 도대체 뭐하는 짓이냐고 핀잔을 들었었는데 어지간히도 황당했을 것이다.

:: 전역 상수

이 예제는 줄 수가 500줄이 넘으므로 전체 소스를 한 번에 보이지 않고 매 클래스를 만들 때마다 관련 소스를 보이도록 한다. 물론 컴파일 가능한 전체 소스는 예제 쉘에 제공된다. 소스의 선두는 다음과 같이 되어 있다.

```
#include 〈Turboc.h〉
#include 〈assert.h〉
#include 〈iostream〉
using namespace std;

const int MaxCard=48;
const int CardGap=4;
const int Speed=1000;
const int PromptSpeed=2000;
```

필요한 헤더 파일을 인클루드하고 네임 스페이스 선언을 한 후 4개의 전역 상수를 정의한다. 이 상수들은 게임판의 배치나 운영 방식을 조정하는데 #define으로 정의해도 되지만 C++스럽게 작성하기 위해

const 상수를 사용했다.

MaxCard는 화투의 총 개수인데 알다시피 화투는 48개의 카드로 구성되어 있다. 이 값이 바뀔 리는 절대로 없으므로 보기 좋게 MaxCard라는 이름을 붙여 주었다. CardGap은 카드를 나열할 때의 간격인데 카드 하나는 3문자 길이를 가지므로 공백 하나를 고려하여 간격을 4로 정의했다. Speed와 PromptSpeed 는 카드를 내거나 메시지를 출력할 때 대기할 시간이며 전체적인 게임 진행 속도를 조절한다.

:: 카드

전역 상수 정의문 다음에는 게임에 등장하는 사물들을 클래스로 하나씩 정의한다. 먼저 SCard 클래스 는 이 게임의 가장 원자적인 단위인 화투 한 장을 표현하는 클래스이다. 실제 이름은 화투라고 해야겠지 만 카드라는 용어가 더 일반적이므로 SCard라는 이름을 붙였다.

```cpp
// 화투 한장을 표현하는 클래스
struct SCard
{
    char Name[4];
    SCard() { Name[0]=0; }
    SCard(const char *pName) {
        strcpy(Name,pName);
    }
    int GetNumber() const {
        if (isdigit(Name[0])) return Name[0]-'0';
        if (Name[0]=='J') return 10;
        if (Name[0]=='D') return 11;
        return 12;
    };
    int GetKind() const {
        if (strcmp(Name+1,"광")==0) return 0;
        else if (strcmp(Name+1,"십")==0) return 1;
        else if (strcmp(Name+1,"오")==0) return 2;
        else return 3;
    }
    friend ostream &operator <<(ostream &c, const SCard &C) {
        return c << C.Name;
    }
    bool operator ==(const SCard &Other) const {
        return (strcmp(Name,Other.Name) == 0);
    }
```

```
    bool operator <(const SCard &Other) const {
        if (GetNumber() < Other.GetNumber()) return true;
        if (GetNumber() > Other.GetNumber()) return false;
        if (GetKind() < Other.GetKind()) return true;
        return false;
    }
};
```

대부분의 동작이 간단하므로 분석하기 편하게 인라인으로 정의했다. 클래스가 아닌 구조체로 선언되어 있는데 구체적인 동작은 카드를 소유하는 데크나 플레이어에 정의되고 카드 자체에는 특별한 동작이 필요없기 때문이다. 물론 클래스로 선언하고 선두에 public:을 붙이면 똑같아지기는 하지만 이런 공개된 자료형에는 구조체가 더 어울리며 그래서 클래스 이름 앞에 S를 붙여 구조체임을 분명히 했다.

카드의 속성으로는 숫자와 종류가 있다. 화투는 1~12까지 각 4장씩 총 48장의 카드로 구성되며 각 숫자의 카드에는 광, 십, 오, 피 네 종류가 포함된다. 숫자와 종류 외에 크기나 색깔, 두께가 달라지는 것은 아니므로 멤버 변수로는 이 두 가지 속성만 표현할 수 있으면 된다. 카드의 이름은 숫자 한 자리와 한글 한 글자로 구성되므로 널 문자까지 고려하여 크기 4의 고정 길이 문자 배열이면 충분하다. 그래서 SCard는 char형 배열 Name만을 멤버 변수로 가진다. 가변 길이는 이래저래 다루기 귀찮은 문제가 많아 고정된 길이를 쓰는 것이 편리하다.

10번 이상의 카드는 통상 숫자를 부르지 않고 별도의 이름이 있는데 숫자에 1바이트만 할당되어 있으므로 적당한 알파벳 문자를 쓰기로 한다. 10번 카드는 장 또는 풍이라고 불리므로 알파벳 J를 쓰기로 했으며 12번 카드는 비라고 부르므로 알파벳 B가 적당하다. 11번 카드는 D라는 알파벳을 붙였는데 D가 무슨 뜻인지는 굳이 밝히고 싶지 않다. 말하지 않아도 무슨 뜻인지 대부분 알 수 있을 텐데 지금 당신의 머리 속에 떠오르는 그 뜻이 분명하다. 오짜리 카드는 흔히 '띠'라고 부르는데 텍스트 환경에서 껍데기를 의미하는 '피'와 글자가 잘 구분되지 않아 '오'라는 글자를 쓰기로 한다. 이 표현대로면 화투장에 다음처럼 이름이 붙는다.

1피   4십   J오   D광   B피

SCard는 정적 배열 하나만을 멤버 변수로 가지며 동적 할당을 사용하지 않으므로 별도의 복사 생성자, 파괴자, 대입 연산자 따위를 필요로 하지 않는다. SCard 객체끼리는 그냥 대입하기만 하면 된다. 단, const char *로부터 초기화를 할 수 있도록 하기 위해 이 인수를 받는 생성자가 정의되어 있는데 문자열

을 Name으로 복사만 한다. 이 생성자가 정의되어 있으면 화투패를 문자열 배열로 쉽게 초기화할 수 있다. 디폴트 생성자는 Name을 빈 문자열로 초기화하는데 빈 카드가 필요한 경우도 있어 일단 쓰레기만 치워 두었다. Name[0]가 NULL이면 이 카드는 빈 카드이다. 빈 카드는 카드를 섞을 때, 상대방의 피를 뺏들어 올 때 피가 없는 경우의 예외 처리를 위해 필요하다.

GetNumber, GetKind 함수는 카드의 숫자와 종류를 조사한다. 1~9사이의 숫자 카드는 숫자를 읽어 주고 J, D, B 등 10을 넘는 카드는 10, 11, 12를 리턴한다. 이 숫자는 카드 정렬에 사용되므로 순서에 맞게 조사해야 한다. 카드의 숫자는 Name의 첫 바이트에 있으므로 Name[0]만 읽으면 된다. 카드의 종류는 Name+1의 문자열을 읽어 광, 십, 오, 피 등과 비교한다. 카드의 종류도 정렬에 사용되므로 먼저 오는 카드를 낮은 숫자로 조사해야 한다. 이 두 함수는 카드끼리 종류가 같아 먹을 수 있는지, 먹은 패를 어다다 출력할지 등을 조사할 때 사용된다.

카드 출력과 비교를 위한 연산자들도 포함되어 있다. << 연산자는 카드를 화면으로 출력하는 프랜드 함수이다. ostream 객체(통상 cout)로 카드의 Name 멤버인 문자열을 출력하고 연쇄적인 출력을 위해 cout의 레퍼런스를 다시 리턴한다. == 연산자는 두 카드가 완전히 같은지 검사하는데 Name 멤버가 완전히 일치하면 같은 카드이다. < 연산자는 정렬을 위해 두 카드의 대소를 비교하는데 작은 카드가 더 앞쪽에 와야 한다. 숫자를 우선 비교해 보고 숫자가 더 작으면 true이고 크면 false이다. 숫자가 일치할 경우는 종류로 판별하는데 광이 가장 앞에 오고 십, 오, 피 순으로 온다. 두 카드를 비교하는 방법은 얼마든지 더 간단하게 구현할 수 있는데 다음 코드도 생각해 볼 수 있다.

```
bool operator <(const SCard &Other) const {
    return (strcmp(Name,Other.Name) < 0);
}
```

두 카드의 Name 문자열끼리 비교한 결과를 리턴해도 되는데 광, 십, 오, 피가 우연히 가나다순이기 때문에 종류로는 정확한 순서가 매겨지지만 앞의 숫자는 J, D, B가 알파벳순이 아니라 정확한 비교는 아니라고 할 수 있다. 다음 코드는 조금 꽁수가 섞여 있지만 정확하게 동작한다.

```
bool operator <(const SCard &Other) const {
    return (GetNumber()*100+GetKind() < Other.GetNumber()*100+Other.GetKind());
}
```

숫자와 종류를 일차원의 값으로 바꾸되 숫자에 우선권을 주기 위해서 100이라는 충분한 값을 곱하고 종류값을 더했다. 그래서 1광이 3피보다 훨씬 더 작아 앞쪽에 온다. 이때 곱하는 값 100은 4 이상이면 효과가 동일한데 잘 동작하기는 하지만 왠지 어색해 보여 예제에서는 코드가 좀 길어지더라도 정석대로 비교했다.

SCard 클래스는 카드 한 장만을 표현하는데 실제 게임에서는 이런 카드 48장이 필요하다. 카드의 구성은 숫자마다 달라서 일정한 규칙이 없으므로 배열에 일일이 초기값을 나열하는 수밖에 없다. 1번 카드는 광이 있는 대신 십짜리 카드가 없지만 2번 카드는 광이 없는 대신 십짜리 카드가 있고 D번 카드는 피만 세 장 있어 카드 숫자별로 구성이 불규칙적이다. 이런 불규칙적인 값은 배열로 초기화하는 것이 가장 무난하다.

```
// 화투의 초기 카드 목록
SCard HwaToo[MaxCard]={
    "1광","1오","1피","1피","2십","2오","2피","2피","3광","3오","3피","3피",
    "4십","4오","4피","4피","5십","5오","5피","5피","6십","6오","6피","6피",
    "7십","7오","7피","7피","8광","8십","8피","8피","9십","9오","9피","9피",
    "J십","J오","J피","J피","D광","D피","D피","D피","B광","B십","B오","B피"
};
```

크기 48의 SCard형 배열 HwaToo에는 화투를 종류별로 나열해 두었다. 초기값들이 문자열 상수로 표기되어 있는데 SCard 클래스가 const char *를 인수로 받아 Name에 복사하는 생성자를 정의하고 있으므로 이 배열 선언문이 제대로 동작한다. 이 배열을 데크에 무작위로 집어 넣으면 게임 준비가 완료되는 것이다.

:: 카드셋

고스톱에는 뒤집을 카드를 쌓아 놓는 데크, 플레이어의 카드 패, 담요에 깔린 패 등 카드의 집합이 여러 개 나온다. CCardSet 클래스는 이런 카드의 집합을 관리하는 클래스이며 삽입, 삭제, 검색 등 집합을 관리하는 대부분의 동작을 제공한다. 실제 게임에 사용될 카드 집합은 이 클래스로부터 파생된다.

```cpp
// 카드의 집합을 관리하는 클래스
class CCardSet
{
protected:
    SCard Card[MaxCard];
    int Num;
    const int sx,sy;
    CCardSet(int asx,int asy) : sx(asx), sy(asy) { Num=0; }

public:
    int GetNum() { return Num; }
    SCard GetCard(int idx) { return Card[idx]; }
    void Reset() {
```

```
            for (int i=0;i<MaxCard;i++) Card[i].Name[0]=0;
            Num=0;
    }
    void InsertCard(SCard C);
    SCard RemoveCard(int idx);
    int FindSameCard(SCard C,int *pSame);
    int FindFirstCard(const char *pName);
};

void CCardSet::InsertCard(SCard C) {
    int i;

    if (C.Name[0] == 0) return;
    for (i=0;i<Num;i++) {
            if (C < Card[i]) break;
    }
    memmove(&Card[i+1],&Card[i],sizeof(SCard)*(Num−i));
    Card[i]=C;
    Num++;
}

SCard CCardSet::RemoveCard(int idx) {
    assert(idx < Num);
    SCard C=Card[idx];
    memmove(&Card[idx],&Card[idx+1],sizeof(SCard)*(Num−idx−1));
    Num−−;
    return C;
}

int CCardSet::FindSameCard(SCard C,int *pSame) {
    int i,num;
    int *p=pSame;

    for (i=0,num=0;i<Num;i++) {
            if (Card[i].GetNumber() == C.GetNumber()) {
                    num++;
                    *p++=i;
            }
    }
```

```
    *p=-1;
    return num;
}

int CCardSet::FindFirstCard(const char *pName) {
    int i;

    for (i=0;i<Num;i++) {
        if (strstr(Card[i].Name,pName) != NULL) {
            return i;
        }
    }
    return -1;
}
```

먼저 멤버 변수의 구성을 보자. SCard의 객체 배열 Card를 크기 48로 선언하였다. CCardSet과 SCard 는 포함 관계(HAS A)라고 할 수 있다. Num은 이 카드 집합의 현재 개수이며 sx, sy는 카드 집합을 그릴 화면상의 좌표값이되 좌표는 한 번 정해지면 다시 변경할 필요가 없으므로 상수로 선언했다. 이 멤버들은 외부에서 함부로 건드릴 수 없도록 보호되어 있되 파생 클래스에 대해서는 액세스를 허가하는 protected 액세스 속성을 가진다.

생성자는 화면 좌표를 인수로 전달받아 초기화 리스트에서 상수 멤버를 초기화하고 카드의 개수를 0으로 만들어 카드가 하나도 없는 상태로 집합을 생성한다. Card 객체 배열은 별도로 초기화하지 않아도 SCard 클래스의 디폴트 생성자가 Name의 쓰레기를 치우므로 모든 카드는 최초 빈 카드이다. 주의해서 볼 것은 CCardSet 클래스의 생성자가 protected 액세스 속성을 가져 외부로부터 은폐되어 있다는 점이 다. 그래서 이 클래스는 직접 객체를 생성하지 못하며 파생 클래스를 통해서만 초기화될 수 있다.

GetNum, GetCard 멤버 함수는 보호된 멤버 변수를 대신 읽어 주는 액세스 함수이다. 대응되는 Set 함수가 없으므로 Card 배열과 Num은 외부에서 읽기만 할 수 있다. Reset 함수는 카드를 전부 빈 카드로 만들고 개수를 0으로 만들어 카드 집합을 텅텅 빈 상태로 재초기화한다. 이 예제에서는 당장 사용되지 않지 만 게임을 여러 번 한다거나 조건에 맞지 않는 집합이 생성되었을 때 재초기화를 위해 미리 작성해 두었다.

나머지 멤버 함수들은 길이가 길고 자주 호출되기 때문에 내부에 인라인으로 정의하지 않고 외부에 정의했다. 카드 집합에 카드를 삽입, 제거하고 같은 숫자를 가지는 카드의 목록과 일치하는 카드를 검색 하는 등 집합 관리에 꼭 필요한 기능을 제공한다. 먼저 카드를 삽입하는 InsertCard 함수를 보자. 이 함수는 카드를 정렬된 위치에 삽입하며 빈 카드는 삽입을 거부한다. 플레이어가 가지고 있는 패나 담요에 깔린 패를 한눈에 육안 검색할 수 있도록 하기 위해 정렬은 반드시 필요하다. 다음 예를 보자.

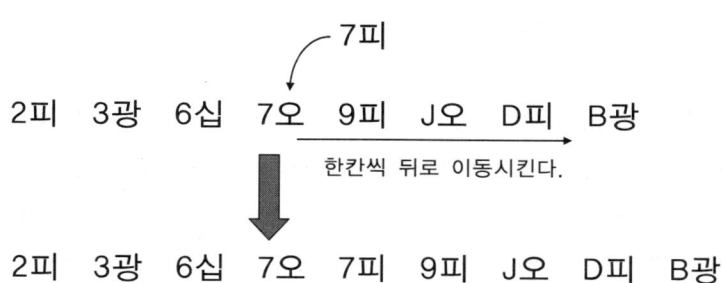

나열된 카드들 중 자신의 위치를 찾아 정확한 위치에 끼어들어야 정렬 상태를 계속 유지할 수 있다. InsertCard는 카드의 처음부터 Num까지 순회하면서 삽입할 카드와 집합 내의 카드를 대소 비교하여 삽입할 카드보다 큰 최초의 카드를 찾아 그 위치에 삽입한다. 위 그림의 경우 7피가 삽입될 위치는 7피보다 최초로 큰 카드인 9피가 있는 자리이다. 카드끼리 어떻게 대소를 비교하는가는 SCard 클래스가 정의하고 있으므로 InsertCard는 〈 연산자만 사용하면 된다. 위치가 선정되면 뒤쪽의 카드는 한 칸씩 이동시키고 빈 자리에 새 카드를 삽입하며 개수를 1 증가시킨다.

RemoveCard는 지정한 첨자의 카드를 읽어서 리턴하고 해당 카드를 집합에서 제거한다. 플레이어가 카드를 내거나 데크에서 카드를 한 장 뒤집을 때 이 함수가 호출될 것이다. 카드들은 정렬 상태를 유지해야 하며 임의 접근이 가능하기 위해서는 계속 인접해 있어야 하므로 제거된 카드 자리로 뒤쪽의 카드들을 한칸씩 앞쪽으로 이동시킨다. 카드 개수는 1 감소할 것이다. idx는 총 카드 개수보다 항상 더 작아야 하며 그렇지 않다면 잘못된 요청이므로 프로그램을 중지하도록 assert문을 사용했다. 삽입 삭제 함수가 만들어져 있으므로 집합 간에 카드를 이동시키는 것은 다음 한 줄로 간단하게 처리할 수 있다.

```
B.InsertCard(A.RemoveCard(idx));
```

이 문장은 A의 idx번째 카드를 B로 옮긴다. B의 정렬된 위치에 정확하게 삽입할 것이며 두 집합의 개수나 정렬 상태는 항상 정확하게 유지된다. 클래스가 이런 세세한 동작을 정의하고 있으므로 main은 잡다한 일을 부품들에게 시키고 게임의 논리 구현에만 치중할 수 있는 것이다.

FindSameCard는 인수로 전달한 카드 C와 숫자가 일치하는 카드의 개수 및 첨자 목록을 조사한다. 플레이어가 패를 낼 때 먹을 게 있는지, 여러 장 있다면 어떤 카드가 일치하는지 등을 조사할 때 이 함수가 사용된다. 같은 숫자의 카드가 여러 개 깔릴 수 있으므로 플레이어가 낸 카드로 여러 카드 중 하나를 선택해서 먹어야 하는 상황이 자주 일어난다. 그래서 이 함수의 역할은 게임 운영에 아주 중요하다.

일치하는 카드의 개수는 리턴값으로 돌려지고 일치하는 목록은 arSame 정수형 배열에 앞쪽부터 순서대로 채워서 리턴된다. 일치하는 카드가 1장이라면 arSame[0]에 일치하는 카드의 첨자가 리턴되며 2장이라면 arSame[0], arSame[1]에 첨자 두 개가 리턴된다. 사용자가 낸 카드가 3광이었는데 담요에 깔려 있는 패가 다음과 같다고 해 보자.

1오 1피 3오 3피 5십 6피 9십 D광

　담요에 3번 카드가 두 장 깔려 있으므로 3오, 3피 중 하나를 선택해서 먹을 수 있다. arSame에는 2, 3, -1이 들어가고 2가 리턴될 것이다. main은 이 함수의 조사 결과를 바탕으로 먹을 게 있는지, 설사를 했는지, 따닥이나 쪽인지 등을 판단한다. 이 함수는 개수와 목록 두 가지 정보를 한꺼번에 조사한다는 면에서는 편리하지만 정수형 배열을 참조 호출로 넘겨야 한다는 면에서는 다소 불편하다. 숫자가 같은 카드는 최대 4장이므로 끝 표식인 -1자리까지 포함해서 arSame은 최소한 크기 5 정도는 되어야 하며 이 함수를 부르기 위해 배열을 먼저 선언해 놔야 한다.

　가변 길이의 목록을 조사하는 방법은 이 외에도 여러 가지가 있는데 발견된 모든 항목에 대해 특정한 작업을 해야 한다면 열거(Enumeration)라는 방법을 사용한다. 또는 개수를 먼저 조사하고 첨자 순서대로 목록을 개별적으로 조사하는 방법을 쓰기도 한다. 이 방법으로 FindSameCard 함수를 작성해 보면 다음과 같다.

```
int CCardSet::FindSameCard(SCard C,int idx)
{
    int i,num;
    for (i=0,num=0;i<Num;i++) {
        if (Card[i].GetNumber() == C.GetNumber()) {
            if (idx == num) return i;
            num++;
        }
    }
    return num;
}
```

　두 번째 인수 idx로 조사할 순서값을 지정하되 이 값이 범위 밖(예를 들어 -1)이면 개수를 리턴한다. 이 방법은 함수를 여러 번 호출해야 하므로 성능은 좋지 않지만 참조 호출없이 리턴값만으로 작업을 할 수 있다는 면에서는 오히려 더 편리하며 얼마든지 많은 목록도 조사할 수 있다는 이점이 있다. 이 예제의 경우 조사 대상 목록의 최대값이 분명히 정해져 있으므로 한 번의 호출로 개수와 목록을 다 조사하는 방법을 사용했다.

　FindFirstCard 함수는 부분 문자열 검색을 통해 숫자나 종류가 일치하는 최초의 카드를 검색한다. 숫자와 종류를 동시에 주면 정확하게 일치하는 카드가 있는지 검사할 수도 있다. 조건에 맞는 카드가 발견되면 그 첨자를 리턴하고 없으면 -1을 리턴한다. 이 카드 집합에 5번 카드가 있는지, 광이 있는지 등을 조사할 수 있고 존재 자체만 조사할 때도 사용할 수 있다. 예를 들어 피박이나 광박의 경우 상대편에 피나 광이 하나도 없는지를 조사해야 하는데 이때 이 함수가 사용된다. 다음은 이 함수의 사용예이다.

```
FindFirstKind("피")          // 숫자에 상관없이 피가 있는지 조사
FindFirstKind("8")           // 종류에 상관없이 8이 있는지 조사
FindFirstKind("4십")         // 4십 카드가 있는지 조사
```

카드 집합은 카드의 크기 순으로 정렬되어 있으므로 이분 검색 기법을 사용하여 속도를 높일 수도 있다. 그러나 이 게임에서 카드 집합은 최고로 커봤자 48을 넘지 않으며 플레이어의 패는 10개 이하이므로 굳이 거창하게 이분 검색까지 동원할 필요가 없다. 순차 검색으로 처음부터 뒤져도 얼마든지 짧은 시간에 검색을 완료할 수 있으므로 간단한 논리를 사용하는 것이 좋다.

이상으로 카드와 카드의 집합을 클래스로 추상화했다. CCardSet은 고스톱의 카드들을 관리하는 가장 기본적인 동작을 정의하는데 게임 규칙이 추가되어 더 복잡한 관리가 필요하다면 이 클래스를 확장하면 된다. 인간 세상과 마찬가지로 부모 클래스가 많은 동작을 정의하면 자식들이 편해진다.

35.1.3 데크와 플레이어

게임을 구성하는 가장 원자적인 단위인 카드와 카드의 집합을 관리하는 클래스가 완성되었다. 하지만 이 둘은 실제 게임에 직접적으로 등장하지는 않는데 이제 게임에 바로 사용하는 실체들을 클래스로 만들어 보자. 이 단계에서는 화투판의 모양과 운용 규칙을 잘 상상해 가면서 클래스를 디자인해야 한다.

∷ 데크

데크는 카드를 쌓아 놓는 곳이며 흔히 담요의 중앙에 뒤집어서 놓여진다. 여기서 카드를 한 장씩 꺼내 플레이어에게 나누어 주기도 하고 담요에도 패를 깔아 놓으며 위에서부터 순서대로 한 장씩 뒤집어 가며 게임이 진행된다. 데크의 카드를 다 뒤집으면 게임이 종료된다. 데크는 카드의 집합이므로 CCardSet으로부터 상속받는다. 즉 CDeck과 CCardSet은 전형적인 IS A 관계라고 할 수 있으며 단순한 카드 집합에 비해 몇 가지 특수한 동작을 추가로 더 가진다.

```cpp
// 담요 중앙에 카드를 쌓아 놓는 데크
class CDeck : public CCardSet
{
public:
    CDeck(int asx,int asy) : CCardSet(asx,asy) { ; }
    void Shuffle() {
        int i,n;
        for (i=0;i<MaxCard;i++) {
            do {
                n=random(MaxCard);
```

```
            } while (Card[n].Name[0] != NULL);
            Card[n]=HwaToo[i];
            Num++;
        }
    }
    SCard Pop() { return RemoveCard(Num-1); }
    bool IsEmpty() { return Num==0; }
    bool IsNotLast() { return Num > 1; }
    void Draw(bool bFlip) {
        gotoxy(sx,sy);
        cout << "??? " << (bFlip ? Card[Num-1].Name:"   ");
    }
};
```

부모 클래스인 CCardSet에 카드 집합을 표현하기 위해 필요한 멤버들(Card, Num, sx, sy)이 모두 정의되어 있으므로 CDeck가 추가로 멤버를 가질 필요는 없다. 생성자는 출력될 위치만 전달받아 부모 클래스의 생성자를 호출하며 소유한 카드가 없는 빈 상태로 생성된다. 데크에 카드를 넣는 동작은 Shuffle 멤버 함수가 담당한다.

Shuffle은 카드를 추가하되 예측 불가능하도록 무작위로 카드를 배치한다. HwaToo 배열에 있는 카드들을 순서대로 한 장씩 꺼내 데크의 임의 위치에 마구잡이로 집어넣는 것이다. 이때 이미 카드를 넣은 위치에는 중복해서 넣지 말아야 하므로 난수로 위치를 고를 때 빈자리인지를 반드시 점검해야 한다. 이 빈칸 판정을 위해 Card 배열의 모든 카드가 빈 카드로 초기화되어 있으며 그래서 SCard 클래스의 디폴트 생성자가 쓰레기를 치워 놓는 것이다.

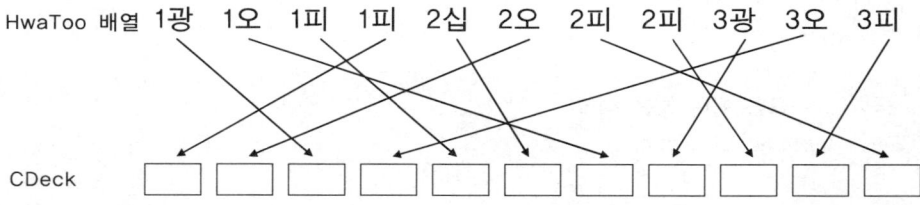

부모 클래스인 CCardSet에는 카드를 삽입하는 InsertCard라는 함수가 이미 정의되어 있어 이 함수로 카드를 삽입할 수도 있다. 그러나 InsertCard는 카드를 순서대로 정렬해서 삽입하기 때문에 데크의 카드를 초기화하는 목적으로는 적합하지 않다. 데크의 카드들은 순서를 예측할 수 없어야 하므로 상속받은 InsertCard 함수를 쓸 수 없고 Shuffle이라는 별도의 함수로 초기화를 한다. HwaToo 배열에는 카드들이 마치 화투를 처음 산 것처럼 가지런히 정렬되어 있지만 데크에 들어갈 때는 마구 섞여서 들어간다.

데크는 일단 초기화되면 위에서부터 순서대로 카드를 한 장씩 빼내기만 한다. 그래서 카드를 빼 내는 Pop 함수만 있고 다시 카드를 삽입하는 Push 함수는 필요가 없다. 고스톱 게임에서 데크에 카드를 다시 반납하는 경우는 절대로 없기 때문이다. Pop 함수는 CCardSet으로부터 상속받은 RemoveCard 함수로 Num-1번, 즉 마지막 카드를 한 장 제거하면서 이 카드를 리턴한다. 이렇게 빼낸 카드는 플레이어나 담요에게로 보내질 것이다.

데크가 카드를 섞고 한 장씩 빼내는 과정은 실제로 우리가 고스톱 게임을 하는 과정을 그대로 모델링했다고 할 수 있다. 실제 게임에서는 카드들을 바닥에 놓고 마구 문지르거나 집어 든 상태에서 탁탁탁 치면서 초기화하는데 이 과정을 Shuffle이 그대로 흉내내는 것이다. 카드가 섞이면 다음으로 이 카드를 플레이어와 담요에 한 장씩 배분하는데 이 동작은 Pop 함수가 담당한다.

IsEmpty와 IsNotLast 함수는 데크에 남아 있는 카드 개수를 조사한다. IsEmpty는 남은 카드 개수가 0일 때 true를 리턴하는데 게임 끝 판정을 위해 사용된다. 데크에 카드가 한 장도 남아 있지 않으면 승부에 상관없이 게임을 끝내야 한다. IsNotLast는 마지막 판인지 아닌지를 조사하는데 남은 카드가 1 초과, 즉 두 장 이상이라면 아직은 막판이 아니다. 설사, 싹쓸이, 따닥 등의 규칙들은 막판에는 전부 인정되지 않는데 이 함수로 막판 여부를 조사하여 이 규칙의 적용 여부를 조사한다. 막판에는 쪽이 아주 자주 일어나며 가장 마지막에는 항상 싹쓸이일 수밖에 없기 때문이다.

막판이 아니라는 조건은 데크가 비지 않았다는 조건과는 확실히 다르므로 !IsEmpty() 조건을 쓸 수는 없다. 처음 시작한 사람(선)이 마지막 카드를 둘 때는 데크에 아직 한 장이 남아 있으며 뒤에 시작한 사람이 마지막 카드를 둘 때는 데크가 비게 되는데 두 경우 모두 막판으로 인정해야 한다. 그래서 막판인지를 조사하는 별도의 함수를 만들어 두었다.

Draw 함수는 화면에 데크를 그린다. 데크는 카드를 여러 장 가지고 있기는 하지만 모두 포개져 있고 대개의 경우 뒤집어져 있으므로 카드를 일일이 출력할 필요없이 ???만 출력하면 된다. 단, 데크에서 카드 한 장을 막 뒤집었을 때만 이 카드가 무엇인지 확인하기 위해 옆에 뒤집은 카드 한 장을 출력한다. Draw 함수의 bFlip인수는 제일 윗장을 뒤집어 보여줄 것인가 아닌가를 지정한다.

데크의 기능은 다른 것들에 비해 비교적 간단한 편이다. 출력 형태도 단순하고 카드를 무작위로 섞어서 가지고 있다가 Pop 요청이 있을 때마다 한 장씩 빼 주기를 게임이 끝날 때까지 반복하기만 하면 된다. 그래서 클래스 길이도 짧고 이해하기도 아주 쉽다.

:: 플레이어

CPlayer는 게임을 하는 플레이어를 추상화한 클래스이다. 게임에 참여하는 사람은 최초 일정 개수의 카드(맞고의 경우 10장, 3명 고스톱의 경우 7장)를 받고 이 카드들을 한 장씩 내 가며 게임을 진행한다. CPlayer 클래스는 플레이어가 받은 카드의 집합을 관리한다. 플레이어도 카드를 여러 장 가지므로 CCardSet으로부터 상속받는다.

```
// 게임을 하는 플레이어
class CPlayer : public CCardSet
{
public:
    CPlayer(int asx,int asy) : CCardSet(asx,asy) { ; }
    void Draw(bool MyTurn) {
        int i,x;
        for (i=0,x=sx;i<Num;i++,x+=CardGap) {
            gotoxy(x,sy);
            cout << Card[i];
            if (MyTurn) {
                gotoxy(x,sy+1);
                cout << '[' << i+1 << ']';
            }
        }
    }
};
```

추가 멤버는 없고 생성자는 CDeck와 마찬가지로 위치만 초기화한다. 멤버 함수는 플레이어의 패를 그리는 Draw밖에 없다. 카드의 패를 순서대로 화면에 나열하되 자기 차례(MyTurn)일 때는 낼 카드를 입력받기 위해 각 카드 아래쪽에 일련번호를 출력한다. 10개의 카드를 가지고 있을 때 Draw 함수의 출력 결과는 다음과 같다.

1오 2십 2오 5오 5피 7피 9피 J오 D광 B오
[1] [2] [3] [4] [5] [6] [7] [8] [9] [10]

키보드로부터 낼 카드를 입력받아야 하기 때문에 일련번호를 쓸 수밖에 없다. 자기 차례가 아닐 때는 선택 번호를 출력하지 않고 카드만 출력한다. 카드들은 삽입할 때부터 InsertCard에 의해 정렬되어 있으므로 순서대로 출력하기만 하면 오름차순으로 정렬된다.

:: 담요

담요는 화면 중앙에 위치하며 실제로 게임이 진행되는 곳이다. 이곳에 데크가 있고 펼쳐 놓은 카드들이 있는데 플레이어는 자신이 가진 카드 중 담요의 카드와 일치하는 것을 내고는 두 카드를 먹는다. 담요의 특징을 잘 관찰해 보면 플레이어와 유사한 점을 많이 발견할 수 있는데 일정 개수의 카드를 가진다는 점이 동일하고 카드를 정렬해서 출력하는 방식도 동일하다. 그래서 CPlayer로부터 상속받았다.

```
// 게임이 진행되는 담요
class CBlanket: public CPlayer
{
public:
    CBlanket(int asx,int asy) : CPlayer(asx,asy) { ; }
    void Draw() {
        CPlayer::Draw(false);
    }
    void DrawSelNum(int *pSame) {
        int n;
        int *p;
        for (n=1,p=pSame;*p!=-1;p++,n++) {
            gotoxy(sx+*p*CardGap,sy-1);
            cout << '[' << n << ']';
        }
    }
    void DrawTempCard(int idx,SCard C) {
        gotoxy(sx+idx*CardGap,sy+1);
        cout << C;
    }
};
```

그러나 담요가 직접 게임에 참여하는 것은 아니므로 사용자가 담요의 카드를 직접적으로 선택할 필요는 없다. 그래서 담요의 Draw 함수는 부모 클래스의 Draw 함수를 그대로 부르되 선택을 위한 일련번호를 출력하지 않으며 MyTurn 인수는 항상 false이다.

대신 담요는 플레이어에 비해 두 가지 출력이 더 필요하다. 사용자가 카드를 냈을 때 담요에 숫자가 일치하는 카드가 두 개 있다면 둘 중 어떤 카드를 먹을 것인지를 선택받아야 한다. 카드를 선택하는 방법이 키보드뿐이므로 일치하는 카드에 대해서만 일련번호를 출력해야 한다. DrawSelNum 함수가 이 출력을 담당한다. 예를 들어 8이 두 장 깔려 있는 상태에서 플레이어가 8을 냈다면 어떤 카드를 먹고 싶은지 선택받아야 하는데 이를 위해 8번 카드 위쪽에 일련번호를 출력한다.

[1] [2]
1피 2오 2피 5오 8광 8피 9오 B십

플레이어는 이 두 카드 중 먹고 싶은 카드의 일련번호를 누른다. 데크에서 뒤집은 카드의 경우도 마찬가지 처리가 필요하다.

플레이어가 카드를 먹으면 낸 카드를 잠시 담요에 올려놓아야 한다. 이 카드가 확실히 플레이어의 것이 될 것인가 아닌가는 데크의 카드까지 뒤집어 봐야 알 수 있으므로 아직 먹은 것으로 확정해서는 안 된다. 잘 알다시피 고스톱에는 설사라는 규칙이 있어 먹은 걸 도로 내 놔야 하는 경우도 있다. 그래서 임시적으로 플레이어의 카드를 담요에 잠시 그려 놓는데 이 처리는 DrawTempCard 함수가 담당한다. 예를 들어 깔려 있는 5오 카드를 5피 카드를 내서 먹었다면 화면에 다음과 같이 표시된다.

1피 2오 2피 5오 8광 8피 9오 B십
5피

별 다른 일이 없으면 이 두 카드를 플레이어가 먹게 된다는 표식이다. 이런 중간 과정을 출력하지 않으면 플레이어는 게임이 어떻게 진행되고 있는지를 명확히 알지 못할 것이다.

:: 플레이어패

CPlayerPae 클래스는 플레이어가 게임 중에 먹은 패와 점수를 관리한다. CPlayer가 먹은 패를 관리하도록 모델링할 수도 있지만 게임에 참여하는 카드와 이미 먹은 카드는 실체가 다르므로 별도의 클래스로 분리하는 것이 합리적이다. 카드의 집합인 것은 동일하므로 CCardSet으로부터 상속받는다.

```
// 플레이어가 먹은 카드의 집합
class CPlayerPae : public CCardSet
{
private:
    int nGo;

public:
    int OldScore;
    CPlayerPae(int asx,int asy) : CCardSet(asx,asy) { OldScore=6;nGo=0; }
    void Reset() { CCardSet::Reset();OldScore=6;nGo=0; }
    int GetGo() { return nGo; }
    void IncreaseGo() { nGo++; }
    void Draw();
    SCard RemovePee();
    int CalcScore();
};

void CPlayerPae::Draw() {
```

```
        int i,kind;
        int x[4]={sx,sx,sx,sx},py=sy+3;

        for (i=0;i<Num;i++) {
                kind=Card[i].GetKind();
                if (kind < 3) {
                        gotoxy(x[kind],sy+kind);
                        x[kind]+=CardGap;
                } else {
                        gotoxy(x[3],py);
                        x[3]+=CardGap;
                        if (x[3] > 75) {
                                x[3]=sx;
                                py++;
                        }
                }
                cout << Card[i];
        }
        gotoxy(sx+20,sy);
        cout << "점수:" << CalcScore() << "점, " << nGo << "고";
}

SCard CPlayerPae::RemovePee() {
        int idx;

        idx=FindFirstCard("피");
        if (idx != -1) {
                return RemoveCard(idx);
        }
        return SCard();
}

int CPlayerPae::CalcScore() {
        int i,kind,n[4]={0,};
        int NewScore;
        static int gscore[]={0,0,0,3,4,15};

        for (i=0;i<Num;i++) {
                kind=Card[i].GetKind();
                n[kind]++;
```

```
    }
    NewScore=gscore[n[0]];
    if (n[0] == 3 && FindFirstCard("B광") != -1) NewScore--;
    if (n[1] >= 5) NewScore += (n[1]-4);
    if (n[2] >= 5) NewScore += (n[2]-4);
    if (n[3] >= 10) NewScore += (n[3]-9);
    if (FindFirstCard("8십")!=-1 && FindFirstCard("5십")!=-1 && FindFirstCard("2십")!=-1) NewScore += 5;
    if (FindFirstCard("1오")!=-1 && FindFirstCard("2오")!=-1 && FindFirstCard("3오")!=-1) NewScore += 3;
    if (FindFirstCard("4오")!=-1 && FindFirstCard("5오")!=-1 && FindFirstCard("7오")!=-1) NewScore += 3;
    if (FindFirstCard("9오")!=-1 && FindFirstCard("J오")!=-1 && FindFirstCard("6오")!=-1) NewScore += 3;
    return NewScore;
}
```

상속받은 카드의 집합 외에도 이전 점수와 고 횟수를 멤버로 가지는데 이전 점수인 OldScore는 외부에서도 자주 참조하고 점수가 추가로 발생했을 때 갱신해야 하므로 공개되어 있지만 고 횟수는 반드시 1씩 증가해야 한다는 규칙이 있어 숨겨져 있다. 외부에서는 GetGo 함수로 현재 고 횟수를 조사하거나 또는 IncreaseGo 함수로 고 횟수를 증가시킬 수만 있다. 한꺼번에 두 번 고는 게임 규칙상 불가하며 고 횟수가 감소하는 일도 없다.

생성자는 위치를 초기화하고 OldScore는 6점으로, 고 회수는 0번으로 초기화한다. OldScore가 6점으로 초기화되는 이유는 맞고에서 최초로 고, 스톱을 선택할 수 있는 최소 점수가 7점이기 때문이다. main에서는 현재 점수와 이전 점수를 비교해 보고 이전 점수보다 더 많은 점수를 획득했을 때만 고, 스톱을 선택할 기회를 제공한다. 3점이나 5점은 얻어봐야 아직 기본이 안 되므로 점수를 좀 더 모아야 하는데 이 비교를 위해 OldScore는 최소 기본 점수보다 하나 더 작은 점수로 초기화되어 있는 것이다.

또 고스톱에는 이런 규칙이 있다. 고를 했는데 상대방이 피를 뺏들어가 점수가 줄어들었다면 뺏긴 점수를 벌충하고 추가 점수를 더 내야만 고, 스톱을 선택할 수 있다. 고를 한 상황에서 추가 점수를 내지 못하고 상대방이 먼저 스톱을 해 버리면 이 상황을 독박이라고 하며 함부로 고를 부르지 못하도록 하는 역할을 한다. OldScore를 유지하는 것은 이 규칙을 위해서이기도 한데 이전의 최고 점수를 가지고 있어야 다음 고, 스톱 기회를 부여할 시점을 정확하게 판단할 수 있다.

Draw 함수는 먹은 패를 화면에 출력하는데 카드 종류별로 보기 좋게 출력한다. 0부터 Num 직전까지 루프를 돌며 집합 내의 카드를 적당한 위치에 뿌리는데 실제 고스톱퍼(GoStoper)들이 담요에 먹은 패들을 정렬하는 방식을 비슷하게 흉내냈다. 플레이어나 담요의 카드와는 달리 수가 아주 많을 수 있으므로 여러 줄에 나누어 출력해야 하며 이왕이면 정렬까지 하면 더 보기 좋다. Draw 함수의 출력 결과는 다음과 같다.

(sx, sy)

sy ⟶ 3광 8광 D광 　　　　　　　점수:10점, 2고

sy+1 ⟶ 4십 5십 6십 7십 8십

sy+2 ⟶ 3오 5오 6오 7오

sy+3 ⟶ 2피 2피 3피 3피 4피 5피 5피 7피 7피 │

sy+4 ⟶ 8피 8피 J피 D피 D피 D피 　　　　　　　　│

　　　　　　　　　　　　　　　　75를 넘지 않음

　　출력의 기준 좌표는 일단 (sx, sy)인데 이 좌표를 좌상단으로 하여 광, 십, 오가 각각 한 줄씩 출력되고 피는 여러 줄에 출력될 수 있다. 광은 많이 모아 봤자 다섯 개밖에 안되므로 짜투리 공간을 활용하여 점수와 고 횟수까지도 그 옆에 출력한다. 카드 집합은 종류로 정렬되어 있지 않고 숫자 우선으로 정렬되어 있으므로 어떤 종류의 카드가 언제 나올지는 알 수 없다. 그래서 4 종류의 x좌표를 각각 유지하기 위해 int x[4] 배열을 선언했으며 최초 sx에서 시작했다가 카드가 나올 때마다 CardGap만큼 오른쪽으로 이동한다.

　　광, 십, 오는 한 줄에 모두 출력되므로 y좌표가 sy, sy+1, sy+2로 고정적이지만 피는 여러 줄에 출력될 수 있기 때문에 py라는 변수로 y좌표를 별도 관리한다. 피가 일정 개수 이상 출현했으면 다음 줄에 계속 출력하는데 이를 위해 py는 1 증가하고 x[3]은 다시 sx로 돌아가 왼쪽 아래에서부터 다시 출력한다. 일종의 개행을 하는 것이다. 이 함수는 길이가 그다지 길지는 않지만 C코드의 수준으로 치면 중급 이상의 난이도를 가지고 있어 패턴을 잘 기억해 둘만하다.

　　RemovePee 함수는 피 한 장을 제거한다. 고스톱에는 상대방이 세 장을 한꺼번에 드시거나 쪽, 따닥 등을 했을 때 피를 상납하는 규칙이 있으므로 먹은 걸 도로 내 놔야 할 필요도 있다. 단, 줄 게 없으면 어쩔 수 없이 간절히 주고 싶어도 뺏기지 않아도 상관없다. 피를 주려면 일단 피가 있는지 찾아 봐야 하는데 이때는 CCardSet 함수의 FindFirstCard 함수로 "피"라는 문자열을 가진 카드가 집합 내에 있는지를 보면 된다.

　　있다면 그 카드를 제거함과 동시에 리턴되어 나오는 카드를 다시 리턴하면 된다. 이렇게 리턴된 카드는 상대방의 먹은 패에 삽입될 것이다. 만약 없다면 SCard()를 리턴하는데 이 구문은 SCard의 디폴트 생성자로 임시 카드를 생성하는 문장이다. SCard의 디폴트 생성자가 빈 카드를 만들도록 되어 있으므로 이 리턴문은 곧 배째라는 뜻이며 InsertCard 함수 선두에서 빈 카드이면 아무 것도 하지 않도록 되어 있다.

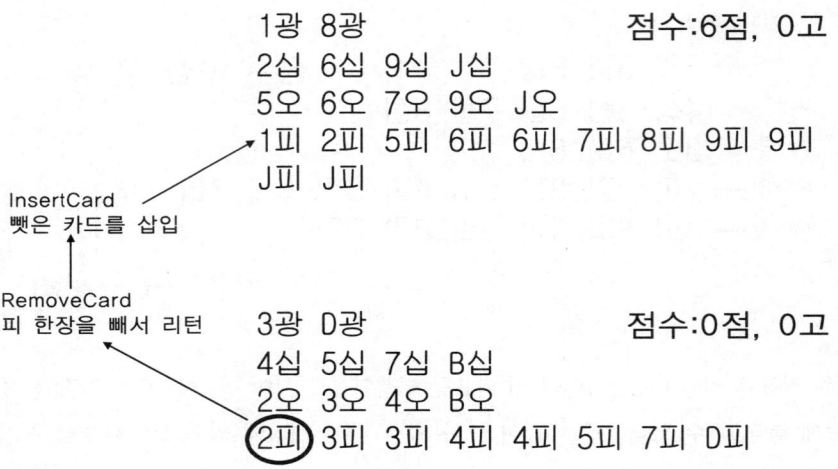

```
                    1광  8광                점수:6점,  0고
                    2십  6십  9십  J십
                    5오  6오  7오  9오  J오
              ┌→    1피  2피  5피  6피  6피  7피  8피  9피  9피
   InsertCard │     J피  J피
   뺏은 카드를 삽입
              │
   RemoveCard │     3광  D광                점수:0점,  0고
   피 한장을 빼서 리턴 4십  5십  7십  B십
              ↑     2오  3오  4오  B오
              └─   (2피)  3피  3피  4피  4피  5피  7피  D피
```

  CalcScore 함수는 이름이 의미하듯이 점수를 계산하는데 고스톱 게임의 점수 규칙대로 먹은 카드
수와 종류에 따라 계산하면 된다. 먼저 각 종류별로 점수가 부여되므로 종류별로 몇 장이나 모았는지
n 배열에 개수를 수집한다. 끝까지 루프를 돌며 n 배열에서 GetKind가 리턴하는 첨자의 요소를 증가시
키기만 하면 된다. 광은 모은 개수에 따라 점수가 차등 부여되는데 3장이면 3점, 4장이면 4점, 5장이면
15점이다. 이 점수표를 gscore 룩업 테이블에 작성해 놓고 n[0]로 선택하면 광점수를 바로 구할 수 있다.
단, B광이 포함된 삼광은 2점으로 계산해야 한다.

  광점수를 먼저 계산한 후 십, 오, 피의 초과 개수 기준으로 점수를 증가시킨다. 십, 오는 5장부터
1점, 피는 10장부터 1점으로 계산했다. 다음은 특정 카드들을 모았을 때의 점수를 더하는데 청단, 홍단,
초단, 고도리가 있다. FindFirstCard로 검색하여 이 카드들이 모두 존재하면 정해진 점수를 각각 더한
다. 최종적으로 구해진 점수를 리턴하면 점수 계산이 완료된다.

  여기까지 여러 가지 클래스들을 제작해 왔는데 클래스 간의 계층 관계를 그림으로 그려 보면 다음과
같다. 상용 라이브러리에 비해 아주 간단한 구조로 되어 있다.

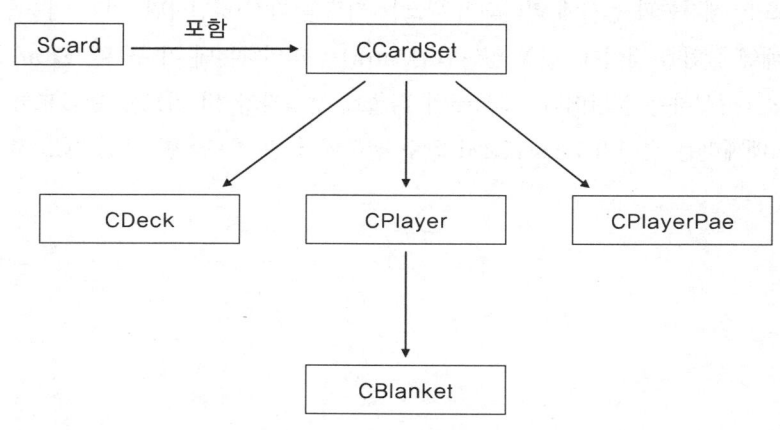

게임을 바라보는 시각에 따라 이와는 다른 디자인이 나올 수도 있다. 이 계층을 잘 정리해 놓고 다음 실습 단계로 넘어가도록 하자.

35.1.4 게임 운영

이제 게임을 만들기 위한 모든 클래스들이 다 만들어졌으므로 이 부품들을 잘 조립해서 서로 카드를 주거니 받거니 하면서 게임이 원활하게 진행되도록 해 보자. 클래스는 부품으로서 해야 할 고유의 속성과 동작을 잘 정의하고 있지만 고스톱 게임 규칙까지 구현하는 것은 아니므로 main에서 규칙대로 부품이 동작하도록 총 지휘를 해야 한다. 클래스는 어디까지나 게임의 재료를 표현할 뿐이며 main이 어떻게 규칙을 운영하느냐에 따라 이 프로그램은 고스톱이 될 수도 있고 민화투가 될 수도 있고 화투점이 될 수도 있다.

:: 전역변수

클래스는 어디까지나 타입일 뿐이므로 인스턴스를 만들어야 사용할 수 있다. 게임에 필요한 객체들은 다음과 같다. 대부분 화투판에 직접적으로 등장하는 실체들이다. 게임 전반에 걸쳐 참조되는 변수들이므로 main 이전에 전역변수로 선언한다.

```
CDeck Deck(18,9);
CPlayer South(5,20), North(5,1);
CBlanket Blanket(5,12);
CPlayerPae SouthPae(40,14), NorthPae(40,4);
bool SouthTurn;
```

Deck는 화투를 쌓아 놓는 곳이며 플레이어는 남군(South), 북군(North) 두 명이 있고 중간에는 담요 (Blanket)가 위치한다. 각 플레이어는 게임 중에 패를 따먹는데 SouthPae, NorthPae 객체가 먹은 패를 관리한다. 각 객체들은 모두 화면상에 자신들이 배치될 위치만 인수로 전달받으며 나머지 초기화는 게임 시작 직후에 수행된다. 콘솔 환경은 80*24의 크기를 가지는데 화면의 적당한 곳에 객체들을 보기 좋게 배치했다. 배치 상태를 바꾸고 싶다면 전역변수 선언문의 인수들만 조정하면 된다.

객체가 아닌 유일한 전역변수는 차례를 표현하는 SouthTurn 밖에 없다. 고스톱은 플레이어들이 번갈 아 가면서 한 번씩 카드를 두는 턴 방식의 게임이므로 지금이 누구 차례인지를 기억해야 한다. 이 예제는 두 명이 게임을 진행하는 맞고이며 남군 또는 북군 차례 중 하나이므로 bool형의 변수 하나면 누구 차례 인지를 알 수 있다.

:: 도우미 함수

게임 진행은 main이 하지만 혼자서 반복되는 잡다한 작업을 다 할 수는 없으므로 몇 가지 일반적인 동작에 대해서는 도우미 함수를 두고 필요할 때마다 이 함수들을 호출한다. 도우미는 main의 부담을 덜어 주는 역할을 하는데 동작은 간단한 편이다. 다음 4개의 도우미 함수를 작성한다. 코드를 읽어 보면 알겠지만 한결같이 길이가 짧고 착하게 생겼다.

```cpp
void Initialize()
{
    int i;

    Deck.Shuffle();
    for (i=0;i<10;i++) {
        South.InsertCard(Deck.Pop());
        North.InsertCard(Deck.Pop());
        if (i < 8) Blanket.InsertCard(Deck.Pop());
    }
}

void DrawScreen()
{
    clrscr();
    South.Draw(SouthTurn);
    North.Draw(!SouthTurn);
    Blanket.Draw();
    Deck.Draw(false);
    SouthPae.Draw();
    NorthPae.Draw();
}

void OutPrompt(const char *Mes,int Wait/*=0*/)
{
    gotoxy(5,23);
    for (int i=5;i<79;i++) { cout << ' '; }
    gotoxy(5,23);
    cout << Mes;
    delay(Wait);
}

int InputInt(const char *Mes, int start, int end)
{
    int ch;
```

```
    OutPrompt(Mes);
    for (;;) {
        ch=tolower(getch());
        if (ch == 0xE0 || ch == 0) {
            ch=getch();
            continue;
        }
        if (!(isdigit(ch) || ch=='a')) continue;
        if (ch=='a') ch=10; else ch=ch-'0';
        if (ch >= start && ch <= end) {
            return ch;
        }
        OutPrompt("무효한 번호입니다. 지정한 범위에 맞게 다시 입력해 주세요.");
    }
}
```

Initialize 함수는 게임을 초기화하는데 데크의 패를 무작위로 섞은 후 플레이어와 담요로 카드를 분배한다. 플레이어는 각 10장씩의 카드를 받고 담요는 8장의 카드를 받는다. 데크의 카드가 무작위로 섞여 있으므로 분배되는 카드도 예측 불가능하다. 그래서 분배 순서는 전혀 중요하지 않다. 남군, 북군에 한꺼번에 10장씩 주나 남군 1장, 북군 1장씩 10번을 주나 마찬가지라는 얘기다. 분배가 완료되면 곧바로 게임이 시작된다.

카드를 섞고 분배하는 작업은 모두 쌓인 카드 목록인 데크에서 일어나는 일이므로 CDeck 클래스가 직접 처리할 수도 있다. 그러나 이 예제는 데크가 아닌 외부에서 초기화를 하도록 했는데 설계 편의성과 재활용성 확보를 위해 이 방법이 훨씬 더 유리하다. 왜냐하면 데크는 플레이어의 수나 분배 규칙에 대해서는 아는 정보가 없으며 오로지 쌓인 카드의 집합만 관리할 수 있다. 부품들끼리는 가급적이면 서로 독립적이어야 하며 서로의 존재를 알지 못해야 재사용성이 높아진다. 만약 Initialize 함수가 CDeck의 멤버 함수라면 이 예제의 클래스로는 오로지 2인용 고스톱밖에 못 만드는 제약이 생긴다.

DrawScreen 함수는 정말 쉬운 함수이다. Screen을 Draw한다. 화면을 지워 깨끗하게 만들고 각 객체들의 Draw 함수를 차례대로 호출하면 된다. 남군, 북군은 현재 차례의 플레이어에게 선택 번호를 출력하도록 하며 데크는 뒤집지 않은 상태로 그린다. OutPrompt 함수는 짧은 메시지를 화면에 출력하고 이 메시지를 읽을 동안 잠시 대기한다. 사용자에게 프로그램의 현재 상태를 출력하거나 다음 행동을 지시할 때 이 함수가 사용된다. 그래픽 환경이라면 아마 메시지 박스가 사용되었을 것이다.

InputInt 함수는 정수값 하나를 키보드로부터 입력받는다. 이 게임은 오로지 키보드를 통해서만 할 수 있으므로 입력 함수가 아주 자주 사용된다. 어떤 패를 낼 것인지, 먹을 카드가 여러 개일 때 어떤 카드를 먹을지, 점수를 획득했을 때 계속할 건지 아니면 스톱할 건지 등의 옵션을 모두 키보드로 입력받아야 한다. 이때 각 입력시마다 유효한 수의 범위가 정해지는데 가진 패가 다섯 장이면 1~5 중 하나만 골라야 한다. 그래서 허용된 범위 내에서 숫자만 입력받는 함수를 따로 만들어 두었다.

InputInt는 키 입력을 대기하고 입력받은 키를 점검하여 숫자가 아니면 무시하고 다시 입력받으며 범위를 벗어났을 때도 에러 메시지를 출력한 후 다시 입력받는다. 단, 특별히 A키만 인정하여 이 키가 눌러지면 정수 10을 리턴하는데 게임 초반에 10장의 카드 중 마지막 카드를 낼 수 있어야 하기 때문이다. 어쨌든 이 함수를 호출하면 지정한 범위내의 키 중 하나를 입력할 때까지는 절대로 리턴하지 않도록 되어 있으므로 main은 사용자 입력이 항상 정확하다는 것을 확신할 수 있으며 에러 처리를 할 필요가 없다.

객체 지향적인 프로그래밍 기법에서는 가급적이면 전역변수나 전역 함수는 사용하지 않도록 권장되며 모든 것을 클래스화하여 캡슐화해야 한다고 가르친다. 이 예제는 간편함을 위해 전역변수, 전역 함수를 적절하게 사용하고 있는데 꼭 전역변수를 없애고자 한다면 다음과 같은 클래스를 하나 정의하고 변수와 함수를 모두 이 안에 포함시키면 된다.

```
class Game
{
public:
    CDeck Deck(18,9);
    CPlayer South(5,20), North(5,1);
    CBlanket Blanket(5,12);
    CPlayerPae SouthPae(40,14), NorthPae(40,4);
    bool SouthTurn;

    void Initialize();
    void DrawScreen();
    void OutPrompt(const char *Mes,int Wait=0);
    int InputInt(const char *Mes, int range);
};
```

이렇게 선언해 놓고 main에서 Game 타입의 G를 선언한 후 G의 멤버를 참조하면 똑같은 예제를 만들 수 있다. 뭣하러 이런 짓을 해 가며 굳이 클래스로 포장하려고 애쓰느냐고 하겠지만 자바나 C# 같은 완전한 객체 지향 언어들은 실제로 이런 방식을 사용하며 모든 것이 객체가 될 수 있다며 자랑한다. 그러나 C++은 혼합형 언어이므로 이렇게까지 할 필요는 없다. C++은 아무리 발버둥을 쳐도 main이 전역 함수이므로 완전한 객체 지향이 될 수 없으며 그럴 필요도 없는 것이다.

∷ main 함수

그럼 이제 마지막 함수 main을 분석해 보자. main은 이 프로그램에 등장하는 모든 객체를 지휘하는 총사령관이며 게임을 운영하는 주체이다. 게임 규칙이 복잡하다 보니 소스의 길이도 긴 편인데 각 부분의 역할이 명확히 구분되며 시간순으로 순서대로 흘러가는 식이므로 분석하기는 그리 어렵지 않다. 좀 더 작은 함수들로 분할해 볼 수도 있겠지만 어차피 한 덩어리라 분할이 자연스럽지 못하고 분석하기에 더 번거로워지는 것 같아 관두기로 했다.

```cpp
// 프로그램을 총지휘하는 main 함수
void main()
{
    int i,ch;
    int arSame[4],SameNum;
    char Mes[256];
    CPlayer *Turn;
    CPlayerPae *TurnPae,*OtherPae;
    int UserIdx,UserSel,DeckSel;
    SCard UserCard, DeckCard;
    bool UserTriple, DeckTriple;
    int nSnatch;
    int NewScore;

    randomize();
    Initialize();
    for (SouthTurn=true;!Deck.IsEmpty();SouthTurn=!SouthTurn) {
        DrawScreen();
        if (SouthTurn) {
            Turn=&South;
            TurnPae=&SouthPae;
            OtherPae=&NorthPae;
        } else {
            Turn=&North;
            TurnPae=&NorthPae;
            OtherPae=&SouthPae;
        }

        sprintf(Mes,"내고 싶은 화투를 선택하세요(1~%d,0:종료) ",Turn->GetNum());
        ch=InputInt(Mes,0,Turn->GetNum());
        if (ch == 0) {
            if (InputInt("정말 끝낼겁니까?(0:예,1:아니오)",0,1)==0)
                return;
            else
                continue;
```

```
    }

    // 플레이어가 카드를 한장 낸다.
    UserTriple=DeckTriple=false;
    UserIdx=ch-1;
    UserCard=Turn->GetCard(UserIdx);
    SameNum=Blanket.FindSameCard(UserCard,arSame);
    switch (SameNum) {
    case 0:
        UserSel=-1;
        Blanket.InsertCard(Turn->RemoveCard(UserIdx));
        DrawScreen();
        break;
    case 1:
        UserSel=arSame[0];
        break;
    case 2:
        if (Blanket.GetCard(arSame[0]) == Blanket.GetCard(arSame[1])) {
            UserSel=arSame[0];
        } else {
            Blanket.DrawSelNum(arSame);
            sprintf(Mes,"어떤 카드를 선택하시겠습니까?(1~%d)",SameNum);
            UserSel=arSame[InputInt(Mes,1,SameNum)-1];
        }
        break;
    case 3:
        UserSel=arSame[1];
        UserTriple=true;
        break;
    }
    if (UserSel != -1) {
        Blanket.DrawTempCard(UserSel,UserCard);
    }
    delay(Speed);

    // 데크에서 한 장을 뒤집는다.
    Deck.Draw(true);
    delay(Speed);
    DeckCard=Deck.Pop();
    SameNum=Blanket.FindSameCard(DeckCard,arSame);
```

```cpp
switch (SameNum) {
case 0:
    DeckSel=-1;
    break;
case 1:
    DeckSel=arSame[0];
    if (DeckSel == UserSel) {
        if (Deck.IsNotLast()) {
            Blanket.InsertCard(DeckCard);
            Blanket.InsertCard(Turn->RemoveCard(UserIdx));
            OutPrompt("설사했습니다.",PromptSpeed);
            continue;
        } else {
            DeckSel=-1;
        }
    }
    break;
case 2:
    if (UserSel == arSame[0]) {
        DeckSel=arSame[1];
    } else if (UserSel == arSame[1]) {
        DeckSel=arSame[0];
    } else {
        if (Blanket.GetCard(arSame[0]) == Blanket.GetCard(arSame[1])) {
            DeckSel=arSame[0];
        } else {
            Blanket.DrawSelNum(arSame);
            sprintf(Mes,"어떤 카드를 선택하시겠습니까?(1~%d)",SameNum);
            DeckSel=arSame[InputInt(Mes,1,SameNum)-1];
        }
    }
    break;
case 3:
    DeckSel=arSame[1];
    DeckTriple=true;
    break;
}
if (DeckSel != -1) {
    Blanket.DrawTempCard(DeckSel,DeckCard);
}
```

```
        Deck.Draw(false);
        delay(Speed);

        // 일치하는 카드를 거둬 들인다. 세 장을 먹은 경우는 전부 가져 온다.
        if (UserSel != -1) {
            if (UserTriple) {
                for (i=0;i<3;i++) {
                    TurnPae->InsertCard(Blanket.RemoveCard(UserSel-1));
                }
            } else {
                TurnPae->InsertCard(Blanket.RemoveCard(UserSel));
            }
            TurnPae->InsertCard(Turn->RemoveCard(UserIdx));
            if (DeckSel != -1 && DeckSel > UserSel) {
                DeckSel-=(UserTriple ? 3:1);
            }
        }
        if (DeckSel != -1) {
            if (DeckTriple) {
                for (i=0;i<3;i++) {
                    TurnPae->InsertCard(Blanket.RemoveCard(DeckSel-1));
                }
            } else {
                TurnPae->InsertCard(Blanket.RemoveCard(DeckSel));
            }
            TurnPae->InsertCard(DeckCard);
        } else {
            Blanket.InsertCard(DeckCard);
        }

        // 쪽, 따닥, 싹쓸이 조건을 점검하고 상대방의 피를 뺏는다.
        nSnatch=0;
        if (Deck.IsNotLast()) {
            if (UserSel == -1 && SameNum == 1 && DeckCard.GetNumber() ==
            UserCard.GetNumber()) {
                nSnatch++;
                OutPrompt("쪽입니다.",PromptSpeed);
            }
            if (UserSel != -1 && SameNum == 2 && DeckCard.GetNumber() ==
            UserCard.GetNumber()) {
```

```
                              nSnatch++;
                              OutPrompt("따닥입니다.",PromptSpeed);
                    }
                    if (Blanket.GetNum() == 0) {
                              nSnatch++;
                              OutPrompt("싹쓸이입니다.",PromptSpeed);
                    }
                    if (UserTriple || DeckTriple) {
                              OutPrompt("한꺼번에 세 장을 먹었습니다.",PromptSpeed);
                              nSnatch += UserTriple + DeckTriple;
                    }
          }
          for (i=0;i<nSnatch;i++) {
                    TurnPae->InsertCard(OtherPae->RemovePee());
          }


          // 점수를 계산하고 고, 스톱 여부를 질문한다.
          NewScore=TurnPae->CalcScore();
          if (Deck.IsNotLast() && NewScore > TurnPae->OldScore) {
                    DrawScreen();
                    if (InputInt("추가 점수를 획득했습니다.(0:스톱, 1:계속)",0,1)==1) {
                              TurnPae->OldScore=NewScore;
                              TurnPae->IncreaseGo();
                    } else {
                              break;
                    }
          }
     }
     DrawScreen();
     OutPrompt("게임이 끝났습니다.",0);
}
```

    main의 선두에는 필요한 지역변수들이 선언되어 있고 난수 발생기를 초기화하며 Initialize를 호출하여 게임판을 초기화한다. 그리고 곧바로 for 루프로 진입하는데 이 루프가 전체 게임 루프이다. 최초 남군 차례부터 시작하며 한 번 루프를 돌 때마다 차례가 바뀐다. for 루프 한 번이 플레이어가 카드 하나를 낼 때를 처리한다고 생각하면 된다. 루프의 종료조건은 데크가 비지 않을 때까지이므로 마지막 카드를 뒤집을 때까지 게임이 계속된다. 물론 게임 중간에 점수가 날 경우 플레이어가 게임을 끝낼 수도 있다.

루프 선두에서는 먼저 화면을 그려 각 객체의 현재 상태를 보인다. 그리고 본 처리에 들어가기 전에 약간의 준비 동작을 하는데 차례에 따라 플레이어와 먹은 패, 상대의 먹은 패 객체를 Turn, TurnPae, OtherPae 포인터로 미리 선택해 놓는다. 카드를 낼 때 플레이어의 패를 담요로 옮기고 담요의 일치하는 카드들은 먹은 패로 옮기며 상대방의 피를 가져오기도 해야 하는데 매번 누구 차례인지를 점검하기는 번거롭기 때문에 미리 선택해 놓는 것이다. 다음 코드 예를 보면 포인터로 미리 대상을 선택해 놓는 것이 얼마나 효율적인가를 알 수 있을 것이다.

```
if (SouthTurn) {                          Turn에서 카드 빼서 담요로
    South에서 카드 빼서 담요로             일치하는 카드는 TurnPae로 이동
    일치하는 카드는 SouthPae로 이동         쪽, 따닥시에 OtherPae의 피 한장 가져 옴
    쪽, 따닥시에 NorthPae의 피 한장 가져 옴
} else {
    Notth에서 카드 빼서 담요로
    일치하는 카드는 NorthPae로 이동
    쪽, 따닥시에 SouthPae의 피 한장 가져 옴
}
```

필요할 때마다 조작 대상을 선택하면 차례에 따라 똑같은 코드가 두 번 반복되어야 하지만 포인터로 미리 조작 대상을 선택해 놓고 포인터를 통해 대상을 조작하면 한 벌의 코드만으로도 양쪽 차례를 모두 처리할 수 있다. 불필요하게 반복되는 코드는 무슨 수를 쓰더라도 통합해 놔야 관리가 쉬워진다. 이후 코드에서 Turn은 방금 카드를 낸 플레이어이며 TurnPae는 먹은 카드가 이동할 곳이라고 생각하면 된다.

대상을 선택한 후 어떤 카드를 낼 것인가를 질문한다. 플레이어가 선택할 수 있는 번호의 범위는 가지고 있는 카드의 개수 만큼이다. 입력을 받은 후 프로그램 종료 처리를 하는데 0이 입력되면 루프를 탈출하되 실수로 0을 누를 수도 있으므로 한 번 더 확인하도록 했다. 플레이어가 카드를 한 장 내면 다음은 이 카드와 담요에 깔린 카드를 비교하여 게임을 진행한다.

세 장 한꺼번에 먹기를 기억하는 UserTriple, DeckTriple은 일단 아닌 것으로 초기화해 놓고 사용자가 낸 카드의 번호 UserIdx와 카드 자체인 UserCard를 구해 놓는다. 입력받는 값은 1이 시작(One Base)이지만 내부적으로 카드 번호는 0부터 시작(Zero Base)하므로 ch에 1을 빼야 올바른 카드의 번호가 된다. 담요에 깔린 카드와 플레이어가 낸 카드가 몇 개나 일치하는지를 FindSameCard 함수로 구하며 이 함수의 리턴값, 즉 일치하는 개수에 따라 다음 처리가 상당히 달라진다. 일치하는 개수는 0~3까지이며 4는 있을 수 없다. 개수별로 처리를 해 보되 사용자가 담요의 어떤 카드를 먹을 것인지가 UserSel 변수에 선택된다.

❶ 하나도 일치하지 않는 경우

먹을 게 없어서 카드를 버린 것이다. UserSel은 아무 것도 먹지 못한다는 의미로 −1이 대입되고 플레

이어가 낸 카드는 즉시 담요로 이동하며 화면을 다시 그려 버린 카드가 담요에 나타나야 한다. 바로 다음에 데크에서 뒤집은 카드가 버린 카드와 일치할 수도 있으므로 이 카드를 담요에 곧장 삽입해야 한다. 일단 버린 카드는 다시 가져올 수 없는데 이것이 바로 고스톱의 절대 원칙인 낙장불입이다.

❷ 하나만 일치하는 경우

플레이어가 담요의 해당 카드를 먹을 생각으로 일치하는 카드를 낸 것이다. 더 고민할 필요없이 일치한 카드를 선택해 놓으면 된다. UserSel은 첫 번째 일치하는 카드인 arSame[0]값을 가진다. 그러나 아직 이 카드를 먹은 패로 이동해서는 안 된다. 왜냐하면 데크를 뒤집어 똑같은 카드가 나오면 설사를 할 수도 있기 때문이다. 그래서 UserSel은 잠재적으로 플레이어가 먹은 것으로 취급되기는 하지만 아직 완전히 먹은 것은 아니다.

❸ 두 개가 일치하는 경우

이때는 조금 골치가 아프다. 둘 중 어떤 것을 선택할 지 플레이어에게 질문을 하고 선택한 카드를 UserSel에 대입한다. 그러나 일치하는 카드가 두 장이라고 해서 무조건 질문을 해서는 안 되는데 두 카드(arSame[0]와 arSame[1])가 완전히 같다면 굳이 질문할 필요가 없다. 다음은 플레이어가 4오 카드를 냈을 때의 상황인데 양쪽 다 담요에 4번 카드가 두 장씩 있다.

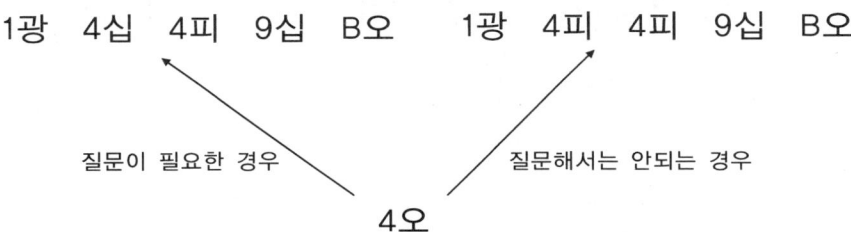

왼쪽의 경우 4십, 4피가 각각 있는데 이 두 카드는 분명히 다른 카드이다. 그래서 어떤 카드를 취할지 질문을 해야 한다. 이 플레이어가 고도리를 노리고 있다면 4십 카드를 취할 것이요 피로 점수를 왕창 내려고 작정했다면 4피를 먹을 것이다. 그러나 오른쪽의 경우는 4번 카드가 두 장 있더라도 둘 다 피이므로 어떤 것을 먹으나 마찬가지이다. 이 경우는 질문할 필요가 없으며 불필요한 질문을 해서도 안 된다. 실제 화투패에는 같은 4피라도 그림이 조금 다르게 그려져 있기는 하다.

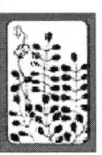

하지만 어떤 카드를 가져오나 점수에는 하등의 차이가 없으므로 플레이어는 그냥 첫 번째 카드 (arSame[0])를 가져다 주면 만족해할 것이다. 고스톱판에서 같은 숫자의 피 두 장을 놓고 어떤 그림이 예쁜지 한참 고민하고 있다가는 돈 잃은 친구에게서 재떨이가 날라올 지도 모른다. 고스톱은 호흡이 아주 **빠른** 게임이라 선택이 느리면 재미가 반감된다.

질문을 할 때는 담요의 DrawSelNum을 호출하는데 일치하는 카드 목록인 arSame을 주면 이 목록에 있는 카드의 위쪽에 [1], [2] 숫자를 출력한다. 그리고 InputInt 함수로 1, 2 중 하나를 입력받아 arSame에서 플레이어가 선택한 카드를 UserSel에 대입한다. 입력은 1, 2 중 하나를 받지만 arSame 의 일치하는 카드는 0, 1번에 들어 있으므로 플레이어가 누른 키에서 1을 뺀 첨자를 읽어야 한다. UserSel이 곧 플레이어가 먹고 싶어하는 카드이다.

❹ 세 개가 일치하는 경우

담요에 처음부터 세 장이 깔린 것이나 상대편이 설사해 놓은 것을 먹은 경우이다. 한마디로 운수 대박인 셈인데 이때는 네 장의 카드를 몽땅 먹고 상대방의 피까지 하나 뺏어 올 수도 있다. 이 처리를 위해 UserTriple에 true를 대입해 놓는데 이는 플레이어가 낸 카드로 담요의 카드 세 장을 한꺼번에 먹었다는 표식이다. UserSel은 세 카드 중 가운데 카드 번호를 대입해 놓는다.

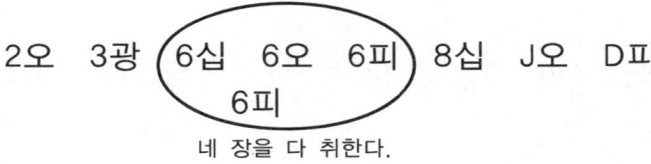

네 장을 다 취한다.

UserSel이 가운데 카드만 가리키고 있지만 UserTriple이 true로 되어 있으므로 나중에 카드를 가져올 때 좌우의 카드까지 같이 가져오면 된다. 담요의 카드는 항상 정렬되어 있으므로 UserTriple이 true일 때 UserSel 양쪽은 항상 같은 번호의 카드이다.

일치하는 카드 개수에 따라 UserSel, UserTriple 변수에 어떤 카드를 먹어야 하는지를 잘 기록해 놓는다. 그리고 화면에는 플레이어가 낸 카드를 먹을 카드 아래쪽에 출력해 놓고 잠시 대기한다. 게임이 너무 급격하게 진행되면 사용자가 진행 상황을 잘 파악하지 못하므로 적절한 대기 시간이 필요하다.

다음은 데크에서 한 장을 뒤집는다. 뒤집은 카드가 무엇인지 확인시켜 주기 위해 데크의 제일 위쪽 카드를 데크 오른쪽에 그려 표시하고 잠시 대기한다. CDeck.Draw로 true를 전달하면 ??? 옆에 제일 위쪽 카드를 잠시 표시하도록 되어 있다. 확인이 끝나면 Pop 함수로 데크의 제일 위쪽 카드를 DeckCard 로 가져오는데 일단 뒤집은 카드를 데크에 다시 넣을 일은 없으므로 이 시점에서 데크의 위쪽 카드를 완전히 제거해도 상관없다.

뒤집은 카드가 담요의 카드와 어떻게 일치하는지, 몇 개나 일치하는지에 따라 다음 게임 진행이 결정된다. 이때도 일치하는 카드 개수에 따라 처리가 각각 다르다. 각 케이스에서 데크의 카드가 담요의 어떤 카드를 먹을지 DeckSel을 선택해야 한다. 일치하는 개수별로 처리해 보자. 플레이어가 카드를 냈을 때와 비슷한 상황이지만 플레이어가 낸 카드까지 고려해야 하므로 처리 과정이 훨씬 더 복잡하다.

① 하나도 일치하지 않는 경우

운이 따라 주지 않는 경우인데 DeckSel에 −1을 대입하여 데크에서 뒤집은 카드로 담요의 카드를 먹지 못함을 표시해 놓기만 한다. 플레이어의 카드는 다음 판단을 위해 즉시 담요로 보냈지만 데크의 카드는 바로 담요에 삽입하지 말고 플레이어 카드가 처리될 때까지 대기해야 한다. 만약 데크의 카드를 담요로 지금 보내면 앞서 조사해 놓은 UserSel이 무효가 될 수도 있다. 다음 경우를 보자.

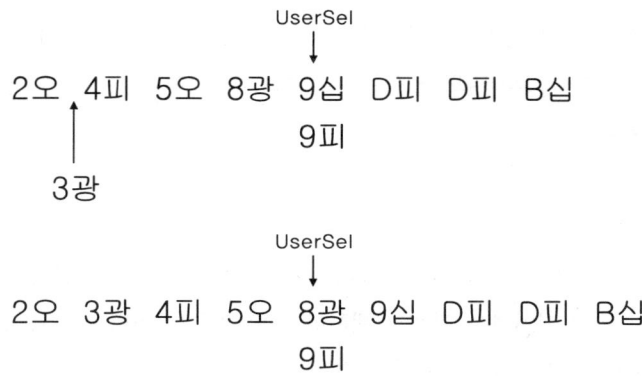

플레이어가 9피를 내고 4번째 카드인 9십 카드를 찜해 놓은 상황에서 데크를 뒤집었는데 3광이 나왔다고 하자. 이 카드를 담요에 삽입하면 InsertCard가 정렬을 하는 과정에서 3광보다 뒤쪽 카드들이 한 칸씩 뒤로 밀려 버린다. 이렇게 되면 UserSel이 가리키고 있는 4번째 카드는 8광이 되어 버릴 것이며 8광과 9피가 먹은 패로 같이 삽입될 것이다. 번호가 다른 카드를 잘못 가져 갔으므로 게임을 끝까지 진행해도 담요에 남는 카드가 생기게 되며 이 상황을 이른바 나가리라고 한다.

물론 데크에서 뒤집은 카드가 UserSel 보다 뒤쪽에 삽입된다면 아무 문제가 없을 것이다. 위 그림에서 데크에서 뒤집은 카드가 J피라면 담요에 냉큼 삽입해도 상관없다. UserSel이 먹을 카드 자체를 가지고 있는 것이 아니라 담요에서의 첨자 번호를 가지고 있기 때문에 이 카드를 완전히 접수하기 전에는 첨자가 유효하도록 계속 보호해야 한다. 그래서 DeckSel에 −1만 기록해 놓고 데크에서 뒤집은 카드를 담요로 보내는 처리는 UserSel을 처리한 후로 보류한다.

② 하나만 일치하는 경우

일단 DeckSel에 일치한 카드의 첨자인 arSame[0]를 대입해 놓는다. 데크를 뒤집을 때는 플레이어가 카드를 낼 때 발생하지 않는 사건이 있는데 바로 설사 처리이다. 만약 사용자가 이미 먹으려고 찜해 놓은 카드가 데크에서 또 나왔다면 이를 설사라고 하는데 바로 다음 상황이다.

UserSel = DeckSel

1피 2오 3피 8광 9십 9피 B피

8피 ◄──── 플레이어가 낸 카드

8십 ◄──── 데크에서 뒤집은 카드

설사를 하면 플레이어가 낸 카드와 데크에서 뒤집은 카드를 모두 담요로 반납하고 자기 차례가 완전히 끝난다. 점수가 바뀌거나 게임이 끝나는 일도 없으므로 카드를 즉시 반납하고 루프 선두로 돌아가면 된다. 단, 막판인 경우에는 설사가 없으므로 이때는 UserSel만 이 카드를 가져가고 데크는 -1을 대입하여 못 먹은 것으로 취급한다. 여기서 DeckSel에 -1을 명시적으로 대입해 놓지 않으면 담요의 카드 하나를 플레이어와 데크의 카드가 서로 먹으려고 할 것이다. 한 번에 카드 세 장을 가져 오면 이것도 나가리가 되고 만다.

③ 두 개가 일치하는 경우

가장 복잡한 케이스인데 통상의 경우는 플레이어가 낸 카드의 경우와 같다. 즉, 담요의 두 카드가 같으면 질문없이 첫 번째 일치하는 것을 선택하고 틀릴 경우는 어떤 카드를 취할지 질문해야 한다. 데크의 카드는 여기에 한 가지 조건이 더 들어가는데 두 장 중 하나를 플레이어가 이미 찜해 놓았다면 별도의 질문없이 남은 하나를 그냥 취하면 된다.

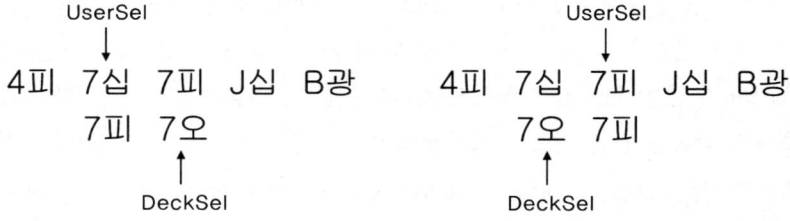

7번 카드가 두 장 깔려 있는데 플레이어가 7피를 내고 7십을 선택했다면 데크에서 나온 7번 카드는 나머지 7피를 선택할 수밖에 없다. 반대로 플레이어가 먼저 7피를 선택했다면 데크의 카드는 7십을 가져가야 한다. 플레이어의 카드로 두 장을 먹고 뒤집은 카드로 같은 카드 두 장을 또 먹은 이 상황을 따닥이라고 하는데 이 조건 점검은 뒤에서 따로 하고 있다. 지금 이 단계에서는 따닥을 처리하지 않는데 왜냐하면 카드를 이동시킨 후에 메시지를 출력하는 것이 더 보기 좋기 때문이다.

❹ 세 개가 일치하는 경우

이 경우는 다소 간단하다. DeckSel은 가운데 카드를 선택해 놓고 DeckTriple은 true로 바꿔 놓는다. 여기서 막판 점검은 하지 않는데 설사 막판이라 하더라도 일치한 카드는 다 먹어야 하기 때문이다. 막판인가 아닌가에 따라 달라지는 것은 상대방의 피를 가져올 것인가 아닌가이며 이 처리는 뒤에서 점수를 계산할 때 조건을 잘 점검하므로 걱정하지 않아도 된다.

여기까지 처리한 후 데크에서 뒤집은 카드를 DeckSel 자리에 표시하고 데크의 뒤집은 카드는 다시 숨긴다. 그리고 잠시 대기하여 무슨 일이 일어나고 있는지를 확인시킨다. 아직까지 카드를 먹은 것은 하나도 없고 UserSel, DeckSel에 앞으로 먹을 카드의 후보들만 표시되어 있다. 이제 실컷 조사해 놓은 카드를 냠냠 드시고 점수를 계산해 볼 차례다. UserSel이 -1이 아니라면 담요의 카드를 먹었다는 뜻이므로 일치한 두 카드를 먹은 패로 이동시키면 된다. 다음 두 줄로 두 개의 카드를 TurnPae에 삽입한다.

```
TurnPae->InsertCard(Blanket.RemoveCard(UserSel));
TurnPae->InsertCard(Turn->RemoveCard(UserIdx));
```

담요의 UserSel이 가리키는 카드를 제거하면서 TurnPae에 삽입하고 플레이어(Turn)의 카드 중 사용자가 선택한 카드를 제거하면서 TurnPae에 삽입하면 두 개의 카드가 먹은 패로 이동된다.

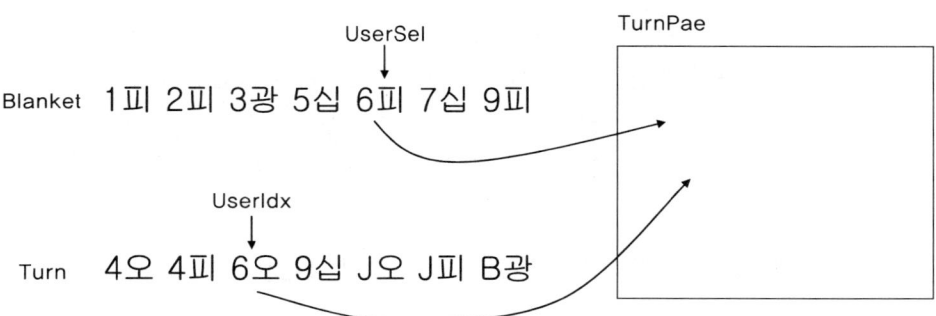

그러나 실제 코드는 이보다 조금 더 복잡한데 두 가지 상황을 더 처리해야 하기 때문이다. 우선 세 장을 한꺼번에 먹은 경우(UserTriple이 true)를 처리해야 한다. 이때는 담요에서 세 장을 다 가져와야 하는데 UserSel이 세 카드의 중앙을 가리키고 있으므로 UserSel 뿐만 아니라 UserSel+1, UserSel-1도 가져와야 한다. 세 카드를 각각의 첨자로 가져오는 대신 UserSel-1을 세 번 가져 오면 훨씬 더 간단하다.

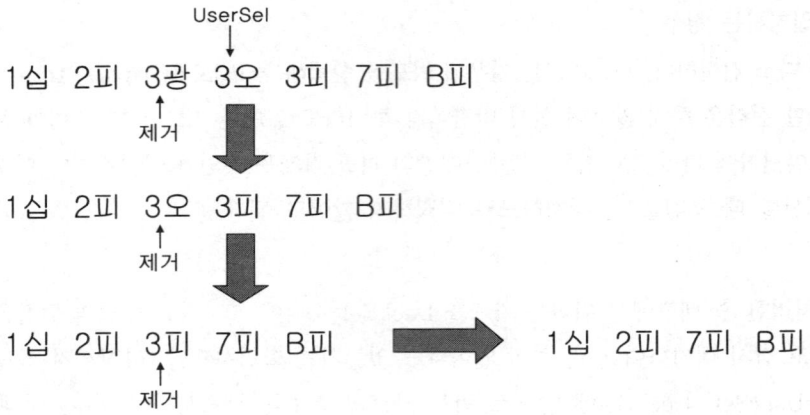

이렇게 되는 이유는 담요의 카드가 정렬되어 있어 같은 숫자의 카드끼리 인접해 있으며 RemoveCard 함수가 하나를 제거하면서 뒤쪽에 있는 카드들을 한 칸씩 앞쪽으로 이동시키기 때문이다. 마치 세 글자를 지울 때 제일 앞에서 Del 키를 세 번 누르면 되는 것과 같은 이치이다. 첨자를 바꿔 가며 함수를 세 번 호출하는 것보다는 똑같은 코드를 세 번 반복하는 것이 더 쉽다.

UserSel을 제거할 때 뒤쪽에 있는 DeckSel도 같이 이동해야 한다. 두 변수가 같은 배열상의 첨자를 가리키고 있으므로 한 첨자가 제거되면 나머지 첨자도 영향을 받기 때문이다. 단, DeckSel이 UserSel보다 더 앞쪽에 있다면 영향을 받지 않는다. DeckSel이 -1이 아니고 UserSel보다 더 뒤쪽이면 제거된 개수만큼 DeckSel도 앞으로 이동해야 정확한 카드를 가리킬 수 있다.

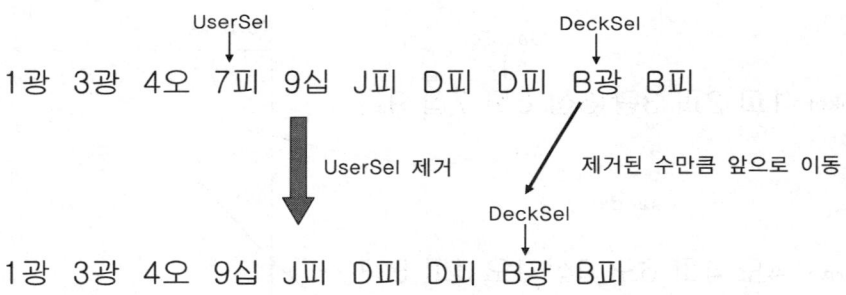

데크를 뒤집어서 일치한 카드를 먹는 것은 플레이어가 낸 카드를 먹는 것과 거의 동일하다. 단, 한 가지 더 추가되는 처리는 DeckSel이 -1일 때, 즉 일치하는 카드가 없어 먹을 게 없을 때 이 카드가 담요로 이동한다는 점이다. 플레이어의 카드는 일치하는 카드가 없을 때 즉시 담요로 반납되었지만 데크의 카드는 직전에 조사해 놓은 UserSel을 보호하기 위해 담요에 즉시 삽입하지 않았었는데 이 시점에서 카드를 담요에 삽입한다.

담요에 펼쳐진 카드를 다 거둬들였으면 다음은 게임판의 여러 상황을 종합적으로 판단하여 조건이 맞을 경우 상대방의 피를 가져온다. 고스톱에는 이런 조건이 무려 다섯 가지나 되는데 모두 막판에는 인정되지 않는다는 공통점을 가지고 있다. 그래서 Deck.IsNotLast를 먼저 호출하여 데크의 남은 카드가 2장 이상인지를 먼저 점검했다. 뺏어올 카드의 숫자는 nSnatch 변수로 세는데 초기값은 물론 0이다.

쪽은 내가 낸 카드를 데크에서 뒤집어 내가 다시 먹은 경우이다. 조건문을 말로 풀어 보면 플레이어가 낸 카드는 아무 것도 먹지 못했고 데크에서 뒤집은 카드는 한 장을 먹었는데 그 카드가 좀 전에 낸 바로 그 카드라는 뜻이다. 이런 조건문을 만들 때는 화투패를 잘 펼쳐 놓고 어떤 경우를 우리가 쪽이라고 부르는지를 잘 관찰해 보고 그 결과를 코드로 옮기면 된다. 예를 들어 고스톱을 처음 배우는 친구가 "도대체 쪽이 뭐야?"라고 물었을 때 친구에게 설명하듯이 컴파일러에게 쪽의 조건을 코드로 기술하여 가르쳐 주는 것이다. 조건이 만족하면 메시지를 출력하고 뺏어올 카드 nSnatch를 1 증가시킨다.

4피 6피 7오 8십 8피 9피 J피 B오

1광 ──➤ 플레이어가 낸 카드. 일치하는 카드가 없다.

1피 ──➤ 데크에서 뒤집은 카드. 플레이어가 낸 카드와 일치한다.

나머지 코드들도 비슷한 방법으로 조건식을 만든다. 따닥은 플레이어의 카드와 일치하는 카드가 담요에 있고 데크에서 뒤집은 카드와는 두 장이 일치하여 양쪽 다 뭔가를 먹긴 먹었는데 두 카드의 숫자가 일치할 때이다. 글을 읽으면 굉장히 복잡해 보이지만 화투를 손에 들고 생각해 보면 쉽게 이해될 것이다. 싹쓸이의 조건은 제일 쉬운데 담요에 남은 카드가 하나도 없어야 한다. 한꺼번에 세 장을 먹는 경우는 앞에서 이미 조건 점검을 마쳤으므로 UserTriple, DeckTriple 변수만 살펴보면 된다. 두 경우 각각에 대해 피 한 장씩을 뺏어 올 수 있다.

다섯 가지 조건을 모두 점검하면 뺏어올 피의 숫자가 nSnatch 변수에 대입되어 있을 것이다. 조건은 다섯 개이지만 nSnatch의 최대값은 3이다. 왜냐하면 쪽과 따닥, 한꺼번에 세 장 먹기는 동시에 만족될 수 없는 조건이기 때문이다. UserTriple, DeckTriple이 동시에 발생하면서 싹쓸이까지 했을 때 상대방의 피 세 장을 가져올 수 있는데 확률적으로 구경하기 무척 힘든 상황이다.

피까지 가져 왔으면 마지막으로 점수를 계산한다. TurnPae의 CalcScore 함수를 호출하면 현재 점수가 실시간으로 계산된다. 이 점수가 이전의 OldScore보다 더 커졌다면 고, 스톱 질문을 한다. 스톱하겠다면 그냥 게임을 끝내고 계속 하겠다면 OldScore를 갱신하고 고 횟수를 1 증가시킨 후 루프 선두로 돌아가면 된다. 단, 막판에는 어차피 끝나는 중이므로 이 질문을 할 필요가 없으며 무조건 스톱이다.

이상에서 설명한 과정이 데크의 카드를 다 뒤집거나 플레이어 중 하나가 스톱을 외칠 때까지 반복된다. for 루프의 바깥에는 마지막으로 화면을 한 번 그리고 게임이 끝났다는 메시지를 출력하는 코드만 있다.

35.1.5 개작

만들어진 소스를 차근차근히 분석해 보면 어렵지 않게 이해는 될 것이다. 그러나 설계부터 구현, 디버깅까지 직접 한 것은 아니므로 분석이 된다고 해서 유사한 게임을 바로 만들 수 있는 것은 아니다. 실제 제작 과정에서는 예상치 못한 문제에 봉착하기도 하고 처음 생각했던 방법을 완전히 버리고 다시 만들어야 하는 경우도 빈번하다. 그러나 문제를 푸는 패턴들을 경험해 보았고 객체 지향 문법들이 어떻게 적용되는지를 체험해 보았으므로 응용력이 다소 향상되었을 것이다.

그럼 이제 분석한 소스의 이해를 바탕으로 응용력을 발휘하여 개작 실습을 해 보자. 첫 버전은 개작의 여지를 남겨 놓기 위해 일부러 몇 가지 기능을 제외해 두었다. 앞의 소스를 읽어온 후 반드시 직접 뜯어고쳐 가면서 이 기능들을 실습해 보자. 만약 개작 실습도 그냥 읽고 코드를 바로 보면 별로 얻을게 없어진다. 시행착오를 거쳐야만 경험이 쌓이고 성취감을 느낄 수 있다.

∷ 4장 금지

플레이어의 패에 같은 카드 4장이 한꺼번에 들어오면 총통이라고 하며 기본 점수를 주고 게임은 그대로 종료된다. 만약 담요에 4장의 같은 카드가 깔리면 이 카드는 처음 패를 두는 사람(선)이 다 가진다. 이 규칙은 게임을 재미있게 하거나 고득점을 위해 존재하는 것이 아니라 그대로 두면 판이 돌지 않기 때문에 어쩔 수 없이 마련된 것일 뿐이다. 4장이 한쪽에 몰린 채로 게임을 진행하면 재미가 없어지므로 다시 하자는 뜻이다.

담요에 깔린 4장을 처음 두는 사람에게 다 주는 처리는 게임 초기화의 일부이며 플레이어가 개입할 여지가 없다. 패를 펼치자 마자 상대방이 4장을 벌써 가져 가 버리고 바닥에 4장밖에 없으면 얼마나 김이 빠지겠는가? 그래서 이 기능은 구현하지 말고 한꺼번에 같은 패가 4장 들어오지 않도록 금지 처리만 하도록 하자. 이 기능을 구현하려면 카드셋에 한꺼번에 들어온 같은 카드가 몇 장인지 조사할 수 있는 기능이 필요하다. CCardSet에 다음 멤버 함수를 추가한다.

```cpp
int CCardSet::GetMaxSeries() {
    int i,n,m,old=-1;

    for (i=0,n=1,m=1;i<Num;i++) {
        if (old == Card[i].GetNumber()) {
            n++;
            m=max(n,m);
        } else {
            n=1;
            old = Card[i].GetNumber();
        }
    }
```

```
        return m;
}
```

카드패 전체를 순회하면서 연속되는 숫자의 최대값을 찾는다. 카드셋은 삽입할 때부터 정렬되고 같은 숫자들은 연속되어 있으므로 최대 연속값을 검색하는 것은 비교적 쉽다. 각 패에 이 함수를 호출해 보면 총통과 흔들기 조건을 쉽게 점검할 수 있다. 패를 섞는 초기화 함수는 다음처럼 수정한다.

```
void Initialize()
{
    int i;

    for (;;) {
        Deck.Reset();
        South.Reset();
        North.Reset();
        Blanket.Reset();
        Deck.Shuffle();
        for (i=0;i<10;i++) {
            South.InsertCard(Deck.Pop());
            North.InsertCard(Deck.Pop());
            if (i < 8) Blanket.InsertCard(Deck.Pop());
        }
        if (South.GetMaxSeries()!=4 && North.GetMaxSeries()!=4 && Blanket.GetMaxSeries()!=4)
            break;
    }
}
```

양쪽 플레이어와 담요에 최대 연속 카드가 4장 미만이 될 때까지 섞기와 배분을 다시 반복한다. 이 기능을 위해 카드셋을 리셋하는 함수를 미리 만들어 두었다. 4장이 한 패에 몰리는 현상은 흔하지 않으므로 웬만하면 한 번에 성공할 것이고 기껏해야 두 번 반복하면 제대로 섞일 것이다.

:: 흔들기

같은 카드를 세 장 받은 플레이어는 흔들기를 할 수 있다. 흔들기는 무조건 적용되는 것이 아니라 플레이어가 게임을 시작하기 전에 선언을 해야 하는데 점수가 곱절이 되는 이익이 있기는 하지만 상대방에게 패의 일부를 공개해야 한다는 점에서는 불이익이 있기 때문이다. 흔들기는 게임의 흐름에 영향을 주지는 않으며 게임 종료 후 점수를 계산할 때만 효력을 발휘하므로 선언의 의미 이상은 없다. 흔들었다는 것을 어딘가에 기록해 놓기만 하면 된다. 점수와 관련된 클래스는 CPlayerPae이므로 여기에 멤버 변수를 추가한다.

```
class CPlayerPae : public CCardSet
{
private:
    int nGo;

public:
    int OldScore;
    int bShake;
    CPlayerPae(int asx,int asy) : CCardSet(asx,asy) { OldScore=6;nGo=0;bShake=false; }
    void Reset() { CCardSet::Reset();OldScore=6;nGo=0;bShake=false; }
    ....
```

bool형의 bShake 멤버 변수를 추가했으며 생성자와 Reset 함수에서 false로 초기화한다. 패를 분배한 직후에 같은 카드가 세 장인지 살펴보고 플레이어에게 흔들기를 할 건지 질문을 한다. 단, 질문을 하기 전에 어떤 카드가 세 장인지를 알아야 하므로 DrawScreen을 호출하여 화면을 먼저 그리도록 했다. 흔들기 가능 여부는 앞에서 만들어 놓은 GetMaxSeries 함수만 호출해 보면 쉽게 판별할 수 있다.

```
void main()
{
    ....
    randomize();
    Initialize();
    DrawScreen();
    if (South.GetMaxSeries() == 3) {
        ch=InputInt("같은 카드가 세 장입니다. (1:흔들기, 2:그냥 하기) ",1,2);
        if (ch == 1) SouthPae.bShake=true;
    }
    if (North.GetMaxSeries() == 3) {
        ch=InputInt("같은 카드가 세 장입니다. (1:흔들기, 2:그냥 하기) ",1,2);
        if (ch == 1) NorthPae.bShake=true;
    }
    for (SouthTurn=true;!Deck.IsEmpty();SouthTurn=!SouthTurn) {
    ....
```

플레이어가 흔들겠다는 의사를 밝히면 bShake를 true로 설정한다. 만약 상대방이 다른 쪽 컴퓨터에서 게임을 하는 네트워크 환경이라면 상대방에게도 어떤 카드로 흔들기를 했는지 알려야 할 것이다. 이 경우 GetMaxSeries 함수는 어떤 카드가 세 장인지를 조사하는 기능이 추가되어야 한다. 그러나 이 게임의 경우 같은 컴퓨터에서 상대방 패를 뻔히 다 들여다보고 하는 게임이라 이 기능은 작성하지 않았다. Draw에서는 흔들었다는 사실을 출력해 놓는다.

```
void CPlayerPae::Draw() {
    ....
    gotoxy(sx+20,sy);
    cout << "점수:" << CalcScore() << "점, " << nGo << "고 "
            << (bShake ? "흔듬":"");
}
```

프로그램은 흔들었다는 표식만 할 뿐이지 판돈을 두 배 징수하는 것까지는 처리하지 않는다. 이 게임은 판돈의 개념이 아예 없는 친선 게임일 뿐이므로 판돈을 계산하는 것은 컴퓨터 바깥의 플레이어들이 알아서 해야 한다.

흔들기와 비슷한 개념으로 폭탄이라는 것도 있는데 세 장을 한꺼번에 내는 것이며 흔들기와 마찬가지로 점수는 두 배가 된다. 이 기능도 구현하자면 어렵지 않지만 폭탄을 하면 플레이어 카드가 한꺼번에 세 장이 사라지므로 이 후 두 번은 카드를 내지 않고 데크만 뒤집을 수 있도록 해야 한다. 숫자키로만 대화하는 현재의 방식에서는 구현하기에 무리가 따르므로 이 기능은 구현하지 않기로 한다.

:: 쌍피 인정

고스톱에는 쌍피 기능이 있어 D피, B피는 피 두 장으로 취급한다. 그래서 이 카드는 다른 어떤 카드보다 더 탐이 나는 카드이며 하나만 먹어도 왠지 배가 부른 느낌이 들어 플레이어를 기분 좋게 한다. 9십 카드도 선택에 따라 쌍피로 사용할 수 있고 어떤 화투에는 쓰리피까지 있는데 이런 기능은 일단 제외하고 두 개의 쌍피 기능만 구현해 보자.

쌍피는 일반 피와는 점수 계산 방식이 분명히 다르고 또 플레이어가 볼 때도 일반 피와는 구분되어야 한다. D 카드는 일반 피와 쌍피가 같이 있으므로 담요에 두 장이 깔렸을 때 어떤 카드가 쌍피인지 알 수 있어야 플레이어가 합리적인 선택을 할 수 있다. 그래서 일반 피로 취급하되 점수를 계산할 때만 2장으로 취급하는 꽁수로는 문제를 깔끔하게 해결할 수 없으며 쌍피는 아예 별도의 카드 종류로 취급해야 한다. 쌍피는 카드 종류에 '쌍'이라는 글자를 부여하고 GetKind 함수가 이 종류의 카드도 인식하도록 수정한다.

```
struct SCard
{
    int GetKind() const {
            if (strcmp(Name+1,"광")==0) return 0;
            else if (strcmp(Name+1,"십")==0) return 1;
            else if (strcmp(Name+1,"오")==0) return 2;
```

```
        else if (strcmp(Name+1,"쌍")==0) return 3;
        else return 4;
    }
    ....
```

쌍피의 값을 일반피보다 더 작게 함으로써 정렬할 때 쌍피가 일반피보다 더 앞쪽에 오도록 했다. GetKind가 두 종류의 피를 구분하므로 < 연산자는 수정할 필요없으며 따라서 카드를 정렬하는 모든 함수들도 별도의 수정없이 쌍피를 인식할 수 있게 된다. 화투 구성표를 수정하여 두 개의 카드를 쌍피로 만든다.

```
SCard HwaToo[MaxCard]={
    "1광","1오","1피","1피","2십","2오","2피","2피","3광","3오","3피","3피",
    "4십","4오","4피","4피","5십","5오","5피","5피","6십","6오","6피","6피",
    "7십","7오","7피","7피","8광","8십","8피","8피","9십","9오","9피","9피",
    "J십","J오","J피","J피","D광","D쌍","D피","D피","B광","B십","B오","B쌍"
};
```

"D쌍", "B쌍"이라는 카드 두 개가 새로 생겼다. 플레이어와 담요는 카드 문자열을 있는 그대로 출력하기만 하므로 별다른 영향을 받지 않는다. 먹은 패는 카드 종류별로 출력 위치가 달라지는데 쌍피와 일반피를 같이 출력하기 위해 약간의 수정이 필요하다. Draw 함수에 다음 조건문 하나만 추가한다.

```
void CPlayerPae::Draw() {
    int i,kind;
    int x[4]={sx,sx,sx,sx},py=sy+3;

    for (i=0;i<Num;i++) {
        kind=Card[i].GetKind();
        if (kind >= 3) kind=3;
        if (kind < 3) {
            ....
```

GetKind로 조사한 카드 종류가 3, 4번일 경우 둘 다 3번으로 강제 조정함으로써 두 종류의 카드가 3번 줄에 나타나도록 했다. 점수를 계산하는 함수도 약간 수정해야 하는데 생각보다는 간단하다.

```
int CPlayerPae::CalcScore() {
    int i,kind,n[4]={0,};
    int NewScore;
```

```
static int gscore[]={0,0,0,3,4,15};

for (i=0;i<Num;i++) {
    kind=Card[i].GetKind();
    if (kind == 3) n[kind]++;
    if (kind )= 3) kind=3;
    n[kind]++;
}
....
```

쌍피가 나타나면 피 개수를 일단 한 번 증가시켜 놓는다. 그리고 일반피와 쌍피를 모두 3번으로 만들어 두고 원래의 코드를 실행한다. 쌍피는 중복해서 계산되므로 나타날 때마다 두 장의 피가 있는 것으로 계산될 것이다. 그 외 달라져야 할 부분은 없다. 보다시피 조금만 궁리해 보면 약간의 손질만으로도 원하는 목적을 달성할 수 있다.

점수를 계산하는 방법이나 피를 출력하는 방법은 그다지 어렵지 않다. 그러나 쌍피의 개념이 들어감으로써 골치 아파지는 문제가 있는데 바로 상대방의 피를 가져오는 부분이다. 쌍피의 개념이 없을 때는 뺏어올 개수만큼 제거하고 내 패에 삽입하기를 반복하면 그만이다. 피가 없으면 빈 카드라도 던져줌으로써 에러 처리까지 자연스럽고 완벽하게 수행했었다.

그러나 쌍피가 들어가면 한 장씩 꺼내 삽입하는 방식을 쓸 수 없다. 뺏어올 피의 개수에 따라 조합이 다양할 수 있다는 것이 첫 번째 문제고 피의 개수가 실제 이동되는 카드의 개수와도 맞지 않다는 것이 두 번째 문제이다. 이런 문제가 발생하는 근본적인 이유는 쌍피를 반씩 쪼갤 수 없기 때문인데 고스톱 규칙에 피 한장을 가져올 때 상대방이 쌍피밖에 없다면 쌍피를 그냥 가져오도록 되어 있다. 거스름피를 준다거나 하는 규칙은 없다. 피 3장을 요구했을 때 가진 피에 따라 다음 규칙대로 피를 내 줘야 한다.

가진 피				내줄 피		
피	피	피	——→	피	피	피
쌍	피	피	——→	쌍	피	
쌍	피		——→	쌍	피	
쌍	쌍		——→	쌍	쌍	
쌍	쌍	피	——→	쌍	피	
쌍			——→	쌍		
피			——→	피		

세 장의 피를 가지고 있다면 이대로 주면 된다. 쌍피 하나와 일반피 두 장이 있다면 쌍피를 먼저 주고 피 한 장을 줘야 한다. 피 두 장을 일단 줘 버리고 더 줄게 없어서 쌍피를 뺏긴다면 이는 무척 어리석은 행동이 될 것이다. 쌍피만 두 장 있다면 이때는 어쩔 수 없이 둘 다 줄 수밖에 없지만 일반피도 하나

있다면 쌍피 하나를 주지 않아도 상관없다. 요구한 피보다 더 작은 수만 있다면 이때는 어쩔 수 없이 죄다 털어 줘야 한다. 이 예에서 보다시피 요구가 들어왔을 때 어떤 피를 우선적으로 내 줄 지 결정하는 일반적인 규칙을 찾기가 쉽지 않다.

두 번째 문제는 뺏어오는 피의 수가 카드의 수와 다를 수 있다는 점인데 그래서 RemovePee가 제거한 카드를 곧바로 InsertCard로 상대방의 패에 삽입하는 편리한 방법을 쓸 수 없다. 결국 이 문제를 풀려면 RemovePee 함수가 제거할 피 개수에 맞게 최소 비용의 카드 조합을 선택하는 능력이 있어야 하며 선택된 조합의 카드 개수만큼 InsertCard 함수를 따로 호출해야 한다. RemovePee 함수는 원형도 바뀌고 본체도 왕창 바뀐다.

```cpp
int CPlayerPae::RemovePee(int n,SCard *pCard) {
    int ns=0,np=0,tp;
    int i,idx,num=0;
    SCard *p=pCard;

    for (i=0;i<Num;i++) {
        if (Card[i].GetKind() == 3) ns++;
        if (Card[i].GetKind() == 4) np++;
    }
    tp=ns+np;
    if (tp == 0) return 0;

    switch (n) {
    case 1:
        if (np != 0) {
            *p++=RemoveCard(FindFirstCard("피"));
            return 1;
        } else {
            *p++=RemoveCard(FindFirstCard("쌍"));
            return 1;
        }
        break;
    case 2:
        if (ns != 0) {
            *p=RemoveCard(FindFirstCard("쌍"));
            return 1;
        } else {
            *p++=RemoveCard(FindFirstCard("피"));
            num=1;
            if (np >= 2) {
```

```
                        *p++=RemoveCard(FindFirstCard("피"));
                        num=2;
                }
                return num;
            }
        case 3:
                i=RemovePee(2,p);
                p+=i;
                idx=RemovePee(1,p);
                return i+idx;
        default:
                return 0;
        }
    }
```

요구하는 피 개수를 첫 번째 인수로 전달받고 선택된 카드의 목록은 두 번째 배열에 채우며 리턴값으로 배열에 몇 개의 카드가 들어갔는지를 돌려준다. 호출 측에서는 이 함수의 리턴값만큼 루프를 돌며 InsertCard를 호출할 것이다. 아주 일반적으로 작성하려면 요구된 개수에 따라 쌍피와 일반피의 우선순위를 정하고 개수를 채우거나 피가 바닥날 때까지 퍼 주는 코드를 작성해야 한다. 이 방법은 가능하기는 하지만 실제로 코드를 작성해 보면 상상 이상으로 복잡한 알고리즘을 요구한다. 그래서 일반화를 포기하고 요구 수의 최대값이 3밖에 안 된다는 점을 활용하여 사람의 사고방식과 유사한 코드를 작성했다.

이 함수의 코드는 상당히 쉬운 편이라 읽으면 말로 그대로 풀이가 된다. 먼저 ns에 쌍피의 개수, np에 일반피의 개수를 구해 놓고 tp에 피의 전체 개수를 구해 놓는다. 만약 tp가 0이면 줄 게 없으므로 배째라는 의미로 0을 리턴한다. 줄 게 있다면 요구된 개수에 따라 개별적으로 처리한다. 1개의 피를 주어야 한다면 먼저 일반피가 있는지 살펴보고 있다면 그 카드를 배열에 채우고 1을 리턴한다. 쌍피보다는 일반피가 우선이다. 아마 대부분의 경우가 여기에 해당될 텐데 피 한 장을 던져 주며 옛다 가져가라 하는 식이다.

만약 일반피가 없다면 쌍피가 있다는 얘기이므로 else문에 쌍피의 존재 여부를 점검할 필요는 없다. 여기까지 왔다는 것은 tp가 0이 아니라는 조건이 성립되어서 쌍피나 일반피 중 적어도 하나는 있음을 확신할 수 있다. 이때는 아까워도 이 쌍피를 줄 수밖에 없다. 리턴값은 여전히 1인데 쌍피지만 상대편 카드에 삽입할 카드는 한 장뿐이다. 실제 고스톱 게임 중에 내가 피 한 장을 줘야 할 상황이라면 정확하게 이 순서대로 판단 및 행동을 하는데 사람의 동작을 코드로 그대로 옮긴 것이다.

피 두 장을 요구할 때는 쌍피를 우선적으로 보고 쌍피가 있으면 한 장만 던져 준다. 쌍피가 없다면 일반피를 주되 일단 한 장은 무조건 있으므로 한 장을 주고 더 줄게 있는지 점검한 후 있다면 주고 없다면 어쩔 수 없이 한 장만 준 채로 그냥 리턴한다. 피 세 장을 줄 때의 처리는 상대적으로 간단하다. 두 장 먼저 주고 한 장을 더 주면 된다. 일종의 재귀 호출인 셈인데 한 장, 두 장을 주는 논리가 확실하므로 두 호출을 조합하기만 하면 된다. 4장 이상은 실제로는 발생할 수 없으므로 0을 리턴하여 요구를 묵살한다.

RemovePee 함수가 여러 장의 피를 한꺼번에 제거하고 그 조합을 배열에 채워 리턴하므로 뺏은 카드를 옮기는 부분도 수정되어야 한다. main의 피 이동 코드를 다음과 같이 완전히 재작성한다. 참조 호출을 하므로 최소한 크기 3 이상의 SCard 지역 배열이 선언되어 있어야 한다.

```
SCard arPee[3];
int nPee;

    nPee=OtherPae->RemovePee(nSnatch,arPee);
    for (i=0;i<nPee;i++) {
        TurnPae->InsertCard(arPee[i]);
    }
```

RemovePee를 호출하여 nSnatch만큼 상대방의 피를 제거하고 arPee에 기록된 카드를 리턴된 개수만큼 자신의 패에 삽입한다. 피2 장을 요구했을 때 제거되는 카드 개수가 반드시 2가 아니므로 RemovePee가 리턴하는 카드 개수만큼만 삽입해야 한다. 코드를 만들었으면 이 코드가 제대로 동작하는지 테스트해야 하는데 피가 이동되는 상황은 자주 발생하지 않기 때문에 테스트하기가 아주 어렵다. 이럴 때는 임시 테스트 코드를 작성하여 잘 이동하는지 점검해 본다.

```
sprintf(Mes,"내고 싶은 화투를 선택하세요(1~%d,0:종료) ",Turn->GetNum());
ch=InputInt(Mes,0,Turn->GetNum());
if (ch >= 1 && ch <= 3) {
    nPee=OtherPae->RemovePee(ch,arPee);
    for (i=0;i<nPee;i++) {
        TurnPae->InsertCard(arPee[i]);
    }
    SouthTurn = !SouthTurn;
    continue;
}
```

1~3까지의 키 입력을 피를 강제로 뺏어오는 코드로 잠시 용도를 바꾸어 피가 잘 이동하는지 테스트해 봤다. 문제가 있다면 수정하고 테스트가 끝나면 이 코드는 삭제한다.

:: 피박, 광박, 독박 판별

다음은 피박과 광박 기능을 추가해 보자. 이긴 쪽이 피로 점수를 획득했는데 진쪽의 피가 5장 미만일 때를 피박이라고 한다. 피박을 당한 플레이어는 상대방의 점수를 2배해서 판돈을 물어야 하므로 판을 키우는 역할을 하며 게임의 긴장도를 높이는 아주 재미있는 규칙이다. 단, 상대방이 피를 하나도 얻지 못했다면 이때는 예외적으로 피박이 아니라는 규칙이 있다. 그런데 원치 않아도 피가 들어오는 경우가 있어 피없이 피박을 면하는 것도 쉽지가 않다.

광박은 이긴 쪽이 광으로 점수를 획득했는데 진쪽은 광을 하나도 가지지 못했을 때이다. 독박은 점수를 더 얻을 수 있을 것 같아 고를 불렀는데 추가 점수 획득에 실패한 경우이다. 세 규칙 모두 게임 진행에는 영향을 미치지 않으며 게임이 끝난 후 판돈을 계산할 때만 영향을 미치므로 게임이 끝난 후 루프 바깥에서 프로그램 종료 직전에 판별만 하면 된다. 판돈을 곱절로 받는 것은 플레이어가 알아서 할 일이다. for 루프 바깥에 다음 코드를 작성한다.

```
CPlayer *LastGo=NULL;

for (SouthTurn=true;!Deck.IsEmpty();SouthTurn=!SouthTurn) {
    ....
            if (InputInt("추가 점수를 획득했습니다.(0:스톱, 1:계속)",0,1)==1) {
                TurnPae->OldScore=NewScore;
                TurnPae->IncreaseGo();
                LastGo=Turn;
            } else {
                break;
            }
    }
}
DrawScreen();

// 승부와 피박, 광박, 독박 여부를 판정한다.
bool SouthWin;
int SouthScore,NorthScore;
int TurnPee=0,TurnLight=0,OtherPee=0,OtherLight=0;

if (Deck.IsEmpty()) {
    if (LastGo != NULL) {
        SouthWin = (LastGo == &North);
    } else {
        SouthScore=SouthPae.CalcScore();
        NorthScore=NorthPae.CalcScore();
        if (SouthScore < 7 && NorthScore < 7) {
            OutPrompt("양쪽 모두 기본 점수를 얻지 못해 비겼습니다.");
            return;
        }
```

```
                SouthWin=(SouthScore > NorthScore);
        }
    } else {
        SouthWin=SouthTurn;
    }
    sprintf(Mes,"%s군이 이겼습니다. ", SouthWin ? "남":"북");

    if (SouthWin) {
        TurnPae=&SouthPae;
        OtherPae=&NorthPae;
    } else {
        TurnPae=&NorthPae;
        OtherPae=&SouthPae;
    }
    for (i=0;i<TurnPae->GetNum();i++) {
        if (TurnPae->GetCard(i).GetKind() >= 3) TurnPee++;
        if (TurnPae->GetCard(i).GetKind() == 0) TurnLight++;
    }
    for (i=0;i<OtherPae->GetNum();i++) {
        if (OtherPae->GetCard(i).GetKind() >= 3) OtherPee++;
        if (OtherPae->GetCard(i).GetKind() == 0) OtherLight++;
    }

    if (TurnPee >= 10 && OtherPee < 5 && OtherPee != 0) {
        strcat(Mes,"진쪽이 피박입니다. ");
    }
    if (TurnLight >= 3 && OtherLight == 0) {
        strcat(Mes,"진쪽이 광박입니다. ");
    }
    if (OtherPae->GetGo() != 0) {
        strcat(Mes,"진쪽이 독박입니다. ");
    }
    OutPrompt(Mes);
}
```

　for 루프를 탈출하여 게임이 끝나는 경로는 한쪽에서 스톱을 부른 경우, 데크의 패가 떨어진 경우 두
가지이다. 스톱을 했을 때는 스톱한 플레이어가 바로 승자이므로 별 어려움없이 승패를 가름할 수 있다.
데크의 카드가 떨어졌을 때는 누가 승자인지 조사해야 하는데 이 규칙도 간단하지 않다. 최후로 고(Go)를
부른 플레이어가 추가 점수를 얻기 전에 데크가 비었다면 이때는 고를 부른 플레이어가 무조건 패한다.
이 조건을 점검하기 위해 플레이어가 고를 부를 때마다 해당 플레이어를 LastGo 변수에 저장한다.

점수를 한 번도 얻지 못했는데 데크가 비었다면 이때는 자동 스톱된 경우이므로 마지막 점수를 비교해 본다. 양쪽 어느 누구도 기본 점수인 7점을 얻지 못했다면 나가리이다. 더 이상 계산해 볼 것도 없이 비겼다는 결과를 출력하고 프로그램을 종료한다. 한쪽이 막판에 기본 점수를 획득했다면 승자가 있는 게임이다. 그리고 승자가 누구인지 그 결과를 문자열로 조립해 둔다. 이 문자열 뒤쪽에 피박, 광박, 독박 등의 판정 결과가 덧붙여진다.

이긴 쪽의 패를 TurnPae, 진쪽을 OtherPae 포인터에 미리 대입해 놓는다. 그리고 다음은 피박, 광박 점검을 위해 양쪽의 피, 광 개수를 센다. 이긴 쪽의 피가 10장 이상인데 진 쪽은 5장 미만의 피가 존재하면 이때가 피박이다. 이긴 쪽의 광이 세 장 이상인데 진 쪽에 광이 없으면 광박이다. 진쪽이 고를 부른 적이 있음에도 불구하고 승자가 되지 못했다면 이 플레이어는 독박이다. 게임의 최종 결과는 Mes 문자열 에 조립되어 출력되며 프로그램은 종료된다.

:: 다형성 활용

이 예제는 C++의 클래스를 이용하여 고스톱판의 실체들을 추상화하며 각 클래스는 실체 표현을 위해 속성과 동작을 잘 캡슐화하고 있다. 적절히 자신의 멤버를 숨기는 정보 은폐 기능도 십분 활용하여 외부 에서 객체를 함부로 조작하지 못하도록 스스로 방어도 한다. 또한 각 클래스에 공통되는 기능을 부모 클래스에 정의하고 파생 클래스는 이 기능들을 상속받아 사용하며 부모와 동작이 조금 틀리다면 멤버 함수를 재정의하기도 한다.

객체 지향 프로그래밍 기법들을 가급적 많이 활용해 보고자 노력했는데 안타깝게도 이 예제에는 다형 성이 등장하지 않는다. 가상 함수를 쓰는 부분이 전혀 없는데 클래스의 수가 많지 않고 객체 포인터를 쓰기는 하지만 부모 타입으로 자식을 가리킬 경우가 없어 동적 결합이 꼭 필요한 상황도 없다. 사실 다형성은 이 정도 규모의 프로그램에는 등장하지 않으며 좀 더 대규모의 클래스 계층이 형성되어야 제 기능을 발휘한다.

이 예제에 다형성을 억지로라도 구현해 볼만한 부분을 찾아본다면 Draw 함수를 들 수 있다. CCardSet 클래스에 Draw 순수 가상 함수를 선언하고 파생 클래스는 이 함수를 재정의한다. 그리고 CCardSet 파생 클래스의 객체들을 CCardSet *의 배열에 집어넣어 놓고 DrawScreen 함수가 루프를 돌며 배열 내의 각 객체에 대해 Draw만 열심히 불러 대는 것이다. 그러나 아무리 예제라 하더라도 너무 억지스러운 것 같고 각 클래스의 Draw 원형을 강제로 맞춰야 하므로 제외했다.

:: 테스트

고스톱 게임의 규칙은 결코 간단하지 않으며 어떤 규칙은 좀체 발생하지 않는다. 그래서 혼자 게임을 테스트해 보기가 굉장히 어렵다. 학습용 예제일 뿐인데 이 게임을 혼자서 한다는 것은 정신 상태를 의심 받을 만큼 지루한 일이다. 그렇다고 해서 테스트를 생략할 수는 없는데 이럴 때는 테스트도 컴퓨터에게 맡길 수 있다. 자동화된 테스트를 하도록 다음과 같이 예제를 잠시 변경해 보자. 먼저 테스트 속도 향상을 위해 대기 시간을 최소로 한다.

```
const int Speed=0;
const int PromptSpeed=0;
```

그리고 main 함수를 수정하여 난수의 시작점을 루프로 돌려 각 난수에 대해 게임이 잘 실행되는지를
차례대로 점검해 본다.

```
void main()
{
    ....
    randomize();
    for (int k=0;k<1000;k++) {
    srand(k);
    Initialize();
    for (SouthTurn=true;!Deck.IsEmpty();SouthTurn=!SouthTurn) {
        ....
    }
    OutPrompt(Mes);
    gotoxy(40,22);
    if (Blanket.GetNum() != 0) {
        printf("%d 난수번에 이상이 있음",k);
        getch();
    } else {
        printf("%d번 테스트 완료",k);
        delay(500);
    }
    SouthPae.Reset();
    NorthPae.Reset();
    }
}
```

k 루프가 난수 발생기를 매번 다른 값으로 초기화하면서 게임을 돌려 보는 것이다. 게임 중간에 사용자의
입력이 필요한 부분이 있는데 사용자의 응답을 처리하는 InputInt에서 무조건 1을 리턴하도록 수정한다.

```
int InputInt(const char *Mes, int range)
{
    return 1;
```

항상 첫 번째 카드를 선택하고 고, 스톱 질문에도 항상 고를 선택하도록 했다. 이렇게 자동 응답 시스템을 만들어 놓으면 컴퓨터가 혼자 패섞어서 돌리고 혼자 게임을 진행할 것이다. 그것도 엄청나게 빠른 속도로 말이다. 게임을 끝까지 진행해서 담요에 남은 패가 하나도 없다면 일단 게임은 규칙대로 잘 돌아간다고 할 수 있다. 짝이 맞는 카드를 잘 찾아서 제대로 가져가며 설사한 것도 잘 처리하고 있는 것이다. 만약 담요의 카드가 남은 채로 게임이 끝났다면 이때는 뭔가 논리에 잘못이 있다는 뜻이다.

이상이 발견되면 실행을 멈추고 몇 번 난수의 시작점에서 이상이 있는지를 출력한다. 이 번호를 srand의 인수로 주고 게임을 천천히 실행해 보면 어디서 이상이 있는지 점검하여 수정할 수 있다. 또는 메시지가 뜨기 전에 프로그램이 다운된다거나 하는 경우도 적발해 낼 수 있다. 이 상태로 한 시간 정도만 테스트를 돌려보면 프로그램에 이상이 있는지 아닌지 거의 완벽하게 점검될 것이다.

:: 개작 과제

이상으로 고스톱 게임 제작과 몇 가지 개작 실습까지 해 봤는데 짧지 않은 실습이었다. 그럼에도 불구하고 더 실습을 해 보고 싶은 사람은 다음 개작 실습까지 해 보자. 이상의 개작까지 완료하면 거의 완전한 고스톱 게임이 된다.

① 첫 설사시 기본 점수를 부여하는 규칙이 있다.
② 세 번 설사시도 기본 점수로 게임이 끝난다.
③ 개작예에서도 재껴 놓은 폭탄 기능도 구현해 보자.
④ 9십 카드는 쌍피와 십짜리 카드 양쪽으로 활용된다.

콘솔에서 만들 수 있는 게임은 이 정도이며 다음에 그래픽을 배우면 좀 더 품질 높은 게임으로 만들 수 있을 것이다. 마우스로 패를 선택할 수 있으며 실제 화투장이 돌아다니고 패를 낼 때 그럴듯한 소리도 낼 수 있다. 그리고 네트워크까지 붙이면 둘이서 또는 셋이서 각자의 집에서 게임을 즐길 수 있는 정말 해 볼만한 게임이 된다. 이쯤되면 판돈의 개념도 들어가야 할 것이다. 진짜 돈은 아니더라도 뭔가 왔다 갔다 해야 재미가 있는 법이다.

아직은 좀 이르겠지만 경험이 많이 쌓이면 컴퓨터에 인공 지능을 부여하여 컴퓨터와 둘이서 맞고를 할 수도 있을 것이다. 환경이 달라지고 게임의 진행 방식에 변화가 생기면 불가피하게 수정해야 하는 부분도 있지만 콘솔에서 만든 예제의 논리는 거의 그대로 재사용되므로 차후에 네트워크 고스톱 게임을 만들어 볼 생각이 있다면 이 예제를 부지런히 분석하고 실습해 보기 바란다.

36
표준 라이브러리

36.1 iostream

입출력 스트림은 C++이 라이브러리 차원에서 제공하는 기본적인 입출력 방법이며 25장에서 간단한 사용 방법을 설명한 바 있다. 이 장에서는 입출력 스트림의 상세한 사용 방법과 여러 가지 입출력 옵션, 그리고 파일 입출력 방법에 대해 알아볼 것이다. 입출력은 언어의 가장 기본적인 기능임에도 불구하고 이 책은 뒷부분에서 따로 다루고 있는데 나름대로 이유가 있다.

우선 콘솔 프로젝트의 실용성이 크게 떨어지기 때문에 입출력 스트림을 실제 프로젝트에서 쓸 일이 거의 없고 설사 있다 하더라도 cout과 << 연산자만 알면 기본적인 입출력을 할 수 있으며 대체할 수 있는 방법들도 많은 편이다. 그보다 더 중요한 이유는 C++의 입출력 방법이 생각보다 훨씬 더 복잡해서 배우기 까다롭다는 점이다. 템플릿 기반인데다 C++의 거의 모든 문법들을 총 동원해서 만들어져 있기 때문에 내부까지 속속들이 이해하기는 무척 어렵다. 게다가 표준 확립전의 마구잡이식 확장으로 인해 컴파일러마다 동작이 조금씩 달라지기도 하고 한 가지 일을 하는데 여러 가지 방법들이 존재해서 간결하지도 않다.

C의 printf와 비교해 볼 때 안정적이기는 하지만 편의성면에서 훨씬 더 떨어지며 성능상의 이점도 없다. 이런 복잡한 주제는 C++을 막 배우기 시작하는 사람들에게 흥미를 잃게 만들 위험이 있어 가급적 뒤쪽에 배치했다. 당장 이 내용이 꼭 필요치 않다면 입출력 스트림에 대해서는 그리 힘을 쏟을 필요가 없다. 예를 들어 윈도우즈 환경으로 바로 넘어갈 계획이라면 장담컨데 cout을 쓸 기회는 없을 것이다. cout을 처음 만들 때와 현재의 환경은 전혀 맞지 않다. 이 절에서는 지나치게 상세한 부분은 생략하고 요약적으로 설명을 전개한다.

36.1.1 입출력 스트림의 구조

C++의 표준 입출력 스트림은 여러 가지 복잡한 상황에 대해서도 입출력을 처리할 수 있도록 확장 가능한 클래스 계층을 구성하고 있다. 다음 그림은 비주얼 C++ 7.0의 헤더 파일을 기준으로 그려 본

간단한 클래스 계층도이다. 다른 컴파일러에서는 조금씩 달라질 수도 있다.

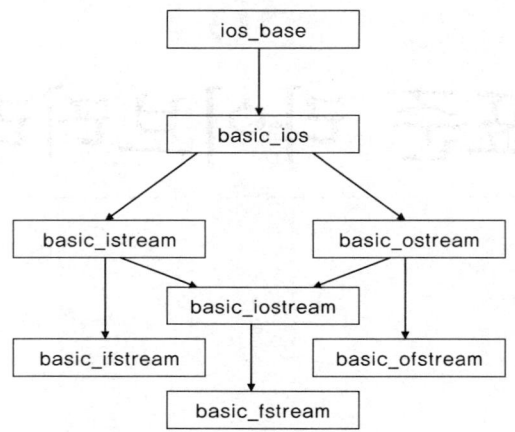

　　ios_base 클래스는 입출력과 관련된 여러 가지 상수나 플래그들을 가지며 이 클래스로부터 입출력 클래스들이 파생된다. 출력 클래스인 basic_ostream의 선언문을 보면 다음과 같이 되어 있다.

```
template<class _Elem, class _Traits>
class basic_ostream : virtual public basic_ios<_Elem, _Traits>
{
    ....
```

보다시피 실제 클래스가 아니라 다음과 같은 두 개의 인수를 취하는 클래스 템플릿이다.

:: _Elem

　　출력하는 데이터의 기본 타입이다. 통상 문자열 형태로 출력되므로 과거에는 char 타입의 문자들을 출력했으나 모든 문자를 16비트 코드를 표현하는 유니코드 환경에서는 wchar_t가 될 수도 있다. wchar_t 는 unsigned short로 정의되어 있다. 만약 미래에 세상의 모든 문자를 32비트로 표현하는 코드 체계가 나온다면 _Elem은 unsigned long이 될 수도 있으며 basic_ostream 템플릿은 이런 타입에 대한 지정을 인수로 선택하도록 충분히 일반적으로 설계되어 있다.

:: _Traits

　　이 인수는 출력 문자열의 형태와 관리 방법을 정의하는 객체이다. 보편적으로 널 종료 문자열을 많이 사용하는데 시작 번지에서부터 문자가 나타나며 끝은 NULL 문자로 표현하는 방식이다. C/C++을 주로 사용하는 사람들에게는 이 문자열 형태가 아주 익숙하겠지만 이는 문자열을 표현하는 여러 가지 방법

중의 하나일 뿐이다. 베이직의 기본 문자열인 BSTR과 파스칼의 문자열 타입은 널 종료 문자를 사용하는 대신 선두에 문자열의 길이를 먼저 밝히고 문자열을 뒤에 저장한다. 다음은 "Format"이라는 문자열을 표현하는 두 가지 방법이다.

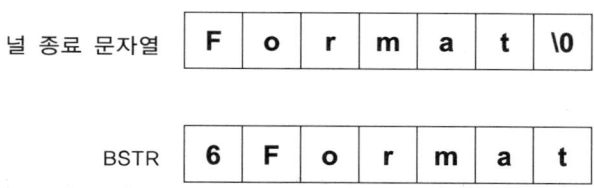

널 종료 문자열에 익숙한 상황에서 BSTR 포맷은 아주 이상하게 보이겠지만 두 방식 모두 일장 일단이 있다. BSTR은 길이 정보가 제일 앞에 있으므로 일일이 세 보지 않아도 문자열의 길이를 금방 알 수 있다는 것이 장점이고 널 종료 문자열은 시작 번지에 문자열이 바로 들어 있으므로 포인터를 통해 문자열을 다루기 쉽다. 반면 널 종료 문자열은 길이를 조사하는 속도가 무척 느린데 널 문자가 나올 때까지 메모리의 뒤쪽을 일일이 읽어보는 수밖에 없다.

이 두 가지 포맷 외에도 문자열을 표현할 수 있는 방법은 무수히 많을 것이다. 이런 방식을 지정하는 인수가 바로 _Traits인데 이 객체가 문자열의 길이를 관리하는 방법, 문자간의 순서를 정하는 방법 등을 결정한다. 디폴트인 char_Traits〈_Elem〉 객체는 우리에게 이미 익숙한 널 종료 문자열을 관리하지만 원한다면 다른 것으로 바꿀 수도 있다. 그래서 입출력 객체가 다루는 문자열은 반드시 NULL로 끝나지 않아도 되며 특정한 코드 체계에 종속되지도 않는다.

basic_ostream 클래스는 인수로 주어진 타입을 요소로 가지는 문자열을 표현하되 문자열을 다루는 방식은 _Traits 객체에 따라 달라진다. 이 클래스로부터 두 개의 특수화된 클래스가 정의된다.

```
typedef basic_ostream〈char, char_traits〈char〉 〉 ostream;
typedef basic_ostream〈wchar_t, char_traits〈wchar_t〉 〉 wostream;
```

ostream은 char 타입의 문자열을 출력하는 클래스이며 char_traits〈char〉 객체는 C에서 보편적으로 사용되는 널 종료 문자열을 관리하는 객체이다. wostream은 wchar_t 타입의 문자열, 즉 유니코드문자열을 출력하는 클래스이다. 과거 표준이 확립되기 전에는 ostream이 일반 클래스였지만 유니코드를 다룰 수 있도록 하기 위해 basic_ostream 부모 클래스로부터 상속받도록 수정되었다. 표준 입력도 마찬가지로 basic_istream 부모 클래스로부터 안시, 유니코드를 입력받는 두 개의 특수화된 클래스를 정의한다. 표준 라이브러리는 8개의 입출력 객체를 미리 정의하는데 iostream 헤더 파일을 보면 다음과 같은 선언문을 볼 수 있다.

```
extern istream cin;
extern ostream cout;
extern ostream cerr;
extern ostream clog;
extern wistream wcin;
extern wostream wcout;
extern wostream wcerr;
extern wostream wclog;
```

cin이 표준 입력 객체이며 cout이 표준 출력 객체이다. cerr은 표준 에러 객체이되 버퍼를 사용하지 않고 곧바로 출력을 내 보낸다는 점이 cout과 다르며 clog는 디버깅을 위한 기록 객체이며 버퍼를 사용한다. cerr과 clog로의 출력은 둘 다 모니터로 나가게 되어 있지만 재지향될 경우 다른 장치로 출력을 내 보낼 수도 있다. 아래쪽의 w가 붙은 객체들은 유니코드 입출력 객체들이다.

표준 입출력 객체들은 효율적인 입출력 관리를 위해 내부적으로 버퍼를 사용한다. 입출력할 때마다 한 문자씩 장치로 직접 입출력하면 느리기 때문에 버퍼가 필요하다. 이 버퍼는 streambuf라는 내부 클래스에 의해 자동으로 관리된다.

36.1.2 출력 스트림

표준 출력 객체는 cout이며 라이브러리에 의해 이름이 이미 정해져 있다. 물론 유니코드 문자열을 출력해야 한다면 cout 대신 wcout 객체를 사용하면 된다. cout으로 출력을 보낼 때는 << 연산자 (Insertion)를 사용하는데 C++의 모든 기본 타입과 문자형 포인터에 대해 << 연산자가 오버로딩되어 있으므로 타입에 상관없이 보내기만 하면 << 연산자가 타입을 해석하여 적절하게 출력한다. 또한 << 연산자가 출력 객체에 대한 레퍼런스를 리턴하므로 연쇄적인 출력도 가능하다.

<< 연산자는 원래 비트를 왼쪽으로 이동시키는 쉬프트 연산자인데 ostream 클래스가 이 연산자를 오버로딩하여 삽입 연산자로 사용하고 있다. 이 연산자가 선택된 이유는 모양이 출력을 잘 표현하기 때문이며 그래서 직관적이다. 그러나 오버로딩된 연산자는 의미를 바꿔도 우선 순위나 피연산자의 개수 등은 원래 연산자의 것을 그대로 사용한다는 점을 주의해야 한다. 다음 예제를 보고 출력 결과를 예상해 보자.

예제 **couterror**

```
#include 〈Turboc.h〉
#include 〈iostream〉
using namespace std;
```

```
void main()
{
    bool bMan=true;

    cout << "당신은 " << bMan==true ? "남자":"여자" << "입니다." << endl;
}
```

아주 짧은 소스이므로 쉽게 해석되며 뭘 출력하고 싶은 코드인지 쉽게 짐작이 갈 것이다. 그러나 실제로 컴파일해 보면 cout에 == 연산자가 정의되어 있지 않다는 에러로 처리되는데 삼항 조건 연산자보다 << 연산자가 우선 순위가 더 높기 때문이다. bMan을 cout으로 먼저 출력하고 리턴된 cout을 true와 상등 비교했으므로 틀린 연산이 된 것이다. 삼항 조건 연산문을 괄호로 싸서 먼저 연산하도록 하면 원하는 결과가 나온다.

```
cout << "당신은 " << (bMan==true ? "남자":"여자") << "입니다." << endl;
```

cout은 인수로 전달된 출력 대상을 내부적인 변환 규칙에 따라 문자열로 변환하여 화면으로 출력한다. 예를 들어 정수 123은 문자열 "123"으로 실수 4.567은 "4.567"로 변환할 것이다. 만약 이런 내부적인 변환 규칙에 변화를 주고 싶다면 조정자(manipulator)를 사용한다. 조정자는 cout이 값을 출력하는 방식에 여러 가지 변화를 주는 역할을 한다. 먼저 정수의 진법을 변경해 보자.

예제 **coutradix**

```
#include <Turboc.h>
#include <iostream>
using namespace std;

void main()
{
    int i=1234;

    hex(cout);
    cout << i << endl;

    cout << "8진수 : " << oct << i << endl;
    cout << "16진수 : " << hex << i << endl;
```

```
    cout << "10진수 : " << dec << i << endl;
}
```

정수 i를 별다른 지정없이 cout << i;로 보내면 10진수로 출력되는데 8진수나 16진수로 바꿔서 출력할 수 있다. hex, oct, dec 등의 전역 함수는 인수로 주어진 출력 객체의 진법을 변경하는데 한 번 변경해 놓으면 이후부터 출력 객체는 지정한 진법대로 출력한다. 예를 들어 hex(cout)로 cout의 출력 방식을 16진법으로 바꾼 후 i를 출력하면 16진수로 출력될 것이다.

hex, oct, dec 등의 함수를 직접 호출하는 대신 << 연산자로 함수를 cout으로 보내도 마찬가지 효과가 있다. << 연산자가 함수 포인터에 대해서도 오버로딩되어 있어 전역 함수를 대신 호출하도록 되어 있기 때문이다. << 연산자가 함수이고 인수로 함수 포인터가 전달되었으므로 전달된 함수를 호출할 수 있는 것은 당연하다. 또한 << 연산자가 객체의 레퍼런스를 리턴하므로 cout으로 hex를 보낸 후 곧바로 정수를 출력하는 것도 가능하다. 예제의 실행결과는 다음과 같다.

```
4d2
8진수 : 2322
16진수 : 4d2
10진수 : 1234
```

정수 1234가 16진수로 출력되었으며 << 연산자로 함수 포인터를 보내도 진법이 변경되는 것을 볼 수 있다. 진법 지정은 정수형에 대해서만 동작하며 실수나 문자열에 대해서는 아무런 영향도 주지 않는 다. 다음은 출력폭과 관계된 조정자에 대해 연구해 보자.

예제 coutwidth

```
#include <Turboc.h>
#include <iostream>
using namespace std;

void main()
{
    int i=1234;
    int j=-567;

    // 출력폭 지정
    cout << i << endl;
```

```
        cout.width(10);
        cout << i << endl;
        cout.width(2);
        cout << i << endl;

        // 채움 문자 지정
        cout.width(10);
        cout.fill('_');
        cout << i << endl;
        cout.fill(' ');

        // 정렬 지정
        cout.width(20);
        cout << left << j << endl;
        cout.width(20);
        cout << right << j << endl;
        cout.width(20);
        cout << internal << j << endl;
}
```

실행 결과는 다음과 같다.

```
1234
      1234
1234
_____1234
-567
              -567
-              567
```

출력폭은 width 멤버 함수로 지정하는데 printf의 %10d랑 동일한 기능이다. 별다른 지정이 없을 경우 데이터의 원래 자리수 만큼 출력하는데 정수 1234는 4칸, 문자열 "String"은 여섯 칸에 출력될 것이다. width 함수로 출력폭을 지정하면 최소한 지정한 폭만큼은 사용한다. 예제에서 i는 4자리 수이므로 4칸에 맞추어 출력되지만 width(10)을 호출한 후 출력하면 10칸을 차지하고 앞쪽 여섯 칸이 공백으로 남겨진다.

단, width가 지정하는 출력폭은 어디까지나 최소폭일 뿐이며 데이터의 길이가 최소폭보다 더 클 경우는 최소폭을 무시하고 데이터의 길이만큼 출력한다. width(2)로 최소폭을 지정한 후 i를 출력하면 4자리 모두 출력된다. width는 이어지는 출력에 대해 딱 한 번만 적용되며 출력 후 원래 설정으로 돌아오도록 되어 있다. 따라서 매 출력할 때마다 원하는 폭을 일일이 지정해야 한다. width 함수는 여러 가지 면에서 printf의 출력폭 지정 서식과 유사한 면이 많다.

fill 함수는 채움 문자를 지정하는데 출력폭이 데이터의 폭보다 더 넓을 경우 빈 칸을 어떤 문자로 채울 것인가를 지정한다. 디폴트는 공백 문자로 되어 있어 남는 폭은 빈 공백이 출력되지만 원할 경우 공백이 아닌 다른 문자를 출력하도록 할 수 있다. 예를 들어 화폐 액수 같은 경우 출력된 결과의 앞뒤에 숫자를 더 적지 못하도록 하기 위해 공백이 아닌 다른 문자로 채워 넣기도 한다. 채움 문자는 한 번 지정하면 계속 유효하므로 채움 문자를 해제하려면 다시 공백 문자를 지정해야 한다.

정렬 지정은 출력폭이 데이터폭보다 더 클 경우 어느 쪽에 데이터를 출력할 것인가를 지정하는데 left, right 조정자를 cout으로 보냄으로써 변경할 수 있다. internal은 다소 특수한 정렬인데 부호나 진법 지정(0x 등)은 왼쪽에, 숫자는 오른쪽에 출력하는 정렬 방식이다. 다음은 실수의 출력에 관련된 조정자에 대해 알아보자.

예제 coutfloat

```
#include 〈Turboc.h〉
#include 〈iostream〉
using namespace std;

void main()
{
    double d=1.234;

    // 실수의 정밀도 지정
    cout 〈〈 d 〈〈 endl;
    cout.precision(3);
    cout 〈〈 d 〈〈 endl;
    cout.precision(10);
    cout 〈〈 showpoint 〈〈 d 〈〈 endl;
    cout.precision(6);

    // 실수 출력 방식
    cout 〈〈 fixed 〈〈 d 〈〈 endl;
    cout 〈〈 scientific 〈〈 d 〈〈 endl;
}
```

실행 결과는 다음과 같다.

```
1.234
1.23
1.234000000
1.234000
1.234000e+000
```

cout은 디폴트로 실수를 여섯 자리까지만 출력하는데 precision 함수를 사용하면 정밀도를 조정할 수 있다. precision은 실수의 전체 출력 자리 수를 지정하는데 만약 지정한 자리수보다 더 길다면 뒤쪽의 수는 반올림 처리된다. 지정한 자리수보다 실수가 짧을 경우는 후행 제로를 출력하지 않는데 후행 제로까지 정확하게 출력하고 싶다면 showpoint라는 조정자를 사용한다.

실수의 출력 방식은 고정 소수점 방식과 부동 소수점 방식이 있는데 각각 fixed, scientific이라는 조정자로 변경할 수 있다. 다음은 나머지 잡다한 지정자들이다.

예제 **coutmanip**

```cpp
#include <Turboc.h>
#include <iostream>
using namespace std;

void main()
{
    int i=1234;
    double d=56.789;
    char *str="String";
    bool b=true;

    // bool형 출력 방식
    cout << b << endl;
    cout << boolalpha << b << endl;

    // 진법 접두 출력 및 대소문자
    cout << hex << i << endl;
    cout << showbase << i << endl;
    cout << uppercase << i << endl;

    // + 양수 기호 표시
```

```
    cout << dec << showpos << i << endl;
}
```

소스 내의 주석과 실행 결과를 보면 각 조정자의 역할을 쉽게 이해할 수 있을 것이다.

```
1
true
4d2
0x4d2
0X4D2
+1234
```

boolalpha 조정자는 bool형의 변수를 1 또는 0으로 출력하지 않고 true, false라는 문자열로 출력한다. showbase 조정자는 16진 표기시 0x라는 진법 표기를 붙이며 uppercase는 16진 표기에 사용되는 X와 A~F까지의 영문자를 대문자로 출력한다. showpos는 양수에 대해서도 + 부호를 출력한다.

출력 객체는 폭이나 정밀도, 정렬 방식, 채움 문자, 진법 등에 대한 옵션을 기억하는 플래그들을 가지며 조정자들은 이 플래그를 변경하는 역할을 한다. 조정자 외에도 플래그를 직접 변경하는 setf, unsetf 라는 멤버 함수들이 있는데 이 함수들을 사용하면 출력 양식을 일괄적으로 한꺼번에 변경하거나 조사할수도 있다.

36.1.3 입력 스트림

C++의 표준 입력 스트림은 cin 객체이다. cin 객체로 입력을 받아 >> 연산자(Extraction)로 대상 변수로 보내기만 하면 된다. >> 연산자가 대부분의 기본 타입에 대해 오버로딩되어 있기 때문에 타입에 상관없이 입력을 받을 수 있다. cout과 마찬가지로 >> 연산자가 cin 객체의 레퍼런스를 리턴하므로 연쇄적으로 입력을 받을 수도 있다.

입력 방법은 상당히 직관적이므로 사용하기 쉽지만 입력이란 출력과는 달리 에러가 발생할 소지가 많기 때문에 훨씬 더 까다롭다. 다음 예제는 cin 객체와 >> 연산자를 사용하여 정수값과 문자열을 입력받는다. 간단한 입력 동작을 테스트하므로 별도의 프롬프트는 출력하지 않았다.

```
#include 〈Turboc.h〉
#include 〈iostream〉
using namespace std;

void main()
{
    int i;
    char str[128];

    cin 〉〉 i;
    cout 〈〈 i 〈〈 endl;
    cin 〉〉 str;
    cout 〈〈 str 〈〈 endl;
}
```

예제를 실행하면 커서가 깜박거리는데 순서대로 정수값과 문자열을 입력하면 된다. 입력된 값을 cout 으로 그대로 화면으로 다시 출력해 보았다. 실행 결과는 다음과 같다.

```
1234
1234
abcdefghijkl
abcdefghijkl
```

cin 입력 객체와 〉〉 연산자는 다음과 같은 중요한 네 가지 특징을 가지고 있다.

① 공백은 건너뛰고 입력받는다. 공백은 실제 입력받고자 하는 대상이 아니며 데이터의 구분을 위한 구분자로 삽입되는 경우가 많기 때문에 입력값의 일부라고 볼 수 없다. 그래서 앞쪽의 공백은 일단 건너뛰고 유효한 문자부터 읽기 시작한다. 여기서 공백이란 스페이스뿐만 아니라 탭과 개행 코드도 포함된다. 어떻게 보면 합리적이지만 공백 자체를 입력받고자 할 때는 다른 방법을 사용해야 한다.

② 읽을 수 있는 유효한 입력까지만 읽으며 무효한 문자를 만나는 즉시 읽기를 중지한다. 예를 들어 정수값을 읽는다면 정수를 구성하는 아라비아 숫자와 +, − 부호 기호 등만 유효한 입력으로 간주하며 숫자가 아닌 입력이 들어오면 즉시 읽기를 중지한다. 문자열의 경우도 공백이 입력되면 공백 이전까지만 읽는다. 즉 단어만 읽을 수 있다.

③ 앞 규칙에 의해 읽지 못한 데이터는 버퍼에 그대로 남겨지며 다음번 읽을 때 버퍼에 남아 있는 값이 읽혀진다. 만약 버퍼에 저장된 값이 쓸모없는 값이라면 버퍼를 비운 후 다시 입력을 받아야 하는 번거로움이 있다.

④ 문자열의 경우 문자형 배열에 저장되는데 C에서와 마찬가지로 배열의 끝 점검은 하지 못한다. 그래서 입력받을

데이터를 저장할만한 충분한 공간을 제공해야 한다. 위 예제에서 str 버퍼를 5 정도의 크기로 축소하고 4문자 이상을 입력하면 다운될 수도 있다. 아무리 C++이라 하더라도 전달받는 정보가 배열의 시작 번지밖에 없으므로 배열 크기 점검을 할 수 없다.

위 예제를 실행해 놓고 " 123abc"를 입력해 보면 cin과 >> 연산자의 모든 특성을 한꺼번에 테스트해 볼 수 있다. 123 앞쪽에 일부러 공백 두 개를 입력해 보았다.

```
   123abc
123
abc
```

" 123abc"까지 입력하고 Enter를 누르는 순간 123과 abc가 화면으로 출력되면서 프로그램이 종료될 것이다.

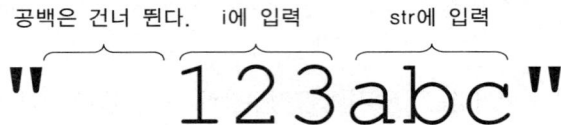

cin >> i 입력문이 앞쪽의 공백은 일단 건너뛰고 1부터 읽기 시작한다. 그리고 2와 3을 읽고 a를 만날 때 읽기를 중지하여 123이라는 값을 i에 대입하고 리턴한다. 이때 나머지 뒷부분의 abc는 버퍼에 그대로 남아 있으며 다음 번 입력을 기다린다. cin >> str 입력문은 버퍼에 남아 있는 데이터가 있으므로 이 데이터를 별도의 대기없이 그대로 읽어올 것이다. 이런 입력 방법이 대개의 경우에는 문제가 없지만 문자나 문자열을 읽을 때는 원하는 목적에 맞지 않을 수도 있다. 다음 예제는 문자 하나와 문자열을 읽는다.

예제 cinstring

```cpp
#include <Turboc.h>
#include <iostream>
using namespace std;

void main()
{
    char ch;
    char str[128];

    cin >> ch;
```

```
        cout << ch << endl;
        cin >> str;
        cout << str << endl;
}
```

ch는 임의의 문자 하나를 입력받을 수 있지만 어떻게 하더라도 공백은 입력받지 못한다. >> 연산자가 공백을 무조건 건너 뛰어 버리기 때문이다. str은 공백으로 구분된 단어를 입력받지만 공백이 포함된 문장을 입력받지는 못한다. 사람 이름이나 제품명 따위의 짧은 문자열 정도만 입력할 수 있으며 주소나 메일의 제목, 일기 따위의 복잡한 문장은 입력할 수 없다. 그래서 cin 객체는 이런 문제를 해결하기 위해 >> 연산자와는 별도로 단일 문자 입력과 문장 입력 함수를 따로 제공한다.

```
int get(void);
basic_istream& get(char& c);
basic_istream& getline(char *s, streamsize n, char delim='\n');
```

get 멤버 함수는 두 가지 형식으로 사용되는데 입력받은 문자를 리턴값으로 돌려주는 형식과 인수로 전달된 char형의 레퍼런스에 입력된 값을 대입하는 형식이 있다. 첫 번째 get 함수는 C의 getch 함수와 유사해서 사용하기 편리하다는 장점이 있고 두 번째 get 함수는 입력 객체의 레퍼런스를 리턴하므로 연쇄적인 입력이 가능하다는 장점이 있다.

```
cin.get(ch).get(ch2) >> i;
```

두 형식 모두 입력된 문자 하나를 무조건 돌려주도록 되어 있으므로 공백이나 개행 코드도 입력받을 수 있다. getline 함수는 문자형 배열에 문자열을 입력받되 배열의 크기를 전달받아 배열 경계를 넘어서까지 입력받지 않으므로 안전하다. 세 번째 인수 delim은 이 문자가 입력되기 전까지 계속 입력받도록 하는데 디폴트값은 개행 코드로 되어 있으므로 개행 코드 전의 문자열을 모두 입력받는다. 따라서 >> 연산자보다는 훨씬 더 안정적이며 공백을 포함한 문자열도 입력받을 수 있다. 다음과 같이 예제를 수정해 보자.

예제 **cinstring2**

```
#include <Turboc.h>
#include <iostream>
using namespace std;
```

```
void main()
{
    char ch;
    char str[128];

    cin.get(ch);
    cout << ch << endl;
    cin.get(ch);

    cin.getline(str,128);
    cout << str << endl;
}
```

공백이나 개행 코드, 탭 문자도 무조건 입력받으며 127문자 길이 내에서 공백을 포함한 긴 문장도 입력받을 수 있다. 공백 무시 여부와 문자열 내의 공백 포함 여부에 따라 >> 연산자나 get, getline 함수 중 적당한 함수를 사용하면 된다. 참고로 getline 함수와 똑같은 원형을 가지는 get 함수도 중복 정의되어 있다.

입력은 출력과는 달리 동작 중에 에러 발생 가능성이 높다. 그래서 원하는 값이 제대로 입력되었는지 항상 점검해야 하는데 에러를 검출할 수 있는 여러 가지 장치가 준비되어 있다. 우선 >> 연산자의 리턴값을 에러 처리에 곧바로 사용할 수 있는데 입력문 자체를 if문이나 while문의 조건식으로 사용하는 것이다.

예제 cinerror

```
#include <Turboc.h>
#include <iostream>
using namespace std;

void main()
{
    int i;

    if (cin >> i) {
        cout << i << endl;
    } else {
        cout << "실패" << endl;
    }
}
```

정수형 값 하나를 입력받아 그대로 출력하되 에러가 발생했을 경우 실패했다는 것을 문자열로 출력하도록 했다. 123 같은 정수를 입력하면 정상적으로 실행되겠지만 abc 같은 문자열을 입력하면 에러 상황이 될 것이다. >> 연산자는 입력 객체의 레퍼런스를 리턴하는데 실패할 경우 입력 객체의 에러 비트를 설정하는 방식으로 연산식 전체의 평가 결과를 false로 만들므로 입력문 자체를 if문 안에 넣어 에러 발생 여부를 조사할 수 있다.

cin 객체는 내부적으로 에러 발생 여부를 표시하는 세 개의 플래그를 유지하는데 입력 동작 후 이 플래그들의 값을 점검하여 어떤 에러가 발생했는지를 알 수 있다. 에러 플래그는 다음 세 종류가 정의되어 있는데 콘솔 입력뿐만 아니라 파일 입력까지 고려하여 일반적인 에러를 모두 처리할 수 있도록 정의되어 있다.

플래그	설명
failbit	입력에 실패했다는 뜻이다. 정수를 입력받는데 문자가 입력된 경우 1이 된다.
eofbit	파일 끝이라는 뜻이다. 더 이상 읽을 문자가 없으므로 에러를 리턴한다.
badbit	스트림이 물리적으로 손상되어 읽을 수 없다.
goodbit	상기 세 에러가 발생하지 않았다는 뜻이며 0으로 정의되어 있다.

각각의 에러가 발생했는지를 조사하는 fail(), bad(), eof(), good() 멤버 함수가 정의되어 있으므로 이 함수들을 호출하여 입력 객체의 상태가 어떠한지를 조사할 수 있다. 위 예제를 에러 플래그를 조사하는 방식으로 바꾸어 보면 다음과 같다.

예제 **cinerrorbit**

```
#include <Turboc.h>
#include <iostream>
using namespace std;

void main()
{
    int i;

    cin >> i;
    if (cin.good()) {
        cout << i << endl;
    } else {
        cout << "실패" << endl;
    }
}
```

cin >> i; 문장으로 입력을 받은 후 good() 함수를 호출해 보면 제대로 정수값을 입력받았는지를 알 수 있다. if (!cin.fail())로 점검해도 결과는 거의 동일하다. cin 객체는 일단 에러가 발생하면 계속 에러 상태를 유지하며 이 상태에서는 어떠한 입력도 받아들이지 못한다. 그래서 별도의 함수로 에러 상태를 리셋해야 하는데 이때는 다음 멤버 함수들을 사용한다.

```
iostate rdstate() const;
void setstate(iostate state);
void clear(iostate state = goodbit);
```

rdstate는 에러 플래그의 값을 리턴하며 setstate는 에러 플래그를 설정하거나 해제한다. clear도 에러 플래그를 변경하는데 지정한 플래그값만 남기고 나머지를 모두 리셋한다는 점이 setstate와는 다르다. 즉, setstate는 지정한 플래그만 설정하지만 clear는 나머지 플래그까지 통째로 리셋한다.

```
cin.setstate(failbit);        // failbit를 설정한다. 나머지 비트는 원래 상태를 유지한다.
cin.clear(failbit);           // failbit를 설정하고 나머지 비트는 리셋한다.
```

이 외에 잘 사용되지는 않지만 다음과 같은 멤버 함수들이 더 정의되어 있다.

멤버 함수	설명
ignore	지정한 길이만큼 또는 지정한 문자가 나올 때까지 데이터를 무시한다. 버퍼에 들어 있는 데이터를 읽어서 버리고자 할 때 이 함수를 쓴다.
peek	버퍼에 있는 데이터를 읽기만 하고 제거하지는 않는다. 어떤 데이터가 버퍼에 있는지 살짝 들여다보기만 할 때 이 함수를 사용한다.
gcount	앞 입력문에 의해 실제로 읽혀진 데이터의 길이를 조사한다. >> 연산자로 읽은 길이는 조사할 수 없으며 get, getline, read 등의 함수로 읽은 길이만 조사할 수 있다.
putback	특정 데이터를 버퍼에 다시 밀어 넣는다. 마치 어떤 문자가 입력된 것처럼 만들고 싶을 때 이 함수를 사용하는데 이 함수가 밀어 넣은 데이터는 다음 번 입력 함수에 의해 꺼내질 것이다.

그 외의 고급 함수들은 주로 파일 입출력 스트림에 대해 사용된다.

36.1.4 파일 입출력

입출력 스트림으로 파일 입출력도 할 수 있는데 C에서와 마찬가지로 파일이나 콘솔이나 어차피 스트림이라는 면에서는 동일하므로 똑같은 방법으로 다룰 수 있다. C 수준에서 파일 입출력을 이미 해 본 경험이 있다면 이 항의 내용은 형식만 조금 다른 정도에 불과하므로 파일 입출력 과정에 대한 상세한 설명은 생략하고 간략하게 사용법 정도만 소개하도록 한다.

앞쪽 입출력 스트림의 클래스 계층도를 보면 파일 입출력 스트림인 basic_i(o)stream은 콘솔용 입출력 클래스로부터 상속된다. 따라서 〉〉, 〈〈 연산자 및 멤버 함수, 조정자 등을 그대로 사용할 수 있다. 다만 입출력 대상이 파일이라는 메모리 외부의 장치이므로 빠른 액세스를 위해 열고 닫는 동작과 섬세한 에러 처리를 해야 한다는 정도만 다르다. 일반화를 위해 파일 입출력 클래스도 템플릿으로 정의되어 있으며 이 템플릿으로부터 네 개의 특수화 버전을 정의한다.

```
typedef basic_ifstream〈char, char_traits〈char〉〉 ifstream;
typedef basic_ofstream〈char, char_traits〈char〉〉 ofstream;
typedef basic_ifstream〈wchar_t, char_traits〈wchar_t〉〉 wifstream;
typedef basic_ofstream〈wchar_t, char_traits〈wchar_t〉〉 wofstream;
```

i(o)fstream 클래스는 char 타입을 대상으로 하는 파일 입출력 클래스이며 wi(o)fstream은 wchar_t 타입을 대상으로 하는 유니코드 파일 입출력 클래스이다. 이 클래스들은 fstream 헤더 파일에 선언되어 있으므로 파일 입출력을 하려면 반드시 이 헤더 파일을 인클루드해야 한다. 먼저 파일 출력 예제부터 작성해 보자. C에서와 마찬가지로 파일 입출력을 하기 위해서는 버퍼를 준비해야 하므로 파일을 열고 닫는 처리가 필요하다.

예제 cppfilewrite

```
#include 〈Turboc.h〉
#include 〈iostream〉
#include 〈fstream〉
using namespace std;

void main()
{
    ofstream f;

    f.open("c:\\cpptest.txt");
    f 〈〈 "String " 〈〈 1234 〈〈 endl;
    f.close();
}
```

ofstream의 객체 f를 선언하고 open 함수로 출력하고자 하는 파일을 연다. open 함수의 인수로 열고자 하는 파일의 이름을 전달하는데 완전 경로를 줄 수도 있고 상대 경로를 지정할 수도 있다. open

함수는 파일이 없으면 새로 만들고 이미 존재한다면 덮어쓴다. 객체를 선언하고 open 함수로 파일을 여는 두 과정을 거치는 대신 생성자로 오픈할 파일의 이름을 곧바로 전달할 수도 있다.

```
ofstream f("c:\\cpptest.txt");
```

이 문장에 의해 출력 객체 f는 디스크상의 cpptest.txt 파일과 연결되며 이 객체로 출력을 보내면 물리적인 파일에 기록된다. 출력할 때는 << 연산자를 사용하는데 콘솔에서와 마찬가지로 모든 기본 타입에 대해 출력할 수 있으며 연쇄적인 출력도 가능하다. 출력을 완료했으면 close 함수로 파일을 닫는다. 예제를 실행하면 C 드라이브의 루트 디렉토리에 cpptest.txt라는 파일이 생성되어 있을 것이다. 다음은 이 파일을 다시 읽어 보자.

예제 **cppfileread**

```
#include <Turboc.h>
#include <iostream>
#include <fstream>
using namespace std;

void main()
{
    ifstream f;
    char str[128];
    int i;

    f.open("c:\\cpptest.txt");
    f >> str >> i;
    cout << str << i << endl;
    f.close();
}
```

파일로부터의 입력을 위해 ifstream 클래스의 객체 f를 선언하고 open 함수로 파일을 열었는데 생성자에서 바로 대상 파일을 지정하는 것도 물론 가능하다. f로부터 데이터를 읽을 때는 >> 연산자를 사용하면 된다. 예제에서는 str 배열에 문자열을 읽고 i에 정수를 읽은 후 확인을 위해 화면으로 다시 출력해 보았다. 입출력을 완료한 후 close로 파일을 닫는다.

파일은 메모리 외부에 존재하기 때문에 에러가 발생할 확률이 아주 높으므로 오픈할 때 파일이 제대로 열렸는지 항상 확인해야 한다. 에러 발생 여부는 오픈 직후에 객체의 is_open 멤버 함수로 확인할 수 있는데 이 함수는 인수를 취하지 않으며 성공 여부를 표현하는 bool값을 리턴한다. is_open 호출문을 if문의 조건식에 사용하면 성공 여부에 따른 동작을 지정할 수 있다.

예제 is_open

```
#include <Turboc.h>
#include <iostream>
#include <fstream>
using namespace std;

void main()
{
    ifstream f;

    f.open("c:\\neverexist.txt");
    if (f.is_open()) {
        cout << "파일 열기 성공" << endl;
        f.close();
    } else {
        cout << "파일 열기 실패" << endl;
    }
}
```

예제에서는 에러를 유도하기 위해 실제로 존재하지 않는 파일을 열어 보았는데 이 경우 is_open 함수는 열기에 실패했다는 의미로 false를 리턴한다. 프로그램은 파일 열기에 성공했을 때만 파일을 액세스해야 하며 실패했을 경우는 적절하게 에러 처리해야 한다.

파일을 여는 open 함수의 완전한 원형은 다음과 같다. 대상 파일의 경로 외에도 파일을 어떻게 열 것인지 파일 모드를 지정하는 두 번째 인수가 있으며 디폴트값이 지정되어 있다. 출력용과 입력용의 디폴트 모드가 다르게 설정되어 있는데 입력용은 읽을 수만 있고 출력용은 쓸 수만 있다.

```
void ifstream::open(const char *s, ios_base::openmode mode = ios_base::in);
void ofstream::open(const char *s, ios_base::openmode mode = ios_base::out | ios_base::trunc);
```

open 함수와 동일한 동작을 하는 생성자의 원형도 이와 같다. 파일 모드는 ios_base에 정의된 상수들이며 여러 개의 모드를 OR 연산자로 묶어서 지정할 수 있다. 파일 모드의 종류는 다음과 같다.

모드	설명
ios_base::out	출력용으로 파일을 연다.
ios_base::in	입력용으로 파일을 연다.
ios_base::app	파일 끝에 데이터를 덧붙인다. 데이터를 추가하는 것만 가능하다.
ios_base::ate	파일을 열자마자 파일 끝으로 FP를 보낸다. FP를 임의 위치로 옮길 수 있다.
ios_base::trunc	파일이 이미 존재할 경우 크기를 0으로 만든다.
ios_base::binary	이진 파일 모드로 연다.

open 함수에 디폴트로 지정되어 있는 파일 모드를 사용하지 않으려면 두 번째 인수에 명시적으로 원하는 파일 모드를 지정하면 된다. 예를 들어 파일을 열자마자 뒤에 덧붙이기를 하고 싶으면 out 모드와 app 모드를 같이 지정한다. 입력과 출력을 모두 할 수 있는 모드로 열고 싶으면 fstream 객체를 생성하고 in, out 모드를 모두 지정하면 된다. fstream은 istream, ostream으로부터 다중 상속된 iostream으로부터 상속을 받아 입력, 출력용 버퍼를 각각 하나씩 가지므로 입출력 겸용의 객체를 만들 수 있다.

다음 예제는 파일 입출력 객체를 사용하여 파일을 복사한다. C 드라이브의 루트에 있는 dummy.txt를 복사 원본으로 사용하므로 이 예제를 실행해 보려면 아무 파일이나 루트에 복사해 놓고 이름을 바꿔 놓아야 한다. 예제를 실행하면 똑같은 내용을 가지는 dummy2.txt 파일이 생성되어 있을 것이다.

예제 cppfilecopy

```
#include ⟨Turboc.h⟩
#include ⟨iostream⟩
#include ⟨fstream⟩
using namespace std;

void main()
{
    ifstream src("c:\\dummy.txt",ios_base::in | ios_base::binary);
    if (!src.is_open()) {
        cout ⟨⟨ "원본 파일이 없습니다." ⟨⟨ endl;
    }
    ofstream dest("c:\\dummy2.txt",ios_base::out | ios_base::trunc | ios_base::binary);
    char buf[10000];
    int nread;

    for (;;) {
        src.read(buf,10000);
        nread=src.gcount();
```

```
        if (nread==0) break;
        dest.write(buf,nread);
    }
    src.close();
    dest.close();
}
```

원본과 대상 파일을 위해 두 개의 파일 객체를 선언하되 원본은 읽기 모드로 열고 대상은 쓰기 모드로 연다. 파일 복사는 파일에 있는 내용을 그대로 읽어서 사본을 만드는 것이므로 읽고 쓰는 중에 어떠한 변환도 할 필요가 없으며 그래서 binary 플래그를 지정하여 이진 모드로 열었다. 이진 모드의 파일을 읽고 쓸 때는 다음 함수들을 사용한다.

basic_istremm& read(char *s, streamsize n);
basic_ostream& write(const char *s, streamsize n);

읽고 쓸 데이터의 시작 번지와 크기를 인수로 전달한다. 복사하는 방법은 아주 원론적인데 원본에서 읽어서 대상 파일로 출력하기를 원본을 다 읽을 때까지 반복하면 된다. 예제에서는 10K 크기의 버퍼를 준비하고 10K 단위로 원본을 읽어 대상 파일로 보내는데 단, 파일 끝에서는 실제 읽은 바이트만큼만 출력해야 한다. read 함수가 실제 읽은 길이는 gcount 함수로 조사할 수 있다. 복사가 끝나면 close 함수로 두 파일을 모두 닫는다.

파일 액세스 함수들은 항상 파일의 현재 위치(FP)를 참조하며 읽고 쓴 후에 FP를 뒤쪽으로 옮기므로 순차적으로 파일을 액세스할 수 있다. FP를 임의의 위치로 옮길 때는 다음 두 함수를 사용하는데 입력용, 출력용의 FP를 따로 유지하므로 함수가 두 개로 나누어져 있다. 다중 상속받는 fstream 객체는 버퍼가 두 개이므로 현재 위치에 해당하는 FP도 두 개를 가진다.

basic_istream& seekg(off_type off, ios_base::seek_dir way);
basic_ostream& seekp(off_type off, ios_base::seek_dir way);

첫 번째 인수 off는 어디로 이동할 것인지 거리를 지정하며 두 번째 인수는 이동의 기준점인데 ios_base ::beg는 파일의 선두를 기준으로 하며 ios_base::cur는 현재 위치, iso_base::end는 파일의 끝을 기준으로 한다. FP를 지정하는 방식은 C의 fseek 함수와 사실상 동일하다. FP의 현재 위치를 조사하는 함수는 tellp, tellg인데 역시 두 개의 FP에 대해 함수가 각각 제공된다.

36.2 string

36.2.1 문자열 클래스

C/C++은 언어 차원에서 문자열 타입을 제공하지 않기 때문에 다소 불편한 면이 있다. 대신 문자형 배열로 문자열을 표현하는데 여러 모로 귀찮은 일들이 많고 때로는 미리 정한 배열 크기를 벗어나면 위험해지기도 한다. 그러나 언어 차원에서 제공하는 문자열 타입이 없을 뿐이지 이를 보완할 수 있는 클래스라는 막강한 도구가 있다. C++은 문자열 타입을 제공하지 않는 대신 생성자, 파괴자, 연산자 오버로딩 등의 문법적 장치를 제공하며 이를 활용하면 베이직 같은 고급언어의 문자열을 만들 수 있고 오히려 구현의 자유가 보장되므로 훨씬 더 성능이 좋고 목적에 맞는 문자열을 만들어 쓸 수 있다.

앞에서 우리는 Str이라는 이름으로 문자열 클래스를 이미 만들어 본 바 있는데 이 클래스만 해도 고급 언어의 문자열 타입 흉내를 그럴듯하게 낸다. 하지만 실습용 클래스라 기능이 충분하지 않고 범용성도 떨어지는 것이 사실이다. 누군가가 문자열 클래스를 잘 만들어서 공개한다면 많은 개발자들이 이 클래스를 별다른 노력없이 재사용할 수 있을 것이다. 아마 여러분들도 이미 만들어진 문자열 클래스가 있지 않을까 찾을 것이다. 이 책에서 앞 장에서 만들었던 Str이라는 클래스도 있기는 하지만 왠지 예제라 못미더워 보인다. 물론 이보다 훨씬 더 잘 만들어진 재사용 가능한 문자열 클래스들이 많이 있다. 많은 사람들이 바라는 것은 항상 현실로 나타나는 법이다.

비주얼 C++의 기본 라이브러리인 MFC에는 CString이라는 멋진 클래스가 있고 공개 자료실을 뒤져 보면 쓸만한 클래스들이 널려 있다. 그러나 이런 것들은 기능상의 문제는 없지만 언어 차원의 표준이 아니므로 아무래도 호환성이 떨어진다는 단점이 있다. 여기서 소개하는 string 클래스는 우리가 그토록 바라는 표준 문자열 클래스이다. 14882 표준에서 정의하는 C++ 표준 라이브러리의 일부이므로 표준을 준수하는 모든 컴파일러가 이 클래스를 제공한다. 따라서 호환성, 이식성 등을 걱정할 필요없이 언제나 사용 가능하다.

string 클래스는 string 헤더 파일에 정의되어 있으며 std 네임 스페이스에 포함되어 있다. 그래서 이 클래스를 쓰고 싶다면 string 헤더(string.h가 아님을 유의하자)를 인클루드하고 std 네임 스페이스에 대해 using 지시자를 사용해야 한다. string은 템플릿 기반의 클래스이므로 핵심 코드들은 거의 대부분 헤더 파일에 작성되어 있으며 이 헤더를 열어 보면 소스를 직접 볼 수 있다. 헤더 파일에는 다음과 같은 basic_string이라는 클래스 템플릿을 정의하는데 선언문은 다음과 같다.

```
template<class _Elem, class _Traits = char_traits<_Elem>, class _Ax = allocator<_Elem> >
class basic_string { 멤버 목록 };
```

선언문이 다소 복잡한데 템플릿의 인수가 세 개나 되며 인수들을 조합하는 방식에 따라 다양한 형태의 문자열 클래스를 만들 수 있다. 뒤쪽 두 개의 인수에 대해서는 디폴트가 적용되는데 대부분의 경우 디폴트가 사용되지만 원하면 변경할 수 있다. 앞쪽 두 인수의 의미는 basic_ostream의 경우와 같으므로 마지막 인수 _Ax에 대해서만 알아보자.

문자열 클래스는 가변 길이를 다룰 수 있어야 하므로 본질적으로 메모리를 동적 할당해야 한다. _Ax 인수는 문자열 관리를 위한 메모리를 어떻게 할당하고 해제할 것인가를 지정하는 할당기이다. 디폴트인 allocator<_Elem>은 C++의 할당 연산자인 new, delete를 사용하는데 원한다면 다른 것으로 바꿀 수 있다. malloc, free를 쓰는 방식도 가능하며 초대용량의 메모리를 관리해야 한다면 Win32의 가상 메모리를 직접 할당하는 방식을 쓸 수도 있다. 또는 문자열의 길이가 빈번히 변한다면 미리 다량의 메모리를 확보하여 재할당 회수를 줄이는 최적화된 방법을 구사할 수도 있다.

뒤쪽의 두 인수는 디폴트 객체가 지정되어 있으며 이 객체들도 C++ 표준 라이브러리에 의해 이미 구현되어 있으므로 생략 가능하다. 생략시 무난한 디폴트 객체가 선택되는데 이때 만들어지는 클래스는 new, delete로 할당되는 널종료 문자열이다. 이 포맷이 가장 일반적이므로 대개의 경우 디폴트만 사용해도 무난하다.

basic_string 템플릿은 충분한 확장성과 일반성을 고려하여 작성되어 있다. 운영 환경이 바뀌거나 문자열의 정의가 달라지더라도 적절한 문자열 클래스를 생성할 수 있도록 설계되어 있을 뿐이지 세 인수를 반드시 지정해야만 하는 것은 아니다. 즉, 왠만하면 디폴트를 쓰되 꼭 바꾸고 싶다면 원하는 대로 할 수 있도록 되어 있는 것이다. 다양한 형태를 지원하려고 하다 보니 선언문이 복잡해졌다.

실제 프로그래밍에서는 첫 번째 인수로 문자의 타입만 밝히는 정도면 충분하다. 현재 문자를 표현하기 위해 사용할 수 있는 타입은 char, wchar_t 두 가지가 있는데 이 두 가지에 대해서는 다음과 같은 특수화 버전이 미리 선언되어 있다.

```
typedef basic_string<char> string;
typedef basic_string<wchar_t> wstring;
```

string은 ANSI 문자열이며 wstring은 유니코드 문자열을 표현한다. 두 클래스 모두 첫 번째 인수만 지정했으므로 디폴트에 의해 널 종료 문자열이며 new, delete로 메모리를 관리한다. ANSI와 유니코드는 프로젝트의 실행 환경에 따라 선택되어야 하되 두 클래스는 문자 코드만 다를 뿐 멤버 함수의 목록이나 기능이 다른 것은 아니다. 같은 템플릿으로 만들어졌으므로 내부 알고리즘은 동일할 수밖에 없다. 그래서 여기서는 ANSI 문자열을 다루는 string에 대해서만 다루되 wstring도 똑같은 방법으로 사용할 수 있다.

string 클래스는 그 자체로 독립적이기는 하지만 다음 장의 주제인 STL과도 깊은 연관이 있다. 반복자를 사용할 수 있으며 reverse, sort 등의 STL 알고리즘을 string에도 그대로 적용할 수 있고 컨테이너와 함께 사용할 수도 있다. string은 STL의 일부는 아니지만 STL을 만나면 훨씬 더 많은 일을 할 수 있다.

36.2.2 메모리 관리

어떤 클래스를 연구할 때 가장 먼저 조사해야 하는 함수는 객체를 만드는 생성자이다. string 클래스는 모두 여섯 개의 생성자를 정의하고 있는데 원형은 다음 도표와 같다. 템플릿 함수들은 원형이 다소 복잡하므로 헤더 파일에 있는 선언문을 조금 편집하여 읽기 쉽게 정리했다. 템플릿 인수는 가급적 실제 인수로 표기하고 중간 타입들은 평이한 타입으로 바꿔서 표기하기로 하는데 예를 들어 _Elem이라고 쓰는 것보다 그냥 char라고 쓰는 것이 더 쉬울 것이다. 또한 size_type은 할당기가 정의하는 크기 타입이되 size_t(결국 unsigned)이므로 size_t로 표기하기로 한다.

원형	설명
string()	디폴트 생성자. 빈 문자열을 만든다.
string(const char *s)	널 종료 문자열로부터 생성하는 변환 생성자
string(const string &str, int pos=0, int num=npos)	복사 생성자
string(size_t n, char c)	c를 n개 가득 채움
string(const char *s, size_t n)	널 종료 문자열로부터 생성하되 n길이 확보
template⟨It⟩ string(It begin, It end)	begin~end사이의 문자로 구성된 문자열 생성

디폴트 생성자, 복사 생성자 및 문자열 상수로부터의 생성자가 있고 문자의 반복이나 다른 문자열의 일부만을 취하는 생성자 등이 정의되어 있다. 문자열을 만들 수 있는 모든 방법에 대해 생성자가 다 정의되어 있다. 객체의 세계에서는 조금이라도 필요를 느낄만한 함수들은 다 정의되어 있다고 보면 거의 틀림없다. 제공되는 기능의 목록을 일부러 외울려고 노력할 필요도 없고 기능 자체의 상세한 사용법을 굳이 몰라도 큰 지장은 없다. OOP의 개념만 있으면 라이브러리 사용법을 습득하는 것은 아주 쉬운 일이다. 왜냐하면 내가 만들어도 당연히 저렇게 만들 것 같다는 직관력이 있기 때문이다. 다음 예제는 이 생성자들을 순서대로 호출함으로써 다양한 방법으로 string 객체를 생성한다.

예제 **stringctor**

```
#include ⟨Turboc.h⟩
#include ⟨iostream⟩
#include ⟨string⟩
using namespace std;

void main()
{
    string s1("test");
    string s2(s1);
```

```
    string s3;
    string s4(32,'S');
    string s5("very nice day",8);
    char *str="abcdefghijklmnopqrstuvwxyz";
    string s6(str+5,str+10);

    cout << "s1=" << s1 << endl;
    cout << "s2=" << s2 << endl;
    cout << "s3=" << s3 << endl;
    cout << "s4=" << s4 << endl;
    cout << "s5=" << s5 << endl;
    cout << "s6=" << s6 << endl;
}
```

s1 ~ s6까지 여섯 개의 string 객체를 생성하고 결과 확인을 위해 출력해 보았다. 실행 결과는 다음과 같다.

```
s1=test
s2=test
s3=
s4=SSSSSSSSSSSSSSSSSSSSSSSSSSSSSSSS
s5=very nic
s6=fghij
```

s1은 문자열 상수로부터 생성되는데 이때 s1의 메모리는 인수로 전달된 문자열의 길이만큼 자동으로 할당된다. "test" 문자열을 저장하기 위해서는 최소 5바이트가 필요하므로 생성자에서 이 문자열을 저장할 수 있는 충분한 길이만큼 메모리를 할당할 것이다. s2는 s1을 복사하여 똑같은 내용을 가지는 객체를 생성하는데 이 생성자에서 깊은 복사를 할 것임은 쉽게 추측할 수 있다. s2는 s1으로부터 만들어지지만 생성 단계에서 같은 문자열을 가질 뿐 별개의 독립적인 객체이다. 출력 결과 s1, s2는 모두 "test"라는 문자열을 가지는데 이후 별개의 문자열을 가질 수 있다.

s3는 인수가 없는 디폴트 생성자로 생성했는데 이 경우 빈 문자열을 가지는 객체가 생성된다. 생성된 직후에는 일단 내용을 가지지 않지만 이후 대입이나 연결 등의 동작을 통해 문자열을 저장할 수 있을 것이다. 예를 들어 s3=s1+"ing"; 대입문을 실행하면 s3는 "testing"이 될 것이다. s4는 똑같은 문자를 여러 번 반복해서 얻어지는 문자열을 생성하는데 예제에서는 'S' 문자 32개로 문자열을 만들었다. 아주 단순한 생성자이지만 다음과 같은 도표를 그리고 싶을 때 이 생성자가 아주 유용하다.

'-'문자 70개로 수평선을 그었는데 문자열 상수로 이런 모양을 직접 출력하려면 사람이 일일이 세어가면서 문자열을 만들거나 루프를 돌려야 하지만 (char, int) 생성자를 사용하면 훨씬 더 쉽다. s5는 문자열 상수에서 n개의 문자만을 취해 문자열 객체를 생성한다. n이 문자열 상수보다 더 짧으면 일부 문자열만으로 문자열이 생성되며 더 길면 미리 n만큼의 메모리를 확보하되 뒤쪽의 쓰레기 문자까지도 문자열의 일부로 덧붙인다.

s6는 다른 문자열의 일정 범위로부터 문자열을 생성한다. 원형이 조금 복잡하게 선언되어 있는데 두 개의 반복자를 인수로 취해 반복자 범위안의 내용을 취한다. 반복자는 STL이 사용하는 일반화된 포인터인데 이 예제의 경우는 문자열 포인터라고 생각하면 된다. 알파벳이 저장된 str에서 5~10 범위의 문자열을 추출했으므로 s6는 "fghij"가 된다.

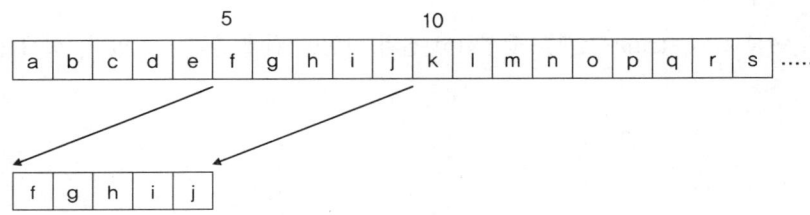

STL은 범위를 칭할 때 항상 시작점은 포함하지만 끝점은 포함하지 않으므로 실제 생성되는 문자열은 str의 5~9사이의 문자들이다. 여섯 번째 생성자를 사용하면 문자열이나 다른 stiring 객체의 일부 문자열로부터 새로운 문자열을 만들 수 있다. 이상의 생성자 중 앞쪽의 디폴트, 변환, 복사 생성자 셋이 자주 사용되며 나머지 생성자는 활용 빈도가 낮은 편이다.

예제 코드에는 명시적으로 보이지 않지만 객체가 파괴될 때는 파괴자가 자동으로 호출된다. string 객체는 가변적인 문자열 데이터를 객체 내에 직접 가지지 않으며 동적으로 메모리를 할당하여 관리할 것임을 쉽게 추측할 수 있다. 생성자가 데이터 저장을 위해 메모리를 할당하고 있으므로 파괴자에서는 당연히 이 메모리를 해제해야 한다. 파괴자가 필요한 처리를 하므로 객체가 사라질 때 별도의 처리를 할 필요가 없으며 지역 객체일 경우 쓰다가 그냥 버리기만 하면 된다. 예제의 s1~s6 객체들은 모두 main 함수의 지역 객체이므로 별도의 정리 코드가 필요없다.

string은 객체의 생성, 파괴, 대입, 연결 등의 모든 멤버 함수와 연산자가 버퍼 길이를 자동으로 관리하도록 되어 있다. 데이터 길이만큼 버퍼를 할당하고 늘어나면 재할당하고 파괴될 때는 정리한다. 이 과정이 자동화되어 있기는 하지만 성능상의 이유로 사용자가 직접 길이를 조사하거나 제어하는 방법도 제공된다. string은 길이를 조사하고 메모리를 관리하는 몇 가지 멤버 함수를 제공한다. 다음 예제를 통해 string이 내부 메모리를 어떻게 관리하는지 구경해 보자.

```
#include <Turboc.h>
#include <iostream>
#include <string>
using namespace std;

void main()
{
    string s("C++ string");

    cout << s << " 문자열의 길이 = " << s.size() << endl;
    cout << s << " 문자열의 길이 = " << s.length() << endl;
    cout << s << " 문자열의 할당 크기 = " << s.capacity() << endl;
    cout << s << " 문자열의 최대 길이 = " << s.max_size() << endl;

    s.resize(6);
    cout << s << " 길이 = " << s.size() << ",할당 크기 = " << s.capacity() << endl;

    s.reserve(100);
    cout << s << " 길이 = " << s.size() << ",할당 크기 = " << s.capacity() << endl;
}
```

짧은 string 객체를 생성하고 길이와 관련된 멤버 함수들을 호출해 보았다. 실행 결과는 다음과 같다.

```
C++ string 문자열의 길이 = 10
C++ string 문자열의 길이 = 10
C++ string 문자열의 할당 크기 = 15
C++ string 문자열의 최대 길이 = 4294967294
C++ st 길이 = 6,할당 크기 = 15
C++ st 길이 = 6,할당 크기 = 111
```

size와 length는 객체에 저장된 문자열의 길이를 조사하는데 strlen 표준 함수와 기능상 동일하다. 널 종료 문자는 빼고 문자의 개수가 리턴된다. 역사적인 이유로 똑같은 함수가 두 개 제공되는데 length는 표준 이전의 길이 조사 함수이고 size는 STL이 표준이 된 후 STL과 함수명을 일관되게 맞추기 위해 새로 만들어진 것이다. 둘 중 편한대로 사용하면 된다.

capacity 함수는 객체가 할당한 메모리의 양을 조사하는데 이 값은 size보다는 항상 조금 더 크다.

string은 문자열이 늘어날 것에 대비하여 항상 조금의 여유분을 더 할당해 놓는데 미리 할당해 놓지 않으면 문자열이 늘어날 때마다 매번 재할당해야 하므로 속도가 느려질 것이다. 이런 미리 할당 기법은 동적 배열에서도 흔하게 사용되는 방법이다.

max_size 함수는 문자열 객체가 가질 수 있는 최대 길이를 조사하는데 32비트 시스템에서 이 값은 unsigned의 최대값보다 1 작은 값이다. 결국 string 객체의 최대 길이는 42억이나 된다는 얘기인데 어디까지나 이론적인 최대 길이일 뿐 실제로는 물리적인 메모리 한계까지만 쓸 수 있으며 이는 곧 실질적인 무한 길이를 의미한다. max_size가 리턴하는 값은 string::npos 정적 멤버 변수로 정의되어 있는데 이 값은 (unsigned)−1과 같다. 실제 객체가 이 길이를 가질 수 없으므로 npos는 검색 함수가 실패를 리턴할 때 흔히 사용된다.

string 객체는 자신이 가지는 문자열의 길이만큼 메모리를 자동으로 관리하지만 사용자가 원할 경우 길이를 강제로 변경할 수 있다. resize 함수는 문자열의 길이를 인수로 전달된 개수로 강제 조정한다. 만약 n이 현재 크기보다 더 작으면 뒤쪽 문자열은 잘라 버리며 더 크면 NULL 문자로 채우되 두 번째 인수로 채울 문자를 지정할 수 있다. 예를 들어 s1.resize(15, '*');를 호출하면 "C++ string*****"가 된다.

reserve 함수는 메모리의 여유분을 지정한 크기만큼 미리 확보한다. 조만간 메모리가 대폭 늘어날 예정이라면 string 객체가 알아서 재할당하도록 내버려 두는 것보다 미리 원하는 크기만큼 할당해 놓는 것이 유리하다. 미리 메모리를 확보해 놓으면 재할당 회수가 줄어들므로 성능상의 이점을 취할 수 있다. reserve 함수는 인수로 지정한 길이만큼 메모리를 미리 할당하되 통상 지정한 양보다 더 여유있게 할당한다. 참고로 다음 두 함수도 알아 두자.

```
void clear( );
bool empty( ) const;
```

clear 함수는 문자열을 모두 지우는데 "" 빈 문자열을 대입하는 것과 효과가 같다. empty 함수는 이 객체가 빈 문자열인지 조사하는데 "" 문자열 상수와 비교하는 것과 같으며 문자열의 길이가 0이면 true를 리턴한다.

string은 문자열에 관련된 모든 기능을 가지므로 전통적인 문자 배열 대신 사용하기에 충분하다. 그러나 때로는 string으로부터 문자 배열을 만들어야 하는 경우도 있는데 string을 인식하지 못하는 이전의 함수들을 호출할 때는 아직도 문자 배열이나 문자형 포인터가 필요하다. 예를 들어 strstr 함수를 호출하고 싶다거나 string 객체의 내용을 fwrite 함수로 파일에 저장하고 싶을 때가 이에 해당한다. 다음 예제는 string 객체로부터 문자열의 내용을 얻는 방법을 보여 준다.

```
#include <Turboc.h>
#include <iostream>
#include <string>
using namespace std;

void main()
{
    string s("char array");

    cout << s.data() << endl;
    cout << s.c_str() << endl;

    char str[128];
    strcpy(str,s.c_str());
    printf("str = %s\n",str);
}
```

basic_string 클래스에는 문자열의 내용을 얻는 data와 c_str 두 개의 멤버 함수가 준비되어 있다. 두 함수 모두 상수 포인터를 리턴하므로 이 함수로 읽은 포인터에 대해서는 읽기만 해야 하며 값을 변경할 수는 없다. data 함수는 string 객체의 네이티브 데이터 번지를 그대로 리턴하므로 널 종료 문자가 아닐 수도 있지만 c_str은 항상 널 종료 문자열이다. basic_string 템플릿의 두 번째 인수 _Traits가 지정하는 문자열 관리 방식에 따라 문자열의 형태가 결정되므로 내부적인 형태가 항상 널 종료 문자열이라고 할 수 없다.

data는 객체의 내부 데이터를 그대로 리턴하는 것이고 c_str은 널 종료 문자열이 아닌 경우 사본을 복사한 후 널 종료 문자열로 바꿔서 리턴한다는 점이 다르다. 물론 string 클래스는 널 종료 문자열이므로 string 객체에 대해서는 data와 c_str이 같겠지만 다른 basic_string 템플릿 클래스에서는 결과가 달라질 수도 있다. 그래서 C 스타일의 문자 배열로 string 객체를 복사하고 싶을 때는 c_str 멤버 함수를 사용하는 것이 옳다. 예제에서는 길이 128의 문자형 배열 str로 string 객체 s의 내용을 복사한 후 printf 함수로 출력해 보았다. string 객체의 길이 제한이 없으므로 원칙대로 하자면 size로 길이 조사 후 +1만큼 할당해서 사용해야 한다.

이상에서 알아본 바와 같이 string 클래스의 메모리 관리는 완전히 자동화되어 있다. 객체가 생성될 때 필요한 만큼 메모리를 할당하고 파괴될 때 알아서 정리하며 더 긴 문자열이 대입되거나 연결되면 늘어나기도 한다. 최대 표현 길이도 충분하게 설정되어 있으므로 배열 범위를 벗어나는 것은 걱정할 필요가 없다.

36.2.3 입출력

앞에서 이미 사용해 봐서 알겠지만 string 객체를 화면으로 출력할 때는 << 연산자를 사용하여 cout으로 보내기만 하면 된다. 아주 당연해 보이겠지만 이 출력 코드가 동작하는 이유는 cout과 string 객체를 인수로 취하는 << 전역 연산자가 오버로딩되어 있기 때문이다. cout이 string을 알아서 인식하는 것이 아니라 string 헤더 파일에 다음과 같은 연산자가 정의되어 있으므로 이런 출력 코드가 동작한다.

```
template<class _Elem, class _Traits, class _Alloc>
inline basic_ostream<_Elem, _Traits>& __cdecl operator<<(basic_ostream<_Elem, _Traits>& _Ostr,
const basic_string<_Elem, _Traits, _Alloc>& _Str);
```

선언문이 상당히 복잡해 보이는데 다양한 타입을 허용하는 템플릿이 개입되면 원래 복잡해질 수밖에 없다. 그래서 템플릿 코드는 가독성이 떨어진다고 하는 것이다. 이 선언문을 좀 읽기 쉽게 정리해 보면 다음과 같다.

```
ostream& operator<<(ostream& cout, string &s);
```

cout, string 객체를 인수로 취해 cout으로 string의 문자열을 출력하고 다시 cout 객체의 레퍼런스를 리턴하는 << 연산자이다. 리턴값이 cout의 레퍼런스이므로 연쇄적인 출력도 가능하다. 선언문이나 내부 코드는 복잡하겠지만 표준 입출력 스트림을 쓰는 방법과 동일하므로 string 객체를 출력하고 싶으면 무조건 cout << 로 보내기만 하면 된다.

콘솔 프로젝트를 만들 일이 없어 활용성은 떨어지지만 cin 표준 입력을 통해 문자열을 입력받는 것도 가능하다. string 헤더 파일이 << 연산자를 정의하는 것과 마찬가지로 >> 연산자도 정의하고 있기 때문이다. 그러나 >> 연산자는 한 단어만 입력할 수 있는데 getline 전역 함수를 사용하면 개행 코드 전까지의 한 행을 모두 입력받을 수 있다. getline은 멤버 함수가 아니라 cin과 string을 인수로 받아들이는 전역 함수로 오버로딩되어 있다.

예제 **stringin**

```
#include <iostream>
#include <string>
using namespace std;

void main()
{
    string name, addr;
```

```
    cout << "이름을 입력하시오 : ";
    cin >> name;
    cout << "입력한 이름은 " << name << "입니다." << endl;
    cin.ignore();
    cout << "주소를 입력하시오 : ";
    getline(cin,addr);
    cout << "입력한 주소는 " << addr << "입니다." << endl;
}
```

이 예제는 두 개의 string 객체를 선언하고 이름과 주소를 입력받는다. 이름은 한 단어이므로 >> 연산자로 입력받을 수 있고 주소는 한 행이므로 반드시 getline으로 입력받아야 한다. >> 연산자는 공백을 만나면 입력을 완료해 버리므로 주소 같은 긴 문장을 입력받지는 못한다. 또한 cin은 문자열 입력 후 버퍼에 개행 코드를 남겨 두므로 ignore 함수로 이 개행 코드를 버리는 처리도 필요하다.

getline으로 문장을 입력받을 때 이 함수가 입력받은 문자열의 길이만큼 string 객체의 길이를 자동으로 관리하므로 아무리 긴 문자열이 입력되더라도 배열 범위를 넘어서는 것은 걱정하지 않아도 된다. 이에 비해 cin으로 문자 배열에 문자열을 입력받을 때는 배열 범위를 넘어설 때 다운될 위험성이 있다. 배열은 끝 표식이 없기 때문에 항상 위험하다.

문자열의 개별 문자들을 액세스하고 싶을 때는 [ ] 연산자 또는 at 멤버 함수를 사용한다. 둘 다 첨자 번호를 인수로 전달받아 첨자 위치의 문자를 읽는다. 이 함수들은 상수 버전과 비상수 버전이 각각 준비되어 있다.

```
char& operator[](size_type _Off)
char& at(size_type _Off);
const char& operator[](size_type _Off) const
const char& at(size_type _Off) const;
```

[ ] 연산자와 at 함수는 기능이 거의 동일한데 인수로 주어진 첨자의 문자를 읽되 레퍼런스가 리턴되므로 좌변에 사용하여 값을 변경하는 것도 가능하다. 단, 상수 객체인 경우는 좌변에 쓸 수 없으므로 상수 버전의 [ ] 연산자와 at 함수가 따로 존재한다. 다음 예제는 문자열의 개별 문자를 읽어 화면으로 출력한다.

예 제 **stringat**

```
#include <iostream>
#include <string>
```

```
using namespace std;

void main()
{
    string s("korea");
    size_t len,i;

    len=s.size();
    for (i=0;i<len;i++) {
        cout << s[i];
    }
    cout << endl;
    s[0]='c';

    for (i=0;i<len;i++) {
        cout << s.at(i);
    }
    cout << endl;
}
```

　s 문자열의 길이를 조사한 후 길이만큼 루프를 돌며 s[i] 연산문으로 개별 문자를 읽어 보았다. [ ] 연산자를 사용하면 string 객체를 마치 C의 문자 배열처럼 사용할 수도 있다. s[0]를 대입 연산자의 좌변에 두어 개별 문자의 값을 변경하는 것도 가능하다. 실행 결과는 다음과 같다.

```
korea
corea
```

　처음에는 [ ] 연산자로 개별 문자를 출력해 보았고 s[0]를 'c'로 변경한 후 at 함수로 개별 문자를 다시 읽어 보았다. s를 const로 변경하면 상수 객체가 되므로 s[0]='c'; 대입문은 에러로 처리된다. 그러나 상수 버전의 [ ] 연산자도 정의되어 있으므로 s[i]로 개별 문자를 읽는 연산은 허용된다.

　[ ] 연산자와 at 함수는 배열의 경계를 점검하는가 아닌가만 다르다. [ ] 연산자는 첨자가 길이보다 더 커도 경계 점검을 하지 않으므로 잘못된 동작을 할 수 있지만 at 함수는 길이보다 더 큰 첨자를 인수로 전달할 경우 out_of_range 예외를 발생시킨다. at 함수가 좀 더 안전하다고 할 수 있지만 매번 첨자의 유효성을 점검해야 하므로 속도는 그만큼 느릴 것이다. 확실히 범위를 넘어서지 않는다는 보장이 있다면 [ ] 연산자가 더 유리하다. 예제의 두 번째 for 루프는 at 함수를 사용하고 있는데 i가 문자열의 길이까지만 반복되므로 [ ] 연산자를 쓰는 것이 합리적이다.

36.2.4 대입 및 연결

string 객체에 다른 문자열이나 문자를 대입할 때는 = 연산자를 사용한다. 값을 변경할 때는 = 연산자를 사용한다는 상식에 부합하기 위해 이 연산자가 정의되어 있다. 세 가지 종류의 문자열을 대입할 수 있도록 오버로딩되어 있다.

```
string& operator=(char ch);
string& operator=(const char* str);
string& operator=(const string& other);
```

단일 문자, 문자열 상수 또는 다른 string 객체를 대입할 수 있는데 상식적으로 문자열에 대입할만한 모든 것들을 다 대입할 수 있다고 보면 된다. 대입 연산자는 우변의 길이만큼 메모리를 확보한 후 메모리 복사를 수행할 것이며 string 객체끼리 대입할 때는 깊은 복사를 할 것이다. 문자열끼리 연결할 때는 += 연산자를 사용하는데 대입 연산자와 마찬가지로 세 가지 버전으로 오버로딩되어 있다.

```
string& operator+=(char ch);
string& operator+=(const char* str);
string& operator+=(const string& other);
```

문자열 상수나 string 객체를 연결할 수 있고 단일 문자도 연결할 수 있는데 단일 문자를 문자열 끝에 추가하는 기능은 C 함수에는 없는 기능이다. 연결할 때도 마찬가지로 두 문자열을 합친 길이만큼 메모리를 재할당할 것이다. 다음 예제는 대입과 연결 동작을 테스트한다.

예제 **stringequalplus**

```
#include <Turboc.h>
#include <iostream>
#include <string>
using namespace std;

void main()
{
    string s1("야호 신난다.");
    string s2;

    s2="임의의 문자열";
    cout << s2 << endl;
```

```
    s2=s1;
    cout << s2 << endl;
    s2='A';
    cout << s2 << endl;

    s1 += "문자열 연결.";
    cout << s1 << endl;
    s1 += s2;
    cout << s1 << endl;
    s1 += '!';
    cout << s1 << endl;

    string s3;
    s3="s1:"+s1+"s2:"+s2+'.';
    cout << s3 << endl;
}
```

문자열끼리, 단일 문자와 대입 및 연결을 해 보았다. 실행 결과는 다음과 같은데 코드와 연산 후의 결과를 비교해 보아라.

```
임의의 문자열
야호 신난다.
A
야호 신난다.문자열 연결.
야호 신난다.문자열 연결.A
야호 신난다.문자열 연결.A!
s1:야호 신난다.문자열 연결.A!s2:A.
```

대입, 연결 연산자는 모두 string형의 레퍼런스를 리턴하므로 연쇄적인 대입이나 연결도 가능하다. + 연산자도 string의 멤버는 아니지만 프렌드로 정의되어 있어 문자열, string 객체, 단일 문자를 연쇄적으로 연결할 수 있다. 그래서 연결하고 싶은 대상을 순서에 상관없이 + 연산자로 죽 나열하기만 하면 원하는 문자열을 쉽게 만들 수 있다. 예제의 s3는 s1과 s2 그리고 중간 중간의 문자열 상수들을 연결하여 만들어진 문자열이다.

문자열을 대입하고 연결하는 =, += 연산자는 항상 피연산자 전체를 대상으로 한다. 다른 문자열의 일부만 대입하거나 연결하고 싶을 때는 연산자를 쓸 수 없으며 다음 두 함수를 사용해야 한다. string 객체끼리 대입, 연결하는 대표적인 두 함수의 원형만 보이는데 예상하다시피 이보다 훨씬 더 많은 원형이 오버로딩되어 있다. 나머지는 레퍼런스를 참조하기 바란다.

```
string& assign(const string& _str, size_t off, size_t count);
string& append(const string& _str, size_t off, size_t count);
```

인수의 형식은 직관적인데 str 객체의 off 위치에서 count 개수만큼만 대입하거나 연결한다. = 연산자가 표준 strcpy 함수라면 assign은 strncpy 함수에 해당한다. 동작이 간단하므로 예제만 한 번 실행해봐도 이해할 수 있을 것이다.

예제 **AssignAppend**

```cpp
#include <Turboc.h>
#include <iostream>
#include <string>
using namespace std;

void main()
{
    string s1("1234567890");
    string s2("abcdefghijklmnopqrstuvwxyz");
    string s3;

    s3.assign(s1,3,4);
    cout << s3 << endl;
    s3.append(s2,10,7);
    cout << s3 << endl;
}
```

두 개의 문자열 객체를 만들어 놓고 이 중 일부를 대입 및 연결해 보았다.

```
4567
4567klmnopq
```

s3문자열 객체는 디폴트 생성자에 의해 빈 문자열로 생성되었다가 s1의 일부 문자열을 대입받고 다시 s2의 일부 문자열을 연결하여 만들어졌다.

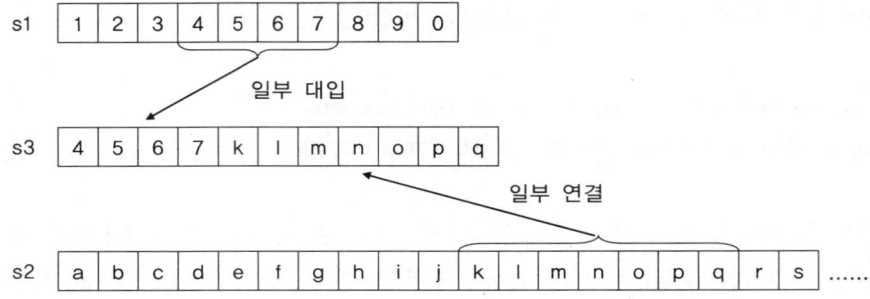

다음 두 함수는 문자 배열에 문자열을 복사하거나 string 객체끼리 교환한다.

```
size_type copy(value_type* _Ptr, size_type _Count, size_type _Off = 0) const;
void swap(basic_string& _Str);
```

copy 함수는 _Ptr 문자 배열에 객체의 _Off 위치에 있는 문자들을 _Count 개수만큼 복사한다. _Off 의 디폴트값이 0이므로 이 인수를 생략하면 객체의 처음 문자부터 지정한 개수만큼 복사될 것이다. 지정한 개수만큼만 정확하게 복사하므로 널 종료 문자는 붙이지 않는다. 만약 객체의 문자열 길이가 _Count 보다 더 작으면 객체의 길이만큼만 복사된다. _Ptr 배열은 복사받을 문자열의 길이만큼 충분한 길이를 가져야 하는데 만약 이 길이가 부족하면 결과는 예측할 수 없다. 다운될 수도 있다는 얘기인데 시작 번지만 전달되는 문자 배열의 길이는 C++에서도 여전히 알 수 없으므로 어찌할 도리가 없다.

copy 함수를 사용하면 string 객체의 내용을 문자 배열로 변환할 수 있다. swap 함수는 이름 그대로 두 문자열의 내용을 교환하는데 이때 두 객체의 메모리는 자동으로 관리된다. 이 두 함수의 동작 확인을 위한 간단한 예제를 만들어 보자.

예제 CopySwap

```cpp
#include 〈Turboc.h〉
#include 〈iostream〉
#include 〈string〉
using namespace std;

void main()
{
    string s("1234567890");
    char str[128]="abcdefghijklmnopqrstuvwxyz";

    s.copy(str,5,3);
```

```
    cout << str << endl;

    string s1("dog");
    string s2("cow");
    cout << "s1:" << s1 << "s2:" << s2 << endl;
    s1.swap(s2);
    cout << "s1:" << s1 << "s2:" << s2 << endl;
}
```

s의 copy 함수로 3번째 문자부터 길이 5만큼을 str 배열로 복사해 보았다. str의 첫 다섯 문자가 s의 부분 문자열로 대체될 것이다. 그리고 s1, s2 두 문자열 객체를 swap 함수로 교환해 보았다.

```
45678fghijklmnopqrstuvwxyz
s1:dogs2:cow
s1:cows2:dog
```

만약 copy 함수로 배열의 중간쯤에 문자열을 복사하고 싶다면 첫 번째 인수인 포인터에 정수를 더하기만 하면 된다. 예를 들어 str의 4번째 위치에 문자열을 복사하고 싶다면 s1.copy(str+4,5,3)을 호출한다. swap 함수는 두 객체의 내용을 교환하므로 호출 객체와 피연산자를 바꿔도 결과는 동일하다. 즉 s2.swap(s1)이라고 해도 똑같다.

36.2.5 삽입과 삭제

다음은 문자열 중간에 다른 문자 또는 문자열을 삽입하는 insert 함수에 대해 알아보자. 삽입 대상을 다양하게 지정할 수 있으므로 여러 벌의 함수가 준비되어 있다.

```
string& insert(size_t pos, const char* ptr);
string& insert(size_t pos, const char* ptr, size_t count);
string& insert(size_t pos, const string& str);
string& insert(size_t pos, const string& str, int off, int count);
string& insert(size_t pos, int count, char ch);
void push_back(char ch);
```

삽입 동작은 문자열에 내용을 추가하는 append와 유사하되 다만 삽입하는 지점을 인수로 전달한다는 것만 다를 뿐이다. 그래서 모든 insert 함수의 첫 번째 인수는 삽입 지점을 가리키는 pos이다. 어떻게 보면 append 함수를 문자열 끝에 삽입하는 함수라고 볼 수도 있으므로 append는 첫 번째 인수가 size()

인 insert라고 할 수 있다.

삽입할 수 있는 대상은 문자열 상수, string 객체, 연속적인 동일 문자이되 대상의 일부분만 원하는 길이만큼 삽입할 수도 있다. 함수의 원형으로부터 인수의 의미는 쉽게 유추 가능하다. off가 대상의 시작 위치이며 count가 삽입할 문자의 개수이다. push_back 함수는 문자 하나만 제일 끝에 추가하는 함수인데 STL 형식의 함수를 string 객체에 정의해 놓은 것이다. 다음은 문자열의 일부를 삭제하는 함수이다.

```
string& erase(size_t pos=0, size_t count=npos);
```

삽입에 비해 삭제는 다른 대상과 상관없이 자기 자신의 일부를 지우는 것이므로 구조가 훨씬 더 간단하다. pos 위치에서 count 개수만큼의 문자가 삭제된다. 이 함수 외에 STL의 반복자를 인수로 취해 일정 범위를 삭제하는 원형도 있다. 다음 예제로 삽입, 삭제 함수를 테스트해 보자.

예제 stringinsert

```cpp
#include <Turboc.h>
#include <iostream>
#include <string>
using namespace std;

void main()
{
    string s1("1234567890");
    string s2("^_^");

    cout << s1 << endl;
    s1.insert(5,"XXX");
    cout << s1 << endl;
    s1.insert(5,s2);
    cout << s1 << endl;
    s1.erase(5,6);
    cout << s1 << endl;
}
```

1~0까지의 숫자로 구성된 s1 문자열에 다른 문자열을 삽입 및 삭제해 보는 예제이다. 실행 결과는 다음과 같다.

```
1234567890
12345XXX67890
12345^_^XXX67890
1234567890
```

길이 3의 문자열을 두 번 삽입하고 여섯 문자를 삭제했으므로 결국 원본 문자열과 같아진다. 다음은 문자열의 일부를 다른 내용으로 바꾸는 대체 함수에 대해 알아보자. 총 10개의 함수가 중복 정의되어 있는데 비슷비슷하므로 대표적으로 다음 함수 하나만 알아 두면 된다.

string& replace(size_t pos, size_t num, const char *ptr);

pos 위치에서부터 num개까지의 문자열을 ptr로 대체한다. 나머지 함수는 string 객체를 인수로 취하거나 대체하는 문자열의 일부만을 취하는 식인데 레퍼런스를 참고하기 바란다. 다음은 테스트 예제이다.

예제 **stringreplace**

```cpp
#include <iostream>
#include <string>
using namespace std;

void main()
{
    string s1="독도는 일본땅";

    cout << s1 << endl;
    s1.replace(7,4,"대한민국");
    cout << s1 << endl;
}
```

s1은 말도 안 되는 거짓말인데 이 문자열의 7번째 위치에서 길이 4만큼인 "일본"을 "대한민국"이라는 문자열로 대체했다. 실행 결과는 "독도는 대한민국땅"이 된다. 이 예에서 보다시피 대체되는 문자열이 원본 문자열과 길이가 꼭 같지 않아도 상관없다. 더 긴 문자열이나 더 짧은 문자열로 대체하는 것도 가능한데 이때 늘어나는 메모리는 자동으로 관리되며 뒤쪽 문자열도 알아서 이동한다. 다음 함수는 string 객체의 일부 문자열을 추출하여 새로운 string 객체를 생성한다.

string substr(size_t off=0, size_t count=npos); const;

off 위치에서부터 count 개수만큼의 부분 문자열을 추출하여 새로운 string 객체를 만들며 원본 객체는 건드리지 않는다. 이 함수를 사용하면 부분 문자열로 구성된 string 객체를 만들 수도 있다.

예제 substr

```
#include <iostream>
#include <string>
using namespace std;

void main()
{
    string s1("123456789");
    string s2=s1.substr(3,4);

    cout << "s1:" << s1 << endl;
    cout << "s2:" << s2 << endl;
}
```

s1의 3번째에서부터 길이 4만큼의 부분 문자열을 취해 s2에 대입했으므로 s2는 "4567"로 초기화된다.

36.2.6 비교와 검색

두 문자열 객체의 상등, 대소를 비교할 때는 기본 타입과 마찬가지로 관계 연산자를 사용한다. 문자열을 비교할 때는 _Traits 객체가 지정한 규칙에 따라 문자 코드의 순서에 따라 비교하는데 string 클래스에 적용된 디폴트 _Traits가 ASCII 코드를 기준으로 하므로 A보다 B가 크고 B보다 C가 더 크다. 관계 연산자 외에 compare라는 멤버 함수로 비교할 수도 있는데 compare는 연산자에 비해 문자열의 일부만을 비교할 수 있다는 점이 다르다. 연산자는 항상 전체를 대상으로 하며 함수는 일부에 대해서도 동작하는 식이다.

관계 연산자와 compare 함수 모두 다양한 타입에 대해 오버로딩되어 있으므로 string 객체끼리 비교할 수도 있고 string 객체와 문자열 상수를 비교할 수도 있다. 연산자의 경우 좌우변의 순서는 중요하지 않으므로 순서에 상관없이 비교 가능하다. 즉 if (s == "mo")로 비교하나 if ("mo" == s)로 비교하나 똑같다는 얘기다. 다음은 string 객체끼리 비교하는 compare 함수이며 이 외에 const char *를 인수로 취해 문자열 상수와 비교하는 compare 함수도 정의되어 있다.

```
int compare(const string& str) const;
int compare(size_t pos, size_t num, const string& str) const;
int compare(size_t pos, size_t num, const string& str, size_t off, size_t count) const;
```

첫 번째 원형은 두 문자열 객체 전체를 비교하며 두 번째 원형은 호출 객체의 일부를 str 전체와 비교하며 세 번째 원형은 호출 객체 일부와 str의 일부를 비교한다. 비교한 결과는 정수로 리턴되는데 두 문자열이 완전히 일치하면 0을 리턴하며 호출한 객체가 더 작으면 음수를 리턴하고 호출한 객체가 더 크면 양수를 리턴한다. 표준 strcmp 함수의 리턴값과 의미가 같으므로 외우기도 쉽다. 다음은 관계 연산자와 compare 함수를 사용하여 문자열끼리 비교하는 예제이다.

예제 **compare**

```
#include <iostream>
#include <string>
using namespace std;

void main()
{
    string s1("aaa");
    string s2("bbb");

    cout << (s1 == s1 ? "같다":"다르다") << endl;
    cout << (s1 == s2 ? "같다":"다르다") << endl;
    cout << (s1 > s2 ? "크다":"안크다") << endl;

    string s3("1234567");
    string s4("1234999");
    cout << (s3.compare(s4)==0 ? "같다":"다르다") << endl;
    cout << (s3.compare(0,4,s4,0,4)==0 ? "같다":"다르다") << endl;

    string s5("hongkildong");
    cout << (s5 == "hongkildong" ? "같다":"다르다") << endl;
}
```

여러 가지 문자열 객체들을 비교해 봤는데 상수나 마찬가지인 문자열을 비교했으므로 결과는 뻔하다.

```
같다
다르다
안크다
다르다
같다
같다
```

s1끼리는 당연히 같고 s1과 s2는 다르며 대소를 비교하면 'b'의 문자 코드가 'a'보다 더 크므로 s2가 더 크다. 마치 정수나 실수를 비교하는 것처럼 문자열 객체의 상등, 대소 비교를 할 수 있어 코드가 아주 상식적이다. s3, s4를 compare 함수로 비교할 때 전체를 다 비교하면 다른 것으로 판단하지만 앞부분의 4글자만 비교하면 같다는 결과가 나온다. 이처럼 문자열의 일부분만 비교하고 싶을 때는 관계 연산자 대신 compare 멤버 함수를 사용해야 한다.

문자열 객체끼리 뿐만 아니라 문자열 상수와도 비교할 수 있다. s5의 문자열이 특정 문자열인지 알고 싶을 때 예제에서와 같이 비교하고 싶은 문자열 상수를 바로 우변에 써도 상관없다. 뿐만 아니라 "hongkildong" == s5처럼 문자열 상수를 좌변에 쓰고 string 객체를 우변에 써도 잘 동작하는데 이렇게 되는 이유는 == 연산자가 string 클래스의 멤버 함수로 정의되어 있지 않고 전역 연산자 함수로 정의되어 있으며 (string &, const char *)와 (const char *, string &) 버전이 중복되어 있기 때문이다.

다음은 string 객체에서 부분 문자열이나 특정 문자가 어디에 있는지를 찾는 검색 함수에 대해 알아보자. 여러 가지 다양한 검색 함수가 준비되어 있는데 가장 기본적인 검색 함수는 find이다. find만 해도 다양한 타입에 대해 오버로딩되어 있다.

```
size_t find(char ch, size_t off=0) const;
size_t find(const char* ptr, size_t off=0) const;
size_t find(const char* ptr, size_t off=0, size_t count) const;
size_t find(const string& str, size_t off=0) const;
```

string 객체의 off 위치에서 문자, 문자열, 다른 string 객체를 찾아 그 첨자 위치를 리턴한다. 발견되지 않을 경우 −1로 정의되어 있는 string::npos를 리턴하므로 이 값과 상등 연산해 보면 검색 대상의 존재 여부를 알 수 있다.

예제 **stringfind**

```
#include <iostream>
#include <string>
using namespace std;

void main()
{
    string s1("string class find function");
    string s2("func");

    cout << "i:" << s1.find('i') << "번째" << endl;
    cout << "i:" << s1.find('i',10) << "번째" << endl;
```

```
    cout << "ass:" << s1.find("ass") << "번째" << endl;
    cout << "finding의 앞4:" << s1.find("finding",0,4) << "번째" << endl;
    cout << "kiss:" << s1.find("kiss") << "번째" << endl;
    cout << s2 << ':' << s1.find(s2) << "번째" << endl;
}
```

테스트 문자열을 하나 선언하고 이 문자열에 문자와 부분 문자열의 위치를 검색해 보았다.

```
i:3번째
i:14번째
ass:9번째
finding의 앞 4:13번째
kiss:4294967295번째
func:18번째
```

i문자를 문자열의 처음부터 검색하면 "string" 단어의 3번째 위치에서 검색된다. 단일 문자를 검색할 때는 두 번째 인수 off로 검색 시작 위치를 지정할 수 있는데 10번째에서부터 검색하면 "find" 단어의 2번째 위치에서 검색되는데 이 위치는 전체 문자열의 14번째 위치에 해당된다. 검색을 시작할 위치에 따라 결과 위치가 달라지는데 이런 식으로 검색을 반복하면 해당 문자가 있는 모든 위치를 알 수 있다.

부분 문자열도 검색할 수 있는데 "ass"라는 문자열은 "class" 단어의 뒤쪽에 발견된다. 부분 문자열의 일부도 검색할 수 있는데 "finding"이라는 단어는 없지만 이 단어의 앞쪽 4글자만 검색하면 검색된다. 지정한 단어가 발견되지 않을 경우 string::npos가 리턴되는데 이 값이 리턴되었다는 것은 해당 문자열이 없다는 뜻이다. string 객체를 검색하는 것도 물론 가능하다.

find는 가장 기본적인 검색 함수이며 이외에 검색 방향과 포함 문자 검색, 비포함 문자검색 등의 다양한 함수들이 다양한 원형으로 제공된다. 함수들의 수가 많으므로 원형은 따로 제시하지 않고 예제만으로 함수를 소개하기로 한다.

예제 **stringfind2**

```
#include <iostream>
#include <string>
using namespace std;

void main()
{
```

```
        string s1("starcraft");
        string s2("123abc456");
        string moum("aeiou");
        string num("0123456789");

        cout << "순방향 t:" << s1.find('t') << "번째" << endl;
        cout << "역방향 t:" << s1.rfind('t') << "번째" << endl;
        cout << "역방향 cra:" << s1.rfind("cra") << "번째" << endl;
        cout << "최초의 모음" << s1.find_first_of(moum) << "번째" << endl;
        cout << "최후의 모음" << s1.find_last_of(moum) << "번째" << endl;
        cout << "최초의 비슷자" << s2.find_first_not_of(num) << "번째" << endl;
        cout << "최후의 비슷자" << s2.find_last_not_of(num) << "번째" << endl;
}
```

string 클래스가 제공하는 검색 함수들을 전부 한 번씩 호출해 보았다.

```
순방향 t:1번째
역방향 t:8번째
역방향 cra:4번째
최초의 모음2번째
최후의 모음6번째
최초의 비슷자3번째
최후의 비슷자5번째
```

rfind는 역방향으로 검색한다. 같은 문자나 부분 문자열이 두 번 이상 포함되어 있을 경우 순방향으로 찾을 때와 역방향으로 찾을 때의 결과가 다르다. C표준 함수 중에도 순방향으로 문자를 검색하는 strchr 함수와 역방향으로 검색하는 strrchr 함수가 있는데 find와 rfind의 차이가 바로 이 두 함수의 차이와 동일하다. C 표준 함수에는 부분 문자열을 역방향으로 검색하는 함수가 정의되어 있지 않지만 string 클래스의 rfind 함수는 이런 검색을 할 수 있다.

함수명에 first, last가 들어가는 함수들은 C 표준 함수의 strpbrk 함수와 유사하거나 약간 변형한 것들이다. 인수로 주어진 문자열을 구성하는 문자 중 하나를 순방향, 역방향으로 찾거나 아니면 구성 문자가 아닌 최초의 문자를 검색한다. 이 함수들의 동작을 말로 설명하는 것은 상당히 어려운데 strpbrk 함수를 먼저 이해하면 이 함수들도 유사한 방식으로 이해할 수 있다. 최초의 모음이나 숫자 또는 특정 문자군에 속한 문자를 찾고 싶을 때 이 함수들이 유용하다.

보다시피 string 클래스에는 별별 희한한 검색 함수가 다 마련되어 있는데 원래 검색이란 옵션이 많은 동작이라 멤버 함수들의 종류도 많을 수밖에 없다. 그러나 이런 다양한 함수가 준비되어 있음에도 불구하고 대소문자를 무시하고 검색하는 함수가 없어서 아쉽다. 함수란 아무리 많아도 특수한 응용에 두루 사용하기에는 역시 부족한데 이런 함수들이 필요하다면 개발자가 재량껏 래퍼 함수를 만들어 사용하는 수밖에 없다.

36.3 auto_ptr

36.3.1 자동화된 파괴

　C++의 클래스는 파괴자라는 특별한 함수를 가지는데 이 함수는 객체가 파괴될 때 자동으로 호출된다. 그래서 객체가 동적으로 메모리를 할당하거나 시스템 자원을 사용하더라도 파괴자에 정리 코드를 작성해 놓으면 별도의 조치가 없더라도 객체가 사라질 때 해제 작업을 하도록 되어 있다. 파괴자의 이런 동작은 굉장히 편리한데 지역 객체일 경우 함수 안에서 마음대로 만들어 쓰다가 그냥 나가기만 하면 된다. 범위를 벗어난 변수는 스택에서 제거되며 이때 객체의 파괴자가 호출되어 자신이 사용하던 자원을 알아서 정리하는 것이다.

　앞 절에서 연구해 본 string 클래스를 생각해 보면 파괴자가 얼마나 편리한가를 알 수 있다. string 객체는 가변 길이의 문자열을 저장하기 위해 버퍼를 동적으로 할당해서 관리하는데 개발자가 신경쓰지 않아도 이 메모리는 자동으로 회수된다. 이런 면을 보면 파괴자는 역시 편리한 함수이다. 그러나 파괴자는 스택에 정적으로 할당된 객체에 대해서만 동작하며 동적으로 할당한 메모리에 대해서는 책임지지 않는 문제점이 있다. 다음 예제를 보자.

예제 **dynalloc**

```
#include <iostream>
using namespace std;

void main()
{
    double *rate;

    rate=new double;
    *rate=3.1415;
    cout << *rate << endl;
    // delete rate;
}
```

실수형 변수를 가리키는 rate 포인터를 선언하고 이 포인터에 실수형의 길이만큼 동적 할당하여 그 번지를 저장했다. 이렇게 되면 *rate는 실수형 변수가 되므로 동적으로 할당된 메모리를 실수형 변수처럼 사용할 수 있다. rate는 이 함수의 지역변수이므로 함수가 종료될 때 자동으로 해제된다. 그러나 rate가 가리키는 메모리는 자동으로 해제되지 않는데 동적으로 할당했다는 것은 필요할 때까지 쓰겠다는 의사 표현이므로 직접 해제하기 전까지는 힙에 계속 남아 있는다.

메모리 관리 원칙에 의해 한 번 할당한 메모리는 해제할 때까지 다른 용도로 재사용되지 않으므로 명시적으로 delete를 호출해야만 해제된다. 그래서 동적으로 할당한 메모리는 반드시 대응되는 해제 코드(free, delete)로 해제해야 한다. 위 예제에는 delete 호출문이 주석으로 처리되어 있으므로 이렇게 되면 할당한 메모리를 더 이상 사용할 수 없는 메모리 누수(Memory Leak)가 발생할 것이다. 동적으로 할당된 메모리는 이름이 없으므로 포인터를 잃어버리면 더 이상 참조할 수 없고 해제하지도 못한다.

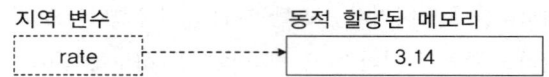

물론 이런 짧은 코드에서 delete문을 빼 먹는 실수는 잘 하지 않을 것이다. 그러나 코드가 아주 길고 복잡하다 보면 해제하는 코드를 깜박 잊어버리는 경우가 종종 있다. 또는 해제하는 코드가 있다 하더라도 예외 처리 구문에 의해 함수를 강제로 종료할 때는 이 코드가 실행되지 못하는 경우도 있는데 다음 코드가 이런 예를 보여 준다.

```
void func()
{
    double *rate=new double(3.14);
    if (어떤 조건) {
        throw("야! 똑바로 못해");
    }
    ....
    delete rate;
}
```

정상적인 실행 흐름이라면 new와 delete가 짝을 이루어 할당, 해제가 이상없이 진행되지만 예외 조건에 의해 throw를 호출하면 함수 실행을 즉시 중지하고 호출부의 catch로 점프해 버리므로 delete는 실행되지 못한다. 이럴 경우 예외 처리 구문은 스택 되감기를 통해 지역 객체의 파괴자를 자동으로 호출하도록 되어 있지만 지역 객체가 가리키는 메모리까지 해제되는 것은 아니다. 따라서 불가피하게 메모리 누수가 발생하게 된다.

이런 식의 메모리 누수는 양이 많지 않을 경우 당장은 별 문제가 되지 않으며 컴파일 중에 에러가 나는 것도 아니다. 그러나 오랫동안 실행되는 프로그램은 시스템 자원을 야금야금 갉아 먹으므로 언젠가는 말썽을 부릴 것이다. 이 문제는 생각보다 심각한데 사람은 해제 코드를 빼먹는 실수를 종종 하는데 비해 몇 달, 몇 년 동안이나 실행되어야 하는 서버 프로그램의 경우 조금의 메모리 누수도 허용되지 않기 때문이다. 멀티태스킹 환경에서 메모리 누수는 자신뿐만 아니라 같이 실행되는 다른 프로그램에도 피해를 끼친다는 점에서 심각하다.

단순 포인터는 파괴자를 가지지 않기 때문에 C++의 파괴자로는 이 문제를 제대로 해결할 수 없다. 포인터 변수만 해제될 뿐이지 포인터가 가리키는 메모리는 해제되지 않는다. 이런 문제를 해결하기 위해 만들어진 것이 바로 auto_ptr이다. auto_ptr은 동적으로 할당된 메모리도 자동으로 해제하는 기능을 가지는 포인터의 래퍼 클래스이다. auto_ptr의 파괴자에 포인터 해제 코드를 작성하면 어떤 경우라도 안전한 해제를 보장할 수 있다. 다음 예제를 보자.

예제 auto_ptr

```
#include <iostream>
#include <memory>
using namespace std;

void main()
{
    auto_ptr<double> rate(new double);

    *rate=3.1415;
    cout << *rate << endl;
}
```

auto_ptr 템플릿은 memory 헤더 파일에 정의되어 있으므로 사용하려면 이 헤더 파일을 먼저 포함시켜야 한다. auto_ptr은 다음과 같이 정의되어 있는 클래스 템플릿이다.

template<typename T> class auto_ptr

포인터가 가리키는 대상체의 타입 T를 인수로 받아들이며 T *형의 포인터를 대신 관리한다. 생성자로 포인터를 전달하면 이 포인터를 가지고 있다가 파괴자에서 delete로 해제하므로 포인터뿐만 아니라 포인터가 가리키는 메모리도 자동으로 해제된다. 예제 코드를 보면 auto_ptr<double> 타입의 객체 rate를 선언하되 새로운 double형 변수를 동적 할당하여 생성자로 전달했다.

auto_ptr은 이 포인터를 내부 멤버 변수에 저장해 놓고 *, ->, = 등 포인터에 사용하는 대부분의 연산자를 오버로딩하여 이 객체에 대한 모든 연산을 내부 포인터에 대한 연산으로 중계하는 역할을 한다. 그래서 rate를 마치 double형의 포인터인 것처럼 사용할 수 있다. rate 객체에 *연산자를 적용하면 동적으로 할당된 메모리에 대해 *연산자가 적용되어 이 값을 읽거나 변경할 수 있다. 래퍼이므로 래핑한 대상을 그대로 흉내내는 것이다.

rate의 파괴자에서는 delete를 자동으로 호출하므로 함수가 끝날 때 rate를 해제할 필요가 없으며 해제되지도 않는다. delete rate 코드를 함수 끝에 작성하면 컴파일 에러로 처리되는데 rate 객체 자체는 포인터가 아니기 때문이다. 예외 처리 구문에 의해 스택 되감기를 실행할 때도 rate 객체의 파괴자가 호출되며 이때 메모리도 해제된다. 단순 포인터는 파괴자가 없지만 auto_ptr은 클래스이므로 파괴자가 호출된다.

다음은 좀 더 복잡한 예제를 보자. 단순 타입에 대한 포인터가 아닌 객체에 대한 포인터를 auto_ptr로 관리할 수도 있다. 다음 예제는 string 객체를 동적으로 할당한 후 해제하지 않고 리턴함으로써 의도적으로 메모리 누수를 발생시킨다.

예제 **dynstring**

```
#include <Turboc.h>
#include <string>
#include <iostream>
using namespace std;


void main()
{
    string *pStr=new string("AutoPtr Test");

    cout << *pStr << endl;
    // delete pStr;
}
```

pStr 변수만 파괴될 뿐 이 변수가 가리키는 string 객체는 파괴되지 않으며 뿐만 아니라 string 객체가 관리하는 문자열 버퍼도 파괴되지 않는다. 만약 문자열의 길이가 아주 길다면 이때의 메모리 누수는 심각한 시스템 자원 누출이 될 것이다. string 객체는 동적으로 할당되었으므로 함수가 종료될 때 자동으로 파괴되지 않으며 예외 처리 구문에 의해 강제 종료될 때도 마찬가지이다. 이 문제도 auto_ptr을 사용하면 해결할 수 있다.

```
#include 〈Turboc.h〉
#include 〈string〉
#include 〈iostream〉
#include 〈memory〉
using namespace std;


void main()
{
    auto_ptr〈string〉 pStr(new string("AutoPtr Test"));

    cout 〈〈 *pStr 〈〈 endl;
}
```

string 대상체를 가리키는 auto_ptr 객체 pStr을 선언하고 새로운 string 객체를 동적으로 할당한 번지를 생성자로 전달했다. 이때 pStr의 메모리 내부는 아마도 다음과 같은 모양이 될 것이다.

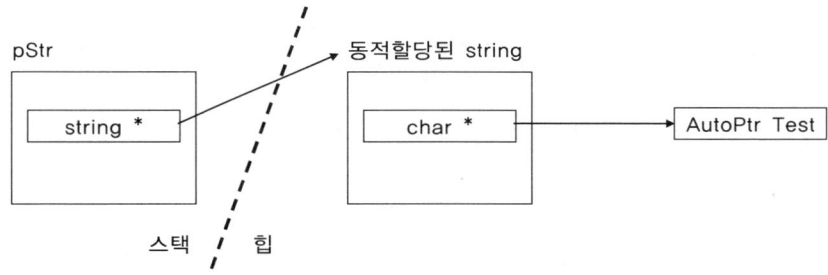

main 함수가 종료되면 지역 객체 pStr이 파괴되며 이 과정에서 pStr의 파괴자가 호출된다. 파괴자는 내부적으로 유지하고 있는 포인터를 delete한다. 삭제되는 대상이 string 객체이므로 이 과정에서 string 의 파괴자가 호출되며 문자열 버퍼도 정리된다. 설사 main이 비정상적으로 종료되더라도 정리 코드가 자동으로 실행되므로 메모리 누수는 발생하지 않는다.

동적으로 메모리를 할당하거나 객체를 생성할 때는 auto_ptr 템플릿을 사용하면 확실히 안전하기는 하다. 그러나 단순 포인터를 쓰는 것에 비해 다소 번거롭다는 단점이 있다. 자신이 책임지고 해제한다거 나 예외가 발생할 가능성이 전혀 없다면 굳이 auto_ptr을 쓰지 않아도 상관없다. 그러나 많은 개발자들 이 이런 확신을 하지 못하기 때문에 동적 할당할 때는 auto_ptr을 통해 확실한 해제를 보장받고자 하는 것이다.

36.3.2 auto_ptr의 내부

auto_ptr 템플릿은 포인터를 클래스로 감싸서 파괴자가 자동으로 해제할 수 있는 포인터의 래퍼 클래스라고 할 수 있다. 자동으로 파괴된다는 것 외에는 모든 동작이 래핑된 포인터와 동일한데 이것이 어떻게 가능한지 연구해 보자. auto_ptr 클래스 템플릿이 정의되어 있는 memory 헤더 파일을 읽어 보면 내부를 어렵지 않게 분석할 수 있다. 길이도 얼마되지 않으므로 C++ 코드를 잘 읽는 사람은 금방 그 실체를 파악할 수 있을 것이다.

그러나 auto_ptr의 정의가 간단하다고는 하지만 컴파일러마다 구현 방식이 조금씩 다르고 템플릿 때문에 코드가 다소 난해한 부분도 있으므로 표준 auto_ptr을 조금 단순화시킨 클래스로부터 자동화된 파괴 방식을 연구해 보도록 하자. 다음 예제의 myptr은 auto_ptr의 기능 중 일부만을 흉내낸 클래스이되 길이가 훨씬 더 짧다. 엑기스만 보자는 얘기다.

예제 myptr

```cpp
#include <Turboc.h>
#include <string>
#include <iostream>
using namespace std;

template <typename T>
class myptr
{
private:
    T *p;

public:
    explicit myptr(T *ap) : p(ap) { }
    ~myptr() { delete p; }
    T& operator *() const { return *p; }
    T* operator ->() const { return p; }
};

void main()
{
    myptr<string> pStr(new string("AutoPtr Test"));

    cout << *pStr << endl;
    cout << "길이 = " << pStr->size() << endl;
}
```

myptr은 인수로 전달된 대상체 T에 대한 포인터를 감싸는 래퍼 클래스이다. 클래스 템플릿이므로 임의 타입의 포인터를 래핑할 수 있다. 멤버 변수로 T *형의 p를 선언하고 있는데 이 포인터는 생성자에서 초기화된다. main에서 myptr⟨string⟩ 타입의 pStr을 선언하고 new string문으로 새로운 string 객체를 동적 할당하여 그 포인터를 생성자로 전달했다. 이렇게 되면 myptr의 멤버 p는 동적 할당된 string 객체를 가리킬 것이다.

이 상태에서 *연산자로 myptr을 읽으면 이 연산자가 *p를 대신 리턴한다. 그래서 myptr에 가해지는 연산은 p가 가리키는 객체, 그러니까 이 예제의 경우 동적 할당된 string 객체를 대상으로 하게 된다. *pStr을 읽으면 "AutoPtr Test"라는 문자열이 읽혀질 것이다. 멤버 참조 연산자인 —>도 포인터를 리턴하도록 되어 있으므로 이 연산자로 래핑된 포인터가 가리키는 객체의 멤버를 바로 참조할 수 있다. main이 종료될 때 myptr의 파괴자가 호출되고 여기서 delete 연산자로 p를 삭제함으로써 p 객체 자체와 p가 사용하는 부가 메모리까지도 자동으로 정리되는 것이다.

myptr은 auto_ptr의 기능 중 생성자, 파괴자, *연산자, —>연산자만을 흉내내고 있는데 이 예제만으로도 자동화된 파괴가 어떻게 가능한지를 이해하기에는 충분하다. auto_ptr은 이 외에도 대입 연산자, 복사 생성자, 호환 타입으로의 변환 연산자 등을 추가로 더 정의하여 객체에 대한 모든 연산이 포인터에 대한 연산이 되도록 한다. 포인터의 기능에 자동화된 파괴 기능만을 더한 것이 바로 auto_ptr이다.

예제의 myptr은 물론이고 auto_ptr도 생성자는 explicit로 선언되어 있어 명시적인 변환만 허용하는데 암시적인 변환까지 허용할 경우 다음과 같은 코드도 이상없이 컴파일되어 문제가 될 수 있다.

```
myptr⟨int⟩ mpi(new int);
int i,*pi=&i;
mpi=pi;
```

생성자가 explicit가 아니라면 정수형 포인터 변수 pi로부터 임시 myptr 객체를 생성한 후 이 객체를 mpi에 그대로 대입해 버릴 것이다. myptr⟨int⟩와 int *는 다른 타입이므로 대입에 의한 암시적 변환은 어울리지 않는다. 반드시 명시적으로 생성자의 인수로 넘길 때만 이 포인터를 받아 들여야 한다.

다음은 auto_ptr 템플릿을 사용할 때의 일반적인 주의 사항과 한계에 대해 알아보자. 다음 코드는 정수형의 포인터를 래핑하는 auto_ptr 객체 api를 선언한 예인데 아주 전형적이면서 정상적인 코드이다.

```
auto_ptr⟨int⟩ api(new int(1234));
```

정수형 포인터를 래핑하는 api에 정수형 변수를 할당해서 전달했으므로 문제가 없다. 그러나 다음과 같이 정적으로 할당한 변수의 번지는 전달할 수 없다.

```
int i=1234;
auto_ptr⟨int⟩ api(&i);
```

왜냐하면 auto_ptr의 파괴자는 무조건 delete 연산자로 포인터를 삭제하도록 되어 있는데 위 코드의 i 변수는 힙에 할당된 것이 아니라 스택에 생성된 것이므로 해제할 수 없는 것이다. 컴파일은 되지만 해제할 때 에러가 발생한다. int i, *pi=&i; delete pi; 코드를 순서대로 실행했을 때 에러가 발생하는 것과 똑같은 이유이다. 다음 코드도 불가능하다.

```
auto_ptr<int> api((int *)malloc(sizeof(int)));
```

malloc은 free와 짝이므로 malloc으로 할당한 메모리를 delete로 해제할 수는 없다. auto_ptr의 파괴자는 무조건 delete로 포인터를 해제하도록 되어 있다. 자신이 래핑하고 있는 포인터가 new에 의해 할당되었다고 가정하는 것이다. 그래서 다음 코드도 제대로 동작하지 않는다.

```
auto_ptr<int> api(new int[10]);
```

new 연산자로 정수형 변수 10개분의 메모리를 할당하여 auto_ptr로 넘겼는데 관리는 잘 되지만 파괴할 때 delete [ ]가 아닌 delete로 해제하면 이 경우도 메모리 누수가 발생한다. auto_ptr은 오로지 new 연산자로 할당한 대상만 자동으로 파괴할 수 있으며 malloc으로 할당했거나 new [ ]로 할당한 대상은 해제하지 못한다. 만약 정 이런 해제도 자동으로 하고 싶다면 auto_array, auto_free 등의 템플릿 클래스를 만들어 쓸 수는 있을 것이다.

auto_ptr 객체끼리 대입했을 때 두 개의 대상을 같은 객체가 가리키는 상황이 될 수도 있다. 이렇게 되면 두 객체가 개별적으로 해제될 때 이중 해제에 의한 문제가 발생할 것이다. auto_ptr은 대입할 때 우변 객체가 래핑하고 있는 포인터의 소유권을 포기하고 자신을 스스로 무효화함으로써 이중해제의 위험을 피하며 delete 연산자는 NULL 포인터에 대해 아무런 동작도 하지 않음으로써 무효화된 객체도 별 이상없이 디폴트 처리한다.

그러나 이 방법은 대입 연산에 의해 한 쪽의 auto_ptr 객체가 무효화되며 두 객체가 한 대상을 가리키지 못한다는 논리적인 취약점이 있다. 그래서 좀 더 똑똑한 래퍼는 같은 대상을 가리키는 회수인 참조 카운트를 유지하며 객체가 해제될 때 카운트만 1 감소하고 카운트가 0이 될 때 실제 객체를 해제하는 방법을 쓰기도 한다. 이런 식으로 동작하는 포인터를 스마트 포인터(Smart Pointer : 번역하자면 똑똑한 놈)라고 하는데 auto_ptr보다는 한 단계 더 발전한 개념이다. 스마트 포인터는 COM 프로그래밍에서 흔히 사용된다.

37

STL 개요

37.1 STL 소개

37.1.1 일반화 프로그래밍

잘 알다시피 프로그램은 자료 구조와 알고리즘으로 구성된다. 자료 구조는 처리하고자 하는 데이터를 표현하는 방법이고 알고리즘은 이 자료들을 가공하여 유용한 정보를 생산하는 기법이다. 좋은 프로그램을 만들려면 이 두 가지가 모두 필요하며 어느 한 쪽이 허술하면 전체적인 프로그램의 질이 떨어진다.

어떤 자료 구조를 사용할 것인가는 프로그램의 특수한 상황에 따라 달라진다. 대용량의 자료를 빠른 속도로 읽어야 한다면 배열이 적합하고 삽입과 삭제가 빈번하다면 연결 리스트가 유리하다. 또한 자료를 관리하는 방법이 일정하다면 스택이나 큐 같이 입출력 순서가 미리 정해져 있는 자료 구조를 사용해야 한다. 각 자료 구조마다 고유한 특징과 장단점이 있어서 모든 형태의 데이터에 다 어울리는 이상적인 자료 구조는 없으며 상황에 따라 가장 효율적인 자료 구조를 선택해야 한다.

자료 구조를 조작하는 알고리즘은 헤아릴 수 없이 많다. 삽입, 삭제, 추가, 검색, 정렬, 뒤집기, 병합, 추출, 누적 합계 등의 일반적인 알고리즘 외에도 각 자료 구조에만 사용할 수 있는 독특한 알고리즘들이 존재한다. 데이터가 조직화되는 내부 구조와 관리 방법이 자료 구조마다 상이하기 때문에 매 자료 구조마다 알고리즘의 구현도 다르다.

한 번 만든 자료 구조나 알고리즘을 수정없이 재사용할 수 있다면 좋을 것이고 이런 시도는 오래 전부터 있어 왔다. 그 중의 하나가 바로 객체 지향 프로그래밍 방법인데 OOP는 재사용성에 있어서 탁월한 성능을 보여주며 그 성능이 이미 입증되었다. OOP 이후의 또다른 시도인 STL은 일반화 프로그래밍 기법이라는 좀 더 발전된 개념의 재사용성을 제공한다. 일반화(Generic)는 객체 지향의 다음 세대라고 일컬어지는데 두 가지 측면에서 일반성을 제공한다.

① 임의 타입에 사용할 수 있는 자료 구조를 만들 수 있다. 정수, 실수 등의 기본 타입은 물론이고 사용자 정의형 타입과 그 유도형까지도 관리할 수 있는 자료 구조를 정의할 수 있다. 자료 구조의 일반성을 구현하기 위해 인수로 전달된 타입으로 클래스를 정의하는 C++의 템플릿 문법이 사용된다.

② 자료 구조의 형태나 내부 구조에 상관없이 임의의 데이터 집합에 적용할 수 있는 일반화된 알고리즘을 제공한다. 자료 구조에 상관없이 사용 방법이 동일하므로 어떠한 형태의 데이터에 대해서도 적용할 수 있다. 논리적으로 비슷한 작업은 같은 방법으로 수행할 수 있으며 이를 위해 반복자라는 일반화된 포인터를 사용한다.

이런 일반화의 개념에 의해 자주 사용되는 자료 구조와 알고리즘을 제공하는 라이브러리가 바로 STL 이다. 개발자는 자료 구조를 일일이 구현할 필요없이 STL이 제공하는 자료 구조를 선택해서 사용할 수 있으며 하나의 알고리즘을 임의의 자료 구조에 대해 일관되게 사용할 수 있다. 최소한의 의사표현만으로 모든 처리가 자동으로 수행된다.

STL은 Standard Template Library의 약자이다. 일단은 라이브러리이되 템플릿의 집합을 제공하는 라이브러리이며 현재 C++의 표준으로 채택되어 있다. C 언어가 printf, strcpy, atoi 등 함수 수준의 라이브러리를 제공하는데 비해 C++은 템플릿 수준의 훨씬 더 범용적인 라이브러리를 제공한다.

사용 방법을 연구하기 전에 먼저 간략한 역사에 대해 알아보자. STL은 1979년경 알렉산더 스테파노프 (Alexander Stepanov) 한 사람에 의해 창안되었다. 이 시기는 스트로스트룹이 C++의 초기 디자인을 한 시점과 거의 일치한다. C++과 STL은 최초 따로 탄생했고 각자의 길을 걸어가다가 90년대 중반에 비로소 하나로 통합되었다. 스테파노프는 최초 Ada로 STL의 원형을 작성했는데 Ada는 일반화 프로그래밍을 위한 적절한 특징들을 많이 가지고 있었다. 그러나 Ada 자체가 대중의 인기를 얻지 못하고 C++ 이라는 더 적합한 언어가 발표됨에 따라 C++로 개발 언어를 변경했다. 스테파노프가 STL을 발전시키는 동안 C++은 템플릿을 언어의 일부로 지원하기 시작했다. C의 강력한 포인터와 C++의 템플릿 기능은 STL을 구현하기 위한 최적의 환경이었다.

연구가 진행되면서 Dave Musser, Meng Lee 등의 공동 작업자들이 합류하여 STL을 더욱 정교하게 발전시켜 나갔으며 많은 사람이 STL로 프로젝트를 작성하기 시작했다. 결국 STL은 94년 7월 ANSI/ISO 의 최종 승인을 거쳐 국제 표준이 되었으며 98년 C++ 표준인 14882의 일부로 채택됨으로써 C++ 라이브러리의 근간을 이루게 되었다. 표준 채택 이전에도 각 컴파일러 제작사들은 STL을 자사 라이브러리의 일부로 이미 제공하고 있었으며 실제 프로젝트에서도 활용되었다. 현재는 국제 표준으로 그 구조가 통일됨으로써 호환성과 이식성을 걱정할 필요없이 마음놓고 STL을 사용할 수 있다.

이 장 이후의 예제는 가급적이면 최신 컴파일러로 실습을 진행하도록 하자. 예제가 간단해서 비주얼 C++ 6.0으로도 대부분 잘 컴파일되기는 하지만 불필요한 경고가 출력되기도 하고 새로 추가된 기능에 대해서는 제대로 컴파일하지 못하는 문제와 약간의 버그까지 있어 실습이 원활하지 못하다. 비주얼 C++ 8.0이나 Dev-C++은 표준을 잘 준수하므로 최신 컴파일러들로 예제를 컴파일하기 바란다.

37.1.2 STL의 특징

일반화 프로그래밍 기법의 역사도 짧지는 않지만 구조화나 객체 지향에 비해서 세인들의 주목을 받기 시작한지는 얼마 되지 않았다. 일반화는 다른 기법들과는 뚜렷이 구분되는 여러 가지 특징들을 가지고 있다. 이 특징과 장단점에 대해 정리해 보자.

① 가장 큰 특징은 역시 이름이 의미하듯이 일반화를 지원한다는 점이다. 하나의 단일 알고리즘으로 복수 개의 컨테이너에 동일한 작업을 똑같은 방법으로 수행할 수 있다. 아직 일반화의 의미를 직감적으로 파악하기는 어렵겠지만 자료 구조마다 조작 방법이 특수한 기법과 반대의 의미라고 생각하면 된다.

② 컴파일 타임 메커니즘을 사용하기 때문에 실행시의 효율 저하가 거의 없다. STL을 쓰지 않았을 때의 코드에 비해 현격한 속도 차이가 없으며 어떤 경우는 오히려 더 빠르기도 하다. 그러나 고수준 라이브러리의 특성상 제대로 쓸 때만 이상적인 효율이 발휘된다는 제약도 존재한다.

③ 객체 지향적이지 않다. 객체를 사용하기는 하지만 STL 자체가 객체를 반드시 요구하는 것은 아니다. 알고리즘 함수들은 대부분 전역 함수이며 멤버 함수로 제공되는 경우는 상대적으로 드물다. 상속의 개념도 많이 사용하지 않으며 동적 결합하는 가상 함수는 느리다는 이유로 사용하지 않는다. 모든 선택은 컴파일 중에 정적으로 결정된다.

④ 표준이므로 이식성이 당연히 확보된다. STL로 작성한 코드는 표준을 준수하는 어떠한 컴파일러로도 문제없이 컴파일할 수 있다. 아직까지 모든 컴파일러들이 표준을 제대로 지키지 않으므로 일시적인 이식성의 문제가 있기는 하지만 모든 컴파일러가 표준을 완벽히 준수하는 미래에는 완전한 이식성이 확보될 것이다.

⑤ 확장 가능하다. 소스가 공개되어 있으므로 STL 라이브러리를 분석하여 원하는 컨테이너와 알고리즘을 직접 작성하여 사용할 수 있다. 표준에 없는 요소들이 제 3 자에 의해 확장된 예는 아주 많으며 이 중 일부는 성능이 우수해서 다음 표준에 채택될 가능성이 높다.

이런 장점들은 라이브러리 제작자와 그 추종자들에 의해 주장되는 것인데 장점만 읽어 보면 마치 세상에서 최고의 라이브러리인 것처럼 보인다. 훌륭한 라이브러리인 것은 분명하지만 단점도 만만치 않다. 다음은 많은 사람들에 의해 흔히 지적되는 단점 또는 STL이 대중화되기 어려운 이유이다.

① 템플릿에 기반하기 때문에 타입마다 함수와 클래스가 매번 구체화되어 코드가 비대해지는 고질적인 문제가 있다. 완전히 똑같은 컨테이너라도 타입이 바뀌면 두 벌의 거대한 코드 집합이 따로 생성된다. 물론 요즘같이 풍부한 메모리 환경에서 이는 별 문제가 안될 수도 있지만 낭비의 정도가 좀 심한 편이다. 극단적으로 표현하자면 약간의 속도 향상을 위해 크기는 아예 완전히 포기한 셈이다.

② STL로 작성한 코드는 가독성이 심하게 떨어진다. 템플릿 자체가 익숙치 않은 문법인데다 템플릿 클래스의 타입 명이 길어 얼른 의미를 파악하기 어렵다. 게다가 이중 삼중으로 템플릿이 중첩되면 만든 사람조차도 거의 해석 불가능할 정도다. 소스의 가독성도 문제지만 에러 메시지도 의미를 해석하기 쉽지 않다. 소스가 난해하기 때문에 팀 프로젝트에 불리하며 디버깅도 어렵고 유지 보수 비용이 증가한다.

③ 배우기에 결코 쉽지 않다. C++ 문법을 어느 정도 터득한 사람이라면 STL의 전체 개요를 보는데 일주일이면

족하다. 그러나 단순히 아는 정도가 아니라 익숙하게 사용하려면 반년 정도가 소요된다. 구조에 대한 전반적인 이해가 필요하며 최소한 한 번씩은 사용해 봐야 자신감이 붙는다. 게다가 함정도 많고 잘못 이해하면 안정성까지 위협하므로 배우려면 확실히 정석대로 배워야 한다. 익숙해지면 생산성 향상에는 크게 기여하지만 쉽게 배워서 금방 활용할 수 있는 라이브러리는 아니다. 즉, 공짜는 아니라는 얘기다.

게다가 템플릿은 C++의 예외 처리와 잘 맞지 않아 이 둘을 같이 사용하는 것은 대단히 어렵다. 하지만 STL에 이미 구현되어 있는 컨테이너와 알고리즘은 개발자로서 탐을 내지 않을 수 없을 정도로 매력적이며 일단 익숙해지면 생산성이 눈에 띄게 증가하는 것은 분명한 사실이다. 동적 배열, 연결 리스트, 스택 같은 자료 구조나 정렬, 검색, 대체 따위의 늘상 쓰는 알고리즘을 공짜로 쓸 수 있다니 이 유혹을 어찌 마다할 수 있겠는가?

이렇게 매력적인 라이브러리임에도 불구하고 STL이 아직까지도 그리고 앞으로도 대중화되는데 어려움이 있는 근본적인 원인은 대체물이 너무 많다는 것이다. STL 이전에 개발자들은 공짜로 쓸 수 있는 많은 컨테이너와 알고리즘들을 잘도 구해서 쓰고 있었다. 그 대표적인 예가 바로 MFC인데 이 안에는 STL의 컨테이너를 대체할 수 있는 동적 배열, 연결 리스트들이 잘 작성되어 있으며 성능이나 신뢰성이 이미 확보되어 있다.

STL의 요소	MFC의 대체 요소
vector	CArray
list	CList
map	CMap

수많은 개발자가 이미 MFC 또는 그와 유사한 라이브러리에 익숙해져 있기 때문에 그 대체물인 STL을 반드시 배워야 할 필요가 없는 것이다. STL이 아니고서는 도저히 불가능한 그런 것은 없으며 STL없이도 지금까지 잘 살아왔다는 것이다. 사람들의 습관은 정말 무시무시해서 한 번 익힌 것이 큰 문제가 없으면 계속 그 기술만 고집하기 마련이다.

앞으로는 언어의 표준 라이브러리인 STL이 점점 그 입지를 넓혀가리라 예상되지만 현재 상황은 STL에 대해 그다지 긍정적이지만은 않다. 그렇다면 공부를 하고 있는 우리는 STL에 대해 어떤 입장을 가져야 할까? 이 라이브러리를 쓸 것인가 아닌가는 개인의 취향에 따른 선택의 문제일 뿐이므로 사용 여부를 강제할 수는 없다.

그러나 배울 것인가 아닌가는 이제 더 이상 선택의 문제가 아니라 필수이다. 별 필요를 느끼지 않는다 하더라도 팀 내에서 이미 쓰는 사람이 있다면 원활한 협동 작업을 위해 팀원이 만든 소스를 최소한 읽을 수는 있어야 한다. 또한 천신만고 끝에 구한 귀중한 소스가 STL로 되어 있다면 이 또한 피할 수 없는 것이다. 더불어 사는 세상에서 최소한 개요라도 공부해 놓을 필요가 있으며 자체 검토를 한 후에 사용 여부를 결정하는 것이 합리적이다.

설사 실용적인 면에서 별 필요가 없다 하더라도 STL은 학술적으로 굉장히 큰 의미를 가지고 있다. 어디에나 두루 쓰일 수 있고 일반성과 이식성을 확보하면서도 성능을 잃지 않는 고급 기법들이 STL에 고스란히 담겨 있다. 그 똑똑한 사람들이 모여서 20년동안 다듬고 관리하고 실무에서 검증까지 거친 소스라는 점을 생각해 보면 이 만큼 좋은 연구 대상도 없는 셈이다. C++을 진정 깊이있게 연구해 보고 싶다면 STL을 연구해 보자.

STL이 C++의 표준이 된 이상, 그리고 실제 프로그래밍에 사용되고 있는 이상 STL 학습은 필수 코스임이 분명하다. 그러나 우선순위는 조금 낮게 잡아도 상관없다. STL은 기법 자체가 고급스러워 선수 과목이 굉장히 많은 기술이다. C/C++ 언어에 대한 깊은 이해는 물론이고 자료 구조, 알고리즘에 대한 기본적인 개념이 있어야 STL을 제대로 공부할 수 있다. 만약 아직 C++로 프로젝트를 한 번도 해 본 적이 없다면 C++ 문법에 좀 더 익숙해진 후에 STL을 학습하는 것이 좋다.

37.2 STL의 구조

일반화 프로그래밍이라는 개념과 STL의 구조는 지금껏 경험해 보지 못한 아주 새로운 이론이다. 이런 생소한 과목을 배울 때는 아무래도 쉬운 순서대로 하나씩 느긋한 자세로 구경하면서 구성 요소를 점진적으로 익히는 것이 효율적이다. 그러나 STL은 이런 방법으로 학습하기는 상당히 어려운 과목인데 왜냐하면 아무리 간단한 예제라도 모든 요소들이 동시에 필요하기 때문이다. 그래서 STL은 처음 배울 때가 조금 어렵다고 하는데 시작만 조금 힘겨울 뿐 개념이 잡히면 레퍼런스만으로도 충분히 활용할 수 있다.

단계적인 학습이 어려우므로 이 장에서는 STL의 구조에 대한 개요를 먼저 소개하는데 주력하기로 한다. 따라서 여러분들도 한꺼번에 STL의 모든 것을 다 알겠다는 맹렬한 자세로 덤비기보다는 구경해 본다는 가벼운 마음으로 임해 주기 바라며 혹시 좀 어려워진다는 느낌이 들어도 뒤에서 다시 상세하게 설명하므로 일단은 이해된 데까지만 접수하고 세부적인 내용은 잠시 보류해 놓도록 하자. 대충의 큰 구조가 잡히면 그 다음에는 하나씩 완벽하게 각개 격파하면 된다. STL은 다음 여섯 가지의 주요 구성 요소로 이루어져 있다.

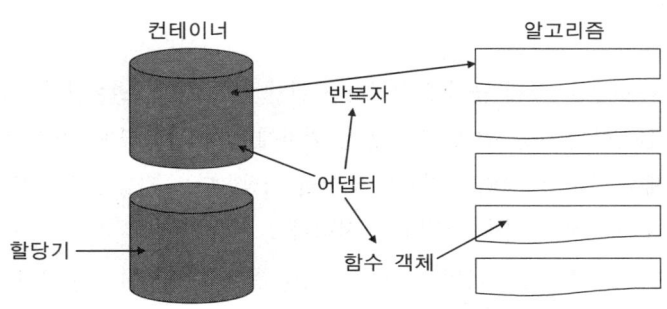

컨테이너, 알고리즘, 반복자가 가장 중요한 세 요소이며 STL 학습의 대부분이 이 세 요소에 치중된다. 네 번째 요소인 함수 객체는 알고리즘의 활용성을 높이는 역할을 하며 다섯 번째 요소인 어댑터는 다른 요소들을 약간만 수정하여 형태를 변형한다. 마지막 구성 요소인 할당기는 컨테이너의 메모리를 관리하는 객체인데 디폴트가 잘 작성되어 있으므로 거의 신경쓸 필요가 없다.

37.2.1 컨테이너

:: 컨테이너의 종류

컨테이너(Container)를 뜻 그대로 직역하면 통, 그릇이다. 쌀통에 쌀을 담고 술통에 술을 저장하듯이 컨테이너는 무엇인가를 저장하는 것이다. STL의 컨테이너는 타입이 같은, 즉 동질적인 객체의 집합을 저장하고 관리하는 역할을 하는데 C와 C++에서 배웠던 배열, 연결 리스트, 스택 따위가 컨테이너의 좋은 예이다.

정수나 실수 같은 기본형은 물론이고 클래스의 객체나 그 유도형 타입까지도 저장한다. 하여튼 똑같이 생긴 것들을 모아 놓는 장소라고 쉽게 생각할 수 있으며 다른 말로 컬렉션(Collection)이라고도 부른다. STL의 컨테이너는 자료를 저장하는 방식과 삽입, 정렬, 삭제하는 관리 방식에 따라 여러 가지가 있는데 크게 세 가지 부류로 구분된다.

① 시퀀스 컨테이너(Sequence Container) : 자료의 선형적인 집합이며 자료를 저장하는 기본 임무에 충실한 가장 일반적인 컨테이너이다. 삽입된 자료를 무조건 저장하며 입력되는 자료에 특별한 제약이나 관리 규칙은 없다. 사용자는 시퀀스의 임의 위치에 원하는 요소를 마음대로 삽입, 삭제할 수 있다. STL에는 벡터, 리스트, 데크 세 가지의 시퀀스 컨테이너가 제공된다.

② 연관 컨테이너(Associative Container) : 자료를 무조건 저장하기만 하는 것이 아니라 일정한 규칙에 따라 자료를 조직화하여 관리하는 컨테이너이다. 정렬이나 해시 등의 방법을 통해 삽입되는 자료를 항상 일정한 기준(오름차순, 해시 함수)에 맞는 위치에 저장해 놓으므로 검색 속도가 빠른 것이 장점이다. 표준 STL에는 정렬 연관 컨테이너인 셋, 맵 등의 컨테이너가 제공된다.

③ 어댑터 컨테이너 (Adapter Container) : 시퀀스 컨테이너를 변형하여 자료를 미리 정해진 일정한 방식에 따라 관리하는 것이 특징이다. 스택, 큐, 우선 순위 큐 세 가지가 있는데 스택은 항상 LIFO의 원리로 동작하며 큐는 항상 FIFO의 원리로 동작한다. 자료를 넣고 빼는 순서를 외부에서 마음대로 조작할 수 없으며 컨테이너의 규칙대로 조작해야 한다.

세 부류의 컨테이너는 삽입, 삭제 규칙에 있어서 차이가 있다. 시퀀스는 삽입, 삭제에 별 제약이 없지만 연관 컨테이너는 신속한 검색을 위해 찾기 좋은 위치에 자동 삽입되며 어댑터는 FIFO, LIFO 등의 미리 정한 규칙의 통제를 따른다. 그러나 자료의 집합을 저장한다는 기능적인 면에서는 동일하며 그래서 제공하는 함수가 거의 비슷하고 사용 방법도 유사하다.

각 컨테이너들은 고유의 장단점을 가지고 있으며 모든 경우에 최적인 이상적인 컨테이너는 존재하지 않는다. 만약 모든 면에서 우월한 컨테이너가 존재한다면 나머지 컨테이너들은 더 이상 존재할 가치가 없을 것이다. 그러나 특정한 상황에 가장 잘 어울리며 성능상 가장 유리한 컨테이너는 존재할 수 있다. 컨테이너별로 잘난 점과 못난 점이 있다는 얘기다.

개발자는 관리하고자하는 데이터의 특성과 응용 프로그램의 요구에 맞는 컨테이너를 주의 깊게 선정해서 사용해야 하며 그러기 위해서는 각 컨테이너의 자료 저장 방식과 관리 방법에 대해 잘 파악하고 있어야 한다. 예를 들어 리스트는 검색은 느리지만 삽입, 삭제가 빠르므로 수시로 변하는 자료에 적합하고 벡터는 삽입, 삭제가 느리지만 읽기 속도가 빠르므로 대용량의 참조용 자료에 적합하다. 컨테이너 선택이 잘못되면 프로그램의 전체적인 성능은 보장할 수 없으며 안전성에도 많은 차이가 발생한다.

:: 벡터

STL이 제공하는 많은 컨테이너 중에 여기서는 일단 벡터와 리스트를 통해 일반화된 컨테이너 사용 방법을 소개한다. 모든 생성자와 멤버 함수들을 일일이 나열하기보다는 개요 설명을 위한 예제 위주로 살펴볼 것이다. 이 두 컨테이너만 제대로 쓸 수 있다면 나머지 컨테이너들도 거의 유사한 방식으로 사용할 수 있으며 이런 일반성이 바로 STL의 목적이다.

벡터는 쉽게 말해서 동적 배열이라고 생각하면 된다. 요소의 개수에 맞게 자동으로 메모리를 재할당하여 크기를 신축적으로 늘릴 수 있는 배열이다. 단순한 동적배열에 비해 템플릿 기반이므로 요소의 타입에 무관한 배열을 만들 수 있다는 것이 큰 장점이다. T 타입의 크기 n 배열을 만들려면 다음과 같이 선언한다.

```
vector<T> Name(n);
```

vector가 클래스 템플릿의 이름이므로 vector⟨T⟩는 T형 벡터 타입이 된다. T는 템플릿의 인수이므로 임의의 모든 타입을 다 사용할 수 있으며 Name은 명칭이므로 사용자가 원하는 어떤 이름도 지정할 수 있다. T 타입의 vector 객체를 Name이라는 이름으로 생성하되 생성자의 인수로 초기 요소의 개수를 전달한다. 크기 5의 정수형 벡터를 만든다면 다음과 같이 선언한다.

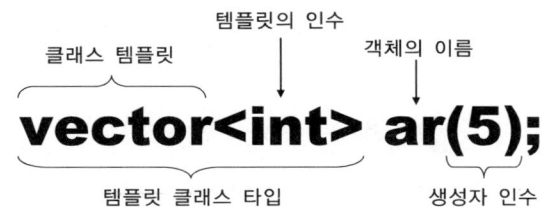

선언문이 조금 복잡한데 vector⟨int⟩까지가 하나의 클래스 이름이라는 것만 구분되면 별로 어렵지 않은 문장이다. ar은 지금 선언하고자 하는 객체, 더 쉽게 표현하면 변수의 이름이고 (5)는 이 클래스의 생성자로 전달되는 인수일 뿐이다. 만약 지금 이 선언문이 헷갈린다면 아직 STL을 볼 단계가 아니므로 템플릿부터 다시 공부해야 한다.

생성자의 인수로 크기를 생략하면 요소를 가지지 않는 빈 벡터가 만들어진다. 그러나 벡터는 동적으로 메모리를 관리하므로 실행 중에 요소를 얼마든지 더 추가할 수 있다. 벡터는 많은 멤버 함수와 연산자들을 가지고 있다. 배열의 요소를 읽기 위한 [ ] 연산자가 정의되어 있으며 크기를 얻는 함수, 요소를 추가하는 함수, 삭제하는 함수 등도 있고 파괴자는 동적으로 할당된 배열을 자동으로 해제하기도 한다. 벡터가 일반 정적 배열과 다른 점 한 가지를 구경해 보자.

예제 **vector**

```
#include <iostream>
#include <vector>
using namespace std;

void main()
{
    int num;
    int i;

    printf("배열 크기를 입력하시오 : ");
    scanf("%d",&num);
    vector<int> vi(num);

    for (i=0;i<num;i++) {
        vi[i]=i*2;
    }
    for (i=0;i<num;i++) {
        printf("vi[%d]=%d\n",i,vi[i]);
    }
    printf("벡터의 크기는 %d입니다.\n",vi.size());
}
```

STL의 구성 요소들은 전부 헤더 파일에 선언되어 있다. 그래서 사용하고자 하는 구성 요소를 정의하는 헤더 파일을 반드시 인클루드해야 한다. 벡터는 vector에 정의되어 있으므로 이 헤더 파일을 인클루드했다. 나머지 구성 요소들도 자신의 이름과 동일한 헤더 파일에 정의되어 있다. 리스트는 list에, 맵은 map에 등 안 외워도 될 정도로 쉽다. 그런데 이 쉬운 걸 깜박 잊어 먹는 경우가 많으므로 에러가 발생하면 헤더 파일부터 제대로 인클루드했는지 점검해 보도록 하자.

정수 하나를 입력받아 벡터의 생성자로 전달했다. 정적 배열의 크기는 반드시 상수로만 지정할 수 있는데 비해 벡터는 실행 중에 생성되므로 변수로도 크기를 지정할 수 있다. vi 정수형 벡터를 사용자가 입력한 크기 num으로 생성했다. 그리고 루프를 돌며 벡터의 각 요소에 첨자의 2배값을 넣어 보고 다시 출력했다. 벡터의 요소를 참조할 때는 정적 배열과 마찬가지로 [ ] 연산자와 첨자를 사용하면 된다. 임의 접근이 가능하므로 벡터내의 아무 요소나 읽고 쓸 수 있다. 다음은 4를 입력했을 때의 실행 결과이다.

```
배열 크기를 입력하시오 : 4
vi[0]=0
vi[1]=2
vi[2]=4
vi[3]=6
벡터의 크기는 4입니다.
```

벡터가 제대로 생성되었고 값을 잘 기억하는지만 확인해 본 것이다. 4가 아니라 400이나 1000000을 입력해도 잘 실행된다. 벡터의 할당 크기를 조사하려면 size 멤버 함수를 호출한다. 정적 배열은 일단 선언되면 실행 중에 그 크기를 알 수 없지만 벡터는 내부에서 크기를 관리하므로 size 함수로 현재 크기를 정확하게 조사할 수 있다. 벡터의 크기는 요소의 개수에 따라 신축적으로 관리되므로 초기 할당된 크기보다 더 많은 요소를 삽입해도 된다.

예제 **pushback**

```cpp
#include <iostream>
#include <vector>
using namespace std;

void main()
{
    int i;

    vector<int> vi;

    for (i=0;i<10;i++) {
        vi.push_back(i*2);
    }
    for (i=0;i<10;i++) {
        printf("vi[%d]=%d\n",i,vi[i]);
    }
    printf("벡터의 크기는 %d입니다.\n",vi.size());
}
```

디폴트 생성자로 정수형의 빈 벡터 vi를 선언하고 push_back 함수로 뒤쪽에 요소를 10개 추가했다. push_back은 제일 뒤에 새로운 요소 하나를 추가(Append)하며 이 과정에서 벡터의 메모리가 부족하다면 재할당된다. 10개의 값이 제대로 잘 기억되는지만 확인해 보았는데 물론 잘 기억된다. 10개가 아니라 얼마든지 더 많은 요소를 추가하더라도 메모리 남은 용량까지는 기억할 수 있다.

벡터는 요소들을 인접한 메모리 위치에 연속적으로 저장한다. 그래서 단순한 첨자 연산만으로도 원하는 요소를 빠르게 읽고 쓸 수 있으며 임의의 요소로 이동하는 동작도 상수 시간에 수행할 수 있다. 읽기 속도가 빠르므로 정렬이나 이분 검색 등의 알고리즘에 대단히 효율적이다. 그러나 임의 접근이 가능하기 위해서는 요소 인접 조건을 항상 만족해야 하므로 중간에서 삽입 삭제할 때는 메모리를 밀고 당기는 처리를 해야 하며 따라서 삽입, 삭제 속도는 느리다.

: : 리스트

리스트는 이중 연결 리스트로 구현된 컨테이너이다. 리스트의 요소들은 노드라는 구조체로 관리되며 노드끼리는 링크로 서로 연결되어 있어 요소의 논리적인 순서를 기억한다. 노드는 링크에 의해 연결될 뿐이므로 인접한 메모리에 배치되지 않아도 상관없으며 삽입, 삭제할 때도 앞뒤 노드의 링크만 조작하므로 대용량의 메모리를 밀고 당길 필요가 없다. 그래서 삽입, 삭제 속도가 대단히 빠르다. 반면 리스트의 한 요소를 찾으려면 첫 노드부터 순서대로 링크를 따라 이동해야 하므로 읽기 속도는 무척 느리다.

동일한 자료의 집합을 관리한다는 면에서 벡터와 용도는 동일하지만 내부적인 구조가 상이해서 확연히 다른 특징을 가진다. 리스트는 삽입, 삭제에 강하고 벡터는 읽고 쓰기에 강한 컨테이너라고 할 수 있다. 상대방의 장점은 곧 자신의 단점과 같아 이 둘은 서로 대체 가능하면서도 용도가 분명히 구분된다. 리스트의 선언 형식은 다음과 같다.

list〈T〉 Name;

템플릿 인수로 요소의 타입 T를 전달하며 생성자의 인수는 없다. 리스트는 최초 빈 상태로 만들어도 빠른 속도로 삽입, 삭제를 할 수 있으므로 통상 빈 상태로 생성한다. 리스트에 요소를 삽입, 삭제할 때는 다음 4개의 멤버 함수를 사용한다.

멤버 함수	설명
push_front	제일 앞에 요소 추가
push_back	제일 뒤에 요소 추가
pop_front	제일 앞의 요소 삭제
pop_back	제일 뒤의 요소 삭제

리스트의 앞, 뒤에서 삽입, 삭제를 자유롭게 그것도 아주 **빠른** 상수 시간에 할 수 있다. 이에 비해 벡터는 제일 뒤에서만 추가, 제거가 가능하여 push_front, pop_front 함수를 제공하지 않는다.

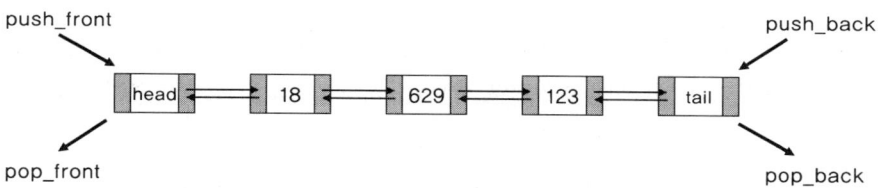

중간에서 삽입, 삭제할 때는 insert, erase 멤버 함수를 사용하는데 링크만 조작하므로 삽입 위치에 상관없이 항상 상수 시간에 처리된다. 벡터와 동일한 예제를 리스트로 만들어 보자.

예제 list

```
#include <iostream>
#include <list>
using namespace std;

void main()
{
    list<int> li;
    int i;

    for (i=0;i<5;i++) {
        li.push_back(i*2);
    }
    list<int>::iterator it;
    for (it=li.begin(),i=0;it!=li.end();it++,i++) {
        printf("%d번째=%d\n",i,*it);
    }
}
```

리스트 컨테이너를 쓰기 위해 list 헤더 파일을 인클루드하고 있으며 정수형 리스트 li를 선언한 후 다섯 개의 요소를 넣었다가 다시 출력해 보기만 했다.

```
0번째=0
1번째=2
```

```
2번째=4
3번째=6
4번째=8
```

리스트는 원래부터 가변적인 크기를 다룰 수 있으므로 초기 할당 크기를 지정할 필요가 없으며 디폴트 생성자로 리스트를 만들기만 했다. 빈 리스트로 생성되더라도 push_back을 호출하면 노드를 위한 메모리를 할당하고 링크를 연결하는 것도 내부에서 알아서 수행한다.

리스트의 노드들은 메모리의 곳곳에 흩어져 존재하여 임의 접근이 불가능하므로 모든 요소를 순회하려면 링크를 따라 순서대로 이동하는 수밖에 없다. 이때는 흔히 노드를 가리키는 포인터가 사용되는데 STL에서는 포인터 대신 반복자라는 특별한 객체를 사용한다. 반복자에 대해서는 잠시 후 소개하되 일단은 포인터처럼 요소를 가리킬 수 있고 증감 연산에 의해 주변 요소로 이동할 수 있는 기능을 가진다고 이해해 두자.

예제 코드의 it가 바로 정수형 리스트의 반복자이다. 리스트의 begin 멤버 함수는 첫 번째 요소, 그러니까 헤더의 위치를 구하며 end는 마지막 요소, 즉 테일의 위치를 구한다. 반복자를 헤더에서 테일 직전까지 순회하면서 반복자가 가리키는 요소인 *it를 읽어 출력하면 리스트의 모든 요소를 순회하면서 그 값을 출력할 수 있다.

:: 맵

맵은 두 개씩 짝을 이루는 데이터를 저장하는 컨테이너이다. 연관 컨테이너의 일종인 맵은 시퀀스와는 달리 아무렇게나 요소를 저장하지 않으며 정렬된 위치에 삽입한다. 항상 정렬된 상태로 관리되므로 이분 검색 기법을 사용할 수 있으며 따라서 요소가 아무리 많아도 굉장히 빠르게 검색할 수 있다. 대량의 데이터를 신속하게 검색해야 할 필요가 있을 때 맵이 주로 사용된다.

다음 예제는 편의점의 상품과 가격 목록을 맵에 저장해 두고 상품명으로 가격을 검색한다. 상품의 이름은 문자열이고 가격은 정수이며 두 개가 한 쌍이 되어 상품 하나의 정보를 표현하므로 이 쌍을 저장하기 위한 컨테이너로는 맵이 가장 적당하다.

예제 map

```
#include <iostream>
#include <string>
#include <map>
using namespace std;

struct SProduct
{
```

```
        string Name;
        int Price;
} arPro[]={
    {"맛동산",500},{"박카스",400},{"네스카페",250},{"신라면",450},
    {"88라이트",1900},{"불티나",300},{"스타킹",700},{"김치",2000},
    {"신문",500},{"비타500",500},{"비타1000",1000},{"왕꿈틀이",900},
    {"뽀빠이",200},{"위스퍼",800},{"콘텍600",600},{"페리오치약",2200},
    {"모나미볼펜",90},{"까페라떼",990},{"배터리",1000},{"쵸코파이",250},
};

void main()
{
    map<string,int> mPro;
    map<string,int>::iterator it;
    int i;
    string Name;

    for (i=0;i<sizeof(arPro)/sizeof(arPro[0]);i++) {
        mPro[arPro[i].Name]=arPro[i].Price;
    }

    for (;;) {
        cout << "상품명을 입력하시오(끝낼 때는 '끝'입력) : ";
        cin >> Name;
        if (Name=="끝") break;
        it=mPro.find(Name);
        if (it == mPro.end()) {
            cout << "그런 제품은 없습니다." << endl;
        } else {
            cout << Name << "의 가격은 " << it->second << "입니다." << endl;
        }
    }
}
```

맵을 사용하기 위해 map 헤더 파일을 인클루드했다. 예제의 코드는 굉장히 복잡해 보이는데 다음에 상세하게 알아볼 것이므로 일단 구경만 해 보자. 여기서는 구조체 배열에서 몇 개의 정보를 읽어왔지만 실제 프로그램에서는 DB에 기록된 방대한 레코드를 읽어들여 맵에 저장할 것이다. 실행해 보자.

```
상품명을 입력하시오(끝낼 때는 '끝'입력) : 뽀빠이
뽀빠이의 가격은 200입니다.
상품명을 입력하시오(끝낼 때는 '끝'입력) : 배터리
배터리의 가격은 1000입니다.
상품명을 입력하시오(끝낼 때는 '끝'입력) : 끝
```

상품 이름을 입력하면 가격이 바로 바로 조사된다. 맵은 항상 정렬된 상태로 자료를 관리하므로 검색 속도가 빠른 것이 큰 장점이다. 이 정도 예제에서는 상품의 개수가 많지 않아 실용성을 느끼기 어렵지만 수십만종의 상품을 다루는 대규모 할인점에서는 신속한 계산을 위해 가격을 검색하는 속도가 대단히 중요하다.

여기서는 대표적이고 실용성이 높은 세 개의 컨테이너만 소개했는데 STL에는 이외에도 스택, 큐, 데크 같은 잘 알려진 자료 구조들이 컨테이너로 제공된다. 사실 C/C++을 어느 정도 공부한 사람이라면 이런 자료 구조를 직접 만들어 쓰는 정도는 누구나 할 수 있다. 그러나 어렵지는 않지만 일일이 만들어 쓰려면 귀찮고 시간이 많이 걸리며 또 성능 보증이나 안전성을 장담하기도 어렵다.

STL은 누가 만들어도 똑같을 수밖에 없는 컨테이너들을 미리 만들어서 제공하므로 매번 이런 자료 구조를 만들 필요없이 STL의 컨테이너를 쓰는 방법만 익히면 된다. STL 컨테이너는 템플릿 기반이라 임의의 타입에 대해서 동작하며 빠르고 신뢰할만하다. 게다가 언어에 포함된 국제 표준이므로 팀 프로젝트에 유리하며 호환성, 이식성까지 덤으로 확보할 수 있다.

37.2.2 반복자

C언어의 가장 핵심적인 문법이 무엇이냐는 질문을 받는다면 누구나 주저없이 포인터를 선택할 것이다. 다소 난해하고 문제점도 많기는 하지만 C언어를 강력한 언어로 만드는 일등 공신이기 때문이다. 같은 방식으로 STL의 가장 핵심 요소가 무엇이냐고 묻는다면 반복자라고 대답할 수 있다. 반복자는 포인터와 하는 역할이나 사용 방법이 비슷하되 훨씬 더 일반화되어 있어 임의의 컨테이너와 함께 사용할 수 있다. STL의 일반성은 반복자를 통해 확보된다.

반복자의 정의를 내리기 전에 컨테이너를 순회하는 방법을 먼저 연구해 보자. 컨테이너는 복수 개의 자료를 저장하는 집합소이므로 컨테이너에 대해 출력, 검색, 정렬, 대체 등의 연산을 하려면 먼저 각 요소를 순서대로 액세스하는 순회가 필요하다. 컨테이너에서 한 요소를 검색하려면 찾는 요소가 어디쯤 있는지 알기 위해 순서대로 읽으면서 비교해야 하며 정렬이나 병합 등은 더 복잡한 순회를 해야 한다.

컨테이너에 가해질 수 있는 여러 가지 연산 중 가장 기초적이고 간단한 출력 연산을 구현한다고 해 보자. 배열의 각 요소를 출력하려면 일단 요소들을 모두 방문하면서 그 값을 읽어야 한다. 요소들을 순서대로 방문하는 것이 곧 순회이다. 크기 num의 배열을 출력하는 코드는 다음과 같이 작성할 수 있다.

```
void Print(int *ar,int num)
{
    int i;
    for (i=0;i<num;i++) {
        printf("%d\n",ar[i]);
    }
}
```

배열은 임의 접근이 가능하므로 0부터 배열의 크기 직전까지 첨자를 증가시키면서 [ ] 연산자로 첨자 위치의 요소를 출력하면 된다. for문이 배열 전체를 훑으면서 각 요소를 순회하는 과정에서 printf로 요소값을 출력했다. 배열과 for문을 안다면 아주 쉽게 이해되는 코드이다. 연결 리스트의 경우도 순회를 해야 노드들을 출력할 수 있는데 순회 방법이 배열과 상당히 다르다.

```
void Print(Node *head)
{
    Node *Now;
    for (Now=head->next;Now!=tail;Now=Now->next) {
        printf("%d\n",Now->value);
    }
}
```

첨자 연산이 지원되는 배열은 첨자를 증가시키면 되지만 연결 리스트는 노드들이 메모리의 여기저기에 링크로 연결되어 있으므로 링크를 쫓아 다녀야 모든 노드를 순회할 수 있다. 노드를 가리키는 포인터 Now를 선언하고 최초 head에서 시작하여 다음 노드를 검색하기를 tail에 이를 때까지 반복하면서 Now 가 가리키는 노드의 값을 출력하였다.

배열과 연결 리스트는 논리적으로 유사한 컨테이너임에도 물리적인 자료 구조가 틀리므로 순회하는 방법이 아주 다르다. 그렇다면 다른 컨테이너의 경우는 어떨까? 아마 내부 구조가 다르기 때문에 컨테이너별로 순회를 하는 방법이 제각각일 것이다. 순회 방법이 이처럼 틀려지면 똑같은 작업을 하는 함수라도 하나로 통합할 수가 없다. 위 예의 Print 함수도 for 루프 안쪽의 코드, 즉 순회 중에 할 작업은 동일한데 순회 방법이 틀려 두 Print 함수가 각각 필요하다.

지원하는 컨테이너의 종류가 C개이고 구현하고 싶은 알고리즘이 A개일 때 모든 컨테이너에 대해 알고리즘 함수를 일일이 만들어야 하므로 결국 C*A개의 함수를 각각 따로 만들어야 한다. 순회 방법이 다를 뿐이지 알고리즘 구현 코드는 유사하므로 아마 이 함수들의 코드는 대부분 중복될 것이다. 어떻게 하든 순회 방법을 일반화시켜 내부 구조에 상관없이 동일한 방법으로 순회할 수 있다면 알고리즘의 일반성이 확보되어 모든 컨테이너에 쓸 수 있는 범용 알고리즘을 만들 수 있을 것이다.

순회 방법을 일반화하기 위해 STL에서 사용하는 개념이 바로 반복자이다. 어떤 경우에는 포인터가 되기도 하고 어떤 경우에는 첨자가 되기도 하며 또 어떤 경우에는 다소 복잡한 객체가 요구되기도 한다. 반복자는 다음과 같은 기능을 가지는데 종류에 따라서는 일부 기능이 제외되기도 한다.

① 컨테이너의 요소 하나를 가리키는 기본적인 역할을 한다.

② 가리키는 지점의 요소를 읽고 쓸 수 있다. 내용을 읽는 * 연산자가 정의된다.

③ 증감에 의해 주변 요소로 이동할 수 있다. ++, -- 등의 연산자가 정의된다.

④ 반복자끼리 대입, 비교 가능해야 한다. 대입, 비교 연산자가 정의된다.

포인터는 위 4가지 기능을 모두 가지므로 그 자체로 완벽한 반복자이며 따라서 모든 STL 알고리즘에 포인터를 사용할 수 있다. 컨테이너별로 요소를 가리키는 방법은 각기 다르지만 반복자라는 개념을 사용하면 위의 요구 사항을 만족하는 객체를 정의할 수 있다. 아무튼 반복자를 사용하면 C의 포인터가 하는 동작을 일반화할 수 있으며 그래서 반복자를 포인터의 일반화라고 한다. 반복자는 포인터를 그대로 흉내 내므로 임의의 컨테이너에 저장된 모든 요소를 순서대로 가리킬 수 있다.

모든 컨테이너는 시작점과 끝다음점을 조사하는 begin, end 멤버 함수를 제공한다. 끝다음점이란 범위의 경계를 넘어선 지점을 의미하는데 begin에서 시작하여 이 지점 직전까지 순회하면 모든 요소를 차례대로 방문할 수 있다. 끝다음점의 개념과 효용성에 대해서는 다음 장에서 좀 더 상세하게 다루기로 한다.

반복자와 컨테이너의 begin, end 함수를 사용하면 모든 컨테이너를 동일한 방법으로 순회할 수 있다. 앞에서 만들었던 배열 출력 예제를 반복자를 사용하여 다시 작성해 보면 다음과 같아진다. C의 정적 배열은 동일 타입의 변수 집합이므로 그 자체로 이미 컨테이너라고 할 수 있다.

예제 iterarray

```
#include <iostream>
using namespace std;

void main()
{
    int ari[]={1,2,3,4,5};

    int *it;
    for (it=&ari[0];it!=&ari[5];it++) {
        printf("%d\n",*it);
    }
}
```

정수형 배열을 가리키는 포인터 it를 선언하고 배열 첫 번째 요소의 번지에서 시작하여 끝다음점 요소 직전까지 순회하면서 *it를 출력하면 배열 요소 전체가 출력된다. 여기서 사용된 it 포인터는 배열의 한 요소를 가리키며 증가하고 비교되며 *연산자로 요소를 읽기도 하므로 반복자의 요구 조건을 모두 만족한다. 다음은 벡터에 대해 반복자를 적용해 보자.

예제 itervector

```
#include <iostream>
#include <vector>
using namespace std;

void main()
{
    int ari[]={1,2,3,4,5};
    vector<int> vi(&ari[0],&ari[5]);

    vector<int>::iterator it;
    for (it=vi.begin();it!=vi.end();it++) {
            printf("%d\n",*it);
    }
}
```

정수형 벡터에 1~5까지의 정수값을 채워 넣었다. 벡터는 다른 컨테이너의 요소들로 자신을 초기화하는 생성자를 제공하는데 이 생성자의 문법은 다음에 배우기로 하자. 정수형 벡터 vi에는 다섯 개의 정수가 삽입되며 크기는 5이다. 벡터의 한 요소를 가리키는 반복자는 다음과 같이 선언한다.

vector<T>::iterator it;

vector<T>가 클래스 이름이고 이 클래스 안에 iterator라는 타입이 typedef로 정의되어 있으므로 이 타입으로 변수를 하나 선언하면 벡터의 한 요소를 가리키는 반복자가 된다. for 루프에서는 반복자를 begin으로 초기화하고 end 직전까지 반복자를 증가시키며 벡터의 매 요소를 순회하였다. 다음은 연결리스트의 경우를 보자. 위 예제의 vector를 list로 바꾸고 (꼭 필요하지는 않지만) 객체의 이름을 vi에서 li로 바꾸기만 하면 된다.

```
#include 〈iostream〉
#include 〈list〉
using namespace std;

void main()
{
    int ari[]={1,2,3,4,5};
    list〈int〉 li(&ari[0],&ari[5]);

    list〈int〉::iterator it;
    for (it=li.begin();it!=li.end();it++) {
            printf("%d\n",*it);
    }
}
```

보다시피 벡터와 순회 방법이 완전히 동일하다. begin ~ end 사이를 반복자가 순회하여 *it 표현식으로 순회 중의 요소를 액세스할 수 있는 것이다. 벡터나 리스트 외의 다른 컨테이너들도 순회하는 방법은 동일하다. 각 컨테이너의 내부 구조는 상당히 다르지만 반복자를 사용하면 똑같은 방법으로 순회할 수 있다.

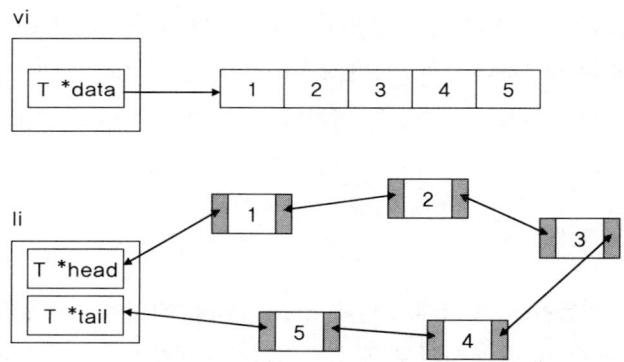

반복자는 컨테이너를 순회하는 방법과 컨테이너의 한 요소를 참조하는 방법을 획일화함으로써 알고리즘들이 컨테이너의 내부 구조에 대해 독립성을 가지도록 한다. 순회 방법이 일정하다면 하나의 함수로 임의의 컨테이너를 지원하는 알고리즘을 구현할 수 있다. 이게 과연 가능한지 앞서 예를 든 Print 함수를 일반적인 알고리즘으로 구현해보자.

예제 **itergeneric**

```cpp
#include <iostream>
#include <vector>
#include <list>
using namespace std;

template<typename IT>
void Print(IT s, IT e)
{
    IT it;
    for (it=s;it!=e;it++) {
        printf("%d\n",*it);
    }
}

void main()
{
    int ari[]={1,2,3,4,5};
    vector<int> vi(&ari[0],&ari[5]);
    list<int> li(&ari[0],&ari[5]);

    Print(&ari[0],&ari[5]);
    Print(vi.begin(),vi.end());
    Print(li.begin(),li.end());
}
```

Print는 반복자 타입을 인수로 받아들이는 함수 템플릿으로 정의되어 있어 임의의 반복자 타입으로 구체화될 수 있다. Print의 본체는 IT 타입의 지역변수 it를 선언하고 인수로 전달된 범위 s~e사이를 순회하며 *it로 반복자가 가리키는 값을 읽어 출력했다. main에서는 정적 배열, 벡터, 리스트 세 컨테이너에 대해 Print 함수를 호출하여 컨테이너 전체를 출력한다. 실행해 보면 1~5까지의 숫자가 세 번 출력될 것이다.

컨테이너를 출력하는 Print 정도의 간단한 함수 따위는 직접 만들어 쓰나 일반화시키나 별 감흥이 없겠지만 이보다 훨씬 더 복잡한 동작을 하는 정렬, 병합 등의 알고리즘을 딱 하나만 만들어 놓고 두루두루 쓸 수 있다면 멋지다는 생각이 들 것이다. 이 예제를 보면 STL이 강조하는 일반화란 무엇인지 어렴풋이 감이 올 것이다.

반복자는 컨테이너를 다루는 기본적인 방법이다. 컨테이너에 요소를 삽입, 삭제할 때 또는 검색한 결과를 리턴할 때 반복자가 필요하다. STL의 모든 함수들은 컨테이너내의 위치를 칭할 때 반복자를 사용하며 검색 결과를 보고할 때도 반복자를 사용한다. 반복자는 임의의 컨테이너와 알고리즘이 서로를 몰라도 같이 동작할 수 있도록 이어주는 매개체 역할을 한다.

여기서는 반복자의 개념만 직감적으로 이해하기로 한다. 반복자라는 용어의 정확한 의미와 끝다음점의 개념, 왜 반복자끼리 비교할 때 != 연산으로 비교를 하는지 등에 대해서는 다음 장에서 좀 더 상세하게 다루기로 하자.

37.2.3 알고리즘

STL의 알고리즘 함수들은 대부분 특정 컨테이너의 멤버 함수가 아닌 일반 전역 함수로 작성되어 있다. 왜냐하면 반복자에 의해 컨테이너를 다루는 방법이 일반화되어 모든 컨테이너에 대해 적용할 수 있으므로 멤버 함수가 될 필요도 없고 멤버 함수가 되어서도 안 된다. STL은 일반화된 알고리즘을 제공하므로 캡슐화를 적극적으로 사용하지 않는다. 컨테이너 클래스들은 표현하고자 하는 자료 구조를 위한 데이터 멤버와 연산자만을 정의하며 알고리즘 구현은 반복자와 전역 함수에게 맡긴다.

알고리즘 함수들은 대부분 algorithm 헤더 파일에 정의되어 있으므로 알고리즘 함수 중 하나라도 사용하려면 이 헤더 파일을 포함해야 한다. 예상할 수 있겠지만 이 헤더 파일에는 STL의 모든 알고리즘 이 정의되어 있으므로 굉장히 길이가 길다. 시간이 허락한다면 한 번쯤 들여다 볼만한 헤더 파일이다. 알고리즘 함수 중 가장 흔하게 사용되는 것은 컨테이너에 특정값이 존재하는지를 찾는 find이다. 원형은 다음과 같다.

```
template〈typename InIt, class T〉
  InIt find(InIt first, InIt last, const T& val);
```

임의의 모든 타입에 대해 동작할 수 있어야 하므로 STL 알고리즘 함수들은 예외없이 템플릿으로 구현 되어 있다. find의 경우 검색 중에 사용할 반복자와 컨테이너의 요소 타입을 템플릿 인수로 받아들여 구체화된다. 그래서 벡터든 리스트든 해당 컨테이너의 반복자만 전달하면 되고 요소가 정수형이든 Time 이나 Person이든 가리지 않고 검색을 할 수 있는 것이다. 템플릿으로 전달되는 인수는 InIt, OutIt, T 등의 이름으로 일관되게 표시되므로 이후 알고리즘 함수를 소개할 때 template문은 생략하기로 한다.

find는 first ~ last 사이의 반복자 구간에서 T형의 값 val이 있는지 검사한다. 발견되면 해당 위치의 반복자가 리턴되며 발견되지 않을 경우 컨테이너 전체를 순회만 하고 종료되므로 구간의 끝인 last가 리턴된다. C 함수들은 검색에 실패할 경우 NULL을 리턴하지만 STL은 검색 실패조차도 반복자로 리턴 한다.

반복자만으로 요소를 읽을 수 있고 이 요소를 val과 비교할 수 있으며 비교 범위도 명확하게 전달되었 으므로 find가 컨테이너에 대한 정보를 전달받을 필요는 없다. 컨테이너가 어떤 식의 구조를 가지는지 모르므로 find는 가장 간단하고 어떤 형태의 자료에나 사용할 수 있는 순차 검색 방법을 사용한다. 예제를 작성해 보자.

예제 find

```
#include 〈iostream〉
#include 〈vector〉
#include 〈list〉
#include 〈algorithm〉
using namespace std;

void main()
{
    int ari[]={1,2,3,4,5};
    vector〈int〉 vi(&ari[0],&ari[5]);
    list〈int〉 li(&ari[0],&ari[5]);

    puts(find(vi.begin(),vi.end(),4)==vi.end() ? "없다.":"있다.");
    puts(find(li.begin(),li.end(),8)==li.end() ? "없다.":"있다.");
    puts(find(&ari[0],&ari[5],3)==&ari[5] ? "없다.":"있다.");
}
```

벡터와 리스트, 단순 배열에 대해 find로 여러 가지 값들을 검색해 보았다. 크기가 작은 컨테이너라 결과가 뻔히 보인다.

```
있다.
없다.
있다.
```

컨테이너에 상관없이 검색 방법이 똑같다는 것을 알 수 있다. 검색 범위를 지정하는 반복자와 찾고자 하는 값만 인수로 전달하는데 예제에서는 컨테이너 전체 범위에 대해 정수값을 검색했다. 컨테이너의 내부 구조가 달라도 반복자에 의해 읽고 다음 요소로 이동할 수 있기 때문에 똑같은 알고리즘 함수를 사용할 수 있는 것이다. algorithm 헤더 파일을 뒤져 보면 다음처럼 정의되어 있는 find 함수를 볼 수 있다.

```
InIt find(InIt first, InIt last, const T& val)
{
```

```
    for (;first != last; ++first) {
        if (*first == val) break;
    }
    return first;
}
```

first를 계속 증가시키면서 last에 이를 때까지 순회하며 순회 중에 *연산자로 first의 값을 읽어 val과 같은지를 점검한다. 검색되었다면 이 상태에서 루프를 빠져 나와 first를 리턴하며 검색에 실패했다면 first가 last까지 이동한 채로 리턴될 것이다. 알고리즘의 실제 구현은 컴파일러마다 조금씩 다른데 위 코드는 비주얼 C++의 것이고 gcc는 find를 다음과 같이 구현하고 있다.

```
InIt find(InIt first, InIt last, const T& val)
{
    while(first != last && *first != val) ++first;
    return first;
}
```

끝에 도달하거나 검색하는 값을 찾을 때까지 무조건 전진 이동하다가 루프가 끝났을 때의 반복자를 리턴한다. 두 구현의 코드는 조금 다르지만 하는 일은 사실상 동일하다고 할 수 있다. 알고리즘이 어떻게 구현되어 있든지 알고리즘 본체에서 사용하는 ++, !=, * 연산자를 모든 반복자가 지원하므로 검색 알고리즘이 획일적으로 정의된다. 다른 알고리즘도 원리는 동일한데 내부가 궁금하면 항상 헤더 파일을 읽어 보도록 하자.

검색 다음으로 많이 사용되는 알고리즘은 자료를 일정한 기준에 따라 재배치하는 정렬이다. 컨테이너 내의 모든 요소들을 여러 번 비교하고 결과에 따라 요소를 교환하는 과정을 정렬 완료될 때까지 반복해야 하는 꽤 복잡한 연산이다. 이런 연산도 sort 함수 하나만 사용하면 쉽게 수행할 수 있다. sort의 원형은 다음과 같다.

```
void sort(RanIt first, RanIt last);
```

이 함수는 인수로 주어진 first ~ last 사이의 모든 요소를 정렬한다. 정렬을 하기 위해서는 객체들을 비교해야 하는데 sort 함수는 정렬 중에 〈 연산자로 요소의 순위를 판단한다. 따라서 정렬 대상 요소들 은 〈 연산자를 반드시 정의해야 한다. 정수, 실수 등의 기본 타입은 〈 연산자로 비교할 수 있으므로 항상 정렬 가능하며 사용자가 정의한 클래스라도 〈 연산자가 오버로딩되어 있으면 이 함수로 정렬 가능 하다.

예제 sort

```
#include <iostream>
#include <vector>
#include <algorithm>
using namespace std;

void main()
{
    int ari[]={2,8,5,1,9};
    vector<int> vi(&ari[0],&ari[5]);

    sort(vi.begin(),vi.end());
    vector<int>::iterator it;
    for (it=vi.begin();it!=vi.end();it++) {
        printf("%d\n",*it);
    }
}
```

벡터에 다섯 개의 정수를 넣어 두고 sort 함수로 정렬한 후 출력해 보았다. 오름차순으로 정렬되어 출력될 것이다.

```
1
2
5
8
9
```

정렬은 워낙 흔한 연산이라 굉장히 많은 알고리즘이 개발되어 있다. STL의 sort 함수는 그 중 가장 빠르다고 정평이 난 퀵 소트 알고리즘을 사용하는데 앞에서 공부해 봐서 알겠지만 퀵 소트 알고리즘은 그다지 간단하지 않다. 이런 알고리즘을 범위만 전달하면 공짜로 쓸 수 있다는 것이 STL의 매력이다. 가장 기본적인 두 개의 알고리즘에 대해 예제를 만들어 봤는데 몇 가지만 더 구경해 보자.

void reverse(BIlt first, BIlt last);

reverse 함수는 이름대로 지정한 구간의 요소들 순서를 반대로 뒤집는다. begin과 end를 구간으로 지정하면 컨테이너의 모든 요소들 순서가 반대로 바뀔 것이다. 컨테이너의 일부 구간만 반대로 뒤집을 수도 있다. 다음 예제는 배열의 중간 부분 요소들을 반대의 순서로 뒤집는다.

예제 reverse

```
#include <iostream>
#include <algorithm>
using namespace std;

void main()
{
    int ari[]={1,2,3,4,5,6,7,8,9};
    int i;

    for (i=0;i<9;i++) printf("%d ",ari[i]);puts("");
    reverse(&ari[2],&ari[6]);
    for (i=0;i<9;i++) printf("%d ",ari[i]);puts("");
}
```

2번째 요소 ~ 5번째 요소까지의 순서가 반대로 뒤집어진다. 즉 ari[2]는 ari[5]와 교환되고 ari[3]은 ari[4]와 교환된다.

```
1 2 3 4 5 6 7 8 9
1 2 6 5 4 3 7 8 9
```

이 함수가 내부에서 어떤 처리를 할 것인가는 어렵지 않게 추측할 수 있으며 직접 만든다 하더라도 그다지 오랜 시간이 걸리지는 않을 것이다. 만들어 쓰는 것이 어려워서가 아니라 매번 만들기는 귀찮은 작업이라고 할 수 있다. 다음 함수는 컨테이너의 구간 내 요소를 무작위로 마구 섞는다.

void random_shuffle(RanIt first, RanIt last);

게임을 만들 때 이 함수가 자주 사용되는데 퍼즐이나 카드패를 사용자가 예측하지 못하도록 할 때 무작위 섞기 기능이 사용된다. 예제를 보자.

shuffle

```
#include <iostream>
#include <vector>
#include <algorithm>
#include <time.h>
using namespace std;

void main()
{
    int i;
    vector<int> vi(20);
    vector<int>::iterator it;

    for (i=0;i<20;i++) vi[i]=i;
    srand(time(NULL));
    random_shuffle(vi.begin(),vi.end());
    for (it=vi.begin();it!=vi.end();it++) {
        cout << *it << ' ';
    }
    cout << endl;
}
```

벡터에 0~19까지의 정수를 차례대로 집어넣고 random_shuffle 함수로 섞었다. 이 함수가 내부적으로 난수를 사용하므로 난수 발생기는 먼저 초기화해 놓아야 한다. 매 실행할 때마다 섞이는 결과는 달라진다.

```
6 9 15 12 16 2 11 1 8 5 3 13 14 4 7 0 19 10 18 17
```

단 하나의 함수 호출로 패를 완전히 섞을 수 있다. STL에는 이 외에도 엄청나게 많은 알고리즘 함수들이 제공되는데 대략 60여개 정도 되며 앞으로 점점 더 늘어날 것이다. 각 함수별 사용예는 천천히 연구해 보도록 하고 일단 도표로 간단하게 목록만 정리해 보자. 양이 많아질 때는 대충 눈에만 익혀 두고 필요할 때 레퍼런스를 참조하는 것이 훨씬 더 현명한 처사다.

함수	설명
count	조건에 맞는 요소의 개수를 센다.
for_each	각 요소에 대해 지정한 작업을 한다.
equal	구간이 일치하는지 비교한다.
search	일치하는 부분 구간을 검색한다.
copy	구간끼리 복사한다.
fill	일정한 값으로 지정 구간을 채운다.
reverse	구간의 요소들을 반대로 뒤집는다.
random_shuffle	요소들을 무작위로 섞는다.
swap	컨테이너를 교환한다.
binary_search	이분 검색한다.
merge	구간을 병합하여 새로운 구간으로 복사한다.
accumulate	구간의 값을 모두 합한다.

왠만큼 직관력이 있는 사람은 함수 이름으로부터 기능을 대충 유추할 수 있을 것이다. copy는 복사하는 것이요 fill은 채우는 것이고 swap은 교환하는 것이고 merge는 병합하는 것이다. 필요할 때마다 이런 알고리즘을 일일이 만드는 것보다는 표준 알고리즘의 사용 방법을 대충이라도 알아 두는 것이 시간 절약과 체력 보존에 유리하다.

38

함수 객체

38.1 함수 객체

38.1.1 함수 객체

앞 절에서 STL을 구성하는 가장 기초적인 세 요소인 컨테이너, 반복자, 알고리즘에 대해 대충이나마 소개하고 연구해 보았는데 나름대로 직관적이어서 어렵지 않게 이해할 수 있을 것이다. 이 절과 다음 절에서는 STL의 나머지 세 요소 중 함수 객체와 어댑터에 대해 집중적으로 연구해 보되 이 둘은 난이도가 다소 높은 편이라 책만 읽어서는 쉽게 이해되지 않을 것이다.

개념도 난해하고 구문도 생소해서 어떻게 해서 돌아가는지 선뜻 파악하기 어려우며 C++에 저런 문법도 있었는지 의아해하는 사람도 있다. 그러나 자세히 보면 표준 C++ 문법 범위 내에서 모두 설명 가능한 것들이다. 만약 이 장의 내용이 도저히 이해되지 않는다면 아직 C++ 문법에 충분히 숙달되지 못했다는 증거이므로 앞 장으로 돌아가 복습을 좀 하고 와야 할 것이다. 그런 후에 예제를 직접 실행해 보고 가급적이면 수정해 가며 연구해 봐야 한다. 그럼 잔소리는 여기까지 하고 본론으로 들어가 보자.

STL의 알고리즘들은 전역 함수가 처리하며 문제를 풀기 위한 반복자 구간, 검색 대상, 채울 값 따위의 정보들이 함수의 인수로 전달된다. 알고리즘 함수들은 입력된 정보를 바탕으로 알아서 동작하지만 어떤 함수들은 내부에서 모든 동작을 다 처리하지 않거나 할 수 없는 경우도 있다. 검색하고자 하는 값이 정확하게 어떤 조건인지, 정렬을 위해 요소를 비교할 때 어떤 방식으로 비교할 것인지를 함수가 마음대로 결정할 수 없다.

이때 함수에게 좀 더 구체적인 처리 방식을 지정하기 위해 사용자가 미리 만들어 놓은 함수 객체를 전달한다. 알고리즘 함수는 동작 중에 사용자의 개입이 필요한 부분에 대해서 함수 객체를 호출하여 의사를 결정한다. 마치 표준 qsort 함수가 정렬을 위한 비교를 위해 사용자 정의 함수를 함수 포인터로 호출하는 것과 같다. 똑같은 함수를 호출하더라도 함수 객체를 어떻게 작성하는가에 따라 알고리즘의 활용도가 대폭 향상되는 효과가 있다.

앞 예제에서 벡터를 정렬한 후 그 결과를 확인하기 위해 직접 순회하면서 벡터의 요소를 일일이 출력했었다. 컨테이너의 요소들을 순회하면서 출력이나 비교, 변환 등을 할 일은 아주 흔한데 이때마다 직접 순회를 하려면 반복자도 선언해야 하고 for 루프도 구성해야 하므로 다소 번거롭다. for_each 함수를 사용하면 순회를 대신 시킬 수 있으며 이때 순회 중에 어떤 작업을 할 것인가를 함수 객체로 지정한다. for_each 함수의 원형은 다음과 같다.

UniOp for_each(InIt first, InIt last, UniOp op);

for_each 함수는 first~last 사이를 순회하면서 각 요소에 대해 op 함수 객체를 호출하여 사용자가 이 요소를 직접 처리하도록 한다. 순회는 for_each가 대신 하되 순회중의 각 요소에 대한 고유한 작업은 함수 객체가 처리하는 방식이다. 앞에서 만들었던 정렬 후 출력 예제를 for_each 함수로 작성해 보자.

예제 **for_each**

```cpp
#include <iostream>
#include <vector>
#include <algorithm>
using namespace std;

void print(int a)
{
    printf("%d\n",a);
}

void main()
{
    int ari[]={2,8,5,1,9};
    vector<int> vi(&ari[0],&ari[5]);

    sort(vi.begin(),vi.end());
    for_each(vi.begin(),vi.end(),print);
}
```

for_each에게 전달할 함수 객체를 print라는 이름의 함수로 미리 준비해 놓는다. 정렬을 완료한 후 for_each로 벡터의 전 구간을 순회하되 순회 중의 각 요소에 대해 print를 호출하도록 print를 세 번째 인수로 전달했다. 이때 print로는 각 반복자에 대해 *연산자를 적용한 결과, 즉 벡터의 개별 요소값이 전달된다. print는 이 값을 인수 a로 전달받아 화면으로 출력한다.

이 예제에서 for_each 함수의 세 번째 인수로 전달되는 대상을 함수 객체(Function Object) 또는 펑크터(Functor)라고 하는데 예제에서는 함수 포인터를 넘겼다. qsort 함수가 비교 함수의 포인터를 전달받는 방식과 완전히 동일하다. 단, STL의 함수 객체는 함수 포인터에만 국한되는 것이 아니라 함수를 흉내낼 수 있는 모든 객체일 수 있다는 점이 다르다. 함수 객체는 함수 호출 연산자인 ()를 오버로딩한 객체를 의미하는데 이 연산자를 통해 마치 함수를 호출하듯이 객체를 호출할 수 있다. 앞 예제를 일반 함수가 아닌 함수 객체로 수정해 보자.

예제 functor

```
#include <iostream>
#include <vector>
#include <algorithm>
using namespace std;

struct print {
    void operator()(int a) const {
        printf("%d\n",a);
    }
};

void main()
{
    int ari[]={2,8,5,1,9};
    vector<int> vi(&ari[0],&ari[5]);

    sort(vi.begin(),vi.end());
    for_each(vi.begin(),vi.end(),print());
}
```

print 클래스는 () 연산자를 정수값 하나를 인수로 받아 그 값을 출력하도록 오버로딩하고 있다. 왜 class가 아니고 struct로 선언했을까 물으면 "당연하지!"라고 단호하게 대답할 수 있어야 한다. for_each 함수의 세 번째 인수로 print() 임시 객체를 전달했는데 이 문장은 다음과 같이 수정해도 동일하다. 이쪽이 이해하기는 오히려 더 쉽다.

```
print f;
for_each(vi.begin(),vi.end(),f);
```

print 타입의 객체 f를 생성한 후 이 객체를 for_each의 세 번째 인수로 전달했다. for_each 함수는 순회 중에 f의 () 연산자를 호출하여 원하는 작업을 할 것이다. 그런데 이 코드의 함수 객체 f는 for_each 의 인수로만 사용하므로 굳이 이름을 주고 지역 객체로 선언할 필요가 없다. 그래서 함수 호출문에서 곧바로 print의 디폴트 생성자를 호출하여 임시 객체를 만들고 그 객체를 전달하도록 한 것이다. 예제의 print() 문은 print 객체를 호출하는 것이 아니라 print 클래스의 임시 객체를 생성하는 문장임을 조심 하자.

for_each는 반복자 순서에 맞게 순회만 할 뿐이며 실제 작업은 함수 객체가 한다. 순회 중에 어떤 일을 할 것인가는 함수 객체가 인수로 전달받은 요소에 대해 무슨 일을 하는가에 따라 달라진다. 예제처 럼 단순히 값을 화면에 출력할 수도 있고 데이터베이스에 저장할 수도 있고 네트워크로 값을 보낼 수도 있다. 일정 구간의 요소에 대해 어떤 작업을 하고 싶다면 for_each가 가장 쉬운 방법이다.

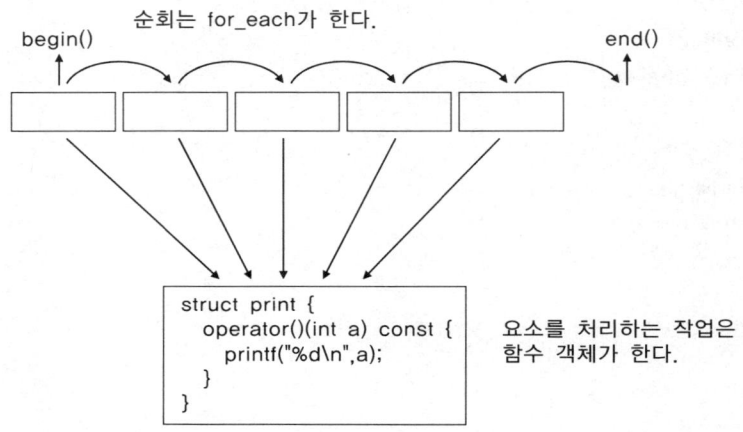

함수 객체는 클래스 안에 함수를 캡슐화해 놓은 것으로 함수 포인터에 대한 일반화라고 할 수 있다. 그렇다면 STL은 왜 함수 객체라는 것을 사용할까? 함수 실행 중에 사용자가 개입할 수 있는 장치로 함수 객체 이전에 함수 포인터라는 더 간단하고 직관적인 방법이 존재했으며 별 문제없이 잘 동작했다. STL이 함수 포인터를 확장하여 함수 객체라는 더 일반화된 개념을 사용하는 이유는 함수 포인터에 비해 몇 가지 장점이 있고 더 유연하기 때문이다.

첫 번째로 함수 객체는 인라인이 가능해서 처리 속도를 대폭적으로 개선할 수 있다. 클래스의 내부에 선언된 멤버 함수는 자동으로 인라인이 되며 호출부에 본체의 코드가 직접 삽입된다. 그래서 함수 호출에 대한 부담이 전혀 없으며 알고리즘 처리가 빠르다. 표준 qsort 함수는 매번 비교 함수를 호출해야 하며 정렬 작업보다 함수를 호출하는데 더 많은 시간을 소비하기 때문에 직접 만든 정렬 루틴보다 속도가 훨씬 더 느리다.

앞의 두 예제도 벡터의 크기를 크게 확장하고 정밀하게 측정해 보면 심각할 정도로 속도 차이가 현격하 다. 함수 포인터는 번지를 통해 호출되므로 호출부에 직접 삽입되는 인라인이 될 수 없으며 매번 스택 프레임을 구성하고 호출한 후 다시 리턴해야 한다. 반면 함수 객체는 인라인이 가능함으로 인해 속도상의 불이익이 전혀 없다. STL이 일반화를 하면서도 효율의 희생이 없다는 장점은 컴파일 타임 메커니즘과 인라인화에 의해 얻어진다.

두 번째로 함수 객체는 말 그대로 객체이기 때문에 함수 연산자 () 뿐만 아니라 처리에 필요한 멤버들을 추가로 더 가질 수도 있다. 연산중에 필요한 변수가 있으면 멤버로 만들 수 있고 필요한 동작이 있다면 멤버 함수도 가질 수 있다. 다음에 아주 간단한 개념적인 예를 하나 들어 보자.

예 제 **functormem**

```cpp
#include <iostream>
#include <vector>
#include <algorithm>
using namespace std;

struct accum {
    int sum;
    accum() { sum=0; }
    void operator()(int a) {
        sum+=a;
    }
};

void main()
{
    int ari[]={2,8,5,1,9};
    vector<int> vi(&ari[0],&ari[5]);

    sort(vi.begin(),vi.end());
    accum f;
    f=for_each(vi.begin(),vi.end(),f);
    printf("총합 = %d\n",f.sum);
}
```

accum 함수 객체 안에 멤버 변수 sum을 선언하고 생성자에서 이 값을 0으로 초기화했다. () 연산자는 인수로 전달되는 a를 sum에 계속 누적시킨다. for_each는 f를 사용한 후 다시 리턴하는데 이 값을 대입받으면 f.sum에는 순회 중에 합산한 결과가 들어 있을 것이다. f를 다시 대입받는 것이 좀 이상하게 보일지 모르겠는데 for_each로 전달된 f는 값에 의한 전달이므로 원본 f를 직접 변경하지는 않기 때문이다.

추가 멤버를 포함하고 스스로 동작을 정의할 수 있으므로 함수 객체가 생성될 때 네트워크 연결을 할 수도 있고 DB 세션을 열 수도 있으며 화면 해상도를 변경할 수도 있다. 또한 중간 결과나 계산에 필요한 보조 함수를 소유하는 것도 가능하며 필요한 모든 것들이 하나의 클래스에 캡슐화되므로 재사용성까지 확보된다. 일반 함수는 기껏해야 정적변수를 가질 수 있을 뿐이며 이나마도 외부에서는 접근할 수 없다. 또한 함수 객체의 멤버를 미리 변경해 놓는 방법으로 알고리즘의 정밀한 세부 동작을 통제할 수 있다.

세 번째로 멤버뿐만 아니라 멤버 함수도 가질 수 있으며 생성자와 파괴자도 활용할 수 있다. 특히 생성자는 멤버의 값을 원하는 대로 초기화할 수 있다는 점에서 함수 객체에 대해서도 여전히 실용성이 높다.

예제 functorctor

```cpp
#include <iostream>
#include <string>
#include <vector>
#include <algorithm>
using namespace std;

struct print {
    string mes;
    print(string &m) : mes(m) { }
    void operator()(int a) const {
        cout << mes;
        printf("%d\n",a);
    }
};

void main()
{
    int ari[]={2,8,5,1,9};
    vector<int> vi(&ari[0],&ari[5]);

    sort(vi.begin(),vi.end());
    for_each(vi.begin(),vi.end(),print(string("요소값은 ")));
    for_each(vi.begin(),vi.end(),print(string("다른 메시지 ")));
}
```

print 객체 안에 문자열 타입의 mes 멤버 변수를 선언해 놓고 () 연산자가 인수로 전달된 값을 출력하기 전에 mes를 먼저 출력하도록 했다. 이제 print 객체에 대해 mes만 미리 다른 값으로 바꿔 두면 매 요소마다 앞에 뭔가 다른 메시지를 출력할 것이다. 이 함수 객체를 사용하기 전에 mes를 원하는 값으로 변경하고 싶다면 다음과 같이 해야 한다.

```
print f;
f.mes="요소값은 ";
for_each(vi.begin(),vi.end(),f);
```

일단 객체를 선언해 놓고 mes를 원하는 값으로 대입한 후 이 함수 객체를 for_each로 전달했다. 하지만 생성자에서 이 작업을 대신할 수 있으며 이렇게 되면 for_each 호출 구문에서 임시 객체에 대해서도 원하는 값을 즉시 지정할 수 있다. 예제의 for_each는 똑같은 문장이지만 함수 객체로 전달되는 인수에 따라 출력하는 메시지가 달라진다.

네 번째로 함수 객체는 타입이므로 템플릿의 인수로 사용될 수 있지만 함수 포인터는 단순한 값일 뿐이므로 템플릿의 인수로는 사용할 수 없다. 즉 레벨이 틀리다는 얘기다. 템플릿의 인수로 사용될 수 있으므로 컨테이너가 함수 객체를 소유할 수 있다. 다음 코드를 보자.

예제 **functorpara**

```
#include <iostream>
using namespace std;

template <typename T>
class SomeClass { };

struct print {
    void operator()(int a) const {
        printf("%d\n",a);
    }
};

void func(int a)
{
    printf("%d\n",a);
}

void main()
```

```
{
    SomeClass<print> s1;    // 가능
//  SomeClass<func> s2;              // 불가능
}
```

인수 하나를 받아들이는 임의의 클래스 템플릿 SomeClass가 있는데 함수 객체 print는 타입이므로 SomeClass의 구체화에 사용될 수 있다. 그러나 func는 값일 뿐이므로 템플릿에는 사용할 수 없다. 다음에 배울 셋, 맵 등의 연관 컨테이너들은 내부적인 정렬 방식을 결정하기 위해 함수 객체를 요구하는데 여기에 함수 포인터를 쓸 수는 없다. 반드시 함수 객체여야 한다.

38.1.2 알고리즘의 변형

for_each 함수는 순회 중에 할 일을 결정하기 위해 반드시 함수 객체를 부르도록 되어 있다. 순회만 할 바에야 for_each를 부를 필요가 없으므로 for_each에게 함수 객체는 필수적인 존재라고 할 수 있다. 이처럼 함수 객체를 명시적으로 요구하는 알고리즘도 있고 필요할 때만 함수 객체를 옵션으로 받는 알고리즘도 있다.

컨테이너에서 값을 검색하는 find는 순회 중의 반복자 값과 세 번째 인수로 지정한 값(val)을 == 연산자로 비교하여 정확하게 일치하는 요소를 찾아낸다. 그런데 때로는 ==로 정확한 일치를 검색하는 것이 아니라 사용자가 정의하는 방식으로 검색할 요소를 골라야 하는 경우도 있다. 이때 함수 객체로 요소를 직접 비교할 수 있는데 이런 함수는 보통 원래 함수의 이름 끝에 _if가 붙는다. find의 함수 객체 버전은 다음과 같다.

InIt find_if(InIt first, InIt last, UniPred F);

세 번째 인수 F는 () 연산자를 오버로딩하는 함수 객체이며 요소값 하나를 인수로 전달받아 이 값이 원하는 조건이 맞는지 검사하여 bool형을 리턴한다. 찾는 조건에 맞으면 true를 리턴하고 아니면 false를 리턴할 것이다. 이처럼 bool을 리턴하는 함수 객체를 특별히 조건자(Predicate)라고 부르는데 요소가 지정 조건을 만족하는지를 검사하는 역할을 한다. 다음은 find_if를 활용한 검색 예제이다.

예제 find_if

```
#include <iostream>
#include <string>
#include <vector>
```

```
#include <algorithm>
using namespace std;

struct IsKim {
    bool operator()(string name) const {
        return (strncmp(name.c_str(),"김",2)==0);
    }
};

void main()
{
    string names[]={"김유신","이순신","성삼문","장보고","조광조",
        "신숙주","김홍도","정도전","이성계","정몽주"};
    vector<string> vs(&names[0],&names[10]);

    vector<string>::iterator it;
    it=find_if(vs.begin(),vs.end(),IsKim());
    if (it==vs.end()) {
        cout << "없다." << endl;
    } else {
        cout << *it << "이(가) 있다." << endl;
    }
}
```

names 벡터에 사람 이름을 여러 개 나열해 놓고 이 중 김씨성을 가진 사람이 있는지를 검색한다. 전체 이름을 다 검사하는 것이 아니라 이름의 일부만을 검사하므로 find 함수로는 이 검색을 수행할 수 없다. 부분 문자열 검색을 위해 () 연산자를 오버로딩하여 앞 두 글자가 "김"인지를 검사하는 IsKim이라는 함수 객체 클래스를 선언해 놓고 find_if의 세 번째 인수로 이 함수 객체를 전달했다. find_if 호출문은 다음 두 줄로도 표현할 수 있다.

```
IsKim K;
it=find_if(vs.begin(),vs.end(),K);
```

지역 객체 K를 선언하고 이 객체를 find_if의 세 번째 인수로 전달했는데 이때 K는 어차피 find_if에서만 사용되므로 임시 객체이면 충분하다. IsKim()은 생성자 호출문이므로 () 괄호는 생략할 수 없다. 또는 다음과 같이 일반 함수를 정의하고 함수 포인터를 전달해도 상관없다.

```
bool IsKim(string &name)
{
    return (strncmp(name.c_str(),"김",2)==0);
}


it=find_if(vs.begin(),vs.end(),IsKim);
```

이때는 IsKim 다음에 괄호를 적지 말아야 하는데 함수명 자체가 함수 포인터이므로 괄호가 붙을 필요가 없으며 붙어서도 안 된다. 함수 포인터를 쓰나 함수 객체를 쓰나 실행 결과는 동일하지만 가급적이면 함수 객체를 쓰는 것이 훨씬 유리하다. 순차 검색을 하는 find_if는 각 요소마다 일일이 비교를 하는데 이때마다 실제 함수가 호출된다면 오버헤드가 너무 커지기 때문이다.

함수 객체로 만들 때와 함수 포인터를 쓸 때 인수의 형태가 조금 달라진다. 함수 포인터는 레퍼런스를 전달받는 것이 좋은데 왜냐하면 string 같이 덩치가 큰 객체를 전달할 때 값으로 받으면 복사가 발생하며 이 비용이 무시할 수 없을 정도로 커질 수 있기 때문이다. int 같은 단순 타입이라면 물론 값으로 전달하나 레퍼런스로 전달하나 전혀 차이가 없지만 말이다. 반면 함수 객체는 크기에 상관없이 값으로 전달받아야 하는데 왜냐하면 인라인으로 삽입되기 때문에 인수 전달 과정이 필요없기 때문이다.

만약 최초의 김가만 찾는 것이 아니라 컨테이너내의 모든 김가를 다 검색하고 싶다면 다 찾을 때까지 루프를 돌리면 된다. main의 코드를 다음과 같이 수정하면 모든 김가들이 다 검색된다.

```
void main()
{
    ....
    vector<string>::iterator it;
    for (it=vs.begin();;it++) {
        it=find_if(it,vs.end(),IsKim());
        if (it==vs.end()) break;
        cout << *it << "이(가) 있다" << endl;
    }
}
```

함수 객체는 고정된 의미를 가지는 알고리즘에 유연성을 부여하여 활용도를 대폭적으로 향상시킨다. 비교 조건을 직접 작성할 수 있으므로 정확하게 같은 것만 검색하는 것이 아니라 사용자가 원하는 어떤 조건으로도 검색할 수 있다. 사원 명부 컨테이너에서 직급이 과장 이상이고 나이는 45 ~ 49세 사이이며 가불을 한 적이 있고 입사한지 10년 이상 되었고 자택을 소유한 남자 사원을 검색하는 정도의 복잡한 동작까지도 가능해진다.

find는 템플릿으로 되어 있으므로 임의의 컨테이너에 대해 검색을 수행할 수 있는 일반성을 가진다.

검색 대상을 템플릿 인수로 전달받으므로 인수로 검색 대상을 지정할 수 있다. find_if는 여기에 비교 방식까지도 인수로 전달받아 검색 조건이 무엇인가까지도 사용자가 지정할 수 있다. 그래서 find보다 find_if가 훨씬 더 일반적이다.

find 뿐만 아니라 대부분의 STL 알고리즘은 함수 객체를 인수로 취하는 버전이 있다. 정렬, 대체, 병합, 계산 등에 사용자가 개입할 여지가 많이 남겨져 있어 STL이 제공하는 기능대로만 사용하지 않아도 된다. 그래서 60개밖에 안 되는 알고리즘으로도 엄청나게 많은 일을 처리할 수 있는 것이다. 다음 항에서는 sort 함수에 함수 객체를 사용하여 원하는 바대로 정렬하도록 해 볼 것이다.

다음은 본 주제를 잠시 벗어나 find와 find_if 함수의 이름에 대해 고찰해 보자. 고정 값으로 검색하건 함수 객체를 쓰건 논리적으로 검색이라는 같은 연산을 하므로 두 함수의 이름을 통합하면 좋을 것 같은데 이름이 달라 불편하다. 이렇게 된 원인은 두 함수의 선언문이 사실상 동일하기 때문이다. 두 함수의 원형을 보자.

```
InIt find(InIt first, InIt last, const T& val);
InIt find_if(InIt first, InIt last, UniPred F);
```

범위를 지정하는 두 인수의 타입은 완전히 동일하지만 세 번째 인수의 타입이 달라 언뜻 보기에는 오버로딩 조건을 만족하는 것 같다. 값이 전달되는 호출과 함수 객체가 전달되는 호출이 구분될 것처럼 보인다. 그러나 실제로는 구분되지 않는데 왜냐하면 둘 다 템플릿이기 때문이다. 오버로딩은 함수 호출시에 실인수의 타입을 보고 결정되지만 템플릿 구체화는 그보다 훨씬 이전인 컴파일할 때 일어나므로 구체화할 템플릿을 먼저 선택할 수 있어야 한다. 똑같은 이름으로 두 개의 템플릿이 정의되어 있으면 컴파일러는 도대체 어떤 것을 참조하여 구체화해야 하는지를 결정할 수 없는 것이다. 이 상황이 잘 이해가 안가면 다음 코드를 컴파일해 보고 컴파일러의 투덜거림을 읽어 보자.

```
template<typename IT, typename T>
IT find(IT first, IT last, T val) { return first; }

template<typename IT, typename F>
IT find(IT first, IT last, F Pred) { return first; }
```

보다시피 완전히 똑같은 템플릿이다. 템플릿 인수의 이름이 T나 F인 것은 컴파일러가 보기에는 아무 의미가 없다. 설사 컴파일러가 템플릿 인수의 이름을 논리적으로 판단하는 인공 지능이 있어 이게 가능하다고 하더라도 다음과 같은 억지스러운 상황이 추가로 발생하는 문제가 있다.

```
find(vs.begin(),vs.end(),IsKim());
```

이 호출문의 세 번째 인수가 함수 객체이므로 함수 객체 버전을 호출해야 한다고 확신할 수 있을까? 만약 vs가 함수 객체의 벡터라면 그 중 IsKim() 객체와 같은 요소를 검색하라는 명령이라고 우길 수도 있지 않겠는가? 물론 이건 억지에 불과하다. 이런 억지가 통하지 말아야 하기 때문에 find와 find_if는 하나로 통합되지 못하고 서로 다른 이름을 가질 수밖에 없는 것이다.

그러나 STL의 모든 함수 객체 알고리즘이 항상 if로만 끝나는 것은 또 아니다. sort나 merge 같은 알고리즘은 일반 버전과 함수 객체 버전의 인수 개수가 달라 모호함이 없기 때문에 두 버전이 같은 이름으로 정의되어 있다. 일반화를 부르짖는 STL의 알고리즘 함수 이름이 비일반적인 셈인데 기술적인 이유야 분명히 있지만 사용자들이 기억할 게 많아진다는 점에서 바람직하지 못한 설계라고 할 수 있다.

과 제 IncludeSin

> find_if 예제를 변경하여 이름에 "신"자가 포함된 모든 요소를 검색하도록 수정해 보아라.

38.1.3 미리 정의된 함수 객체

함수 객체는 통상 () 연산자 하나만 정의하고 그나마도 동작이 간단해 길이가 아주 짧다. 이런 짧은 클래스도 직접 선언해서 쓰자면 번거로운데 그래서 STL은 자주 사용할 만한 연산에 대해 미리 함수 객체를 정의하고 있다. 이런 객체들은 별다른 정의없이 그냥 사용하기만 하면 된다. 대표적으로 가장 간단한 함수 객체인 plus를 보자. 더할 피연산자의 타입 T를 인수로 받아들이는 클래스 템플릿이다.

```
struct plus : public binary_function<T, T, T> {
    T operator()(const T& x, const T& y) const { return (x+y); }
};
```

이 선언문에서 : public 이하의 내용은 다음 항의 주제이며 꼭 없어도 상관없으므로 잠시 무시하도록 하자. 본체 내용도 아주 쉬운데 T형의 x, y를 전달받아 x+y를 리턴한다. T가 아주 뚱뚱한 클래스일 수도 있으므로 값이 아닌 레퍼런스로 전달받고 피연산자를 상수로 취급한다는 정도 외에는 특별할 것도 없다. T가 int라면 결국 a, b를 받아 a+b를 리턴하는 동작을 하는 함수 객체이다. 간단한 사용예를 보자.

예 제 plus

```
#include <iostream>
#include <functional>
using namespace std;
```

```
void main()
{
    int a=1,b=2;
    int c=plus〈int〉()(a,b);
    cout 〈〈 c 〈〈 endl;
}
```

함수 객체와 그 지원 매크로, 타입 등은 모두 functional 헤더 파일에 정의되어 있으므로 이 헤더 파일을 인클루드해야 한다. main에서 정수형 변수 a와 b를 선언하고 plus 객체의 함수 ()를 호출하여 두 정수의 합을 계산했다. 여기서 plus〈int〉() 구문이 조금 복잡해 보이는데 앞에서 설명했다시피 디폴트 생성자 호출문이며 임시 객체를 생성한다. 생성된 임시 객체로부터 () 연산자 함수를 호출하되 인수로 a, b를 넘긴 것이다. 좀 쉽게 풀어쓰면 다음 두 줄이 된다.

```
plus〈int〉 P;
int c=P(a,b);
```

plus 클래스 템플릿으로부터 plus〈int〉 타입의 클래스를 구체화하고 이 클래스 타입의 객체 P를 선언한다. 그리고 P의 오버로딩된 연산자 ()를 호출했는데 이 함수가 두 인수의 합을 리턴하도록 되어 있으므로 결국 c에는 a+b인 3이 대입된다. 객체를 통해 멤버 함수를 호출했을 뿐 별로 희한할 것도 없는 예제이다. plus 외에도 많은 함수 객체들이 미리 정의되어 있다.

함수 객체	연산
minus	두 인수의 차를 계산한다.
multiplies	두 인수의 곱을 계산한다.
divides	두 인수를 나눈 후 몫을 리턴한다.
modulus	두 인수를 나눈 후 나머지를 리턴한다.
negate	인수 하나를 전달받아 부호를 반대로 만든다.
equal_to	두 인수가 같은지 비교하여 결과를 bool 타입으로 리턴한다.
not_equal_to	두 인수가 다른지 비교한다.
greater	첫 번째 인수가 두 번째 인수보다 큰지 조사한다.
less	첫 번째 인수가 두 번째 인수보다 작은지 조사한다.
greater_equal	첫 번째 인수가 두 번째 인수보다 크거나 같은지 조사한다.
less_equal	첫 번째 인수가 두 번째 인수보다 작거나 같은지 조사한다.
logical_and	두 인수의 논리곱(&&) 결과를 리턴한다.
logical_or	두 인수의 논리합(||) 결과를 리턴한다.
logical_not	인수 하나를 전달받아 논리부정(!)을 리턴한다.

헤더 파일을 굳이 열어 보지 않더라도 함수 객체의 이름으로부터 어떤 연산을 하는지 쉽게 유추된다. 이 함수 객체들을 사용하면 알고리즘들의 동작에 여러 가지 다양한 변화를 줄 수 있다. 그 예로 정렬 방식에 변화를 가해 보자. sort 함수는 요소의 〈 연산자로 대소를 비교하므로 기본적으로 올림차순으로 정렬하는데 함수 객체를 취하는 다음 버전을 사용하면 정렬 순서를 원하는 대로 지정할 수 있다.

void sort(RanIt first, RanIt last, BinPred F);

마지막 인수 F는 비교할 두 요소를 전달받아 비교 결과를 리턴하는데 함수 객체의 조건을 만족하면 true를 리턴한다. bool형을 리턴하므로 F는 조건자 함수 객체이다. 다음 예제는 문자열을 정렬하는데 일반 sort 함수와 함수 객체 버전으로 각각 정렬한다.

예제 **sortdesc**

```
#include 〈iostream〉
#include 〈string〉
#include 〈vector〉
#include 〈algorithm〉
#include 〈functional〉
using namespace std;

void main()
{
    string names[]={"STL","MFC","owl","html","pascal","Ada",
        "Delphi","C/C++","Python","basic"};
    vector〈string〉 vs(&names[0],&names[10]);

    //sort(vs.begin(),vs.end());
    sort(vs.begin(),vs.end(),greater〈string〉());

    vector〈string〉::iterator it;
    for (it=vs.begin();it!=vs.end();it++) {
        cout 〈〈 *it 〈〈 endl;
    }
}
```

sort의 기본 버전은 요소간의 비교를 위해 〈 연산자, 즉 less 비교 함수 객체를 사용하도록 되어 있어 작은 값이 더 앞쪽에 온다. 그러나 greater 함수 객체를 사용하면 큰 값이 더 앞쪽에 오므로 정렬 순서는 반대가 된다.

Ada	pascal
C/C++	owl
Delphi	html
MFC	basic
Python	STL
STL	Python
basic	MFC
html	Delphi
owl	C/C++
pascal	Ada
sort로 정렬했을 때	sort(greater)로 정렬했을 때

sort는 퀵 정렬 알고리즘대로 비교 및 교환을 수행하는데 비교를 어떤 식으로 하는가에 따라 정렬 순서가 달라진다. 비교가 필요할 때마다 함수 객체를 호출하는데 이 객체가 less인지 greater인지에 따라 오름차순, 내림차순이 결정되는 것이다. 두 함수 객체는 STL 라이브러리에 의해 제공되므로 그냥 쓰기만 하면 된다.

만약 미리 제공되는 함수 객체가 아니라 사용자가 정의한 방식대로 정렬하고 싶다면 직접 함수 객체를 만들어 sort의 세 번째 인수로 전달한다. 다음 예제는 대소문자 구분없이 알파벳순으로 문자열을 오름차순 정렬한다.

예제 **sortfunctor**

```
#include <iostream>
#include <string>
#include <vector>
#include <algorithm>
using namespace std;

struct compare {
    bool operator()(string a,string b) const {
        return stricmp(a.c_str(),b.c_str()) < 0;
    }
};

void main()
{
    string names[]={"STL","MFC","owl","html","pascal","Ada",
        "Delphi","C/C++","Python","basic"};
```

```
    vector〈string〉 vs(&names[0],&names[10]);

    //sort(vs.begin(),vs.end());
    sort(vs.begin(),vs.end(),compare());
    vector〈string〉::iterator it;
    for (it=vs.begin();it!=vs.end();it++) {
          cout 〈〈 *it 〈〈 endl;
    }
}
```

compare는 인수로 전달된 두 문자열 a, b를 대소문자 구분없이 비교하여 a가 더 작은지를 리턴한다. compare를 쓰지 않는 sort는 string의 〈 연산자로만 대소를 비교하므로 대문자가 항상 소문자 앞에 오지만 compare를 사용하는 sort는 대소문자에 상관없이 알파벳순으로 정렬된다.

Ada	Ada
C/C++	basic
Delphi	C/C++
MFC	Delphi
Python	html
STL	MFC
basic	owl
html	pascal
owl	Python
pascal	STL
compare를 쓰지 않은 경우	compare를 쓴 경우

정렬을 위한 알고리즘 구현은 sort가 하되 비교 방식만 함수 객체로 사용자가 지정할 수 있다. 좀 더 복잡한 객체 컨테이너라면 이차 정렬 조건을 둘 수 있는데 예를 들어 사원들을 이름순으로 정렬하되 혹시 동명이인이 있으면 나이순으로 정렬하도록 세부 정렬 지침을 제공할 수 있다. 비교 구문이 인라인으로 삽입되어 정렬 속도도 굉장히 빠른데 C의 qsort 함수보다도 훨씬 더 빠르다.

38.1.4 함수 객체의 종류

함수 객체가 하는 일은 비교, 대입, 합산 등 알고리즘 구현 중에 필요한 연산을 처리하는 것이라고 할 수 있다. 취하는 피연산자 개수로 연산자를 분류하듯이 함수 객체도 필요한 인수의 개수로 분류할 수 있으며 리턴값의 타입도 중요한 분류 기준이다. STL은 인수와 리턴값, 즉 원형에 따라 함수 객체를 다음과 같이 분류하고 고유의 이름을 부여한다.

인수의 개수	bool이 아닌 리턴값	bool 리턴
없음	Gen	
단항	UniOp	UniPred
이항	BinOp	BinPred

UniOp는 인수 하나를 취하는 단항 함수 객체이며 BinPred는 인수 둘을 취해 bool형을 리턴하는 조건자 함수 객체이다. 피연산자를 하나도 취하지 않는 함수 객체를 생성기(Generator)라고 하는데 입력 없이 혼자 무엇인가를 만들어 내는 역할만 한다. 대표적으로 난수를 생성하는 함수 객체가 생성기이다. 함수 객체를 칭하는 이 표기만 보면 필요한 함수의 원형을 쉽게 유추할 수 있다.

알고리즘 함수들은 예외없이 템플릿 함수로 구현되어 있는데 함수 객체에 해당하는 템플릿 인수의 이름에 어떤 종류의 함수 객체가 요구되는지 표기된다. 마치 함수의 형식 인수 이름에 의미있는 이름을 붙여 유용한 정보를 표기하는 것과 같다. 앞에서 배운 몇 개의 알고리즘 함수 원형을 살펴보면 마지막 인수인 함수 객체에 이러한 정보가 포함되어 있다.

```
InIt find_if(InIt first, InIt last, UniPred F);
void sort(RanIt first, RanIt last, BinPred F);
T accumulate(InIt first, InIt last, T val, BinOp op);
```

find_if의 세 번째 인수는 UniPred로 되어 있으므로 인수 하나를 취하고 bool형을 리턴하는 단항 조건자임을 쉽게 알 수 있다. find_if와 함께 사용할 수 있는 함수 또는 함수 객체의 () 연산자 원형은 다음과 같을 것이다.

```
bool Pred(T &val) { }
```

여기서 T는 물론 검색 대상 컨테이너의 요소 타입이며 함수 호출문의 실인수 타입으로 구체화된다. 검색 대상인 val 인수는 값으로 받든 레퍼런스로 받든 함수 본체에서 val을 참조하는 구문에는 영향을 주지 않으므로 아무래도 상관없다. sort 함수는 두 개의 인수를 전달받아 두 인수를 비교한 후 bool형을 리턴하는 함수 객체를 요구하며 accumulate의 함수 객체는 두 인수를 전달받아 모종의 연산을 한다는 것을 알 수 있다.

만약 알고리즘 함수가 요구하는 원형과 다른 함수 객체를 인수로 전달하면 어떻게 될까? for_each 함수를 테스트하는 functor 예제의 print 함수 객체를 다음과 같이 수정해 보자. for_each는 단항 함수 객체(UniOp)를 요구하는데 에러를 유발시키기 위해 일부러 두 개의 인수를 받도록 했다.

```
struct print {
    void operator()(int a, int b) const {
            printf("%d\n",a);
    }
};
```

문법상의 문제는 없으므로 이 객체 정의문 자체는 에러가 아니다. 그러나 이 객체를 사용하는 곳에서 문제가 발생하는데 for_each의 본체에서, 즉 algorithm 헤더 파일에서 에러가 발생한다. for_each는 아마도 다음과 같이 구현되어 있을 것이다.

```
UniOp for_each(InIt first, InIt last, UniOp op)
{
    for (;first != last; ++first)
            op(*first);                    // 여기서 에러 발생
    return (op);
}
```

for_each는 구간을 순회하면서 매 요소마다 op 함수 객체를 호출하는데 인수는 현재 순회중인 반복자의 값 *first 하나밖에 없다. 하지만 이 값을 전달받는 객체의 () 연산자 함수와는 원형이 맞지 않으므로 호출할 수 없다는 컴파일 에러가 발생하는 것이다. 정확하게는 템플릿 함수가 구체화되는 과정의 템플릿 본체에서 구문 에러가 발생한다.

런타임 중에 발생하는 것이 아니라 컴파일 중에 뭔가 잘못되었다는 것을 즉시 알 수 있으므로 위험하지는 않다. 이런 특성을 타입에 대한 안정성이라고 하는데 오동작할 소지가 있는 코드를 컴파일 중에 명백한 에러로 처리하여 실행시의 버그를 최소화한다. 이번에는 다음과 같이 리턴값의 타입만 다르게 수정해 보자.

```
struct print {
    int operator()(int a) const {
            return printf("%d\n",a);
    }
};
```

for_each는 함수 객체를 호출하기만 할 뿐 리턴값을 요구하지는 않는다. 하지만 이렇게 수정해도 별 문제는 없다. 리턴값을 넘기더라도 for_each에서 이 값을 무시할 수 있고 for_each 템플릿의 본체와 충돌하는 부분이 없기 때문이다. 만약 템플릿 본체에서 리턴값을 명시적으로 요구할 때는 리턴값 타입도 항상 정확해야 한다. sortfunctor 예제의 compare 함수 객체를 다음과 같이 수정해 보자.

```
struct compare {
    void operator()(string a,string b) const {
            stricmp(a.c_str(),b.c_str()) < 0;
    }
};
```

이 함수 객체는 두 개의 정렬 대상을 전달받아 앞뒤를 가려 주는 역할을 하므로 비교 결과를 반드시 리턴해야 하는데 void형으로 잘못 작성했다. 이렇게 되면 sort 템플릿 본체에서 비교 결과를 사용하는 부분에서 에러가 발생한다. sort의 내부에는 아마 다음과 같은 코드가 작성되어 있을 것이다. 물론 실제 코드는 컴파일러마다 다르다.

```
if (op(*first, *(first-1))
```

op 함수 객체로 두 요소를 넘겨 비교하도록 하고 그 결과에 따라 요소를 재배치해야 하는데 op의 결과가 없으므로 if문에 사용할 수 없는 것이다. compare 객체의 () 연산자가 int를 리턴하도록 수정하는 것은 가능하다. int는 bool형과 호환 타입이고 if문의 조건절로 사용될 수 있기 때문이다.

어떤 건 되고 어떤 건 안 되고 함수 객체의 올바른 형태를 결정하는 것이 굉장히 어려운 규칙인 것 같지만 원칙은 지극히 간단하다. 템플릿의 타입은 본체의 모든 조건을 만족해야 한다는 동일한 알고리즘 조건이라는 것이 있는데 바로 이 원칙에만 맞게 작성하면 된다. for_each의 본체에 맞는 함수 객체이기 만 하면 되고 sort가 구현하는 코드를 제대로 실행할 수 있으면 되는 것이다. 알고리즘의 목적과 동작 과정을 잘 생각해 보면 아주 상식적이다. 비교 함수는 bool을 리턴하는게 당연하고 for_each의 인수는 하나일 수밖에 없다.

만약 이 내용들이 헷갈린다면 C++ 템플릿의 정의와 특징, 그리고 컴파일 시에 임의의 타입에 대해 구체화된다는 것을 이해하지 못해서일 확률이 높다. 다음 예제의 for_each는 과연 어떤 타입의 함수 객체를 받아들이는지 생각해 보자. 이 문제를 확실히 이해하면 템플릿의 본질을 이해했다고 볼 수 있으며 앞으로 STL을 활용하는데 별 문제가 없을 것이다.

예제 dualinstance

```
#include <iostream>
#include <list>
#include <vector>
#include <algorithm>
using namespace std;

void functor1(int a)
```

```
{
    printf("%d ",a);
};

struct functor2 {
    void operator()(double a) const {
        printf("%f\n",a);
    }
};

void main()
{
    int ari[]={1,2,3,4,5};
    vector<int> vi(&ari[0],&ari[5]);
    double ard[]={1.2,3.4,5.6,7.8,9.9};
    list<double> ld(&ard[0],&ard[5]);

    for_each(vi.begin(),vi.end(),functor1);
    cout << endl;
    for_each(ld.begin(),ld.end(),functor2());
}
```

main에서 벡터와 리스트 두 개의 컨테이너를 정의하고 for_each를 두 번 호출하여 두 컨테이너의 내용을 출력했다. 이때 각각 다른 함수 객체를 사용했는데 첫 번째 for_each는 함수 포인터를, 두 번째 for_each는 함수 객체를 사용했다. 이 둘은 원형도 다르고 값을 출력하는 방식도 다르다. 실행 결과는 다음과 같다.

```
1 2 3 4 5
1.200000
3.400000
5.600000
7.800000
9.000000
```

그렇다면 for_each 함수의 세 번째 인수는 도대체 어떤 타입이라고 설명할 수 있을까? 예제가 잘 동작하는 걸 보면 void (*)(int) 타입의 함수를 받기도 하고 void(*)(double) 타입의 () 연산자가 정의된 객체를 받기도 한다. 가변 인수도 아닌 함수가 두 개의 다른 타입을 어떻게 받아들일 수 있는가 말이다.

이 문제의 해답은 간단하다. for_each는 함수가 아니라 함수를 만들 수 있는 템플릿일 뿐이며 호출부에서 전달되는 타입에 맞게 매번 구체화된다. 어떤 타입을 정해 놓고 받는게 아니라 들어오는 대로 받아들여 구체화되는 것이다. 물론 전달된 타입은 템플릿 본체의 코드를 100% 지원하는 타입이어야 한다. 위 예에서 for_each 함수의 실체는 두 개 존재하며 각 버전이 받아들이는 타입이 다르다.

STL은 알고리즘이 어떤 함수를 호출할 것인지에 대한 모든 결정을 컴파일시에 수행한다. 조건만 맞다면 그게 함수건 객체건 가리지 않으며 그래서 일반적이라고 하는 것이다. 컴파일 타임에 모든 점검과 결정이 이루어지므로 컴파일 시간은 조금 더 걸리겠지만 실행시의 효율은 좋을 수밖에 없다.

38.2 어댑터

38.2.1 어댑터

어댑터(Adapter)란 이미 만들어진 컴포넌트의 구현은 그대로 활용하고 인터페이스만 조금 변경하여 컴포넌트를 일부 변형시키는 것이다. 어댑터는 컴포넌트를 조금씩 변형함으로써 활용도를 높인다. 새로 만들고자 하는 부품이 이미 만들어진 부품의 기능 중 일부만을 필요로 할 경우 처음부터 새로 만들 필요 없이 기존 부품을 변형해서 사용하면 훨씬 더 빠르고 간편하다. 없는 기능을 만들 수는 없지만 있는 기능의 일부를 막아 버린다거나 고정하는 것은 가능하다.

용어가 굉장히 어려운 것 같지만 일상생활에서도 어댑터의 예는 많이 찾아 볼 수 있다. 예를 들어 바닥에 엎드려 책을 읽고 있는데 갑자기 졸음이 마구 쏟아진다고 하자. 잠을 자기 위해서는 베게라는 것이 필요한데 장롱까지 갔다 오면 이 달콤한 잠이 달아나 버릴 것 같다. 이럴 때는 읽던 책을 베게삼아 잠을 청할 수도 있다. 책이라는 것은 지식이나 감동을 전달하는 미디어이지만 원래 목적은 잠시 접어 두고 큼직하고 넓은 표면을 활용하여 베게로 쓸 수도 있다.

책이 일시적으로 베게가 될 수 있는 이유는 두 사물이 어느 정도의 유사함이 있기 때문이다. 아무리 급하다고 해도 볼펜이나 식칼을 베게로 쓸 수는 없는 노릇이다. 핸드폰은 원래 전화를 걸고 받는 것이 목적인 기계이다. 그러나 아무도 전화를 걸어 주지 않는 캔디폰이라면 게임기로 활용할 수도 있다. 전화가 안 오고 걸 데도 없는 왕따라서 핸드폰의 본래 기능을 포기하고 부가 기능 중 하나인 게임기로만 사용한다면 이것도 어댑터의 한 예이다. 이 외에도 일상생활에서 사물의 용도를 잠시 전용하는 경우는 많이 들 수 있다.

STL 컴포넌트의 어댑터도 유사한 방식이다. 이러쿵저러쿵 동작하는 컴포넌트가 있는데 이러쿵 기능은 쓸 일이 전혀 없고 저러쿵 기능만 필요하다면 이 컴포넌트의 이러쿵 기능을 막아 버리고 용도를 바꿔 쓰는 것이 어댑터이다. 이편이 저러쿵 기능만 가진 컴포넌트를 처음부터 다시 만드는 것보다 훨씬 더 경제적이고 신뢰할만하다. 이러쿵저러쿵 컴포넌트는 두 기능 다 잘 동작하는 것으로 이미 증명되어 있기 때문이다.

비록 STL이 제공하는 컴포넌트의 수가 많고 일반화되어 있기는 하지만 그래도 특수한 프로그래밍 환경에 두루 사용되기에는 결코 충분하지 않다. 그렇다고 컴포넌트의 수를 무한정 늘리기만 할 수는 없으므로 기존 컴포넌트를 변형할 수 있는 어댑터라는 방법을 제공한다. 어댑터는 일반화된 컴포넌트의 용도를 더욱 확장하는 역할을 한다. 어댑터는 컴포넌트, 반복자, 함수 객체에 대해 적용되며 다음과 같이 분류할 수 있다.

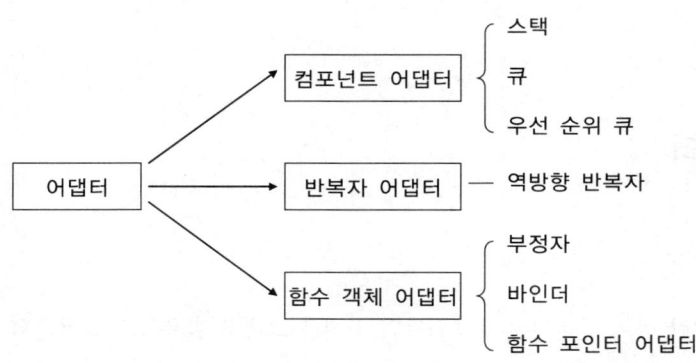

컴포넌트 어댑터와 반복자 어댑터는 관련 장에서 논하기로 하고 여기서는 함수 객체에 대한 어댑터만 우선적으로 연구해 보자. 문법이 복잡해서 다소 어려우므로 어떤 식으로 동작하는지 소스를 잘 관찰해 봐야 하며 때로는 앞부분으로 돌아가 복습을 하고 와야 하는 경우도 있을 것이다. STL 문법 중 가장 어렵고 복잡하다.

함수 객체의 기능을 조금이라도 변경하려면 어댑터를 적용할 수 있도록 만들어야 하는데 이런 함수 객체를 어댑터블(Adaptable) 함수 객체라고 한다. 기능을 변경하는 어댑터는 대상 함수 객체가 취하는 인수의 타입은 무엇인지, 리턴 타입은 무엇인지 등 함수 객체에 대한 충분한 정보를 얻을 수 있어야 한다. 만드는 방법은 아주 쉬운데 functional 헤더 파일에 정의되어 있는 다음 두 템플릿 클래스 중 하나를 상속받으면 된다.

```
template<class Arg, class Result>
struct unary_function {
    typedef Arg argument_type;
    typedef Result result_type;
};
template<class Arg1, class Arg2, class Result>
struct binary_function {
    typedef Arg1 first_argument_type;
```

```
    typedef Arg2 second_argument_type;
    typedef Result result_type;
};
```

　인수의 개수에 따라 단항 함수 객체는 unary_function을 상속받고 이항 함수 객체는 binary_function 을 상속받는다. 이 클래스의 내용을 보면 멤버 변수나 멤버 함수는 전혀 없고 인수와 리턴값에 대한 타입 정의(typedef)만을 가진다. 클래스는 주로 멤버 변수나 멤버 함수들로 구성되지만 타입이나 상수, 내부 클래스, 가상 함수 테이블 등의 다른 여러 가지 것들도 같이 캡슐화된다는 것을 잊지 말자.

　인수나 리턴 타입은 함수 객체와 관련이 있는 중요한 정보인데 이 정보들을 템플릿 인수로 전달받아 argument_type, result_type 등의 이름으로 획일화하여 타입 정의한다. 이항 함수 객체는 두 개의 인수를 가지므로 first, second 인수의 타입을 각각 따로 정의한다. 이 두 클래스로부터 상속받으면 타입들이 미리 약속된 이름으로 정의되므로 어댑터는 약속된 이름으로 해당 정보를 쉽게 얻을 수 있다.

　어댑터들은 함수 객체의 기능을 변형하기 위해 이 정보들이 필요한데 함수 객체가 약속된 이름으로 직접 이 타입들을 정의해도 상관없다. 그러나 아무래도 직접 정의하는 것은 번거로우므로 상기 두 클래스로부터 상속을 받는 것이 편리하다. 어댑터를 적용할 필요가 없다면 굳이 이 타입들을 정의할 필요는 없다. functor 예제의 print 함수 객체는 단독으로 사용되므로 이 타입들을 정의하지 않았는데 어댑터로 사용하려면 다음과 같이 정의하는 것이 원칙이다.

```
#include <functional>
struct print : public unary_function<int,void> {
    void operator()(int a) const {
        printf("%d\n",a);
    }
};
```

　unary_function으로부터 상속받되 인수는 int 타입이고 리턴 타입은 void임을 템플릿 인수로 지정했다. 이 상속에 의해 두 개의 타입이 약속된 이름으로 정의되며 print 함수 객체를 다음처럼 선언하는 것과 같다. argument_type은 int가 되고 result_type은 void가 된다.

```
struct print {
    typedef int argument_type;
    typedef void result_type;
    void operator()(int a) const {
        printf("%d\n",a);
    }
};
```

이렇게 타입을 직접 정의해도 마찬가지이지만 귀찮기도 하고 오타가 발생할 위험도 있으므로 STL은 타입 정의를 도와주는 unary_function, binary_function 기반 클래스를 제공하는 것이다. 어차피 이 클래스들은 크기가 0이므로 상속을 받는다 하여 용량상의 불이익이 발생하는 것도 아니다. 그래서 어댑터를 적용할 계획이든 아니든 함수 객체 클래스를 정의할 때는 일단 상속을 받는 것이 좋다. plus, greater 등의 미리 제공되는 함수 객체들은 모두 이 클래스들로부터 상속받으므로 어댑터를 항상 적용할 수 있다.

38.2.2 부정자

부정자는 bool을 리턴하는 조건자 함수 객체의 평가 결과를 반대로 뒤집는 또 다른 함수 객체이다. 변형하는 함수 객체의 형태에 따라 다음 두 개의 부정자가 정의되어 있다.

부정자	적용대상
not1	단항 조건자 함수 객체(UniPred)
not2	이항 조건자 함수 객체(BinPred)

부정자의 사용예를 보기 위해 먼저 조건자를 사용하는 간단한 예제부터 만들어 보자. 다음 예제는 정수 벡터에서 3의 배수인 요소를 검색하여 출력한다.

예제 **Predicate**

```
#include <iostream>
#include <vector>
#include <algorithm>
#include <functional>
using namespace std;

struct IsMulti3 : public unary_function<int,bool> {
    bool operator()(int a) const {
        return (a % 3 == 0);
    }
};

void main()
{
    int ari[]={1,2,3,4,5,6,7,8,9,10};
```

```
    vector<int> vi(&ari[0],&ari[10]);

    vector<int>::iterator it;
    for (it= vi.begin();;it++) {
        it=find_if(it, vi.end(), IsMulti3());
        if (it== vi.end()) break;
        cout << *it << "이(가) 있다" << endl;
    }
}
```

IsMulti3 함수 객체는 a라는 정수형 인수 하나를 취하며 a를 3으로 나눈 나머지가 0인지를 조사하여 그 진위값을 리턴한다. main에서 1~10까지의 정수에 대해 이 조건자를 만족하는 정수값을 찾아 출력했으므로 3, 6, 9의 요소들이 검색될 것이다. 함수 객체를 이해한다면 아주 쉬운 예제이다. 그렇다면 이번에는 반대의 조건, 즉 3의 배수가 아닌 값을 검색하도록 수정해 보자. 가장 먼저 떠오르는 방법은 역조건을 취하는 함수 객체를 새로 만드는 것이다.

```
struct IsNotMulti3 : public unary_function<int,bool> {
    bool operator()(int a) const {
        return (a % 3 != 0);
    }
};
it=find_if(it, vi.end(), IsNotMulti3());
```

IsMulti3가 a % 3 == 0을 점검하는데 비해 IsNotMulti3는 a % 3 != 0 조건을 점검한다. 이렇게 함수 객체를 새로 만들고 find_if로 이 함수 객체를 전달하면 3의 배수가 아닌 1, 2, 4, 5 따위들이 검색될 것이다. 이 예에서 함수 객체의 이름은 어디까지나 설명을 위한 이름일 뿐이므로 굳이 IsNotMulti3로 바꾸지 않아도 상관없다. 그러나 함수의 의미가 바뀌었으므로 이름도 바꾸는 것이 바람직하다.

문제를 풀기는 했지만 비슷한 일을 하는 함수 객체를 둘씩이나 만들었다는 것이 별로 마음에 들지 않는다. 이런 식으로 조건이 필요할 때마다 함수 객체를 매번 만들어야 한다면 그 수가 엄청날 것이다. 이럴 때 부정자를 사용하면 이미 만들어져 있는 함수 객체를 조금만 변형하여 반대의 평가를 하도록 할 수 있다. 위 예제의 IsMulti3는 단항 조건자이므로 not1 부정자를 사용하면 된다. 다음과 같이 수정해 보자.

```
it=find_if(it, vi.end(), not1(IsMulti3()));
```

사용하는 방법은 아주 간단하다. 반대로 만들고 싶은 함수 객체를 not1으로 감싸기만 하면 된다.

IsMulti3는 인수로 받은 수가 3의 배수인지를 판단하지만 not1이 그 결과를 반대로 만들어 리턴하므로 find_if가 IsMulti3의 역조건을 검색하게 된다. 두 개의 함수 객체를 따로 만들 필요없이 하나만 만들되 반대로 뒤집는 것은 어댑터로 쉽게 할 수 있다. 이항 조건자에 대해서는 not2를 사용하면 된다.

:: not1 분석

사용만을 목적으로 한다면 부정자의 동작과 사용법만 익혀 두면 충분하다. 반대로 만들고 싶은 조건자를 not1()로 감싸기만 하면 되므로 사용법은 지극히 쉬운 편이다. 그러나 not1이 어떻게 함수 객체의 평가 결과를 반대로 만드는지 지적 호기심이 생기고 원리까지 알고 싶다면 헤더 파일 내부를 들여다보지 않을 수 없다. 내부를 분석해 보지 않으면 도대체 not1이 함수인지, 객체인지, 매크로인지조차도 파악하기 힘들고 STL이 뭔가 마술 같은 사기를 치는 것 같아 기분이 그다지 상쾌하지 못하다. not1은 functional 헤더 파일에 다음과 같이 정의되어 있는 함수 템플릿이다.

```
template<class F>
unary_negate<F> not1(const F& func)
{
    return (unary_negate<F>(func));
}
```

F 타입의 함수 객체 func를 인수로 전달받아 unary_negate<F> 클래스의 객체를 생성하되 생성자의 인수로 func가 전달된다. unary_negate는 다음과 같이 정의된 클래스 템플릿이며 인수로 함수 객체의 타입 F를 전달받는다.

```
template<class F>
class unary_negate : public unary_function<typename F::argument_type, bool>
{
protected:
    F functor;
public:
    explicit unary_negate(const F& func) : functor(func) { }
    bool operator()(const typename F::argument_type& left) const {
            return (!functor(left));
    }
};
```

F 타입의 멤버 변수 functor가 선언되어 있고 생성자에서 인수로 전달된 func로 이 멤버를 초기화한다. functor가 함수 객체 타입의 멤버 변수이므로 결국 unary_negate는 함수 객체 하나를 캡슐화한다

고 할 수 있다. () 연산자 함수는 functor 함수를 호출하되 ! 연산자를 적용하여 평가 결과를 반대로 만들어 리턴한다. 그래서 func가 3의 배수를 검색한다면 unary_negate는 !func 즉 3의 배수가 아닌 수를 검색하는 것이다.

unary_negate가 인수로 전달된 함수 객체를 캡슐화하고 있다가 호출시 캡슐화한 함수 객체의 반대 결과를 리턴하므로 함수 객체의 원래 의미를 부정하는 부정자가 된다. find_if로 IsMulti3를 캡슐화한 unary_negate 객체 하나를 만들어서 던져 주면 원하는 목적을 달성할 수 있을 것이다.

```
it=find_if(it, vi.end(), unary_negate〈IsMulti3〉(IsMulti3()));
```

한 줄로 간단하게 표기했는데 원래대로 제대로 쓰면 다음 세 줄로 써야 한다.

```
IsMulti3 I;
unary_negate〈IsMulti3〉 N(I);
it=find_if(it, vi.end(), N);
```

3의 배수를 판별하는 함수 객체 I를 선언하고 I를 캡슐화하는 부정자 N 객체를 선언하고 find_if에게 N 객체를 전달하는 것이다. 이 과정을 단순화해 놓은 것이 바로 not1이며 괄호 안에 부정하고자 하는 함수 객체만 전달하면 된다. not1은 전달된 함수 객체로부터 unary_negate 임시 객체를 생성하는 역할을 한다.

find_if는 지정한 구간을 순회하면서 전달된 함수 객체의 () 연산자를 호출하도록 작성되어 있으며 () 연산자가 true를 리턴하면 그 때의 반복자를 리턴한다. 검색 조건을 판단해줄 대상이 함수 포인터인지 또는 () 연산자를 재정의한 함수 객체인지 또는 함수 객체를 캡슐화한 부정자인지 따위는 상관하지 않는다. 어쨌든 () 구문으로 호출 가능하고 bool값을 리턴하기만 하면 되는 것이다.

C++ 클래스는 표현력이 훌륭해서 세상의 모든 사물, 심지어 관념적인 것까지 캡슐화할 수 있다. 함수 객체는 함수라는 코드 덩어리를 캡슐화하고 함수 객체 어댑터는 이렇게 캡슐화된 함수 객체를 다시 한 번 더 캡슐화하되 호출할 때나 리턴한 후에 의미를 조작하여 원래의 함수 객체를 변형한다. 이 변형에 의해 STL 알고리즘들이 깜박 속아 넘어가는데 원리를 알고나면 참으로 절묘하다.

:: 어댑터블 함수 객체

어댑터를 적용할 수 있으려면 함수 객체는 어댑터가 요구하는 타입 정보를 제공해야 한다. 타입 정보를 제공하지 않는 함수 객체는 단독으로는 사용될 수 있지만 어댑터와 함께는 사용할 수 없다. 어댑터 적용을 위해 타입을 공개하는 함수 객체를 어댑터블 함수 객체라고 한다.

unary_negate 클래스의 () 연산자 정의문을 보면 호출원으로부터 전달되는 left를 인수로 받아 functor에게 중계하고 있다. 이 함수 정의문이 작성되려면 left의 타입이 무엇인지를 알아야 하는데 이

left는 구체적으로 find_if가 순회 중의 반복자에 * 연산자를 적용하여 읽어내는 요소의 타입과 같고 이 타입은 곧 함수 객체가 받아들이는 인수의 타입이 된다. 그래서 unary_negate의 () 연산자가 정의되려면 함수 객체의 인수 타입인 argument_type을 정확하게 알고 있어야 하며 이 타입을 정의하는 역할을 unary_function 기반 클래스가 대신하는 것이다.

자동차는 앞으로 전진하는 것이 본래의 기능이지만 가는 차를 멈추는 브레이크도 필요하다. 왜 브레이크가 꼭 필요한지는 브레이크를 빼고 차를 만들어 보면 쉽게 알 수 있다. 같은 원리로 IsMulti3 클래스에 unary_function 상속문을 빼고 컴파일하면 에러 메시지가 출력되는데 이 에러 메시지의 의미를 분석해 보면 왜 unary_function이 필요한가를 컴파일러가 알려줄 것이다. argument_type이 도대체 뭐냐는 에러 메시지가 출력되는데 unary_negate는 자신이 캡슐화하는 함수 객체 F에 이 타입이 정의되어 있다는 가정 하에 만들어졌기 때문이다. 물론 unary_function으로부터 상속받지 않고 다음과 같이 IsMulti3를 선언해도 효과는 같다.

```
struct IsMulti3 {
    typedef int argument_type;
    bool operator()(int a) const {
        return (a % 3 == 0);
    }
};
```

내가 사용하는 인수는 int형이라는 것을 argument_type이라는 약속된 이름으로 정의하는 것이다. 어쨌든 unary_negate는 이 타입만 정의되어 있으면 잘 돌아간다. 이 짓을 직접 하기 싫으니까 어댑터를 적용하기 위한 함수 객체는 unary_function으로부터 상속을 받는 것이다.

함수 객체의 const 여부는 어댑터가 정의하는 () 연산자의 const 여부와 같아야 한다. unary_negate의 () 연산자 함수가 const로 선언되어 있으므로 not1 어댑터와 함께 사용될 함수 객체도 반드시 const여야 한다. 위 예제의 IsMulti3에서 const를 빼 버리면 에러로 처리되는데 const 함수가 비 const 함수를 호출할 수 없기 때문이다. 조건자 함수 객체는 컨테이너의 요소가 조건을 만족하는지 점검하는 것만이 본연의 임무이므로 값을 읽기만 하면 되고 함수 객체 자체를 변경하지 않으므로(사실 변경할 멤버도 없다) const가 되는 것이 상식적으로 합당하다.

어댑터블 함수 객체는 인수를 레퍼런스로 전달받아도 안 되며 반드시 값으로 전달받아야 한다. 왜냐하면 unary_negate 함수의 () 연산자가 레퍼런스로 값을 중계하고 있기 때문이다. 함수 객체가 레퍼런스를 받아들이면 결국 레퍼런스의 레퍼런스를 넘기는 꼴이 되는데 C++은 이중 포인터는 허용해도 이중 레퍼런스라는 것은 허용하지 않는다. 위 예제에서 IsMulti3의 () 함수가 int &a를 받도록 수정한 후 컴파일해 보면 레퍼런스를 받는 것이 왜 불가능한지 알 수 있을 것이다. 함수 객체는 어차피 인라인이므로 효율을 위해 레퍼런스를 넘길 필요가 없다.

:: not2

not2 부정자는 이항 조건자의 평가 결과를 반대로 뒤집는다. sortfunctor 예제의 compare 함수 객체는 대소 구분없이 문자열을 비교하여 오름차순으로 정렬하도록 한다. 대소구분없이 내림차순으로 정렬하려면 다음 함수 객체를 만들어야 할 것이다.

```
struct comparedesc {
    bool operator()(string a,string b) const {
        return stricmp(a.c_str(),b.c_str()) > 0;
    }
};
```

함수 객체의 이름과 부등호 방향만 바뀌었는데 이름은 물론 굳이 변경하지 않아도 상관없다. 비슷한 연산을 하는 함수 객체를 별도로 만들 필요없이 이항 부정자인 not2를 사용하면 된다. compare 함수 객체가 이항 조건자이므로 not1을 사용해서는 안 되며 not2를 사용해야 한다.

예 제 not2

```
#include <iostream>
#include <string>
#include <vector>
#include <algorithm>
#include <functional>
using namespace std;

struct compare : public binary_function<string,string,bool> {
    bool operator()(string a,string b) const {
        return stricmp(a.c_str(),b.c_str()) < 0;
    }
};

void main()
{
    string names[]={"STL","MFC","owl","html","pascal","Ada",
            "Delphi","C/C++","Python","basic"};
    vector<string> vs(&names[0],&names[10]);

    sort(vs.begin(),vs.end(),not2(compare()));
    vector<string>::iterator it;
```

```
    for (it=vs.begin();it!=vs.end();it++) {
        cout << *it << endl;
    }
}
```

실행 결과는 다음과 같다. 대소구분없이 내림차순으로 정렬된다.

```
STL
Python
pascal
owl
MFC
html
Delphi
C/C++
basic
Ada
```

새로운 함수 객체를 만드는 대신 compare를 binary_function으로부터 상속받아 인수의 타입과 리턴 타입을 정의하도록 했으며 not2 부정자를 적용했다. 이 예제가 어떻게 실행되는지를 분석해 보고 싶다면 앞에서 했던 실습과 비슷하게 헤더 파일을 열어 not2가 어떻게 정의되어 있는지 살펴보면 된다. not2는 binary_negate 임시 객체를 생성하며 binary_negate 클래스는 이항 조건자를 캡슐화하여 호출하고 그 결과를 반대로 뒤집어 리턴한다.

과 제 notKim

> 앞에서 만들었던 find_if 예제를 수정하여 김가가 아닌 사람의 목록 전부를 조사하도록 수정하라. 김가인지 조사하는 IsKim 함수 객체가 작성되어 있으므로 not1 부정자를 적용하면 쉽게 구현할 수 있다.

38.2.3 바인더

IsMulti3 함수 객체는 정수값이 3의 배수인지를 조사하는데 임의 정수의 배수를 조사할 수 있도록 좀 더 일반화해 보자.

예제 IsMulti

```cpp
#include <iostream>
#include <vector>
#include <algorithm>
#include <functional>
using namespace std;

struct IsMulti : public binary_function<int,int, bool> {
    bool operator()(int a,int b) const {
        return (a % b == 0);
    }
};

void main()
{
    IsMulti IM;
    if (IM(6,3)) { cout << "6은 3의 배수이다." << endl; }
    if (IM(9,2)) { cout << "9는 2의 배수이다." << endl; }
}
```

IsMulti 함수로 두 개의 정수 a, b를 인수로 전달받아 a를 b로 나눈 나머지가 0인지를 보면 a가 b의 배수인지를 조사할 수 있다. main에서 이 함수 객체를 사용하여 6이 3의 배수인지, 9가 2의 배수인지 조사해 보았는데 첫 번째 호출만 참이고 두 번째는 거짓이다. IsMulti(a,3)은 IsMulti3(a)와 같아 3의 배수 여부도 조사할 수 있음은 물론이고 두 번째 인수를 변경함에 따라 다른 수의 배수 여부도 조사할 수 있다.

두 개의 인수를 전달받음으로써 일반성을 확보한 것은 좋은데 이렇게 되면 단항 조건자를 요구하는 find_if와는 함께 사용할 수 없다. find_if는 컨테이너를 순회하면서 요소값 하나만 조건자의 인수로 전달하므로 인수 두 개를 받는 이항 조건자와는 타입이 맞지 않은 것이다. 사용하고자 하는 함수 객체의 항이 요구되는 함수 객체와 다를 때 바인더 어댑터를 사용한다.

바인더는 이항 함수 객체의 나머지 한 인수를 특정한 값으로 고정하여 단항 함수 객체로 변환한다. find_if처럼 단항 조건자 객체를 요구하는 함수에게 이미 만들어 놓은 이항 함수 객체를 전달하려면 단항으로 변환해야 하는데 이때 바인더가 필요하다. 바인더는 다음 두 가지 형식으로 사용한다.

bind1st(이항 객체, 고정값)
bind2nd(이항 객체, 고정값)

bind1st는 첫 번째 인수를 고정하며 bind2nd는 두 번째 인수를 고정한다. IsMulti 이항 조건자와 bind2nd 어댑터를 사용하여 find_if를 호출해 보자.

예제 **bind2nd**

```cpp
#include <iostream>
#include <vector>
#include <algorithm>
#include <functional>
using namespace std;

struct IsMulti : public binary_function<int,int, bool> {
    bool operator()(int a,int b) const {
            return (a % b == 0);
    }
};


void main()
{
    int ari[]={1,2,3,4,5,6,7,8,9,10};
    vector<int> vi(&ari[0],&ari[10]);

    vector<int>::iterator it;
    for (it=vi.begin();;it++) {
            it=find_if(it, vi.end(), bind2nd(IsMulti(),3));
            if (it==vi.end()) break;
            cout << *it << "이(가) 있다" << endl;
    }
}
```

bind2nd(IsMulti(),3)은 이항 조건자 IsMulti의 두 번째 인수를 3으로 고정하여 단항 조건자로 변환하며 그래서 이 조건자를 find_if와 함께 사용할 수 있다. IsMulti는 binary_function으로부터 상속받았으므로 어댑터블 함수 객체이다. 사용자가 직접 만든 함수 객체 외에 미리 제공되는 함수 객체에도 어댑터를 적용할 수 있다. 예제의 검색식을 다음과 같이 수정해 보자.

```cpp
it=find_if(it, vi.end(), bind2nd(greater<int>(),5));
it=find_if(it, vi.end(), bind2nd(less_equal<int>(),5));
```

greater는 두 값을 비교하여 앞의 값이 뒤의 값보다 더 큰지를 조사하는 이항 조건자인데 bind2nd로 뒤의 인수를 5로 고정했으므로 전달된 인수가 5보다 큰지를 조사하는 단항 조건자가 된다. 이렇게 만들어진 조건자를 find_if로 전달하면 컨테이너의 요소 중 5보다 큰 값이 조사될 것이다. less_equal은 이하의 조건을 점검하는 단항 조건자이며 여기에 bind2nd 어댑터를 적용하면 5 이하의 요소들이 검색된다.

어댑터가 만들어 내는 것도 일종의 함수 객체이므로 두 개 이상을 중첩해서 사용할 수도 있다. 다음 예는 부정자와 바인더를 동시에 적용하여 3의 배수가 아닌 요소들을 검색한다. IsMulti는 두 정수의 배수 관계를 조사하는데 bind2nd에 의해 나누는 수가 3으로 고정되고 not1에 의해 결과를 반대로 뒤집으므로 결국 3으로 나누어지지 않는 값을 찾게 되는 것이다.

```
it=find_if(it, vi.end(), not1(bind2nd(IsMulti(),3)));
```

bind1st는 이항 조건자의 첫 번째 인수를 고정하는데 bind2nd만큼 자주 사용되지는 않는다. 위 예제에서 bind2nd를 bind1st로 수정하면 나누어지는 수가 고정되고 나누는 수에 컨테이너의 요소들이 전달되므로 고정된 인수의 약수들이 조사될 것이다. 예제의 검색문을 수정해 보자.

```
it=find_if(it, vi.end(), bind1st(IsMulti(),6));
```

첫 번째 인수를 6으로 고정해 두면 6으로 나눈 나머지가 0인 요소들이 조사된다. 이 말은 곧 6의 약수를 찾는다는 뜻이며 1, 2, 3, 6이 출력될 것이다.

바인더는 과연 어떻게 구현되어 있을까 분석해 보자. 물론 사용만을 목적으로 한다면 굳이 분석까지 해 볼 필요는 없다. 동작을 이해했다면 분석해 보지 않아도 내부는 대충 짐작할 수 있을 것이며 C++에 자신있는 사람은 직접 비슷한 클래스를 만들 수도 있을 것이다. 두 바인더는 대체로 비슷하게 구현되어 있으므로 bind2nd만 분석해 보자.

```
template<class F, class T>
binder2nd<F> bind2nd(const F& func, const T& right)
{
    typename F::second_argument_type val(right);
    return (binder2nd<F>(func, val));
}
```

not1과 마찬가지로 직접 함수 객체를 호출하는 것이 아니라 함수 객체를 래핑하는 binder2nd 클래스의 객체를 생성하여 리턴한다. binder2nd 클래스는 다소 복잡하게 선언되어 있다.

```
template<class F> class binder2nd
    : public unary_function<typename F::first_argument_type, typename F::result_type>
{
public:
    typedef unary_function<typename F::first_argument_type, typename F::result_type> base;
    typedef typename base::argument_type argument_type;
    typedef typename base::result_type result_type;

    binder2nd(const F& func, const typename F::second_argument_type& right)
        : op(func), value(right) { }
    result_type operator()(const argument_type& left) const { return (op(left, value)); }
    result_type operator()(argument_type& left) const { return (op(left, value)); }
protected:
    F op;
    typename F::second_argument_type value;
};
```

binder2nd 클래스는 unary_function으로부터 상속받으므로 결국 단항 함수 객체이다. 내부에 이항 함수 객체 op와 고정된 두 번째 인수의 값 value를 멤버로 가지며 생성자에서 이 둘을 인수로 전달받아 초기화한다. 래핑한 이항 함수 객체를 호출할 수 있는 만반의 준비를 해 놓는 것이다.

() 연산자 함수는 op 함수 객체를 호출하되 첫 번째 인수 left는 자신이 전달받은 인수를 그대로 넘기고 두 번째 인수는 생성자에서 미리 받아 놓은 value를 넘긴다. 그래서 이 함수는 단항이며 호출할 때 left 인수 하나만 전달하면 된다. () 연산자는 첫 번째 인수에 대해 상수, 비상수 버전이 오버로딩되어 있다. bind1st도 비슷하게 분석되는데 binder1st 객체를 생성하며 binder1st는 첫 번째 인수를 미리 받아 놓았다가 호출할 때 고정된 인수를 전달할 것이다.

38.2.4 함수 포인터 어댑터

함수 포인터 어댑터는 일반 함수의 번지인 함수 포인터를 함수 객체처럼 포장한다. 함수 포인터도 어차피 () 연산자로 호출할 수 있으므로 굳이 함수 객체로 만들지 않아도 알고리즘 함수와 함께 사용할 수 있다. 그러나 함수 포인터는 객체가 아니므로 어댑터는 적용할 수 없다.

함수 포인터에 어댑터를 쓰고 싶다면 이 포인터를 래핑해야 하며 이때 함수 포인터 어댑터를 사용한다. 앞 예제의 IsMulti 함수 객체를 일반 함수로 만든 후 이 함수를 바인더로 묶어서 find_if에 사용해 보자.

```
#include <iostream>
#include <vector>
#include <algorithm>
#include <functional>
using namespace std;

bool IsMultiFunc(int a,int b)
{
    return (a % b == 0);
}

void main()
{
    int ari[]={1,2,3,4,5,6,7,8,9,10};
    vector<int> vi(&ari[0],&ari[10]);

    vector<int>::iterator it;
    for (it=vi.begin();;it++) {
        it=find_if(it, vi.end(), bind2nd(ptr_fun(IsMultiFunc),3));
        if (it==vi.end()) break;
        cout << *it << "이(가) 있다" << endl;
    }
}
```

bind2nd 어댑터가 요구하는 것은 함수 객체와 고정된 2번째 인수인데 함수 포인터를 곧바로 쓸 수는 없다. 함수 포인터는 함수의 시작 번지를 가리키는 단순한 상수일 뿐이므로 템플릿의 인수가 될 수 없기 때문이다. ptr_fun 함수 포인터 어댑터가 이 함수 포인터를 함수 객체로 포장하며 이렇게 포장되면 바인 더, 부정자 등의 어댑터를 적용할 수 있다.

ptr_fun의 동작을 이해하려면 헤더 파일을 분석해 보는 것이 가장 빠르고 확실하다. 단항 함수와 이항 함수에 대해 오버로딩되어 있는데 원리는 비슷하므로 단항 함수 버전만 분석해 보자.

```
template<class Arg, class Result>
pointer_to_unary_function<Arg, Result> ptr_fun(Result (*pfunc)(Arg))
{
    return (pointer_to_unary_function<Arg, Result>(pfunc));
}
```

pointer_to_unary_function이라는 클래스의 객체를 만들어 리턴하는 역할을 한다. 이 클래스(너무 길어서 이름을 쓰기 싫음)는 이름이 의미하는 바대로 단항 함수 포인터를 단항 함수 객체로 만든다. 헤더 파일에 다음과 같이 정의되어 있는데 이해하기 그리 어렵지 않은 클래스이다.

```
template<class Arg,class Result>
class pointer_to_unary_function : public unary_function<Arg, Result>
{
public:
    explicit pointer_to_unary_function(Result (*pfunc)(Arg)) : pFun(pfunc) { }
    Result operator()(Arg left) const { return (pFun(left)); }
protected:
    Result (pFun*)(Arg);
};
```

Arg 타입을 인수로 취하고 Result 타입을 리턴하는 함수 포인터 pFun을 멤버 변수로 가지며 생성자로 전달된 함수 포인터를 이 멤버에 저장해 놓는다. 그리고 () 연산자 함수는 전달된 인수 left로 pFun 함수를 호출하도록 되어 있다. 결국 이 클래스는 함수 포인터를 래핑하고 있으며 () 연산자가 함수 포인터를 대신 호출한다. 래핑보다 더 중요한 역할은 이 함수 포인터의 인수와 리턴 타입을 정의하기 위해 unary_function으로부터 상속을 받는다는 점이며 따라서 이 클래스의 객체는 어댑터블하다.

예제에서는 IsMultiFunc 함수를 ptr_fun으로 어댑터블 함수 객체로 만든 후 bind2nd 어댑터로 두 번째 인수를 3으로 고정했다. 다음 구문은 여기에 not1 어댑터까지 사용해서 3의 배수가 아닌 것을 찾는데 세 가지 어댑터를 동시에 사용해 봤다.

```
it=find_if(it, vi.end(), not1(bind2nd(ptr_fun(IsMultiFunc),3)));
```

이 함수 객체가 구현되는 과정은 굉장히 복잡하다. 함수 포인터를 래핑하여 어댑터블 함수 객체를 만들고 이 함수 객체를 래핑하여 2번째 피연산자가 고정된 또 다른 함수 객체를 만들고 이 객체를 다시 래핑하여 평가 결과를 반대로 만드는 객체가 또 생성된다. find_if는 순회 중에 이 객체의 () 함수를 호출하고 래퍼들이 감싸고 있는 객체와 함수들이 연속적으로 참조되어 3의 배수가 아닌 값을 골라낸다.

중간에서 이름도 없는 임시 객체들이 잠시 생성되고 함수가 함수를 호출하는 과정이 연속되지만 속도나 용량에 별로 불리한 점은 없다. 왜냐하면 이 객체들은 멤버 변수를 가지지 않으며 함수 호출은 모두 인라인화되기 때문이다. 실행 과정이 대충 상상은 가지만 복잡하기는 과연 복잡하다. 익숙해지면 이런 내부 동작에 대해 의심없이 그러려니 하고 쓰게 될 것이다.

38.2.5 멤버 함수 어댑터

ptr_fun은 일반 함수를 함수 객체로 만드는데 비해 mem_fun은 클래스의 멤버 함수를 함수 객체로 만든다. 멤버 함수는 반드시 this와 함께 호출되어야 한다는 점에서 함수 포인터와도 다른데 mem_fun은 이것을 가능하게 한다. 다음 예제를 보자.

예제 **mem_fun**

```
#include <iostream>
#include <vector>
#include <algorithm>
#include <functional>
using namespace std;

class Natural
{
private:
    int num;

public:
    Natural(int anum) : num(anum) {
        SetNum(anum);
    }
    void SetNum(int anum) {
        if (anum >= 0) {
            num=anum;
        }
    }
    int GetNum() { return num; }
    bool IsEven() { return num % 2 == 0; }
};

void delnatural(Natural *pn)
{
    delete pn;
}

void main()
{
```

```
    vector<Natural *> vn;
    vn.push_back(new Natural(1));
    vn.push_back(new Natural(2));
    vn.push_back(new Natural(3));
    vn.push_back(new Natural(4));

    vector<Natural *>::iterator it;
    for (it=vn.begin();;it++) {
        it=find_if(it, vn.end(), mem_fun(&Natural::IsEven));
        if (it==vn.end()) break;
        cout << (*it)->GetNum() << "이(가) 있다" << endl;
    }
    for_each(vn.begin(),vn.end(),delnatural);
}
```

Natural 클래스는 0 초과의 자연수를 표현하는데 짝수인지를 판별하는 IsEven 조건자가 클래스의 멤버 함수로 작성되어 있다. 이 멤버 함수를 조건자 함수 객체로 만들기 위해 mem_fun 함수를 사용한다. mem_fun은 멤버 함수 포인터를 캡슐화하여 함수 객체로 만드는 객체를 생성하며 이 객체의 () 연산자를 통해 컨테이너에 저장된 각 객체 포인터(this)와 함께 멤버 함수가 호출된다.

멤버 함수를 객체로 캡슐화하는 원리도 ptr_fun과 비슷하다. 멤버 함수에 대한 래퍼는 인수를 취하지 않는 멤버 함수와 인수 하나를 취하는 멤버 함수에 대해 각각 작성되어 있으며 이 객체를 만드는 mem_fun 함수는 두 객체에 대해 오버로딩되어 있다. 인수를 취하지 않는 버전에 대해서만 연구해 보자.

```
template<class Result, class T>
mem_fun_t<Result, T> mem_fun(Result (T::*Pm)())
{
    return (mem_fun_t<Result, T>(Pm));
}
```

T 타입의 멤버 함수 Pm에 대한 멤버 함수 포인터를 받아 생성자로 이 함수 포인터를 넘겨 mem_fun_t 객체를 생성하여 그 객체를 리턴한다. mem_fun_t 클래스는 다음과 같이 선언되어 있다.

```
template<class Result,class T>
class mem_fun_t : public unary_function<T *, Result>
{
public:
```

```
        explicit mem_fun_t(Result (T::*Pm)()) : Pmemfun(Pm) {}
        Result operator()(T *pObj) const {
                return ((pObj->*Pmemfun)());
        }
private:
        Result (T::*Pmemfun)();
};
```

리턴 타입과 클래스 타입을 인수로 전달받으며 내부에 인수를 취하지 않는 멤버 함수 포인터를 Pmemfun
이라는 이름의 멤버 변수로 선언해 두었다. 생성자에서는 이 멤버 함수의 포인터를 전달받아 Pmemfun
멤버에 대입해 둔다. 그리고 () 연산자는 인수로 전달된 *pObj 객체 포인터에 대해 멤버 함수를 호출한
다. 컨테이너에 저장된 요소가 객체의 포인터이므로 find_if에 의해 각 객체의 멤버 함수들이 호출될
것이다.

만약 컨테이너가 객체의 포인터가 아니라 객체 그 자체를 저장하고 있다면 이때는 mem_fun_ref를
사용한다. 위 예제를 다음과 같이 변형해도 동일하게 동작한다. 객체의 포인터를 동적으로 생성한 것이
아니므로 delete는 할 필요없다.

```
void main()
{
    vector<Natural> vn;
    vn.push_back(Natural(1));
    vn.push_back(Natural(2));
    vn.push_back(Natural(3));
    vn.push_back(Natural(4));

    vector<Natural>::iterator it;
    for (it=vn.begin();;it++) {
        it=find_if(it, vn.end(), mem_fun_ref(&Natural::IsEven));
        if (it==vn.end()) break;
        cout << (*it).GetNum() << "이(가) 있다" << endl;
    }
}
```

mem_fun_ref는 mem_fun_ref_t 객체를 생성하는데 이 객체는 멤버의 참조로부터 멤버 함수를 호출
한다. mem_fun과 mem_fun_ref는 이 외에 인수 하나를 취하는 멤버 함수에 대한 래퍼도 생성하며
각각에 대해 상수 멤버 함수 버전도 준비되어 있다. 그러나 인수가 둘 이상인 멤버 함수에 대해서는
별도의 래퍼를 제공하지 않는다.

38.2.6 할당기

이상으로 STL을 구성하는 컨테이너, 반복자, 알고리즘 등 주요 3요소에 대해 앞 절에서 간단하게나마 소개했고 또 함수 객체와 어댑터에 대해서는 비교적 상세하게 연구해 보았다. 아마 여기까지 읽었으면 STL이 엄청나게 복잡하다고 느껴질 텐데 다행히 다음 장부터는 그리 어렵지 않다. STL을 구성하는 나머지 한 요소는 메모리를 관리하는 할당기(Allocator)라는 것인데 간단하게 소개만 하기로 한다.

벡터, 리스트, 맵, 셋 등 STL 컨테이너의 저장 가능한 최대 요소 개수에는 제한이 없다. 요소가 삽입되면 필요할 때마다 메모리를 추가 할당하는데 이 과정은 컨테이너 내부에 완전 자동화 되어 있어 사용자가 신경쓰지 않아도 된다. 컨테이너들은 메모리 할당만을 전문적으로 관리하는 할당기 객체를 가지는데 보통 컨테이너의 템플릿 인수로 전달된다. 다음은 벡터 템플릿의 선언문이다.

```
template <class Type, class Allocator = allocator<Type> > class vector
```

첫 번째 인수로 요소의 타입을 지정하며 두 번째 인수로 할당기를 지정하는데 할당기에는 디폴트가 있다. Type형에 대한 디폴트 할당기는 allocator⟨Type⟩이며 Type형의 자료를 저장하기 위한 메모리 관리를 담당한다. 메모리 할당 방식은 여러 가지가 있는데 디폴트 할당기는 C++의 new, delete 연산자를 사용한다. 만약 다른 방식으로 메모리를 직접 관리하고 싶다면 디폴트 할당기가 아닌 직접 만든 할당기를 사용할 수도 있다.

예를 들어 malloc/free를 사용할 수도 있고 COM 인터페이스를 쓸 수도 있고 운영체제의 가상 메모리를 직접 다룰 수도 있다. 할당기를 직접 만들어 쓰는 가장 실용적인 예는 할당, 해제가 아주 빈번하며 필요량이 많을 때 메모리를 미리 왕창 할당하여 메모리 풀을 만들어 놓고 이 메모리를 내부에서 관리하며 번갈아 쓰도록 할 때이다. 운영체제의 간섭에서 벗어나 메모리에 대한 완전한 통제권을 행사하고 싶을 때 이런 방법이 동원된다.

그러나 현실적으로 직접 할당기를 만들어 써야만 하는 예를 찾기는 무척 어렵다. 운영체제의 메모리 관리 능력이 향상되어 충분히 신뢰할만하며 쫀쫀하게 메모리를 아껴 써야 할만큼 시스템 자원이 부족하지도 않기 때문이다. 할당기라는 것이 과거 16비트 시절 세그먼트/오프셋 같은 복잡한 메모리 구조를 추상화하기 위한 목적으로 만들어진 것이라 지금은 사용자가 정의할 이유가 딱히 없는 셈이다.

설사 만들어 보고 싶다고 하더라도 기존의 STL 컴포넌트와 완벽하게 잘 조화되는 할당기를 만드는 것이 그다지 간단하지 않음을 직감적으로 느낄 수 있을 것이다. 특별한 이유가 없는 한 디폴트만 사용해도 충분하다. 여기서는 할당기도 STL의 구성 요소 중 하나이고 꼭 원할 경우 교체 가능하다는 정도만 상식적으로 알아 두자.

39
반복자

39.1 반복자

39.1.1 반복자의 정의

앞 장에서 간단히 소개했다시피 반복자는 컨테이너의 한 지점을 가리키는 객체이다. 배열의 첨자나 연결 리스트의 노드 포인터도 이런 역할을 하지만 반복자는 기존의 포인터에 비해 훨씬 더 일반화된 개념이다. 컨테이너의 종류와 내부 구조에 상관없이 한 요소를 가리키는 목적으로 반복자라는 동일한 장치를 일관된 방법으로 사용할 수 있다.

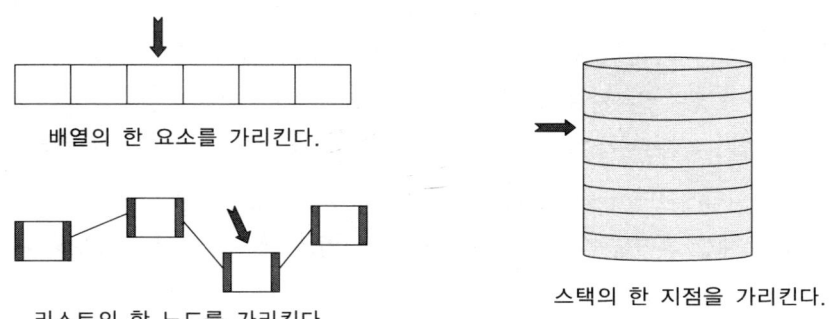

배열의 한 요소를 가리킨다.

리스트의 한 노드를 가리킨다.

스택의 한 지점을 가리킨다.

컨테이너에 대해 어떤 작업을 하고 싶다면 먼저 이 컨테이너에 저장되어 있는 요소에 접근해야 하므로 순회가 꼭 필요하다. 알고리즘이란 컨테이너 자체에 대해 적용되는 것이 아니라 결국은 컨테이너의 요소들에 적용되는 것이므로 요소를 읽고 쓸 수 있어야 하는데 이를 위해 반복자가 사용된다. 알고리즘은 반복자를 통해 컨테이너의 요소를 읽고 변경하며 컨테이너는 알고리즘을 호출할 때 작업 대상 요소를 반복자로 지정한다. 그래서 반복자를 알고리즘과 컨테이너를 연결하는 매개체라고 한다.

반복자를 관리하는 기본적인 방법은 ++, --, *, ==, 〉, 〈 등의 연산자이며 이 연산자들은 모든 반복자에 대해 동일한 의미를 가진다. 이처럼 반복자를 사용하는 방법이 일반화되어 있기 때문에 컨테이너의 내부 구조에 상관없이 동일한 방법으로 읽기, 이동, 대입, 비교 가능하다. 알고리즘의 내부 코드는 컨테이너에 대해서는 전혀 모르며 컨테이너를 직접 다루지도 않고 오로지 반복자를 통해서만 컨테이너의 요소에 접근한다.

그래서 동일한 코드로 작성되어 있는 알고리즘을 여러 개의 컨테이너에 똑같이 적용할 수 있다. 예를 들어 find는 지정한 구간을 순서대로 순회하며 값을 검색하는데 벡터나 리스트의 내부 구조가 완전히 다르지만 반복자가 * 연산자와 ++ 연산자, 비교 연산자 등만 잘 정의한다면 두 컨테이너를 동일한 방법으로 검색할 수 있는 것이다. 요소들이 어떤 모양을 가지든지 * 연산자로 읽을 수 있고 요소들 간의 배치 관계에 상관없이 ++만 하면 다음 요소로 이동 가능하다.

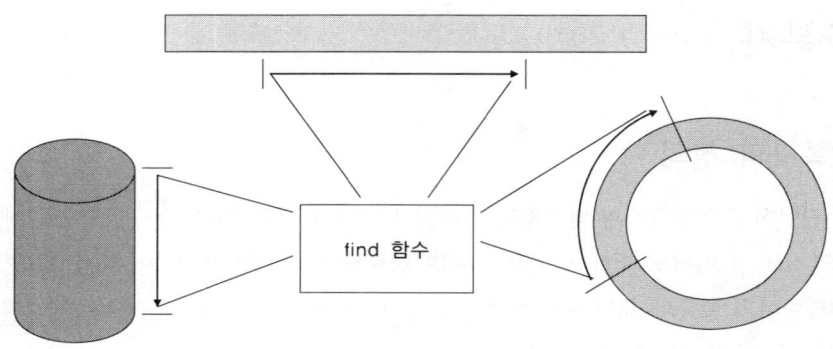

STL 알고리즘의 원형을 보면 컨테이너에 대한 정보는 전혀 전달되지 않으며 반복자에 대한 정보만 전달된다. find 뿐만 아니라 copy, replace, merge 등의 알고리즘도 마찬가지이다. 알고리즘은 자신이 누구를 조작하는지는 몰라도 반복자를 통해 어떻게 조작할 것인가는 분명히 알고 있다. 반복자는 임의의 컨테이너와 임의의 알고리즘을 연결하여 STL의 일반성을 확보하는 가장 중요한 장치이다.

영어 원문으로는 이터레이터(iterator)라고 하는데 한글로 그대로 쓰면 너무 길어져 흔히 반복자로 번역하며 이 책도 우세한 번역을 따르고 있다. 비슷한 작업을 계속 반복하는 용도보다는 컨테이너를 순회하거나 요소를 가리키는 것이 더 주된 기능이므로 순회자나 지시자로 번역하는 것도 무난한 것 같다. 아무튼 원문이나 타입 정의에 이 단어가 자주 사용되므로 반복자의 원어가 iterator라는 것은 꼭 알아 두어야 한다.

39.1.2 반복자 구간

모든 알고리즘 함수들은 작업 대상을 전달받기 위해 반복자를 인수로 받아들인다. 특정한 단일 요소에 대해 적용되는 알고리즘은 대상 요소 하나만을 받아들이지만 대개의 경우는 두 개의 반복자로 표현되는 반복자 구간(iterator range)을 받아들여 구간 내의 모든 요소에 대해 적용된다. 가장 자주 사용되는

find, sort 함수의 원형을 보자.

```
InIt find(InIt first, InIt last, const T& val);
void sort(RanIt first, RanIt last);
```

둘 다 first, last 두 개씩의 반복자를 받으므로 반복자 구간에 대해 동작한다. 임의의 값을 찾기 위해서는 검색 범위가 지정되어야 하며 정렬이라는 것도 복수 개의 요소들을 기준에 따라 재배치하는 것이므로 구간이 전달되는 것이 합당하다. 통상 구간의 시작점은 first라는 이름을 쓰고 끝은 last라는 이름을 쓰는데 first와 last가 지정하는 반복자 구간에 first는 포함되지만 last는 포함되지 않는다. 그래서 first, last 구간의 정확한 의미는 다음 그림과 같다.

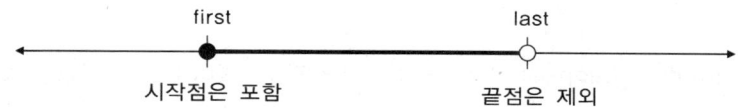

이 구간을 수학적으로 표현하면 first <= range < last와 같이 표기할 수 있으며 STL에서는 닫힌 괄호와 열린 괄호를 사용하여 [first, last)로 표기하기도 하는데 이 책은 간단하게 first ~ last로 표기하기로 한다. 일상생활에서는 a ~ b 범위를 칭하면 통상 a 이상 b 이하를 의미하며 b도 포함된다. 담임선생님이 오늘은 5번부터 10번까지 화장실 청소를 하라면 10번 학생도 당번에 포함되는 것이 상식적이다. 그러나 STL의 세계에서는 범위의 끝은 제외하는 것이 상식이다.

이는 비단 STL에서만 그런 것이 아니라 모든 프로그래밍 언어와 운영체제 등에도 공통적으로 적용되는 범위 규칙이다. 즉, 디지털의 세계에서 범위를 칭하면 항상 끝은 범위에 포함되지 않는 것으로 취급한다. 왜냐하면 컴퓨터에서 숫자는 0부터 시작(Zero Base)되기 때문에 끝을 제외해야 제외된 끝과 개수가 일치하기 때문이다. 예를 들어 크기 10의 배열 ar[10]을 0으로 채우는 코드는 보통 다음과 같이 루프를 작성한다.

```
for (i=0; i<10; i++) ar[i]=0;
```

조건식이 i<10로 되어 있어 10은 처리 대상에 포함되지 않는다. 10이 제외되어야 ar[i]=0; 처리 회수가 10이 되며 사실 ar[10]은 존재하지도 않는다. 조건식을 i <= 10 이렇게 썼다가는 무슨 봉변을 당하게 될지 모른다. ar 배열의 마지막 요소가 9라고 해서 조건식을 i<=9로 쓰지는 않는데 기능적으로 똑같은 루프라 하더라도 끝을 포함하면 여러 모로 불편해진다.

STL 함수들도 내부적으로 루프를 많이 사용하는데 모두 이런 식으로 작성되어 있다. STL의 모든 컨테이너는 시작점과 끝다음점을 조사하는 begin, end 멤버 함수를 제공한다. 끝다음점(past the end)

이란 마지막 요소의 다음을 의미하는데 배열의 경우는 배열 크기와 같은 첨자가 될 것이고 연결 리스트의 경우 tail 위치가 될 것이다. 이 지점은 실제 컨테이너의 내부는 아니며 이미 끝을 지난 지점이지만 순회나 에러 처리에 아주 유용하다. 끝다음점 직전까지만 순회하면 지정한 구간의 모든 요소를 안전하게 방문할 수 있다. find 함수의 구현 코드를 보자.

```
InIt find(InIt first, InIt last, const T& val)
{
    for (;first != last; ++first) {
            if (*first == val) break;
    }
    return first;
}
```

first가 계속 증가하면서 컨테이너의 다음으로 이동하는데 조건식이 first != last로 되어 있다. 따라서 first가 last가 아닌 동안 순회를 반복하며 last에 도달했을 때 루프를 탈출하므로 결국 last는 처리 대상에서 제외된다. 조건식을 first < last로 대소 비교하지 않고 first != last로 부등 비교를 하는 점에 주목하도록 하자. 제어 변수가 정수일 때는 다음처럼 부등 비교를 하는 경우가 별로 없으며 이렇게 루프를 짜 본 경험도 없을 것이다.

```
for (i=0; i!=10; i++) ar[i]=0;
```

정수 루프에는 i < 10이 정석인데 이렇게 하면 증감식이 i+=3으로 갑자기 바뀌더라도 무난히 루프를 빠져 나갈 수 있다. 그러나 반복자는 대소 비교를 하지 않고 항상 부등 비교를 하는데 왜 그런가 하면 일반화된 반복자는 대소 비교가 가능하지 않기 때문이다. 리스트의 반복자는 메모리 여기저기에 흩어져 있는 노드의 포인터인데 앞쪽 노드가 반드시 앞쪽 번지에 있다고 보장할 수 없다. 그래서 부등 비교를 할 수밖에 없으며 또한 반복자는 절대 두 칸 이상 이동하지 않으므로 부등 비교를 해도 안전하다. 만약 last도 처리 대상에 포함된다면 루프는 좀 더 복잡해지고 게다가 에러 처리 방법이 묘연해진다.

```
InIt find(InIt first, InIt last, const T& val)
{
    for (;; ++first) {
            if (*first == val) return first;
            if (first == last) break;
    }
    return ???;
}
```

last의 값도 검색 대상이므로 일단 비교를 한 후 last이면 break해야 한다. last까지 검색을 했는데 값이 발견되지 않았다면 이때는 실패의 의미로 과연 어떤 값을 리턴해야 할까? 반복자는 포인터의 NULL에 해당하는 특이값이 없어 마땅히 실패를 알릴 방법이 없다. last가 범위에서 제외된다면 last를 리턴하는 것이 검색 실패의 뜻으로 사용될 수 있는데 구간 끝을 지나서 검색되었다는 것은 자연스럽게 없다는 뜻이 되는 것이다.

범위에서 끝이 제외됨에 따라 구간의 길이를 계산하는 방법도 명료해진다. last와 first를 단순히 뺄셈하기만 하면 구간에 포함된 요소의 개수가 나오며 first와 last가 같으면 구간의 길이는 0이다. 알고리즘 함수들은 최초 first != last를 점검하므로 구간 길이가 0이면 아무 것도 하지 않고 바로 리턴한다. 이런 여러 가지 논리적인 장점이 있기 때문에 구간을 표현할 때 끝점은 제외하는 규칙을 쓰는 것이다.

STL을 쓰는 동안 범위의 규칙을 항상 염두에 두어야 하는데 3번 요소부터 7번 요소까지 검색하고 싶다면 필요한 검색 구간은 3~8까지이다. 3~7까지 검색하면 7번 요소는 검색 대상에서 제외됨을 유의하도록 하자. 알고리즘은 항상 지정한 구간에서만 실행된다. 보통 begin ~ end까지 적용하는 경우가 많지만 원한다면 일부 구간에 대해서만 적용할 수도 있다. sort 예제를 다음과 같이 수정해 보자.

```
sort(vi.begin()+1,vi.end()-1);
```

다섯 개의 요소 중 중간의 세 요소만 정렬될 것이다. 정렬결과는 2, 1, 5, 8, 9가 되며 가운데 8, 5, 1만 정렬되고 양쪽 끝의 2와 9는 정렬 대상에서 제외된다. 일부 구간에 대해서만 검색을 한다거나 뒤집기를 할 수도 있다.

반복자에 대해 마지막으로 주의해야 할 점은 STL 알고리즘은 반복자의 유효성을 전혀 점검하지 않으며 항상 유효하다고 가정한다는 점이다. 반복자가 틀린 위치를 가리키고 있을 경우의 결과는 정의되어 있지 않은데 재수 없으면 다운될 수도 있다. STL도 결국 범위를 점검하지 않는 C언어의 한계는 벗어나지 못했는데 그 이유는 물론 성능이다. 반복자를 참조할 때마다 범위를 일일이 점검하다가는 엄청난 희생을 감수해야 한다. 그러나 반복자는 보통 증가, 감소에 의해 구간 내에서만 움직이므로 큰 문제가 되지는 않는다.

39.2 반복자의 종류

39.2.1 반복자의 기능

앞 장에서 반복자의 기본적인 기능에 대해 소개했는데 그 중 가장 기본적인 것은 컨테이너의 한 요소를 가리키는 포인터의 역할이다. 처리 대상을 지정하거나 검색 결과를 리턴하며 두 개씩 짝을 이루어 구간을 지정하기도 한다. 이외에 가리키는 요소를 읽어오는 * 연산자, 앞뒤 요소로 이동할 수 있는 ++, -- 연산자를 제공하며 임의 위치로 이동하거나 반복자끼리 비교 및 대입도 가능하다.

그러나 모든 반복자가 이런 기능들을 한꺼번에 가지는 것은 아니며 어떤 연산이 제공되는가에 따라 다음과 같이 분류할 수 있다. STL은 제공하는 기능에 따라 반복자를 다섯 레벨로 분류하는데 아래쪽으로 내려갈수록 더 많은 기능을 제공한다. 이 절에서 각 반복자 종류들의 기능을 순서대로 살펴 볼 예정이므로 도표를 통해 이름부터 파악해 놓자.

반복자	약어	설명
입력	InIt	오로지 입력만 가능하며 쓸 수는 없다.
출력	OutIt	출력만 가능하며 읽지는 못한다.
순방향	FwdIt	입출력이 모두 가능하다. 전진만 가능하다.
양방향	BiIt	앞뒤로 이동할 수 있다. 감소 연산자를 정의한다.
임의 접근	RanIt	임의의 요소를 참조할 수 있다. [ ] 연산자를 정의한다.

STL이 반복자를 기능별로 분류하는 이유는 알고리즘의 적용 조건을 제한하기 위해서이다. 알고리즘은 내부 구현을 위해 반복자의 여러 기능을 활용하는데 어떤 기능이 사용되는가에 따라 요구되는 반복자가 다르다. 만약 해당 반복자가 알고리즘이 요구하는 기능을 제공하지 못한다면 이 반복자로는 그 알고리즘을 호출할 수 없다.

예를 들어 요소들을 정렬하는 sort 함수는 효율적인 정렬을 위해 임의 접근이 가능해야 하는데 임의 접근이 지원되지 않는 반복자에 대해서는 이 기능을 사용할 수 없다. 억지로 하자면 가능은 하겠지만 순서대로 읽어야 한다면 비교 회수가 지나치게 많아져 효율이 굉장히 떨어질 것이다. 그래서 알고리즘이 지원하는 최소의 반복자가 제한되어 있으며 이런 제한에 의해 STL은 알고리즘과 컨테이너의 효율적인 결합만을 허용한다.

알고리즘 함수들은 모두 함수 템플릿으로 정의되어 있으며 반복자 타입을 템플릿 인수로 받아들인다. 각 알고리즘의 원형에는 반복자에 대한 최소한의 요구 사항이 명시되어 있으므로 원형을 보면 어떤 반복자가 필요한지 쉽게 알 수 있다. find와 sort 알고리즘의 원형을 다시 한 번 더 보자.

```
InIt find(InIt first, InIt last, const T& val);
void sort(RanIt first, RanIt last);
```

find는 검색 중에 값을 읽기만 하고 순차적으로 값을 점검하므로 입력 반복자를 요구한다. 원형의 first, last에 InIt라는 반복자 타입이 분명히 명시되어 있다. 반면 sort의 원형에는 RanIt 반복자 타입이 명시되어 있으므로 이 함수로 정렬을 하려면 임의 접근 반복자를 제공해야 한다. 알고리즘이 요구하는 반복자 타입은 최소한의 요구사항이므로 더 상위의 반복자도 사용할 수 있다. 임의 접근 반복자는 입력 반복자의 모든 기능을 지원하므로 find 알고리즘에도 당연히 사용할 수 있다.

InIt, FwdIt, RanIt 등의 명칭은 사실 템플릿의 인수 이름에 불과하며 원형 앞에 일일이 template 구문이 들어가야 맞지만 함수를 소개할 때마다 이렇게 쓰면 너무 번거롭기 때문에 편의상 반복자 타입의 이름을 정해 놓고 이 이름을 일관되게 사용한다. 문서에 따라서는 InputIterator, FowardIterator, RandomIterator 등 긴 이름을 쓰는 경우도 있는데 이 책에서는 짧은 약어를 사용하고 있다.

39.2.2 입력 및 출력 반복자

입력 반복자(Input Iterator)는 가장 기본적인 기능만 제공하는 반복자이다. 반복자이므로 컨테이너의 한 위치를 가리키는 것은 당연하고 반복자가 가리키는 위치의 요소를 * 연산자로 읽을 수도 있다. 읽는 것만 가능하므로 * 연산자를 사용하더라도 요소의 값을 변경하는 것은 불가능하다. 입력 반복자에 * 연산자를 적용한 결과는 우변값일 뿐이며 좌변값은 아니다. 즉, *입력 반복자 표현식은 읽기 전용이다.

```
a=*it;          // 가능
*it=a;          // 불가능
```

전위형, 후위형의 ++ 연산자를 사용하여 다음 요소로 이동하는 기능도 가지고 있으며 같은 타입의 반복자와 상등 비교도 가능하다. 검색을 하는 find 알고리즘이 요구하는 연산자가 바로 입력 반복자 (InIt)인데 검색이란 지정 구간을 순회하면서 원하는 값을 가진 요소를 찾아내는 것이다. 이 동작을 하기 위해 필요한 기능은 값을 읽기 위한 * 연산자, 다음 요소로 이동하는 ++ 연산자 그리고 끝낼 시점을 결정하기 위한 != 연산자밖에 없다. find 함수의 구현 코드를 보면 과연 이 정도 기능밖에 사용되지 않는다는 것을 확인할 수 있다.

검색이란 단순히 값을 읽기만 하는 동작이므로 요소의 값을 변경하는 기능은 필요치 않으며 순차 검색을 하므로 앞으로 전진하는 기능만 있으면 된다. 이런 요구 조건을 만족하는 반복자를 입력 반복자라고 한다. 쓰기 기능은 요구되지 않는데 이는 쓰기 기능이 없어야 한다는 얘기와는 다르다. 쓰는 기능이 있어도 상관없지만 필수적으로 요구되지는 않는다는 뜻이다.

출력 반복자는 * 연산자를 사용하여 요소의 내용을 변경할 수 있는 반복자이다. 쓰기가 가능하다면 보통 읽기도 가능하지만 읽는 기능은 없어도 상관없다. 쓰기만 가능하면 출력 반복자라고 할 수 있으며 읽기 기능이 필수는 아니다. 다음 요소로 이동하는 ++연산자도 지원해야 한다. 그러나 출력은 입력과는 달리 무조건적이어서 범위 점검을 위한 ==, != 연산자는 필수가 아니다. 즉, 전진하면서 기록 가능하다는 조건만 만족하면 출력 반복자라고 할 수 있다.

```
*it=a;          // 가능
a=*it;          // 꼭 필요치 않음.
```

반복자 구간끼리 복사하는 copy 알고리즘에 입력, 출력 반복자가 동시에 나타난다. 이 함수의 구현 코드는 다음과 같을 것이다. 물론 실제 코드는 컴파일러마다 다르다.

```
OutIt copy(InIt first, InIt last, OutIt result)
{
    while (first != last) {
            *result++=*first++;
    }
    return result;
}
```

이 함수는 first ~ last 구간을 result에 복사한다. first, last는 복사할 원본이므로 오로지 읽기만 하면 되고 쓸 필요는 없으므로 InIt 타입이며 복사 목적지인 result는 오로지 출력만 하며 다시 읽을 필요는 없으므로 OutIt 타입이다. 게다가 result는 무조건 쓰기 가능한 것으로 가정하므로 범위를 점검할 필요가 없으며 따라서 출력 반복자는 비교 연산을 제공할 필요도 없다. 반면 입력 반복자는 끝 판별을 위해 != 연산을 제공해야 한다.

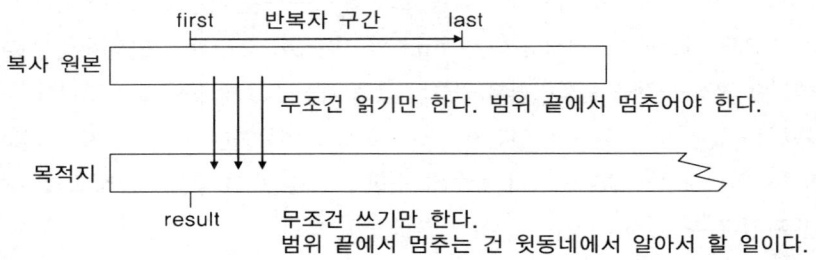

두 유형의 반복자는 입출력 스트림에만 적용된다. STL 컨테이너들은 모두 읽기, 쓰기가 동시에 가능하므로 이 두 유형보다 더 높은 레벨의 반복자를 지원한다. 입출력 스트림도 문자들의 집합이므로 일종의 컨테이너라고 할 수 있는데 키보드가 제공하는 반복자는 입력만 가능하다. 키보드로 들어오는 문자값은 읽을 수만 있을 뿐이지 쓰기는 가능하지도 않고 필요하지도 않다.

쓰기만 가능하고 읽기는 안 되는 쓰기 전용의 컨테이너가 얼른 떠오르지 않겠지만 이런 컨테이너가 실제로 존재한다. 문자의 컨테이너인 콘솔 화면은 쓰기 전용의 장비이며 콘솔이 제공하는 스트림 출력 반복자가 바로 이런 부류이다. 더 확실한 예를 들자면 표준 출력이 프린터로 재지향되어 있을 때의 프린터를 생각해 보면 된다. 프린터로 뭔가를 보낼 수는 있지만 인쇄된 글자가 무엇인지 읽을 수 있는 방법은 전혀 없다. 화면이나 프린터는 완전한 쓰기 전용 장비이며 따라서 이 장비의 반복자는 출력용이기만 하면 된다.

입력, 출력 반복자의 일종인 입출력 스트림 반복자는 콘솔에 연결된 반복자이다. 통상 표준 입출력 객체인 cin, cout에 대해 사용하지만 임의의 스트림 객체에 대한 반복자로도 사용할 수 있다. i(o)stream_ iterator 클래스로 정의되어 있으며 이 반복자를 사용하면 표준 입력(키보드)으로 입력받은 내용을 순회하면서 읽어낼 수 있고 표준 출력(모니터)으로 문자를 출력할 수도 있다. 다음 예제는 리스트의 요소들을 화면으로 출력한다.

예제 ostream_iterator

```
#include 〈iostream〉
#include 〈list〉
using namespace std;

void main()
{
    int ari[]={1,2,3,4,5};
    list〈int〉 li(&ari[0],&ari[5]);

    ostream_iterator〈int〉 oit(cout,",");
    copy(li.begin(),li.end(),oit);
}
```

콘솔 화면으로의 출력을 위해 ostream_iterator형의 객체 oit를 선언하는데 이 템플릿의 인수로는 출력할 타입을 지정해야 한다. 출력 대상인 리스트의 요소가 정수형이므로 int 타입에 대한 출력 스트림 클래스로 구체화했다. 생성자의 인수로는 출력 스트림 객체와 매 요소 사이에 출력될 구분자를 전달한다. 예제의 oit는 정수형을 cout, 즉 표준 출력 장치로 출력하되 매 정수값마다 쉼표를 구분자로 삽입한다.

리스트의 내용을 화면에 출력할 때는 리스트의 반복자 구간과 출력 스트림 반복자를 copy 함수로 전달하여 반복자끼리 복사하도록 했다. 리스트의 내용을 화면에 복사한다는 것은 곧 화면에 출력한다는 얘기다. copy 함수는 리스트의 반복자 구간 요소들을 순서대로 읽어 출력 스트림 반복자 oit의 위치에 복사한다. 이 코드는 아마 *oit=*first로 되어 있을 텐데 출력 스트림 반복자에 대한 = 연산이 cout 〈〈 연산으로 중복 정의되어 있어 화면으로 출력되는 것이다. 실행 결과는 다음과 같다.

1,2,3,4,5,

리스트의 정수 요소들이 모두 출력되었으며 숫자들 사이에는 구분자인 쉼표가 하나씩 삽입되었다. oit 생성자의 두 번째 인수를 "\n"으로 변경하면 매 요소를 출력한 후 개행될 것이다. 컨테이너의 반복자 구간과 출력 스트림 반복자로 copy 함수를 호출하는 방법은 컨테이너를 화면에 덤프하는 가장 편리한 방법이며 다음 한 줄로 줄일 수도 있다.

```
copy(li.begin(),li.end(),ostream_iterator<int>(cout,","));
```

리스트의 전체 요소를 cout 출력 스트림 반복자로 복사하되 각 요소 사이에 쉼표를 집어 넣어라는
뜻이다. 구문이 조금 복잡하기는 하지만 얼마나 짧고 간결한가? 이걸 C 코드로 풀어 쓰려면 지역 포인터
를 선언하여 선두를 가리키도록 초기화하고 루프 돌리며 매 요소를 읽어 cout으로 출력하기를 반복해야
하고 게다가 요소 사이에 쉼표까지 출력해야 하므로 족히 10여줄은 더 될 것이다.

입력 스트림 반복자를 사용하면 키보드로부터 특정 타입의 자료를 연속적으로 읽어 원하는 작업을
할 수 있다. 다음 예제는 입력 스트림 반복자로 정수를 입력받아 벡터에 저장한다. 사용자로부터 일련의
값을 입력받을 때 이 방법을 사용할 수 있다.

예제 **istream_iterator**

```
#include <iostream>
#include <vector>
#include <algorithm>
using namespace std;

template<typename C>
void dump(const char *desc, C c)
{
    cout.width(12);
    cout << left << desc << "==> ";
    copy(c.begin(),c.end(),ostream_iterator<typename C::value_type>(cout," "));
    cout << endl;
}

void main()
{
    vector<int> vi(16);
    istream_iterator<int> iit(cin);
    copy(iit,istream_iterator<int>(),vi.begin());
    dump("입력 완료 후",vi);
}
```

istream_iterator는 템플릿 인수로 입력받을 타입을 지정하며 생성자로는 입력 스트림 객체를 지정한
다. 예제의 iit는 정수형을 cin으로부터 입력받는 객체로 선언되었다. istream_iterator의 디폴트 생성자
는 스트림 끝을 나타내는 반복자를 생성하는데 이 반복자는 키보드 입력 종료를 의미한다.

---

copy 함수는 iit에 정의되어 있는 >> 연산자를 호출하여 키보드(cin)로부터 정수값을 입력받으며 이 값을 벡터의 시작 위치에 복사하기를 스트림 끝에 이를 때까지 반복할 것이다. 예제를 실행한 후 정수값들을 공백이나 개행으로 구분하여 입력하면 이 정수들이 벡터에 차례대로 복사된다. 입력을 마칠 때는 스트림의 끝을 의미하는 Ctrl+Z를 입력한다. 한 줄로 줄이면 다음처럼 쓸 수도 있다.

```
copy(istream_iterator<int>(cin),istream_iterator<int>(),vi.begin());
```

이 예제는 dump라는 템플릿 함수를 처음으로 정의하고 있는데 이 함수는 임의의 컨테이너를 전달받아 컨테이너의 모든 요소를 공백으로 구분하여 화면에 출력한다. 컨테이너 내용 앞에 간단한 문자열을 하나 출력하며 다 출력한 후 개행까지 처리하므로 예제 확인용으로 아주 훌륭하다. 화면 출력을 위해 출력 스트림 반복자를 사용하고 있는데 반복자로 직접 출력할 수도 있다.

```
for (typename C::iterator it=c.begin();it!=c.end();it++) cout << *it << ' ';
```

앞으로 컨테이너와 알고리즘 실습을 위해 컨테이너를 변경하고 확인할 일이 아주 많으므로 이후부터 컨테이너의 내용을 출력할 때는 이 함수를 활용하기로 한다. 임의 타입의 임의 컨테이너를 지원할 수 있도록 아주 일반적으로 작성했으므로 디버깅용으로도 훌륭하게 활용할 만하다.

입출력 스트림 반복자에는 이 외에도 좀 더 저수준의 i(o)strembuf_iterator 클래스도 있는데 버퍼를 직접 조작하며 문자 단위로 입출력을 수행하므로 성능이 훨씬 더 좋다. 이 클래스들도 나름대로 실용성이 있기는 하지만 여기까지만 알아 두면 충분하다. 어차피 콘솔 환경에서 프로그래밍하는 시대는 지났으며 iostream은 아직까지도 표준대로 구현되지 않은 컴파일러가 많아 이식성에도 불리하므로 애써 연구해볼 가치가 떨어진다.

39.2.3 순방향, 양방향 반복자

순방향 반복자(Foward Iterator)는 입력 출력이 모두 가능한 반복자이다. 입력, 출력 반복자는 둘 중 하나만 가능한데 비해 순방향 반복자는 읽기, 쓰기가 모두 가능하다. 이름이 의미하듯이 순방향으로 이동 가능하다는 조건도 포함된다. 순방향으로 이동 가능하다는 것은 ++ 연산자를 정의한다는 뜻인데 전위형, 후위형 모두 정의되어 있으므로 ++it, it++ 두 형태를 자유롭게 사용할 수 있다. 그러나 -- 연산자가 정의되어 있지 않으므로 역방향으로는 이동할 수 없다.

입출력을 다 할 수 있다는 것 외에도 순방향 반복자가 입력, 출력 반복자와 다른 점은 같은 위치를 여러 번 읽고 쓸 수 있다는 점이다. 반복자가 컨테이너내의 요소 하나를 가리키고 있을 때 외부에서 특별한 조작을 하지 않으면 이 반복자는 그 요소를 계속 가리킨다. 그래서 반복자를 저장해 놓았다가 이 반복자가 가리키는 위치에서 언제든지 재순회가 가능하다.

반면 입력, 출력 반복자는 이런 특성이 없어 한 위치에 대해 딱 한 번씩만 읽고 쓰기가 가능하다. 키보드는 사용자가 키를 누를 때 그 값을 받아 놓지 않으면 한 번 읽은 내용을 다시 읽지 못한다. 입력되는 시점에 딱 한 번만 읽을 수 있다. 콘솔 화면이나 프린터는 일단 출력해 버리면 더 이상 수정 불가능하다. 이미 출력해버린 문자를 다른 문자로 바꿔서 재출력할 수는 없다.

순방향 반복자는 한 위치를 여러 번 읽고 쓸 수 있기 때문에 다중 패스 알고리즘을 지원한다. 다중 패스 알고리즘은 구현을 위해 컨테이너를 여러 번 스캔해야 하는데 대표적으로 부분 일치 구간을 검색하는 search 알고리즘을 들 수 있다. search는 표준 strstr 함수와 동작이 비슷한데 부분 일치 구간을 찾기 위해서는 검색 대상 구간과 완전히 일치하는 부분을 찾을 때까지 컨테이너의 각 요소들을 여러 번 읽어야 한다. 입력 반복자는 읽기는 가능하지만 같은 위치를 두 번 읽을 수 없으므로 이런 알고리즘 구현에는 적합하지 않다.

표준 STL에는 구현되어 있지 않지만 단순 연결 리스트(slist)를 가리키는 반복자가 대표적인 순방향 반복자이다. 단순 연결 리스트는 읽기 쓰기가 가능하며 한 노드를 여러 번 읽을 수도 있다. 그러나 단순 연결 리스트의 노드는 다음 노드를 가리키는 링크 하나밖에 없으므로 전진만 가능하며 후진은 불가능하다. 이 조건에 맞는 반복자가 바로 순방향 반복자이다.

양방향 반복자(Bidirectional Iterator)는 역방향으로도 이동이 가능한 반복자이다. 순방향 이동을 위한 ++ 연산자는 물론이고 역방향의 이동을 위한 -- 연산자도 전위형, 후위형으로 각각 구현되어 있다. 역방향으로 검색한다거나 모든 요소의 순서를 반대로 뒤집을 때는 앞뒤로 자유롭게 이동해야 하므로 역방향 반복자가 필요하다. STL 컨테이너 중 이중 연결 리스트로 구현되어 있는 list가 양방향 반복자를 제공한다. 양방향 반복자는 순방향 반복자의 기능을 포함한다.

다음 두 알고리즘은 각각 순방향 반복자와 양방향 반복자를 요구한다. 함수의 원형에 FwdIt, BiIt라는 반복자 타입이 분명히 명시되어 있다.

```
void replace(FwdIt first, FwdIt last, const Type& Old, const Type& New);
void reverse(BiIt first, BiIt last);
```

replace는 컨테이너의 Old값을 찾아 New 값으로 교체한다. 찾는 값이 맞는지 확인하기 위해 반복자를 읽어야 하며 맞을 경우 New로 바꾸기도 해야 하므로 읽기 쓰기가 모두 필요하다. 또한 대체 동작을 여러 번 할 필요는 없으므로 구간의 처음부터 끝까지 한 번만 순회하면서 모든 작업을 마칠 수 있으며 한 번 지나온 위치를 다시 검색할 필요는 없다. 그래서 replace가 요구하는 최소의 반복자는 순방향 반복자이다.

reverse는 구간내의 요소들을 반대로 뒤집어 재배치하는데 읽기 쓰기가 모두 가능해야 하며 양쪽 끝에서 동시에 순회를 시작하여 값을 교환해야 하므로 반복자가 증가, 감소를 모두 지원해야 한다. 그래서 reverse는 순방향 반복자로는 구현될 수 없으며 최소한 양방향 이동을 지원해야 한다. 다음 예제는 두 알고리즘을 테스트한다.

fwdbiiterator

```
#include <iostream>
#include <vector>
#include <algorithm>
using namespace std;

template<typename C> void dump(const char *desc, C c) { cout.width(12);cout << left << desc << "==> ";
    copy(c.begin(),c.end(),ostream_iterator<typename C::value_type>(cout," ")); cout << endl; }


void main()
{
    int ari[]={78,85,95,93,86,60,72,99,56,85};
    vector<int> vi(&ari[0],&ari[10]);

    dump("원본",vi);
    replace(vi.begin(),vi.end(),85,100);
    dump("대체후",vi);
    reverse(vi.begin(),vi.end());
    dump("뒤집은 후",vi);
}
```

벡터에 점수값들을 무작위로 나열해 놓고 대체 및 뒤집기를 해 보았다. replace로 85점짜리를 찾아 100으로 대체한 후 reverse로 벡터를 통째로 뒤집는다. 출력 결과는 다음과 같다. 벡터를 덤프할 때는 앞 항에서 소개한 dump 함수를 사용했는데 이미 살펴본 소스이므로 앞으로는 활용만 하기로 하자.

```
원본        ==> 78 85 95 93 86 60 72 99 56 85
대체후      ==> 78 100 95 93 86 60 72 99 56 100
뒤집은 후   ==> 100 56 99 72 60 86 93 95 100 78
```

최초 ari 배열에 초기화된 점수들이 출력되었고 85가 100으로 바뀐 벡터가 그 다음 줄에 출력되었으며 마지막 줄에 순서가 뒤집어진 벡터가 출력되었다. 두 알고리즘이 어떻게 동작할지 상상해 보자.

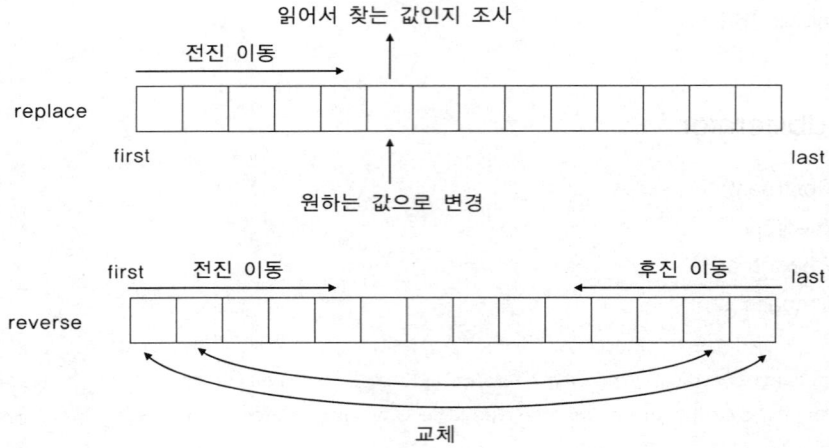

replace는 전진 이동하며 읽고 쓰기만 반복하므로 순방향 반복자이면 충분하다. 반면 reverse는 한쪽은 앞에서 뒤로, 한쪽은 뒤에서 앞으로 이동하면서 값을 교환(읽기 + 쓰기)해야 하므로 양방향으로 이동할 수 있어야 한다. 이 그림에서 보다시피 두 알고리즘이 요구하는 반복자의 기능이 다르다. 헤더 파일을 열어서 구현된 코드를 살펴보면 이 알고리즘들이 어떻게 동작하며 왜 순방향, 역방향 반복자를 요구하는지 확실히 알 수 있다.

39.2.4 임의 접근 반복자

임의 접근 반복자(Random Iterator)는 최상위 레벨의 반복자이며 제공하는 기능이 가장 많다. 양방향 반복자의 모든 기능을 포함하므로 * 연산자로 읽기, 쓰기와 ++, -- 연산자로 앞 뒤로 이동하기, 같은 위치를 여러 번 액세스하기 기능을 제공한다. 여기에 임의 위치로 이동할 수 있는 기능이 추가로 제공되는데 거리에 상관없이 항상 상수 시간 내에 이동 가능하다.

양방향 반복자는 ++, -- 가 가능하지만 항상 한 칸씩만 앞뒤로 이동할 수 있는 것과 비교된다. 임의 위치로 곧장 이동할 수 있다는 것은 반복자에 임의의 정수를 더하는 +n 연산을 제공한다는 뜻이다. 포인터에 +n 연산을 적용하면 n*sizeof(타입) 만큼 즉시 이동하는데 임의 접근 연산자가 바로 이 기능을 제공하며 +n에 의해 현재 위치에서 n만큼 떨어진 요소로 곧장 이동할 수 있다.

+n 연산이 가능하면 추가로 가능해지는 연산이 여러 개 생긴다. -n은 음수를 더하는 것과 같으므로 당연히 가능하며 [ ] 연산자는 *와 +n 연산의 조합인 *(it+n) 연산이므로 역시 지원된다. [ ] 연산자를 사용하면 지정한 임의의 위치값을 바로 읽고 쓸 수도 있다. 또한 복합 대입 연산자 +=, -=도 지원되는데 모두 +n으로부터 파생되는 연산들이다.

임의 접근 반복자가 +n을 지원할 수 있는 이유는 컨테이너의 요소들이 배열처럼 인접하게 배치되어 있기 때문이다. 요소의 크기가 일정하고 서로 이웃해 있으므로 이동하고 싶은 거리에 요소 크기를 곱한 만큼 더하기만 하면 즉시 이동 가능하다. 배열을 가리키는 포인터를 생각해 보면 쉽게 이해할 수 있다.

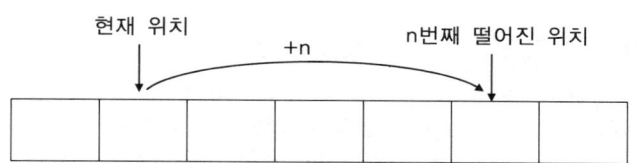

현재 위치　　　　　　+n　　　　n번째 떨어진 위치

요소들의 크기가 같고 인접해 있다.

같은 배열 내의 임의 접근 반복자끼리는 뺄셈도 가능하다. 두 반복자 사이에 있는 요소들이 같은 크기로 모여 있으므로 뺄셈 결과는 구간내의 요소 개수를 나타내는 정수값이다. 또한 요소들이 선형적으로 배치되어 있으므로 반복자끼리 대소 비교도 가능하다. 번지값이 큰 반복자가 항상 더 뒤쪽에 있으므로 대소 비교에 의해 반복자의 전후를 명확하게 알 수 있다.

링크에 의해 연결되어 있는 list 컨테이너는 임의 접근이 불가능하므로 양방향 반복자를 제공한다. 연결 리스트의 노드들이 인접해 있지 않고 메모리 여기저기에 흩어져 있으므로 +n 연산이 불가능하며 링크를 따라 한 칸씩 점진적으로 이동할 수밖에 없다. 또한 반복자의 번지만으로 전후를 판별할 수 없으므로 대소 비교도 불가능하며 반복자끼리 뺄셈을 통해 구간의 요소 개수를 구할 수도 없다. 임의 접근이 아닌 반복자로 +n 연산을 하거나 두 반복자의 거리를 구하고 싶다면 다음 두 함수를 사용한다.

```
void advance(InIt &first, int off);
int distance(InIt first, InIt last);
```

advance는 반복자를 off만큼 뒤쪽으로 이동시키는데 off가 음수일 수도 있으므로 앞쪽으로도 이동할 수 있다. 이 함수를 사용하면 입력 반복자(따라서 순방향, 양방향도)에 +n 연산이 가능해진다. distance는 두 반복자 사이의 거리를 구하여 정수값을 리턴한다. 예제를 통해 두 함수를 간단히 테스트해 보자. 소스에서 주석 처리되어 있는 줄은 에러가 발생하는 부분이다.

예제 advance

```
#include <iostream>
#include <list>
using namespace std;

void main()
{
    int ari[]={1,2,3,4,5,6,7};
    list<int> li(&ari[0],&ari[7]);

    list<int>::iterator it=li.begin();
```

```
    printf("%d\n",*it);                // 읽을 수 있다.
    printf("%d\n",*(++it));            // 한칸 전진 가능
//  printf("%d\n",it[3]);             // 에러:임의 위치를 읽지는 못함
//  it+=3;                            // 에러:임의 위치로 이동하지 못함
    advance(it,3);                    // advance로 이동 가능
    printf("%d\n",*it);
//  printf("거리=%d\n",li.end()-li.begin());          // 에러:반복자끼리 뺄셈은 안됨
    printf("거리=%d\n",distance(li.begin(),li.end()));  // distance로 거리를 구하는 것은 가능
}
```

리스트 컨테이너가 제공하는 양방향 반복자는 +n을 지원하지 않으므로 [ ] 연산자로 임의 위치를 읽거나 +=n으로 임의 위치로 이동할 수 없으며 반복자끼리 뺄셈을 할 수도 없다. 그러나 advance와 distance 함수를 사용하면 가능하기는 하다. 실행 결과는 다음과 같다.

```
1
2
5
거리=7
```

이 결과를 보면 양방향 반복자도 임의 접근이 가능한 것처럼 보이며 실제로 가능하기도 하다. 그러나 속을 들여다보면 엄청난 꽁수가 숨어 있음을 발견할 수 있다. 다음은 advance 함수의 구현 코드인데 어떻게 +n 연산을 수행하는지 보자.

```
void advance(InIt &first, int off)
{
    for (;off > 0;--off) { ++first; }
    for (;off < 0;++off) { --first; }
}
```

off의 부호에 따라 두 루프 중 하나를 실행하는데 양수인 경우만 보면 off를 계속 감소시키면서 first 반복자를 계속 증가시킨다. 결국 ++first를 off만큼 반복함으로써 first를 off만큼 뒤쪽으로 이동시키는 것이다. 리스트의 반복자에 이 함수를 적용하면 링크를 따라 다음 노드로 이동하기를 off만큼 반복하는 단순 무식한 짓을 하게 된다.

진짜 임의 접근이 가능한 반복자는 +n을 한 번에 수행할 수 있는데 비해 양방향 반복자는 off만큼 반복해야 하므로 수행 속도는 감히 비교가 되지 않는다. 임의 접근 반복자는 it[30000]을 한 번에 바로

찾아 가지만 양방향 반복자는 다음 링크 찾아 3만리를 가야 하므로 진정한 의미의 +n 연산을 지원한다고 볼 수 없다. advance와 distance는 꼭 필요할 경우에 사용할 수는 있지만 n이 커지면 효율이 떨어진다는 점을 알아야 한다.

이런 의미에서 볼 때 임의 접근 반복자는 단순히 임의 접근이 가능하다는 정도로 정의하는 것보다 상수 시간 내에 원하는 곳으로 즉시 이동할 수 있는 반복자로 정의하는 것이 옳다. 요소들이 인접해 있는 벡터는 임의 접근 반복자를 제공하며 정적 배열의 위치를 가지는 포인터도 완벽한 임의 접근 반복자이다.

임의 접근 반복자는 가장 기능이 많은 최상위의 반복자이며 모든 반복자의 기능을 다 포함한다. 그래서 STL의 모든 알고리즘과 함께 사용할 수 있다. 반면, 임의 접근 반복자를 요구하는 알고리즘은 임의 접근 반복자만 사용할 수 있다. 대표적으로 sort가 있는데 효율적인 정렬을 위해서는 요소끼리 비교, 교환을 많이 해야 하며 이때 빠른 속도로 요소 사이를 이동할 수 있어야 한다. 또한 이분 검색을 하는 binary_search 알고리즘도 임의 접근 반복자를 요구한다.

39.2.5 반복자와 알고리즘

여기까지 다섯 가지 레벨의 반복자를 살펴봤는데 반복자 수준에 따라 적용 가능한 연산의 종류가 달라진다. 상위 반복자는 하위 반복자를 포함하므로 반복자끼리는 다음과 같은 계층을 구성한다.

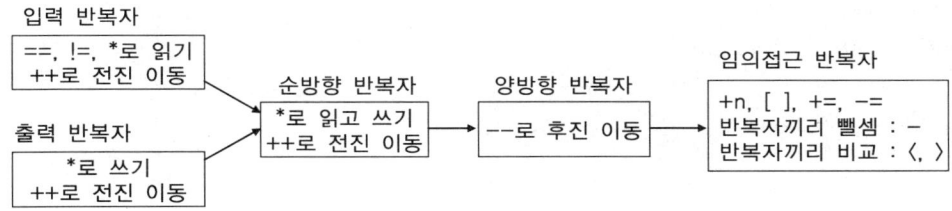

이 그림에 의할 것 같으면 입력, 출력 반복자는 배타적이며 서로 포함 관계가 아니다. 입력 반복자는 출력에 쓸 수 없고 출력 반복자는 입력에 쓸 수 없다. 순방향 반복자는 입력, 출력 반복자의 기능을 포함하며 여기에 같은 위치를 여러 번 액세스 하는 기능을 추가로 가진다. 순방향 반복자는 입력, 출력을 겸하므로 InIt, OutIt를 요구하는 알고리즘에도 사용할 수 있다.

양방향 반복자는 순방향 반복자의 기능에 역방향으로 이동하는 -- 연산자를 추가로 가진다. 임의 접근 반복자는 양방향 반복자에 +n 연산을 추가로 정의하며 이 연산이 추가됨에 따라 [ ], += 등도 가능해진다. 또한 요소들이 인접해 있음에 따라 반복자끼리의 뺄셈과 대소 비교까지도 가능하다. 상위의 반복자는 하위 반복자의 기능을 포함하므로 하위 반복자를 요구하는 알고리즘에는 더 상위의 반복자를 항상 사용할 수 있다. 양방향 반복자는 입력이나 순방향을 요구하는 알고리즘에 별 제약없이 사용할 수 있으며 임의 접근 반복자는 모든 알고리즘에 사용 가능하다.

그러나 역은 성립하지 않는다. 양방향 반복자를 요구하는 알고리즘에 입력이나 순방향 반복자를 쓸
수는 없으며 임의 접근 반복자가 필요한 곳에는 하위의 반복자를 사용할 수 없다. STL의 모든 컨테이너
는 자신이 제공하는 반복자의 종류를 명시하고 있으며 알고리즘은 요구하는 최소의 반복자를 명시하고
있다. 그래서 컨테이너와 알고리즘은 최적의 결합만 가능하다.

이 둘이 맞거나 아니면 더 상위의 반복자여야만 컨테이너와 알고리즘이 효율적으로 결합할 수 있다.
예를 들어 리스트는 임의 접근이 불가능하여 양방향 반복자를 제공하므로 sort나 binary_search 알고리
즘을 적용할 수 없다. 요구 사항에 맞지 않는 반복자를 전달하면 컴파일 중의 에러로 처리된다. 이를
테스트해 보기 위해 양방향 반복자를 제공하는 리스트에 임의 접근 반복자를 요구하는 sort 알고리즘을
적용해 보자.

예제 **wrongiter**

```
#include <iostream>
#include <list>
#include <algorithm>
using namespace std;

void main()
{
    int ari[]={2,8,5,1,9};
    list<int> li(&ari[0],&ari[5]);

    sort(li.begin(),li.end());
}
```

sort 함수는 정렬 구간의 길이를 구하기 위해 반복자끼리 뺄셈을 하기도 하고 값을 비교 및 교환하기
위해 수시로 [ ] 연산자를 사용하는데 양방향 반복자에는 이 연산들이 정의되어 있지 않으므로 에러로
처리된다. 템플릿 인수로 전달된 반복자 타입이 sort 함수 템플릿 본체의 코드를 모두 지원하지 못하는
것이다. 반복자끼리 뺄셈이 가능한 경우는 임의 접근 반복자뿐이므로 sort는 반드시 임의 접근 반복자와
함께 사용해야 한다.

이런 불가능한 또는 비효율적인 조합에 대해 STL은 컴파일 중에 타입 불일치 에러를 발생시킨다는
점이 중요하다. 컴파일 에러는 개발 중에 원인을 분명히 알 수 있으므로 실행 중의 에러보다는 훨씬
더 수정하기 쉽다. 또한 타입 점검이 컴파일 중에 수행되므로 실행시의 효율이 더 좋아질 수 있는
것이다.

39.2.6 반복자의 속성

알고리즘 함수들은 임의의 컨테이너에 대해 동작하므로 반복자만 인수로 전달받을 뿐 컨테이너에 대해서는 알지 못한다. 하지만 때로는 반복자의 특성을 알면 좀 더 효율적으로 동작 가능한 경우가 많다. 여기서 반복자의 특성에는 일단은 순방향인지 임의 접근인지 등을 지정하는 반복자의 레벨이 가장 중요하고 그외 반복자가 가리키는 타입, 반복자의 거리를 표현하는 타입 등 반복자와 관련된 타입 정보들이 포함된다.

알고리즘이 인수로 반복자만 받았을 때 이 반복자만 가지고 특성을 어떻게 파악할 수 있을까? 사실 반복자 그 자체만 가지고는 어떠한 정보도 알아낼 수 없다. 우리가 InIt, BiIt, RanIt 등으로 반복자의 종류를 표기하는 것은 어디까지나 문서화를 위한 분류 방법일 뿐이지 컴파일러가 인식하는 타입은 아니다. 알고리즘 함수로 전달되는 반복자는 통상 템플릿의 인수이며 임의의 모든 타입이 전달될 수 있으므로 이 타입만 가지고는 반복자의 종류를 알아낼 수 없다. 심지어는 반복자인지 정수인지 조차도 분간할 수 없다.

하지만 현실적으로는 반복자의 특징이 필요한 경우도 있는데 STL은 반복자의 특징을 표현하기 위해 iterator_traits 클래스와 이 클래스를 보조하는 여러 가지 타입 정보를 정의한다. 이 정보는 사실 내부적으로 사용되기 때문에 최종 사용자가 굳이 알아야 할 필요는 없지만 STL을 더 잘 이해하기 위한 방편으로 내부를 분석해 보자. 단, 이후에 나오는 코드는 이해를 돕기 위해 꼭 필요한 것만 간추려 정리한 것이라 실제 컴파일러의 코드보다는 훨씬 더 개념적이다.

```
template<class Iter>
struct iterator_traits {
    typedef typename Iter::iterator_category iterator_category;
    typedef typename Iter::value_type value_type;
    typedef typename Iter::difference_type difference_type;
    typedef typename Iter::pointer pointer;
    typedef typename Iter::reference reference;
};
```

보다시피 iterator_traits 클래스는 멤버를 가지지 않고 타입만 정의하는 빈 클래스이다. iterator_category는 반복자의 종류를 지정하며 value_type은 반복자가 가리키는 대상체의 타입이고 difference_type은 반복자끼리의 거리를 표현하는 타입이다. 반복자 타입 Iter를 템플릿 인수로 전달하면 Iter 반복자가 정의하는 타입을 약속된 이름으로 재정의하는 역할을 할 뿐이다. 반복자의 종류는 다음과 같이 태그 이름이 정의되어 있다.

```
struct input_iterator_tag {};
struct output_iterator_tag {};
struct forward_iterator_tag : public input_iterator_tag {};
```

```
struct bidirectional_iterator_tag : public forward_iterator_tag {};
struct random_access_iterator_tag : public bidirectional_iterator_tag {};
```

다소 괴상 망칙해 보이는데 모두 멤버를 가지지 않는 빈 구조체이다. 그러면서도 자기네들끼리 일종의
상속 계층을 구성하고 있다.

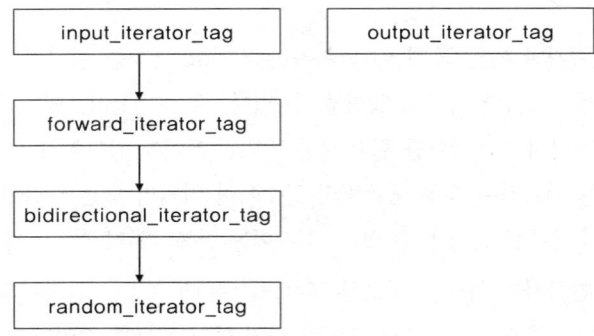

이 상속 계층은 반복자가 제공하는 연산의 종류에 따라 구성된 것인데 입력 반복자의 모든 기능을 순방
향 반복자가 제공하고 마찬가지로 임의 접근 반복자는 모든 연산 기능을 다 제공한다는 뜻이다. 어디까지
나 개념적인 상속 관계를 의미하는 것이지 실제로 반복자들이 상속 계층을 구성하는 것은 아니다.

각 컨테이너별로 정의되어 있는 반복자 타입들은 iterator_traits 클래스가 요구하는 타입들을 개별적
으로 정의한다. 컨테이너별로 반복자의 특징이 달라지므로 이 타입들은 매 컨테이너마다 달라질 것이다.
대표적으로 벡터와 리스트의 반복자 클래스가 iterator_traits의 타입들을 어떻게 정의하는지만 보자.

```
class vector_iterator {
    typedef random_access_iterator_tag iterator_category;
    typedef T value_type;
    ....

class list_iterator {
    typedef bidirectional_iterator_tag iterator_category;
    typedef T value_type;
    ....
```

벡터는 iterator_category 타입을 random_access_iterator_tag 타입으로 정의하여 자신이 임의 접근
반복자라는 것을 표시하고 있다. 그리고 value_type은 T 타입으로 정의하는데 이때 T는 벡터의 템플릿
인수로 전달된 타입이 될 것이다. vector〈int〉 타입에서 int가 곧 T로 전달되므로 반복자의 대상체도 int가
된다는 얘기다. 리스트의 반복자는 양방향 반복자이며 대상체의 타입은 역시 템플릿 인수로 전달된 T이다.

각 반복자 클래스가 이렇게 자신의 정체와 자신과 관련된 타입을 약속된 이름으로 밝혀 놓으면 iterator_traits 클래스는 이 이름들을 외부에서 일관되게 사용할 수 있도록 제공한다. 예를 들어 벡터에 대한 반복자와 리스트에 대한 반복자가 있을 때 반복자를 iterator_traits의 인수로 전달하면 반복자에 대한 여러 가지 특징을 얻을 수 있다.

```
vector〈int〉::iterator vit;
list〈int〉::iterator lit;
iterator_traits〈vit〉::iterator_category;      // 임의 접근이다.
iterator_traits〈lit〉::iterator_category;      // 양방향이다.
iterator_traits〈vit〉::value_type;            // 정수를 가리킨다.
```

이런 정보들을 사용하면 알고리즘을 반복자 종류에 맞게 최적화시킬 수 있다. 대표적으로 반복자 사이의 거리를 구하는 distance 알고리즘의 구현 코드를 보자. 두 반복자의 거리를 구하는 방법은 반복자가 어떤 연산을 제공하는가에 따라 달라지는데 입력, 순방향, 양방향 반복자인 경우에는 다음과 같이 구해야 한다.

```
template〈class InIt〉
void distance_impl(InIt first,InIt last,input_iterator_tag) {
    int d=0;
    while(;first != last; ++first) ++d;
    return d;
}
```

반복자끼리 연산할 수 없기 때문에 first가 last가 될 때까지 루프를 돌면서 카운트를 세는 수밖에 없다. 반면, 임의 접근이 가능한 반복자인 경우는 뒤쪽 반복자에서 앞쪽 반복자를 빼기만 하면 단 한 방에 거리를 구할 수 있다.

```
template〈class RanIt〉
void distance_impl(RanIt first,RanIt last,random_access_iterator_tag) {
    return last − first;
}
```

반복자의 종류에 따라 distance_impl이라는 이름으로 두 함수를 오버로딩해 놓았다. 세 번째 인수로 받는 반복자 태그 타입이 다르기 때문에 분명히 오버로딩 조건을 만족하고 있다. 하지만 이 함수가 실제 거리를 구하는 함수는 아니고 사용자가 아는 함수는 distance이다. 이 함수는 이제 다음과 같이 구현된다.

```
template〈class Iter〉
int distance(Iter first, Iter last) {
    return distance_impl(first,last,iterator_traits〈Iter〉::iterator_category());
}
```

distance_impl이라는 함수를 호출하되 세 번째 인수로 반복자의 종류를 전달하는 것이다. 이 반복자가 입력용이면 위쪽 distance_impl 함수가 호출될 것이고 임의 접근이면 아래쪽 distance_impl 함수가 호출될 것이다. 순방향이나 양방향에 대해서는 별도로 함수를 정의하지 않는데 이 부류의 태그가 입력 반복자 태그의 파생 클래스이므로 굳이 함수를 따로 정의할 필요가 없다. 부모는 자식을 대입받을 수도 있고 가리킬 수도 있다. 이런 문법적인 이점을 활용하기 위해 반복자 태그가 계층을 이루고 있는 것이다. 출력 반복자에 대해서는 함수가 따로 정의되어 있지 않으므로 distance는 출력 반복자에 대해서는 쓸 수 없다.

결국 반복자 태그라는 것은 어떤 유용한 정보를 담는 구조체가 아니라 단순히 타입만을 정의함으로써 오버로딩된 함수 중 적절한 함수를 선택하는 역할을 한다. 이 선택에 관여하는 클래스는 모두 빈 클래스이므로 단 1바이트도 불필요하게 사용되지 않았다. 뿐만 아니라 타입이란 컴파일 중에만 사용되는 정보이며 모든 선택은 컴파일 중에 일어나므로 실행시의 효율 감소도 전혀 없다. distance 함수의 구현 코드를 좀 더 단순화해서 표현해 보면 다음과 같이 쓸 수 있다.

```
int distance(Iter first, Iter last) {
    if (반복자가 입력용이면) {
            하나, 둘, 셋, 넷 열심히 세서 리턴
    } else {
        뺄셈만 하면 됨.
    }
}
```

if문 안에 있는 조건 판단을 위해 반복자의 타입만으로 특징을 조사할 수 있는 방법이 필요한데 iterator_traits 클래스와 반복자 태그들이 컴파일러가 인식할 수 있는 타입을 정의함으로써 특징을 판별할 수 있도록 한다. 이 정도 설명이면 내부 구조에 대해 약간의 감은 잡을 수 있을 것이다. 감이 확실히 잡혔으면 절묘하다는 감탄이 나올 만도 하다.

단, 여기서 보인 코드는 이해의 편의를 위해 간략화한 것이지 실제 코드가 아님은 분명히 하도록 하자. distance가 리턴하는 타입을 int로 기술했지만 더 정확하게 표현하면 iterator_traits〈Iter〉:: difference_type으로 해야 옳다. 또한 각 반복자의 상수 버전에 대해, 요소의 포인터 버전에 대해서도 일일이 타입 정의를 해야 하며 컴파일러에 따라 이 클래스를 구현하는 방식도 천차만별이라 일반적인 분석을 하기는 어렵다.

만약 기필코 정확한 내부 코드를 알고 싶다면 사용 컴파일러의 헤더 파일 사이를 헤엄치고 다녀야한다. 학술적인 목적으로 꼭 연구해 보고 싶다면 굳이 말리지는 않겠지만 특정 컴파일러의 구현 방식을 이해하는 것은 그다지 큰 의미가 없으므로 권하고 싶지는 않다. 실제 코드는 훨씬 더 복잡하고 읽기 어려운데 아마 5분 정도 집중해서 읽다 보면 멀미가 날 것이다.

39.3 그 외의 반복자

39.3.1 삽입 반복자

보통의 반복자에 *연산자를 적용한 *it식을 대입문의 좌변에 놓으면 반복자가 가리키는 요소의 값이 대입문의 우변값으로 변경된다. 대입을 했으므로 원래의 값이 덮여서 사라지는 것은 당연하다. 반복자는 항상 덮어쓰기 모드로 동작하며 따라서 반복자를 사용하는 STL 알고리즘들도 항상 덮어쓰기를 한다. 다음 코드를 보자.

```
vector<int>::iterator it;
it=find(....);
*it=0;
```

벡터의 한 위치를 가리키는 반복자 it를 선언하고 특정값을 검색한 결과를 it에 대입했다. 이 상태에서 *it=0을 대입하면 검색한 위치의 값이 0으로 변경되며 원래 값은 0에 덮여져 사라진다. 직접 반복자를 쓸 때뿐만 아니라 알고리즘 함수들이 내부적으로 반복자를 쓸 때도 마찬가지이다.

예제 **copyoverwrite**

```
#include <iostream>
#include <vector>
#include <algorithm>
using namespace std;

template<typename C> void dump(const char *desc, C c) { cout.width(12);cout << left << desc << "==> ";
    copy(c.begin(),c.end(),ostream_iterator<typename C::value_type>(cout," ")); cout << endl; }

void main()
{
```

```
    int ari[]={1,2,3,4,5};
    vector<int> vi(&ari[0],&ari[5]);
    int ari2[]={6,7,8,9,10,11,12,13,14,15};

    vector<int>::iterator it;
    it=find(vi.begin(),vi.end(),4);
    copy(&ari2[0], &ari2[10], it);
    dump("복사 후",vi);
}
```

vi 벡터는 1~5까지의 값을 가지는 크기 5의 정수형 벡터로 초기화되었다. 반복자 it는 4를 검색한 결과를 대입받았으므로 4의 위치를 가리킬 것이다. 이 상태에서 it위치에 10개의 정수값을 복사했는데 실행해 보면 프로그램이 다운된다. copy 함수는 it 반복자 이후가 원본 구간을 저장할 수 있을만한 충분한 공간이 확보되어 있다고 가정하고 동작하는데 크기 5의 벡터에 10개의 값을 집어넣고자 했으므로 벡터의 뒤쪽을 침범하게 되는 것이다.

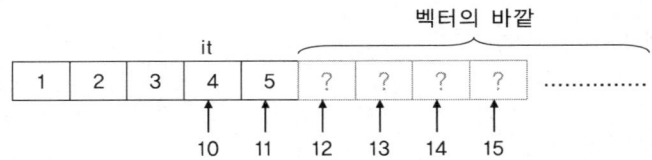

모든 STL 함수는 동작하는데 필요한 공간이 항상 유효하다고 가정한다. 따라서 컨테이너를 변경하는 함수들은 항상 미리 용량을 확보한 상태에서 호출해야 한다. 그렇지 않으면 위 예제처럼 엉뚱한 메모리를 건드려서 불시에 다운될 수 있다.

일반 반복자가 덮어쓰기 모드로 동작하는데 비해 삽입 반복자(Insert Iterator)는 삽입 모드로 동작하는 반복자이다. *it 식을 대입문의 좌변에 놓으면 반복자가 가리키는 위치의 메모리를 먼저 확보한 후 여기에 우변값을 삽입한다. 삽입한 위치 이후의 요소는 뒤로 이동될 것이다.

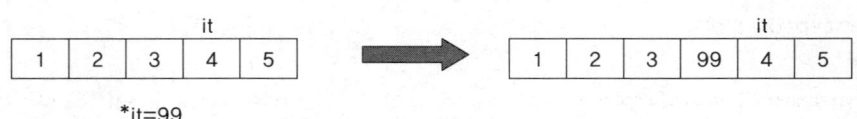

삽입되는 위치와 내부적으로 호출되는 함수에 따라 다음 세 종류의 삽입 반복자가 제공된다. 적용할 컨테이너의 타입을 템플릿 인수로 전달하면 이 컨테이너에 쓸 수 있는 삽입 반복자 타입이 만들어진다.

- insert_iterator〈Container〉: insert 멤버 함수를 사용하여 중간에 삽입한다. 모든 컨테이너와 함께 사용할 수 있다. 생성자의 인수로 컨테이너와 삽입 위치를 지정하는 반복자를 전달한다.

- front_insert_iterator〈Container〉: push_front 멤버 함수를 사용하여 선두에 삽입한다. 리스트와 데크 컨테이너에 사용할 수 있으며 벡터에는 사용할 수 없다.

- back_insert_iterator〈Container〉: push_back 멤버 함수를 사용하여 끝에 추가한다. 모든 컨테이너와 함께 사용할 수 있다.

삽입 반복자에 의해 호출되는 멤버 함수들이 컨테이너의 크기를 자동으로 관리하므로 컨테이너는 필요한 만큼 알아서 늘어난다. *it=value; 식으로 대입만 하면 반복자가 가리키는 위치에 삽입되고 메모리도 자동으로 관리되므로 개수를 미리 알 수 없는 삽입 동작도 안심하고 수행할 수 있으며 컨테이너의 크기를 미리 확장해 놓을 필요도 없다.

이런 동작이 가능한 이유는 삽입 반복자가 자신이 가리키는 컨테이너의 종류를 정확하게 알고 있기 때문이다. 일반 반복자는 단지 컨테이너의 요소만을 가리킬 뿐이므로 요소만 액세스할 수 있으며 컨테이너를 직접적으로 건드리지 못한다. 하지만 삽입 반복자는 생성할 때부터 템플릿 인수를 통해 대상 컨테이너를 전달받으므로 멤버 함수를 통해 컨테이너를 직접적으로 조작할 수 있는 것이다. 다음 예제는 삽입 반복자로 벡터의 중간에 요소를 삽입한다.

예제 vectorinsert

```
#include 〈iostream〉
#include 〈vector〉
#include 〈list〉
using namespace std;

template〈typename C〉 void dump(const char *desc, C c) { cout.width(12);cout 〈〈 left 〈〈 desc 〈〈 "==> ";
    copy(c.begin(),c.end(),ostream_iterator〈typename C::value_type〉(cout," ")); cout 〈〈 endl; }

void main()
{
    int ari[]={1,2,3,4,5};
    vector〈int〉 vi(&ari[0],&ari[5]);

    dump("원본",vi);
    insert_iterator〈vector〈int〉 〉 insit(vi,vi.begin()+2);
    *insit=99;
    *insit=100;
    dump("삽입후",vi);
}
```

크기 5로 벡터를 만든 후 벡터를 덤프했다. 그리고 삽입 반복자 insit를 선언하고 벡터의 2번째 요소를 가리키도록 했다. insit 위치에 99와 100을 대입했는데 이 대입이 삽입으로 해석된다. 실행 결과는 다음과 같다.

```
원본      ==> 1 2 3 4 5
삽입후    ==> 1 2 99 100 3 4 5
```

삽입 반복자의 = 연산자가 insert 멤버 함수를 호출하도록 정의되어 있으므로 *insit에 대한 대입 동작에 의해 우변값이 삽입된다. 이때 만약 메모리가 부족하다면 재할당되며 반복자는 다음 위치로 옮겨진다. 계속 대입하면 연속적으로 삽입되며 벡터의 크기가 자동으로 늘어나므로 얼마든지 삽입할 수 있다. 매 호출마다 메모리가 재할당될 수도 있으므로 이럴 때는 미리 벡터의 용량을 확보해 놓고 삽입 반복자를 사용하는 것이 좋다.

삽입 반복자를 선언하는 문장이 다소 길어 외워서 쓰기에는 불편한 면이 있는데 그래서 삽입 반복자를 생성하여 리턴하는 템플릿 함수들이 정의되어 있다.

```
insert_iterator<Container> inserter(Container& Cont, Iterator It);
front_insert_iterator<Container> front_inserter(Container& Cont);
back_insert_iterator<Container> back_inserter(Container& Cont);
```

적용하고자 하는 컨테이너를 템플릿 인수로 전달하면 이 컨테이너에 대한 삽입 반복자를 생성하여 리턴한다. inserter의 경우 컨테이너 중간에 삽입하므로 두 번째 인수로 삽입할 반복자 위치도 전달해야 한다. 앞 예제의 insit 선언문은 다음과 같이 쓸 수 있다.

```
insert_iterator<vector<int> > insit=inserter(vi,vi.begin()+2);
```

예제의 선언문보다 더 길어진 것처럼 보이지만 함수의 인수로 사용할 때는 굳이 변수를 선언할 필요가 없으므로 훨씬 더 짧아진다. 예를 들어 벡터 끝에 삽입하는 반복자를 func 함수로 넘긴다면 func(..., back_inserter(vi)); 로 간단하게 호출할 수 있다.

삽입 반복자를 알고리즘 함수와 함께 사용하면 알고리즘의 대입 동작을 삽입으로 바꿀 수 있다. 알고리즘 함수의 본체에서는 *it=value 식으로 대입만 하도록 되어 있지만 반복자의 = 연산자가 삽입으로 재정의되어 있기 때문이다. 그래서 알고리즘의 기본 동작에 변형을 쉽게 가할 수 있다. copyoverwrite 예제를 다음과 같이 수정하면 제대로 동작한다.

```
insert_iterator<vector<int> > insit(vi,find(vi.begin(),vi.end(),4));
copy(&ari2[0], &ari2[10], insit);
```

copy는 지정한 구간을 반복자가 지정한 위치에 대입하여 무조건 덮어쓰도록 정의되어 있지만 삽입 반복자에 의해 대입 연산이 재정의되기 때문에 구간을 삽입하는 용도로도 사용할 수 있다. 예제의 vi 벡터는 초기에 크기 5로 생성되었지만 insert 함수가 메모리를 관리하므로 얼마든지 많은 요소를 담을 수 있다. 위 문장은 더 짧게 다음과 같이 줄여 쓸 수 있다.

```
copy(&ari2[0], &ari2[10], inserter(vi,find(vi.begin(),vi.end(),4)));
```

insit 반복자는 copy의 세 번째 인수로만 사용되므로 굳이 변수를 선언할 필요없이 함수 호출문에서 inserter로 생성하는 것이 더 편리하다. 실행 결과는 다음과 같다.

```
복사 후     ==> 1 2 3 6 7 8 9 10 11 12 13 14 15 4 5
```

다음 예제는 배열을 리스트로 복사하되 전방 삽입 반복자를 사용하여 리스트의 앞쪽에 순서대로 삽입하여 역순으로 복사한다.

예제 revcopy

```
#include <iostream>
#include <list>
using namespace std;

void main()
{
    int ari[]={1,2,3,4,5};
    list<int> li;

    copy(&ari[0],&ari[5],front_inserter(li));
    copy(li.begin(),li.end(),ostream_iterator<int>(cout," "));cout << endl;
}
```

전방 삽입 반복자는 대입 연산자를 push_front 멤버 함수 호출로 정의하므로 배열 요소가 리스트에 반대 순서로 배치된다.

입력 스트림 반복자 예제인 istream_iterator 예제를 다시 한 번 더 살펴보자. 이 예제는 키보드로 입력받은 일련의 값을 벡터에 저장하는데 벡터의 크기를 16으로 선언하고 있다. copy는 항상 저장할 컨테이너의 공간이 충분하다고 가정하므로 충분한 크기를 할당해 놓아야 하기 때문이다. 그러나 16이라는 크기는 결코 충분한 용량이 아니므로 사용자가 16개 이상을 입력할 때는 보나마나 다운될 것이다.

그렇다고 벡터 크기를 1000이나 백만으로 잡을 수도 없는 노릇인데 이럴 때 삽입 반복자를 사용하면 편리하다.

```
vector⟨int⟩ vi;
copy(istream_iterator⟨int⟩(cin),istream_iterator⟨int⟩(),back_inserter(vi));
```

벡터는 빈 크기로 만들어 놓고 삽입 반복자를 사용하면 키보드로 입력되는 값들이 벡터의 뒤에 계속 덧붙여질 것이다. 메모리 관리는 자동으로 수행되며 입력이 종료되면 삽입도 같이 종료되므로 메모리 낭비도 없다. 단, 재할당을 빈번하게 하지 않으려면 어느 정도의 공간을 미리 할당해 놓는 것이 효율상 유리하다.

39.3.2 상수 반복자

안전한 참조를 위해 포인터나 레퍼런스에 상수성을 줄 수 있듯이 반복자도 상수성을 가질 수 있다. 비상수 반복자는 레퍼런스를 리턴하므로 *연산자와 함께 대입식의 좌변에 사용할 수 있지만 상수 반복자는 상수 레퍼런스를 리턴하므로 대입식의 좌변에 놓아 값을 변경할 수 없고 오로지 읽을 수만 있다. 상수 반복자와 비상수 반복자는 *연산자가 리턴하는 레퍼런스의 상수성이 다르다.

비상수 반복자는 각 컨테이너별로 iterator라는 타입으로 정의되는데 비해 상수 반복자는 const_iterator 타입으로 정의되어 있다. 읽기만 하는 상수 반복자가 필요하다면 이 타입으로 객체를 선언하면 된다. 단, 상수 반복자가 가리키는 대상이 상수이지 반복자 그 자체가 상수인 것은 아니므로 전후로 이동하여 다른 요소를 가리키는 것은 가능하다. const char *로 선언된 p 포인터로 문자를 바꿀 수 없지만 p 자체는 다른 문자로 이동 가능한 것과 마찬가지이다.

컨테이너의 begin, end 멤버 함수는 상수, 비상수 버전으로 중복 정의되어 있고 컨테이너가 상수일 때는 상수 반복자를 리턴한다. 비상수는 항상 상수에 대입할 수 있으므로 설사 비상수 컨테이너의 반복자라 하더라도 상수 반복자에 곧바로 대입할 수 있다. 따라서 다음 대입문은 문법적으로 합당하다.

```
vector⟨int⟩ vi;
vector⟨int⟩::const_iterator cit=vi.begin();
```

vi가 비상수 컨테이너이므로 begin 멤버 함수가 비상수 반복자를 리턴하지만 상수 반복자로 선언된 cit에 대입 가능하다. 왜냐하면 읽고 쓰기가 가능한 반복자를 받아 읽기 기능만 사용할 것이므로 전혀 위험하지 않기 때문이다. 그러나 반대로 상수 컨테이너의 반복자를 비상수 반복자에 대입하는 것은 안 된다. 상수 컨테이너에 대해서는 반드시 상수 반복자만 사용해야 한다.

컨테이너란 만들고 나면 요소를 채워 넣어야 쓸 수 있으므로 사실 컨테이너를 상수로 생성할 일은 전혀 없다고 할 수 있다. 그러나 상수 컨테이너를 인수로 받는 함수가 존재할 수 있으며 전달받은 컨테이너가 이 함수 내에서는 임시적으로 상수성을 가지게 된다. 상수 컨테이너를 액세스할 때는 상수 반복자만 사용할 수 있다. 다음 예제의 vectorsum은 벡터의 합계를 구하는 함수이다.

예제 constiterator

```
#include <iostream>
#include <vector>
#include <algorithm>
using namespace std;

int vectorsum(const vector<int> &cvt)
{
    vector<int>::const_iterator cit;
    int sum=0;

    for (cit=cvt.begin();cit!=cvt.end();cit++) {
        sum+=*cit;
    }
    // *cit=1234;              // 에러
    return sum;
}

void main()
{
    int ari[]={80,98,75,60,100};
    vector<int> vi(&ari[0],&ari[5]);

    int sum;
    sum=vectorsum(vi);
    printf("총 합은 %d입니다.\n",sum);
}
```

요소들의 합계를 구하기 위해서는 벡터의 요소들을 순서대로 읽기만 하며 쓰는 동작은 전혀 필요없으므로 vectorsum 함수는 대상 벡터를 상수 레퍼런스로 전달받았다. 이 컨테이너의 요소를 순회하기 위해서는 상수 반복자만 사용할 수 있다. cit를 비상수 반복자로 선언하면 에러로 처리된다.

루프 내부에서 *cit로 벡터의 요소를 순서대로 읽어 sum에 누적하는데 읽는 것은 얼마든지 가능하다. 루프의 증감문에서는 cit++로 반복자를 다음 위치로 이동시키는데 반복자 자체는 상수가 아니므로 다른

위치로 이동할 수 있다. 그러나 *cit에 어떤 값을 대입하면 에러로 처리되는데 cit가 리턴하는 레퍼런스가 상수이기 때문이다.

상수 컨테이너에 대해서는 상수 함수만 호출할 수 있다. insert, erase 멤버처럼 컨테이너에 요소를 삽입, 삭제하는 함수는 컨테이너를 변경시키므로 상수 컨테이너로는 호출할 수 없다. 일반 알고리즘 함수들은 본체에서 어떤 동작을 하는가에 따라 상수 컨테이너 사용 가능성이 달라지는데 읽기만 하는 함수는 호출할 수 있지만 컨테이너를 변경하는 함수는 쓸 수 없다. 예제의 끝에 다음 두 줄을 추가해 보자.

```
find(cvt.begin(),cvt.end(),60);
sort(cvt.begin(),cvt.end());
```

cvt의 begin, end가 상수 반복자를 리턴하므로 두 함수는 상수 반복자를 받아들이는 버전이 구체화될 것이다. 이 함수들이 전달받는 반복자는 값을 변경하는 기능을 제공하지 않는다. find 함수는 값을 검색하기 위해 읽기만 하므로 상수 반복자와 함께 사용되어도 아무 문제가 없다. 그러나 sort는 값을 교환하기 위해 반복자에 값을 쓰는데 상수 반복자가 이 기능을 제공하지 않으므로 컴파일 에러로 처리된다. 타입이 불일치하므로 잘못된 동작을 컴파일 중에 즉시 알아낼 수 있다.

39.3.3 역방향 반복자

역방향 반복자는 순회 방향이 거꾸로 되어 있는 반복자이다. 양방향 반복자나 임의 접근 반복자에 어댑터를 적용하여 구현되며 ++, -- 연산이 반대 방향으로 정의되어 있다. 각 컨테이너는 다음 두 개의 역방향 반복자 타입을 제공하므로 이 타입의 반복자를 선언하기만 하면 된다. 상수, 비상수 버전이 따로 준비되어 있다.

```
reverse_iterator
const_reverse_iterator
```

컨테이너로부터 역방향 반복자를 얻을 때는 rbegin, rend 멤버 함수를 사용한다. 역방향 반복자로 컨테이너를 순회하면 끝에서부터 앞쪽으로 순회할 수 있다. 이 두 멤버 함수가 가리키는 위치는 다음과 같은데 단순히 begin, end의 맞은편 반대쪽을 가리키는 것은 아니다.

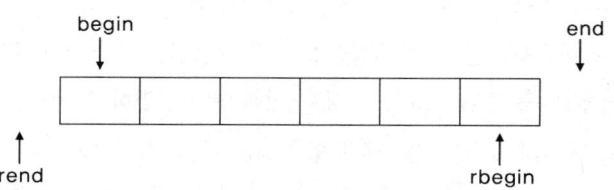

범위의 원칙에 의해 구간의 처음은 포함되며 끝은 항상 제외되어야 하므로 rbegin ~ rend로 역방향 순회를 하려면 rbegin은 끝요소를 가리키고 rend는 첫 요소보다 하나 더 앞쪽을 가리켜야 한다. 물론 rend 위치는 실제로 컨테이너의 내부도 아니며 처리 대상에도 포함되지 않는다. 다음 예제는 벡터를 역순으로 순회하며 요소들을 출력한다.

예제 revit

```
#include <iostream>
#include <vector>
using namespace std;

void main()
{
    int ari[]={1,2,3,4,5};
    vector<int> vi(&ari[0],&ari[5]);

    vector<int>::reverse_iterator rit;
    for (rit=vi.rbegin();rit!=vi.rend();rit++) {
        printf("%d\n",*rit);
    }
}
```

reverse_iterator 타입의 rit를 선언하고 rbegin으로 초기화하면 벡터의 제일 끝 요소를 가리킬 것이다. 이 요소를 출력하고 rit를 1 증가시키면 ++ 연산자가 반복자를 벡터의 선두쪽으로 이동시킨다. 이 과정을 rend가 아닐 때까지, 즉 첫 요소보다 앞에 이르기 직전까지 반복하므로 첫 번째 요소를 출력한 후 루프를 탈출하게 된다. 출력 결과는 5, 4, 3, 2, 1인데 다음처럼 순회하는 것과 사실상 동일하다.

```
vector<int>::iterator it;
for (it=vi.end()-1;;it--) {
    printf("%d\n",*it);
    if (it==vi.begin()) break;
}
```

순방향 반복자를 사용하여 직접 반대로 순회했다. 이때 시작 지점은 end보다 하나 더 앞쪽이어야 하며 begin 위치도 출력 대상에 포함되므로 일단 출력한 후 begin에 이르렀으면 루프 중간에서 탈출해야 한다. 순방향 반복자로도 역방향 순회가 가능하기는 하지만 보다시피 직관적이지 못하고 불편하다.

알고리즘 함수들은 구현을 위해 항상 순방향 순회를 하도록 되어 있는데 반복자를 이동시키기 위해서 늘상 ++ 연산자를 사용한다. 역방향 반복자를 알고리즘으로 전달하면 ++ 연산의 의미가 바뀌므로 알고리즘의 순회 방향을 변경할 수 있다. find는 반복자를 앞으로 이동하며 값을 찾지만 역방향 반복자를 전달하면 뒤쪽으로 이동하므로 역방향에서 검색할 수 있다.

예제 **revfind**

```
#include <iostream>
#include <vector>
#include <algorithm>
using namespace std;

void main()
{
    int ari[]={6,2,9,2,7};
    vector<int> vi(&ari[0],&ari[5]);

    puts(find(vi.begin(),vi.end(),2)==vi.end() ? "없다.":"있다.");
    puts(find(vi.rbegin(),vi.rend(),2)==vi.rend() ? "없다.":"있다.");
}
```

vi 벡터에 두 개의 2가 포함되어 있는데 순방향으로 찾을 때와 역방향으로 찾을 때 검색되는 값이 다르다. 이 경우는 둘 다 같은 2의 값을 가지지만 위치에 따라 요소의 의미가 달라질 수도 있다. 어떤 요소가 끝에서 어디쯤에 있는지를 검색하고 싶을 때 역방향 반복자를 사용한다.

역방향 반복자에는 원래의 순방향 반복자를 리턴하는 base 멤버 함수가 정의되어 있다. 삽입, 삭제 함수들은 역방향 반복자를 받아들이지 않기 때문에 역방향 검색한 위치에 대고 어떤 작업을 하고 싶을 때는 순방향 반복자로 바꾸어야 한다. 또한 역방향 검색 후에 다시 순방향으로 검색하고 싶을 때 base로 언제든지 순방향 반복자를 구할 수 있다. base로 구한 순방향 반복자는 역방향 반복자보다 항상 하나 더 큰 값을 가진다.

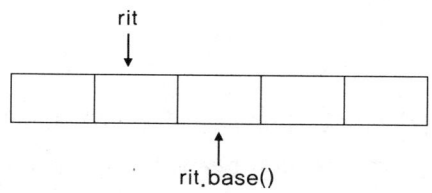

이렇게 되어 있는 이유는 순방향 반복자가 역방향 반복자보다 한 칸 더 오른쪽에 있으며 이렇게 해야 rbegin의 base가 end가 되기 때문이다. 다음은 역방향 검색 후 다시 순방향으로 검색한다.

예제 revbase

```cpp
#include <iostream>
#include <vector>
#include <algorithm>
using namespace std;

void main()
{
    const char *str="c++ standard template library";
    vector<char> vc(&str[0],&str[strlen(str)]);

    vector<char>::reverse_iterator rit;
    vector<char>::iterator bit,it;
    rit=find(vc.rbegin(),vc.rend(),'t');
    bit=rit.base();
    it=find(bit,vc.end(),'a');
    if (it!=vc.end()) {
        printf("검색 결과 = %c\n",*it);
    }
}
```

문자열 끝에서부터 't'를 찾기 위해 역방향 검색을 했으며 't' 이후 최초로 나타나는 a를 찾기 위해 순방향 반복자 bit를 rit.base로 구하여 bit 이후부터 검색했다.

40
시퀀스 컨테이너

40.1 벡터

40.1.1 벡터

벡터는 동일 타입의 자료 집합인 시퀀스 컨테이너의 대표이다. 템플릿 기반이므로 임의 타입을 요소로 가질 수 있으며 요소의 개수에 따라 자동으로 메모리를 관리한다. 즉 벡터는 임의 타입의 동적 배열로 정의할 수 있다. 구조가 단순하고 사용법이 쉬우며 몇 가지 경우를 제외하고 대부분의 경우 자료 관리에 탁월한 성능을 보이므로 STL 컨테이너 중 활용 빈도가 가장 높고 실용적이다.

STL의 컨테이너들은 대부분 비슷한 방식으로 추상화되어 있어 하나만 정성들여 공부해 놓으면 나머지는 차이점을 확인하는 정도만으로 쉽게 이해할 수 있다. 생성자도 거의 유사하며 멤버 함수의 이름은 물론이고 어떤 경우는 원형까지도 완전히 똑같다. 컨테이너라는 추상적인 실체가 유사하기 때문에 인터페이스도 유사할 수밖에 없다. 물론 완전히 같지는 않아서 각 컨테이너마다 약간씩의 차이점들도 존재한다. 이 절에서 벡터에 대해 아주 상세하게 연구하며 이후의 컨테이너들은 벡터와 다른 점을 위주로 설명하기로 한다. 컨테이너를 잘 이해하고 싶으면 우선 벡터부터 철저히 연구해 봐야 한다.

벡터의 내부적인 구성 원리는 C의 정적 배열과 거의 유사하며 특성과 장단점도 배열과 동일하다. 요소들의 크기가 똑같고 인접한 위치에 이웃하여 배치되므로 메모리를 적게 차지하며 임의 위치를 빠른 속도로 액세스할 수 있다. 최상위 레벨의 임의 접근 반복자를 제공하므로 STL의 모든 알고리즘을 사용할 수 있다. 그러나 삽입, 삭제시 요소의 인접 배치 원칙을 지키기 위해 요소를 이동시켜야 하는 번거로움이 있어 삽입, 삭제 속도가 느리다는 것이 단점이다. 삽입, 삭제가 아주 빈번할 때는 벡터보다는 리스트를 사용하는 것이 좋다.

벡터뿐만 아니라 STL의 모든 컨테이너는 클래스 템플릿으로 정의되어 있다. 그래서 템플릿으로 전달되는 임의의 인수 타입들을 저장할 수 있는 것이다. 벡터의 선언문은 다음과 같다.

```
template 〈class Type, class Allocator = allocator〈Type〉 〉 class vector
```

Type은 벡터에 저장되는 요소의 타입이며 벡터는 이 타입의 집합을 관리한다. 두 번째 인수 Allocator는 내부적인 메모리 관리에 사용되는 할당기인데 디폴트가 제공되므로 생략 가능하다. 특별한 경우가 아닌 한은 디폴트 할당기를 사용하므로 벡터의 인수로는 주로 요소의 타입만이 전달된다.

이 템플릿 안에는 벡터를 관리하는 멤버 변수와 멤버 함수들이 포함되어 있다. 또한 컨테이너에서 사용하는 타입들도 typedef로 정의되어 있는데 이 타입은 STL의 모든 구성 요소들이 사용하는 일종의 약속이다. 모든 컨테이너는 자신이 정의하는 타입을 약속된 이름으로 제공해야 하며 반복자나 알고리즘은 컨테이너를 조작하기 위해 이 타입들을 사용한다.

타입	설명
value_type	컨테이너의 요소 타입이다.
(const_) pointer	요소를 가리키는 포인터 타입이다. 이하 4개의 타입은 상수 버전도 제공된다.
(const_) reference	요소의 레퍼런스 타입이다.
(const_) iterator	요소의 레퍼런스를 가리키는 반복자 타입이다.
(const_) reverse_iterator	역방향 반복자 타입이다.
difference_type	두 반복자의 차를 표현하는 타입이다. 통상 int이다.
size_type	크기를 표현하는 타입이다. 통상 unsigned이다.

어떤 컨테이너 C의 요소 타입을 알고 싶다면 C에 정의되어 있는 value_type을 참조하면 된다. 앞 장에서 만들어 놓은 dump 함수에서 컨테이너 타입과 똑같은 출력 스트림 반복자를 만들기 위해 value_type을 사용했었다. 모든 컨테이너가 요소의 타입을 value_type이라는 이름으로 정의하고 있으므로 dump는 임의의 컨테이너를 출력할 수 있는 것이다.

같은 원리로 컨테이너에 대한 반복자가 필요하면 컨테이너가 정의하는 iterator 타입을 사용하면 된다. 반복자도 물론 클래스 템플릿으로 정의되어 있는데 지원 컨테이너에 따라 반복자의 실제 구현은 상당히 다를 것이며 컨테이너별로 고유의 반복자를 정의할 것이다. 하지만 컨테이너가 iterator라는 약속된 이름으로 반복자 타입을 정의하고 있으므로 우리는 iterator라는 알려진 타입으로 변수만 선언하면 반복자를 만들어 쓸 수 있다.

벡터의 생성자는 다음 4가지가 중복 정의되어 있다. 문서상의 원형에는 생성자의 마지막 인수로 const A& al = A()라는 할당기 인수가 하나 더 있는데 디폴트가 지정되어 있고 보통 생략하므로 원형에 적지 않기로 한다. 실용성도 없는데 괜히 원형만 복잡하게 만들 뿐이다. 이후의 컨테이너도 마찬가지로 할당기는 무시한다.

```
explicit vector();
explicit vector(size_type n, const T& v = T());
vector(const vector& x);
vector(const_iterator first, const_iterator last);
```

첫 번째 생성자가 디폴트 생성자이다. 할당기를 인수로 받기는 하지만 생략 가능하므로 이 생성자가 디폴트 생성자 역할을 한다. 인수없이 벡터를 생성할 경우 요소를 가지지 않는 빈 벡터가 만들어진다. 최초 빈 상태로 생성하더라도 메모리가 자동으로 관리되므로 이후 얼마든지 요소를 추가할 수 있다.

두 번째 생성자는 벡터의 초기 크기를 지정하며 T 타입의 초기값을 지정할 수 있다. 초기값의 디폴트는 T의 디폴트 생성자가 만든 값으로 지정되어 있는데 통상 0, false, NULL, "" 등이 될 것이다. 물론 어디까지나 디폴트일 뿐이므로 초기값을 명시하면 지정한 값 n개를 가지는 벡터가 만들어진다. 이 생성자는 속도를 높이기 위해 첫 번째 요소만 생성한 후 나머지 n-1개의 요소는 복사 생성자를 호출하여 생성한다.

두 번째 생성자는 정수값 하나만을 취하므로 변환 생성자이다. 그래서 explicit로 선언하여 명시적인 생성만을 허락한다. 만약 이 생성자가 explicit가 아니라면 vi=3 따위로 대입할 때 컴파일러는 정수 3으로부터 크기 3의 벡터를 생성하여 vi에 대입하려고 할 것이다. 또는 벡터를 인수로 취하는 함수에게 정수를 넘겨도 별다른 불만없이 정수로부터 벡터를 만들어 함수를 호출하려고 할 것이다. 정수와 벡터는 호환 타입이 아니므로 명시적으로 지정하지 않는 한 변환하지 않는 것이 바람직하며 그래서 이 생성자가 explicit로 선언되어 있는 것이다.

세 번째 생성자는 복사 생성자인데 다른 벡터로부터 똑같은 벡터를 만들어 낸다. 내부에서는 아마도 깊은 복사를 할 것이다. 네 번째 생성자는 반복자가 지정한 구간의 요소들을 가지는 새로운 벡터를 생성한다. 이때 반복자는 꼭 벡터의 반복자가 아니더라도 상관없다. 정적 배열이나 리스트의 반복자를 전달할 수도 있어 다른 컨테이너로부터 벡터를 초기화할 수 있다. 다음 예제는 벡터의 생성자 4개를 테스트한다.

예제 vectorcon

```cpp
#include <iostream>
#include <string>
#include <vector>
using namespace std;

template<typename C> void dump(const char *desc, C c) { cout.width(12);cout << left << desc << "==> ";
    copy(c.begin(),c.end(),ostream_iterator<typename C::value_type>(cout," ")); cout << endl; }

void main()
{
    vector<string> v1;dump("v1",v1);
    vector<double> v2(10);dump("v2",v2);
    vector<int> v3(10,7);dump("v3",v3);
    vector<int> v4(v3);dump("v4",v4);
    int ar[]={1,2,3,4,5,6,7,8,9};
    vector<int> v5(&ar[2],&ar[5]);dump("v5",v5);
}
```

4가지 생성자를 모두 호출하여 여러 가지 방법으로 벡터를 만들어 보았다. 잘 생성되겠지만 화면에 출력해 보지 않으면 예제가 의심스러우므로 앞 장에서 만들었던 dump 함수를 사용하여 벡터 전체를 출력해 보았다. 앞으로도 컨테이너를 출력할 때는 이 함수를 종종 애용할 것이다. 실행 결과는 다음과 같다.

```
v1        ==>
v2        ==> 0 0 0 0 0 0 0 0 0 0
v3        ==> 7 7 7 7 7 7 7 7 7 7
v4        ==> 7 7 7 7 7 7 7 7 7 7
v5        ==> 3 4 5
```

각각의 생성자가 벡터를 어떻게 생성해 놓았는지 점검해 보자. v1은 디폴트 생성자로 인수없이 선언했으므로 빈 벡터로 만들어진다. 내부에 요소를 전혀 가지지 않지만 삽입, 추가 함수로 얼마든지 요소를 저장할 수 있다.

v2는 크기 10의 실수형 벡터이되 초기값을 주지 않았으므로 실수의 디폴트값인 0.0으로 초기화될 것이다. v2(10,1.2)로 초기값을 주면 10개의 요소들은 모두 1.2의 값을 가진다. v3는 정수형의 벡터이되 크기는 10이고 초기값 7을 주었으므로 7이 열 개 들어 있는 상태로 생성된다. v4는 v3를 복사해서 만들어졌으므로 완전히 똑같은 모양을 가진다. 물론 생성 단계에서만 같을 뿐이며 각자는 서로 독립적으로 수정될 수 있다.

마지막 v5는 반복자 구간을 받아들이는 생성자로 다른 컨테이너의 구간으로부터 초기값을 받아온다. 예제에서는 정수 배열 ar의 일부 구간을 취해 생성하도록 했는데 리스트나 데크 또는 이미 만들어진 다른 벡터의 구간으로부터 생성할 수도 있다. v5 벡터가 생성되는 과정은 다음과 같다. 반복자 구간의 끝은 항상 제외된다는 점을 주의하도록 하자.

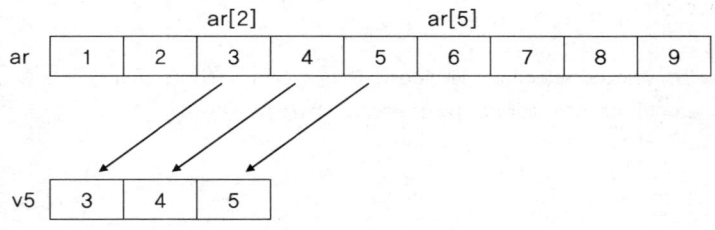

벡터는 요소 저장을 위한 메모리를 자동으로 관리한다. 요소가 삽입될 때는 벡터 크기를 신축적으로 늘리고 벡터가 파괴될 때 할당한 메모리도 알아서 정리한다. 그래서 별도로 벡터 정리 코드를 작성할 필요가 없다. 벡터의 메모리 관리 기능은 알아서 동작하도록 자동화되어 있지만 가끔은 개발자가 직접 개입하여 크기를 관리해야 할 필요도 있다.

벡터의 메모리 관리 함수들은 string의 관리 함수들과 거의 유사하다. string이 사실상 문자의 벡터이기 때문에 비슷할 수밖에 없다. 이런 걸 두고 일관성이라고 하며 STL 전체에 일관되게 나타난다. 그래서 앞에서 공부를 잘 해 놓으면 뒤쪽 공부가 쉬워질 수 있는 것이다. 마찬가지로 벡터를 잘 공부해 놓으면 리스트나 데크는 누워서 햄버그 먹기만큼이나 쉽다.

함수	설명
size	요소 개수를 조사한다.
max_size	벡터가 관리할 수 있는 최대 요소 개수를 조사한다.
capacity	할당된 요소 개수를 구한다.
resize(n)	크기를 변경한다. 새 크기가 더 클 경우 벡터의 원래 내용은 유지하며 새로 할당된 요소는 0으로 초기화된다.
reserve(n)	최소한의 크기를 지정하며 메모리를 미리 할당해 놓는다. 새 크기가 더 클 경우 벡터의 원래 내용은 유지한다. 새로 할당된 요소는 초기화되지 않는다.
clear(n)	모든 요소를 삭제한다.
empty	비어 있는지 조사한다.

이중 개수를 조사하는 size와 용량을 미리 확보하는 reserve가 특히 많이 사용된다. 간단한 테스트 예제를 작성하여 각 멤버 함수가 어떤 값을 조사하는지 확인해 보자.

예 제 **vectormem**

```
#include <iostream>
#include <vector>
using namespace std;

void main()
{
    vector<int> vi;

    printf("max_size = %d\n",vi.max_size());
    printf("size = %d, capacity = %d\n",vi.size(),vi.capacity());
    vi.push_back(123);
    vi.push_back(456);
    printf("size = %d, capacity = %d\n",vi.size(),vi.capacity());
    vi.resize(10);
    printf("size = %d, capacity = %d\n",vi.size(),vi.capacity());
    vi.reserve(20);
    printf("size = %d, capacity = %d\n",vi.size(),vi.capacity());
}
```

실행 결과는 다음과 같다.

```
max_size = 1073741823
size = 0, capacity = 0
size = 2, capacity = 2
size = 10, capacity = 10
size = 10, capacity = 20
```

최대 크기는 무려 10억개나 되는데 정수형 10억개이므로 4G까지 벡터 크기를 늘릴 수 있다는 얘기이다. 이 크기는 이론상의 크기일 뿐 실제로는 운영체제의 메모리 제공 능력에 영향을 받는데 대부분의 환경에서 주소 공간의 부족으로 인해 절반 정도밖에 확장할 수 없다. 그렇다고 하더라도 5억개는 실로 엄청난 개수인데 무한하다고 표현해도 틀리지 않을 정도다.

빈 벡터로 만들면 크기 0으로 생성되며 요소를 두 개 추가하면 크기가 2로 늘어난다. resize는 지정한 크기로 요소 수를 늘리며 새로 생겨난 요소는 타입의 디폴트값으로 초기화되는데 vi는 정수형 벡터이므로 int()값인 0으로 초기화될 것이다. capacity는 할당되어 있는 메모리양인데 이 크기는 size보다 크거나 같다. 벡터는 메모리가 부족할 경우 현재 용량의 2배씩 메모리를 늘려 나가며 앞으로 추가될 요소를 고려하여 약간의 여유분을 미리 할당해 놓는다. capacity() – size()는 할당된 메모리에서 실제 사용한 양의 차이이며 별도의 재할당없이도 이만큼을 더 저장할 수 있다.

reserve는 미리 메모리를 할당해 놓는 함수인데 재할당의 불이익과 반복자 무효화를 피하기 위해 가끔 이 함수가 꼭 필요하다. 벡터가 계속 늘어날 경우 메모리가 재할당되며 이때 뒤쪽의 자유 영역이 충분하지 않을 경우 전체를 다른 위치로 옮겨 복사하기도 해야 하는데 이는 아주 느린 동작이다. 백만개의 요소를 연속적으로 추가하면 19번 정도 재할당이 일어나는데 이렇게 되면 전체적인 삽입 속도가 심하게 떨어질 것이다. 미리 필요한 메모리양을 안다면 자동으로 메모리를 늘리도록 내버려 두지 말고 reserve 로 필요한 메모리를 미리 확보해 놓는 것이 유리하다.

clear는 벡터를 비우고 empty는 벡터가 비어 있는지 점검한다. empty는 size() == 0 조건을 점검하는데 이 두 조건이 논리적으로는 같지만 실제로는 굉장한 차이가 있을 수도 있다. size는 정확한 개수를 구하므로 요소가 많을 경우 일일이 세어 봐야 한다. 특히 리스트 같은 컨테이너는 개수를 구하기 위해서도 순회가 필요하므로 size의 속도는 다소 느리다. 하지만 empty는 0인지 아닌지 만을 점검하며 훨씬 더 빠른 속도로 컨테이너가 비어 있는지를 점검해내므로 가급적이면 empty를 사용하는 것이 유리하다.

40.1.2 삽입과 삭제

요소의 집합을 관리하는 컨테이너에서 삽입과 삭제는 가장 기본적인 동작이다. 각 컨테이너별로 내부적인 구조가 다르기 때문에 삽입, 삭제 방식도 컨테이너별로 다를 수밖에 없다. 그래서 삽입, 삭제 함수는 일반 알고리즘으로 제공되기보다는 컨테이너의 멤버 함수로 제공된다. 다음 두 함수는 벡터의 제일 끝 부분에서 삽입, 삭제를 수행한다.

```
void push_back(const T& x);
void pop_back();
```

push_back은 벡터 끝에 새 요소 x를 추가하고 필요할 경우 메모리 관리까지 한다. 용량이 부족할 경우 재할당을 해서라도 x를 추가하므로 마음놓고 호출할 수 있다. pop_back은 반대로 벡터의 끝 요소를 삭제한다. 앞뒤의 요소를 읽을 때는 front, back 멤버 함수를 사용하는데 이 함수는 T형의 레퍼런스를 리턴하므로 양끝의 멤버를 읽거나 쓸 수 있다.

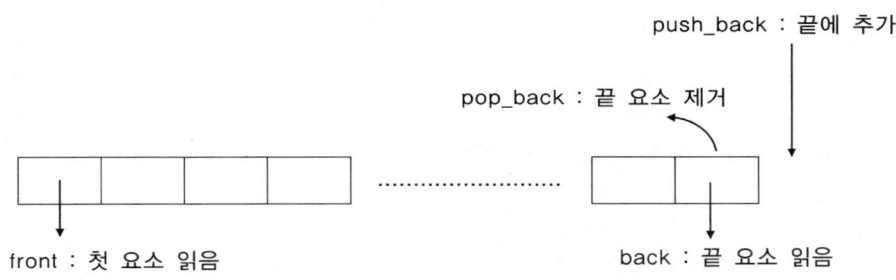

벡터는 앞쪽에서 요소를 삽입하거나 삭제하는 push_front, pop_front 함수는 제공하지 않는다. 벡터의 끝 부분에 추가하는 것은 빠르지만 중간이나 처음에 삽입, 삭제하는 것은 요소의 인접성을 유지하기 위해 뒤쪽 요소를 이동시켜야 하므로 무척 느리다. 만약 꼭 벡터의 중간에 요소를 삽입하고 싶다면 insert 함수를 사용한다. 벡터에 대해 push_front(V)를 하려면 insert(begin(),V)을 대신 호출하면 된다.

```
iterator insert(iterator it, const T& x = T());
void insert(iterator it, size_type n, const T& x);
void insert(iterator it, const_iterator first, const_iterator last);
```

세 가지 원형이 제공되는데 세 버전 모두 첫 번째 인수는 삽입 위치를 나타내는 벡터 내의 반복자이다. 나머지 인수로 삽입 대상을 지정하는데 요소 하나, 같은 값 여러 개, 다른 반복자 구간을 삽입할 수 있다. insert는 삽입하기 전에 메모리가 부족할 경우 재할당하여 늘리고 it 이후의 요소를 뒤쪽으로 이동시킨다. 요소를 삭제할 때는 erase 함수를 사용한다.

```
iterator erase(iterator it);
iterator erase(iterator first, iterator last);
```

반복자가 지정하는 요소 하나 또는 반복자 구간을 삭제할 수 있다. insert와 erase는 요소를 관리하는 기본 동작이므로 대부분의 컨테이너에 동일한 이름과 형식으로 존재한다. 간단하게 테스트 예제를 작성해 보자.

예제 vectorinsdel

```
#include <iostream>
#include <vector>
using namespace std;

template<typename C> void dump(const char *desc, C c) { cout.width(12);cout << left << desc << "==> ";
    copy(c.begin(),c.end(),ostream_iterator<typename C::value_type>(cout," ")); cout << endl; }

void main()
{
    const char *str="0123456789";
    vector<char> vc(&str[0],&str[10]);dump ("생성 직후 ", vc);
    vc.push_back('A');dump ("A 추가", vc);
    vc.insert(vc.begin()+3,'B');dump ("B 삽입", vc);
    vc.pop_back();dump ("끝 요소 삭제", vc);
    vc.erase(vc.begin()+5,vc.begin()+8);dump ("5~8 삭제", vc);
}
```

문자를 저장하는 벡터 vc를 0~9까지의 문자로 생성하여 알파벳 문자를 삽입, 삭제해 보았다. 실행 결과는 다음과 같다.

```
생성 직후    ==> 0 1 2 3 4 5 6 7 8 9
A 추가       ==> 0 1 2 3 4 5 6 7 8 9 A
B 삽입       ==> 0 1 2 B 3 4 5 6 7 8 9 A
끝 요소 삭제==> 0 1 2 B 3 4 5 6 7 8 9
5~8 삭제    ==> 0 1 2 B 3 7 8 9
```

끝에서 추가, 삭제할 때는 push_back, pop_back 함수를 사용하며 중간에서 삽입, 삭제할 때는 insert, erase를 사용했다. 결과를 보다시피 잘 동작한다.

:: 한꺼번에 삽입, 삭제하기

insert, erase 함수는 개별 요소에 대해 동작하는 버전과 같은 값 여러 개, 또는 구간에 대해 동작하는 버전이 중복 정의되어 있는데 복수 개의 값을 삽입, 삭제할 때는 가급적이면 한꺼번에 삽입, 삭제하는 것이 유리하다. 같은 값 여러 개를 삽입해야 한다면 원하는 회수만큼 루프를 돌려도 되지만 이 방법보다는 삽입할 개수를 지정할 수 있는 insert 함수를 사용하는 것이 좋다.

한꺼번에 삽입하는 함수는 필요한 메모리양을 먼저 계산한 후 메모리를 왕창 옮기고 새로 만들어진 빈 칸에 값을 일괄 대입하므로 메모리 이동과 재할당이 딱 한 번만 일어난다. 루프를 직접 돌리면 매 삽입시마다 메모리를 한 칸씩 이동할 뿐만 아니라 재할당도 여러 번 일어날 수 있어 성능이 떨어질 것이다. 다음 예제는 문자 벡터에 'Z' 문자를 10개 삽입하는 두 가지 방법을 보여 준다.

예제 insdelmulti

```
#include <iostream>
#include <vector>
using namespace std;

template<typename C> void dump(const char *desc, C c) { cout.width(12);cout << left << desc << "==> ";
    copy(c.begin(),c.end(),ostream_iterator<typename C::value_type>(cout," ")); cout << endl; }

void main()
{
    vector<char> vc1;
    for (int i=0;i<10;i++) {
            vc1.insert(vc1.begin(),'Z');
    }
    dump("개별 추가", vc1);

    vector<char>vc2;
    vc2.insert(vc2.begin(),10,'Z');
    dump("한꺼번에 추가", vc2);
}
```

vc1에 대해서는 10회 루프를 돌리면서 insert를 호출했고 vc2에 대해서는 insert 한 번의 호출로 10개의 'Z'를 한꺼번에 삽입했다. 이 예제에서는 고작 10개밖에 추가하지 않았으므로 차이를 전혀 느낄 수 없겠지만 만 개만 되어도 당장 차이가 나며 백만개 정도 되면 엄청난 차이가 벌어진다.

erase로 삭제할 때도 마찬가지인데 재할당은 발생하지 않겠지만 메모리 이동이 매 삭제시마다 일어나므로 구간을 지정하여 한꺼번에 삭제하는 것이 좋다. STL은 하고자 하는 작업의 성격에 따라 가장 효율적인 함수를 골라 쓸 수 있도록 멤버 함수들을 용도별로 중복 정의해 놓았다.

:: 다른 컨테이너와 요소 교환하기

반복자 구간을 인수로 취하는 insert 함수를 사용하면 다른 컨테이너의 구간에 있는 요소를 벡터에 삽입할 수 있다. 다른 컨테이너들도 똑같은 원형의 insert 함수를 제공하므로 벡터의 구간을 다른 컨테이너로 복사하는 것도 물론 가능하다. 다음 예제는 리스트의 일정 구간을 벡터로 복사한다.

예제 **insertfromother**

```
#include <iostream>
#include <vector>
#include <list>
#include <algorithm>
using namespace std;

template<typename C> void dump(const char *desc, C c) { cout.width(12);cout << left << desc << "==> ";
    copy(c.begin(),c.end(),ostream_iterator<typename C::value_type>(cout," ")); cout << endl; }

void main()
{
    list<int> li;
    for (int i=0;i<100;i++) {
            li.push_back(i);
    }
    vector<int> vi;

    vi.insert(vi.begin(), find(li.begin(),li.end(),8), find(li.begin(),li.end(),25));
    dump("추가 후", vi);
}
```

리스트의 8 ~ 25 미만까지의 구간이 빈 벡터로 복사된다. 여기서는 insert 함수를 테스트하기 위해 빈 벡터를 만든 후 구간을 삽입했지만 구간을 인수로 받는 생성자로도 동일한 일을 할 수 있다.

추가 후   ==> 8 9 10 11 12 13 14 15 16 17 18 19 20 21 22 23 24

벡터와 리스트는 내부 구조가 완전히 다르지만 일반화된 반복자를 통해 두 컨테이너의 요소를 액세스하므로 이런 삽입이 가능하다. 반복자가 컨테이너의 내부 구조에 상관없이 요소를 읽고 다음 위치로 이동하는 기능을 제공하므로 insert 함수는 상대편의 구조를 몰라도 * 연산자와 ++만으로 반복자 구간을 읽을 수 있는 것이다.

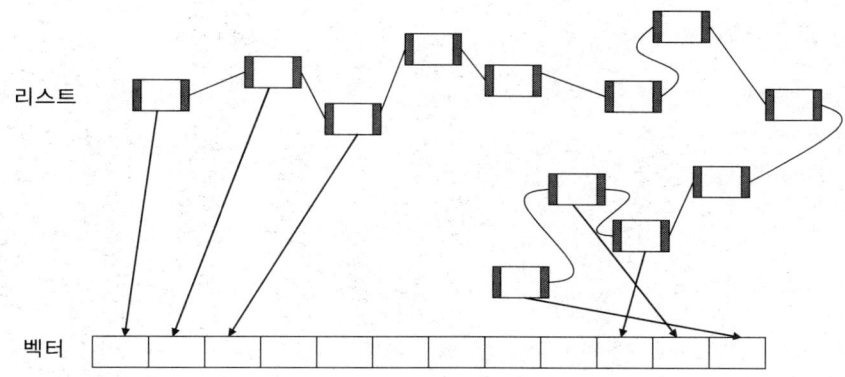

이런 작업이 가능하다는 것이 반복자의 존재 이유이며 또한 일반화된 STL의 강점이기도 하다. STL이 아니라면 리스트와 벡터의 자료 교환은 이보다 훨씬 더 복잡하고 번거로울 것이다.

:: 반복자 무효화 현상

반복자는 컨테이너 내의 요소 위치를 가리키는 일종의 포인터인데 특정 요소를 가리키도록 한 번 설정하면 계속 같은 요소를 가리킨다. 그러나 컨테이너에 삽입, 삭제가 일어나면 메모리 재할당 및 이동이 발생하므로 이때는 조사해 놓은 반복자가 무효화될 수 있다. 즉, 반복자가 더 이상 정확한 요소를 가리키지 못하는 것이다. 먼저 삽입의 경우를 보자. 중간에 한 요소가 삽입되면 뒤쪽의 요소들은 삽입된 개수만큼 이동하므로 뒤쪽 요소를 가리키던 반복자들은 모두 무효화된다. insert 함수가 요소는 이동시키지만 이 컨테이너의 다른 요소를 가리키는 반복자까지 같이 이동시킬 수는 없기 때문이다.

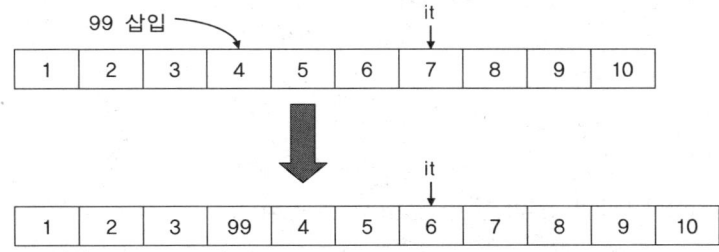

삽입된 위치의 앞쪽은 무효화될 수도 있고 그렇지 않을 수도 있는데 재할당에 의해 메모리 번지가 바뀌면 무효화될 것이고 그렇지 않다면 영향을 받지 않을 것이다. 삽입에 의해 재할당이 자주 발생하지는 않지만 모든 경우에 유효성이 보장된다고 할 수는 없으므로 삽입하면 전 반복자가 무효화된다고 보는 것이 옳다.

삭제시는 삭제 구간의 뒤쪽은 무효화되지만 앞쪽은 영향을 받지 않는다. 삭제는 삽입과는 달리 메모리 재할당이 절대로 일어나지 않으므로 앞쪽 요소는 원래 자리를 항상 그대로 유지하기 때문이다. 다음 예제를 통해 삭제시의 반복자 무효화를 연구해 보자.

예제 invaliditerator

```
#include <iostream>
#include <vector>
#include <algorithm>
using namespace std;

void main()
{
    vector<int> vi;
    for (int i=0;i<80;i++) {
        vi.push_back(i);
    }
    vector<int>::iterator it;
    it=find(vi.begin(),vi.end(),55);
    cout << *it << endl;
    vi.erase(it+1);
    cout << *it << endl;
}
```

vi 벡터에 0~79까지의 정수를 넣고 it 반복자가 55를 가리키도록 했다. *it를 출력하면 반복자가 가리키고 있는 값 55가 출력될 것이다. 이 상태에서 it+1, 즉 바로 오른쪽에 있는 요소인 56을 삭제했다. 56의 뒤쪽만 무효화되므로 it 반복자는 원래의 위치를 가리키고 있을 것이다. erase 코드를 다음과 같이 수정해 보자.

vi.erase(it-1);

바로 왼쪽의 54자리를 지웠는데 이렇게 되면 54 이후의 요소를 가리키는 반복자들이 전부 무효화된다. 실행 결과는 컴파일러마다 다른데 56이 한 칸 앞쪽으로 이동되었으므로 56이 출력될 수도 있고 컴파일러의 반복자 유효성 점검 기능에 의해 assert가 발생할 수도 있다. 아무튼 자기보다 앞쪽이 삭제되면 뒤쪽의 반복자는 무효해지므로 더 이상 참조해서는 안 된다. 이번에는 erase 구문 대신 다음 코드를 넣어 보자.

vi.insert(vi.begin(),1234);

벡터의 선두에 1234 요소를 삽입했으므로 모든 요소가 뒤쪽으로 한 칸씩 이동하여 무효화될 것이다. 55를 가리키던 it 자리에는 54가 위치하므로 54가 출력될 수도 있지만 만약 메모리 재할당이라도 발생했다면 전혀 엉뚱한 값을 읽을 수도 있다.

삽입, 삭제 동작은 반복자를 무효화할 수 있는데 무효화 규칙은 컨테이너마다 다르다. 리스트는 노드들이 메모리의 도처에 흩어져 있으며 삽입, 삭제에 의해 다른 노드들이 이동되는 것은 아니므로 반복자 무효화 현상이 훨씬 덜하다. 삽입의 경우는 전혀 무효화되지 않으며 삭제의 경우는 삭제된 반복자만 무효화된다. 규칙이 조금 복잡해 보이기는 하지만 컨테이너의 내부를 대충이라도 상상할 수 있다면 어렵지 않게 유추할 수 있다.

STL 프로그래밍은 주로 반복자를 다루는 작업인데 조사해 놓은 반복자가 무효화되는 현상은 대단히 조심스럽게 다루어야 할 사항이다. 삽입에 의한 반복자 무효화를 최소화하려면 reserve로 메모리를 충분히 할당해 놓아 재할당이 일어나지 않도록 해야 하며 삭제시는 뒤쪽의 반복자를 다시 조사해야 한다. 그러나 조심조심 반복자를 사용하는 것보다는 컨테이너에 조금이라도 변형을 가했다면 이전에 조사해 놓은 반복자 전체를 믿지 않는 편이 더 확실하다.

40.1.3 연산자

벡터에는 상식적으로 필요하다고 생각되는 대부분의 연산자들이 정의되어있어 간단한 동작은 연산자만으로도 처리할 수 있다. C++의 연산자 오버로딩 기능을 아주 적절히 잘 활용하고 있는데 벡터뿐만 아니라 STL 컨테이너들은 모두 비슷한 방식으로 연산자를 오버로딩한다.

:: 대입

벡터끼리 대입할 때는 간단하게 = 연산자를 사용하면 된다. 대입을 받는 좌변 벡터는 우변 벡터의 크기만큼 자동으로 크기가 늘어날 것이며 우변의 모든 요소가 좌변으로 대입된다. 벡터의 요소가 객체인 경우 개별 객체의 대입 연산자를 호출하여 깊은 복사를 하므로 요소들도 완전한 사본으로 생성될 것이다. 우변의 모든 요소가 좌변으로 복사되어 두 벡터가 완전히 같아지며 메모리 관리, 요소 개수 관리 등의 모든 처리는 대입 연산자 내부에서 알아서 처리할 것이다. 좌변 벡터에 원래 들어 있던 값은 당연히 파괴된다.

대입 연산자는 두 벡터를 완전히 똑같이 만드는데 만약 일부 구간만 복사하고 싶다면 assign 멤버 함수를 사용한다. 항상 이런 식인데 연산자는 전체에 대한 처리를 하며 일부분에 대한 처리는 별도의 멤버 함수가 준비되어 있다. 연산자는 전달받을 수 있는 피연산자 수가 제한되어 있어 부분에 대한 처리를 할만큼 충분한 정보를 제공받을 수 없기 때문이다. assign은 다음 두 개의 버전이 제공된다.

```
void assign(size_type count, const Type& val);
void assign(InIt first, InIt last);
```

첫 번째 버전은 val값 count개를 반복적으로 복사한다. 벡터를 특정값으로 가득 채우고 싶을 때 이 버전을 사용한다. 두 번째 버전은 반복자 구간을 받아들이는데 다른 컨테이너의 일부 요소를 벡터에 대입한다. 템플릿 함수로 정의되어 있으므로 입력 반복자 조건만 만족하면 벡터가 아닌 컨테이너의 구간도 대입할 수 있다.

```
#include 〈iostream〉
#include 〈vector〉
#include 〈algorithm〉
using namespace std;

template〈typename C〉 void dump(const char *desc, C c) { cout.width(12);cout 〈〈 left 〈〈 desc 〈〈 "==〉 ";
    copy(c.begin(),c.end(),ostream_iterator〈typename C::value_type〉(cout," ")); cout 〈〈 endl; }

void main()
{
    int ari[]={1,2,3,4,5};
    vector〈int〉 vi(&ari[0],&ari[5]);

    vector〈int〉vi2;
    vi2=vi;
    dump("vi2",vi2);

    vector〈int〉vi3;
    vi3.assign(vi.begin()+1,vi.end()-1);
    dump("vi3",vi3);
}
```

세 개의 벡터를 생성하는데 vi를 vi2에 대입했으므로 vi2는 vi의 모든 요소에 대한 사본을 가진다. vi3는 vi2의 요소 중 전후 하나씩을 빼고 가운데 세 개만을 대입받았다. 실행 결과는 다음과 같다.

```
vi2         ==〉 1 2 3 4 5
vi3         ==〉 2 3 4
```

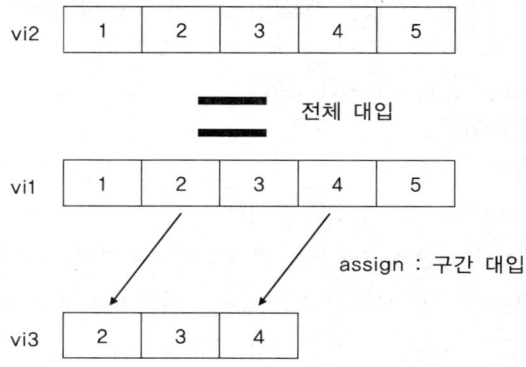

:: 교환

swap 멤버 함수는 두 벡터의 요소들을 통째로 교환한다. 교환하고자 하는 대상 벡터를 인수로 전달하기만 하면 호출한 벡터와 인수로 전달된 벡터가 교환된다.

void swap(vector& Right);

멤버 함수 외에 모든 컨테이너에 대해 쓸 수 있는 일반적인 swap 알고리즘도 있다. 벡터끼리 교환하고 싶을 때는 다음 두 가지 방법 중 하나를 사용한다.

```
v1.swap(v2);          // 멤버 함수
swap(v1,v2);          // 알고리즘 함수
```

일반적인 알고리즘이 있는데도 불구하고 벡터가 특별히 swap 멤버 함수를 제공하는 이유는 일반적인 알고리즘이 요소를 직접 교환하도록 되어 있는데 비해 벡터끼리 교환할 때는 단순히 포인터만 교환하면 훨씬 더 빠르기 때문이다. 벡터가 요소들을 멤버로 가지고 있는 것이 아니라 내부적으로는 요소의 시작 포인터만을 가지므로 이 포인터와 크기 정보 등만 교환하면 된다.

그러나 실제로 두 개의 swap 함수는 완전히 동등한데 왜냐하면 swap 알고리즘 함수가 벡터에 대해 부분 특수화되어 있기 때문이다. swap은 두 개의 컨테이너를 교환하되 벡터나 리스트 등 더 빠르게 교환할 수 있는 컨테이너에 대해서는 멤버 함수 버전을 호출하도록 되어 있다.

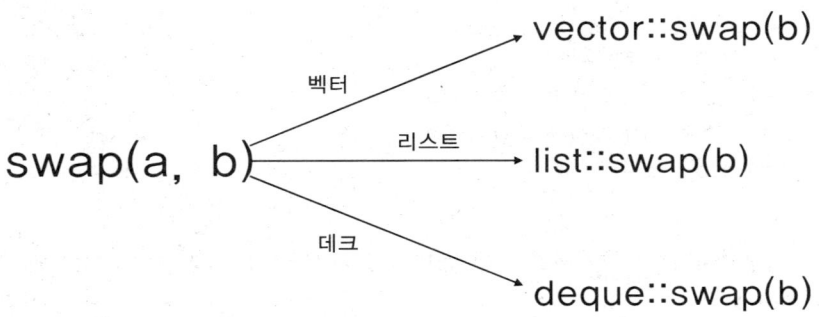

즉 전역 swap 함수는 단순히 중계만 할 뿐이며 일관된 방법으로 컨테이너를 교환하는 인터페이스를 제공하는 역할을 한다. 그래서 어떤 함수를 사용하나 사실상 속도차는 없는 편이다. 간단하게 예제를 만들어 보자.

```
#include 〈iostream〉
#include 〈vector〉
#include 〈algorithm〉
using namespace std;

template〈typename C〉 void dump(const char *desc, C c) { cout.width(12);cout 〈〈 left 〈〈 desc 〈〈 "==〉 ";
    copy(c.begin(),c.end(),ostream_iterator〈typename C::value_type〉(cout," ")); cout 〈〈 endl; }

void main()
{
    const char str[]="abcdefghijklmnopqrstuvwxyz";
    vector〈char〉 vc1(&str[0],&str[5]);
    vector〈char〉 vc2(&str[5],&str[19]);
    dump("before vc1",vc1);
    dump("before vc2",vc2);
    vc1.swap(vc2);
    dump("after vc1",vc1);
    dump("after vc2",vc2);
}
```

두 개의 문자 벡터를 만들어 놓고 swap 멤버 함수로 교환했다.

```
before vc1   ==〉 a b c d e
before vc2   ==〉 f g h i j k l m n o p q r s
after vc1    ==〉 f g h i j k l m n o p q r s
after vc2    ==〉 a b c d e
```

어차피 크기 정보까지 같이 교환되므로 두 벡터의 크기가 달라도 상관없다. 다음과 같이 교환해도 효과는 마찬가지이다.

```
vc2.swap(vc1);
swap(vc1,vc2);
```

누가 교환의 주체가 되느냐만 다를 뿐인데 교환이란 어차피 양쪽을 모두 변경하는 연산이므로 똑같은 의미이다. 전역 swap 알고리즘 함수로 벡터를 교환해도 결국은 swap 멤버 함수가 교환을 처리할 것이다. 그러나 두 벡터의 타입이 달라서는 안 되는데 vector〈int〉와 vector〈char〉는 서로 대입될 수 없는 대상이므로 교환도 불가능하다.

∷ 비교

벡터끼리 비교할 때는 ==, != 상등 연산자와 〈, 〉, 〈=, 〉= 비교 연산자를 사용한다. 상등 비교는 요소의 개수와 모든 요소의 값이 일치할 때 같은 것으로 판단한다. 벡터가 생성되어 있는 메모리 위치나 추가로 할당되어 있는 여유분은 벡터의 실제 내용이 아니므로 상등 비교의 대상이 아니다. 들어 있는 내용만 같다면 같은 벡터로 취급된다.

대소를 비교할 때는 대응되는 각 요소들을 일대일로 비교하다가 최초로 다른 요소가 발견되었을 때 두 요소의 대소를 비교한 결과를 리턴한다. 만약 한쪽 벡터의 길이가 더 짧아 먼저 끝을 만났다면 아직 끝나지 않은 벡터가 더 큰 것으로 판별한다. 이런 식으로 비교하는 것을 사전식 비교라고 하는데 상식과도 일치한다.

예제 **vectorcompare**

```cpp
#include 〈iostream〉
#include 〈vector〉
using namespace std;

void main()
{
    const char *str="0123456789";
    vector〈char〉 vc1(&str[0],&str[10]);
    vector〈char〉 vc2
    vector〈char〉 vc3;

    vc2=vc1;
    puts(vc1==vc2 ? "같다":"다르다");
    puts(vc1==vc3 ? "같다":"다르다");
    vc2.pop_back();
    puts(vc1 〉 vc2 ? "크다":"크지 않다");
}
```

세 개의 벡터를 생성해 놓고 상등 및 대소 비교를 했다. vc2는 vc1을 대입받았으므로 당연히 같을 것이고 vc3는 빈 벡터이므로 vc2와는 다르다. vc2에서 끝 요소를 빼고 vc1과 비교하면 긴 벡터가 더 큰 것으로 판단한다. 중간의 요소 하나가 다르면 최초로 달라진 요소를 기준으로 대소를 판단할 것이다.

같다
다르다
크다

연산자는 벡터 전체를 비교하며 일부 구간만 비교하고 싶을 때는 다음 장에서 배울 equal, mismatch 알고리즘 함수를 사용한다. 이 함수들을 사용하면 벡터뿐만 아니라 임의의 컨테이너 구간끼리도 비교할 수 있다.

:: 요소 참조

벡터의 임의 요소를 읽을 때는 [ ] 연산자를 사용하며 괄호 안에 부호없는 정수로 첨자를 지정한다. 벡터는 임의 접근이 가능하므로 첨자 번호로 요소를 빠르게 참조할 수 있다. vi 벡터의 크기가 1000일 때 900번째 요소를 읽고 싶다면 vi[900]을 참조하면 된다. 이때 리턴되는 값은 레퍼런스이므로 vi[900]=1234; 처럼 대입식의 좌변에 놓아 요소값을 변경하는 것도 가능하다. 벡터가 배열을 흉내내므로 마치 배열인 것처럼 사용하면 된다.

[ ] 연산자와 비슷하게 동작하는 at 함수도 정의되어 있는데 인수로 첨자를 지정한다. [ ] 연산자는 첨자가 무조건 유효하다고 가정하는 반면 at 함수는 벡터의 크기를 점검하여 무효한 첨자일 경우 out_of_range 예외를 발생시킨다는 점이 다르다. 그래서 배열 범위를 벗어나는 실수를 막을 수 있다. [ ] 연산자와 at 함수 모두 상수, 비상수 버전이 각각 정의되어 있다.


```
const_reference at(size_type pos) const;
reference at(size_type pos);
```


at 함수로 예외를 처리하는 간단한 예제를 만들어 보자.

예제 **indexat**

```
#include <iostream>
#include <vector>
#include <algorithm>
using namespace std;

void main()
{
    int ari[]={1,2,3,4,5};
    vector<int> vi(&ari[0],&ari[5]);
```

```
    try {
        //cout << vi[10] << endl;
        cout << vi.at(10) << endl;
    }
    catch(out_of_range e) {
        cout << "벡터의 범위를 벗어났습니다." << endl;
    }
}
```

크기 5의 벡터 vi를 선언하고 vi[10]과 vi.at[10]으로 범위 바깥의 10번째 요소를 읽어 보았다. vi[10]은 예외를 일으키지 않고 무조건 10 번째 값을 읽으므로 다운되거나 아니면 운이 좋다 하더라도 쓰레기값을 돌려줄 것이다. 그러나 at 함수는 예외를 일으키므로 try 블록 안에 넣어두면 안전하게 예외를 처리할 수 있다.

at 함수가 예외를 처리하므로 안전성이 좀 더 높지만 액세스할 때마다 첨자 범위를 일일이 점검해야 하므로 속도는 느리다. 또한 예외 처리를 위해 반드시 try, catch 블록을 구성해야 하므로 번거롭기도 하다. 일정한 범위에 대해서만 루프를 돌 때는 굳이 at 함수를 쓸 필요없이 [ ] 연산자를 사용하는 것이 더 효율적이다. 사용자가 첨자 번호를 직접 입력한다거나 할 때만 at 함수와 예외 처리를 사용하는 것이 좋다. 벡터는 무엇보다 빠른 요소 참조가 장점인데 읽을 때마다 범위를 점검하면 이 장점이 사라질 것이다.

이 외에 벡터의 요소를 읽는 방법에는 반복자와 * 연산자를 사용하는 방법이 있다. 단, 반복자는 가리키고 있는 위치만 읽을 수 있으므로 읽고자 하는 곳으로 먼저 이동해야 한다. 벡터의 반복자는 +n 연산을 지원하므로 *(vi.begin()+n) 연산문으로 n번째 요소를 읽을 수 있으며 vi.end를 기준으로 뺄셈을 하면 끝에서부터 n번째 요소를 읽을 수도 있다.

40.1.4 사용자 정의 요소

벡터는 타입을 받아들이는 클래스 템플릿이므로 임의의 모든 타입을 요소로 가질 수 있다. 지금까지는 예제 제작의 편의를 위해 주로 정수형의 벡터만 만들어 보았지만 클래스 객체를 요소로 가지는 벡터도 얼마든지 만들 수 있다. 다음 예제는 Time 객체의 벡터를 만든다.

예제 **Timevector**

```
#include <iostream>
#include <vector>
using namespace std;
```

```
class Time
{
protected:
    int hour,min,sec;
public:
    Time(int h,int m,int s) { hour=h;min=m;sec=s; }
    void OutTime() { printf("%d:%d:%d ",hour,min,sec); }
};

template<typename C>
void dump(const char *desc, C c)
{
    cout.width(12);cout << left << desc << "==> ";
    for (unsigned i=0;i<c.size();i++) { c[i].OutTime(); }
    cout << endl;
}

void main()
{
    vector<Time> vt;
    vt.push_back(Time(1,1,1));
    vt.push_back(Time(2,2,2));
    dump("요소 2개",vt);
}
```

Time 클래스를 정의하고 vector〈Time〉 타입의 vt 벡터를 선언했다. 〈 〉 괄호 안에 저장하고 싶은 요소의 타입만 적어 주면 된다. 두 개의 Time 객체를 만들어 벡터 끝에 추가하고 dump 함수로 출력해 보았다. dump 함수는 Time 객체의 OutTime을 호출하도록 조금 변경되었는데 Time에 〈〈 연산자를 정의하면 기존의 dump 함수를 계속 사용할 수도 있다.

```
요소 2개      ==> 1:1:1 2:2:2
```

벡터에 저장된 객체들은 벡터가 파괴될 때 같이 파괴되므로 Time 객체를 별도로 파괴할 필요는 없다. Time 객체는 크기가 아주 작으므로 객체를 벡터에 바로 저장해도 별 상관이 없다. 그러나 일반적인 객체는 대단히 클 수 있으므로 벡터에 직접 객체를 저장하는 것보다는 객체의 포인터를 저장하는 것이 성능상 유리하며 훨씬 더 일반적이다.

Timeptrvector

```cpp
#include <iostream>
#include <vector>
using namespace std;

class Time
{
protected:
    int hour,min,sec;
public:
    Time(int h,int m,int s) { hour=h;min=m;sec=s; }
    void OutTime() { printf("%d:%d:%d ",hour,min,sec); }
};

template<typename C>
void dump(const char *desc, C c)
{
    cout.width(12);cout << left << desc << "==> ";
    for (unsigned i=0;i<c.size();i++) { c[i]->OutTime(); }
    cout << endl;
}

void main()
{
    vector<Time *> vt;
    vt.push_back(new Time(1,1,1));
    vt.push_back(new Time(2,2,2));
    dump("요소 2개",vt);
    vector<Time *>::iterator it;
    for (it=vt.begin();it!=vt.end();it++) {
         delete *it;
    }
}
```

벡터의 타입이 vector⟨Time *⟩로 변경되었으며 벡터에 요소를 추가할 때 Time 객체가 아니라 new 연산자로 동적 생성한 Time 객체의 포인터를 저장했다. dump 함수의 OutTime 호출문도 -> 연산자로 호출하도록 변경해야 한다. vt 객체는 메모리에 다음과 같이 생성될 것이다.

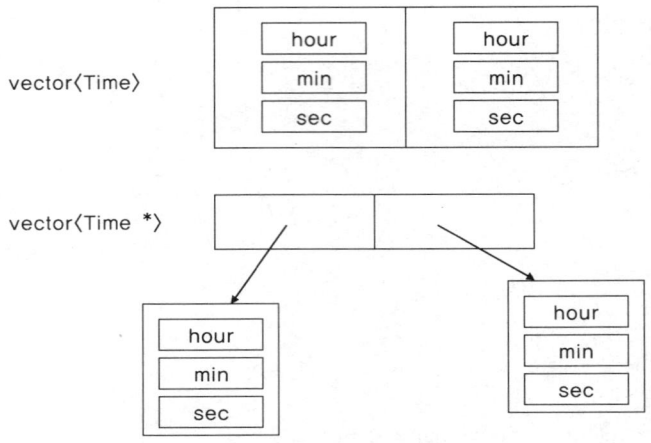

값을 저장하는 벡터는 Time 객체를 직접 가지지만 포인터를 저장하는 벡터는 동적 생성된 Time 객체의 포인터만을 가진다. 포인터를 가지는 벡터를 파괴할 때는 각 포인터가 가리키는 객체를 직접 파괴해야한다. 그렇지 않으면 동적으로 생성한 객체가 파괴되지 않으므로 메모리 누수가 발생한다. 벡터는 요소를관리할 뿐이지 요소가 가리키는 객체까지는 관리하지 못한다.

벡터에 임의의 타입을 저장할 수 있지만 그렇다고 정말 아무 타입이나 저장할 수 있는 것은 아니며일정한 조건을 만족하는 타입만 저장할 수 있다. 다음 예제는 내부에서 동적 할당을 하는 객체를 요소로가지는 벡터를 만든다. 동적 할당을 하는 클래스는 생성자, 가상 파괴자, 복사 생성자, 대입 연산자를적절히 정의해야 한다.

예제 **Dynamicvector**

```
#include <iostream>
#include <vector>
#include <algorithm>
using namespace std;

class Dynamic
{
private:
    char *ptr;
public:
    Dynamic() {
        ptr=new char[1];
        ptr[0]=0;
    }
```

```cpp
    Dynamic(const char *str) {
        ptr=new char[strlen(str)+1];
        strcpy(ptr,str);
    }
    Dynamic(const Dynamic &Other) {
        ptr=new char[strlen(Other.ptr)+1];
        strcpy(ptr,Other.ptr);
    }
    Dynamic &operator =(const Dynamic &Other) {
        if (this != &Other) {
            delete [] ptr;
            ptr=new char[strlen(Other.ptr)+1];
            strcpy(ptr,Other.ptr);
        }
        return *this;
    }
    int operator ==(const Dynamic &Other) const {
        return strcmp(ptr,Other.ptr);
    }
    int operator <(const Dynamic &Other) const {
        return strcmp(ptr,Other.ptr) < 0;
    }
    virtual ~Dynamic() {
        delete [] ptr;
    }
    virtual void OutDynamic() {
        cout << ptr << ' ';
    }
};

template<typename C>
void dump(const char *desc, C c)
{
    cout.width(12);cout << left << desc << "==> ";
    for (unsigned i=0;i<c.size();i++) { c[i].OutDynamic(); }
    cout << endl;
}

void main()
{
```

```
    vector<Dynamic> vt;
    Dynamic a("dog");
    Dynamic b("cow");
    vt.push_back(a);
    vt.push_back(b);
    dump("요소 2개",vt);
}
```

Dynamic 클래스의 정의문이 꽤 긴데 디폴트 생성자, 변환 생성자, 복사 생성자, = 대입 연산자, ==, < 비교 연산자, 가상 파괴자 등이 제대로 정의되어 있다. 다 앞 장에서 이미 배운 내용들이므로 복습도 할 겸 이 클래스의 내용을 잘 읽어 보도록 하자. main에서 Dynamic 타입을 저장하는 벡터 vt를 선언하고 두 개의 Dynamic 객체를 벡터 끝에 추가한 후 출력해 보았다. 별 이상없이 잘 동작할 것이다.

요소 2개   ==> dog cow

그러나 아무 대가없이 이렇게 잘 동작하는 것은 아니며 Dynamic이 벡터 템플릿이 요구하는 조건을 모두 만족하기 때문이다. 과연 어떤 조건이 필요한지 몇 가지 테스트를 해 보자. push_back 함수로 객체를 벡터 끝에 추가할 때 복사가 발생하며 이때 객체의 복사 생성자가 호출된다. 만약 Dynamic이 복사 생성자를 정의하지 않으면 이 예제는 다운된다. 복사 생성자를 잠시 주석으로 묶어 놓고 실행해 보자.

복사 생성자가 정의되어 있지 않으면 디폴트 복사 생성자가 얕은 복사를 하게 될 것이고 정리될 때 객체 a와 벡터에 추가된 사본이 같은 버퍼를 이중 정리하므로 문제가 생기는 것이다. 벡터에 저장할 타입은 복사 생성자를 정의하여 완전한 사본을 만들 수 있어야 한다. 다음은 대입 연산자의 경우를 보자. 다음 코드를 main 함수의 끝에 작성해 보고 실행해 보아라.

```
Dynamic c;
c=vt[1];
```

새로운 객체 c를 선언한 후 vt[1] 번째 요소(즉 b 객체의 사본)을 대입받았다. 별다른 이상없이 잘 동작하는데 Dynamic 클래스가 대입 연산자를 제대로 정의하고 있기 때문이다. 대입 연산자를 주석 처리하면 대입시 얕은 복사를 하므로 이 코드도 역시 다운된다. 다음은 == 연산자가 왜 필요한지 살펴보기 위해 다음 코드를 작성해 보자.

```
Dynamic d("cat");
find(vt.begin(),vt.end(),d);
```

"cat" 문자열을 가지는 Dynamic 객체가 벡터에 있는지 find 함수로 검색해 보았는데 별다른 이상없이 컴파일되고 검색도 된다. 이 코드가 잘 컴파일되는 이유는 == 연산자 함수가 정의되어 있어서 find가 벡터내의 객체와 인수로 주어진 d 객체를 비교할 수 있기 때문이다. find 함수의 본체 코드를 확인해 보면 == 연산자로 요소를 비교하는 코드가 작성되어 있다. == 연산자를 주석 처리하면 필요한 기능이 정의되지 않았다는 에러가 find 함수 본체에서 발생할 것이다. 다음 코드는 이 벡터가 정렬 가능한지를 점검한다.

```
sort(vt.begin(), vt.end());
dump("정렬 후",vt);
```

고작 두 개밖에 안 들어 있기는 하지만 정렬 결과도 제대로 나온다. 이런 정렬이 가능한 이유는 〈 연산자가 정의되어 있어 Dynamic 객체끼리 대소 비교가 가능하기 때문이다. 이 연산자를 주석 처리하면 역시 에러 메시지가 출력될 것이다. 파괴자를 생략하면 컴파일과 실행에는 이상이 없지만 할당한 메모리 가 해제되지 않으므로 메모리 누수가 발생하며 파괴자가 가상이 아니면 파생 클래스가 제대로 정리되지 않는다.

결국 Dynamic 클래스가 벡터에 저장되려면 위 소스에 정의되어 있는 모든 장치들이 필요하다. 하나라 도 빠지면 벡터 템플릿과 알고리즘의 요구 조건을 만족하지 못하므로 컨테이너에 저장할 수 없거나 동작 중에 다운되거나 컴파일이 거부된다. 무슨 조건이 저렇게 많으냐고 하겠지만 원칙은 아주 간단하다. int 와 똑같이 동작하는 타입이면 아무런 문제가 없다.

사용자 정의 타입을 벡터에 넣기는 아주 어렵다는 느낌이 들겠지만 다행히 그렇지는 않다. Dynamic 클래스는 동적 할당을 하기 때문에 많은 함수들이 필요하지만 Time 같은 단순 멤버만 가진 클래스는 컴파일러가 만들어주는 디폴트만으로도 충분하며 비교 연산자 정도만 정의하면 된다. 동적 할당을 하는 타입의 포인터에 대한 벡터도 물론 만들 수 있으며 포인터에 대한 검색, 정렬도 가능하다.

예제 **Dynamicptrvector**

```cpp
#include <iostream>
#include <vector>
#include <algorithm>
using namespace std;

class Dynamic
{
    friend struct DynCompare;
    friend struct DynFind;
```

```cpp
private:
    char *ptr;
public:
    Dynamic() {
        ptr=new char[1];
        ptr[0]=0;
    }
    Dynamic(const char *str) {
        ptr=new char[strlen(str)+1];
        strcpy(ptr,str);
    }
    Dynamic(const Dynamic &Other) {
        ptr=new char[strlen(Other.ptr)+1];
        strcpy(ptr,Other.ptr);
    }
    Dynamic &operator =(const Dynamic &Other) {
        if (this != &Other) {
            delete [] ptr;
            ptr=new char[strlen(Other.ptr)+1];
            strcpy(ptr,Other.ptr);
        }
        return *this;
    }
    int operator ==(const Dynamic &Other) const {
        return strcmp(ptr,Other.ptr);
    }
    int operator <(const Dynamic &Other) const {
        return strcmp(ptr,Other.ptr) < 0;
    }
    virtual ~Dynamic() {
        delete [] ptr;
    }
    virtual void OutDynamic() {
        cout << ptr << ' ';
    }
};

template<typename C>
void dump(const char *desc, C c)
{
```

```
        cout.width(12);cout << left << desc << "==> ";
        for (unsigned i=0;i<c.size();i++) { c[i]->OutDynamic(); }
        cout << endl;
}

struct DynCompare {
        bool operator()(Dynamic *a, Dynamic *b) const {
                return strcmp(a->ptr, b->ptr)<0;
        }
};

struct DynFind {
        bool operator()(Dynamic *a) const {
                return strcmp(a->ptr, "cat")==0;
        }
};

void main()
{
        vector<Dynamic *> vt;
        vt.push_back(new Dynamic("dog"));
        vt.push_back(new Dynamic("cow"));
        dump("요소 2개",vt);

        Dynamic d("cat");
        puts(find_if(vt.begin(),vt.end(),DynFind())==vt.end() ? "없다":"있다");
        sort(vt.begin(), vt.end(), DynCompare());
        dump("정렬 후",vt);

        vector<Dynamic *>::iterator it;
        for (it=vt.begin();it!=vt.end();it++) {
                delete *it;
        }
}
```

벡터의 요소 타입을 Dynamic *로 변경하고 new 연산자로 동적 생성한 포인터를 벡터에 저장하면 된다. 반복자로부터 멤버 함수를 호출할 때 -> 연산자를 사용해야 하고 벡터를 파괴하기 전에 요소들을 직접 파괴하기도 해야 한다. 그렇다면 이때 검색이나 정렬은 어떻게 해야 할까? 포인터에 대해 검색하거나 정렬하는 것은 아무 의미가 없고 포인터가 가리키는 객체를 대상으로 비교를 수행해야 하는데 이럴 때 쓰는 것이 바로 조건자 함수 객체이다.

검색과 정렬 모두 조건자 버전의 함수를 사용했다. 예제의 DynCompare, DynFind는 전달된 포인터로부터 ptr을 읽어 이 포인터가 가리키는 곳의 내용을 비교하므로 객체의 포인터가 아니라 포인터가 가리키는 실체를 대상으로 검색 및 정렬을 하게 된다. 이론적으로 벡터에 포인터를 저장하는 것이 가능하기는 하지만 보다시피 여러 가지로 신경써야 할 것들이 많고 불편하기 때문에 벡터에는 통상 값을 저장하는 것이 권장된다.

40.1.5 vector⟨bool⟩

벡터는 임의 타입의 요소를 저장할 수 있으므로 bool 타입의 진위형 값도 저장할 수 있다. 그런데 bool은 크기가 1바이트이지만 true 또는 false를 기억하는 데는 단지 1비트만 사용되므로 7비트가 낭비되는 문제가 있다. 100개의 진위값이 필요하다면 100/8 = 13바이트 정도면 충분한데 bool형 요소 100의 크기 총합은 100바이트나 차지하므로 대략 8배 정도의 공간 낭비가 있는 셈이다.

그래서 벡터는 bool형에 대해서 특수화되어 있으며 하나의 값을 저장하는데 비트 하나만 사용한다. 마치 C 구조체의 비트필드와 유사하다. vector⟨bool⟩은 진위형의 요소들을 1비트에 하나씩 압축하여 저장하는 별도의 독립 클래스이다. 8개의 진위형을 저장할 때 bool형의 단순 배열에 비해 vector⟨bool⟩의 크기가 훨씬 더 작다.

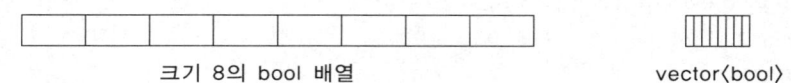

크기 8의 bool 배열   vector⟨bool⟩

bool 배열은 8바이트를 차지하고 vector⟨bool⟩은 불과 1바이트밖에 차지하지 않아 7바이트를 아낄 수 있다. vector⟨BOOL⟩도 가능한데 BOOL은 정수와 크기가 같으므로 무려 32배나 더 크다. 물론 요즘같이 메모리가 충분한 상황에서 7바이트 정도야 아껴 봤자겠지만 대규모의 로그 정보를 관리할 때는 이 차이가 아주 심각해질 수도 있다.

예제 **vectorbool**

```
#include ⟨iostream⟩
#include ⟨vector⟩
using namespace std;

void main()
{
```

```
    vector〈bool〉 vb(32);

    cout 〈〈 vb[10] 〈〈 endl;
    vb[10]=true;
    cout 〈〈 vb[10] 〈〈 endl;

    vector〈bool〉::reference r=vb[10];
    cout 〈〈 r 〈〈 endl;
    r.flip();
    cout 〈〈 r 〈〈 endl;
    vector〈bool〉::iterator it;
    for (it=vb.begin();it!=vb.end();it++) {
        cout 〈〈 *it;
    }
}
```

크기 32의 bool 벡터 vb를 선언했다. 32의 크기지만 실제 정보 저장을 위해 사용하는 메모리는 불과 4바이트 정도밖에 되지 않을 것이다. 특수화된 클래스이기는 하지만 사용하는 방법은 일반 벡터와 별로 틀리지 않으며 배열과도 유사하다. 특정 위치의 값을 액세스할 때는 [ ] 연산자로 읽기만 하면 된다.

vector〈bool〉에 포함된 reference 타입은 벡터 내의 한 요소, 그러니까 한 비트를 표현하는 클래스이다. 이 외에 비트를 뒤집는 flip, bool형으로 변환하는 캐스트 연산자, 비트를 반전하는 ~ 연산자, 대입 연산자 등이 정의되어 있다. 예제에서는 반복자로 전체를 순회하면서 출력해 보았다. vector〈bool〉은 표준에 포함되어 있기는 하지만 몇 가지 점에서 문제가 있고 컴파일러마다 지원 범위가 달라 가급적이면 사용을 자제하는 것이 좋다.

40.1.6 벡터의 활용

벡터는 크기가 자동으로 관리된다는 점에서 19장에서 만든 동적 배열과 유사하며 템플릿에 의해 요소 타입을 마음대로 선택할 수 있다는 점에서 TDArray 클래스와도 유사하다. 하지만 모든 것이 자동화되어 있고 안전하며 이식성이 있다는 면에서 예제 클래스 따위와 비교할 수 있는 대상이 아니다. 벡터는 표준 인데다 성능도 우수하고 신뢰성도 있어 실제 프로젝트에서 활용해도 좋을 만큼 훌륭하다. 19장에서 만들었던 DynArray 예제를 벡터로 다시 만들어 보자.

예제 Dynvector

```
#include <iostream>
#include <vector>
using namespace std;

template<typename C> void dump(const char *desc, C c) { cout.width(12);cout << left << desc << "==> ";
    copy(c.begin(),c.end(),ostream_iterator<typename C::value_type>(cout," ")); cout << endl; }

void main()
{
    vector<int> vi;
    dump("최초",vi);
    for (int i=1;i<=8;i++) vi.push_back(i);dump("8개 추가",vi);
    vi.insert(vi.begin()+3,10);dump("10 삽입",vi);
    vi.insert(vi.begin()+3,11);dump("11 삽입",vi);
    vi.insert(vi.begin()+3,12);dump("12 삽입",vi);
    vi.erase(vi.begin()+7);dump("요소 7 삭제",vi);
}
```

실행 결과는 DynArray 예제와 동일하다. 추가, 삭제가 자유롭고 기억 장소를 자동으로 관리하며 배열처럼 쓸 수도 있다.

```
최초        ==>
8개 추가     ==> 1 2 3 4 5 6 7 8
10 삽입      ==> 1 2 3 10 4 5 6 7 8
11 삽입      ==> 1 2 3 11 10 4 5 6 7 8
12 삽입      ==> 1 2 3 12 11 10 4 5 6 7 8
요소 7 삭제  ==> 1 2 3 12 11 10 4 6 7 8
```

직접 만들어 쓰는 것보다 훨씬 더 쉽고 간편하다. 같은 타입의 자료 집합을 관리해야 한다면 대부분의 경우 벡터가 탁월한 선택이 될 것이다. 그렇다고 해서 벡터가 반드시 같은 타입만 다룰 수 있는 것은 아니며 호환되는 타입의 집합을 다룰 수도 있다. 그래픽 오브젝트의 집합을 다루고 싶다면 최상위 클래스의 포인터를 저장하는 벡터를 선언하면 된다. 상속 계층의 클래스끼리는 타입 호환성이 있으므로 같은 타입이라고 봐도 무방하다. 다형성 실습에서 사용했던 객체 배열을 벡터로 작성해 보자.

```
#include <iostream>
#include <vector>
#include <algorithm>
using namespace std;

class Graphic
{
public:
    virtual void Draw() { puts("그래픽 오브젝트입니다."); }
};

class Line : public Graphic
{
public:
    void Draw() { puts("선을 긋습니다."); }
};

class Circle : public Graphic
{
public:
    void Draw() { puts("동그라미 그렸다 치고."); }
};

class Rect : public Graphic
{
public:
    void Draw() { puts("요건 사각형입니다."); }
};

void del(Graphic *g) { delete g; }

void main()
{
    vector<Graphic *> vg;
    vg.push_back(new Graphic());
    vg.push_back(new Rect());
    vg.push_back(new Circle());
    vg.push_back(new Line());
```

```
    vector<Graphic *>::iterator it;
    for (it=vg.begin();it!=vg.end();it++) {
         (*it)->Draw();
    }
    for_each(vg.begin(),vg.end(),del);
}
```

vector<Graphic *> 타입은 Graphic으로부터 파생된 클래스의 집합을 다룰 수 있는 벡터이다. 크기에 무관하고 삽입, 삭제가 자유롭고 STL 알고리즘의 도움을 받을 수도 있다. 단, 앞에서 얘기했다시피 벡터는 포인터만 관리할 뿐 포인터가 가리키는 객체까지 관리하지는 않으므로 벡터가 파괴되기 전에 객체들은 직접 삭제해야 한다.

컴퓨터가 가장 잘 하는 일은 비슷한 일을 아무 불평없이 처리하는 반복이며 반복을 위해서는 같은 타입의 변수 집합을 다룰 일이 아주 많다. 모든 프로그램은 이런 타입의 집합을 다루므로 벡터가 특히 더 실용적이며 매력있는 컨테이너이다. 벡터만 자유자재로 활용할 수 있다면 다른 자료 구조는 모르더라도 웬만한 프로그램은 다 만들 수 있는 정도다.

과제 JusoVector

> 19장의 주소록 예제를 벡터를 사용한 주소록으로 바꿔 보자. 동적 배열 지원 코드는 삭제하고 사용자의 인터페이스 코드만 조금 수정하면 된다.

40.2 리스트와 데크

40.2.1 리스트

리스트(list) 컨테이너는 이중 연결 리스트를 템플릿으로 추상화한 버전이다. 동일한 자료의 집합을 관리한다는 용도면에서는 벡터와 같고 실제로 서로 대체도 가능하다. 용도가 같기 때문에 인터페이스도 거의 유사하다. 생성자는 완전히 똑같고 삽입, 삭제 등 주요 멤버 함수의 원형도 벡터와 일치하며 대입, 비교 등의 연산자도 동일하게 제공된다.

제공하는 내부 타입도 value_type, iterator, reference 등 이름이 동일하다. 물론 두 컨테이너의 내부 구조가 판이하게 다르므로 이 타입들의 실제 구현은 상당히 다르다. 벡터의 반복자는 요소를 직접 가리키는 포인터로 되어 있을 것이고 리스트의 반복자는 링크를 가리키는 포인터로 구현되어 있을 것이다. 내부 구현이 다르더라도 인터페이스가 동일하므로 사용하는 방법은 동일하다.

두 컨테이너를 비슷한 방법으로 사용할 수 있지만 차이점도 역시 존재하는데 각각의 장단점을 잘 파악해야 실무에 필요한 컨테이너를 지혜롭게 선택할 수 있다. 다음은 벡터와 리스트 컨테이너의 주요 차이점인데 내부 구조가 다름으로 인해 성능이나 제공하는 기능 목록에서 약간의 차이가 있다.

① 가장 큰 차이점은 반복자의 레벨인데 벡터는 요소들이 인접해 있으므로 임의 접근이 가능하지만 리스트는 노드들이 흩어져 있으므로 양방향으로만 이동할 수 있을 뿐이다. 반복자가 +n 연산을 지원하지 않으므로 순서값으로 요소를 액세스하는 [ ] 연산자를 지원하지 않으며 at 함수도 당연히 지원되지 않는다. 임의 위치를 상수 시간에 액세스할 수 없으며 반드시 순회를 해야만 원하는 요소를 찾을 수 있다. 임의 접근 반복자를 요구하는 sort나 binary_search 알고리즘은 리스트에는 사용할 수 없다.

② 각 요소들이 노드로 할당되어 링크에 의해 논리적으로 연결되어 있으므로 링크만 조작해서 삽입, 삭제를 수행할 수 있다. 요소들이 인접하지 않아도 상관없어 삽입, 삭제시에 메모리 이동을 할 필요가 없으며 그래서 위치에 상관없이 상수 시간 내에 삽입, 삭제를 할 수 있다. 제일 앞에 요소를 삽입, 삭제하는 push_front, pop_front 멤버 함수도 제공된다. 이에 비해 벡터는 중간에서 삽입, 삭제할 때 요소들을 밀고 당겨야 하므로 속도가 다소 느리다. 속도 희생없이 언제든지 크기를 늘리거나 줄일 수 있으므로 처음부터 미리 크기를 결정할 필요가 없으며 capacity, reserve도 불필요하다.

③ 링크 구조로 인해 메모리 소모량은 벡터보다 훨씬 더 많다. 요소를 저장하는 노드는 무조건 동적 할당해야 하며 요소간의 순서를 기억하기 위한 링크도 별도의 메모리를 소모한다. 게다가 삽입, 삭제시마다 노드를 할당, 해제하는 과정을 계속 반복하므로 메모리 단편화도 심해 시스템의 메모리 관리 능력에도 좋지 않은 영향을 미친다.

④ 삽입, 삭제에 의해 요소들의 물리적인 위치가 바뀌지 않으므로 반복자가 무효화되지 않는다. 반복자가 무효화되는 유일한 경우는 반복자가 가리키는 대상을 삭제했을 때 뿐인데 요소가 완전히 사라졌으므로 이때는 어쩔 수 없다.

두 컨테이너의 모든 차이점은 요소 인접 구조과 링크 방식의 차이점에 기인한다. 이 둘의 차이점을 요약하자면 벡터는 읽기에 강하고 리스트는 쓰기에 강한 컨테이너라고 정리할 수 있다. 읽기 속도가 중요하면 벡터를 선택하는 것이 좋고 삽입, 삭제가 아주 빈번하다면 리스트가 더 나은 선택이다.

그럼, 이제 리스트의 생성자부터 연구해 보자. 리스트의 생성자는 모두 4개 제공되는데 벡터의 생성자와 원형이 동일하다. 똑같은 목적에 사용하는 컨테이너이므로 생성하는 방법부터 같을 수밖에 없다. 잘 사용되지 않는 할당기 인수는 원형에서 생략했다.

```
explicit list();
explicit list(size_type n, const T& v = T());
list(const list& x);
list(const_iterator first, const_iterator last);
```

각각 디폴트 생성자, v값 n개를 가지는 생성자, 복사 생성자, 구간 복사 생성자이다. 리스트는 실행 중에 크기를 얼마든지 늘릴 수 있으므로 통상 빈 리스트로 생성하는 디폴트 생성자를 사용한다. 리스트에 요소를 삽입, 삭제할 때 push(pop)_front(back) 함수를 사용하는데 양끝에서 자유롭게 요소를 첨삭할 수 있으며 링크만 조작하면 되므로 속도도 아주 빠르다. 다음 예제는 정수형의 빈 리스트를 만들고 앞 뒤에서 요소들을 추가한다.

예제 listcon

```
#include <iostream>
#include <list>
using namespace std;

void main()
{
    list<int> li;
    list<int>::iterator it;

    li.push_back(8);
    li.push_back(9);
    li.push_front(2);
    li.push_front(1);

    for (it=li.begin();it!=li.end();it++) {
        printf("%d\n",*it);
    }
}
```

리스트는 list 헤더 파일에 정의되어 있으므로 이 헤더 파일을 반드시 인클루드해야 한다. 반복자로 리스트를 처음부터 끝까지 순회하면서 요소값을 출력해 보았다.

```
1
2
8
9
```

물론 잘 출력된다. push_back으로 추가한 것은 뒤쪽에 붙고 push_front로 넣은 것은 앞쪽에 붙는다.

40.2.2 삽입, 삭제

삽입, 삭제 함수도 벡터와 동일하다. 멤버 함수의 이름뿐만 아니라 원형까지 동일하며 사용 방법도 물론 똑같다.

```
iterator insert(iterator it, const T& x = T());
void insert(iterator it, size_type n, const T& x);
void insert(iterator it, const_iterator first, const_iterator last);
iterator erase(iterator it);
iterator erase(iterator first, iterator last);
```

다만 처리 속도는 벡터보다 훨씬 빠른데 위치와 요소 개수에 상관없이 상수 시간 내에 삽입, 삭제된다. 속도가 빠르다는 것 외에도 반복자가 무효화되지 않는 장점도 있다. 삽입, 삭제되는 노드와 앞 뒤 노드의 링크만 바뀌므로 나머지 노드들은 위치에 전혀 변화가 없다. 단, 삭제되는 노드의 반복자만 예외적으로 무효화된다. 간단한 함수지만 잘 동작하는지 확인은 해 봐야 하므로 예제만 구경해 보자.

예 제 listinsert

```cpp
#include <iostream>
#include <list>
using namespace std;

template<typename C> void dump(const char *desc, C c) { cout.width(12);cout << left << desc << "==> ";
    copy(c.begin(),c.end(),ostream_iterator<typename C::value_type>(cout," ")); cout << endl; }

void main()
{
    const char *str="abcdefghij";
    list<char> lc(&str[0],&str[10]);
    list<char>::iterator it;

    dump("최초",lc);
    it=lc.begin();it++;it++;it++;it++;it++;
    lc.insert(it,'Z');
    dump("Z 삽입",lc);
    it=lc.end();it--;it--;it--;
    lc.erase(it);
    dump("h삭제",lc);
}
```

문자형의 리스트 lc를 선언하고 a ~ j까지 10개의 알파벳 문자를 저장해 놓았다. 시작 위치에서 다섯 번 뒤로 이동한 후 이 위치에 'Z' 문자를 insert 함수로 삽입했다. f 문자 앞에 Z가 삽입될 것이다. 그리고 끝에서 세칸 앞쪽으로 이동한 후 erase 함수로 이 위치를 삭제했다. 끝에서 세 번째에는 h 문자가 있는데 이 문자가 삭제될 것이다.

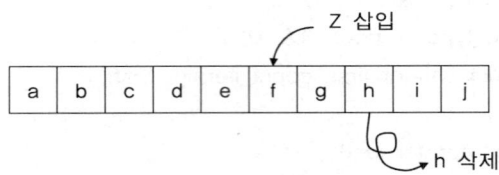

++을 여러 번 사용하여 이동하는 것이 무척 마음에 안들겠지만 리스트의 반복자는 양방향 반복자가 아니므로 it += 5 연산으로 한꺼번에 다섯 칸을 이동할 수는 없다. 양방향 반복자는 링크를 따라 차례대로 이동하는 수밖에 없다. 꼭 한 번에 이동하고 싶다면 find 함수로 원하는 요소를 검색해서 이동하거나 advance 함수를 사용할 수 있는데 이 함수들도 어차피 ++을 여러 번 반복하므로 소요되는 시간은 마찬가지이다.

```
최초        ==> a b c d e f g h i j
Z 삽입      ==> a b c d e Z f g h i j
h삭제       ==> a b c d e Z f g i j
```

동작은 물론 잘하는데 이 짧은 예제에서는 느끼기 힘들지만 삽입, 삭제 속도가 엄청나게 빠르다. 요소가 아무리 많아도, 어떤 위치의 값을 삭제하나 항상 일정한 시간 내에서 완료할 수 있다. 특정값을 가지는 요소를 모두 삭제하고 싶을 때는 다음 멤버 함수를 사용한다.

```
void remove(const Type& val);
void remove_if(UniPred F)
```

remove는 삭제할 값을 바로 지정하고 remove_if는 조건자에 맞는 요소만 삭제한다. 값을 검색한 후 삭제하므로 find와 erase를 순서대로 수행한다고 생각하면 된다. 다음 예제는 문자 리스트에서 'l'을 찾아 모두 삭제한다.

예제 **listremove**

```
#include <iostream>
#include <list>
```

```
using namespace std;

template<typename C> void dump(const char *desc, C c) { cout.width(12);cout << left << desc << "==> ";
    copy(c.begin(),c.end(),ostream_iterator<typename C::value_type>(cout," ")); cout << endl; }

void main()
{
    const char *str="double linked list class";
    list<char> li(&str[0],&str[strlen(str)]);

    dump("최초",li);
    li.remove('l');
    dump("l삭제",li);
}
```

문자들 중 l만 모조리 삭제된다.

```
최초      ==> d o u b l e   l i n k e d   l i s t   c l a s s
l삭제     ==> d o u b e   i n k e d   i s t   c a s s
```

조건자 버전을 사용하면 일정한 조건을 만족하는 요소만 골라 삭제할 수도 있다. 예를 들어 모음만 삭제한다거나 공백만 제거하는 것도 가능하다. 같은 이름의 전역 remove 알고리즘도 있는데 리스트의 remove 멤버 함수와는 동작하는 방식이 조금 다르다. 이 차이점에 대해서는 다음 장에서 알아보도록 하자.

40.2.3 링크의 재배치

리스트의 노드를 연결하는 링크는 포인터이므로 조작할 수 있는 여지가 아주 많다. 다른 컨테이너에서는 요소를 직접 이동해야 하는 작업도 리스트는 링크만 재배치하여 아주 간단하게 빠른 속도로 수행할 수 있다. 리스트에는 링크 재배치의 장점을 살릴 수 있는 여러 가지 멤버 함수들이 준비되어 있다.

```
void swap(list& Right);
void reverse( );
void merge(list& Right);
```

이 함수들은 모두 전역 알고리즘 함수로도 제공된다. 리스트가 똑같은 이름의 멤버 함수를 제공하는 이유는 링크 재배치의 장점을 활용하면 일반적인 알고리즘보다 훨씬 더 빠르게 동작하기 때문이다. 예를 들어 리스트끼리 교환하는 swap 함수는 실제로 요소를 교환할 필요없이 리스트끼리 head, tail 정보만 바꾸면 간단하게 구현할 수 있다.

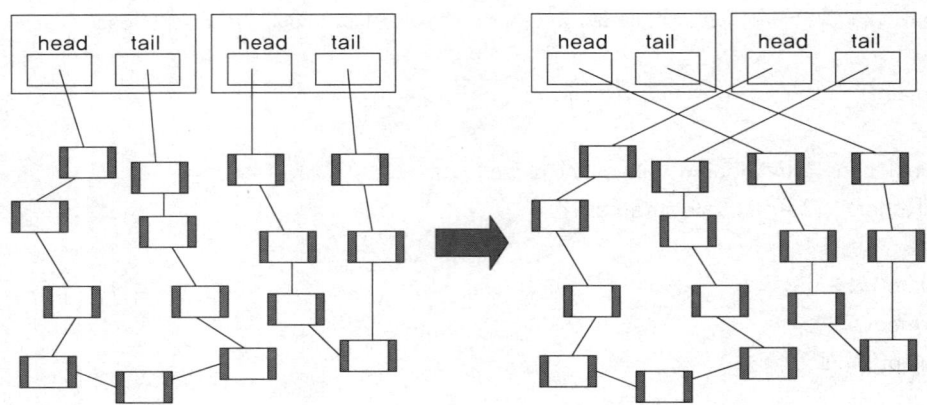

어차피 노드들은 메모리의 아무 곳에나 흩어져 있고 링크에 의해서만 연결되므로 시작점과 끝점의 링크만 수정하면 소속도 쉽게 바뀐다. 설사리스트의 요소가 백만 개를 넘는다 하더라도 불과 두 쌍의 포인터만 교환하면 모든 작업이 완료된다. reverse도 요소들을 거꾸로 재배치하여 일일이 옮길 필요없이 next, prev 링크를 반대로 바꾸기만 하면 되고 리스트끼리 병합하는 merge도 마찬가지로 링크를 조작하여 한쪽 리스트를 다른 쪽의 끝과 연결하기만 하면 된다.

이 함수들은 간단하게 테스트해 볼 수 있는데 앞 예제의 li.remove('l')을 li.reverse() 호출로 바꾸면 문자들이 반대로 뒤집혀 출력될 것이다. 물리적인 이동이 발생하는 것이 아니므로 뒤집는 속도도 굉장히 빠르다. swap이나 merge도 두 개의 리스트를 만든 후 교환 및 병합해 보면 쉽게 테스트할 수 있다.

링크를 조작하는 가장 멋지고도 실용적인 함수는 splice이다. splice는 새끼줄 같은 것을 꼬아서 서로 잇는다는 의미인데 뜻 그대로 두 개의 리스트를 서로 잇거나 한쪽 요소들을 뽑아서 다른 쪽으로 이동시킨다. 다음 세 개의 원형이 정의되어 있다.

```
void splice(iterator it, list& x);
void splice(iterator it, list& x, iterator first);
void splice(iterator it, list& x, iterator first, iterator last);
```

첫 번째 원형은 it 위치에 x리스트의 모든 요소들을 이동시킨다. 마치 작은 새끼줄을 큰 새끼줄의 허리 부근에 연결하는 것과 같다. 복사가 아닌 이동이므로 x에 있던 요소들은 모두 제거된다. x는 호출하는 객체와는 당연히 달라야 하는데 자신을 자신에게 이을 수는 없는 노릇이다.

두 번째 원형은 x의 first 위치에 있는 요소 하나만 it 위치로 이동시킨다. 세 번째 원형은 하나의 요소가 아니라 반복자 구간을 지정하여 일정 범위의 요소를 한꺼번에 이동시킨다는 점이 다르다. 같은 리스트 내에서의 이동도 가능하므로 이 두 원형은 x가 호출하는 객체 자신이어도 상관없다. 다음 예제는 splice 함수의 세 가지 원형을 모두 테스트하는데 주석을 풀어가면서 실행해 보자.

예 제 splice

```cpp
#include <iostream>
#include <list>
using namespace std;

template<typename C> void dump(const char *desc, C c) { cout.width(12);cout << left << desc << "==> ";
    copy(c.begin(),c.end(),ostream_iterator<typename C::value_type>(cout," ")); cout << endl; }

void main()
{
    const char *alpha="abcdefghij";
    const char *num="12345";
    list<char> la(&alpha[0],&alpha[10]);
    list<char> ln(&num[0],&num[5]);
    list<char>::iterator ita,it1,it2;

    dump("알파벳",la);dump("숫자",ln);
    ita=la.begin();ita++;ita++;
    it1=ln.begin();it1++;it1++;
    it2=ln.end();it2--;

    // 전체 이동
    //la.splice(ita,ln);

    // 앞쪽 2번째만 이동
    // la.splice(ita,ln,it1);

    // 구간 이동
    la.splice(ita,ln,ln.begin(),ln.end());

    dump("알파벳",la);dump("숫자",ln);
}
```

크기 10의 알파벳 리스트 la와 크기 5의 숫자 리스트 ln을 선언해 두고 이 두 리스트끼리 요소들을 이동해 보았다. ita가 la의 2번째 노드를 가리키도록 해 놓고 이 위치에 ln 리스트 전체를 이동해 보았다. 실행 결과는 다음과 같다.

```
알파벳          ==> a b c d e f g h i j
숫자            ==> 1 2 3 4 5
알파벳          ==> a b 1 2 3 4 5 c d e f g h i j
숫자            ==>
```

ita 자리인 c위치에 숫자리스트의 숫자들이 모두 삽입되었고 숫자 리스트는 텅 비어 있다.

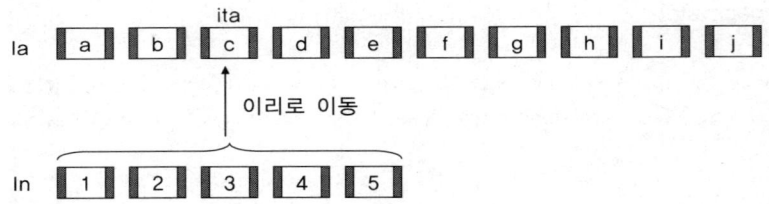

앞쪽 2번째만 이동하면 숫자 리스트의 3만 알파벳 리스트로 옮겨지며 나머지 요소들은 제자리를 그대로 유지한다. ln의 3이 b와 c사이에 링크로 연결되며 ln의 2, 4 노드끼리 연결될 것이다.

```
알파벳          ==> a b c d e f g h i j
숫자            ==> 1 2 3 4 5
알파벳          ==> a b 3 c d e f g h i j
숫자            ==> 1 2 4 5
```

구간 이동은 지정한 구간만 이동시킨다. 예제에서는 ln은 2번째 요소인 3에서부터 끝에서 1번째 요소인 4까지를 이동시켰다.

```
알파벳          ==> a b c d e f g h i j
숫자            ==> 1 2 3 4 5
알파벳          ==> a b 3 4 c d e f g h i j
숫자            ==> 1 2 5
```

전체를 이동하는 첫 번째 버전에 비해 일부만 이동된다는 차이가 있다.

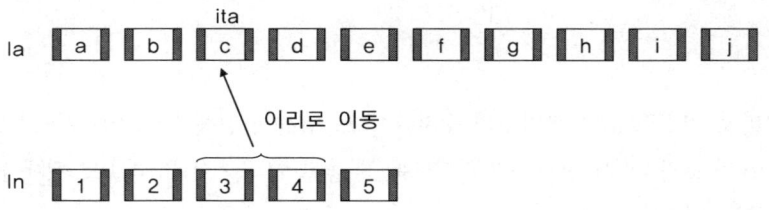

사실 전체를 이동시키는 splice(it, x)는 전체 구간을 이동하는 splice(it, x.begin(),x.end())와 동일한 함수라고 할 수 있다. 구간을 이동할 때는 구간의 시작과 끝 주변의 링크들만 조작하면 된다. 중간의 노드는 링크를 조작하지 않아도 같이 따라 갈 것이다.

40.2.4 정렬

리스트는 임의 접근 반복자를 제공하지 않으므로 정렬 속도가 대단히 느린 편이다. 그래서 sort 알고리즘 함수를 사용하지 못하며 대신 sort 멤버 함수를 사용해야 한다. sort 알고리즘은 임의 접근을 활용하는 퀵 소트로 구현되어 있는데 비해 리스트의 sort 멤버 함수는 리스트에 좀 더 특화된 알고리즘으로 작성되어 있다. 두 개의 원형이 제공된다.

```
void sort();
void sort(BinPred op);
```

인수를 받지 않는 sort 멤버 함수는 〈 연산자로 노드를 비교하여 정렬하며 조건자를 받아들이는 sort 멤버 함수는 조건자의 비교 결과대로 정렬한다. 다음 멤버 함수는 연속된 중복 요소를 제거하는데 같은 이름의 전역 함수도 있지만 멤버 함수는 리스트의 링크 구조를 활용하도록 구현되어 있다.

```
void unique();
void unique(UniPred op);
```

간단한 예제로 두 함수를 테스트해 보자.

예제 **listsort**

```
#include 〈Turboc.h〉
#include 〈iostream〉
#include 〈list〉
using namespace std;

template〈typename C〉 void dump(const char *desc, C c) { cout.width(12);cout 〈〈 left 〈〈 desc 〈〈 "==〉 ";
    copy(c.begin(),c.end(),ostream_iterator〈typename C::value_type〉(cout," ")); cout 〈〈 endl; }

void main()
{
    const char str[]="stllistcontainer";
    list〈char〉 li(&str[0],&str[sizeof(str)−1]);
```

```
    dump("원본",li);
    li.sort();
    dump("sort후",li);
    li.unique();
    dump("unique후",li);
}
```

문자의 리스트를 생성하고 정렬과 중복 원소 제거를 차례대로 해 보았다.

```
원본          ==> s t l l i s t c o n t a i n e r
sort후        ==> a c e i i l l n n o r s s t t t
unique후      ==> a c e i l n o r s t
```

문자 코드의 값을 기준으로 정렬되며 정렬 후 같은 문자가 두 번 이상 연속적으로 나오면 뒤쪽의 문자
들이 삭제된다.

리스트는 임의 접근 반복자를 제공하지 않아 일반 알고리즘을 적용할 수 없지만 sort 멤버 함수는
리스트의 링크를 최대한 활용하여 정렬을 수행한다. 그러나 아무래도 임의 접근이 가능한 반복자에 비해
비교와 교환 방법에 제약이 가해지므로 속도 차이는 날 수밖에 없다. 과연 벡터에 비해 어느 정도 느린지
속도 테스트를 해 보자.

예 제 **sortspeed**

```
#include <Turboc.h>
#include <iostream>
#include <vector>
#include <list>
#include <algorithm>
using namespace std;

const unsigned NUM=1000000;

void main()
{
    randomize();
    vector<int> vi;
    list<int> li;
```

```
    int i;
    clock_t start;

    for (i=0;i<NUM;i++) {
        vi.push_back(random(100));
        li.push_back(random(100));
    }
    cout << "키를 누르면 벡터를 정렬합니다." << endl;
    getch();
    start=clock();
    sort(vi.begin(),vi.end());
    cout << "벡터 정렬완료. 소요시간 = " << clock()-start << endl;

    cout << "키를 누르면 리스트를 정렬합니다." << endl;
    getch();
    start=clock();
    li.sort();
    cout << "리스트 정렬완료. 소요시간 = " << clock()-start << endl;
}
```

　정수형의 벡터와 리스트에 100만개의 난수를 넣어 놓고 정렬해 보았다. 시스템 속도에 따라 결과는 다르겠지만 상대적인 속도는 측정 가능하다. 개발툴과 빌드 모드에 따라서도 속도 차이가 많이 벌어지는데 단, 디버그 모드에서는 반복자의 유효성을 점검하는 코드로 인해 공정한 비교가 되지 않으므로 반드시 릴리즈 모드에서 실행해야 한다.

컴파일러	비주얼 C++ 6.0	비주얼 C++ 8.0	Dev-C++
벡터	220	280	891
리스트	2924	1222	3455

　보다시피 리스트가 벡터에 비해 작게는 4배 많게는 10배도 더 느리게 정렬된다. 요소 개수가 많아지면 차이는 더 벌어질 것이다. 정렬은 비교와 교환이 굉장히 빈번한 알고리즘이므로 조금이라도 속도를 높이려면 임의 접근이 가능해야 한다. 꼭 필요할 경우는 이 멤버 함수로 리스트를 정렬할 수는 있지만 정렬이 필요한 자료를 리스트에 저장하는 것은 애초에 선택이 잘못된 것이다.

　여기서 STL 설계의 비일관성을 엿볼 수 있는데 리스트가 구조적인 문제로 임의 접근 반복자를 제공하지 못해 정렬이 비효율적이라면 sort 멤버 함수도 아예 제공하지 않는 것이 바람직하다. 이 멤버 함수가 제공되면 내부 구조를 잘 모르는 사람은 리스트도 정렬이 잘 되는 것으로 착각하고 리스트를 정렬하려고 들 것이다. STL은 이런 비효율을 방조하고 있는 것이다. 그래도 꼭 필요할 때는 쓸 수 있어야 하므로 없는 것보다 낫다고 한다면 벡터에 push_front를 제공하지 말아야 할 이유도 전혀 없는 셈이다.

40.2.5 데크

데크(Deque)는 양쪽 끝이 있는 큐이며 양 끝에서 자료를 삽입, 삭제할 수 있다. 컴파일러에 따라 데크의 구현 방식이 다르겠지만 주로 메모리 블록을 할당하여 연결해 놓고 양쪽 끝으로 추가 할당해 나가는 방식으로 구현된다. 실제 구현을 보고 싶다면 사용 컴파일러의 deque 헤더 파일을 읽어 보면 될 것이다. 벡터와 비슷한 특성을 가지는데 양쪽에 끝이 있으므로 앞쪽에서도 삽입, 삭제가 빠르다. 그러나 이는 기능상의 차이는 아니며 속도상의 차이일 뿐인데 벡터도 insert를 사용하면 좀 느리기는 하지만 앞쪽에서 삽입, 삭제가 가능하다.

앞쪽에서도 자료의 첨삭이 가능하므로 벡터에 비해 push_front, pop_front 함수가 추가로 제공된다. 대신 성능 향상을 위해 미리 메모리를 추가 확보해 놓을 필요가 없으므로 reserve 함수가 불필요하며 확보해 놓은 용량을 조사하는 capacity 함수도 필요가 없다. 그리고 내부 구조가 다름으로 인해 삽입, 삭제시의 반복자 무효화 규칙도 차이가 난다.

앞쪽에서의 삽입, 삭제가 벡터보다 훨씬 빠르다는 이점이 있는 대신 나머지 연산들은 벡터보다 일반적으로 느리다. 조작 위치에 따라 약간의 속도차만 있을 뿐이므로 백터와 데크는 기능적으로 완전히 대체 가능하다. 앞 절에서 벡터로 만든 예제들은 거의 대부분 별다른 수정없이 데크로 바꿀 수 있는데 소스의 vector만 deque로 바꾸면 된다. 주로 뒤쪽에 추가만 한다면 벡터가 탁월한 선택이며 양쪽에서 추가, 삭제가 발생하면 데크가 더 적합하다.

벡터와 마찬가지로 임의 접근 반복자를 지원하여 STL의 모든 알고리즘과도 같이 사용할 수 있으며 [ ] 연산자로 임의 위치를 액세스하는 것도 가능하다. 제공하는 함수들의 목록과 사용 방법도 벡터와 거의 동일하다. 생성자는 완전히 같으며 연산자와 insert, delete 등의 함수들도 동일하다. 간단한 예제로 데크를 테스트해 보자.

예제 **deque**

```
#include <iostream>
#include <deque>
using namespace std;

void main()
{
    deque<int> dq;
```

```
    dq.push_back(8);
    dq.push_back(9);
    dq.push_front(2);
    dq.push_front(1);
    for (unsigned i=0;i<dq.size();i++) { cout << dq[i]; }
}
```

데크를 사용하기 위해 헤더 파일 deque를 인클루드했다. 앞에서 만들었던 리스트 예제와 동일하며 앞 뒤에서 마음대로 요소를 첨삭할 수 있다. 다만 임의 접근이 가능하므로 반복자를 쓸 필요없이 [ ] 연산자로 원하는 요소를 바로 읽을 수 있다.

41
연관 컨테이너

41.1 셋

41.1.1 pair

연관 컨테이너(Associative Container)는 키와 값처럼 관련이 있는 데이터를 하나의 쌍으로 저장하는 컨테이너이다. 맵은 키와 값의 쌍을 저장하며 셋은 키만 저장하고 값은 저장하지 않는다. 데이터를 저장할 때 아무 곳에나 저장하지 않고 검색을 고려하여 최대한 빠른 속도로 키를 찾을 수 있는 위치에 저장하므로 검색 속도가 굉장히 빠르다.

연관 컨테이너를 구현하는 방법에는 균형 잡힌 이진 트리를 사용하여 정렬된 상태로 저장하는 방법이 있고 해쉬 테이블에 저장하는 방법이 있다. 해쉬는 해쉬 함수에 의해 한 번에 자료를 찾을 수 있으므로 검색 속도가 거의 순식간이라는 장점이 있지만 성능을 높이기 위해서는 해쉬 테이블이 충분히 커야 하므로 메모리 낭비가 조금 심한 편이다. 또한 검색이 빠르기는 하지만 데이터의 분포 정도에 따라 검색 속도가 운에 좌우되는 경향이 있어 최악의 상황에는 속도가 떨어질 수도 있다.

이에 비해 이진 트리를 사용하는 방법은 메모리의 낭비가 심하지 않고 데이터의 종류에 상관없이 항상 일정한 성능을 보장하므로 훨씬 더 안정적이다. 표준 STL은 이진 트리에 정렬하는 방식으로 구현된 연관 컨테이너만 제공한다. 해쉬 연관 컨테이너는 비록 표준은 아니지만 확장 라이브러리의 형태로 제공되는 것들이 많아 원한다면 언제든지 구해서 사용할 수 있다.

정렬된 연관 컨테이너는 이진 트리에 데이터를 정렬하여 저장하고 검색할 때는 이진 트리 검색을 사용한다. 시퀀스는 지정한 자리에 삽입되며 삽입시의 순서가 그대로 유지되는데 비해 연관 컨테이너는 삽입 위치를 지정할 수 없으며 컨테이너의 내부적인 관리 규칙에 따라 자동으로 삽입 위치가 결정된다. 그래서 삽입 속도는 시퀀스보다 느리지만 검색 속도는 월등히 빠르다. 삽입할 때부터 검색하기 편한 위치를 미리 선정하므로 검색의 부담이 삽입 시점으로 옮겨진 셈이다.

연관 컨테이너는 저장 대상과 키의 중복 여부에 따라 4가지가 있다. 셋은 키만 저장하는 컨테이너이며 맵은 키와 값을 쌍으로 같이 저장한다. 셋과 맵은 키의 중복을 허용하지 않는데 멀티셋, 멀티맵은 같은 키가 두 번 이상 삽입될 수 있다.

저장 대상	키	키 + 값
중복 불허	셋	맵
중복 허용	멀티셋	멀티맵

연관 컨테이너의 반복자는 모두 양방향 반복자이다. 자료들이 항상 정렬된 상태를 유지하므로 다시 정렬할 필요가 없으며 검색이 워낙 빠르기 때문에 이분 검색을 할 필요도 없다. 언제든지 순서대로 순회하면 정렬된 결과를 얻을 수 있고 검색은 원래부터 초고속이므로 굳이 임의 접근 반복자가 필요하지도 않다.

연관 컨테이너를 연구해 보기 전에 연관 컨테이너들이 키와 값의 쌍을 표현하기 위해 사용하는 pair 구조체에 대해 알아보자. 셋과 맵 컨테이너는 둘 이상의 값을 묶어서 관리하거나 리턴할 일이 많기 때문에 pair 구조체를 종종 사용한다. 일종의 유틸리티 클래스인데 선언문도 아주 간단하다. 물론 실제 선언 형태는 컴파일러에 따라 달라진다.

```
template⟨class T1, class T2⟩
struct pair {
    typedef T1 first_type;
    typedef T2 second_type;
    T1 first;
    T2 second;
    pair() : first(T1()), second(T2()) {}
    pair(const T1& v1, const T2& v2) : first(v1), second(v2) {}
};
```

클래스 템플릿으로 되어 있는데 T1, T2 타입을 인수로 전달받아 T1 타입의 first와 T2 타입의 second 를 멤버 변수로 정의한다. 각 변수의 타입은 first_type, second_type으로 정의되어 있으며 생성자는 두 값을 받아 first와 second를 초기화한다. 디폴트 생성자도 정의되어 있는데 first, second를 각 타입 의 디폴트 생성자로 초기화한다. 구조체로 선언되어 있으므로 모든 멤버는 공개용이며 외부에서도 자유 롭게 읽고 쓸 수 있다.

두 개씩 짝을 이룬 데이터를 다룬다거나 한꺼번에 두 개의 값을 리턴하고 싶을 때 이 구조체를 사용한 다. 알다시피 함수는 한 번에 하나의 값만 리턴할 수 있으며 굳이 두 개의 값을 리턴하고 싶다면 참조 호출을 쓸 수 있지만 번거롭다. 두 값의 쌍을 포함하는 구조체를 정의하면 이 구조체를 리턴함으로써 포함된 값 두 개를 리턴하는 것과 같다. 구조체는 값으로 복사, 대입되므로 함수의 리턴 타입으로 사용할 수 있다. 다음 예제의 GetPair 함수가 이 구조체를 리턴한다.

```
#include <iostream>
#include <string>
#include <utility>
using namespace std;

typedef pair<string,double> sdpair;
sdpair GetPair()
{
    sdpair temp;
    temp.first="문자열";
    temp.second=1.234;
    return temp;
    // return make_pair("문자열",1.234);
}

void main()
{
    sdpair SD;
    SD=GetPair();
    cout << SD.first << "," << SD.second << endl;
}
```

pair 구조체를 사용하려면 utility 헤더 파일을 포함해야 하는데 STL의 다른 헤더 파일을 인클루드하면 utility 헤더 파일도 자동으로 인클루드된다. 문자열과 실수의 쌍을 표현하는 타입을 sdpair로 정의했다. GetPair 함수는 이런 구조체 하나를 리턴하는데 sdpair 안에 문자열과 실수가 같이 들어 있으므로 결국 두 개의 값을 리턴하는 것과 같다.

GetPair에서 sdpair 타입의 임시 변수 temp를 선언하고 first에 문자열을, second에 실수 하나를 넣어 리턴했다. 구조체는 값으로 리턴되므로 임시 변수를 리턴해도 상관없다. 어차피 호출하는 쪽에서 이 값을 같은 타입의 구조체로 대입받을 것이다. 임시 변수를 선언하는 것이 귀찮다면 make_pair 템플릿 함수로 first와 second에 대입될 값을 전달하여 그 결과를 곧바로 리턴할 수도 있다. GetPair는 다음과 같은 모양을 가지는 sdpair 구조체를 리턴한다.

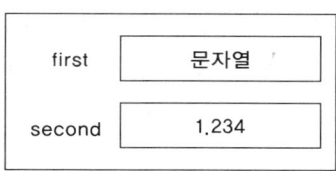

main에서는 GetPair가 리턴하는 값을 SD 지역변수에 대입받았다. SD 안에는 문자열 하나와 실수 하나가 들어 있을 것이다. 과연 두 개의 값이 잘 들어가 있나 확인해 보기 위해 SD의 first, second 멤버를 화면으로 출력해 보아라. pair는 두 값을 한꺼번에 관리할 수 있다는 면에서 편리한데 STL이 아니더라도 값의 묶음을 사용할 일이 있다면 사용해 봄직한 구조체이다.

41.1.2 셋

두 종류의 연관 컨테이너 중 상대적으로 간단한 셋부터 알아보자. 셋(Set)은 영어 단어 뜻 그대로 집합을 의미하는데 동일한 타입의 데이터를 모아 놓은 것이다. 저장하는 데이터 자체가 키로 사용되며 값은 저장되지 않는다. 동일 타입의 집합이라는 면에서는 벡터와 같지만 아무 위치에나 삽입되는 것이 아니라 정렬된 위치에 삽입된다는 점이 다르며 그래서 검색 속도가 아주 빠르다.

셋은 키의 중복을 허용하지 않으므로 같은 키를 두 번 넣을 수 없는 반면 멀티셋은 키의 중복을 허용하므로 같은 키를 여러 번 넣을 수 있다. 중복을 허용하는 집합인가 아닌가에 따라 두 컨테이너 중 하나를 선택해서 사용하면 된다. 예를 들어 주민 등록 번호의 집합이라면 중복을 허용해서는 안 되며 사람 이름 의 집합이라면 중복이 발생할 수도 있다.

:: 셋 클래스

STL의 다른 컨테이너들과 마찬가지로 셋도 템플릿으로 정의되어 있다. 셋의 템플릿 정의는 다음과 같다.

```
template〈class Key, class BinPred = less〈Key〉, class A = allocator〈Key〉 〉
class set { ... }
```

세 개의 템플릿 인수가 전달되는데 Key는 셋에 저장되는 키의 타입이다. 기본 타입은 물론이고 사용자 정의 타입에 대해서도 셋을 만들 수 있다. BinPred는 키를 정렬하기 위한 비교 함수 객체인데 디폴트는 less로 되어 있어 작은 값이 앞쪽에 배치되는 오름차순으로 정렬된다. 다른 함수 객체를 지정하면 정렬 방법을 변경할 수도 있지만 어차피 정렬 자체가 목적이 아니라 빠른 검색이 목적이므로 미만 비교만으로 도 충분하다. 마지막 인수 A는 할당기인데 역시 디폴트가 있으므로 생략 가능하다.

비교 객체와 할당기는 대개의 경우 생략하므로 셋 타입을 만들기 위해 꼭 필요한 것은 키의 타입밖에 없는 셈이다. set〈int〉는 정수형의 집합이며 set〈Time〉은 Time 객체의 집합이다. 연관 컨테이너도 시 퀀스와 마찬가지로 내부에서 사용하는 타입을 정의하는데 value_type, iterator, const_iterator, reference 등의 같은 이름을 사용한다. 이 외에 다음 세 개의 타입을 추가로 정의한다.

타입	설명
key_type	키의 타입이다. 셋은 키가 곧 값이므로 value_type과 동일하며 맵은 키와 값의 pair 타입으로 정의된다.
key_compare	키를 비교하는 함수 객체 타입이다. 디폴트는 less로 되어 있다.
value_compare	값을 비교하는 함수 객체 타입이다. 셋에서는 key_compare와 동일한 타입으로 정의되며 맵에서는 pair를 비교한다.

이중 value_compare는 사실상 셋에는 꼭 필요치 않은 타입인데 셋은 키만 저장되고 별도의 값이 없으므로 key_compare 대신 value_comapre도 쓸 수 있도록 동의어를 정의해 놓았을 뿐이다. 생성자는 세 개가 정의되어 있다.

```
explicit set(const BinPred& comp = BinPred());
set(const set& x);
set(InIt first, InIt last, const BinPred& comp = BinPred());
```

첫 번째 생성자가 디폴트 생성자인데 요소를 가지지 않는 빈 셋을 만든다. 두 번째 생성자는 복사 생성자이며 세 번째 생성자는 반복자 구간의 요소들로 셋을 생성한다. 이때 반복자 구간은 입력 반복자이기만 하면 되므로 다른 컨테이너의 구간을 가져올 수도 있다. 만약 중복된 키가 있다면 이때는 한 번만 삽입되며 멀티셋이라면 전부 삽입될 것이다. 조건자와 할당기는 원할 경우 변경할 수 있지만 대개의 경우 디폴트만 해도 무난하다.

멀티셋은 키의 중복을 허용한다는 것만 빼고는 셋과 동일하다. 클래스 이름은 multiset이며 클래스 정의문이나 생성자도 셋과 완전히 동일하다. 키의 중복이 허용되므로 키를 삽입, 삭제하는 규칙이 조금 다른데 차이점은 개별 함수에서 설명하기로 한다.

∷ 삽입, 삭제

셋에 키를 삽입할 때는 insert 멤버 함수를 사용한다. 세 가지 버전이 제공된다.

```
pair⟨iterator, bool⟩ insert(const value_type& val);
iterator insert(iterator it, const value_type& val);
void insert((iterator first, iterator last);
```

첫 번째 버전은 값 하나를 셋에 삽입하되 삽입 대상이 되는 값 val만 인수로 전달받으며 삽입 위치는 별도로 전달받지 않는다. 셋은 값이 주어지면 삽입 위치가 정렬 규칙에 의해 자동적으로 결정되므로 별도의 위치를 지정할 필요가 없다. 삽입한 결과로 삽입한 위치의 반복자와 삽입 성공 여부 두 개가 pair로 묶여 리턴된다. 셋은 중복을 허용하지 않으므로 val가 이미 존재할 경우 삽입에 실패할 수도 있다.

키 하나를 삽입하면 삽입된 위치와 성공 여부를 동시에 리턴해야 하며 그래서 pair 구조체가 리턴된다. 반복자에 실패를 뜻하는 특이값이 없기 때문에 반복자와 bool의 짝을 리턴할 수밖에 없다. insert를 호출한 후 성공 여부를 알고 싶다면 리턴된 pair의 second 멤버를 읽어 보고 이 값이 true이면 first 멤버에서 삽입된 반복자 위치를 구할 수 있다. 삽입 성공 여부나 삽입된 위치에 관심이 없다면 리턴값은 무시해도 상관없다.

셋에 비해 멀티셋은 중복이 허용되므로 첫 번째 insert 함수의 원형이 조금 다르다. 리턴 타입이 다른데 중복이 허용되므로 val이 셋에 이미 포함되어 있더라도 삽입은 항상 성공한다. 그래서 성공 여부는 리턴할 필요가 없으며 삽입된 위치를 가리키는 반복자만 리턴된다.

```
iterator insert(const value_type& val);
```

나머지 insert 함수는 셋과 멀티셋의 원형이 동일하다. 두 번째 버전의 insert는 삽입 위치를 지정하는 반복자가 인수로 전달되는데 이 반복자는 빠른 삽입을 위해 우선 검색할 시작 위치를 제공하는 힌트 역할을 할 뿐이다. 대충이라도 정렬되어 있는 컨테이너의 값을 셋에 추가한다면 매 요소에 대해 삽입 위치를 일일이 찾는 것보다 직전에 삽입된 곳에서 위치 선정을 시작하면 훨씬 더 빠를 것이다.

예를 들어 작은 값부터 큰 값을 차례대로 추가한다면 셋의 끝 부분에 배치될 확률이 높으므로 삽입 위치로 end()를 주는 것이 유리하다. 어디까지나 힌트 정보일 뿐이므로 아무 위치나 지정해도 삽입은 성공하며 제 위치를 찾아간다. 삽입할 값 val가 이미 셋에 존재한다면 삽입은 실패하며 이때는 셋 내에 이미 존재하는 val 위치가 리턴된다. 물론 멀티셋은 무조건 성공한다. 삽입에 성공했으면 삽입된 위치가 리턴된다.

세 번째 버전의 insert는 반복자 구간의 값들을 한꺼번에 삽입한다. 하나씩 삽입하는 것보다는 훨씬 더 빠르게 삽입될 것이다. 셋에 이미 삽입된 값은 물론 삽입되지 않으며 멀티셋은 키의 존재 여부에 상관없이 전부 삽입한다. 다음 예제는 셋의 생성자와 삽입 함수들을 테스트한다.

예제 **setcon**

```
#include <iostream>
#include <set>
using namespace std;

template<typename C> void dump(const char *desc, C c) { cout.width(12);cout << left << desc << "==> ";
    copy(c.begin(),c.end(),ostream_iterator<typename C::value_type>(cout," ")); cout << endl; }

void main()
{
```

```
    int ar[]={1,4,8,1,9,6,3};
    int i;
    set<int> s;
    for (i=0;i<sizeof(ar)/sizeof(ar[0]);i++) {
        s.insert(ar[i]);
    }
    dump("원본",s);

    set<int> s2=s;
    dump("사본",s2);

    const char *str="ASDFASDFGHJKL";
    set<char> sc(&str[0],&str[13]);
    dump("문자셋",sc);
}
```

셋과 멀티셋은 set 헤더 파일에 정의되어 있으므로 이 헤더 파일을 인클루드해야 한다. 실행 결과는 다음과 같다.

```
원본      ==> 1 3 4 6 8 9
사본      ==> 1 3 4 6 8 9
문자셋    ==> A D F G H J K L S
```

디폴트 생성자로 정수를 저장하는 set<int> 타입의 빈 셋 s를 생성하고 insert 함수로 ar 배열의 값을 차례대로 셋에 삽입했다. ar 배열에는 1이 두 개 있고 정렬되어 있지 않지만 셋이 중복을 허용하지 않으므로 1은 한 번만 들어가며 삽입할 때부터 정렬된 위치에 저장되므로 s는 항상 정렬 상태를 유지한다. for 루프에 의해 ar 배열의 값이 s에 삽입되는 과정은 다음과 같다.

int ar[]={1,4,8,1,9,6,3};

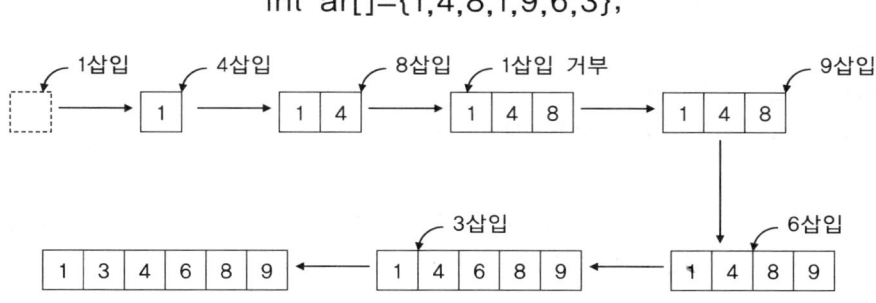

s2는 복사 생성자로 s를 복사받은 것이므로 s와 똑같은 사본으로 생성될 것이다. 내부에서는 s의 모든 요소들을 s2로 깊은 복사하여 완전한 사본을 작성한다. 똑같은 동작을 하는 대입 연산자도 정의되어 있으므로 s2를 빈 셋으로 만든 후 s2=s; 로 대입을 해도 효과는 동일하다. 물론 생성 시점에만 같을 뿐이지 s와 s2는 별개의 셋이므로 이후 완전히 독립적으로 요소들을 관리한다.

sc는 문자형 셋인데 str 문자 배열의 전 구간을 삽입했다. 입력 반복자이기만 하면 되므로 벡터나 리스트 등의 다른 컨테이너의 값들로부터 셋을 생성할 수 있다. 중복되는 값은 제거되고 문자 크기 순으로 정렬된다. ASDF 문자들이 두 번씩 있지만 결과 셋에는 하나씩만 들어간다. 위 예제의 set 클래스 이름을 multiset으로 변경하면 결과는 다음과 같아진다.

```
원본      ==> 1 1 3 4 6 8 9
사본      ==> 1 1 3 4 6 8 9
문자셋    ==> A A D D F F G H J K L S S
```

정렬은 되지만 키가 중복될 수 있으므로 삽입된 회수만큼 키가 반복적으로 나타난다. 셋에서 요소를 삭제할 때는 erase 함수를 사용한다.

```
iterator erase(iterator it);
iterator erase(iterator first, iterator last);
size_type erase(const Key& key);
```

세 가지 방식으로 삭제할 수 있는데 각각 반복자가 지정하는 요소 하나, 반복자 구간의 모든 요소 또는 특정한 키를 가지는 요소를 찾아서 삭제한다. 키를 지정하는 erase의 경우 지정한 키가 셋에 포함되어 있지 않으면 아무 것도 하지 않으며 멀티셋의 경우 같은 키값을 가지는 모든 요소를 한꺼번에 삭제한다.

:: 검색

셋에서 특정 키를 찾을 때는 다음과 같이 선언된 find 멤버 함수를 사용한다. 상수 버전과 비상수 버전이 중복 정의되어 있다.

```
iterator find(const Key& val);
const_iterator find(const Key& val) const;
```

인수로 찾고자 하는 키만 전달하면 된다. val 키가 발견되면 그 반복자를 리턴하며 없을 경우는 end() 가 리턴된다. 간단하게 예제를 만들어 보자.

setfind

```cpp
#include <iostream>
#include <set>
#include <algorithm>
using namespace std;

void main()
{
    set<int> s;
    s.insert(1);
    s.insert(2);
    s.insert(3);

    set<int>::iterator it;
    it=s.find(2);
    if (it != s.end()) {
            cout << *it << endl;
    } else {
            cout << "찾는 키가 없습니다." << endl;
    }
}
```

1, 2, 3 세 개의 정수를 넣어 놓고 2를 찾았으므로 당연히 2가 출력될 것이다. 4나 5를 검색하면 키가 없다고 출력된다. find 멤버 함수 대신 전역 find 알고리즘 함수를 사용할 수도 있는데 다음과 같이 수정해도 결과는 일단 동일하다.

```cpp
it=find(s.begin(),s.end(),2);
```

셋의 반복자가 임의 접근이 아니므로 전역 find 함수는 셋의 모든 요소를 순회하면서 순차적으로 검색 하지만 find 멤버 함수는 정렬되어 있다는 특성을 이용하여 이진 트리 검색을 하므로 훨씬 더 빠르다. 이 예제의 경우 요소가 고작 세 개밖에 없어 아무 차이도 느낄 수 없겠지만 1000개 정도만 되어도 순차 검색과 이진 검색은 엄청난 차이가 벌어질 것이다. 또한 find 알고리즘은 다음에 설명할 동등성이 아닌 동일성 개념으로 요소를 검색한다는 면에서 셋과는 어울리지 않는다.

멀티셋의 경우 find 멤버 함수로 찾으면 중간 중간을 쿡쿡 찔러가며 검색하므로 중복된 키 중 어떤 것이 검색될 지 알 수 없는데 이는 이진 검색의 일반적인 특성이다. 반면 find 전역 함수는 처음부터 순서대 로 검색하므로 항상 첫 번째 요소가 검색된다. 중복된 키 중 첫 번째 또는 마지막 요소를 찾고 싶으면

lower_bound, upper_bound 함수를 사용해야 하며 둘을 한꺼번에 조사하고 싶으면 equal_range 멤버 함수를 사용한다. equal_range는 처음과 끝 반복자의 쌍을 조사하여 리턴한다.

```
iterator lower_bound(const Key& _Key);
iterator upper_bound(const Key& _Key);
pair〈iterator, iterator〉equal_range (const Key& _Key);
```

예를 들어 다음과 같은 정수 멀티셋에서 7을 찾는다고 해 보자. 7이 다섯 개나 중복되어 있는데 호출하는 함수에 따라 어떤 7이 검색될지가 달라진다.

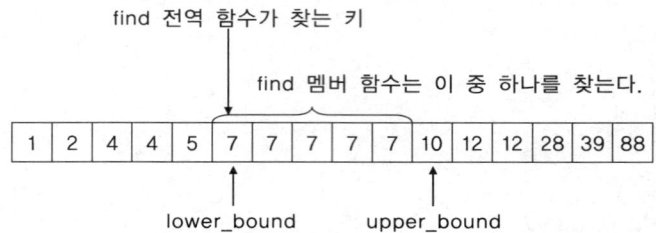

find 전역 함수와 lower_bound가 찾는 키는 우연히 같지만 이 둘의 검색 속도는 엄청난 차이가 있다. upper_bound 함수는 마지막 요소를 찾는 것이 아니라 마지막 요소의 다음을 찾는다는 점을 주의하자.

:: 셋의 활용

어떤 값의 집합을 관리하는데 중복되어서는 안 되며 **빠른** 검색으로 존재 여부를 신속하게 알고 싶을 때 셋을 사용한다. 다음 예제는 이런 예를 보여 준다.

예제 stringset

```cpp
#include 〈iostream〉
#include 〈string〉
#include 〈set〉
using namespace std;

void main()
{
    set〈string〉 s;
    string name;
    char ch;
```

```
set<string>::iterator it;

for(;;) {
    cout << "1:삽입, 2:삭제, 3:보기, 4:검색, 5:종료 => ";
    cin >> ch;
    switch (ch) {
    case '1':
        cout << "새 이름을 입력 하시오 : ";
        cin >> name;
        s.insert(name);
        break;
    case '2':
        cout << "삭제할 이름을 입력 하시오 : ";
        cin >> name;
        s.erase(name);
        break;
    case '3':
        for (it=s.begin();it!=s.end();it++) {
            cout << *it << endl;
        }
        break;
    case '4':
        cout << "검색할 이름을 입력 하시오 : ";
        cin >> name;
        cout << name << "이(가) " << (s.find(name) != s.end() ? "있":"없")
            << "습니다." << endl;
        break;
    case '5':
        return;
    }
}
}
```

이 예제의 셋 s는 문자열로 된 어떤 이름의 집합을 관리하는데 사람 이름일 수도 있고 영화 제목이나 책 제목이 될 수도 있다. 아무튼 중복되지 말아야 하는 이름의 목록을 관리하고 싶을 때 셋이 적합하다. 이름을 삽입할 때는 insert 함수만 호출하면 알아서 찾기 편한 위치에 적당히 삽입하며 만약 이미 존재하는 이름이라면 삽입은 거부된다. 삭제하고 싶을 때는 erase를 호출하는데 없는 이름이라면 아무 일도 일어나지 않을 것이다.

이름의 존재 여부를 알고 싶다면 find로 검색해 볼 수 있는데 정렬된 자료를 이진 검색하므로 셋의 크기가 아무리 커도 고속으로 존재 여부를 조사할 수 있다. 셋의 모든 요소를 출력하거나 저장하고 싶다면 begin부터 end까지 순회하면서 반복자가 가리키는 내용을 출력하면 된다. 또는 for_each 같은 알고리즘을 사용할 수도 있다. 콘솔 환경이라 메뉴 방식으로 실행된다.

```
1:삽입, 2:삭제, 3:보기, 4:검색, 5:종료 => 1
새 이름을 입력 하시오 : 박미영
1:삽입, 2:삭제, 3:보기, 4:검색, 5:종료 => 1
새 이름을 입력 하시오 : 김한슬
1:삽입, 2:삭제, 3:보기, 4:검색, 5:종료 => 1
새 이름을 입력 하시오 : 김한결
1:삽입, 2:삭제, 3:보기, 4:검색, 5:종료 => 3
김한결
김한슬
박미영
1:삽입, 2:삭제, 3:보기, 4:검색, 5:종료 => 4
검색할 이름을 입력 하시오 : 김한슬
김한슬이(가) 있습니다.
1:삽입, 2:삭제, 3:보기, 4:검색, 5:종료 => 4
검색할 이름을 입력 하시오 : 박종만
박종만이(가) 없습니다.
```

이 예제처럼 중복되지 않는 값의 집합을 직접 관리하려면 굉장히 많은 코드가 필요하다. 삽입, 삭제시 이미 존재하는 값인지 점검해야 하고 삽입 위치를 선정하려면 일일이 요소들의 대소를 비교해 봐야 한다. 이진 트리를 관리하는 코드도 정교해야 하며 이진 트리 순회만 해도 그리 간단한 작업이 아니다. 이 모든 처리를 셋이 대신하므로 우리는 자료의 관리에는 골치를 썩일 필요없이 사용자와의 인터페이스만 신경쓰면 된다. 메뉴나 출력하고 사용자의 명령을 받아 셋과 중계만 하면 되는 것이다.

이메일 주소 수집기 같은 프로그램도 셋을 쓰기에 아주 적합하다. 웹 사이트를 자동으로 돌아다니며 이메일을 수집하는 프로그램을 만든다고 해 보자. HTML 페이지에서 @ 문자가 포함되어 있고 이메일 비슷하게 생긴 문자열을 모두 모아야 하는데 이미 수집한 주소는 다시 모을 필요가 없다. 이럴 때 셋을 하나 만들어 놓고 이메일 비슷해 보이는 문자열을 추출하여 무조건 insert만 하면 나머지 작업은 셋이 알아서 처리할 것이다.

41.1.3 객체의 셋

:: 객체의 집합

앞 항에서는 셋의 개념을 설명하기 위해 정수만 주로 넣어 보았는데 셋은 템플릿이므로 정수뿐만 아니라 임의의 타입을 모두 넣을 수 있다. 이미 string을 저장하는 셋을 만들어 본 적이 있는데 잘 동작한다. 그러나 아무 타입이나 다 셋에 저장할 수 있는 것은 아니고 일정한 조건을 만족하는 객체만 저장할 수 있다. 셋은 키를 삽입할 때 항상 정렬된 위치에 삽입하는데 올바른 삽입 위치를 찾기 위해서는 비교 함수를 제공해야 한다. 간단한 클래스인 Time의 셋을 생성해 보자.

예제 **TimeSet**

```
#include <iostream>
#include <set>
#include <functional>
using namespace std;

class Time
{
protected:
    int hour,min,sec;
public:
    Time(int h,int m,int s) { hour=h;min=m;sec=s; }
    void OutTime() { printf("%d:%d:%d\n",hour,min,sec); }
    bool operator <(const Time &T) const {
        return (hour*3600+min*60+sec < T.hour*3600+T.min*60+T.sec);
    }
};

void main()
{
    set<Time> Times;
    Times.insert(Time(1,1,1));
    Times.insert(Time(9,8,7));
    Times.insert(Time(2,3,4));

    set<Time>::iterator it;
    for (it=Times.begin();it!=Times.end();it++) {
        (*it).OutTime();
    }
}
```

Time 클래스가 미만 비교 연산자인 〈를 정의하고 있는데 상등 비교나 다른 부등 비교 연산자는 꼭 정의하지 않아도 상관없다. 셋의 디폴트 비교 함수 객체인 less가 요소 객체의 〈 연산자로 비교를 수행하므로 일단은 〈 연산자만 정의되어 있으면 된다. 실행 결과는 다음과 같다.

```
1:1:1
2:3:4
9:8:7
```

요소를 삽입할 때의 순서와는 다르게 오름차순으로 잘 정렬되어 있는데 이런 정렬이 가능한 이유는 Time이 〈 연산자를 정의하여 시간 객체끼리 대소 관계를 결정할 수 있는 기능을 제공하기 때문이다. 만약 Time 클래스의 〈 연산자를 주석 처리해 버리면 엉뚱한 곳에서 에러가 발생한다.

```
struct less : public binary_function〈T, T, bool〉
{
    bool operator()(const T& Left, const T& Right) const {
            return (Left 〈 Right);
    }
};
```

셋의 insert 함수는 새로 삽입되는 키의 위치를 조사하기 위해 이미 삽입된 키와 비교하는데 이 과정에서 비교 함수 객체를 호출한다. 디폴트 비교 함수 객체가 less로 지정되어 있으므로 이 객체의 () 연산자가 호출되는데 이 연산자 본체에서는 셋의 요소 타입에 정의되어 있는 〈 연산자로 요소끼리 비교를 수행한다. 그런데 Time이 〈 연산자를 제공하지 않으므로 에러가 나는 것이 당연하다.

∷ 함수 객체 사용

Time 객체를 셋에 저장하기 위해서는 〈 연산자를 제공해야 하는데 이는 셋의 비교 함수 객체인 less가 이 연산자를 요구하기 때문이다. 만약 set의 비교 객체를 greater로 변경한다면 이때는 〈 연산자가 아닌 〉 연산자를 정의해야 한다. 앞의 예제를 다음과 같이 수정하면 오름차순으로 정렬될 것이다.

```
class Time
{
    ....
    bool operator 〉(const Time &T) const {
            return (hour*3600+min*60+sec 〉 T.hour*3600+T.min*60+T.sec);
    }
};
```

```
void main()
{
    set<Time, greater<Time> > Times;
    ....
}
```

오름차순이든 내림차순이든 어쨌든 정렬만 가능하면 셋에 저장될 수 있다. 셋이란 정렬된 자료를 기반
으로 중복 제거와 빠른 검색을 제공하는 컨테이너이므로 목적을 이루기 위해서는 비교가 필수적이다.
less, greater 같은 미리 제공되는 함수 객체 대신 사용자가 직접 만든 함수 객체 타입을 지정할 수도
있다.

예제 **TimeComp**

```cpp
#include <iostream>
#include <set>
#include <functional>
using namespace std;

class Time
{
    friend struct TimeComp;
protected:
    int hour,min,sec;
public:
    Time(int h,int m,int s) { hour=h;min=m;sec=s; }
    void OutTime() { printf("%d:%d:%d\n",hour,min,sec); }
};

struct TimeComp : public binary_function<Time,Time,bool>
{
    bool operator()(const Time &a, const Time &b) const {
        return (a.hour*3600+a.min*60+a.sec < b.hour*3600+b.min*60+b.sec);
    }
};

void main()
{
    set<Time,TimeComp> Times;
    Times.insert(Time(1,1,1));
```

```
    Times.insert(Time(9,8,7));
    Times.insert(Time(2,3,4));

    set<Time,TimeComp>::iterator it;
    for (it=Times.begin();it!=Times.end();it++) {
        (*it).OutTime();
    }
}
```

TimeComp라는 함수 객체 클래스를 정의하고 이 클래스의 () 연산자가 두 개의 Time을 받아 대소를 비교한다. TimeComp가 Time의 프라이비트 멤버를 읽어야 하므로 Time은 이 클래스를 프렌드로 지정했다.

set 템플릿의 두 번째 인수로 TimeComp 타입을 지정하면 set의 디폴트 생성자는 이 타입의 디폴트 생성자를 호출하여 비교 객체를 하나 만들고 비교가 필요할 때마다 이 함수 객체의 () 연산자를 호출할 것이다. () 연산자가 앞 예제의 < 연산자와 동일한 방법으로 Time 객체를 비교하므로 실행 결과는 일단 동일하다. 그러나 함수 객체는 다양한 방법으로 객체들을 비교할 수 있다는 면에서 훨씬 더 유연하다. 시간이야 별다른 비교 방법이 더 없겠지만 문자열의 경우 대소를 구분할 것인지 아닌지, 한글이 먼저인지 영문이 먼저인지 등의 규칙을 나름대로 지정할 수 있다. 또한 성적 구조체를 정렬해 넣는다면 총점이 같을 경우 표준편차가 작은쪽에 더 높은 점수를 주는 식으로 이차 정렬 기준을 지정할 수도 있다.

셋은 원하는 비교 방법을 마음대로 지정할 수 있도록 두 번째 템플릿 인수로 사용자가 만든 함수 객체를 받아들이며 이 객체의 비교 방식을 그대로 따른다. 템플릿의 인수로 전달되어야 하므로 단순한 함수 포인터는 사용할 수 없으며 반드시 타입으로 정의되는 클래스여야 한다. set은 비교 함수 객체를 생성해서 가지고 있다가 비교할 때 객체의 () 연산자 함수를 호출한다. 함수 객체가 함수 포인터에 비해 이런 면이 더 우월하다.

∷ 객체의 포인터 집합

셋에 임의의 타입을 요소로 저장할 수 있다고 했으므로 객체의 포인터도 셋에 저장할 수 있다. 포인터는 기본적으로 비교 연산을 제공하므로 셋의 요소가 되기 위한 요건을 만족하기는 하지만 객체의 번지를 기준으로 정렬하는 것은 실용성이 없으며 포인터가 가리키는 곳의 실제 객체를 기준으로 정렬해야 한다. 이때도 사용자가 비교 함수 객체를 직접 제공해야 한다.

예를 들어 Time형 객체가 아닌 Time의 포인터 집합을 셋에 저장한다고 해 보자. TimeSet 예제의 main 함수 코드만 다음과 같이 수정해 보자.

```
void main()
{
    set〈Time *〉 Times;
    Times.insert(new Time(1,1,1));
    Times.insert(new Time(9,8,7));
    Times.insert(new Time(2,3,4));

    set〈Time *〉::iterator it;
    for (it=Times.begin();it!=Times.end();it++) {
        (**it).OutTime();
    }
    for (it=Times.begin();it!=Times.end();it++) {
        delete *it;
    }
}
```

new 연산자로 Time 객체를 동적 할당하여 셋에 삽입하고 종료 전에 셋의 요소를 순회하면서 delete로 직접 삭제했다. 벡터와 마찬가지로 셋도 요소만 관리할 뿐 요소가 가리키는 실체까지 관리하지는 않는다. 셋에 저장된 타입이 Time *이므로 반복자가 가리키는 곳에는 Time *가 있을 뿐이다. 그래서 출력할 때도 **it로 두 번 참조해야 Time 객체를 읽을 수 있다. 무사히 컴파일은 되지만 실행 결과는 예상대로 되지 않는다.

```
1:1:1
9:8:7
2:3:4
```

정렬이 제대로 되지 않았는데 왜냐하면 포인터의 대소 관계만을 따져 정렬하기 때문이다. 일반적으로 먼저 생성된 객체가 낮은 번지에 있을 확률이 높으므로 생성된 순서대로 셋에 삽입되었는데 어디까지나 확률일 뿐이므로 실제 어떤 번지에 할당되는가에 따라 결과는 매번 달라질 것이다. 이렇게 되면 검색할 때도 포인터로 검색을 하므로 완전히 동일한 같은 번지에 있는 객체가 아닌 한은 검색되지 않는다.

우리가 원하는 바는 포인터의 번지를 기준으로 정렬하는 것이 아니라 포인터가 가리키는 곳에 있는 Time 객체의 실제값으로 정렬하는 것이다. 디폴트 비교 객체인 less는 셋 요소 타입의 〈 연산자만으로 비교하므로 less로는 원하는 대로 정렬할 수 없다. 포인터가 가리키는 실제 요소값으로 정렬하는 비교 함수 객체를 작성해야 한다. 완성된 예제는 다음과 같다.

```
#include <iostream>
#include <set>
#include <functional>
using namespace std;

class Time
{
protected:
    int hour,min,sec;
public:
    Time(int h,int m,int s) { hour=h;min=m;sec=s; }
    void OutTime() { printf("%d:%d:%d\n",hour,min,sec); }
    bool operator <(const Time &T) const {
            return (hour*3600+min*60+sec < T.hour*3600+T.min*60+T.sec);
    }
};

struct Timeless : public binary_function<const Time *,const Time *,bool> {
    bool operator() (const Time *A, const Time *B) {
            return *A < *B;
    }
};

void main()
{
    set<Time *, Timeless> Times;
    Times.insert(new Time(1,1,1));
    Times.insert(new Time(9,8,7));
    Times.insert(new Time(2,3,4));

    set<Time *, Timeless>::iterator it;
    for (it=Times.begin();it!=Times.end();it++) {
            (**it).OutTime();
    }
    for (it=Times.begin();it!=Times.end();it++) {
            delete *it;
    }
}
```

Timeless 함수 객체의 () 연산자는 Time형 포인터 둘을 인수로 전달받아 포인터가 가리키는 곳의 실체끼리 비교한다. Time 클래스가 〈 연산자를 정의하고 있으므로 포인터에 * 연산자를 적용한 객체끼리 〈 연산자로 직접 비교했다. Time에 〈 연산자를 삭제하고 Timeless가 직접 비교할 수도 있으나 이렇게 하려면 프렌드 지정이 필요하다.

41.1.4 동등성 조건

디폴트 비교 함수 객체인 less는 키 비교를 위해 〈 연산자를 사용하며 greater로 바꿀 경우는 〉 연산자가 필요하다. 비교 함수 객체를 직접 만들 때도 크다 또는 작다 둘 중의 하나로 전후 관계를 분명히 판별하는 식으로 작성해야 한다. 정렬을 위한 위치를 판별하는데 == 연산자는 별반 쓸모가 없다. 왜냐하면 이분 검색이 가능하기 위해서는 상등 비교가 아닌 대소 비교를 여러 번 해야 하기 때문이다. 정렬이란 상대적인 순서를 정하는 연산이므로 같다는 조건은 필요가 없다.

비슷한 이유로 〉=, 〈= 같은 조건도 사용할 수 없다. 이 두 조건은 실제로는 두 조건의 OR 결합이기 때문에 키의 분명한 전후 관계를 판별하는 데는 쓸 수 없기 때문이다. 〈= 연산자로 키를 비교해서 true라는 결과가 나왔다 하더라도 같아서 ture인지 작아서 true인지를 알 수 없으므로 애매모호한 것이다. 〈= 연산을 정렬 조건으로 주면 어떤 결과가 나오는지 테스트해 보자.

예제 setlessequal

```
#include 〈Turboc.h〉
#include 〈iostream〉
#include 〈set〉
using namespace std;

template〈typename C〉 void dump(const char *desc, C c) { cout.width(12);cout 〈〈 left 〈〈 desc 〈〈 "==〉 ";
    copy(c.begin(),c.end(),ostream_iterator〈typename C::value_type〉(cout," ")); cout 〈〈 endl; }

void main()
{
    randomize();
    set〈int, less_equal〈int〉 〉 s;
    for (int i=0;i〈20;i++) {
        s.insert(random(30));
    }
    dump("결과",s);
}
```

정수형 셋에 20개의 난수를 마구 집어넣어 보았다. 실행 결과는 매번 다르겠지만 대충 다음과 같이 나온다.

결과   ==〉 1 2 5 5 8 9 11 14 15 18 18 18 19 20 22 23 23 24 26 27

〈= 연산은 확정적이지 못하므로 셋이 정신을 못차리고 엉뚱한 비교를 해 대며 그러다 보니 같은 값도 다르다고 판단하여 중복 삽입되는 것이다. 그래서 셋은 〈 아니면 〉 두 연산자 중 하나로만 비교해야 한다. 둘 중 어떤 것을 쓰나 상관은 없는데 사람들은 보통 오름차순을 더 좋아하므로 디폴트 비교 객체는 less로 선택되어 있다.

그런데 이분 검색 중에 범위를 좁혀 나갈 때는 〈 미만 비교 연산자만으로도 충분하지만 검색을 할 때는 정확하게 같은 것이 있는지 조사해야 하므로 == 연산이 필요하다. 그러나 셋은 == 연산을 요구하지 않으며 대신 〈 연산의 조합으로 검색할 키를 찾는다. 여기서 동일성과 동등성의 개념이 나누어진다.

- 동일성(equality) : 두 값이 완전히 같은지 검사한다. 객체의 경우 모든 멤버가 일치해야 동일하며 주로 == 연산자를 사용한다.
- 동등성(equivalance) : 두 값이 같은 값으로 인정되는지 검사한다. 키에 해당하는 값만 비교하며 〈 연산자의 조합으로 정의된다.

동일성은 두 값이 완전히 같다는 뜻이고 동등성은 두 값이 집합의 기준에서 볼 때 같다고 인정된다는 뜻이다. STL에서 두 키 a와 b의 동등성은 다음 조건으로 점검한다.

!(a 〈 b) && !(b 〈 a)

a가 b보다 작지 않고 b가 a보다 작지 않으면 두 키가 동등하다고 인정하는 것이다. 좀 어려워 보이는 수식이지만 쉽게 얘기하면 어느 쪽도 크다고 말할 수 없을 때 두 키가 같다고 판단한다. 동등성을 표현하는 이 조건은 비교 객체가 디폴트인 less일 때의 얘기이고 좀 더 일반적으로 얘기하자면 비교 객체가 Comp일 때 다음 조건을 만족해야 두 키가 동등하다고 한다.

!Comp(a,b) && !Comp(b,a)

순서를 바꿔가며 비교해 봐도 둘 다 거짓일 때만 동등하다. 셋의 insert 함수는 삽입 위치를 결정하기 위해 동등성의 개념을 사용한다. 이 동등성의 개념이 왜 중요한지 다음 예제를 통해 알아보자.

```
#include 〈iostream〉
#include 〈set〉
#include 〈string〉
#include 〈algorithm〉
using namespace std;

class President
{
public:
    int Id;
    string Name;
    string Addr;

    President(int aId,char *aName, char *aAddr)
        : Id(aId), Name(aName), Addr(aAddr) { }
    void OutPresident() {
        printf("Id:%d, 이름:%s, 주소:%s\n",Id,Name.c_str(),Addr.c_str());
    }
    bool operator<(const President &Other) const {
        return Id < Other.Id;
    }
    bool operator==(const President &Other) {
        return (Id==Other.Id && Name==Other.Name && Addr==Other.Addr);
    }
};

void main()
{
    set〈President〉 King;
    King.insert(President(516,"박정희","동작동"));
    King.insert(President(1212,"전두환","연희동"));
    King.insert(President(629,"노태우","강북"));
    King.insert(President(3030,"김영삼","상도동"));
    King.insert(President(1234,"김대중","강남"));

    set〈President〉::iterator it;
    for (it=King.begin();it!=King.end();it++) {
        (*it).OutPresident();
```

```
        }
        President  ZeroThree(3030,"아무개","아무데나");
        it=King.find(ZeroThree);
        if (it != King.end()) {
                cout << "검색되었음" << endl;
                (*it).OutPresident();
        }
        it=find(King.begin(),King.end(),ZeroThree);
        if (it != King.end()) {
                cout << "검색되었음" << endl;
                (*it).OutPresident();
        }
}
```

President 클래스는 높으신 어른들을 표현하는데 일반적인 인물 정보라고 생각하면 될 것이다. 멤버로는 유일한 값을 보장하는 Id와 이름, 주소 등이 포함되어 있다. 실무에 사용하는 클래스라면 생년월일, 성별, 본적, 주민등록번호, 전화 번호 등등 온갖 상세한 정보들이 포함되어야 할 것이다. President는 < 연산자와 == 연산자를 제공하는데 < 연산자는 Id만으로 우선 순위를 판별하는 동등성 점검을 하고 == 연산자는 모든 멤버를 다 비교하는 동일성 검사를 하고 있다.

main에서는 President의 셋 King을 선언하고 다섯 개의 요소를 삽입한다. 별다른 비교 함수 객체를 지정하지 않았으므로 디폴트 비교 함수 객체인 less가 사용되며 따라서 실제 비교에는 객체의 < 연산자가 사용된다. < 연산자가 Id로 비교를 수행하므로 Id의 오름차순으로 정렬되며 같은 Id를 가지는 요소는 삽입이 거부된다. 일단 실행 결과를 보자.

```
Id:516, 이름:박정희, 주소:동작동
Id:629, 이름:노태우, 주소:강북
Id:1212, 이름:전두환, 주소:연희동
Id:1234, 이름:김대중, 주소:강남
Id:3030, 이름:김영삼, 주소:상도동
검색되었음
Id:3030, 이름:김영삼, 주소:상도동
```

순서를 아무렇게나 삽입했지만 Id순으로 정렬되어 들어감을 확인할 수 있다. 요소들을 전부 삽입한 후 find 멤버 함수로 3030 Id를 가지는 "아무데나"에 사는 "아무개"를 검색해 보았다. 이런 정보를 가지는 객체는 셋에 포함되어 있지 않지만 결과는 검색되었다고 나온다. 왜 이런 결과가 나오는가 하면 find 멤버 함수가 이분 검색을 하면서 < 연산자만을 사용하여 동등성을 비교하기 때문이다.

〈 연산자는 Id만을 비교하므로 3030과 크지도 않고 작지도 않으면 같은 것으로 취급한다. 이름이나 주소는 아무런 고려 대상이 되지 못한다. set이 삽입이나 검색을 위해 동일성이 아닌 동등성의 개념을 사용한다는 것을 분명히 확인할 수 있다. President 클래스에 == 연산자를 빼 버려도 이 셋은 잘 동작하는 것을 보면 셋은 == 연산을 전혀 사용하지 않음을 알 수 있다.

반면 전역 find 함수는 구현 코드를 보면 알겠지만 == 연산자로 동일한 요소를 검색한다. King 셋에는 아무데나에 사는 아무개라는 인물이 없으므로 find 전역 함수는 아무 것도 찾지 못할 뿐만 아니라 == 연산자가 없으면 제대로 컴파일되지도 않는다.

이 예제에서 Id는 요소의 키로 사용되는데 키는 중복되지 않는 성질을 가져야 한다. 사람에 대한 정보라면 주민등록번호가 키로 사용될 것이고 서적 정보라면 ISBN이 키로 사용될 것이다. 객체들은 키만 일치하면 동등한 것으로 판단하는 것이 상식적이며 나머지 요소들은 전혀 비교의 대상이 아니다. 그래서 셋은 키만을 비교하는 동등성의 개념을 사용하는 것이다.

동등성은 동일성 조건의 일부만을 칭하는 개념인데 셋에 포함되는 객체가 멤버 전체를 키로 사용하지 않을 수 있으므로 동일성이 아닌 동등성으로 정렬을 하는 것이 논리적으로 합당하다. int나 double 같은 타입은 객체 전체가 키이므로 동등성이 동일성과 같으며 이 둘을 같이 사용해도 별 상관이 없다. 사실 find 멤버 함수나 이분 검색의 최종 일치 점검을 위해 동등성보다는 동일성이 더 편리하다. 그러나 이렇게 할 경우 〈 연산자와 == 연산자가 비교의 대상을 다른 것으로 정의하면 엄청난 혼란을 야기하게 된다. 그래서 하나의 조건만으로 모든 것을 처리할 수 있는 정책을 취하는 것이 옳다.

∷ 키 변경 불가 원칙

셋은 요소를 정렬할 때 항상 키값을 기준으로 하며 검색할 때도 키값의 대소를 판별하여 이분 검색한다. 객체의 어떤 멤버가 키인가는 객체마다 다를 수 있는데 동등성 비교에 사용되는 모든 멤버가 키라고 할 수 있다. 키는 셋이 요소의 순서를 정하기 위해 사용하는 중요한 값이므로 셋에 이미 들어가 있는 키를 변경해서는 안 된다. 다음 예제를 보자.

예제 **KeyChange**

```
#include <iostream>
#include <set>
using namespace std;

template<typename C> void dump(const char *desc, C c) { cout.width(12);cout << left << desc << "==> ";
    copy(c.begin(),c.end(),ostream_iterator<typename C::value_type>(cout," ")); cout << endl; }

void main()
{
```

```
    int ar[]={1,3,2,6,4,5};
    int i;
    set<int> s;
    for (i=0;i<sizeof(ar)/sizeof(ar[0]);i++) {
        s.insert(ar[i]);
    }
    dump("최초",s);
    set<int>::iterator it;
    it=s.begin();it++;it++;it++;
    *it=99;
    dump("수정후",s);
    it=s.find(5);
    if (it!=s.end()) {
        cout << *it << endl;
    } else {
        cout << "찾는 키가 없습니다." << endl;
    }
}
```

정수형 셋 s에 1~6까지의 정수를 삽입했는데 배열에는 엉망으로 초기화되어 있지만 셋에 들어가면서 알아서 정렬될 것이다. 이 상태에서 3번째 키에 대한 반복자를 얻은 후 이 반복자 위치의 키를 99로 변경했다. 그리고 셋에 5가 있는지 검색해 보았다. 실행 결과는 다음과 같다.

```
최초      ==> 1 2 3 4 5 6
수정후     ==> 1 2 3 99 5 6
찾는 키가 없습니다.
```

삽입 직후에는 제대로 정렬되어 있지만 반복자로 키의 값을 강제로 바꾼 후에는 정렬 상태가 깨져 버렸다. 셋은 요소들이 항상 정렬되어 있다고 가정하고 동작하며 삽입할 때 스스로 정렬된 위치에 삽입한다. 그러나 이 예제처럼 키를 강제로 바꿔 버리면 셋은 무결성이 깨져 버려 이후의 어떠한 동작도 보장하지 못한다. 5가 분명히 있음에도 불구하고 없다고 오판하는 이유는 이분 검색 중에 5앞에 99를 먼저 보게 되고 99 뒤쪽에는 절대로 5가 있을 수 없다고 판단해 버리기 때문이다. 검색뿐만 아니라 이후의 삽입도 완전 엉망이 되고 만다. 한 번 무결성이 깨져 버리면 셋은 그야말로 쓰레기통이 되어 버리는 것이다.

그렇다면 셋은 이런 위험한 동작에 대해 왜 방어를 하지 못하는 것일까? begin이나 find 등 반복자를 리턴하는 멤버 함수들이 const_iterator를 리턴한다면 컴파일 중에 키값을 변경하는 것을 막을 수 있을 것이다. 그러나 이 함수들이 상수 반복자를 리턴하지 못하는 이유는 객체의 모든 값이 키가 아니기 때문이다. President 예제에 다음 코드를 작성하는 것은 완전히 합법적이다.

```
it->Addr="제주도";
```

검색 결과 찾은 객체의 주소가 제주도로 바뀌는 것은 셋의 무결성을 전혀 해치지 않는다. 뭐 살다 보면 이사를 간다거나 이름을 바꿀 수도 있는 노릇 아니겠는가? 이런 동작이 허용되어야 하므로 반복자 자체는 상수가 될 수 없는 것이다. 따라서 셋의 반복자를 사용할 때는 가급적이면 iterator 타입보다는 const_iterator 타입을 사용하는 것이 바람직하며 불가피하게 iterator 타입을 써야 한다면 키의 값을 바꾸지 않도록 알아서 조심하는 수밖에 없다. 반면 키와 값이 분리되어 있는 맵은 이 문제에 대해 확실한 안전장치를 제공한다.

만약 키를 꼭 바꾸고 싶다면 어떻게 해야 할까? 이때는 원하는 요소를 일단 삭제하고 키를 변경한 후 다시 삽입하는 방법밖에 없다. 그래야 insert 함수가 변경된 키 위치에 맞게 정렬된 위치를 찾아 제대로 삽입하며 셋은 계속 무결성을 유지할 수 있다. 요점은 셋에 이미 들어가 있는 요소의 키는 절대 바꾸어서는 안 된다는 것이다.

41.1.5 집합 연산

집합 연산 알고리즘은 합집합, 교집합, 차집합, 포함 여부 등의 집합 관련 연산 기능을 제공한다. 전역 알고리즘 함수들이라 임의의 컨테이너와 함께 사용할 수 있지만 주로 셋과 함께 사용되므로 여기서 알아 보도록 하자. 다음 다섯 가지의 함수가 제공된다.

```
OutIt set_union(InIt1 first1,InIt1 llast1, InIt2 first2, InIt2 last2, OutIt result);
OutIt set_intersection (InIt1 first1,InIt1 llast1, InIt2 first2, InIt2 last2, OutIt result);
OutIt set_difference (InIt1 first1,InIt1 llast1, InIt2 first2, InIt2 last2, OutIt result);
OutIt set_sysmmetric_difference (InIt1 first1,InIt1 llast1, InIt2 first2, InIt2 last2, OutIt result);
bool includes (InIt1 first1,InIt1 llast1, InIt2 first2, InIt2 last2);
```

대표적으로 합집합을 구하는 set_union 함수에 대해서만 알아보자. 이 함수는 두 개의 반복자 구간 first1~last1, first2~last2를 인수로 전달받아 두 구간에 속하는 요소들을 중복없이 합쳐서 result 반복 자 위치에 대입한다. 원본 반복자 구간은 입력 반복자이므로 꼭 셋일 필요는 없지만 효율적인 합집합 연산을 위해 반드시 정렬되어 있어야 한다. 정렬된 벡터나 리스트의 구간도 원본으로 사용할 수 있다.

구해진 합집합은 result 반복자가 지정하는 위치에 차례대로 대입되는데 이 반복자도 출력 기능만 제공하면 되므로 임의의 컨테이너에 결과를 저장할 수 있다. 이때 결과를 대입받을 컨테이너는 예상되는 합집합을 저장할만한 충분한 공간을 확보하고 있어야 한다. 아니면 삽입 반복자를 사용하여 입력되는 데로 컨테이너의 공간을 재할당하도록 할 수 있는데 주로 끝에 삽입하는 back_inserter가 사용된다.

나머지 함수들은 교집합, 차집합, 대칭적 차집합을 작성한다. 대칭적 차집합이란 한쪽 구간에만 있는 요소로 구성된 집합을 의미한다. includes 함수는 두 반복자 구간이 포함관계에 있는지를 조사하여 한 집합이 다른 집합의 부분집합인지를 점검한다. 모든 집합 함수들은 마지막 인수로 요소의 대소 관계를 비교하는 이항 조건자를 지정할 수 있다. 수학적으로 쉬운 개념이므로 예제를 통해 동작을 확인해 보자.

예제 setfunction

```cpp
#include <iostream>
#include <vector>
#include <set>
#include <algorithm>
using namespace std;

template<typename C> void dump(const char *desc, C c) { cout.width(12);cout << left << desc << "==> ";
    copy(c.begin(),c.end(),ostream_iterator<typename C::value_type>(cout," ")); cout << endl; }

void main()
{
    int i;
    int ar1[]={7,0,0,6,2,9,1,9,1,4,9,2,0};
    int ar2[]={9,1,7,6,0,0,4,0,5,1,8};
    set<int> s1;
    for (i=0;i<sizeof(ar1)/sizeof(ar1[0]);i++) {
        s1.insert(ar1[i]);
    }
    set<int> s2;
    for (i=0;i<sizeof(ar2)/sizeof(ar2[0]);i++) {
        s2.insert(ar2[i]);
    }

    vector<int> vu;
    set_union(s1.begin(),s1.end(),s2.begin(),s2.end(),back_inserter(vu));
    dump("합집합", vu);

    vector<int> vi;
    set_intersection(s1.begin(),s1.end(),s2.begin(),s2.end(),back_inserter(vi));
    dump("교집합", vi);

    vector<int> vd;
    set_difference(s1.begin(),s1.end(),s2.begin(),s2.end(),back_inserter(vd));
    dump("차집합", vd);
```

```
    vector〈int〉 vd2;
    set_symmetric_difference(s1.begin(),s1.end(),s2.begin(),s2.end(),back_inserter(vd2));
    dump("대칭차", vd2);
}
```

정수들이 무작위로 들어 있는 두 개의 배열로 s1, s2 두 개의 셋을 생성했는데 배열의 정수들이 중복없이 셋에 삽입될 것이다. s1, s2에 포함된 원소와 집합 관계를 밴다이어그램으로 그려보면 집합 관계가 한 눈에 시원스럽게 보인다.

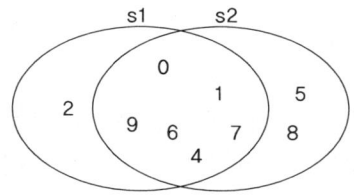

그림에 표시된 대로 두 집합의 합집합, 교집합 등을 벡터에 구했다. 삽입 반복자를 사용했으므로 결과 집합이 빈 벡터에 삽입될 것이다. 출력 결과는 다음과 같다.

```
합집합      ==〉0 1 2 4 5 6 7 8 9
교집합      ==〉0 1 4 6 7 9
차집합      ==〉2
대칭차      ==〉2 5 8
```

밴다이어그램에 있는 집합이 각각의 벡터에 구해졌다. 중학교 수준의 집합 개념만 있으면 쉽게 이해할 수 있는 함수들이다.

41.2 맵

41.2.1 맵

셋이 키의 집합만을 관리하는데 비해 맵은 키와 값의 쌍을 관리한다. 연관이 있는 두 개의 값을 쌍으로 관리한다는 점에서 진정한 연관 컨테이너라고 할 수 있다. 셋과 마찬가지로 정렬된 상태로 요소를 저장하므로 키값으로 빠르게 검색할 수 있다. 셋에 비해 값을 추가로 가진다는 차이점이 있는데 반대로 표현하면 셋은 값을 가지지 않는 맵이라고도 할 수 있다.

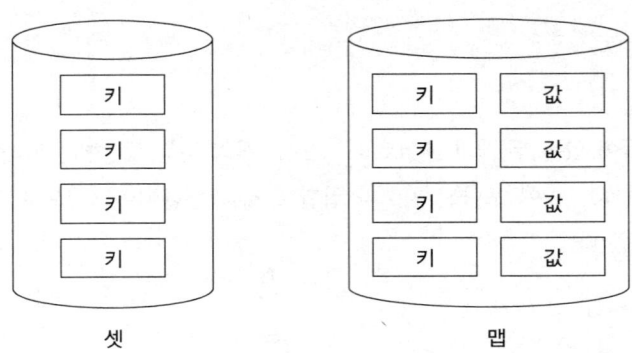

두 컨테이너 모두 키를 정렬 및 검색의 기준으로 사용한다. 그러나 값은 단순히 키와 함께 같이 저장되기만 할 뿐이지 맵의 내부적인 구성이나 관리 방법에는 전혀 영향을 미치지 않는다. 단순 맵은 키의 중복을 허락하지 않으므로 한 키에 대해 하나만 저장할 수 있는데 비해 멀티 맵은 키의 중복을 허용하므로 여러 개의 키를 저장할 수 있다. 맵은 연관있는 데이터의 관계를 표현하는데 주로 사용된다.

예를 들어 주민등록번호와 사람 이름과의 관계를 들 수 있는데 이 둘은 일대일로 대응되므로 하나의 쌍으로 볼 수 있다. 번호를 키로, 이름을 값으로 하여 하나의 짝으로 묶어서 맵에 정렬된 상태로 저장하면 번호로부터 이름을 빠르게 검색할 수 있다. 주민등록번호는 중복되어서는 안되므로 중복을 허락하지 않는 맵으로 이 관계를 표현한다.

만약 번호와 이름의 역할을 바꾸어 이름이 키가 되고 번호가 값이 된다면 이때는 멀티맵을 사용해야 한다. 왜냐하면 사람은 동명이인이 존재할 수 있으므로 이름이 같더라도 삽입 가능해야 하기 때문이다. 이 경우는 이름을 키로 하여 주민등록번호를 빠르게 검색할 수 있되 여러 개의 결과가 나올 수 있다.

맵은 연관이 있는 두 데이터의 쌍을 관리하므로 셋보다는 훨씬 더 실용적이다. STL 컨테이너 중에 벡터 다음으로 자주 사용되는 컨테이너가 맵이며 잘 활용하면 아주 복잡한 작업을 짧은 코드로 빠른 시간 안에 끝낼 수 있다.

:: 맵 클래스

맵도 여타의 STL 컨테이너와 마찬가지로 다음과 같은 클래스 템플릿으로 정의되어 있다. 멀티 맵도 이름만 다를 뿐 클래스 정의는 맵과 동일하다.

```
template<class Key, class T, class BinPred = less<Key>, class A = allocator<T> >
class map { ... }
```

셋보다 하나의 인수를 더 취하는데 키 외에 데이터에 해당하는 값의 타입을 두 번째 인수로 요구한다. 나머지 비교 함수 객체나 할당기는 셋과 동일하며 디폴트가 무난하게 지정되어 있으므로 생략 가능하다. 비교 함수의 디폴트는 less이므로 맵의 요소들은 키의 값을 기준으로 오름차순으로 정렬되어 저장된다. 키와 값의 타입은 디폴트가 없으므로 반드시 지정해야 한다. 임의의 모든 타입을 조합하여 지정할 수 있는데 정수와 문자열, 문자열과 정수, 정수와 실수 등이 가능하며 조건만 맞다면 사용자 정의 타입도 지정할 수 있다. 두 타입이 꼭 다를 필요는 없으며 같아도 상관없다.

맵이 정의하는 타입은 셋과 동일하되 key_type과 value_type이 다르게 정의되어 있으며 key_compare 와 value_compare도 다른 함수 객체이다. 셋은 키만 있고 키가 값을 겸하는 것으로 취급하므로 value_type이 key_type과 같지만 맵은 이 둘이 각각 따로이므로 다른 타입이다. 맵의 value_type은 키와 값의 pair 타입으로 정의되며 value_compare는 키값만으로 비교를 수행하는 함수 객체 타입이다. 맵의 생성자는 셋의 생성자와 완전히 동일하다.

```
explicit map(const BinPred& comp = BinPred());
map(const map& x);
map(InIt first, InIt last, const BinPred& comp = BinPred());
```

디폴트 생성자로 빈 맵을 만들 수도 있고 복사 생성자를 사용하여 이미 존재하는 맵을 복사할 수도 있다. 세 번째 생성자는 반복자 구간으로부터 맵을 생성하는데 다른 컨테이너의 구간으로부터 생성가능하다. 그러나 타입이 키와 값을 쌍으로 가지는 pair여야 하므로 실제로는 같은 타입의 맵끼리만 구간 복사가 가능하다고 할 수 있다. 구간 복사시 정렬되어 들어가며 멀티 맵이 아니면 중복된 키는 한 번만 삽입된다.

맵의 반복자는 셋과 마찬가지로 양방향 반복자이다. 어차피 정렬되어 삽입되며 멤버 함수들이 빠른 속도로 검색을 수행하므로 굳이 임의 접근 반복자가 필요치 않다.

::삽입, 삭제

맵에 요소를 추가할 때는 insert 함수를 사용하는데 셋과 원형이 완전히 일치한다. 생성자도 마찬가지 이며 앞으로 알아볼 대부분의 멤버 함수들이 셋과 동일한데 둘 다 연관 컨테이너라는 면에서 공통적이므 로 인터페이스가 동일할 수밖에 없다.

```
pair〈iterator, bool〉 insert(const value_type& val);
iterator insert(iterator it, const value_type& val);
void insert((iterator first, iterator last);
```

맵에 삽입되는 요소의 타입인 value_type은 키와 값을 쌍으로 가지는 pair 객체여야 한다. 미리 pair

객체를 준비해 놓고 삽입할 수도 있겠지만 보통은 pair의 생성자를 호출하여 임시 pair 객체를 만들어 곧바로 맵에게 전달한다. 예를 들어 문자열과 정수의 쌍을 삽입한다면 다음과 같이 한다.

```
m.insert(pair<string, int>("문자열",1234));
```

키는 "문자열"이고 값은 1234인 요소 하나가 맵에 삽입될 것이다. 삽입된 위치를 가리키는 반복자와 성공 여부를 표시하는 bool값이 pair로 묶여서 리턴되며 키가 이미 존재하면 삽입은 거부된다. 단, 멀티 맵은 키의 중복이 가능하므로 insert 함수가 bool을 리턴할 필요없이 반복자만 리턴한다.

두 번째 원형의 insert 함수는 삽입 위치에 대한 힌트를 제공하며 세 번째 insert 함수는 반복자 구간을 삽입한다. 삽입되는 요소가 pair라는 것만 빼고 사용 방법은 셋의 insert 함수와 완전히 동일하다. 맵은 insert 함수 외에 좀 더 편리한 삽입 방법을 제공하는데 [ ] 연산자와 대입 연산자로도 요소를 삽입할 수 있다. 맵의 [ ] 연산자는 다음과 같이 정의되어 있다.

```
T& operator[](const Key& k);
```

[ ] 연산자는 인수로 전달된 k를 키로 가지는 pair 객체를 생성하여 맵에 삽입하고 이 pair의 값 (pair.second)에 대한 레퍼런스를 리턴한다. 레퍼런스에 값을 곧바로 대입하기만 하면 방금 삽입한 요소의 값을 지정할 수 있다. [ ] 연산자와 대입 연산자를 사용하면 [ ] 연산자 안에 키를 지정하고 대입문의 오른쪽에 값을 적으면 쉽게 삽입할 수 있다. 앞에서 보인 insert문은 다음 대입문과 동일하다.

```
m["문자열"]=1234;
```

pair 객체를 만들 필요없이 키와 값을 곧바로 지정할 수 있어 훨씬 더 편리하고 보기에도 좋다. 또한 이 연산자는 이미 삽입되어 있는 요소의 값을 수정할 때도 사용할 수 있는데 수정하는 방법은 잠시 후에 따로 연구해 보자. 이 연산자는 맵에 의해 오버로딩되어 있으므로 배열의 첨자 연산자인 [ ]와는 의미가 완전히 다르다. 배열의 요소를 읽는 [ ] 연산자는 피연산자로 정수만 취할 수 있지만 맵의 [ ] 연산자는 키의 타입으로 지정된 타입을 취하므로 정수가 아닌 문자열이나 실수를 피연산자로 받을 수도 있다.

단, [ ] 연산자는 맵에만 정의되어 있으며 멀티 맵에는 정의되어 있지 않다. [ ] 연산자가 값의 수정에도 사용되는데 키가 중복되어 있을 경우 어떤 키에 대한 값을 리턴해야 할 지가 애매하기 때문이다. 키에 해당하는 요소가 여러 개 있다고 해서 복수 개의 값에 대한 레퍼런스를 리턴할 수는 없다. 그래서 멀티 맵에서는 값을 삽입할 때 insert 함수만 사용할 수 있으며 수정할 때도 검색 함수를 사용해야 한다.

요소를 삭제할 때는 erase 함수를 사용하는데 이 함수도 셋과 완전히 일치한다. 반복자가 지정한 요소 하나, 반복자 구간의 모든 요소, 특정한 키를 가지는 요소를 삭제할 수 있다. 멀티 맵의 경우 키를 가진 요소가 여러 개 발견되면 전부 삭제된다.

```
iterator erase(iterator it);
iterator erase(iterator first, iterator last);
size_type erase(const Key& key);
```

다음 예제는 도시명과 인구수의 쌍을 관리하는 맵을 작성하고 생성, 삽입, 삭제, 순회 테스트를 한다.

예제 citypopu

```
#include <iostream>
#include <string>
#include <map>
using namespace std;

void main()
{
    map<string,int> m;
    m.insert(pair<string,int>(string("서울"),1000));
    m.insert(pair<string,int>("부산",500));
    m["대전"]=400;
    m["대구"]=300;
    m["광주"]=200;
    m["인천"]=100;
    m["독도"]=1;

    m.erase(m.begin());
    m.erase("인천");

    map<string,int>::iterator it;
    for (it=m.begin();it!=m.end();it++) {
        cout << it->first << ":" << it->second << "만명" << endl;
    }
}
```

도시명을 키로 사용하므로 키의 타입은 string이며 인구수인 값은 정수형으로 표현되므로 타입은 int 이다. 이런 데이터의 쌍을 관리하는 맵의 타입은 map<string, int>가 된다. 이 타입의 맵 m을 디폴트 생성자로 선언하여 빈 맵을 준비했다. 맵은 삽입 방법이 조금 복잡하기 때문에 보통 빈 상태로 생성한다.

생성한 빈 맵에 도시명과 인구수의 짝을 삽입하는데 insert 함수와 [ ] 연산자를 둘 다 사용해 보았다. 서울과 부산은 insert 함수로 삽입했는데 이 함수의 인수로 pair 임시 객체를 생성하여 전달하면 된다.

키는 string 타입이지만 string이 문자열 상수에 대한 변환 생성자를 제공하므로 문자열 상수를 바로 지정할 수도 있다.

나머지 도시들은 [ ] 연산자를 사용했는데 insert보다 훨씬 더 보기 좋고 간편하다. [ ] 괄호 안에 도시명을 적고 대입문의 우변에 이 도시의 인구수를 지정하면 이 둘이 pair로 묶여 맵에 삽입된다. 7개의 도시를 삽입했는데 도시명을 키로 하여 오름차순으로 정렬되어 들어갈 것이다.

erase 함수를 테스트하기 위해 일부러 두 개의 도시를 삭제해 보기도 했다. m.begin()으로 맵의 첫 번째 요소를 구해 삭제했는데 서울을 제일 먼저 삽입했지만 정렬되어 들어가므로 begin이 리턴하는 반복자는 가나다순으로 가장 빠른 광주를 가리킬 것이다. 인천은 키값을 직접 지정하여 삭제했다. 7개 삽입하고 두 개를 삭제했으므로 맵에는 다섯 개만 남는다. 반복자로 맵을 순회하면서 키와 값을 출력해 보았다.

```
대구:300만명
대전:400만명
독도:1만명
부산:500만명
서울:1000만명
```

it 반복자는 맵의 요소 하나를 가리키고 이 요소는 문자열과 정수의 pair이므로 문자열을 읽을 때는 it가 가리키는 곳의 first를 읽어야 하며 정수를 읽을 때는 second를 읽어야 한다. pair 구조체의 두 멤버 이름이 first, second로 고정되어 있는데 맵의 요소는 first가 키이고 second가 값이다.

:: 검색

맵을 검색할 때는 find 멤버 함수를 사용한다. 상수 버전과 비상수 버전이 중복 정의되어 있다.

```
iterator find(const Key& val);
const_iterator find(const Key& val) const;
```

인수로는 검색하고자 하는 키를 전달한다. find 멤버 함수는 맵의 정렬 상태를 십분 활용하여 빠른 속도로 키값을 가진 요소를 찾아 그 반복자를 리턴한다. 만약 키가 발견되지 않으면 end가 리턴된다.

예제 **mapfind**

```
#include <iostream>
#include <string>
#include <map>
```

```
#include ⟨algorithm⟩
using namespace std;

void main()
{
    map⟨string,int⟩ m;
    m["서울"]=1000;m["부산"]=500;m["대전"]=400;m["대구"]=300;
    m["광주"]=200;m["인천"]=100;m["독도"]=1;

    map⟨string,int⟩::iterator it;
    it=m.find("부산");
    if (it == m.end()) {
            cout ⟨⟨ "맵에 없는 도시입니다." ⟨⟨ endl;
    } else {
            cout ⟨⟨ it->first ⟨⟨ "의 인구는 " ⟨⟨ it->second ⟨⟨ "만 명이다." ⟨⟨ endl;
    }
}
```

도시명과 인구수의 맵에서 부산의 인구수를 검색해 보았다. find 함수의 인수로 "부산" 문자열을 전달하면 이 키를 가진 요소가 맵의 어디쯤에 있는지 이분 검색으로 찾아내어 그 반복자를 리턴한다. 반복자의 second를 읽으면 도시명과 연관된 인구수를 알 수 있다. 문자열로 된 키를 제공하고 정수값을 검색해낸 것이다. 그래서 맵을 배열의 일반화라고도 한다. 배열은 키가 정수로 고정되어 있는 맵이며 맵은 임의의 타입을 첨자로 사용하는 배열이라고 할 수 있다.

맵의 find 멤버 함수는 있으면 어디쯤 있다, 없으면 없다는 확정적인 결과를 리턴하는데 비해 멀티맵의 find는 여러 개의 요소 중 어떤 것을 검색할지 알 수 없다. 키에 해당하는 요소가 여러 개 있을 수 있는데 그 중의 하나를 검색할 뿐이다. 여러 개의 키 중 처음이나 마지막 일치하는 요소를 찾고 싶다면 lower_bound, upper_bound 멤버 함수를 사용해야 한다. 이런 특성은 셋, 멀티셋과 같다.

맵을 검색할 때 전역 find 알고리즘은 사용할 수 없다. 위 예제의 검색 코드를 다음과 같이 수정한 후 컴파일하면 컴파일되지 않는다.

```
it=find(m.begin(),m.end(),"부산");
it=find(m.begin(),m.end(),pair⟨string,int⟩("부산",500));
```

"부산"이라는 문자열은 맵의 요소 타입과 틀리므로 컴파일되지 않는다. 맵의 요소 타입은 문자열과 정수의 쌍인 pair 객체이다. 그렇다고 해서 아래 줄처럼 pair 객체를 만들어 검색해도 역시 안 된다.

왜냐하면 pair 클래스가 == 연산자를 제공하지 않기 때문이다. 설사 == 연산자를 제공한다 하더라도 find 알고리즘은 키로부터 동등성 비교를 하는 것이 아니라 요소 전체에 대한 동일성 비교를 하므로 쓸모가 없다.

위 두 번째 줄이 문법적으로 가능하다고 해 보자. 이 검색을 하려면 부산의 인구가 500이라는 것을 이미 알고 있어야 한다는 얘기인데 이미 알고 있는 정보를 검색할 필요가 뭐가 있겠는가? 맵은 키로부터 값을 검색하는 컨테이너이므로 키만으로 검색을 수행할 수 있어야 하며 그래서 반드시 find 멤버 함수로 검색을 해야 한다. 이번에는 다음과 같이 검색 코드를 수정해 보자.

```
cout << "부산의 인구는 " << m["부산"] << "만 명이다." << endl;
```

컴파일도 잘 되고 결과도 제대로 나온다. 그러나 이 코드는 정확한 검색 코드가 아닐 뿐더러 아주 위험한데 다음과 같이 수정해 보자.

```
cout << "춘천의 인구는 " << m["춘천"] << "만 명이다." << endl;
```

[ ] 연산자의 정의에 의해 m["춘천"] 연산식은 맵에 춘천이 있는지 보고 없으면 일단 춘천을 먼저 삽입한다. 이때 키만 삽입할 수는 없으므로 값 타입의 디폴트 생성자로 값까지 만들어서 넣게 되는데 m의 값 타입은 정수이므로 int()의 결과인 0이 값으로 대입될 것이다. 그리고 값에 대한 레퍼런스가 리턴되는데 이 값이 그대로 출력되므로 춘천에 아무도 안 산다는 거짓말을 하게 된다.

평가만 해도 삽입이 되어 버려 다소 비상식적인데 이는 [ ] 연산자가 검색용으로 오버로딩되어 있지 않고 편리한 삽입을 위해 오버로딩되어 있기 때문이다. 이 연산자로 검색도 할 수 있다면 좋겠으나 한 연산자로 두 가지 일을 할 수는 없으니 STL 설계자는 삽입을 하는 것으로 선택을 한 것이다. 따라서 이 연산자의 특성을 잘 이해하고 주의하여 사용하는 수밖에 없다.

:: 수정

[ ] 연산자는 키가 없으면 삽입하지만 이미 존재할 경우는 해당 요소의 값에 대한 레퍼런스를 리턴한다. 따라서 존재하는 키에 대해서는 값을 수정하는 용도로 사용할 수 있다. mapfind 예제의 삽입문 다음에 아래의 코드를 추가해 보자.

```
m["부산"]=600;
```

부산을 키로 가지는 요소가 이미 삽입되어 있으므로 [ ] 연산자는 부산 요소의 값에 대한 레퍼런스를 리턴한다. 이 레퍼런스에 원하는 값을 대입하면 요소의 값이 변경된다. 물론 부산이 존재하지 않는다면 이 문장은 새로운 요소를 삽입하는 명령이 될 것이다. 똑같은 작업을 find 멤버 함수와 반복자로도 할 수 있다.

```
it=m.find("부산");
it->second=600;
```

부산을 가리키는 반복자를 구한 후 이 요소의 second, 즉 값에 600을 대입했으므로 부산의인구가 수정될 것이다. 맵에 저장되는 값은 정렬이나 검색의 기준으로 사용되는 것이 아니라 단순한 정보일 뿐이므로 필요할 경우 얼마든지 수정할 수 있다. 그러나 어떤 방법을 쓰더라도 키는 변경할 수 없다. 예를 들어 it가 부산을 가리킬 때 다음 코드를 실행할 수 있다고 해 보자.

```
it->first="평양";
```

부산은 정렬 기준에 의해 독도와 서울 사이에 있는데 평양으로 키가 변경되면 정렬 상태를 유지하기 위해 요소의 순서도 조정되어야 한다. 하지만 반복자는 오로지 위치만 가리킬 뿐이지 컨테이너의 내부 구조까지는 모르기 때문에 이런 조정을 할 권한도 능력도 없다. 부산이 그냥 평양으로 바뀔 뿐이며 맵의 무결성이 박살나고 이후부터 이 맵이 어떻게 동작할 지는 보장할 수 없을 것이다.

그러나 다행히 맵의 키를 수정하는 코드는 컴파일 에러로 처리된다. 맵의 요소 타입이 pair(Key, T)가 아니라 pair(const Key, T)로 되어 있어 키는 무조건 수정 불가능하다. 키는 오로지 정렬 기준으로만 사용되므로 일단 삽입되면 절대로 수정할 수 없다. 반면 셋은 이런 안전장치가 없는데 왜냐하면 키 자체 가 값이라 객체의 다른 멤버를 수정하는 것을 허락해야 하기 때문이다. 만약 맵의 키를 꼭 수정하고 싶다면 삭제했다가 다시 삽입하는 수밖에 없다.

41.2.2 맵의 활용

맵의 가장 큰 장점은 빠른 검색 속도이다. 키를 삽입할 때마다 정렬된 위치를 찾아서 삽입해야 하므로 검색을 위한 대용량의 맵을 작성하는 데는 사실 꽤 오랜 시간이 걸린다. 그러나 일단 한 번 만들어지고 나면 검색 속도는 한마디로 끝내준다. 이분 검색법을 사용하므로 10억개 중에 하나를 찾는다 해도 최악의 경우 30번 정도만 비교하면 되는 정도라 그야 말로 엄청난 속도다.

그것도 최악의 경우가 그렇고 대개의 경우 10번 안팎의 비교만으로 원하는 요소를 신속하게 찾을 수 있다. 그래서 맵은 대용량의 자료를 관리하면서 검색 속도는 빨라야 하고 또 검색을 아주 자주할 때 최적의 컨테이너라고 할 수 있다. 맵을 실용적으로 사용하는 예를 보자. 다음 예제는 DNS 서버를 흉내낸다.

```
#include <iostream>
#include <string>
#include <map>
#include <algorithm>
using namespace std;

struct {const char * first; unsigned second; } sites[] = {
    {"www.winapi.co.kr",0x10203040},
    {"www.lpacampus.com",0x20304050},
    {"www.microsoft.com",0x99999999},
    {"www.borland.com",0xbbbbbbbb},
    {"kangcom.com",0xccaabbdd},
    {"www.maxplusone.com",0x12345678},
};

void main()
{
    map<string,unsigned> dns;
    int i;

    for (i=0;i<4;i++) {
        dns[sites[i].first]=sites[i].second;
    }

    map<string,unsigned>::iterator it;
    it=dns.find("www.winapi.co.kr");
    if (it == dns.end()) {
        cout << "등록되지 않은 사이트입니다." << endl;
    } else {
        cout << it->first << "의 주소는 " << it->second << "입니다." << endl;
    }
}
```

DNS 서버란 인터넷 사이트의 URL과 IP의 쌍을 찾아 주는 서비스를 하는 서버인데 사용자들이 사이트의 실제 주소를 일일이 외울 수 없으므로 기억하기 쉬운 도메인 이름을 사용하도록 하고 DNS 서버가 도메인 이름을 실제 IP 주소로 변경해 준다. 예제에서는 고작 여섯 개의 도메인을 구조체 배열로 등록하고 있는데 실제 서버라면 이 정보를 데이터베이스에서 읽어와 맵으로 작성하거나 아니면 데이터베이스 자체가 맵 형태로 되어 있을 것이다.

인터넷에서 통용되는 도메인 주소의 개수는 그야말로 엄청나고 지금 이 순간에도 계속 늘어나고 있는 중이다. 아마 족히 백만개는 더 될텐데 이 정도의 대용량 맵을 작성하려면 꽤 오랜 시간이 걸린다. 그러나 DNS 서버는 한 번 셋팅되면 최소 몇 년, 고장나서 폐기될 때까지 버티므로 이 작업은 딱 한 번만하면 된다. 도메인 주소 정보는 보통 하루에 한 두번씩 갱신되는데 몇 개 첨삭하는 정도야 그리 어려운 일도 아니다.

DNS 서버가 받는 검색 요청은 1초에도 수백건이 훨씬 넘으며 하루 종일 죽치고 앉아서 도메인 주소 변환만 하고 있다. 하지만 검색을 위해 컨테이너가 만반의 준비를 하고 있으므로 도메인 하나의 주소를 조사하는데 걸리는 시간은 그야말로 눈깜짝할 사이도 안 된다. 컨테이너를 생성하는 속도보다는 검색 속도가 엄청나게 중요하므로 DNS 서버에게는 맵 컨테이너가 제격인 것이다.

이런 자료의 예는 일상생활에서도 아주 많이 찾아 볼 수 있는데 사전 데이터는 전부 맵으로 작성한다. 영한사전의 데이터는 영어 단어를 키로 하고 해설 문자열을 값을 하는 맵으로 구성된다. 그래서 영어 단어만 쳐 넣으면 즉각 검색 가능하다. 맵이 주로 이런 용도로 사용되기 때문에 딕셔너리라고도 부른다.

맵의 또 다른 활용예는 희소 자료를 관리할 때이다. 희소(Sparse) 자료란 대부분의 경우 기본값이고 극히 일부만 특정한 값을 가지는 자료를 의미한다. 예를 들어 국민들이 국가에 내는 기부금을 관리한다고 해 보자. 왜 가끔 김밥 팔아서 평생 모은 돈을 좋은 일에 써 달라며 국가에 헌납하는 착한 사람들이 있지 않은가? 이런 분들이 낸 기부금의 목록을 관리할 목적으로 다음과 같은 컨테이너를 작성했다.

```
vector<int> don(50000000);
don[1248576]=100000;
```

대한민국 국민은 대략 5천만명이고 누구나 기부금을 낼 가능성이 있으므로 국민 한 명당 하나씩의 기억 장소를 할당하여 5천만 크기의 정수 벡터를 작성했다. 그리고 1248576번 할머니가 10억을 기부했으면 벡터의 이 요소에 10억이라고 써 넣는 것이다. 이렇게 하면 누가 얼마를 냈는지 저장할 수 있고 임의 접근이 가능하므로 검색도 빠르다.

하지만 기억 장소의 낭비가 너무 심하다는 것이 문제다. 나같이 밥만 겨우 먹고 사는 사람은 평생을 살아도 기부금을 낼 확률이 거의 없으며 돈이 많아도 기부금을 내지 않는 사람들도 많다. 아마 대부분의 국민들은 기부금이 0일 것이다. 일부 부자이면서 착한 사람들만 국가에 헌납을 할 뿐이다. 게다가 기억 장소가 너무 거대해 알고리즘을 적용하기도 쉽지 않은데 예를 들어 전 국민의 기부금 총합을 구하려면 어쨌거나 5천만회짜리 루프를 한바퀴 돌릴 수밖에 없다. 이럴 때 맵을 사용하면 아주 기가 막힌다.

```
map<unsigned, int> don;
don[1248576]=100000;
```

국민 번호를 키로 하고 기부금을 값으로 하는 빈 맵을 만들고 기부금을 낸 사람에 대해서만 요소를 삽입한다. 기부금을 내지 않는 대부분의 사람은 맵에 들어가지도 않으므로 기억 장소가 절약되며 합산을 하려면 반복자로 기부금을 낸 사람들만 순회하면 그만이다. 누가 기부금을 냈는지 조사해 보고 싶으면 find 멤버 함수로 찾아보고 end가 리턴되면 기부금을 내지 않은 것으로 판단할 수 있다.

수학에는 희소 행렬이라는 것이 있다. 가로 세로로 아주 큰 행렬이되 대부분이 값은 0이며 아주 드물게 한 두 요소만 의미있는 값을 가지는 행렬이다. 이런 행렬도 거대한 이차원 배열로 표현하는 것보다는 맵으로 표현하는 것이 정석이다.

41.3 컨테이너 어댑터

41.3.1 스택

컨테이너 어댑터는 기존 컨테이너의 기능 중 일부만을 공개하여 기능이 제한되거나 변형된 컨테이너를 만든다. 기존 컨테이너의 구현 중 일부는 그대로 사용하되 외부에서 사용하는 인터페이스만 변경하는 것이다. STL은 스택, 큐, 우선 순위 큐 세 가지의 컨테이너를 어댑터로 제공한다.

스택이라는 자료 구조는 선형적인 기억 공간에 자료를 저장하되 반드시 넣은 역순으로 빼기(LIFO)를 할 수 있다. 그래서 기억 공간을 관리하는 능력과 넣기와 빼기 정도의 동작만 제공하면 쉽게 만들 수 있다. 임의 위치를 액세스한다거나 중간에서 삽입, 삭제하는 동작은 필요하지 않으며 스택이 이를 요구하지도 않는다.

스택은 벡터나 리스트에 비해서는 제공해야 할 기능 목록이 단순한 편인데 이런 컨테이너를 처음부터 다시 만들 필요없이 기존 컨테이너의 기능을 빌려서 구현할 수 있다. 기억 장소를 관리하는 기능은 시퀀스 컨테이너가 아주 훌륭하게 제공하고 있으므로 이 컨테이너들의 힘을 빌리고 스택은 필요한 인터페이스만 공개하면 되는 것이다. 스택의 템플릿 정의는 다음과 같다.

```
template<class T, class Cont=deque<T> >
class stack { ... }
```

두 개의 인수를 받아들이는데 스택에 들어갈 데이터 타입 T와 스택이 자료 저장을 위해 사용할 컨테이너 Cont이다. 이때 Cont는 스택의 요소 타입과 같은 타입을 저장하는 컨테이너여야 한다. Cont의 디폴트는 데크로 되어 있는데 원한다면 벡터나 리스트로 변경할 수도 있다. 시퀀스가 동적인 기억 장소 관리 기능을 제공하므로 이렇게 만들어진 스택의 크기는 사실상 무한하다고 할 수 있다.

스택이 제공하는 타입은 size_type, value_type, container_type 세 가지 밖에 없다. 이중 container_type은 스택이 자료 관리를 위해 사용하는 기본 컨테이너의 타입이며 템플릿 인수 Cont와 같은 타입이다. 생성자는 다음 하나밖에 없다.

```
explicit stack(const allocator_type& al = allocator_type());
```

인수로 할당기를 받을 수 있지만 디폴트가 지정되어 있으므로 결국 이 생성자는 인수를 취하지 않는 디폴트 생성자라고 할 수 있다. 스택은 만들자마자 비어 있어야 하므로 초기화하는 방법이 별다른 게 없는 셈이다. stack⟨T⟩ s; 식으로 저장할 타입만 템플릿 인수로 지정하면 된다.

스택의 고유한 동작은 push, pop, top 세 가지 뿐이다. 그 외의 불필요한 연산, 예를 들어 중간에 삽입, 삭제한다거나 구간 복사를 하는 기능은 숨겨서 쓸 수 없도록 되어 있다. 중간에 삽입, 삭제가 가능하면 그것은 더 이상 스택이 아니다. top은 상수, 비상수 버전이 따로 제공된다.

```
void push(const T& x);
void pop();
value_type& top();
const value_type& top() const;
```

push는 스택의 상단에 값을 추가하는데 인수로 추가할 값을 전달하면 된다. 기억 장소가 무한해서 추가는 항상 성공하므로 리턴값은 없다. pop은 상단의 값을 제거하여 버리는데 이 값은 가장 최근에 추가된 값이다. 스택에 값이 없는 상태에서는 pop을 해서는 안 되는데 pop은 리턴값이 없으므로 이런 에러를 처리할 수 없다. 대신 대부분의 컴파일러에서 빈 스택에 대해 pop을 호출하면 assert가 호출되도록 되어 있다.

top은 스택 상단의 값을 읽어 레퍼런스로 리턴한다. 상수 버전과 비상수 버전이 따로 준비되어 있다. 시스템 스택을 비롯한 일반적인 스택은 값을 읽는 함수와 버리는 함수가 따로 제공되지 않으며 pop 함수를 호출하면 제일 상단의 값을 제거하면서 리턴하도록 되어 있는데 STL의 스택은 읽는 함수와 제거하는 함수가 분리되어 있다. 스택이라는 자료 구조의 원론을 지키지 않고 있는 셈인데 임의 타입에 대해 동작해야 하기 때문이다.

만약 pop이 상단 요소를 제거함과 동시에 레퍼런스를 리턴한다고 해 보자. 이렇게 되면 이미 제거되어 버린 요소를 가리키는 무효한 레퍼런스를 리턴하는 셈이므로 논리적으로 모순이다. 레퍼런스가 유효하려면 대상체가 건재하게 남아 있어야 한다. 빼내면서 동시에 리턴하려면 값을 리턴하는 수밖에 없으며 시스템 스택은 실제로 값을 리턴한다. 그러나 STL의 스택은 int, double 같은 기본 타입뿐만 아니라 사용자 정의 타입을 포함한 임의의 타입을 다룰 수 있어야 하는데 이런 타입을 값으로 리턴하면 복사가 발생하므로 엄청난 효율 저하를 감수해야 한다.

그래서 값을 리턴하는 것은 바람직하지 않으며 어쨌든 레퍼런스를 리턴해야 하는 것이다. 요소가 아직 스택에 남아 있는 상태에서 레퍼런스를 리턴하는 top 함수를 따로 두고 다 사용한 요소를 제거하는 pop 함수를 따로 제공하면 문제가 해결된다. 상단의 값을 읽고 버리려면 일단 top으로 먼저 읽어서 사용하고 pop으로 빼서 버리는 것은 따로 해야 한다. 일반적인 기대와는 다르고 다소 번거롭지만 대신에 일반성을 얻을 수 있다.

이 외에 스택의 크기를 조사하는 size와 스택이 비어 있는지를 조사하는 empty 멤버 함수가 제공된다. 이 함수들이 스택이 제공하는 함수의 전부이다. 간단한 예제를 만들어 보자.

예 제 stack

```
#include <iostream>
#include <stack>
using namespace std;

void main()
{
    stack<int> s;

    s.push(4);
    s.push(7);
    s.push(2);

    while (!s.empty()) {
        cout << s.top() << endl;
        s.pop();
    }
}
```

정수형 스택 s를 만들고 세 개의 값을 밀어 넣은 후 다시 빼 보았다. top으로 읽고, pop으로 버리기를 스택이 빌 때까지 반복하면 된다. 템플릿의 두 번째 인수를 지정하면 s를 다음과 같이 선언할 수도 있다. 물론 사용하는 컨테이너의 헤더 파일은 적절히 인클루드해야 한다.

```
stack<int, vector<int> > s;
stack<int, list<int> > s;
```

데크나 벡터, 리스트 모두 스택을 위한 자료 관리는 충분히 제공하므로 어떤 컨테이너를 사용하나 근소한 속도 차이 외에는 별다를 게 없다. 심지어 이미 작성되어 있는 스택의 기본 컨테이너를 다른 것으로 바꿔도 잘 컴파일되고 훌륭하게 동작한다. 스택이 사용하는 인터페이스가 세 시퀀스가 제공하는 기능의 교집합으로 제한되어 있기 때문에 말썽이 생길 여지가 없다.

19장에서 C로 계산기 예제를 만들어 보았고 31장에서 다시 스택 템플릿을 이용한 계산기를 만들어 보았는데 STL의 stack 클래스를 사용해서 만들 수도 있다. 지면 관계로 인해 소스의 일부분만 보이는데 관심있는 사람은 직접 수정해 보기 바란다.

예제 **stlcalc**

```
#include 〈Turboc.h〉
#include 〈math.h〉
#include 〈stack〉
using namespace std;

....

void MakePostfix(char *Post, const char *Mid)
{
    stack〈char〉 cS;
        ....
                while (!cS.empty() && GetPriority(cS.top()) >= GetPriority(*m)) {
                        *p++=cS.top();
                        cS.pop();
                }
    ....
```

stack 헤더 파일을 인클루드하고 스택 선언문은 stack〈char〉 타입으로 수정하며 Pop을 pop과 top의 조합으로만 변경하면 된다. 그리고 GetTop()!=-1을 !empty() 호출로만 수정하면 동일하게 동작하는 실행 파일을 얻을 수 있다. 언어가 제공하는 표준 라이브러리를 사용했으므로 이해하기도 쉽고 소스 분량도 훨씬 줄일 수 있어 여러 모로 좋다.

41.3.2 큐

큐는 스택에 비해 먼저 들어간 값이 먼저 나오는(FIFO) 자료 구조이다. 자료를 관리하는 기본적인 기능은 시퀀스의 것을 그대로 재사용할 수 있으며 FIFO 원리대로 동작하기 위해 꼭 필요한 인터페이스는 다음 4가지 밖에 없다.

push, pop : 앞뒤에서 값을 추가하거나 제거한다.
front, back : 앞뒤의 값을 읽는다.

이 4개의 주요 함수와 size, empty 그리고 생성자가 큐의 함수 전부이다. 이 정도 기능만 있으면 큐를 얼마든지 사용할 수 있다. 스택과 마찬가지로 pop은 값을 제거하기만 하며 리턴하지 않으므로 front, back으로 값을 따로 읽어야 한다. 큐의 템플릿 선언은 다음과 같다.

```
template<class T, class Cont=deque<T> >
class queue { ... }
```

큐에 저장할 타입과 기본 컨테이너를 템플릿 인수로 지정하는데 디폴트 컨테이너는 데크로 되어 있다. 원한다면 리스트로 변경할 수도 있지만 벡터는 큐 구현에는 사용할 수 없다. 왜냐하면 벡터는 앞쪽에서 삽입, 삭제 기능을 제공하지 않으므로 큐 구현에는 적합하지 않기 때문이다. 간단한 컨테이너지만 그냥 넘어가면 섭섭하므로 예제나 하나 만들어 보자.

예제 **queue**

```cpp
#include <iostream>
#include <queue>
using namespace std;

void main()
{
    queue<int> q;

    q.push(1);
    q.push(2);
    q.push(3);

    while (!q.empty()) {
        cout << q.front() << endl;
        q.pop();
    }
}
```

정수를 저장하는 큐 q를 선언하고 1, 2, 3을 순서대로 삽입했다. 그리고 큐가 빌 때까지 값을 빼내 출력했는데 큐는 먼저 넣은 값이 먼저 나오는 구조를 가지고 있으므로 삽입한 순서 그대로 1, 2, 3이 출력된다.

14장에서 큐를 이용한 snake 게임을 만들어 본 적이 있는데 이 게임의 주요 자료 구조인 큐를 STL의 queue로 작성할 수도 있다. 주요 자료 구조를 라이브러리에서 가져다 쓰면 신뢰성과 효율성을 공짜로 얻을 수 있으므로 프로그래머는 게임 고유의 논리 구현에만 치중하면 된다.

41.3.3 우선 순위 큐

우선 순위 큐는 벡터와 유사하되 값을 빼 낼 때 가장 큰 값을 리턴한다는 점이 다르다. 필요한 동작은 push, pop, top 세 가지밖에 없다. 템플릿 선언은 다음과 같다.

```
template<class T, class Cont = vector<T>, class BinPred = less<Cont::value_type> >
class priority_queue { ... }
```

T는 우선 순위 큐에 저장될 타입이고 Cont는 기본 컨테이너이되 디폴트는 벡터로 되어 있다. 원할 경우 데크로 변경할 수 있지만 임의 접근이 안 되는 리스트는 쓸 수 없다. BinPred는 값의 비교에 사용할 비교 함수 객체이되 디폴트는 less로 되어 있으므로 큰 값이 가장 먼저 나온다. 생성자는 다음과 같다.

```
explicit priority_queue(const BinPred& pr = BinPred());
priority_queue(const value_type *first, const value_type *last, const BinPred& pr = BinPred());
```

비어 있는 채로 생성할 수도 있고 반복자 구간으로 다른 컨테이너에 있는 값을 채울 수도 있다. 역시 간단한 예제만 만들어 보자.

예제 **priority_queue**

```
#include <iostream>
#include <queue>
using namespace std;

void main()
{
    priority_queue<int> q;

    q.push(1);
    q.push(3);
    q.push(2);
```

```
    while (!q.empty()) {
        cout << q.top() << endl;
        q.pop();
    }
}
```

우선 순위 큐는 큐와 같이 queue 헤더 파일에 정의되어 있으므로 별도의 헤더를 가지지는 않는다. 1, 3, 2를 넣고 빼냈는데 3, 2, 1이 크기순으로 차례대로 읽혀진다. 이런 특성을 이용하면 우선 순위가 있는 자료를 다룰 때 아주 편리하다. 예를 들어 할일 목록을 관리하는 프로그램에서 할일들의 목록을 무조건 우선 순위 큐에 삽입하고 꺼낼 때는 급한 순서대로 꺼내 처리하도록 할 수 있다.

42
STL 알고리즘

STL 라이브러리는 객체 지향 기법의 일부 기능만 사용한다. 상속은 거의 사용하지 않으며 다형성은 느리다는 이유로 완전히 배제한다. 컨테이너 클래스는 내부적인 관리에 반드시 필요한 기능만을 가지며 필요한 모든 기능을 완벽하게 캡슐화하지 않는다. 컨테이너들은 알고리즘을 제공하는 전역 함수와 결합되어야 제 기능을 발휘할 수 있다.

STL의 주요 알고리즘들은 전역 함수로 제공되며 임의의 컨테이너에 대해 똑같은 방법으로 적용할 수 있다. 그래서 STL을 일반적이라고 한다. 이때 각 알고리즘과 컨테이너를 결합하기 위한 접착제로 반복자가 사용되며 상이한 컨테이너 구조에도 알고리즘이 잘 실행될 수 있도록 완충 역할을 하기도 한다. 컨테이너가 제공하는 반복자와 알고리즘이 요구하는 반복자가 다를 경우 효율상의 문제로 가끔 결합하지 못하는 조합도 있다.

대부분의 알고리즘 함수들은 algorithm 헤더 파일에 원형이 선언되어 있으므로 이 헤더를 반드시 인클루드해야 한다. 학술적으로 STL을 깊이있게 연구해 보고 싶다면 이 헤더 파일을 분석해 보는 것이 좋다. 물론 라이브러리란 어차피 남이 만든 걸 공짜로 쓰자는 취지이므로 사용만을 목적으로 한다면 굳이 그럴 필요가 없을 것이다. 그러나 때로는 장황한 설명이나 예제보다 실제 코드가 더 확실한 설명이 될 수도 있으므로 가끔은 헤더 파일을 직접 들춰 보는 것이 알고리즘을 이해하는 지름길이 될 수도 있다.

알고리즘은 기능에 따라 읽기, 변경, 정렬, 수치 4가지로 크게 분류되는데 이름으로부터 대충의 기능을 유추할 수 있다. 기능별 분류 외에 컨테이너를 직접 변경하는 것과 복사본을 생성하는 것으로 분류하기도 하고 함수 객체를 취하는 버전과 그렇지 않은 버전으로 분류하기도 한다. 이 장에서는 기능 분류순으로 알고리즘을 하나씩 실습해 보되 STL의 기본 구조와 철학을 이해하고 있다면 대부분 어렵지 않으므로 간단한 사용법과 예제 위주의 레퍼런스 형식으로 정리하기로 한다. 양이 많기 때문에 모든 함수의 사용법을 완전히 숙지하는 것은 어려우므로 제공되는 함수의 목록만 파악해 두었다가 필요할 때 참조하는 형식으로 활용하는 것이 좋다.

42.1 읽기 알고리즘

42.1.1 find

읽기 알고리즘은 컨테이너를 변경하지는 않으며 컨테이너로부터 원하는 정보를 구하기만 하는 알고리즘이다. find는 가장 기본적인 알고리즘인 검색 기능을 제공하는데 한참 앞에서 이미 소개했고 충분한 실습까지 해 보았으므로 이미 익숙할 것이다.

```
InIt find(InIt first, InIt last, const T& val);
```

입력 반복자 두 개로 검색 대상 구간을 지정하여 검색하고자하는 값을 세 번째 인수로 전달한다. first ~ last 구간에서 val 값을 가지는 요소가 있는지 검색하여 그 반복자를 리턴한다. 만약 val이 발견되지 않으면 last가 리턴된다.

예제 find

```cpp
#include <iostream>
#include <string>
#include <vector>
#include <algorithm>
using namespace std;

void main()
{
    string names[]={"김정수","구홍녀","문병대",
        "김영주","임재임","박미영","박윤자"};
    vector<string> as(&names[0],&names[7]);

    vector<string>::iterator it;
    it=find(as.begin(),as.end(),"안순자");
    if (it==as.end()) {
        cout << "없다" << endl;
    } else {
        cout << "있다" << endl;
    }
}
```

문자열 벡터에서 특정한 문자열이 있는지 검색해 보았다. 예제에서는 뻔히 없는 문자열에 대해 검색을 지시했으므로 "없다"는 결과가 출력될 것이다. find는 구간을 순차 검색하며 요소를 비교할 때는 요소 타입의 == 연산자로 비교한다. 따라서 검색을 위한 특별한 조건은 필요없지만 컨테이너에 요소가 많으면 검색 속도는 느려진다.

find는 최초로 조건을 만족하는 요소 하나만 검색하는데 만약 구간 내에 일치하는 모든 요소를 검색하고 싶다면 다음과 같이 루프를 돌리면 된다. 최초 구간의 처음에 반복자를 두고 이 반복자 이후를 검색하며 하나가 검색될 때마다 다음 위치로 이동한 후 더 이상 발견되지 않을 때까지 검색을 반복하는 것이다. 이 예제의 경우는 조건을 만족하는 요소가 하나밖에 없지만 여러 개 있다면 전부 검색될 것이다.

```cpp
vector<string>::iterator it;
for (it=as.begin();;it++) {
    it=find(it,as.end(),"김정수");
    if (it==as.end()) break;
    cout << *it << "이(가) 있다." << endl;
}
```

이 외에 마지막 인수로 조건자를 취하는 find_if 함수도 있는데 이 함수를 사용하면 완전히 일치하는 요소뿐만 아니라 원하는 조건을 만족하는 요소를 검색할 수 있다.

```cpp
InIt find_if(InIt first, InIt last, UniPred F);
```

find는 요소를 비교할 때 == 연산자를 사용하지만 find_if는 사용자가 지정한 단항 함수 객체 F로 비교한다. 구간내의 매 요소에 대해 F 함수를 호출하여 true가 리턴되는 요소를 검색하는데 F가 어떤 식으로 비교를 수행하는가에 따라 다양한 방식으로 요소값을 점검할 수 있다. 완전히 일치하는 것뿐만 아니라 부분 일치나 포함 여부 등으로도 검색 가능하다. 다음 예제는 이름에 "영"자가 포함된 사람들을 검색한다.

예제 find_if

```cpp
#include <iostream>
#include <string>
#include <vector>
#include <algorithm>
using namespace std;

bool HasYoung(string who)
{
```

```
        return (who.find("영") != string::npos);
}

void main()
{
    string names[]={"김정수","구홍녀","문병대",
        "김영주","임재임","박미영","박윤자"};
    vector<string> as(&names[0],&names[7]);

    vector<string>::iterator it;
    for (it=as.begin();;it++) {
            it=find_if(it,as.end(),HasYoung);
            if (it==as.end()) break;
            cout << *it << "이(가) 있다." << endl;
    }
}
```

HasYoung 함수는 문자열을 인수로 전달받아 "영"이라는 부분 문자열이 포함되어 있는지 검사하여 그 결과를 리턴하며 find_if는 이 함수가 true를 리턴하는 요소를 검색한다. find가 ==로 완전히 같은 요소만 비교하는데 비해 find_if는 조건을 직접 점검할 수 있으므로 훨씬 더 일반화된 검색이 가능하다. 실행 결과는 다음과 같다.

```
김영주이(가) 있다.
박미영이(가) 있다.
```

함수 포인터 대신 () 연산자를 정의하는 함수 객체를 사용할 수도 있는데 다음과 같이 수정해도 결과는 동일하다.

```
struct HasYoung {
    bool operator()    (string who) const {
            return (who.find("영") != string::npos);
    }
};

it=find_if(it,as.end(),HasYoung());
```

이 방법에 대해서는 앞 장에서 이미 충분히 연구를 해 보았는데 이후 가급적이면 소스가 짧은 쪽으로 예제를 작성하기로 한다. 다음 함수는 반복자 구간에서 인접한 두 요소가 같은 값을 가지는 위치를 검색한다.

```
FwdIt adjacent_find(FwdIt first, FwdIt last [, BinPred F]);
```

함수의 원형을 표기하는 방법에 대해서는 앞 장에서도 설명을 한 적이 있는데 레퍼런스만을 읽는 사람들을 위해 다시 한 번 더 반복하기로 한다. 이 책에서는 짧게 표기하기 위해 축약된 원형을 사용하는데 문서상의 정확한 원형은 이보다 훨씬 더 복잡하게 작성되어 있다. 알고리즘 함수들은 예외없이 템플릿으로 정의되어 있으므로 다음과 같이 원형을 표기하는 것이 원론적이다.

```
template<class ForwardIterator>
ForwardIterator adjacent_find(
    ForwardIterator _First,
    ForwardIterator _Last
);
template<class ForwardIterator, class BinaryPredicate>
ForwardIterator adjacent_find(
    ForwardIterator _First,
    ForwardIterator _Last,
    BinaryPredicate _Comp
);
```

템플릿 인수의 이름이 너무 설명적으로 작성되어 있어 원형이 굉장히 길다. 매번 이렇게 템플릿 정의문을 일일이 밝히는 것은 귀찮고 외우기에도 너무 길기 때문에 반복자와 함수 객체에 대해서는 InIt, RanIt, UniOp, BinPred 등의 짧은 약자를 사용하며 반복자 구간을 표시하는 형식 인수의 이름도 first, last로 통일하였다. 이 약자에 대해서는 앞 장에서 이미 설명을 한 바 있다.

또한 조건자를 취하는 버전과 그렇지 않은 버전이 중복 정의되어 있어 조건자는 생략 가능한데 이런 인수에 대해서는 [ ] 괄호로 생략 가능함을 표기하기로 한다. 함수 객체는 포인터의 NULL처럼 지정되지 않았다는 특이값이 존재하지 않으므로 디폴트 인수 기능을 사용할 수 없어 두 원형으로 따로 정의할 수밖에 없다. 이후의 원활한 학습을 위해 표기법에 대해 부연 설명을 했다.

조건자가 없는 함수는 인접한 두 요소를 == 연산자로 비교하므로 두 요소가 같은 위치를 찾는다. adjacent_find는 구간을 순회하면서 앞뒤의 요소값이 같은 위치를 찾아 앞쪽 반복자의 위치를 리턴한다. 인접한 두 요소가 같은 것이 없으면 last가 리턴된다. 다음 예제는 벡터에서 같은 값이 두 번 연속으로 나오는 위치를 검색한다.

```
#include 〈iostream〉
#include 〈vector〉
#include 〈algorithm〉
using namespace std;

void main()
{
    int ari[]={1,9,3,6,7,5,5,8,1,4};
    vector〈int〉 vi(&ari[0],&ari[9]);

    vector〈int〉::iterator it;
    it=adjacent_find(vi.begin(),vi.end());
    if (it != vi.end()) {
            printf("두 요소가 인접한 값은%d입니다.\n",*it);
    }
}
```

정수 벡터에서 인접 요소를 검색했는데 보다시피 5가 두 개 연속적으로 들어 있다. adjacent_find로 검색한 결과 앞쪽 5의 반복자가 리턴될 것이다.

두 요소가 인접한 값은 5입니다.

조건자가 있는 함수를 사용하면 == 연산자 대신 조건자 함수 객체를 사용하여 두 요소의 조건을 점검하는데 이 함수의 비교 방식에 따라 앞쪽 요소가 더 큰 최초의 쌍, 인접한 값이 2배되는 쌍, 서로 소인 쌍 등을 검색할 수도 있다. 두 요소의 어떠한 관계든지 검색 가능하다. 예제를 다음과 같이 수정해 보자.

```
bool divisor(int a, int b)
{
    return (a%b == 0);
}
    ....
    it=adjacent_find(vi.begin(),vi.end(),divisor);
    if (it != vi.end()) {
            printf("최초로 발견된 약수 관계는 %d,%d입니다.\n",*it,*(it+1));
    }
```

divisor 함수는 두 정수 a, b를 전달받아 a가 b로 나누어 떨어지는 지를 검사한다. adjacent_find로 divisor 조건자를 지정하면 앞 요소가 뒷 요소의 배수(뒷 요소가 앞 요소의 약수)인 최초의 쌍을 검색할 것이다. 예제에서는 이 조건을 만족하는 최초의 값이 9와 3이다. 만약 이 조건을 만족하는 모든 쌍을 검색하고 싶다면 루프를 돌리면 된다. 다음 예제는 문자열 중 이중 공백을 찾는다.

예제 **adjacent_find2**

```cpp
#include <iostream>
#include <algorithm>
using namespace std;

bool doublespace(char a, char b)
{
    return (a==' ' && b== ' ');
}

void main()
{
    const char *str="기다림은  만남을 목적으로 하지 않아도  좋다.";

    const char *p,*pend=&str[strlen(str)];
    for (p=str;;p++) {
        p=adjacent_find(p,pend,doublespace);
        if (p==pend) break;
        cout << p-str << "위치에 이중 공백이 있습니다." << endl;
    }
}
```

문장을 쳐 넣다 보면 실수로 공백을 두 번 입력하는 경우도 있는데 인접한 두 문자가 공백이면 그 위치를 출력하도록 했다. find에 비해 인접한 두 요소의 값을 한꺼번에 검사해 볼 수 있다는 점이 다르다.

```
8위치에 이중 공백이 있습니다.
37위치에 이중공백이 있습니다.
```

다음 함수는 첫 번째 반복자 구간에서 두 번째 반복자 구간 중 하나가 최초로 발견되는 지점을 찾는다. 각 구간은 물론 순방향 반복자를 지원하는 임의의 컨테이너를 지시할 수 있으므로 벡터에서 리스트의 한 요소를 검색하거나 반대로도 검색할 수 있다.

Fwdlt1 find_first_of(Fwdlt1 first1, Fwdlt1 last1, Fwdlt2 first2, Fwdlt2 last2 [, BinPred F]);

이 함수는 첫 구간의 모든 요소와 두 번째 구간의 모든 요소에 대해 이중 루프를 돌며 두 값이 조건을 만족하는지 검사한다. 디폴트 조건은 == 이지만 마지막 인수로 이항 조건자를 지정하면 원하는 조건을 지정할 수 있다.

예제 find_first_of

```
#include <iostream>
#include <vector>
#include <algorithm>
using namespace std;

void main()
{
    int ar1[]={3,1,4,1,5,9,2,6,5,3,5,8,9,7,9,3,2,3,8,4,6,2,6,4,3};
    int ar2[]={2,4,6,8,0};

    int *p=find_first_of(&ar1[0],&ar1[25],&ar2[0],&ar2[4]);
    if (p!=&ar1[25]) {
            printf("최초의 짝수는 %d번째의 %d입니다.\n",p-ar1,*p);
    }
}
```

두 개의 정수 배열을 선언하고 ar1에서 ar2에 있는 값 중 하나가 발견되는 최초의 지점을 찾는다. 예제에서 ar2에 모든 짝수를 나열해 두었으므로 ar1의 최초로 짝수인 수가 검색될 것이다.

최초의 짝수는 2번째의 4입니다.

여러 개의 조건 중 하나라도 만족하는 요소를 검색하고 싶을 때 이 함수를 사용한다. C 표준 문자열 함수 중 strpbrk와 유사한데 최초로 나타나는 모음을 검색한다거나 공백으로 인정될만한 문자들을 검색할 때 이 함수가 사용된다. find_first_of는 임의 타입의 컨테이너에 대해 사용할 수 있으므로 훨씬 더 활용 범위가 넓다.

42.1.2 search

다음 함수들은 반복자 구간에서 다른 구간 전체가 발견되는 지점을 검색한다. 문자열에서 부분 문자열의 최초 위치를 검색하는 strstr 함수와 유사한 동작을 하되 임의 타입에 대해 부분 검색이 가능하다는 점에서 훨씬 더 일반적이다.

```
Fwdlt1 search(Fwdlt1 first1, Fwdlt1 last1, Fwdlt2 first2, Fwdlt2 last2 [, BinPred F]);
Fwdlt1 find_end(Fwdlt1 first1, Fwdlt1 last1, Fwdlt2 first2, Fwdlt2 last2 [,BinPred F]);
Fwdlt1 search_n (Fwdlt1 first1, Fwdlt1 last1, Size count, const Type& val[, BinPred F]);
```

first1~last1 전체 구간에서 first2~last2 구간과 일치하는 패턴을 찾아 그 반복자를 리턴한다. search 는 전체 구간의 앞쪽에서부터 검색을 하고 find_end는 전체 구간의 뒤쪽에서부터 검색을 한다. 두 함수 가 검색 시작 방향만 틀릴 뿐이다. find_end의 이름을 search_end나 search_reverse로 지었다면 훨씬 더 이해하기 쉬웠을 텐데 함수의 이름이 다소 부적절하게 붙여져 있다.

부분 검색이 논리적으로 의미가 있으려면 전체 구간이 부분 구간보다는 더 길어야 한다. 그렇지 않으면 검색은 항상 실패할 것이다. 전체 구간을 끝까지 검색했는데 부분 구간이 발견되지 않으면 last1이 리턴 된다. search_n은 반복자 구간에서 val 값이 count번 연속으로 나타나는 지점을 찾는다.

예 제 search

```
#include <iostream>
#include <vector>
#include <algorithm>
using namespace std;

void main()
{
    int ar1[]={3,1,4,1,5,9,2,6,5,3,5,8,9,9,9,3,2,3,1,5,9,2,6,4,3};
    int ar2[]={1,5,9};

    int *p;
    p=search(&ar1[0],&ar1[25],&ar2[0],&ar2[3]);
    if (p!=&ar1[25]) {
        printf("%d번째에서 구간이 발견되었습니다.\n",p-ar1);
    }
    p=find_end(&ar1[0],&ar1[25],&ar2[0],&ar2[3]);
    if (p!=&ar1[25]) {
        printf("%d번째에서 구간이 발견되었습니다.\n",p-ar1);
    }
    p=search_n(&ar1[0],&ar1[25],3,9);
```

```
    if (p!=&ar1[25]) {
        printf("%d번째에서 3연속의 9를 발견했습니다.\n",p-ar1);
    }
}
```

정수 배열 ar1에 일련의 정수를 초기화해 놓고 이중 1,5,9가 연속으로 나타나는 구간이 있는지 검색해 보았다.

3번째에서 구간이 발견되었습니다.
18번째에서 구간이 발견되었습니다.
12번째에서 3연속의 9를 발견했습니다.

ar1에는 1,5,9가 두 번 나타나는데 search는 앞쪽의 1,5,9 구간을 찾고 find_end는 뒤쪽의 1,5,9 구간을 찾는다.

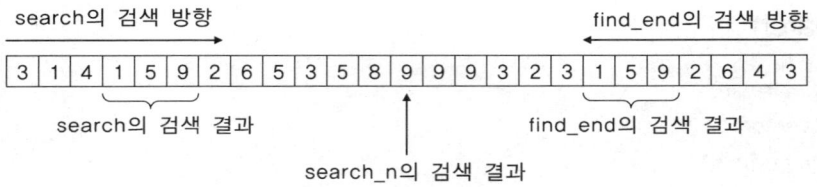

순방향으로 검색한다면 search 함수를 사용하고 역방향으로 검색한다면 find_end 함수를 사용하면 된다. find_end를 문자열에 대해 적용하면 역방향으로 단어 찾기를 수행할 수 있을 것이다. 참고로 요소 하나를 찾는 find 함수는 역방향 검색 함수가 따로 존재하지 않는다. 그렇다고 해서 역방향 검색을 하지 못하는 것은 아니고 역방향 반복자를 사용하면 끝에서부터 앞쪽으로 검색할 수 있다.

search_n은 9가 3번 연속으로 나오는 구간을 찾는다. 조건자를 주면 특정 조건을 연속적으로 만족하는 구간을 찾을 수 있는데 예를 들어 연속적으로 배수 관계를 만족하는 일련의 요소 그룹을 찾을 수 있다.

42.1.3 for_each

for_each 함수는 지정 구간을 반복하면서 지정한 작업을 수행한다.

UniOp for_each(InIt first, InIt last, UniOp op);

first~last 사이의 구간을 순회하면서 op 함수 객체를 호출한다. 리턴값은 함수 객체인데 보통 무시한다. for_each는 루프를 돌리는 역할밖에 하지 않으므로 구체적인 동작을 하는 함수 객체가 반드시 필요하다. op는 순회 중의 반복자가 가리키는 요소값 하나를 전달받는 단항 함수 객체이며 전달받은 값에 대해 무슨 짓이든지 할 수 있으므로 사실 가장 일반화된 알고리즘이라고 할 수 있다.

순회하면서 특정 작업을 하고 싶다면 직접 루프를 돌리지 말고 이 함수를 사용하면 된다. for_each는 루프를 알고리즘 안으로 숨기는 역할을 하는데 제어 변수를 선언하고 초기식, 조건식을 지정하는 번거로운 작업을 대신한다고 생각하면 된다. 순회 중에 요소값을 출력할 수도 있고 검색할 수도 있고 조건을 만족하는 요소의 개수를 조사할 수도 있다. find, find_if, count 등등 순회하면서 어떤 일을 하는 대부분의 알고리즘을 이 함수로 구현할 수 있는 셈이다.

for_each는 분류상 읽기 알고리즘에 속하는데 다른 읽기 알고리즘과는 달리 요소를 변경할 수도 있다. 순회 중에 요소값을 바꾼다거나 요소가 가리키는 대상체를 삭제할 수도 있다. 그래서 포인터의 컨테이너에서 요소의 메모리를 정리할 때 흔히 사용된다. 그러나 요소의 내용물만 건드릴 수 있을 뿐 컨테이너 자체를 변경하지는 못하므로 여전히 읽기 알고리즘이다.

예제 for_each

```
#include <iostream>
#include <string>
#include <vector>
#include <algorithm>
using namespace std;

void func(string str)
{
    cout << str << endl;
}

void main()
{
    vector<string> vs
    vs.push_back("로보트 태권 브이");
    vs.push_back("들장미 소녀 캔디");
    vs.push_back("바보 온달과 평강 공주");
    vs.push_back("독수리 오형제");

    for_each(vs.begin(),vs.end(),func);
}
```

문자열들이 저장되어 있는 벡터를 처음부터 끝까지 순회하면서 화면으로 출력해 보았다. for_each의 세 번째 인수 func로 반복자 구간의 각 요소가 순서대로 전달되며 func은 이 값을 받아 화면으로 출력했다.

사실 요소값을 출력하기 위해 꼭 for_each를 사용해야만 하는 것은 아니다. 출력 스트림 반복자와 copy 알고리즘을 사용하면 단 한 줄로 벡터의 모든 요소를 화면으로 출력할 수 있다. for_each는 최고의 일반성을 제공하기는 하지만 for_each로 할 수 있는 작업의 대부분은 이미 더 편리한 알고리즘으로 제공되므로 가급적이면 용도에 맞는 알고리즘을 골라 사용하는 것이 좋다.

for_each가 특수화된 다른 알고리즘과 다른 점이라면 일단 순회를 시작하면 멈출 방법이 없다는 것이다. 전체 구간을 한바퀴를 다 돌아야 끝이 나며 모든 요소를 무조건 한 번씩 방문해야 한다. 그래서 for_each로 검색을 구현하는 것은 적당하지 않은데 검색이란 원하는 걸 찾았으면 즉시 중단해야 하기 때문이다. 물론 전부 다 색출하기 작업을 한다면 for_each가 더 어울릴 수도 있다.

42.1.4 equal

equal 함수는 두 개의 반복자 구간을 비교하여 두 구간이 완전히 일치하는지 아닌지를 검사한다.

bool equal(InIt1 first1, InIt1 last1, InIt2 first2 [, BinPred F]);

first1~last1 사이의 구간과 first2 이후의 구간에 있는 요소들을 일대일로 비교해 보고 모든 요소가 일치하면 true를 리턴하고 하나라도 틀리면 false를 리턴한다. 두 번째 구간은 시작 위치를 지정하는 반복자만 전달되고 끝 반복자는 전달되지 않는데 두 번째 구간도 첫 번째 구간과 길이가 같다고 가정한다. 구간끼리 비교할 때는 어차피 같은 크기의 구간을 비교하는 경우가 압도적으로 많으므로 이 가정에는 별 무리가 없다.

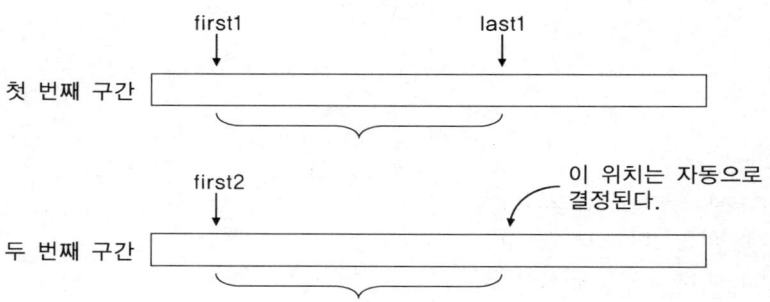

두 개의 똑같은 구간을 전달받는 함수들은 보통 두 번째 구간의 길이를 전달받는 인수가 따로 없고 첫 번째 구간의 길이를 사용한다. 두 반복자 구간은 반드시 같은 컨테이너에 소속될 필요는 없으며 컨테이너의 타입이 달라도 상관없다. 즉, 벡터와 리스트끼리도 비교 가능하다는 얘기인데 함수 원형에 보다시피 InIt1, Init2 등으로 반복자 타입이 다를 수 있다는 것이 표기되어 있다. 어떤 컨테이너의 반복자이든 지 입력만 가능하면 구간 비교 연산을 수행할 수 있다.

반복자 구간의 대응되는 요소끼리 비교할 때 디폴트로 == 연산자를 사용하도록 되어 있어 동일성 비교를 수행하는데 특별한 비교 방식을 사용하고 싶다면 이항 조건자 F를 제공한다. 이 함수 객체는 대응되는 두 요소를 인수로 전달받아 원하는 방법으로 비교한 후 두 요소가 같으면 true를 리턴한다. 객체의 일부 멤버만 비교할 수도 있고 어느 정도의 오차를 무시할 수도 있다.

예제 **equal**

```cpp
#include <iostream>
#include <vector>
#include <algorithm>
using namespace std;

void main()
{
    int ari[]={8,9,0,6,2,9,9};
    vector<int> vi(&ari[0],&ari[7]);

    if (equal(&ari[0],&ari[7],vi.begin())) {
        puts("두 구간은 동일하다");
    } else {
        puts("두 구간은 틀리다.");
    }
}
```

정수 배열로부터 정수 벡터를 만들고 이 두 컨테이너가 동일한지 비교했으므로 비교 결과는 당연히 같은 것으로 나올 것이다. 벡터 초기화 후에 ari[5]=99; 대입문으로 배열의 요소 하나를 변경해 놓고 비교하면 틀리다는 결과가 출력된다. equal은 전체가 같아야만 true를 리턴하며 단 하나라도 틀리면 결과는 false이다. 함수 객체를 지정하면 두 요소가 같다는 조건을 마음대로 변경할 수 있다.

예제 **equal2**

```cpp
#include <iostream>
#include <vector>
#include <algorithm>
```

```
using namespace std;

bool compare(double a,double b)
{
    return ((int)a == (int)b);
}

void main()
{
    double af1[]={ 45.34, 77.84, 96.22, 91.04, 85.24 };
    double af2[]={ 45.99, 77.25, 96.86, 91.23, 86.13 };

    if (equal(&af1[0],&af1[4],&af2[0],compare)) {
            puts("지정 구간의 정수부가 모두 같다.");
    } else {
            puts("지정 구간의 정수부 중 일부가 일치하지 않는다.");
    }
}
```

두 개의 실수 배열을 비교하되 정수부만 비교했다. 소수부는 별로 중요하지 않을 경우 정수부만 비교하도록 비교 방법을 함수 객체로 지정했다. af1의 첫 요소를 44.44로 변경한 후 실행해 보면 틀리다는 보고를 할 것이다. 또한 0 ~ 4까지의 구간만 비교했는데 구간을 0 ~ 5로 확대하면 이때도 틀린 것으로 판단한다.

mismatch 함수는 equal의 반대 함수인데 두 반복자 구간 중 최초로 틀린 부분이 어디인가를 찾는다. equal은 같다, 다르다만 조사하는데 비해 이 함수는 틀리다면 어디쯤이 틀린지도 조사한다.

pair⟨InIt1, InIt2⟩ mismatch(InIt1 first1, InIt1 last1, InIt2 first2 [,BinPred F]);

리턴값은 두 구간이 최초로 달라진 지점의 반복자 쌍을 pair 객체로 묶어서 리턴한다. 이 구조체의 first, last를 점검해 보면 어디가 최초로 다른 지점인지를 알 수 있다. 모든 구간이 일치한다면 last1과 first2+(last1-first1)의 쌍이 리턴되는데 first2+(last1-first1)이라는 수식이 복잡해 보이지만 말로 간단히 설명하면 두 번째 구간의 끝다음이다. 다음 두 문장이 똑같은 점검을 한다는 것은 쉽게 이해가 될 것이다.

```
equal(&ari[0],&ari[7],vi.begin())==true
mismatch(&ari[0],&ari[7],vi.begin()).first==ari[7]
```

모든 요소가 일치한다는 얘기나 최초로 틀린 요소가 구간 바깥의 끝다음이라는 것은 같은 뜻이다. 일단 간단한 예제부터 보자.

예제 **mstmatch**

```cpp
#include <iostream>
#include <vector>
#include <algorithm>
using namespace std;

void main()
{
    int ari[]={8,9,0,6,2,9,9};
    vector<int> vi(&ari[0],&ari[7]);
    vi[3]=7;

    pair<int *,vector<int>::iterator> p;
    p=mismatch(&ari[0],&ari[7],vi.begin());
    if (p.first != &ari[7]) {
            printf("%d번째 자리(%d,%d)부터 다르다.\n",
                    p.first-ari,*(p.first),*(p.second));
    } else {
            puts("두 컨테이너가 일치한다.");
    }
}
```

정수 배열을 벡터로 복사한 후 3번째 요소를 다른 값으로 바꾸어 두 컨테이너가 틀린 값을 가지도록 했다. mismatch로 조사해 보면 최초로 틀려지는 지점의 반복자들이 pair로 묶여 리턴되며 이 반복자를 읽으면 어디가 어떻게 틀린지를 알 수 있다. vi[3]=7; 대입문을 주석 처리한 후 실행하면 일치한다는 결과가 리턴될 것이다.

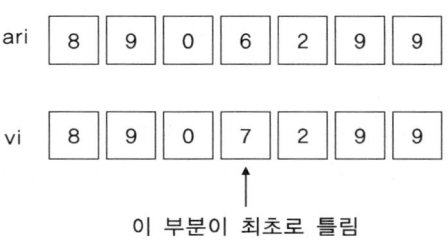

다음 예제는 mismatch 함수를 사용하여 정답과 학생이 작성한 답안지의 각 요소를 비교하여 오답들을 검색한다.

예제 mstmatch2

```cpp
#include <iostream>
#include <vector>
#include <algorithm>
using namespace std;

void main()
{
    int answer[]={1,1,4,3,2,4,3,2,3,4,1,2,4,4,3,2,1,3,2,4};
    int paper[]= {1,1,4,3,3,4,3,1,3,4,1,2,4,4,3,4,1,3,2,2};

    pair<int *,int *> p;
    int i;
    for (i=0;;) {
        p=mismatch(&answer[i],&answer[20],&paper[i]);
        if (p.first == &answer[20]) break;
        printf("%d번 틀림, 정답=%d, 니가 쓴 답=%d\n",
                p.first-answer+1,*(p.first),*(p.second));
        i=p.first-answer+1;
    }
}
```

answer에는 정답이 저장되어 있고 paper에는 학생이 쓴 답안지가 들어 있다. mismatch로 이 두 배열을 비교하면서 틀린 부분을 찾아내는데 모든 오답을 다 찾아야 하므로 루프를 돌렸다.

```
5번 틀림, 정답=2, 니가 쓴 답=3
8번 틀림, 정답=2, 니가 쓴 답=1
16번 틀림, 정답=2, 니가 쓴 답=4
20번 틀림, 정답=4, 니가 쓴 답=2
```

두 배열이 같이 진행되어야 하므로 첨자 i를 시작반복자로 사용하며 오답이 발견되면 i는 다음 문제를 가리키도록 했다. 답이 틀렸다는 것뿐만 아니라 왜 틀렸는지 정답과 학생이 쓴 답도 같이 출력할 수 있다.

42.1.5 count

반복자 구간에서 지정한 값과 일치하는 요소의 개수를 센다. 값을 취하는 버전과 조건자를 취하는 버전이 각각 따로 정의되어 있다.

```
size_t count(InIt first, InIt last, const T& val);
size_t count_if(InIt first, InIt last, UniPred F);
```

리턴값은 조건을 만족하는 요소의 개수이며 일치하는 요소가 없으면 0이 리턴된다. 다음 예제는 노래 가사 문자열에서 a문자의 출현 회수를 센다.

예제 **count**

```
#include <iostream>
#include <algorithm>
using namespace std;

void main()
{
    const char *str="Oh baby baby,How was I supposed to know "
        "That something wasn't right here";
    size_t num;

    num=count(&str[0],&str[strlen(str)+1],'a');
    printf("이 문장에는 a가 %d개 있습니다.\n",num);
}
```

count는 반복자 구간을 차례대로 순회하면서 매 요소가 val과 같은지 == 연산으로 비교하여 일치하는 요소가 발견될 때마다 회수를 1 증가시키고 순회를 마칠 때 조사한 회수를 리턴한다. 위 문자열에는 a가 모두 5개 있으므로 count의 실행 결과는 5가 될 것이다. count는 == 연산으로 일치 조건을 판단하지만 count_if는 단항 조건자 객체가 일치 조건을 판단하므로 좀 더 다양한 조건을 점검할 수 있다.

예제 **count_if**

```
#include <iostream>
#include <algorithm>
#include <functional>
```

```
using namespace std;

void main()
{
    const char *str="Oh baby baby,How was I supposed to know "
            "That something wasn't right here";
    size_t num;

    num=count_if(&str[0],&str[strlen(str)+1],bind2nd(greater<char>(),'t'));
    printf("이 문장에는 t보다 더 큰 문자가 %d개 있습니다.\n",num);
}
```

이항 조건자인 greater의 두 번째 인수를 bind2nd 어댑터로 't'로 고정하여 't'보다 큰 문자의 개수를 세어 보았다. 결과는 7이다. 다음 예제는 C의 난수 발생기 성능을 테스트하는데 0~10까지의 난수를 무작위로 2000개 만들어 골고루 잘 나왔는지 점검한다.

예제 **count2**

```
#include <Turboc.h>
#include <iostream>
#include <vector>
#include <algorithm>
using namespace std;

const int NUM=2000;
const int RANGE=10;

void makerand(int &i)
{
    i=rand()%RANGE;
}

void main()
{
    vector<int> num(NUM);
    vector<int>::iterator it;
    int i;
```

```
    randomize();
    for_each(num.begin(),num.end(),makerand);
    for (i=0;i<RANGE;i++) {
        printf("%02d의 출현 회수 : %d\n",i,count(num.begin(),num.end(),i));
    }
}
```

NUM 크기의 벡터를 선언하고 for_each문으로 벡터의 각 요소에 RANGE 미만의 난수를 생성하여 채워 넣었다. for_each가 레퍼런스를 전달받으면 요소값을 변경할 수도 있다. 벡터를 초기화한 후 난수들이 몇 개씩 생성되었는지 count 함수로 세어 보았다. 실행 결과는 다음과 같다.

```
00의 출현 회수 : 215
01의 출현 회수 : 200
02의 출현 회수 : 193
03의 출현 회수 : 183
04의 출현 회수 : 205
05의 출현 회수 : 207
06의 출현 회수 : 191
07의 출현 회수 : 214
08의 출현 회수 : 191
09의 출현 회수 : 201
```

대체로 200 전후의 회수로 생성되었는데 골고루 난수들이 잘 생성되었음을 확인할 수 있다. 각각의 수에 대한 출현 빈도를 함수 호출 하나로 구할 수 있다는 면에서 간편하기는 하지만 사실상의 이중 루프라 C로 문제를 직접 푸는 것보다 성능은 다소 느리다.

42.2 변경 알고리즘

변경 알고리즘은 읽기 알고리즘과는 달리 컨테이너의 요소를 바꿀 수 있는 알고리즘이다. 그러나 요소의 값만 변경할 수 있을 뿐이지 컨테이너 자체에 대해서는 어떠한 조작도 하지 못한다는 점을 주의하자. 요소를 제거한다거나 새로운 요소를 삽입한다거나 컨테이너의 크기를 변경하는 것도 불가능하다. 왜냐하면 STL의 알고리즘들은 특수한 컨테이너에 소속되어 있는 것이 아니라 임의의 컨테이너와 함께 사용할 수 있도록 일반화되어 있기 때문이다.

알고리즘이 컨테이너에 접근하는 유일한 방법은 반복자를 통하는 것뿐이며 반복자는 컨테이너의 요소를 액세스하는 일반화된 방법을 제공할 뿐이지 컨테이너 자체를 액세스하는 것은 아니다. 알고리즘이 일반성을 획득할 수 있는 이유는 반복자를 통해서만 컨테이너의 요소를 액세스하므로 컨테이너의 구조를 몰라도 약속된 방법(주로 연산자)만으로도 하고 싶은 동작을 다 할 수 있기 때문이다.

알고리즘은 자신이 액세스하는 컨테이너가 어떤 구조를 가지고 있는지 상관하지 않으며 내부적인 구조에 상관없이 실행된다. 심지어 어떤 컨테이너를 조작하고 있는 중인지도 전혀 모른다. 따라서 컨테이너에 새 요소를 어떻게 삽입하는지도 모르고, 삭제하는 방법도 알지 못하는 것이다. 알고리즘이 컨테이너에 대해 할 수 있는 일은 요소값을 변경하거나 복사, 교환하는 정도에 불과하다. 컨테이너 자체에 대한 조작은 개별 컨테이너의 멤버 함수를 통해서만 수행할 수 있다.

42.2.1 copy

copy 알고리즘은 지정한 구간을 복사하는데 주로 일부 요소들을 다른 컨테이너로 복사하고 싶을 때 사용한다. 같은 타입의 컨테이너 전체를 완전히 복사하려면 copy 함수를 쓸 필요없이 컨테이너의 = 연산자로 대입해 버리면 된다. 복사 방향에 따라 다음 두 개의 함수가 정의되어 있다.

```
OutIt copy(InIt first, InIt last, OutIt result);
BiIt copy_backward(BiIt first, BiIt last, BiIt result);
```

copy 함수는 first~last 사이의 모든 요소를 result 반복자 위치 이후에 복사한다. 복사 목적지의 시작 위치는 result 반복자 하나로만 지정되며 길이는 원본과 같다고 가정하므로 result 이후 last − first 만큼의 기억 장소가 미리 확보되어 있어야 한다. 반복자는 같은 컨테이너의 다른 부분일 수도 있지만 다른 컨테이너의 반복자 구간끼리도 물론 복사할 수 있다. 다음 예제는 두 개의 문자열끼리 복사한다.

예제 copy

```
#include ⟨iostream⟩
#include ⟨algorithm⟩
using namespace std;

void main()
{
    char src[]="1234567890";
    char dest[]="abcdefghij";

    copy(&src[3],&src[7],&dest[5]);
```

```
        puts(dest);
    }
```

src의 3~7까지의 구간이 dest의 5 이후의 구간에 복사된다. 원본의 길이가 4이므로 목적지의 길이도 4이다.

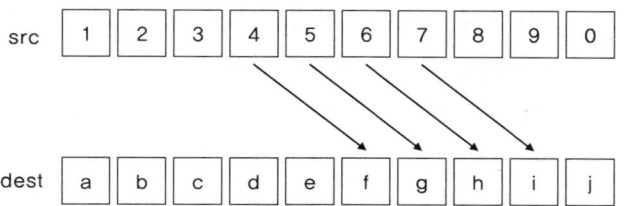

실행 결과는 abcde4567j가 될 것이다. copy 함수는 이름이 의미하듯이 복사를 할 뿐이지 원본의 요소를 목적지에 삽입하는 것이 아니다. 따라서 result 반복자 이후부터 원본의 길이만큼 미리 확보되어 있지 않으면 결과는 예상할 수 없다. 위 예제의 복사 목적지를 dest[9]로 변경하면 배열 뒤쪽을 덮어쓰므로 아마도 다운될 것이다. 이럴 때 삽입 반복자를 사용하면 복사와 동시에 요소를 삽입할 수 있다.

예제 **copy2**

```
#include 〈iostream〉
#include 〈list〉
#include 〈algorithm〉
using namespace std;

template〈typename C〉 void dump(const char *desc, C c) { cout.width(12);cout 〈〈 left 〈〈 desc 〈〈 "==〉 ";
    copy(c.begin(),c.end(),ostream_iterator〈typename C::value_type〉(cout," ")); cout 〈〈 endl; }

void main()
{
    char src[]="1234567890";
    list〈char〉 li;

    copy(&src[3],&src[7],back_inserter(li));
    dump("list",li);
}
```

li 리스트는 빈 상태로 생성되었으므로 기억 장소를 전혀 확보하지 않고 있지만 back_inserter 반복자가 대입 동작을 push_back 삽입 동작으로 재정의하므로 복사되는 족족 리스트의 크기가 늘어난다. 실행 결과는 다음과 같다.

```
list        ==> 4 5 6 7
```

만약 copy(&src[3],&src[7],li.begin()); 으로 복사를 수행하면 컴파일은 잘 되겠지만 허가되지 않은 영역에 쓰기 동작을 수행하므로 당장 다운되어 버릴 것이다. 일반 알고리즘은 컨테이너를 변경할 수 없지만 삽입 반복자를 쓰는 경우에는 요소를 추가로 삽입하는 것이 가능하다. 삽입 반복자는 자신이 적용할 컨테이너에 대한 정보를 전달받으며 어떤 식으로 삽입해야 한다는 것을 알기 때문이다.

같은 컨테이너끼리도 복사할 수 있는데 이때는 복사 방향에 신경을 써야 한다. copy는 first에서부터 시작해서 last로 이동하면서 한 요소씩 순서대로 복사하는데 원본과 목적 구간이 겹쳐 있으면 원본이 앞쪽 복사에 의해 읽기도 전에 파괴되는 문제가 있다. 그래서 역방향으로 진행하면서 복사하는 copy_backward 함수가 따로 마련되어 있는 것이다. 리스트로 이 문제를 테스트해 보자.

예제 **copy_backward**

```cpp
#include <iostream>
#include <list>
#include <algorithm>
using namespace std;

template<typename C> void dump(const char *desc, C c) { cout.width(12);cout << left << desc << "==> ";
    copy(c.begin(),c.end(),ostream_iterator<typename C::value_type>(cout," ")); cout << endl; }

void main()
{
    int i;
    list<int> li,li2;
    list<int>::iterator first,last,result,it;

    for (i=0;i<10;i++) li.push_back(i);
    li2=li;

    dump("복사전",li);
    first=find(li.begin(),li.end(),2);
    last=find(li.begin(),li.end(),7);
```

```
        result=find(li.begin(),li.end(),3);
        copy(first,last,result);
        dump("copy",li);

        first=find(li2.begin(),li2.end(),2);
        last=find(li2.begin(),li2.end(),7);
        result=find(li2.begin(),li2.end(),8);
        copy_backward(first,last,result);
        dump("back",li2);
}
```

0 ~ 9까지의 정수를 리스트에 넣어 놓고 2 ~ 6까지의 요소를 3번 위치, 즉 한 칸 오른쪽으로 복사하되 한 번은 copy를 한 번은 copy_backward를 사용했다.

```
복사전       ==> 0 1 2 3 4 5 6 7 8 9
copy        ==> 0 1 2 2 2 2 2 2 8 9
back        ==> 0 1 2 2 3 4 5 6 8 9
```

역방향으로 복사할 때는 제대로 복사되었는데 순방향으로 복사할 때는 뭔가 잘못된 복사를 하고 있다. 왜 그런지 복사 순서를 잘 생각해 보자.

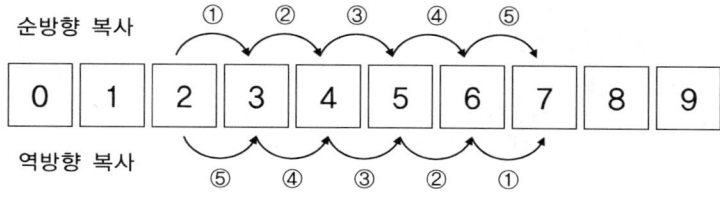

순방향으로 복사할 때 first 위치의 2가 제일 먼저 3의 위치로 복사되는데 여기까지는 정상적이다. 그러나 다음 위치의 3을 4의 위치로 복사할 때는 이미 3이 앞쪽에 2의 의해 파괴되어 버렸으므로 3이 아닌 2가 복사되며 이후의 과정도 마찬가지이다. 원본이 복사되기 전에 먼저 변해 버리기 때문에 구간내의 모든 요소가 2로 변해 버리는 것이다.

역방향으로 복사할 때는 원본이 먼저 복사되고 다른 값을 대입받으므로 이런 문제가 없다. 6을 7자리에 먼저 대피해 놓고 5를 6자리에 복사하므로 안전하다. 역방향 복사 함수는 원형에 있어서도 다소 차이가 있는데 copy 함수는 순서대로 읽으므로 입력 반복자이기만 하면 되지만 copy_backward 함수는 반복자가 반대 방향으로 움직여야 하므로 양방향 반복자여야 한다.

또한 result가 복사 목적지의 시작점이 아니라 끝다음점이어야 한다는 점도 다르다. 구간을 한칸 오른쪽으로 이동할 때 순방향은 2 ~ 6을 3의 자리로 이동하라는 식으로 인수를 전달하지만 역방향으로 이동할 때는 2 ~ 6을 8 앞쪽으로 이동하라는 식으로 인수를 전달해야 한다. 이번에는 똑같은 예제를 벡터로 작성해 보자.

예제 **copy_backward2**

```cpp
#include 〈iostream〉
#include 〈vector〉
#include 〈algorithm〉
using namespace std;

template〈typename C〉 void dump(const char *desc, C c) { cout.width(12);cout 〈〈 left 〈〈 desc 〈〈 "==〉 ";
    copy(c.begin(),c.end(),ostream_iterator〈typename C::value_type〉(cout," ")); cout 〈〈 endl }

void main()
{
    int i;
    vector〈int〉 vi,vi2;
    for (i=0;i〈10;i++) vi.push_back(i);
    vi2=vi;

    dump("복사전",vi);
    copy(vi.begin()+2,vi.begin()+7,vi.begin()+3);
    dump("copy",vi);
    copy_backward(vi2.begin()+2,vi2.begin()+7,vi2.begin()+8);
    dump("back",vi2);
}
```

똑같은 소스를 작성했는데 벡터의 경우는 복사 방향에 상관없이 잘 동작한다. 똑같은 소스를 데크에 대해 작성해 보면 데크는 리스트와 마찬가지로 방향이 잘못되면 원본이 파괴된다.

```
복사전        ==〉 0 1 2 3 4 5 6 7 8 9
copy         ==〉 0 1 2 2 3 4 5 6 8 9
back         ==〉 0 1 2 2 3 4 5 6 8 9
```

유독 벡터에 대해서만 복사 방향에 상관없이 잘 복사되는데 이는 구현 방식과 관련이 있다. 벡터는 요소들이 인접해 있는 구조를 가지고 있으므로 좀 더 빠른 복사를 위해 memmove 함수 또는 그에 준하는 메모리 복사 함수를 사용한다. 이 함수는 CPU의 메모리 이동 코드를 호출하는데 CPU가 복사 방향에 따라 순서를 적절하게 조정하기 때문에 겹치더라도 잘 동작하는 것이다.

그렇다면 리스트의 경우는 이런 방향 자동 판단을 왜 할 수 없을까? 리스트의 노드는 메모리의 도처에 흩어져 있어 반복자만으로는 앞뒤 순서를 판단할 수 없으며 그래서 사용자가 수동으로 복사 방향을 선택해야 한다. 대부분의 컴파일러에서 벡터는 복사 방향에 상관없도록 구현되어 있지만 STL 스펙에 그렇게 구현해야 한다고 되어 있지는 않으므로 가급적이면 방향에 맞는 함수를 선택해서 사용하는 것이 바람직하다.

다음은 아주 기본적인 함수에 대해 알아보자. 다음 함수는 이름만 봐도 뭐하는 함수인지 알 수 있으므로 굳이 두 개의 값을 교환한다고 설명하지 않아도 될 것이다.

```
void swap(T& x, T& y);
```

내부 알고리즘은 아주 원론적인데 보나마나 T=a;a=b;b=T; 이다. 기본 타입은 물론이고 컨테이너에 대해서도 사용할 수 있으며 대입 연산이 느린 경우는 특수화된 함수가 호출된다. 대부분의 컨테이너 타입에 대해 특수화되어 있어 컨테이너의 구조에 딱 맞는 교환 멤버 함수가 호출된다. 두 개의 벡터가 있을 때 swap(v1,v2)는 두 벡터의 내용을 완전히 바꾼다. 리스트나 벡터에 대해서는 링크나 내부 포인터만 조작하는 멤버 함수를 호출하도록 특수화되어 있어 생각보다 훨씬 빠르다. 다음 함수는 반복자 구간끼리 교체한다.

```
FwdIt2 swap_ranges(FwdIt1 first1, FwdIt1 last1, FwdIt2 first2);
```

first1~last1 사이를 first2 구간과 바꾼다고 생각하면 된다. 다른 컨테이너의 반복자 구간끼리도 값을 교환할 수 있되 동일 컨테이너내의 교환인 경우 반복자 구간이 겹쳐서는 안 된다.

42.2.2 요소 생성

요소 생성 함수는 새로운 요소를 만들어 지정한 위치에 대입하는 함수들이다. 요소를 만드는 것은 맞지만 컨테이너에 삽입하는 것이 아니라 기존 요소를 파괴하고 대입한다는 점을 주의하도록 하자. 다음 함수는 반복자 구간을 val 값으로 가득 채운다.

```
void fill(FwdIt first, FwdIt last, const T& val);
void fill_n(OutIt first, Size n, const T& val);
```

fill은 반복자 구간을 지정하는데 비해 fill_n은 시작 위치와 개수를 지정한다는 점이 다르다. 반복자

구간은 이미 메모리가 확보되어 있어야 한다. 만약 생성된 값을 꼭 삽입하려면 삽입 반복자를 사용해야
하며 이때는 두 번째 원형만 사용할 수 있다.

예 제   fill

```
#include <iostream>
#include <vector>
#include <algorithm>
using namespace std;

template<typename C> void dump(const char *desc, C c) { cout.width(12);cout << left << desc << "==> ";
    copy(c.begin(),c.end(),ostream_iterator<typename C::value_type>(cout," ")); cout << endl; }

void main()
{
    int ari[]={1,2,3,4,5,6,7,8,9,10,11,12,13,14,15,16};
    vector<int> vi(&ari[0],&ari[16]);

    fill(vi.begin()+2,vi.end()-5,99);
    dump("vi",vi);
}
```

정수값을 가진 벡터의 일정 구간을 99로 채웠다. 구간내의 모든 값을 99로 변경하는 것이다.

vi   ==> 1 2 99 99 99 99 99 99 99 99 99 12 13 14 15 16

fill_n(vi.begin()+2,5,99); 이렇게 수정하면 2번째부터 5개의 요소가 99로 바뀐다. 컨테이너의 모든
요소에 대해 일괄적으로 대입하고 싶을 때 이 함수를 사용한다. 다음 함수는 반복자 구간의 요소들을
무작위로 마구 섞는다.

void random_shuffle(RanIt first, RanIt last[, UniOp& op]);

반복자 구간은 물론 유효해야 한다. 이 함수는 난수로 요소를 생성해서 대입하는 것이 아니라 이미
존재하는 값들의 순서를 난수로 변경함으로서 섞는다.

예제 random_shuffle

```
#include <Turboc.h>
#include <iostream>
#include <algorithm>
using namespace std;

void main()
{
    char str[]="abcdefghijklmnopqrstuvwxyz";

    randomize();
    puts(str);
    random_shuffle(&str[0],&str[strlen(str)]);puts(str);
    random_shuffle(&str[0],&str[strlen(str)]);puts(str);
    random_shuffle(&str[0],&str[strlen(str)]);puts(str);
}
```

알파벳이 순서대로 들어가 있는 배열을 이 함수로 섞어 보았다. 무작위 난수를 사용했으므로 실행 결과는 매번 달라질 것이다.

```
abcdefghijklmnopqrstuvwxyz
etarkmilsygqhojxuzwpnbfdvc
oabsrvdiepmzknhugjcxywltfq
blvuserzyfgknjcoaxmpqhiwdt
```

난수를 발생시키는 생성기 함수 객체를 지정할 수도 있지만 대부분의 경우 디폴트 난수 발생기를 사용해도 고르게 잘 섞으므로 굳이 생성기를 제공할 필요는 없다. 생성기 함수는 난수 범위의 상한을 지정하는 정수를 인수로 받아 0~인수 미만의 난수를 발생시켜야 한다. 게임판을 무작위로 섞고자 할 때 흔히 사용된다. 다음 함수는 반복자 구간에 대해 g 함수를 호출하여 리턴되는 값으로 채운다.

```
void generate(FwdIt first, FwdIt last, Gen g);
void generate_n(OutIt first, Dist n, Gen g);
```

fill 함수와 마찬가지로 반복자 구간을 인수로 전달받을 수도 있고 시작 위치와 개수를 인수로 받을 수도 있다. g는 인수를 받지 않고 컨테이너 요소 타입을 리턴하는 함수 객체이다. 다음 예제는 피보나치 수열을 만든다.

예제 **generate**

```cpp
#include <iostream>
#include <vector>
#include <algorithm>
using namespace std;

template<typename C> void dump(const char *desc, C c) { cout.width(12);cout << left << desc << "==> ";
    copy(c.begin(),c.end(),ostream_iterator<typename C::value_type>(cout," ")); cout << endl; }

int fibo()
{
    static int i1=1,i2=1;
    int t;
    t=i1+i2;
    i1=i2;
    i2=t;
    return t;
}

void main()
{
    vector<int> vi(10);

    generate(vi.begin(),vi.end(),fibo);
    dump("vi",vi);
}
```

크기 10의 정수 벡터를 만들고 이 벡터를 피보나치 수열로 채웠다.

vi   ==> 2 3 5 8 13 21 34 55 89 144

피보나치 수열은 이 외에도 다양한 방법으로 만들 수 있다. 생성기 함수 객체는 별도의 인수를 받아들이지 않으므로 매번 다른 값을 만들기 위해서는 함수 자체가 별도의 정보를 저장하고 있어야 한다. 예제의 fibo 함수는 직전의 수 둘을 정적변수에 저장하고 있는데 멀티 스레드 환경에서는 동기화 문제가 발생할 수 있다. 이럴 때는 함수 객체를 만들어야 한다.

```
struct fibo {
private:
    int i1,i2;
public:
    fibo() : i1(1),i2(1) { }
    int operator()() {
        int t;
        t=i1+i2;
        i1=i2;
        i2=t;
        return t;
    }
};
generate(vi.begin(),vi.end(),fibo());
```

함수 객체는 작업 결과를 스스로 저장할 수 있으며 매 호출마다 지역적으로 생성될 수 있으므로 멀티 스레드 환경에서도 잘 동작한다.

42.2.3 요소 제거

요소를 제거하는 함수는 조건에 맞는 요소를 찾아 제거하는 시늉을 한다. 실제로 요소를 제거하지는 못하는데 일반성을 가진 알고리즘이 컨테이너를 조작할 권한이 없기 때문이다. 자세한 이유는 예제를 보면서 연구해 보자. 조건에 맞는 요소를 제거하는 remove 함수는 다음 4가지가 준비되어 있다.

```
FwdIt remove(FwdIt first, FwdIt last, const Type& val);
FwdIt remove_if(FwdIt first, FwdIt last, UniPred F);
OutIt remove_copy(FwdIt first, FwdIt last, OutIt result, const Type& val);
OutIt remove_copy_if(FwdIt first, FwdIt last, OutIt result, UniPred F);
```

remove 함수는 작업 대상이 되는 반복자 구간과 제거할 값을 인수로 전달받아 first ~ last 사이의 값을 제거한다. 이 함수는 제거 대상을 선택할 때 == 연산자로 val과 일치하는 요소를 선택하는데 비해 remove_if는 단항 조건자 F가 true를 리턴하는 요소를 선택한다는 점이 다르다. 나머지 동작은 동일하다.

remove는 실제로 요소를 제거하지는 않으며 제거 대상이 아닌 요소들을 골라 구간의 앞쪽으로 이동시키고 남은 요소의 시작을 가리키는 반복자를 리턴한다. 제거 대상이 아닌 요소의 원래 순서는 유지되므로 안정성이 있다. 요소가 실제로 제거되지 않고 위치만 바뀌므로 remove 호출 후에도 컨테이너의 크기는 변하지 않는다. 요소를 실제로 제거하려면 컨테이너의 erase 멤버 함수를 호출해야 한다. 동작 방식이 상당히 복잡한데 예제를 통해 연구해 보자.

예 제 **remove**

```
#include 〈iostream〉
#include 〈vector〉
#include 〈algorithm〉
using namespace std;

template〈typename C〉 void dump(const char *desc, C c) { cout.width(12);cout 〈〈 left 〈〈 desc 〈〈 "==> ";
    copy(c.begin(),c.end(),ostream_iterator〈typename C::value_type〉(cout," ")); cout 〈〈 endl; }

void main()
{
    int ari[]={3,1,4,1,5,9,2,6,5};
    vector〈int〉 vi(&ari[0],&ari[sizeof(ari)/sizeof(ari[0])]);
    vector〈int〉::iterator it;

    dump("원본",vi);
    it=remove(vi.begin(),vi.end(),1);
    dump("remove",vi);
    vi.erase(it,vi.end());
    dump("erase",vi);
}
```

정수 벡터를 정의하고 이 벡터에서 1을 모두 제거해 보았다. 이 작업을 하려면 remove와 erase를 같이 호출해야 한다. 실행 결과부터 보자.

```
원본          ==> 3 1 4 1 5 9 2 6 5
remove        ==> 3 4 5 9 2 6 5 6 5
erase         ==> 3 4 5 9 2 6 5
```

remove 호출에 의해 1을 제외한 요소들이 전부 앞쪽으로 이동했다. 이때 이동의 끝점이면서 남은 요소의 시작점이 리턴된다. 이 동작이 다소 이해하기 어려운데 remove 함수의 내부 동작을 관찰해 보자.

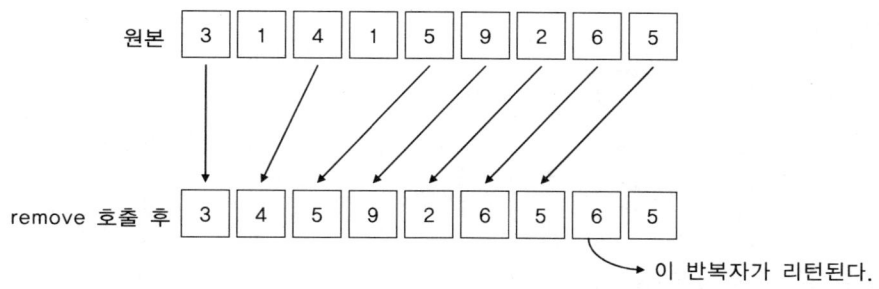

remove는 구간의 처음부터 순회하면서 제거 대상이 아닌 요소를 앞쪽으로 차례대로 복사한다. 선두값인 3은 제거 대상인 1이 아니므로 그대로 남는다. 다음값 1은 제거 대상이므로 복사되지 않는다. 그 다음값 4는 3다음으로 복사되며 그 다음 1은 복사되지 않는다. 이후 5, 9, 2, 6, 5는 모두 1이 아니므로 차례대로 앞쪽으로 이동된다.

여기까지 작업하면 뒤에 두 칸이 남는데 이 위치를 가리키는 반복자가 remove의 결과로 리턴된다. 뒤에 남은 6과 5는 이미 앞쪽으로 이동되었으므로 지금 현재로서는 쓰레기값인 셈이며 삭제된 1이 여기에 와 있다고 보면 된다. 그러나 remove는 굳이 1을 뒤쪽으로 복사하지는 않는데 왜냐하면 이 값은 잠시 후면 진짜 삭제되기 때문이다. remove가 이렇게 삭제할 값과 남을 값을 좌우로 분할해 놓으면 나머지 작업은 erase 멤버 함수가 처리하는데 remove가 리턴한 반복자부터 끝까지를 삭제하면 된다.

그렇다면 remove는 왜 이렇게 복잡한 과정을 거쳐서 요소를 삭제하도록 되어 있을까? 그냥 1을 삭제해 버리고 1이 아닌 것들만 남겨둔다면 굳이 erase를 호출할 필요가 없지 않은가? 이렇게 되어 있는 이유는 어떤 장점이 있어서 그런 것이 아니라 일반성을 가진 알고리즘이 할 수 있는 동작이 제한되어 있기 때문이다. remove는 지금 자신이 검색하고 있는 컨테이너가 벡터라는 것을 모르며 따라서 실제로 요소를 삭제하기 위해 어떻게 컨테이너를 조작해야 하는지도 알지 못한다.

만약 remove가 조작 대상이 벡터라는 것을 알 수 있다면 1이 발견될 때마다 이 요소를 삭제하고 뒤쪽 요소를 앞으로 이동시키면 될 것이다. 반면 조작 대상이 리스트라는 것을 알 수 있다면 1을 제거하고 양쪽의 링크를 연결하면 된다. 하지만 remove는 조작 대상 컨테이너가 어떤 구조를 가지는지도 모르고 어떻게 조작하는지도 알 수 없으며 오로지 반복자로 값을 읽고 쓰고 교환하는 것만 가능하다. 그러니 remove가 해 줄 수 있는 일은 고작 삭제 대상 요소와 그렇지 않은 요소를 구분해 놓고 그 경계의 반복자를 리턴하는 것뿐이다.

실제 삭제는 해당 컨테이너의 erase 멤버 함수가 처리해야 한다. 반면 멤버 함수는 컨테이너별로 고유하며 컨테이너의 구조를 알고 있으므로 지정한 요소를 삭제할 수 있다. 리스트의 remove 멤버 함수는 멤버이므로 검색과 동시에 삭제가 가능하다. 좀 불편하기는 하지만 이런 불편함의 대가로 일반성이 얻어진다. 만약 삭제 대상을 선정하고 실제로 삭제하는 것이 번거롭다면 새로운 컨테이너를 생성하는 remove_copy 함수를 사용한다.

```
#include <iostream>
#include <vector>
#include <algorithm>
using namespace std;

template<typename C> void dump(const char *desc, C c) { cout.width(12);cout << left << desc << "==> ";
    copy(c.begin(),c.end(),ostream_iterator<typename C::value_type>(cout," ")); cout << endl; }

void main()
{
    int ari[]={3,1,4,1,5,9,2,6,5};
    vector<int> vi(&ari[0],&ari[sizeof(ari)/sizeof(ari[0])]);
    vector<int> vi2;

    remove_copy(vi.begin(),vi.end(),back_inserter(vi2),1);
    dump("vi",vi);
    dump("vi2",vi2);
}
```

remove_copy는 제거 대상을 제외한 요소들을 새로운 반복자 구간에 대입한다. _copy가 뒤에 붙은 함수는 항상 작업 결과를 다른 구간으로 복사하는 함수이다. 이 함수와 삽입 반복자를 사용하면 빈 벡터에 원하는 요소만 모을 수 있다.

```
vi          ==> 3 1 4 1 5 9 2 6 5
vi2         ==> 3 4 5 9 2 6 5
```

이렇게 하면 원본은 그대로 유지한 채로 제거가 완료된 새로운 벡터가 작성된다. remove는 컨테이너를 조작하지는 못하지만 읽을 수는 있으므로 조건에 맞는 새로운 컨테이너를 만들 수는 있다. remove_copy 함수는 사실상 다음 코드와 동일하다.

```
vi2=vi;    // 또는 copy(vi.begin(),vi.end(),back_inserter(vi2));
vi2.erase(remove(vi2.begin(),vi2.end(),1),vi2.end());
```

대입이나 copy 함수로 일단 똑같은 컨테이너를 만든 후 remove로 특정 요소를 제거한 후 erase로 짤라내면 결국 vi2에는 1이 아닌 요소만 남는다. 그러나 보다시피 이 방법은 대입이라는 비싼 연산을 거쳐야 하므로 느리다. 복사 함수는 새로운 컨테이너를 만들면서 제거를 겸할 수 있어 복사 후 제거보다 훨씬 더 빠르다. 이런 이유로 STL은 알고리즘을 적용하면서 그 결과를 다른 컨테이너에 작성하는 _copy 류의 함수를 제공하는 것이다. 다음 함수도 일종의 제거 함수인데 동작하는 방식은 remove와 유사하다.

```
FwdIt unique(FwdIt first, FwdIt last [,BinPred F]);
OutIt unique(FwdIt first, FwdIt last, OutIt result [,BinPred F]);
```

unique 함수는 반복자 구간에서 연속된 중복 요소를 제거한다. 이때 중복되었다는 조건의 디폴트는 == 이지만 이항 조건자 F로 사용자가 중복 조건을 지정할 수도 있다. remove와 마찬가지로 실제로 요소를 삭제하지는 않으며 중복되지 않은 요소들만 앞쪽으로 이동시킨다.

예제 unique

```
#include <iostream>
#include <algorithm>
using namespace std;

void main()
{
    char str[]="abcccddefggghi";
    char *p;

    puts(str);
    p=unique(&str[0],&str[strlen(str)]);
    *p=0;
    puts(str);
}
```

문자 배열에 중복된 알파벳을 여러 개 써 놓고 unique로 중복을 제거해 보았다. 그리고 리턴된 반복자 위치에 0을 대입하여 남은 요소를 잘라낸다.

```
abcccddefggghi
abcdefghi
```

각 알파벳 문자들은 하나씩만 남고 나머지는 모두 제거된다. 주의할 것은 unique는 구간내의 중복된 것을 모두 제거하는 것이 아니라 인접된 중복 요소만 제거한다는 것이다. 멀리 떨어져있는 중복값은 제거되지 않는다. 만약 중복된 모든 요소를 완전히 제거하고 싶다면 정렬을 먼저 한 후 unique를 적용해야 한다. unique_copy는 중복되지 않은 요소를 다른 컨테이너로 복사한다.

42.2.4 요소 재배치

요소 재배치 함수들은 구간의 요소들을 특정한 다른 값으로 바꾸거나 요소끼리 교환함으로써 위치를 변경한다. 다양한 원형이 있지만 일단 기본형의 원형을 보자.

```
void replace (FwdIt first, FwdIt last, const Type& Old, const Type& New);
void reverse(BiIt first, BiIt last);
void rotate(FwdIt first, FwdIt middle, FwdIt last);
```

replace 함수는 first ~ last 사이의 Old값을 모조리 뒤져 New로 대체한다. 나머지 값은 물론 그대로 남는다. 알고리즘 함수들 중에 가장 이해하기 쉬운 함수이다. 조건자 버전인 replace_if는 특정값이 아닌 특정 조건을 만족하는 값을 다른 값으로 변경할 수 있다. 복사 버전인 replace_copy도 있고 조건자를 취하는 복사 함수인 replace_copy_if 함수도 제공된다.

reverse는 구간의 모든 요소의 순서를 반대로 뒤집는다. 즉 제일 앞에 있는 요소는 제일 뒤쪽으로 가고 제일 뒤쪽에 있는 요소가 제일 앞쪽으로 온다. 복사 버전인 reverse_copy 함수도 제공된다. rotate 함수는 first ~ last 구간을 middle을 기준으로 회전시킨다. 구간을 일종의 원형으로 간주하고 한 바퀴 돌리는 것이다. 셋 다 개념이 간단하므로 예제를 실행해 보면 쉽게 이해할 수 있을 것이다.

예제 replace

```cpp
#include <iostream>
#include <vector>
#include <algorithm>
using namespace std;

template<typename C> void dump(const char *desc, C c) { cout.width(12);cout << left << desc << "==> ";
    copy(c.begin(),c.end(),ostream_iterator<typename C::value_type>(cout," ")); cout << endl; }

void main()
{
    const char *str="Notebook Computer";
    vector<char> vc(&str[0],&str[strlen(str)]);

    dump("원본",vc);
```

```
    replace(vc.begin(),vc.end(),'o','a');
    dump("replace",vc);
    rotate(vc.begin(),vc.begin()+2,vc.end());
    dump("rotate",vc);
    reverse(vc.begin(),vc.end());
    dump("reverse",vc);
}
```

문자형의 벡터를 준비하고 세 함수를 차례대로 호출해 보았다. 세 함수 모두 컨테이너 자체를 조작하지는 않으므로 컨테이너의 크기는 그대로 유지된다.

```
원본          ==> N o t e b o o k   C o m p u t e r
replace       ==> N a t e b a a k   C a m p u t e r
rotate        ==> t e b a a k   C a m p u t e r N a
reverse       ==> a N r e t u p m a C   k a a b e t
```

replace 함수로 모든 o를 찾아 a로 변경했다. rotate 함수는 middle 위치에 있던 요소가 first의 자리로 온다고 생각하면 된다. 전 구간을 begin+2를 기준으로 회전시켰으므로 모든 문자가 앞으로 두 칸씩 이동하며 제일 앞쪽에 있던 두 문자 N과 a는 제일 뒤쪽으로 이동한다. reverse는 요소의 순서를 반대로 뒤집는다. 다음 함수는 일정한 조건을 기준으로 요소들을 좌우로 재배치한다.

```
Bilt partition(Bilt first, Bilt last, UniPred F);
Bilt stable_partition(Bilt first, Bilt last, UniPred F);
```

단항 조건자 F는 구간내의 요소들을 인수로 전달받아 이 요소가 조건에 맞는지 아닌지를 판별한다. partition 함수는 F의 평가 결과에 따라 조건에 맞는 요소는 구간의 앞쪽으로 이동시키고 그렇지 않은 요소는 뒤쪽으로 이동시키며 뒤쪽 그룹의 시작 위치를 리턴한다. 이 함수를 호출하고 난 후에 왼쪽에는 조건에 맞는 요소, 오른쪽에는 그렇지 않은 요소들이 배치되어 있을 것이다.

stable_partition 함수는 재배치 후에도 요소들의 원래 순서가 유지되는 안정된 버전이다 같은 그룹에 속하는 값들끼리라도 원래 앞쪽에 있었다면 재배치 후에도 여전히 앞쪽에 배치된다는 뜻이다. 안정성이 있는 대신 속도는 partition보다 느리며 더 많은 메모리를 소모한다. 정수들을 일정한 값 기준으로 재배치해 보자.

```
#include 〈iostream〉
#include 〈vector〉
#include 〈algorithm〉
#include 〈functional〉
using namespace std;

template〈typename C〉 void dump(const char *desc, C c) { cout.width(12);cout 〈〈 left 〈〈 desc 〈〈 "==〉 ";
    copy(c.begin(),c.end(),ostream_iterator〈typename C::value_type〉(cout," ")); cout 〈〈 endl; }

void main()
{
    int ari[]={3,1,4,1,5,9,2,6,5,3,5,8,9,7,9,3,2,3,8};
    vector〈int〉 vi(&ari[0],&ari[sizeof(ari)/sizeof(ari[0])]);

    dump("원본",vi);
    partition(vi.begin(),vi.end(),bind2nd(greater〈int〉(),5));
    dump("partition",vi);

    vector〈int〉 ar2(&ari[0],&ari[sizeof(ari)/sizeof(ari[0])]);
    stable_partition(ar2.begin(),ar2.end(),bind2nd(greater〈int〉(),5));
    dump("stable",ar2);
}
```

정수들이 저장되어 있는 벡터를 5를 기준으로 하여 좌우로 재배치했다. 5보다 더 크다는 정도의 조건은 함수 객체를 만들 필요없이 greater 표준 함수 객체와 bind2nd 바인더를 사용하면 쉽게 만들 수 있다.

```
원본          ==〉 3 1 4 1 5 9 2 6 5 3 5 8 9 7 9 3 2 3 8
partition     ==〉 8 9 7 9 8 9 6 2 5 3 5 5 1 4 1 3 2 3 3
stable        ==〉 9 6 8 9 7 9 8 3 1 4 1 5 2 5 3 5 3 2 3
```

5보다 큰 값들이 왼쪽으로 옮겨졌고 오른쪽에는 그렇지 않은 값들이 배치된다. 5는 5보다 크지 않으므로 이동 대상이 아니다. 안정성이 있는 재배치 함수는 요소의 원래 순서를 그대로 유지하는데 원본에 있는 5보다 큰 값 9, 6, 8, 9가 원본 순서 그대로 재배치되어 있다. 반면 안정성이 없는 재배치 함수는 조건을 기준으로 좌우로 옮기기만 할 뿐 순서 유지는 하지 않는다.

42.2.5 요소 변경

transform 함수는 반복자 구간에 대해 함수 객체를 적용한 후 그 결과를 다른 구간에 복사한다. 단항 함수를 취하는 버전과 이항 함수를 취하는 버전 두 가지가 있다.

```
OutIt transform(InIt first, InIt last, OutIt result, UniOp op);
OutIt transform(InIt1 first1, InIt1 last1, InIt2 first2, OutIt result, BinOp op);
```

단항 함수를 취하는 버전은 반복자 구간의 각 요소를 이 함수로 넘겨 리턴된 값을 result 반복자 위치에 대입한다. 이항 함수를 취하는 버전은 두 반복자 구간의 대응되는 값을 함수로 넘겨 리턴되는 값을 result 반복자 위치에 대입한다. 한 구간에 대한 단순 변환을 할 것인지 아니면 두 구간을 합쳐서 변환을 할 것인지를 선택할 수 있다. 이 함수는 처리한 결과를 항상 result로 출력하므로 원본이 그대로 유지된다. 물론 result가 원본이 될 수도 있다.

예제 transform

```cpp
#include <iostream>
#include <vector>
#include <algorithm>
using namespace std;

template<typename C> void dump(const char *desc, C c) { cout.width(12);cout << left << desc << "==> ";
    copy(c.begin(),c.end(),ostream_iterator<typename C::value_type>(cout," ")); cout << endl; }

int multi2(int a)
{
    return a*2;
}

int add(int a, int b)
{
    return a+b;
}

void main()
{
    vector<int> src(5), dest(5), sum;
    int i;
```

```
    for (i=0;i<5;i++) src[i]=i;
    transform(src.begin(),src.end(),dest.begin(),multi2);
    dump("src",src);
    dump("dest",dest);
    transform(src.begin(),src.end(),dest.begin(),back_inserter(sum),add);
    dump("sum",sum);
}
```

    src 벡터에 0 ~ 4까지의 정수를 저장한 상태에서 전체 구간에 대해 단항 multi2 함수 객체를 적용했다. multi2 함수 객체는 0, 1, 2 각각을 받아 0, 2, 4를 만들어 리턴하며 transform은 그 결과를 dest의 반복자에 대입한다. dest에는 src의 2배되는 값들이 저장될 것이다.

    다음으로 이항 객체를 취하는 transform 함수를 호출하여 src와 dest의 대응되는 요소를 add 함수 객체로 넘겼다. 이 함수는 인수로 전달받은 두 값을 더하여 리턴하며 그 결과는 sum 벡터에 삽입된다. 삽입 반복자를 사용했으므로 add가 리턴한 값이 sum 벡터에 삽입될 것이다.

```
src        ==> 0 1 2 3 4
dest        ==> 0 2 4 6 8
sum        ==> 0 3 6 9 12
```

    transform 함수로 벡터끼리 연산했는데 첫 번째 호출은 dest=src*2라고 할 수 있고 두 번째 호출은 sum=src+dest라고 할 수 있다. 물론 임의의 컨테이너끼리 조합하여 변환을 할 수도 있다.

42.3 정렬 알고리즘

42.3.1 sort

    정렬은 검색과 함께 가장 자주 사용되는 알고리즘이다. STL은 정렬을 하는 알고리즘과 정렬된 컨테이너에 대해 동작하는 알고리즘 다수 개를 제공한다. 다음은 컨테이너를 정렬하는 4개의 알고리즘인데 정렬 범위와 안정성 여부가 각각 다르다.

```
void sort (RanIt first, RanIt last [, BinPred F]);
void stable_sort (RanIt first, RanIt last [, BinPred F]);
```

```
void partial_sort (RanIt first, RanIt SortEnd, RanIt last [, BinPred F]);
void nth_element(RanIt first, RanIt Nth, RanIt last [, BinPred F]);
```

모든 정렬 함수들은 바른 정렬을 위해 임의 접근 반복자를 요구하므로 임의 접근이 가능한 컨테이너에 대해서만 사용할 수 있다. 주로 벡터에 대해 정렬을 수행하며 C의 단순 배열에 대해서도 정렬을 수행할 수 있다. 네 함수 모두 정렬 대상을 지정하는 first ~ last 반복자 구간을 인수로 취하며 마지막 인수로 정렬의 기준으로 사용될 이항 조건자를 전달할 수 있다. 별도의 조건자가 지정되지 않을 경우 < 연산자로 요소의 대소를 비교한다.

sort 함수가 가장 기본적인 정렬 함수이며 first ~ last 구간을 조건자의 비교 결과대로 정렬한다. 구현 방식은 컴파일러마다 다르겠지만 대개의 경우 가장 빠르다고 알려진 퀵소트 알고리즘이나 약간의 변형 알고리즘으로 구현된다. stable_sort는 같은 값의 상대적인 순서가 정렬 후에도 유지되는 안정적인 정렬을 수행하는데 정렬 속도는 안정성이 없는 sort보다 조금 더 느리다.

partial_sort는 두 번째 인수로 지정한 SortEnd 부분 직전까지만 정렬하고 나머지 뒷부분은 정렬되지 않은 채로 내버려 둔다. 최상위 n번까지만 골라내고 싶을 때 이 함수를 사용하며 안정성은 없다. nth_element는 두 번째 인수로 지정한 n에 n번째 값을 놓고 그 왼쪽에 n보다 작은 값을, 오른쪽에 n 이상의 값으로 구간을 분할한다. n의 위치만 정확하며 나머지 좌우 구간의 정렬 상태는 보증되지 않는다. 특정값을 기준으로 미만 그룹, 이상 그룹을 분류할 때 유용하다. 다음 예제로 4가지 함수를 모두 테스트해 보자.

> **예제** sort

```
#include <iostream>
#include <vector>
#include <algorithm>
using namespace std;

template(typename C) void dump(const char *desc, C c) { cout.width(12);cout << left << desc << "==> ";
    copy(c.begin(),c.end(),ostream_iterator<typename C::value_type>(cout," ")); cout << endl; }

void main()
{
    int ari[]={49,26,19,77,34,52,84,34,92,69};

    vector<int> vi(&ari[0],&ari[10]);
    dump("원본",vi);

    sort(vi.begin(),vi.end());
```

```
    dump("sort",vi);
    vector<int> vi2(&ari[0],&ari[10]);
    stable_sort(vi2.begin(),vi2.end());
    dump("stable_sort",vi2);

    vector<int> vi3(&ari[0],&ari[10]);
    partial_sort(vi3.begin(),vi3.begin()+5,vi3.end());
    dump("partial_sort",vi3);

    vector<int> vi4(&ari[0],&ari[10]);
    nth_element(vi4.begin(),vi4.begin()+5,vi4.end());
    dump("nth_element",vi4);
}
```

10개의 정수가 저장되어 있는 벡터를 각각의 방법으로 정렬해 보았다.

```
원본         ==> 49 26 19 77 34 52 84 34 92 69
sort         ==> 19 26 34 34 49 52 69 77 84 92
stable_sort ==> 19 26 34 34 49 52 69 77 84 92
partial_sort==> 19 26 34 34 49 77 84 52 92 69
nth_element ==> 19 26 34 34 49 52 69 77 84 92
```

원본에는 정수들이 무질서하게 배치되어 있지만 sort로 정렬하면 크기순으로 오름차순 정렬된다. 별도의 조건자를 지정하지 않으면 미만 비교 조건자인 less가 사용되는데 sort(vi.begin(), vi.end(), greater<int>());로 초과 비교를 하게 되면 큰 값이 더 앞쪽에 오므로 내림차순으로 정렬된다.

stable_sort도 sort와 같은 결과를 보이는데 안정성이 있다는 점이 다르다. 예제의 벡터에는 34가 두 개 있는데 이 두 34가 원래의 위치를 유지하는가 아닌가가 다르다. 정수 같은 단순 타입은 어차피 값으로만 구분되므로 원래의 순서가 별 의미가 없지만 객체끼리 비교할 때는 이런 안정성이 중요할 수도 있다.

예를 들어 사원 목록에 똑같은 이름을 가지는 김철수 부장과 김철수 대리가 있는데 정렬되지 않았을 때는 김철수 부장이 더 앞쪽에 있었다고 하자. 이 상태에서 이름순으로 정렬했을 때 부장이 대리보다 앞에 있던 원래 순서가 유지되는가 아닌가가 때로는 굉장히 중요할 수도 있다. sort는 어쨌든 최대한 빠르게 정렬만 하는 것이고 stable_sort는 같은 값의 순서가 흐트러지지 않도록 유지하기까지 하므로 sort보다는 조금 더 느리다.

partial_sort는 지정한 요소까지만 정렬하고 나머지 뒤쪽은 정렬하지 않는다. 예제에서는 5번째 요소까지만 정렬했는데 결국 상위 0 ~ 4까지 다섯 개의 요소만 정렬된다. 상위 다섯 개인 49까지 정확하게 정렬되었고 뒷부분은 이보다 큰 값들만 남는데 남은 값들의 순서는 전혀 보장되지 않는다. 일부분에 대해서만 정렬하므로 속도는 sort보다 훨씬 더 빠르다.

부분 정렬은 그야말로 일부만 정렬한 값이 필요할 때 사용한다. 예를 들어 전국 고등학생 30만명이 동시 모의고사를 보았는데 이 중 상위 10등까지만 어학연수를 보내 주려고 한다. 전체를 다 정렬한 후 앞쪽 10개를 골라도 되겠지만 어차피 이 상황에서 관심있는 대상은 제일 점수가 높은 10명뿐이므로 10명에 대해서만 부분 정렬하는 것이 훨씬 더 이득이다.

nth_element는 지정한 요소 위치에만 정확한 값을 배치하고 나머지는 이 요소를 기준으로 좌우로 구간을 분할한다. 예제에서는 5번째 요소를 기준으로 지정했으므로 5번째 칸에 52를 넣고 왼쪽에는 52보다 작은 값을, 오른쪽에는 52보다 큰 값을 배치한다. 이 예에서는 좌우 구간이 우연히 정렬되었지만 자료의 수가 많아지면 이는 보증되지 않는다.

특정 위치를 기준으로 그룹을 분류하고 싶을 때 이 함수를 사용하는데 예를 들어 30만명의 학생 중 상위 30%는 차후 더 난이도가 높은 시험을 보도록 하고 하위 70%는 원래 난이도와 같은 시험을 보도록 할 때 이 함수가 유용하다. 특정 학생이 몇 등인가는 중요하지 않고 30%에 들었는지 그렇지 못한지만 관심사이므로 30% 위치를 기준으로 좌우로 구간만 나누면 된다.

42.3.2 binary_search

binary_search는 정렬된 구간에서 이분 검색으로 값의 존재 여부를 조사한다. 이분 검색은 값의 대소를 기준으로 구간을 절반씩 나누어 값을 검색하므로 반복자 구간은 반드시 정렬되어 있어야 한다. 정렬된 자료를 검색하므로 검색 속도는 굉장히 빠르다. 만약 정렬되어 있지 않다면 결과는 예측할 수 없다.

```
bool binary_search(FwdIt first, FwdIt last, const T& val [, BinPred F]);
```

이 함수는 단지 원하는 값이 구간 내에 있는지 조사만 할 뿐이지 어디쯤에 있는지는 조사하지 않는다. 값이 존재하면 true를 리턴하고 그렇지 않으면 false를 리턴한다. 이 함수가 값의 위치를 조사하지 못하는 이유는 중복된 값이 있을 경우 정확하게 원하는 값인지 아닌지를 확신할 수 없기 때문이다. 값의 위치를 검색하려면 다음 함수들을 사용해야 한다. 셋, 맵에 있는 검색 멤버 함수와 개념적으로 동일하게 동작한다.

```
FwdIt lower_bound(FwdIt first, FwdIt last, const T& val [,BinPred F]);
FwdIt upper_bound(FwdIt first, FwdIt last, const T& val [,BinPred F]);
pair〈 FwdIt, FwdIt 〉 equal_range(FwdIt first, FwdIt last, const T& val[,BinPred F]);
```

lower_bound는 값이 있는 첫 번째 위치를 리턴하며 만약 없다면 이 값이 삽입될 수 있는 위치를 조사한다. upper_bound는 반대로 마지막 위치의 다음 위치를 리턴하는데 이는 검색값보다 큰 최초의 값 위치이다. equal_range는 두 함수의 결과를 pair로 묶어서 리턴한다.

예 제 lower_bound

```cpp
#include <iostream>
#include <vector>
#include <algorithm>
using namespace std;

template<typename C> void dump(const char *desc, C c) { cout.width(12);cout << left << desc << "==> ";
    copy(c.begin(),c.end(),ostream_iterator<typename C::value_type>(cout," ")); cout << endl; }

void main()
{
    int ari[]={49,26,19,77,34,52,84,34,92,69};
    vector<int> vi(&ari[0],&ari[10]);
    vector<int>::iterator it;

    dump("원본",vi);
    sort(vi.begin(),vi.end());
    it=lower_bound(vi.begin(),vi.end(),50);
    if (*it == 50) {
        cout << "찾는 값이 존재합니다." << endl;
    } else {
        vi.insert(it,50);
        dump("삽입 후",vi);
    }
}
```

정수 벡터를 정렬한 다음에 lower_bound로 50을 검색해 보았다. 이 값이 이미 있다면 위치가 검색될 것이고 없다면 50이 들어갈 수 있는 위치인 52의 위치가 검색된다. 이 경우 upper_bound로 검색해도 결과는 동일하다.

```
원본        ==> 49 26 19 77 34 52 84 34 92 69
삽입 후      ==> 19 26 34 34 49 50 52 69 77 84 92
```

만약 중복되어 있는 값 34를 검색한다면 어떤 함수로 검색하는가에 따라 결과가 달라진다.

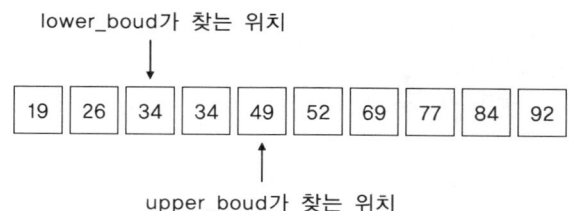

34의 앞쪽에 뭔가를 삽입하고 싶다면 lower_bound로 위치를 검색하면 되고 34의 뒤쪽에 뭔가를 삽입하고 싶다면 upper_bound로 검색하면 된다.

42.3.3 merge

merge 함수는 두 반복자 구간의 요소를 병합한다. 두 구간은 정렬되어 있어야 하며 합쳐진 결과도 정렬된다. inplace_merge는 한 컨테이너의 정렬된 두 연속 구간을 합쳐 원래 구간에 써 넣는다.

```
OutIt merge(InIt1 first1, InIt1 last1, InIt2 first2, InIt2 last2, OutIt result [, BinPred F]);
void inplace_merge(BiIt first, BiIt middle, BiIt last [, BinPred F]);
```

merge는 first1 ~ last1 구간과 first2 ~ last2 구간을 병합하여 result에 작성한다. result는 두 구간을 모두 받을 수 있을만한 충분한 공간을 확보하고 있든가 아니면 삽입 반복자여야 한다. inplace_merge는 frist ~ middle과 middle ~ last를 병합하여 first ~ last 구간을 다시 작성한다. 둘다 안정성은 있으므로 동등한 값의 원래 순서가 유지된다.

예제 **merge**

```
#include ⟨iostream⟩
#include ⟨vector⟩
#include ⟨algorithm⟩
using namespace std;

template⟨typename C⟩ void dump(const char *desc, C c) { cout.width(12);cout ⟨⟨ left ⟨⟨ desc ⟨⟨ "==⟩ ";
    copy(c.begin(),c.end(),ostream_iterator⟨typename C::value_type⟩(cout," ")); cout ⟨⟨ endl; }

void main()
{
```

```
    int i;
    vector<int> vi1,vi2,vi3;
    for (i=1;i<5;i++) vi1.push_back(i);
    for (i=3;i<9;i++) vi2.push_back(i);
    merge(vi1.begin(),vi1.end(),vi2.begin(),vi2.end(),back_inserter(vi3));
    dump("merge",vi3);

    vector<int> vi4;
    for (i=1;i<5;i++) vi4.push_back(i);
    for (i=3;i<9;i++) vi4.push_back(i);
    inplace_merge(vi4.begin(),vi4.begin()+4,vi4.end());
    dump("inplace_merge",vi4);
}
```

1 ~ 4까지의 정수 벡터와 3 ~ 8까지의 정렬된 두 벡터를 병합하여 vi3 빈 벡터에 새로 써 넣었으며 vi4에 연속된 구간을 만들고 두 구간을 병합해 보았다.

```
merge        ==> 1 2 3 3 4 4 5 6 7 8
inplace_merge ==> 1 2 3 3 4 4 5 6 7 8
```

둘 다 원본이 같기 때문에 병합한 결과도 같다.

42.3.4 min, max

min, max는 두 값 중 큰 값과 작은 값을 조사한다. C 라이브러리에도 동일한 이름의 매크로 함수가 정의되어 있지만 STL의 min, max는 템플릿 버전이라는 점에서 좀 더 우월하다.

```
const T& min(const T& x, const T& y [, BinPred F]);
const T& max(const T& x, const T& y [, BinPred F]);
```

인수로 비교 대상이 되는 두 값을 전달받는데 마지막 인수로 조건자를 지정할 수 있다. 크다, 작다라는 비교 연산은 지극히 단순한 개념이지만 사용자 정의 타입에서는 이런 간단한 비교조차도 다른 의미를 가질 수 있으므로 조건자가 비교하도록 할 수 있다. 다음 두 함수는 반복자 구간에서 가장 큰 요소, 가장 작은 요소를 찾아 반복자를 리턴한다.

```
Fwdlt min_element(Fwdlt first, Fwdlt last[, BinPred F]);
Fwdlt max_element(Fwdlt first, Fwdlt last[, BinPred F]);
```

최대, 최소값을 찾기 위해 전체를 정렬한 후 first와 last-1 위치를 읽을 수도 있다. 그러나 고작 하나의 값을 찾는데 쓰기에 정렬은 너무 비싼 알고리즘이므로 이럴 때는 이 함수들을 쓰는 것이 좋다. 순차검색 방법을 사용하므로 반복자 구간은 굳이 정렬되어 있지 않아도 상관없고 임의 접근 반복자일 필요도 없다. 아주 간단한 함수들이므로 예제만 만들어 보자.

예제 minmax

```
#include <iostream>
#include <vector>
#include <algorithm>
using namespace std;

void main()
{
    int i=3,j=5;
    printf("둘 중 작은 값은 %d이고 큰 값은 %d이다.\n",min(i,j),max(i,j));

    int ari[]={49,26,19,77,34,52,84,34,92,69};
    vector<int> vi(&ari[0],&ari[10]);
    printf("벡터에서 가장 작은 값은 %d이고 가장 큰 값은 %d이다.\n",
        *min_element(vi.begin(),vi.end()),*max_element(vi.begin(),vi.end()));
}
```

정수값 둘의 대소를 비교해 보았고 정수 벡터에서 가장 큰 값과 작은 값을 검색해 보았다.

둘 중 작은 값은 3이고 큰 값은 5이다.
벡터에서 가장 작은 값은 19이고 가장 큰 값은 92이다.

진짜 인간적으로 너무 너무 쉬운 함수들이다. STL에 이렇게 착한 함수들만 있다면 배우기 정말 쉬울텐데 말이다.

42.4 수치 알고리즘

42.4.1 accumulate

수치 관련 알고리즘들은 STL에 직접적으로 소속되지 않으며 C++ 라이브러리로 분류된다. 그러나 수치 알고리즘도 STL 컨테이너와 함께 훌륭하게 동작하며 STL이 C++ 표준 라이브러리에 흡수된 이상 이를 굳이 구분할 필요는 없다. 단, 이 함수들은 numeric 헤더 파일에 정의되어 있으므로 수치 관련 함수를 쓸 때는 이 헤더 파일을 꼭 포함하도록 하자. 누적 합을 구하는 함수는 다음 두 가지이다.

```
T accumulate(InIt first, InIt last, T val [, BinOp op]);
OutIt partial_sum (InIt first, InIt last, OutIt result [ ,BinOp op]);
```

accumulate 함수는 first ~ last 구간에 속한 값들의 총합을 구한다. 세 번째 인수 val은 누적 총합의 초기값인데 0으로 지정하면 순수한 합을 구할 수 있다. partial_sum은 first ~ last까지의 부분합들을 구해 result 반복자 위치에 순서대로 대입한다.

예제 accumulate

```cpp
#include <iostream>
#include <vector>
#include <numeric>
#include <algorithm>
using namespace std;

template<typename C> void dump(const char *desc, C c) { cout.width(12);cout << left << desc << "==> ";
    copy(c.begin(),c.end(),ostream_iterator<typename C::value_type>(cout," ")); cout << endl; }

void main()
{
    int ar1[]={49,26,19,77,34,52,84,34,92,69};
    vector<int> vi1(&ar1[0],&ar1[10]);
    printf("벡터의 총합은 %d이다.\n",accumulate(vi1.begin(),vi1.end(),0));

    int ar2[]={1,2,3,4,5,6,7,8,9,10};
    vector<int> vi2(&ar2[0],&ar2[10]);
    vector<int> vi3;
    partial_sum(vi2.begin(),vi2.end(),back_inserter(vi3));
    dump("부분합",vi3);
}
```

정수 10개가 들어 있는 벡터의 총합을 accumulate 함수로 구했다. 그리고 1 ~ 10까지의 정수가 들어 있는 벡터의 부분합을 vi3 벡터에 새로 작성했다.

- 벡터의 총합은 536이다.
  부분합   ==〉1 3 6 10 15 21 28 36 45 55

총합은 모든 요소값을 더한 것이므로 쉽게 이해가 될 것이다. 부분합이란 first에서부터 반복자까지의 합을 더한 값의 벡터인데 1까지 더하면1, 1과 2를 더하면 3, 1과 2와 3을 더하면 6, 이런 식으로 앞 요소들의 값을 계속 더해 나가면서 중간 중간의 결과값을 벡터로 다시 작성한다. 일종의 누적값에 대한 벡터를 만드는데 예를 들어 sale 벡터에 월별 판매량이 있다면 이 벡터에 대한 누적합들은 해당월까지의 총 판매량이 된다.

accumulate 함수는 반복자 구간을 순회하면서 이 값들을 계속 더하여 전체 총합을 만들어 낸다. 이때 별도의 함수 객체를 지정하면 더하기가 아닌 다른 연산을 할 수도 있다. 예를 들어 accumulate(vi1. begin(), vi1.end(), 1, multiplies〈int〉()) 연산을 하면 모든 요소의 누적곱이 구해진다. 이때 초기값은 곱셈의 항등원인 1로 지정해야 할 것이다. 아무튼 accumulate는 구간의 모든 요소들에 대해 어떤 연산을 적용한 결과를 계산하며 디폴트 연산이 덧셈일 뿐이다.

다음 함수는 partial_sum 함수와 유사하게 동작하는데 인접 요소들의 차를 계산해 result 반복자에 차례대로 대입한다.

OutIt adjacent_difference(InIt first, InIt last, OutIt result [,BinOp op]);

아마 대충 어떤 동작을 하는지 상상이 갈 것이다. 예제로 동작을 확인해 보자.

예제 **adjacent_difference**

```
#include 〈iostream〉
#include 〈vector〉
#include 〈numeric〉
#include 〈algorithm〉
using namespace std;

template〈typename C〉 void dump(const char *desc, C c) { cout.width(12);cout 〈〈 left 〈〈 desc 〈〈 "==〉 ";
    copy(c.begin(),c.end(),ostream_iterator〈typename C::value_type〉(cout," ")); cout 〈〈 endl; }

void main()
{
```

```
    int ar[]={1,2,5,10,15,12,20};
    vector<int> vi(&ar[0],&ar[7]);
    vector<int> vi2;
    adjacent_difference(vi.begin(),vi.end(),back_inserter(vi2));
    dump ("부분차 ",vi2);
}
```

정수 벡터를 정의하고 이 벡터의 부분차를 새로운 벡터에 계산했다. 그림으로 요소들의 변화를 살펴보면 쉽게 이해할 수 있다.

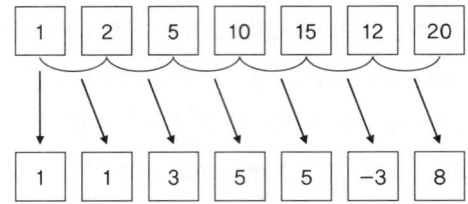

첫 번째 요소는 그대로 내려오고 첫 번째 요소와 두 번째 요소의 차가 새 벡터의 두 번째 요소에 기록된다. 결과 벡터의 n번째 요소는 원본의 n-1 요소와 n 요소의 차이라고 할 수 있다. 만약 원본 벡터가 월별 판매량이었다면 결과 벡터는 그 달의 판매 증가량이라고 할 수 있다. result 반복자는 컨테이너 내부의 반복자일 수도 있으므로 차를 구해 곧바로 자신에게 다시 대입하는 것도 가능하다.

42.4.2 순열 생성기

순열이란 요소들을 순서대로 배치하는 방법이다. 다음 두 함수는 반복자 구간에 있는 요소의 현재값에 대한 다음, 이전 순열을 계산한다. 이때 다음, 이전 순열이라는 것은 값의 대소 관계를 기준으로 하며 별도의 함수 객체로 이 관계를 지정할 수 있다.

```
bool next_permutation(Bilt first, Bilt last [, BinPred F]);
bool prev_permutation(Bilt first, Bilt last [, BinPred F]);
```

두 함수 모두 이전, 이후 순열의 존재 유무를 리턴하는데 더 이상의 순열이 없으면 false를 리턴한다.

next_permutation

```cpp
#include <iostream>
#include <vector>
#include <algorithm>
using namespace std;

template<typename C> void dump(const char *desc, C c) { cout.width(12);cout << left << desc << "==> ";
    copy(c.begin(),c.end(),ostream_iterator<typename C::value_type>(cout," ")); cout << endl; }

void main()
{
    int i;
    vector<int> vi;
    vi.push_back(1);vi.push_back(2);vi.push_back(3);
    dump("원본",vi);
    for (i=0;i<6;i++) {
        next_permutation(vi.begin(),vi.end());
        dump ("다음",vi);
    }
}
```

벡터에 1, 2, 3 세 개의 정수를 넣어 두고 이 세 값으로 만들 수 있는 순열을 모두 조사해 출력해 보았다. 모두 여섯 개의 순열이 만들어진다.

```
원본        ==> 1 2 3
다음        ==> 1 3 2
다음        ==> 2 1 3
다음        ==> 2 3 1
다음        ==> 3 1 2
다음        ==> 3 2 1
```

벡터의 요소 개수가 많으면 순열의 개수도 기하급수적으로 늘어날 것이다.

42.4.3 inner_product

다음 함수는 내적을 계산한다.

T inner_product(InIt1 first1, InIt1 last1, InIt2 first2, T val [, BinOp op1, BinOp op2]);

내적이란 두 구간의 대응되는 요소끼리 곱한 후 전체를 더한 값이다. 두 개의 반복자 구간과 초기값 val을 지정하며 내적 계산에 사용될 두 개의 이항 함수 객체를 지정할 수 있다. 디폴트 연산자는 *와 +로 되어 있어 곱의 합을 구하지만 다른 연산을 지정하면 합의 곱을 구하거나 나머지의 합을 구하는 식으로도 연산할 수 있다.

예제 inner_product

```
#include <iostream>
#include <vector>
#include <numeric>
#include <algorithm>
using namespace std;

void main()
{
    int inp;
    vector<int> vi1,vi2;
    vi1.push_back(2);vi1.push_back(3);vi1.push_back(4);
    vi2.push_back(5);vi2.push_back(6);vi2.push_back(7);
    inp=inner_product(vi1.begin(),vi1.end(),vi2.begin(),0);
    printf("내적 = %d\n",inp);
}
```

결과는 2*5 + 3*6 + 4*7인 56이다. 벡터의 요소 개수가 많아지면 이 값도 굉장히 커질 수 있다. 다음 함수는 두 컨테이너의 반복자 구간을 사전순으로 비교한다.

bool lexicographical_compare (InIt1 first1, InIt1 last1, InIt2 first2 [, BinPred F]);

두 구간의 대응되는 요소를 차례대로 비교하는데 첫 번째 요소가 두 번째 요소보다 작으면 true를 리턴하고 크면 false를 리턴하며 즉시 종료한다. 만약 같다면 다음 요소를 똑같은 방식으로 계속 비교하기를 구간끝까지 반복한다. 디폴트 비교 함수 객체가 less이므로 첫 번째 구간이 두 번째 구간보다 작아야만 true를 리턴하며 같을 경우는 작지 않으므로 false가 리턴된다. 만약 첫 번째 구간이 먼저 끝나고 두 번째 구간은 아직 값이 남았으면 이 경우는 true를 리턴한다.

```
#include 〈iostream〉
#include 〈vector〉
#include 〈numeric〉
#include 〈algorithm〉
using namespace std;

void main()
{
    vector〈int〉 vi1,vi2;
    for (int i=8;i〈16;i++) {
        vi1.push_back(i);
        vi2.push_back(i);
    }
    //vi1[5]=0;
    if (lexicographical_compare(vi1.begin(),vi1.end(),vi2.begin(),vi2.end())) {
        cout 〈〈 "vi1이 더 작다" 〈〈 endl;
    } else {
        cout 〈〈 "vi1이 더 작지 않다" 〈〈 endl;
    }
}
```

이대로 컴파일하면 두 벡터가 완전히 동일하므로 더 작지 않다가 출력된다. 주석을 풀어 vi1[5]를 0으로 만들면 vi1이 더 작은 것으로 평가될 것이다.

42.4.4 힙 연산

힙(heap)이라는 말은 흔히 기억 장소의 자유 영역을 의미하는데 자료 구조에서 말하는 힙은 이런 메모리 영역을 뜻하는 것이 아니라 다음과 같은 조건을 만족하는 자료 구조를 의미한다.

① 첫 번째 요소가 구간에서 가장 크다.
② 푸시, 팝 연산이 로그 시간 내로 수행될 수 있다.

단지, 첫 번째 요소가 제일 크기만을 요구하므로 나머지 뒷부분은 크기순으로 정렬되지 않아도 상관없다. 요구 사항이 많지 않기 때문에 삽입, 삭제 연산도 훨씬 더 빠르다. 힙 연산 함수들은 우선 순위 큐 구현에 흔히 사용되는데 사실 STL의 prority_queue 어댑터가 이런 자료 구조를 잘 제공하므로 힙 연산 함수들을 직접 사용할 일은 거의 없다. 다음 4개의 함수가 힙 연산을 제공한다.

```
void make_heap(RanIt first, RanIt last [,BinPred F]);
void sort_heap(RanIt first, RanIt last [,BinPred F]);
void push_heap(RanIt first, RanIt last [,BinPred F]);
void pop_heap(RanIt first, RanIt last [,BinPred F]);
```

모두 원형이 동일한데 적용할 구간을 인수로 전달받고 원할 경우 조건자를 지정할 수 있다. 디폴트 조건자는 less이다. make_heap 함수는 first ~ last 구간을 힙으로 만드는데 구간 내에서 제일 큰 값을 선두로 이동시키기만 하면 된다. 내림차순으로 정렬하는 것이 아니라 첫 요소만 앞쪽으로 이동시키므로 정렬보다는 훨씬 더 속도가 빠르다.

push_heap 함수는 first ~ last 구간을 힙으로 만드는데 이때 first ~ last-1까지는 이미 힙이어야 한다. 즉, first ~ last-1 범위의 요소 중에는 first가 제일 커야 한다. push_heap 함수는 원래의 힙보다 하나 더 확장된 범위인 first ~ last를 힙으로 만드는데 이는 곧 last를 포함하여 제일 큰 값을 앞으로 보내는 것이다. 그래서 통상 push_heap 이전에 push_back이 먼저 호출된다.

pop_heap은 first에 있는 제일 큰 요소를 제일 뒤로 보내고 나머지 first ~ last-1 구간을 다시 힙으로 만든다. 즉, 제일 큰 값은 끝으로 추방시키고 남은 요소들 중 제일 큰 값을 다시 선두로 보내는 것이다. sort_heap은 힙 구간을 오름차순으로 정렬하는데 일반적인 정렬 함수보다는 훨씬 더 빠르다.

예제 make_heap

```cpp
#include <iostream>
#include <vector>
#include <algorithm>
using namespace std;

template<typename C> void dump(const char *desc, C c) { cout.width(12);cout << left << desc << "==> ";
    copy(c.begin(),c.end(),ostream_iterator<typename C::value_type>(cout," ")); cout << endl; }

void main()
{
    int ar[]={5,3,2,9,6};
    vector<int> vi(&ar[0],&ar[5]);
    dump("원본",vi);
    make_heap(vi.begin(),vi.end());
    dump("make_heap",vi);
    vi.push_back(10);
```

```
    push_heap(vi.begin(),vi.end());
    dump("push_heap",vi);
    pop_heap(vi.begin(),vi.end());
    dump("pop_heap",vi);
    vi.pop_back();
    sort_heap(vi.begin(),vi.end());
    dump("sort_heap",vi);
}
```

정수 다섯 개가 저장된 벡터를 힙으로 만들고 새 요소를 하나 넣고 또 빼 보기도 했다. 그리고 마지막으로 힙을 정렬하면서 각 단계의 벡터를 출력해 보았다.

```
원본        ==> 5 3 2 9 6
make_heap   ==> 9 6 2 3 5
push_heap   ==> 10 6 9 3 5 2
pop_heap    ==> 9 6 2 3 5 10
sort_heap   ==> 2 3 5 6 9
```

make_heap에 의해 vi 벡터는 힙이 되는데 다섯 개의 정수 중 가장 큰 값이 제일 선두로 이동했다. 나머지 요소는 굳이 정렬될 필요없다. 새 요소를 힙에 추가하기 위해 push_back으로 10을 벡터에 추가하고 push_heap으로 이 요소를 힙에 추가했다. 10을 추가하기 전에 0~5구간이 힙이었는데 push_heap은 새로 추가된 10까지 고려하여 이 벡터를 다시 힙으로 만든다. 이 경우 10이 가장 크므로 선두로 이동해야 힙이 된다. 만약 8을 추가했다면 8이 굳이 선두로 이동하지 않아도 될 것이다.

pop_heap은 힙에서 제일 큰 값, 즉 첫 번째 요소를 제일 마지막 요소와 교환하고 제일 끝을 제외한 나머지 구간을 힙으로 만든다. 10이 밀려나고 남은 요소들 중 제일 큰 값이 처음으로 오게 될 것이다. pop_back은 first ~ last-1만 구간으로 만들 뿐이므로 이 벡터의 전 구간이 힙이 되려면 밀려난 10을 pop_back 등의 함수로 삭제해야 한다. sort_heap은 힙을 오름차순으로 정렬한다.

힙 연산은 우선 순위 큐 같은 자료 구조를 구현하기 위한 연산이다. 이런 자료 구조를 구현하기 위해서는 제일 큰 값 하나만 빼내기 쉬운 위치에 있고 새로운 값이 추가 되거나 제일 큰 값이 빠져 나갈 때 제일 큰 값을 미리 찾아 놓기만 하면 된다. 이 정도 요구 사항을 충족하기 위해서는 굳이 그 비싼 정렬을 매번 할 필요가 없으며 몇 번의 교환만 수행하면 된다. 사실 힙 연산은 최종 사용자들이 쓸만한 연산은 아니며 실용성도 낮다.

부 록

부록 1 코딩 스타일

1.1 코딩 스타일

코딩 스타일(Coding Style)이란 코드를 작성하는 방식에 대한 개인적인 기호라는 뜻이다. C/C++은 프리 포맷을 지원하며 코드의 형식에 대한 문법적인 제약이 없으므로 마음대로 작성할 수 있다. 개발자는 개성을 가진 인간이기 때문에 누가 작성하는가에 따라 코드의 모양이 조금씩은 달라질 것이다. 코드의 모양이야 어떻든 간에 컴파일러가 코드를 해석하기에 애매하지만 않으면 컴파일하는 데는 아무런 문제가 없다.

그러나 똑같은 내용의 소스라도 사람이 읽기 쉽고 구문 파악이 용이해야 이후 코드를 수정하기 편리하고 효율적으로 유지, 보수할 수 있다. 뿐만 아니라 소스의 구조가 잘 보이면 실수할 가능성이 낮고 골치아픈 버그의 위험을 조금이라도 줄일 수 있다. 컴파일러는 기계이므로 스타일을 무시하지만 이 코드를 읽고 관리하는 사람은 코딩 스타일에 영향을 받으므로 코드의 작성 형태는 소스의 품질에 무시할 수 없는 중요한 요소이다.

코딩 스타일에 정답이라는 것은 없으며 가장 좋다고 소문난 스타일도 나와 맞지 않으면 쓸 수 없다. 어떤 스타일을 선택하든지 그것은 개인의 자유이므로 보기에 좋고 유지하기 편리한 스타일을 사용하되 단, 한 번 정한 스타일은 일관되게 지키는 것이 좋다. 여기서는 어떤 코딩 스타일이 있고 각각의 장단점은 무엇인지 객관적으로 비교해 보기로 한다. 남들은 어떤 식으로 코드를 작성하는지 구경해 보고 자신의 스타일을 만들어 보자.

::중괄호 작성 스타일

C++, 자바, C# 언어를 흔히 { } 괄호 언어라고 부르는데 이는 이 언어들의 각 부분에 { } 괄호가 유독 많이 사용되기 때문이다. { } 괄호를 배치하는 형식은 소스의 전반적인 구조를 결정하는 가장 눈에

띄는 차이점이며 또한 개발자마다 각각의 스타일을 고집하는 대표적인 예이다. 여러 가지 스타일이 있지만 대표적인 세 가지 스타일을 들어 보면 다음과 같다. if 문을 예로 들었는데 for, switch 등 대부분의 제어 구조에도 이 스타일들이 적용된다.

if (조건)	if (조건) {	if (조건)
{	명령	{
명령	}	명령
}		}
GNU	K&R	BSD

세 형식 모두 닫는 괄호는 별도로 한 줄에 작성하지만 여는 괄호의 위치와 블록 내의 들여 쓰기 방식이 다르다. 어찌나 유명한 스타일인지 이름까지 붙어 있다.

- GNU 스타일 : { } 블록을 if문 아래쪽에 작성한다. if 문에 속한 하위 블록임을 분명히 표시하기 위해 블록을 통째로 안으로 들여 쓰고 블록내의 명령도 { 괄호보다 하나 더 안쪽으로 들여쓴다. 가끔 명령을 { } 괄호와 같은 레벨에 들여쓰는 변형된 스타일을 쓰는 경우도 있다. 구조가 제일 잘 보이는 스타일이기는 하지만 들여쓰는 정도가 너무 심해서 수평으로 많은 코드를 작성할 수 없다는 것이 단점이다.
- K&R 스타일 : C언어의 창시자들이 흔히 즐겨 썼던 스타일이며 C++의 창시자인 스트로스트룹도 이 스타일로 문서를 작성한다. 블록을 여는 괄호가 블록 시작행의 끝에 있다는 점이 특이하며 명령은 블록 안쪽으로 들여쓴다. 조건절을 주석 처리할 때 약간 불편한 면이 있으나 if를 블록 시작으로 보므로 블록 구조 파악에는 큰 무리가 없다. 이 스타일의 가장 큰 장점은 여는 괄호가 한 줄을 차지하지 않아 수직으로 더 많은 코드를 볼 수 있다는 점이다.
- BSD 스타일 : GNU 스타일과 K&R 스타일의 장점만을 취한다. 여는 괄호가 별도의 줄에 작성되어 소스가 좀 더 길어지는 단점이 있지만 블록 구조가 더 잘 보이며 블록이 if와 같은 레벨에 있어 들여쓰기도 심하지 않다. 블록의 시작과 끝이 한 눈에 들어오고 수평 위치가 같아 유지, 보수에는 가장 유리한 스타일이다.

세 스타일 모두 함수를 정의할 때는 여는 중괄호를 별도의 행에 따로 배치한다. if문이나 for에 걸리는 명령이 하나뿐이라면 굳이 { }를 쓰지 않아도 상관없지만 확장성에 불리하기 때문에 일반적으로 권장되지 않는다.

이 세 가지 스타일 중 GNU 스타일은 상대적으로 인기가 없는 편이며 K&R 스타일과 BSD 스타일이 주로 많이 쓰이는 스타일이다. 두 스타일의 가장 큰 차이점은 { 괄호의 위치인데 블록끼리 중첩될 때 수직 길이에 많은 차이가 있다. BSD 스타일이 여는 괄호의 개수만큼 더 길어진다.

```
if (k == 5) {
    for (i = 0;i < 10;i++) {
        if (ar[i] == 10) {
            func(ar[i]);
        } else {
            proc(ar[i]);
        }
    }
}
```

```
if (k == 5)
{
    for (i = 0;i < 10;i++)
    {
        if (ar[i] == 10)
        {
            func(ar[i]);
        }
        else
        {
            proc(ar[i]);
        }
    }
}
```

수직 길이가 더 길어진다는 것은 한 화면에 많은 코드를 볼 수 없다는 뜻이며 아래 위로 스크롤해가며 읽어야 하는 불편함이 있다. 또한 코드를 인쇄했을 때 용지를 너무 많이 낭비한다는 경제적인 이유도 무시할 수 없다. 이런 이유로 과거에는 K&R 스타일이 주로 많이 사용되었으나 요즘은 고해상도 모니터의 도움을 받을 수 있으므로 점점 BSD 스타일을 더 선호하는 편이다. 하드웨어 지원이 충분하다면 BSD 스타일이 모양은 가장 좋다.

:: 들여쓰기

들여쓰기(Indentation)란 블록 앞쪽에 탭이나 공백을 넣어 상위 블록보다 더 안쪽에 배치하여 코드의 종속적인 관계를 표현하는 기법이다. 들여쓰기를 하지 않으면 소스의 논리적인 구조가 잘 파악되지 않으며 블록 구조를 수정할 때 실수할 가능성이 높으므로 반드시 해야 한다. 대부분의 편집기는 자동 들여쓰기를 지원하므로 편집기의 안내대로만 소스를 작성해도 큰 문제는 없다.

들여쓰기를 할 때는 탭이나 공백을 사용한다. 탭은 일정 수의 공백을 대신하는데 탭 하나에 몇 개의 공백폭을 사용할 것인가를 선택할 수 있다. 일반적으로 4가 가장 무난하지만 좀 더 시원스럽게 보이고 싶다면 8을 쓸 수도 있고 수평으로 너무 깊게 들여쓰기 싫다면 2를 쓸 수도 있다. 탭은 제어 코드 하나로 여러 개의 공백을 들여쓸 수 있어 문서 크기가 작아진다는 장점이 있지만 편집기에 따라 폭이 틀려져 문서가 쉽게 깨진다는 단점도 있다.

```
class Some
{
    int         value;      // 정수 멤버
    double      rate;       // 실수 멤버
```

```
    unsigned    u;            // 부호없는 정수 멤버
};
```

탭폭이 4인 편집기로 멤버 변수명과 주석의 수직 위치를 보기 좋게 잘 정렬해 놓았다. 멤버의 타입, 이름, 주석이 일목요연하게 파악되므로 아주 깔끔하다. 그러나 똑같은 소스를 탭폭이 8인 편집기로 열어 보면 모양이 완전히 바뀌어 버리며 탭폭이 같더라도 글꼴이 바뀌면 정렬 상태가 깨질 수도 있다. 탭 문자는 절대적인 폭이 없고 주변 상황에 따라 다음 위치가 결정되는 논리적인 포맷 지정을 하기 때문이다.

```
class Some
{
    int                 value;            // 정수 멤버
    double        rate;        // 실수 멤버
    unsigned    u;                      // 부호없는 정수 멤버
};
```

편집기를 늘상 같은 걸로만 쓴다면 탭이 편리하지만 이것저것 바꿔가며 쓴다거나 여러 사람이 같이 작업해야 한다면 탭은 문서의 모양을 일정하게 유지하는 역할을 하지 못한다. 그래서 탭 대신 공백을 사용하고 고정폭 글꼴을 사용하는 사람들도 있는데 이렇게 하면 편집기에 영향을 받지 않고 항상 일정한 모양을 유지할 수 있다. 그러나 공백은 커서를 이동할 때 이동 속도가 느리고 문서가 커진다는 단점이 있다. 대부분의 편집기는 들여쓰기에 공백이나 탭을 선택할 수 있도록 되어 있다.

일반적인 블록의 들여쓰기 방식은 대체로 한 수준 내려갈 때 한번 들여쓰는 것으로 통일되어 있다. for 반복문이나 if 조건문이 시작될 때 들여쓰고 끝날 때 다시 내어쓰면 블록의 중첩 구조를 쉽게 표현할 수 있어 별다른 변형이 없다. 그러나 switch 문의 들여쓰기 방식은 차이가 있는데 case를 switch보다 들여쓰는 경우가 있고 그렇지 않은 경우가 있다.

```
switch (value)                    switch (value)
{                                 {
     case 1:                      case 1:
         명령;                         명령;
         break;                       break;
     case 2:                      case 2:
```

case를 들여쓰는 쪽이 보기에는 더 시원스럽지만 case 안쪽을 또 들여써야 하므로 깊이가 너무 깊어진다. switch가 두 번만 중첩되어도 4번 들여쓰기 되어 소스가 오른쪽으로 치우치는 경향이 있으며 이렇게

되면 소스 뒷부분을 읽기 위해 수평 스크롤을 해야 하므로 번거로워진다. 보통 case는 switch와 같은 레벨에 두고 case안쪽만 들여쓰는 것이 가장 무난하다.

소스의 오른쪽 끝을 어디쯤에 맞출 것인지도 중요한 결정 사항 중 하나인데 수평으로 너무 길거나 들여쓰기가 깊어지면 불편해진다. 과거 도스 환경의 영향으로 인해 통상 80컬럼 정도에 맞추는 것이 보통이다. 이 길이를 넘어서면 적당한 곳에서 강제 개행을 하는 것이 좋다. 편집 환경의 해상도가 좀 더 높다면 100컬럼 정도까지도 큰 문제는 없지만 그보다 더 길게 작성하는 것은 별로 바람직하지 않다.

∷ 빈 줄 사용 여부

빈 줄은 아무 것도 없이 개행만 하는 줄이지만 가독성 높은 소스를 작성하는데 중요한 역할을 한다. 함수는 개별적인 작업의 단위이므로 보통 빈 줄을 하나씩 넣어야 함수간의 구분이 용이하고 보기에도 시원스럽다. 단순 변수 선언문들은 붙여서 쓰지만 구조체나 클래스 같이 덩치가 큰 타입 선언문들도 빈 줄로 구분하는 것이 좋다.

함수 내부에도 빈 줄이 종종 사용되는데 선두의 지역 변수 선언문과 본체 코드 사이에도 개행을 하는 것이 보통이며 함수 내부의 코드 덩어리 사이에도 빈 줄을 넣어 다른 작업 그룹임을 분명히 해야 한다. 너무 붙여 버리면 어디까지가 어떤 동작을 하는 코드인지 잘 파악되지 않아 코드를 읽기가 어려워진다. 보통 루프나 조건문 등이 새로 시작될 때마다 빈 줄을 하나씩 삽입하는 편이다.

이 책에서 작성한 예제들을 보면 함수 중간 중간에 삽입되어 있는 빈 줄을 흔하게 볼 수 있다. 예를 들어 소코반의 Move 함수를 보면 지역 변수 선언문과 방향에 따라 이동 거리를 조사하는 switch문 사이에 빈 줄이 있고 switch문과 실제로 이동을 하는 if 블록 사이에도 빈 줄이 있어 각 코드 부분을 논리적으로 구분한다. main 함수를 봐도 전역 초기화, 스테이지 초기화, 입력 및 처리, 게임 끝 판별 등의 큼직한 덩어리 사이에 빈 줄이 삽입되어 있다.

클래스 선언문 내부에도 액세스 지정자별로 빈 줄을 하나씩 삽입하여 멤버들의 그룹이 잘 보이도록 해야 한다. 또한 멤버의 용도에 따라 적당히 빈 줄로 그룹을 나누어 놓으면 보기에 훨씬 더 좋고 새로운 멤버를 추가할 장소를 찾기도 용이하다. 빈 줄이 너무 많으면 소스가 길어지는 단점이 있기는 하지만 적당한 여백이 없으면 소스가 너무 갑갑해 보이므로 필요한 곳에는 아낌없이 빈 줄을 넣도록 하자.

∷ 공백 사용

공백은 쉽게 말해서 스페이스 하나를 삽입하는 것인데 문법적으로 공백이 없더라도 컴파일러는 소스를 잘 해석하지만 적절히 띄워 놓으면 소스의 가독성을 높일 수 있다. 공백에 대해서도 일반적으로 적용되는 지침이 있는데 키워드와 여는 괄호 사이에는 공백을 넣는다. 예를 들어 if (…)이나 for (…) 등의 예에서 if와 여는 괄호, for와 여는 괄호 사이에 공백이 하나 들어간다.

그러나 함수와 괄호 사이에는 일반적으로 공백을 넣지 않는다. strcpy(…), printf(…) 등과 같이 함수와 인수열의 괄호를 바로 붙여 쓴다. 함수와 실인수 목록을 하나의 문장을 본다는 시각이다. GNU

스타일은 strcpy (...)과 같이 함수와 괄호 사이도 띄우고 첫 번째 실인수와 여는 괄호도 띄우는 것이 일반적인데 익숙하지 않은 사람은 다소 어색해 보인다.

이항 연산자와 피연산자 사이에도 공백을 넣는다. a = 1;이나 a = b + c; 이런 식으로 말이다. a=1;처럼 딱 붙여 버리면 조금 갑갑해 보이며 a=b+c;도 읽기에 쉽지 않다. 그러나 예외적으로 . 연산자와 -> 그리고 [ ] 연산자는 좌우변이 굉장히 긴밀한 관계이므로 붙여 쓴다. obj.mem 이렇게 붙여서 쓰는 것이 일반적이고 obj . mem 이렇게 띄우는 사람은 거의 없다. *pi, a++ 등의 단항 연산자는 하나의 연산 단위이므로 공백을 두지 않는다.

```
a = b + c * d + 3 + 8;
a = arScore[3] * pRecord->Rate;
```

포인터 선언문의 경우 공백 위치가 애매한데 보통 다음 두 가지 스타일이 사용된다. 이 외에 * 앞뒤로 공백을 다 넣는 스타일도 있기는 하다.

```
int *pi;
int* pi;
```

이 두 스타일은 똑같은 선언문이지만 의도하는 바는 약간 다른데 전자는 정수형의 포인터 변수라는 뜻이고 후자는 정수 포인터형 변수라는 뜻이다. C언어에서는 전자가 많이 사용되었고 C++ 언어에서는 후자를 주로 사용하되 정수형과 정수 포인터형을 한 줄에 같이 선언할 때 문제가 좀 있어 선언문 하나당 하나의 변수만 선언할 것을 권장한다. 함수 호출문이나 정의문의 인수 목록 사이에도 콤마 뒤에 공백을 넣는 것이 일반적이다.

```
함수 정의시 : void func(int a, double b, char c);
함수 호출시 : func(123, 4.5, 'Z');
```

여러 개의 인수들이 나열되므로 인수 목록 사이에 공백을 두지 않을 경우 인수간의 구분이 용이하지 않다. 비슷하게 배열이나 구조체 초기식의 초기값들 사이에도 가급적이면 콤마와 공백을 같이 넣는 것이 좋다.

:: 명칭 작성법

변수나 함수, 타입의 이름은 모두 명칭으로 작성되는데 명칭의 첫 번째 요건은 다른 명칭과 구분되는 이름을 가져야 한다는 것이며 또한 표현하고자 하는 대상과 연관된 이름을 가져야 한다. 구분을 위해서는 길이가 너무 짧아서는 안 되며 입력의 편의를 위해서는 너무 길어서도 안 되는데 보통 3~10자 정도가 적합하다. 명칭의 대소문자 구성이나 접두, 접미를 붙이는 방법도 다양한데 대표적으로 다음 세 가지 정도를 들 수 있다.

전부 소문자 : score, remaintime, callnextlink
어근만 대문자 : Score, RemainTime, CallNextLink
낙타형 : score, remainTime, callNextLink

이 외에 Remain_Time 등과 같이 단어 중간에 _를 넣는 방법도 있는데 타이프 하기에는 조금 불편하지만 읽기에는 가장 좋은 명칭이다. 그러나 밑줄로 시작하는 명칭은 표준이 장래의 예약어 확장을 위해 금지하고 있으므로 사용하지 말아야 한다. 매크로 상수는 전부 대문자로 작성하는 것이 보편적이다.

함수와 변수, 타입 등에 따라 이름을 다르게 작성하는 경우도 있는데 변수는 모두 소문자로 함수는 첫 글자만 대문자로 작성하는 식이다. 이 외에 변수의 이름에 b, a, p 등의 접두를 붙여 이름만으로 타입을 분명히 알 수 있도록 하는 방법도 흔히 사용되는데 특히 포인터 타입의 경우 pPos, pTime처럼 p를 붙여 놓으면 포인터인지 쉽게 알 수 있어 꽤 유용하다. 이름에 명칭의 자격과 타입 정보까지 같이 표현하자는 취지이다.

:: 주석

소스에 설명을 붙이는 주석도 일종의 코딩 스타일인데 되도록 많이 다는 것이 좋다고 생각하는 사람도 있고 불필요한 주석은 오히려 지저분하다고 생각하는 사람도 있다. 과거에는 주석이 많을수록 더 쉬운 소스라는 견해가 일반적이었지만 요즘은 주석보다는 설명적인 소스를 작성하는 것이 더 바람직하다는 견해가 지배적이다. 즉, 다량의 주석보다 주석이 필요없을 정도로 읽기 쉬운 소스가 더 좋다는 뜻이다.

한 줄 주석은 //로 작성하고 여러 줄 주석은 //를 여러 번 쓰거나 /* */를 쓴다. 짧은 주석은 코드 옆에 바로 붙이는 것이 좋고 조금 긴 주석은 코드 위쪽에 붙인다. 한 줄로 작성하기 곤란할 정도로 설명해야 할 양이 많다면 주석으로 달아놓는 것보다 별도의 문서를 따로 작성하고 참고 문서를 주석으로 표시해 놓는 것이 좋다. 소스 내의 주석은 텍스트밖에 표현하지 못하지만 참고 문서는 도표, 그림, 흐름도 등을 세밀하게 표현할 수 있어 더 상세한 설명서를 작성할 수 있다.

1.2 좋은 코딩 스타일

코딩 스타일은 코드의 내용에 대한 규칙이 아니라 코드를 작성하는 형식에 관한 문제이므로 강제적인 의무 사항이 아니다. 읽기 쉽고 관리하기 좋은 스타일이라면 별 문제가 없고 여기에 팀 작업에 별다른 방해가 되지 않는다면 더 바랄 것이 없다. 어떤 스타일을 선택할 것인가는 개인의 자유이되 한번쯤 자신의 스타일을 되돌아보고 바람직한 스타일을 선택한 후 일관되게 지키는 것이 중요하다. 오락가락 하는 것보다 분명한 자기 스타일을 가져야 한다.

코딩 스타일은 개인의 자유이기 때문에 특별한 이유가 없다면 자신의 스타일을 강요하거나 서로를 비방해서는 안 된다. 남이 나의 코딩 스타일을 납득할만한 이유없이 비판한다면 기분이 상하듯이 나 또한 마찬가지이므로 상대의 스타일을 존중해야 한다. 나와 다른 스타일의 코드도 잘 읽을 수 있어야 하는데 스타일이 달라 코드가 어렵다고 불평하는 것은 치사한 변명에 불과하다. 남의 코드를 수정해야 할 때 가급적이면 그 사람의 취향을 존중해야 하며 나와는 좀 스타일이 맞지 않더라도 소스 주인의 스타일을 따르는 것이 올바른 에티켓이다.

만약 스타일 차이가 정 문제가 된다면 서로 스타일을 맞춘 후 작업하는 것이 좋다. 그래서 각 개발사는 코딩 스타일에 대한 지침서를 구비해 놓고 팀원들이 지침대로 코드를 작성하도록 조율하기도 한다. 팀 작업을 할 때는 전체 소스를 팀이 공유하고 같이 관리해야 하므로 전사적인 코딩 스타일을 준주해야 할 의무가 있다. 개인의 자유라 하여 모두가 자기 방식대로 코드를 작성한다면 공유되는 소스의 스타일이 일치하지 않아 여러 가지 문제들이 불거져 나오므로 자기 취향과 맞지 않더라도 지침에 따라야 한다.

최근에는 지정한 코딩 스타일에 따라 소스를 재구성하는 유틸리티들도 많이 발표되어 있고 컴파일러의 편집기들도 여러 가지 스타일을 지원하고 있어 일관된 스타일을 유지하기가 더 쉬워졌다. 비주얼 C++도 Tab, Shift+Tab으로 한꺼번에 들여쓰기, 내어쓰기를 지원하며 Alt+F8은 선택 블록의 들여쓰기를 일괄 조정해 준다. 더 최신의 편집기는 미리 코딩 스타일을 선택해 놓으면 지정한 스타일대로 코드를 자동 재배치하는 기능까지 마련되어 있다.

마지막으로 이 책에서 사용하는 코딩 스타일을 점검해 보자. 초급 개발자들은 흔히 자신이 보던 책이나 자료의 스타일 영향을 많이 받으므로 이 책의 스타일에 대해 장단점을 솔직하게 논할 필요가 있다. 가장 큰 특징은 중괄호 스타일이 K&R 형식으로 통일되어 있다는 점인데 여는 중괄호는 블록 선두의 끝에 붙인다. 키워드와 괄호는 떼고 함수와 괄호는 붙이며 들여쓰기는 탭폭 4를 일관되게 적용하고 있다. 빈 줄도 필요한 곳에는 적당히 삽입하는 편이며 변수명도 평이하게 붙였다.

가장 크게 문제되는 점은 연산자와 피연산자 사이, 인수 목록 사이에 공백을 잘 넣지 않는다는 점인데 피연산자나 인수가 복잡한 수식인 경우만 가끔씩 공백을 활용하는 편이다. 공백을 타이프하기가 귀찮고 공백이 없어도 별로 답답함을 느끼지 않으며 오히려 과다한 공백이 너무 썰렁해 보이는 것 같다. 솔직히 별로 자랑은 아니며 일반적으로 권장되는 스타일에 역행하는 방식이므로 절대로 본받지 말기 바란다.

다른 부분은 별 문제가 없지만 K&R 스타일이 요즘 유행에 별로 부합되지 않고 공백을 잘 넣지 않는다는 것이 스스로의 단점임을 본인도 알고 있다. 그러나 변명을 하자면 오랫동안 출판을 하다 보니 이런 습관을 알게 모르게 강요받아 왔음이 사실이다. 좁은 지면에 많은 소스를 보여야 하고 그러다 보니 { 괄호가 한 줄을 차지하는 것을 도저히 용납하지 못하는 것이다. 내용은 그대로 유지하고 { 괄호만 내려도 이 책은 30페이지 정도 늘어나 버린다. 또한 지면은 기껏해야 90컬럼밖에 안되므로 수평으로 너무 길어져서는 안 되며 그러다 보니 공백을 넣는데 인색해질 수밖에 없다.

일관된 스타일을 지키기는 하지만 나는 내 스타일이 만인이 본받을 만큼 좋다고 생각하지 않는다. 여러분들은 이 책의 코딩 스타일 중 마음에 드는 부분만 받아들이고 그렇지 않은 부분은 비판적으로 수용하기 바란다. 코딩 스타일은 손가락이 기억하는 습관이기 때문에 문법을 배울 때 즈음부터 미리 정해서 익숙하게 훈련하는 것이 바람직하다. 한번 버릇을 잘못 들이면 고치기 정말 어렵다.

부록 2 과제 해설

각 장의 중간 중간에 출제된 과제들에 대한 간략한 해설이다. 가급적이면 이 설명 문서를 보기 전에 과제를 직접 먼저 풀어본 후 어떤 시행착오가 있었는지 스스로 점검하도록 하자.

25-모델링 실습

이 과제에는 정답이 따로 없다. 강아지와 엘리베이터의 어떤 특성들이 필요한가에 따라 모델링한 결과가 달라질 것이다. 강아지는 이름과 털색깔 등이 겉으로 드러나는 가장 큰 특징이며 진도개, 마르티스, 치와와 등의 품종도 속성에 포함될 수 있다. 동작으로는 먹는다(Eat), 잔다(Sleep), 짖는다(Bark) 등이 있다.

엘리베이터는 최대 승선 인원, 이동 가능한 층의 범위, 문짝의 개수 등을 속성으로 가지고 지정한 층으로 이동하기(MoveTo), 문짝 열기(OpenDoor), 문 닫기(CloseDoor) 등의 동작을 가진다. 물론 이 외에도 다양한 속성과 동작을 추가로 가질 수 있으며 외부의 버튼이나 사람들과의 관계에 따라 기능이 확장될 것이다.

26-RotateScrollOop

이 과제를 완벽하게 풀려면 먼저 12장의 RotateScroll 과제부터 완벽하게 이해해야 한다. 그리고 속도의 개념이 들어가야 하므로 14장 Matrix 예제의 nStay와 nFrame을 활용하여 객체의 이동 속도를 조정하는 방법도 알아야 한다. 이 두 방법을 이해하고 있다면 관련 코드를 클래스로 캡슐화하여 묶기만 하면 된다. 완성된 예제는 다음과 같다.

예제 RotateScrollOop

```
#include <Turboc.h>

class RotateScroll
{
private:
    char str[128];
```

```cpp
        int start,end,y;
        bool right;
        int skip,nskip;
        int len,x;

public:
    RotateScroll(const char *astr,int as,int ae,int ay,int askip,bool ar) {
            strcpy(str,astr);
            len=strlen(str);
            start=as;end=ae;y=ay;skip=askip;
            right=ar;
            nskip=0;
            x=start;
    }
    void Rotate();
};

void RotateScroll::Rotate()
{
    int c;

    if (skip != 0) {
            if (nskip != skip) {
                    nskip++;
                    return;
            } else {
                    nskip=0;
            }
    }

    for (c=0;c<len;c++) {
            gotoxy(x+c-(x+c >= end ? end-start:0),y);
            putch(str[c]);
    }
    if (right) {
            gotoxy(x==start ? end-1:x-1,y);putch(' ');
            x=(x==end-1 ? start:x+1);
    } else {
            gotoxy(x+len-(x+len >= end ? end-start:0),y);putch(' ');
            x=(x==start ? end-1:x-1);
```

```
    }
  }


void main()
{
    RotateScroll R1("Scroll Object",30,50,12,2,true);
    RotateScroll R2("Object Oriented Programming",10,60,8,3,false);
    RotateScroll R3("The C++ Programming Language",5,70,18,8,false);
    RotateScroll R4("--------->",40,75,3,0,true);
    RotateScroll R5("<=======::==",20,75,4,0,false);

    for (clrscr();!kbhit();) {
        R1.Rotate();
        R2.Rotate();
        R3.Rotate();
        R4.Rotate();
        R5.Rotate();
        delay(20);
    }
}
```

기존의 RotateScroll 예제에 있던 관련 변수들은 모두 멤버 변수로 포함되었다. 단, str은 원칙적으로 는 포인터로 선언하고 필요한 만큼 동적으로 할당하는 것이 좋으나 예제 수준에서 지나치게 번거롭고 화면폭이 80을 넘지 않으므로 128이라는 비교적 충분한 크기의 정적 배열로 선언했다. 만약 128 길이 이상의 문자열이 인수로 전달되면 이 클래스는 대책없이 다운되어 버리는 위험이 있기는 하다. 이럴 때는 길이를 256정도로 늘리고 그래도 불안하면 assert문 정도를 넣어 놓는 정도만 해도 비교적 충분하 다. 동적 할당을 하면 파괴자, 복사 생성자, 대입 연산자 등 여러 가지 장치들이 추가로 작성되어야 하므 로 오히려 번거로와진다.

이 외에 좌우 이동 방향을 기억하기 위한 right 변수와 이동 속도를 조정하기 위한 skip, nskip 멤버 변수가 추가되었다. RotateScroll 클래스의 생성자는 문자열, 스크롤 범위와 y좌표, 속도, 이동 방향을 인수로 전달받아 멤버 변수에 대입한다. len은 문자열의 길이로 초기화되며 x는 시작 위치로 초기화하고 nskip은 0부터 시작한다. Rotate 멤버 함수가 문자열 회전에 대한 처리를 담당하는데 nskip을 1씩 증가 시키며 skip이 되었을 때 문자열을 한 번 이동시킨다. 따라서 skip이 크면 클수록 이동 속도는 느려진다. skip이 0이면 카운트를 관리하지 않고 호출될 때마다 무조건 스크롤하므로 가장 빠르다.

스크롤 코드는 RotateScrollLeft 예제의 코드를 그대로 복사해왔다. 첫 문자부터 순서대로 출력하되 오른쪽 끝에 닿았을 때 왼쪽 끝으로 회전하도록 x좌표를 잘 조정해야 한다. 그리고 이동 방향에 따라 선두 문자나 마지막 문자 하나를 삭제한다. 루프 내부의 좌표 계산식이 다소 함축적이라 이해하기 쉽지 않지만 이미 만들어진 코드를 재사용하는 것이므로 그대로 가져 오기만 하면 된다. 만약 이 코드가 이해되지 않는다면 RotateScroll 예제부터 복습하기 바란다.

객체의 Rotate 함수가 회전에 대한 모든 처리를 담당하므로 main에서는 객체를 생성하고 루프를 돌리면서 주기적으로 Rotate 함수만 호출하면 된다. 객체는 Rotate 함수가 호출될 때마다 nskip 변수를 증가시키며 자신의 차례가 되기를 기다리다가 차례가 되었을 때 문자열을 1회 회전시킨다. 클래스를 정의해 놓고 main에서는 주기적으로 이 객체의 Rotate 함수만 호출하면 되므로 사용하기는 아주 쉽다.

27-DArrayCopy

ar2를 선언할 때 ar 객체로부터 초기화하는데 이때 별도의 복사 생성자가 정의되지 않으면 메모리끼리 얕은 복사를 한다. DArray 클래스의 ar 포인터를 두 객체가 공유하고 있으므로 각 객체의 파괴자가 이중 해제하며 이때 늦게 파괴되는 객체가 무효한 포인터를 참조하므로 다운된다. 문제를 해결하려면 깊은 복사를 하는 복사 생성자를 정의해야 한다.

```
class DArray
{
    ....
    DArray(const DArray &Other) {
        size=Other.size;
        growby=Other.growby;
        num=Other.num;
        ar=(ELETYPE *)malloc(size*sizeof(ELETYPE));
        memcpy(ar,Other.ar,size*sizeof(ELETYPE));
    }
}
```

새로 생성되는 객체가 자신만의 메모리를 할당하고 Other의 내용을 그대로 복사받아야 한다. 멤버를 일일이 대입하는 것이 귀찮다면 다음과 같이 할 수도 있다.

```
    DArray(const DArray &Other) {
        *this=Other;
        ar=(ELETYPE *)malloc(size*sizeof(ELETYPE));
        memcpy(ar,Other.ar,size*sizeof(ELETYPE));
    }
```

구조체끼리 복사할 수 있듯이 객체끼리도 복사할 수 있으므로 대입하여 일단 복사해 놓고 ar만 재할당 및 내용 복사하면 된다. 단순 멤버들은 대입문에 의해 원본과 같은 값을 가지며 포인터 멤버는 별도로 할당 및 복사하여 깊은 복사하였다.

27-MoonObject

태양과 지구 클래스가 이미 완성되어 있으므로 비슷한 방식으로 Moon 클래스를 만들어 지구 주위를 공전하도록 하면 된다.

예제 MoonObject

```
#include <Turboc.h>
#include <math.h>

class Sun
{
private:
    int x,y;
    char ch;

public:
    Sun(int ax,int ay,char ach) : x(ax),y(ay),ch(ach) {;}
    void Show() {
        gotoxy(x,y);putch(ch);
    }
    void Hide() {
        gotoxy(x,y);putch(' ');
    }
    int GetX() const { return x; }
    int GetY() const { return y; }
};

class Earth
{
private:
    int r;
    int x,y;
    char ch;
```

```
        const Sun *pSun;

public:
    Earth(int ar,char ach,Sun *apSun) : r(ar),ch(ach),pSun(apSun) {;}
    void Revolve(double angle) {
          Hide();
          x=int(cos(angle*3.1416/180)*r*2);
          y=int(sin(angle*3.1416/180)*r);
          Show();
    }
    void Show() {
          gotoxy(pSun->GetX()+x,pSun->GetY()+y);putch(ch);
    }
    void Hide() {
          gotoxy(pSun->GetX()+x,pSun->GetY()+y);putch(' ');
    }
    int GetX() const { return pSun->GetX()+x; }
    int GetY() const { return pSun->GetY()+y; }
};

class Moon
{
private:
    int r;
    int x,y;
    char ch;
    const Earth *pEarth;

public:
    Moon(int ar,char ach,Earth *apEarth) : r(ar),ch(ach),pEarth(apEarth) {;}
    void Revolve(double angle) {
          Hide();
          x=int(cos(angle*3.1416/180)*r*2);
          y=int(sin(angle*3.1416/180)*r);
          Show();
    }
    void Show() {
          gotoxy(pEarth->GetX()+x,pEarth->GetY()+y);putch(ch);
    }
    void Hide() {
```

```
                gotoxy(pEarth->GetX()+x,pEarth->GetY()+y);putch(' ');
        }
};

void main()
{
    Sun S(40,12,'S');
    Earth E(8,'E',&S);
    Moon M(5,'M',&E);

    clrscr();
    S.Show();
    for (double angle=0;!kbhit();angle+=10) {
        E.Revolve(angle);
        for (double angle2=0;angle2 < 360;angle2+=15) {
            M.Revolve(angle2);
            delay(10);
        }
        M.Hide();
        delay(100);
    }
}
```

태양은 화면 중심에 존재하기만 하므로 기존 예제의 코드를 그대로 쓸 수 있되 지구는 달을 위해 자신의 좌표를 제공해야 하므로 GetX, GetY 함수가 추가되었다. 이 두 함수는 태양의 중심 좌표에 현재 공전 각도상의 지구 상대 좌표를 더한 값으로 계산된다. 달은 이 함수들이 리턴하는 지구 좌표 주위를 공전할 것이다. 그 외 지구가 달로 인해 영향을 받는 부분은 없다.

달은 지구 오브젝트와 거의 유사한데 자신이 공전해야할 중심 천체인 지구를 상수 포인터로 가지며 자신을 출력할 때 지구의 중심 좌표를 더한다. 지구가 태양을 공전하는 방식과 사실상 동일하다. main의 테스트 코드는 약간 수정되었는데 화면이 좁아 지구의 공전 반지름을 조금 축소했고 매 지구 공전시마다 달이 지구를 한 바퀴 돌도록 했다.

그래픽 환경이라면 점 단위로 좀 더 섬세한 움직임을 구현할 수 있으며 달과 태양의 상대적 위치에 따라 달의 모양이 바뀌도록 하여 좀 더 실감나게 표현할 수도 있다. 여기에 혜성이나 소행성 객체를 추가하면 그럴 듯한 천체 모형이 만들어질 것이다.

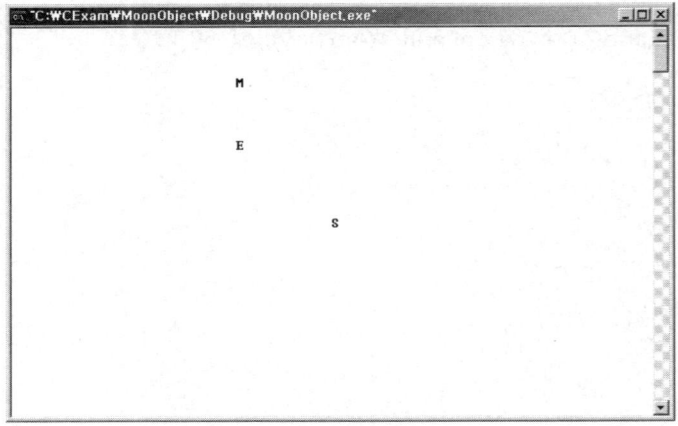

27-RotateInsertCoin

이미 작성되어 있는 Signal, SignalManager, RotateScroll 클래스를 모두 가져와 소스 앞쪽에 붙여 넣고 main 함수를 다음과 같이 작성한다.

예제 RotateInsertCoin

```
=============== 필요한 클래스 선언문 ================

void main()
{
    SignalManager SM(MAX,15);
    RotateScroll R1("I N S E R T   C O I N",10,70,12,5,true);

    for (clrscr();!kbhit();delay(5)) {
        SM.Generate('.',23,15);
        SM.Move();
        R1.Rotate();
    }
}
```

대부분의 작업을 객체들이 하고 있으므로 main은 루프를 돌리며 적당한 시점에 객체의 멤버 함수들만 호출하면 된다. 소스는 굉장히 길어졌지만 처음부터 이 예제를 직접 만드는 수고에 비해서는 훨씬 더 짧은 시간 안에 프로그램을 완성할 수 있다.

28-ComplexPlusPlus

함수의 원형은 공식대로 작성하고 본체는 과제의 요구대로 실수부인 real만 1 증가시킨다.

예제 ComplexPlusPlus

```
#include <Turboc.h>

class Complex
{
private:
    double real;
    double image;

public:
    Complex() { }
    Complex(double r, double i) : real(r), image(i) { }
    void OutComplex() const { printf("%.2f+%.2fi\n",real,image); }
    Complex &operator ++() {
        real+=1.0;
        return *this;
    }
    Complex operator ++(int) {
        Complex R=*this;
        ++*this;
        return R;
    }
};

void main()
{
    Complex C(1.1,2.2);
    C.OutComplex();
    C++;
    C.OutComplex();
}
```

전위형은 실수부만 1 증가한 후 Complex &를 리턴한다. 후위형은 임시 객체에 this를 백업해 놓고 전위 증가 연산자로 this를 증가한 후 임시 객체를 값으로 리턴한다.

28-PositionRelation

TimeRelation 예제와 거의 동일한 구조를 사용한다. == 과 〉 연산자에서 비교하는 멤버만 달라질 뿐이다.

예제 PositionRelation

```
#include <Turboc.h>

class Position
{
private:
    int x;
    int y;
    char ch;

public:
    Position(int ax, int ay, char ach) : x(ax), y(ay), ch(ach) { }
    void OutPosition() {
        gotoxy(x, y);
        putch(ch);
    }
    bool operator ==(const Position &Other) {
        return (x == Other.x && y == Other.y);
    }
    bool operator !=(const Position &Other) {
        return !(*this == Other);
    }
    bool operator >(const Position &Other) {
        if (y > Other.y) return true;
        if (y < Other.y) return false;
        if (x > Other.x) return true;
        return false;
    }
    bool operator >=(const Position &Other) {
        return (*this == Other || *this > Other);
    }
    bool operator <(const Position &Other) {
        return !(*this >= Other);
```

```
        }
        bool operator <=(const Position &Other) {
                return !(*this > Other);
        }
};

void main()
{
    Position A(1,2,'A');
    Position B(1,3,'B');
    Position C(1,3,'C');
    if (A > B) {
            puts("A가 더 크다.");
    } else {
            puts("B가 더 크다.");
    }
    if (B == C) {
            puts("B와 C는 같다.");
    }
}
```

ch만 제외하고 두 멤버가 같으면 같은 객체로 인정하며 대소를 비교할 때는 y를 우선 비교했다. y와 같을 경우에만 x를 비교하여 대소를 판단한다. 물론 ch도 비교 대상에 포함시키고 싶다면 얼마든지 그렇게 할 수 있다.

28-coutPerson

예제 coutPerson

```
#include <Turboc.h>
#include <iostream>
using namespace std;

class Person
{
private:
    friend ostream &operator <<(ostream &c, const Person &P);
```

```cpp
        friend ostream &operator <<(ostream &c, const Person *pP) {
                return c << *pP;
        }
        char *Name;
        int Age;

public:
        Person(const char *aName, int aAge) {
                Name=new char[strlen(aName)+1];
                strcpy(Name,aName);
                Age=aAge;
        }
        ~Person() {
                delete [] Name;
        }
        void OutPerson() {
                printf("이름 : %s 나이 : %d\n",Name,Age);
        }
};

ostream &operator <<(ostream &c, const Person &P)
{
    c << "이름 : " << P.Name << " 나이 : " << P.Age << endl;
    return c;
}

void main()
{
    Person P("아무개",35);
    P.OutPerson();
    cout << P << "출력 완료";
}
```

    Person형의 레퍼런스와 포인터를 인수로 전달받는 전역 << 연산자 둘을 정의하였다. printf로 출력하는 것과 똑같은 포맷으로 Person의 멤버를 출력했다. cout으로 객체를 출력한 후 반드시 ostream 객체의 레퍼런스를 리턴해야 연쇄적인 출력을 할 수 있다.

29-LengthPoint

LengthPoint

```
#include <Turboc.h>

class Length
{
private:
    double mili;

public:
    void SetMili(double m) { mili=m; }
    double GetMili() { return mili; }
    void OutMili() { printf("길이 = %fmili\n",GetMili()); }
    void SetInch(double i) { mili=i*25.4; }
    double GetInch() { return mili/25.4; }
    void OutInch() { printf("길이 = %finch\n",GetInch()); }
};

class LengthPoint : public Length
{
public:
    void SetPoint(int p) { SetInch(p/72.0); }
    double GetPoint() { return GetInch()*72.0; }
    void OutPoint() { printf("길이 = %fpoint\n",GetPoint()); }
};

void main()
{
    LengthPoint m;

    m.SetMili(10);
    m.OutPoint();
    m.SetPoint(12);
    m.OutMili();
}
```

Length를 상속받아 LengthPoint 클래스를 파생했다. 기존의 멤버들은 그대로 물려받으며 포인트 단위로 입력, 조사, 출력하는 멤버 함수들만 추가했다. main의 테스트 코드는 10밀리가 몇 포인트인지,

12포인트는 몇 밀리인지를 조사해서 출력한다.

```
길이 = 28.346457point
길이 = 4.233333mili
```

Length의 주요 멤버 변수인 mili가 프라이비트 액세스 속성을 가지므로 파생 클래스에서는 이 멤버를 직접 액세스할 수 없다. 하지만 mili를 읽고 쓸 수 있는 Get(Set)Mili 공개 함수가 있으므로 mili를 굳이 protected로 변경할 필요는 없다. Get(Set)Point 함수는 포인터를 인치로 상호 변환하는데 공식에 따라 72포인트가 1인치이므로 포인트로 저장할 때는 72로 나누어 인치로 만든 후 저장하고 포인트를 얻을 때는 GetInch로 조사한 값에 72를 곱했다. 인치라는 중간 단위를 거치지 않고 밀리미터 단위로 곧바로 입출력할 수도 있다.

```
void SetPoint(int p) { SetMili(p*25.4/72); }
double GetPoint() { return GetMili()*72/25.4; }
```

Length 클래스는 생성자를 배우기 전에 작성한 클래스라 디폴트 생성자가 정의되어 있지 않은데 mili를 0으로 리셋하는 디폴트 생성자를 정의하는 것이 원칙적이다.

29-MultiContain

예제 **MultiContain**

```
#include <Turboc.h>

class Date
{
protected:
    int year,month,day;
public:
    Date(int y,int m,int d) { year=y;month=m;day=d; }
    void OutDate() { printf("%d/%d/%d",year,month,day); }
};

class Time
{
protected:
```

```
        int hour,min,sec;
public:
        Time(int h,int m,int s) { hour=h;min=m;sec=s; }
        void OutTime() { printf("%d:%d:%d",hour,min,sec); }
};


class Now
{
private:
        bool bEngMessage;
        int milisec;
        Date D;
        Time T;
public:
        Now(int y,int m,int d,int h,int min,int s,int ms,bool b=FALSE)
              : D(y,m,d), T(h,min,s) { milisec=ms; bEngMessage=b; }
        void OutNow() {
              printf(bEngMessage ? "Now is ":"지금은 ");
              D.OutDate();
              putch(' ');
              T.OutTime();
              printf(".%d",milisec);
              puts(bEngMessage ? ".":" 입니다.");
        }
};


void main()
{
        Now N(2005,1,2,12,30,58,99);
        N.OutNow();
}
```

　　Now를 단독 클래스로 정의하고 멤버 목록에 Date 객체 D와 Time 객체 T를 선언한다. D와 T는
상속을 받은 것이 아니고 포함한 내부 객체이므로 초기화 리스트에서는 객체의 이름으로 초기화를 해야
한다. 그리고 포함 객체의 멤버 함수를 호출할 때는 객체와 함께 호출한다. 실행 결과는 완전히 동일하다.
다중 상속이 아니더라도 얼마든지 둘 이상의 클래스를 재활용할 수 있음을 알 수 있으며 포함이 훨씬
더 이해하기도 쉽다.

31-AddTemp

예제 AddTemp

```
#include 〈Turboc.h〉

template 〈typename T〉
T Add(T a, T b)
{
    return a+b;
}

template 〈〉 char *Add〈char *〉(char *a, char *b)
{
    strcat(a,b);
    return a;
}

void main()
{
    printf("1+2=%d\n",Add(1,2));
    char a[62]="specialized ";
    char b[62]="function";
    printf("%s\n",Add(a,b));
}
```

일반 수치형끼리 연산할 때는 + 연산자를 사용하면 된다. 그러나 포인터끼리는 + 연산자로 더할 수 없으므로 strcat 함수로 연결해야 한다. Add라는 똑같은 이름으로 함수를 작성하되 인수의 타입이 char *일 때는 문자열끼리 연결하도록 특수화했다. 이 함수가 제대로 실행되려면 a 인수는 연결된 후의 길이를 고려하여 충분한 길이를 가져야 한다. 실행 결과는 다음과 같다.

```
1+2=3
specialized function
```

만약 특수화된 Add를 정의하지 않는다면 Add 함수 템플릿으로부터 구체화된 함수로 char * 인수를 전달하므로 포인터끼리 더할 수 없다는 에러가 출력될 것이다. 템플릿 함수의 인수로 전달되는 타입은 템플릿 본체의 모든 코드를 지원해야 한다.

38-IncludeSin

> **예 제** IncludeSin

```cpp
#include <iostream>
#include <string>
#include <vector>
#include <algorithm>
using namespace std;

struct IncludeSin {
    bool operator()(string name) const {
        return (strstr(name.c_str(),"신") != NULL);
    }
};

void main()
{
    string names[]={"김유신","이순신","성삼문","장보고","조광조",
        "신숙주","김홍도","정도전","이성계","정몽주"};
    vector<string> vs(&names[0],&names[10]);

    vector<string>::iterator it;
    for (it=vs.begin();;it++) {
        it=find_if(it,vs.end(),IncludeSin());
        if (it==vs.end()) break;
        cout << *it << "이(가) 있다" << endl;
    }
}
```

"신"자 포함 여부를 검사하는 IncludeSin 함수 객체를 작성하고 find_if의 세 번째 인수로 이 객체를 전달한다. 부분 문자열을 검색해야 하므로 strstr 함수를 사용했다.

38-notKim

find_if 예제를 복사해 온 후 다음과 같이 수정한다.

```
#include <iostream>
#include <string>
#include <vector>
#include <algorithm>
#include <functional>
using namespace std;

struct IsKim : public unary_function<string,bool> {
    bool operator()(string name) const {
        return (strncmp(name.c_str(),"김",2)==0);
    }
};

void main()
{
    string names[]={"김유신","이순신","성삼문","장보고","조광조",
        "신숙주","김홍도","정도전","이성계","정몽주"};
    vector<string> vs(&names[0],&names[10]);

    vector<string>::iterator it;
    for (it=vs.begin();;it++) {
        it=find_if(it,vs.end(),not1(IsKim()));
        if (it==vs.end()) break;
        cout << *it << "이(가) 있다" << endl;
    }
}
```

find_if 예제에 비해 여러 가지 변화가 발생했다. 먼저 functional 헤더 파일을 인클루드했고 IsKim 함수 객체를 어댑터블로 만들기 위해 unary_function으로부터 상속받는다. 그리고 IsKim을 not1로 둘러싸 반대의 조건을 검사하도록 했으며 검색 결과 하나만을 출력하는 것이 아니라 전체를 다 출력하도록 루프를 돌았다.

40-JusoVector

자료를 관리하는 주체가 동적 배열이나 연결 리스트에서 벡터로 바뀌는 것뿐이므로 클라이언트 코드는 거의 그대로 사용할 수 있다. 메뉴를 출력하거나 사용자로부터 입력을 받는 부분은 변화가 없고 컨테이너에 자료를 입출력하는 부분만 조금씩 수정하면 된다.

```
#include 〈Turboc.h〉
#include 〈vector〉
#include 〈algorithm〉
using namespace std;

struct tag_Juso {
    int Id;
    char Name[16];
    char Age;
    char Tel[15];
    char Addr[64];
};

struct tag_Header {
    char desc[32];
    int ver;
    int num;
};

vector〈tag_Juso〉 ar;

class FindId {
    int Id;
public:
    FindId(int aId) : Id(aId) { }
    bool operator()(tag_Juso J) const {
            return J.Id == Id;
    }
};

BOOL WriteJuso(char *Path)
{
    FILE *f;
    tag_Header H;
    vector〈tag_Juso〉::iterator it;

    f=fopen(Path,"wb");
    if (f == NULL) {
```

```
            return FALSE;
    }
strcpy(H.desc,"주소록");
    H.ver=100;
    H.num=ar.size();
    fwrite(&H,sizeof(tag_Header),1,f);
    for (it=ar.begin();it!=ar.end();it++) {
            fwrite(it,sizeof(tag_Juso),1,f);
    }
    fclose(f);
    return TRUE;
}

BOOL ReadJuso(char *Path)
{
    FILE *f=NULL;
    tag_Header H;
    tag_Juso Temp;
    unsigned i;

    f=fopen(Path,"rb");
    if (f == NULL) {
            goto error;
    }

    fread(&H,sizeof(tag_Header),1,f);
    if (strcmp(H.desc,"주소록") != 0) {
            goto error;
    }
    if (H.ver != 100) {
            goto error;
    }

    ar.clear();
    for (i=0;i<H.num;i++) {
            fread(&Temp,sizeof(tag_Juso),1,f);
            ar.push_back(Temp);
    }
    fclose(f);
```

```
    return TRUE;

error:
    if (f)
        fclose(f);
    return FALSE;
}

void main()
{
    int choice;
    tag_Juso Temp;
    vector<tag_Juso>::iterator it;
    int id,field;
    char Path[260];

    for (;;) {
        printf("명령(1:새 주소록, 2:읽기, 3:저장, 4:추가, 5:삭제, 6:수정, 7:보기, 9:종료) > ");
        scanf("%d",&choice);
        fflush(stdin);
        if (choice == 9) {
            break;
        }
        switch (choice) {
        case 1:
            ar.clear();
            puts("주소록이 초기화되었습니다.");
            break;
        case 2:
            printf("읽어올 파일명을 입력하십시오 : ");gets(Path);
            if (ReadJuso(Path) == TRUE) {
                puts("파일을 읽어왔습니다.");
            } else {
                puts("파일 읽기 중 에러가 발생했습니다.");
            }
            break;
        case 3:
            printf("저장할 파일명을 입력하십시오 : ");gets(Path);
            if (WriteJuso(Path) == TRUE) {
```

```
                puts("저장했습니다.");
        } else {
                puts("저장하지 못했습니다.");
        }
        break;
case 4:
        for (it=ar.begin(),Temp.Id=0;it!=ar.end();it++) {
                Temp.Id=max(Temp.Id,it->Id);
        }
        Temp.Id++;
        printf("이름을 입력하세요(15자) : ");gets(Temp.Name);
        printf("나이를 입력하세요 : ");scanf("%d",&Temp.Age);fflush(stdin);
        printf("전화번호를 입력하세요(14자) : ");gets(Temp.Tel);
        printf("주소를 입력하세요(63자) : ");gets(Temp.Addr);
        ar.push_back(Temp);
        puts("추가했습니다.");
        break;
case 5:
        printf("삭제할 번호를 입력하세요 : ");scanf("%d",&id);fflush(stdin);
        it=find_if(ar.begin(),ar.end(),FindId(id));
        if (it == ar.end()) {
                puts("존재하지 않는 ID입니다.");
        } else {
                ar.erase(it);
                puts("삭제했습니다.");
        }
        break;
case 6:
        printf("수정할 번호를 입력하세요 : ");scanf("%d",&id);fflush(stdin);
        it=find_if(ar.begin(),ar.end(),FindId(id));
        if (it == ar.end()) {
                puts("존재하지 않는 ID입니다.");
        } else {
                printf("수정할 항목을 선택하세요(1:이름, 2:나이, 3:전화번호, 4:주소) > ");
                scanf("%d",&field);fflush(stdin);
                switch (field) {
                case 1:
                        printf("이름 수정(현재 = %s ) : ",it->Name);gets(it->Name);
                        break;
                case 2:
```

```
                                printf("나이 수정(현재 = %d ) : ",it->Age);
                                scanf("%d",&it->Age);fflush(stdin);
                                break;
                        case 3:
                                printf("전화번호 수정(현재 = %s ) : ",it->Tel);gets(it->Tel);
                                break;
                        case 4:
                                printf("주소 수정(현재 = %s ) : ",it->Addr);gets(it->Addr);
                                break;
                        }
                        puts("수정했습니다.");
                }
                break;
        case 7:
                if (ar.size() == 0) {
                        puts("출력할 내용이 없습니다.");
                } else {
                        for (it=ar.begin();it!=ar.end();it++) {
                                printf("번호:%2d, 이름:%s, 나이:%d, 전화:%s, 주소:%s\n",
                                        it->Id,it->Name,it->Age,it->Tel,it->Addr);
                        }
                }
                puts("");
        }
    }
}
```

vector⟨tag_Juso⟩ ar 선언문이 정보를 관리할 컨테이너 선언문이다. 벡터에는 임의의 타입을 저장할 수 있지만 포인터보다는 값을 저장하는 것이 더 좋다. 동적 배열 관리 코드나 연결 리스트 구현 코드는 더 이상 필요치 않으며 벡터의 멤버 함수들을 사용하면 된다. 라이브러리에 이미 구현된 컨테이너를 사용하므로 불필요한 소스 50~60줄 정도를 절약할 수 있으며 신뢰성, 이식성, 효율성 등 모든 면에서 직접 만든 자료 구조보다 우월하다.

main 함수의 코드는 구조적인 큰 변화는 없고 자료 입출력 코드만 조금씩 수정되었다. 삭제할 자료를 찾을 때 Id로 검색해야 하므로 find_if 알고리즘을 사용했다. 새로운 레코드를 벡터에 추가할 때는 push_back 멤버 함수를 호출하며 레코드를 삭제할 때는 erase 멤버 함수를 사용한다. ReadJuso, WriteJuso 함수의 코드도 큰 변화는 없다. 레코드의 개수를 구할 때는 size 멤버 함수를 사용했으며 개수만큼 순환하는 루프가 반복자 루프로 변경되었다.

부록 3 평가 문제

1. 다음 중 객체 지향 프로그래밍의 특징이 아닌 것은?

   ① 섬세한 제어　　　　② 캡슐화　　　　③ 다형성　　　　④ 상속

2. 객체 지향 프로그래밍에 대한 설명 중 틀린 것은?

   ① 부품을 먼저 만들고 조립하는 Bottom Up 방식이다.

   ② C++ 언어의 고유한 기능이다.

   ③ 문제를 푸는 사고방식이다.

   ④ 소프트웨어 위기를 해결하기 위해 대두되었다.

3. malloc/free에 대한 new/delete의 장점이 아닌 것은?

   ① 지정한 타입만큼 할당하므로 sizeof 연산자를 쓸 필요가 없다.

   ② 리턴되는 포인터는 캐스팅없이 바로 대입 가능하다.

   ③ 할당한 메모리를 재할당하기 편리하다.

   ④ 객체를 할당할 때 생성자와 파괴자를 호출한다.

4. 다음 중 액세스 지정자가 아닌 것은?

   ① private　　　　② public　　　　③ protected　　　　④ pointer

5. 다음 프로그램의 실행 결과는?

```
#include <Turboc.h>

class Position
{
private:
    int x,y;
    char ch;
public:
    Position(int ax,int ay,int ach) : x(ax), y(ay), ch(ach) { }
    void OutPosition() { gotoxy(x,y);putch(ch); }
}

void main()
{
    Position Pos(10,20,'S');
    Pos.OutPosition();
}
```

① 컴파일되지 않는다.   ② 실행 중에 다운된다.

③ 아무 이상없이 잘 실행된다.   ④ 그때그때 다르다.

6. [단답식] 클래스와 구조체의 차이점에 대해 기술하시오.

7. 생성자와 파괴자에 대한 설명 중 틀린 것은?

① 값을 리턴할 수 없으므로 타입은 반드시 void여야 한다.

② 이름이 고정되어 있다.

③ 초기화 방법이 다양할 경우 생성자가 여러 개일 수 있다.

④ 생성자는 인수가 있지만 파괴자는 인수가 없다.

8. 디폴트 생성자란 무엇인가?

① 생성자가 정의되어 있지 않을 때 컴파일러가 만드는 생성자

② 인수가 없는 생성자

③ 모든 멤버의 초기값을 전달받는 생성자

④ 실인수 생략시 형식 인수의 디폴트를 정의하는 생성자

9. int a=3; int b=a; 는 적법한 선언문이다. 클래스도 이와 같은 선언이 가능해야 하는데 이를 위해 제공되는 문법적 장치는 무엇인가?

① 복사 생성자   ② 변환 생성자   ③ 대입 연산자   ④ 디폴트 생성자

10. KimEunChul 클래스의 가장 바람직한 복사 생성자 원형은?

① KimEunChul(KimEunChul Other)

② const KimEunChul(const KimEunChul &Other)

③ KimEunChul(const KimEunChul &Other)

④ KimEunChul(const KimEunChul Other)

11. 멤버 초기화 리스트에서만 초기화하는 대상이 아닌 것은?

① 상수 멤버   ② 레퍼런스 멤버   ③ 포함된 객체   ④ 포인터 멤버

12. 다음 중 변환 생성자가 아닌 것은?

① SangMun(int a)   ② YunMi(const char *name)

③ SeungRim(int a, double b)   ④ ChangHee(SuTaek s)

13. [단답식] 변환 생성자의 암시적 변환 기능이 때로는 위험할 수도 있는데 이를 금지하고 싶을 때는
    생성자 선언문 앞에 (   ) 키워드를 쓴다.

14. MyungKi 타입을 int로 변환하는 함수의 올바른 원형은?
    ① MyungKi operator int(int a)   ② operator int()
    ③ int operator int(MyungKi M)   ④ int operator int(MyungKi &M)

15. 정보 은폐로 인한 이점이 아닌 것은?
    ① 부주의한 사용으로부터 객체를 방어할 수 있다.
    ② 사용자는 공개된 함수만으로 객체를 사용할 수 있다.
    ③ 객체의 업그레이드가 용이하다.
    ④ 객체의 크기가 작아진다.

16. 프렌드로 지정할 수 있는 대상이 아닌 것은?
    ① 클래스   ② 멤버 함수   ③ 전역 함수   ④ 모듈

17. 프렌드의 특성 중 틀린 것은?
    ① A가 B를 프렌드로 지정하면 양쪽 모두 자유롭게 액세스할 수 있다.
    ② 프렌드 관계는 전이되지 않아 친구의 친구는 친구가 아니다.
    ③ 프렌드 지정은 한 번에 한 대상에 대해서만 할 수 있다.
    ④ 프렌드 관계는 상속되지 않는다.

18. this란 무엇인가?
    ① 멤버 함수로 전달되는 호출 객체의 레퍼런스   ② 멤버 함수로 전달되는 호출 객체의 포인터
    ③ 멤버 함수로 전달되는 호출 객체의 값   ④ 담배 이름

19. 다음 클래스의 크기는 얼마인가?

```
class JangDalSang
{
private:
    double k;
    char *name;
    static int i;
};
```

① 4   ② 8   ③ 12   ④ 16

20. 다음 코드에서 Study 함수를 호출하는 문장이 아닌 것은?

```
class LeeJiHoon
{
public:
    static void Study();
};
LeeJiHoon L, *pL=&L;
```

① LeeJiHoon.Study()   ② L.Study()
③ LeeJiHoon::Study()   ④ pL->Study();

21. 연산자 오버로딩이 필요한 이유가 아닌 것은?
    ① 클래스는 기본 타입과 같아야 하므로
    ② 함수만으로는 객체끼리 연산할 수 없으므로
    ③ 사용자 정의 타입의 연산은 사용자가 정의해야 하므로
    ④ 객체간의 연산을 직관적으로 짧게 표현하기 위해

22. Time형의 객체끼리 덧셈을 하는 연산자의 올바른 원형은?
    ① const Time operator+(const Time &T) const
    ② const Time operator+(const Time *T) const
    ③ const Time &operator+(const Time &T) const
    ④ operator+(const Time *T) const

23. 다음 중 오버로딩할 수 없는 연산자는?
    ① .   ② ->   ③ [ ]   ④ ==

24. ++ 연산자의 오버로딩에 관해 틀린 것은?
    ① 전위형, 후위형이 호출형태만으로는 구분되지 않는다.
    ② 후위형일 때는 int형의 더미 인수를 가져야 한다.
    ③ const 함수여야 한다.
    ④ 증가의 방식은 작성자가 마음대로 결정할 수 있다.

25. 동적으로 메모리를 할당하는 T 클래스가 있다. 다음 중 대입 연산자가 호출되는 시점은?

① T t1("문자열");   ② T t2=t1;

③ t2=t1;   ④ func(t2)

26. 다음 코드는 동적 할당을 하는 Person 클래스의 대입 연산자이다. 실행 결과는?

```
Person &operator =(const Person &Other) {
        if (this != &Other) {
                delete [] Name;
                Name=new char[strlen(Other.Name)+1];
                strcpy(Name,Other.Name);
                Age=Other.Age;
        }
    }
```

① 컴파일되지 않는다.

② 컴파일은 되지만 실행 중에 다운된다.

③ 다운되지는 않지만 제대로 대입되지 않는다.

④ 아무 이상없이 잘 동작한다.

27. 복합 대입 연산자 +=의 동작을 정의할 때는 어떻게 해야 하는가?

① 디폴트 대입 연산자가 있으므로 + 연산자만 오버로딩하면 된다.

② + 연산은 기본 연산이므로 대입 연산자만 오버로딩하면 된다.

③ + 연산자와 = 연산자를 모두 오버로딩해야 한다.

④ +=은 아예 다른 연산자이므로 +=을 오버로딩해야 한다.

28. T형 클래스의 객체를 cout으로 출력하고 싶다. 어떻게 해야 하는가?

① cout이 타입을 인식하므로 아무 것도 할 필요없다.

② cout 클래스(ostream)에 T&를 인수로 취하는 << 연산자를 오버로딩한다.

③ T에 cout 객체를 인수로 취하는 << 연산자를 오버로딩한다.

④ 전역 << 연산자 함수를 오버로딩하고 T의 프렌드로 지정한다.

29. 상속을 하는 목적 또는 효과가 아닌 것은?

① 클래스를 기본 타입과 완전히 동등하게 만든다.

② 기존의 클래스를 재활용한다.

③ 반복을 제거하여 유지, 보수성을 향상시킨다.

④ 계층을 만듦으로써 객체 집합에 다형성을 부여한다.

30. 외부에서는 액세스할 수 없고 파생 클래스는 액세스 할 수 있는 지정자는?

① private   ② protected

③ public   ④ mutable

31. [주관식] 다음 두 용어의 의미를 짧게 기술하시오.

오버로딩 –

오버라이딩 –

32. [단답식] 클래스끼리 IS A 관계일 때는 public 상속을 사용하고 HAS A 관계일 때는 (   )
또는 (   ) 상속을 사용한다.

33. 파생 클래스의 초기화 및 종료에 대한 설명으로 틀린 것은?

① 부모 클래스의 생성자가 먼저 실행된다.

② 파생 클래스의 파괴자가 먼저 실행된다.

③ 부모 클래스가 디폴트 생성자를 정의할 경우 상속받은 멤버의 초기화는 생략할 수 있다.

④ 파생 클래스의 생성자 본체에서 상속받은 멤버를 최우선적으로 초기화해야 한다.

34. [OX] 다음 명제의 진위 여부를 표시하라(4개 이상일 정답일 때 1점).

[O, X] 생성자는 상속되지 않는다.

[O, X] 상속 기법으로는 동일 타입의 객체 복수개를 재사용할 수 없다.

[O, X] 포함 객체는 반드시 초기화 리스트에서만 초기화할 수 있다.

[O, X] public 상속을 해야만 부모의 private 멤버를 읽을 수 있다.

[O, X] 자식이 같은 이름의 멤버를 정의하면 부모의 멤버는 상속되지 않는다.

35. 가상 함수에 대한 가장 정확한 정의는?

① 실제 호출되지 않고 호출부에 본체가 전개되는 함수

② 객체 소속이 아닌 클래스 소속의 함수

③ 동적 결합을 하는 함수

④ 객체의 상태를 변경하지 못하는 함수

36. 가상 함수로 만들 필요가 전혀 없는 조건이 아닌 것은?

① 다른 멤버 함수에 의해 호출되는 멤버 함수

② 계층을 구성하지 않는 클래스의 멤버 함수

③ 재정의할 가능성이 전혀 없는 완결된 함수

④ 포인터로부터 호출되는 함수

37. [단답식] 스타크래프트의 질럿, 히드라, 뮤탈, 마린 등의 등장인물들은 공통적으로 Move, Attack, Die 등의 동작을 필요로 한다. 이런 객체들이 반드시 가져야 할 행동 양식의 목록을 정의하기 위해 사용하는 클래스를 무엇이라 하는가?

38. 템플릿으로 함수를 합치는 조건 중 틀린 것은?

① 타입만 다르고 알고리즘은 동일해야 한다.

② 템플릿 내의 모든 코드가 적용하고자 하는 타입에 대해 성립해야 한다.

③ 타입이 아닌 정수, 실수 등의 비타입 인수도 템플릿으로 전달할 수 있다.

④ 템플릿으로 전달되는 타입이 복수개일 수도 있다.

39. 템플릿 함수 중 특정 타입에 대해서만 동작을 다르게 지정하고 싶을 때 사용하는 기법은?

① 명시적 구체화   ② 암시적 구체화

③ 특수화   ④ 디폴트 인수

40. [주관식] TStack⟨T⟩는 T형 스택이고 TArray⟨T⟩는 T형 배열 컨테이너이다. 정수형 스택의 배열 lpa를 선언하라. 단, 둘 다 디폴트 생성자가 정의되어 있다고 가정한다.

정답 및 해설

1. ① 섬세한 제어가 가능한 것은 C언어의 특징이다.

2. ② 객체 지향은 특정한 언어의 고유 기능이 아니라 문제를 푸는 사고방식이다. 언어에 상관없이 객체 지향 기법을 사용할 수 있다.

3. ③ new 연산자는 재할당 기능을 제공하지 않는다.

4. ④ pointer라는 예약어는 C/C++ 언어에 없다.

5. ① 클래스 선언문 끝에 세미콜론이 빠져 컴파일되지 않는다. 흔히 많이 실수하는 부분이므로 주의해야 한다.

6. 디폴트 액세스 지정이 다르다. 별다른 선언이 없으면 클래스는 private이지만 구조체는 public이다. 이 외에는 어떠한 차이점도 없다.

7. ① void라는 리턴 타입조차도 밝히 필요가 없다.

8. ② 인수가 없는 생성자를 디폴트 생성자라고 한다. ①번은 디폴트 디폴트 생성자라고 한다.

9. ① 선언과 동시에 초기화될 때는 복사 생성자가 호출된다. 대입 연산자는 이미 생성된 객체를 같은 타입의 객체로 대입할 때 호출된다.

10. ③ 상수 레퍼런스를 인수로 취하는 것이 가장 빠르고 말썽이 없다. 생성자는 리턴을 하지 않으므로 const 지정자를 앞에 붙이는 것은 아무 의미도 없다.

11. ④ 포인터 멤버는 생성자 본체에서도 초기화할 수 있다.

12. ③ 변환 생성자는 인수를 하나만 취하는 생성자이다. 인수가 없거나 둘 이상이면 변환 생성자가 아니다.

13. explicit

14. ② 변환 함수의 인수는 객체 자신이고 리턴 타입은 함수 이름과 같으므로 인수와 리턴 타입을 모두 지정하지 않는다.

15. ④ 객체의 크기와는 아무런 상관이 없다.

16. ④

17. ① 양쪽이 자유롭게 액세스하려면 상호 프렌드 지정을 해야 한다.

18. ② this는 호출 객체를 가리키는 상수 포인터이다. 담배 이름이라는 주장도 있는데 시중에 판매되는 담배의 정확한 이름은 THIS이며 C/C++은 대소문자를 구분하므로 담배 이름이라는 주장은 터무니없다.

19. ③ 클래스의 총 크기는 멤버 변수의 총 크기와 같다. 정적 멤버의 크기는 제외되며 가상 함수가 하나라도 있다면 vptr만큼 크기가 늘어난다.

20. ① 정적 멤버 함수는 클래스 이름이나 객체로부터 호출할 수 있되 클래스로부터 호출할 때는 :: 연산자를 사용해야 한다.

21. ② 함수로도 객체끼리의 연산을 정의할 수 있되 표기가 길어지고 우선 순위나 결합 방향을 명확히 지정하기 번거롭다는 문제가 있다.

22. ① 피연산자는 레퍼런스를 취하고 연산 결과는 값으로 리턴한다.

23. ①

24. ③ 객체의 값을 증가시키므로 const여서는 안 된다.

25. ③ 선언시 초기화할 때나 함수를 호출할 때는 복사 생성자가 호출된다.

26. ① return *this가 누락되었다.

27. ④ + 와 = 연산자를 모두 정의하더라도 +=은 별도로 정의해야 한다.

28. ④ 좌변이 cout이어야 하므로 T의 멤버여서는 안 되며 ostream은 프로그래밍 대상 클래스가 아니므로 전역 연산자 함수로 정의해야 한다.

29. ①번은 캡슐화, 추상화의 목적이다.

30. ②

31. 오버로딩은 중복 정의이며 오버라이딩은 재정의이다.

32. 포함, private

33. ④ 상속받은 멤버는 생성자 본체 이전의 초기화 리스트에서 초기화해야 한다.

34. 앞쪽 세 개는 모두 O이다.

     X : 부모의 private 멤버는 어떤 수를 쓰더라도 읽을 수 없다.

     X : 상속은 되지만 가려진다.

35. ③번이 정답이다. ①번은 인라인 함수의 정의 ②번은 정적 멤버 함수의 정의 ④번은 상수 멤버 함수의 정의이다.

36. ① 다른 멤버에 의해 호출될 때 this로부터 호출되므로 계층이 있다면 가상이어야 한다.

37. 추상 클래스

38. ③ 비타입 인수는 정수만 가능하다.

39. ③

40. TArray〈TStack〈T〉〉 lpa;